我的第1本
办公技能书

办公宝典

Office 2021 完全自学教程

凤凰高新教育　编著

内 容 简 介

熟练使用Office软件，已成为职场人士必备的职业技能。本书以最新版本的Office 2021软件为平台，从办公人员的工作需求出发，通过大量典型案例，全面介绍了Office 2021在文秘、人事、统计、财务、市场营销等多个领域中的应用，帮助读者轻松高效地完成各项办公事务。

本书以"完全精通Office"为出发点，以"用好Office"为目标来安排内容，全书共6篇，分为20章。第1篇包含第1章，介绍Office 2021基本知识和基础设置，帮助读者快速定制和优化Office办公环境。第2篇包含第2~7章，介绍Word 2021文档内容的输入与编辑、Word 2021文档格式的设置与打印、Word 2021的图文混排功能、Word 2021表格的创建与编辑、Word 2021排版高级功能及文档的审阅修订、Word 2021信封与邮件合并等内容，教会读者如何使用Word高效完成文字处理工作。第3篇包含第8~11章，介绍Excel 2021电子表格数据的输入与编辑、Excel 2021公式与函数、Excel 2021图表与数据透视表、Excel 2021的数据管理与分析等内容，教会读者如何使用Excel快速完成数据统计和分析。第4篇包含第12~14章，介绍PowerPoint 2021演示文稿的创建、PowerPoint 2021动态幻灯片的制作、PowerPoint 2021演示文稿的放映与输出等内容，教会读者如何使用PowerPoint制作和放映专业、精美的演示文稿。第5篇包含第15~17章，介绍使用Access管理数据、使用Outlook高效管理邮件、使用OneNote个人笔记本管理事务等内容，教会读者如何使用Access、Outlook和OneNote等Office组件进行日常办公。第6篇包含第18~20章，介绍制作年度财务总结报告、制作产品销售方案和制作项目投资方案等实战应用案例，教会读者如何使用Word、Excel、PowerPoint等多个Office组件分工协作，完成一项复杂的工作。

图书在版编目(CIP)数据

Office 2021完全自学教程 / 凤凰高新教育编著. — 北京：北京大学出版社，2022.10
ISBN 978-7-301-33240-5

Ⅰ.①O… Ⅱ.①凤… Ⅲ.①办公自动化 – 应用软件 – 教材 Ⅳ.①TP317.1

中国版本图书馆CIP数据核字（2022）第146451号

书　　名 Office 2021完全自学教程
Office 2021 WANQUAN ZIXUE JIAOCHENG
著作责任者 凤凰高新教育　编著
责任编辑 王继伟　滕柏文
标准书号 ISBN 978-7-301-33240-5
出版发行 北京大学出版社
地　　址 北京市海淀区成府路205号　100871
网　　址 http://www.pup.cn　新浪微博：@北京大学出版社
电子信箱 pup7@pup.cn
电　　话 邮购部 010-62752015　发行部 010-62750672　编辑部 010-62570390
印 刷 者 北京宏伟双华印刷有限公司
经 销 者 新华书店
889毫米×1194毫米　16开本　26.25印张　插页1　925千字
2022年10月第1版　2022年10月第1次印刷
印　　数 1–4000册
定　　价 129.00元

前　言

如果你是一个文档“小白”，仅仅会用一些Word基础功能；

如果你是一个表格“菜鸟”，只会用简单的Excel表格制作和计算功能；

如果你已熟练使用PowerPoint，但想利用碎片时间不断提升相关技能；

如果你想成为职场达人，轻松搞定日常工作；

如果你觉得自己的Office操作水平一般，缺乏足够的编辑和设计技巧，希望全面提升操作水平；

那么，本书是你最佳的选择！

让我们来告诉你，如何成为你所期望成为的职场达人！

进入职场后，你会发现，原来使用Word并不是打字速度快就可以了，Excel的使用好像也比老师讲得复杂多了，就连之前认为最简单的PPT，都不那么简单了。没错，当今社会已经进入计算机办公时代，熟知办公软件的相关知识、掌握使用办公软件的相关技能已经是现代职场的一个必备条件。然而，数据调查显示，现如今，大部分职场人士对于Office办公软件的了解还远远不够，所以在实际工作时，很多人都是事倍功半。本书旨在帮助那些有追求、有梦想，但苦于技能欠缺的刚入职或在职人员迅速提高Office操作水平。

本书适合Office初学者，但即使你是一个Office老手，这本书一样能让你大呼“开卷有益”。本书将帮助你解决如下问题。

（1）快速了解Office 2021 最新版本的基本功能，掌握操作方法。

（2）快速拓展Word 2021 文档编排的思维方法。

（3）快速掌握Excel 2021 数据统计和分析的基本要义。

（4）快速汲取PowerPoint 2021 演示文稿的设计和编排创意方法。

（5）快速学会利用Access、Outlook等Office组件进行高效办公。

我们不但要告诉你怎样做，还要告诉你为什么这样做才更快、更好、更规范！
要学会并精通Office 2021 软件，有这本书就够了！

本书特色

（1）讲解最新技术，内容常用、实用

本书遵循“常用、实用”的原则，以Office 2021 版本为写作标准，并在书中标识出Office 2021 的相关“新功能”及“重点”知识。另外，结合日常办公应用的实际需求，全书安排了244个“实战”案例、51个“妙招技法”、9个大型“综合办公项目实战”，系统地讲解了Office 2021中Word、Excel、PowerPoint、Access、Outlook和OneNote的办公应用技能与实战操作技巧。

（2）图解Office，一看即懂、一学就会

为了让读者更快速地学习和理解，本书采用“思路引导+图解操作”的方法进行讲解。而且，在步骤讲述中以“❶、❷、❸……”的方式分解操作小步骤，并在图上进行对应标识，方便读者学习掌握。只要读者按照书中讲述的步骤方法进行练习，就可以做出与本书展示同样的效果。另外，为了解决读者在自学过程中可能遇到的问题，我们在书中设置了“技术看板”板块，解释在应用中可能出现的或在操作过程中可能遇到的一些生僻但重要的技术术语，还添加了“技能拓展”板块，目的是让读者学会解决同样问题的不同思路，从而达到举一反三的效果。

（3）技能操作+实用技巧+办公实战=应用大全

本书充分考虑到读者“学以致用”的需求，在全书内容安排上，精心策划了6篇内容，共20章，具体安排如下。

第1篇：Office 2021入门篇（第1章），主要针对初学读者，从零开始，系统全面地讲解了Office 2021基本知识和基础设置，帮助读者快速定制和优化Office办公环境。

第2篇：Word办公应用篇（第2~7章），介绍Word 2021文档内容的输入与编辑、Word 2021文档格式的设置与打印、Word 2021的图文混排功能、Word 2021表格的创建与编辑、Word 2021排版高级功能及文档的审阅修订、Word 2021信封与邮件合并等内容，教会读者如何使用Word高效完成文字处理工作。

第3篇：Excel办公应用篇（第8~11章），介绍Excel 2021电子表格数据的输入与编辑、Excel 2021公式与函数、Excel 2021图表与数据透视表、Excel 2021的数据管理与分析等内容，教会读者如何使用Excel快速完成数据统计和分析。

第4篇：PowerPoint办公应用篇（第12~14章），介绍PowerPoint 2021演示文稿的创建、PowerPoint 2021动态幻灯片的制作、PowerPoint 2021演示文稿的放映与输出等内容，教会读者如何使用PowerPoint制作和放映专业、精美的演示文稿。

第5篇：Office其他组件办公应用篇（第15~17章），介绍使用Access管理数据、使用Outlook高效管理邮件、使用OneNote个人笔记本管理事务等内容，教会读者如何使用Access、Outlook和OneNote等Office组件进行日常办公。

第6篇：Office办公实战篇（第18~20章），介绍制作年度财务总结报告、制作产品销售方案和制作项目投资方案等实战应用案例，教会读者如何使用Word、Excel和PowerPoint等多个Office组件分工协作，完成一项复杂的工作。

丰富的学习套餐，让您物超所值，学习更轻松

本书还配套赠送相关的学习资源，内容丰富、实用。资源包括同步练习文件、办公模板、教学视频、电子书、高效手册等，让读者花一本书的钱，得到多本书的超值学习内容。套餐内容具体包括以下几个方面。

（1）同步素材文件。本书中所有章节实例的素材文件，全部收录在同步学习文件夹中的“素材文件\第*章\”文件夹中。读者学习时，可以参考图书讲解内容，打开对应的素材文件进行同步操作练习。

（2）同步结果文件。本书中所有章节实例的最终效果文件，全部收录在同步学习文件夹中的“结果文件\第*章\”文件夹中。读者学习时，可以打开结果文件，查看其实例效果，为自己在学习中的练习操作提供参照。

（3）同步视频教学文件。本书为读者提供了236节与书同步的视频教程，跟着书中内容同步学习，轻松学会不用愁。

（4）赠送“Windows 10系统操作与应用”视频教程，让读者完全掌握Windows 10操作系统的应用。

（5）赠送商务办公实用模板：200个Word商务办公模板、200个Excel商务办公模板、100个PPT商务办公模板，对于实战中的典型案例，不必再花时间和心血去搜集，拿来即用。

（6）赠送2本高效办公电子书：《高效人士效率倍增手册》《手机办公10招就够》电子书，教会读者移动办公。

（7）赠送“如何学好用好Word”视频教程。视频时间长达48分钟，与读者分享Word专家的学习与应用经验，内容包括：①Word最佳学习方法；②用好Word的十大误区；③Word技能全面提升的十大技法。

（8）赠送“如何学好用好Excel”视频教程。视频时间长达63分钟，与读者分享Excel专家的学习与应用经验，内容包括：①Excel最佳学习方法；②用好Excel的8个习惯；③Excel八大偷懒技法。

（9）赠送“如何学好用好PPT”视频教程。视频时间长达103分钟，与读者分享PPT专家的学习与应用经验，内容包括：①PPT最佳学习方法；②如何让PPT讲故事；③如何让PPT更有逻辑；④如何让PPT高大上；⑤如何避免每次从零开始排版。

（10）赠送“5分钟学会番茄工作法”讲解视频。教会读者在职场中高效工作、轻松应对职场那些事儿，真正让读者“不加班，只加薪”！

（11）赠送“10招精通超级时间整理术”讲解视频。专家传授10招时间整理术，教会读者如何整理时间、有效利用时间。无论是工作还是生活，都要学会时间整理，因为时间是人类最宝贵的财富，只有合理整理时间、充分利用时间，才能让读者的人生价值最大化。

温馨提示：可用微信扫一扫下方二维码，关注官方微信公众号，输入本书 77 页的资源下载码，根据提示获取以上资源的下载地址及密码。另外，在官方微信公众号中，还为读者准备了丰富的图文教程和视频教程，为你的职场工作排忧解难！

本书不是一本单纯的 IT 技能办公用书，
而是一本传授职场综合技能的实用书籍！

本书可作为需要使用Office软件处理日常办公事务的文秘、人事、财务、销售、市场营销、统计等专业人员的案头参考书，也可作为大中专职业院校、计算机培训班的相关专业教学参考用书。

创作者说

本书由凤凰高新教育策划并组织编写。全书由一线办公专家和多位MVP（微软全球最有价值专家）合作编写，他们具有丰富的Office软件应用技巧和办公实战经验，对于他们的辛苦付出，在此表示衷心的感谢！同时，由于计算机技术发展非常迅速，书中疏漏和不足之处在所难免，敬请广大读者及专家指正。

编　者

目　录

第1篇　Office 2021入门

Office 2021是微软公司推出的最新办公软件套装，具有非常强大的办公功能。Office包含Word、Excel、PowerPoint、Access、Outlook等多个办公组件，在日常办公中应用非常广泛。

第2篇　Word办公应用

Word 2021是Office 2021中的核心组件之一，是由Microsoft公司推出的优秀的文字处理与排版应用程序。本篇主要介绍Word文档的输入与编辑、格式设置与排版，文档内表格的制作方法，文档高级排版及邮件合并等知识。

第 3 篇 Excel 办公应用

Excel 2021 是 Office 2021 中的另一个核心组件，具有强大的数据处理功能。在日常办公中，Excel 主要用于制作电子表格，以及对数据进行计算、统计汇总与管理分析等。

第 4 篇 PowerPoint 办公应用

PowerPoint 2021用于设计和制作各类演示文稿，如总结报告、培训课件、产品宣传、会议展示等，制作的演示文稿可以使用计算机或投影机进行播放。

第 5 篇 Office 其他组件办公应用

除了 Word、Excel 和 PowerPoint 三大常用办公组件外，用户还可以使用 Access 2021 管理数据库文件、使用 Outlook 2021 管理电子邮件和联系人。虽然 Office 2021 不再提供 OneNote 组件，但是用户依然可以单独安装，使用之前版本的 OneNote 组件管理个人笔记本事务。

第6篇 Office办公实战

没有实战的学习是纸上谈兵，为了帮助大家更好地理解和掌握Office 2021的基本知识和操作技巧，本篇主要介绍一些具体的制作案例。通过介绍这些实用案例的制作过程，帮助读者举一反三，轻松实现高效办公！

Office 2021 是微软公司推出的最新办公软件套装，具有非常强大的办公功能。Office 包含 Word、Excel、PowerPoint、Access、Outlook 等多个办公组件，在日常办公中应用非常广泛。

第1章 初识 Office 2021 办公软件

- Office 2021 包含哪些组件，常用Office组件的工作界面是怎样的？
- 与Office 2019 相比，Office 2021 有哪些新增或改进的功能？
- 如何自定义Office工作界面，并使之适合自己的办公环境？
- 在Office组件中找不到功能按钮怎么办？
- 如何使用【帮助】功能？
- 自定义功能区和选项卡的方法有哪些？

本章将带领大家认识Office 2021 办公软件，通过了解并使用其中的功能，可以发现，它能给大家带来巨大的便利，提高工作效率其实很简单。

1.1 Office 2021 简介

Office 2021 是微软公司继Office 2019 后推出的新一代办公软件套装，主要包含Word、Excel、PowerPoint、Access、Outlook和OneNote等多个组件。2021 年 10 月 5 日，微软官方正式发布了Microsoft Office 2021 版本，供用户下载使用，从而感受软件的新功能。与Office 2019 相比，Office 2021 加入了更多强大功能，方便用户高效办公，而且推出沉浸式学习模式，不管是学习还是工作，更加高效。

1.1.1 Word 2021

Word 2021 是Office 2021 的重要组件之一，它是一款强大的文字处理软件，使用该软件，可以轻松地输入和编排文档。Word 2021 的启动界面如图 1-1 所示，工作界面如图 1-2 所示。

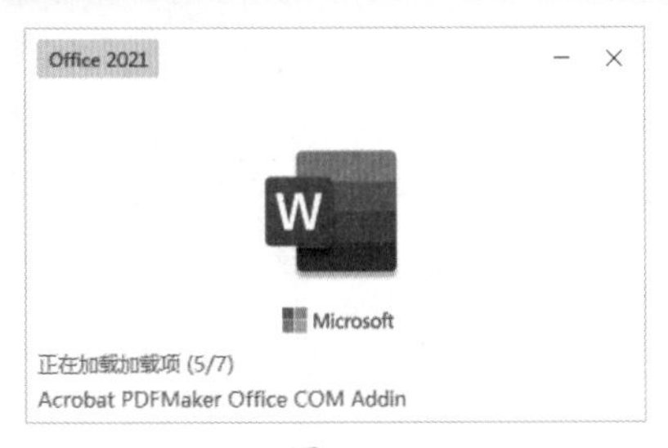

图 1-1

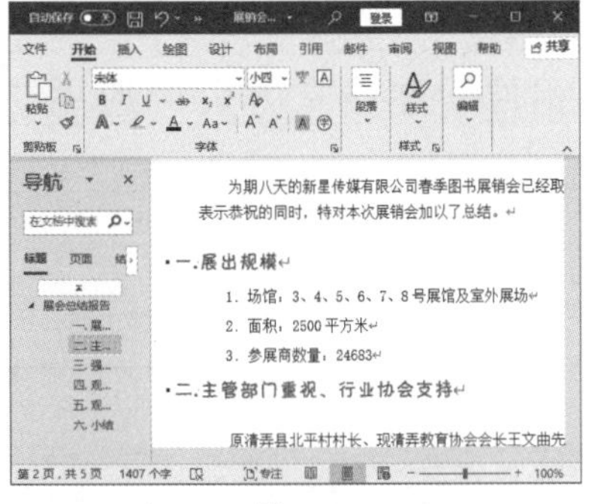

图 1-2

1.1.2 Excel 2021

Excel 2021 是Office 2021 的重要组件之一，它是电子数据表程序，主要用于进行数据运算和数据管理。Excel 2021 的启动界面如图 1-3 所示，工作界面如图 1-4 所示。

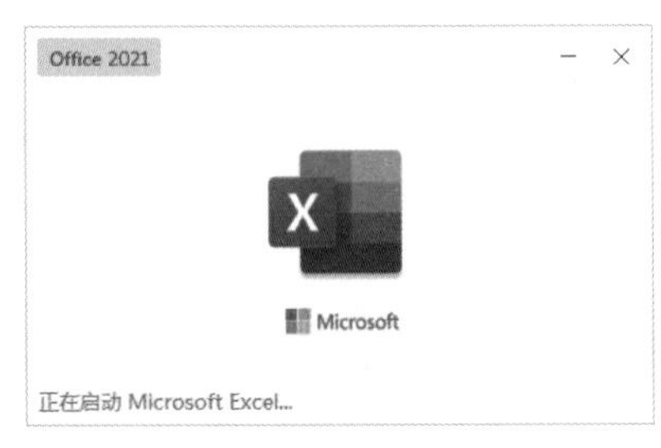

图 1-3

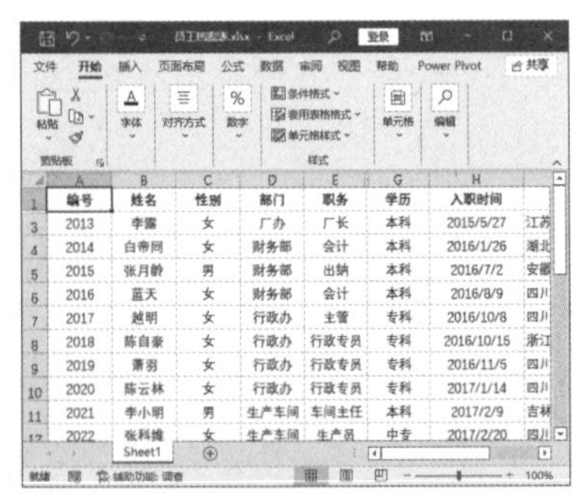

图 1-4

此外，Excel内置了多种函数，可以对大量数据进行分类、排序，甚至绘制图表等，如图 1-5 所示。

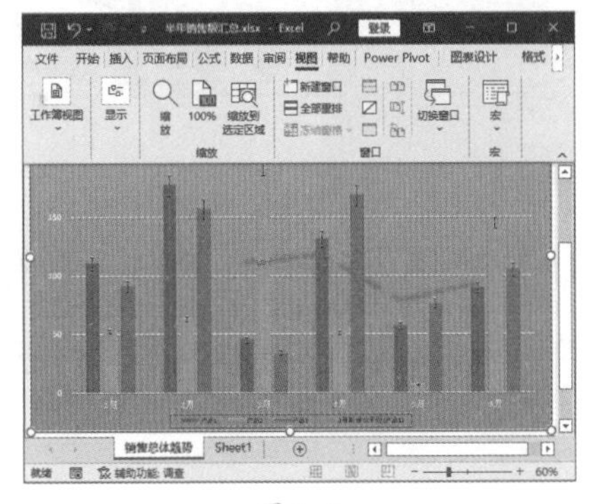

图 1-5

1.1.3 PowerPoint 2021

PowerPoint 2021 是Office 2021 的重要组件之一，是一款演示文稿程序，主要用于课堂教学、专业培训、产品发布、广告宣传、商业演示及远程会议等。PowerPoint 2021 的启动界面如图 1-6 所示，工作界面如图 1-7 所示。

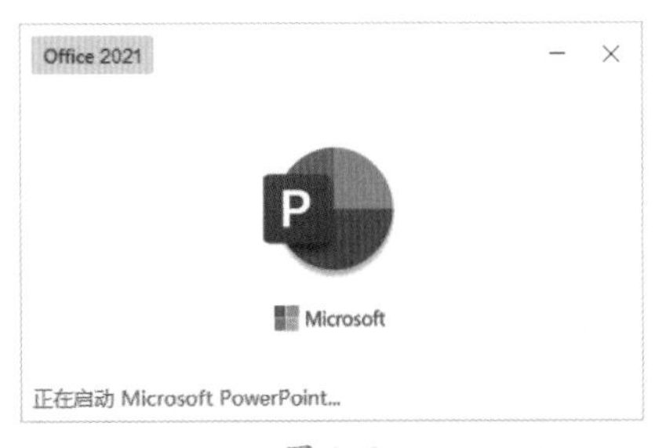

图 1-6

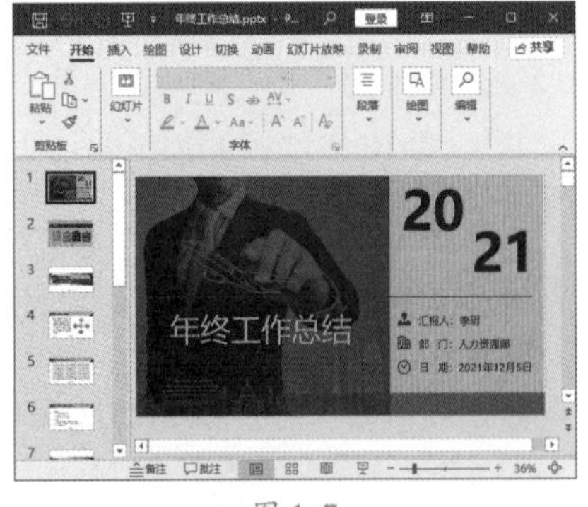

图 1-7

使用PowerPoint，用户不仅可以在投影仪或计算机上进行演示文稿演示，还可以将演示文稿打印出来制作成胶片，以便应用到更广泛的领域中。利用PowerPoint，不仅可以创建演示文稿，还可以在召开现场演示会议、互联网远程会议时给观众演示演示文稿，如图 1-8 所示。

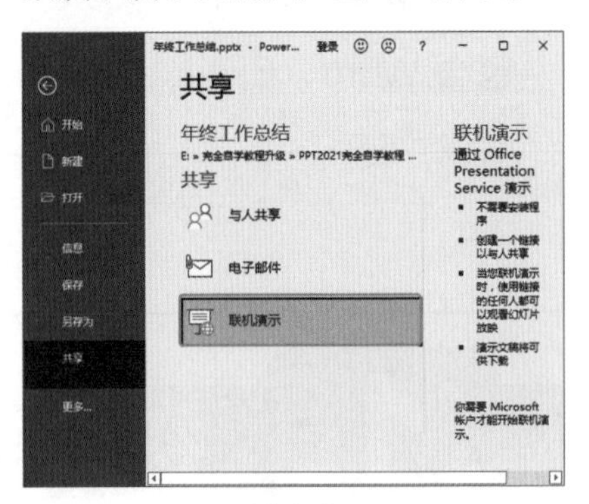

图 1-8

1.1.4 Access 2021

Access 2021 是一个数据库应用程序，主要用于跟踪和管理数据信息。Access具有强大的数据处理和统计分析的能力，利用Access的查询功能，可以方便地对各类数据进行汇总、平均等统计，也可以灵活设置统计条件。Access 2021 在统计分析上万条数据，甚至更多数据时，不仅速度快，而且操作方便，如图 1-9 所示。

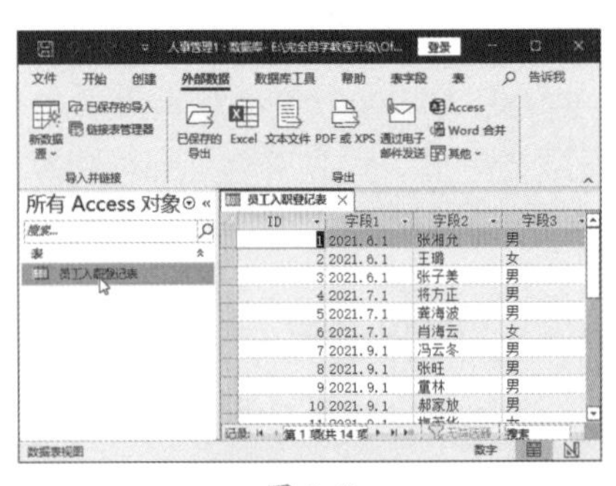

图 1-9

1.1.5 Outlook 2021

Outlook 2021 是 Office 2021 办公软件套装的组件之一，主要用来收发电子邮件、管理联系人信息、记日记、安排日程、分配任务等，如图 1-10 所示。

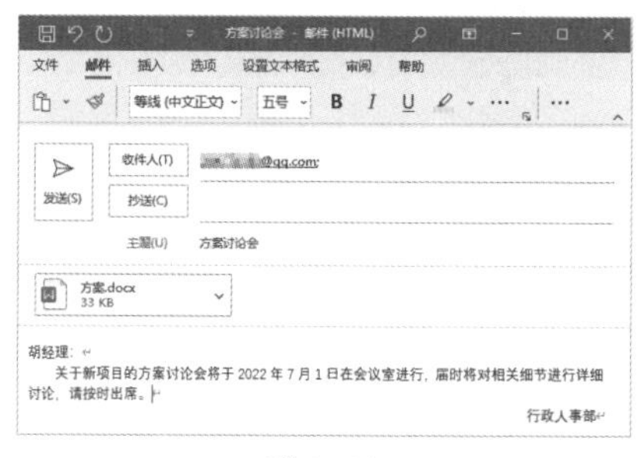

图 1-10

1.1.6 OneNote 2021

OneNote 2021 是一种数字笔记本，它为用户提供了收集笔记和信息的位置，并提供了强大的搜索功能和易用的共享笔记本，如图 1-11 所示。

此外，OneNote还提供了一种灵活的操作方式，可以将文本、图片、数字、手写墨迹、音频和视频等信息全部收集起来，组织到计算机上的一个数字笔记本中。

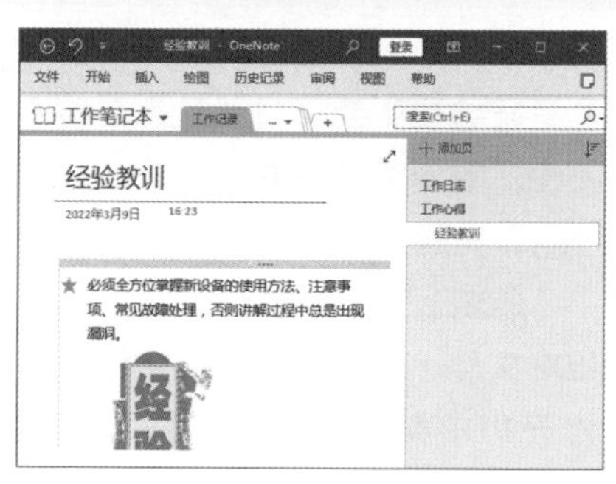

图 1-11

1.2 Word、Excel 和 PowerPoint 2021 新增功能

随着最新版本Office 2021 的推出，办公时代的新潮流开启。Word、Excel和PowerPoint不仅配合Windows 11 进行了重大的视觉更新，其本身也新增了一些特色功能。下面对Office 2021 中的Word、Excel和PowerPoint的新增功能进行简单介绍。

★新功能 1.2.1 改进的操作界面

Office 2021 对操作界面进行了极大的改进，将Office文件打开时的 3D带状图像取消了，增加了大片单一图像。

Office 2021 采用了全新设计的UI软件界面，与Windows 11 的新设计更加一致；在功能区中使用现代化的“开始”画面和全新的“搜索”方式；使用单行图示及中性调色盘，体现简洁、清晰的风格。如果在Windows 11 系统下使用Office 2021，还能看到其新增的圆角效果。

Office 2021 将黑色Office主题进一步扩展，开始支持自适应的暗黑模式。在该模式下，之前的白色页面变成了深灰色/黑色页面，而文档内的颜色也随之变化，以适应新的颜色对比度。比如，红色、蓝色、黄色等颜色都有轻微改变，以缓和色彩组合的整体效果，在全新深色背景中形成比较柔和的视觉效果，如图 1-12 所示。这样，喜欢在较暗的环境中工作的朋友可以更好地护眼了。

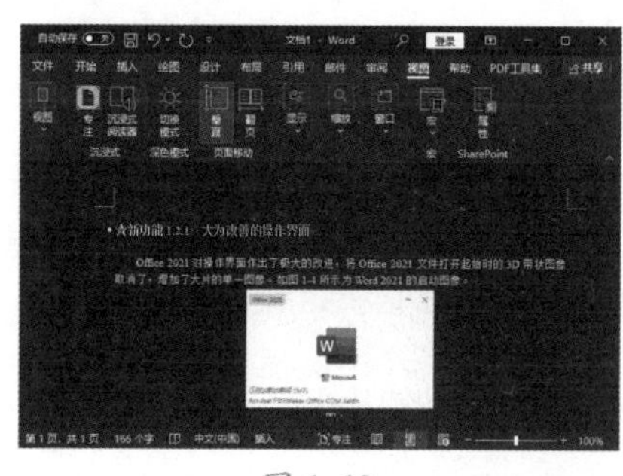

图 1-12

★新功能 1.2.2 改进的搜索体验

在Office 2021 中，可以更容易地查找信息。在标题栏新改进的【搜索】文本框中，可以通过图形、表格、脚注和注释来查找内容。而且，Search会记录最近使用的命令，并根据当前的显示动作，对用户可能采取的其他动作进行建议，如图 1-13 所示。

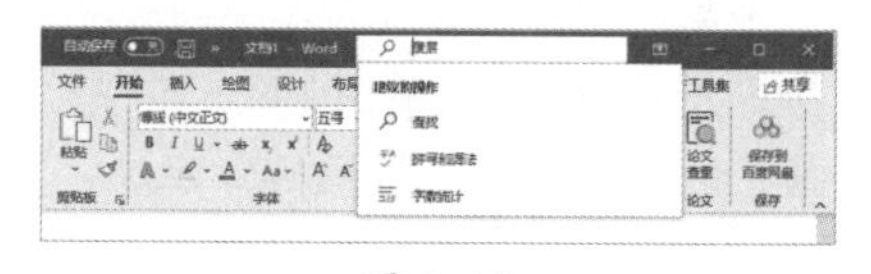

图 1-13

★新功能 1.2.3 PDF文档完全编辑

PDF 文档是我们日常工作和生

活中常用的一种便携式文档，但对它进行编辑和使用时总是存在诸多不便。有新版的Office 2021，这将不再是问题了。

Office 2021 支持打开与编辑PDF文档，在Word 2021 中就能够打开PDF类型的文件，并随心所欲地对其进行编辑。完成编辑后，可以以PDF文件的形式保存，或以Word支持的任何文件类型进行保存。

★新功能 1.2.4 内置图像搜索功能

在制作PowerPoint演示文稿或Word文档时，经常需要插入图片，以往需要先打开浏览器去各种图片网站上搜索、下载、保存，再回到Office中插入，在Office 2021 中，则可以直接通过内置的Bing来搜索合适的图片，并将其快速插入文档中，如图 1-14 所示。

图 1-14

此外，Office 2021 还在持续新增丰富的媒体内容至Office内容库，协助用户编辑文档，例如，库存影像、图示、图标等收藏媒体库。

★新功能 1.2.5 与他人实时共同作业

Office 2021 更新了人们共同处理某个文档的方式，可以实现真正的实时协作同步。你和你的同事可以同时打开并处理同一个文件，共同创作时，可以在几秒钟内快速查看彼此对文件内容的更改。

在Office 2021 中单击功能区右上角的【共享】按钮，输入电子邮件地址，选择云位置，就可以共享文件了，如图 1-15 所示。上传文件后，请选择文件名将其打开。此时，将在Web浏览器的新选项卡中打开该文件。使用共同创作功能，实际上是产生了一个包含在网页浏览器中开启文档的链接的电子邮件。

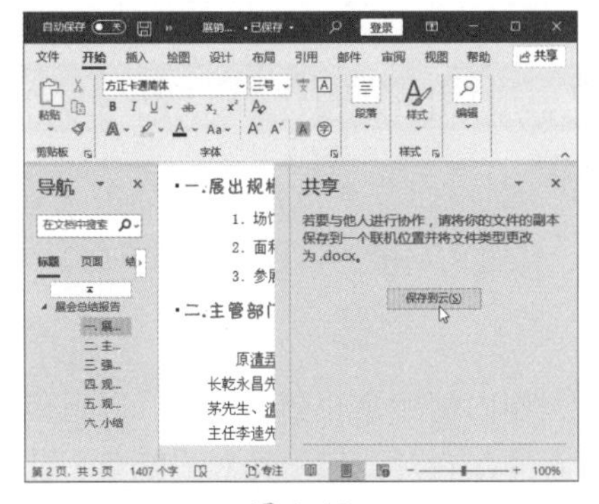

图 1-15

完成设置后，参与协同工作的其他用户将收到一封电子邮件，邀请他们打开该文件。他们可以点击该链接以打开文件，即在Web 浏览器中打开该文件的网页版。现在，使用者不仅可以编辑这份文档，同时还可以与他人分享自己的想法，在几秒钟内快速看到彼此对文档进行的变更。

对于企业和组织来说，使用这一功能，用户不仅能够查看与其一起编写文档的某个人是否空闲，还能够在不离开Office的情况下轻松地启动会话。

> **技术看板**
>
> 在协同编辑工作表时，还可以通过执行【新建】→【视图】命令添加工作表视图，以便在多人同时调整工作表视图显示比例、对数据进行排序或筛选时，不会相互打扰（所执行的任何单元格级别的编辑还是会自动与工作簿一起保存）。

★新功能 1.2.6 云服务增强

使用Office 2021，几乎可以在任何位置、用任何设备访问与共享文档，Outlook支持OneDrive附件和自动权限设置。

在线发布文档后，通过计算机或基于Windows Mobile的智能手机可以在任何位置访问、查看和编辑这些文档。使用Word 2021，用户可以在多个位置和多种设备上获得一流的文档体验。

即使在办公室、住址或学校之外通过Web浏览器编辑文档，也不会削弱用户已经习惯的高质量查看体验。

★新功能 1.2.7 透过行聚焦提升理解能力

在Word 2019 中，使用【学习工具】功能，可以切换到可帮助提高阅读能力的沉浸式编辑状态中。在该状态中，可以调整文本显示方式并朗读文本。Word 2021 对该功能进行了深入开发，支持调整焦点，在检视画面中一次高亮显示一行、三行或五行，如图 1-16 所示。通过使用这种沉浸式阅读功能，用户可提高阅读的流畅性和理解力。

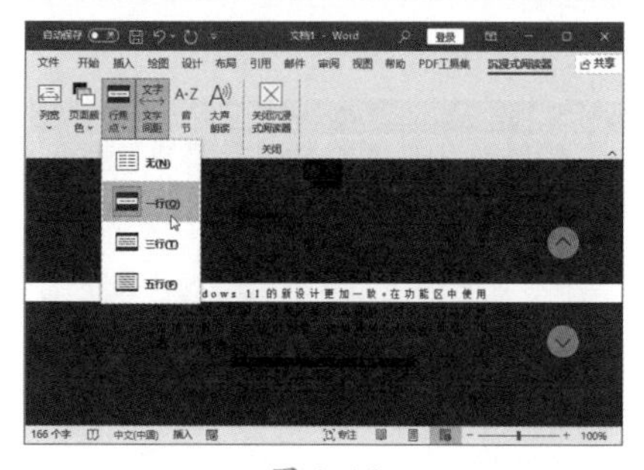

图 1-16

★新功能 1.2.8 更新的绘图工具

在【绘图】选项卡中，可以快速存取及变更所有笔迹工具的色彩，如图 1-17 所示。

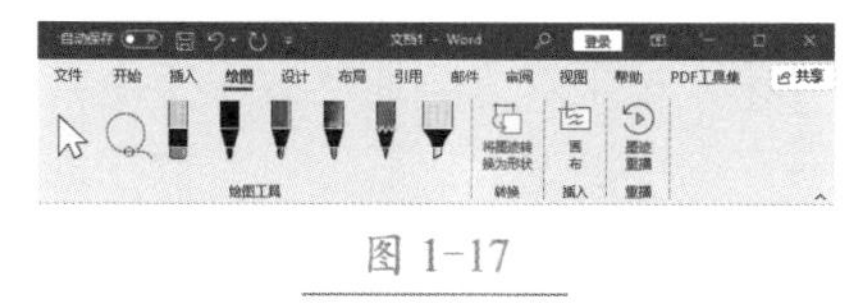

图 1-17

使用Office 2021 中更新后的绘图工具，可以简化用户使用笔迹的方式。选择【绘图工具】组中的动作手写笔，开始编辑，就可以进行输入了，如图 1-18 所示。

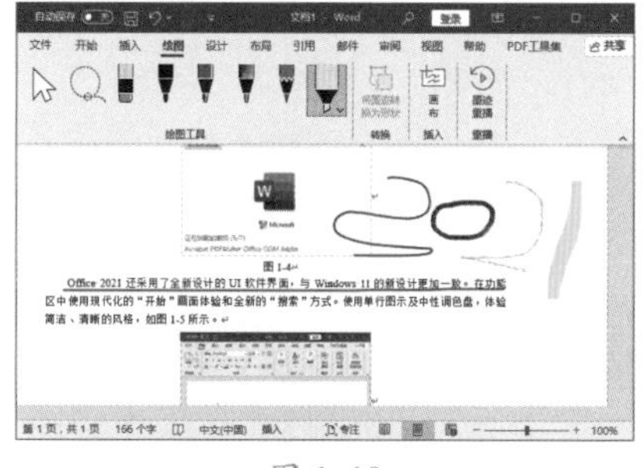

图 1-18

选择【绘图工具】组中的【套索】工具后，可以使用套索工具来选取文档中的笔墨（可以是个别的线条，也可以是整个文字或图案），对其进行变更、移动或删除操作。只需要在想选取的笔墨周围绘制套索，并不需要是完美的圆形，就可以完成选取，如图 1-19 所示。

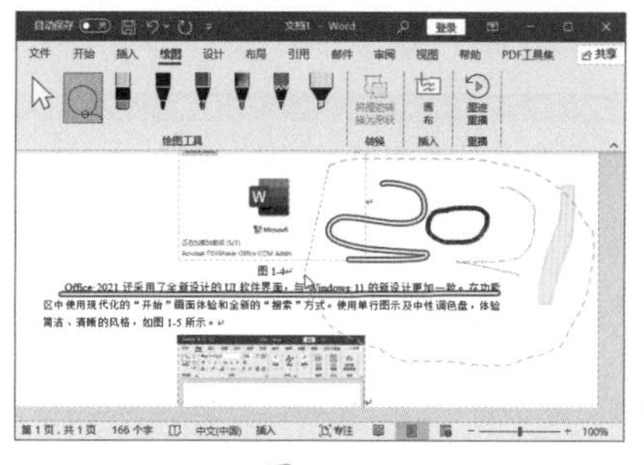

图 1-19

在 Word 2021 中，除了早期版本中的笔划橡皮擦，还增加了点橡皮擦功能。如果只想清除笔划中的一部分，使用新的点橡皮擦功能就可以非常精确地实现清除了，避免将整个笔划清除。在【绘图工具】组中，选择【橡皮擦】工具后，单击该工具右下角的下拉按钮，在弹出的下拉列表中可以设置点橡皮擦的大小，如图 1-20 所示。

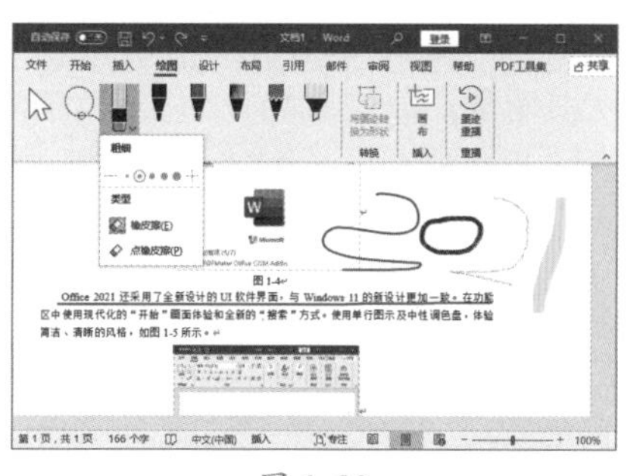

图 1-20

技术看板

在选择手写笔时，可以在弹出的下拉列表中设置笔的粗细和色彩，也可以从最近使用的色彩中快速进行选择。

★新功能 1.2.9 新增XLOOKUP、XMATCH和LET等函数

函数功能是Excel所有功能的重要组成部分。为了方便用户进行数据统计、计算，Office 2021 增加了更多函数，例如，查找函数XLOOKUP、XMATCH，向计算结果分配名称的函数LET，动态数组中还编写了 6 个新函数来加速计算和数据处理：FILTER、SORT、SORTBY、UNIQUE、SEQUENCE和RANDARRAY。

★新功能 1.2.10 访问辅助功能工具的新方法

辅助功能功能区将创建可访问Excel工作簿所需的所有工具放在一个位置，方便用户操作。在与其他人共享文档或将文档保存到公共位置之前，可以先通过辅助功能检查文档中可能存在的问题，避免出错。

单击【审阅】选项卡中的【检查辅助功能】按钮，将显示出【辅助功能】选项卡，如图 1-21 所示。

图 1-21

【辅助功能】选项卡中的每个组都包含不同的工具，主要用于执行以下操作。

- 查找内容中的潜在辅助功能问题。
- 将可选文字和易于理解的名称添加到图片和图表中。
- 取消合并单元格以创建数据的清晰结构。
- 修复颜色对比度问题。
- 查找已经具有足够高对比度的样式（如表样式）的特选列表。

★新功能 1.2.11 同时对多个工作表取消隐藏

在Excel 2021 中，不再需要一次取消一张工作表的隐藏状态了，可以一次性取消多张隐藏工作表的隐藏状态。执行【取消隐藏】命令

后，将显示一个对话框，其中列出了哪些工作表处于隐藏状态，可以先选择所有要取消隐藏状态的工作表，再进行取消隐藏操作，如图 1-22 所示。

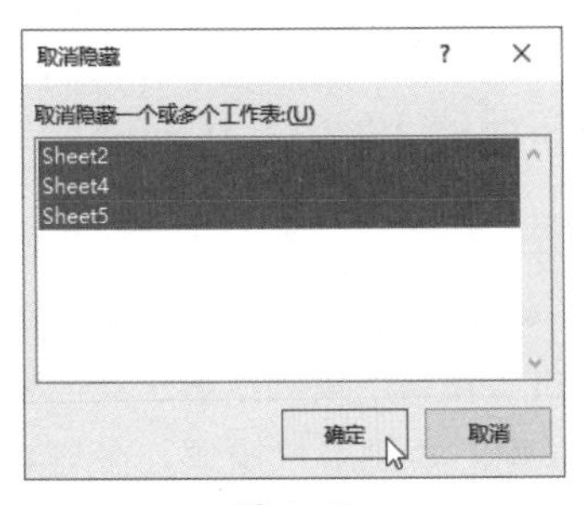

图 1-22

★新功能 1.2.12 录制有旁白和幻灯片排练时间的幻灯片放映

只要配备有声卡、麦克风和扬声器及网络摄像头（可选）等设备，就可以在录制PowerPoint 2021 幻灯片放映的同时捕获旁白、幻灯片排练时间和墨迹。录制完成后，旁白、幻灯片排练时间和墨迹会像其他任何可以在幻灯片放映中播放的内容一样呈现出来。或者，也可以选择将演示文稿另存为视频文件。

为演示文稿添加旁白、排练时间和墨迹，可以增强基于Web或自运行的幻灯片的放映效果。

★新功能 1.2.13 重现墨迹对象的幻灯片动画

使用触笔或触屏设备在页面上绘制墨迹后，【绘图】选项卡中会显示【墨迹重播】选项，选择该选项，可以将墨迹笔划倒退回初始状态并按绘制顺序重播，如图 1-23 所示。

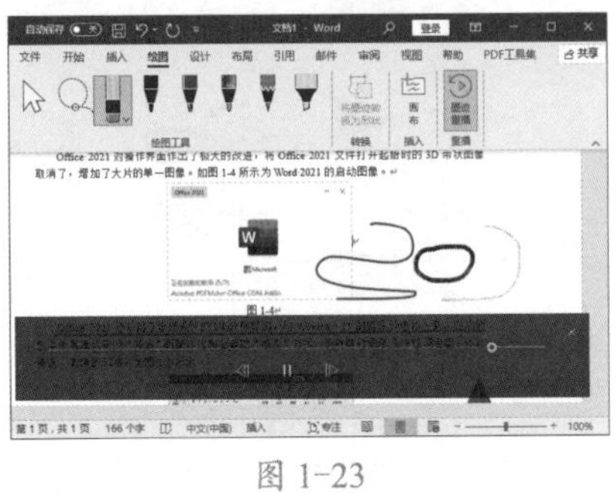

图 1-23

在PowerPoint 2021 中，还可以对墨迹动画的计时进行调整，以匹配所需的体验。

★新功能 1.2.14 使用【阅读顺序】窗格使幻灯片更易于理解

创建幻灯片时，按逻辑阅读顺序放置对象有利于用户理解幻灯片内容，对于使用屏幕阅读器的用户尤其重要。

为帮助幻灯片创建者按屏幕阅读顺序查看元素，并根据需要重新排列这些元素，有效地传达消息，PowerPoint 2021 提供了【阅读顺序】窗格。

打开演示文稿后，单击【审阅】选项卡【辅助功能】组中的【检查辅助功能】按钮，开启辅助功能。在【警告】部分，展开【检查阅读顺序】栏，打开阅读列表。如果幻灯片上对象的阅读顺序与对象在空间上排序的常见方式不匹配，辅助功能检查器会在此处列出幻灯片编号。单击列表中幻灯片编号右侧的下拉按钮，在弹出的下拉列表中选择【验证对象顺序】选项，如图 1-24 所示。

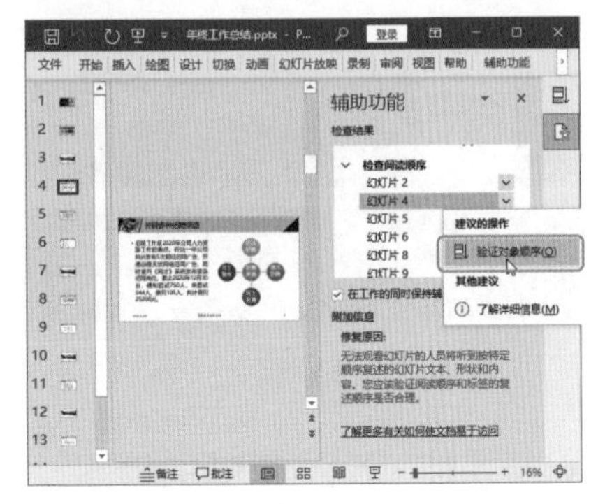

图 1-24

将显示【阅读顺序】窗格，方便检查幻灯片上信息的阅读顺序，如图 1-25 所示。在该窗格中，按屏幕阅读器读取对象的顺序列出了对象，每个对象旁边的数字指示其在序列中的位置。跳过没有数字的对象，因为它们被标记为装饰性。

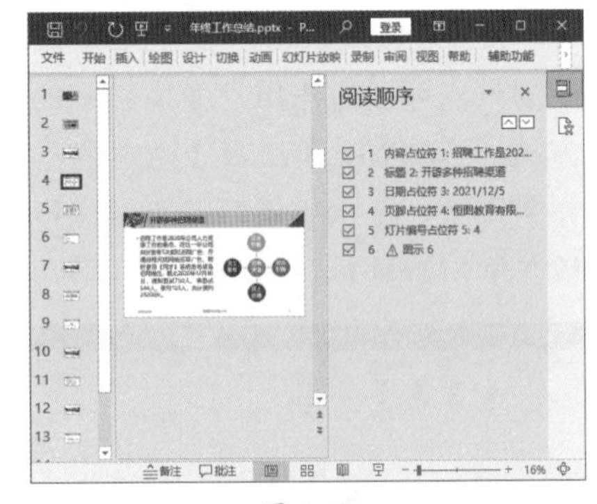

图 1-25

> **技术看板**
>
> 单击【审阅】选项卡中的【检查辅助功能】按钮，在弹出的下拉列表中选择【阅读顺序窗格】选项，也可以显示【阅读顺序】窗格。

如果对象的读取顺序不符合逻辑，会导致使用屏幕阅读器的用户难以理解幻灯片。若要更改对象的读取顺序，可以先在【阅读顺序】窗格中选择一个或多个项目(按住【Ctrl】键的同时单击不同项目，就可以完成多选)，然后向上或向下拖动所选内容，或单击窗格右上方的⌃或⌄按钮，如图1-26所示。

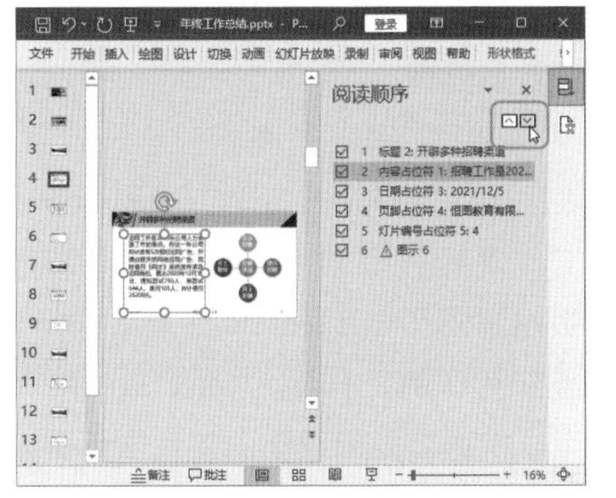

图 1-26

> **技术看板**
>
> 更改对象的读取顺序可能会在幻灯片中存在重叠对象时影响幻灯片的外观。如果更改对象的读取顺序后，幻灯片的外观不符合需要，请按【Ctrl+Z】组合键撤销更改。

★新功能 1.2.15 Access新增管理链接的表格功能

链接到外部数据源并基于不同的数据集创建解决方案是Access的优势。链接表管理器用于查看和管理Access数据库中的所有数据源和链接表。在数据源位置、表名称或表架构有所更改时，可以根据需要，刷新、重新链接、查找、编辑或删除链接表。例如，从测试切换到生产环境，需要更改数据源位置。如果解决方案要求已更改，可以添加或删除链接表。在Access 2021中，通过【链接表管理器】对话框，可以完成刷新、重新链接、添加、编辑、搜索和删除链接表的操作，如图1-27所示。

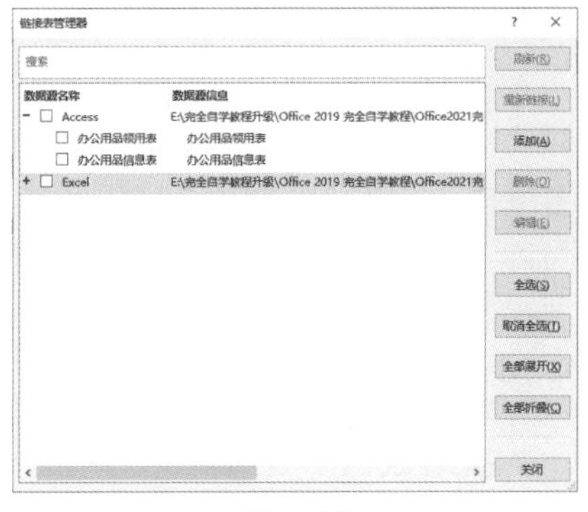

图 1-27

★新功能 1.2.16 Access提供“日期/时间已延长”数据类型

“日期/时间已延长”数据类型用于存储日期和时间信息，与“日期/时间”数据类型类似，但是它提供更大的日期范围、更高的小数精度，并且与SQL Server datetime 2日期类型兼容。在将Access数据导入或链接到SQL Server时，可以一致地将Access“日期/时间已延长”字段映射到SQL Server datetime 2列。

需要注意的是，基于Access中的“日期/时间已延长”数据类型创建表达式并使用日期/时间函数时，可能会失去计算精度或遇到其他问题。因此，需要谨慎使用该数据类型。

本书作者对“日期/时间”和“日期/时间已延长”两种数据类型进行了比较，总结了它们之间的重要差异，如表1-1所示。

表 1-1 比较“日期/时间”和“日期/时间已延长”数据类型

属性	日期/时间	日期/时间已延长
最小值	100-01-01 00:00:00	0001-01-01 00:00:00
最大值	9999-12-31 23:59:59.999	9999-12-31 23:59:59.9999999
准确度	0.001 秒	1 纳秒
大小	双精度浮点	42 字节编码字符串

1.3 熟悉 Office 2021

了解了Office 2021的基本概念和新增功能后，下面带领大家认识Office常用组件的工作界面，学习新建和保存Office组件的方法，快速熟悉Office 2021。

★新功能 1.3.1 认识Office 2021组件界面

在使用Office之前，首先需要熟悉其操作界面。接下来，分别对Word 2021、Excel 2021和PowerPoint 2021三大常用组件的工作界面进行介绍。

1. Word 2021 的工作界面

Word 2021的工作界面主要包括标题栏、快速访问工具栏、功能区、功能按钮、导航窗格、文档编辑区、状态栏、视图控制区等组成部分，如图1-28所示。

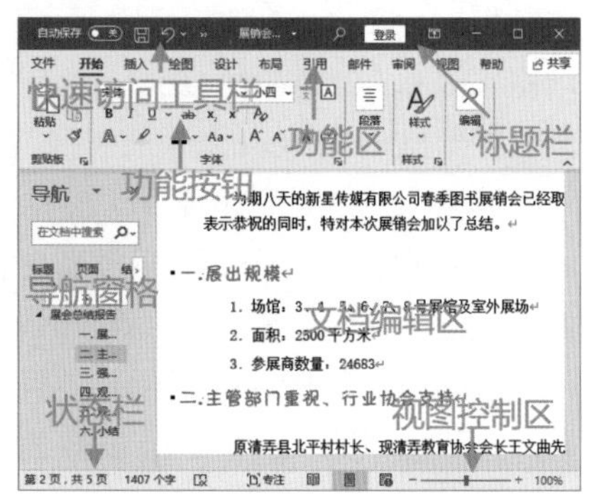

图 1-28

（1）标题栏：主要用于显示正在编辑的文档的文件名及所使用的软件名，另外，还包括【自动保存】设置按钮、标准的快速访问工具栏、【搜索】框、【登录】按钮、【功能区显示选项】按钮和窗口控制按钮。

技术看板

如果通过【自动保存】设置按钮将文档提前保存到OneDrive或SharePoint Online，就可以开启自动保存功能，实现编辑该文档时不停地自动保存文档的效果，即即时保存。

（2）快速访问工具栏：此处的功能按钮始终可见，在一个功能按钮上右击并选择对应设置，即可将其添加到此处。

（3）功能区：主要包括【文件】【开始】【插入】【绘图】【设计】【布局】【引用】【邮件】【审阅】【视图】【帮助】等选项卡。

（4）功能按钮：选择功能区中的任意选项卡，即可显示该选项卡中的功能按钮。

（5）导航窗格：在此窗格中，可以展示文档的标题大纲，拖动垂直滚动条中的滑块，可以快速浏览文档标题或页面视图。使用此窗格中的搜索框，还可以在长文档中迅速搜索内容。

（6）文档编辑区：主要用于文字编辑、页面设置和格式设置等操作，是Word文档的主要工作区域。

（7）状态栏：打开一个Word 2021文档，窗口最下方的条形框就是状态栏，通常会显示页码、字数统计、视图按钮、缩放比例等。在状态栏空白处右击，可在弹出的快捷菜单中自定义状态栏的按钮。

（8）视图控制区：包括常见的阅读视图、页面视图和Web版式视图按钮，以及比例缩放条和缩放比例按钮，主要用于切换页面视图和调整页面显示比例。

2. Excel 2021 的工作界面

Excel 2021的工作界面与Word 2021相似，但除了包括标题栏、快速访问工具栏、功能区、功能按钮、滚动条、状态栏、视图切换区及比例缩放区以外，还包括名称框、编辑栏、工作表编辑区、工作表列表区等组成部分，如图1-29所示。

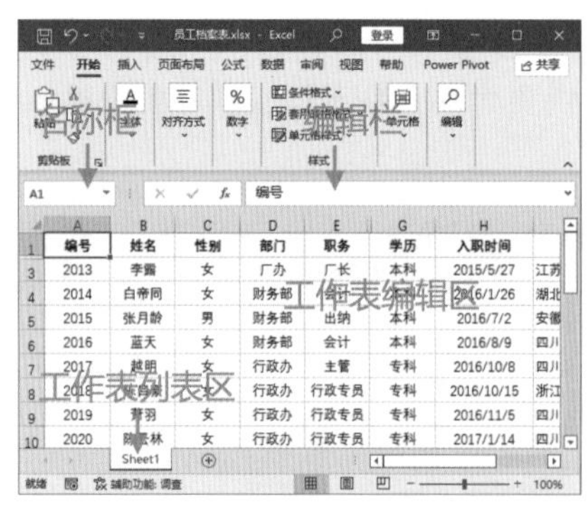

图 1-29

（1）名称框和编辑栏：在左侧的名称框中，用户可以给一个或一组单元格定义一个名称，完成名称定义后，可以通过在名称框中直接选取定义过的名称来选择相应的单元格。选择单元格后，可以在右侧的编辑栏中输入单元格的内容，如公式、文字和数据等。

（2）工作表编辑区：由多个单元表格行和单元表格列组成的网状编辑区域。用户可以在此区域内进行数据处理。

（3）工作表列表区：工作表列表区中包含一个或多个工作表标签，工作表标签上显示工作表的名称。初始情况下，Excel 2021自动显示当前默认的工作表为Sheet1，用户可以根据需要创建新的工作表标签。

3. PowerPoint 2021 的工作界面

PowerPoint 2021的工作界面和Excel 2021、Word 2021基本类似。PowerPoint 2021工作界面的功能区包括【文件】【开始】【插入】【绘图】【设计】【切换】【动画】【幻灯片放映】【录制】【审阅】【视图】【帮助】等选项卡，其中【设计】【切换】【动画】【幻灯片放映】【录制】是PowerPoint特有的选项卡。PowerPoint 2021的工作界面还包括幻灯片编辑区、幻灯片视图区、备注窗格和批注窗格等特殊组成部分，如图1-30所示。

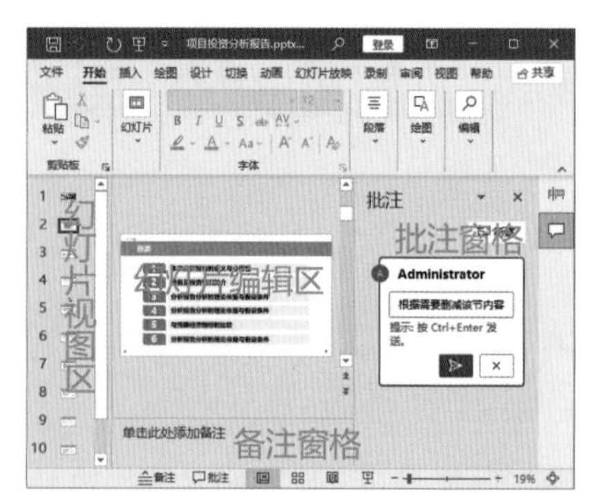

图 1-30

（1）幻灯片编辑区：PowerPoint 2021 工作界面右侧最大的区域是幻灯片编辑区（在未开启批注窗格的情况下），在此可以对幻灯片中的文字、图片、图形、表格、图表等元素进行编辑。

（2）幻灯片视图区：PowerPoint 2021 工作界面左侧区域是幻灯片视图区，默认视图方式为【幻灯片】视图。在此栏中，可以轻松实现对整张幻灯片的复制与粘贴，以及插入新的幻灯片、删除幻灯片、幻灯片样式更改等操作。

（3）备注窗格：在 PowerPoint 2021 中，单击【视图】选项卡【显示】组中的【备注】按钮，可打开备注窗格。正常情况下，备注窗格位于幻灯片编辑区的正下方，紧挨着幻灯片编辑区的灰色区域就是备注的位置，可以直接在此输入备注文字，作为演讲者的参考资料。

（4）批注窗格：在 PowerPoint 2021 中，单击【插入】选项卡中的【批注】按钮，可打开批注窗格。正常情况下，批注窗格位于幻灯片编辑区的右侧。单击【新建】按钮，即可为选定的文本、对象或幻灯片添加批注，也可以在不同编辑者之间进行批注回复。

1.3.2 实战：新建 Office 2021 组件

实例门类	软件功能

新建 Office 2021 组件的方法有很多，接下来介绍三种最常用的方法。

1. 双击桌面图标

双击桌面图标新建 Excel 2021 文件的具体操作步骤如下。

Step01 启动 Excel 软件。在桌面上双击【Excel 2021】软件的快捷图标，如图 1-31 所示。

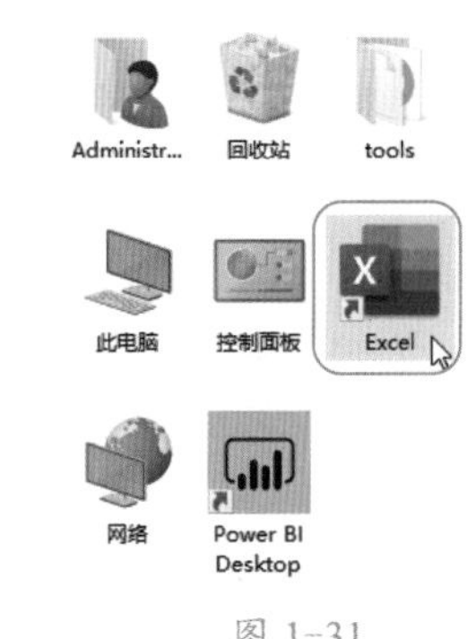

图 1-31

Step02 新建空白工作簿。进入【Excel】窗口，从中选择【空白工作簿】选项，即可创建一个 Excel 2021 文件，如图 1-32 所示。

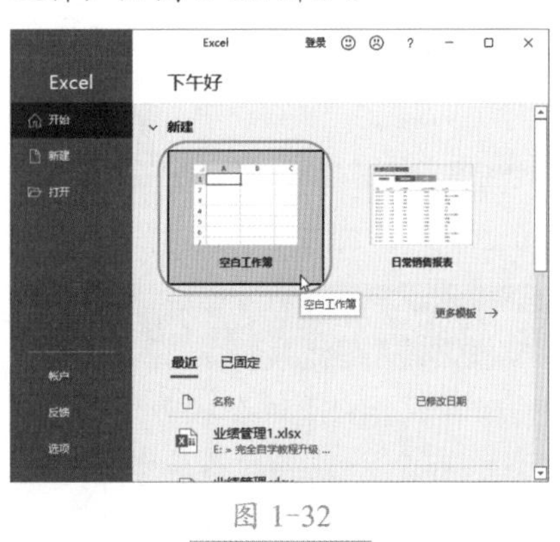

图 1-32

2. 使用右键菜单

使用右键菜单创建 Word 2021 文件的具体操作步骤如下。

Step01 选择需要新建文件的文件类型。在桌面上右击，在弹出的快捷菜单中选择【新建】→【Microsoft Word 文档】选项，如图 1-33 所示。

图 1-33

Step02 查看新创建的文件。完成 Step01 操作后，即可在桌面上创建一个 Word 2021 文件，如图 1-34 所示。双击 Word 2021 文件图标，即可进入查看。

图 1-34

3. 使用【文件】选项卡中的模板

在 PowerPoint 2021 中，单击【文件】选项卡，如图 1-35 所示。

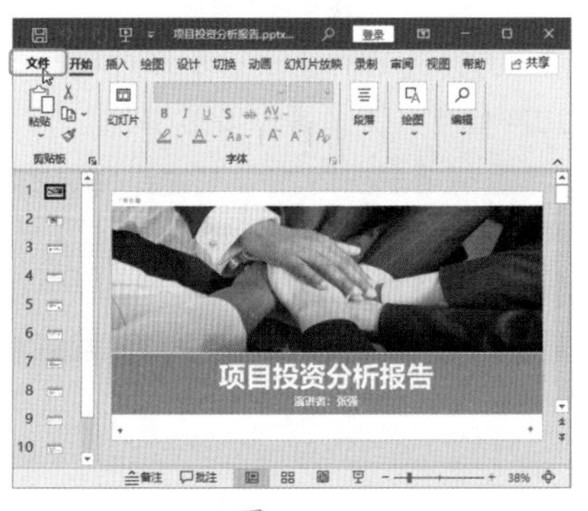

图 1-35

进入【文件】界面，选择【新建】选项卡，即可根据需要创建空白演示文稿，或选择其他模板文件创建带有样式的演示文稿，如图 1-36 所示。

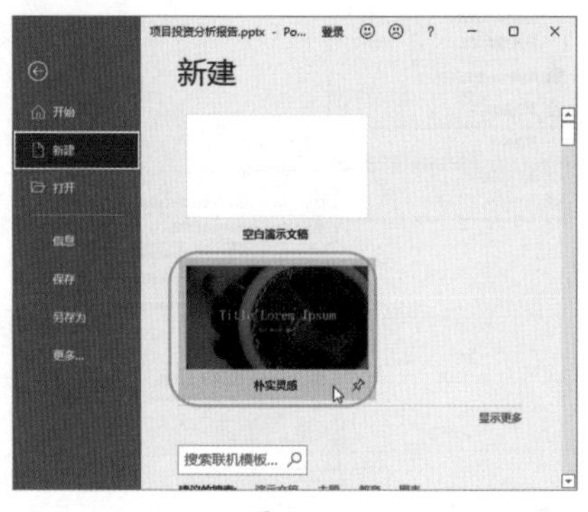

图 1-36

技术看板

Office 2021 更新了模板搜索功能，用户可以更直观地在组件内搜索工作、学习、生活中用到的模板，不再需要通过浏览器搜索下载，大大提高了效率。

1.3.3 实战：保存 Office 2021 组件

实例门类	软件功能

创建了 Office 2021 组件后，可以通过执行【保存】命令来保存 Office 2021 组件，具体操作步骤如下。

Step 01 保存 Excel 文件。创建 Excel 2021 文件后，单击【快速访问工具栏】中的【保存】按钮，如图 1-37 所示。

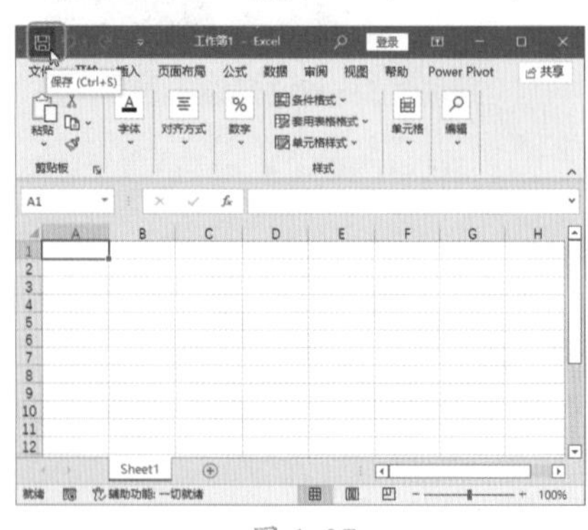
图 1-37

Step 02 打开【另存为】对话框。进入【另存为】界面，选择【浏览】选项，如图 1-38 所示。

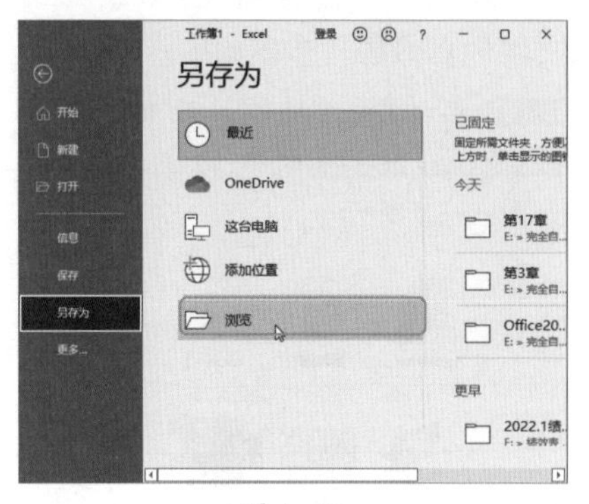

图 1-38

Step 03 保存文件。弹出【另存为】对话框，根据需要选择保存位置，单击【保存】按钮即可，如图 1-39 所示。

图 1-39

技术看板

按【Ctrl+S】组合键即可保存 Word 文档。如果这个文档是保存过的，而且设置了【只读】属性，那么在这个文档中进行修改后，再执行【保存】命令，只能将文档另存。

1.3.4 实战：打开 Office 2021 组件

实例门类	软件功能

打开 Office 2021 组件的方法主要包括以下两种。

1. 双击打开 Office 2021 组件

在 Office 2021 组件的保存位置双击文件图标，即可打开 Office 2021 组件，如图 1-40 所示。

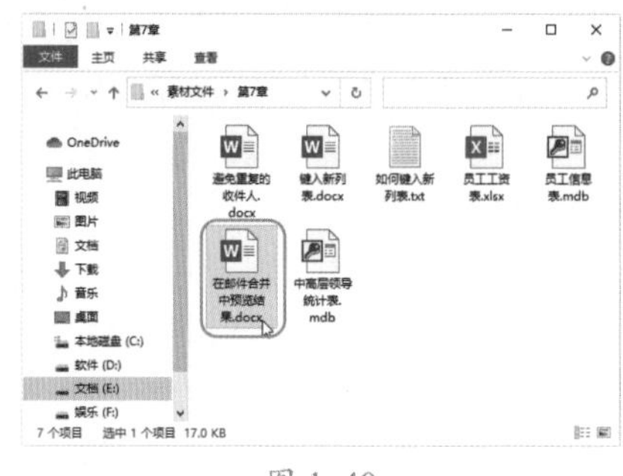
图 1-40

2. 在已有文件中打开新的 Office 2021 组件

在已有文件中打开新的 Office 2021 组件的具体操作步骤如下。

Step 01 打开【打开】对话框。在已有 Word 文档中，选择【文件】选项卡，进入【文件】界面，选择【打开】选项卡，单击【浏览】选项，如图 1-41 所示。

图 1-41

Step 02 打开文件。弹出【打开】对话框，选择需要打开的 Word 文件，单击【打开】按钮即可，如图 1-42 所示。

图 1-42

1.4 自定义 Office 2021 工作界面

安装了Office 2021后，可以通过自定义快速访问工具栏、创建常用工具组、显示或隐藏功能区等方式优化Office 2021的工作界面。

1.4.1 实战：在快速访问工具栏中添加或删除按钮

实例门类	软件功能

用户可以将一些常用命令添加到【快速访问工具栏】中。例如，在Excel 2021【快速访问工具栏】中添加或删除【冻结窗格】命令，具体操作步骤如下。

Step01 打开【Excel选项】对话框。打开工作簿，❶单击【快速访问工具栏】右侧的下拉按钮；❷在弹出的下拉列表中选择【其他命令】选项，如图1-43所示。

图 1-43

Step02 添加功能。弹出【Excel选项】对话框后，❶在【常用命令】列表框中选择【冻结窗格】命令；❷单击【添加】按钮，如图1-44所示。

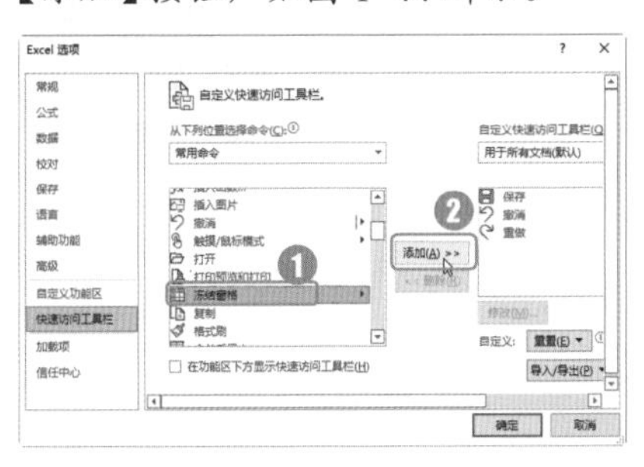

图 1-44

Step03 确定功能添加。❶选择的【冻结窗格】命令被添加到【自定义快速访问工具栏】列表框中；❷单击【确定】按钮，如图1-45所示。

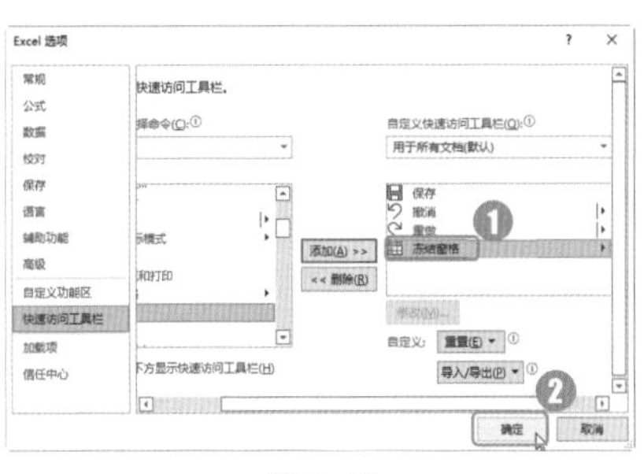

图 1-45

Step04 查看添加的功能。返回工作簿，即可在【快速访问工具栏】中看到添加的【冻结窗格】命令图标，如图1-46所示。

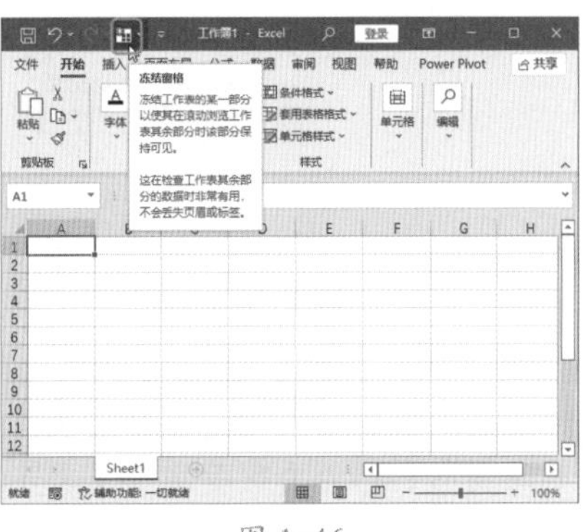

图 1-46

Step05 删除【快速访问工具栏】中的命令。如果要删除【快速访问工具栏】中的命令，在【快速访问工具栏】中右击要删除的命令按钮。例如，❶右击【冻结窗格】图标；❷在弹出的快捷菜单中选择【从快速访问工具栏删除】选项，如图1-47所示。

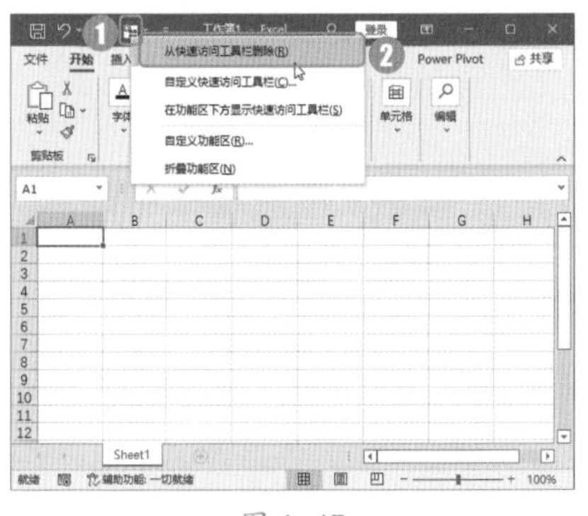

图 1-47

1.4.2 实战：将功能区中的按钮添加到快速访问工具栏中

实例门类	软件功能

日常工作中，如果经常用到功能区中的某个按钮，如【加粗】按钮**B**，为了使用方便，可将其添加到【快速访问工具栏】中，具体操作步骤如下。

Step01 将功能添加到【快速访问工具栏】中。在Word文档中，❶右击【字体】组中的【加粗】按钮**B**；❷在弹出的快捷菜单中选择【添加到快速访问工具栏】选项，如图1-48所示。

图 1-48

Step02 查看功能添加效果。完成

Step 01 操作后，即可将【加粗】按钮B添加到【快速访问工具栏】中，如图 1-49 所示。

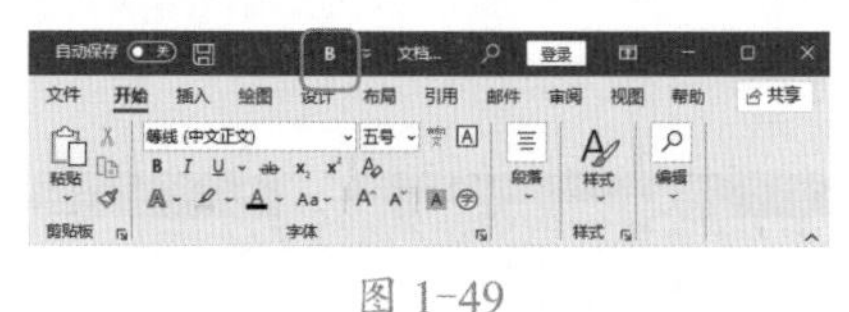

图 1-49

1.4.3 实战：在选项卡中创建自己常用的工具组

实例门类	软件功能

Office 2021 各组件的功能区通常包括【文件】【开始】【插入】【页面布局】等选项卡。默认情况下，功能区中选项卡的排列方式是完全相同的，当然，用户也可以根据工作的需要，进行个性化定制。下面介绍在 Excel 2021 的【开始】选项卡中创建一个【我的工具】工具组，并添加常用命令的方法。

1. 创建工具组

创建工具组的具体操作步骤如下。

Step 01 打开【Excel 选项】对话框。在已有 Excel 文档中，选择【文件】选项卡，进入【文件】界面后，选择【选项】选项卡，如图 1-50 所示。

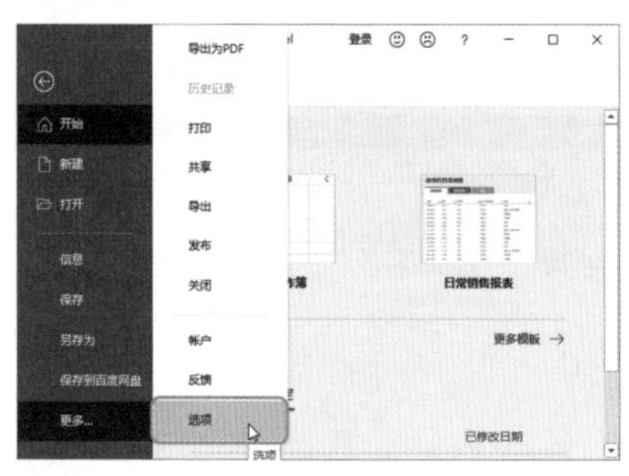

图 1-50

Step 02 新建组。弹出【Excel 选项】对话框，❶选择【自定义功能区】选项卡；❷在右侧的【自定义功能区】列表框中选择工具组要添加到的具体位置，这里选择【开始】选项；❸单击【新建组】按钮，如图 1-51 所示。

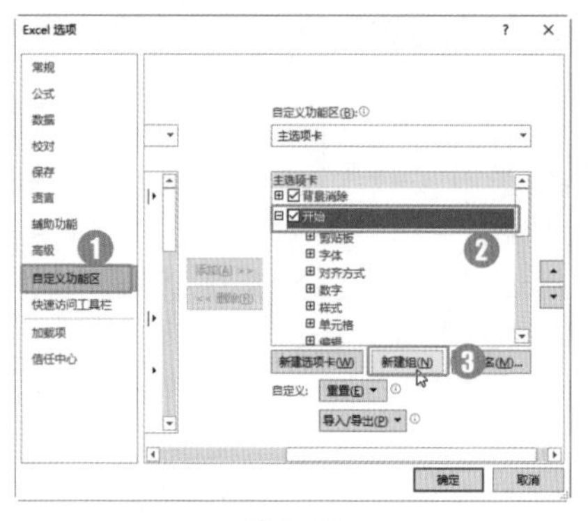

图 1-51

Step 03 重命名组。完成 Step 02 操作后，即可在【开始】选项卡下创建一个名称为【新建组(自定义)】的组，单击【重命名】按钮，如图 1-52 所示。

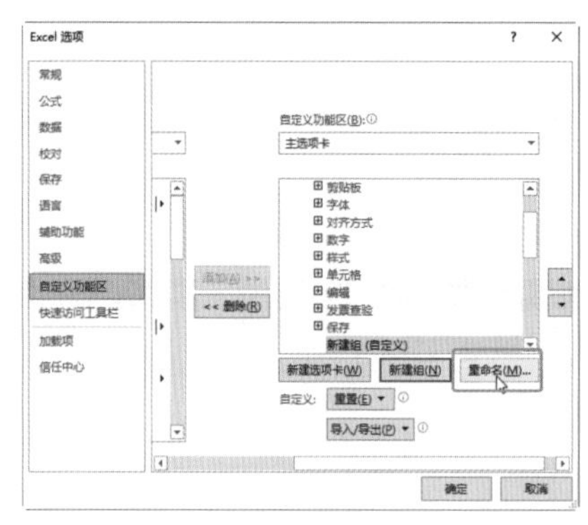

图 1-52

Step 04 输入新的组名。弹出【重命名】对话框，❶在列表框中选择需要显示的符号；❷在【显示名称】文本框中输入文本“我的工具”；❸单击【确定】按钮，如图 1-53 所示。

图 1-53

Step 05 查看重命名组的效果。返回【Excel 选项】对话框，即可将创建的组重命名为【我的工具】。

2. 添加常用命令

在创建的工具组中添加常用命令，具体操作步骤如下。

Step 01 添加命令。打开【Excel 选项】对话框，❶在【主选项卡】列表框中选择【开始】选项卡下的【我的工具(自定义)】组；❷在【从下列位置选择命令】下拉列表中选择【常用命令】选项；❸在下方的列表框中依次选择需要添加到新建组中的命令；❹单击【添加】按钮将它们添加到新建组中；❺添加完毕后单击【确定】按钮，如图 1-54 所示。

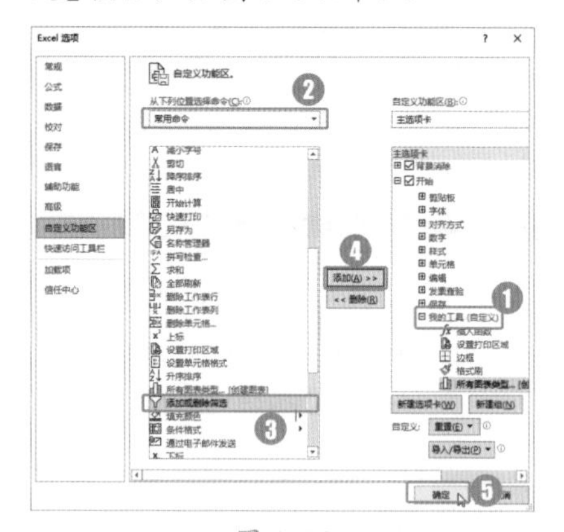

图 1-54

Step 02 查看命令添加效果。返回 Excel 窗口，即可在【开始】选项卡中看到创建的【我的工具】组和添加的各命令按钮，如图 1-55 所示。

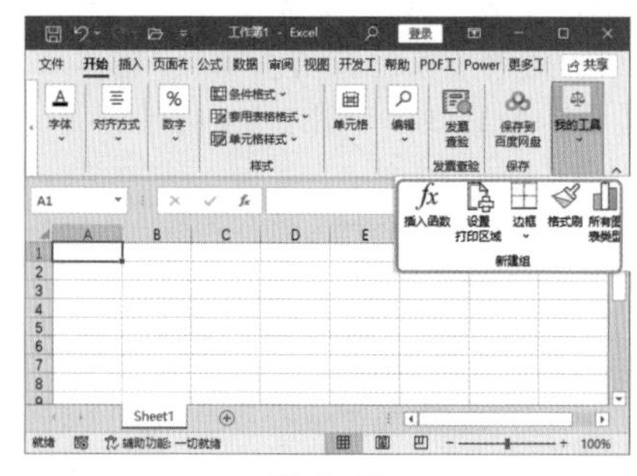

图 1-55

1.4.4 实战：隐藏或显示功能区

实例门类	软件功能

在使用Office 2021进行办公时，为了使窗口编辑区尽可能大，用户往往会对功能区进行隐藏，从而显示编辑区更多的内容，便于更好地操作Office 2021组件。下面为大家介绍如何隐藏和显示功能区。

1. 隐藏功能区

隐藏功能区的具体操作步骤如下。

Step 01 折叠功能区。打开PowerPoint 2021演示文稿，在功能区中的任意组上右击，在弹出的快捷菜单中选择【折叠功能区】选项，如图1-56所示。

图 1-56

Step 02 查看功能区折叠效果。完成Step 01操作后即可折叠功能区，效果如图1-57所示。

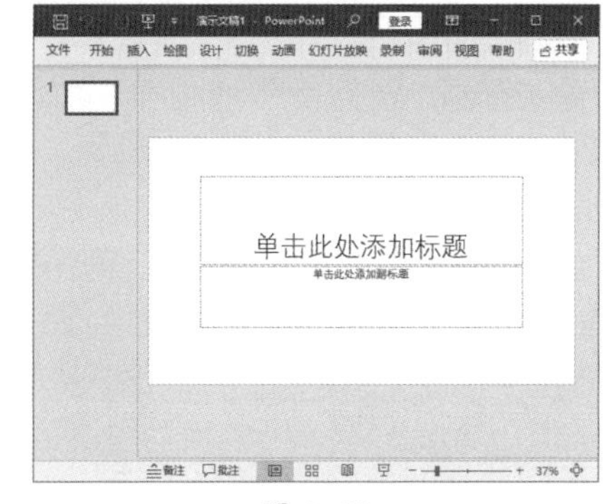

图 1-57

Step 03 通过按钮折叠功能区。除了通过快捷菜单折叠功能区之外，单击功能区右下角的【折叠功能区】按钮 ^，也可折叠功能区，如图1-58所示。

图 1-58

2. 显示功能区

显示功能区的具体操作步骤如下。

Step 01 选择【显示选项卡和命令】选项。❶在标题栏中单击【功能区显示选项】按钮；❷在弹出的下拉列表中选择【显示选项卡和命令】选项，如图1-59所示。

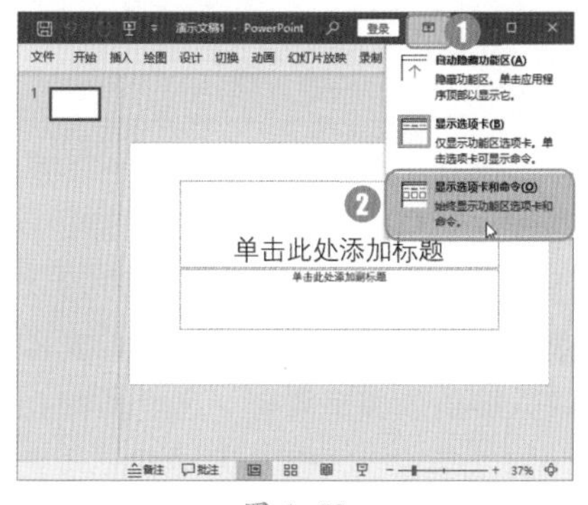

图 1-59

Step 02 查看显示的功能区。完成Step 01操作后即可显示之前隐藏的功能区，如图1-60所示。

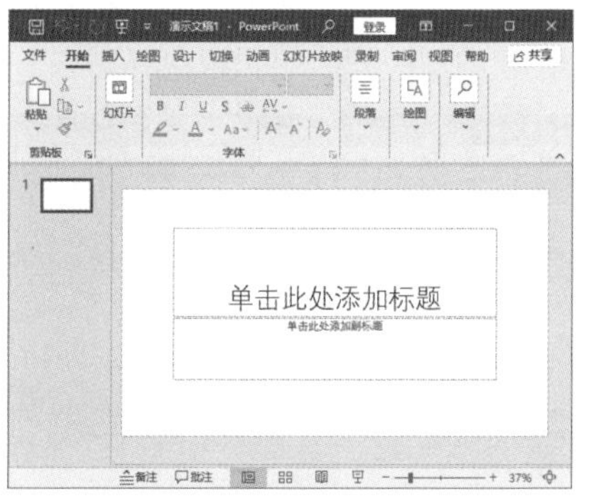

图 1-60

技能拓展——自动隐藏功能区

如果在标题栏中单击【功能区显示选项】按钮，在弹出的下拉列表中选择【自动隐藏功能区】选项，文档窗口会自动全屏覆盖，阅读工具栏也会被隐藏起来。

1.5 巧用Office的【帮助】解决问题

在使用Office的过程中，如果用户遇到了不常用或不会用的操作，可以使用Office的【帮助】功能。本节主要介绍一些常用的搜索问题的方法，以便快速解决问题。

★新功能 1.5.1 实战：使用关键字

实例门类	软件功能

在使用Office 2021时，如果不知道所需要的功能在什么选项卡下，可以通过【搜索】框来进行功能查找。在使用搜索功能时，直接输入简洁的词语即可。这里以Word 2021为例进行介绍，具体操作步骤如下。

Step01 将鼠标指针定位到【搜索】框上。在标题栏中找到【搜索】框，在将窗口缩小的情况下，显示为【搜索】按钮。将鼠标指针放在【搜索】按钮上面并单击，如图1-61所示。

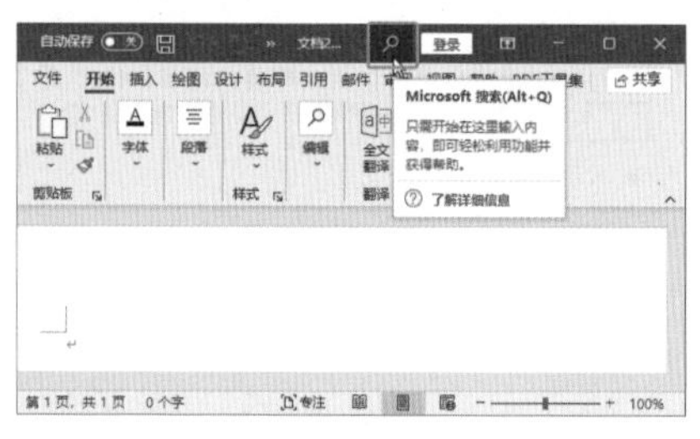

图 1-61

Step02 进行功能关键词搜索。在【搜索】框中输入需要查找的功能关键词，如输入“字数统计”文本，下方会出现相应的选项。选择需要的功能选项，如图1-62所示，这里直接按【Enter】键，默认选择第一个选项。

图 1-62

Step03 打开需要的功能。选择搜索出的功能后，便可以打开这个功能，如图1-63所示。

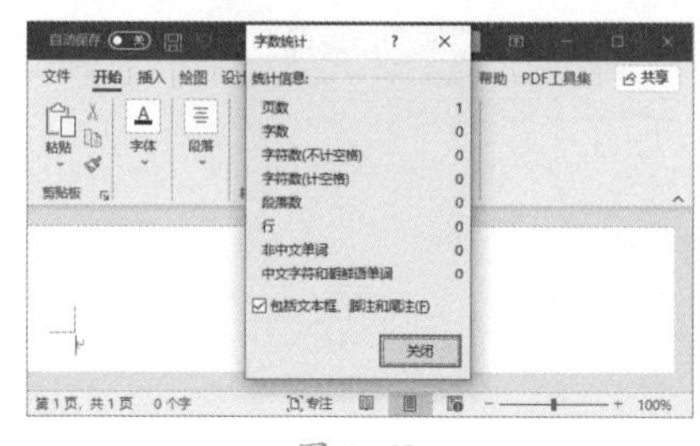

图 1-63

★新功能 1.5.2 实战：获取Office联机帮助

实例门类	软件功能

Office提供的联机帮助是最权威、最系统，也是最好用的Office知识的学习资源之一。

使用Office 2021的过程中，如果遇到不熟悉的操作，或对某些功能不了解，可以通过使用Office提供的联机帮助功能寻求解决问题的方法。下面以Excel 2021为例介绍两种常用的获取联机帮助的方法。

1. 通过【帮助】选项卡获取帮助

Office 2021默认提供【帮助】选项卡，通过该选项卡，可快速获取需要的帮助，但前提是必须保证计算机正常连接网络，具体操作步骤如下。

Step01 单击【帮助】按钮。单击【帮助】选项卡【帮助】组中的【帮助】按钮，如图1-64所示。

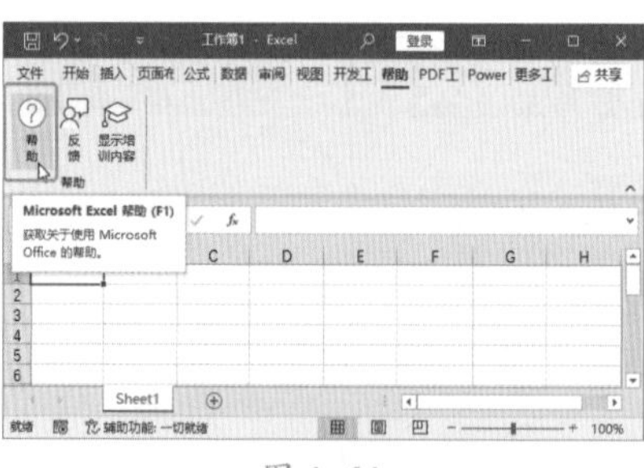

图 1-64

Step02 单击分类超级链接。打开【帮助】任务窗格，其中分类提供了与Excel操作相关的帮助，单击【导入与分析】超级链接，如图1-65所示。

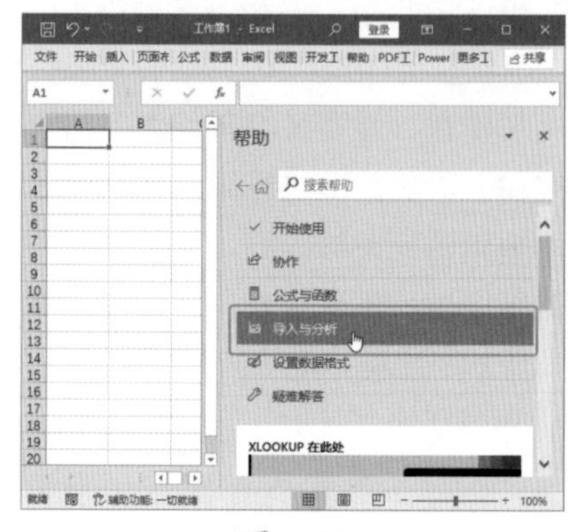

图 1-65

Step03 单击帮助问题超级链接。展开分类，单击需要查看的问题对应的超级链接，如图1-66所示。

图 1-66

Step04 查看问题解决方案。展开相关问题的解决方案，如图1-67所示。

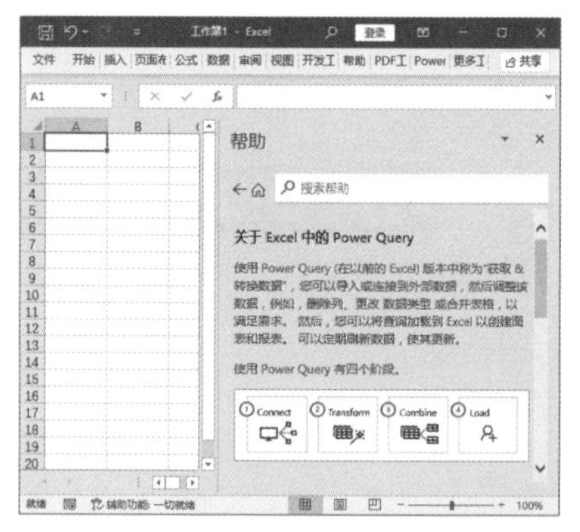

图 1-67

技能拓展——输入问题搜索获取帮助

如果需要获取的帮助没有以超级链接的形式展示在【帮助】任务窗格中，那么可直接在【帮助】任务窗格中的【搜索帮助】文本框中输入需要搜索的问题，如输入【SUMIF 函数】，单击搜索按钮，即可根据输入的问题搜索出相关的超级链接。单击相应的超级链接，任务窗格中将展开该问题的相关解决方案，如图 1-68 所示。

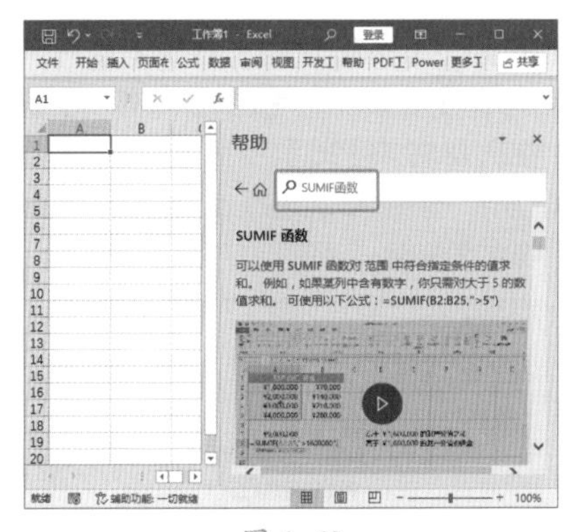

图 1-68

2. 查询Excel联机帮助

在连接网络的情况下，可通过Excel帮助网页获取联机帮助，具体操作步骤如下。

Step 01 单击【Microsoft Excel帮助】按钮。选择【文件】选项卡，单击【Microsoft Excel帮助】按钮?，如图 1-69 所示。

图 1-69

Step 02 单击【搜索】按钮。打开网页浏览器，可自动连接到Microsoft的官方网站，单击⌕按钮，如图 1-70 所示。

图 1-70

Step 03 输入关键字搜索。跳转到新页面，❶在搜索框中输入关键字，如输入"Excel 2021 新功能"文本；❷单击→按钮，如图 1-71 所示。

图 1-71

Step 04 查看帮助信息。网页中将显示搜索到的结果，单击对应的超级链接，如图 1-72 所示。

图 1-72

Step 05 查看帮助信息。网页中将显示该问题的帮助信息，如图 1-73 所示。

图 1-73

技术看板

在Office 2021 文档中按【F1】键，可打开【帮助】窗格，用户能够便捷地根据需要在其中搜索相关的帮助信息。

妙招技法

通过对本章知识的学习，相信读者已经掌握了Office 2021 的基本知识和基础设置方法。下面结合本章内容，给大家介绍一些实用技巧。

技巧 01：设置窗口的显示比例

在Office 2021组件窗口中，可以通过设置页面显示比例来调整文档窗口的大小。调整页面显示比例仅改变文档窗口的显示大小，并不会影响实际的打印效果。例如，设置Word 2021的页面显示比例，具体操作步骤如下。

Step 01 打开【缩放】对话框。打开一个Word 2021文档，❶选择【视图】选项卡；❷在【缩放】组中单击【缩放】按钮，如图1-74所示。

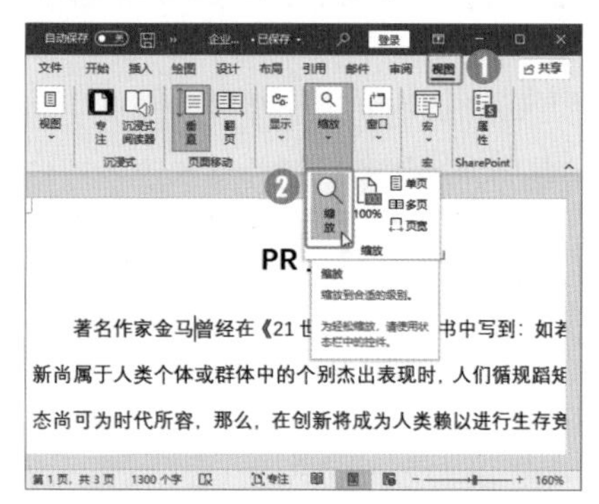

图 1-74

Step 02 选择比例。弹出【缩放】对话框，❶在【显示比例】选项中选择【75%】单选按钮；❷单击【确定】按钮，如图1-75所示。

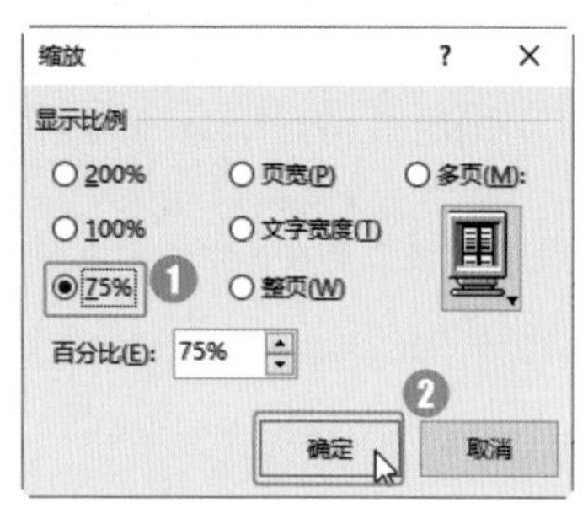

图 1-75

Step 03 查看调整页面显示比例后的文档效果。完成Step 02操作后，即可将文档的显示比例设置为【75%】，如图1-76所示。

图 1-76

技巧 02：如何限制文档编辑

文档编辑完成后，如果不希望该文档再被自己或他人误编辑，可以对文档设置限制编辑，具体操作步骤如下。

Step 01 打开【限制编辑】窗格。打开一个Word 2021文档，❶选择【审阅】选项卡；❷单击【保护】组中的【限制编辑】按钮，如图1-77所示。

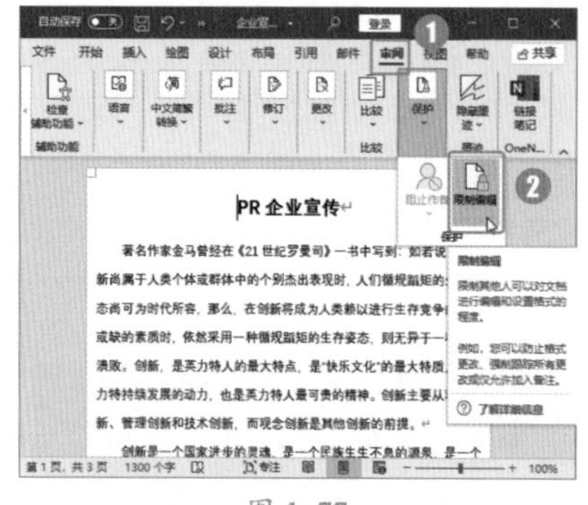

图 1-77

Step 02 选择需要限制的选项。弹出【限制编辑】窗格，❶根据需要选择相应的复选框；❷单击【是，启动强制保护】按钮，如图1-78所示。

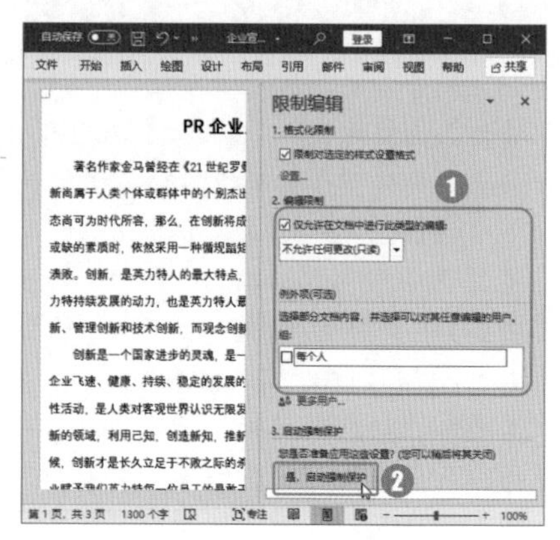

图 1-78

Step 03 输入保护密码。弹出【启动强制保护】对话框，❶在【新密码】和【确认新密码】文本框中输入设置的密码，如输入"123"文本；❷单击【确定】按钮，如图1-79所示。

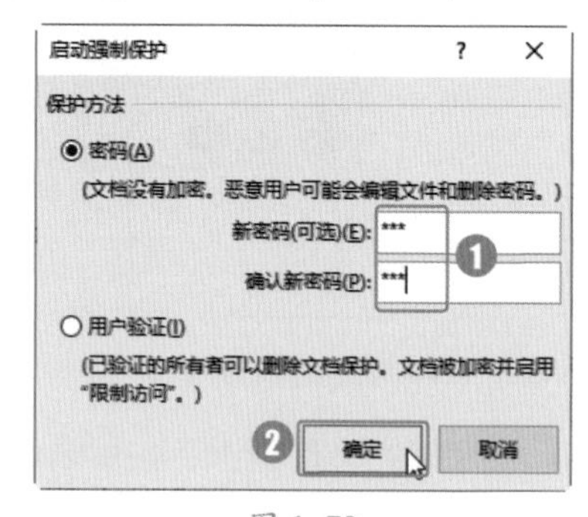

图 1-79

技巧 03：怎样设置文档自动保存时间

使用Office 2021办公软件编辑文档时，可能会遇到计算机死机、断电及误操作等情况，为了避免不必要的损失，可以设置Office 2021的自动保存时间，具体操作步骤如下。

Step 01 打开【Word选项】对话框。选择【文件】选项卡，进入【文件】界面，选择【选项】选项卡，如

图 1-80 所示。

图 1-80

Step02 设置文档自动保存时间。弹出【Word选项】对话框，❶选择【保存】选项卡；❷在【保存文档】选项中选择【保存自动恢复信息时间间隔】复选框，在其右侧的微调框中将时间间隔设置为【8】分钟；❸单击【确定】按钮，如图 1-81 所示。

图 1-81

本章小结

本章首先介绍了Office 2021 的基本组件和主要功能，其次介绍了Office 2021 的新增功能和主要工作界面，再次介绍了自定义Office 2021 工作界面、优化工作环境的方法，最后讲述了巧用Office的【帮助】功能解决相关问题的方法。通过对本章内容的学习，希望读者能够熟悉Office 2021 的基本知识，学会定制和优化Office工作界面的技巧，从而更加快速、高效地完成工作。

第2篇 Word办公应用

Word 2021 是 Office 2021 中的核心组件之一，是由 Microsoft 公司推出的优秀的文字处理与排版应用程序。本篇主要介绍 Word 文档的输入与编辑、格式设置与排版，文档内表格的制作方法，文档高级排版及邮件合并等知识。

第2章 Word 2021 文档内容的输入与编辑

- ➥ 文档可选视图太多，不知道该如何选择？
- ➥ 如何输入特殊内容？
- ➥ 不想逐字逐句地敲键盘，如何提高输入效率？
- ➥ 如何快速找到相应的文本？
- ➥ 如何一次性将某些相同的文本替换为其他文本？
- ➥ 如何对常见的页面格式进行设置？

本章通过对 Word 2021 文档内容输入与编辑、设置页面格式等相关技巧的讲解，为读者介绍一些基础性操作。

2.1 文档视图

在计算机办公过程中，我们经常需要对 Word 文档内容进行查看或处理。Word 2021 提供了多种视图处理方式，用户可以根据自己的需要选择对应的编辑视图，下面介绍相关视图的使用方法。

2.1.1 选择合适的视图模式

Word 为我们提供了多种文档视图，不同的视图，可方便我们对文档进行不同的操作。Word 默认的视图为【页面视图】，此外，还提供了【阅读视图】【Web 版式视图】【大纲视图】和【草稿视图】。下面以“劳动合同”文档为例，展示不同视图模式下的效果。

1. 页面视图

页面视图为在 Word 中查看文档的默认视图，也是使用得最多的视图模式。在页面视图中，用户在计算机屏幕上看到的文档所有内容在整个页面中的分布状况，就是实际打印在纸张上的真实效果，具有“所见即所得”的显示效果，如图 2-1 所示。所以，该视图主要用于编排需要打印的文档。

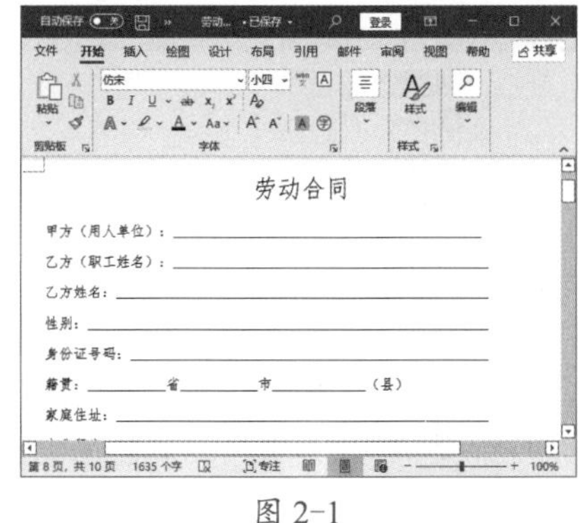

图 2-1

在页面视图中，既可进行编辑排版、设计页眉/页脚、设置页面边距、设置多栏版面，也可处理文本框、图文框、多栏版面的样式栏或检查文档的最后外观，还可对文本、格式及版面进行最后的修改，以及拖动鼠标，调整文本框及图文框的位置和大小。

2. 阅读视图

如果仅需要查看文档内容，避免文档被修改，可以使用阅读视图。使用该视图查看文档，会直接以全屏方式显示文档内容，功能区等窗口元素被隐藏，只在上方显示少量必要的工具，相当于一个简化版的Word，或者说接近写字板的风格，如图 2-2 所示。

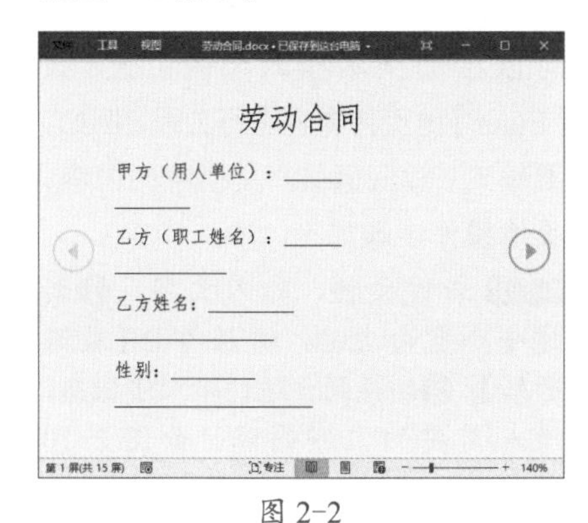

图 2-2

技术看板

Word 2021 的阅读模式提供了3种页面背景色，白底黑字、褐色背景及适用于黑暗环境的黑底白字，方便用户在各种环境中舒适地阅读。

全新的阅读视图介于复杂的页面视图和旧版苍白的阅读视图之间。在Word 2021 阅读视图中，一方面，不用受暂时用不到的条条框框及工具栏的干扰，查看文档时只需单击页面左侧的◀按钮或右侧的▶按钮即可完成翻屏；另一方面，需要简单编辑时也有工具可用，用户既可以在【工具】下拉列表中选择各种阅读工具，也可以在【视图】下拉列表中设置该视图，如显示导航窗格、更改页面颜色等。

3. Web版式视图

Web版式视图以网页的形式显示文档内容在Web浏览器中的外观。在该视图中，不显示页码和节号信息，文档显示为一个不带分页符的长页，并且文本和表格将自动换行，以适应窗口的大小，超链接显示为带下划线的文本，如图 2-3 所示。如果要编排用于互联网展示的网页文档或邮件，可以使用Web版式视图。

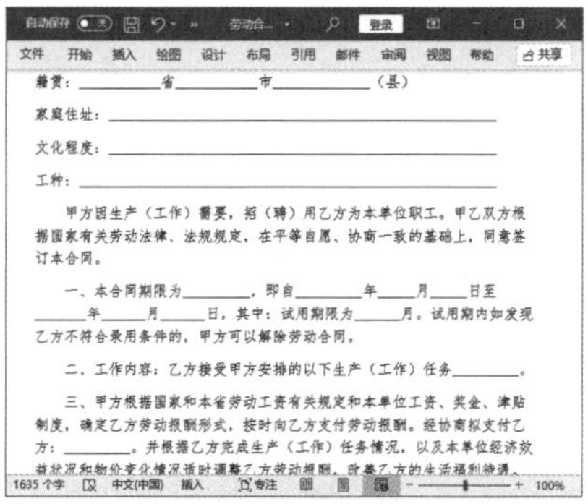

图 2-3

4. 大纲视图

大纲视图主要用于设置文档的格式、显示标题的层级结构，可创建大纲。由于在大纲视图中可以方便地折叠和展开各种层级的文档，因此该视图也可以用于检查文档结构。大纲视图广泛用于Word 2021 长文档的快速浏览和设置，如图 2-4 所示。

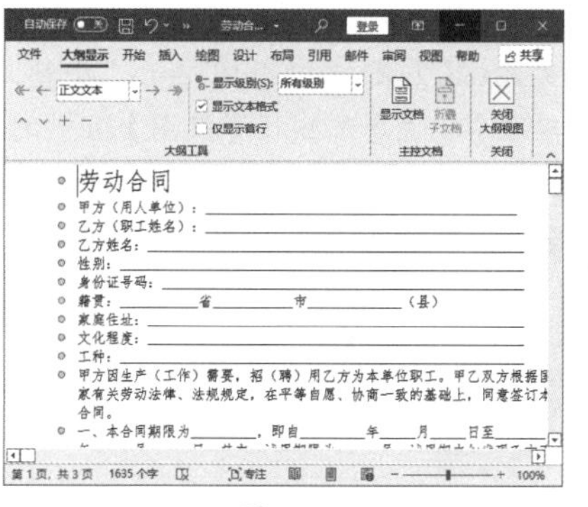

图 2-4

5. 草稿视图

草稿视图取消了对页面边距、分栏、页眉/页脚和图片等元素的显示，仅显示标题和正文，是最节省计算机系统硬件资源的视图方式，如图 2-5 所示。不过，现在计算机系统的硬件配置都比较高，基本上不存在由于硬件配置偏低而使Word运行遇到障碍的问题。

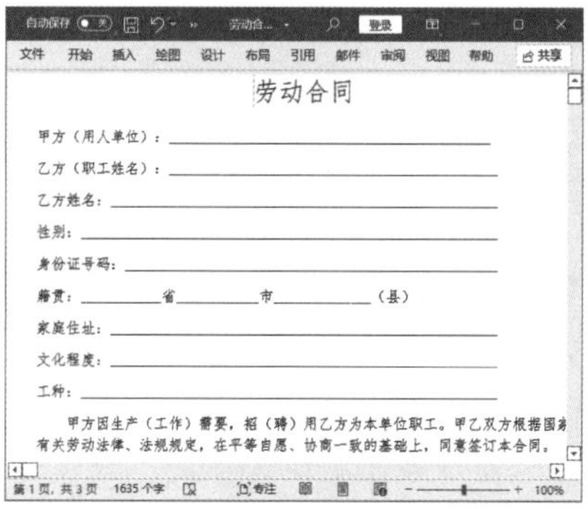

图 2-5

2.1.2 实战：轻松切换视图模式

实例门类	软件功能

用户可以根据自己的需求，选择【视图】选项卡或状态栏中的相应视图按钮来切换文档视图。例如，要在阅读视图模式下查看文档内容，具体操作步骤如下。

Step01 切换到阅读视图。打开“素材文件\第2章\劳动合同.docx”文档，单击【视图】选项卡【视图】组中的【阅读视图】按钮，如图 2-6 所示。

图 2-6

Step02 翻页浏览文档。进入阅读视图状态，单击左侧的◀按钮或右侧的▶按钮即可向前或向后翻屏，如图 2-7 所示。

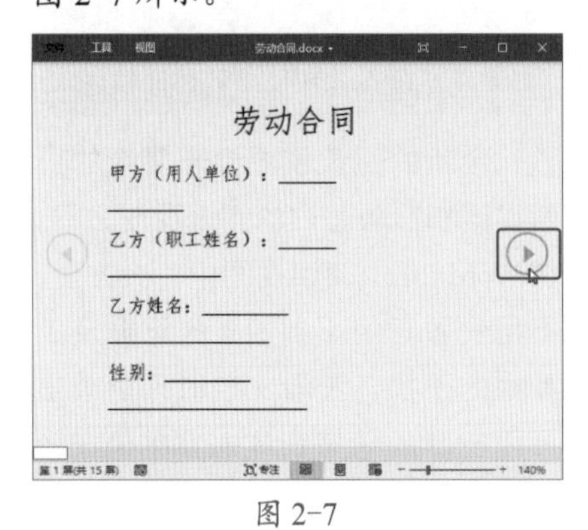

图 2-7

Step03 选择页面颜色。❶选择【视图】菜单；❷在弹出的下拉列表中选择【页面颜色】→【逆转】选项，如图 2-8 所示。

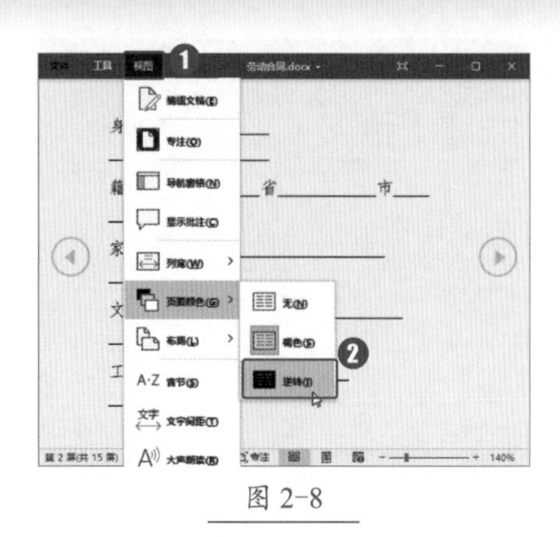

图 2-8

Step04 查看页面颜色。稍后，页面颜色变成黑色，如图 2-9 所示。预览完毕后，按【Esc】键即可退出。

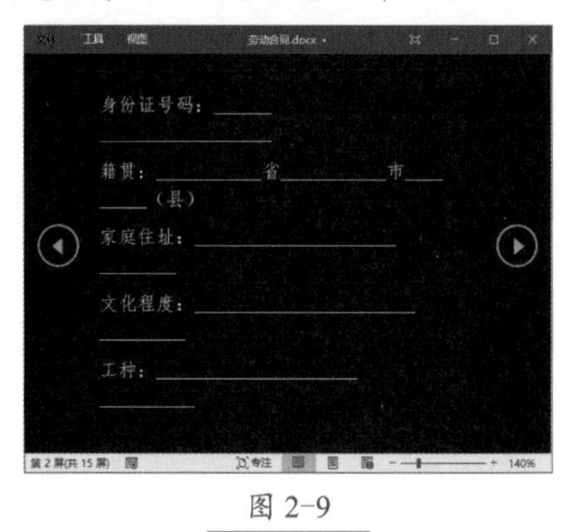

图 2-9

2.2 输入 Word 文档内容

Word主要用于编辑文本，使用它，能够制作出结构清晰、版式精美的各种文档。要在Word中编辑文档，需要先输入文档内容。掌握Word文档内容的输入方法，是编辑各种格式的文档的前提。

2.2.1 实战：输入“放假通知”文本

实例门类	软件功能

输入文本，就是在Word文档编辑区的文本插入点处输入所需要的内容。在Word文档中，可看到不停闪烁的指针“|”，这就是文本插入点。在文档中输入内容时，文本插入点会自动后移，输入的内容会显示在屏幕上。在文档中，可以输入英文文本和中文文本，输入英文文本非常简单，直接按键盘上对应的字母键即可；输入中文文本，则需要先切换到合适的中文输入法状态，再进行输入。

输入文本时，使用键盘上的【↑】【↓】【←】和【→】方向键可以移动文本插入点的位置；按【Enter】键可将内容进行分段。例如，要输入“放假通知”文档中的内容，具体操作步骤如下。

Step01 新建文档，输入文字。❶新建一个空白文档，并保存为【放假通知】；❷切换到合适的输入法状态，输入需要的文字内容，如图 2-10 所示。

图 2-10

Step02 继续输入内容。❶按【Enter】键换行；❷继续输入需要的其他内容，完成后的效果如图 2-11 所示。

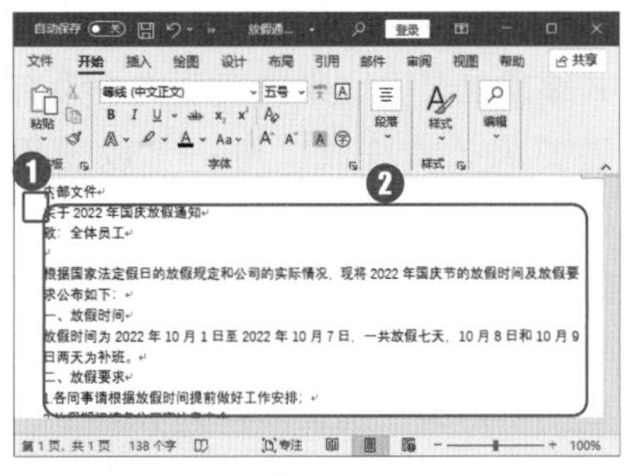

图 2-11

技能拓展——实现即点即输

在 Word 2021 中，除了可以按顺序输入文本外，还可以在文档的任意空白位置输入文本，即使用“即点即输”功能进行输入。将鼠标指针移动到文档编辑区中需要输入文本的任意空白位置并双击，即可将文本插入点定位在该位置，然后输入需要的文本内容。

★重点 2.2.2 实战：在“放假通知”文档中插入特殊符号

实例门类	软件功能

在编辑文档内容时，经常需要输入符号。普通的标点符号可以使用键盘直接输入，对于一些特殊的符号（如【☺】【✓】【×】等），则可以使用 Word 提供的插入特殊符号功能来输入，具体操作步骤如下。

Step01 打开【符号】对话框。打开“素材文件\第 2 章\放假通知（插入特殊符号）.docx”文档，❶将文本插入点定位在需要插入特殊字符的位置；❷单击【插入】选项卡【符号】组中的【符号】按钮；❸在弹出的下拉列表中选择【其他符号】选项，如图 2-12 所示。

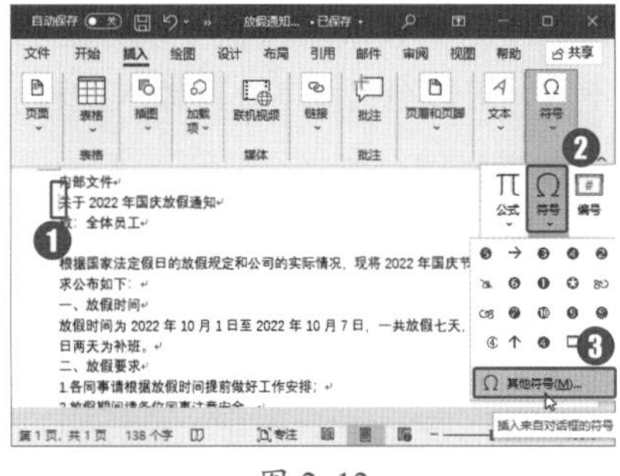

图 2-12

Step02 选择符号。弹出【符号】对话框，❶在【字体】下拉列表框中选择需要应用的字符所在的字体集，如选择【Wingdings】选项；❷在下方的列表框中选择需要插入的符号；❸单击【插入】按钮，如图 2-13 所示。

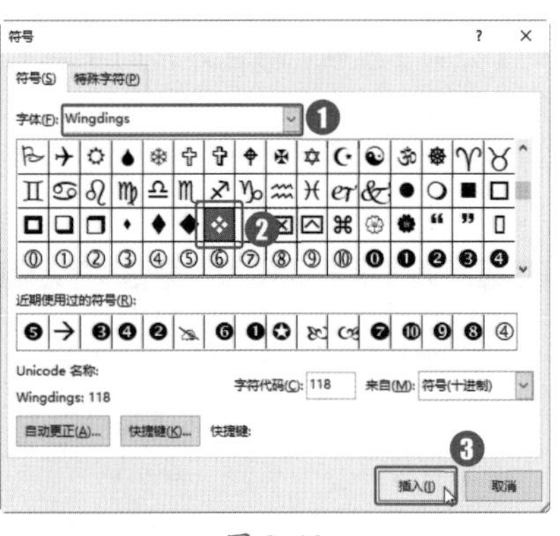

图 2-13

技术看板

【符号】对话框中的【符号】选项卡用于插入字体中带有的特殊符号；【特殊字符】选项卡用于插入文档中常用的特殊符号，其中的符号与字体无关。

Step03 继续插入符号。完成 Step 02 操作后，即可在文档中插入一个符号。❶将文本插入点定位在第 2 处需要插入符号的位置；❷在【符号】对话框中选择需要插入的符号；❸单击【插入】按钮，如图 2-14 所示。

图 2-14

2.2.3 实战：在“放假通知”文档中插入制作文档的日期和时间

实例门类	软件功能

用户在编辑文档时，往往需要输入日期和时间，如果用户要使用当前的日期和时间，可以使用 Word 2021 提供的【日期和时间】功能，快速插入所需格式的日期和时间，具体操作步骤如下。

Step01 打开【日期和时间】对话框。打开“素材文件\第 2 章\放假通知（插入日期）.docx”文档，❶使用“即点即输”的方法，将文本插入点定位在文档最末处，输入“行政处”；❷再次使用“即点即输”的方法，将文本插入点定位在文档最末处；❸单击【插入】选项卡【文本】组中的【日期和时间】选项，如图 2-15 所示。

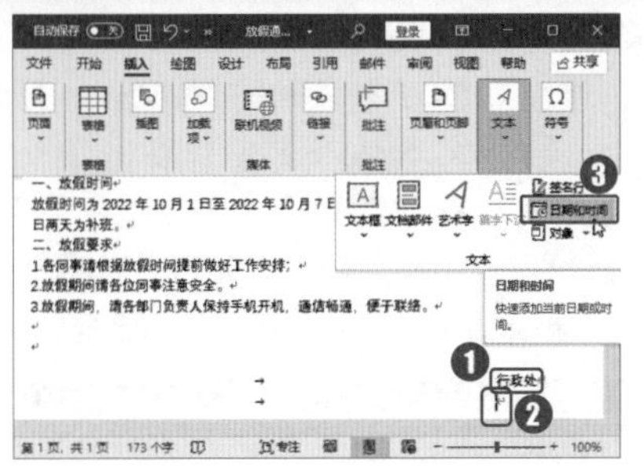

图 2-15

Step 02 选择日期和时间格式。弹出【日期和时间】对话框，❶在【语言(国家/地区)】下拉列表框中选择【中文(中国)】选项；❷在【可用格式】列表框中选择所需的日期或时间格式；❸单击【确定】按钮，如图 2-16 所示。

图 2-16

Step 03 查看日期和时间的插入效果。完成 Step 02 操作后，即可在文档中查看插入日期和时间的效果，如图 2-17 所示。

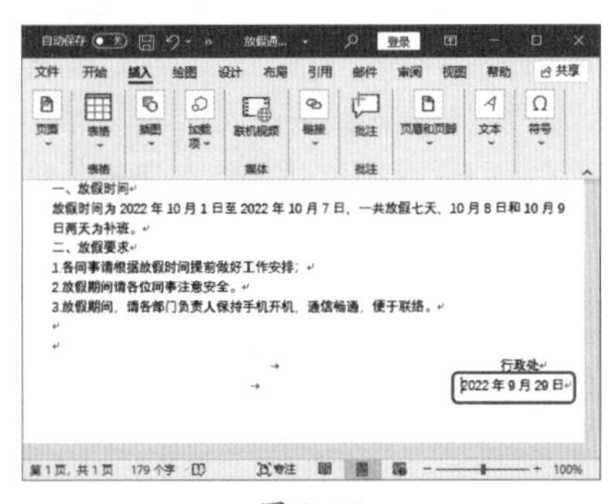

图 2-17

2.2.4 实战：在文档中插入公式

实例门类	软件功能

在编辑一些专业文档(如数学或物理试卷)时，可能需要进行公式的输入或编辑。这时，可以使用 Word 2021 中的【公式】功能来快速插入所需的公式。根据实现方法的不同，可以分为如下 2 种输入过程。

1. 使用预置公式

Word中内置了一些常用的公式样式，用户直接选择所需要的公式样式，即可快速插入相应的公式。若内置公式不满足需求，则可对内置公式进行相应的修改，从而变为自己需要的公式。例如，要在文档中插入一个公式，具体操作步骤如下。

Step 01 选择公式类型。❶新建一个空白文档，并将其保存为【公式】；❷单击【插入】选项卡【符号】组中的【公式】按钮；❸在弹出的下拉列表中选择与所要插入公式结构相似的内置公式样式，这里选择【二项式定理】选项，如图 2-18 所示。

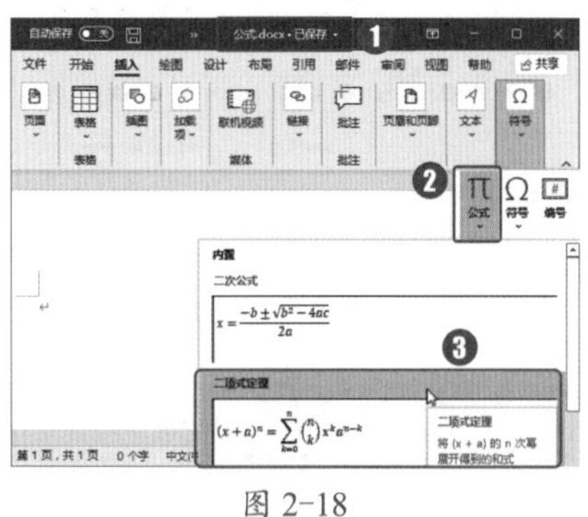

图 2-18

Step 02 修改公式。此时，文档中出现占位符，并按照默认的参数创建一个公式。选择公式对象中的内容，按【Delete】键将原来的内容删除，输入新的内容，即可修改公式，完成后的效果如图 2-19 所示。

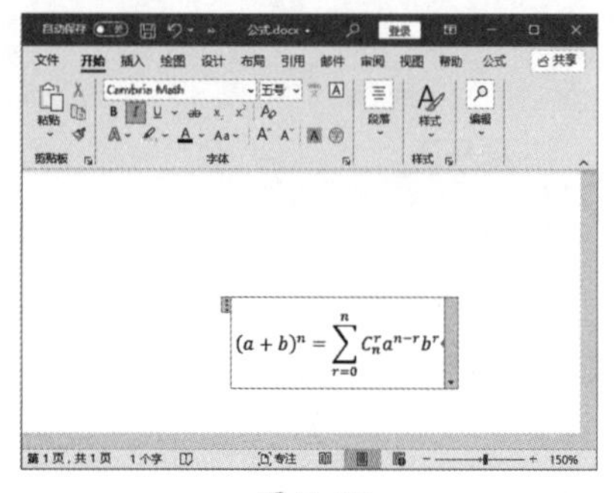

图 2-19

2. 自定义输入公式

Word还提供了一个实用的公式编辑工具，如果内置公式中没有需要的公式样式，用户可以使用公式编辑器，自行创建公式。由于公式往往都有独特的形式，因此编辑过程比起编辑普通文档要复杂得多。使用公式编辑器创建公式，首先需要在【公式】选项卡中选择所需的公式符号，然后在插入的对应公式符号模板中的相应位置输入数字、文本。创建公式的具体操作步骤如下。

Step 01 插入新公式。❶单击【插入】选项卡【符号】组中的【公式】按钮；❷在弹出的下拉列表中选择【插入新公式】选项，如图 2-20 所示。

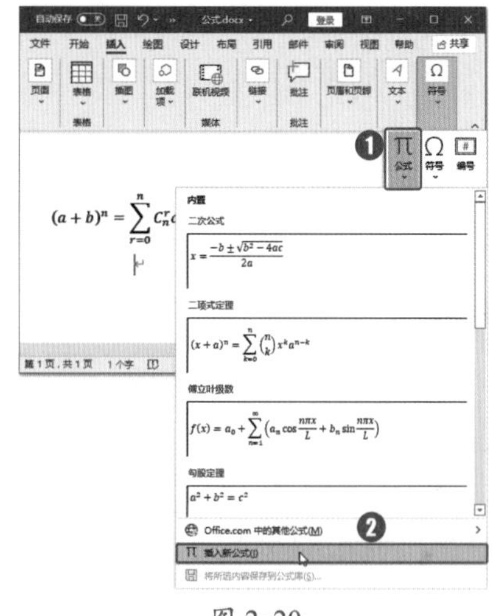

图 2-20

Step 02 选择公式结构。完成Step 01操作后，文档中会出现一个小窗口，即公式编辑器。❶根据公式内容，输入“sin”；❷插入一个分式符号，单击【公式】选项卡【结构】组中的【分式】按钮；❸在弹出的下拉列表中选择【分式(竖式)】选项，如图2-21所示。

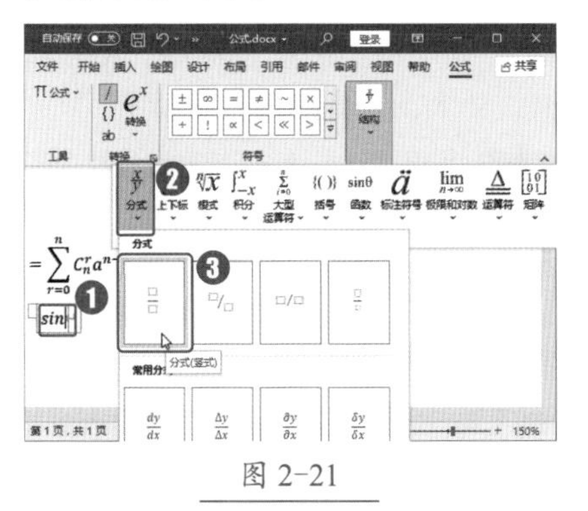

图2-21

Step 03 插入运算符号。完成Step 02操作后，公式编辑器中会出现一个空白的分式模板，❶分别在分式模板的上下位置输入需要的数字；❷将文本插入点移动到分式模板右侧，输入“=”；❸在【公式】选项卡【符号】组中选择【加减】样式±，即可输入“±”，如图2-22所示。

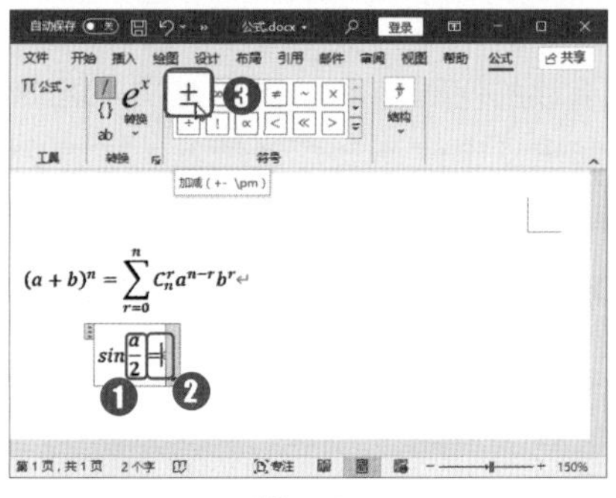

图2-22

Step 04 插入根式。输入加减号后，插入根式。❶单击【公式】选项卡【结构】组中的【根式】按钮；❷在弹出的下拉列表中选择【平方根】选项，如图2-23所示。

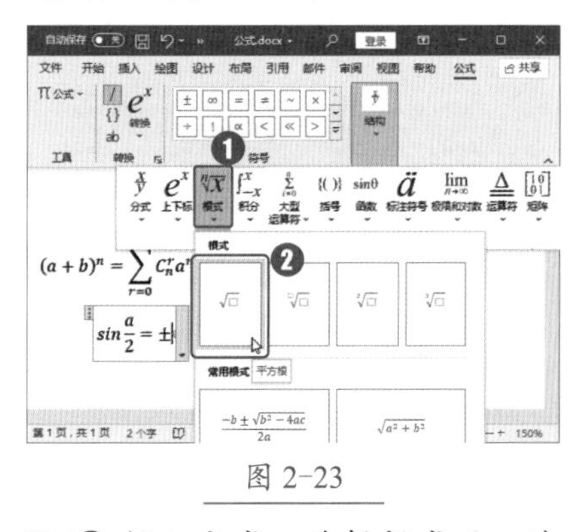

图2-23

Step 05 插入分式。选择根式后，选中根式中的方框，❶单击【公式】选项卡【结构】组中的【分式】按钮；❷在弹出的下拉列表中选择【分式(竖式)】选项，如图2-24所示。

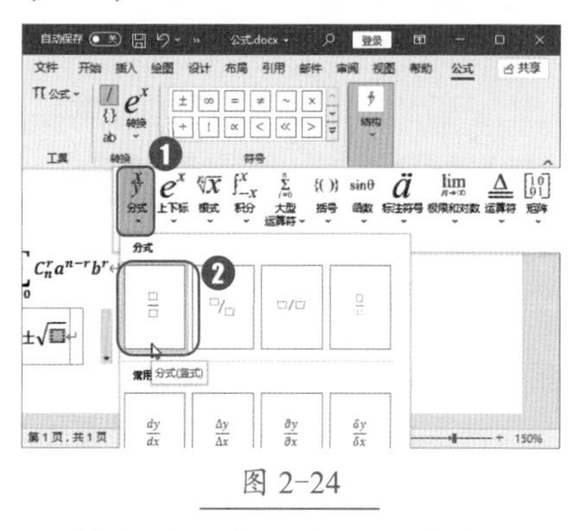

图2-24

Step 06 完成公式编辑。继续输入公式中的其他内容，完成对公式的创建。单击公式编辑区之外的区域，即可将公式插入文档中，完成后的效果如图2-25所示。

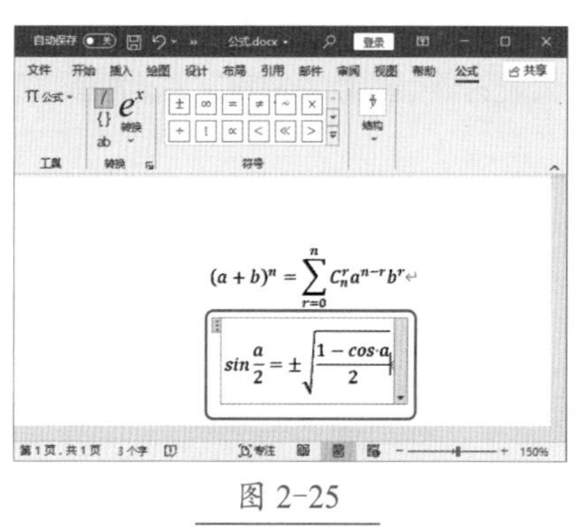

图2-25

2.3 编辑文档内容

通常情况下，文档不是一次性输入成功的，难免出现输入出错或需要添加内容的情况，此时就涉及对文本的修改、移动或删除。如果需要在文档中多处位置输入重复的内容，或者需要查找存在相同错误的地方，可以通过复制、查找与替换等操作来简化编辑过程、提高工作效率。

2.3.1 实战：选择“公司章程”文本

实例门类	软件功能

要想对文档内容进行编辑和格式设置，需要先确定修改或调整的目标对象，也就是先选择内容。利用鼠标或键盘，即可对文本进行选择，根据所选文本的多少和是否连续，可分为以下5种选择方式。

1. 选择任意区域的连续文本

要选择任意区域的连续文本，只需要在文本的开始位置按住鼠标左键不放并拖动鼠标，直到文本结束位置释放鼠标即可，被选择的文本区域一般呈灰底显示，效果如图2-26所示。

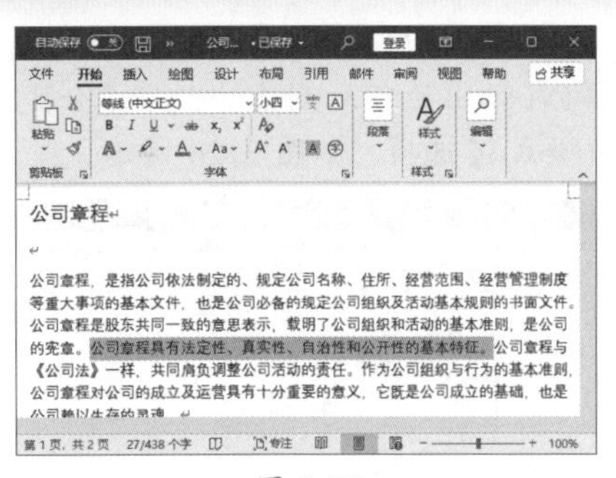

图 2-26

2. 快速选择单行或多行文本

要选择单行或多行文本，可将鼠标指针移动到文档左侧的空白区域，即选定栏，当鼠标指针变为↗形状时，单击即可选择该行文本，如图 2-27 所示。按住鼠标左键不放并向下拖动，即可选择多行文本，效果如图 2-28 所示。

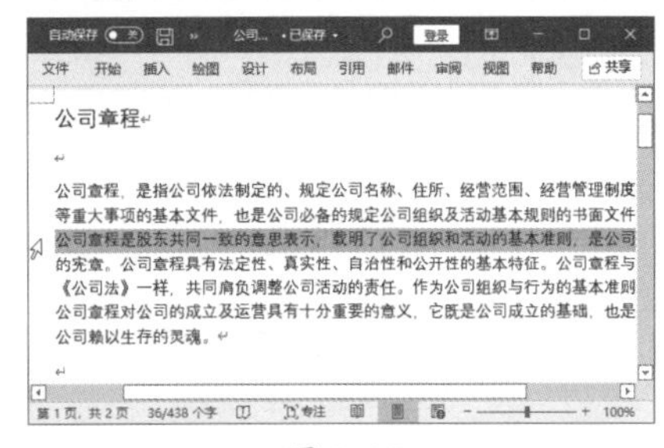

图 2-27

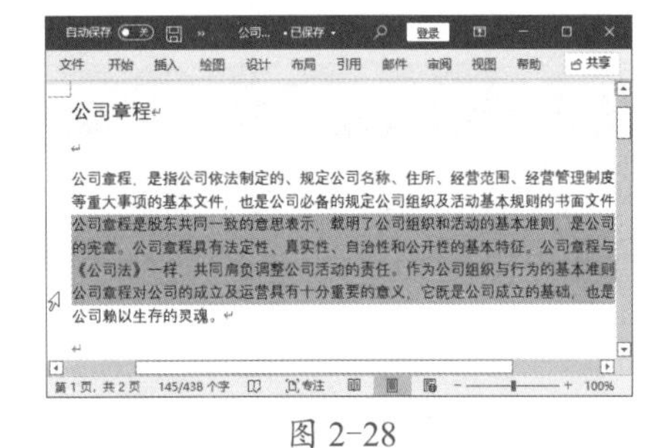

图 2-28

3. 选择不连续的文本

选择不连续的文本时，可以先选择一个文本区域，再按住【Ctrl】键不放，拖动鼠标，选择其他所需的文本，完成选择后的效果如图 2-29 所示。如果需要选择矩形区域的文本，可以在按住【Alt】键不放的同时拖动鼠标，在文本区内圈出从定位处到其他位置的任意大小的矩形选区，如图 2-30 所示。

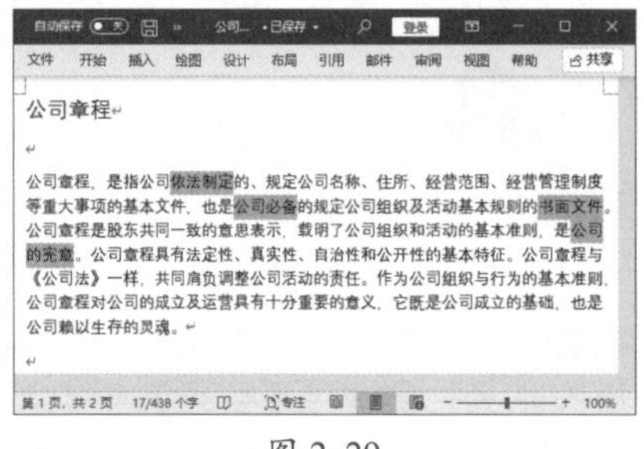

图 2-29

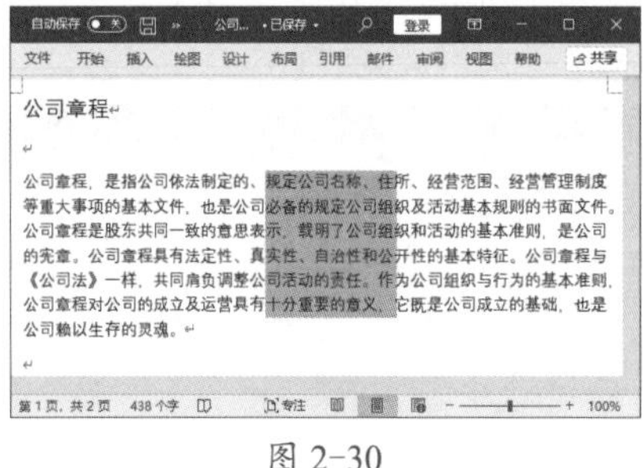

图 2-30

4. 选择一段文本

如果要选择一段文本，既可以通过拖动鼠标进行选择；也可以将鼠标指针移到选定栏，当其变为↗形状时，双击进行选择；还可以在段落中的任意位置，连续单击 3 次进行选择。

5. 选择整篇文档

按【Ctrl+A】组合键，可以快速选择整篇文档；将鼠标指针移到选定栏，当其变为↗形状时，连续单击 3 次，也可以选择整篇文档。

2.3.2 实战：复制、移动、删除“公司章程”文本

实例门类	软件功能

在编辑文档的过程中，最常用的编辑操作有复制、移动和删除。使用复制、移动，可以加快文本的编辑速度，提高工作效率；遇到多余的文本，可以直接删除。

1. 复制文本

编辑文档时，如果前面的文档中有相同的文本，可以使用复制功能，将相同文本复制过来，从而提高工作效率。例如，复制“公司章程”文本，具体操作步骤如下。

Step 01 复制文本。打开“素材文件\第 2 章\公司章程.docx”文档，❶选择需要复制的文本；❷单击【开始】选项卡【剪贴板】组中的【复制】按钮，如图 2-31 所示。

图 2-31

Step 02 粘贴文本。❶将光标定位在需要粘贴文本的位置；❷单击【开始】选项卡【剪贴板】组中的【粘贴】按钮，如图 2-32 所示。

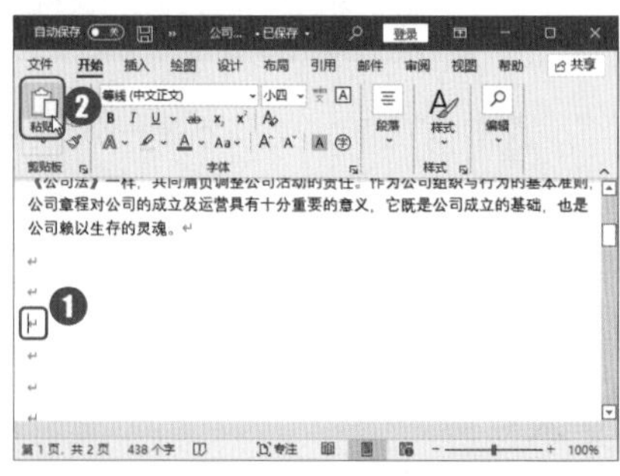

图 2-32

技术看板

在 Word 中，执行了【复制】命令后，将光标定位在不同的粘贴位置，可多次单击【粘贴】按钮，将复

制的内容在多处进行粘贴。如果中途执行了其他命令，则不能再继续执行【粘贴】命令。

2. 移动文本

在文本输入或阅读的过程中，如果发现文本内容位置有误，可以使用移动功能对文本进行调整，具体操作步骤如下。

Step01 剪切文本。❶选择需要移动的文本；❷单击【开始】选项卡【剪贴板】组中的【剪切】按钮，如图2-33所示。

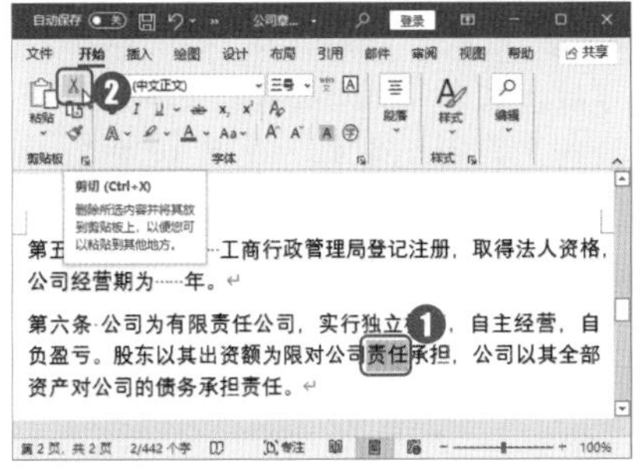

图 2-33

Step02 粘贴文本。❶将光标定位在需要粘贴的位置；❷单击【开始】选项卡【剪贴板】组中的【粘贴】按钮，如图2-34所示。

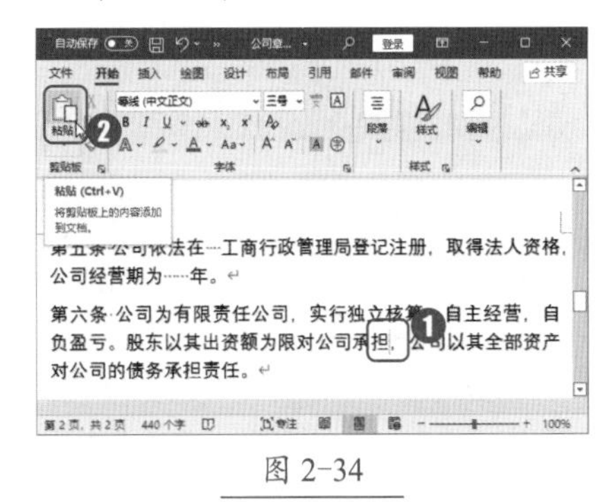

图 2-34

3. 删除文本

在编辑Word文档的过程中，若发现由于疏忽输入了错误或多余的文本，可以将其删除。

直接按【Backspace】键，可以删除插入点前的文本；直接按【Delete】键，可以删除插入点后的文本；选择要删除的文本后再按【Backspace】或【Delete】键，也可以完成删除操作。

2.3.3 实战：撤销与恢复"公司章程"文本

实例门类	软件功能

在输入或编辑文档时操作失误，可以使用撤销与恢复功能使文档返回操作前的状态，其前提是在没有关闭过Word软件。如果对操作进行了保存，并且已关闭Word软件，那么下次启动后，不能对之前的操作进行撤销与恢复。具体操作步骤如下。

Step01 对文档内容进行编辑。打开"素材文件\第2章\公司章程（撤销与恢复）.docx"文档，❶选择"公司章程"文本；❷将文本设置为【加粗】格式，颜色设置为【红色】，字号设置为【小一】，如图2-35所示。

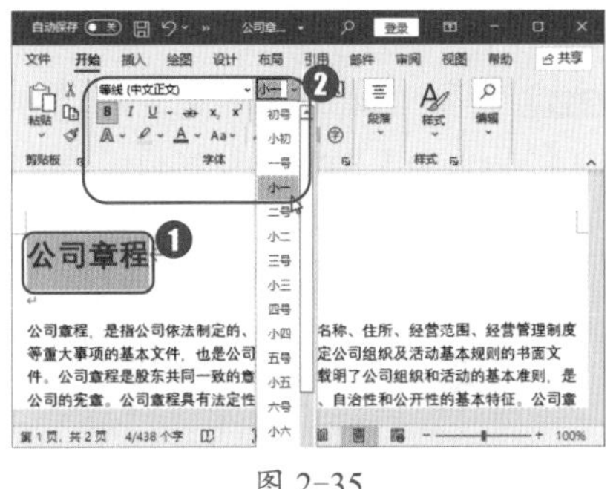

图 2-35

Step02 撤销操作。对文档进行多次操作后，需要返回至其中一步时，❶单击【快速访问工具栏】上【撤销】按钮右侧的下拉按钮；❷在弹出的下拉列表中选择需要撤销的操作，如图2-36所示。

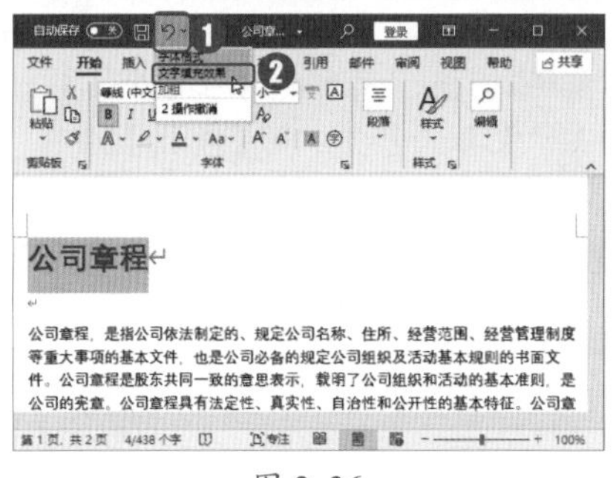

图 2-36

Step03 恢复操作。撤销后，如果觉得撤销的步骤多了，可以使用【恢复】按钮，进行返回操作。单击【快速访问工具栏】上的【恢复】按钮，如图2-37所示。

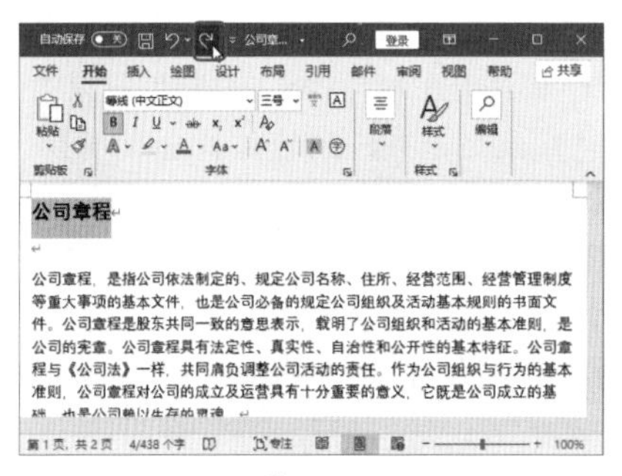

图 2-37

2.3.4 实战：查找和替换"公司章程"文本

实例门类	软件功能

查找和替换功能在编辑文档的过程中也经常使用，该功能大大简化了某些重复的编辑过程，提高了工作效率。

1. 查找文本

使用查找功能可以在文档中查找任意字符，包括中文、英文、数字和标点符号等，查找指定的内容是否出现在文档中并定位到该内容在文档中的具体位置。例如，要在文档中查找"公司章程"文本，具体操作步骤如下。

Step01 打开【导航】窗格。打开"素材文件\第2章\公司章程(查找与替换).docx"文档，单击【开始】选项卡【编辑】组中的【查找】按钮，如图2-38所示。

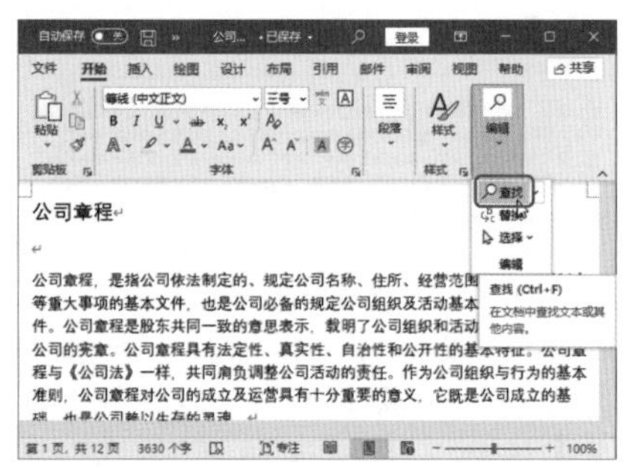
图 2-38

Step02 查找内容。弹出【导航】窗格，❶在搜索文本框中输入要查找的文本"公司章程"，Word会自动以黄色底纹显示查找到的文本内容；❷在【结果】处选择要定位的查找项，即可快速定位到该内容在文档中的具体位置，如图2-39所示。

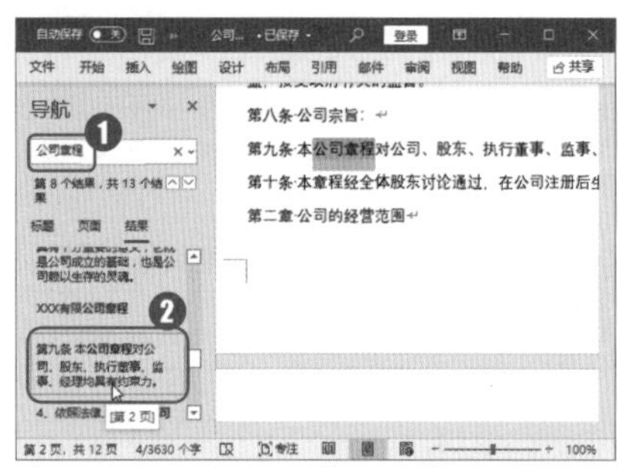
图 2-39

2. 替换文本

如果需要查找文档中的相同错误，并将查找到的错误内容替换为其他文本，可以使用替换功能修改文档。该功能特别适合在长文档中修改错误的文本。

例如，要将文档中的"公司"文本替换为"集团"文本，具体操作步骤如下。

Step01 打开【查找和替换】对话框。单击【开始】选项卡【编辑】组中的【替换】按钮，如图2-40所示。

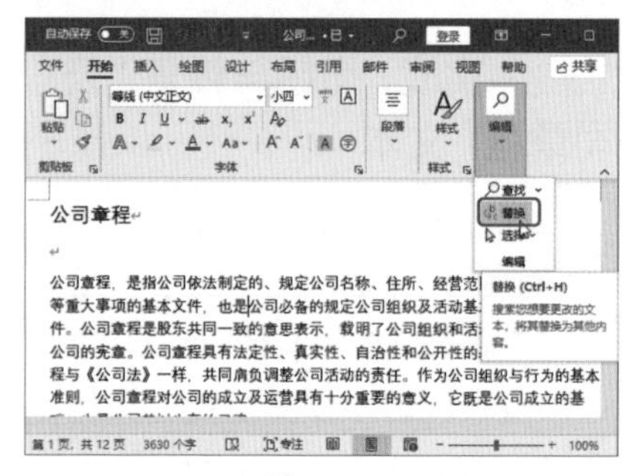
图 2-40

Step02 替换内容。弹出【查找和替换】对话框，❶在【查找内容】和【替换为】文本框中输入相关内容；❷单击【全部替换】按钮，如图2-41所示。

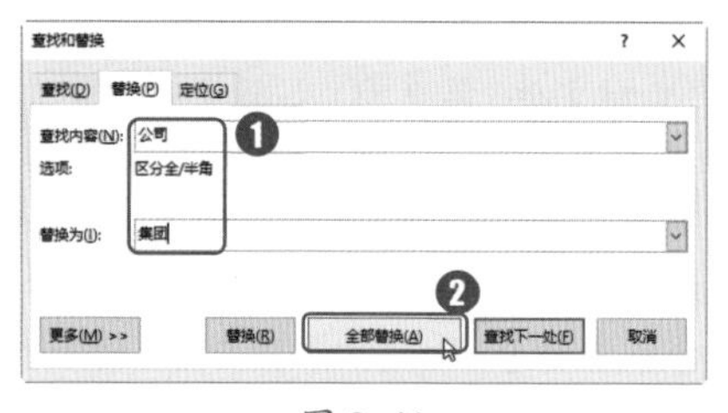
图 2-41

Step03 完成替换。替换完成后，弹出【Microsoft Word】对话框，单击【确定】按钮，如图2-42所示。

图 2-42

技术看板

在【查找和替换】对话框中，如果只是在【查找内容】文本框中输入文本，【替换为】文本框为空，单击【全部替换】按钮，会直接将查找到的内容全部删除。

Step04 关闭【查找和替换】对话框。完成替换后，单击【关闭】按钮，关闭【查找和替换】对话框，如图2-43所示。

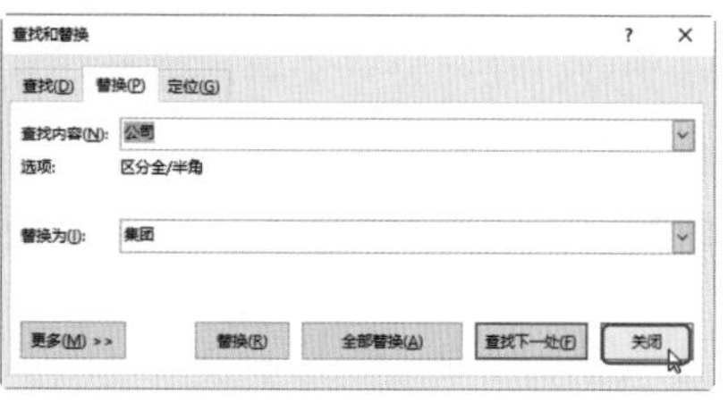
图 2-43

Step05 完成替换操作。完成以上操作后，文档中的"公司"文本全部替换为"集团"文本，效果如图2-44所示。

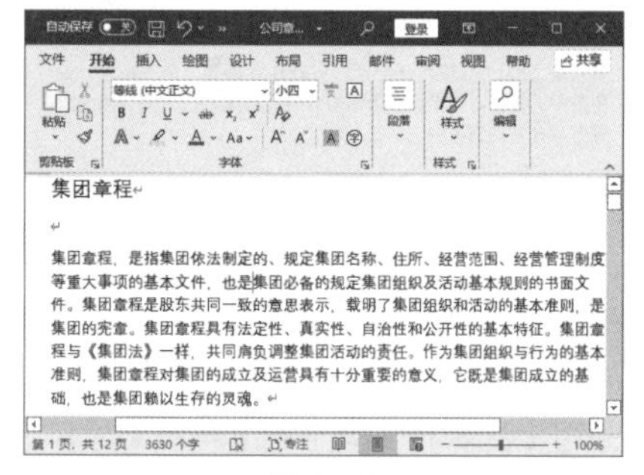
图 2-44

技能拓展——智能搜索信息

智能搜索可以利用微软的必应(Bing)搜索引擎，自动在网络上查找信息，无需用户打开互联网浏览器或手动运行搜索引擎。

在文档中使用智能搜索功能查看某个文本时，只需要选择该文本，并在其上右击，在弹出的快捷菜单中选择【搜索"×××"】选项，即可看到窗口右侧弹出的【搜索】窗格，开始搜索或加载相关内容。

2.4 设置页面格式

文档编辑完成后，用户可以进行简单的页面设置，如设置页边距、纸张大小，或者根据文档内容设置纸张的方向等。完成页面设置后，可以进行预览，如果用户对预览效果满意，可以进行打印，否则还需要重新设置。

2.4.1 实战：设置“商业计划书”的页边距

实例门类	软件功能

设置页边距，即根据排版、打印的需要，扩大或缩小正文区域。排版时，可以根据文档内容对页边距进行调整，具体操作步骤如下。

Step 01 选择页边距。打开“素材文件\第2章\商业计划书.docx”文档，❶选择【布局】选项卡；❷单击【页面设置】组中的【页边距】按钮；❸在弹出的下拉列表中选择【窄】选项，如图 2-45 所示。

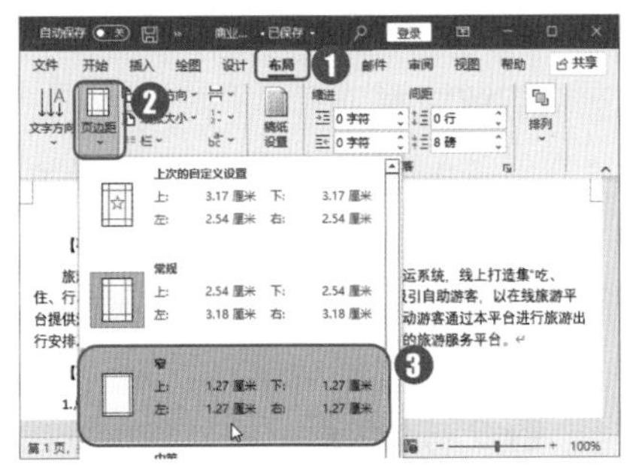

图 2-45

Step 02 查看页边距调整效果。完成 Step 01 操作后，即可将文档的页边距调整至所需状态，效果如图 2-46 所示。

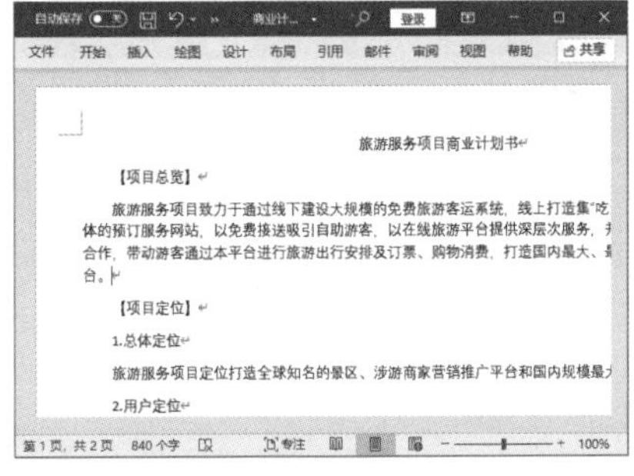

图 2-46

2.4.2 实战：设置“商业计划书”的纸张大小

实例门类	软件功能

设置页面大小，即选择需要使用的纸型。纸型是用于打印文档的纸张幅面，有 A4、B5 等规格。将页面纸张设置为 A4，具体操作步骤如下。

打开“素材文件\第2章\商业计划书(纸张大小).docx”文档，❶单击【布局】选项卡【页面设置】组中的【纸张大小】按钮；❷在弹出的下拉列表中选择【A4】选项，如图 2-47 所示。

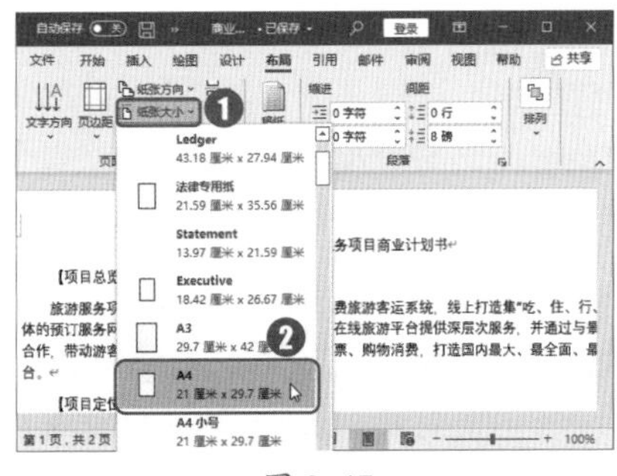

图 2-47

技术看板

正规的文档大多使用 A4 纸张进行打印，如果用户需要制作一些特殊的文档，可以选择【其他纸张大小】选项，打开【页面设置】对话框，在【纸张】选项卡中设置【宽度】值和【高度】值，完成设置后单击【确定】按钮。

2.4.3 实战：设置“商业计划书”的纸张方向

实例门类	软件功能

在 Word 中，纸张方向分为横向和纵向两种。以设置纸张方向为横向为例进行说明，具体操作步骤如下。

Step 01 选择纸张方向。打开“素材文件\第2章\商业计划书(纸张方向).docx”文档，❶单击【布局】选项卡【页面设置】组中的【纸张方向】按钮；❷在弹出的下拉列表中选择【横向】选项，如图 2-48 所示。

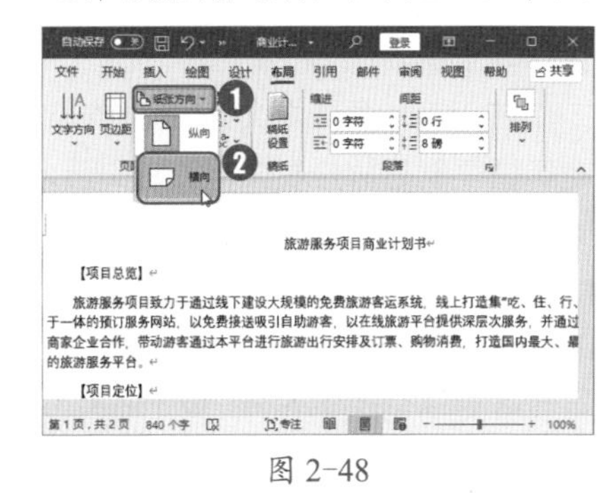

图 2-48

Step 02 查看纸张方向改变后的效果。将纸张方向设置为横向后，宽度和高度都发生了变化，效果如图 2-49 所示。

图 2-49

妙招技法

通过对前面知识的学习，相信读者已经掌握了Word 2021 文档内容的输入与编辑操作。下面结合本章内容，给大家介绍一些实用技巧。

技巧 01：巧用【选择性粘贴】

Word 的【选择性粘贴】功能比【粘贴】功能强大许多，在【选择性粘贴】中，可以将复制的内容以【保留源格式】【合并格式】【只保留文本】和【粘贴为图片】4 种形式进行粘贴。

下面分别对这 4 种形式进行介绍，方便用户在编辑文档时正确地选择粘贴形式，提高办公效率。

1. 保留源格式

为了让复制的文字粘贴到其他位置时保持原样，可以使用【保留源格式】形式进行粘贴。

在“培训须知”文档中，将所有标题复制后放置在文档的正文前，具体操作步骤如下。

Step01 复制内容。打开“素材文件\第 2 章\培训须知.docx”文档，❶选择需要复制的不连续文本；❷单击【开始】选项卡【剪贴板】组中的【复制】按钮，如图 2-50 所示。

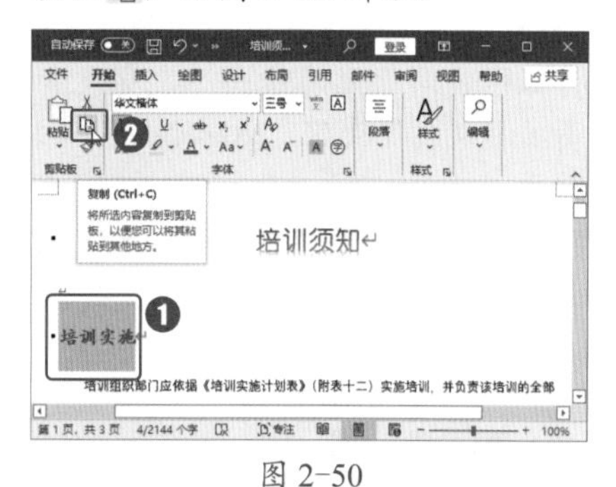

图 2-50

技术看板

选择复制的标题行是不连续的，需要选择一个标题内容后，按【Ctrl】键不放，继续选择其他的标题内容。需要注意的是，如果需要向下翻页，应先放开按住的快捷键，再滚动鼠标滚轮，否则，会执行缩放窗口显示大小的操作。

Step02 选择粘贴形式。❶将光标定位在文档标题内容处；❷单击【开始】选项卡【剪贴板】组中的【粘贴】下拉按钮；❸在弹出的下拉列表中选择【保留源格式】选项，如图 2-51 所示。

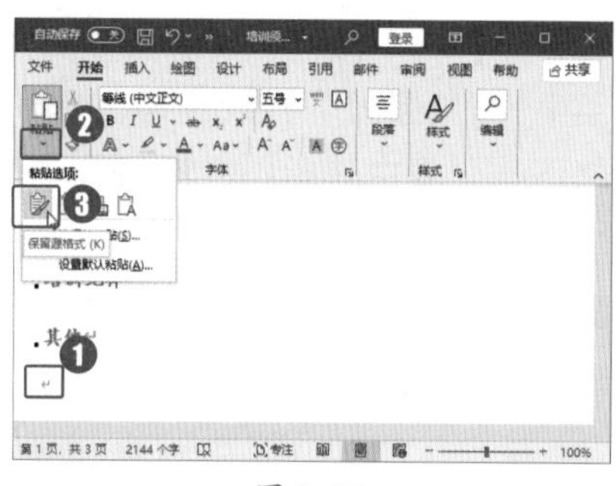

图 2-51

技术看板

每次粘贴文本内容后，粘贴内容附近都会出现一个浮动工具栏。单击该工具栏右侧的下拉按钮(Ctrl)或按【Ctrl】键，即可展开“粘贴选项”浮动工具栏，可以在其中设置复制粘贴的形式。

2. 合并格式

合并格式指无论复制的内容是否设置过格式，或者粘贴位置是否有特殊格式，都会自动将复制的内容以当前文档默认格式进行粘贴，具体操作步骤如下。

❶复制文字后，将光标定位在文档中需要粘贴的位置；❷单击【开始】选项卡【剪贴板】组中的【粘贴】按钮，或者【粘贴】下拉按钮；❸在弹出的下拉列表中选择【合并格式】选项，如图 2-52 所示。

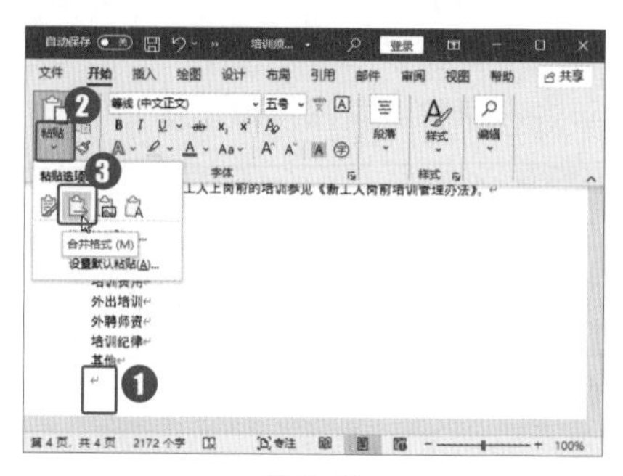

图 2-52

3. 只保留文本

对于复制的内容，若只想将文本保留下来，可以选择使用【只保留文本】的方法进行粘贴，具体操作步骤如下。

❶复制文字后，将光标定位在文档中需要粘贴的位置；❷单击【开始】选项卡【剪贴板】组中的【粘贴】下拉按钮；❸在弹出的下拉列表中选择【只保留文本】选项，如图 2-53 所示。

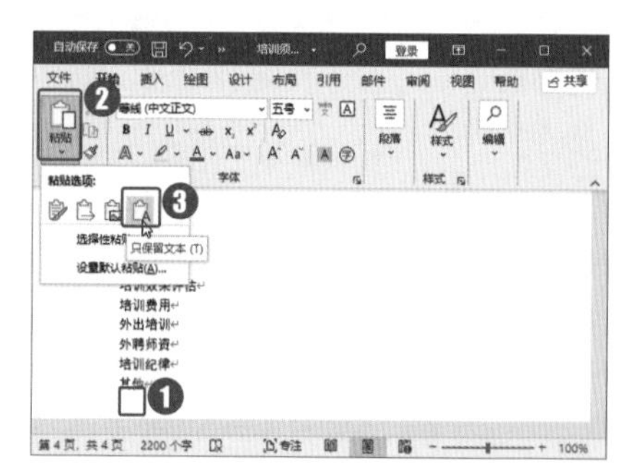

图 2-53

技术看板

【只保留文本】选项是让复制的文字以当前的文本格式进行粘贴。如果粘贴位置的文本格式就是默认的格式，那么粘贴后文本就没有什么格式变化。

4. 粘贴为图片

在编辑文档的过程中，为了防止复制的文本、表格、区域被修改，或者避免在排版时有异动，可以将其粘贴为图片。将"培训纪律"正文内容粘贴为图片，具体操作步骤如下。

Step01 打开【选择性粘贴】对话框。❶复制"培训纪律"正文文本后将光标定位在"培训纪律"正文文本下方；❷单击【开始】选项卡【剪贴板】组中的【粘贴】下拉按钮；❸在弹出的下拉列表中选择【选择性粘贴】选项，如图2-54所示。

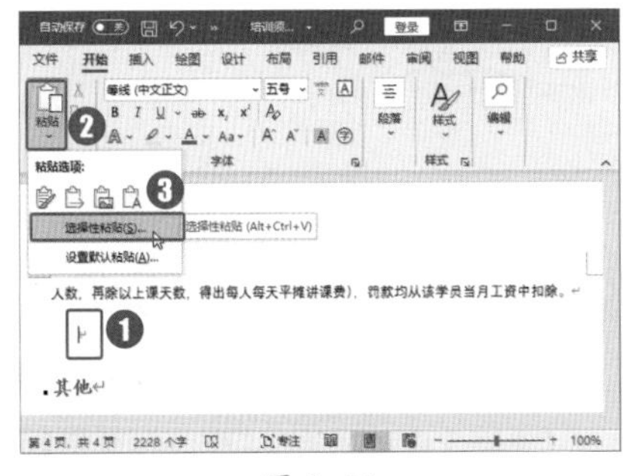

图2-54

Step02 选择粘贴形式。打开【选择性粘贴】对话框，❶在【形式】列表框中选择【图片(增强型图元文件)】选项；❷单击【确定】按钮，如图2-55所示。

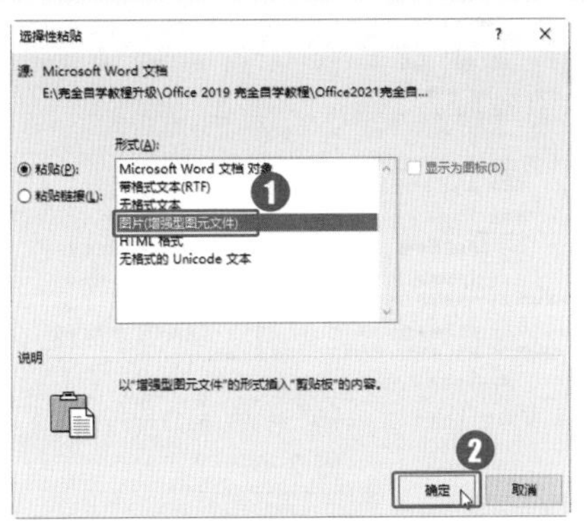

图2-55

技术看板

【Microsoft Word文档对象】选项：以对象的形式进行粘贴，粘贴后，如果想对粘贴的文本进行编辑，需要右击粘贴对象，在弹出的快捷菜单中选择【对象"文档"】选项，在弹出的子菜单中选择【打开】选项，将粘贴的内容在新窗口中打开，再进行编辑。

【带格式文本(RTF)】选项：以该选项形式进行粘贴时，无论粘贴的位置在哪里，都会以文字原来的格式为标准进行粘贴。

【无格式文本】选项：以正文的字体格式及字号大小进行粘贴。

【HTML格式】选项：以保留源格式形式进行粘贴。

【无格式的Unicode文本】选项：以不带任何格式的形式进行粘贴。

Step03 查看粘贴效果。完成以上操作后，即可将复制的文本粘贴为图片，效果如图2-56所示。

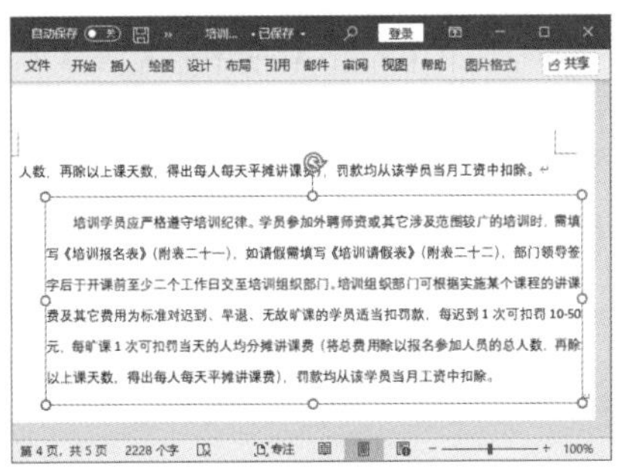

图2-56

技巧02：使用【自动更正】提高输入速度

【自动更正】是Word中很有用的一个功能，合理地使用，可以提高文档的输入速度。将输入的"一"自动更正为"(一)"，具体操作步骤如下。

Step01 打开【Word选项】对话框。打开"素材文件\第2章\考勤管理制度.docx"文档，选择【文件】选项卡，进入【文件】界面，选择【选项】选项卡，如图2-57所示。

图2-57

Step02 打开【自动更正】对话框。弹出【Word选项】对话框，❶选择【校对】选项卡；❷单击【自动更正选项】栏中的【自动更正选项】按钮，如图2-58所示。

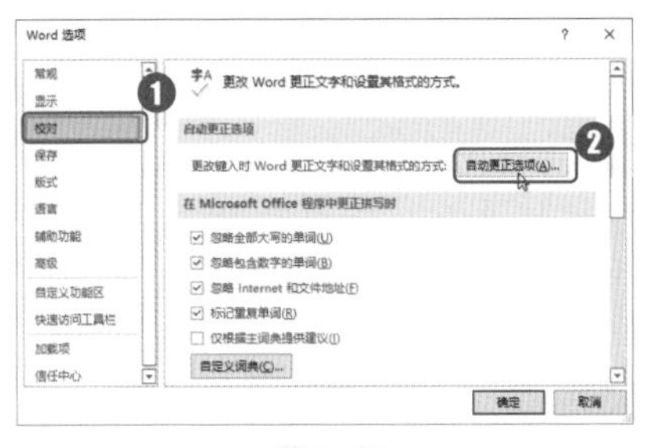

图2-58

Step03 设置自动更正选项。弹出【自动更正】对话框，❶在【替换】文本框中输入"一"，在【替换为】文本框中输入"(一)"；❷单击【添加】按钮；❸单击【确定】按钮，如图2-59所示。

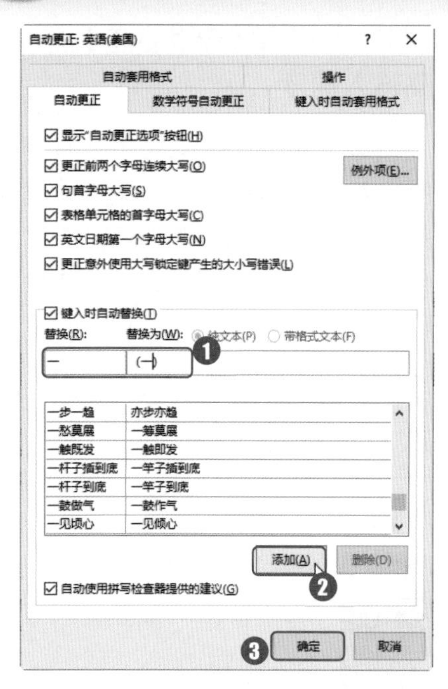

图 2-59

Step04 确定自动更正选项设置。返回【Word选项】对话框，单击【确定】按钮，如图2-60所示。

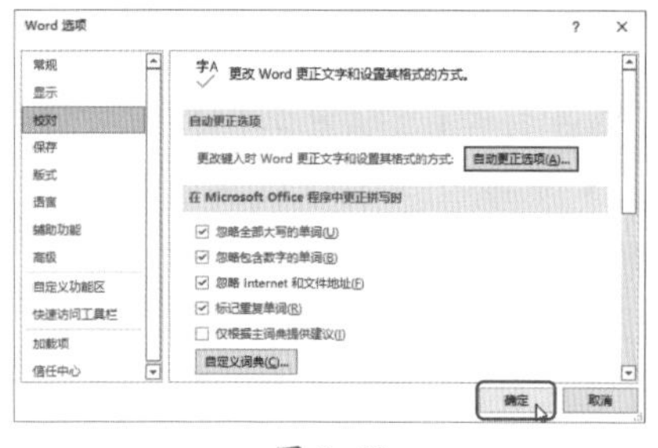

图 2-60

Step05 使用自动更正。在文档中的目标位置输入"一"，如图2-61所示，按空格键，系统会自动将"一"更正为"（一）"，如图2-62所示。

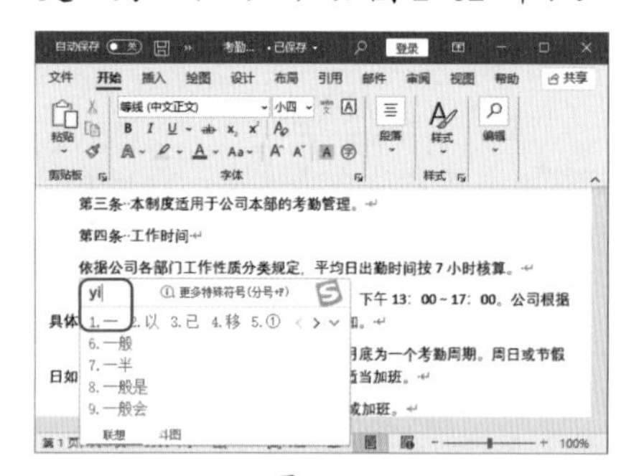

图 2-61

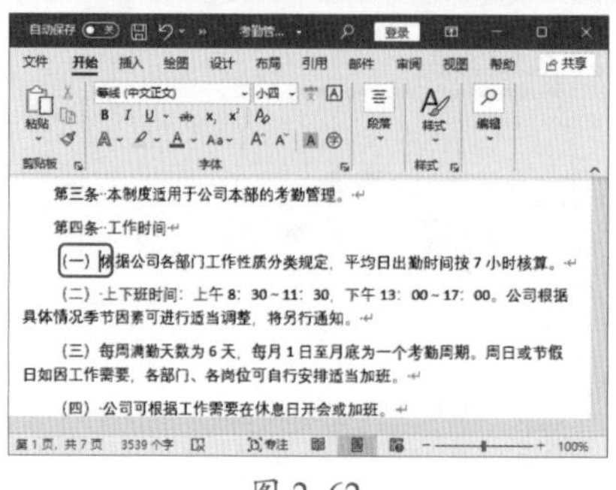

图 2-62

技巧03：【查找和替换】的高级应用

使用Word中的【查找和替换】功能，除了可以查找/替换文本内容外，还可以查找/替换文字格式和一些特殊格式。将文档中的两个段落标记替换为一个段落标记，缩短标题与正文段落的间距，具体操作步骤如下。

Step01 打开【查找和替换】对话框。打开"素材文件\第2章\删除段落标记.docx"文档，❶选择【开始】选项卡；❷单击【编辑】组中的【替换】按钮，如图2-63所示。

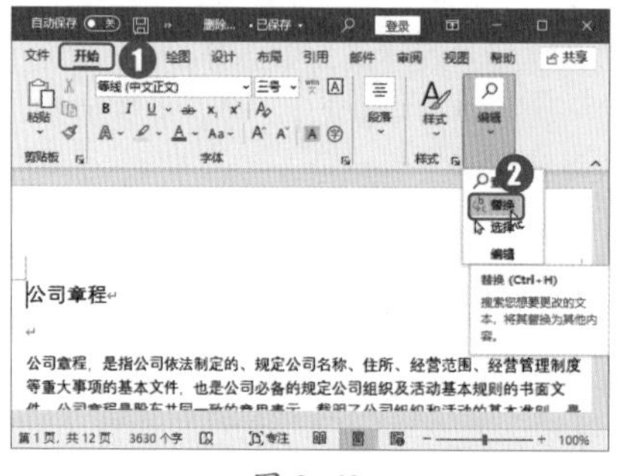

图 2-63

Step02 打开【更多】面板。弹出【查找和替换】对话框，❶将鼠标指针定位在【查找内容】文本框中；❷单击【更多】按钮，如图2-64所示。

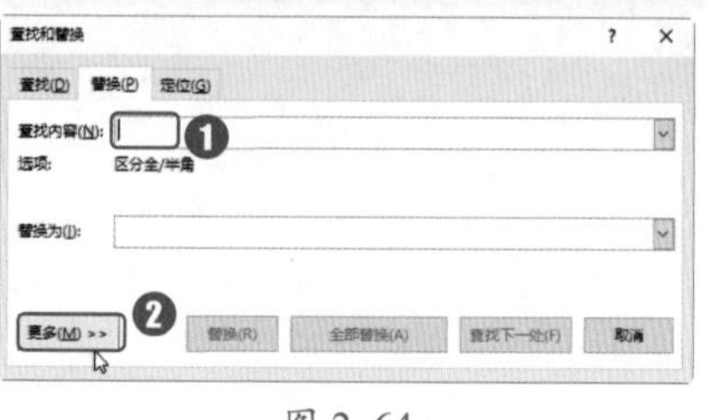

图 2-64

Step03 选择段落标记。❶单击【特殊格式】按钮；❷在打开的下拉列表中选择【段落标记】选项，如图2-65所示，即可输入一个段落标记"^p"，重复操作一次，即可输入两个段落标记"^p^p"。

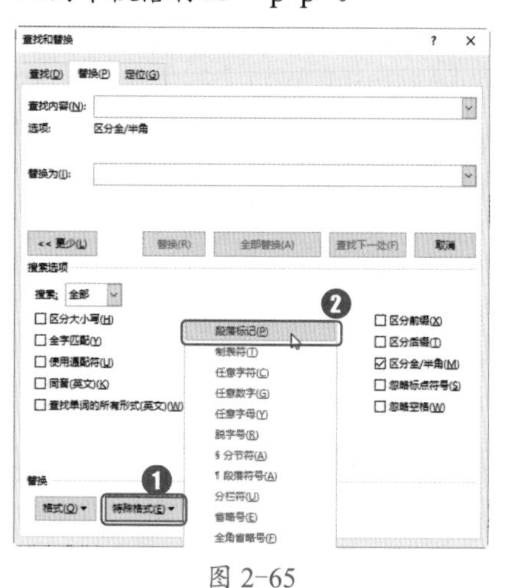

图 2-65

技术看板

在【查找和替换】对话框中，单击【更多】按钮，弹出【查找和替换】控制面板后，该按钮就会变成【更少】按钮。

Step04 设置替换内容。❶在【替换为】文本框中输入一个段落标记"^p"；❷单击【全部替换】按钮，如图2-66所示。

图 2-66

Step05 完成替换。替换完成后，弹出【Microsoft Word】对话框，单击【确定】按钮，如图 2-67 所示。

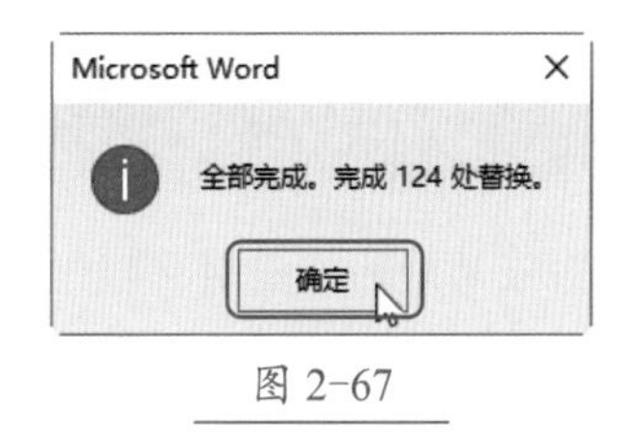

图 2-67

技术看板

如果光标没有定位在文档中第一个字符前面，则会弹出【Microsoft Word】对话框，单击【确定】按钮，继续替换前面的相关内容。

Step06 关闭【查找和替换】对话框。单击【关闭】按钮，关闭【查找和替换】对话框，如图 2-68 所示。

图 2-68

Step07 查看段落标记替换效果。完成以上操作后，即可将两个段落标记替换为一个段落标记，效果如图 2-69 所示。

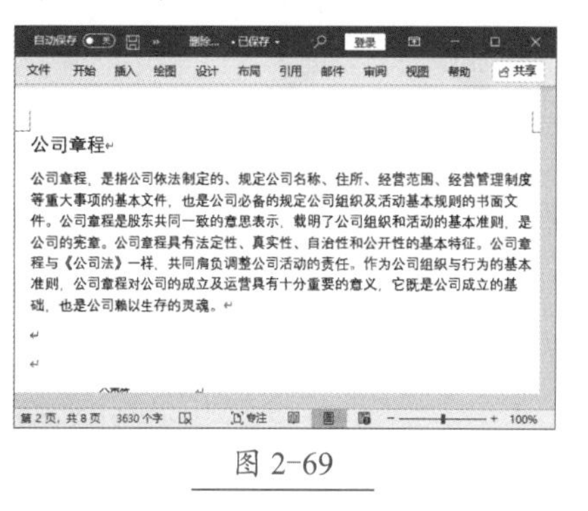

图 2-69

本章小结

通过对本章知识的学习，相信读者已经掌握了 Word 2021 文档内容的输入与编辑操作。首先，在编写文档内容前，读者应该将更多的精力放在实质性的工作上，确定是需要传递某种思想或信息，还是要记录一些数据或制度条例，抑或是有其他目的；其次，整理思路，将思考的内容输入计算机；最后，对内容进行编辑加工。在编辑过程中，要掌握一些提高工作效率的技巧，这样才能快速、高效地完成工作。

第3章 Word 2021 文档格式的设置与打印

- 如何对文档进行排版？
- 文档的字体格式设置有哪些特殊规定？
- 段落格式重要吗？
- 要理清文档的条理，该用什么符号？
- 如何添加页眉/页脚？
- 如何为文档设置背景效果？
- 制作好的文档，怎样根据需要进行打印？

本章将介绍人们日常工作中接触与应用最频繁的编辑、排版和打印相关知识，通过学习字体格式、段落格式、项目符号、页眉/页脚及背景效果的设置方法，相信读者都能制作出专业的文档。

3.1 Word 编辑与排版知识

使用Word对文档进行编辑与排版时，面对不同的阅读群体，该如何操作呢？是按照常规的方法对文档进行格式设置，还是需要根据不同的群体，制订不同的排版方案？怎样操作才能让版面更美观？文档通常需要不断修改、调整和完善，如何才能提高排版效率？下面就来一一介绍。

3.1.1 使用Word编排文档的常规流程

Word的主要功能是文字处理和页面编排，它的功能很强大，但在操作过程中，用户经常因为编排思路不合理，导致不得不进行各种烦琐而重复的操作，认为排版很累！

实际上，编排文档是一项愉快的工作，正规排版作业的系统性、工程性很强，并不需要烦琐而重复的劳动。相对于简单的文字处理，排版之前，用户必须先了解根本的作业方式，知道什么该做、什么不该做、什么先做、什么后做。下面介绍日常工作中常见的排版流程，主要包括设置页面格式、设置节、设置各种样式，以及生成模板和创作内容五大部分，如图3-1所示。

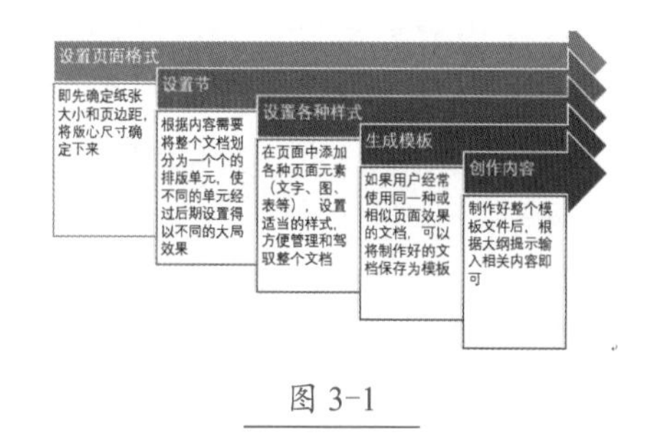

图3-1

3.1.2 排版的艺术

编排文档怎么能和艺术扯上关系？千万别小看排版的艺术，同样一篇文章，套用不同的模板，呈现的效果可能截然不同。所以，对于不同类型的文档，需要选用不同类型的模板。

在排版文档之前，应先明确文档的阅读对象，或者文档的应用范围。例如，公司的规章制度、通知、内部文件等文档面对的是公司内部员工，报告、报表、总结、计划等文档面对的是上级领导或上级部门，方案、报价、产品介绍、宣传资料等文档面对的是公司的客户。根据阅读对象的不同，用户需要分析不同对象阅读文档时的不同心理，有针对性地对文档进行设计和排版，从而达到理想的效果。

1. 如何排版组织内部文档

对公司或组织内部文档进行排版前，通常需要制定统一的文档规范，建立内部文档的文档模板，统一各部门、各员工呈报的各种文档的格式，以体现组织管理的统一性。例如，文档中的LOGO、页眉样式、页脚样式、标题样式、正文样式，以及不同级别内容的字体大小、行间距、字间距等都要统一，如图3-2所示。

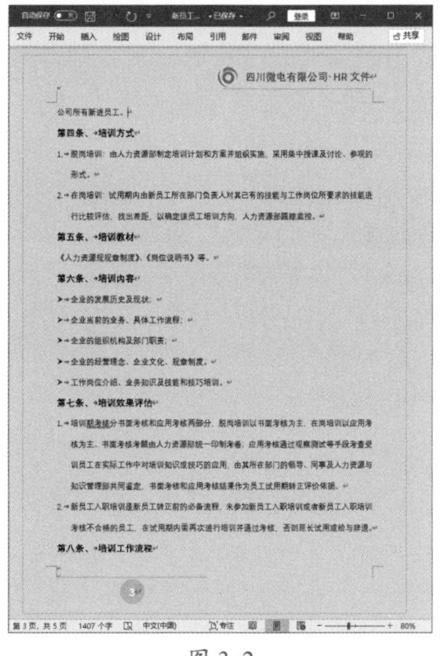

图 3-2

对此类文档进行排版时，如果有统一规范，切勿随意更改；如果没有统一规范，可遵循以下原则，使文档简洁明了、整齐统一。

（1）为体现制度的权威性和严肃性，严禁使用过多色彩及图片对文档进行修饰。

（2）统一字体，应使用宋体、黑体等常规字体，切勿使用不正式的字体或艺术字。

（3）利用字体大小、间距等表现文档内容的层次结构。

（4）除了需要特别强调的内容外，同一级别的内容，尽量采用相同的样式。

2. 如何排版提交给领导的文档

报告、报表、总结、计划、实施方案等文档通常需要呈报上级领导或上级部门，除了内容上需要精心准备外，在文档的排版上也需要费心费神。需要注意的是，千万不要以为领导只关心实质性的内容，不重视文档排版。领导在百忙之中抽出时间查看下属提交的文件，是不愿意看到简单堆砌、缺乏美感的版面的，所以，这类文档的排版更需要精心设计。除文档内格式需统一、规范外，还可以使用以下方法美化文档。

（1）语言要言简意赅，表达形式可以多样。以图表、表格甚至图形的形式表达，不仅可以美化文档，还可以让内容简单明了。

（2）主次明确、重点突出、层次清晰。可通过内容顺序、字体大小、颜色差别，体现内容的主次关系。

（3）适当应用色彩、插图等修饰文档，但不可太随意。在文档中使用颜色时，应注意色彩的意义及主色调的统一，尽量不使用红色、紫色、橙色等刺眼的颜色（企业标准色除外）。

（4）使用大纲级别设置文档标题。因为领导通常是在计算机上查看此类文档，所以使用大纲级别，便于领导通过Word的【导航】窗格快速浏览文档内容，如图3-3所示。

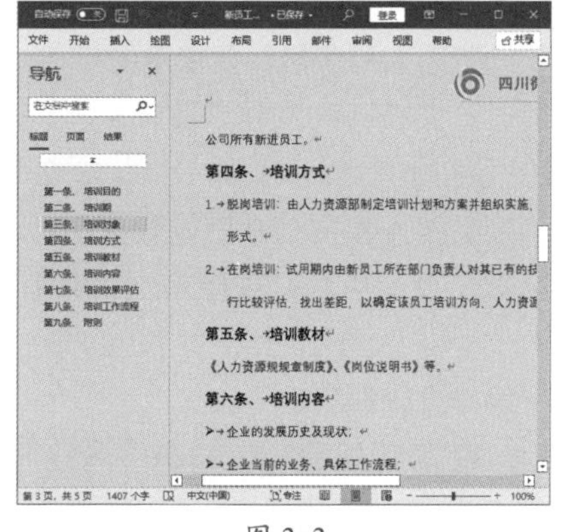

图 3-3

（5）在文档中加入页码、目录、引言、脚注、尾注、批注、超链接等，方便领导查阅文档及相关内容。

3. 如何排版给客户的文档

项目方案、产品报价、宣传资料等需要展示给客户的文档，排版也非常重要。如果文档排版都很糟糕，如何让客户信任你的产品或服务呢？对于面向客户的文档，排版时需要非常小心、谨慎，除了避免内容上的错误外，还需要特别注意细节问题。美化此类文档，可以采用以下几种方法。

（1）为了丰富文档，可以适当地加入表格、图形、图表、图片等对象。

（2）尽量避免集中放置长篇文字内容，将较长的文字内容进行分解，配合图形，辅助表达文字含义。

（3）使用丰富的色彩，从视觉上吸引客户。

（4）添加丰富的修饰元素和色彩时，应保持文档内各级内容样式的统一，主要体现在同级文字内容的字体、字号、间距、修饰形状上。例如，文档中有多个三级标题，它们的字体、字号、间距、修饰形状应保持一致。字体颜色和形状色彩可有多种变化，以使文档更美观。

（5）丰富文档的版式，特别是宣传型文档，可使用多栏版式，甚至使用表格进行复杂版式设计。总之，以突出主题和美化文档为目的，如图3-4所示。

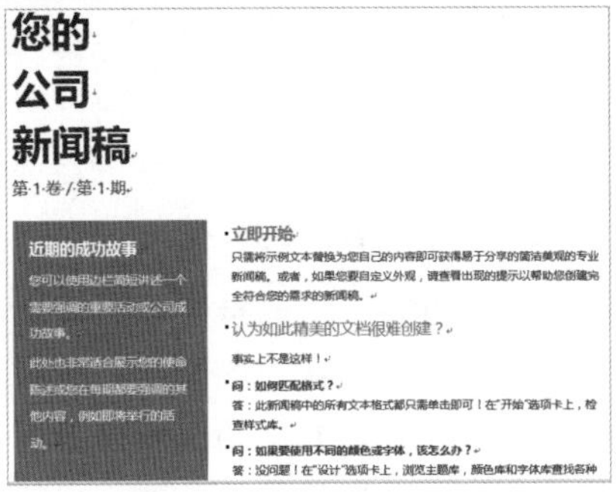

您的
公司
新闻稿
第1卷/第1期

近期的成功故事
您可以使用边栏简短讲述一个需要强调的重要活动或公司成功故事。
此处也非常适合展示您的使命陈述或您在每期都要强调的其他内容，例如即将举行的活动。

• 立即开始
只需将示例文本替换为您自己的内容即可获得易于分享的简洁美观的专业新闻稿。或者，如果您要自定义外观，请查看出现的提示以帮助您创建完全符合您的需求的新闻稿。

• 认为如此精美的文档很难创建？
事实上不是这样！

• 问：如何匹配格式？
答：此新闻稿中的所有文本格式都只需单击即可！在"开始"选项卡上，检查样式库。

• 问：如果要使用不同的颜色或字体，该怎么办？
答：没问题！在"设计"选项卡上，浏览主题库，颜色库和字体库查找各种

图 3-4

3.1.3 格式设置的美学

在文档中，文字排列组合的优劣，直接影响版面的视觉传达效果。因此，在制作一些比较专业的文档时，为了使文档看起来更加规范，用户需要注意文本设置格式的一致性。有的用户可能认为，这是要求将文档中的所有标题、正文和段落设置成相同的格式，其实，这里所说的一致性不是“一成不变”的意思。

实际排版过程中，可以在肉眼不易察觉，或者可察觉但无碍查看的情况下，选择合理的排版方式。满足区域一致性比全文一致性更重要。例如，适当调整文本的字符间距，进行紧缩排版，或者为了在某一页中插入一张图，将该页的段距和行距设置得比其他页面稍微小一点……这些调整，其实读者是察觉不到的，就算察觉到了也没关系，只要是有原因的，利于整体呈现，就可以放心大胆地去做。

另外，设置文本字体时，应根据文档的使用场合和阅读群体不同，进行不同的设计。尤其是文字的大小，它是阅读者体验的重要影响因素之一，用户需要在日常生活和工作中留意不同文档对文字格式的要求。单从阅读舒适度上看，宋体是中文各字体中阅读起来最轻松的一种字体，尤其是在编排长文档时，使用宋体更为合理。文本颜色的设置也很重要，如今有很多文档为了争奇斗艳，将文本颜色设置得很多、很复杂，其实，这犯了大忌。这样设置的版面多半是杂乱的，而读者需要的是干净、易读的页面。

设置字体格式后，在不同的字距和行距状态下的阅读也有所不同，只有让字体格式和所有间距都协调，才能呈现最完美的阅读效果。用户制作文档时，不妨多尝试几种设置，选择最满意的效果进行编排。

3.1.4 Word分节符的奇妙用法

对Word文档进行排版时，经常会有对同一个文档中的不同部分采用不同的版面设置的要求，如设置不同的页面方向、页边距、页眉和页脚，或者重新分栏排版等。这时，如果通过【文件】选项卡中的【页面设置】改变其版面设置，会引起整个文档所有页面的变动。

例如，对一个文档进行版面设置，该文档由文档A和文档B组成，文档A主要是文字，共40页，要求纵向打印，文档B包含若干图形和一些较大的表格，要求横向打印。同时，文档A和文档B要采用不同的页眉。

文档A和文档B已按要求分别设置了页面格式，只要将文档B插入文档A的第20页，并按要求统一编排页码即可。

根据常规操作，打开文档A，将插入点定位在第20页的开始部分，执行插入文件操作即可。但得到的结果是文档B的页面格式设置全部变为文档A的页面格式设置。在这种情况下，要在文档中重新设置文档B的格式是很费时、费力的，而要分别打印文档A和文档B，统一编排页码的问题又很难解决。这时，利用Word的分节功能，就能很容易地解决这个问题，具体操作方法如下。

（1）打开文档B，在文档末尾插入一个分节符。

（2）将文档B内容全选，单击【复制】按钮。

（3）打开文档A，在第19页的末尾插入一个分节符。

（4）将光标定位在文档A第20页的开始部分，完成【粘贴】操作。

Word中“节”的概念及插入“分节符”时应注意的问题如下。

“节”是文档格式化的最大单位（或指一种排版格式的范围），分节符是一个“节”的结束符号。默认情况下，Word将整个文档视为一“节”，故对文档的页面设置是应用于整篇文档的。

若需要在一页之内或多页之间采用不同的版面布局，需要插入“分节符”，将文档分成几“节”，然后根据需要设置每一“节”的格式。

分节符中存储了“节”的格式设置信息，一定要注意，分节符只控制它前面文字的格式。

技能拓展——分节符类型

在“分节符类型”中，可以选择需要的分节符，其选项含义如下。

“下一页”：分节符后的文本从新的一页开始。

“连续”：新节与其前面一节同处于当前页中。

"偶数页"：分节符后面的内容转入下一个偶数页。

"奇数页"：分节符后面的内容转入下一个奇数页。

插入"分节符"后，要使当前"节"的页面设置与其他"节"不同，单击【文件】选项卡中的【页面设置】按钮，在【应用于】下拉列表框中选择【本节】选项即可。

3.1.5 提高排版效率的几个妙招

许多办公人员会用大量时间编排和处理各类文档，但事实上，处理文档的最终目的不在文档本身，而在于将思想、数据或制度进行归纳和传递。所以，应该将更多的精力放在实质性的工作上，而非文档本身的编辑和排版上。办公人员不得不编辑、排版文档，提高文档编排的效率就显得尤为重要。

如何提高文档编排的效率呢？除了提高打字速度和操作熟练程度以外，还能怎样做？

1. 一心不能二用

编写文档时，需要专心地思考要写的实质性内容。因为思维是具有连续性的，所以建议大家编写文档时，不要急着设置当前输入内容的格式，先把想好的内容编写完成后，再对文档进行格式调整和美化。

当然，在还没思考好具体的文档内容时，可以提前设置文档中可能会用到的格式，甚至做一个文档模板，再专心地编写文档。

2. 格式设置从大到小

这里所说的从大到小是指格式应用的顺序，如美化一篇文档时，可以先统一设置所有段落和字符的格式，再设置段落内的不同格式细节。

3. 利用快捷键快速操作

既然被称为"快捷键"，那么用它操作的速度自然比普通的方式要快一些。在键盘上同时按下几个键与移动鼠标单击某个按钮或到列表中选择某个选项相比，按键盘的速度会快很多。

4. 熟练使用Word中提高效率的功能

Word中有很多功能都是可以帮助大家提高工作效率的。例如，查找和替换功能，使用查找和替换功能，不仅可以快速地将文档中所有目标文字替换为新的文字，还可以对格式进行替换；又如，文档格式功能，它不仅预置了一些文档整体格式，可以快速为文档设置格式，还支持自定义和批量修改文档格式，将设置好的格式保存，在新文档中可以直接调用。

3.2 设置字符格式

在 Word 2021 文档中输入文本，默认字体为"等线"，字号为"五号"。该格式是比较大众的格式，一般作为正文格式使用。一篇文档中往往不仅包含正文，还有很多标题或提示类文本，一篇编排合理的文档，往往会为不同的内容设置不同的字符格式。

3.2.1 实战：设置文档字符格式的方法

实例门类	软件功能

在 Word 2021 中设置文档字符格式时，可以在【字体】组中进行设置，可以通过浮动工具栏进行设置，也可以在【字体】对话框中进行设置。

1. 在【字体】组中设置

在【开始】选项卡【字体】组中，可以快捷地设置文字的字体、字号、颜色、加粗、正斜体和下划线等常用的字符格式。通过该方法设置字符格式，是最常用、最快捷的方法。

首先选择需要设置字体格式的文本或字符，然后在【开始】选项卡【字体】组中选择相应选项或单击相应按钮，即可完成相应操作，如图 3-5 所示。

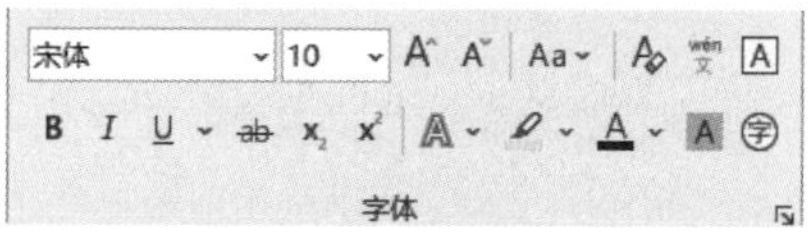

宋体 10 A A Aa
B I U ab x₂ x² A A
字体

图 3-5

下面介绍各选项和按钮的具体功能。

宋体：【字体】列表框。单击该列表框右侧的下拉按钮，在弹出的下拉列表中，可选择所需的字体，如黑体、楷体、隶书、幼圆等。

10：【字号】列表框。单击该列表框右侧的下拉按钮，在弹出的下拉列表中，可选择所需的字号，如三号、五号等。

A：【增大字号】按钮。单击该按钮，将根据字符列表中排列的字号大小，依次增大所选字符的字号。

A˅：【减小字号】按钮。单击该按钮，将根据字符列表中排列的字号大小，依次减小所选字符的字号。

B：【加粗】按钮。单击该按钮，可将所选字符加粗显示；再次单击该按钮，可取消字符的加粗显示。

I：【倾斜】按钮。单击该按钮，可将所选字符倾斜显示；再次单击该按钮，可取消字符的倾斜显示。

U：【下划线】按钮。单击该按钮，可为选择的字符添加下划线。单击该按钮右侧的下拉按钮，在弹出的下拉列表中可选择【双下划线】选项，为所选字符添加双下划线。

ab：【删除线】按钮。单击该按钮，可在选择的字符中间画一条线。

A：【字体颜色】按钮。单击该按钮，可为所选字符应用当前颜色。单击该按钮右侧的下拉按钮，在弹出的下拉列表中，可设置自动填充的颜色；在【主题颜色】栏中，可选择主题颜色；在【标准色】栏中，可选择标准色；选择【其他颜色】选项后，弹出的【颜色】对话框中有【标准】和【自定义】两个选项卡，可在其中进一步设置需要的颜色。

A：【字符底纹】按钮。单击该按钮，可为选择的字符添加底纹效果。

2. 通过浮动工具栏设置

在 Word 2021 中选择需要设置字符格式的文本后，附近会出现一个浮动工具栏，将鼠标指针移至该浮动工具栏上，工具栏会完全显示，如图 3-6 所示，可在其中设置字符常用的字符格式。

浮动工具栏中用于设置字符格式的选项比【字体】组中少，但设置方法相同，可以说是【字体】组的缩减版。由于浮动工具栏距离设置字符格式的内容比较近，在设置常用字符格式时，比使用【字体】组方便许多。

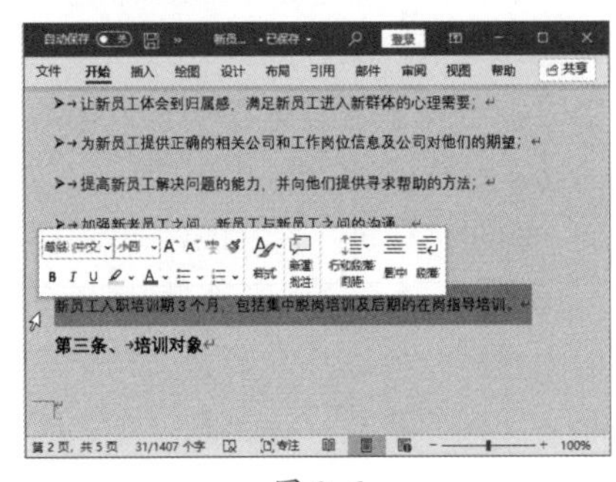

图 3-6

3. 在【字体】对话框中设置

我们还可以通过【字体】对话框设置字符格式。单击【开始】选项卡【字体】组右下角的【对话框启动器】按钮，即可打开【字体】对话框。在【字体】对话框的【字体】选项卡中，可以设置字体、字形、字号、下划线、字体颜色和一些特殊效果，如图 3-7 所示。

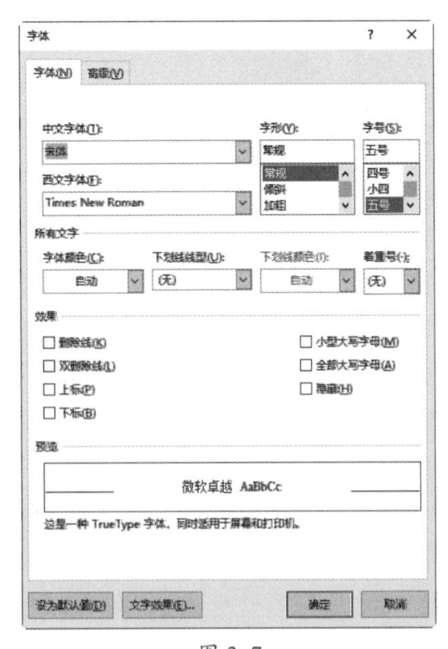

图 3-7

在【高级】选项卡的【字符间距】组中，可以设置文字的【缩放】【间距】和【位置】，如图 3-8 所示。

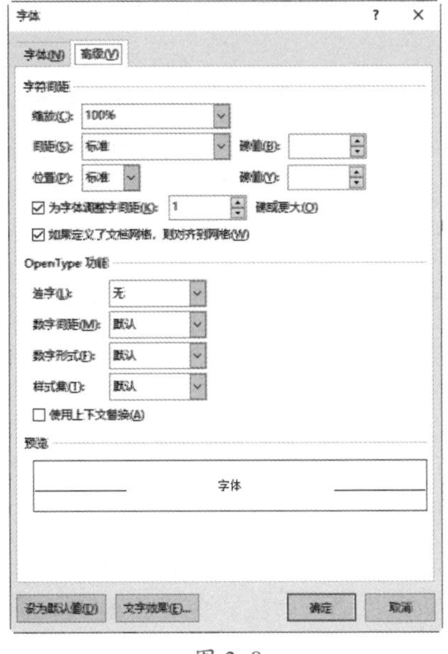

图 3-8

★重点 3.2.2 实战：设置“会议纪要”文本的字符格式

实例门类	软件功能

设置字符格式可以改变字符的外观效果，主要包括对字体、字号、字体颜色等进行设置。对“会议纪要”文档中的标题进行字符格式设置，具体操作步骤如下。

Step 01 选择字体类型。打开“素材文件\第 3 章\会议纪要.docx”文档，❶选择标题文本；❷单击【开始】选项卡【字体】组中【字体】列表框右侧的下拉按钮；❸在弹出的下拉列表中选择【黑体】选项，如图 3-9 所示。

图 3-9

Step 02 选择字体字号。❶选择标题文本；❷单击【字体】组中【字号】右侧的下拉按钮 ⌄；❸在弹出的下拉列表中选择【小一】选项，如图 3-10 所示。

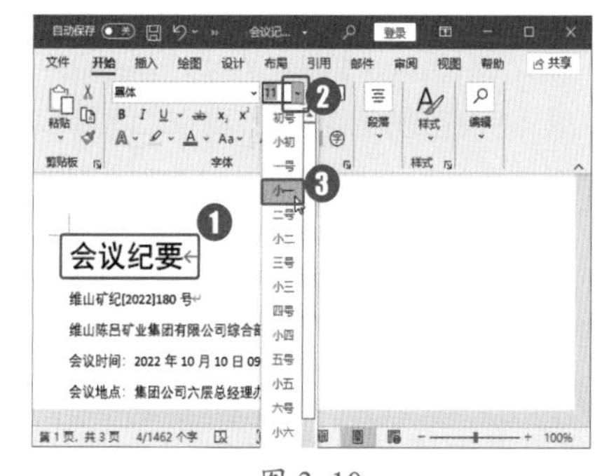

图 3-10

技能拓展——快速设置字号大小

在 Word 中设置文本字号，除了可以在功能区内进行外，还可以选择文本，按【Ctrl+]】或【Ctrl+Shift+ > 】组合键变大字号；按【Ctrl+[】或【Ctrl+Shift+ < 】组合键变小字号。

Step 03 选择字体颜色。❶选择标题文本；❷单击【字体】组中【字体颜色】右侧的下拉按钮 ⌄；❸在弹出的下拉列表中选择【红色】样式，如图 3-11 所示。

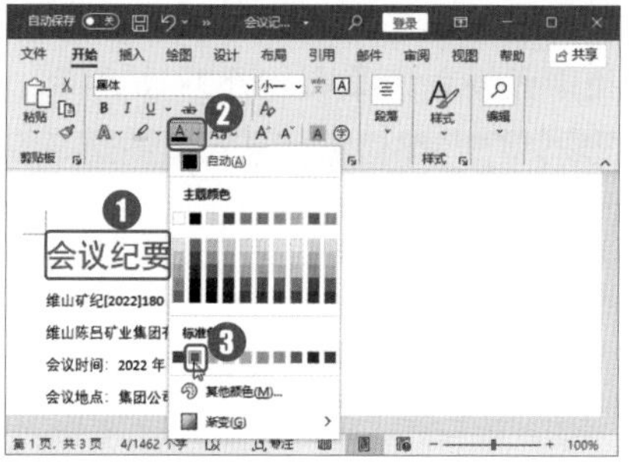

图 3-11

Step 04 设置字体加粗格式。❶按住【Ctrl】键不放，选择所有需要加粗的文本；❷单击【字体】组中的【加粗】按钮 **B**，如图 3-12 所示。

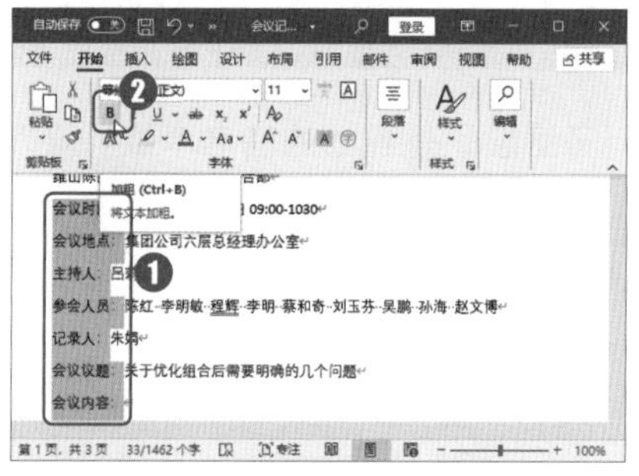
图 3-12

★重点 3.2.3 实战：设置文本效果

实例门类	软件功能

Word 2021 的【字体】组提供了设置文本效果和版式的功能，使用该功能，可以将文字设置成艺术字，还可以设置轮廓、阴影、映像、发光等效果，这些功能都是在选择了字体样式后再加以修改的。如果使用编号样式、连字和样式集功能，可以制作出一些特殊的效果，具体操作步骤如下。

1. 添加文本艺术效果

设置 Word 文本颜色时，不仅可以应用标准色，还可以应用内置的艺术字样式，具体操作步骤如下。

Step 01 选择艺术字样式。打开"素材文件\第 3 章\微软公司 .docx"文档，❶选择标题文本；❷单击【字体】组中的【文本效果和版式】按钮 A ⌄；❸选择【填充：黑色，文本色 1；阴影】样式，如图 3-13 所示。

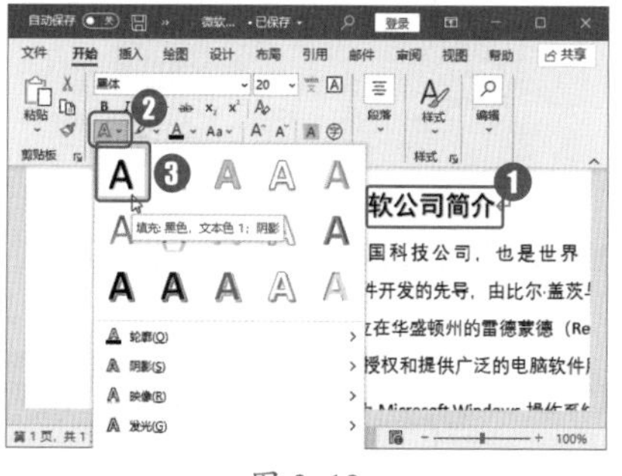

图 3-13

Step 02 查看艺术字效果。完成 Step 01 操作后，应用艺术字样式的标题效果如图 3-14 所示。

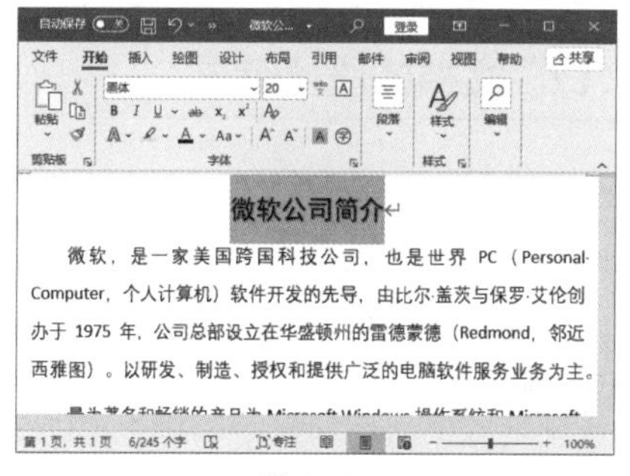

图 3-14

2. 应用编号样式

除了对文本格式进行设置外，还可以对数据格式进行设置。将日期设置为【均衡老式】，具体操作步骤如下。

Step 01 选择编号样式。❶选择数字"1975"；❷单击【字体】组中的【文本效果和版式】按钮 A ⌄；❸选择【编号样式】选项；❹在下一级列表中选择【均衡老式】选项，如图 3-15 所示。

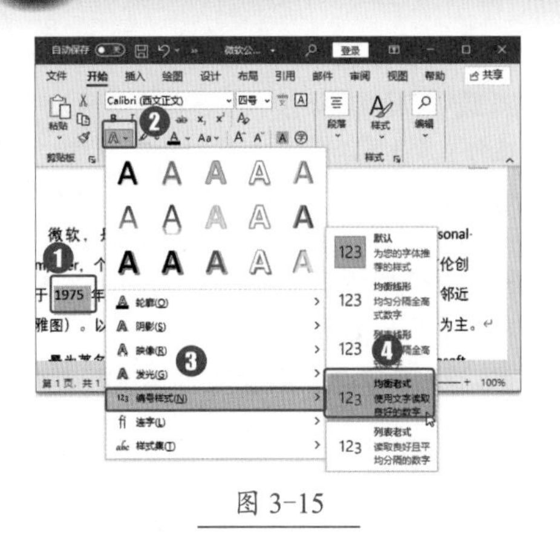

图 3-15

Step 02 查看数据编号效果。完成 Step 01 操作后，选择的数字便被设置为均衡老式样式，效果如图 3-16 所示。

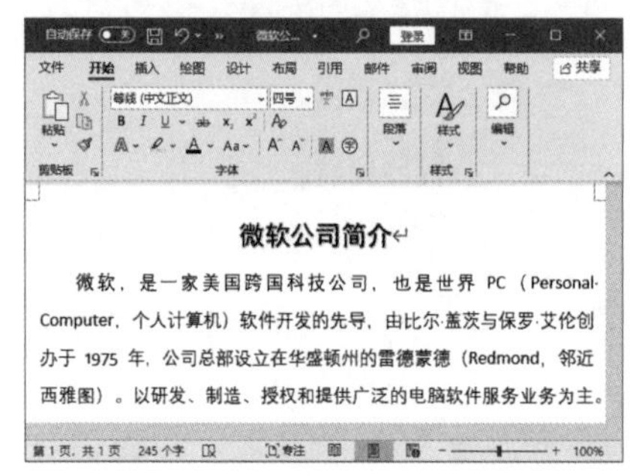

图 3-16

技术看板

在文档中可以设置连字效果，这个功能主要是便于针对英文进行设置。输入英文文本后，不是所有字符格式都支持该功能。如果需要使用该功能，用户可以选择常用的几个英文字符格式进行操作。对于这些非常用功能，用户可以多试几次看效果，选择适合自己的样式。

3.3 设置段落格式

段落由一个或多个包含连续主题的句子组成，是独立的信息单位。输入文字时，按【Enter】键，Word 会自动插入一个段落标识，并开始一个新的段落。一定数量的字符和其后的段落标识，组成了完整的段落。段落格式设置指对整个段落的外观进行设置，包括更改对齐方式、设置段落缩进、设置段落间距等。

3.3.1 实战：设置“会议纪要（1）”文档的段落缩进

实例门类	软件功能

段落缩进指段落相对左右页边距向页内缩进一段距离。设置段落缩进可以使文档内容的层次更清晰，方便读者阅读。缩进分为左缩进、右缩进、首行缩进和悬挂缩进 4 种。

（1）左（右）缩进：指段落中所有行的左（右）边界向右（左）缩进，效果分别如图 3-17 和图 3-18 所示。左缩进和右缩进合用，可产生嵌套段落，通常用于引用文字。

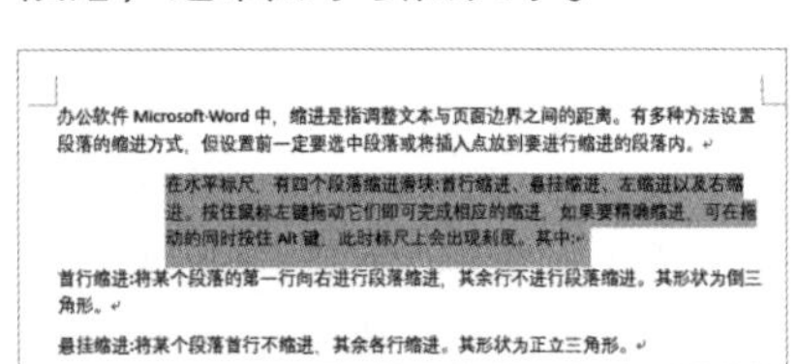

图 3-17

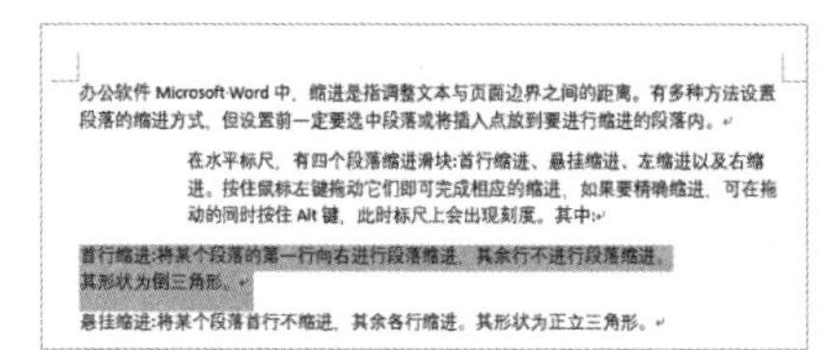

图 3-18

（2）首行缩进：是中文文档中最常用的段落格式，即将段落首行的第一个字符向右缩进，使之区别于前面的段落。一般设置为首行缩进两个字符。设置后按【Enter】键另起一段，下一个段落会自动应用相同的段落格式，如图 3-19 所示。

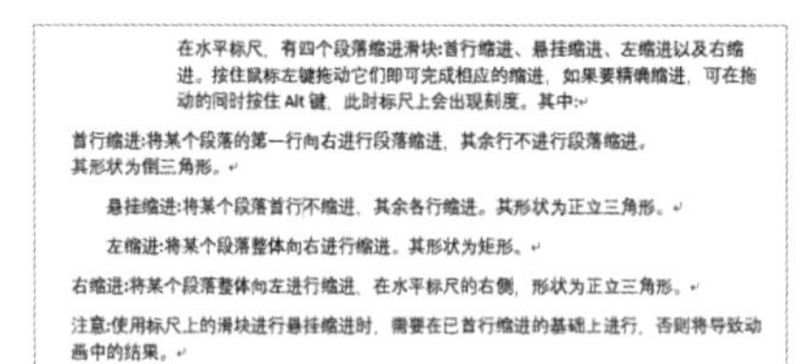

图 3-19

（3）悬挂缩进：指段落中除首行以外的其他行左边界向右缩进，常用于一些较为特殊的读物，如报纸、杂志等，如图 3-20 所示。

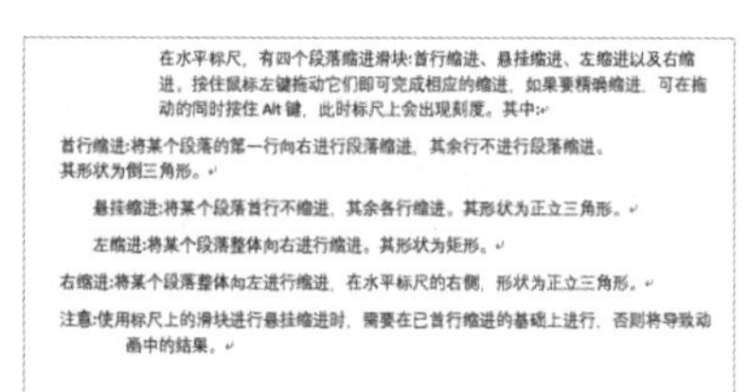

图 3-20

在日常排版中，首行缩进是应用最多的。对“会议纪要（1）”文档设置首行缩进，具体操作步骤如下。

Step 01 打开【段落】对话框。打开“素材文件\第 3 章\会议纪要（1）.docx”文档，❶选择需要设置首行缩进的文本；❷单击【开始】选项卡【段落】组中的【对话框启动器】按钮，如图 3-21 所示。

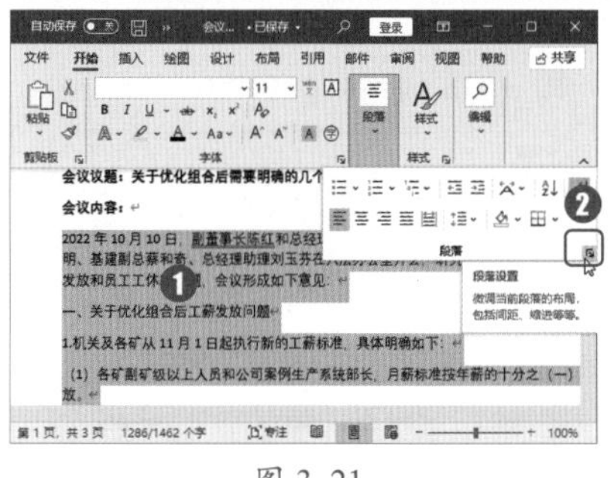

图 3-21

Step 02 设置段落格式。弹出【段落】对话框，❶在【缩进】组中选择【特殊】列表框中的【首行】选项，设置【缩进值】为【2 字符】；❷单击【确定】按钮，如图 3-22 所示。

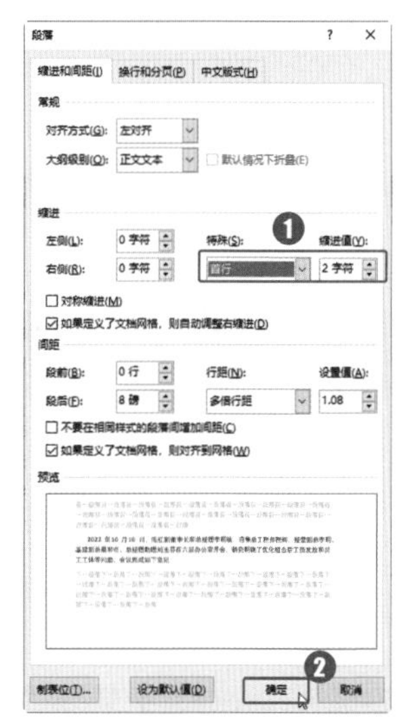

图 3-22

Step 03 查看段落样式效果。完成以上操作后，即可设置选中段落为首行缩进，效果如图 3-23 所示。

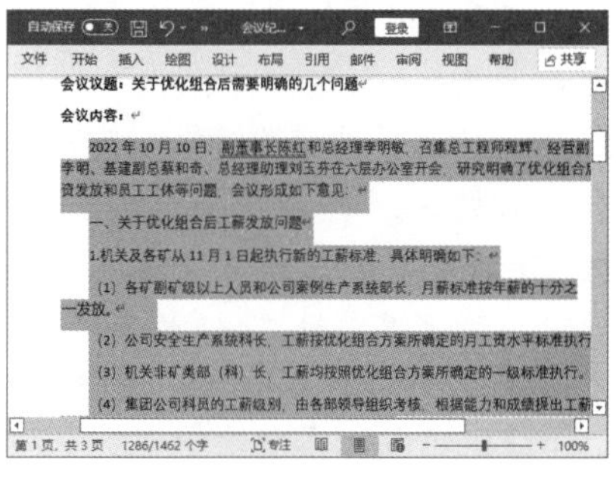

图 3-23

3.3.2 实战：设置“会议纪要(2)”文档的对齐方式

实例门类	软件功能

采用不同的段落对齐方式，直接影响文档的版面效果。常见的段落对齐方式有左对齐、居中对齐、右对齐、两端对齐和分散对齐 5 种。

（1）左对齐：指段落中每行文本一律以文档的左边界为基准向左对齐，如图 3-24 所示。

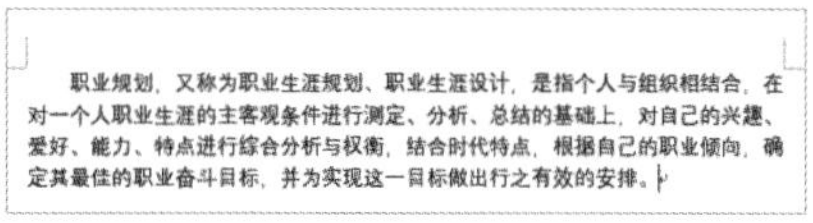

职业规划，又称为职业生涯规划、职业生涯设计，是指个人与组织相结合，在对一个人职业生涯的主客观条件进行测定、分析、总结的基础上，对自己的兴趣、爱好、能力、特点进行综合分析与权衡，结合时代特点，根据自己的职业倾向，确定其最佳的职业奋斗目标，并为实现这一目标做出行之有效的安排。

图 3-24

（2）居中对齐：指文本位于文档左右边界的中间，如图 3-25 所示。

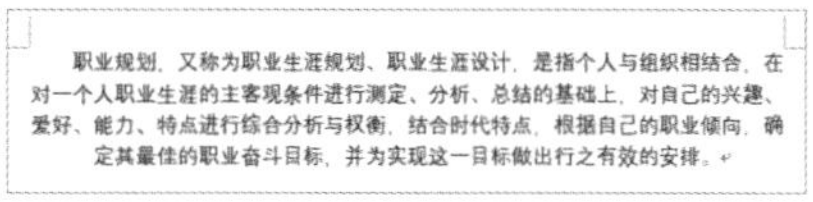

职业规划，又称为职业生涯规划、职业生涯设计，是指个人与组织相结合，在对一个人职业生涯的主客观条件进行测定、分析、总结的基础上，对自己的兴趣、爱好、能力、特点进行综合分析与权衡，结合时代特点，根据自己的职业倾向，确定其最佳的职业奋斗目标，并为实现这一目标做出行之有效的安排。

图 3-25

（3）右对齐：指文本在文档中以右边界为基准向右对齐，如图 3-26 所示。

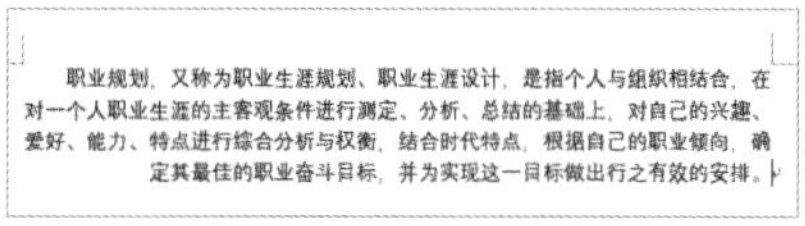

职业规划，又称为职业生涯规划、职业生涯设计，是指个人与组织相结合，在对一个人职业生涯的主客观条件进行测定、分析、总结的基础上，对自己的兴趣、爱好、能力、特点进行综合分析与权衡，结合时代特点，根据自己的职业倾向，确定其最佳的职业奋斗目标，并为实现这一目标做出行之有效的安排。

图 3-26

（4）两端对齐：指除了段落中最后一行文本外，其余行文本的左右两端分别以文档的左右边界为基准向两端对齐。这种对齐方式是文档中最常用的，书籍正文大多采用这种对齐方式，如图 3-27 所示。

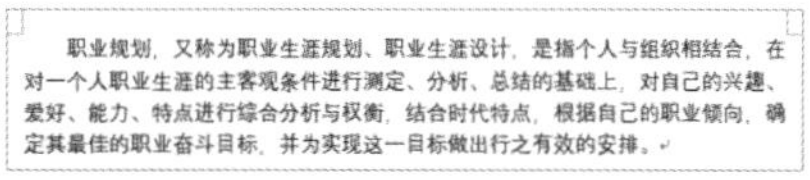

职业规划，又称为职业生涯规划、职业生涯设计，是指个人与组织相结合，在对一个人职业生涯的主客观条件进行测定、分析、总结的基础上，对自己的兴趣、爱好、能力、特点进行综合分析与权衡，结合时代特点，根据自己的职业倾向，确定其最佳的职业奋斗目标，并为实现这一目标做出行之有效的安排。

图 3-27

（5）分散对齐：指段落中所有行的文本分别以文档的左右边界为基准向两端对齐，如图 3-28 所示。

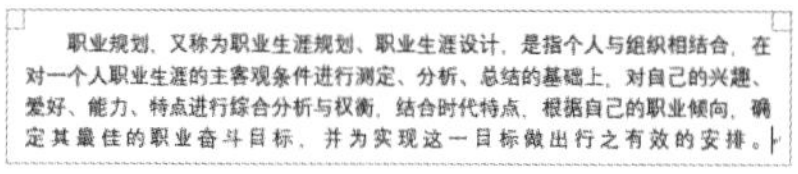

职业规划，又称为职业生涯规划、职业生涯设计，是指个人与组织相结合，在对一个人职业生涯的主客观条件进行测定、分析、总结的基础上，对自己的兴趣、爱好、能力、特点进行综合分析与权衡，结合时代特点，根据自己的职业倾向，确定其最佳的职业奋斗目标，并为实现这一目标做出行之有效的安排。

图 3-28

在文档中，标题的对齐方式一般会设置为居中对齐，落款或日期为右对齐，具体操作步骤如下。

Step 01 设置标题居中对齐。打开“素材文件\第 3 章\会议纪要(2).docx”文档，❶选择标题文本，或将光标定位在标题文本的任意位置；❷单击【开始】选项卡【段落】组中的【居中】按钮☰，如图 3-29 所示。

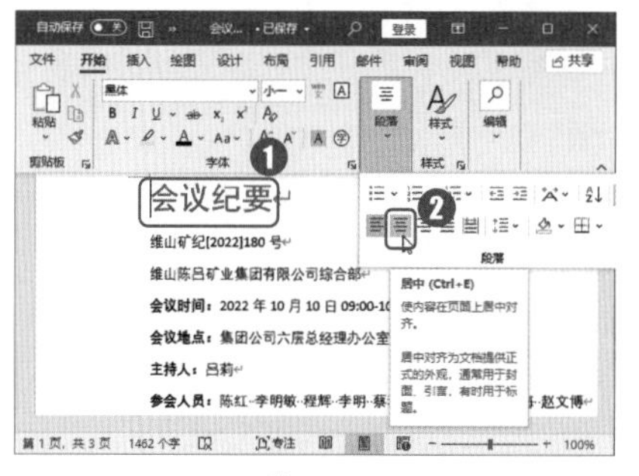

图 3-29

Step 02 查看标题对齐效果。完成 Step 01 操作后，即可将标题文本居中对齐，效果如图 3-30 所示。

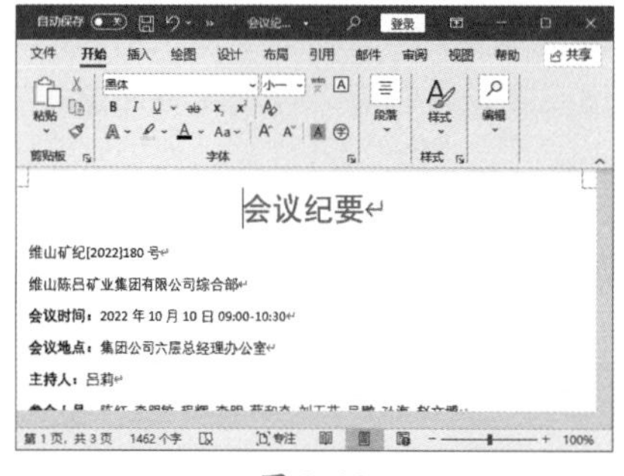

图 3-30

Step 03 设置段落右对齐。❶选择日期文本；❷单击【开始】选项卡【段落】组中的【右对齐】按钮☰，如图 3-31 所示。

图 3-31

技能拓展——快速设置对齐方式的操作

除了使用功能区按钮设置文本对齐方式外，还可以直接按组合键进行操作。按【Ctrl+L】组合键设置左对齐；按【Ctrl+E】组合键设置居中对齐；按【Ctrl+R】组合键设置右对齐。

3.3.3 实战：设置“会议纪要（3）”文档的段间距和行间距

实例门类	软件功能

段间距指相邻两个段落之间的距离，包括段前距、段后距；行间距指段落内每行文字间的距离。相同的字体格式在不同的段间距和行间距下的阅读体验不同，只有当字体格式和所有间距设置协调时，才有最完美的阅读体验，具体操作步骤如下。

Step01 打开【段落】对话框。打开“素材文件\第 3 章\会议纪要（3）.docx”文档，❶选择除标题外的所有文本；❷单击【开始】选项卡【段落】组中的【对话框启动器】按钮，如图 3-32 所示。

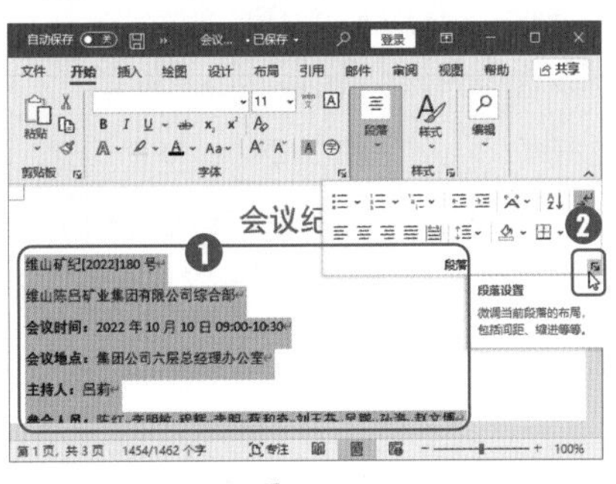

图 3-32

Step02 设置段落格式。弹出【段落】对话框，❶在【间距】组中设置【段后】为【10 磅】；❷设置【行距】为【1.5 倍行距】；❸单击【确定】按钮，如图 3-33 所示。

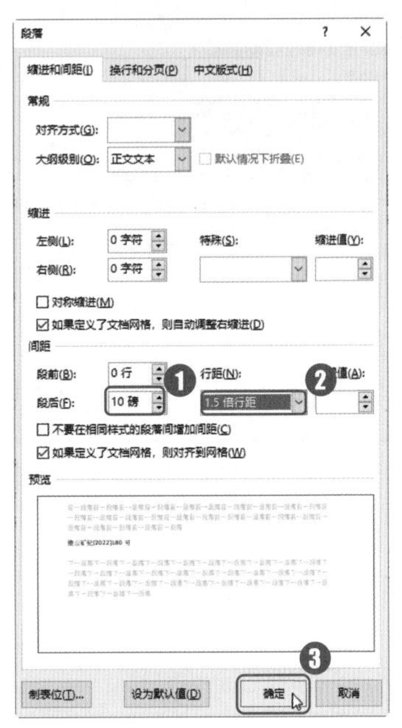

图 3-33

技能拓展——行距快捷键

选择需要设置行距的文本，按【Ctrl+1】组合键设置单倍行距；按【Ctrl+2】组合键设置两倍行距；按【Ctrl+1.5】组合键设置 1.5 倍行距。

3.4 设置编号和项目符号

编辑文档时，为了使文档内容具有要点明确、层次清楚的特点，可以为处于相同层次或有并列关系的段落添加编号和项目符号。在编辑处理篇幅较长且结构复杂的文档时，设置编号和项目符号特别实用。

3.4.1 实战：为“人事管理制度”文档添加编号

实例门类	软件功能

设置编号指在段落开始处添加阿拉伯数字、罗马序列字符、大写中文数字、英文字母等样式的连续字符。如果一组同类型段落有先后关系，或者需要对有并列关系的段落进行数量统计，就可以使用编号功能。

Word 2021 具有自动添加编号的功能，不仅避免了手动输入编号的烦琐，还便于后期修改与编辑。例如，在以“第一、”“1.”“A.”等文本开始的段落末尾按【Enter】键，下一段文本开始时将自动添加“第二、”“2.”“B.”等文本。

如果需要段落自动编号，一般在输入段落内容的过程中进行设置。如果在段落内容输入完成后需要统一添加编号，可以进行手动设置。

要为“人事管理制度”文档中的相应段落手动设置编号，具体操作步骤如下。

Step01 打开【定义新编号格式】对话框。打开“素材文件\第 3 章\人事管理制度.docx”文档，❶按住【Ctrl】键不放，间断选择需要添加编号的文本；❷单击【段落】组中【编号】右侧的下拉按钮；❸在弹出的下拉列表中选择【定义新编号格式】选项，如图 3-34 所示。

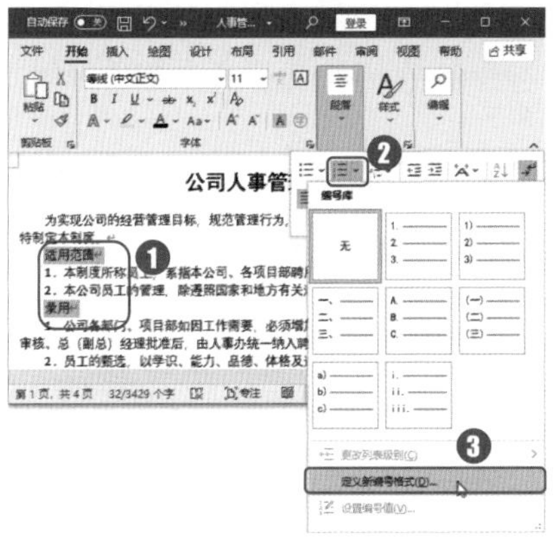

图 3-34

Step02 设置编号样式。弹出【定义新编号格式】对话框，❶在【编号样式】列表框中选择【一，二，三(简)...】选项；❷单击【确定】按钮，如图 3-35 所示。

图 3-35

Step03 查看编号效果。完成以上操作后，即可为选择的文本添加编号，效果如图 3-36 所示。

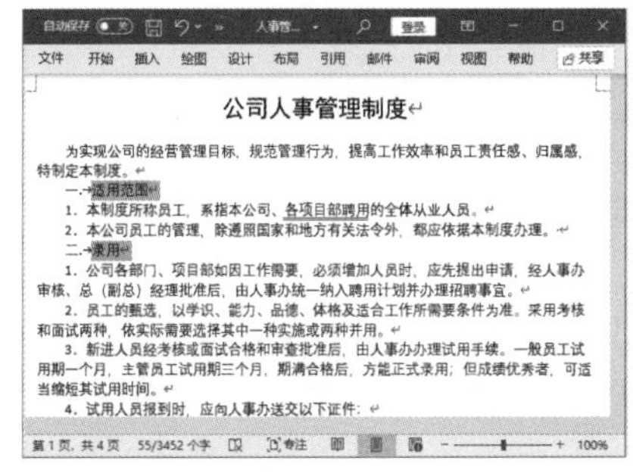

图 3-36

3.4.2 实战：为“养生常识”文档添加项目符号

实例门类	软件功能

项目符号指放在文档的段落前，用以添加强调效果的符号，即在各项目前标注的⌘、●、★、■等符号。如果文档中存在一组有并列关系的段落，可以在各个段落前添加项目符号。

在“养生常识”文档中为相应文本手动设置项目符号，具体操作步骤如下。

Step01 打开【定义新项目符号】对话框。打开“素材文件\第 3 章\养生常识.docx”文档，❶选择需要添加项目符号的段落文本；❷单击【段落】组中【项目符号】右侧的下拉按钮⌄；❸在弹出的下拉列表中选择【定义新项目符号】选项，如图 3-37 所示。

图 3-37

Step02 打开【符号】对话框。弹出【定义新项目符号】对话框，单击【符号】按钮，如图 3-38 所示。

图 3-38

Step03 选择项目符号。弹出【符号】对话框，❶在列表框中选择一个符号作为项目符号；❷单击【确定】按钮，如图 3-39 所示。

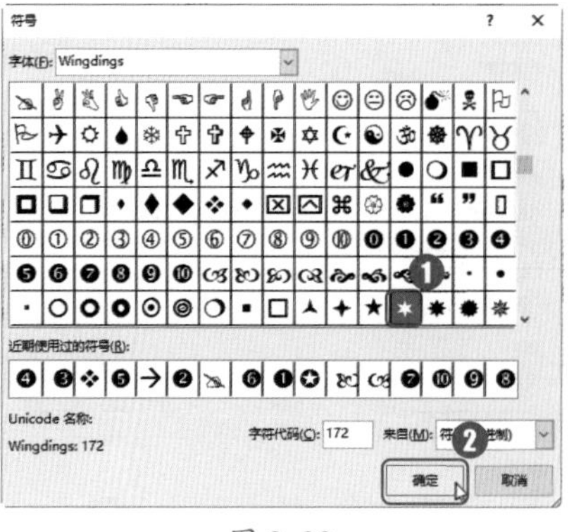

图 3-39

Step04 打开【字体】对话框。返回【定义新项目符号】对话框，单击【字体】按钮，如图 3-40 所示。

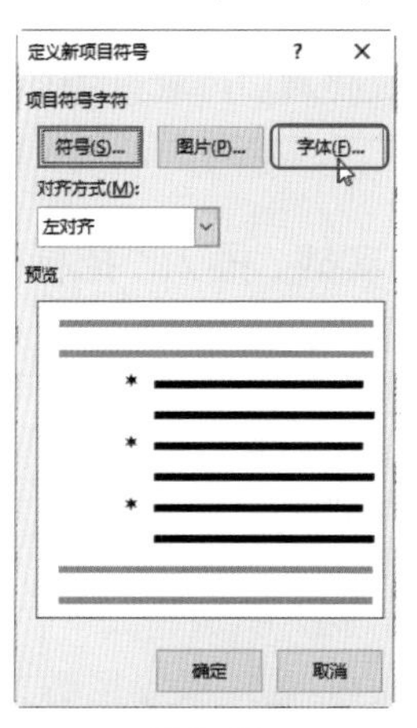

图 3-40

技能拓展——将图片作为项目符号的方法

在【定义新项目符号】对话框中单击【图片】按钮，可在打开的【图片项目符号】对话框中选择一张图片作为项目符号。

Step05 设置字体格式。弹出【字体】对话框，❶在【字体颜色】列表框中选择所需颜色；❷单击【确定】按钮，如图 3-41 所示。

图 3-41

Step06 确定项目符号。返回【定义新项目符号】对话框，单击【确定】按钮，如图 3-42 所示。

图 3-42

Step07 查看项目符号效果。完成以上操作后，即可为选择的段落文本添加项目符号，效果如图 3-43 所示。

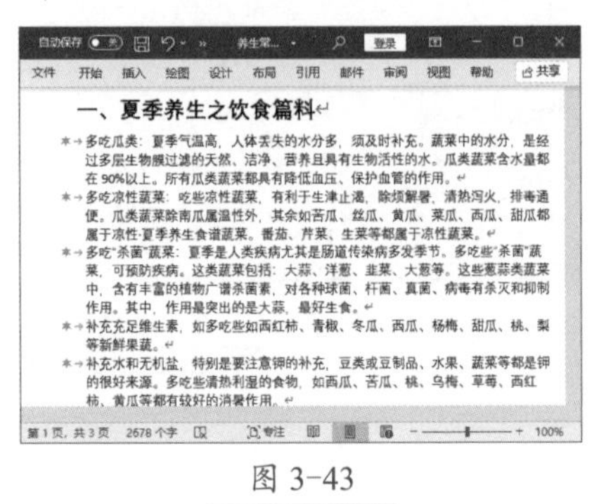

图 3-43

3.5 插入页眉和页脚

为文档添加页眉和页脚不仅美观，还能增强文档的可读性。页眉和页脚的形式有文字、表格、图片，用户可以根据自己的需要对其进行设置。

3.5.1 实战：插入“招标文件”文档的页眉和页脚

实例门类	软件功能

Word 中内置了 20 种页眉和页脚样式，插入页眉和页脚时可直接将合适的内置样式应用到文档中。插入页眉和页脚的方法类似，以插入页眉为例，具体操作步骤如下。

Step01 选择页眉样式。打开“素材文件\第 3 章\招标文件.docx”文档，❶选择【插入】选项卡；❷单击【页眉和页脚】组中的【页眉】按钮；❸在弹出的下拉列表中选择需要的页眉样式，这里选择【边线型】选项，如图 3-44 所示。

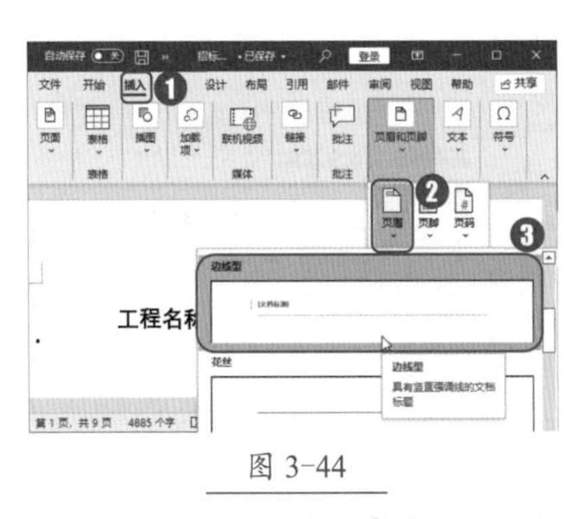

图 3-44

Step02 输入页眉内容。❶在页眉文本框中输入合适的内容；❷单击【页眉和页脚】选项卡【关闭】组中的【关闭页眉和页脚】按钮，如图 3-45 所示。

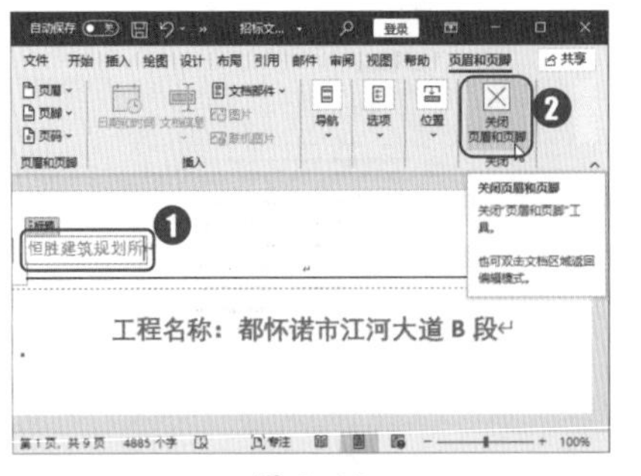

图 3-45

技能拓展——设置页眉和页脚首页不同、奇偶页不同

为文档设置页眉和页脚时，在【页眉和页脚】选项卡【选项】组中选择【首页不同】和【奇偶页不同】复选框，根据系统提示，在不同位置输入不同的页眉和页脚，可以为文档的首页、奇数页和偶数页设置不同的页眉和页脚效果。

3.5.2 实战：插入与设置“招标文件”文档的页码

实例门类	软件功能

页码是文档（尤其是长文档）的重要组成部分，它与页眉和页脚是相互联系的。用户可以将页码添加到文档的顶部、底部或页边距处，页码与页眉和页脚中的信息一样，都呈灰色显示，且不能与文档正文

内容同时进行更改。

Word 2021 内置了多种页码编号样式，可直接套用。插入页码的方法与插入页眉和页脚的方法基本相同，具体操作步骤如下。

Step01 选择页码样式。❶单击【插入】选项卡【页眉和页脚】组中的【页码】按钮；❷选择【页面底端】选项；❸选择【普通数字 2】选项，如图 3-46 所示。

图 3-46

Step02 打开【页码格式】对话框。❶选择页码；❷单击【页眉和页脚】选项卡【页眉和页脚】组中的【页码】按钮；❸在弹出的下拉列表中选择【设置页码格式】选项，如图 3-47 所示。

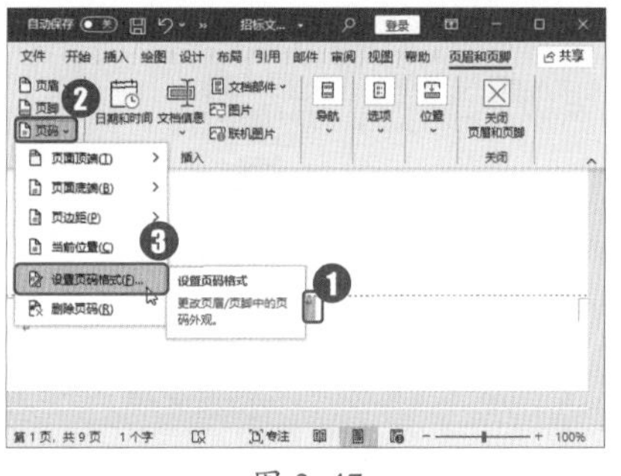

图 3-47

Step03 设置页码编号。弹出【页码格式】对话框，❶在【编号格式】下拉列表框中选择【-1-，-2-，-3-，...】选项；❷选择【起始页码】单选按钮，设置起始页码值；❸单击【确定】按钮，如图 3-48 所示。

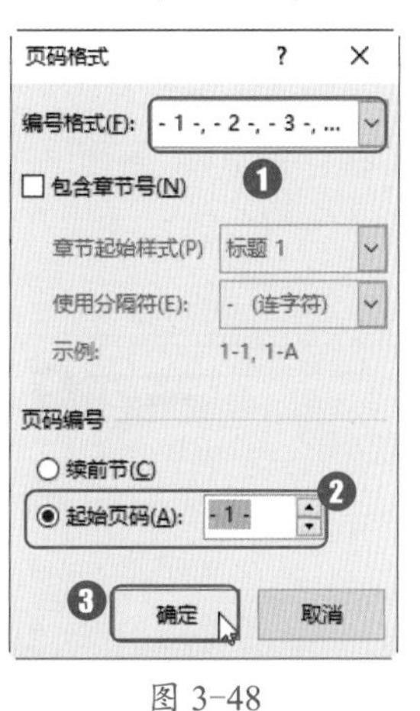

图 3-48

Step04 查看页码效果。单击【页眉和页脚】选项卡【关闭】组中的【关闭页眉和页脚】按钮，完成插入页码的操作，如图 3-49 所示。

图 3-49

3.6 设置文档的背景效果

默认情况下，新建Word文档的页面是白色的。随着人们审美水平的不断提高，这种中规中矩的页面已渐渐跟不上时代的潮流。为了让读者在阅读时心情得到放松，可以在文档页面中设置背景，以衬托文档中的文本内容。

3.6.1 实战：设置文档的水印背景

实例门类	软件功能

水印指显示在Word文档背景中的文字或图片，不会影响文档中文字的显示效果。在打印一些重要文件时给文档加上水印，如“绝密”“保密”等字样，可以让拿到文件的人第一时间知道该文件的重要性。设置水印的具体操作步骤如下。

Step01 选择背景样式。❶选择【设计】选项卡；❷单击【页面背景】组中的【水印】按钮；❸在弹出的下拉列表中选择【机密 1】选项，如图 3-50 所示。

图 3-50

Step 02 查看背景效果。完成 Step 01 操作后，即可为文档添加水印，效果如图 3-51 所示。

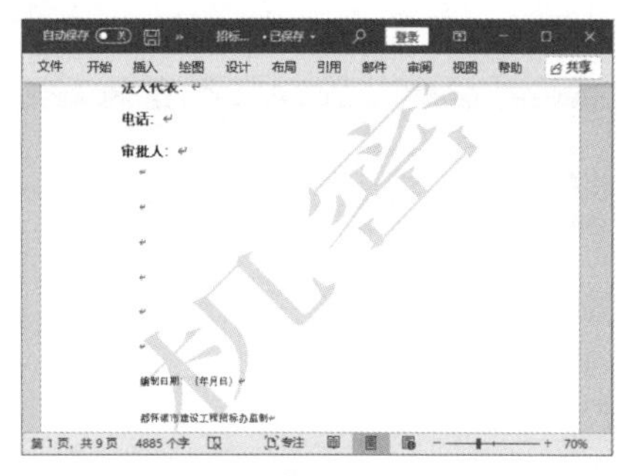
图 3-51

技能拓展——自定义水印

对于一些公司专用的文件，也可以自定义水印。在【水印】下拉列表中选择【自定义水印】选项，打开【水印】对话框，选择【文字水印】单选按钮，在下方设置水印文字、颜色等，完成设置后单击【确定】按钮即可。

3.6.2 实战：设置文档的页面颜色

实例门类	软件功能

为了提高文档的整体艺术效果和层次感，对文档进行修饰时，可以使用不同的颜色或图片作为文档的背景。

为“养生常识”文档设置页面颜色，添加颜色后，如果觉得文字显示不够突出，可以进一步对文本进行设置，具体操作步骤如下。

Step 01 打开【填充效果】对话框。❶选择【设计】选项卡；❷单击【页面背景】组中的【页面颜色】按钮；❸选择【填充效果】选项，如图 3-52 所示。

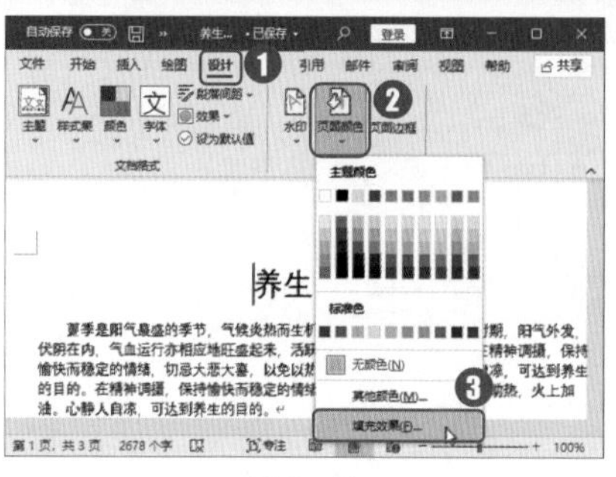
图 3-52

Step 02 打开【插入图片】对话框。弹出【填充效果】对话框，❶选择【图片】选项卡；❷单击【选择图片】按钮，如图 3-53 所示。

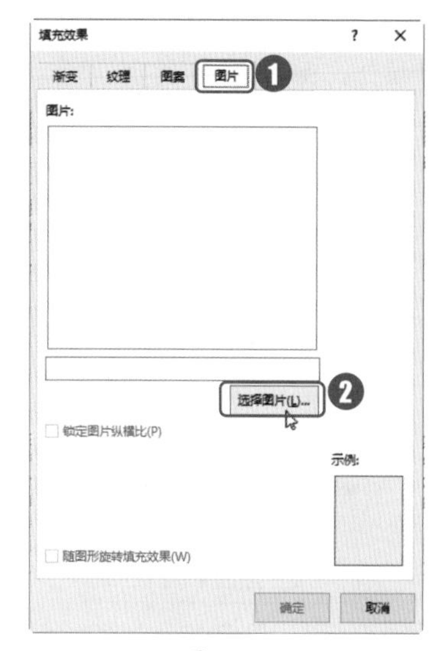

图 3-53

Step 03 打开【选择图片】对话框。弹出【插入图片】对话框，单击【浏览】按钮，如图 3-54 所示。

图 3-54

技术看板

如果计算机中没有符合要求的图片，可以单击【搜索必应】按钮，输入主题词，插入搜索出的合适图片。

Step 04 选择背景图片。弹出【选择图片】对话框，❶选择图片存放路径；❷选择“背景图”；❸单击【插入】按钮，如图 3-55 所示。

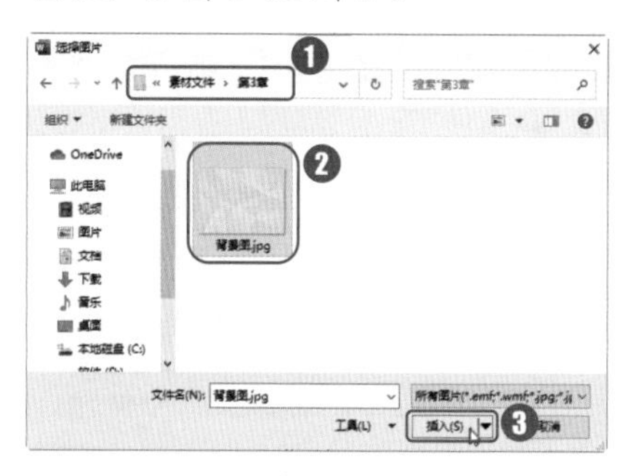
图 3-55

Step 05 确定背景图片。返回【填充效果】对话框，单击【确定】按钮，如图 3-56 所示。

图 3-56

Step 06 选择段落间距样式。❶选择文档中的所有段落后单击【开始】选项卡【段落】组中的【行和段落间距】按钮；❷在弹出的下拉列表中选择【1.5】选项，如图 3-57 所示。

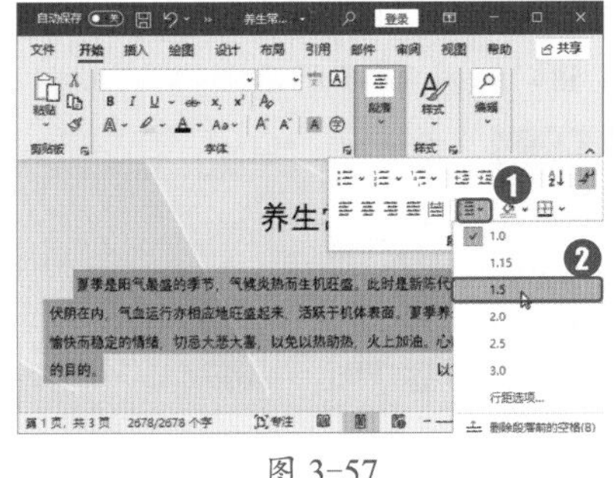
图 3-57

Step07 选择字号。❶选择文档中的具体内容文本后单击【开始】选项卡【字体】组中【字号】右侧的下拉按钮 ⌄；❷在弹出的下拉列表中选择【小四】选项，如图 3-58 所示。

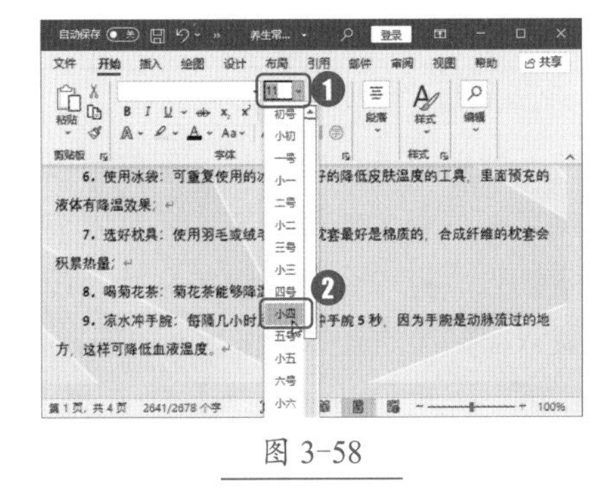
图 3-58

Step08 查看文档效果。完成以上操作后，即可为文档添加页面颜色，并调整文字大小，效果如图 3-59 所示。

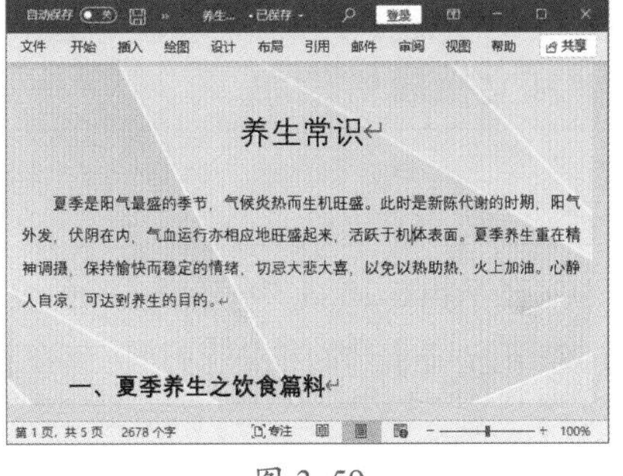
图 3-59

3.6.3　实战：添加文档页面边框

实例门类	软件功能

设置页面边框指在整个页面的内容区域外添加边框，使文档看起来更正式。为一些非正式文档添加艺术性边框，可以让其显得活泼、生动。

为“养生常识”文档添加页面边框的具体操作步骤如下。

Step01 打开【边框和底纹】对话框。单击【设计】选项卡【页面背景】组中的【页面边框】按钮，如图 3-60 所示。

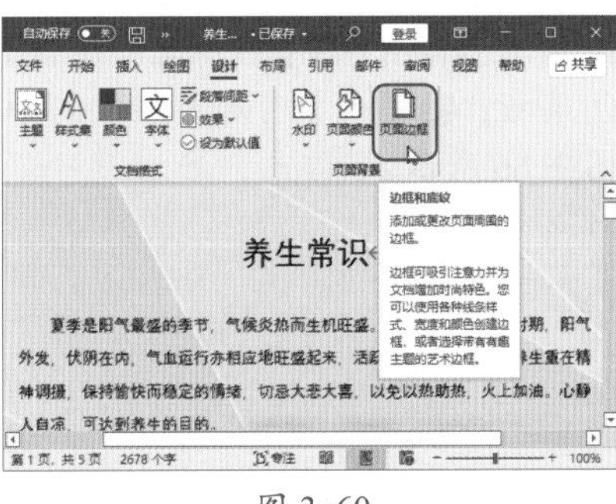
图 3-60

Step02 设置边框格式。弹出【边框和底纹】对话框，❶选择【阴影】选项；❷设置页面边框样式、颜色和宽度；❸单击【确定】按钮，如图 3-61 所示。

图 3-61

Step03 查看边框添加效果。完成以上操作后，即可为“养生常识”文档添加边框，效果如图 3-62 所示。

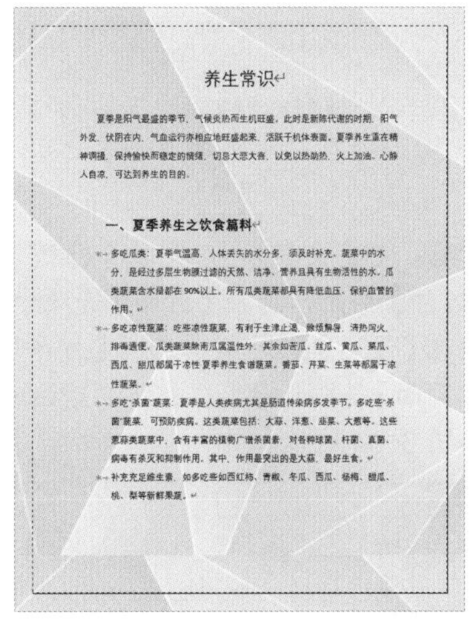
图 3-62

3.7　打印文档

虽然目前对电子邮件和 Web 文档的使用极大地促进了无纸办公的快速发展，但很多时候还是需要将编辑好的文档打印输出，本节主要介绍文档的打印设置操作。

★重点 3.7.1 实战：打印文档的部分内容

实例门类	软件功能

打印文档是办公中常用的操作之一，分为打印整篇文档、打印选择的内容、从第几页开始打印等，根据不同的要求，对打印选项进行不同的设置。打印文档的部分内容，具体操作步骤如下。

Step01 进入【文件】界面。打开“结果文件\第3章\养生常识.docx”文档，选择【文件】选项卡，如图3-63所示。

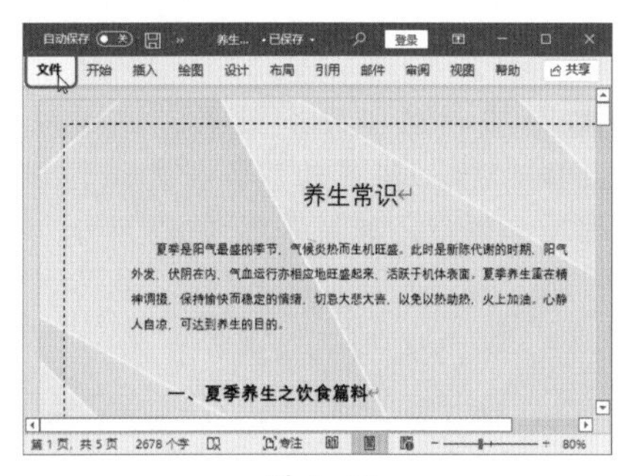

图 3-63

Step02 设置文档打印范围。❶进入【文件】界面，选择【打印】选项卡；❷在【设置】列表框中选择【打印当前页面】选项；❸单击【打印】按钮，如图3-64所示。

图 3-64

3.7.2 实战：打印背景色、图像和文档属性信息

实例门类	软件功能

在Word 2021中，可以通过【Word选项】对话框对【打印选项】进行设置，决定是否打印文档中绘制的图形、插入的图像及文档属性等信息，具体操作步骤如下。

Step01 打开【Word选项】对话框。选择【文件】选项卡，进入【文件】界面。选择【选项】选项卡，如图3-65所示。

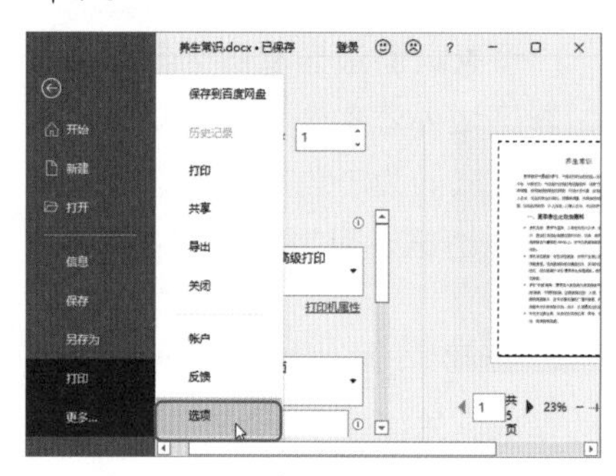

图 3-65

Step02 设置打印参数。弹出【Word选项】对话框，❶选择【显示】选项卡；❷在【打印选项】组中选择【打印背景色和图像】【打印文档属性】复选框；❸单击【确定】按钮，如图3-66所示。

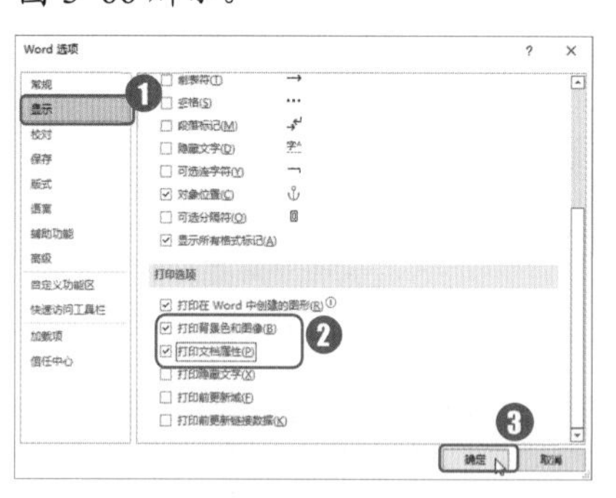

图 3-66

Step03 打印文档。完成以上操作后，即可在打印预览中看到背景色、图像和文档属性信息，单击【打印】按钮，如图3-67所示。

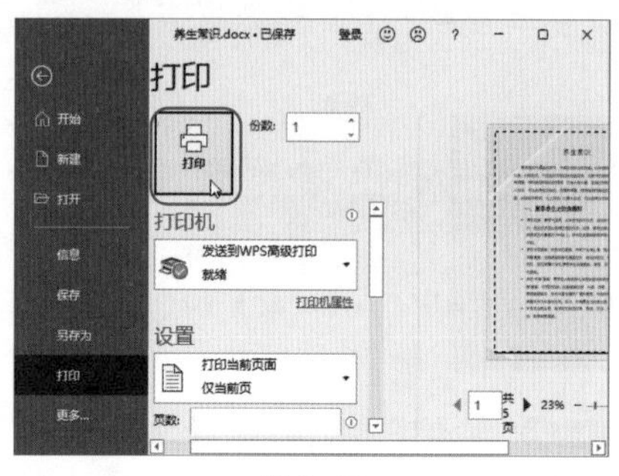

图 3-67

★重点 3.7.3 实战：双面打印文档

实例门类	软件功能

使用双面打印功能，不仅可以满足工作中的特殊需要，还可以节省纸张。打印企业刊物等文档，设置双面打印的具体操作步骤如下。

Step01 打开【Word选项】对话框。打开“素材文件\第3章\企业刊物.docx”文档，选择【文件】选项卡，进入【文件】界面。选择【选项】选项卡，如图3-68所示。

图 3-68

Step02 设置双面打印。弹出【Word选项】对话框，❶选择【高级】选项卡；❷在【打印】组中选择【在纸张背面打印以进行双面打印】复选框；❸单击【确定】按钮，如图3-69所示。

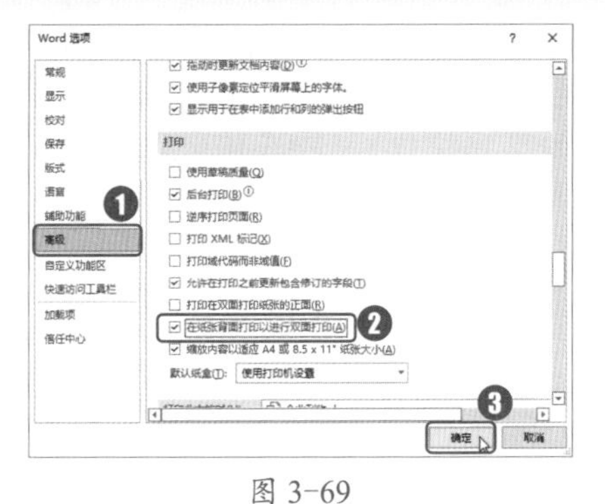

图 3-69

Step03 打印文档。进入【打印】界面，单击【打印】按钮，如图 3-70 所示。

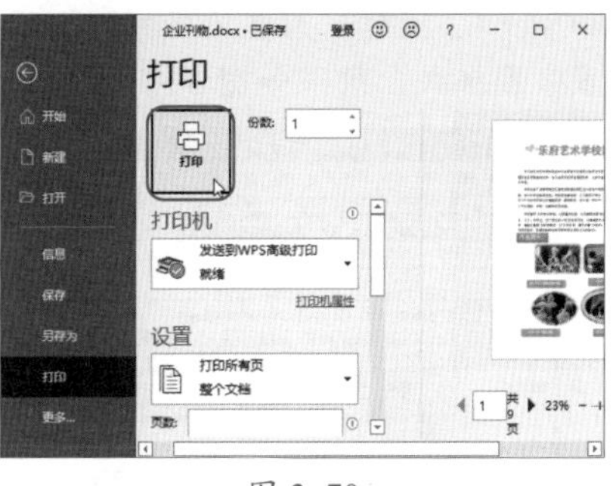

图 3-70

技术看板

若文档的总页数为奇数页，而打印机先打印偶数页，最后一张纸的后面要补一张空白纸送进打印机，以打印奇数页，或者直接在Word文档中增加一张空白页。

妙招技法

通过对Word文档的格式设置与打印相关知识的学习，相信读者已经掌握了Word 2021文档格式设置与打印的基本操作。下面结合本章内容，给大家介绍一些实用技巧。

技巧01：使用格式刷快速复制格式

对于一些对格式统一的要求比较严格的文档来说，设置好一段文字的格式后，可以使用Word中的格式刷功能，快速复制格式。使用格式刷功能复制项目符号和字体效果的具体操作步骤如下。

Step01 单击【格式刷】按钮。打开“素材文件\第3章\宣传单.docx”文档，❶选择有底纹的文本，或将鼠标指针定位在有底纹的文本中；❷单击【开始】选项卡【剪贴板】组中的【格式刷】按钮，如图 3-71 所示。

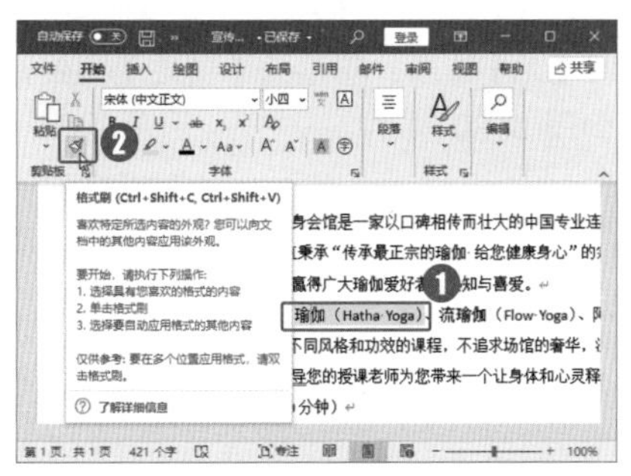

图 3-71

Step02 使用格式刷。完成Step 01操作后，鼠标指针变成形状，按住鼠标左键不放，在需要应用所复制格式的文本上拖动，如图 3-72 所示。

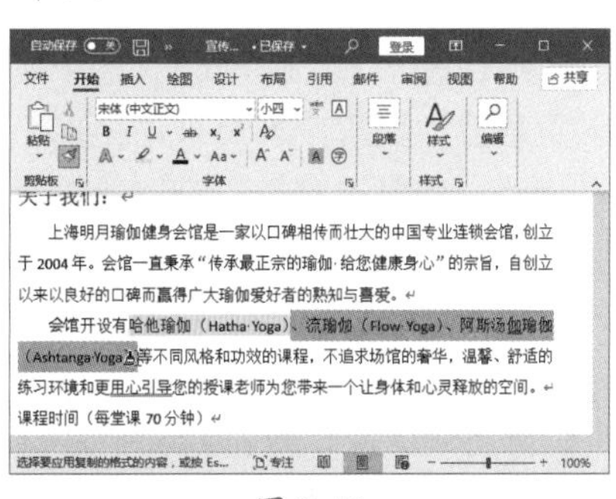

图 3-72

技术看板

单击【格式刷】，应用一次所复制格式后，自动恢复鼠标样式。如果需要重复应用该格式，选择文本后，双单【格式刷】，在需要应用所复制格式的文本上拖动。应用完格式后，按【Esc】键，退出格式刷状态。

Step03 双击【格式刷】按钮。❶将鼠标指针放置在要复制格式的带项目符号的内容中的任一位置；❷双击【剪贴板】组中的【格式刷】按钮，如图 3-73 所示。

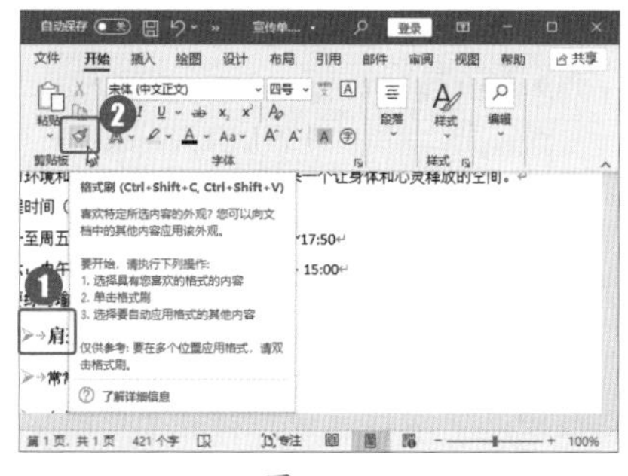

图 3-73

Step04 使用格式刷。完成Step 03操作后，鼠标指针变成形状，在需要应用所复制格式的文本上拖动，刷取格式即可，如图 3-74 所示。双击格式刷后，可以重复使用格式刷，将格式应用到不同的文本上。

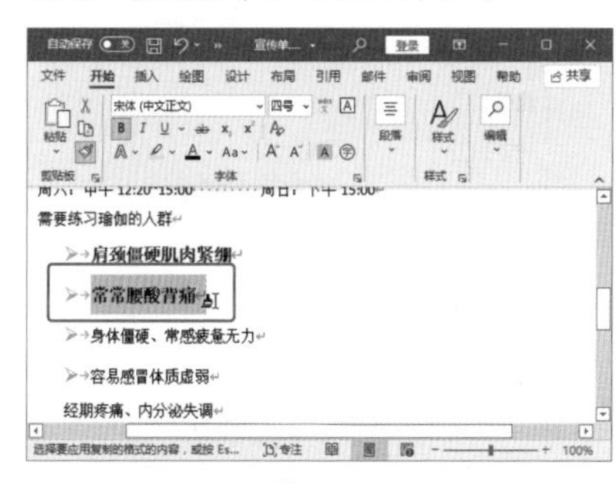

图 3-74

技巧 02：制作带圈字符

带圈字符是中文字符的一种特殊形式，用于表示强调，如代表已注册的符号®，以及数字序列号❶❷❸等。这样的带圈字符可以使用 Word 2021 提供的带圈字符功能输入。

要在"操作界面"文档中添加带圈数字序列，具体操作步骤如下。

Step01 打开【带圈字符】对话框。打开"素材文件\第 3 章\操作界面.docx"文档，❶选择需要设置带圈的数字；❷单击【开始】选项卡【字段】组中的【带圈字符】按钮㊫，如图 3-75 所示。

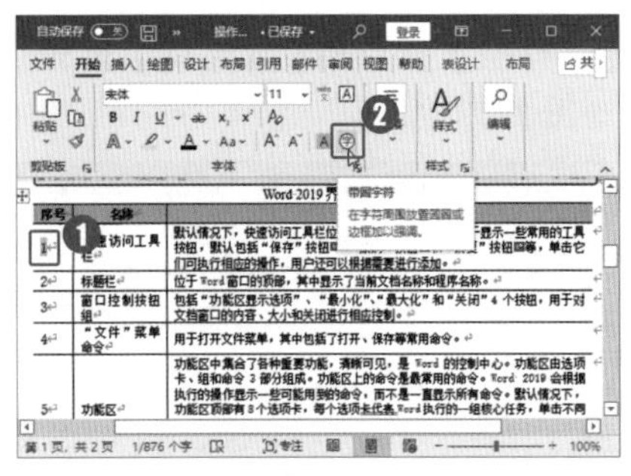

图 3-75

Step02 设置字符样式。弹出【带圈字符】对话框，❶选择【增大圈号】选项；❷单击【确定】按钮，如图 3-76 所示。

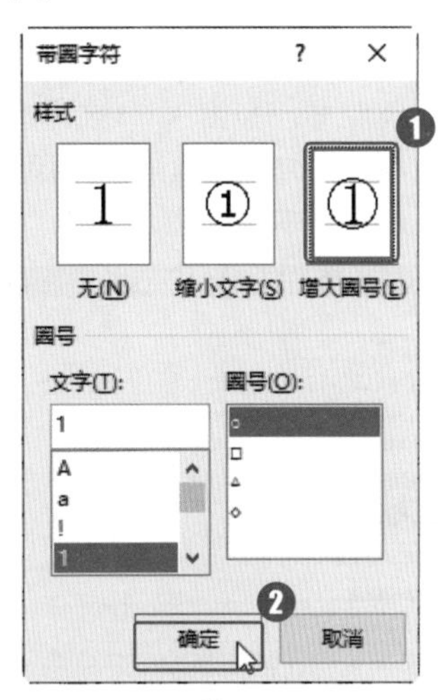

图 3-76

Step03 查看字符效果。重复 Step 01 和 Step 02 操作，为其他数字序列设置带圈样式，效果如图 3-77 所示。

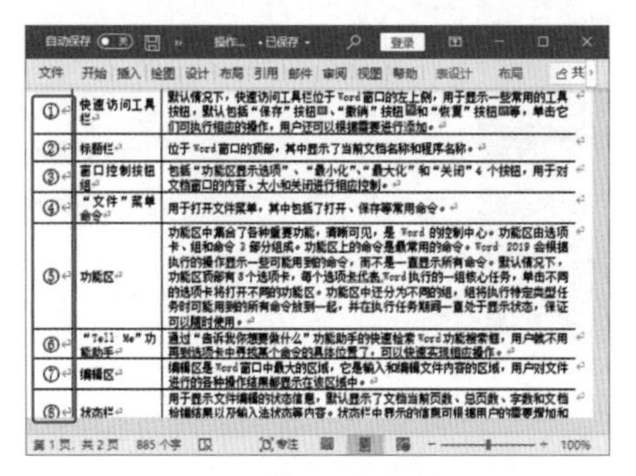

图 3-77

技术看板

在【带圈字符】对话框中选择【缩小文字】选项，会让设置圈号后的字符小于设置前的大小。【圈号】列表框用于选择带圈字符的外圈样式。

技巧 03：去除页眉下划线

默认情况下，在 Word 文档中插入页眉后，页眉下方会自动出现一条横线。如果不需要，可以通过设置边框，快速删除这条横线。删除页眉中横线的具体操作步骤如下。

Step01 进入页眉编辑状态。打开"素材文件\第 3 章\删除页眉横线.docx"文档，❶双击页眉内容，进入页眉编辑状态，选择页眉；❷选择【开始】选项卡，如图 3-78 所示。

图 3-78

Step02 打开【边框和底纹】对话框。❶单击【段落】组中【边框】右侧的下拉按钮；❷在弹出的下拉列表中选择【边框和底纹】选项，如图 3-79 所示。

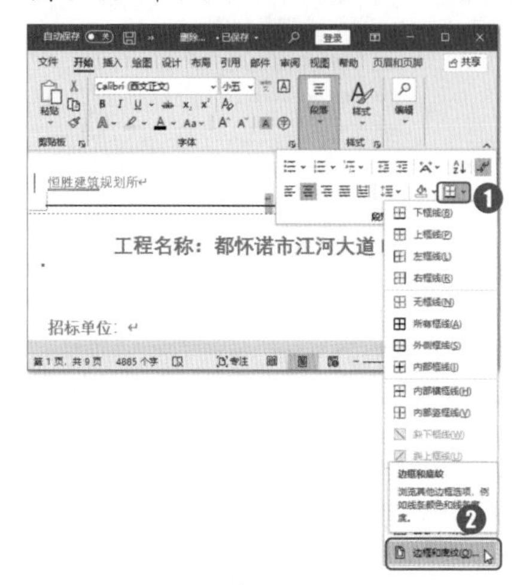

图 3-79

技能拓展——设置文字和段落底纹

在 Word 2021 中，如果需要将文本内容突出显示，可以设置文字底纹。选择需要设置底纹的文本，单击【段落】组中【边框】右侧的下拉按钮，在弹出的下拉列表中选择【边框和底纹】选项，打开【边框和底纹】对话框。在【底纹】选项卡中设置需要的底纹，选择应用范围为【文本】或【段落】，单击【确定】按钮即可。

Step03 设置边框线。弹出【边框和底纹】对话框，❶在【设置】组中选择【无】选项；❷单击【确定】按钮，如图 3-80 所示。

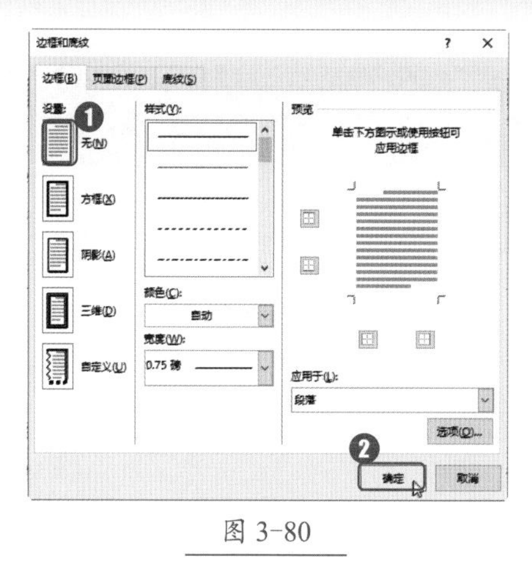

图 3-80

Step04 退出页眉编辑状态。单击【页眉和页脚】选项卡【关闭】组中的【关闭页眉和页脚】按钮，如图 3-81 所示。

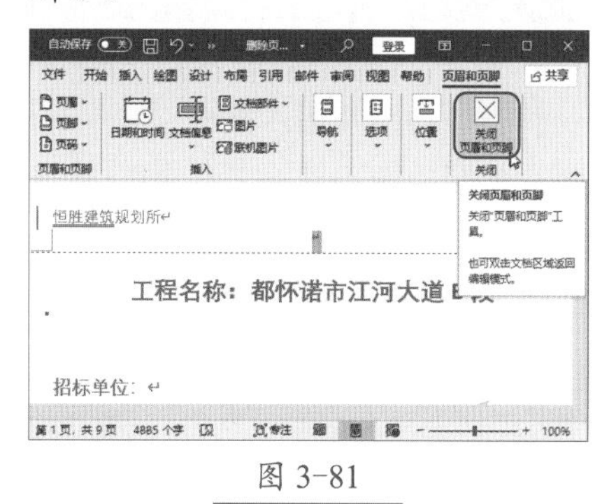

图 3-81

Step05 查看页眉横线删除效果。完成以上操作后，即可删除页眉横线，效果如图 3-82 所示。

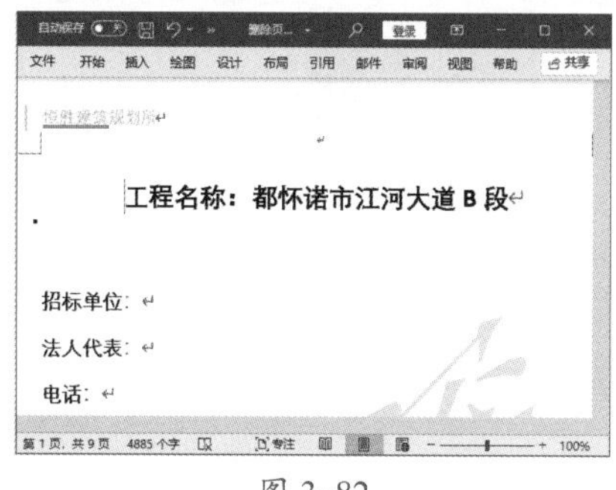

图 3-82

本章小结

通过对本章知识的学习，相信读者对文档的格式设置已经了解得比较清楚了，希望读者能够在不同的文档中应用这些功能，快速地掌握排版方法，学有所成。

第4章 Word 2021 的图文混排功能

- ➥ 如何将计算机中的图片插入文档?
- ➥ 插入文档后的图片拖不动，怎么办?
- ➥ 如何删除图片背景?
- ➥ 如何对个性化形状进行操作?
- ➥ 如何输入特殊样式的标题?
- ➥ 如何绘制图形?
- ➥ 怎样简述想要表达的内容?

想让自己设计的文档更加吸引人吗？本章将通过介绍图文混排功能，教读者设计更引人注目的文档。

4.1 图文混排知识

文档中除了文字内容外，还常常包含图片、图形等元素，这些元素有时作为主要内容存在，有时用来修饰文档。只有合理地安排这些元素，才能使文档更具艺术性，更能吸引阅读者，并且更有效地传达文档撰写者的写作意图。

4.1.1 文档中的多媒体元素

相信读者对于“多媒体”一词都不陌生，“多媒体”指组合两种或两种以上媒体的人机交互式信息交流和传播媒体，多媒体元素包括文字、图像、图形、链接、声音、动画、视频和程序等。那么，编排文档与多媒体有什么关系呢?

在 Word 中编排文档时，除了使用文字，还可以使用图像、图形、视频，甚至 Windows 系统中的很多元素。利用这些多媒体元素，不仅可以表达具体的信息，还能丰富和美化文档，使文档更生动、更具特色。

1. 图片在文档中的应用

在文档中，可以根据需要配上实物图片，如制作产品介绍、产品展示等产品宣传类文档时，在文档中配上产品图片，不仅可以更好地展示产品、吸引客户，还可以增加页面的美感。如图 4-1 所示，添加图片，让阅读者充分了解产品。

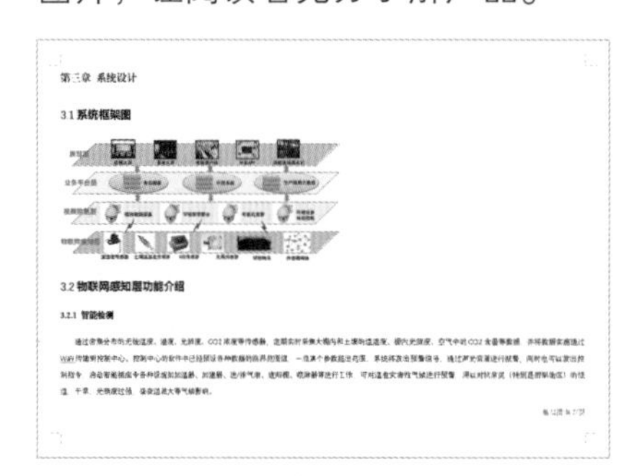
第三章 系统设计

3.1 系统框架图

3.2 物联网感知层功能介绍

3.2.1 智能检测

图 4-1

除了可以用于对文档内容进行补充说明外，图片还可以用于修饰和美化文档。例如，作为文档背景、用小图点缀页面等，如图 4-2 所示。

图 4-2

2. 图形在文档中的应用

在文档中表达信息时，通常使用文字进行描述，但有一些信息的表达，可能使用了一大篇文字描述，还不一定能表达清楚。例如，想梳理项目的开展情况，图4-3所示的流程图基本可以说明一切，但如果用文字来描述，需要花很多工夫写大量的文字。这就是图形元素的一种应用。

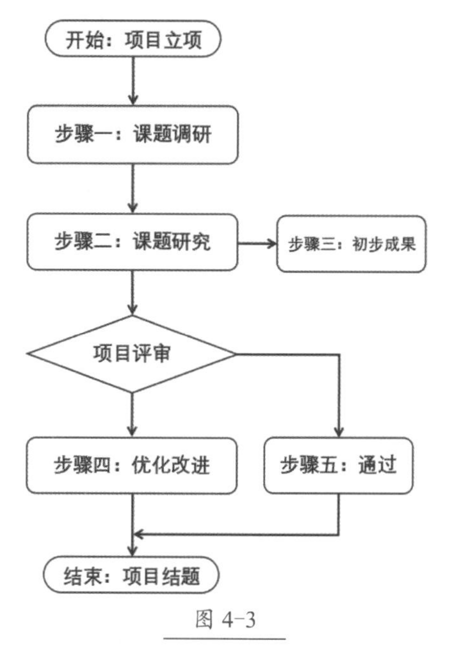

图4-3

3. 其他多媒体元素在文档中的应用

Word中还可以插入一些特殊的媒体元素，如超链接、动画、音频、视频和交互程序等。这类多媒体元素用在需要打印的文档中效果不太明显，通常应用在通过网络或电子方式传播的文档中，如电子文档形式的报告、电子文档形式的商品介绍、网页等。

在电子文档中应用各种多媒体元素，可以有效地吸引阅读者，为阅读者提供方便。超链接是在电子文档中应用最多的一种交互元素，应用超链接可以提高文档的可操作性和体验感，方便读者快速阅读文档。例如，为文档中相关联的内容建立书签和超链接，用户对该内容感兴趣时，可以单击超链接，快速切换到相应内容进行查阅。

如果再在电子文档中加入动画进行辅助演示、加入音频进行解说或翻译、加入视频进行宣传推广，甚至加入交互程序与阅读者互动，可以更进一步地提高文档的吸引力和阅读体验感。

4.1.2 图片选择注意事项

文字和图片都可以传递信息，但给人的感觉各不相同。

“一图胜过千言万语”是对图片在文档中的不可替代作用和举足轻重地位最有力的概括。文字的优点是可以准确地描述概念、陈述事实，缺点是不够直观。文字需要一行行地细读，阅读的过程中，还需要思考以理解观点。现代人更喜欢直白地传达各种信息，图片正好能弥补文字的局限，将要传达的信息直接展示在观众面前，不需要观众进行太多思考。所以，“图片+文字”是文档传递信息时最好的组合。

图片设计是有讲究的，配图时，设计者至少要考虑以下几个方面。

1. 图片质量

一般情况下，使用在文档中的图片有两个来源，一个是专为文档精心拍摄或制作，图片像素和大小比较一致，应用到文档中的效果较好；另一个是通过其他途径收集，由于是四处收集的，图片大小不一，像素也各有差别，应用到文档中，容易导致在同一份文档中出现分辨率差异极大的情况，如图4-4和图4-5所示。

图4-4

图4-5

因此，要坚决抵制质量差的图片，不要让文档沦为“山寨货”，降低文档的专业度和精致感。高质量的图片像素高、色彩搭配醒目、明暗对比强烈、细节丰富，插入后可以吸引观众的注意力，提升文档的品质。

技术看板

选择图片时还应注意图片上是否带有水印，不管是做背景还是做正文中的说明图片，总是有个第三方水印浮在那里，不仅图片的美感会大打折扣，还会让观众对文档内容的原创性产生怀疑。如果实在要用这类图片，建议将其处理后再用。

2. 吸引注意力

读者只对自己喜欢的事物感兴

趣，没有人愿意看没有亮点的文档。为了抓住读者的注意力，为文档配图时不仅要选择质量高的图片，还要尽量选择有视觉冲击力和感染力的图片。如图 4-6 所示，皮肤保养宣传的页面中，用年轻和衰老的容貌图片进行对比，极具视觉冲击力。

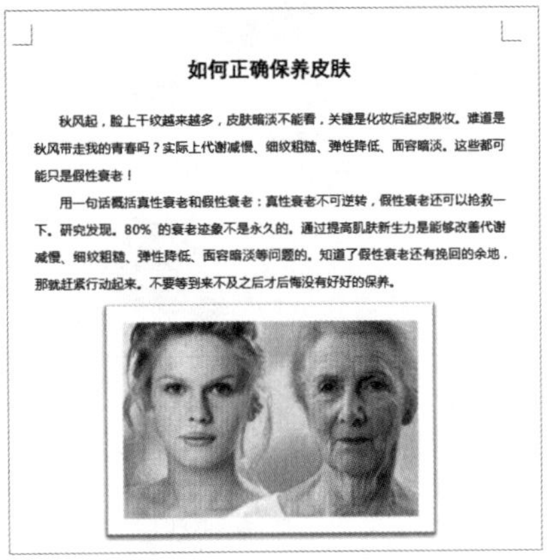

如何正确保养皮肤

秋风起，脸上干纹越来越多，皮肤暗淡不能看，关键是化妆后起皮脱妆。难道是秋风带走我的青春吗？实际上代谢减慢、细纹粗糙、弹性降低、面容暗淡。这些都可能只是假性衰老！

用一句话概括真性衰老和假性衰老：真性衰老不可逆转，假性衰老还可以抢救一下。研究发现。80% 的衰老迹象不是永久的。通过提高肌肤新生力是能够改善代谢减慢、细纹粗糙、弹性降低、面容暗淡等问题的。知道了假性衰老还有挽回的余地，那就赶紧行动起来。不要等到来不及之后才后悔没有好好的保养。

图 4-6

3. 形象说明

配图，要让图片和文档内容相契合，不要使用无关配图。也许读者会想，不就是放点图片装饰门面，至于这么严格吗？其实若随意找些与主题完全无关的漂亮图片插入文档，很容易带给读者错误的暗示和期待，将他们的注意力转移到无关的方面，让他们觉得文档徒有其表，没有实质内容。如图 4-7 所示，科技感十足的图片很有视觉冲击力，可这与主题有什么关系呢？如果将与主题相关的数据制作成图表，并添加合适的背景，则更贴合内容，如图 4-8 所示。

数字阅读市场调查报告

2022 中国数字阅读大会在杭州正式拉开序幕。大会开幕式上，原国家新闻出版广电总局数字出版司司长谢东晖发布了《2021 年度中国数字阅读白皮书》。白皮书从"政策"、"技术"、"产业"、"用户"、"展望"五个篇章，系统回顾了一年以来国家在数字阅读领域的政策部署、全民阅读推进情况、技术研发创新方向、用户阅读行为习惯以及产业未来发展趋势。

十大数字阅读项目覆盖广泛、形式多样。其中，"新丝路书屋"——海外中小学移动数字图书馆项目将中华文化传播到东南亚等丝路沿线国家；"幻想屋"儿童文学数字出版升级改造工程推动了儿童文学创作水准和阅读体验的双重提高；"理想之光"数字阅读服务项目打造了移动便携式高校思想政治教育和阅读公共服务平台；运河文化原创网络文学项目深掘运河历史文化，塑造红色英雄人物。各获奖项目兼具公益性与创新性，充分体现了行业机构社会效益和经济效益并举的发展理念。

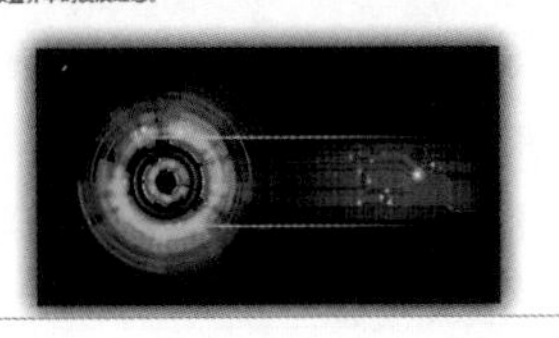

图 4-7

数字阅读市场调查报告

2022 中国数字阅读大会在杭州正式拉开序幕。大会开幕式上、原国家新闻出版广电总局数字出版司司长谢东晖发布了《2021 年度中国数字阅读白皮书》。白皮书从"政策"、"技术"、"产业"、"用户"、"展望"五个篇章，系统回顾了一年以来国家在数字阅读领域的政策部署、全民阅读推进情况、技术研发创新方向、用户阅读行为习惯以及产业未来发展趋势。

十大数字阅读项目覆盖广泛、形式多样。其中，"新丝路书屋"——海外中小学移动数字图书馆项目将中华文化传播到东南亚等丝路沿线国家；"幻想屋"儿童文学数字出版升级改造工程推动了儿童文学创作水准和阅读体验的双重提高；"理想之光"数字阅读服务项目打造了移动便携式高校思想政治教育和阅读公共服务平台；运河文化原创网络文学项目深掘运河历史文化、塑造红色英雄人物。各获奖项目兼具公益性与创新性，充分体现了行业机构社会效益和经济效益并举的发展理念。

图 4-8

图片要用，且要用得贴切、用得巧妙，只有这样才能发挥其作用。用图片之前最好思考一下为什么要用这张图片，考虑它与观点的相关性：图片不仅是对观点的解释、支持、证明，还是观点的延伸。

在配图片说明时，不应只做简单的说明，可以尝试做创意、幽默的说明，这种创意、幽默的说明极具说服力，它往往比较新奇，出乎读者意料，能在瞬间打动读者，让观点深入人心。

4. 适合风格

不同类型的图片给人的感觉各不相同，有的严肃正规，有的轻松幽默，有的诗情画意，有的则稍显另类。在选取图片时，应注意其风格是否与文档的整体风格一致。

4.1.3 图片设置有学问

好的配图有画龙点睛的作用，从琳琅满目的图片中选出最合适的图片，是需要点时间和耐力的。找到合适的图片也不能拿来就用，还需要进行设计，把图片作为页面元素之一进行编排。下面介绍一些图片处理的经验。

1. 调整图片大小

在文档中，有的图片被缩小到上面的文字已经完全看不清，这种处理方式不可取；有的图片分辨率低，强行拉大到模糊不已，这种图片根本不能用。

图片处理最基本的操作就是设置大小，大小不同，其重要性和吸引力也不同。如果图中文字是有用信息，希望读者看到、看清，最好让图中文字和正文文字等大。对于不含文字或文字并非重点的图片，只要清晰就好，设置与上下文情境相匹配的尺寸。

2. 裁剪图片

四处收集的图片有大有小，必须根据页面需要，将其裁剪至合适的大小。有的图片中包含无用的背景或元素，需要通过裁剪将其去掉，有的图片的构图不符合用户需要，可通过裁剪其中一部分内容，对画面进行重新构图，如图 4-9 和图 4-10 所示。

图 4-9

图 4-10

3. 调整图片效果

在 Word 2021 中，可以对图片进行明度、对比度和色彩美化等调整。准确的明度和对比度可以让图片有“精神”，适当地调高图片色温可以给人温暖的感觉、调低色温给人时尚金属感。利用 Word 2021 自带的油画、水彩等效果，还可以方便地给图片添加各种艺术效果，让图片看上去更有“情调”，如图 4-11 所示。

图 4-11

4. 设置图片样式

Word 2021 中有一些预设的图片样式，选择这些样式，可以快速为图片添加边框、阴影、发光等效果。用户也可以自定义图片样式，比如，对图片添加边框可制作成相片，添加阴影会有立体感，如图 4-12 所示。

> **技术看板**
>
> Word 中预设了很多图片样式，用户可以轻松地为图片添加各种效果。但有些人编辑文档时像要编辑图片效果大全一样，一张图片换一个效果，过犹不及。为了让页面整体效果简洁、统一，设置图片样式时一定要把握好度，千万不能滥用。

图 4-12

5. 排列图片

在内容轻松活泼的文档中，整齐地罗列图片会略显呆板，规整的版式布局也容易使页面缺乏灵活性。为了营造休闲轻松的氛围，可以将图片倾斜，形成一种散开摆放的效果，如图 4-13 所示。

图 4-13

4.1.4 形状设计需要花点小心思

虽然 Word 不是专业的图形制作软件，但 Word 提供了大量矢量形状供用户使用，用户可以非常方便地绘制这些形状并添加各种修饰。虽然 Word 在图形制作方面没有制图软件专业，但实际应用比专业制图软件简单、快速。

在文档中直接使用形状和 SmartArt 图形，可以表现复杂的逻辑关系，如制作组织结构图、流程图、关系图等，如图 4-14 和图 4-15 所示。

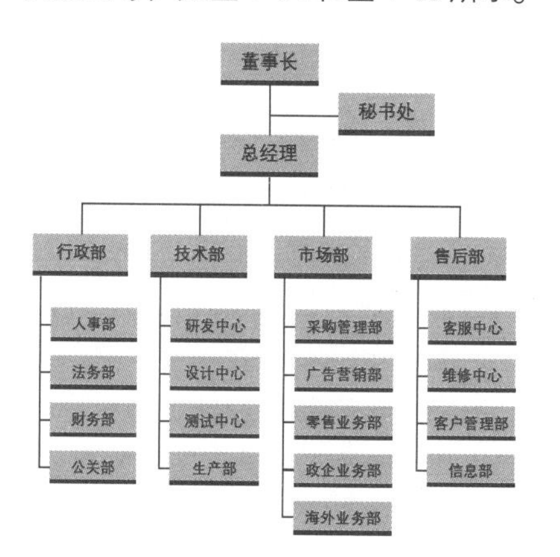

图 4-14

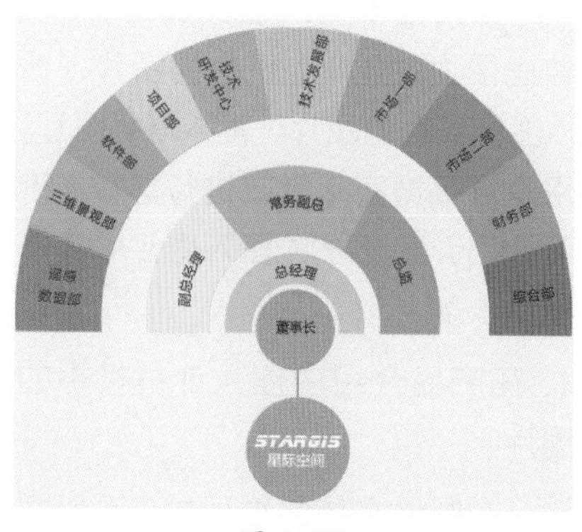

图 4-15

在文档中使用形状时，只要花点小心思，就可以制作出图形与文字混排的完美效果，如图 4-16 所示。

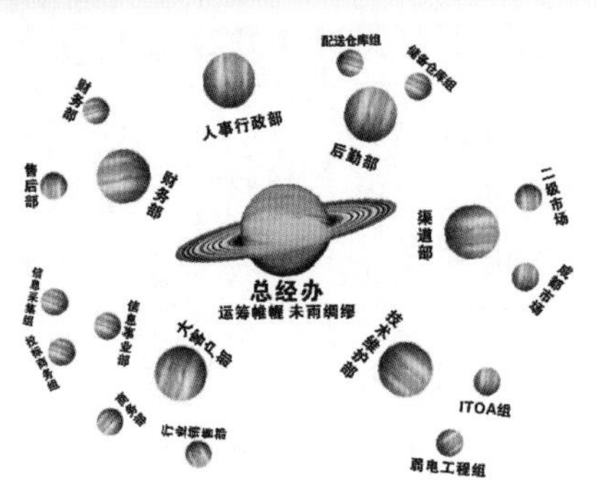

图 4-16

此外，图形不仅可以用于规划页面布局，如划分页面版块、调整段落摆放位置等，还可以用于修饰和美化页面，如图 4-17 所示。

图 4-17

4.2 插入与编辑图片

制作图文混排效果的文档时，常常需要插入一些图片对文档进行补充说明。为了让插入的图片更加符合实际需要，可以设置图片效果、编辑图片。

★新功能 4.2.1 实战：插入图片

实例门类	软件功能

在 Word 2021 中，可以插入自己拍摄或收集并保存在计算机中的图片，可以插入从网上下载的图片，也可以插入从某个页面或网站上截取的图片。

在文档中插入图片最常用的 3 种途径为：插入本机中的图片、插入图像集中的图片、插入联机图片。用户可根据实际需要进行选择。下面分别介绍这 3 种插入图片的具体操作步骤。

1. 在产品介绍中插入计算机中的图片

在制作文档的过程中，可以插入计算机中的图片，以配合文档内容、美化文档。插入计算机中的图片的具体操作步骤如下。

Step 01 打开【插入图片】对话框。打开“素材文件\第 4 章\产品介绍.docx”文档，❶将文本插入点定位在需要插入图片的位置；❷选择【插入】选项卡；❸单击【插图】组中的【图片】按钮；❹在弹出的下拉列表中选择【此设备】选项，如图 4-18 所示。

图 4-18

Step 02 选择要插入的图片。弹出【插入图片】对话框，❶选择需要插入的图片；❷单击【插入】按钮，如图 4-19 所示。

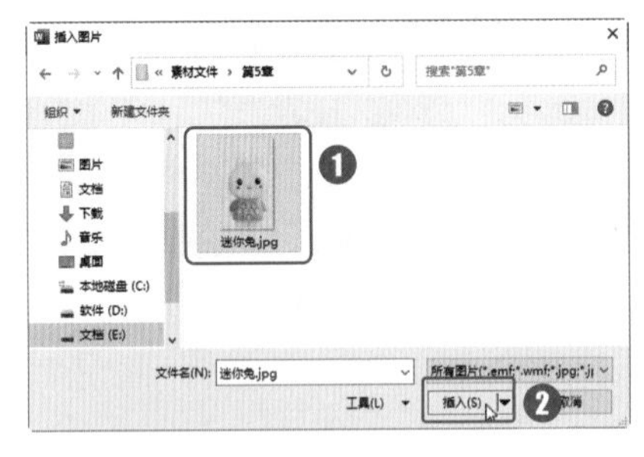

图 4-19

技术看板

在 Word 2021 中，打开【插入图片】对话框，单击左侧列表，选择文件存放的盘符，然后在右侧选择存放的位置，整个文件的存放路径就会显示在对话框的地址栏中。

Step 03 查看图片插入效果。返回文档，选择的图片即可插入文本插入点所在位置，如图 4-20 所示。

图 4-20

技术看板

Word 的图片功能非常强大，支持很多图片格式，如 jpg、jpeg、wmf、png、bmp、gif、tif、eps、wpg 等。

2. 在信纸中插入图像集中的图片

为了方便用户使用，Office 2021 提供了内容丰富的图像集，分门别类地放置着图像、图标、人像抠图、贴纸、插图等素材。下面以插入插图为例，介绍插入图像集中的图片的具体操作步骤。

Step01 打开图像集对话框。打开“素材文件\第 4 章\星空卡通信纸.docx”文档，❶将文本插入点定位在需要插入图片的位置；❷选择【插入】选项卡；❸单击【插图】组中的【图片】按钮；❹在弹出的下拉列表中选择【图像集】选项，如图 4-21 所示。

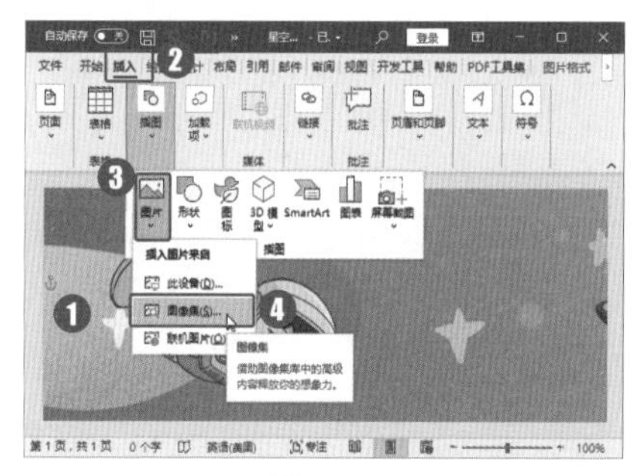

图 4-21

Step02 选择要插入的图片。弹出图像集对话框，❶选择需要插入的图片类型，这里选择【插图】选项卡；❷选择需要插入的图片；❸单击【插入】按钮，如图 4-22 所示。

图 4-22

Step03 查看图片插入效果。返回文档，选择的图片即可插入文本插入点所在位置，如图 4-23 所示。

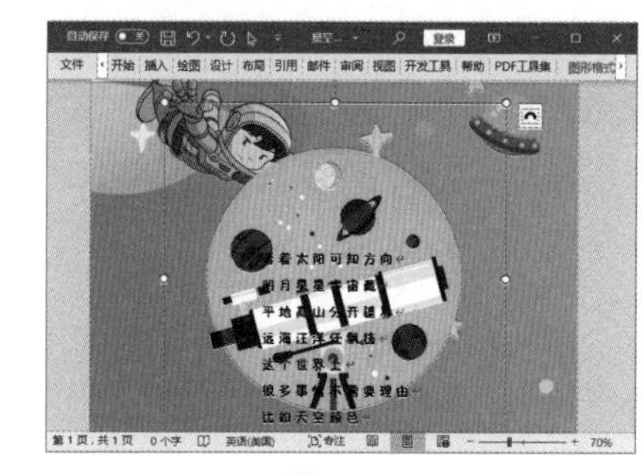

图 4-23

3. 在感谢信中插入联机图片

Word 2021 提供了查找和插入联机图片的功能，使用该功能，可以从各种联机来源中查找和插入图片。插入联机图片的具体操作步骤如下。

Step01 打开【联机图片】对话框。打开“素材文件\第 4 章\感谢信.docx”文档，❶将文本插入点定位在需要插入图片的位置；❷选择【插入】选项卡；❸单击【插图】组中的【图片】按钮；❹在弹出的下拉列表中选择【联机图片】选项，如图 4-24 所示。

图 4-24

Step02 搜索图片关键词。弹出【联机图片】对话框，在文本框中输入需要的图片关键字，如“鲜花”，按【Enter】键开始搜索，如图 4-25 所示。

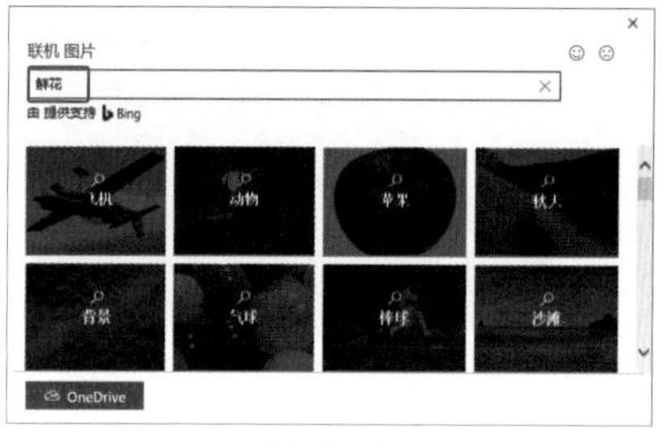

图 4-25

Step03 选择需要的图片。搜索结果默认选择授权方式为【全部】，❶选择需要插入的图片；❷单击【插入】按钮，如图 4-26 所示。

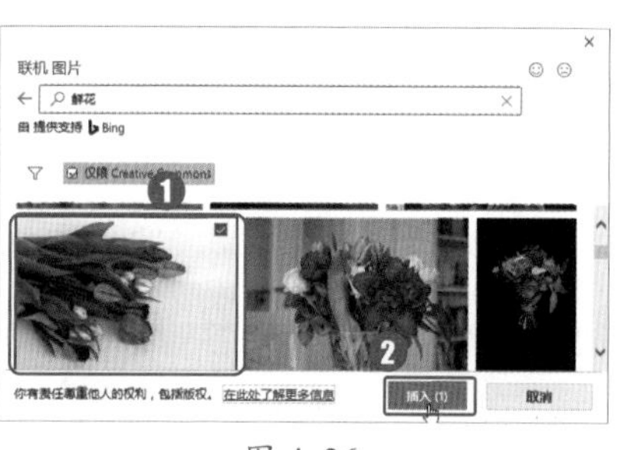

图 4-26

Step04 查看图片插入效果。返回文档，选择的图片即可插入文本插入点所在位置，如图 4-27 所示。

图 4-27

★重点 4.2.2 实战：编辑产品图片

实例门类	软件功能

Word 2021 提高了图片处理能力，使用其中基本的图像色彩调整

功能，用户可以轻松地将文档中的图片处理至类似专业图像处理软件处理过的程度，使其更符合需要。对“产品宣传单”文档中的图片进行编辑，具体操作步骤如下。

1. 设置图片大小

将图片插入文档时，图片会以原图尺寸显示，为了整个版面的美观，需要对图片的大小进行调整，具体操作步骤如下。

Step 01 设置图片高度。打开“素材文件\第4章\产品宣传单.docx”文档，❶选择插入的图片后选择【图片格式】选项卡；❷在【大小】组中的【高度】文本框中输入高度值，如图4-28所示。

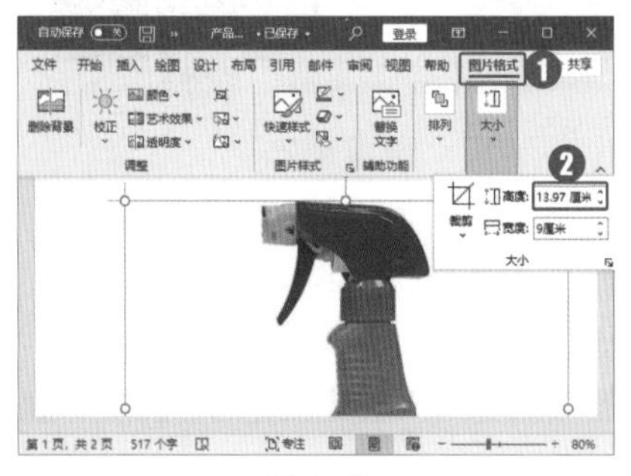

图 4-28

Step 02 查看图片调整效果。完成Step 01操作后，即可设置图片的大小，效果如图4-29所示。

图 4-29

技能拓展——快速调整图片大小

选择图片，将鼠标指针移至图片4个角的任意一个角，当鼠标指针变成形状时，拖动鼠标即可等比例放大/缩小图片。

切记不能将鼠标指针移至图片4条边的中间点位置调整高度和宽度，这样调整后的图片会变形。

2. 调整图片位置

在Word中插入图片，默认为嵌入型，如果排版时需要让图片显示在左侧，文字显示在右侧，可以调整图片的位置，具体操作步骤如下。

Step 01 选择图片的环绕方式。❶选择插入的图片后选择【图片格式】选项卡【排列】组中的【位置】按钮；❷在弹出的下拉列表中选择【顶端居左，四周型文字环绕】选项，如图4-30所示。

图 4-30

Step 02 调整图片位置。完成Step 01操作后，如果图片影响了标题，可以选择图片，拖动鼠标调整图片位置，效果如图4-31所示。

图 4-31

技术看板

在【排列】组中使用【位置】和【环绕文字】两个功能都可以对图片环绕方式进行设置。

【位置】下拉列表中的环绕方式以四周型文字环绕为主，分为【顶端居左】【顶端居中】【顶端居右】【中间居左】【中间居中】【中间居右】【底端居左】【底端居中】【底端居右】9种类型。

【环绕文字】下拉列表中的环绕方式主要有【嵌入型】【四周型】【紧密型环绕】【穿越型环绕】【上下型环绕】【衬于文字下方】【浮于文字上方】等。

【嵌入型】：图片嵌入某一行文字中。

【四周型】：文字环绕在图片四周，图片可以跨多行，文字以图片为矩形对齐。

【紧密型环绕】：文字环绕在图片四周，图片可以跨多行，在“编辑环绕顶点”的状态下，移动图片顶部或底部的编辑点，使中间的编辑点低于两边时，文字不能进入图片的边框。

【穿越型环绕】：与紧密型环绕类似，但在“编辑环绕顶点”的状态下，移动图片顶部或底部的编辑点，使中间的编辑点低于两边时，文字可以进入图片的边框。

【上下型环绕】：图片完全占据一行，文字分别在图片上方和下方。

【衬于文字下方】：图片作为底图放在文字的下方。

【浮于文字上方】：图片遮盖在文字上方，如果图片是不透明的，文字会被完全遮挡。

3. 删除背景

文档中插入的图片背景色比较单一时，可以使用Word功能组中的【删除背景】功能对背景进行删除，具体操作步骤如下。

Step 01 进入图片背景删除状态。❶选择插入的图片后选择【图片格式】选项卡；❷单击【调整】组中的【删除背景】按钮，如图 4-32 所示。

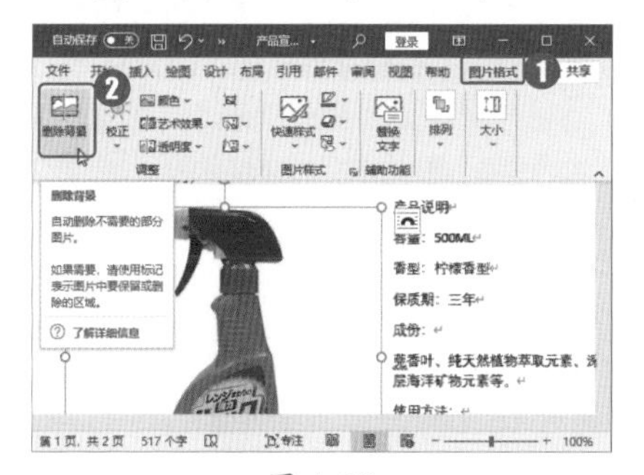

图 4-32

Step 02 单击【标记要保留的区域】按钮。单击【背景消除】选项卡【优化】组中的【标记要保留的区域】按钮，如图 4-33 所示。

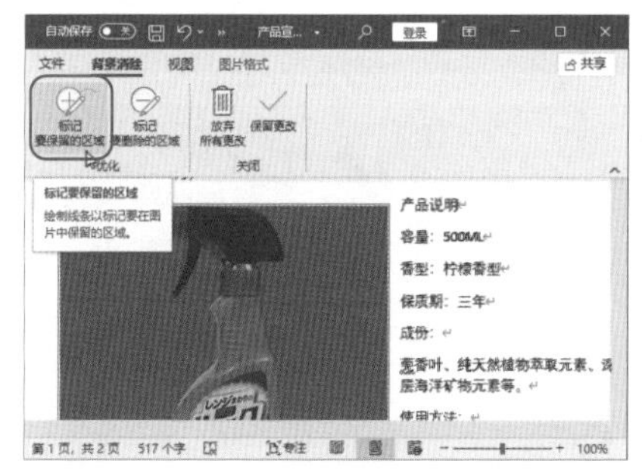

图 4-33

Step 03 标记要保留的区域。鼠标指针变成✏形状，在图片中要保留的区域上画线，直到要保留的区域不再被紫红色覆盖，如图 4-34 所示。

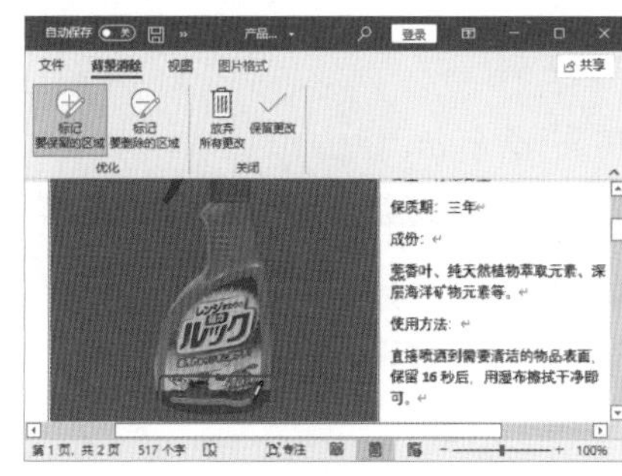

图 4-34

技术看板

执行【删除背景】命令后，图片上会有部分内容处于屏蔽状态，如果需要保留的部分被屏蔽了，可单击【标记要保留的区域】按钮进行标记；如果有部分内容还没有被删除，可单击【标记要删除的区域】按钮进行标记。

Step 04 完成背景删除。完成背景区域调整后，单击【保留更改】按钮，即可完成背景删除，如图 4-35 所示。

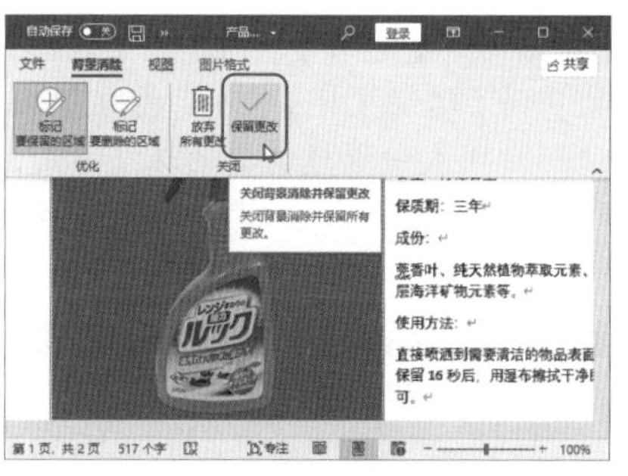

图 4-35

技术看板

在进行【标记要保留的区域】和【标记要删除的区域】操作时，如果标记有部分错误，单击【优化】组中的【删除标记】按钮，在标记错误的位置单击，即可清除当前标记。

Step 05 查看图片背景删除效果。完成以上操作后，即可删除图片的背景，效果如图 4-36 所示。

图 4-36

技能拓展——设置图片透明色

如果图片的背景色是单一的颜色，除了使用标记删除背景的方法外，还可以使用设置透明背景的方法“删除”背景。选择图片，单击【调整】组中的【颜色】按钮，在弹出的下拉列表中选择【设置透明色】选项，鼠标指针变成✒形状时，在图片背景上单击即可。

4. 应用图片样式

想让插入的图片显示效果更好，可以为图片设置样式。快速样式工具组中有许多预设图片样式，在其上单击，即可为图片应用对应的样式。

Step 01 选择图片样式。❶选择插入的图片后选择【图片格式】选项卡；❷单击【图片格式】选项卡【快速样式】组中的【旋转，白色】样式，如图 4-37 所示。

图 4-37

Step 02 单击【裁剪】按钮。完成 Step 01 操作后，即可应用图片内置的预设样式。应用完成后，单击【图片格式】选项卡【大小】组中的【裁剪】按钮，如图 4-38 所示。

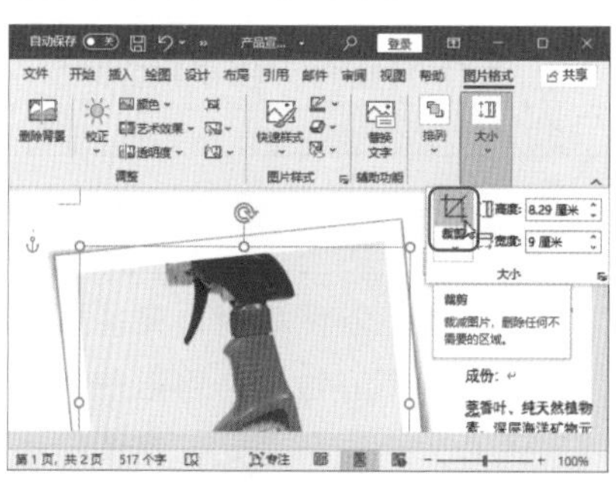

图 4-38

Step 03 裁剪图片。完成 Step 02 操作后，

进入裁剪状态，拖动鼠标调整图片四周的标记点，对图片进行裁剪，减小图片的宽度，如图 4-39 所示。

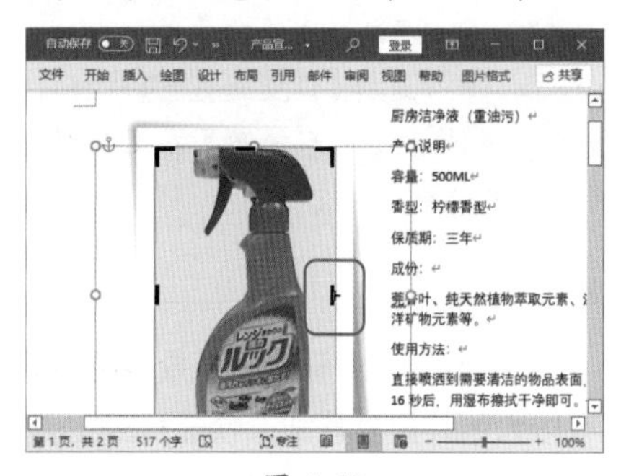
图 4-39

技术看板

为图片设置样式后，如果对效果不满意，可以单击【调整】组中的【重置图片】按钮，返回图片原始状态。

5. 设置图片的环绕方式

Word 提供了嵌入型、四周型、紧密型、穿越型、上下型、衬于文字下方和浮于文字上方 7 种文字环绕方式，不同的环绕方式可为阅读者带来不一样的视觉感受。

在文档中插入图片，默认环绕方式为嵌入型，若将图片插入包含文字的段落中，该行行高将以图片的高度为准。若为图片设置嵌入型以外的任意一种环绕方式，图片将以不同形式与文字结合，实现各种排版效果。

Step01 选择图片环绕方式。打开“结果文件\第 4 章\星空卡通信纸.docx”文档，❶选择图片后选择【图形格式】选项卡；❷单击【排列】组中的【环绕文字】按钮；❸在弹出的下拉列表中选择需要的环绕方式，这里选择【浮于文字上方】选项，如图 4-40 所示。

图 4-40

技能拓展——图片与指定段落同步移动

对图片设置了嵌入型以外的环绕方式后，选择图片，图片附近的段落左侧会显示锁定标记，表示当前图片的位置依赖于该标记右侧的段落。移动图片所依附的段落时，图片会随之移动；移动其他没有依附关系的段落时，图片不会移动。

想要改变图片依附的段落，使用鼠标拖动锁定标记到目标段落左侧即可。

Step02 调整图片位置。对图片设置了浮于文字上方环绕方式后，可任意拖动图片调整其位置，调整图片位置后可以发现，图片会遮挡图片下方的内容，如图 4-41 所示。

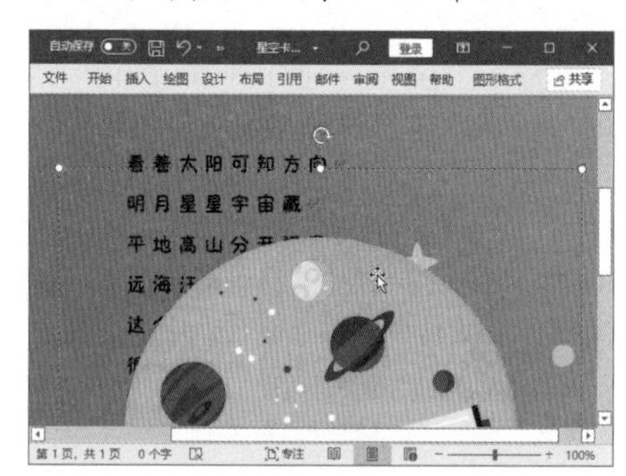
图 4-41

4.3 插入与编辑图形

制作图文混排效果的文档时，经常使用绘图工具绘制图形。本节主要介绍对绘制的形状进行形状填充的方法，如果对绘制的形状不满意，可以通过调整顶点的方式对形状进行重新编辑。

4.3.1 实战：使用形状固定图片大小

实例门类	软件功能

制作产品宣传单时，产品成分的说明图片不宜过大，可以使用形状对图片大小进行固定，具体操作步骤如下。

1. 插入形状

在 Word 中，形状列表中内置多个形状，用户可以根据需要进行选择。使用椭圆形状制作成分展示图片，具体操作步骤如下。

Step01 选择形状。打开“结果文件\第 4 章\产品宣传单.docx”文档，❶选择【插入】选项卡；❷单击【插图】组中的【形状】按钮；❸选择【基本形状】组中的【椭圆】样式，如图 4-42 所示。

图 4-42

技术看板

如果需要重复绘制相同的形状，可以在【形状】列表中所需的形状上右击，在弹出的快捷菜单中选择【锁定绘图模式】选项，进行重复绘制，绘制完成后，按【Esc】键结束。

Step 02 绘制形状。选择【椭圆】样式后，在文档中按住鼠标左键不放，拖动鼠标绘制出大小合适的形状，如图4-43所示。

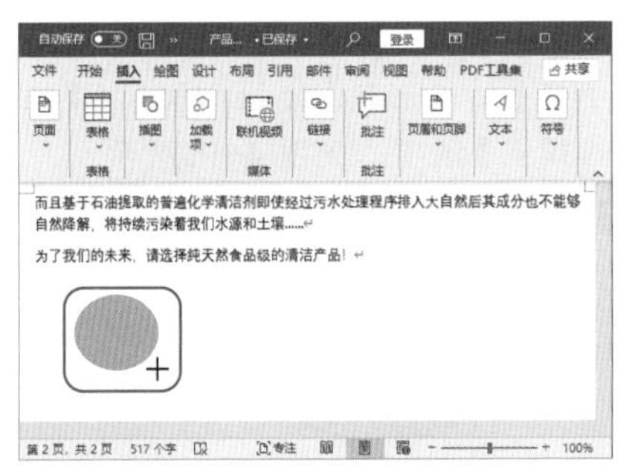

图 4-43

Step 03 设置形状大小。❶选择绘制的椭圆后选择【形状格式】选项卡；❷在【大小】组中设置形状的高度和宽度，如图4-44所示。

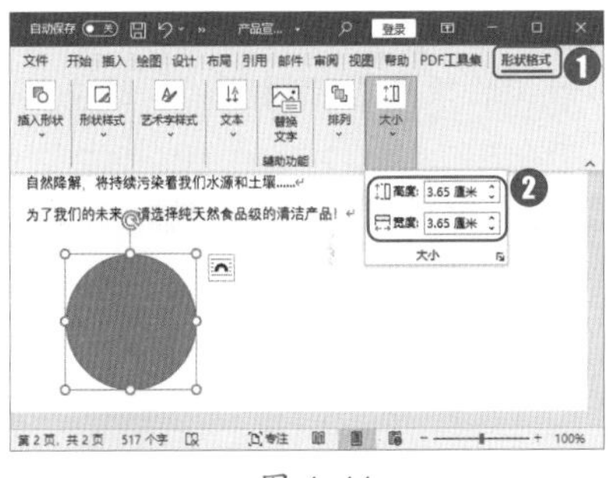

图 4-44

2. 填充绘制形状

绘制的形状都是默认的颜色，要将计算机中已有的图片填充至形状中，需要设置形状。

Step 01 打开【插入图片】界面。❶选择绘制的形状后单击【形状格式】选项卡【形状样式】组中的【形状填充】下拉按钮；❷在弹出的下拉列表中选择【图片】选项，如图4-45所示。

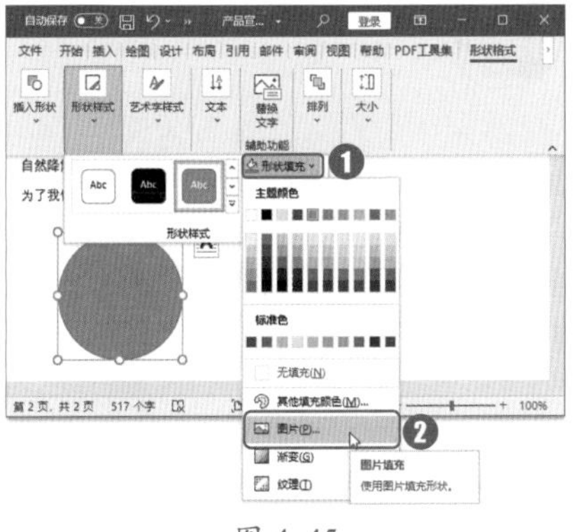

图 4-45

技术看板

为插入的形状添加颜色时，需要注意，单击【形状样式】组中的【形状填充】按钮，将填充目前的默认填充颜色；如果需要填充其他颜色或样式，可单击【形状填充】按钮右侧的下拉按钮，在弹出的下拉列表中选择填充的颜色或样式。

Step 02 打开【插入图片】对话框。弹出【插入图片】界面，单击【来自文件】选项，如图4-46所示。

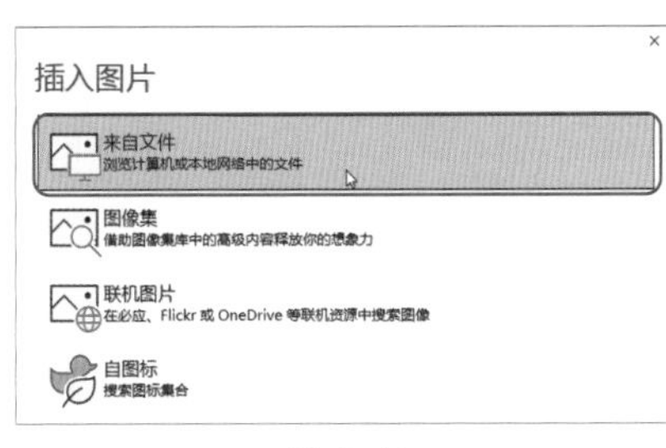

插入图片

来自文件
浏览计算机或本地网络中的文件

图像集
借助图像集库中的高级内容释放你的想象力

联机图片
在必应、Flickr 或 OneDrive 等联机资源中搜索图像

自图标
搜索图标集合

图 4-46

Step 03 选择图片。弹出【插入图片】对话框，❶根据路径选择文件；❷选择需要插入的图片，这里选择"莞香叶"；❸单击【插入】按钮，如图4-47所示。

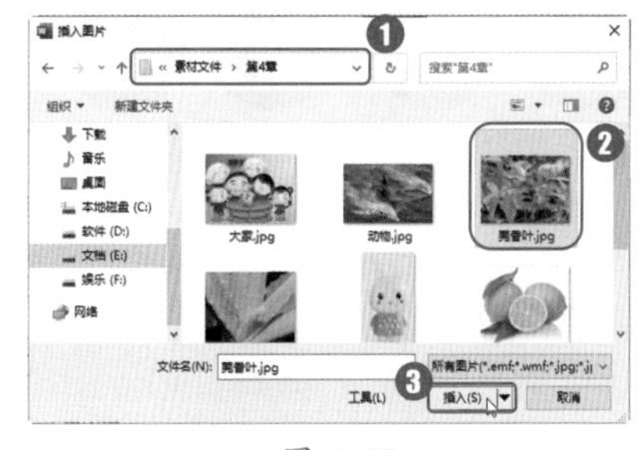

图 4-47

Step 04 查看填充效果。完成以上操作后，即可设置形状的图片填充效果，如图4-48所示。

图 4-48

Step 05 复制形状。选择绘制的形状，按住【Ctrl】键不放，拖动鼠标复制4个大小一致的形状，如图4-49所示。

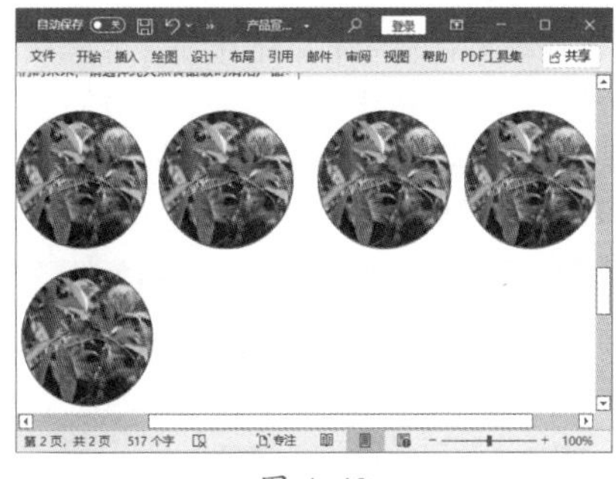

图 4-49

Step 06 为形状填充图片。重复操作Step 01至Step 03，分别为复制的4个形状填充图片背景，效果如图4-50所示。

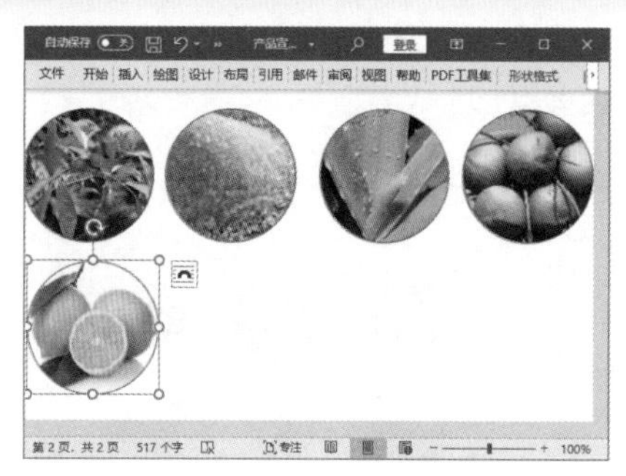

图 4-50

Step07 设置形状轮廓。❶选择所有形状后选择【形状格式】选项卡；❷单击【形状样式】组中的【形状轮廓】下拉按钮⌄；❸在弹出的下拉列表中选择需要的颜色，这里选择【绿色，个性色 6，深色 25%】选项，如图 4-51 所示。

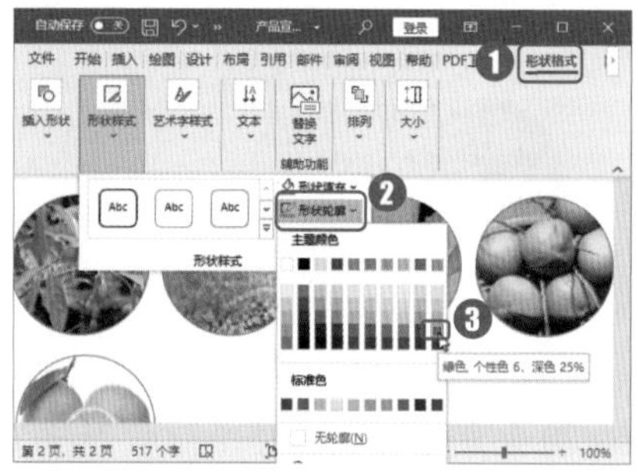

图 4-51

Step08 设置轮廓粗细。❶单击【形状样式】组中的【形状轮廓】下拉按钮⌄；❷在弹出的下拉列表中选择【粗细】选项；❸选择下一级列表中的【2.25 磅】选项，如图 4-52 所示。

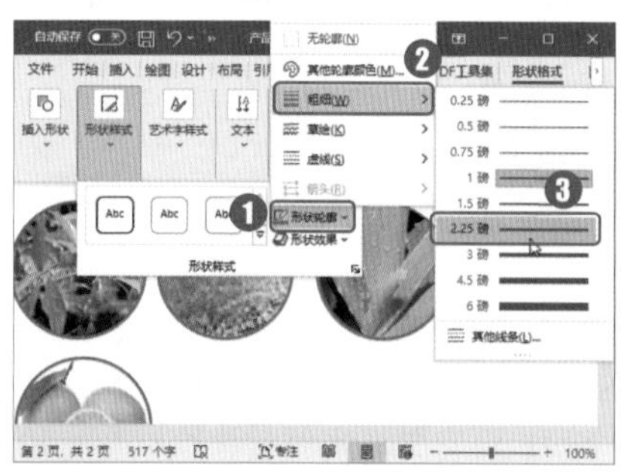

图 4-52

Step09 查看形状设置效果。完成以上操作后，即可设置形状的边框颜色和粗细，效果如图 4-53 所示。

图 4-53

4.3.2 实战：编辑插入形状的顶点

实例门类	软件功能

在形状列表中选择形状样式，绘制出来的形状都是比较规则的。若想改变形状样式，可以使用编辑顶点的方法。

1. 编辑顶点

在文档中插入内置形状，若想让形状更加个性化，需要对形状的顶点进行调整，具体操作步骤如下。

Step01 选择形状。❶单击【插入】选项卡【插图】组中的【形状】按钮；❷选择【矩形】样式，如图 4-54 所示。

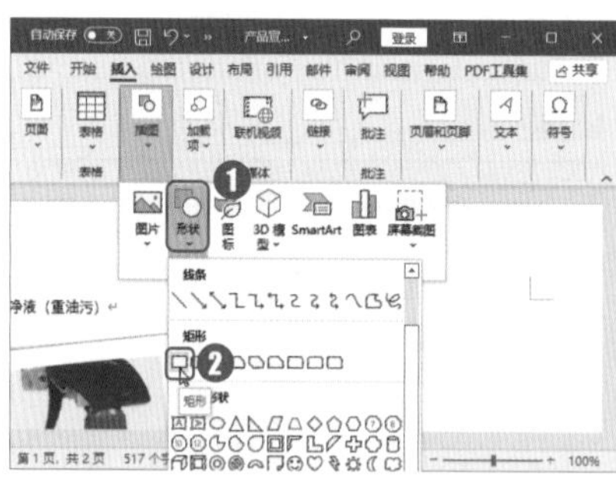

图 4-54

Step02 绘制形状。选择【矩形】样式后，按住鼠标左键不放，拖动鼠标绘制大小合适的矩形形状，如图 4-55 所示。

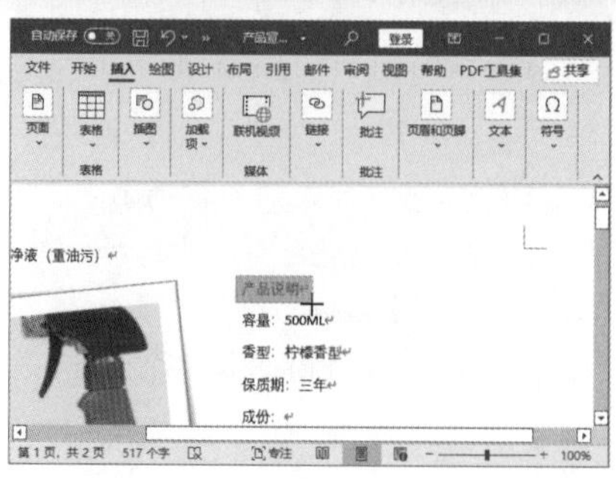

图 4-55

Step03 进入形状顶点编辑状态。❶选择绘制的矩形形状后选择【形状格式】选项卡；❷单击【插入形状】组中的【编辑形状】按钮；❸选择【编辑顶点】选项，如图 4-56 所示。

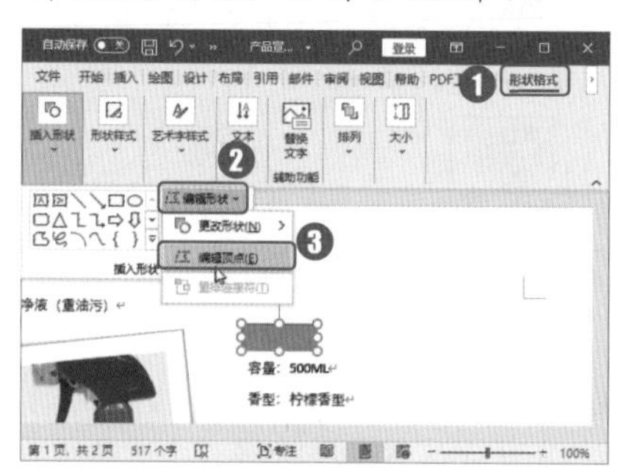

图 4-56

Step04 调整形状顶点。选择【编辑顶点】选项后，将鼠标指针移至矩形形状的顶点进行调整，如图 4-57 所示。

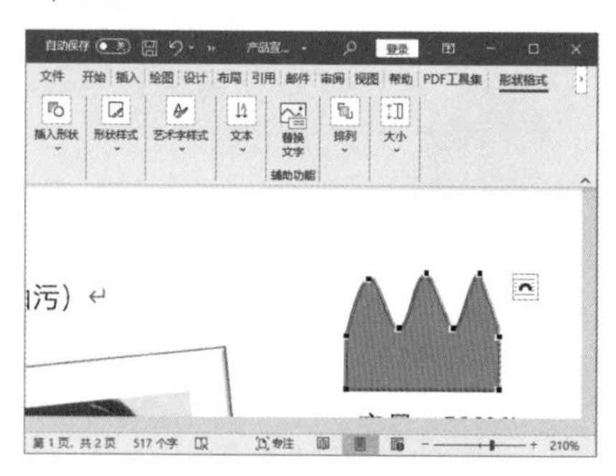

图 4-57

2. 设置形状排列效果

绘制形状后，文档中的文字显示在形状下方，为了将形状放置在文字下方，可以设置形状的排列效果。设置好形状的排列效果后，若绘制的形状是有颜色的，依然看不到文字，需要设置形状的填充效果。

Step01 调整形状层级。❶选择形状后单击【形状格式】选项卡【排列】组中的【下移一层】按钮；❷在弹出的下拉列表中选择【置于底层】选项，如图 4-58 所示。

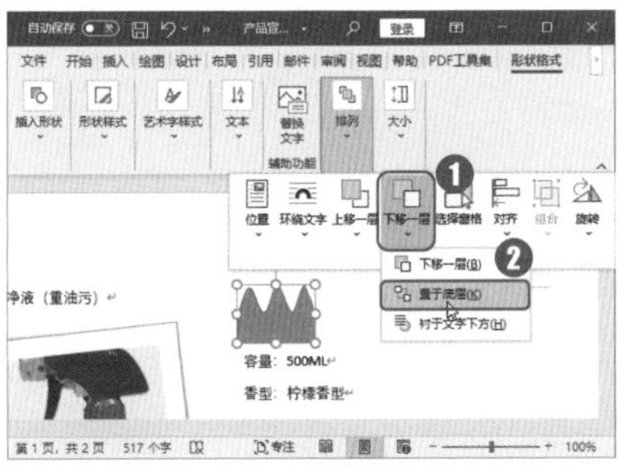

图 4-58

技术看板

无论是图片还是形状，如果有多个放置在一起，可以通过【下移一层】【上移一层】【置于底层】【置于顶层】【衬于文字下方】和【浮于文字上方】功能对图片和形状的位置进行调整。

Step02 设置形状填充效果。❶选择绘制的形状后单击【形状样式】组中的【形状填充】下拉按钮 ˇ；❷在弹出的下拉列表中选择【无填充】选项，如图 4-59 所示。

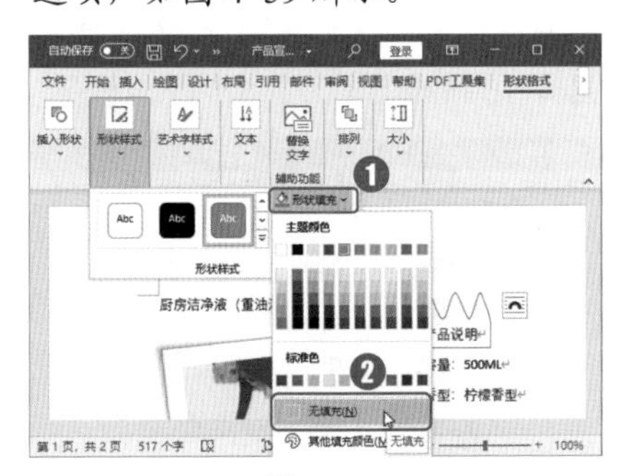

图 4-59

3. 为形状添加文字

绘制的形状与输入的文字是不能进行组合的，因此，想让形状与文字成为一个整体，需要将文字添加至形状中，具体操作步骤如下。

Step01 剪切文字。❶选择文字；❷单击【开始】选项卡【剪贴板】组中的【剪切】按钮 ✂，如图 4-60 所示。

图 4-60

Step02 在形状上添加文字。❶在绘制的形状上右击；❷在弹出的快捷菜单中选择【添加文字】选项，如图 4-61 所示。

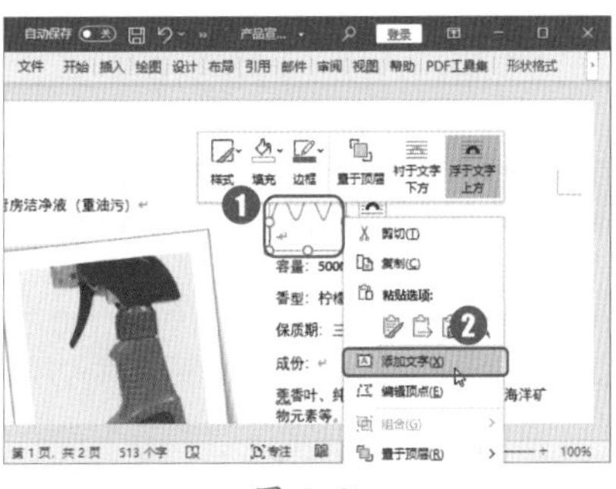

图 4-61

Step03 粘贴文字。单击【剪贴板】组中的【粘贴】按钮，如图 4-62 所示。

图 4-62

Step04 设置文字格式。❶选择粘贴的文字后单击【字体】组中【字体颜色】右侧的下拉按钮 ˇ；❷选择需要的颜色，这里选择【黑色，文字 1】选项，如图 4-63 所示。

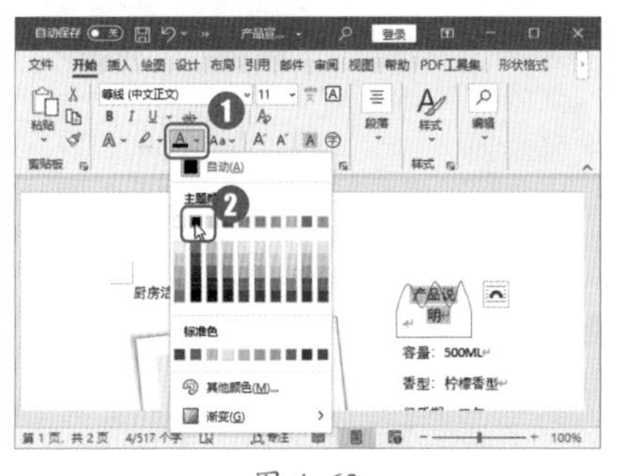

图 4-63

Step05 设置文字换行。设置文字颜色后，按【Enter】键设置文本换行，并调整形状宽度，使文字显示在一行中，效果如图 4-64 所示。

图 4-64

技术看板

将文字添加至形状中后，形状与文字就是一个整体了，拖动形状即可自由地调整文字位置。

4. 设置形状位置

制作好形状后，要将形状移至第一张图片右侧，需要设置图片的环绕方式，具体操作步骤如下。

Step01 剪切形状。❶选择绘制的所有形状；❷单击【开始】选项卡【剪贴板】组中的【剪切】按钮 ✂，如图 4-65 所示。

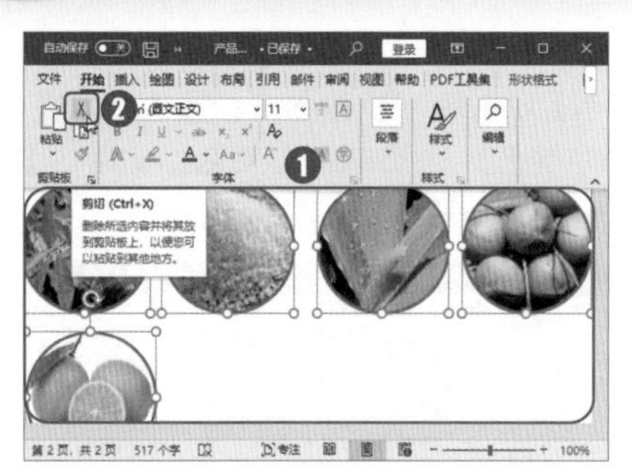

图 4-65

Step02 粘贴形状。❶将光标移动到第一张图片后；❷单击【剪贴板】组中的【粘贴】按钮，如图 4-66 所示。

图 4-66

Step03 选择形状环绕方式。❶保持形状的选择状态，选择【形状格式】选项卡；❷单击【排列】组中的【环绕文字】按钮；❸在弹出的下拉列表中选择【四周型】选项，如图 4-67 所示。

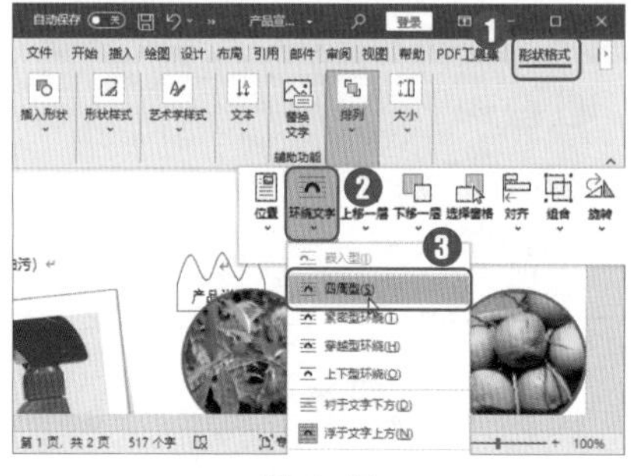

图 4-67

Step04 调整形状的位置和大小。保持形状的选择状态，同时调整 5 个形状的高度和宽度，并分别调整各形状的位置，完成后的效果如图 4-68 所示。

图 4-68

4.4 插入与编辑文本框

排版 Word 文档时，为了使文档版式更加丰富，可以使用文本框。文本框是一种特殊的文本对象，既可以当作图形对象进行处理，也可以当作文本对象进行处理，它具有的独特排版功能可以将文本内容置于页面中的任意位置。

4.4.1 实战：在“产品宣传单”文档中绘制文本框

实例门类	软件功能

可在文档中插入的文本框有横排文本框和竖排文本框，用户可以根据对文字显示方向的不同要求，插入不同排列方式的文本框。

一般情况下，先绘制文本框，再输入文本。对于文档中已有的文本，可以选择文本后再添加绘制文本框。为“产品宣传单”文档中的部分内容添加文本框，具体操作步骤如下。

Step01 绘制横排文本框。❶选择文档中需要添加文本框的文本；❷单击【插入】选项卡【文本】组中的【文本框】按钮；❸在弹出的下拉列表中选择【绘制横排文本框】选项，如图 4-69 所示。

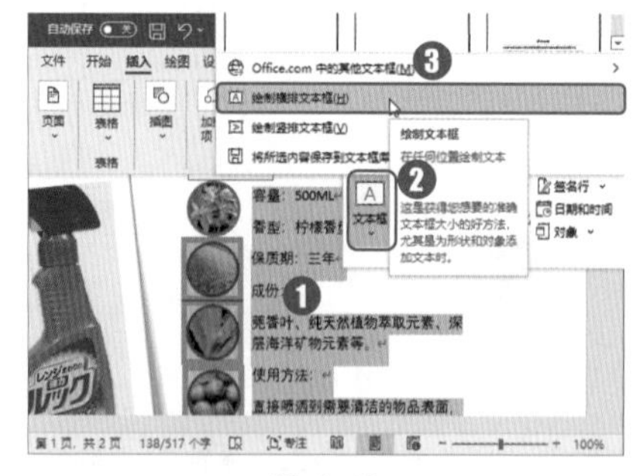

图 4-69

Step02 调整文本框的大小和位置。为文本添加文本框后，手动调整文本框的大小和位置，以及附近的图片和图形位置，完成后的效果如图 4-70 所示。

图 4-70

4.4.2 实战：使用内置文本框制作“产品宣传单”

实例门类	软件功能

Word 2021 提供了多种内置文本框样式，使用这些内置文本框样式，可以快速创建带样式的文本框，用户只需在文本框中输入文本内容即可。

在“产品宣传单”文档中为“功效”部分的内容添加内置文本框，具体操作步骤如下。

Step01 选择文本框样式。❶单击【插入】选项卡【文本】组中的【文本框】按钮；❷在弹出的下拉列表中选择【信号灯引言】选项，如图 4-71 所示。

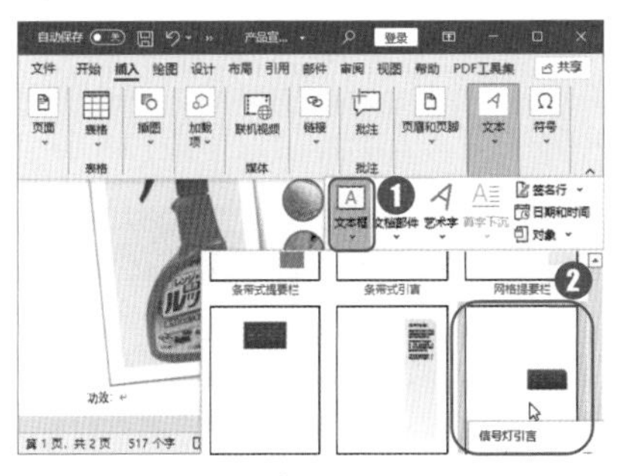

图 4-71

Step02 调整文本框大小。将“功效”部分的文本移至文本框中，调整文本框大小，效果如图 4-72 所示。

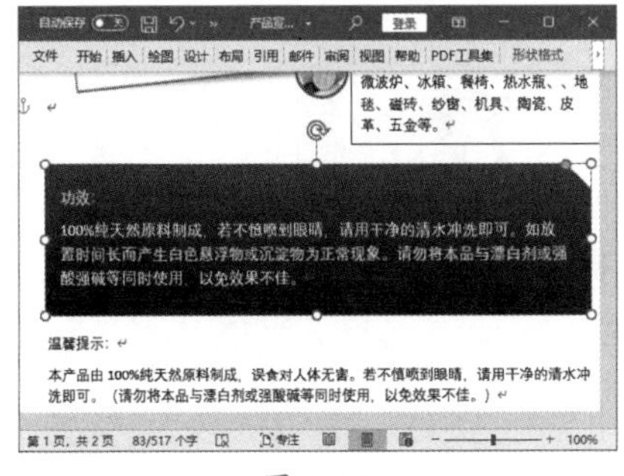

图 4-72

4.4.3 实战：编辑“产品宣传单”文档中的文本框

实例门类	软件功能

在文档中，无论是插入手动文本框，还是插入内置文本框，都可以对文本格式进行设置。

1. 设置文本框格式

在“产品宣传单”文档中使用文本框，主要是对文本进行定位，不需要显示文本框的底纹和边框线，但内置文本框的格式要突出。以上要求都可以通过设置实现，具体操作步骤如下。

Step01 设置形状填充格式。❶选择第一个文本框后选择【形状格式】选项卡；❷单击【形状样式】组中的【形状填充】下拉按钮 ˇ；❸在弹出的下拉列表中选择【无填充】选项，如图 4-73 所示。

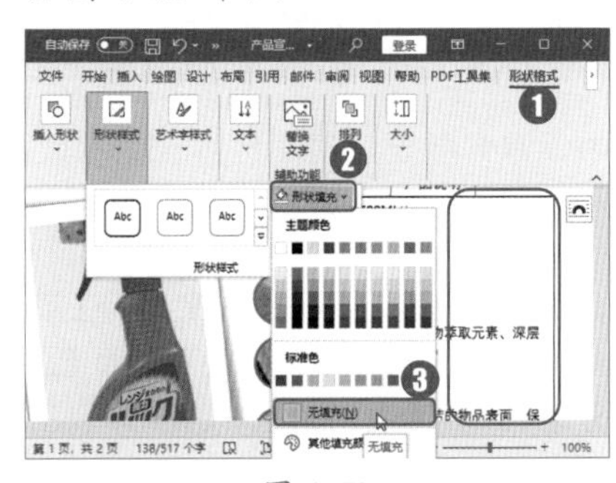

图 4-73

Step02 设置形状轮廓样式。❶选择绘制的文本框后选择【形状格式】选项卡；❷单击【形状样式】组中的【形状轮廓】下拉按钮 ˇ；❸在弹出的下拉列表中选择【无轮廓】选项，如图 4-74 所示。

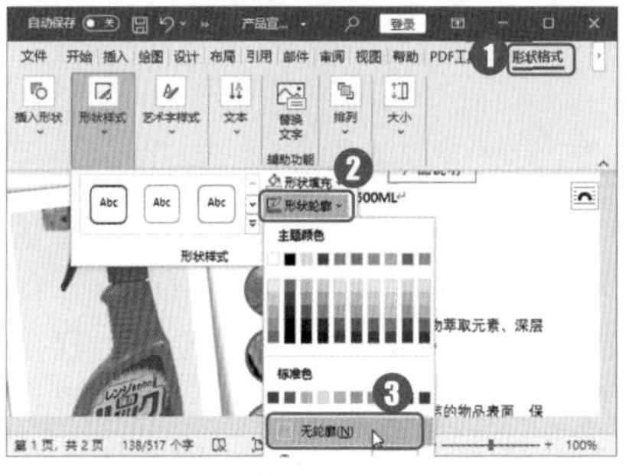

图 4-74

Step03 选择形状效果。❶选择插入的内置文本框后选择【形状格式】选项卡；❷单击【形状样式】组中的【形状效果】下拉按钮 ˇ；❸在弹出的下拉列表中选择【棱台】选项；❹单击下一级列表中的【圆形】选项，如图 4-75 所示。

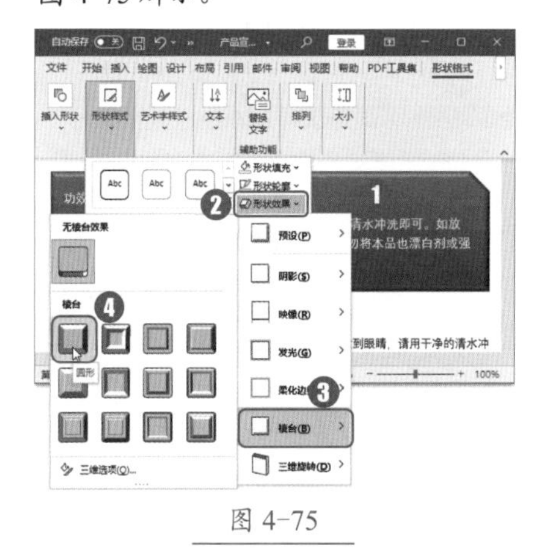

图 4-75

2. 超链接文本框

若文本框中的内容过多，将其调整大小后影响排版效果，可使用超链接文本框，以另一个文本框链接多出的文本。

在“产品宣传单”文档中，手动绘制文本框后，文本框中的内容在对齐图片时显示不全。需要将多出的文本显示在图片下方，可以使用另一个文本框进行操作，具体操作步骤如下。

技术看板

使用超链接文本框，必须同时

满足以下两个条件。

（1）必须有两个或两个以上文本框。

（2）要超链接的文本框必须是文字溢满的状态。

Step 01 单击【创建链接】按钮。❶使用 4.4.1 中介绍的方法，在文档中手动绘制一个文本框；❷选择文字溢满的文本框；❸单击【形状格式】选项卡【文本】组中的【创建链接】按钮，如图 4-76 所示。

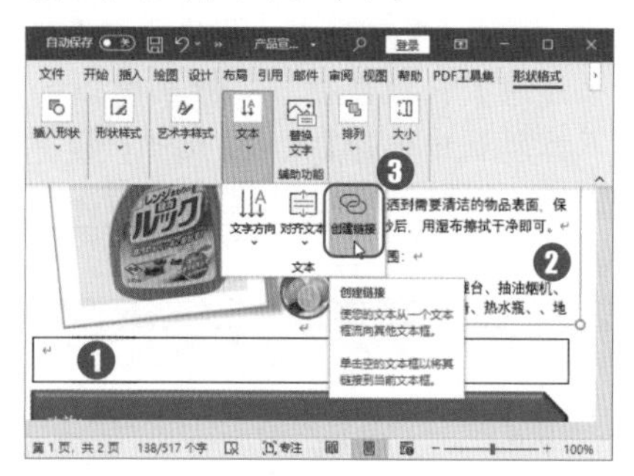

图 4-76

Step 02 单击需要链接的文本框。完成【创建链接】操作后，鼠标指针变成形状，在新插入的文本框中单击，如图 4-77 所示。

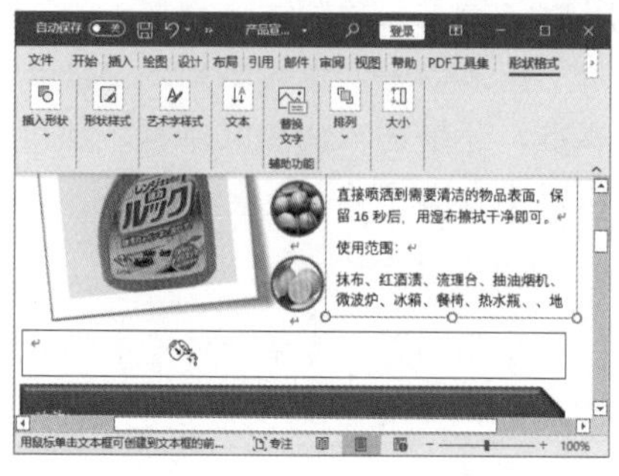

图 4-77

Step 03 设置其他文本框格式。重复设置文本框格式的操作，去掉文本框的边框色和填充色，效果如图 4-78 所示。

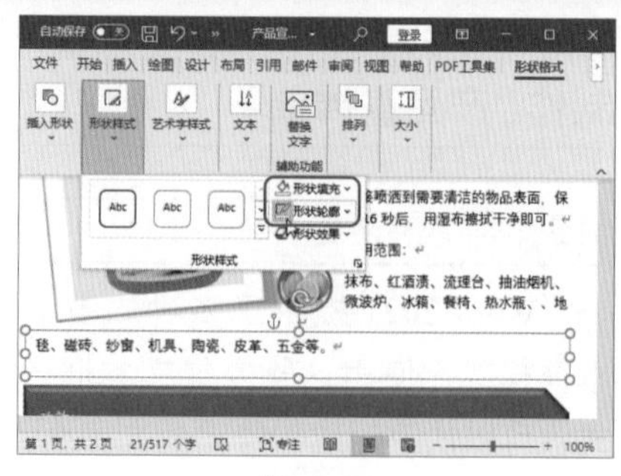

图 4-78

4.5 插入与编辑艺术字

为了提升文档的整体效果，在文档中，常常需要应用一些具有艺术效果的文字。为此，Word 提供了插入艺术字的功能，并预设多种艺术字效果以供选择，用户还可以根据需要自定义艺术字效果。

4.5.1 实战：使用艺术字制作标题

实例门类	软件功能

Word 2021 内置丰富的艺术字样式，只需要进行简单的输入、选择等操作，即可轻松地在文档中插入艺术字。

将“产品宣传单”文档的标题以艺术字形式显示，具体操作步骤如下。

Step 01 选择艺术字样式。❶选择文档中已有的标题文本；❷单击【插入】选项卡【文本】组中的【艺术字】按钮；❸在弹出的下拉列表中选择需要的艺术字样式，这里选择【填充：黑色，文本色 1；边框：白色，背景色 1；清晰阴影：白色，背景色 1】选项，如图 4-79 所示。

图 4-79

Step 02 插入并调整艺术字。完成 Step 01 操作后，选择所插入的艺术字，调整艺术字和其他内容的位置，效果如图 4-80 所示。

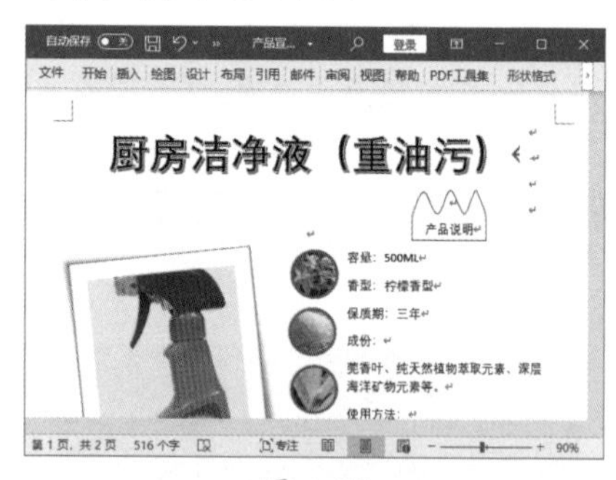

图 4-80

4.5.2 实战：编辑标题艺术字

实例门类	软件功能

在文档中插入艺术字后，如果艺术字的颜色、大小等不符合需求，

可以进行重新设置。例如，为艺术字更改填充颜色、编辑艺术字、为形状添加艺术字内容等，具体操作步骤如下。

Step01 设置艺术字填充颜色。❶选择艺术字后选择【形状格式】选项卡；❷单击【艺术字样式】组中的【文本填充】下拉按钮⌄；❸在弹出的颜色列表中选择需要的颜色，这里选择【橙色，个性色2】选项，让艺术字颜色与产品图片颜色相搭配，如图4-81所示。

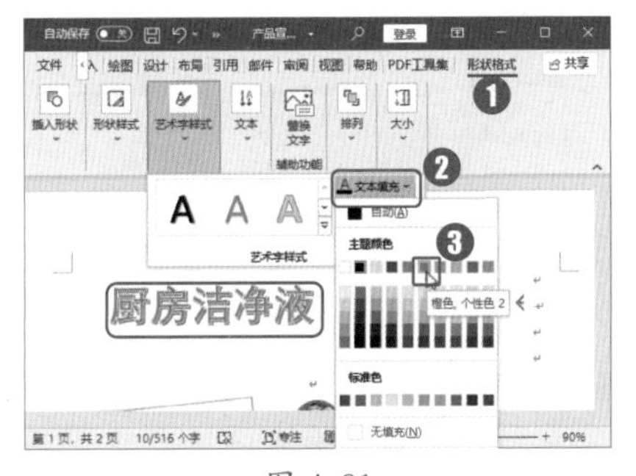

图 4-81

Step02 选择艺术字样式。❶单击【插入】选项卡【文本】组中的【艺术字】按钮；❷在弹出的下拉列表中选择需要的艺术字样式，这里选择【渐变填充：蓝色，主题色5；映像】选项，如图4-82所示。

图 4-82

Step03 输入艺术字内容并设置其他格式。输入艺术字内容，设置艺术字填充颜色和大小。复制艺术字，为形状添加不同的艺术字内容，完成后的效果如图4-83所示。

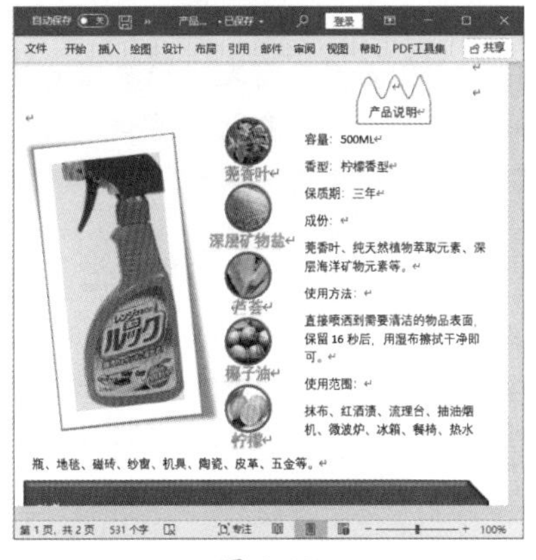

图 4-83

技能拓展——设置艺术字字号大小

插入艺术字后，字号一般都很大，输入需要的文字后，选择文本，选择【开始】选项卡，在【字体】组中设置字号大小即可。

4.6 应用绘图元素

在文档中绘制特殊的线条图形，通过形状元素来实现比较麻烦，有些甚至无法实现。其实，用Office自带的绘图功能绘制比较个性的图形是非常方便的，绘制出来的图形是矢量格式的，可以进行任意缩放和变形。

★新功能 4.6.1 实战：在“感谢信”中绘制线条

实例门类	软件功能

Office 2021 内置多种类型和颜色的墨迹画笔，用户还可以自定义笔刷粗细，以便绘制各种线条墨迹。使用这些画笔绘制线条的具体操作步骤如下。

Step01 绘制绚丽的花边。打开“素材文件\第4章\感谢信（绘图）.docx”文档，❶选择【绘图】选项卡；❷单击【绘图工具】组中的【笔：银河，1毫米】按钮；❸在文档中标题的下方拖动鼠标，绘制一条花边分割线，如图4-84所示。

图 4-84

技术看板

【绘图】选项卡中的每一种笔形，都支持设置画笔颜色和笔刷粗细。

Step02 标记重点内容。❶单击【绘图】选项卡【绘图工具】组中的【荧光笔：黄色，6毫米】按钮；❷在文档中需要重点标记的内容上拖动鼠标进行标记，如图4-85所示。

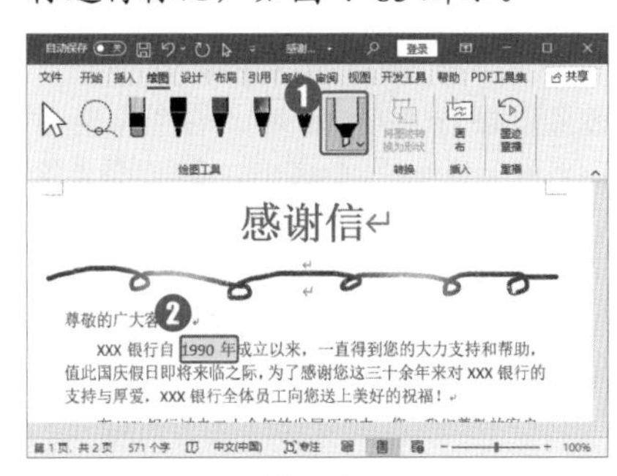

图 4-85

Step03 自定义画笔效果。❶单击【绘图工具】组中任意笔形按钮右下角的下拉按钮；❷在弹出的下拉列表中选择需要的颜色，这里选择紫色；❸继续在该下拉列表中选择需要的笔刷粗细，如图 4-86 所示。

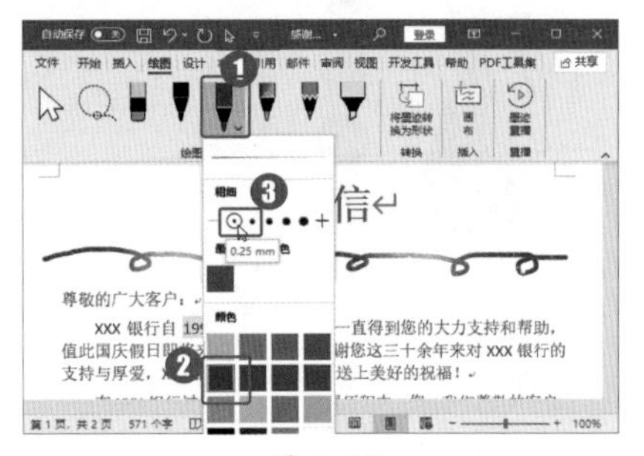
图 4-86

Step04 绘制下划线。在文档中需要添加下划线的内容下方拖动鼠标进行绘制，如图 4-87 所示。

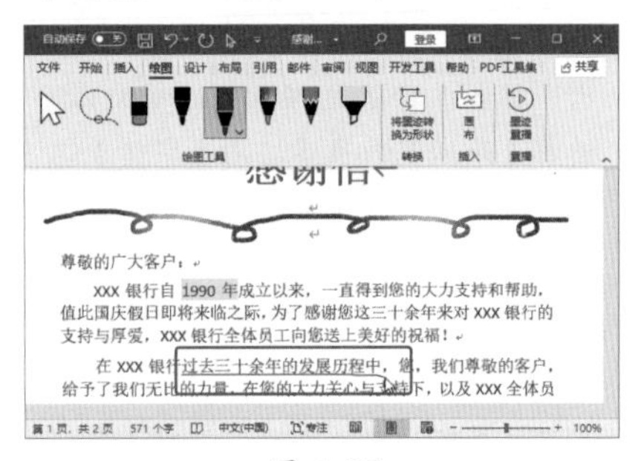
图 4-87

★新功能 4.6.2 实战：擦除“感谢信”中多余的线和点

实例门类	软件功能

手绘过程中难免出现错误，使用橡皮擦擦掉重画即可。Office 2021 中有笔划橡皮擦和点橡皮擦，使用它们的具体操作步骤如下。

Step01 擦除多余笔划。在“感谢信（绘图）.docx”文档中，❶选择【绘图】选项卡；❷单击【绘图工具】组中的【橡皮擦】按钮；❸在需要擦除的笔划上单击，即可擦除该笔划，如图 4-88 所示。

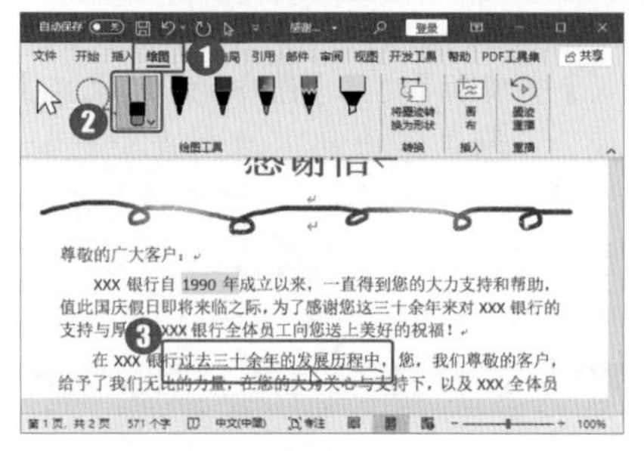
图 4-88

Step02 设置点橡皮擦。❶单击【绘图工具】组中【橡皮擦】按钮右下角的下拉按钮；❷在弹出的下拉列表中选择【点橡皮擦】选项；❸继续在该下拉列表中选择需要的橡皮擦粗细，如图 4-89 所示。

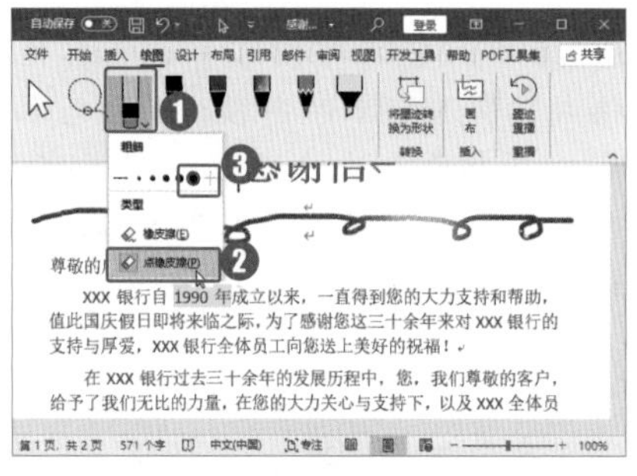
图 4-89

Step03 擦除多余的点。在需要精确擦除的部分单击，即可擦除指定内容，效果如图 4-90 所示。

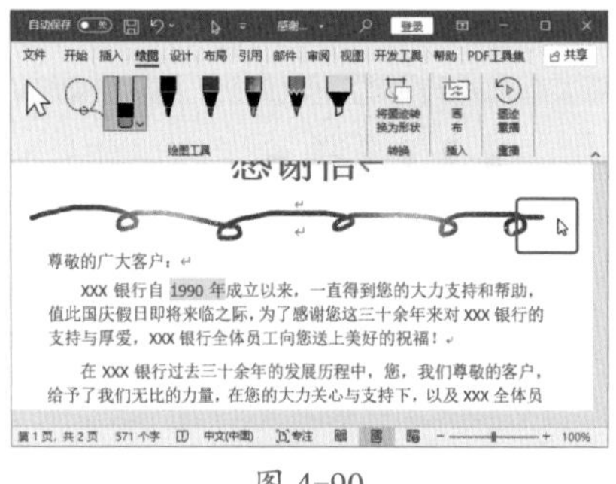
图 4-90

★新功能 4.6.3 快速选择绘制的内容

实例门类	软件功能

如果需要对绘制的多个内容进行相同的操作，可以使用【套索】工具进行墨迹选取，具体操作步骤如下。

Step01 绘制套索墨迹范围。在“感谢信（绘图）.docx”文档中，❶选择【绘图】选项卡；❷单击【绘图工具】组中的【套索】工具；❸拖动鼠标在需要选择的墨迹周围绘制形状，如图 4-91 所示。

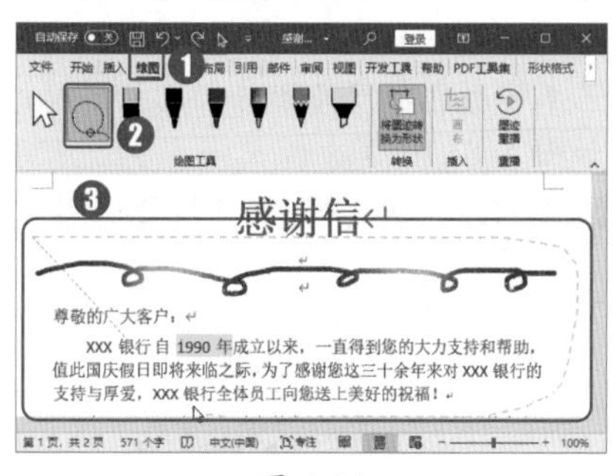
图 4-91

Step02 移动墨迹。释放鼠标后，即可看到套索工具框选区域中的墨迹都被选择了。按住鼠标左键并拖动，即可移动这些墨迹的位置，效果如图 4-92 所示。

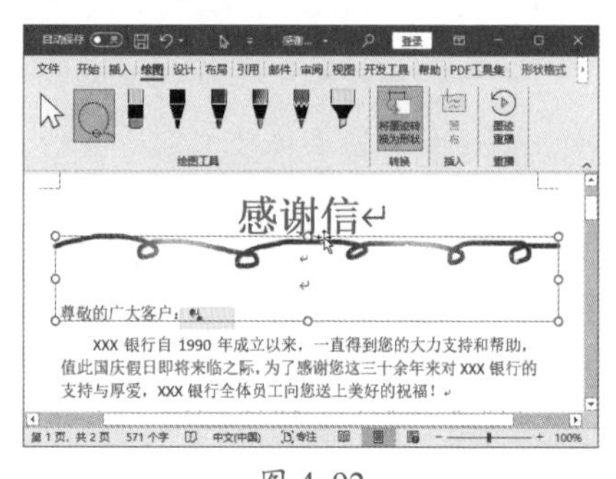
图 4-92

技术看板

不想继续使用墨迹工具绘图时，单击【绘图】选项卡【绘图工具】组中的【选择对象】按钮即可。

4.7 插入与编辑 SmartArt 图形

为了使文字之间的关联表示得更加清晰，人们经常使用配有文字的图形进行说明。对于普通内容，绘制形状后在其中输入文字即可；对于复杂内容，可以使用SmartArt图形功能，制作具有专业设计师水准的插图。

4.7.1 细说SmartArt图形

SmartArt图形是信息和观点的视觉表示形式。用户可以通过从多种不同布局中进行选择来创建SmartArt图形，从而快速、轻松、有效地传达信息。

虽然插图和图形比文字更有助于读者理解和回忆信息，但大多数人仍习惯创建仅包含文字的内容。创建具有设计师水准的插图很困难，尤其是当用户是非专业设计人员或聘请专业设计人员过于昂贵时。此时，使用SmartArt图形，可以快速设计出专业的插图和图形。

创建SmartArt图形时，系统将提示用户选择一种SmartArt图形类型，如“流程”“层次结构”“循环”或“关系”类型，类似于SmartArt图形类别，每种类型包含几个不同的布局。

1. 布局

为SmartArt图形选择布局前，要确定需要传达的信息，以及是否希望信息以某种特定方式显示。由于布局可以快速轻松地切换，用户可以尝试不同类型的不同布局，直至找到一个最适合进行信息图解的布局为止。

切换布局时，大部分文本、颜色、样式、效果和文本格式都会自动应用到新布局中。

由于文字量和形状个数通常能决定选择何种布局外观最佳，因此选择布局前要考虑文字量和形状个数。细节与要点哪个更重要呢？通常，在文字量和形状个数仅限于表示要点时，SmartArt图形最适用。如果文字量较大，会分散SmartArt图形的视觉吸引力，使这种图形难以直观地传达用户的信息。有一些布局，如“列表”类型中的“梯形列表”，适用于文字量较大的情况。

某些SmartArt图形布局包含个数有限的形状。例如，“关系”类型中的“平衡箭头”布局用于显示两个对立的观点或概念，只有两个形状可以包含文字，并且不能将该布局改为显示多个观点或概念的布局。如果所选布局的形状个数有限，SmartArt图形中不能显示的内容旁边的【文本】窗格中会出现一个红色的“×”。

如果需要传达多个观点，可以切换到另一个含有多个用于文字的形状的布局中，如“棱锥图”类型中的“基本棱锥图”布局。请注意，更改布局或类型会改变信息的含义。例如，带有右向箭头的布局（如“流程”类型中的“基本流程”），其含义不同于带有环形箭头的SmartArt图形布局（如“循环”类型中的“连续循环”）。箭头倾向于表示某个方向上的移动或进展，使用连接线而不使用箭头的类似布局则表示连接，不一定是移动。

如果找不到所需的准确布局，可以在SmartArt图形中添加或删除形状，以调整布局结构。例如，“流程”类型中的“基本流程”布局默认显示3个形状，但是用户的流程可能需要2个形状，也可能需要5个形状。添加或删除形状及编辑文字时，形状的排列和这些形状内的文字量会自动更新，以保持SmartArt图形布局的原始设计和边框。

> **技术看板**
>
> 如果觉得自己制作的SmartArt图形看起来不够生动，可以切换使用包含子形状的不同布局，或者应用不同的SmartArt样式、颜色变体。

2.【文本】窗格

用户可以通过【文本】窗格输入和编辑在SmartArt图形中显示的文字。【文本】窗格显示在SmartArt图形左侧。在【文本】窗格中添加和编辑内容时，SmartArt图形会自动更新，即根据需要添加或删除形状。

创建SmartArt图形时，SmartArt图形及其【文本】窗格由占位符文本填充，用户可以使用自己的信息替换这些占位符文本。在【文本】窗格顶部，可以编辑将在SmartArt图形中显示的文字。在【文本】窗格底部，可以查看有关该SmartArt图形的其他信息。

【文本】窗格的工作方式类似于大纲或项目符号列表。该窗格将信息直接映射到SmartArt图形中，每个SmartArt图形定义了它在【文本】窗格中的项目符号与在SmartArt图形中的一组形状之间的映射。

要在【文本】窗格中新建一行带

有项目符号的文本，可以按【Enter】键。要在【文本】窗格中缩进一行，可选择要缩进的行，单击【SmartArt工具设计】选项卡【创建图形】组中的【降级】按钮；要逆向缩进一行，可单击【升级】按钮。在【文本】窗格中按【Tab】键也可进行缩进，按【Shift+Tab】组合键可进行逆向缩进。以上任何一项操作都会更新【文本】窗格中的项目符号与SmartArt图形布局中的形状之间的映射。此外，不能将上一行的文字降下多级，也不能对顶层形状进行降级。

如果使用带有“助手”形状的组织结构图布局，那么后面的一行项目符号用于指示该“助手”形状。

技术看板

【文本】窗格用于编辑Word文档中的SmartArt图形文本，不仅可以添加或删除SmartArt图形形状，还可以进行升级或降级操作。

如果向某个形状添加了过多的文字导致该形状中的文字字号缩小，则SmartArt图形其余形状中的所有文字都将缩小到相同字号，使SmartArt图形的外观保持一致，具有专业性。

选择了某一布局之后，将鼠标指针移到功能区中显示的任意其他布局上，还能查看应用该布局时内容将如何显示。

SmartArt图形的样式、颜色在【SmartArt工具设计】选项卡中进行设置，这里有两个用于快速更改SmartArt图形外观的库，即【SmartArt样式】和【更改颜色】。将鼠标指针停留在其中任意一个库中的缩略图上，不需要应用，便可以看到相应的SmartArt样式或颜色变体对SmartArt图形产生的影响。

向SmartArt图形添加专业设计组合效果有一种快速简便的方式，即应用SmartArt样式。

技术看板

SmartArt样式（快速样式：格式设置选项的集合，使用它更易于设置文档和对象的格式）包括形状填充、边距、阴影、线条样式、渐变和三维透视，可以应用于整个SmartArt图形，也可以单独应用于SmartArt图形中的一个或多个形状。

【更改颜色】库为SmartArt图形提供了各种颜色选项，每个选项可以以不同的方式将一种或多种主题颜色（主题颜色：文件中使用的颜色集合。主题颜色、主题字体和主题效果三者共同构成一个主题）应用于SmartArt图形中的形状。

SmartArt样式和颜色组合适用于强调内容。例如，使用含透视图的三维SmartArt样式，可以看到同一级别的所有人，还可以强调延伸至未来的时间线。

技术看板

如果大量使用三维SmartArt样式，尤其是场景连贯三维（场景相干性三维设置：可用于控制分组形状的方向、阴影和透视的相机角度与光线设置），通常会偏离要传达的信息。三维SmartArt样式通常在文档第一页或演示文稿第一张幻灯片中使用，效果最佳。简单的三维效果（如棱台）不易分散注意力，但最好不要大量使用。

为了强调“流程”类型的SmartArt图形中的不同步骤，可以使用“彩色”中的任意组合。

如果有“循环”类型的SmartArt图形，可以使用任何【渐变范围-辅色n】选项强调循环运动。这些颜色会沿某个梯度移至中间的形状，然后退回第一个形状。

为SmartArt图形选择颜色时，还应考虑是否希望读者打印或联机查看该SmartArt图形。

技术看板

如果要在文档中采用包含图像的背景幻灯片来突出精致的设计，名称中带有“透明”字样的颜色组合最适用。

将SmartArt图形插入文档中时，它将自动与文档中的其他内容相匹配。如果更改了文档的“主题”（主题：主题颜色、主题字体和主题效果三者的组合。主题可以作为一套独立的选择方案应用于文件），SmartArt图形的外观也将自动随之更新。

如果内置库无法提供用户所需的外观，用户几乎可以自定义SmartArt图形的所有部分。如果SmartArt样式库中没有理想的填充、线条和效果组合，用户可以应用单独的形状样式，或者完全由自己来自定义形状。如果形状的位置和大小与要求不符，用户可以移动形状、调整形状的大小。在【SmartArt工具格式】选项卡中，可以找到多数自定义选项。

即使自定义了SmartArt图形，仍可以将其更改为不同的布局，同时保留多数自定义设置。此外，还可以单击【SmartArt设计】选项卡中的【重设图形】按钮，删除所有更改的格式，重新开始。

4.7.2 SmartArt图形简介

SmartArt功能强大、类型丰富、效果生动，在Word 2021中，SmartArt图形包括以下8种类型。

（1）列表型：显示非有序信息或分组信息，主要用于强调信息的重要性。

（2）流程型：表示任务流程的顺序或步骤。

（3）循环型：表示阶段、任务或事件的连续序列，主要用于强调重复过程。

（4）层次结构型：显示组织中的分层信息或上下级关系，最广泛地应用于组织结构图。

（5）关系型：用于表示两个或多个项目之间的关系，或者多个信息集合之间的关系。

（6）矩阵型：用于以象限的方式显示部分与整体的关系。

（7）棱锥图型：用于显示比例关系、互连关系或层次关系，最大的部分置于底部，向上渐窄。

（8）图片型：主要应用于包含图片的信息列表。

除了系统自带的SmartArt图形外，Microsoft Office网站也会在线提供一些SmartArt图形。

4.7.3 实战：插入方案执行SmartArt流程图

实例门类	软件功能

使用SmartArt图形功能可以快速创建专业、美观的插图。插入SmartArt图形时，用户首先应根据自己的需要选择SmartArt图形的类型和布局，然后输入相应的文本信息，程序会自动插入对应的图形。

使用SmartArt图形制作方案执行流程图，具体操作步骤如下。

Step01 打开【选择SmartArt图形】对话框。打开"素材文件\第4章\方案执行流程.docx"文档，❶选择【插入】选项卡；❷单击【插图】组中的【SmartArt】按钮，如图4-93所示。

图 4-93

Step02 选择SmartArt流程图。弹出【选择SmartArt图形】对话框，❶选择【流程】选项；❷选择右侧的【分段流程】选项；❸单击【确定】按钮，如图4-94所示。

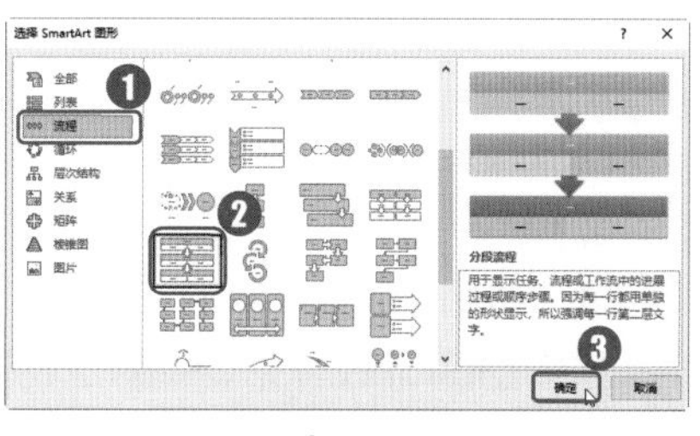

图 4-94

Step03 插入SmartArt流程图。完成以上操作后，即可插入分段流程图，效果如图4-95所示。

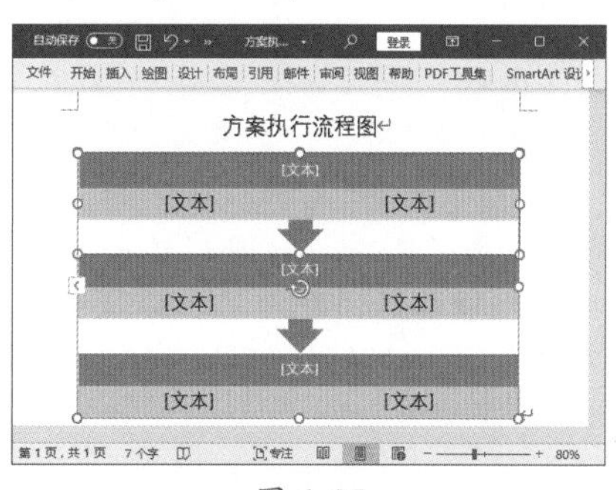

图 4-95

Step04 在SmartArt流程图中编辑文字。在【文本】位置添加流程图的文字信息，如图4-96所示。

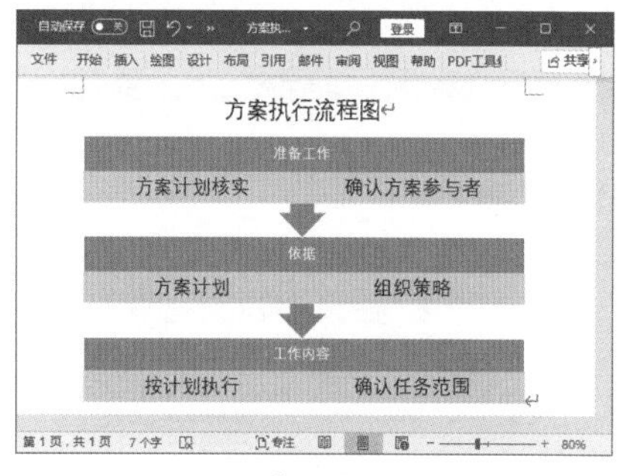

图 4-96

4.7.4 实战：编辑方案中的SmartArt图形

实例门类	软件功能

新插入的SmartArt图形都是默认的形状个数，若在制作图示的过程中，发现形状个数不够，可以添加形状。为了让制作的图示更加美观，可以为图示设置样式和颜色。

1. 添加/删除形状

默认情况下，每一种SmartArt图形布局都有固定数量的形状，用户可以根据实际工作需要添加或删除形状，具体操作步骤如下。

Step01 添加形状。❶选择SmartArt图形中的【确认方案参与者】形状；❷选择【SmartArt设计】选项卡；❸单击【创建图形】组中的【添加形状】按钮，如图4-97所示。

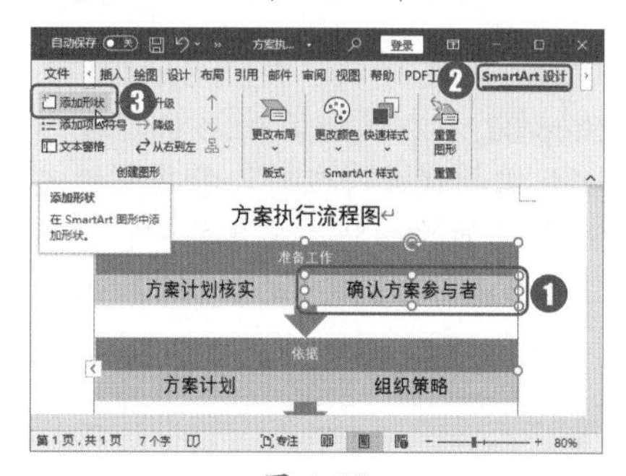

图 4-97

Step 02 打开【在此处键入文字】窗格。选择新添加的形状，单击【创建图形】组中的【文本窗格】按钮，如图 4-98 所示。

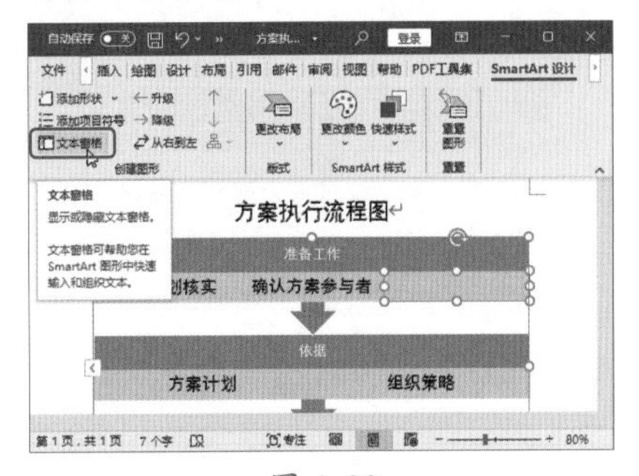

图 4-98

Step 03 输入形状文字。弹出【在此处键入文字】窗格，在新添加的形状中输入文本信息，如图 4-99 所示。按【Enter】键继续添加形状。

图 4-99

技术看板

在【在此处键入文字】窗格中，按【Enter】键添加形状，添加的是相同等级的形状。如果添加的形状等级不同，则需要重新对添加的形状设置等级。

Step 04 升级形状。使用 Step 01 至 Step 03 方法继续添加形状，遇到形状需要提升一级时，❶将光标定位在添加的形状的文本框中；❷单击【创建图形】组中的【升级】按钮，如图 4-100 所示。

图 4-100

Step 05 降级形状。在【在此处键入文字】窗格中，❶按【Enter】键添加形状并选择新添加的形状；❷单击【创建图形】组中的【降级】按钮，如图 4-101 所示。

图 4-101

Step 06 关闭文本窗格。为 SmartArt 图形添加形状和文本信息后，单击【关闭】按钮×，关闭【在此处键入文字】窗格，如图 4-102 所示。

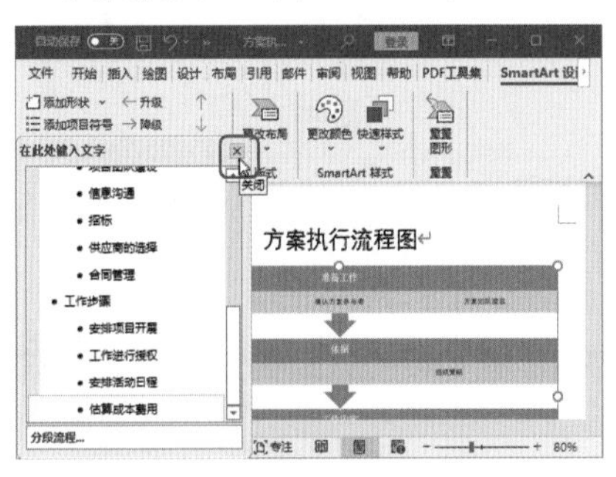

图 4-102

Step 07 完成 SmartArt 图形编辑。完成以上操作后，即可添加形状并输入文本信息，效果如图 4-103 所示。

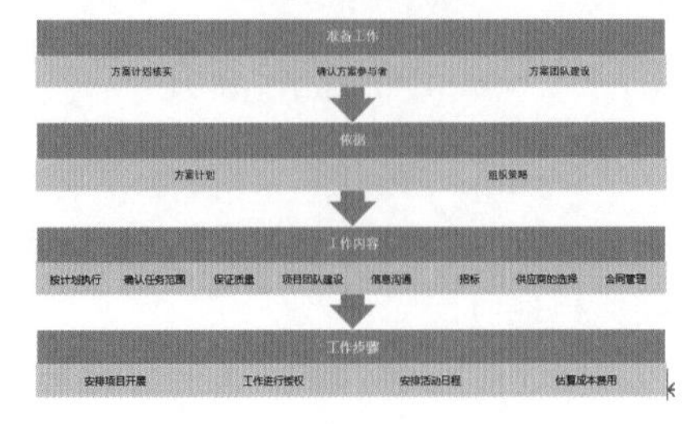

图 4-103

技术看板

编辑 SmartArt 图形时，用户可以根据需要将多余的形状删除。选择需要删除的形状，按【Delete】键，即可将其快速删除。

2. 设置SmartArt样式

要使SmartArt图形更符合自己的需求或更具个性，需要为其设置样式，包括设置SmartArt图形的布局、主题颜色、形状填充、边距、阴影、线条样式、渐变和三维透视等。

为插入的SmartArt图形设置样式、更改颜色，具体操作步骤如下。

Step 01 选择SmartArt 图形样式。❶选择SmartArt图形；❷单击【SmartArt 设计】选项卡【SmartArt 样式】组中的【快速样式】按钮；❸在弹出的下拉列表中选择【强烈效果】样式，如图 4-104 所示。

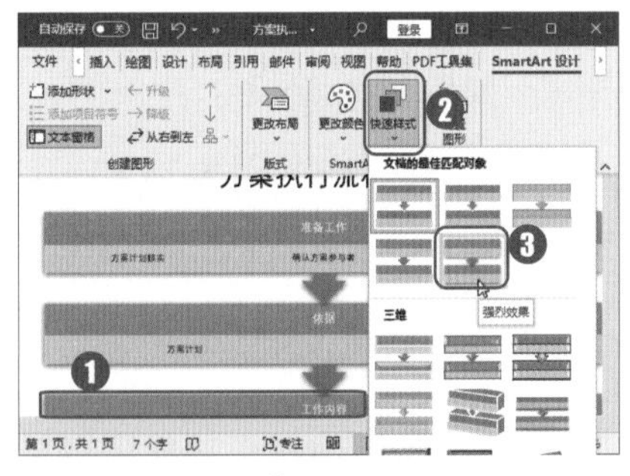

图 4-104

Step02 选择SmartArt图形颜色。❶单击【SmartArt样式】组中的【更改颜色】按钮；❷在弹出的下拉列表中选择需要的颜色，这里选择【彩色范围 - 个性色 5 至 6】选项，如图 4-105 所示。

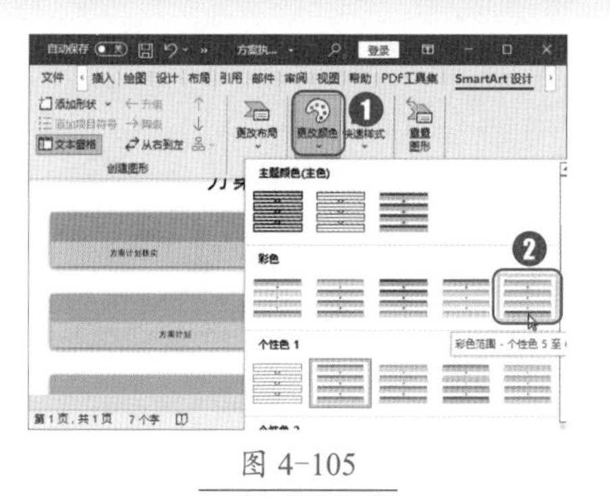

图 4-105

Step03 查看SmartArt图形最终效果。完成以上操作后，调整SmartArt图形中文字的大小和字体，最终效果如图 4-106 所示。

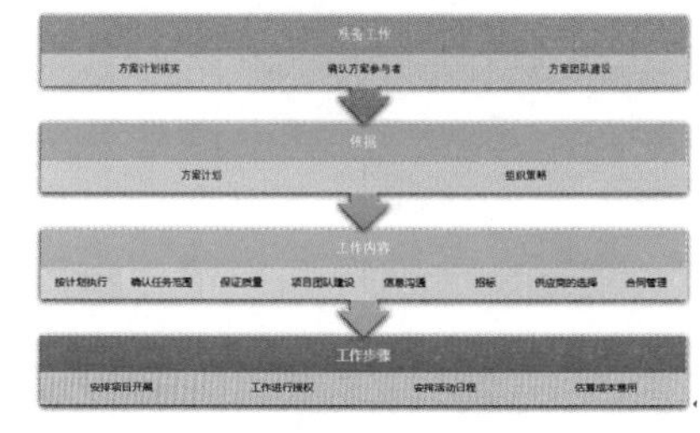

图 4-106

妙招技法

通过对前面知识的学习，相信读者已经掌握了 Word 2021 文档图文混排的基本操作。下面结合本章内容，给大家介绍一些实用技巧。

技巧 01：使用屏幕截图功能

从 Word 2010 开始，Word 新增了屏幕截图功能。使用该功能，可以快速截取屏幕图像，并直接将其插入文档中。

Word 的屏幕截图功能会智能监视活动窗口（打开且没有最小化的窗口），可以很方便地截取活动窗口的图片并插入当前文档中，具体操作步骤如下。

❶将文本插入点定位在要插入图片的位置；❷选择【插入】选项卡；❸单击【插图】组中的【屏幕截图】按钮；❹在弹出的【可用的视窗】栏中，当前所有活动窗口以缩略图的形式显示，选择要插入的窗口截图，如图 4-107 所示。

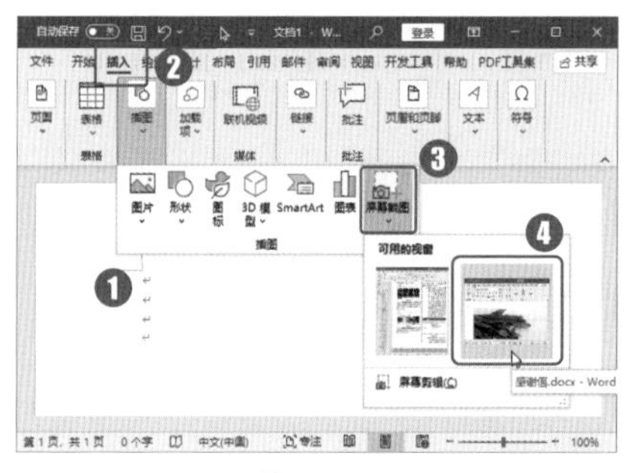

图 4-107

使用 Word 的截取屏幕区域功能，可以截取计算机屏幕上的任意图片，并将其插入文档中，具体操作步骤如下。

❶单击【插入】选项卡【插图】组中的【屏幕截图】按钮；❷在弹出的下拉列表中选择【屏幕剪辑】选项，如图 4-108 所示。当前文档窗口自动缩小，整个屏幕将朦胧显示。按住鼠标左键，拖动选择截取区域后释放鼠标即可。

图 4-108

技术看板

进行屏幕截图时，选择【屏幕剪辑】选项后，屏幕中显示的内容是打开当前文档之前所打开的窗口或对象。

进入屏幕剪辑状态后，如果不想截图了，按【Esc】键退出截图状态即可。

技巧 02：设置形状对齐方式

在文档中绘制多个形状后，如

果需要将这些形状放置在同一水平线上或垂直对齐，可以选择对齐方式对其进行排列。

在文档中让所有形状横向分布并顶端对齐，具体操作步骤如下。

Step 01 横向分布形状。打开“素材文件\第 4 章\形状对齐.docx”文档，❶在文档中选择所有形状；❷选择【形状格式】选项卡；❸单击【排列】组中的【对齐】按钮；❹在弹出的下拉列表中选择【横向分布】选项，如图 4-109 所示。

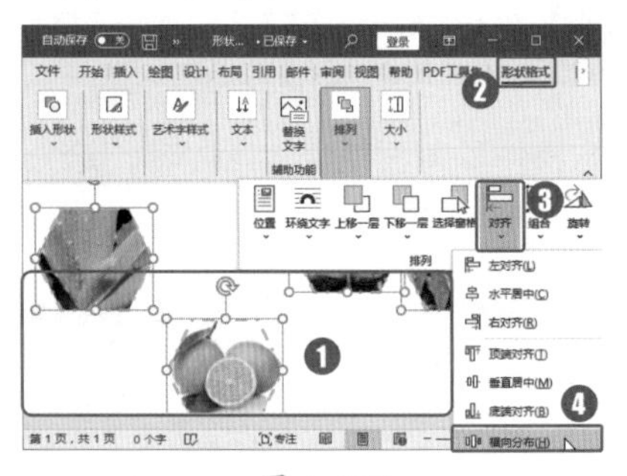

图 4-109

Step 02 顶端对齐形状。❶在文档中选择所有形状；❷单击【形状格式】选项卡【排列】组中的【对齐】按钮；❸在弹出的下拉列表中选择【顶端对齐】选项，如图 4-110 所示。

图 4-110

Step 03 查看形状对齐效果。完成以上操作后，即可设置形状对齐，效果如图 4-111 所示。

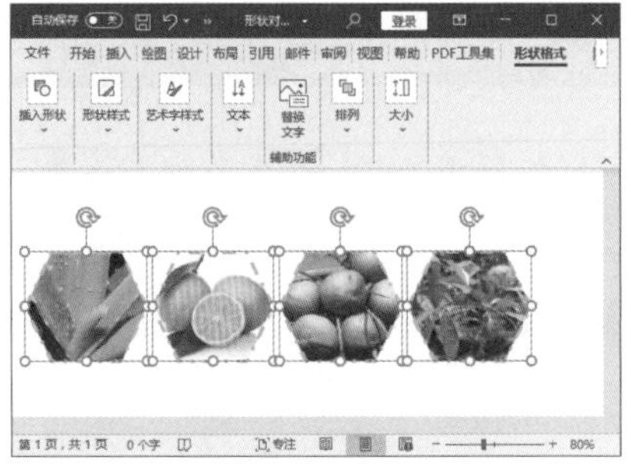

图 4-111

技巧 03：让多个形状合并为一个形状

在 Word 中绘制的形状都是独立存在的，但用户可以将需要进行相同操作的多个形状组合在一起，作为一个整体，统一进行调整大小、移动位置或复制粘贴等编辑操作，具体操作步骤如下。

Step 01 组合形状。打开“素材文件\第 4 章\组合形状.docx”文档，❶在文档中选择所有形状；❷单击【形状格式】选项卡【排列】组中的【组合】按钮；❸在弹出的下拉列表中选择【组合】选项，如图 4-112 所示。

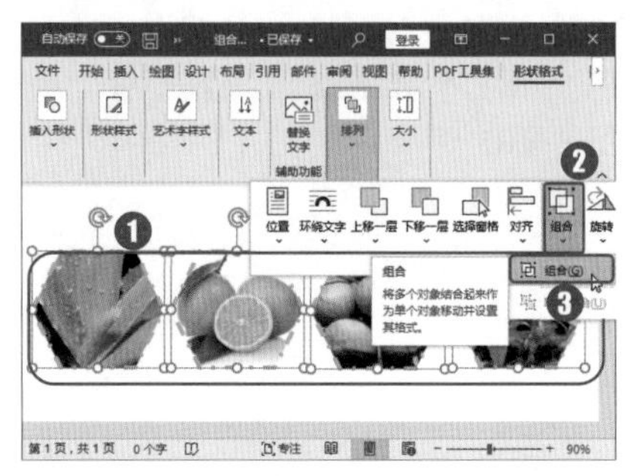

图 4-112

Step 02 查看形状组合效果。完成 Step 01 操作后，即可将所有选择的形状组合在一起，效果如图 4-113 所示。

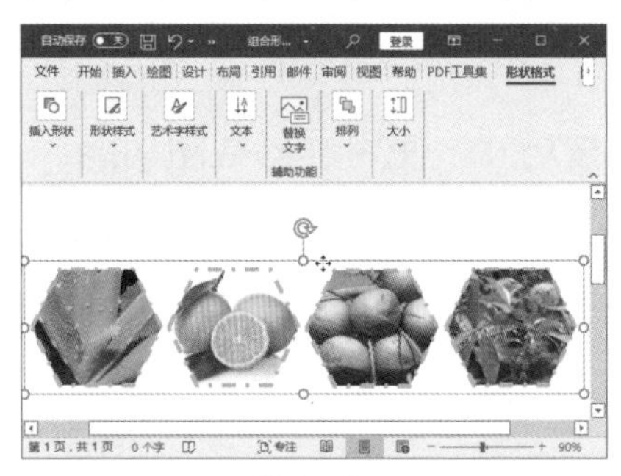

图 4-113

技能拓展——使用右键快捷菜单组合形状

选择所有形状，在形状上右击，在弹出的快捷菜单中选择【组合】选项即可。如果要将组合后的形状进行拆分，可以直接在组合后的形状上右击，在弹出的快捷菜单中选择【组合】→【取消组合】选项。

本章小结

通过对本章知识的学习，相信读者已经学会了如何对图文混排的文档进行排版，如果能在实际工作中多加练习，如排版一些公司简介、公司产品介绍等图文混排文档，就可以快速地掌握这些操作，排版出简洁、美观的文档。

第5章 Word 2021 表格的创建与编辑

- ➥ 在什么情况下需要使用 Word 表格?
- ➥ 如何让制作的表格逻辑更清晰、布局更合理?
- ➥ 在 Word 中，如何创建需要的表格?
- ➥ 如何将两个单元格合并?
- ➥ 如何调整行高/列宽?
- ➥ 如何让表格内容突出显示?
- ➥ 如何设置个性化的表格?

原来，在 Word 中也是可以制作表格的，再也不用每次都使用 Excel 软件制作表格了！本章介绍如何在 Word 中创建、编辑及美化表格。

5.1 表格的相关知识

谈及表格，很多人都会联想到一系列复杂的数据，有时还会涉及数据的计算与分析等，这只是表格的一种应用。本节主要介绍表格应用于 Word 的相关知识，在学习制作表格之前，要先对表格有一个大体的认识。

5.1.1 适合在 Word 中创建的表格

日常生活中，为了表现某些特殊的内容或数据，用户会先按照所需的项目内容画格子，再分别填写文字或数字。这种书面材料称为“表格”，便于数据的统计查看，使用范围极其广泛。

说起表格，很多人会立刻想到计算机中的 Excel——专做表格处理的软件，其实在 Word 中也可以创建表格，且非常简单。

出差申请表、利润中心奖金分配表、人事部门月报表、员工到职单等，都是一些常用的 Word 中的表格，如图 5-1 至图 5-4 所示。

这些表格与数据计算几乎没有关系，但它们都是表格。在 Word 中应用表格，主要目的是让文档中的内容结构更清晰。

出差申请单

出差人姓名		服务部门		职称		职务代理人	
事由							
日期	自 年 月 日 时起至 年 月 日 时止 计 天						
地点							
预支旅费	万 仟 佰 拾 元整						
备注							

经理： 人事： 主管： 出差人：

注：第一联出差人作旅费报销用，第二联请送人事科，第三联凭向出纳科预支旅费。

图 5-1

人事部门月报表

人员招聘工作						流动状况	
说明		招聘人数	应聘人数	报到人数	起迄时间	辞职人数	
						退休人数	
						停薪留职	
						资遣人数	
						解职人数	
						其他本月经办事项	
						奖惩件数	奖 件，惩 件
						抚恤件数	件，金额
						劳保件数	新入 件，退 ，医疗单件
						送医住院	件 人费用
						人员迁调	
出勤状况							
迟到早退		人 次					
请假	病假	人 次					
	事假	人 日					
	公伤假	人 日					
	婚假	人 日					
旷职		人 日					

审核 填表

图 5-3

利润中心奖金分配表

单位： 营业所 年 月 ~ 年 月

明细		金额	备注
本季净利	年 月份净利		
	年 月份净利		
	年 月份净利		
	年 月份净利		
(1) 弥补以前累计亏损			
(2) 本季可分配的净利			
(3) 减：呆帐损失			
(4) 本利润中心实际损益 (4) ×30%			
(5) 本利润中心权益			(4) ×30%
(6) 本利润中心实发奖金数			(5) ×目标达成率
(7) 分配明细		实发金额	保留金额
(1) 利润中心保留基金 (10/30)			
(2) 总公司同仁分享 (2/30)		(75%)	(25%)
(3) 利润中心主管 (2/30)		(75%)	(25%)
(4) 利润中心同事 (10/30)		(75%)	(25%)
(5) 利润中心福利基金 (2/30)			
(6) 总公司福利委员会 (4/30)			

总经理： 财务部： 营业所主管： 制表：

图 5-2

员工到职单

编号:

姓名		性别		出生年月	
籍贯		学历		身份证	
现住址				联系方式	
部门			岗位		
薪资			到职日期		
应交验证件	[身份证] [学历证] [简历] [照片]				
应领物品	[职工胸卡] [工作服]				
其他事项					
主阅：部门经理: 总经理:					

图 5-4

5.1.2 表格的构成元素

表格是由一系列线条进行分割，形成行、列和单元格，用以规整数据、表现数据的一种特殊格式。通常，表格由行、列和单元格构成。另外，表格中还可以有表头和表尾，作为修饰表格的元素，还有边框和底纹。

1. 单元格

表格由横向和纵向的线条构成，纵横交叉后出现的可以用于放置数据的格便是单元格，如图 5-5 所示。

		单元格		

图 5-5

2. 行

表格中横向的一组单元格称为一行，在用于表现数据的表格中，一行通常可用于表示同一数据的不同属性，如图 5-6 所示，也可用于表示不同数据的同一属性，如图 5-7 所示。

姓名	语文/分	数学/分	英语/分
陈佳敏	95	86	92
赵恒毅	96	95	75
李明丽	98	89	94

图 5-6

时间	销售额/亿元	成本/亿元	利润/亿元
2018	2.6	1.3	1.3
2019	3.2	1.7	1.5

图 5-7

3. 列

表格中纵向的一组单元格称为一列，列与行的作用相同。在用于表现数据的表格中，需要分别赋予行和列不同的意义，以形成清晰的数据表格。每一行代表一条数据，每一列代表一种属性，在表格中，应该按行列的意义填写数据，否则会造成数据混乱。

技术看板

在数据库的表格中，有“字段”和“记录”两个概念，在Word或Excel的数据表格中，也常常会提到这两个概念。在数据表格中，通常把列称为“字段”，即这一列中的值属于同一种类型，如成绩表中的“语文”“数学”等，而表格中存储的每一条数据称为“记录”。

4. 表头

表头指用于定义表格行列意义的行或列，通常是表格的第一行或第一列。例如，成绩表中第一行的内容有“姓名”“语文”“数学”等，其作用是标明表格中每列数据的意义，所以这一行是表格的表头。

5. 表尾

表尾是表格中可有可无的部分，通常用于显示表格数据的统计结果，或者添加说明、注释等辅助内容，位于表格中最后一行或最后一列，如图 5-8 所示的表格中，最后一行为表尾，也称“统计行”。

姓名	语文/分	数学/分	英语/分
陈佳敏	95	86	92
赵恒毅	96	95	75
李明丽	98	89	94
平均成绩	96.33	90	87

图 5-8

6. 表格的边框和底纹

为了使表格美观、简洁、符合应用场景，许多时候都需要对表格进行一些修饰和美化，除了常规地设置表格文字的字体、颜色、大小、对齐方式、间距外，还可以对表格的线条和单元格的背景添加修饰。构成表格行、列、单元格的线条称为边框，单元格的背景则称为底纹。如图 5-9 所示，是使用不同色彩的边框和底纹修饰过的表格。

姓名	语文/分	数学/分	英语/分
陈佳敏	95	86	92
赵恒毅	96	95	75
李明丽	98	89	94
平均成绩	96.33	90	87

图 5-9

5.1.3 快速制作表格的技巧

许多人对Word表格的制作不是很熟悉，其实用Word制作表格非常简单。Word表格的制作过程大致可以分为以下几个步骤。

（1）制作表格前，构思表格的大致布局和样式，以便实际操作的顺利完成。

（2）在纸上画好草稿，确定表格样式及列数、行数。

（3）新建Word文档，开始制作表格的框架。

（4）输入表格内容。

根据制作表格的难易程度，可以将表格简单地分为规则表格和非规则表格两大类。规则表格比较方正，绘制起来很容易；非方正、非对称的表格，制作起来就需要一些技巧。

1. 直接插入表格

制作规则的表格，一般可以直接使用Word软件提供的方法，将表格快速插入，如图5-10和图5-11所示。

图 5-10

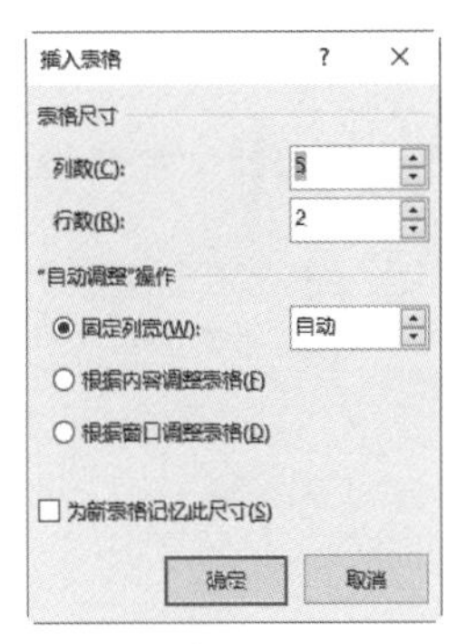

图 5-11

2. 手动绘制表格

对于非方正、非对称的表格，就需要手动绘制了。在【表格】下拉列表中选择【绘制表格】选项，鼠标指针变为 形状时，即可根据需要直接绘制表格，就像使用铅笔在纸上绘制表格一样简单。如果绘制错了，可以单击【布局】选项卡【绘图】组中的【橡皮擦】按钮，擦除错误线条。既然这么简单，这里就不再赘述，如有需要，请查看本章5.2部分。

5.1.4 关于表格的设计

要制作一个适用的、美观的表格，需要细心地分析和设计。用于展示数据的表格设计起来相对比较简单，只需要清楚表格中要展示哪些数据，设计好表头、输入数据，加上一定的修饰即可；用于规整、排版内容和数据的表格设计起来相对比较复杂，设计这类表格时，需要先理清表格中需要展示的内容和数据，再按一定规则将其整齐地排列起来，甚至可以先在纸上绘制草图，再到Word中制作表格，并对表格进行各种修饰。

1. 数据表格的设计

越来越快速、高效的工作，对表格制作的要求越来越高。因此，即使是制作常用的数据表格，也要站在阅读者的角度去思考，怎样才能让表格内容表达得更清晰，让阅读者读起来更容易。面对一个密密麻麻、满是数据的表格，很多人都会觉得头晕，想让它看起来更清晰，通常可以从以下几个方面来设计。

（1）精简表格字段。

Word文档中的表格不适合做成展示字段很多的大型表格，表格中的数据字段过多，会超出页面范围，不便于查看数据。此外，字段过多会影响阅读者对重要数据的把握。所以，设计表格时，需要仔细考虑，分析表格字段的主次，将一些不重要的字段删除，仅保留重要的字段。

（2）注意字段顺序。

表格中的字段顺序也是不容忽视的。设计表格时，需要分清各字段的关系、主次等，按字段的重要程度或某种方便阅读的规律排列字段，每个字段放在什么位置都需要仔细推敲。

（3）行列内容对齐。

使用表格可以让数据有规律地排列，使数据展示更整齐、统一。对于表格单元格中的内容而言，每一行和每一列都应该整齐排列，如图5-12所示。

姓名	性别	年龄/年	学历	职位
孙辉	男	25	本科	工程师
黎莉	女	28	研究生	设计师
吴勇	男	38	本科	经理

图 5-12

（4）优化行高与列宽。

表格中各字段内容的长度可能各不相同，所以很难做到各列的宽度统一，但通常可以保证各行的高度一致。设计表格时，应仔细研究表格内容，看是否有特别长的内容，尽量通过调整列宽，使较长的内容在单元格中不用换行。如果必须换行，则最好统一调整各列的行高，让每一行高度一致，如图5-13所示。如果不需要统一行高，对于过长的单元格内容，调整各列宽度及各行高度即可，调整后如图5-14所示。

序号	名称	作 用
❶	快速访问工具栏	位于Word窗口的左上侧，用于显示一些常用的工具按钮，默认包括【保存】按钮、【撤销】按钮和【恢复】按钮等。
❷	标题栏	位于Word窗口的顶部，用于显示当前文档名称和程序名称。

图 5-13

序号	名称	作　用
❶	快速访问工具栏	位于Word窗口的左上侧，用于显示一些常用的工具按钮，默认包括【保存】按钮、【撤销】按钮和【恢复】按钮等。
❷	标题栏	位于Word窗口的顶部，用于显示当前文档名称和程序名称。

图 5-14

（5）修饰表格。

数据表格以展示数据为主，修饰表格的目的是更好地展示数据，所以，对表格进行修饰时应以数据更清晰为目标，不要一味地追求艺术效果。通常情况下，在表格中设置底纹和边框，都是为了更加清晰地展示数据，如图 5-15 所示。

编号		姓名		部门					
年	月				到	年	月	日	
日期	上午	下午	加班	小计	日期	上午	下午	加班	小计
1					16				
2					17				
3					18				
4					19				
5					20				
6					21				
7					22				
8					23				
9					24				
10					25				
11					26				
12					27				

图 5-15

技术看板

对表格进行修饰时，尽量使用常规、简洁的字体，如宋体、黑体等；使用对比明显的色彩，如白底黑字、黑底白字等。表格主体内容区域应与表头、表尾使用不同的修饰以进行区分，如使用不同的边框、底纹等，这样才能让整个表格简洁大方，一目了然。

2. 不规则表格的设计

当使用表格表现一系列相互之间没有太大关联的数据时，无法使用行或列来表现相同的意义，这类表格的设计相对来说比较麻烦。例如，要设计一个个人简历表，表格需要展示简历中的各类信息，这些信息相互之间几乎没有什么关联。当然，可以不选择用表格来展示这些内容。用表格来展示这些内容的优势在于，可以使页面结构更美观，数据更清晰明了。设计这类表格时，依然需要按照美观、清晰的标准进行。

（1）明确表格信息。

设计表格前，首先需要明确表格中要展示哪些内容，可以将这些内容列举出来，然后考虑表格的设计。例如，个人简历表中可以包含姓名、性别、年龄、籍贯、身高、体重、电话号码等各类信息，先将这些信息列举出来。

（2）信息分类。

分析要展示的内容之间的关系，将有关联的、同类的信息归为一类，在表格中，尽量整体化同一类信息。例如，可将个人简历表中的信息分为基本资料、教育经历、工作经历和自我评价等几大类别。

（3）按类别制作框架。

根据对表格内容的分类，制作表格的大体结构，如图 5-16 所示。

个人简历

姓名		性别		年龄		籍贯		
身高		体重		电话号码				
毕业学校				E-mail				
基本资料								
教育经历								
工作经历								
自我评价								

图 5-16

（4）绘制草图。

如果需要展示较复杂内容，为了使表格结构更合理、更美观，可以先在纸上绘制草图，反复推敲，再在Word中制作表格。草图如图 5-17 所示。

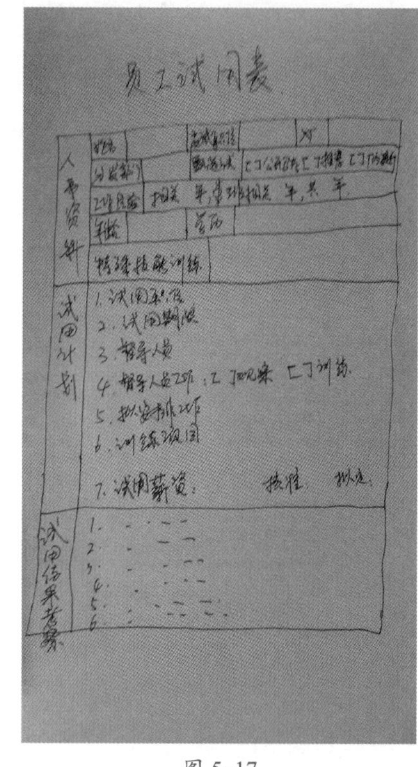

图 5-17

（5）合理利用空间。

使用表格，除了可以让数据更直观、更清晰外，还可以有效地节省空间，用最少的空间清晰地展示更多的数据，如图 5-18 所示。

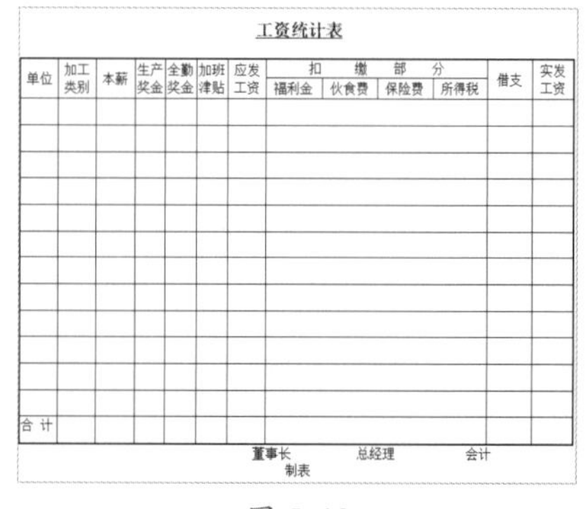

工资统计表

单位	加工类别	本薪	生产奖金	全勤奖金	加班津贴	应发工资	扣缴部分				借支	实发工资
							福利金	伙食费	保险费	所得税		
合计												

董事长　总经理　会计
制表

图 5-18

这类表格之所以复杂，主要原因在于对空间的利用要求高，要在有限的空间中展示更多的内容，并且内容整齐、美观，做到这一点，需要用户合理地合并或拆分单元格。

5.2 创建表格

Word 2021 为用户提供了较为强大的表格处理功能，用户不仅可以通过指定行数、列数直接插入表格，还可以通过绘制表格，自定义各种表格。

5.2.1 实战：拖动行列数创建办公用品表格

实例门类	软件功能

如果要创建的表格行与列很规则，而且在 10 列 8 行以内，就可以通过在虚拟表格中拖动行列数进行创建。

插入一个 4 列 6 行的表格，具体操作步骤如下。

Step01 选择表格行列数。打开“素材文件\第 5 章\表格.docx”文档，❶将光标定位在文档中要插入表格的位置后选择【插入】选项卡；❷单击【表格】组中的【表格】按钮；❸在弹出的下拉列表中的虚拟表格内拖动鼠标指针，选择所需的行数和列数，如图 5-19 所示。

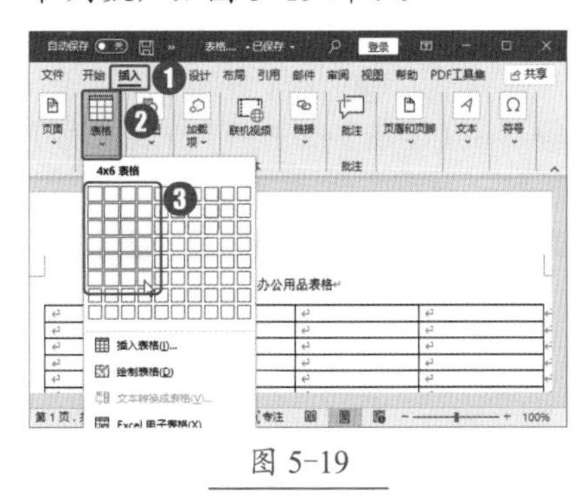

图 5-19

Step02 输入表格内容。将表格插入文档中，输入办公用品相关信息，效果如图 5-20 所示。

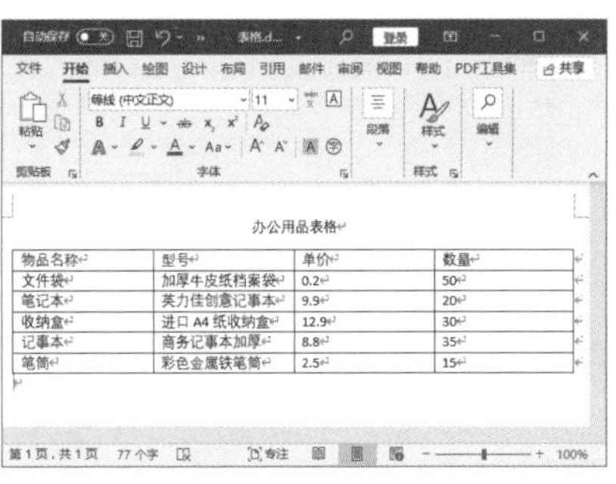

图 5-20

★重点 5.2.2 实战：指定行列数创建办公用品申购表

实例门类	软件功能

使用拖动行列数的方法创建表格虽然很方便，但所创建表格的行数和列数都受到限制。当需要插入更多行数或列数的表格时，可以通过【插入表格】对话框来完成。

插入一个 12 行 5 列的表格，具体操作步骤如下。

Step01 打开【插入表格】对话框。❶新建一个文档，将光标定位在文档中要插入表格的位置后选择【插入】选项卡；❷单击【表格】组中的【表格】按钮；❸在弹出的下拉列表中选择【插入表格】选项，如图 5-21 所示。

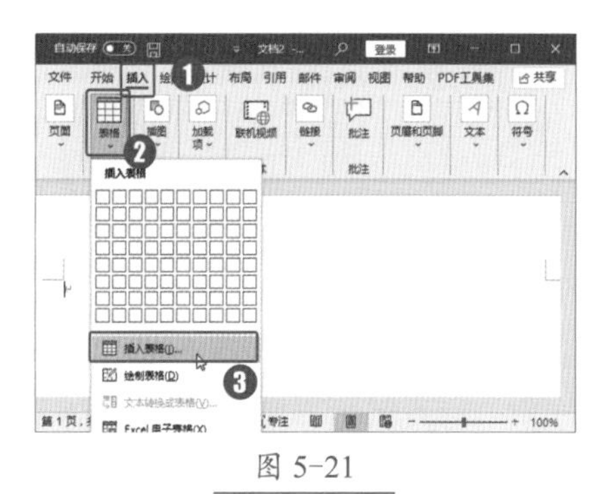

图 5-21

Step02 输入行列数。弹出【插入表格】对话框，❶在【列数】和【行数】微调框中分别输入要插入表格的列数和行数；❷单击【确定】按钮，如图 5-22 所示。

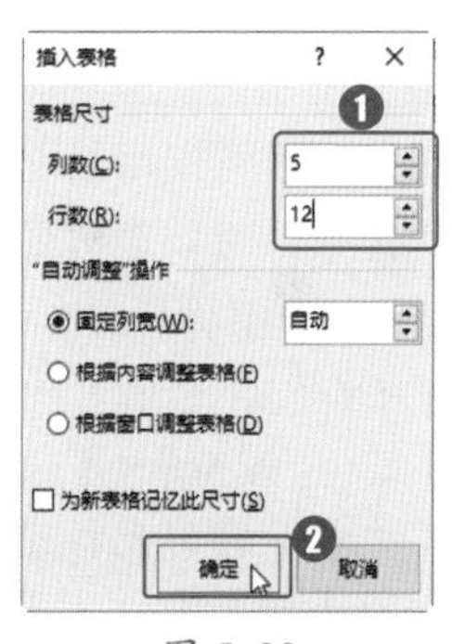

图 5-22

技术看板

在【插入表格】对话框中选择【固定列宽】单选按钮，可让每个单元格保持当前尺寸。

选择【根据内容调整表格】单选

按钮，表格中的每个单元格将根据内容多少自动调整高度和宽度。

选择【根据窗口调整表格】单选按钮，表格将根据页面大小自动改变其大小。

Step03 输入表格内容。将表格插入文档中，输入办公用品相关信息，效果如图 5-23 所示。

采购办公用品详单				
商品名称	商品型号	商品单价	商品数量	金额
文件袋	加厚牛皮纸档案袋	0.2	50	10
笔记本	英力佳创意记事本	9.9	20	198
收纳盒	进口 A4 纸收纳盒	12.9	30	387
线圈笔记本	A5 线圈笔记本	4.5	20	90
记事本	商务记事本加厚	8.8	35	308
笔筒	彩色金属铁笔筒	2.5	15	37.5
打号机	6 位自动号码机页码器打号机	32	3	96
笔筒	创意笔筒 B1148 桌面收纳笔筒	14.9	5	74.5
钢笔	派克 威雅胶杆白夹	115	3	345
U 盘	东芝 TOSHIBA 16G	59	5	295

图 5-23

★重点 5.2.3 实战：手动绘制“差旅费报销单”

实例门类	软件功能

手动绘制表格指用画笔工具绘制表格的边线，可以很方便地绘制出不规则表格，具体操作步骤如下。

Step01 选择【绘制表格】选项。打开“素材文件\第 5 章\差旅费报销单.docx”文档，❶将光标定位在文档中要插入表格的位置后选择【插入】选项卡；❷单击【表格】组中的【表格】按钮；❸选择【绘制表格】选项，如图 5-24 所示。

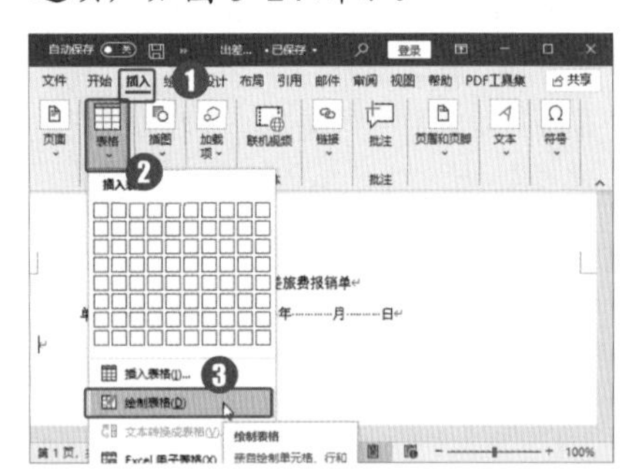

图 5-24

Step02 绘制表格边框。此时，鼠标指针变成 形状，按住鼠标左键不放并拖动，在鼠标指针经过的位置可以看到一个虚线框，该虚线框是表格的外边框，如图 5-25 所示。绘制出合适大小的表格外边框后，释放鼠标左键即可。

图 5-25

Step03 绘制表格行线。在绘制好的表格外边框内横向拖动鼠标，绘制出表格的行线，如图 5-26 所示。

图 5-26

Step04 绘制表格列线。在表格外边框内竖向拖动鼠标，绘制出表格的列线，如图 5-27 所示。

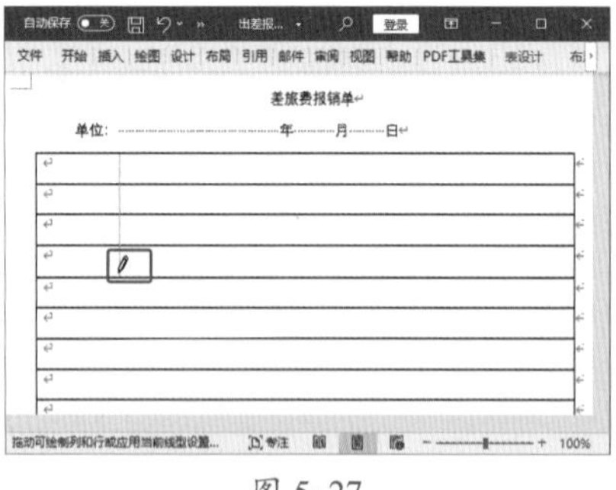

图 5-27

Step05 选择【橡皮擦】按钮。如果绘制出错，可以进行擦除，❶选择【布局】选项卡；❷单击【绘图】组中的【橡皮擦】按钮，如图 5-28 所示。

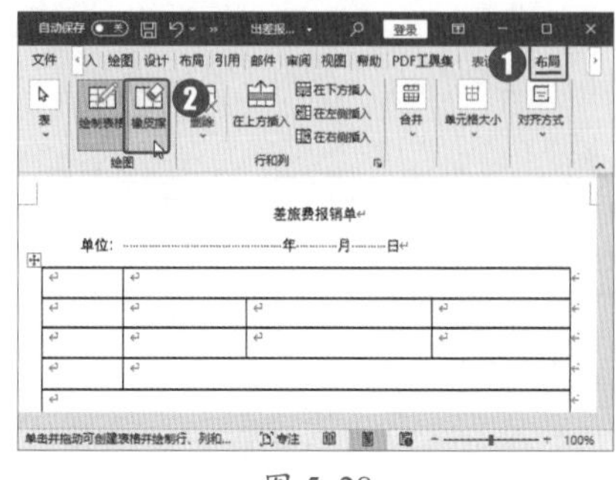

图 5-28

Step06 擦除多余的线。鼠标指针变成 形状时，在需要擦除的线上单击或拖动，如图 5-29 所示。

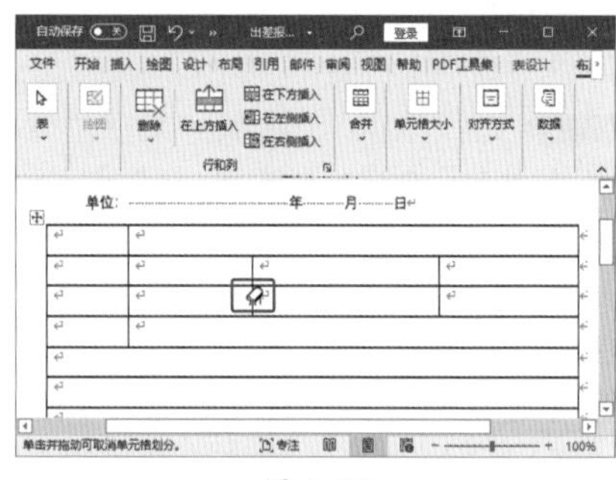

图 5-29

Step07 单击【绘制表格】按钮。继续绘制列线，❶选择【布局】选项卡；❷单击【绘图】组中的【绘制表格】按钮，如图 5-30 所示。

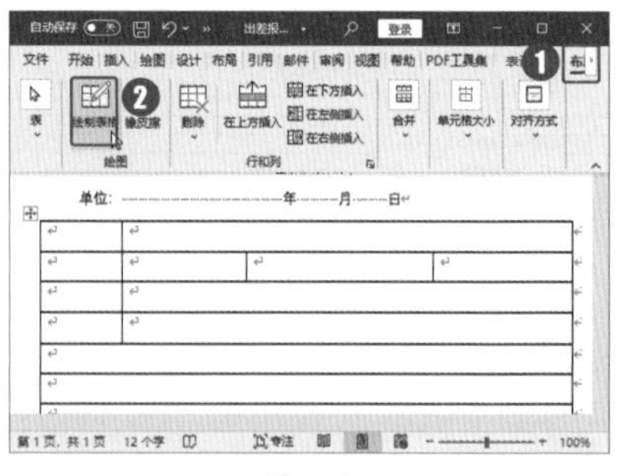

图 5-30

Step 08 绘制表格其他行线、列线。为表格绘制所有行线和列线，效果如图 5-31 所示。

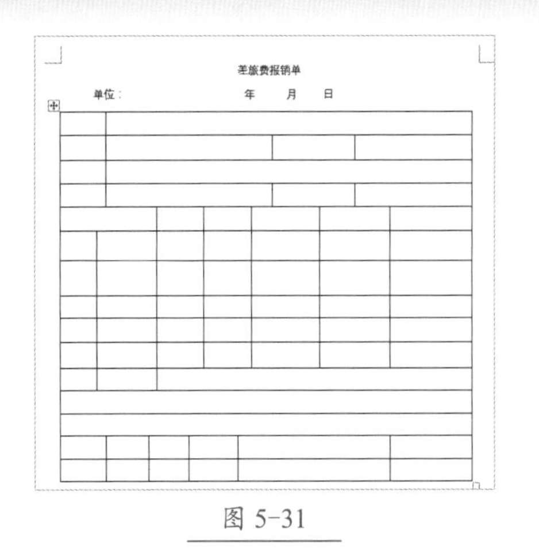
图 5-31

技能拓展——绘制斜线表头

当鼠标指针处于绘制表格的状态时，将鼠标指针移动到第一个单元格内，向右下侧拖动，绘制出该单元格内的斜线。绘制完所有线条后，按【Esc】键退出绘制表格状态。

5.3 编辑表格

完成表格框架创建后，就可以在其中输入文本内容了。为表格添加文本内容时，很可能需要对表格进行重新组合或拆分，也就是对表格进行编辑操作。经常使用的编辑操作包括添加/删除表格对象、拆分/合并单元格、调整行高与列宽等。

5.3.1 实战：输入“差旅费报销单”内容

实例门类	软件功能

输入表格内容的方法与直接在文档中输入文本的方法相似，只需将光标定位在不同的单元格内，输入内容即可。在“差旅费报销单”表格中输入内容，具体操作步骤如下。

Step 01 定位光标。❶将光标定位在要输入内容的单元格中；❷选择输入内容的输入法，如图 5-32 所示。

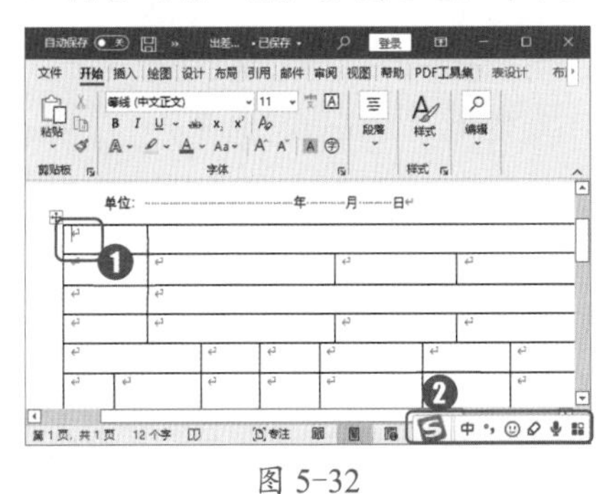
图 5-32

技术看板

可以按【Ctrl+Shift】组合键切换输入法。

Step 02 输入内容。在表格中输入如图 5-33 所示的内容。

姓名						共计 人
出差事由				经费来源		
出差地点						
起止日期	从 月 日至 月 日共计 天			附单数据		
差旅费票据金额		各种补助	标准	人数	天数	金额
飞机票		伙食				
火车票		住宿				
汽车票		公杂				
住宿费		乘车超时				
伙食费		未乘卧铺				
其他		备注（乘坐飞机的理由）：				
是否由接待单位安排伙食是否；是否由所在单位、接待单位或其他单位免费提供交通工具是否						
金额合计：万 仟 佰 拾 元 角 分 ￥						
预支金额		应退金额		应补金额		
批准人		报销人		审核		

图 5-33

Step 03 打开【符号】对话框。❶将光标定位在需要插入符号的位置；❷选择【插入】选项卡；❸单击【符号】组中的【符号】按钮；❹在弹出的下拉列表中选择【其他符号】选项，如图 5-34 所示。

图 5-34

Step 04 插入符号。弹出【符号】对话框，❶选择【Wingdings】字体；❷选择需要插入的符号；❸单击【插入】按钮，如图 5-35 所示。

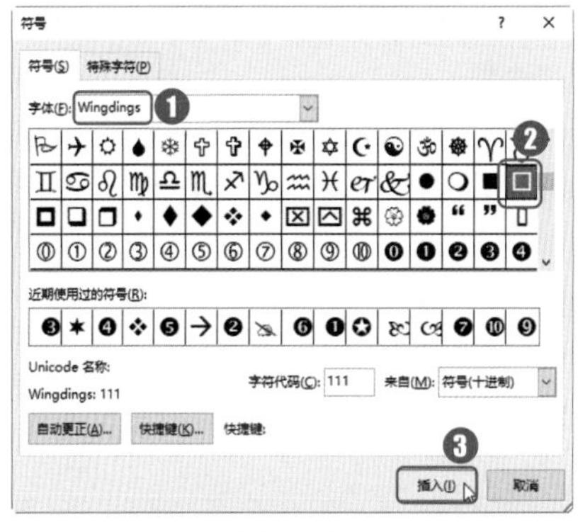
图 5-35

Step05 继续插入符号。❶在表格中将光标定位在下一个需要插入符号的位置；❷选择需要插入的符号；❸单击【插入】按钮，如图 5-36 所示。

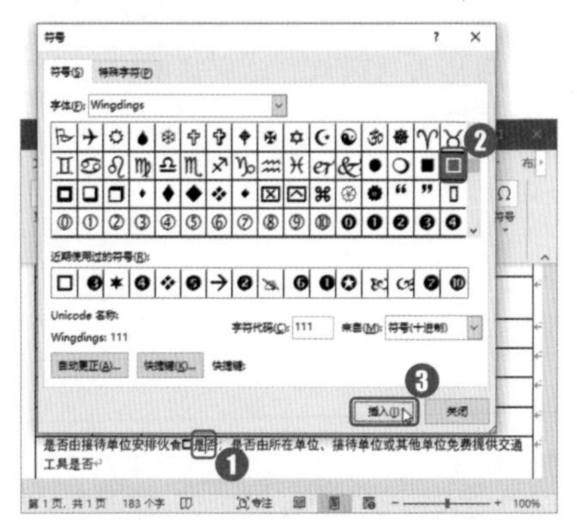

图 5-36

技术看板

如果插入的符号相同，直接单击【插入】按钮即可；如果需要插入其他符号，重新选择需要的符号后再单击【插入】按钮。

Step06 继续插入符号。使用相同的方法，为其他需要插入符号的位置添加符号，完成后单击【关闭】按钮，如图 5-37 所示。

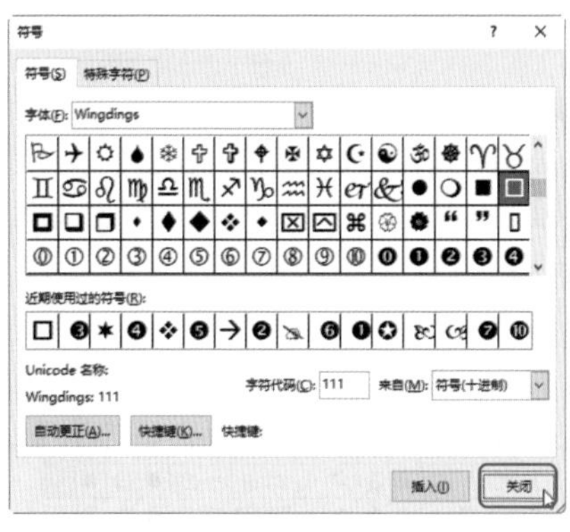

图 5-37

5.3.2 选择“差旅费报销单”对象

实例门类	软件功能

表格的制作并不是一次性完成的，输入表格内容后，一般还需要对表格进行编辑，而编辑表格时，常常需要先选择编辑的对象。选择表格中不同的对象时，选择方法并不相同，一般有以下几种情况。

1. 选择单个单元格

将鼠标指针移动到表格中单元格的左端线上，待其变为指向右方的黑色箭头➚时，单击即可选择该单元格，效果如图 5-38 所示。

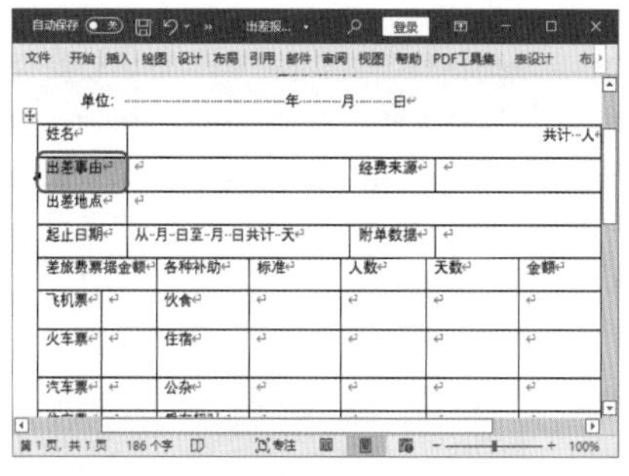

图 5-38

2. 选择连续的单元格

将光标定位在要选择的连续单元格区域的第一个单元格中，按住鼠标左键不放，拖动鼠标至要选择的连续单元格区域的最后一个单元格，即可选择连续的单元格。或者将光标定位在要选择的连续单元格区域的第一个单元格中，按住【Shift】键的同时，单击连续单元格区域的最后一个单元格，也可选择连续的单元格，效果如图 5-39 所示。

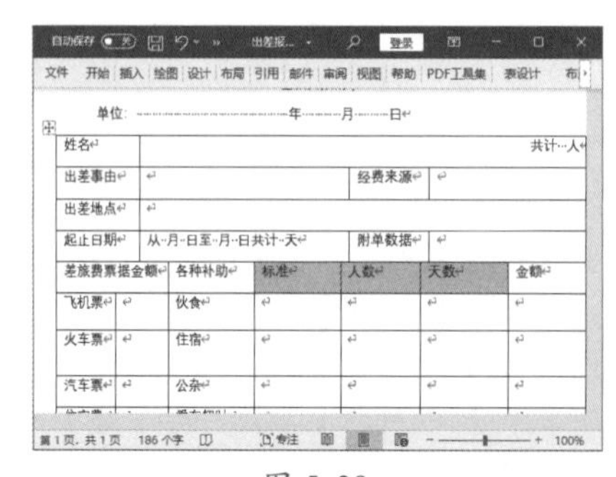

图 5-39

3. 选择不连续的单元格

按住【Ctrl】键的同时，依次选择需要的单元格，即可选择不连续的单元格，效果如图 5-40 所示。

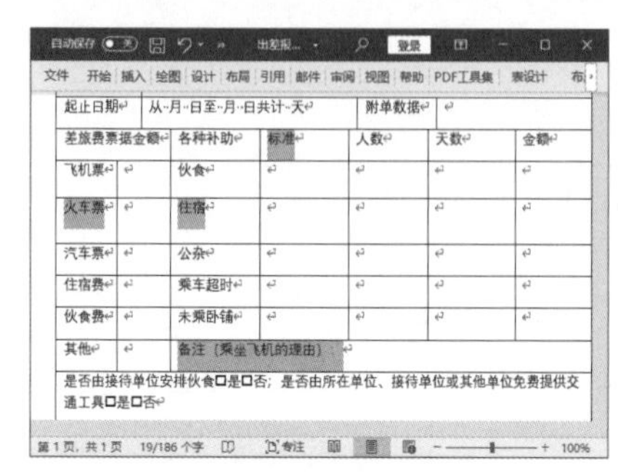

图 5-40

4. 选择行

将鼠标指针移动到表格边框的左端线附近，待其变为⇗形状，单击即可选择该行，效果如图 5-41 所示。

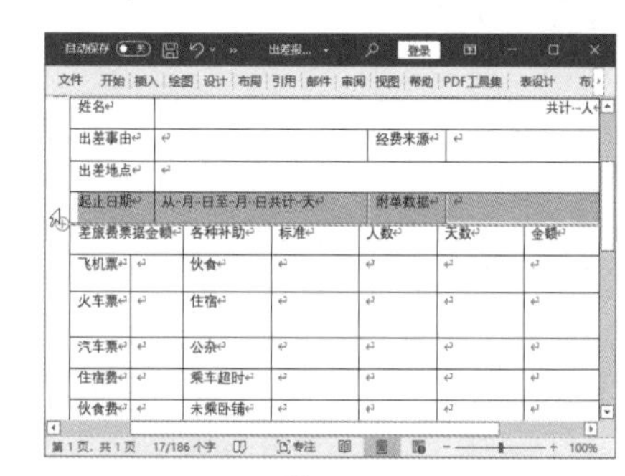

图 5-41

5. 选择列

将鼠标指标移动到表格边框的上端线上，待其变成⬇形状，单击即可选择该列。如果是不规则的列，不能使用该方法进行选择。

6. 选择整个表格

将鼠标指针移动到表格内，表格左上角将出现⊞图标，右下角将出现□图标，单击这两个图标中的任意一个，即可快速选择整个表格，如图 5-42 所示。

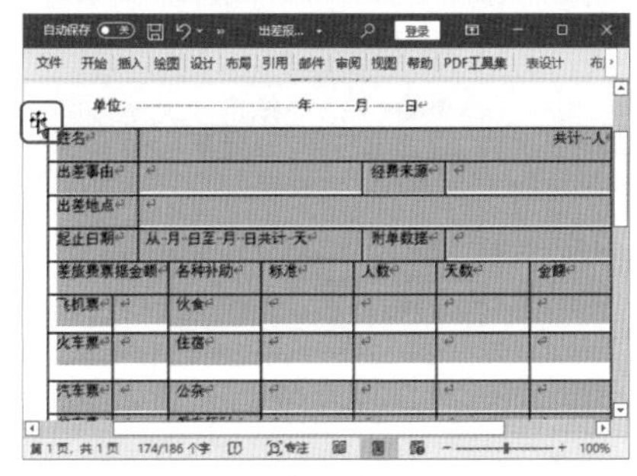

图 5-42

技能拓展——选择单元格

按键盘上的方向键，可以快速选择当前单元格上方、下方、左方、右方的相邻单元格。单击【布局】选项卡【表】组中的【选择】按钮，在弹出的下拉列表中选择相应的选项，也可完成对行、列、单元格及表格的选择。

5.3.3　实战：添加和删除“差旅费报销单”行/列

实例门类	软件功能

在编辑表格的过程中，有时需要向其中插入行或列，如果制作时有多余的行或列，有时需要进行删除，具体操作步骤如下。

1. 插入行/列

制作表格时，如果有漏掉的行或列内容，可以通过插入行/列的方法进行添加，具体操作步骤如下。

Step 01 插入空白行。将鼠标指针移动到要添加行的上方行边框线左侧，单击显示出的⊕按钮，在所选边框线下方插入空白行，如图 5-43 所示。

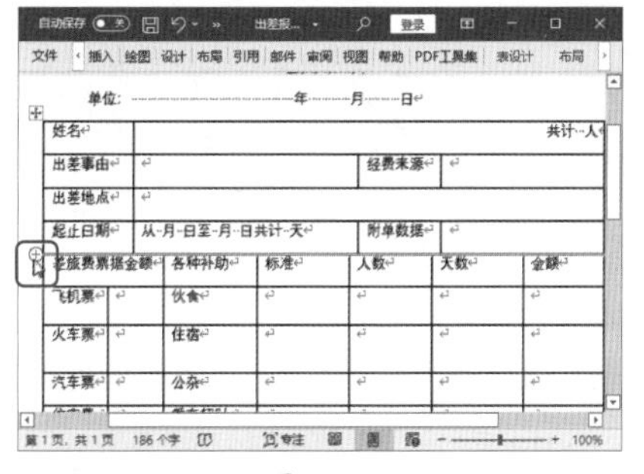

图 5-43

技能拓展——使用功能区命令插入行

编辑表格时，如果使用在表格上添加行的方法插入行，不清楚是在选择的行边框线上方还是下方插入行，可以直接在【布局】选项卡的【行和列】组中单击【在下方插入】或【在上方插入】按钮。

Step 02 在右侧插入列。❶将光标定位在第 2 个单元格中后选择【布局】选项卡；❷单击【行和列】组中的【在右侧插入】按钮，如图 5-44 所示。

图 5-44

Step 03 完成行和列的插入。完成以上操作后，即可插入行和列，效果如图 5-45 所示。

图 5-45

Step 04 调整文本内容。插入行后，删除【起止日期】右侧单元格中的文本，在插入的行中输入需要的内容，如图 5-46 所示。

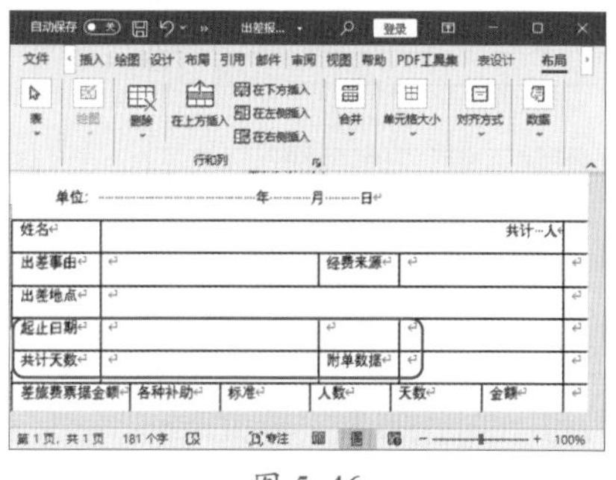

图 5-46

2. 删除行/列

如果插入的行或列用不上，为了让表格布局更加合理，可以将多余的行或列删除。删除表格中的最后一列，具体操作步骤如下。

Step 01 删除列。❶将鼠标指针移至最后一列上方，待鼠标指针变成 ⬇ 形状，单击选择要删除的列；❷单击【布局】选项卡【行和列】组中的【删除】按钮；❸在弹出的下拉列表中选择【删除列】选项，如图 5-47 所示。

图 5-47

Step 02 查看删除效果。完成 Step 01 操作后，即可删除表格中的最后一列，效果如图 5-48 所示。

图 5-48

5.3.4 实战：合并、拆分“办公用品明细表”单元格

实例门类	软件功能

在表现某些数据时，为了让表格更符合需求，视觉效果更美观，通常需要对单元格进行合并或拆分。

例如，在“办公用品明细表”文档的表格中，对标题行、序号列和类别列中多个单元格进行合并，拆分名称、品牌、型号、规格和单价单元格。

1. 合并单元格

要让标题内容通栏显示，就需要将标题行的单元格进行合并，具体操作步骤如下。

Step01 合并单元格。打开“素材文件\第 5 章\办公用品明细表.docx”文档，❶选择表格中的多个单元格；❷选择【布局】选项卡；❸单击【合并】组中的【合并单元格】按钮，如图 5-49 所示。

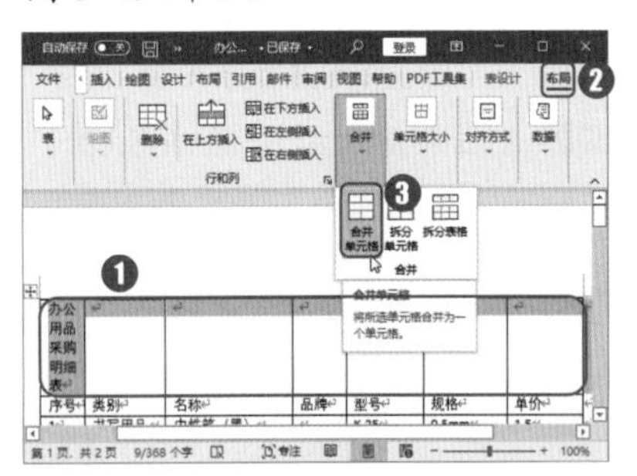

图 5-49

Step02 继续合并单元格。使用相同的方法，对其他需要合并的单元格进行合并，❶选择需要合并的单元格；❷单击【布局】选项卡【合并】组中的【合并单元格】按钮，如图 5-50 所示。

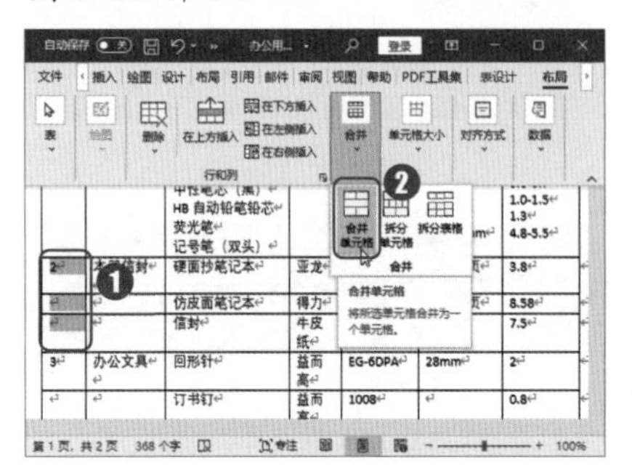

图 5-50

2. 拆分单元格

在单元格中输入数据信息时，为了让数据显示得更清楚，可以将不同类别的信息拆分，放在不同的单元格中。拆分名称、品牌、型号、规格和单价单元格，具体操作步骤如下。

Step01 打开【拆分单元格】对话框。❶将光标定位在需要拆分的单元格中；❷选择【布局】选项卡；❸单击【合并】组中的【拆分单元格】按钮，如图 5-51 所示。

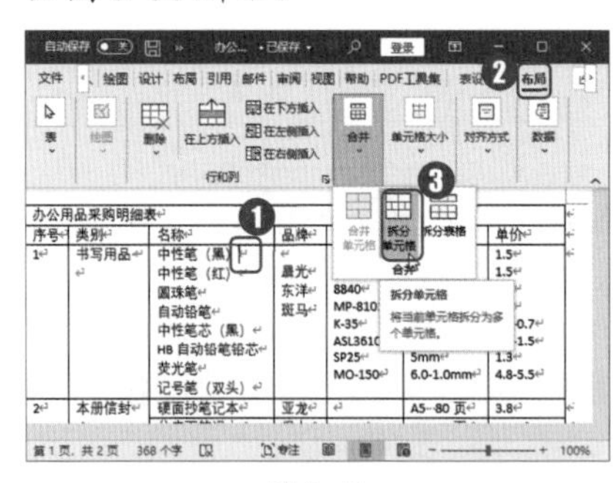

图 5-51

Step02 设置单元格拆分的行列数。弹出【拆分单元格】对话框，❶在【列数】和【行数】微调框中输入需要拆分的数值；❷单击【确定】按钮，如图 5-52 所示。

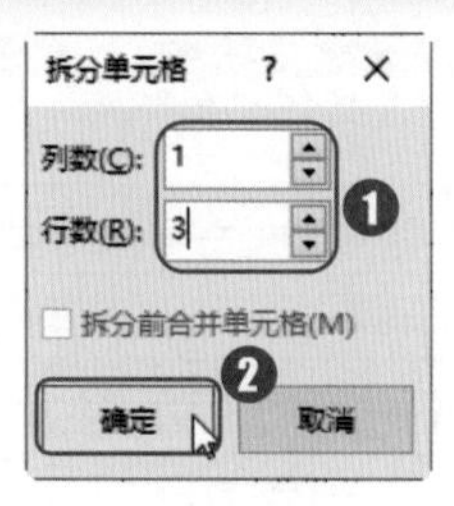

图 5-52

Step03 调整单元格内容的位置。拆分单元格后，选择单元格中的信息，按住鼠标左键不放，拖动鼠标至目标位置后放开，调整内容存放位置，如图 5-53 所示。

图 5-53

Step04 继续进行内容位置调整。重复拆分单元格的操作，并调整内容存放位置，效果如图 5-54 所示。

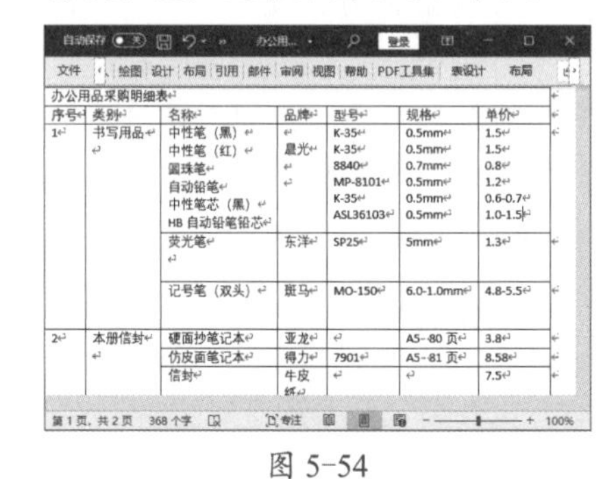

图 5-54

5.3.5 实战：调整“办公用品申购表”行高/列宽

实例门类	软件功能

在文档中插入的表格，初始情况下都是默认的行高和列宽，输入内容后，需要根据实际情况对表格

的行高和列宽进行调整。

在“办公用品申购表”文档的表格中调整第一行行高，设置列宽，具体操作步骤如下。

Step01 打开【表格属性】对话框。打开“素材文件\第 5 章\办公用品申购表.docx”文档，❶选择表格的第一行；❷选择【布局】选项卡；❸单击【表】组中的【属性】按钮，如图 5-55 所示。

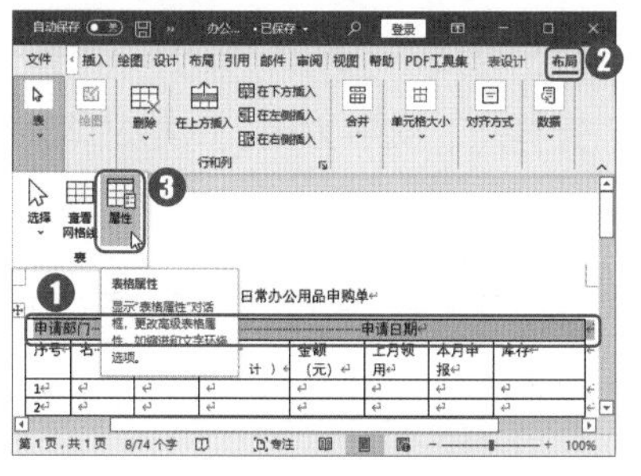

图 5-55

Step02 设置行高。弹出【表格属性】对话框，❶选择【行】选项卡；❷选择【指定高度】复选框并输入行高值，这里输入“1 厘米”；❸单击【确定】按钮，如图 5-56 所示。

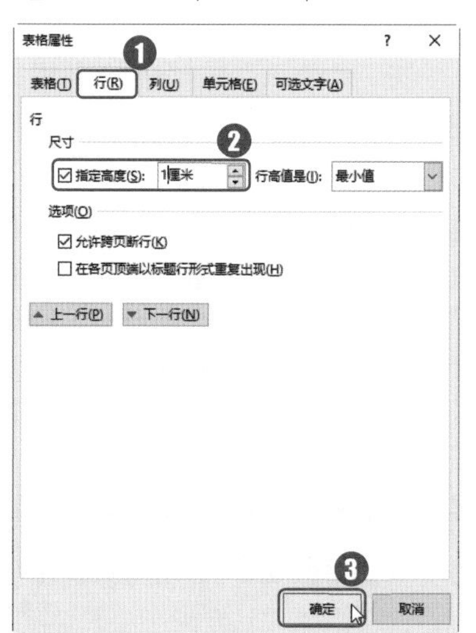

图 5-56

Step03 调整列宽。将鼠标指针移动至列线上，待鼠标指针变成⫲形状，按住鼠标左键不放，拖动鼠标调整列宽，如图 5-57 所示。

图 5-57

Step04 设置分散对齐。❶将光标定位在“单价”二字的后面；❷选择【开始】选项卡；❸单击【段落】组中的【分散对齐】按钮☰，如图 5-58 所示。

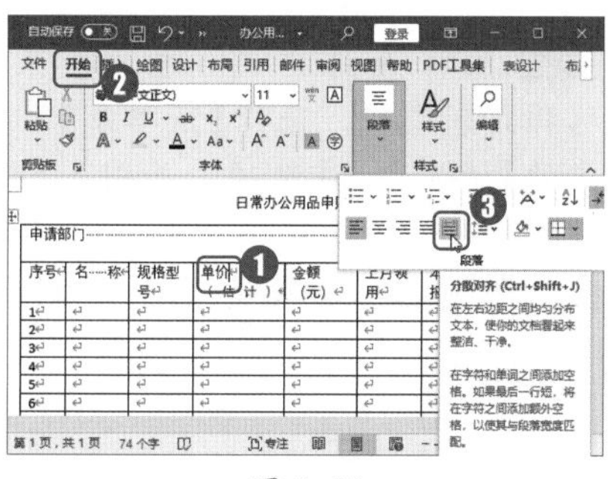

图 5-58

Step05 完成列宽调整。使用相同的方法调整其他单元格的对齐方式，并使用拖动鼠标的方法为其他列调整列宽，最终效果如图 5-59 所示。

图 5-59

5.3.6 实战：绘制“办公用品申购表”斜线表头

实例门类	软件功能

从 Word 2010 版本开始，就没有绘制斜线表头选项了，如果要在表格中添加斜线，可以使用添加边框线、绘制斜线、绘制直线等方法。

在“办公用品申购表”文档的表格中使用绘制表格功能绘制斜线，具体操作步骤如下。

Step01 进入表格绘制状态。❶将光标定位在表格中后选择【布局】选项卡；❷单击【绘图】组中的【绘制表格】按钮，如图 5-60 所示。

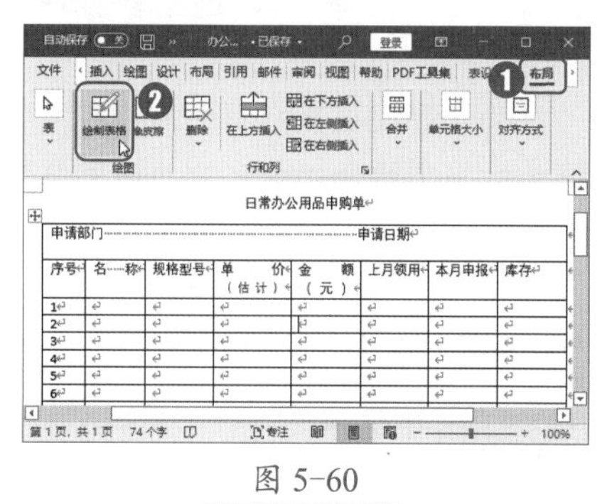

图 5-60

Step02 绘制斜线。待鼠标指针变成✎形状，按住鼠标左键不放，拖动鼠标绘制斜线，如图 5-61 所示。

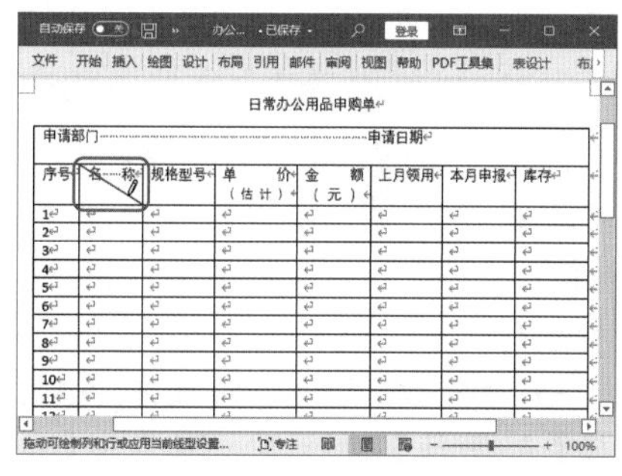

图 5-61

Step03 输入文字。绘制斜线后，首先在单元格中输入右侧单元格表示的信息，然后按【Enter】键换行，输入下方单元格表示的信息，最后按空格键调整文字位置，并适当调整行高，最终效果如图 5-62 所示。

图 5-62

5.4 美化表格

为了呈现更高水平的表格，需要对创建后的表格进行格式设置，包括对表格内置样式、文字方向、表格文本对齐方式及表格的边框和底纹效果等内容进行设置。

★重点 5.4.1 实战：为“出差申请表”应用表格样式

实例门类	软件功能

Word 2021 有丰富的表格样式库，在美化表格的过程中，用户可以直接应用内置的表格样式，快速完成表格的美化。

对“出差申请表”文档中的表格应用内置的表格样式，具体操作步骤如下。

Step 01 打开表格样式列表。打开“素材文件\第 5 章\出差申请表.docx”文档，❶选择文档中的表格；❷选择【表设计】选项卡；❸单击【表格样式】组中的【其他】按钮，如图 5-63 所示。

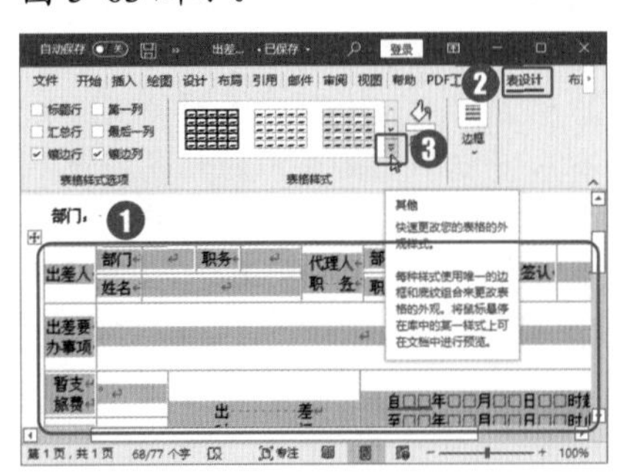

图 5-63

Step 02 选择表格样式。在内置表格样式列表中，选择【清单表】组中的【清单表 3】选项，如图 5-64 所示。

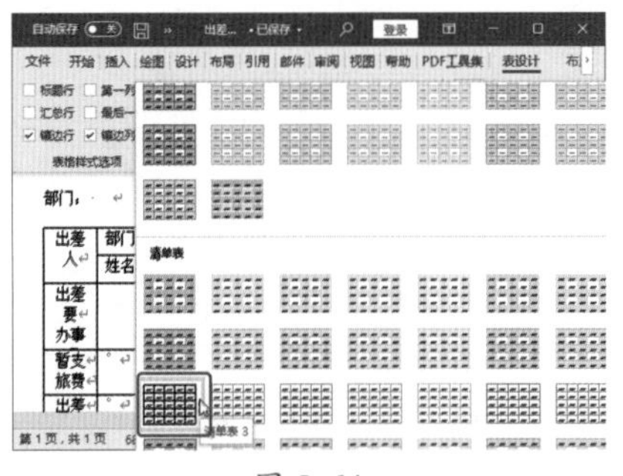

图 5-64

Step 03 查看应用样式的效果。完成以上操作后，即可为表格应用内置的表格样式，效果如图 5-65 所示。

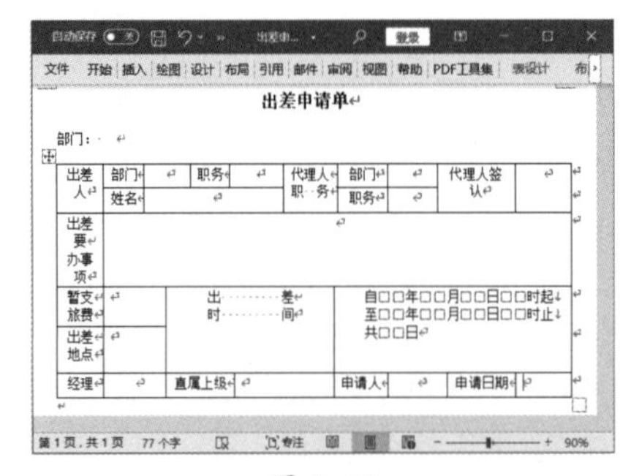

图 5-65

5.4.2 实战：设置“出差表”文字方向

实例门类	软件功能

默认情况下，单元格中的文本内容使用的都是横向对齐方式。有时，为了配合单元格的排列，使表格看起来更美观，需要设置文字在表格中的排列方向为纵向。

将“出差表”文档中的表格内部分文字设置为【纵向】，具体操作步骤如下。

Step 01 调整文字方向。打开“素材文件\第 5 章\出差表.docx”文档，❶选择表格中部分单元格；❷选择【布局】选项卡；❸单击【对齐方式】组中的【文字方向】按钮，如图 5-66 所示。

图 5-66

Step02 调整行高。设置文字方向后，将鼠标指针移动到行线上，拖动鼠标调整行高，以适应文字的高度，如图 5-67 所示。

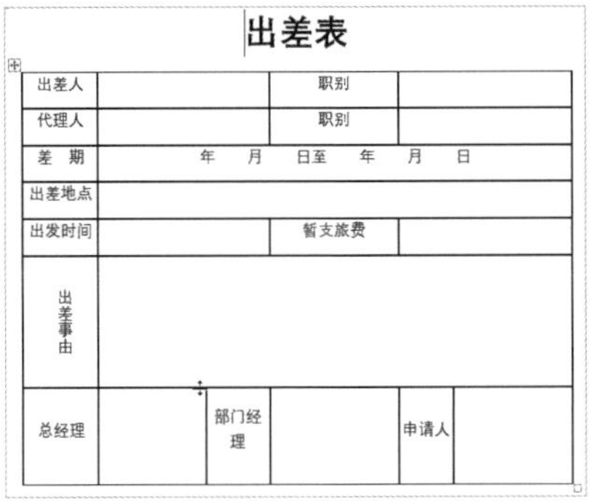

出差表

出差人		职别	
代理人		职别	
差 期	年 月 日至 年 月 日		
出差地点			
出发时间		暂支旅费	
出差事由			
总经理		部门经理	申请人

图 5-67

★重点 5.4.3 实战：设置“办公用品表 1”的文本对齐方式

实例门类	软件功能

表格中文本的对齐方式指单元格中文本的垂直与水平对齐方式。用户可以根据需要进行设置。

对“办公用品表 1”文档中的表格内容设置对齐方式，具体操作步骤如下。

Step01 调整文字为水平居中。打开“素材文件\第 5 章\办公用品表 1.docx”文档，❶选择要设置对齐方式的单元格；❷单击【布局】选项卡【对齐方式】组中的【水平居中】按钮，如图 5-68 所示。

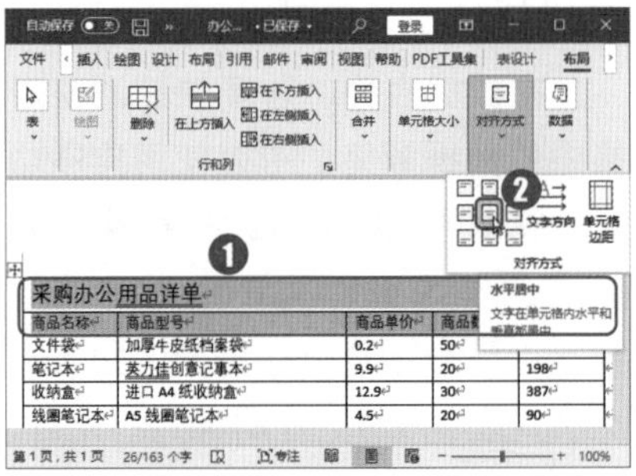

图 5-68

Step02 调整文字为右对齐。❶选择要设置对齐方式的单元格；❷单击【对齐方式】组中的【中部右对齐】按钮，如图 5-69 所示。

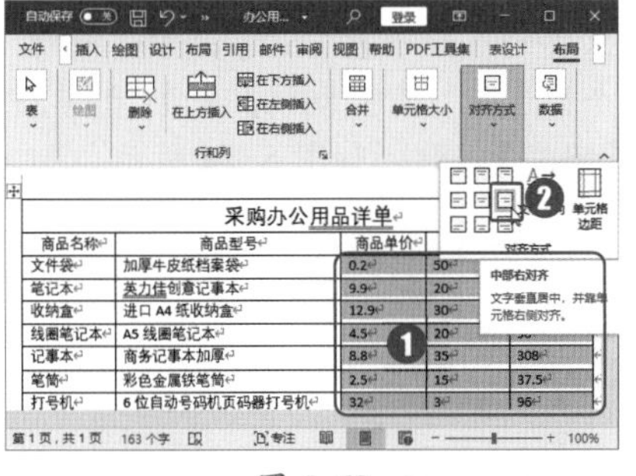

图 5-69

由于表格是一种框架式结构，文本在表格单元格中所处的位置要比在普通文档中所处的位置更复杂多变。表格中文本的位置（对齐方式）有以下 9 种，如图 5-70 所示。

靠上左对齐	靠上居中对齐	靠上右对齐
中部左对齐	水平居中	中部右对齐
靠下左对齐	靠下居中对齐	靠下右对齐

图 5-70

★重点 5.4.4 实战：设置“办公用品表 1”的边框和底纹

实例门类	软件功能

Word 2021 默认的表格为无色填充，边框为黑色实心线。为使表格更加美观，可以对表格进行修饰，如设置表格边框样式、添加底纹等。

为“办公用品表 1”文档中的表格设置边框线颜色样式和底纹颜色，具体操作步骤如下。

Step01 打开【边框和底纹】对话框。❶选择表格；❷选择【表设计】选项卡【边框】组中的【边框】下拉按钮；❸在弹出的下拉列表中选择【边框和底纹】选项，如图 5-71 所示。

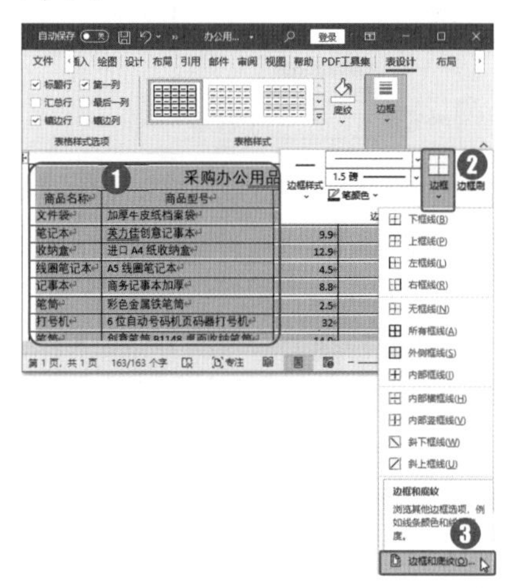

图 5-71

Step02 设置外框线格式。弹出【边框和底纹】对话框，❶选择表格边框线样式；❷选择边框线颜色和宽度；❸单击右侧【预览】区域左边的【内边框线】按钮，取消内部横框线，如图 5-72 所示。

图 5-72

Step03 设置内线边框格式。❶设置表格边框线宽度；❷单击右侧【预览】区域左边的【内边框线】按钮，使内部横框线显示，如图 5-73 所示。

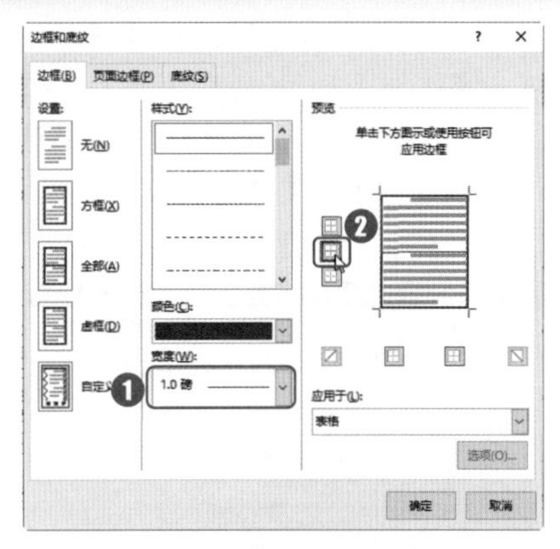

图 5-73

技术看板

直接选择整个表格，添加边框线时，如果首行是合并的状态，修改内部边框线，只能设置横线，不能对列线进行设置。要让列线与内部的横线一致，需要重新选择表格，再次对内部边框线进行设置。

Step 04 设置底纹格式。❶选择【底纹】选项卡；❷单击【填充】右侧的下拉按钮；❸在【主题颜色】组中选择需要的底纹颜色，这里选择【绿色，个性色 6，淡色 80%】选项；❹单击【确定】按钮，如图 5-74 所示。

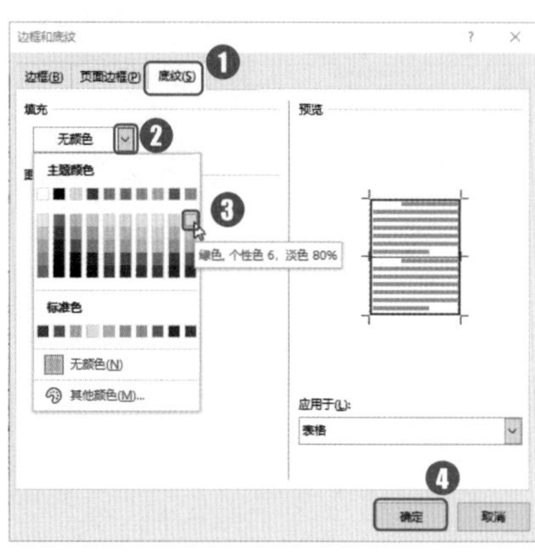

图 5-74

Step 05 完成表格设置。完成以上操作后，即可为表格添加边框线和底纹，效果如图 5-75 所示。

采购办公用品详单				
商品名称	商品型号	商品单价	商品数量	金额
文件袋	加厚牛皮纸档案袋	0.2	50	10
笔记本	英力佳创意记事本	9.9	20	198
收纳盒	进口 A4 纸收纳盒	12.9	30	387
线圈笔记本	A5 线圈笔记本	4.5	20	90
记事本	商务记事本加厚	8.8	35	308
笔筒	彩色金属铁笔筒	2.5	15	37.5
打号机	6 位自动号码机页码器打号机	32	3	96
笔筒	创意笔筒 B1148 桌面收纳笔筒	14.9	5	74.5
钢笔	派克 威雅胶杆白夹	115	3	345
U 盘	东芝 TOSHIBA 16G	59	5	295

图 5-75

妙招技法

通过对前面知识的学习，相信读者已经掌握了 Word 2021 表格创建与编辑的基本知识。下面结合本章内容，给大家介绍一些实用技巧。

技巧 01：如何将一个表格拆分为多个表格

表格编辑完成后，有时需要将一个表格拆分为两个或多个表格，方便进行分页处理或其他操作。

将“计算件薪表”文档中的一个表格拆分为两个表格，具体操作步骤如下。

Step 01 拆分表格。打开“素材文件\第 5 章\计算件薪表.docx”文档，❶将光标定位在【S 印刷】单元格中；❷单击【布局】选项卡【合并】组中的【拆分表格】按钮，如图 5-76 所示。

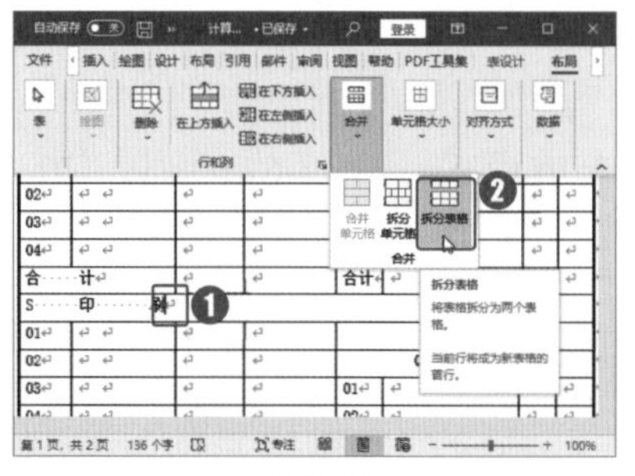

图 5-76

Step 02 查看表格拆分效果。完成 Step 01 操作后，即可将一个表格拆分为两个表格，效果如图 5-77 所示。

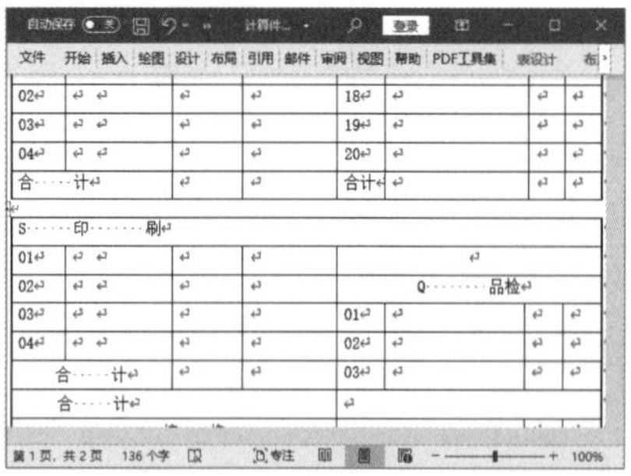

图 5-77

技术看板

拆分表格后，两个表格之间会有一个段落标记，删除这个段落标记，即可将两个表格合并为一个表格。

技巧 02：如何对表格中的数据进行排序

在数据表中，若要快速调整表格中的数据顺序，可以使用排序功能。Word 中的排序功能能够将表格中的文本或数据按照指定的关键字进行升序或降序排列，如字母 A~Z、数字 0~9、日期时间的先后、文字的笔划顺序等。

将“库存盘点表”文档中的表格数据根据本月购进数量从多到少

进行排序（购入量相同时，根据上月库存数量从多到少排序），具体操作步骤如下。

技术看板

在Word中对表格内数据进行排序，最多可以设置3个关键字，即【主要关键字】【次要关键字】和【第三关键字】。如果仅依据【主要关键字】就能将表格中的数据排列出来，那么设置的【次要关键字】和【第三关键字】就不发挥作用。

Step01 打开【排序】对话框。打开“素材文件\第5章\库存盘点表.docx”文档，❶将光标定位在任意单元格中；❷单击【布局】选项卡【数据】组中的【排序】按钮，如图5-78所示。

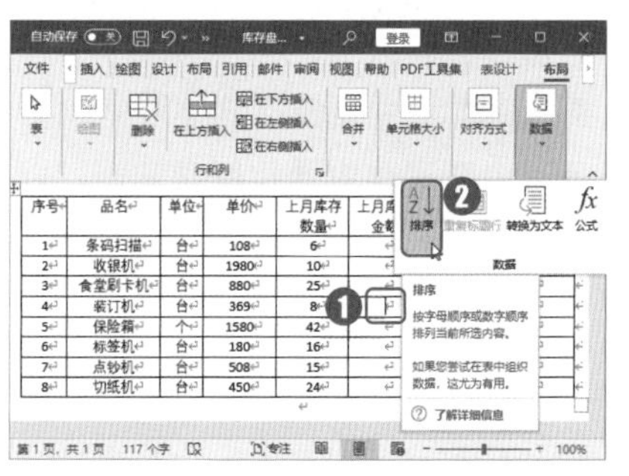

图5-78

Step02 设置排序条件。弹出【排序】对话框，❶选择【列表】组中的【有标题行】单选按钮；❷设置【主要关键字】条件，这里设置为【本月购进数量】、【数字】类型和【降序】排序；❸设置【次要关键字】条件；❹单击【确定】按钮，如图5-79所示。

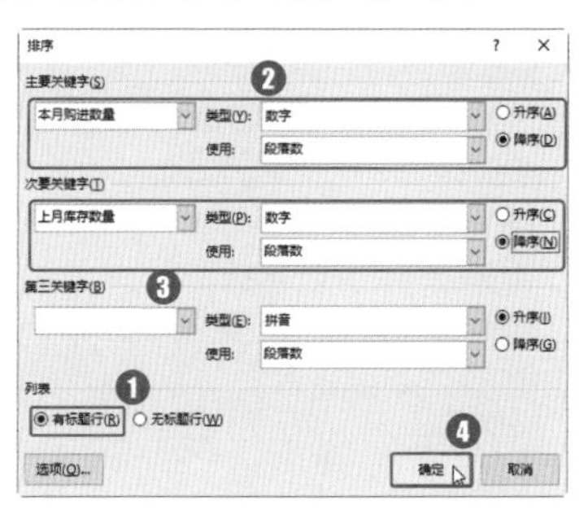

图5-79

Step03 查看排序结果。完成以上操作后，即可将表格中的数据根据本月购进数量从多到少、上月库存数量从多到少的顺序进行排列，效果如图5-80所示。

图5-80

技巧03：如何在表格中进行简单运算

在Word表格中可以进行简单的数据计算，如对单元格中的数据进行求和、求平均值、乘积等计算，以及使用自定义公式对数据进行计算等。

在“库存盘点表”文档中的表格内计算“上月库存金额”和“本月购进金额”，具体操作步骤如下。

Step01 打开【公式】对话框。❶将光标定位在需要进行数据计算的单元格中；❷单击【布局】选项卡【数据】组中的【公式】按钮，如图5-81所示。

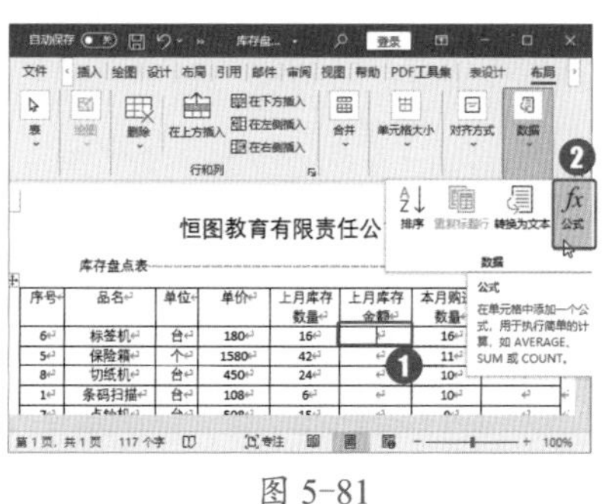

图5-81

Step02 打开函数列表。弹出【公式】对话框，❶在【公式】编辑框中输入“SUM”；❷单击【粘贴函数】右侧的下拉按钮，如图5-82所示。

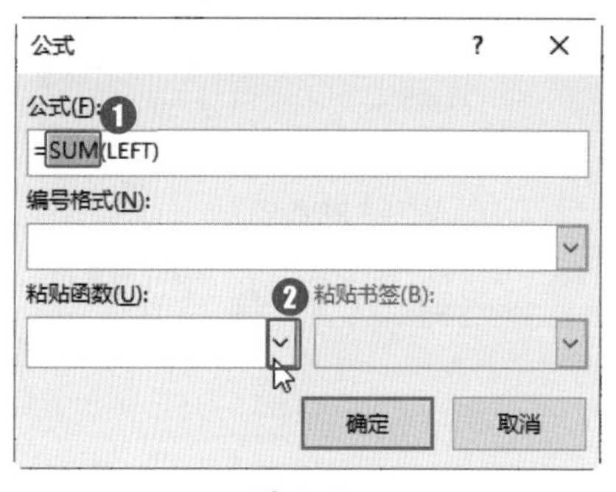

图5-82

Step03 选择函数。❶在弹出的下拉列表中选择【PRODUCT】选项，相应内容自动填充至【公式】编辑框中；❷单击【确定】按钮，如图5-83所示。

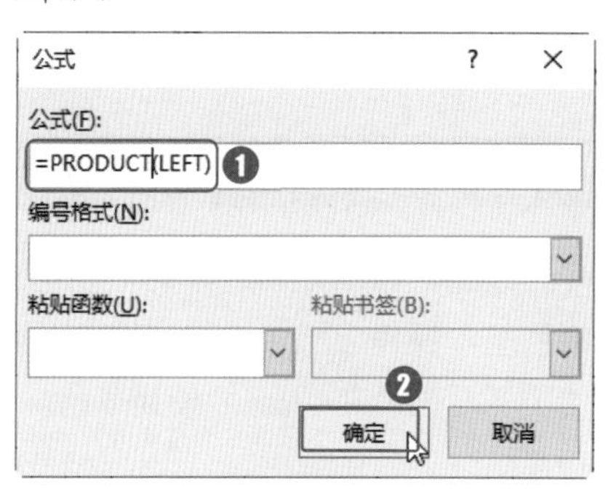

图5-83

Step04 完成其他计算。计算出第一个数据后，在下一个单元格中按【Ctrl+Y】组合键，继续计算其余单元格的数据，如图5-84所示。

图5-84

Step05 打开【公式】对话框。❶将光标定位在需要进行数据计算的单元格中；❷单击【数据】组中的【公式】按钮，如图5-85所示。

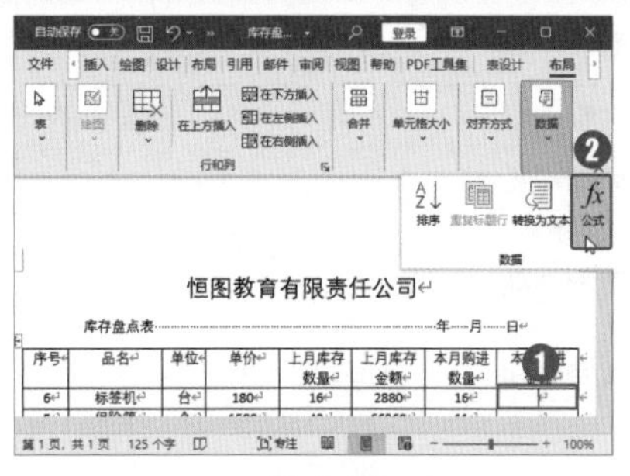

图 5-85

技术看板

在 Word 中计算数据，如果不是对相邻的两个单元格进行计算，就需要使用自定义公式。

Step06 输入公式。弹出【公式】对话框，❶在【公式】编辑框中输入自定义公式，这里输入“=PRODUCT(D2,G2)”；❷单击【确定】按钮，如图 5-86 所示。

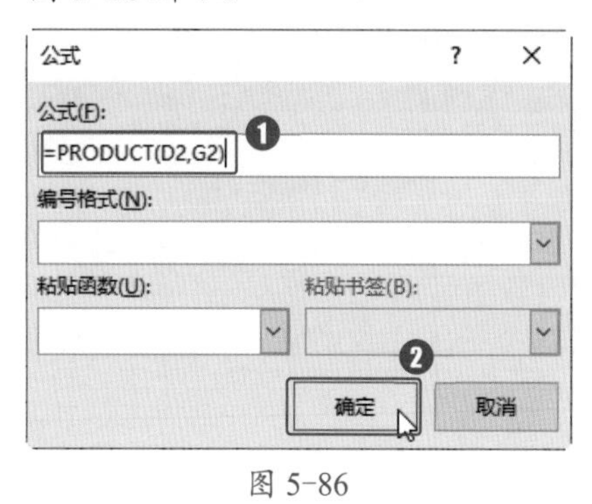

图 5-86

Step07 完成其他计算。重复 Step 05 和 Step 06 操作，计算出其他单元格的数据，如图 5-87 所示。

序号	品名	单位	单价	上月库存数量	上月库存金额	本月购进数量	本月购进金额
6	标签机	台	180	16	2880	16	2880
5	保险箱	个	1580	42	66360	11	17380
8	切纸机	台	450	24	10800	10	4500
1	条码扫描	台	108	6	648	10	1080
7	点钞机	台	508	15	7620	9	4572
4	装订机	台	369	8	2952	9	3321
3	食堂刷卡机	台	880	25	22000	5	4400
2	收银机	台	1980	10	19800	3	5940

图 5-87

技术看板

使用自定义公式，不能快速重复上一步操作计算出结果，需要重新完成输入自定义公式的步骤，对其他单元格进行计算。

本章小结

通过对本章知识的学习，相信读者已经学会如何在 Word 文档中插入与编辑表格。本章主要包括创建表格、表格的基本操作、美化表格，以及对表格中的数据进行排序与计算等知识。希望读者可以在实践中强化所学知识，以便灵活自如地在 Word 中使用表格。

Word 2021 排版高级功能及文档的审阅修订

- 什么是 Word 样式?
- 如何使用样式设置文档格式?
- 如何在 Word 中创建和修改样式?
- 什么是模板文件，如何使用 Word 内置模板?
- 如何自定义模板库?
- 如何为 Word 文档添加目录和索引?
- 如何用 Word 2021 的新功能便捷地浏览文档?
- 如何审阅和修订文档?

本章将为大家介绍 Word 2021 中样式与模板、目录与索引、审阅与修订等相关功能的使用，让大家了解更多 Word 2021 的使用方法。

6.1 样式与模板的相关知识

样式与模板主要用于提高文档的编辑效率，使文档中的某些特定组成部分具有统一的设置。在为文档设置样式与模板之前，首先要了解样式与模板的定义，以及样式的重要性。

★重点 6.1.1 样式

你是否有过这样的困扰：一份文档的内容很多，需要点缀的地方也很多，重点文字需要加粗或添加下划线，数字需要添加颜色，涉及操作步骤的内容还要添加编号等，甚至这些样式还要叠加起来，非常烦琐，不知该如何下手。如果要在文档中给很多处文字添加同样的样式，相同的操作难免显得很烦琐，学会使用【样式】功能后，再复杂的样式，都可以一键搞定。

1. 样式的概念

所谓样式，就是用以呈现某种“特定身份的文字”的一组格式（包括字体类型、字体大小、字体颜色、对齐方式、制表位和边距、特殊效果、对齐方式、缩进位置等）。

文档中，“特定身份的文字”（如正文、页眉、大标题、小标题、章名、程序代码、图表、脚注等）必然需要呈现特定的风格，并在整个文档中一以贯之。Word 允许用户将这些设置存储起来并赋予一个特定的名称，将来即可快速套用于同类文字，配合快捷键使用更为方便。

2. 样式的类型

根据样式作用对象的不同，样式可分为段落样式、字符样式、链接段落和字符样式、表格样式、列表样式 5 种类型。其中，段落样式和字符样式的使用非常频繁，前者作用于被选择的整个段落中，后者只作用于被选择的文字本身。

单击【开始】选项卡【样式】组中的【对话框启动器】按钮，打开【样式】窗格，随后单击左下角的【新建样式】按钮，在打开的【根据格式化创建新样式】对话框中，可以查看样式的 5 种类型，如图 6-1 和图 6-2 所示。

图 6-1

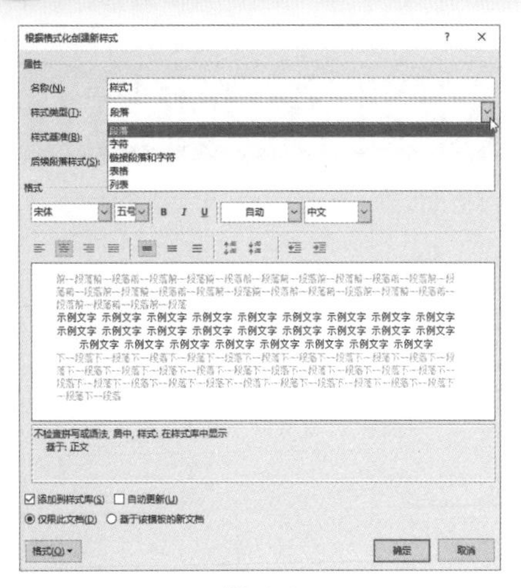

图 6-2

★重点 6.1.2 Word中样式的重要性

很多人认为，Word的默认样式太简陋，也不如格式刷用起来方便，所以他们更习惯于使用格式刷设置文本格式。其实，这是由于大家对Word样式的功能了解不深。

样式既是一切Word排版操作的基础，也是整个排版工程的灵魂。下面，详细介绍样式在排版（尤其是长文档的排版）中的作用。

1. 系统化管理页面元素

文档中的内容，除了文字，还有图、表、脚注等，通过样式，可以系统地对整个文档中的所有可见页面元素加以归类、命名，如章名、大标题、小标题、正文、图、表等。事实上，Word提供的内置样式中已经包含了部分页面元素的样式。

2. 同步级别相同的标题格式

样式是各种页面元素的形貌设置。使用样式，可以帮助用户确保同一种内容的格式编排一致，从而避免许多重复操作。因此，可见的页面元素都应该用适当的样式进行管理，不要进行逐一设置和调整。

3. 快速修改样式

设置样式后，打算调整整个文档中某种页面元素的形貌时，并不需要重新设置文本格式，只需修改对应的样式，即可快速更新整个文档的设计，并在短时间内排版出高质量的文档。

技术看板

在文档中修改多种样式时，一定要先修改正文格式，因为各级标题样式大多是基于正文格式的，修改正文格式的同时，会改变各级标题样式的格式。

4. 实现自动化

Word提供的每一项自动化工程（如目录和索引的收集）都是根据用户事先规划的样式完成的。只有使用样式后，才可以自动化制作目录并设置目录形貌、自动化制作页眉和页脚等。有了样式，排版不再是一字一句、一行一段的辛苦细作，而是先着眼于整个文档，再进行部分微调。

技能拓展——样式使用经验分享

样式是应用于文档文本、表格和列表的一组格式。应用样式时，系统会自动完成该样式中包含的所有格式的设置工作，从而大大提高排版的工作效率。

如果Word文档提供的内置样式不能满足用户的实际需求，用户可以自行修改其中的样式设置。每个样式都包含字体、段落、制表位、边框、语言、图文框、编号、快捷键、文字效果9个方面的设置，用户可针对不同方面进行修改，使样式达到令人满意的效果。

修改和设置样式时，可以为样式指定快捷键，如正文设置为【Alt+C】、标题1设置为【Alt+1】等，使用快捷键，可以快速套用文档样式。

★重点 6.1.3 模板文件

模板又称为样式库，指一组样式的集合，并包含各种版面设置参数（如纸张大小、页边距、页眉和页脚位置等）。使用模板创建新文档时，会自动载入模板中的版面设置参数和所有样式设置，用户只需在其中填写具体的数据即可。Word 2021提供了多种模板供用户选择，如图6-3至图6-6所示。

图 6-3

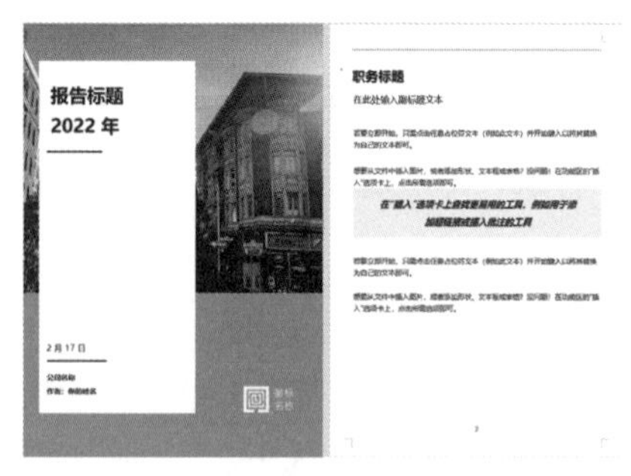

图 6-4

图 6-5

图 6-6

> **技术看板**
>
> 如果在Word内置的模板中没有找到适合自己的模板文件，用户可以根据实际需求自定义模板，并将其保存下来。

有的公司会为内部经常需要处理的文稿设置模板，这样员工就可以从公司计算机中调出相应的模板进行加工，从而使整个公司制作的同类型文档的格式都是相同的，方便阅读者使用，既节省了时间，又有利于提高工作效率。

6.2 样式的使用

为提高文档格式设置的效率，Word专门预设了一些默认样式，如正文、标题1、标题2、标题3等。掌握对样式功能的使用，可以快速提高工作效率。

6.2.1 实战：应用样式

实例门类	软件功能

【开始】选项卡【样式】组中的样式列表框中包含了许多系统预设样式，使用这些样式，可以快速为文档中的文本或段落设置文字格式和段落级别。

例如，为“产品说明”文档应用内置样式，具体操作步骤如下。

Step 01 选择【标题】样式。打开“素材文件\第6章\产品说明.docx”文档，❶选择需要应用样式的文本；❷选择【开始】选项卡【样式】组中的样式，这里选择【标题】样式，如图6-7所示。

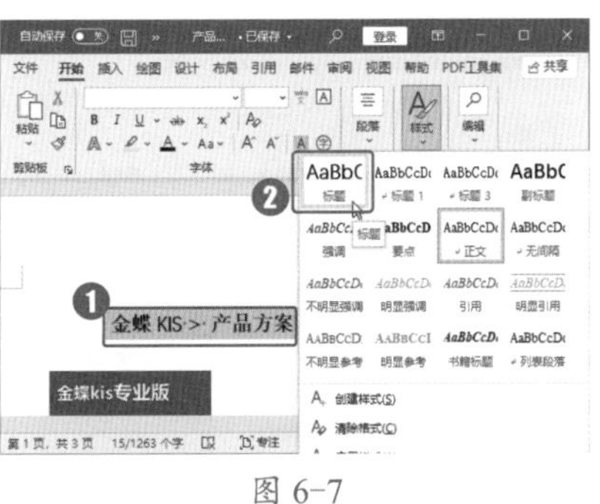

图 6-7

Step 02 选择【标题1】样式。❶选择需要应用样式的文本；❷选择【样式】组中的样式，这里选择【标题1】样式，如图6-8所示。

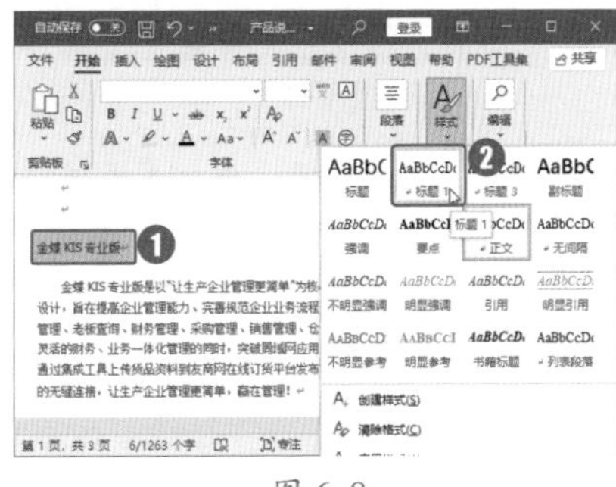

图 6-8

Step 03 为其他段落应用【标题1】样式。使用相同的方法为其他段落应用【标题1】样式，效果如图6-9所示。

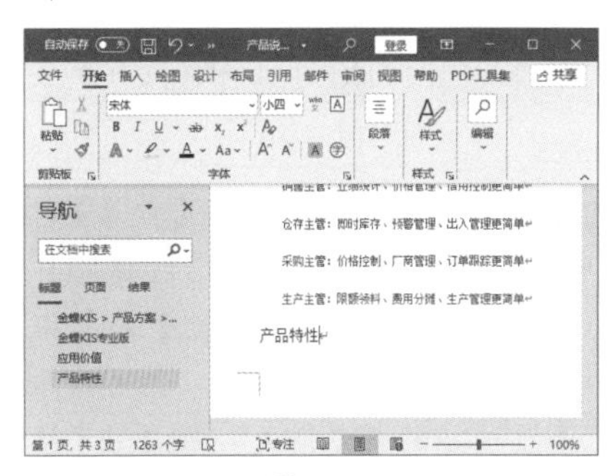

图 6-9

> **技术看板**
>
> 如果要为多个标题文本应用【标题1】样式，先选择需要应用样式的文本，再选择【样式】组中的【标题1】样式即可。

★重点 6.2.2 实战：新建样式

实例门类	软件功能

Word中虽然预设了一些样式，但是数量有限。当用户需要为文本应用更多样式时，可以自己动手创建新的样式，创建后的样式将保存在【样式】窗格中。例如，要为“产品说明”文档中的文本应用新建样式，具体操作步骤如下。

Step01 打开【根据格式化创建新样式】对话框。❶将光标定位在要设置样式的段落字符中；❷单击【开始】选项卡【样式】组中的【对话框启动器】按钮，打开【样式】窗格后单击【新建样式】按钮，如图 6-10 所示。

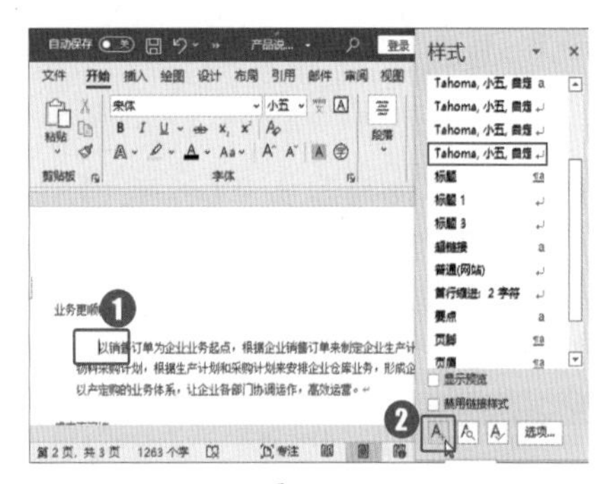

图 6-10

Step02 为样式命名并打开【段落】对话框。弹出【根据格式化创建新样式】对话框，❶在【名称】文本框中输入新建样式的名称，这里输入“调整边距的正文样式”；❷单击【格式】按钮；❸在弹出的列表中选择【段落】选项，如图 6-11 所示。

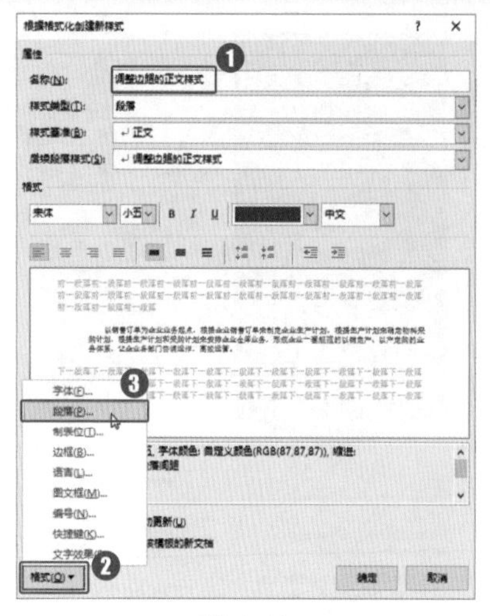

图 6-11

Step03 设置样式的段落格式。弹出【段落】对话框，❶在【缩进和间距】选项卡的【缩进】组中设置左右缩进间距；❷单击【确定】按钮，如图 6-12 所示。

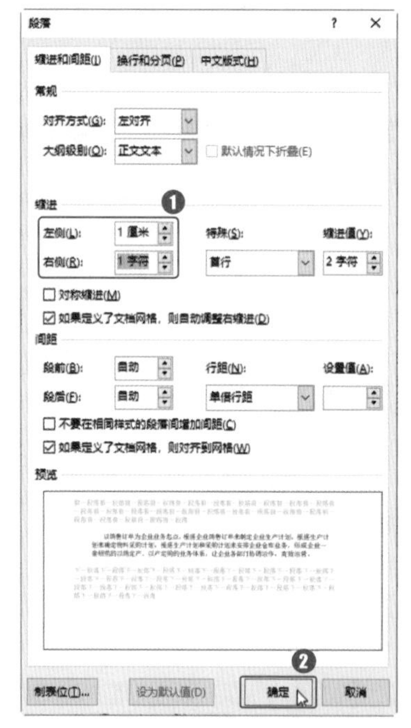

图 6-12

Step04 确定样式创建。返回【根据格式化创建新样式】对话框，单击【确定】按钮，如图 6-13 所示。

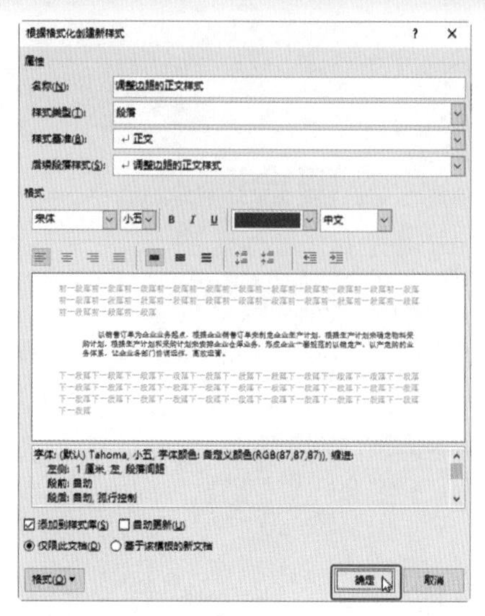

图 6-13

Step05 查看应用新建样式的效果。完成以上操作后，即可在光标定位的段落中应用新建的样式，效果如图 6-14 所示。

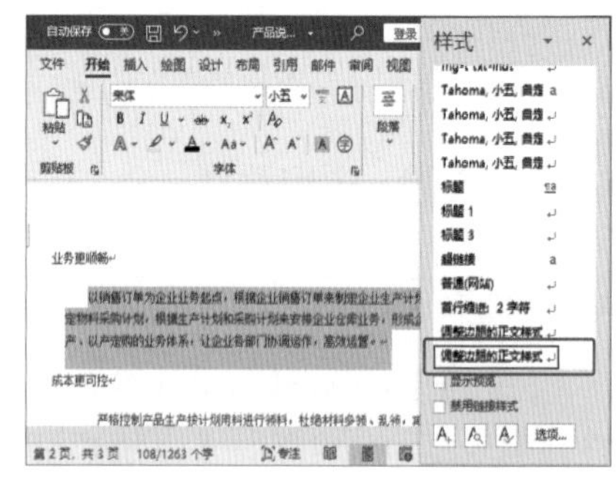

图 6-14

★重点 6.2.3 实战：样式的修改与删除

实例门类	软件功能

编辑一篇文档时，如果已经为文档中的某些文本应用了相同的样式，需要更改这些文本的格式，不必一处一处地进行修改，可直接通过修改相应的样式来完成。如果在文档中新建了很多样式，可以删除

一些不常用的样式。

例如，在“产品说明1”文档中修改【标题1】样式、删除【正文2】样式。

1. 修改样式

应用【标题1】样式后，要在【标题1】样式中增加加粗和左缩进1字符格式，具体操作步骤如下。

Step01 打开【修改样式】对话框。打开“素材文件\第6章\产品说明1.docx”文档，❶选择应用【标题1】样式的文本；❷在【样式】组中右击【标题1】样式；❸在弹出的快捷菜单中选择【修改】选项，如图6-15所示。

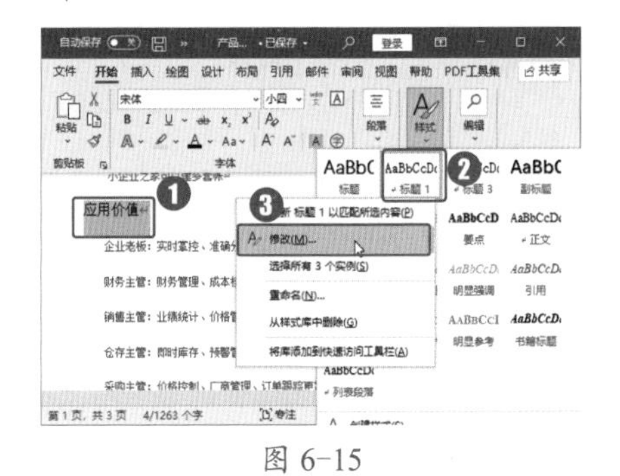

图6-15

Step02 设置字体加粗格式。弹出【修改样式】对话框，单击【格式】组中的【加粗】按钮 B，如图6-16所示。

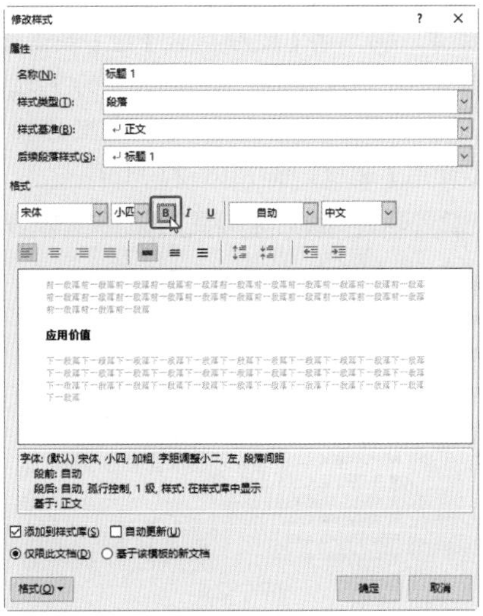

修改样式

属性

名称(N): 标题 1

样式类型(T): 段落

样式基准(B): 正文

后续段落样式(S): 标题 1

格式

宋体 小四 B I U 自动 中文

应用价值

字体: (默认) 宋体, 小四, 加粗, 字距调整小二, 左, 段落间距

段前: 自动

段后: 自动, 孤行控制, 1 级, 样式: 在样式库中显示

基于: 正文

添加到样式库(S) 自动更新(U)

仅限此文档(D) 基于该模板的新文档

格式(O) 确定 取消

图6-16

Step03 打开【段落】对话框。❶单击【格式】按钮；❷在弹出的列表中选择【段落】选项，如图6-17所示。

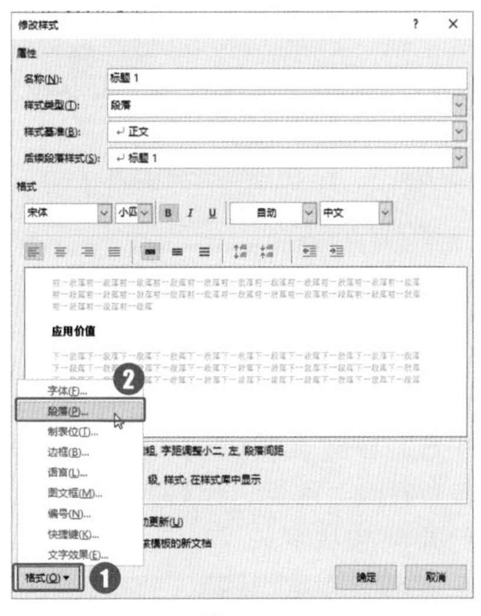

图6-17

Step04 设置段落格式。弹出【段落】对话框，❶在【缩进和间距】选项卡【缩进】组中设置左侧缩进间距为【1字符】；❷单击【确定】按钮，如图6-18所示。

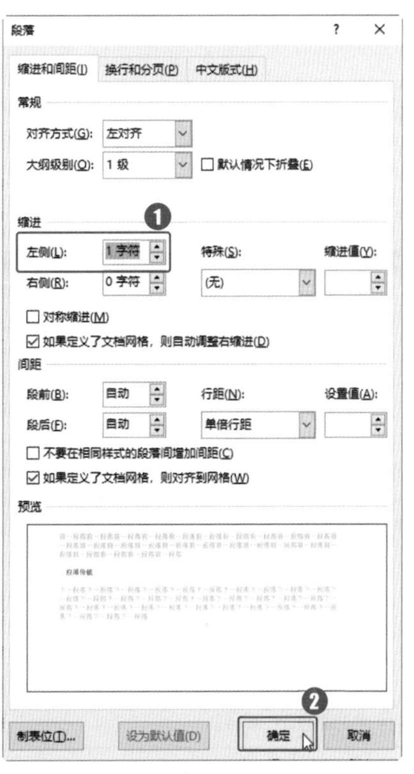

图6-18

Step05 确定样式修改。返回【修改样式】对话框，单击【确定】按钮，如图6-19所示。

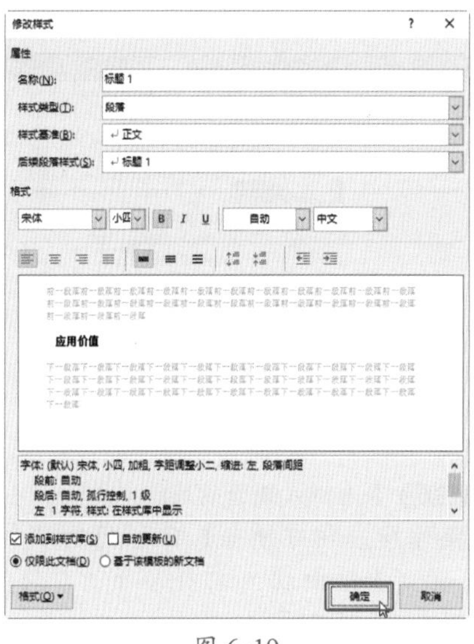

图6-19

Step06 查看样式修改效果。完成以上操作后，即可修改【标题1】样式，如图6-20所示。

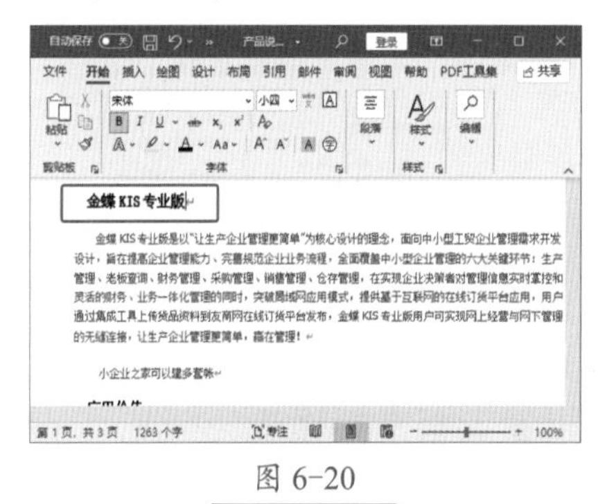

图6-20

技术看板

如果文档中多处应用了【标题1】样式，修改样式后，所有应用相同样式的地方都会发生变化。

2. 删除样式

无论是内置的样式还是新建的样式，都会被保存在【样式】功能组中，对于不常用的样式，可以将其删除，具体操作步骤如下。

Step01 删除样式。❶在【样式】组中右击【正文 2】样式；❷在弹出的快捷菜单中选择【从样式库中删除】选项，如图 6-21 所示。

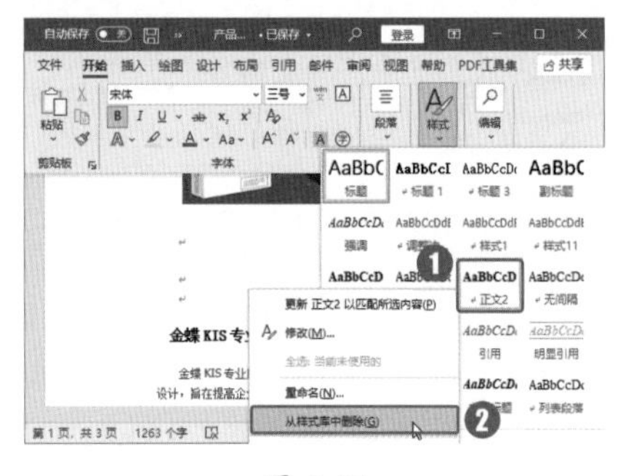

图 6-21

Step02 查看样式删除效果。完成 Step 01 操作后，即可删除【正文 2】样式，【样式】组中就没有此样式了，如图 6-22 所示。

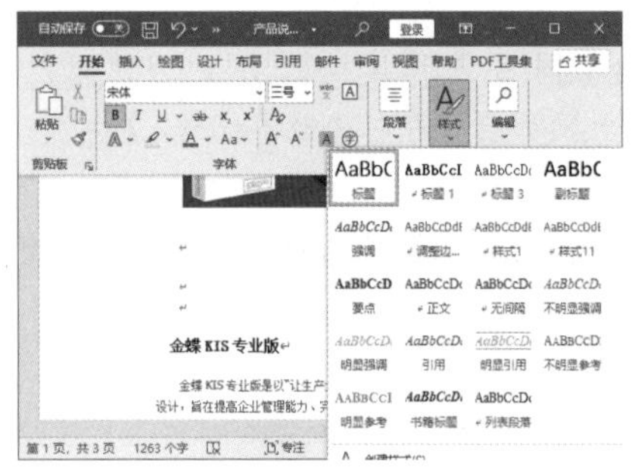

图 6-22

★重点 6.2.4 实战：通过样式批量调整文档格式

实例门类	软件功能

对文档标题或正文应用了样式后，如果想修改文档内容的格式，可以通过修改样式的方法，批量进行文档内容格式调整，具体操作步骤如下。

Step01 选择应用了【标题 3】样式的内容。打开“素材文件\第 6 章\产品说明 2.docx”文档，❶在【样式】组中选择【标题 3】样式；❷右击该样式，在弹出的快捷菜单中选择【选择所有 9 个实例】选项，即可选择文档中所有应用了【标题 3】样式的内容，如图 6-23 所示。

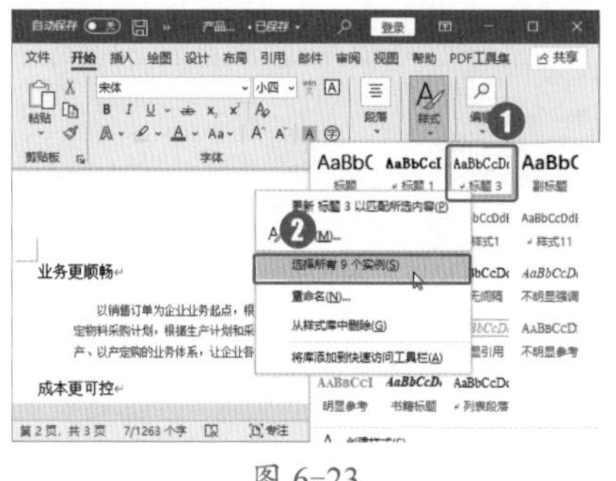

图 6-23

Step02 选择新样式。完成 Step 01 操作后，即可在【样式】列表中选择新的样式，这里选择【强调】样式，如图 6-24 所示。

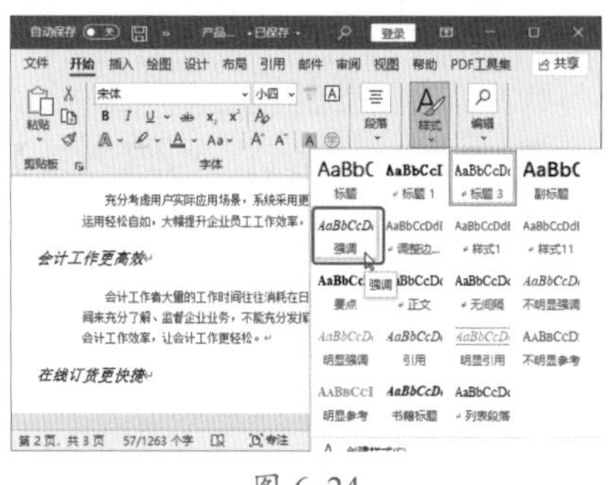

图 6-24

Step03 查看应用的新样式。此时，所有之前应用了【标题 3】样式的内容均已完成了样式修改，如图 6-25 所示。

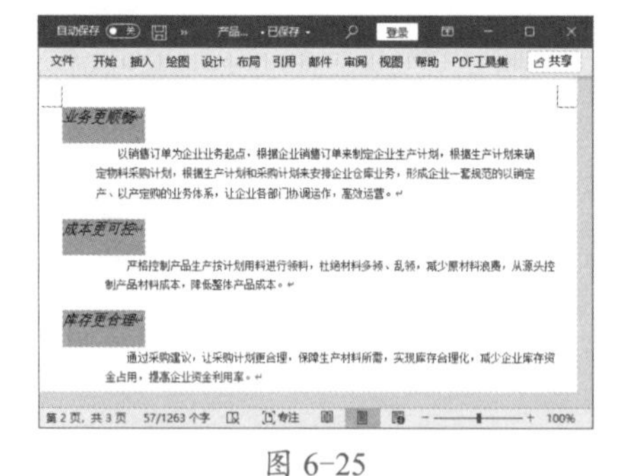

图 6-25

6.2.5 实战：使用样式集

实例门类	软件功能

在【设计】选项卡【文档格式】组的列表框中，预设了多种样式集，当文档主题变化时，该列表框中的样式集会随之更新。也就是说，不同的主题对应不同的样式集。结合使用 Word 提供的主题和样式集功能，能够快速高效地格式化文本。

例如，使用样式集对“产品说明 1”文档进行设计，具体操作步骤如下。

Step01 选择文档格式。❶选择【设计】选项卡；❷单击【文档格式】组【样式集】按钮的下拉按钮 ⌄；❸选择需要应用的样式，这里选择【阴影】选项，如图 6-26 所示。

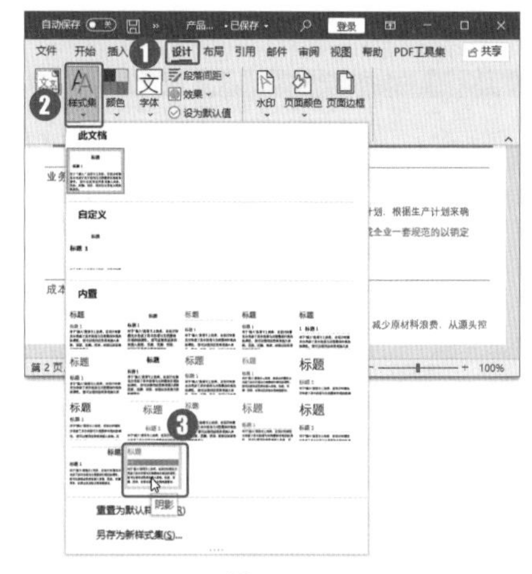

图 6-26

Step02 选择文档颜色。❶选择标题文本；❷单击【文档格式】组【颜色】按钮的下拉按钮；❸在弹出的下拉列表中选择需要的样式，这里选择【蓝色】选项，如图 6-27 所示。

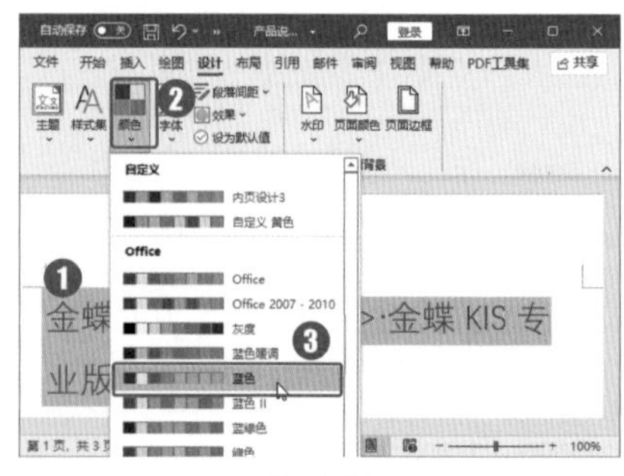

图 6-27

Step03 选择文档字体。❶选择标题

文本；❷单击【文档格式】组【字体】按钮的下拉按钮；❸在弹出的下拉列表中选择需要的字体，这里选择【Arial Black-Arial】选项，如图 6-28 所示。

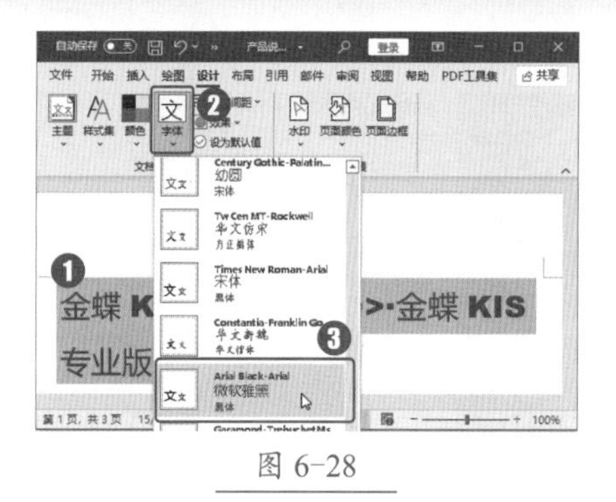

图 6-28

Step04 查看文档效果。完成以上操作后，即可为文档应用样式集，并修改文档颜色、字体，效果如图 6-29 所示。

图 6-29

6.3 模板的使用

在 Word 2021 中，模板分为 3 种：第一种是安装 Office 2021 时系统自带的模板；第二种是用户自己创建后保存的自定义模板；第三种是 Office 网站上的模板，需要下载才能使用。

6.3.1 实战：使用内置模板

实例门类	软件功能

Word 2021 自带多个预设模板，如业务、卡、传单、信函等。这些模板都自带特定的格式，只需创建后对文字稍做修改，就可以作为自己的文档来使用。

例如，应用内置的【传单】模板，具体操作步骤如下。

Step01 选择模板类型。❶选择【文件】选项卡，在弹出的【文件】界面左侧选择【新建】选项卡；❷在界面右侧单击【传单】选项，如图 6-30 所示。

图 6-30

Step02 选择目标模板。弹出【传单】界面，拖动滚动条，选择需要的模板选项，这里选择【聚会邀请单】选项，如图 6-31 所示。

图 6-31

Step03 创建模板。弹出该模板的预览界面，单击【创建】按钮，如图 6-32 所示。

图 6-32

Step04 修改模板内容。根据所选模板创建一个新文档，修改【聚会邀请单】模板中的内容，完成后的效果如图 6-33 所示。

图 6-33

6.3.2 实战：自定义模板库

实例门类	软件功能

要制作企业文件模板，首先需

要在Word 2021中新建一个模板文件，然后为该文件添加相关的属性。

下面以创建“公司常规模板”模板文件为例，介绍自定义模板的方法。

1. 保存模板

为了防止在制作过程中突发状况导致数据丢失，先将文档保存为模板文件，具体操作步骤如下。

Step 01 打开【另存为】对话框。新建一个空白文档，❶选择【文件】选项卡，在弹出的【文件】界面左侧选择【另存为】选项卡；❷在界面中间双击【这台电脑】选项，如图6-34所示。

图 6-34

Step 02 保存文档。弹出【另存为】对话框，❶在【文件名】文本框中输入模板文件名称；❷在【保存类型】下拉列表框中选择【Word模板】选项；❸选择文件存放路径；❹单击【保存】按钮，如图6-35所示。

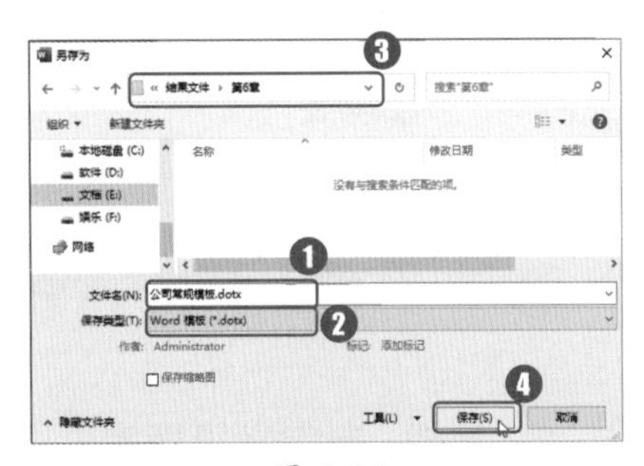

图 6-35

Step 03 显示文档属性。❶在【文件】界面左侧选择【信息】选项卡；❷单击【显示所有属性】超链接，如图6-36所示。

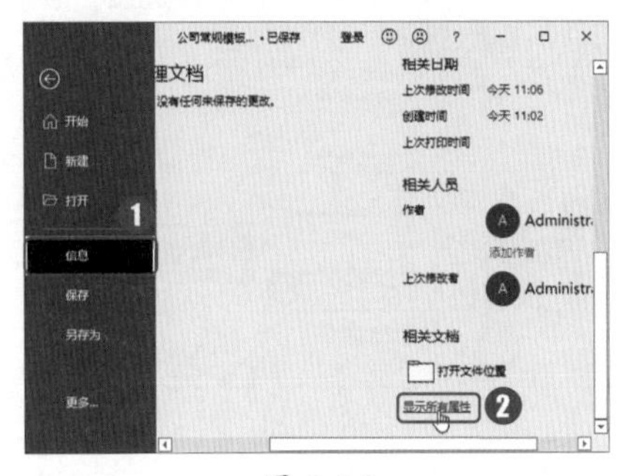

图 6-36

Step 04 输入属性内容。在界面右侧的【属性】栏中各属性后输入相对应的文档属性内容，如图6-37所示。

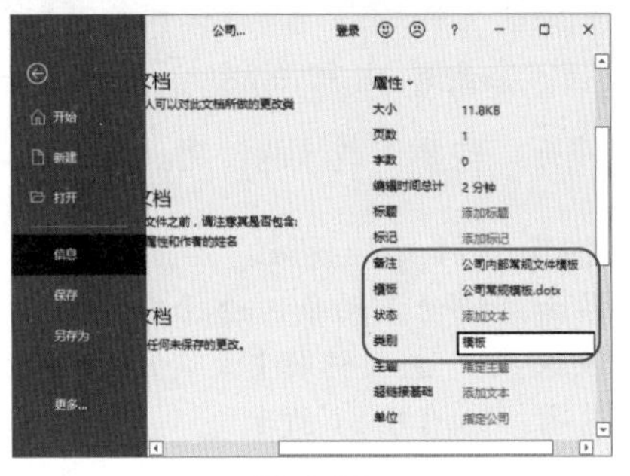

图 6-37

2. 添加【开发工具】选项卡

制作文档模板时，经常需要使用【开发工具】选项卡中的一些文档控件。因此，要在Word 2021的功能区中显示【开发工具】选项卡，具体操作步骤如下。

Step 01 打开【Word选项】对话框。在【文件】界面左侧选择【更多】选项卡中的【选项】选项卡，如图6-38所示。

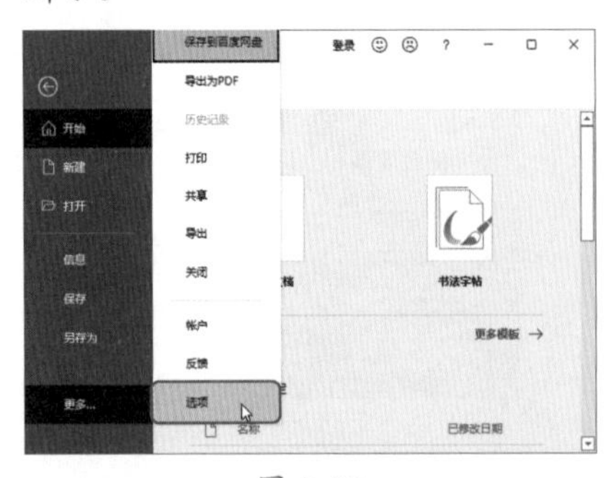

图 6-38

Step 02 选择【开发工具】选项。弹出【Word选项】对话框，❶选择左侧【自定义功能区】选项卡；❷在右侧的【主选项卡】列表框中选择【开发工具】复选框；❸单击【确定】按钮，如图6-39所示。

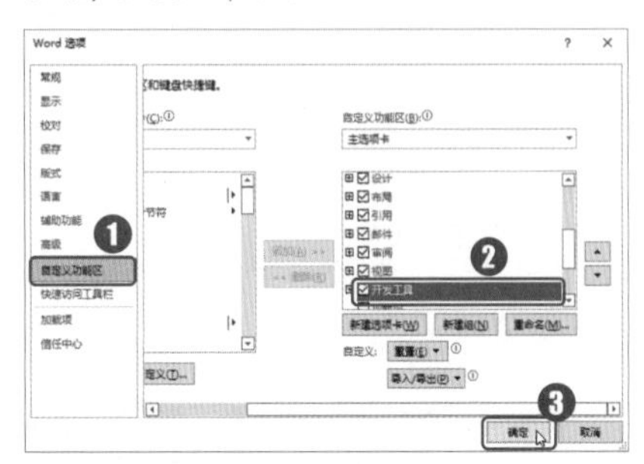

图 6-39

Step 03 查看【开发工具】选项卡。完成以上操作后，即可在Word中添加【开发工具】选项卡，效果如图6-40所示。

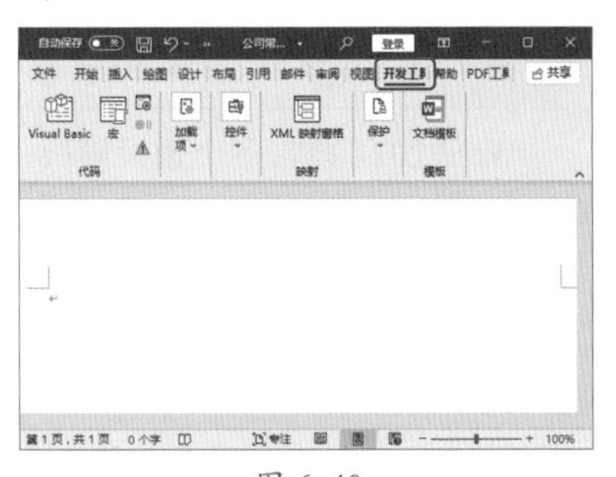

图 6-40

3. 添加模板内容

创建模板文件后，就可以将需要在模板文件中显示的内容添加和设置到该模板文件中了，以便今后直接应用该模板文件创建文件。通常情况下，在模板文件中添加的内容应该是一些固定的修饰内容，如固定的标题、背景、页面版式等，具体操作步骤如下。

Step 01 设置页面颜色。❶单击【设计】选项卡【页面背景】组中的【页面颜色】按钮；❷在弹出的下拉列表中选择需要设置为文档背景的颜色，这里选择【灰色，个性色3，淡色

80%】选项，如图 6-41 所示。

图 6-41

Step02 打开【水印】对话框。❶单击【页面背景】组中的【水印】按钮；❷在弹出的下拉列表中选择【自定义水印】选项，如图 6-42 所示。

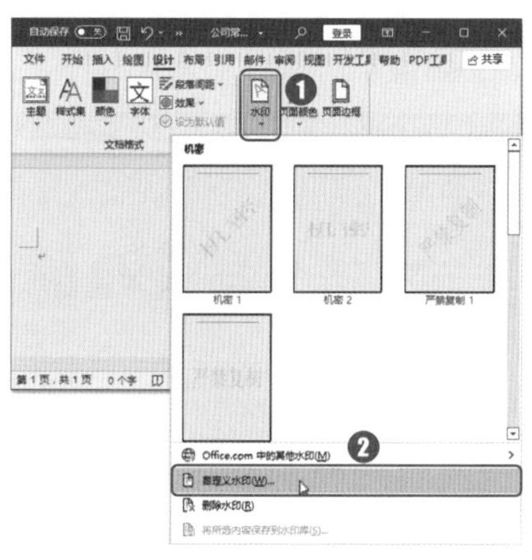

图 6-42

Step03 打开【插入图片】界面。弹出【水印】对话框，❶选择【图片水印】单选按钮；❷单击【选择图片】按钮，如图 6-43 所示。

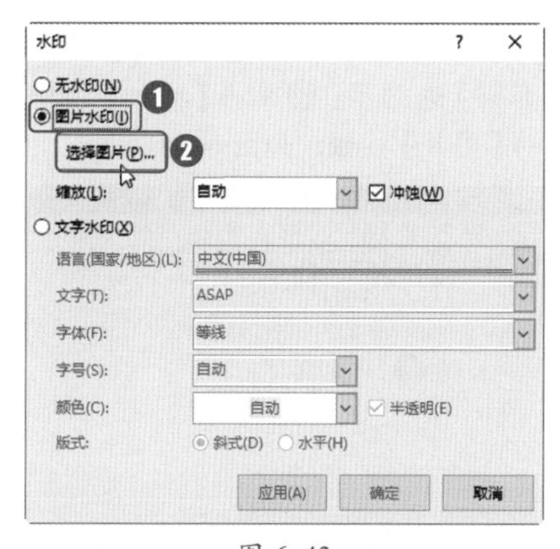

图 6-43

Step04 打开【插入图片】对话框。弹出【插入图片】界面，单击【从文件】右侧的【浏览】按钮，如图 6-44 所示。

图 6-44

Step05 选择水印图片。弹出【插入图片】对话框，❶选择图片存放路径；❷选择需要插入的图片，这里选择“图片水印.jpg”；❸单击【插入】按钮，如图 6-45 所示。

图 6-45

Step06 确定水印设置。返回【水印】对话框，单击【确定】按钮，如图 6-46 所示。

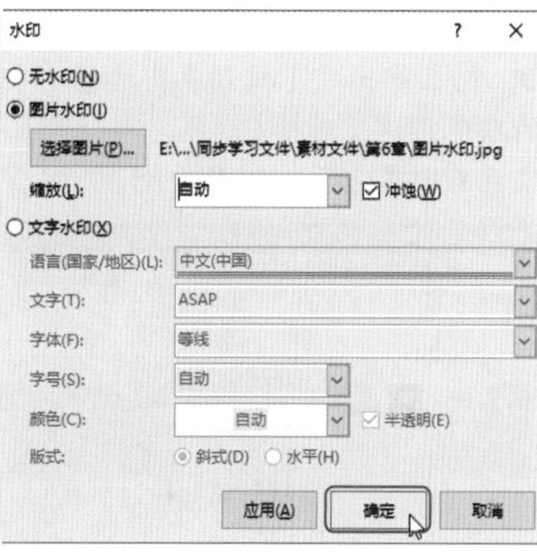

图 6-46

Step07 进入页眉编辑状态。由于插入的图片有白色背景，添加后显得很奇怪，需要删除图片的背景色。❶单击【插入】选项卡【页眉和页脚】组中的【页眉】按钮；❷在弹出的下拉列表中选择【编辑页眉】选项，如图 6-47 所示。

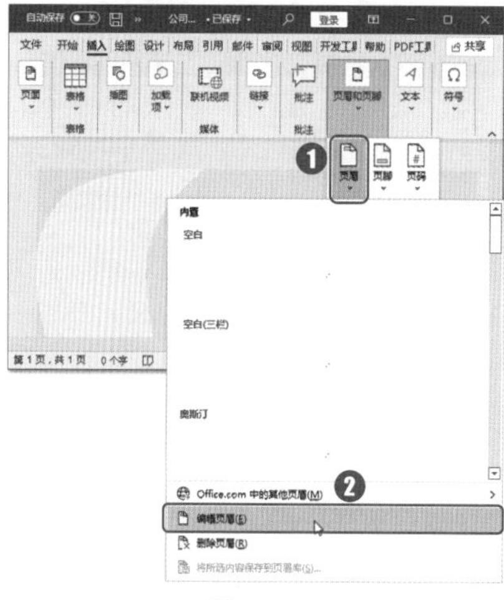

图 6-47

Step08 设置透明色。❶选择插入的水印图片后选择【图片格式】选项卡；❷单击【调整】组中的【重新着色】按钮；❸在弹出的下拉列表中选择【设置透明色】选项，如图 6-48 所示。

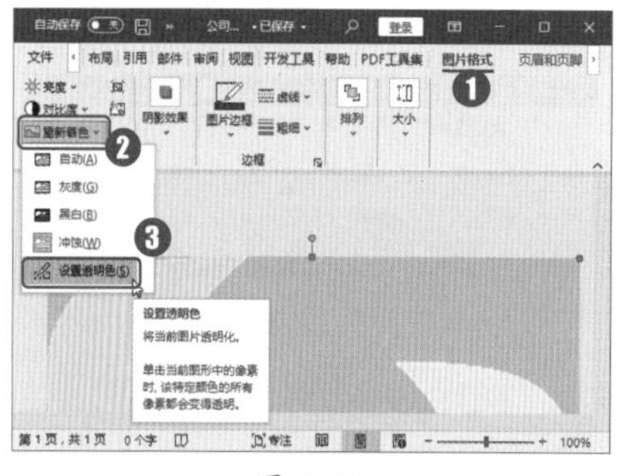

图 6-48

Step09 单击图片背景。待鼠标指针变成⬋形状时，在图片背景上单击即可，如图 6-49 所示。

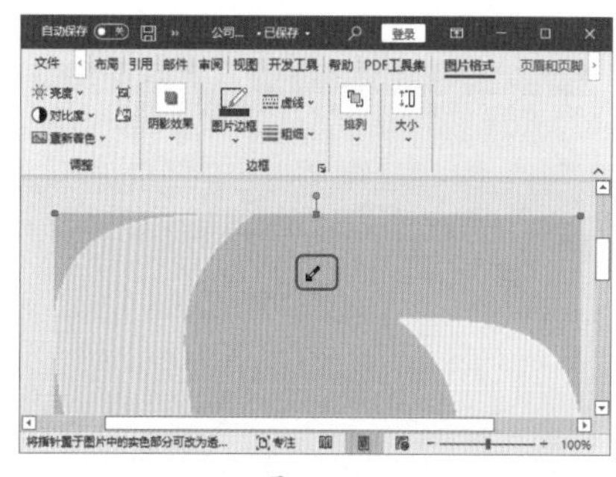

图 6-49

Step10 退出页眉和页脚编辑。❶选择【页眉和页脚】选项卡；❷单击【关闭】组中的【关闭页眉和页脚】按钮，如图 6-50 所示。

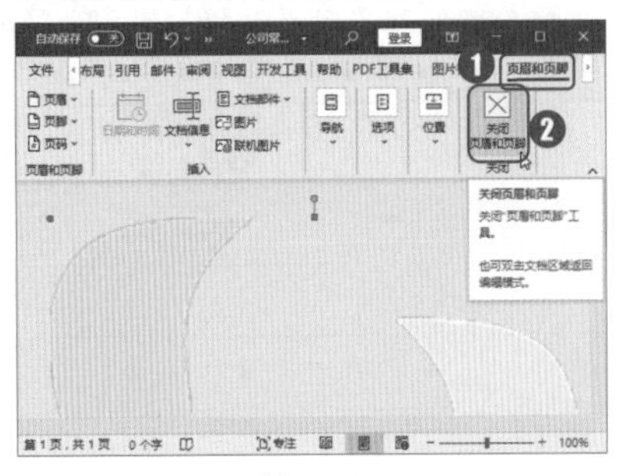

图 6-50

4. 添加页面元素

为了优化自定义模板的效果，可以使用添加并编辑形状和页眉的方法为模板添加页面元素。

Step01 选择形状。❶选择【插入】选项卡；❷单击【插图】组中的【形状】按钮；❸在弹出的下拉列表中选择需要的形状，这里选择【矩形】选项，如图 6-51 所示。

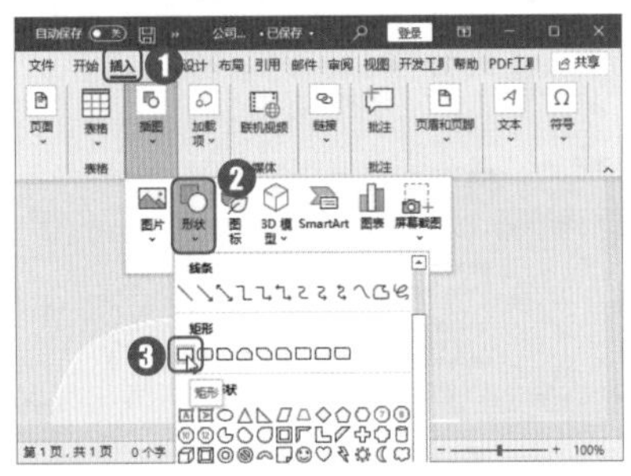

图 6-51

Step02 绘制形状。选择【矩形】选项后，拖动鼠标绘制矩形的大小，如图 6-52 所示。

图 6-52

Step03 进入顶点编辑状态。❶右击绘制的矩形；❷在弹出的快捷菜单中选择【编辑顶点】选项，如图 6-53 所示。

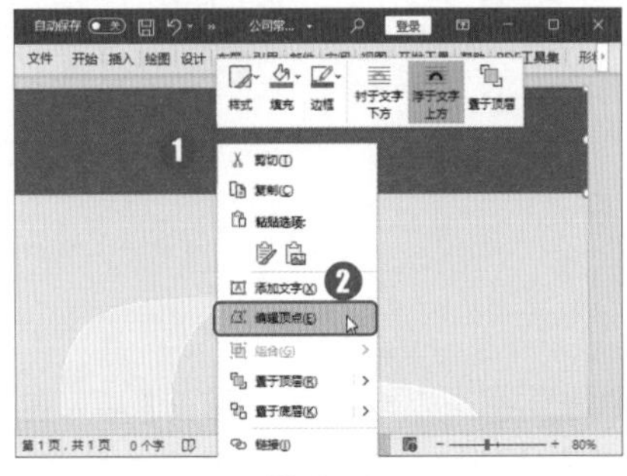

图 6-53

Step04 编辑顶点。当矩形处于编辑状态时，单击任意一个角的顶点，拖动鼠标调整弧度，如图 6-54 所示。

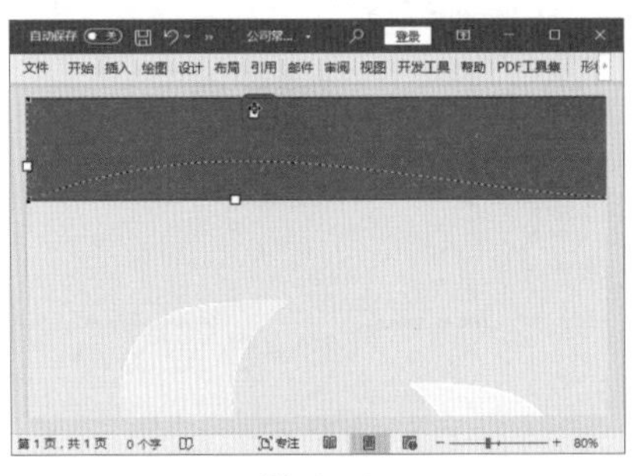

图 6-54

Step05 设置形状填充色。❶选择矩形后选择【形状格式】选项卡；❷单击【形状样式】组中的【形状填充】按钮；❸在弹出的下拉列表中选择需要的颜色，这里选择【绿色，个性色 6，淡色 60%】选项，如图 6-55 所示。

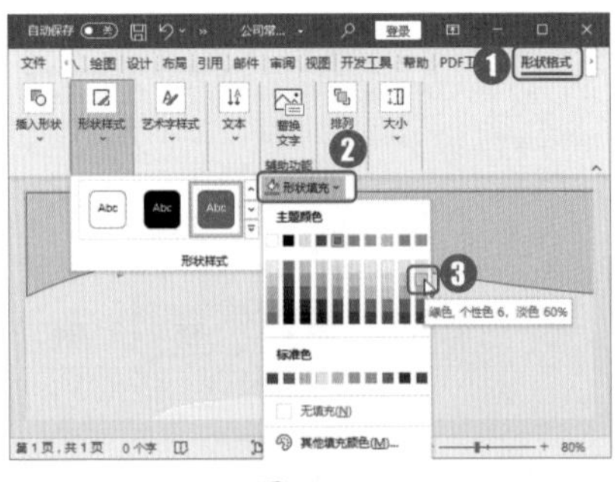

图 6-55

Step06 设置形状轮廓格式。❶选择矩形后单击【形状格式】选项卡【形状样式】组中的【形状轮廓】按钮；❷在弹出的下拉列表中选择【无轮廓】选项，如图 6-56 所示。

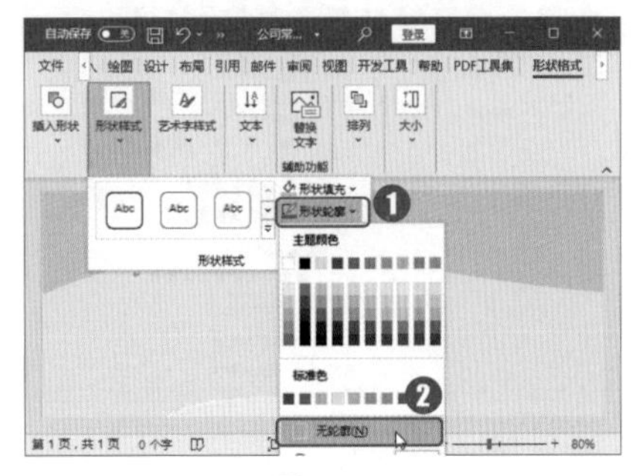

图 6-56

Step07 进入页眉编辑状态。❶选择【插入】选项卡；❷单击【页眉和页脚】组中的【页眉】按钮；❸在弹出的下拉列表中选择【编辑页眉】选项，如图 6-57 所示。

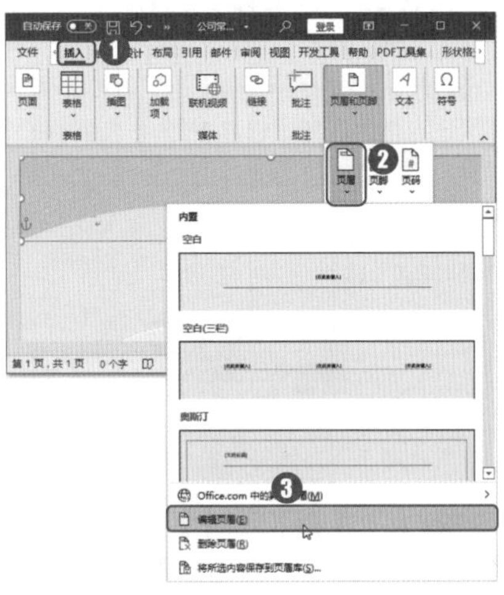

图 6-57

Step08 打开【插入图片】对话框。❶在页眉中设置左对齐；❷选择【页眉和页脚】选项卡；❸单击【插入】组中的【图片】按钮，如图 6-58 所示。

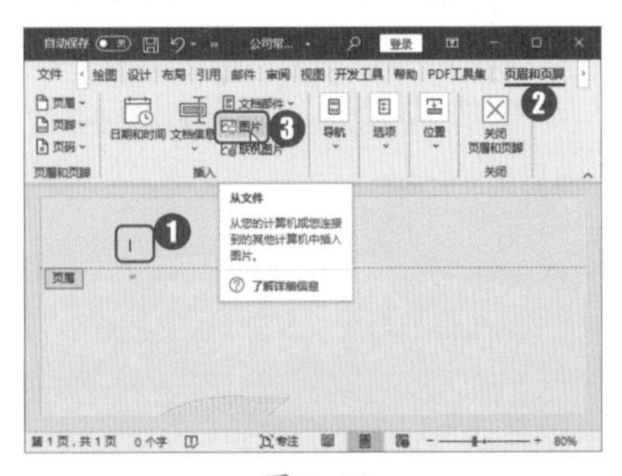

图 6-58

Step09 选择图片。弹出【插入图片】对话框，❶选择图片存放路径；❷选择需要插入的图片，这里选择“LOGO 图片 .jpg”；❸单击【插入】按钮，如图 6-59 所示。

图 6-59

Step10 设置图片大小。❶选择插入的图片后选择【图片格式】选项卡；❷在【大小】组中设置图片的大小，这里设置宽度为【1.5 厘米】，如图 6-60 所示。

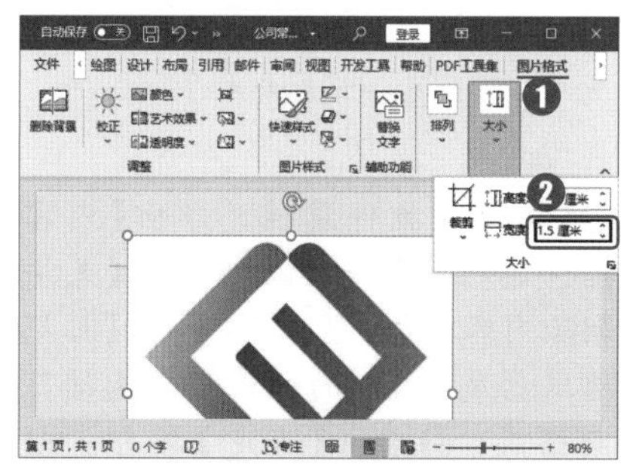

图 6-60

Step11 设置图片环绕方式。❶选择插入的图片后单击【排列】组中的【环绕文字】按钮；❷在弹出的下拉列表中选择【浮于文字上方】选项，如图 6-61 所示。

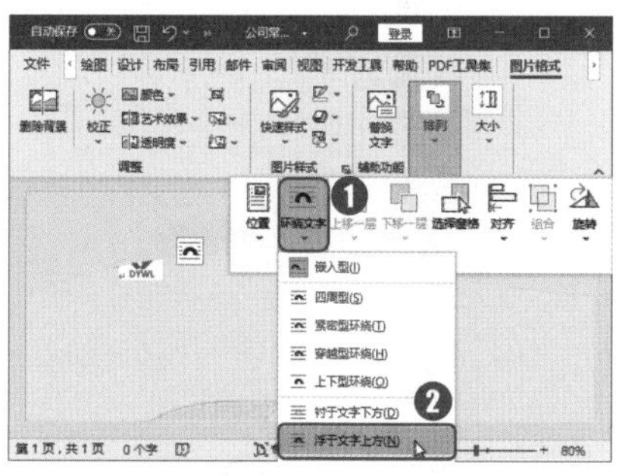

图 6-61

Step12 设置图片层级。❶选择图片后单击【排列】组中的【上移一层】按钮；❷选择需要显示的位置，这里选择【置于顶层】选项，如图 6-62 所示。

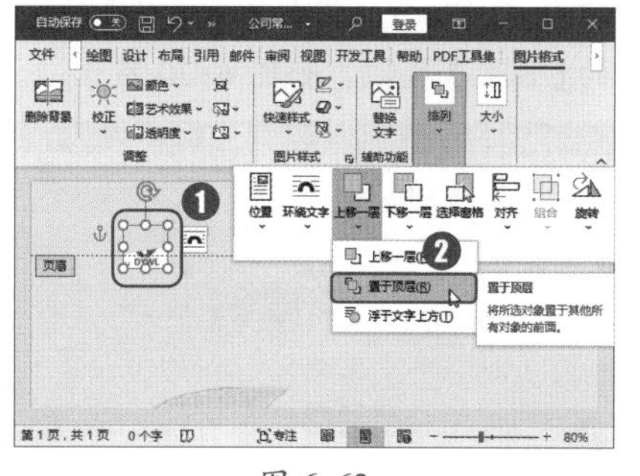

图 6-62

Step13 插入艺术字。在页眉中插入艺术字，并输入需要的文字。在这个过程中，可以根据图片和艺术字的摆放位置，对绘制的页眉形状及大小进行调整，方便显示出图片和艺术字内容，完成后的效果如图 6-63 所示。

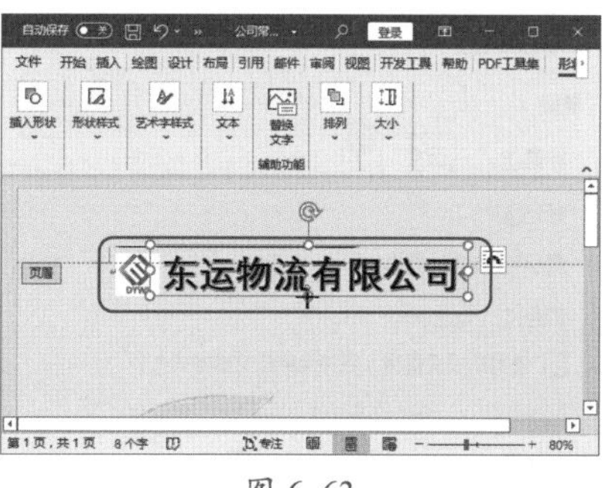

图 6-63

Step14 设置边框格式。❶选择页眉中的段落；❷选择【开始】选项卡；❸单击【段落】组【边框】按钮右侧的下拉按钮；❹在弹出的下拉列表中选择【无框线】选项，如图 6-64 所示。

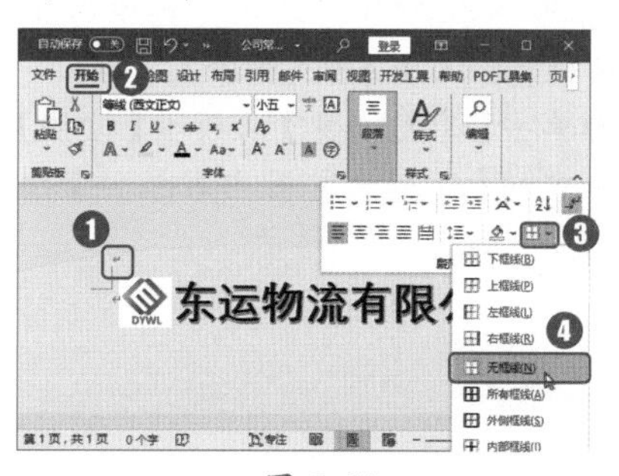

图 6-64

Step15 退出页眉编辑状态。为了避免页眉内容过大，分散读者对文档主要内容的注意力，可以适当缩小图片和艺术字的大小，完成设置后，❶选择【页眉和页脚】选项卡；❷单击【关闭】组中的【关闭页眉和页脚】按钮，如图 6-65 所示。

图 6-65

5. 添加控件

在模板文件中制作固定的格式时，可利用【开发工具】选项卡中的格式文本内容控件进行设置。这样，在应用模板文件创建新文件时，只需修改少量文字内容即可。例如，在自定义模板文件中设置标题、正文和日期控件，具体操作步骤如下。

Step01 选择文本控件。❶选择【开发工具】选项卡；❷单击【控件】组中的【格式文本内容控件】按钮 Aa，如图 6-66 所示。

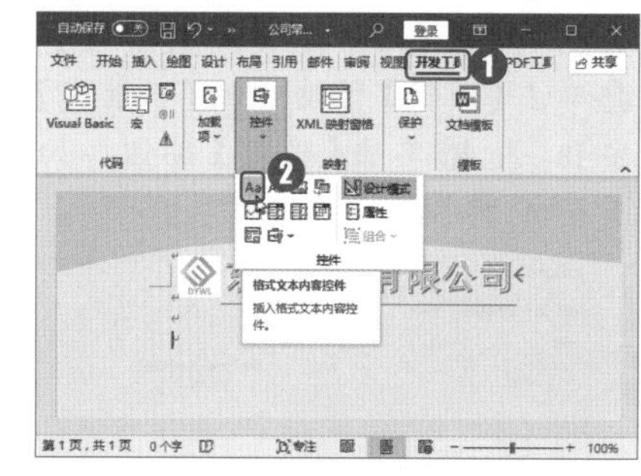

图 6-66

Step02 进入设计模式。单击【开发工具】选项卡【控件】组中的【设计模式】按钮，进入设计模式，如图 6-67 所示。

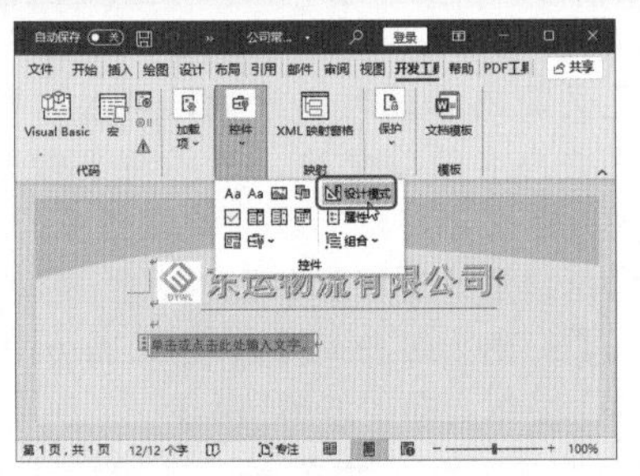

图 6-67

Step03 设置控件格式。❶修改控件中的文本为【单击或点击此处添加标题】，选择控件所在的整个段落；❷在【开始】选项卡【字体】组中设置合适的字体格式；❸单击【段落】组中的【居中】按钮≡；❹单击【边框】按钮⊞；❺在弹出的下拉列表中选择【边框和底纹】选项，如图 6-68 所示。

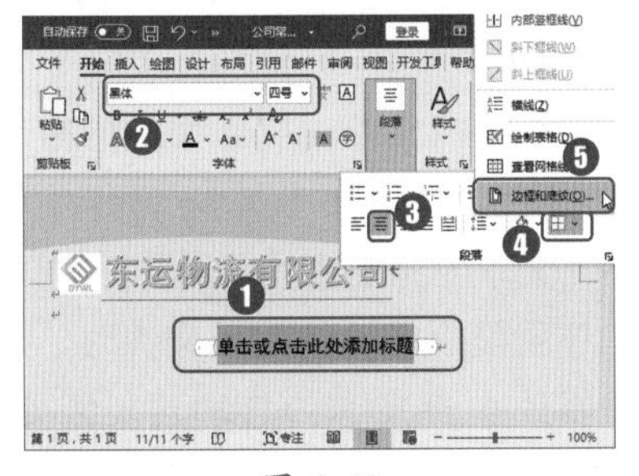

图 6-68

Step04 设置边框格式。弹出【边框和底纹】对话框，❶在【应用于】下拉列表框中选择【段落】选项；❷在【设置】中设置边框类型为【自定义】；❸设置线条样式为【粗-细线】，颜色为【蓝色】，宽度为【3.0 磅】；❹单击【预览】区域中的【下框线】按钮⊟；❺单击【确定】按钮，如图 6-69 所示。

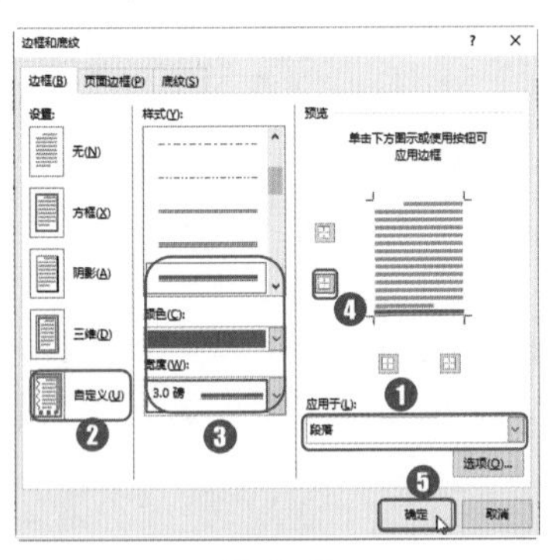

图 6-69

Step05 打开【内容控件属性】对话框。❶在文档第 3 行处插入格式文本内容控件，修改其中的文本并为其设置合适的格式；❷单击【控件】组中的【属性】按钮，如图 6-70 所示。

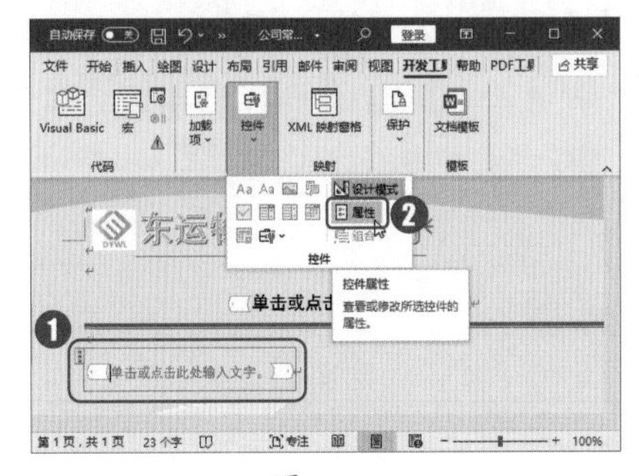

图 6-70

Step06 设置控件属性。弹出【内容控件属性】对话框，❶设置标题为【正文】；❷选择【内容被编辑后删除内容控件】复选框；❸单击【确定】按钮，如图 6-71 所示。

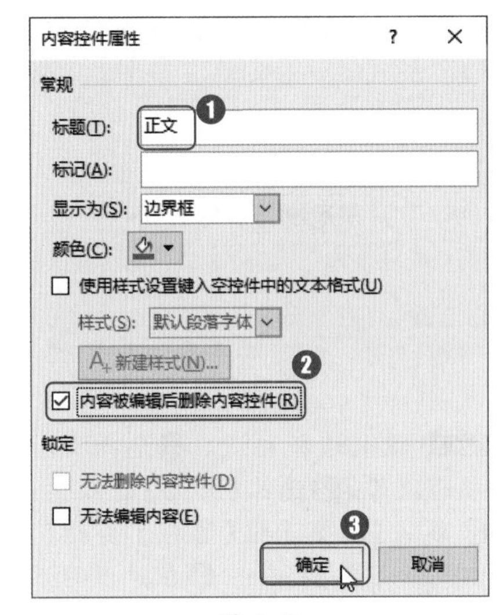

图 6-71

Step07 选择控件。❶在文档中合适的位置输入文本“文档输入日期：”；❷单击【开发工具】选项卡【控件】组中的【日期选取器内容控件】按钮▦，如图 6-72 所示。

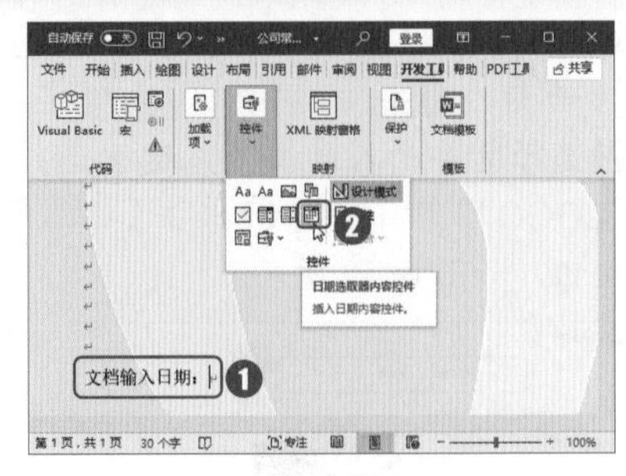

图 6-72

Step08 打开【内容控件属性】对话框。❶为内容控件设置合适的格式；❷单击【控件】组中的【属性】按钮，如图 6-73 所示。

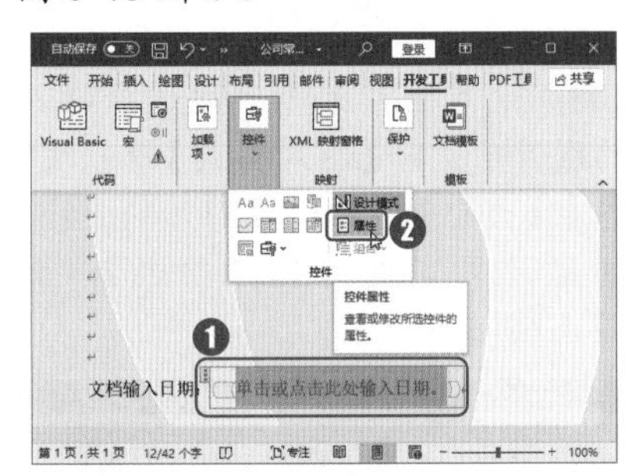

图 6-73

Step09 设置控件属性。弹出【内容控件属性】对话框，❶选择【无法删除内容控件】复选框；❷在【日期选取器属性】栏的列表框中选择日期格式；❸单击【确定】按钮，如图 6-74 所示。

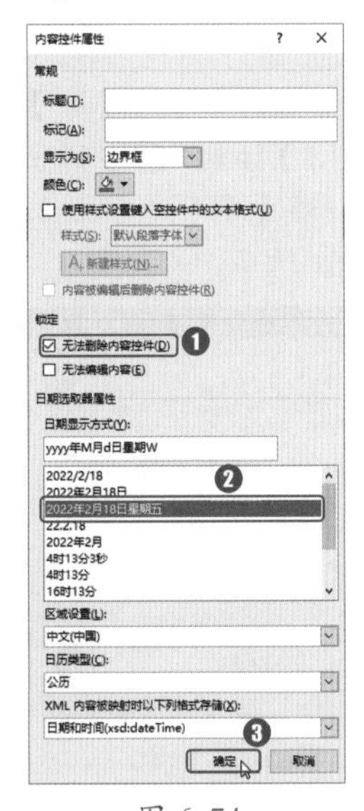

图 6-74

Step 10 设置字体格式。❶选择日期控件所在的段落；❷在【开始】选项卡【字体】组中设置文本字体为【宋体】，字号为【四号】；❸单击【段落】组中的【右对齐】按钮 ≡，如图 6-75 所示。

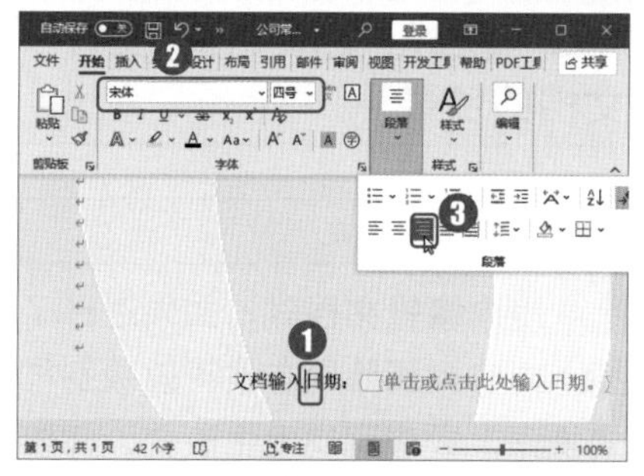

图 6-75

Step 11 完成自定义模板。完成以上操作后，即可完成对自定义模板的制作，效果如图 6-76 所示。

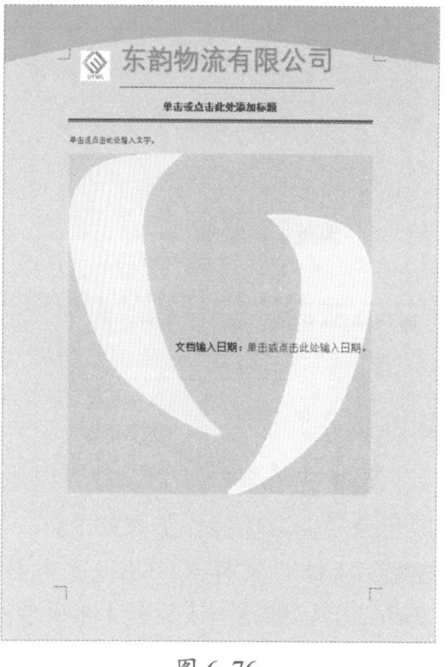

图 6-76

6.4 目录与索引的使用

文档创建完成后，为了便于阅读，可以为其添加一个目录或制作一个索引目录。使用目录，可以使文档的结构更加清晰，方便阅读者对整个文档进行了解。

★重点 6.4.1 实战：创建“招标文件”文档的目录

实例门类	软件功能

制作目录时，首先需要为文档设置标题样式或标题级别，然后再插入目录样式。例如，为“招标文件”文档制作目录。

1. 设置标题样式

根据文档的排版需求，可以对标题的样式进行设置，具体操作步骤如下。

Step 01 选择样式。打开“素材文件\第6章\招标文件.docx”文档，❶选择需要设置样式的文本；❷在【开始】选项卡【样式】组中选择需要的样式，这里选择【副标题】样式，如图 6-77 所示。

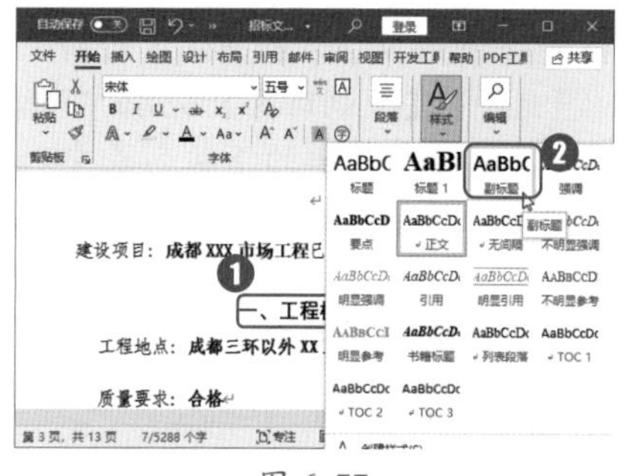

图 6-77

Step 02 设置段落对齐方式。单击【段落】组中的【左对齐】按钮 ≡，如图 6-78 所示。

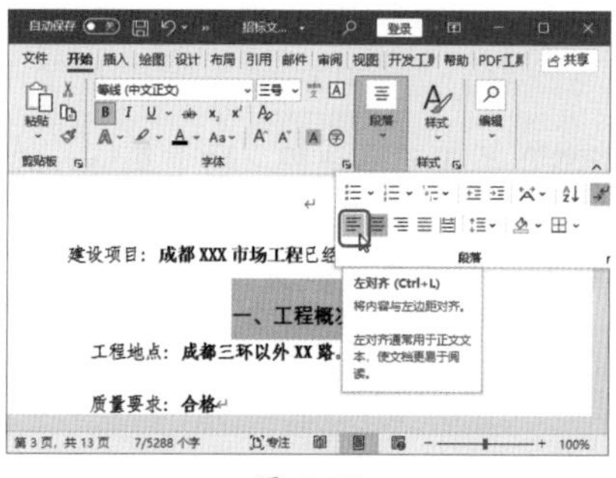

图 6-78

Step 03 双击格式刷。❶选择设置样式后的文本；❷双击【剪贴板】组中的【格式刷】按钮，如图 6-79 所示。

图 6-79

Step 04 使用格式刷。当鼠标指针变成形状时，按住鼠标左键不放，拖动鼠标复制格式即可，如图 6-80 所示。用同样的方法设置其他标题的样式。

第1篇 第2篇 第3篇 第4篇 第5篇 第6篇

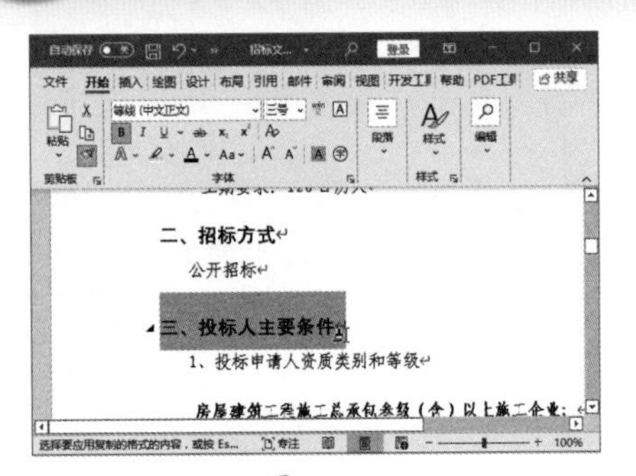

图 6-80

2. 生成目录

设置完标题样式后，就可以生成目录了，具体操作步骤如下。

Step 01 选择目录样式。将光标定位在第 2 页，❶选择【引用】选项卡；❷单击【目录】组中的【目录】按钮；❸在弹出的下拉列表中选择需要的目录样式，这里选择【自动目录 1】选项，如图 6-81 所示。

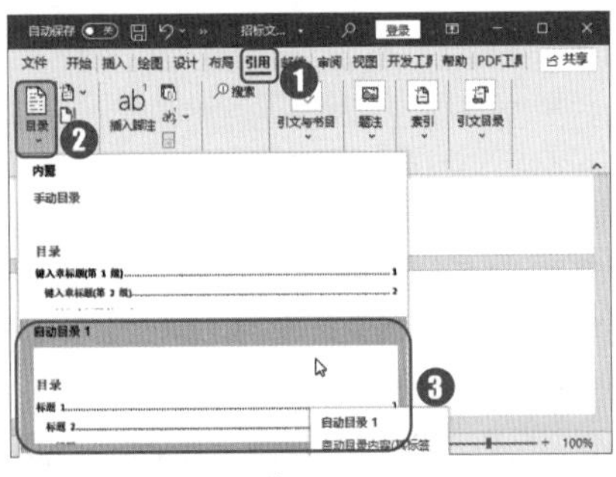

图 6-81

Step 02 完成目录制作。完成以上操作后，即可制作出文档的目录，效果如图 6-82 所示。

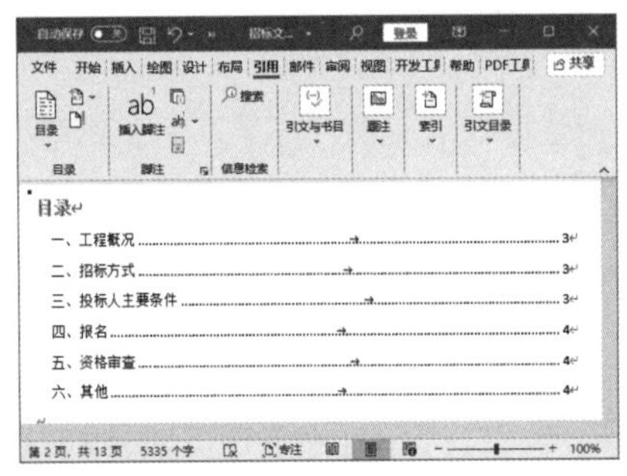

图 6-82

6.4.2 实战：更新“招标文件”文档的目录

实例门类	软件功能

用户编辑文档时，如果进行了插入内容、删除内容或更改级别样式操作，或者页码发生改变，都要及时更新目录，具体操作步骤如下。

Step 01 进入大纲视图。❶选择【视图】选项卡；❷单击【视图】组中的【大纲】按钮，如图 6-83 所示。

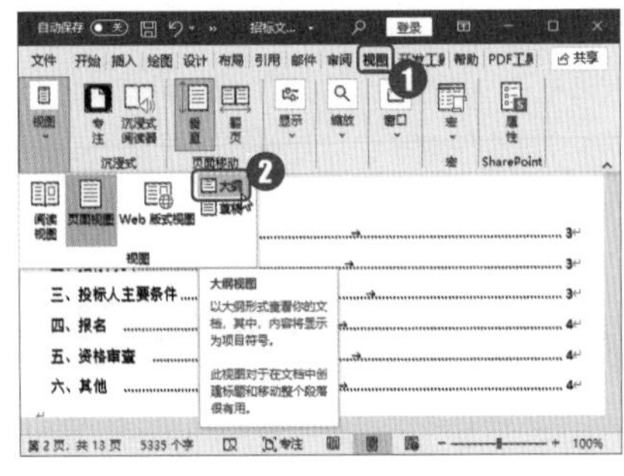

图 6-83

Step 02 设置大纲级别。❶选择需要设置级别的文本；❷单击【大纲工具】选项卡【大纲级别】右侧的下拉按钮 ⌄；❸在弹出的下拉列表中选择级别，这里选择【1 级】选项，如图 6-84 所示。

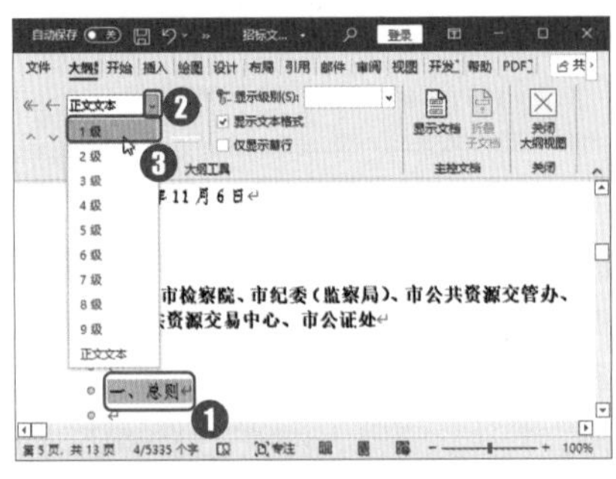

图 6-84

Step 03 关闭大纲视图。❶重复 Step 02 操作，为文档中的其他标题设置【2 级】大纲级别；❷设置完成后，单击【关闭】组中的【关闭大纲视图】按钮，如图 6-85 所示。

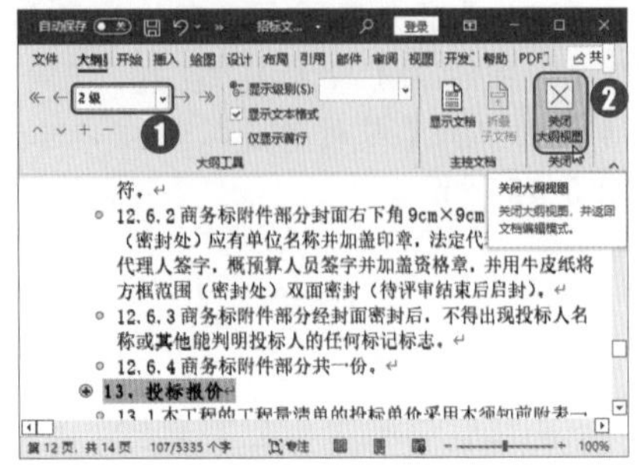

图 6-85

Step 04 打开【更新目录】对话框。❶右击制作的目录；❷在弹出的快捷菜单中选择【更新域】选项，如图 6-86 所示。

图 6-86

Step 05 更新目录。弹出【更新目录】对话框，❶选择【更新整个目录】单选按钮；❷单击【确定】按钮，如图 6-87 所示。

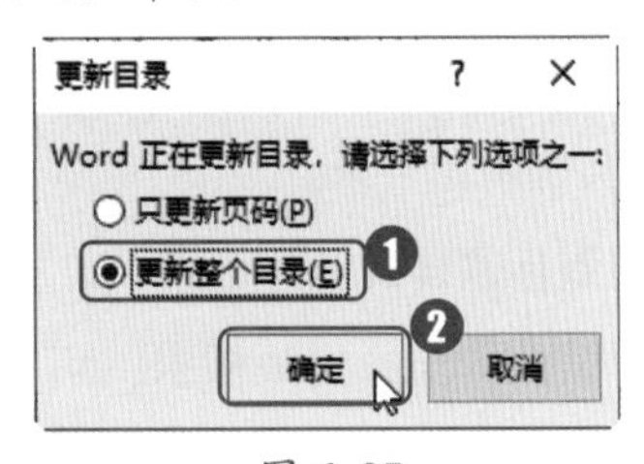

图 6-87

Step 06 完成目录更新。完成以上操作后，即可更新目录，效果如图 6-88 所示。

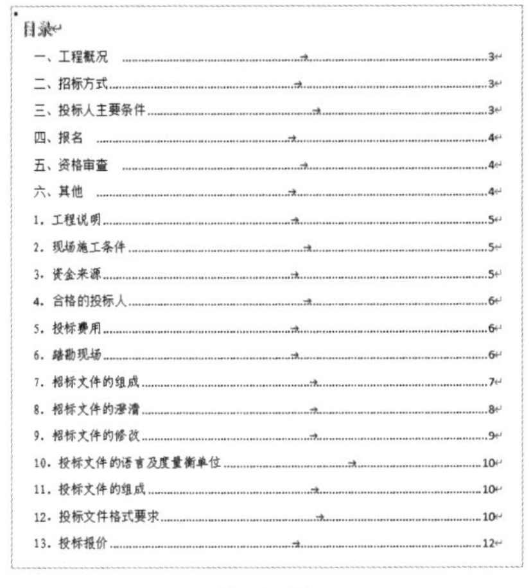
目录

图 6-88

6.4.3 实战：创建"品牌营销策划书"文档的索引

实例门类	软件功能

创建索引是指列出文档中的关键字与关键短语，并标注它们所在的页码。

在Word中制作索引目录，需要先插入索引项，再根据索引项制作相关的索引目录。

例如，在"品牌营销策划书"文档中，对一些关键字制作索引目录。

1. 标记文档索引项

索引是一种常见的文档注释。将文档内容标记为索引项，本质上是插入了一个隐藏的代码，用以查询，具体操作步骤如下。

Step01 打开【标记索引项】对话框。打开"素材文件\第6章\品牌营销策划书.docx"文档，❶选择文档中要作为索引的文本内容；❷选择【引用】选项卡；❸单击【索引】组中的【标记条目】按钮，如图6-89所示。

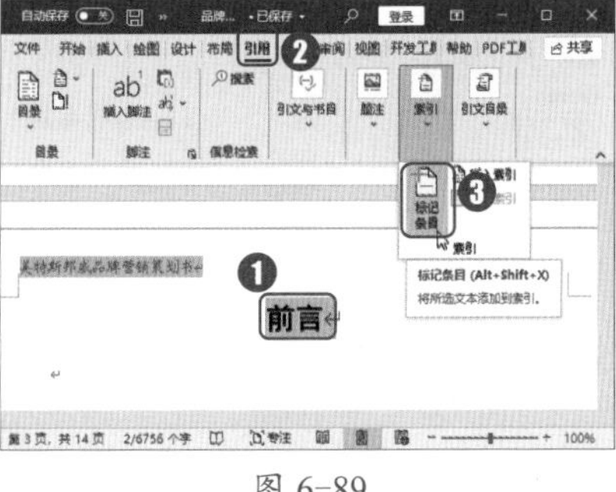

图 6-89

Step02 标记索引。弹出【标记索引项】对话框，单击【标记】按钮，如图6-90所示。

图 6-90

Step03 标记下一个索引。❶在文档中滚动鼠标，选择下一个要标记为索引的文本内容；❷单击【标记】按钮，如图6-91所示。

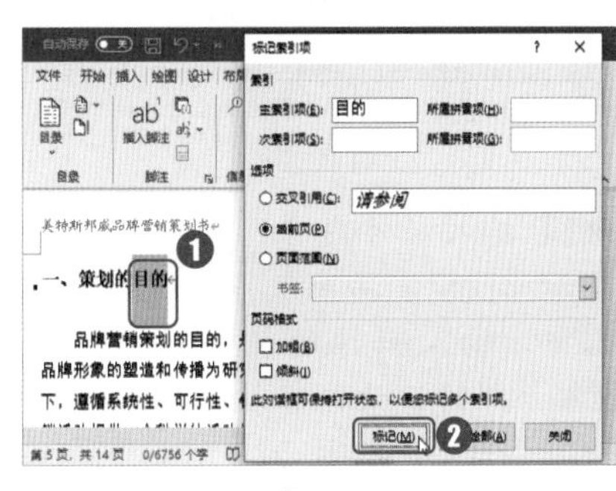

图 6-91

Step04 完成索引标记。在文档中标记完需要标记为索引的文本内容后，单击【关闭】按钮，关闭【标记索引项】对话框，如图6-92所示。

图 6-92

技能拓展——隐藏索引标记

插入索引标记后，如果不想在文档中看到XE域，可以单击【开始】选项卡【段落】组中的【显示/隐藏编辑标记】按钮 ↵。

2. 创建索引目录

将文档中的内容标记为索引项后，可以将这些索引项提取出来，制作成索引目录，以方便查找，具体操作步骤如下。

Step01 打开【索引】对话框。❶将光标定位在文档中；❷单击【引用】选项卡【索引】组中的【插入索引】按钮，如图6-93所示。

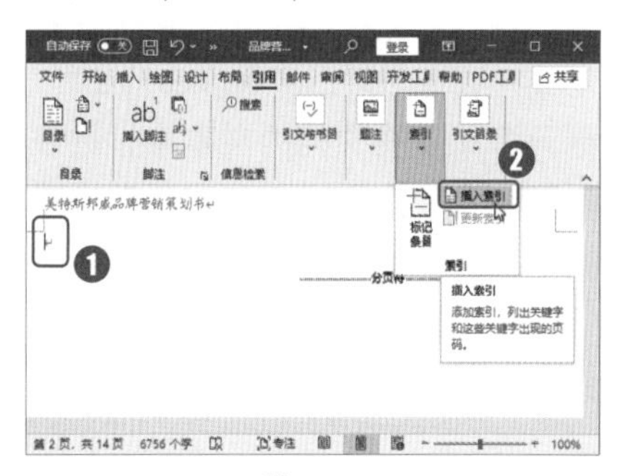

图 6-93

第1篇 第2篇 第3篇 第4篇 第5篇

Step 02 设置页码对齐方式。弹出【索引】对话框，❶选择【页码右对齐】复选框；❷单击【确定】按钮，如图 6-94 所示。

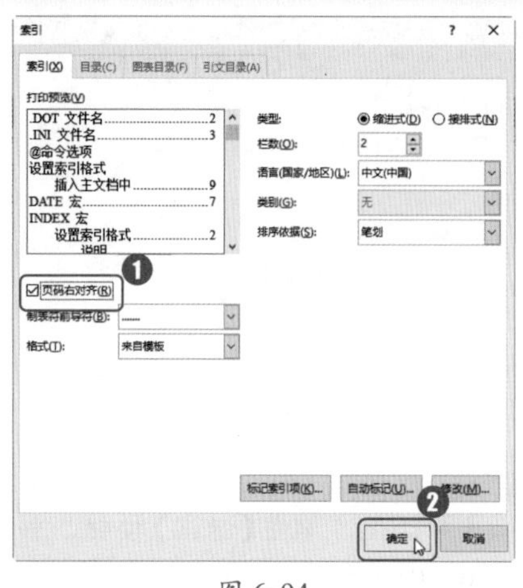
图 6-94

Step 03 完成对索引目录的制作。完成以上操作后，即可制作出索引目录，效果如图 6-95 所示。

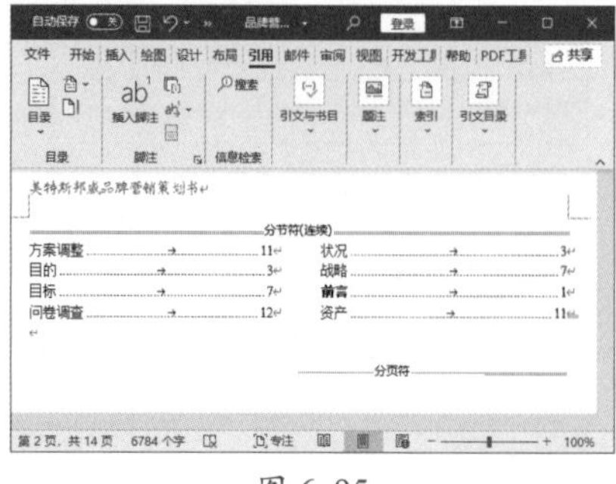
图 6-95

6.5 审阅与修订文档

在日常工作中，有些文件需要经过领导审阅或经过大家讨论后才能够确定，因此，有时需要在这些文件上进行一些批示和修改。Word 2021 提供了批注、修订、更改等审阅工具，帮助用户提高办公效率。

★重点 6.5.1 实战：添加和删除批注

实例门类	软件功能

批注是文档的编写者或审阅者为文档添加的注释或批语。在对文档进行审阅时，可以使用批注对文档中的内容添加说明、意见和建议，以方便文档的审阅者与编写者进行交流。

1. 添加批注

使用批注时，首先要在文档中插入批注框，然后在批注框中输入批注内容。为文档内容添加批注后，标记会显示在文档的文本中，批注标题和批注内容会显示在右页边距处的批注框中。

例如，在“宣传册制作方法”文档中添加批注，具体操作步骤如下。

Step 01 新建批注。打开“素材文件\第 6 章\宣传册制作方法.docx”文档，❶选择文本或将光标定位在需要批注的文本处；❷选择【审阅】选项卡；❸单击【批注】组中的【新建批注】按钮，如图 6-96 所示。

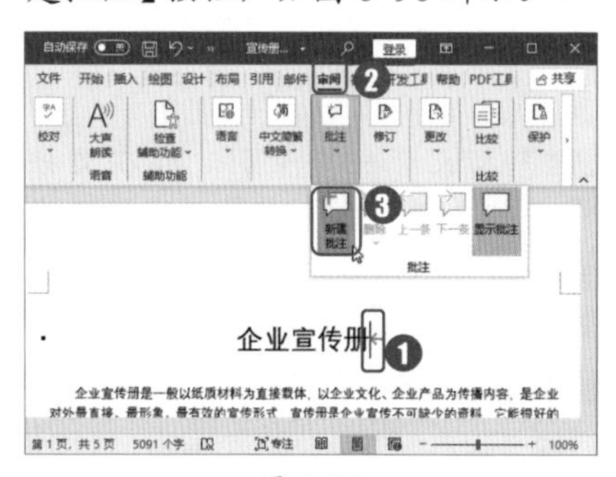
图 6-96

Step 02 输入批注内容。在窗口右侧显示批注框，插入点将自动定位在其中。输入批注的相关信息，这里输入“将目录内容放置到正文前面”，如图 6-97 所示。

图 6-97

2. 删除批注

编写者按照批注者的建议修改文档后，如果不再需要显示批注，可以将其删除。

例如，在“宣传册制作方法”文档中，根据批注为文档添加目录后，删除该条批注信息，具体操作步骤如下。

Step 01 选择目录样式。❶选择【引用】选项卡；❷单击【目录】组中的【目录】按钮；❸在弹出的下拉列表中选择需要的目录样式，这里选择【自动目录 1】选项，如图 6-98 所示。

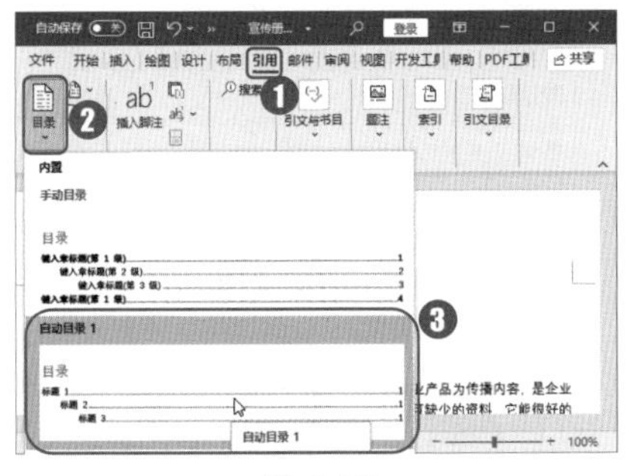

图 6-98

Step02 删除批注。❶选择批注框；❷单击【审阅】选项卡【批注】组中的【删除】按钮，如图 6-99 所示。

图 6-99

Step03 查看批注删除效果。完成以上操作后，即可删除第一条批注信息，效果如图 6-100 所示。

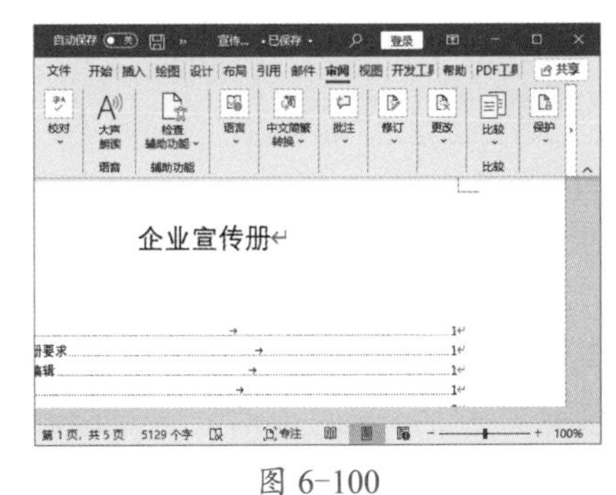

图 6-100

★重点 6.5.2 实战：修订文档

实例门类	软件功能

在实际工作中，文稿一般首先由编写者输入，然后由审阅者提出修改建议，最后由编写者进行全面修改，多次修改后才能定稿。

在审阅其他用户编辑的文稿时，只要启用了修订功能，Word就会自动根据修订内容的不同，以不同的修订标记格式显示。默认状态下，增加的文字与原文的文字颜色不同，而且，增加的文字下方会被添加下划线；删除的文字也会改变颜色，同时添加删除线，用户可以非常清楚地看出文档中到底哪些文字发生了变化。

对文档进行增、删、改操作时，Word会记录操作内容并以批注框的形式展示；被修改行的左侧会出现一条竖线，提示用户该行已被修改。

需要在审阅状态下修订文稿时，要启用修订功能。只有在开启修订功能后，对文档的修改才可以反映在文档中，具体操作步骤如下。

Step01 进入修订状态。❶选择【审阅】选项卡；❷单击【修订】组中的【修订】按钮，如图 6-101 所示。

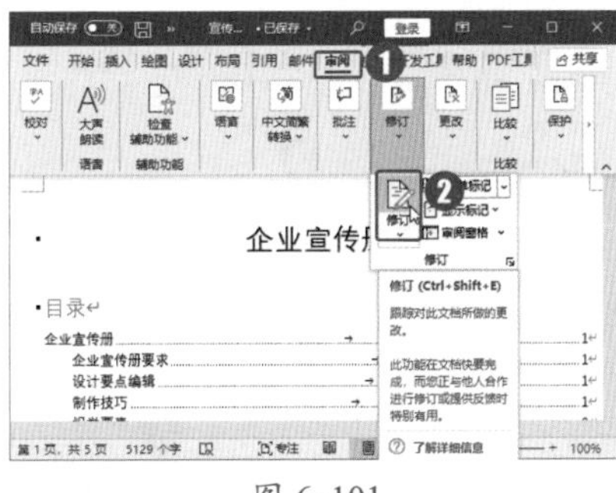

图 6-101

Step02 删除内容。按【Delete】键删除文档中的内容，文档左侧会显示修订标记，效果如图 6-102 所示。

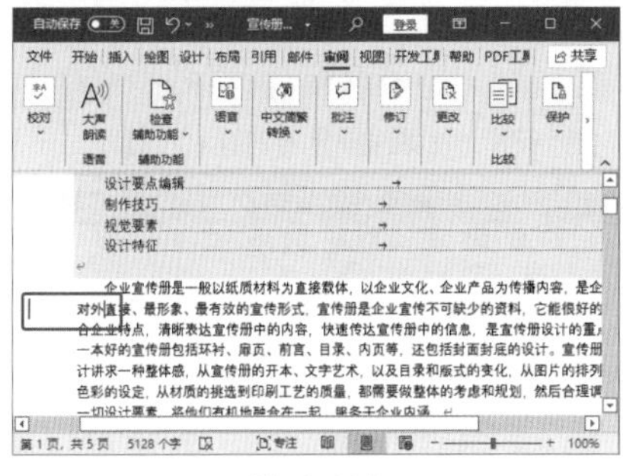

图 6-102

★重点 6.5.3 实战：修订的更改和显示

实例门类	软件功能

修订功能被启用后，在文档中所做的编辑都会显示修订标记。用户可以更改修订的显示方式，如更改显示的状态、颜色等。

1. 设置修订的标记方式

启用修订模式后，用户可以有选择地查看文档修订的不同标记，包括简单标记、全部标记、无标记和原始状态。

例如，要在“宣传册制作方法”文档中查看修订的全部标记，具体操作步骤如下。

Step01 显示所有标记。❶单击【审阅】选项卡【修订】组中【简单标记】右侧的下拉按钮 ˇ；❷在弹出的下拉列表中选择【所有标记】选项，如图 6-103 所示。

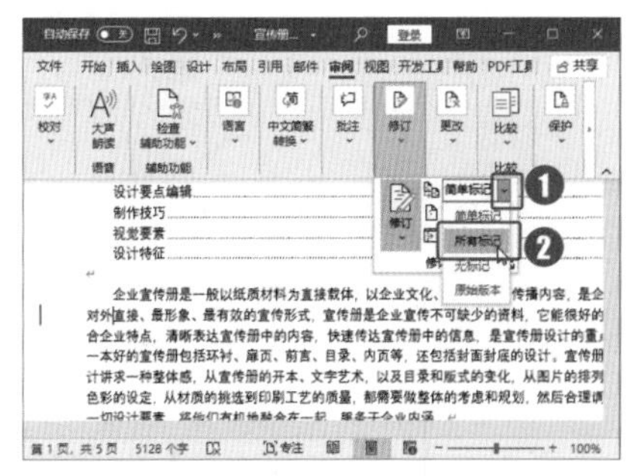

图 6-103

Step 02 查看修订标记。完成 Step 01 操作后，文档中即可显示出所有修订标记，效果如图 6-104 所示。

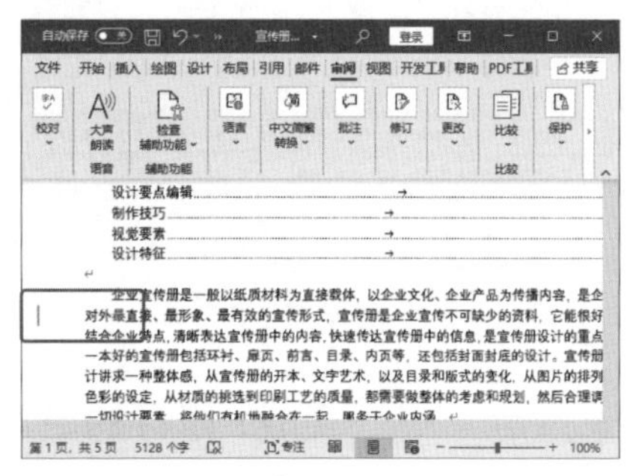

图 6-104

2. 更改修订标记格式

默认情况下，插入文本的修订标记为下划线，删除文本的修订标记为删除线。当多个人对同一个文稿进行修订时，容易产生混淆，因此，Word 提供了 8 种用户修订颜色，供不同的修订者使用，方便区分审阅内容。

例如，用绿色双下划线标记被插入的文本，用蓝色删除线标记被删除的文本，用加粗并显示为鲜绿色的方式标记格式变动，具体操作步骤如下。

Step 01 打开【修订选项】对话框。单击【审阅】选项卡【修订】组中的【对话框启动器】按钮，如图 6-105 所示。

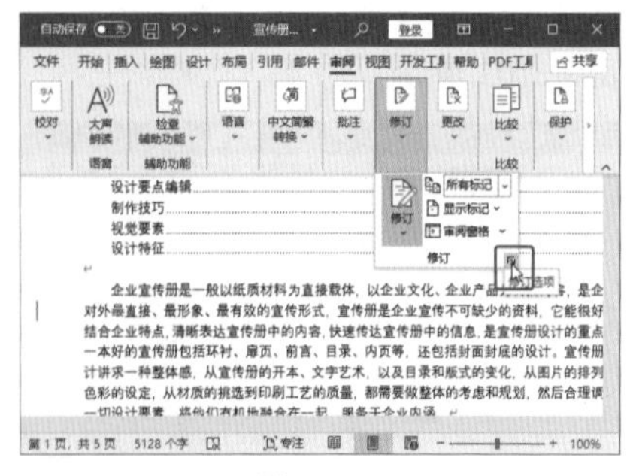

图 6-105

Step 02 打开【高级修订选项】对话框。弹出【修订选项】对话框，单击【高级选项】按钮，如图 6-106 所示。

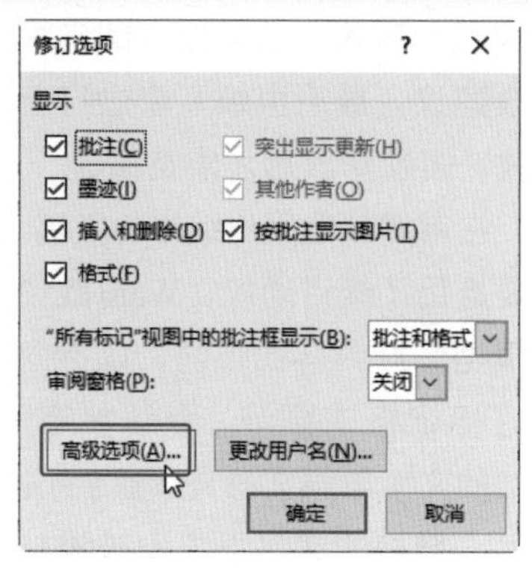

图 6-106

Step 03 设置修订选项。弹出【高级修订选项】对话框，❶设置被插入的内容为【双下划线、绿色】效果；❷设置被删除的内容为【删除线、蓝色】效果；❸设置文本格式为【加粗、鲜绿】效果；❹单击【确定】按钮，如图 6-107 所示。

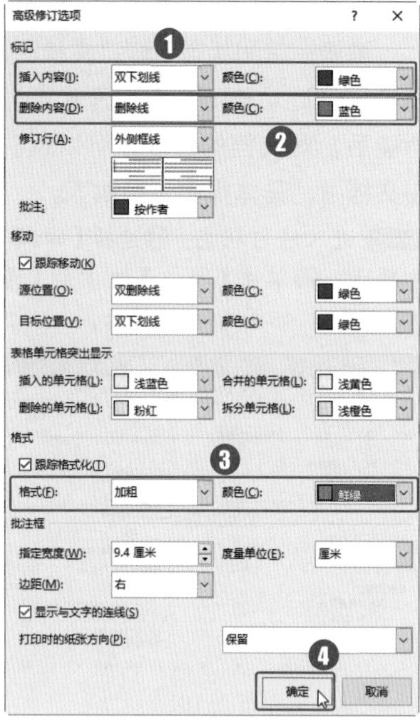

图 6-107

技能拓展——表单元格突出显示功能

在【高级修订选项】对话框中，可以对文档中表格格式修订标记的颜色进行设置，包括插入/删除/拆分单元格的修订标记。

Step 04 完成修订选项设置。返回【修订选项】对话框，单击【确定】按钮，即可完成对修订标记显示效果的设置，如图 6-108 所示。

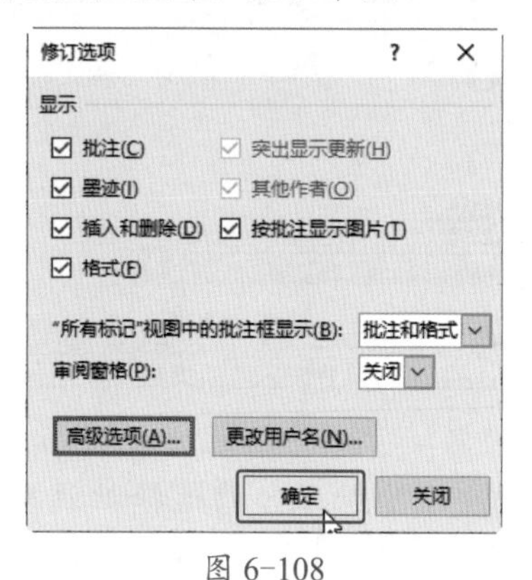

图 6-108

Step 05 查看修订效果。完成以上操作后，即可查看修订标记的显示效果，效果如图 6-109 所示。

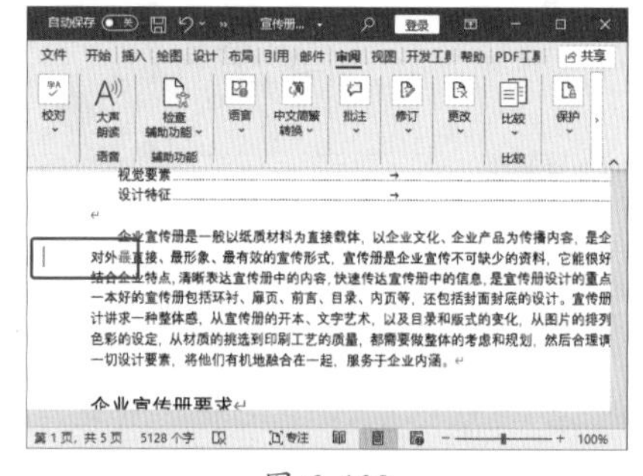

图 6-109

★重点 6.5.4 实战：使用审阅功能

实例门类	软件功能

审阅者对文档进行修订后，编写者或其他审阅者可以选择是否接受修订意见，既可以部分接受或全部接受修订建议，也可以部分拒绝或全部拒绝修订建议。

1. 查看指定审阅者的修订

在默认状态下，Word 显示的是所有审阅者的修订标记（显示所有审阅者的修订标记时，Word 将通过不同的颜色区分不同的审阅者）。如果用户只想查看某个审阅者的修订标记，需要进行一定的设置。

例如，在“宣传册制作方法”文档中，不显示Administrator的修订标记，具体操作步骤如下。

Step 01 取消审阅者。❶单击【审阅】选项卡【修订】组中的【显示标记】按钮；❷在弹出的下拉列表中选择【特定人员】选项；❸在下一级列表中单击【Administrator】选项，取消选择【Administrator】，如图6-110所示。

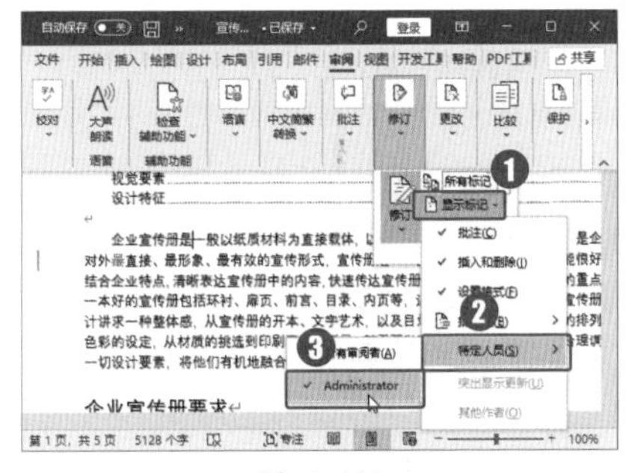

图 6-110

Step 02 查看显示的修订内容。完成Step 01操作后，Administrator所做的修订标记就取消显示了，效果如图6-111所示。

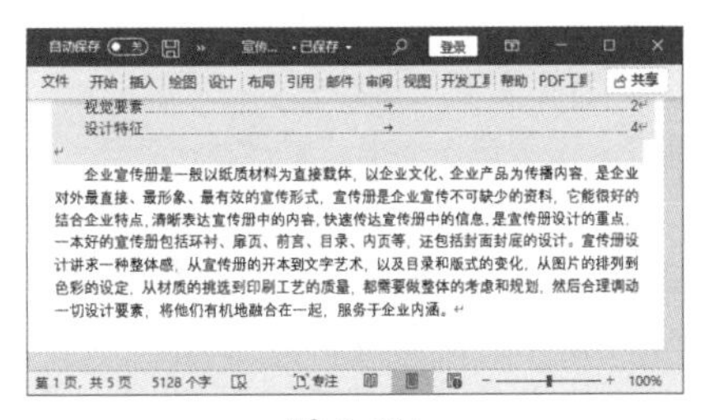

图 6-111

2. 接受或拒绝修订

收到审阅者进行修订的文档后，编写者或其他审阅者可以决定是否接受修订意见。如果接受审阅者的修订，可以把文稿保存为审阅者修改后的状态；如果拒绝审阅者的修订，可以把文稿保存为未经修订的状态。

例如，决定接受或拒绝“宣传册制作方法”文档中的修订时，具体操作步骤如下。

Step 01 选择审阅者。❶单击【审阅】选项卡【修订】组中的【显示标记】按钮；❷在弹出的下拉列表中选择【特定人员】选项；❸在下一级列表中单击【所有审阅者】选项，如图6-112所示。

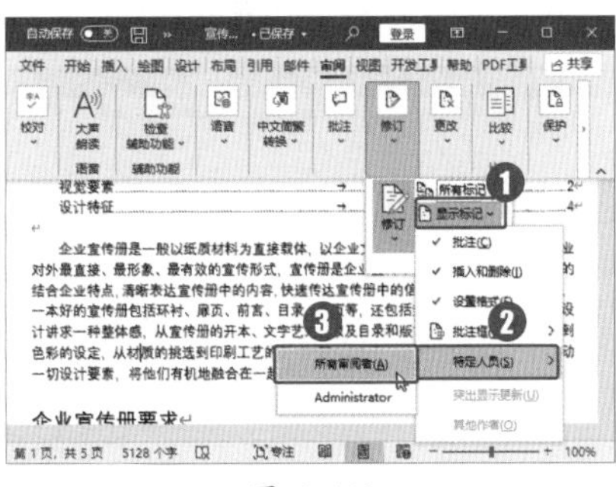

图 6-112

Step 02 查看修订标记。单击【更改】组中的【下一处】按钮，查看相关修订标记，如图6-113所示。

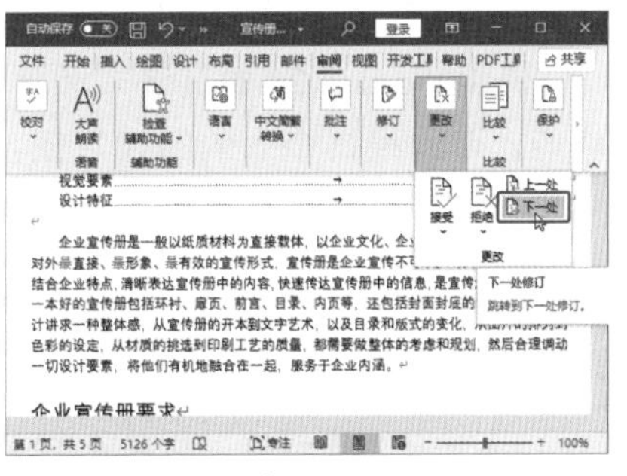

图 6-113

Step 03 接受修订。❶单击【更改】组中的【接受】按钮；❷在弹出的下拉列表中选择【接受并移到下一处】选项，如图6-114所示。

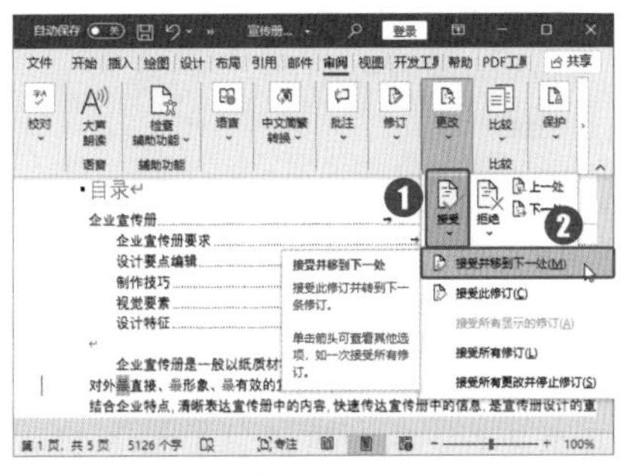

图 6-114

Step 04 拒绝修订。完成以上操作后，即可接受当前修订，并跳转到下一处修订的位置。如果遇到需要拒绝的修订，❶单击【更改】组中的【拒绝】按钮；❷在弹出的下拉列表中选择【拒绝并移到下一处】选项，如图6-115所示。

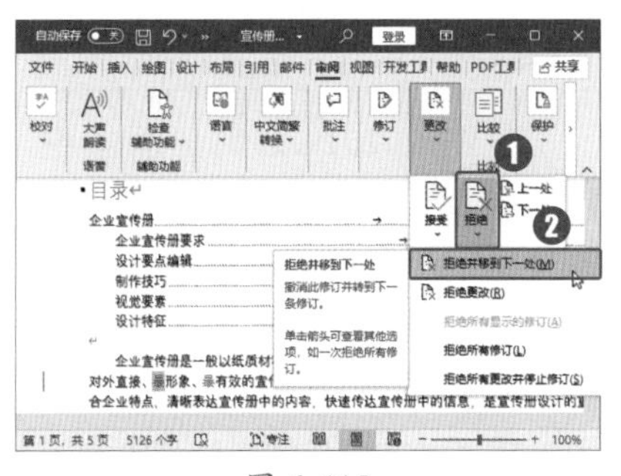

图 6-115

Step 05 继续处理修订。重复以上操作，即可逐一接受或删除修订。如果想直接接受修订，单击【接受】按钮即可，如图6-116所示。

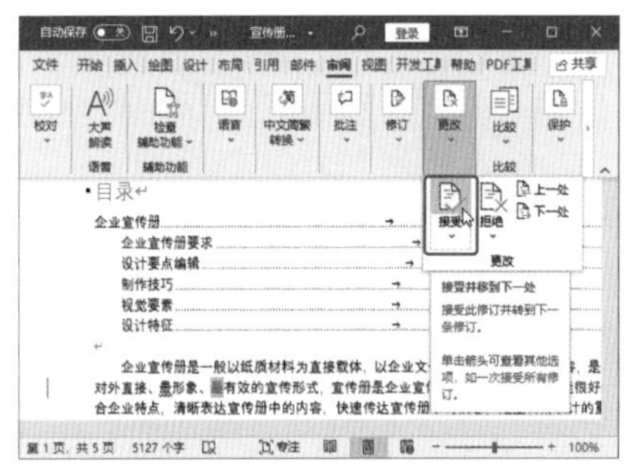

图 6-116

Step 06 完成修订处理。接受或删除所有修订后，会弹出如图6-117所示的对话框，单击【确定】按钮，完成修订处理。

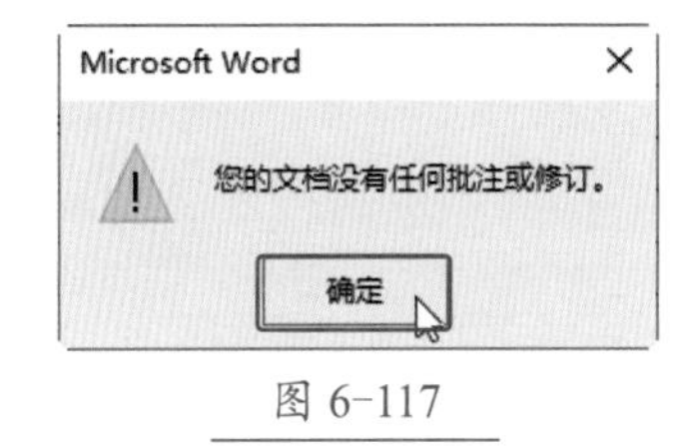

图 6-117

6.6 轻松浏览长文档

当文档内容较多且需要长时间阅读时，可以使用Word 2021的新视图功能。横向翻页功能可以让文档像书页一样左右翻动阅读，沉浸式学习功能可以灵活地调整文档的列宽、页面颜色、文字间距等参数，让文档阅读在更舒适的状态下进行。

6.6.1 实战：横向翻页浏览文档

在Word 2019之前的版本中，默认的翻页模式为垂直翻页模式，即只能从上往下阅读。Word 2019及之后的版本增加了横向翻页模式，让文档阅读有了"读书"的感觉。横向翻页模式的具体操作步骤如下。

Step 01 进入横向翻页状态。打开"素材文件\第6章\陶瓷材料介绍.docx"文档，单击【视图】选项卡【页面移动】组中的【翻页】按钮，如图6-118所示。

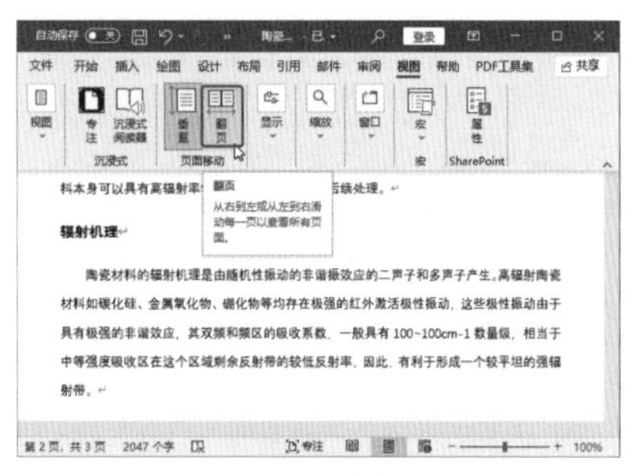

图 6-118

Step 02 横向翻页浏览文档。页面翻页模式变成横向翻页模式，拖动页面下方的滚动条，即可翻页阅读，如图6-119所示。

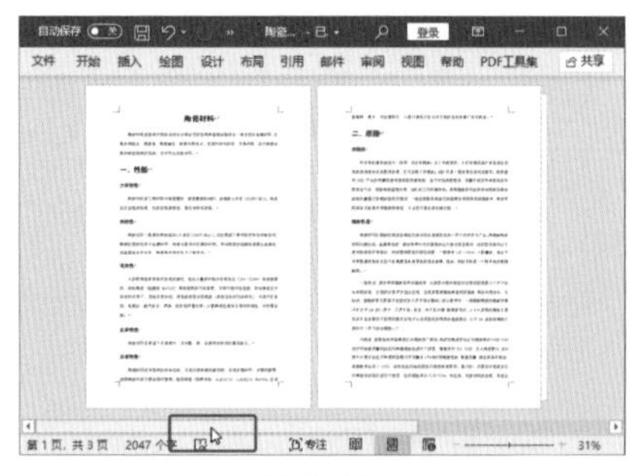

图 6-119

Step 03 继续浏览文档其他内容。继续拖动翻页滚动条，阅读文档的其他内容，如图6-120所示。

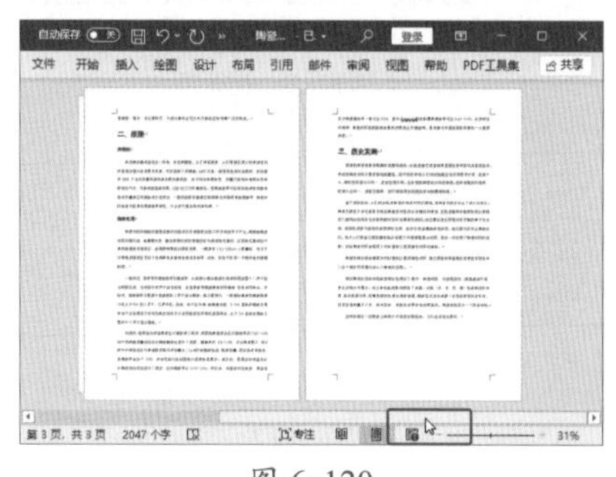

图 6-120

★新功能 6.6.2 实战：在沉浸式学习的状态下浏览文档

使用Word 2021的沉浸式阅读功能，可以根据个人的阅读习惯，将文档调整到最舒适的阅读状态，具体操作步骤如下。

Step 01 进入沉浸式阅读状态。单击【视图】选项卡【沉浸式】组中的【沉浸式阅读器】按钮，如图6-121所示。

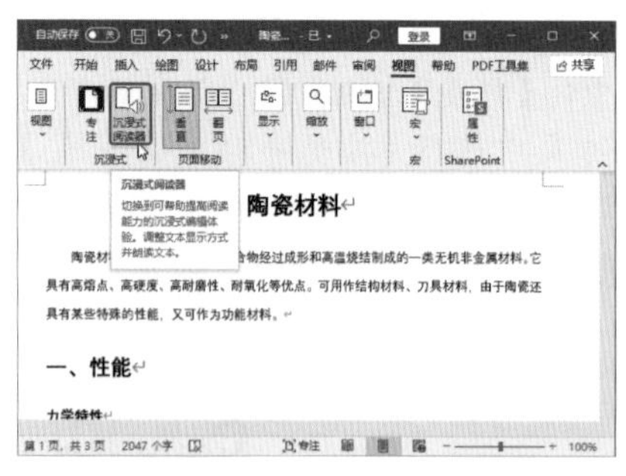

图 6-121

Step 02 调整列宽参数。进入沉浸式阅读状态后，进行阅读参数调整。❶单击【沉浸式阅读器】选项卡中的【列宽】按钮；❷在弹出的下拉列表中选择【适中】列宽模式，如图6-122所示。

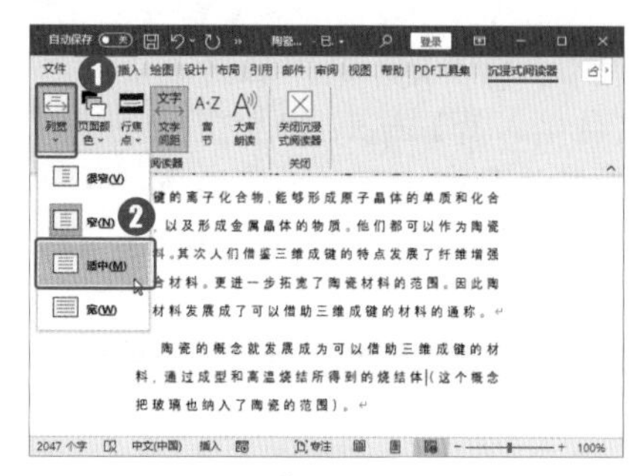

图 6-122

Step 03 调整页面颜色。❶单击【页面颜色】按钮；❷在弹出的下拉列表中选择需要的颜色选项，这里选择【灰绿色】，如图6-123所示。

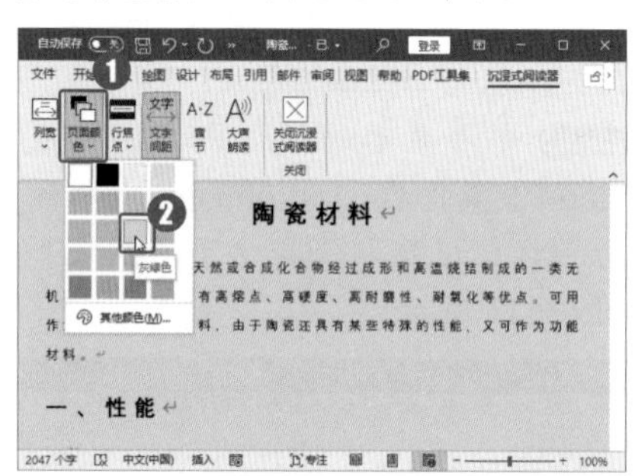

图 6-123

Step 04 调整文字间距。单击【文字间距】按钮，如图6-124所示，让该按钮处于非选择状态，可以缩小文字间距。

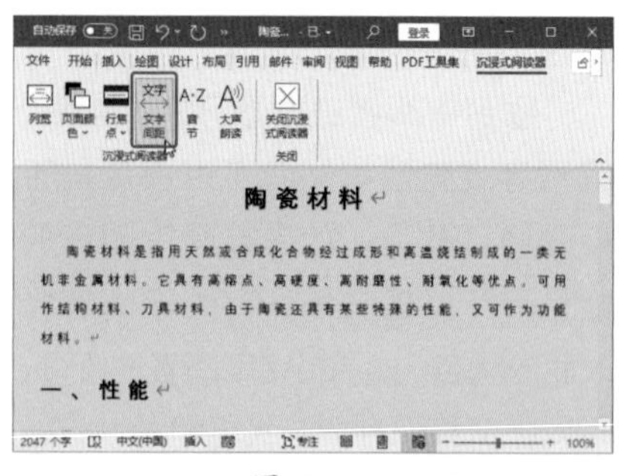

图 6-124

Step05 设置高亮显示行。❶单击【行焦点】按钮；❷在弹出的下拉列表中选择需要高亮显示的行数，如图 6-125 所示。

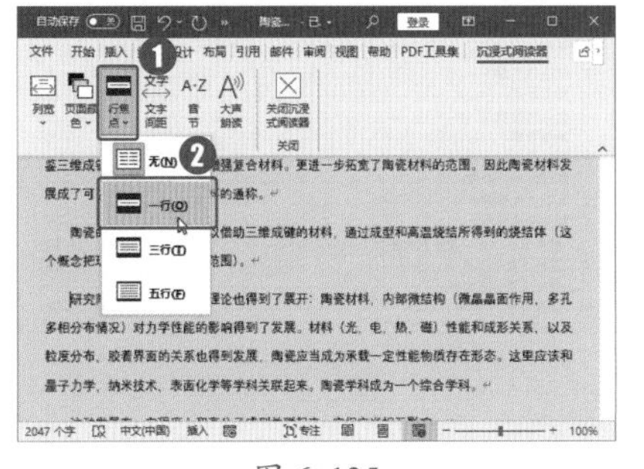

图 6-125

Step06 高亮显示行。此时，根据设置，页面中将高亮显示一行、三行或五行，如图 6-126 所示。根据阅读进度滚动鼠标，或单击页面上的上下按钮，即可切换高亮显示的内容。

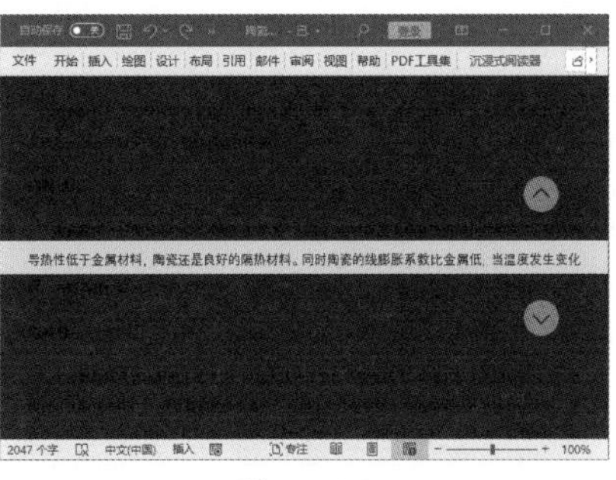

图 6-126

Step07 退出沉浸式阅读状态。如果需要退出沉浸式阅读状态，单击【关闭沉浸式阅读器】按钮即可，如图 6-127 所示。

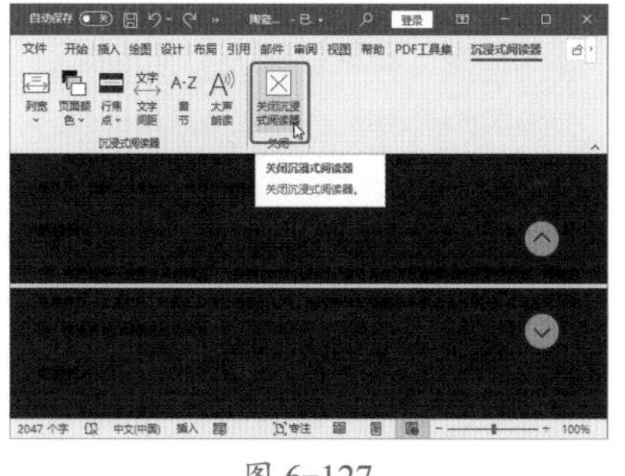

图 6-127

妙招技法

通过对前面知识的学习，相信读者已经掌握了 Word 2021 样式、模板、目录、索引、审阅与修订的相关知识。下面结合本章内容，给大家介绍一些实用技巧。

技巧 01：另存为 Word 模板

用户在某一台计算机中长时间使用 Word 时，会在默认的模板文件（normal.dotx）中保存大量的自定义样式、快捷键、宏等。如果需要换到另一台计算机上使用 Word，可以将这个模板文件复制到新的计算机中，就能迅速让新的计算机中的 Word 符合自己的操作习惯了。

例如，通过另存为的方式，快速查找模板文件的位置，具体操作步骤如下。

Step01 选择文件保存位置。启动 Word 2021，选择【文件】选项卡，❶选择【文件】界面左侧的【另存为】选项卡；❷双击界面中间的【这台电脑】选项，如图 6-128 所示。

图 6-128

Step02 保存文件。打开【另存为】对话框，❶在【保存类型】下拉列表中选择【Word 模板】选项；❷在【地址栏】中选择文件存放路径，按【Ctrl+C】组合键进行复制，如图 6-129 所示。

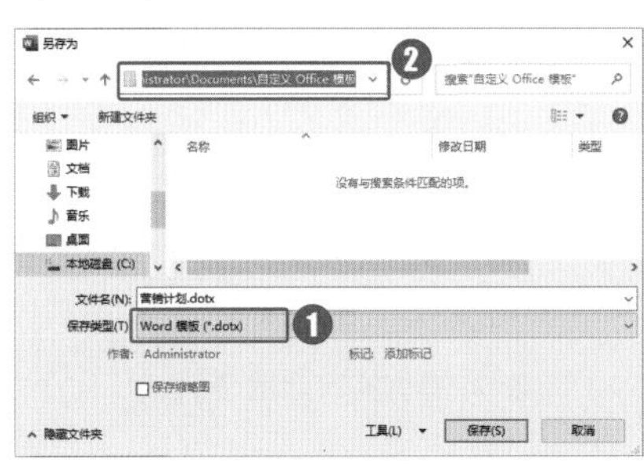

图 6-129

Step03 复制文件。❶双击【此电脑】图标，在【地址栏】中按【Ctrl+V】组合键，将复制的路径粘贴在此处；❷按【Ctrl+A】组合键选择所有模板文件并右击；❸在弹出的快捷菜单中选择【复制】选项，如图 6-130 所示。

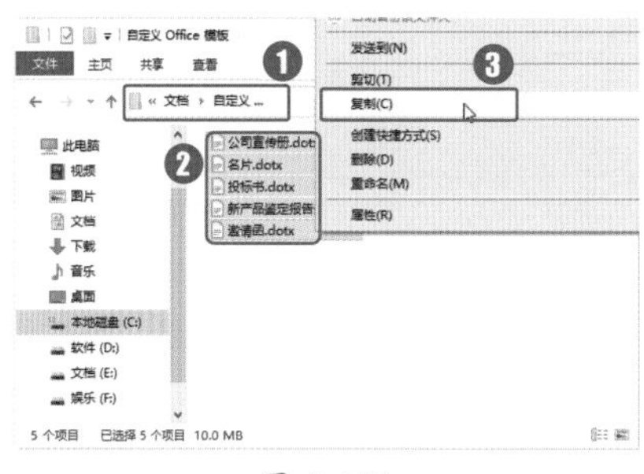

图 6-130

Step04 粘贴文件。将模板文件复制到可移动盘符中，然后在其他计算机中进行粘贴，即可将模板文件复制并使用。

技能拓展——搜集模板文件

在网上看到不错的模板时，可

以下载下来，按照自己的需要进行修改，生成新的模板。收到其他公司发送的文件时，如果发现模板样式很好，也可以将文档以模板的形式保存下来，再进行修改。模板收集得多，工作时就可以按不同的要求或类别，快速制作出规范的文件。

技巧 02：修改目录样式

Word 内置了很多目录样式，如果用户对初次制作的目录样式不满意，可以修改目录样式。

例如，在“修改目录样式”文档中，设置目录样式为【流行】样式，具体操作步骤如下。

Step 01 打开【目录】对话框。打开“素材文件\第 6 章\修改目录样式.docx”文档，❶选择目录后选择【引用】选项卡；❷单击【目录】组中的【目录】按钮；❸在弹出的下拉列表中选择【自定义目录】选项，如图 6-131 所示。

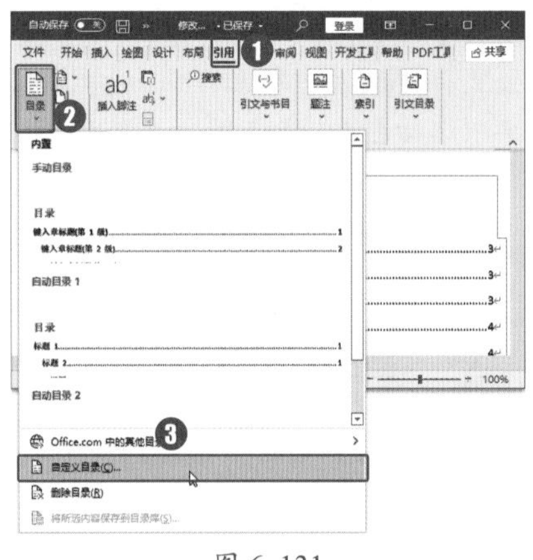

图 6-131

Step 02 选择目录格式。弹出【目录】对话框，❶在【目录】选项卡【常规】组中单击【格式】右侧的下拉按钮；❷在弹出的下拉列表中选择【流行】选项，如图 6-132 所示。

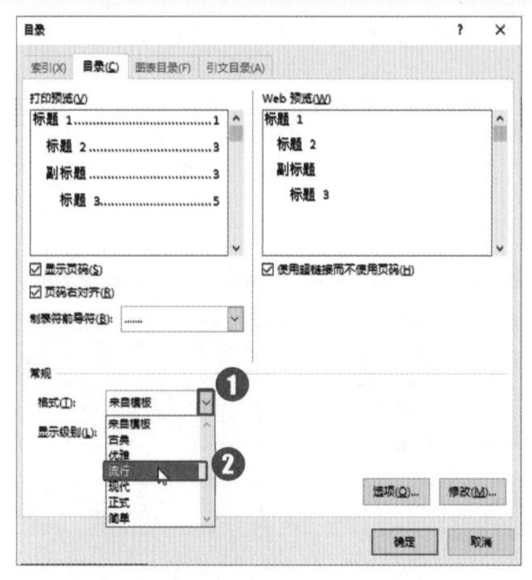

图 6-132

Step 03 确定目录设置。❶设置【制表符前导符】的样式；❷单击【确定】按钮，如图 6-133 所示。

图 6-133

Step 04 替换目录。弹出【Microsoft Word】对话框，单击【确定】按钮，如图 6-134 所示。

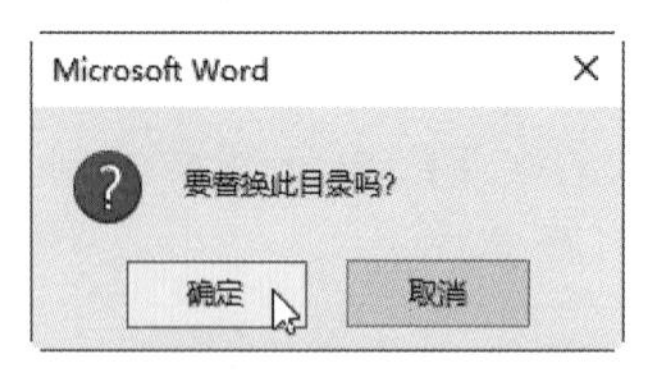

图 6-134

Step 05 查看目录样式修改效果。完成以上操作后，即可修改目录样式，效果如图 6-135 所示。

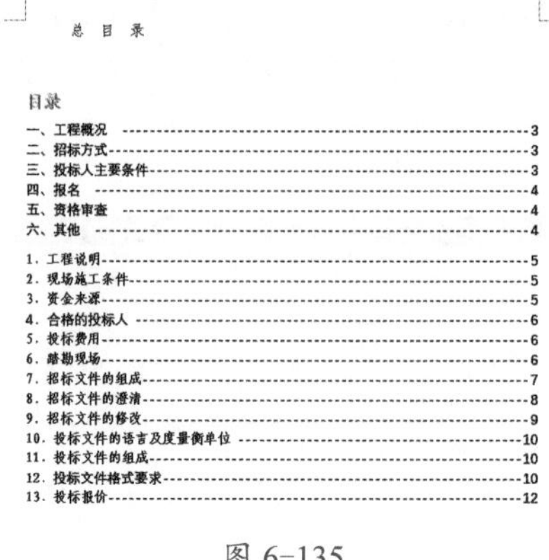

总 目 录

目录

一、工程概况 ------------------------------------3
二、招标方式------------------------------------3
三、投标人主要条件------------------------------3
四、报名 --4
五、资格审查 ------------------------------------4
六、其他 --4

1. 工程说明--------------------------------------5
2. 现场施工条件----------------------------------5
3. 资金来源--------------------------------------5
4. 合格的投标人 ---------------------------------6
5. 投标费用--------------------------------------6
6. 踏勘现场--------------------------------------6
7. 招标文件的组成--------------------------------7
8. 招标文件的澄清--------------------------------8
9. 招标文件的修改--------------------------------9
10. 投标文件的语言及度量衡单位 -----------------10
11. 投标文件的组成------------------------------10
12. 投标文件格式要求----------------------------10
13. 投标报价------------------------------------12

图 6-135

技巧 03：快速统计文档字数

制作有字数限制的文档时，可以在编辑过程中通过状态栏中的相关信息了解 Word 自动统计的该文档当前的页数和字数。此外，还可以使用 Word 提供的字数统计功能，了解整个文档或文档中某个区域的字数、行数、段落数和页数等详细信息，具体操作步骤如下。

Step 01 打开【字数统计】对话框。❶选择【审阅】选项卡；❷单击【校对】组中的【字数统计】按钮，如图 6-136 所示。

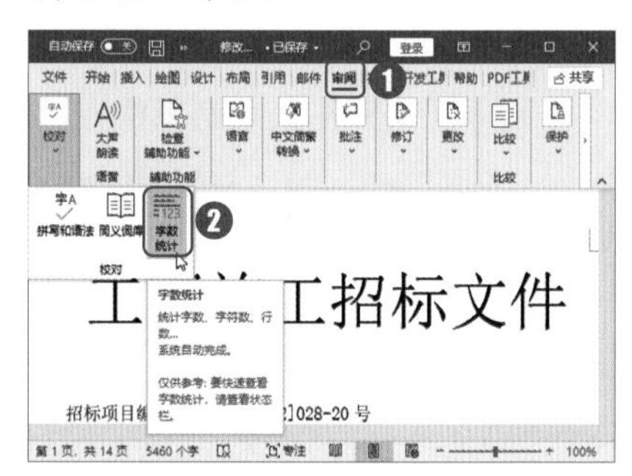

图 6-136

Step 02 查看字数统计内容。弹出【字数统计】对话框，其中显示了文档的各项统计信息。查看后单击【关闭】按钮，如图 6-137 所示。

图 6-137

本章小结

通过对本章知识的学习，相信读者已经学会了在Word文档中进行高级排版，以及对文档进行审阅和修订的操作。希望读者可以在实践中加以练习，以便灵活自如地在Word文档中进行高级排版，并对文档进行审阅和修订。

第7章 Word 2021 信封与邮件合并

- 如何在 Word 中创建信封？
- 如何选择信封的尺寸？
- 使用邮件合并功能可以制作哪些文档？
- 如何编辑收件人列表？
- 如何查找重复输入的收件人？
- 如何将源数据与主文档内容关联起来？
- 如何在邮件合并中预览结果？

本章将为大家介绍信封及邮件合并的相关知识，通过对本章内容的学习，读者可以学会快速批量制作信封、邮件及标签。

7.1 信封、邮件合并的相关知识

Word 在功能区中设置了【邮件】选项卡，该选项卡为用户提供了信封和邮件合并功能，帮助用户快速制作信封，批量打印准考证、明信片、请柬、工资条等有规律的内容。

★重点 7.1.1 信封尺寸的选择

使用 Word 可以制作出不同尺寸的信封。现实生活中，人们邮寄所使用的信封大多是比较规则的尺寸，只是有不同的颜色、图案等。

使用信封时，该如何正确地选择信封尺寸呢？下面按照中国国家信封标准，对常见的信封尺寸进行介绍。

如表 7-1 所示，列举中式和西式信封的不同大小及开本标准。

表 7-1 中、西式信封比较

种类	大小/mm		展开后的开本
中式	3 号	176×125	大 16 开
西式		162×114	正度 16 开
中式	5 号	220×110	正度 8 开
西式		220×110	正度 8 开
中式	6 号	230×120	正度 8 开
西式	7 号	229×162	正度 8 开
中式		229×162	正度 8 开
西式	9 号	324×229	正度 4 开
中式		324×229	正度 4 开

1. 信封尺寸介绍

GB/T1416—2003 中国信封国家标准的资料如下。

新标准调整了信封的品种、规格，修改了信封用纸的技术要求，规定了邮政编码框格的颜色、航空信封的色标，扩大了美术图案区域，增加了寄信单位的信息及“贴邮票处”“航空”标志的英文对照词，补充了国际信封封舌内的指导性文字内容等。新标准对信封用纸的耐磨度、平滑度、强度、亮度等做了严格的规定和要求。

（1）国内信封标准。

国内信封标准如表 7-2 所示。

表 7-2 国内信封标准

代号	长×宽/mm	备注
B6	176×125	与现行中式 3 号信封一致
DL	220×110	与现行 5 号信封一致

续表

代号	长×宽/mm	备注
ZL	230×120	与现行中式6号信封一致
C5	229×162	与现行7号信封一致
C4	324×229	与现行9号信封一致

（2）国际信封标准。

国际信封标准如表7-3所示。

表7-3 国际信封标准

代号	长×宽/mm	备注
C6	162×114	新增加国际规格
B6	176×125	与现行中式3号信封一致
DL	220×110	与现行5号信封一致
ZL	230×120	与现行中式6号信封一致
C5	229×162	与现行7号信封一致
C4	324×229	与现行9号信封一致

2. 设计信封的注意事项

信封必须严格按照国家标准进行设计和制作。根据国家标准（GB/T1416—2003）设计制作信封需要注意以下问题。

（1）信封一律采用横式，信封的封舌应在信封正面的右边或上边（国际信封的封舌应在信封正面的上边）。

（2）信封正面左上角的邮政编码框格颜色为金红色，色标为PANTONE1795C。

（3）信封正面左上角距左边90mm、距上边26mm的范围为机器阅读扫描区，除红框外，不得印刷任何图案和文字。

（4）信封正面距右边55~160mm、距底边20mm的区域为条码打印区，应保持空白。

（5）信封上任何地方不得印广告。

（6）信封上可以印美术图案，位置在正面距上边26mm以下的左侧区域，占用面积不得超过正面面积的18%。超出美术图案区域应保持信封用纸原色。

（7）信封背面的右下角应印有印制单位、数量、出厂日期、监制单位和监制证号等内容，也可印上印制单位的电话号码。

下面介绍几种常用的信封尺寸，以及信封的标准要求。

（1）DL信封，即“5号信封”。

DL信封是最常用的信封类型，比ZL信封略小一点，其规格为长220mm、宽110mm。

用纸：选用不低于80g/m² 的B等信封用纸Ⅰ、Ⅱ型，允许误差为±1.5mm，如图7-1所示。

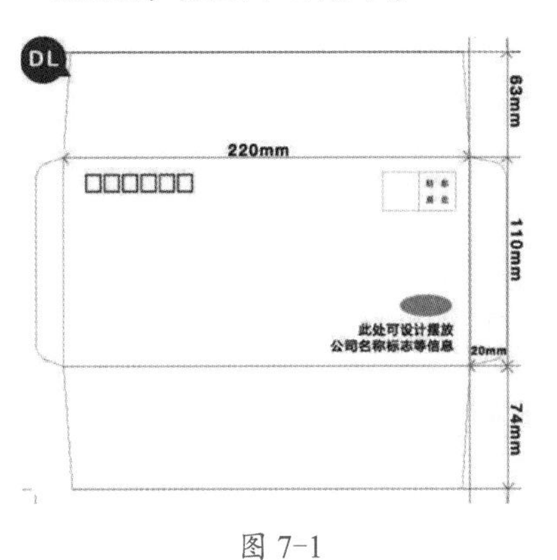

图7-1

（2）ZL信封，即“6号信封”。

比DL信封略大一些，多用于商业用途，如自动装封的商业信函和特种专业信封，其规格为长230mm、宽120mm。

用纸：选用不低于80g/m² 的B等信封用纸Ⅰ、Ⅱ型，允许误差为±1.5mm，如图7-2所示。

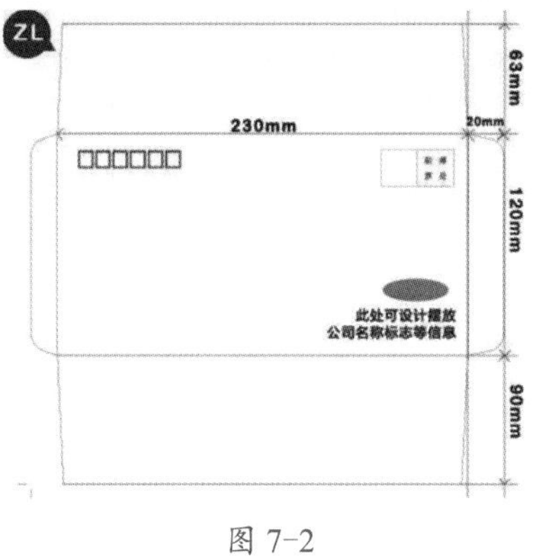

图7-2

（3）C5信封，即“7号信封”。

C5信封足够放入A5尺寸或16开的请柬贺卡，其规格为长229mm、宽162mm。

用纸：选用不低于100g/m² 的B等信封用纸Ⅰ、Ⅱ型，允许误差为±1.5mm，如图7-3所示。

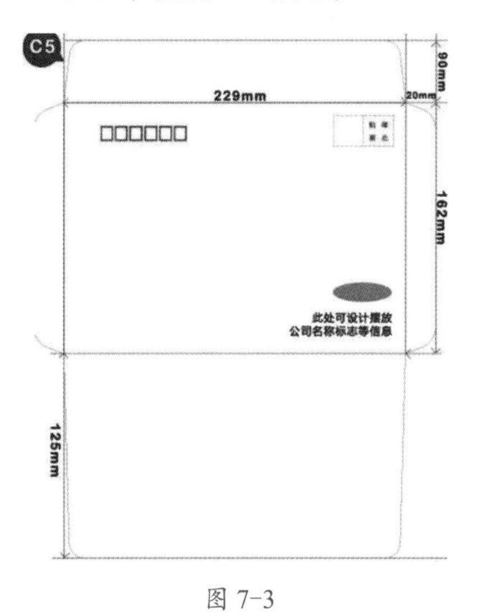

图7-3

（4）C4信封，即“9号信封”。

C4信封是标准信封中尺寸最大的信封，可放16开或A4尺寸的资料或杂志，其规格为长324mm、宽229mm。

用纸：选用不低于100g/m² 的B等信封用纸Ⅰ、Ⅱ型，允许误差为±1.5mm，如图7-4所示。

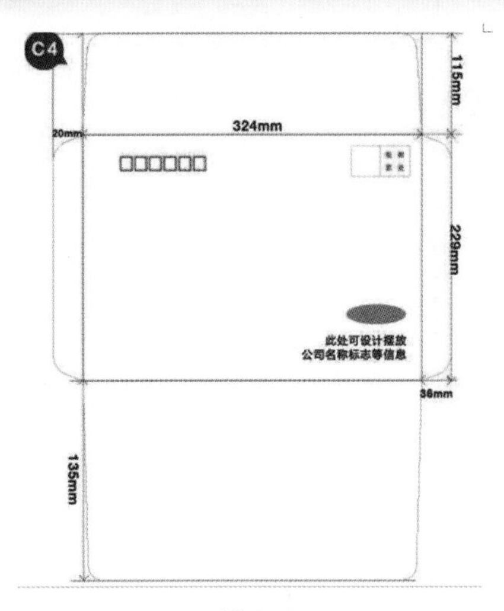

图 7-4

★重点 7.1.2　批量制作标签

在日常工作中，使用Word中的标签功能，可以对一些办公用品或商品进行分类标示。制作一些类似于贴纸的小标签，将其打印出来贴在物品上，可以起到标示的作用，从而提高办公的效率。

标签的样式有很多种，用户可以根据工作需求，设置不同样式的标签。由于标签的样式不同，其制作方法也有所不同。

1. 使用表格制作标签

有时需要制作带框的标签，如果用文本框来制作，当需要的标签数目比较多时，非常麻烦。因此，可以使用Word的表格功能进行标签制作，具体操作步骤如下。

Step01 在Word中，首先设置页面方向、插入表格、输入标签文本，然后设置表格属性，单元格默认的【上】【下】【左】【右】边距为【0厘米】，间距为【0.4厘米】，效果如图 7-5 所示。

物品属性 物品名称： 物品编号：	物品属性 物品名称： 物品编号：	物品属性 物品名称： 物品编号：	物品属性 物品名称： 物品编号：
物品属性 物品名称： 物品编号：	物品属性 物品名称： 物品编号：	物品属性 物品名称： 物品编号：	物品属性 物品名称： 物品编号：
物品属性 物品名称： 物品编号：	物品属性 物品名称： 物品编号：	物品属性 物品名称： 物品编号：	物品属性 物品名称： 物品编号：

图 7-5

Step02 选择表格，在【开始】选项卡下边框列表中选择【边框和底纹】选项，打开【边框和底纹】对话框，取消表格的外边框，生成的标签如图 7-6 所示。

物品属性 物品名称： 物品编号：	物品属性 物品名称： 物品编号：	物品属性 物品名称： 物品编号：	物品属性 物品名称： 物品编号：
物品属性 物品名称： 物品编号：	物品属性 物品名称： 物品编号：	物品属性 物品名称： 物品编号：	物品属性 物品名称： 物品编号：
物品属性 物品名称： 物品编号：	物品属性 物品名称： 物品编号：	物品属性 物品名称： 物品编号：	物品属性 物品名称： 物品编号：

图 7-6

技能拓展——不干胶标签的应用

制作标签时，无论最终制作出的标签是哪种类型的标签，使用方法都与提供的打印纸有关。如果只需制作普通的标签，打印时直接使用普通纸张即可；如果要制作可以直接贴在物品上的标签，打印时需要使用不干胶材料。

2. 使用形状和图片制作标签

在Word中使用形状制作标签，可以根据自己的设计，制作出多种精美的标签样式。

除了使用形状制作标签外，还可以插入图片，配合使用艺术字，制作一些特别的标签。

无论是使用形状还是图片，都需要注意突出标签的要点，这样才能够让标签发挥作用，不能为了好看，什么作用也没有。如图 7-7 所示，是用户自行制作的个性化标签。

图 7-7

3. 使用【标签】选项制作标签

使用【标签】选项制作标签是Word中最常用的制作标签方法。用户可以根据需要，制作出多个相同的标签，也可以使用邮件合并功能，制作出多个不一样的标签，具体操作步骤见 7.2 节，效果如图 7-8 和图 7-9 所示。

成都市恒图教育有限公司 图书兑换券 NO 年 月 日	成都市恒图教育有限公司 图书兑换券 NO 年 月 日	成都市恒图教育有限公司 图书兑换券 NO 年 月 日
成都市恒图教育有限公司 图书兑换券 NO 年 月 日	成都市恒图教育有限公司 图书兑换券 NO 年 月 日	成都市恒图教育有限公司 图书兑换券 NO 年 月 日
成都市恒图教育有限公司 图书兑换券 NO 年 月 日	成都市恒图教育有限公司 图书兑换券 NO 年 月 日	成都市恒图教育有限公司 图书兑换券 NO 年 月 日
成都市恒图教育有限公司 图书兑换券 NO 年 月 日	成都市恒图教育有限公司 图书兑换券 NO 年 月 日	成都市恒图教育有限公司 图书兑换券 NO 年 月 日
成都市恒图教育有限公司 图书兑换券 NO 年 月 日	成都市恒图教育有限公司 图书兑换券 NO 年 月 日	成都市恒图教育有限公司 图书兑换券 NO 年 月 日

图 7-8

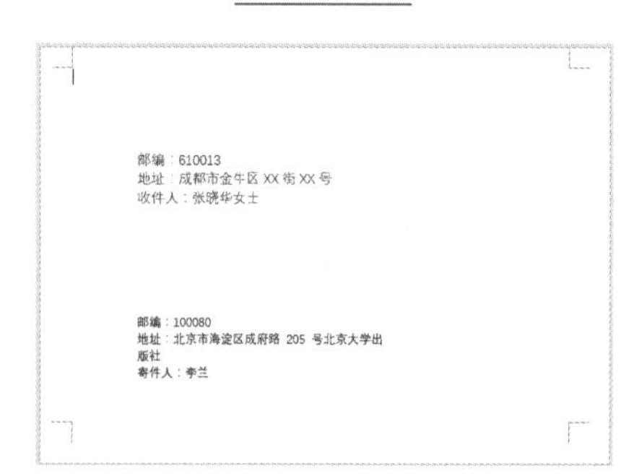

图 7-9

★重点 7.1.3 邮件合并功能

在日常工作中，用户经常遇见以下这种情况：处理的文件主要内容基本相同，只是具体数据有变化而已。在处理大部分格式相同、只需修改少数相关内容的文档时，可以灵活运用Word邮件合并功能，不仅操作简单，而且可以设置各种格式，满足不同用户的需求。

1. 批量打印信封

使用邮件合并功能，可以按统一的格式，将电子表格中的邮编、收件人地址、收件人姓名、寄件人地址、寄件人姓名和邮编打印出来，如图 7-10 所示。

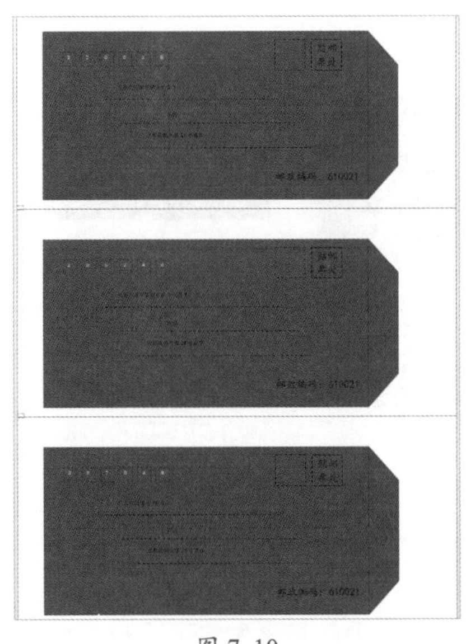

图 7-10

2. 批量打印信函和请柬

使用邮件合并功能制作信函与请柬时，可以从电子表格中调用收件人，在其内容与基本格式固定不变的情况下，可以进行批量打印，如图 7-11 所示。

尊敬的 李明 先生/女士，

我们已在华盛顿上述地址为我们的产品开设了一家办事处。我们雇有一个咨询人员和一支受过良好训练的服务队伍，可以为从我处购买的设备进行日常检查。如果你能充分利用我们的服务和良好的购物环境，我们会很高兴。我们全面保证产品的质量。

你诚挚的东润集团

尊敬的 赵娜 先生/女士，

我们已在华盛顿上述地址为我们的产品开设了一家办事处。我们雇有一个咨询人员和一支受过良好训练的服务队伍，可以为从我处购买的设备进行日常检查。如果你能充分利用我们的服务和良好的购物环境，我们会很高兴。我们全面保证产品的质量。

你诚挚的东润集团

尊敬的 何林 先生/女士，

我们已在华盛顿上述地址为我们的产品开设了一家办事处。我们雇有一个咨询人员和一支受过良好训练的服务队伍，可以为从我处购买的设备进行日常检查。如果你能充分利用我们的服务和良好的购物环境，我们会很高兴。我们全面保证产品的质量。

你诚挚的东润集团

图 7-11

3. 批量打印工资条

使用邮件合并功能，可以从电子表格中批量调用工资数据，根据员工姓名、员工编号、应发工资、扣除项目、实发工资等字段，批量打印工资条。

4. 批量打印个人简历

使用邮件合并功能，可以从电子表格中批量调用姓名、学历、联系方式、籍贯等不同字段数据，批量打印个人简历，每人一页，对应不同的个人信息。

5. 批量打印学生成绩单

使用邮件合并功能，可以从电子表格中批量调用各字段数据，如学生姓名、各科目成绩、总成绩和平均成绩等字段，批量打印学生成绩单，并设置评语字段，编写不同的评语。

6. 批量打印各类获奖证书

使用邮件合并功能，可以在电子表格中已有姓名、获奖名称和等级等各字段信息的情况下，在Word中设置打印格式，批量打印不同的获奖证书。

7. 批量打印证件

使用邮件合并功能，可以批量打印各种证件，如准考证、明信片、信封、个人报表等。

总之，只要有数据源（如电子表格、数据库等），并且数据源是一个标准的二维数据表，就可以很方便地在Word中用邮件合并功能批量打印相关文件。

7.2 制作信封

Word 2021 提供了信封功能，用户既可以使用向导快速创建信封，又可以自定义个性化信封。

7.2.1 使用向导制作信封

实例门类	软件功能

信封是比较特殊的文档，其纸张大小及格式是固定的。使用Word提供的信封功能，可以制作单个信封或批量生成信封。

使用信封制作向导制作信封，具体操作步骤如下。

Step 01 打开【信封制作向导】对话框。启动Word 2021，❶选择【邮件】选项卡；❷单击【创建】组中的【中文信封】按钮，如图 7-12 所示。

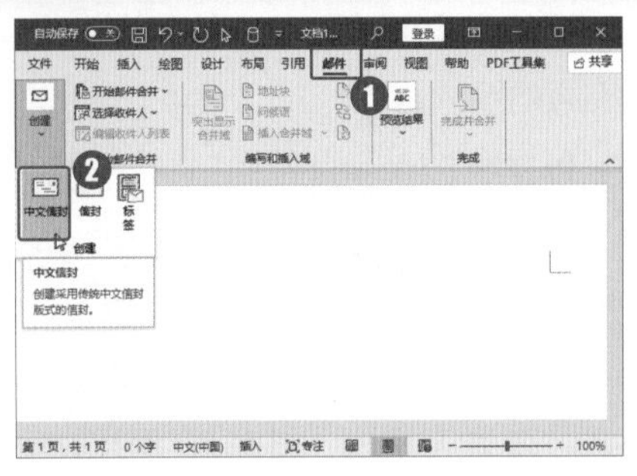
图 7-12

Step02 进入【选择信封样式】界面。弹出【信封制作向导】对话框，单击【下一步】按钮，如图 7-13 所示。

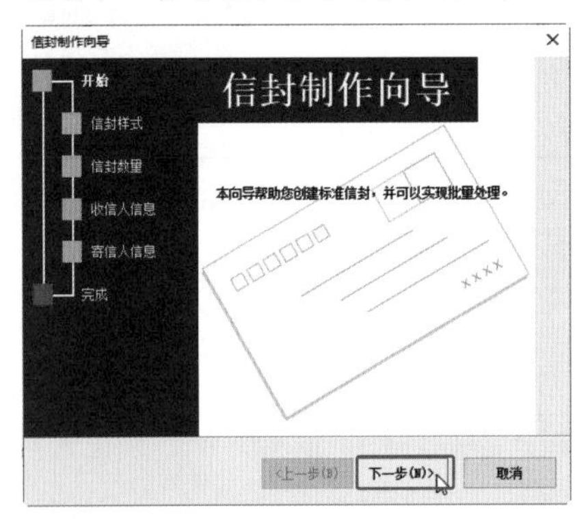

图 7-13

Step03 设置信封样式。进入【选择信封样式】界面，❶在【信封样式】下拉列表框中选择需要的信封规格及样式，这里选择【国内信封-DL (220×110)】选项；❷选择需要打印在信封上的各组成部分对应的复选框，并通过【预览】区域查看信封是否符合需求；❸单击【下一步】按钮，如图 7-14 所示。

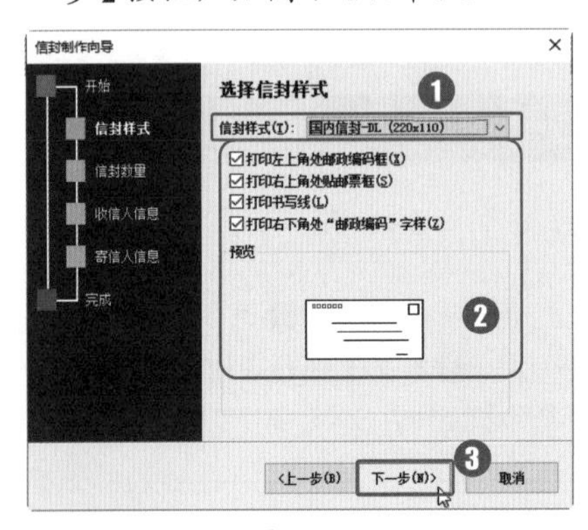
图 7-14

Step04 选择生成信封的方式和数量。进入【选择生成信封的方式和数量】界面，❶选择生成信封的方式，这里选择【键入收件人信息，生成单个信封】单选按钮；❷单击【下一步】按钮，如图 7-15 所示。

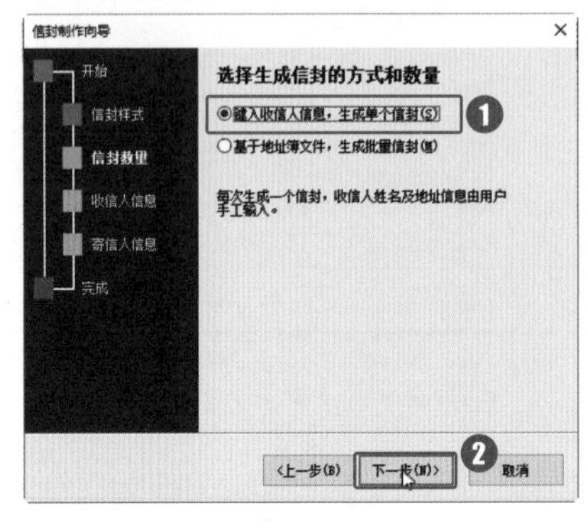
图 7-15

技术看板

如果计算机中事先创建了包括信封元素的地址簿文件（可以是 TXT、Excel 或 Outlook 文件），可以使用信封制作向导同时制作多个信封。只需在图 7-15 中选择【基于地址簿文件，生成批量信封】单选按钮，在新界面中单击【选择地址簿】按钮，选择地址簿文件后为【匹配收信人信息】区域的各下拉列表框选择对应项即可。

Step05 输入收信人信息。进入【输入收信人信息】界面，❶在对应的文本框中输入收信人的姓名、称谓、单位、地址及邮编信息；❷单击【下一步】按钮，如图 7-16 所示。

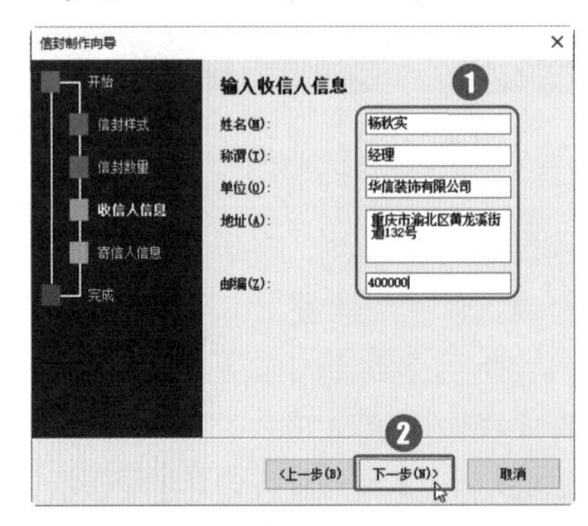
图 7-16

Step06 输入寄信人信息。进入【输入寄信人信息】界面，❶在对应的文本框中输入寄信人的姓名、单位、地址及邮编信息；❷单击【下一步】按钮，如图 7-17 所示。

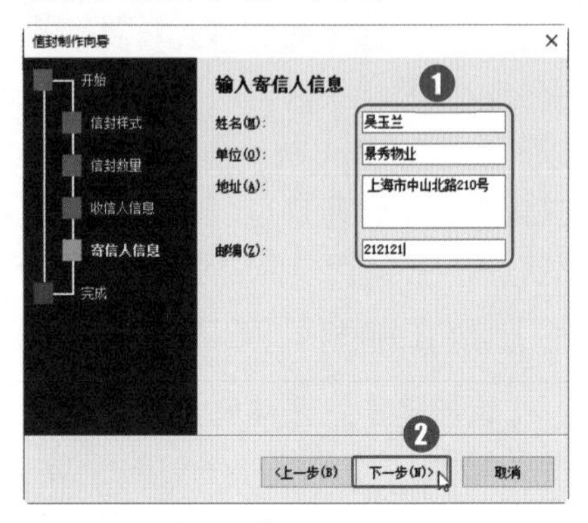
图 7-17

Step07 完成信封制作。在【信封制作向导】对话框中单击【完成】按钮，如图 7-18 所示。

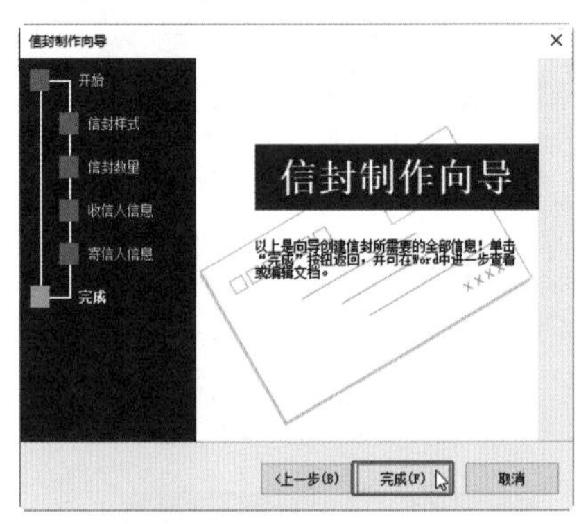

图 7-18

Step08 查看生成的信封。Word 将自动新建一个文档，其页面大小为信封的大小，其中的内容已经自动按照用户所输入信息填写，效果如图 7-19 所示。

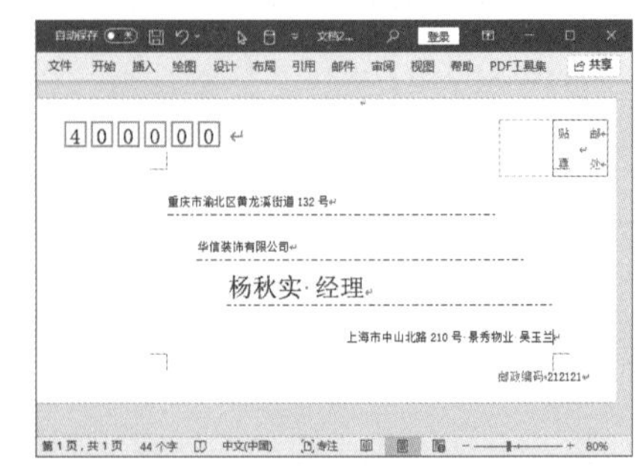

图 7-19

技术看板

使用【信封制作向导】对话框制作信封时，并不一定要输入收信人信息和寄信人信息，可以等信封制作好后，再在相应的位置输入信息。

★重点 7.2.2 制作自定义信封

实例门类	软件功能

使用信封制作向导制作信封，是根据特定格式制作，如果需要制作具有公司标识的个性化信封，或者只需制作简易信封，可以自定义设计信封。

例如，要手动制作一个简易信封，具体操作步骤如下。

Step01 创建信封。启动Word 2021，❶选择【邮件】选项卡；❷单击【创建】组中的【信封】按钮，如图7-20所示。

图 7-20

Step02 输入收信人地址和寄信人地址。打开【信封和标签】对话框，❶在【信封】选项卡的【收信人地址】文本框中输入收信人的信息；❷在【寄信人地址】文本框中输入寄信人的信息；❸单击【选项】按钮，如图7-21所示。

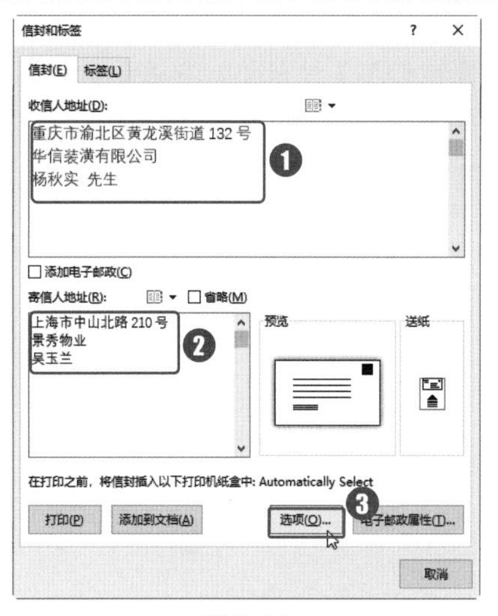

图 7-21

Step03 设置边距。打开【信封选项】对话框，❶在【信封选项】选项卡【信封尺寸】下拉列表中选择信封的尺寸大小；❷在【收信人地址】栏中设置收信人地址距页面左边和上边的距离；❸在【寄信人地址】栏中设置寄信人地址距页面左边和上边的距离；❹在【收信人地址】栏中单击【字体】按钮，如图7-22所示。

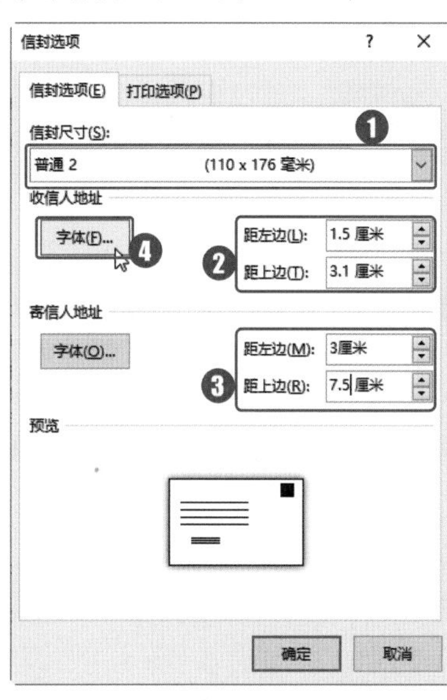

图 7-22

Step04 设置收信人地址的字体格式。❶在打开的【收信人地址】对话框中设置收信人地址的字体格式；❷完成设置后单击【确定】按钮，如图7-23所示。

图 7-23

Step05 打开【寄信人地址】对话框。返回【信封选项】对话框，在【寄信人地址】栏中单击【字体】按钮，如图7-24所示。

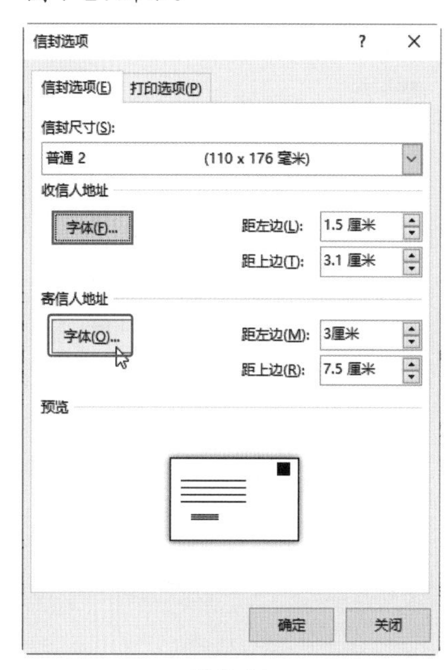

图 7-24

Step06 设置寄信人地址的字体格式。❶在打开的【寄信人地址】对话框中设置寄信人地址的字体格式；❷完成设置后单击【确定】按钮，如

图 7-25 所示。

图 7-25

Step07 返回【信封和标签】对话框。返回【信封选项】对话框后，单击【确定】按钮，如图 7-26 所示。

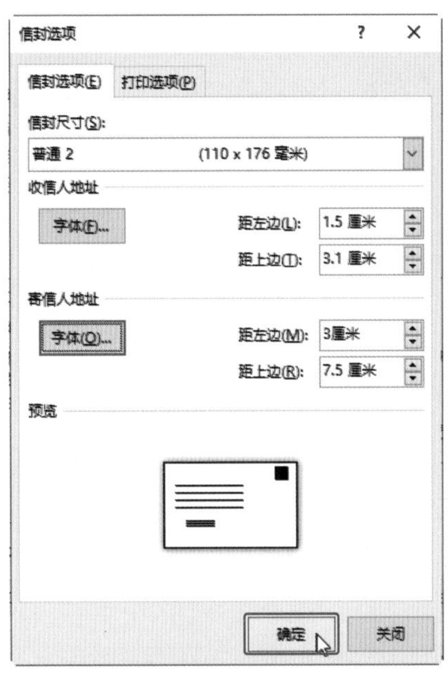

图 7-26

> **技术看板**
>
> 根据需要，在【信封选项】对话框的【打印选项】选项卡中，可以设置送纸方式和其他打印相关内容。

Step08 将信封添加到文档。返回【信封和标签】对话框，单击【添加到文档】按钮，如图 7-27 所示。

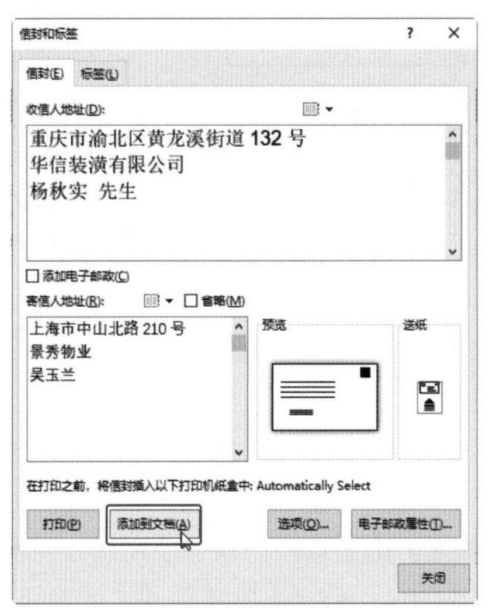

图 7-27

Step09 不保存为默认的寄信人地址。弹出提示框，询问是否要将新的寄信人地址保存为默认的寄信人地址，用户可根据需要自行选择，本例中不需要保存，所以单击【否】按钮，如图 7-28 所示。

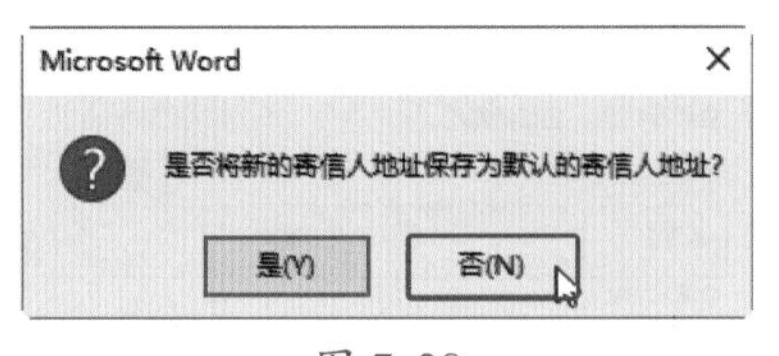

图 7-28

Step10 查看自定义的信封效果。返回文档，即可查看自定义制作的信封效果，如图 7-29 所示。

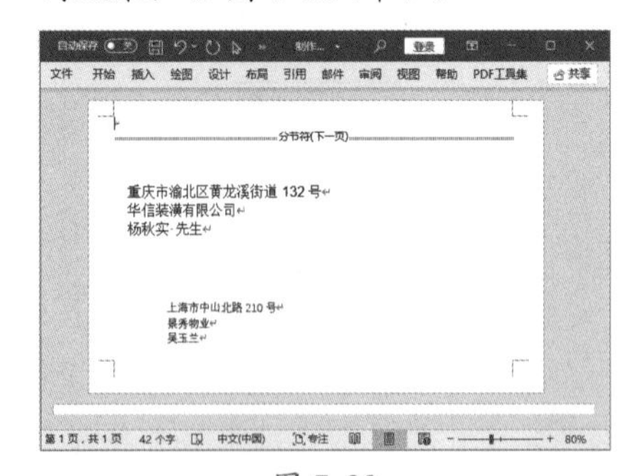

图 7-29

> **技术看板**
>
> 默认情况下，制作的信封中，文本内容都是左对齐的，用户可以根据需要，自行调整信封上文本的位置。只需将文本插入点定位在信封上的文本中，就会显示文本框，按住鼠标左键拖动文本框即可。选择文本框中的文本，可以在【开始】选项卡【字段】和【段落】组中对文本进行格式设置。

★重点 7.2.3 实战：快速制作自定义标签

实例门类	软件功能

标签是在日常工作中使用较多的元素，如为地址、横幅、名牌或影碟打印单个标签，或在整理资料时为文件夹封面制作相同的标签。在 Word 2021 中，可以快速制作这些标签。

例如，某公司要制作大量图书兑换券，具体操作步骤如下。

Step01 打开【信封和标签】对话框。启动 Word 2021，❶选择【邮件】选项卡；❷单击【创建】组中的【标签】按钮，如图 7-30 所示。

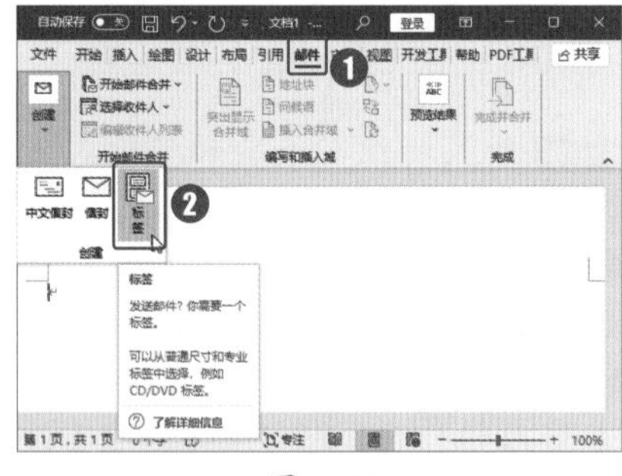

图 7-30

Step02 打开【标签选项】对话框。弹出【信封和标签】对话框，单击【标签】选项卡中的【选项】按钮，如图 7-31 所示。

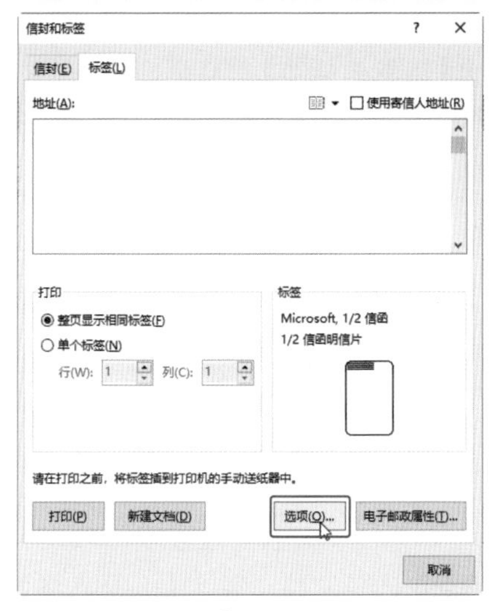

图 7-31

技术看板

在【标签】选项卡【打印】组中选择【单个标签】单选按钮，输入所需标签在标签页中的行、列编号，即可打印单个标签。

Step03 选择标签。打开【标签选项】对话框，❶在【产品编号】列表框中选择合适的选项，这里选择【每页 30 张】选项；❷单击【确定】按钮，如图 7-32 所示。

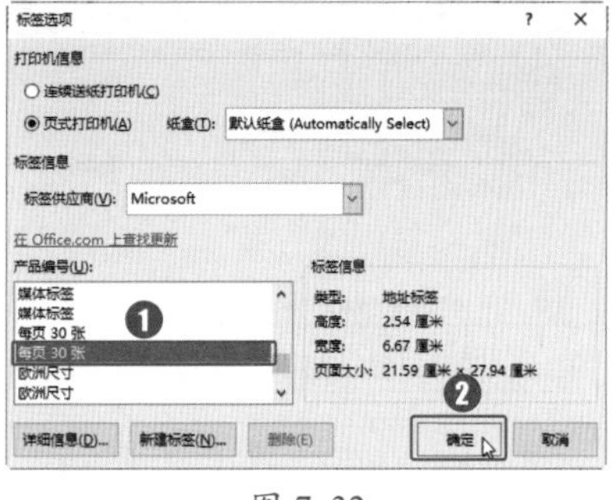

图 7-32

Step04 输入标签内容。返回【信封和标签】对话框，❶在【地址】文本框中输入需要在标签中显示的内容；❷单击【新建文档】按钮，如图 7-33 所示。

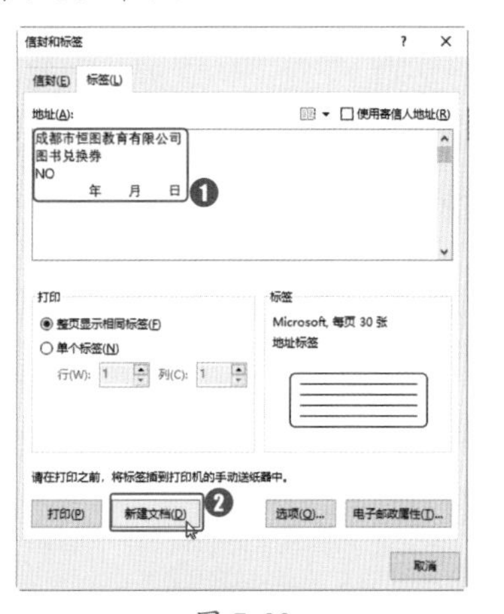

图 7-33

Step05 查看生成的标签。完成以上操作后，即可生成自定义标签，效果如图 7-34 所示。

图 7-34

7.3 邮件合并

Word 2021 提供了邮件合并功能，可以帮助用户批量打印有规律的内容。使用邮件合并功能，首先应创建两个文档，一个是 Word 文档，即包括所有文件共有内容的主文档，如未填写的信封；另一个是 Excel 源数据表，包括变化的信息数据，如要分别填入主文档的收件人、发件人、邮编等。然后使用邮件合并功能，在主文档中插入变化的信息数据。完成插入后，用户既可以将合成后的文件保存为 Word 文档，打印出来，也可以以邮件的形式发送出去。

★重点 7.3.1 实战：创建工资条主文档

实例门类	软件功能

众所周知，使用函数可以制作工资条，但函数并不是很好掌握。下面介绍使用 Word 的邮件合并功能，结合 Excel 数据，快速制作工资条的方法，具体操作步骤如下。

Step01 打开工资表格。打开"素材文件\第 7 章\员工工资表.xlsx"文档，工资数据如图 7-35 所示。

图 7-35

Step02 输入文档标题。新建一个Word文档，❶输入标题行，设置标题字体格式，并将标题行设置为居中对齐；❷按【Enter】键换行后，单击【开始】选项卡【段落】组中的【左对齐】按钮≡，如图7-36所示。

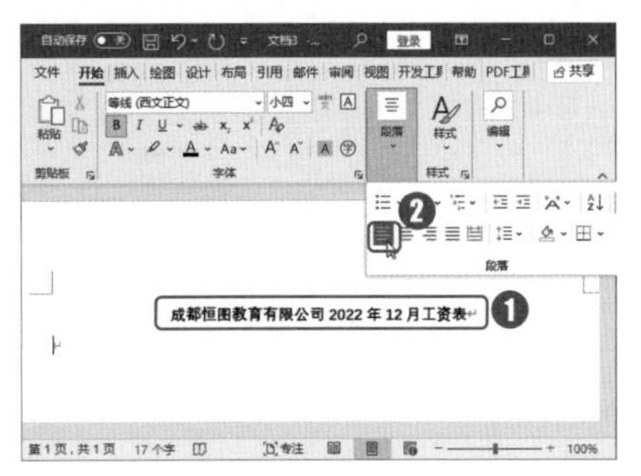

图 7-36

Step03 插入表格。❶选择【插入】选项卡；❷单击【表格】组中的【表格】按钮；❸在弹出的下拉列表中拖动鼠标选择需插入的表格行列数，如图7-37所示。

图 7-37

Step04 设置纸张方向。❶在表格中输入标题行文本；❷选择【布局】选项卡；❸单击【页面设置】组中的【纸张方向】按钮；❹在弹出的下拉列表中选择【横向】选项，即可完成本例操作，如图7-38所示。调整纸张方向后，再根据页面尺寸调整一下表格的列宽。

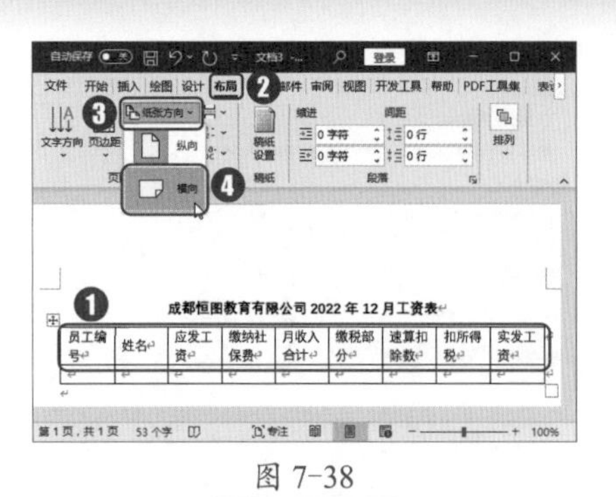

图 7-38

技术看板

在Word邮件合并中，根据不同用途，有不同模板，包括信函、电子邮件、传真、信封、标签、目录、普通Word文档等。

★重点 7.3.2 实战：选择工资表数据源

实例门类	软件功能

主文档和源数据表制作完成后，可以使用邮件合并功能，在主文档中导入现有源数据表，具体操作步骤如下。

Step01 打开【选取数据源】对话框。打开主文档，❶选择【邮件】选项卡；❷在【开始邮件合并】组中单击【选择收件人】按钮；❸在弹出的下拉列表中选择【使用现有列表】选项，如图7-39所示。

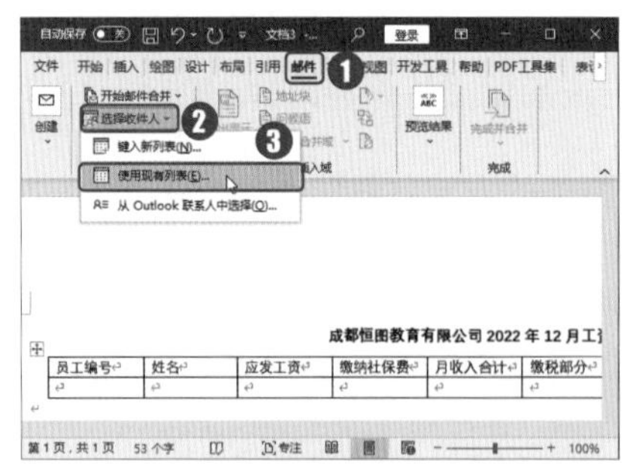

图 7-39

Step02 打开【选择表格】对话框。弹出【选取数据源】对话框，❶在“素材文件\第7章”路径下选择表格文件“员工工资表.xlsx”；❷单击【打开】按钮，如图7-40所示。

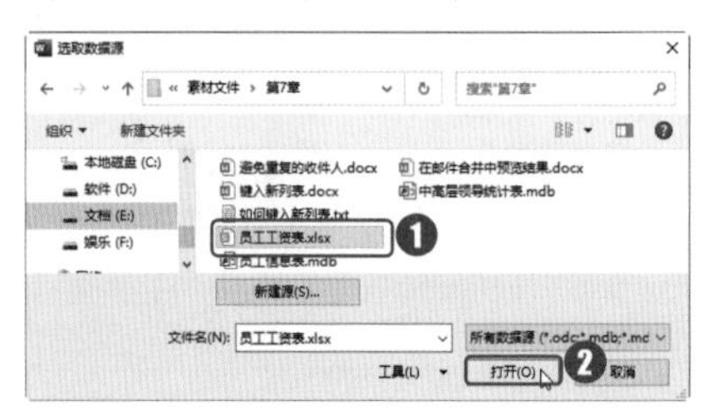

图 7-40

Step03 选择表格。弹出【选择表格】对话框，❶选择【Sheet 1】工作表；❷单击【确定】按钮，即可将源数据表导入主文档，如图7-41所示。

图 7-41

★重点 7.3.3 实战：插入工资条的合并域

实例门类	软件功能

将源数据表导入主文档后，就可以插入合并域了，具体操作步骤如下。

Step01 插入员工编号域。❶调整表格中内容的对齐方式后，将光标定位在员工编号所在的单元格中；❷选择【邮件】选项卡；❸单击【编写和插入域】组中的【插入合并域】按钮；❹在弹出的下拉列表中选择【员工编号】选项，如图7-42所示。

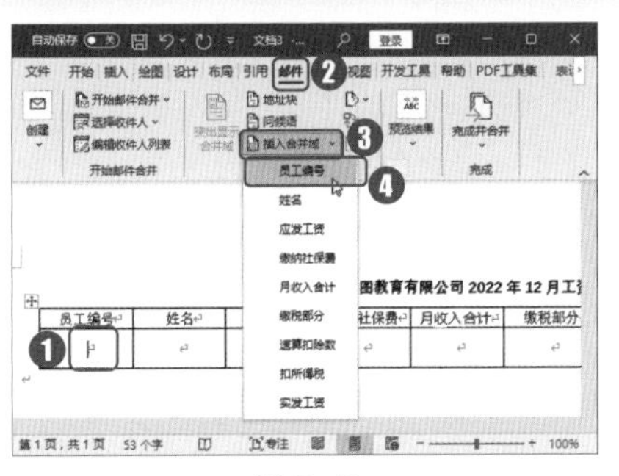

图 7-42

Step02 插入姓名域。完成 Step 01 操作后，即可在光标位置插入合并域“«员工编号»”，随后，❶将光标定位在姓名所在的单元格中；❷选择【邮件】选项卡；❸单击【编写和插入域】组中的【插入合并域】按钮；❹在弹出的下拉列表中选择【姓名】选项，如图 7-43 所示。

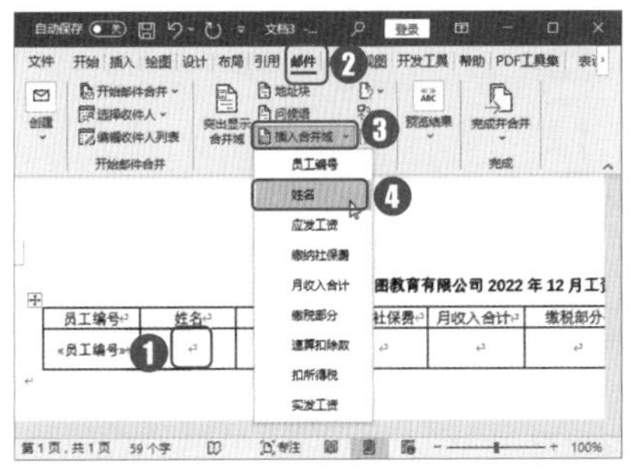

图 7-43

Step03 插入其他域。使用同样的方法，插入合并域“«应发工资»”“«缴纳社保费»”“«月收入合计»”“«缴税部分»”“«速算扣除数»”“«扣所得税»”和“«实发工资»”，如图 7-44 所示。

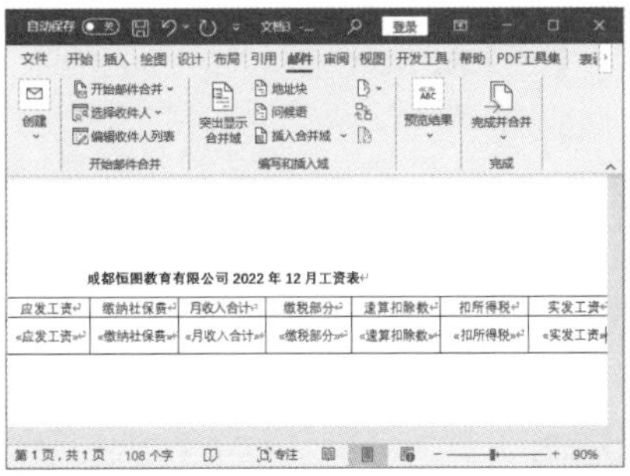

图 7-44

★重点 7.3.4 实战：完成合并工资条操作

实例门类	软件功能

插入合并域后，即可执行【完成并合并】命令，批量生成工资条，具体操作步骤如下。

Step01 打开【合并到新文档】对话框。❶选择【邮件】选项卡；❷在【完成】组中单击【完成并合并】按钮；❸在弹出的下拉列表中选择【编辑单个文档】选项，如图 7-45 所示。

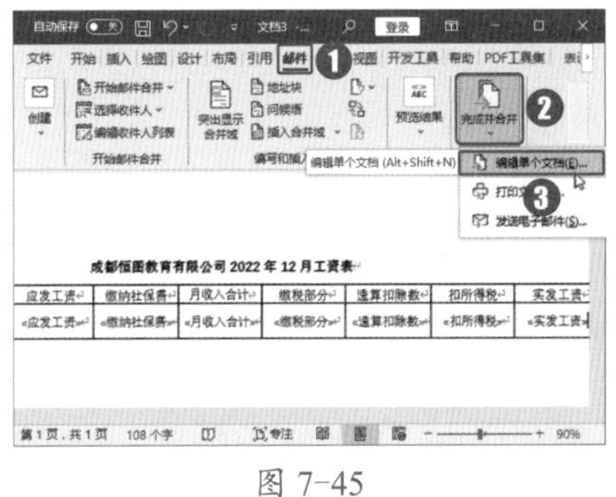

图 7-45

Step02 选择全部记录。弹出【合并到新文档】对话框，❶选择【全部】单选按钮；❷单击【确定】按钮，如图 7-46 所示。

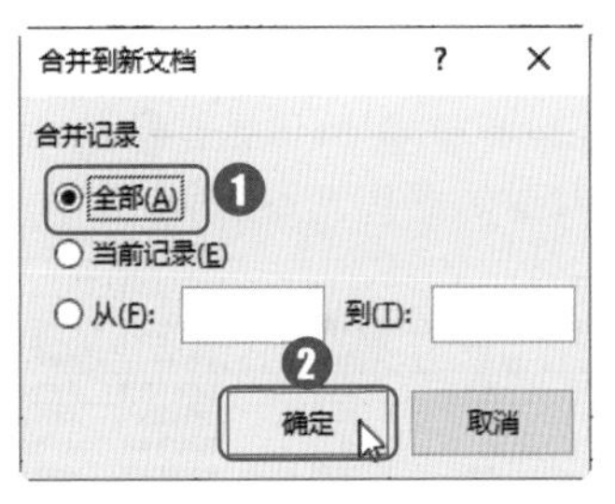

图 7-46

Step03 查看生成的员工工资条。完成以上操作后，即可生成一个信函型文档，分页显示不同员工的工资条，如图 7-47 所示。

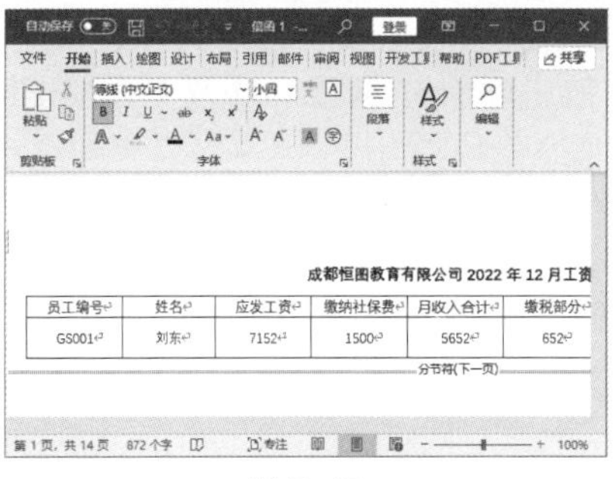

图 7-47

Step04 删除分节符。按【Ctrl+H】组合键，打开【查找和替换】对话框，❶在【查找内容】文本框中输入分节符代码“^b”；❷单击【全部替换】按钮，如图 7-48 所示。

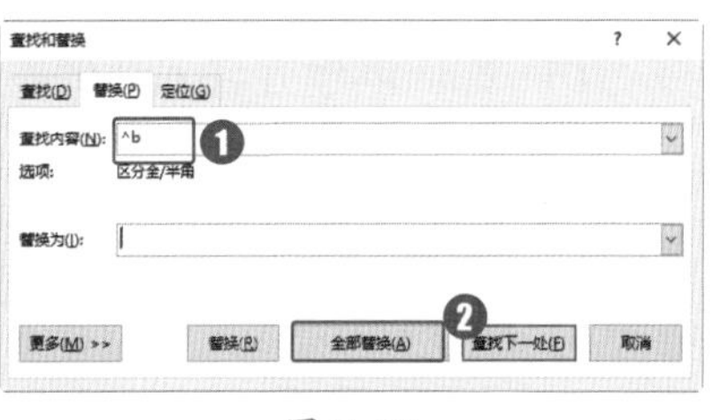

图 7-48

Step05 确定删除分节符。弹出【Microsoft Word】对话框，单击【确定】按钮，如图 7-49 所示。

图 7-49

Step06 关闭【查找和替换】对话框。返回【查找和替换】对话框，单击【关闭】按钮，如图 7-50 所示。

图 7-50

Step07 完成对分节符的删除。此时即可删除分节符，效果如图 7-51 所示。

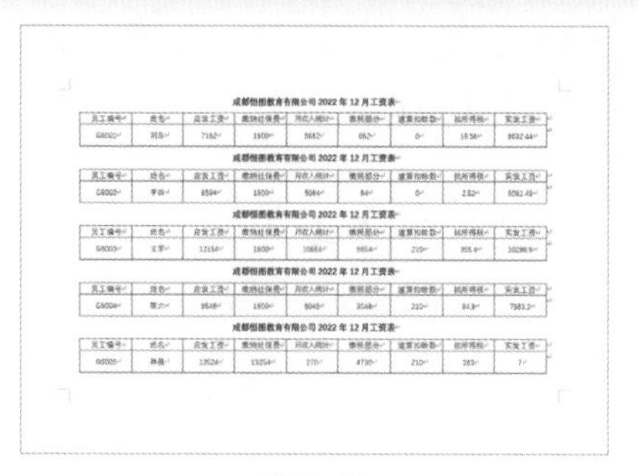

图 7-51

妙招技法

通过对前面知识的学习，相信读者已经掌握了 Word 2021 信封与邮件合并的相关知识。下面结合本章内容，给大家介绍一些实用技巧。

技巧 01：如何创建并导入新列表

要将数据信息合并到主文档中，必须将主文档与数据源或数据文件链接。若还没有数据文件，可以在邮件合并过程中创建一个列表，手动输入相关数据。创建并导入新列表的具体操作步骤如下。

Step01 打开【新建地址列表】对话框。打开“素材文件\第 7 章\键入新列表.docx”文档，❶选择【邮件】选项卡；❷在【开始邮件合并】组中单击【选择收件人】按钮；❸在弹出的下拉列表中选择【键入新列表】选项，如图 7-52 所示。

图 7-52

Step02 新建条目。弹出【新建地址列表】对话框，❶根据实际需要，分别输入第一条记录的相关数据；❷单击【新建条目】按钮，如图 7-53 所示。

图 7-53

Step03 完成对数据记录的添加。❶继续添加其他数据记录；❷单击【确定】按钮，如图 7-54 所示。

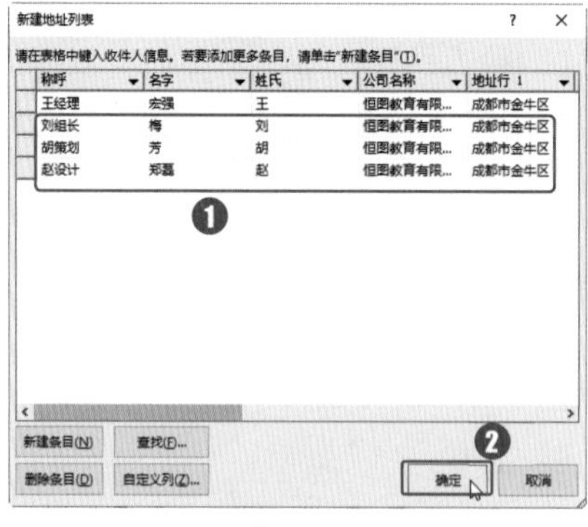

图 7-54

Step04 保存记录。弹出【保存通讯录】对话框，❶将文件名设置为“员工信息表”；❷单击【保存】按钮，如图 7-55 所示。

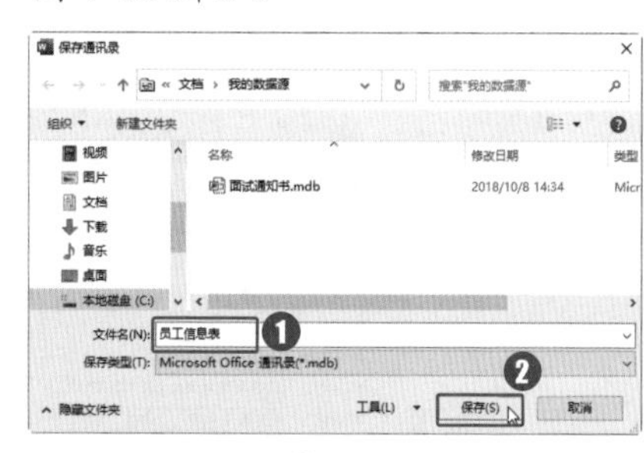

图 7-55

Step05 使用现有列表。返回 Word 文档，❶选择【邮件】选项卡；❷在【开始邮件合并】组中单击【选择收件人】按钮；❸在弹出的下拉列表中选择【使用现有列表】选项，如图 7-56 所示。

图 7-56

Step06 选择数据源。弹出【选取数据源】对话框，❶选择数据源文件“员工信息表.mdb”；❷单击【打开】按钮，即可完成新列表的创建和导入，如图7-57所示。

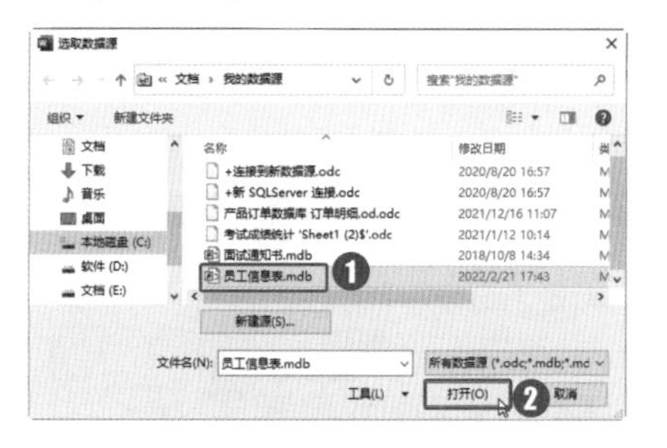

图7-57

技巧02：如何避免出现重复的收件人

为了防止在邮件合并时出现重复的收件人，导致给同一收件人发送多份相同文档，可以在选择收件人时对重复项进行查找，如果有重复项，将其删除。

例如，对收件人列表进行重复项查找，具体操作步骤如下。

Step 01 打开【邮件合并收件人】对话框。打开"素材文件\第7章\避免重复的收件人.docx"文档（合并域文件是"素材文件\第7章\中高层领导统计表.mdb"数据文件），❶选择【邮件】选项卡；❷在【开始邮件合并】组中单击【编辑收件人列表】按钮，如图7-58所示。

图7-58

Step 02 查找重复的收件人。弹出【邮件合并收件人】对话框，在【调整收件人列表】栏中单击【查找重复收件人】超链接，如图7-59所示。

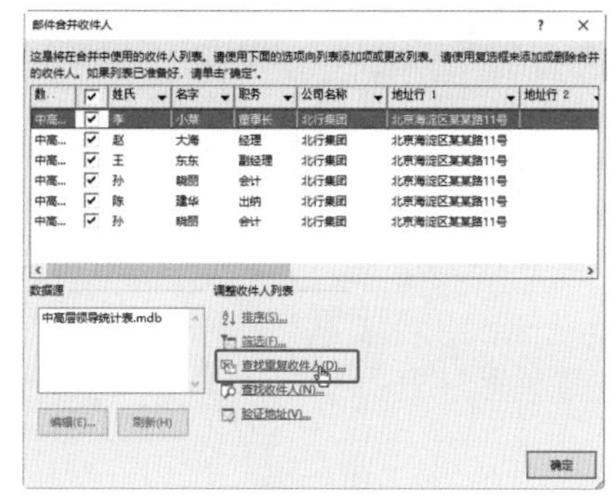

图7-59

Step 03 查看重复记录。弹出【查找重复收件人】对话框，❶列表框中会显示重复的数据记录；❷单击【确定】按钮，如图7-60所示。

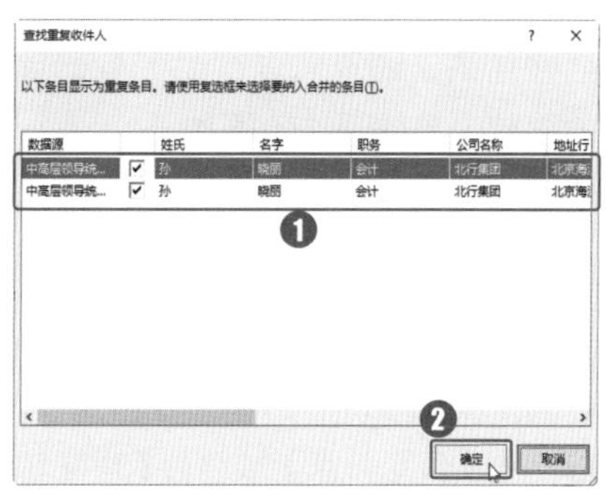

图7-60

Step 04 编辑数据源。返回【邮件合并收件人】对话框，❶在【数据源】列表框中选择源文件"中高层领导统计表.mdb"；❷单击【编辑】按钮，如图7-61所示。

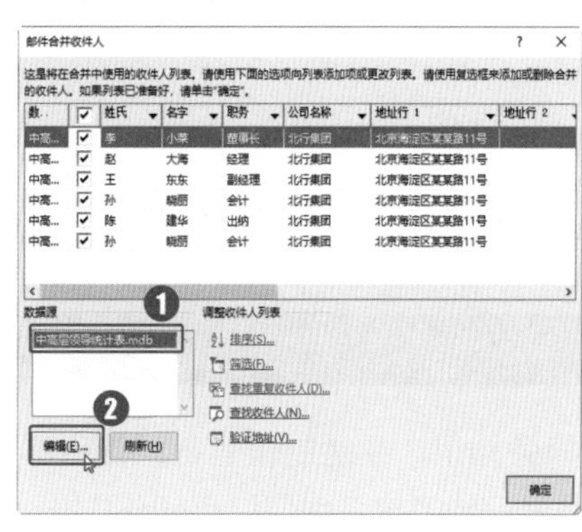

图7-61

技术看板

如果【编辑】按钮不可用，单击【邮件】选项卡【开始邮件合并】组中的【选择收件人】按钮，选择合适的收件人列表。

Step 05 删除重复条目。打开【编辑数据源】对话框，❶选择一条重复的数据记录；❷单击【删除条目】按钮，如图7-62所示。

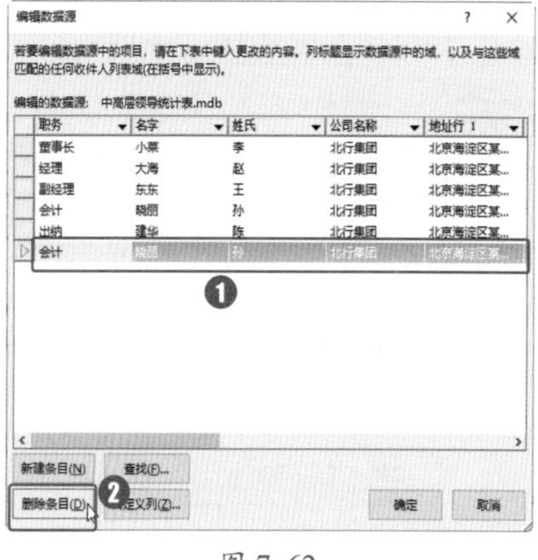

图7-62

Step 06 确定删除条目。弹出【Microsoft Word】对话框，询问用户"是否删除此条目"，单击【是】按钮，如图7-63所示。

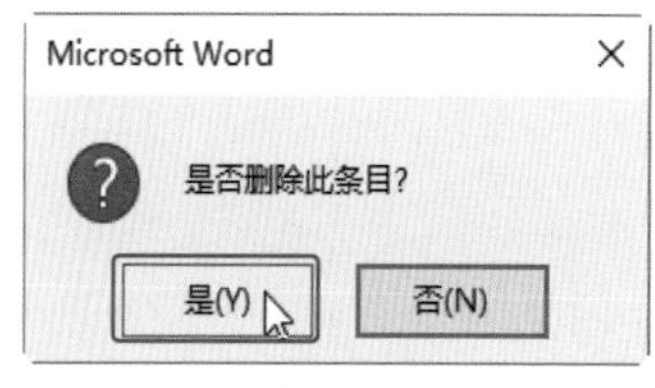

图7-63

Step 07 查看删除重复条目后的数据。返回【编辑数据源】对话框，此时，重复的数据记录已被删除。单击【确定】按钮，如图7-64所示。

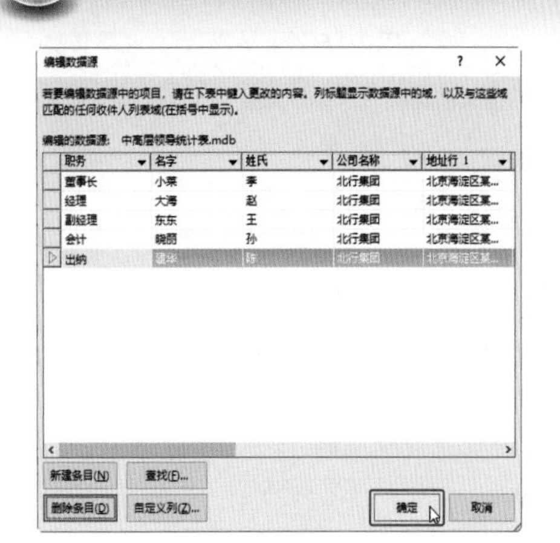

图 7-64

Step 08 更新收件人列表。弹出【Microsoft Word】对话框，询问用户“是否更新收件人列表，并将这些更改保存到中高层领导统计表.mdb 中”，单击【是】按钮，如图 7-65 所示。

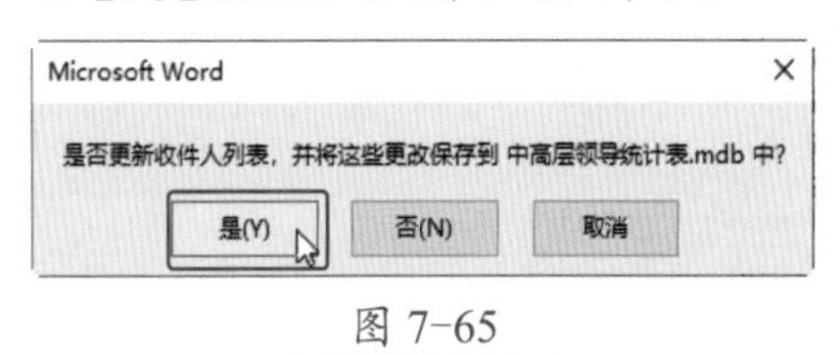

图 7-65

Step 09 关闭对话框。返回【邮件合并收件人】对话框，单击【确定】按钮即可，如图 7-66 所示。

图 7-66

技巧 03：如何在邮件合并中预览结果

插入合并域后，用户不仅可以点击【预览结果】按钮，预览邮件合并结果，还可以进行上下条记录的跳转，具体操作步骤如下。

Step 01 预览结果。打开“素材文件\第 7 章\在邮件合并中预览结果.docx”文档（合并域文件是“素材文件\第 7 章\员工工资表.xlsx”数据文件），❶选择【邮件】选项卡；❷单击【预览结果】组中的【预览结果】按钮，如图 7-67 所示。

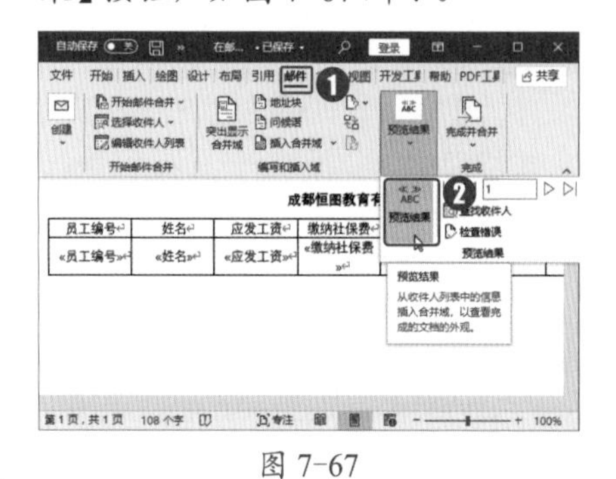

图 7-67

Step 02 预览第一条数据。完成 Step 01 操作后，即可预览第一条数据，如图 7-68 所示。在【预览结果】组中单击【下一记录】按钮▷。

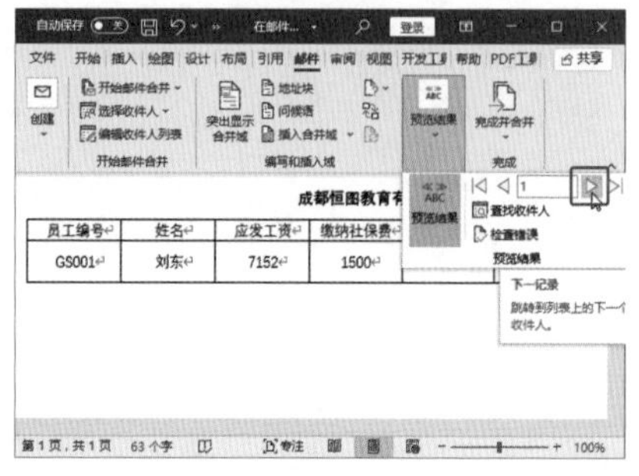

图 7-68

Step 03 预览其他数据。完成 Step 02 操作后，即可查看第 2 条数据，以此类推，如图 7-69 所示。

图 7-69

技能拓展——解决合并数字类型域后小数位增多的问题

使用邮件合并功能合并数值型数字时，有时会出现数字的小数位增多的情况。此时可以切换至域代码状态：{MERGEFIELD" 合并域名称 "\#"0.0"}，刷新后，数值型数字便只显示一位小数。

本章小结

本章主要介绍了信封和邮件合并的相关知识，并对制作信封、使用邮件合并功能批量制作工资条等方法进行了指导，通过对本章知识的学习，相信读者已经了解了如何使用 Word 文档的信封和邮件合并功能，只要勤加练习，一定能掌握批量制作带有规律性的文档内容的技巧。

第3篇 Excel办公应用

Excel 2021 是 Office 2021 中的另一个核心组件，具有强大的数据处理功能。在日常办公中，Excel 主要用于制作电子表格，以及对数据进行计算、统计汇总与管理分析等。

第8章 Excel 2021电子表格数据的输入与编辑

- 最基本的工作簿操作有哪些？
- 想在一个工作簿中创建多个工作表，不知道应该怎样选择相应的工作表怎么办？
- 重要的数据或表格结构不希望被别人进行改动，或不想让别人看到这些数据，该如何操作？
- 如何选择和定位单元格？
- 如何编辑单元格？
- 如何将外部数据导入Excel表？

本章将介绍Excel 2021 表格的基本知识与操作方法，包括表格的选择与定位、特殊格式的输入方式，以及如何保护表格内容不被改动等，相信通过对本章内容的学习，读者会对Excel表格建立基本的了解。

8.1 Excel 基本概念

使用Excel表格进行工作前，需要创建Excel文件。由于Excel表格和Word文档在结构上有一些差别，具体介绍Excel表格的相关操作之前，我们先来认识一下Excel表格。

8.1.1 Excel的含义

Excel是Office软件中的电子表格程序。Excel文件常常以工作簿的格式保存，文件扩展名为“.xls”或“.xlsx”，如图 8-1 所示。

图 8-1

技术看板

知道了文件的扩展名，搜索文件时就可以根据文件的扩展名对文件进行分类型筛选，节约时间，提高工作效率。

用户可以使用Excel创建工作簿文件，并设置工作簿格式，用于分析数据，做出更明智的业务决策。此外，用户还可以使用Excel跟踪数据，生成数据分析模型，编写公式对数据进行计算，以多种方式透视数据，并生成各种具有专业外观的图表来显示数据。

8.1.2 工作簿的含义

扩展名为“.xls”或“.xlsx”的文件就是通常所称的工作簿文件，它既是计算和存储数据的文件，也是用户进行Excel操作的主要对象和载体，还是Excel最基本的电子表格文件类型。用户使用Excel创建数据表格、在表格中进行编辑，以及操作完成后进行保存等一系列操作，大多是在工作簿中完成的。在Excel中，可以同时打开多个工作簿。

每个工作簿由一个或多个工作表组成，默认情况下，新建的工作簿名称为“工作簿1”，若不进行重命名操作，此后新建的工作簿将以“工作簿2”“工作簿3”等依次命名。如图 8-2 所示，启动Excel工作簿后，在标题栏中会显示文件名“工作簿 1”。

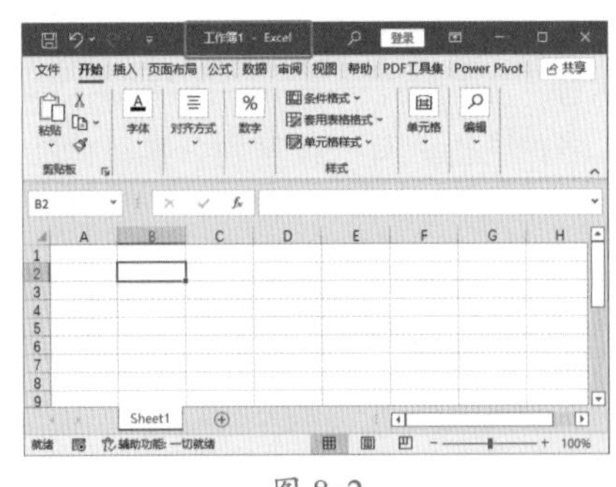

图 8-2

8.1.3 工作表的含义

工作表是由单元格按照行列方式排列组成的，一个工作表由若干个单元格构成。工作表是工作簿的基本组成单位，是Excel的工作平台。在工作表中，主要进行数据的存储和处理工作。

如果把工作簿比作书本，那么，工作表就类似于书本中的书页。工作簿中的每个工作表以工作表标签的形式显示在工作簿编辑区内，方便用户进行切换。工作簿中的工作表可以根据需要增加、删除和移动，表现在具体的操作中，就是对工作表标签进行操作。

8.1.4 单元格的含义

单元格是工作表中使用行线和列线划分出来的一个个小方格，是Excel中存储数据的最小单位。一个工作表由若干单元格构成，每个单元格中都可以输入符号、数值、公式及其他内容。

使用列标和行号，可以标记单元格的具体位置，即单元格地址。单元格地址常应用于公式或地址引用中，其表示方法为“列标+行号”，如工作表中左上角的单元格地址为“A1”，即表示该单元格位于A列1行。单元格区域表示为“单元格:单元格”，如A1单元格与B3单元格之间的单元格区域表示为“A1:B3”。

技术看板

当前选择的单元格被称为当前活动单元格。若该单元格中有内容，则将该单元格中的内容显示在编辑栏中。在Excel中，选择某个单元格后，编辑栏左侧的名称框中会显示该单元格的名称。

8.1.5 单元格区域的含义

单元格区域指多个单元格的集合，是由多个单元格组合而成的一个范围。单元格区域可分为连续的单元格区域和不连续的单元格区域。

1. 连续的单元格区域

在Excel工作表中，相邻的单元格可以构成一个连续的矩形区域，这个矩形区域就是连续的单元格区域。连续的单元格区域包括两个或两个以上的连续单元格。

如果要选择连续的单元格区域，可以先选择一个单元格，然后按住鼠标左键，上、下、左、右进行拖动，完成对某一个连续的单元格区域的选择，如图 8-3 所示。

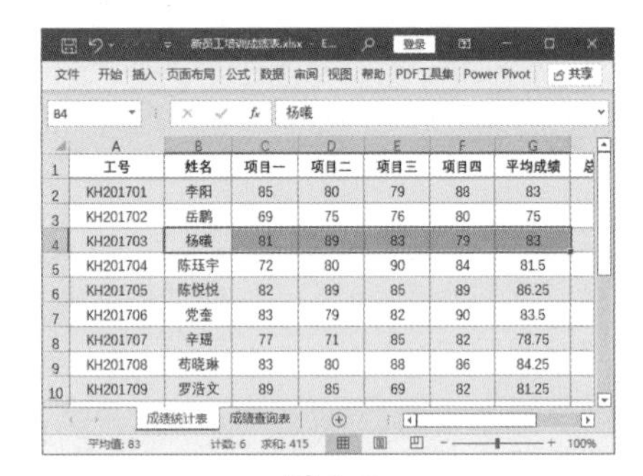

图 8-3

2. 不连续的单元格区域

在Excel工作表中，不连续的单元格区域指两个或两个以上的单元格区域之间存在隔断，单元格区域之间是不相邻的。

选择不连续的单元格区域时，首先选择其中的一部分单元格或连续的单元格区域，然后按住【Ctrl】键不放，再选择其他单元格或连续的单元格区域，如图 8-4 所示，是选择的不连续的几个人的培训成绩数据。

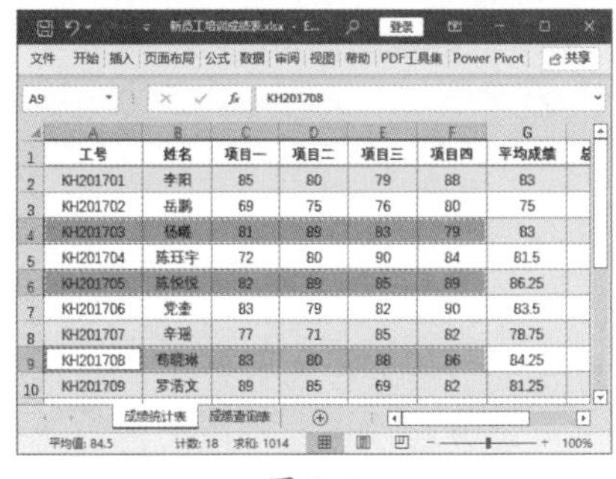
图 8-4

8.1.6 工作簿、工作表和单元格的关系

工作簿、工作表和单元格三者之间的关系是包含与被包含的关系，即一张工作表中包含多个单元格；一个工作簿中包含一张或多张工作表，具体关系如图 8-5 所示。

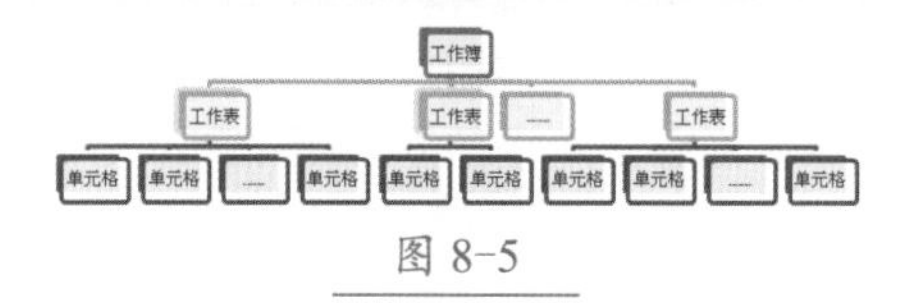

图 8-5

8.2 工作表的基本操作

了解了Excel的基本概念后，下面学习工作表的基本操作。在Excel中对工作表进行操作，就是对工作表标签进行操作，用户可以根据实际需要重命名、插入、选择、删除、移动和复制工作表。

8.2.1 实战：选择工作表

一个Excel工作簿中可以包含多张工作表，如果需要分别在几张工作表中进行输入、编辑或设置格式等操作，可以分别选择相应的工作表。通过单击Excel工作界面底部的工作表标签，可以快速选择不同的工作表，选择工作表分为4种情况。

1. 选择一张工作表

移动鼠标指针到需要选择的工作表标签上，单击，即可选择该工作表，使之成为当前工作表。被选择的工作表标签以白色为底色显示。如果看不到所需的工作表标签，可以单击工作表标签滚动显示按钮 ◀ ▶，调出所需的工作表标签。

2. 选择多张相邻的工作表

选择需要的第一张工作表后，按住【Shift】键的同时单击需要选择的多张相邻工作表的最后一个工作表标签，即可选择这两张工作表及之间的所有工作表，此时，工作簿名称中会显示“[组]”字样，如图 8-6 所示。

图 8-6

3. 选择多张不相邻的工作表

选择需要的第一张工作表后，按住【Ctrl】键的同时单击其他需要选择的工作表标签，即可选择多张不相邻的工作表，如图 8-7 所示。

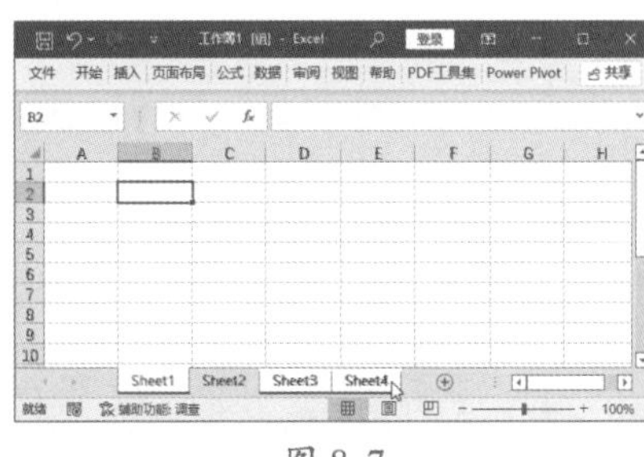
图 8-7

4. 选择工作簿中的所有工作表

在工作簿中任意一个工作表标签上右击，在弹出的快捷菜单中选择【选定全部工作表】选项，如图 8-8 所示，即可选择工作簿中的所有工作表。

图 8-8

技能拓展——如何退出工作组

选择多张工作表时，将在窗口的标题栏中显示“[组]”字样。单击其他不属于工作组的工作表标签或在工作组中的任意工作表标签上右击，在弹出的快捷菜单中选择【取消组合工作表】选项，即可退出工作组。

★重点 8.2.2 实战：插入与删除工作表

实例门类	软件功能

使用Excel处理数据时，为了不损坏原始数据，一般会创建多张工作表，让不同的操作在不同的工

作表中进行。因此，使用Excel时经常需要插入工作表。操作完成后，如果发现有多余的工作表，可以将其删除，只保留有用的工作表。

1. 插入工作表

默认情况下，在Excel 2021中新建工作簿后，工作簿中只包含一张工作表。若编辑数据时发现工作表数量不够，可以根据需要插入新工作表，具体操作步骤如下。

Step 01 插入工作表。启动Excel 2021，❶单击【开始】选项卡【单元格】组中的【插入】按钮；❷在弹出的下拉列表中选择【插入工作表】选项，如图8-9所示。

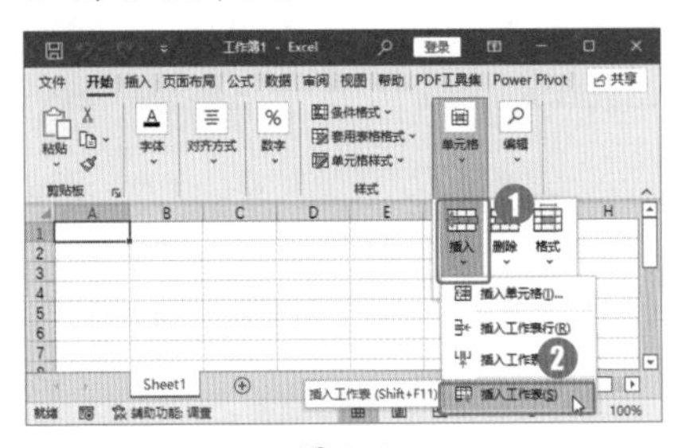

图 8-9

Step 02 查看插入的工作表。完成Step 01操作后，即可在“Sheet1”工作表之前插入一个空白工作表，效果如图8-10所示。

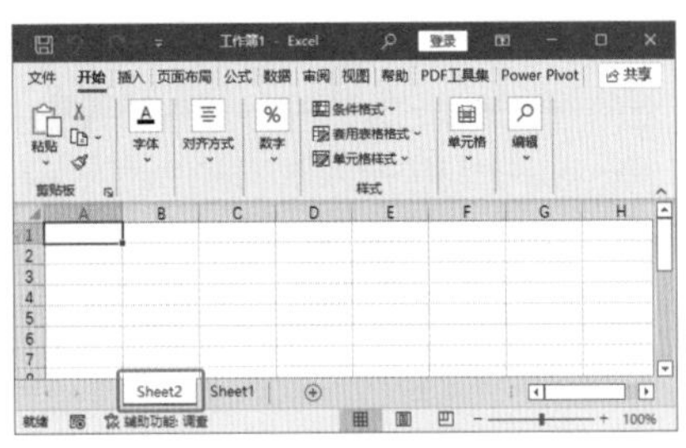

图 8-10

> **技能拓展——添加工作表**
>
> 在Excel 2021中，单击工作表标签右侧的【新工作表】按钮⊕，即可在当前所选工作表标签的右侧插入一张空白工作表，插入的新工作表将以“Sheet2”“Sheet3”……的顺序依次命名。

2. 删除工作表

在一个工作簿中，如果新建了多余的工作表或有不需要的工作表，可以将其删除，以便合理地控制工作表的数量。删除工作表的具体操作步骤如下。

Step 01 删除工作表。❶选择需要删除的工作表；❷单击【开始】选项卡【单元格】组中的【删除】按钮；❸在弹出的下拉列表中选择【删除工作表】选项，如图8-11所示。

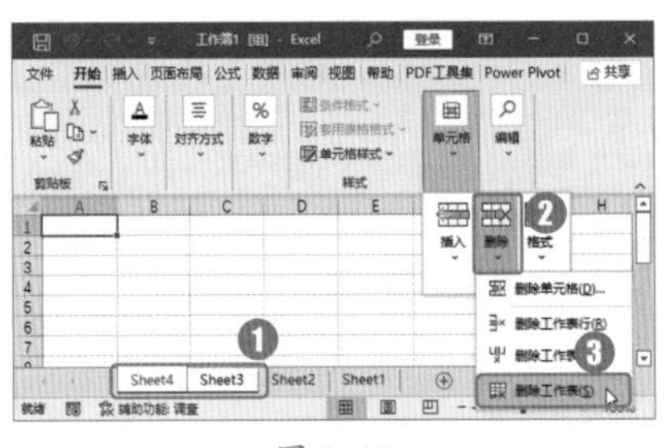

图 8-11

Step 02 查看工作表删除效果。完成Step 01操作后，即可一次性删除“Sheet3”和“Sheet4”两张工作表，效果如图8-12所示。

图 8-12

> **技术看板**
>
> 删除存有数据的工作表时，将弹出提示对话框，询问是否永久删除工作表中的数据，单击【删除】按钮，即可将工作表删除。

8.2.3 实战：移动与复制工作表

实例门类	软件功能

在表格制作过程中，有时需要将一个工作表移动到另一个位置，用户可以根据需要，使用Excel提供的移动工作表功能。制作相同工作表结构的表格，或者有多个工作簿需要相同的工作表数据时，可以使用复制工作表功能，提高工作效率。

工作表的移动和复制有2种实现方法：一种是拖动鼠标在同一个工作簿中移动或复制工作表；另一种是使用快捷菜单，实现工作表在不同工作簿之间的移动和复制。

1. 拖动鼠标移动或复制工作表

在同一个工作簿中移动或复制工作表，主要通过拖动鼠标来完成。拖动鼠标是最常用，也是最简单的方法，具体操作步骤如下。

Step 01 移动工作表。打开“素材文件\第8章\工资表.xlsx”文档，❶选择“绩效表”工作表；❷按住鼠标左键不放，拖动到“工资汇总表”工作表标签的右侧，如图8-13所示。

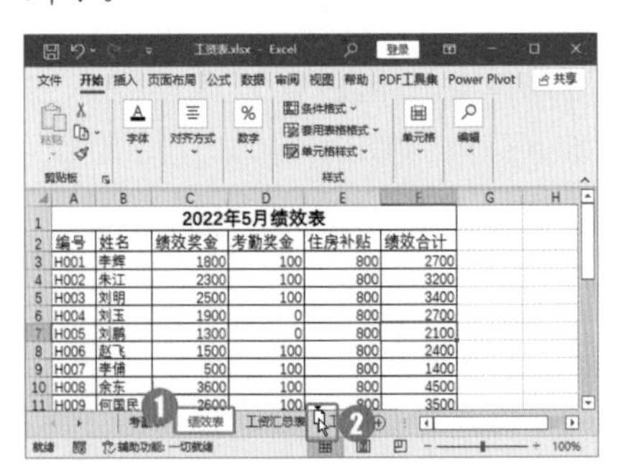

图 8-13

Step 02 复制工作表。释放鼠标，即可将“绩效表”工作表移动到“工资汇总表”工作表的右侧。❶选择“工资条”工作表；❷按住【Ctrl】键的同时拖动鼠标到“工资汇总表”的右侧，如图8-14所示。

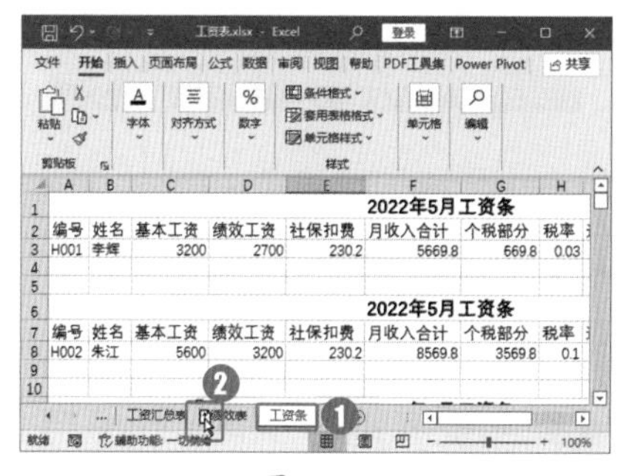

图8-14

Step03 查看工作表复制效果。释放鼠标，即可在指定位置复制得到“工资条（2）”工作表，如图8-15所示。

图8-15

2. 使用快捷菜单移动或复制工作表

如果需要在不同的工作簿间移动或复制工作表，可以使用【开始】选项卡【单元格】组中的功能，具体操作步骤如下。

Step01 打开【移动或复制工作表】对话框。在Excel窗口中，❶选择“工资条（2）”工作表；❷单击【开始】选项卡【单元格】组中的【格式】按钮；❸在弹出的下拉列表中选择【移动或复制工作表】选项，如图8-16所示。

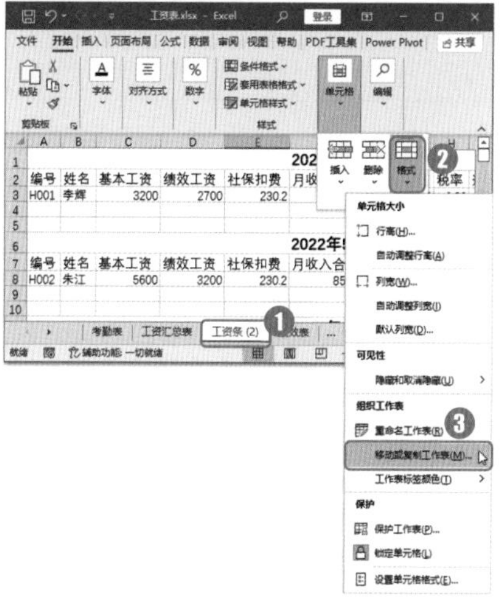

图8-16

Step02 选择工作表复制位置。弹出【移动或复制工作表】对话框，❶在【工作簿】下拉列表框中选择要移动到的工作簿，这里选择【新工作簿】选项；❷单击【确定】按钮，如图8-17所示。

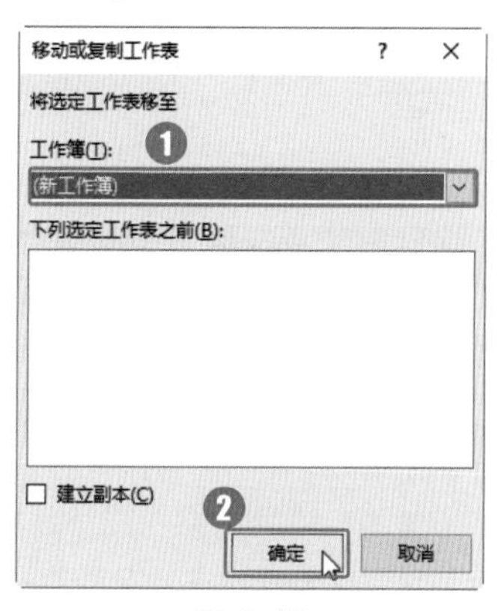

图8-17

Step03 查看工作表复制效果。完成Step 02操作后，即可创建一个新工作簿，并将“工资表”工作簿中的“工资条（2）”工作表移动到新工作簿中，效果如图8-18所示。

图8-18

技能拓展——复制工作表

在【移动或复制工作表】对话框中，选择【建立副本】复选框，可将选择的工作表复制到目标工作簿中。在【下列选定工作表之前】列表框中，可以选择移动或复制工作表在工作簿中的位置。

8.2.4 实战：重命名工作表

实例门类	软件功能

默认情况下，新建的空白工作簿中包含一个名为“Sheet1”的工作表，后期插入的新工作表将自动以“Sheet2”“Sheet3”……依次命名。用户可以根据需要为工作表进行重命名。为工作表重命名时，最好命名为与工作表中内容相符的名称，便于以后通过工作表名称判定其中的数据内容。重命名工作表的具体操作步骤如下。

Step01 双击工作表标签。打开“素材文件\第8章\销售报表.xlsx”文档，在要重命名的“Sheet1”工作表标签上双击，其名称即变为可编辑状态，如图8-19所示。

图 8-19

技能拓展——重命名工作表

在要重命名的工作表标签上右击，在弹出的快捷菜单中选择【重命名】选项，也可以让工作表标签名称变为可编辑状态。

Step 02 输入新工作表名称。直接输入工作表的新名称，这里输入“数据输入”，按【Enter】键或单击工作表中其他位置，即可完成重命名操作，如图 8-20 所示。

图 8-20

Step 03 为其他工作表重命名。重复 Step 01 和 Step 02 操作，为其他工作表进行重命名，效果如图 8-21 所示。

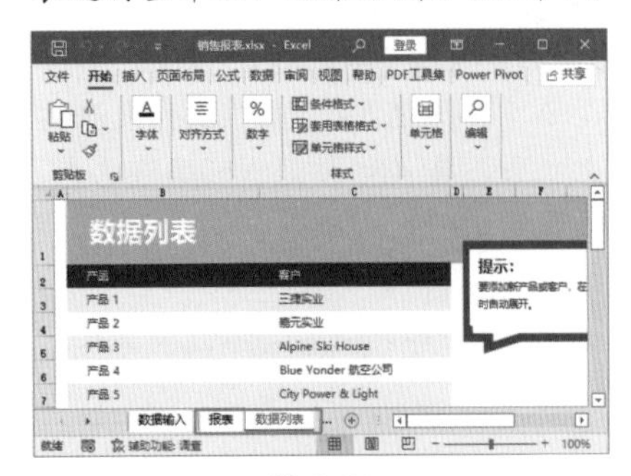

图 8-21

8.2.5 实战：改变工作表标签的颜色

实例门类	软件功能

在 Excel 中，除了可以用重命名的方式来区分同一个工作簿中的不同工作表外，还可以通过设置工作表标签颜色来区分，具体操作步骤如下。

Step 01 设置工作表标签颜色。❶在“数据输入”工作表标签上右击；❷在弹出的快捷菜单中选择【工作表标签颜色】选项；❸选择颜色列表中的【黑色，文字 1】选项，如图 8-22 所示。

图 8-22

技能拓展——设置工作表标签颜色的其他方法

单击【开始】选项卡【单元格】组中的【格式】按钮，在弹出的下拉列表中选择【工作表标签颜色】选项，也可以设置工作表标签的颜色。

选择颜色的列表分为“主题颜色”“标准色”“无颜色”和“其他颜色”4 栏，其中，“主题颜色”栏中的第 1 行为基本色，之后的 5 行颜色由第 1 行变化而来。如果列表中没有需要的颜色，可以选择【其他颜色】选项，在打开的对话框中自定义颜色。如果不需要设置颜色，可以在列表中选择【无颜色】选项。

Step 02 设置其他工作表标签的颜色。重复 Step 01 操作，为其他工作表设置标签颜色，效果如图 8-23 所示。

图 8-23

★新功能 8.2.6 实战：隐藏与显示工作表

实例门类	软件功能

在工作表中输入了一些数据后，如果不想让他人轻易看到这些数据，可以将工作表进行隐藏，若是自己需要对隐藏工作表进行编辑，对其进行显示操作即可。

1. 隐藏工作表

隐藏工作表是将当前工作簿中指定的工作表隐藏，使用户无法查看该工作表及工作表中的数据。可以通过菜单或快捷菜单实现工作表隐藏，用户可根据自己的使用习惯选择具体的操作方法。

通过菜单隐藏工作簿中的“数据源”和“图表分析”两张工作表，具体操作步骤如下。

Step 01 隐藏工作表。打开“素材文件\第 8 章\现金流量表.xlsx”文档，❶同时选择“数据源”和“图表分析”两张工作表；❷单击【开始】选项卡【单元格】组中的【格式】按钮；❸在弹出的下拉列表中选择【隐藏和取消隐藏】选项；❹在下一级列表中选择【隐藏工作表】选项，如图 8-24 所示。

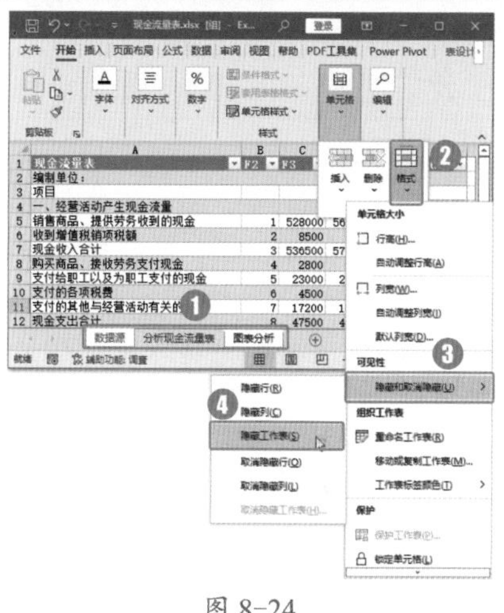

图 8-24

Step 02 查看工作表隐藏效果。完成 Step 01 操作后，系统便将选择的两张工作表隐藏起来了，效果如图 8-25 所示。

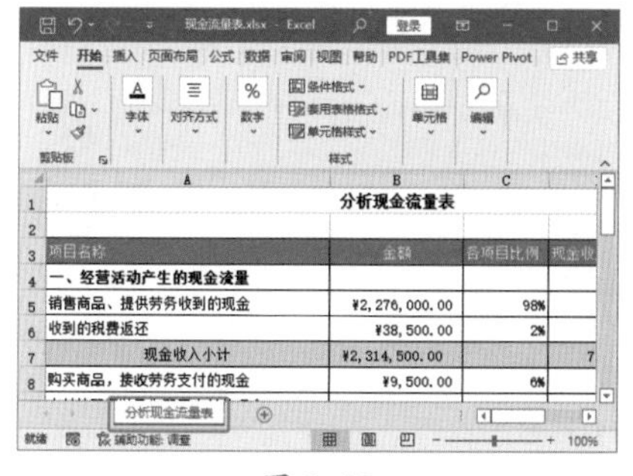

图 8-25

2. 显示工作表

显示工作表是将隐藏的工作表显示出来，使用户能够查看工作表中的数据，是隐藏工作表的逆向操作。在 Excel 2021 中，可以一次性取消隐藏多张隐藏的工作表。

例如，将隐藏的“图表分析”工作表显示出来，具体操作步骤如下。

Step 01 打开【取消隐藏】对话框。❶单击【开始】选项卡【单元格】组中的【格式】按钮；❷在弹出的下拉列表中选择【隐藏和取消隐藏】选项；❸在下一级列表中选择【取消隐藏工作表】选项，如图 8-26 所示。

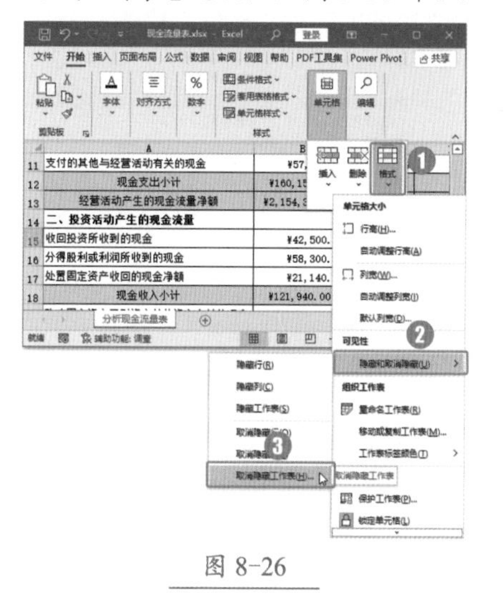

图 8-26

Step 02 选择需要取消隐藏的工作表。弹出【取消隐藏】对话框，❶在列表框中选择需要显示的工作表，这里选择【图表分析】选项；❷单击【确定】按钮，如图 8-27 所示。

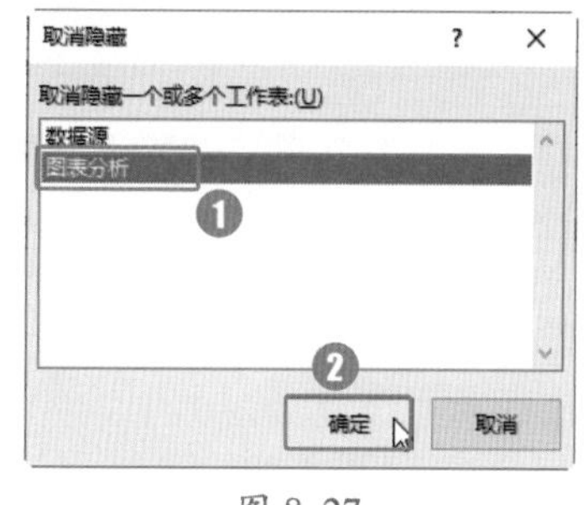

图 8-27

技术看板

在【取消隐藏】对话框中，选择第 1 个工作表后，按住【Ctrl】键的同时选择第 2 个工作表，即可选择多个需要同时取消隐藏的工作表。

Step 03 查看工作表显示效果。完成 Step 02 操作后，即可将工作簿中隐藏的“图表分析”工作表显示出来，效果如图 8-28 所示。

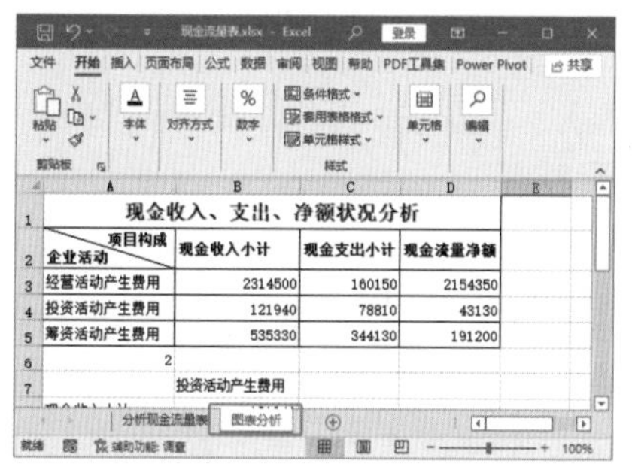

图 8-28

8.3 单元格的选择与定位

在对单元格进行操作之前，首先需要选择或定位目标单元格。选择单元格后，才能对单元格进行操作。本节主要介绍单元格的选择与定位方法。

8.3.1 实战：快速选择单元格

实例门类	软件功能

一般情况下，用户会使用鼠标单击选择单元格。但如果要选择的单元格不在第 1 屏界面内，需要用户滑动鼠标寻找，使用这种方法就比较麻烦，此时，可以使用名称框进行快速选择。

例如，选择 A20 单元格，具体操作步骤如下。

Step 01 在名称框中输入单元格名称。打开“结果文件\第 8 章\现金流量表.xlsx”文档，在名称框中输入“A20”，如图 8-29 所示。

图 8-29

Step 02 定位单元格。输入单元格地址后，按【Enter】键确认即可，如图 8-30 所示。

图 8-30

8.3.2 实战：连续/间断选择单元格

实例门类	软件功能

如果要对多个单元格进行操作，可一次性选择多个单元格。选择多个单元格分为连续选择和间断选择。

1. 连续选择单元格

如果要选择的多个单元格是连续的，可以直接使用名称框进行选择，具体操作步骤如下。

Step 01 在名称框中输入单元格区域。❶单击"图表分析"工作表标签；❷在名称框中输入"A2:B5"，如图 8-31 所示。

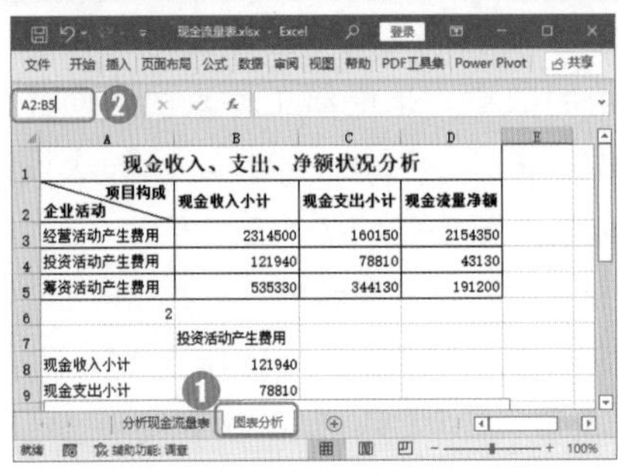

图 8-31

Step 02 定位单元格区域。输入单元格地址后，按【Enter】键确认即可，如图 8-32 所示。

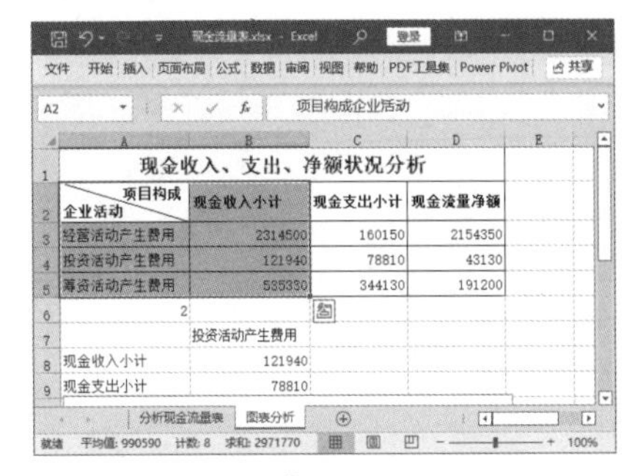

图 8-32

2. 间断选择单元格

如果想对工作表中间断的多个单元格进行选择，可以使用鼠标进行单击操作。

例如，在"分析现金流量表"工作表中选择多个"现金收入小计"数据单元格，具体操作方法如下。

单击B7 单元格，按住【Ctrl】键不放，继续单击下一个要选择的单元格，直到选择完为止，如图 8-33 所示。

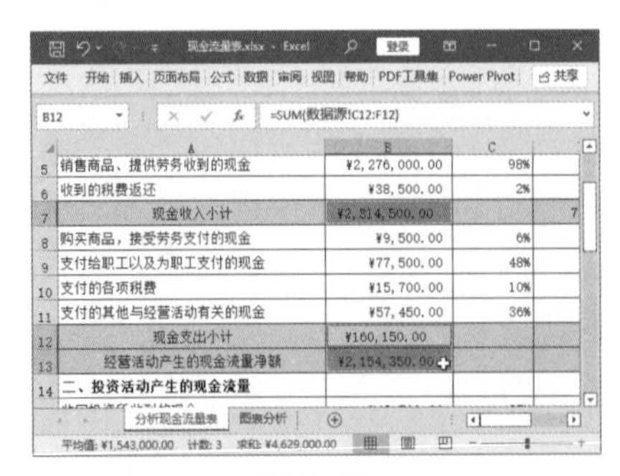

图 8-33

8.3.3 实战：单元格的定位方法

实例门类	软件功能

在单元格操作中，除了选择单元格外，还可以使用单元格定位的方法，快速定位至设置了条件的单元格中。

例如，在"分析现金流量表"工作表中定位包含公式的单元格，具体操作步骤如下。

Step 01 打开【定位条件】对话框。❶单击【开始】选项卡【编辑】组中的【查找和选择】按钮；❷在弹出的下拉列表中选择【定位条件】选项，如图 8-34 所示。

图 8-34

Step 02 定位公式。打开【定位条件】对话框；❶选择【公式】单选按钮；❷单击【确定】按钮，如图 8-35 所示。

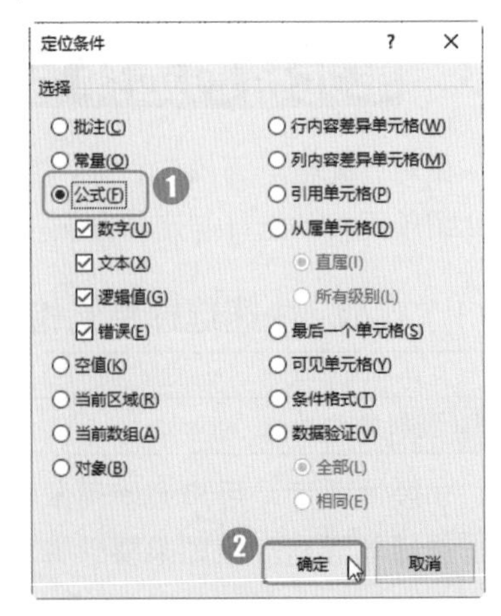

图 8-35

Step 03 查看定位的公式单元格。完成以上操作后，即可选择工作表中包含公式的单元格，效果如图 8-36 所示。

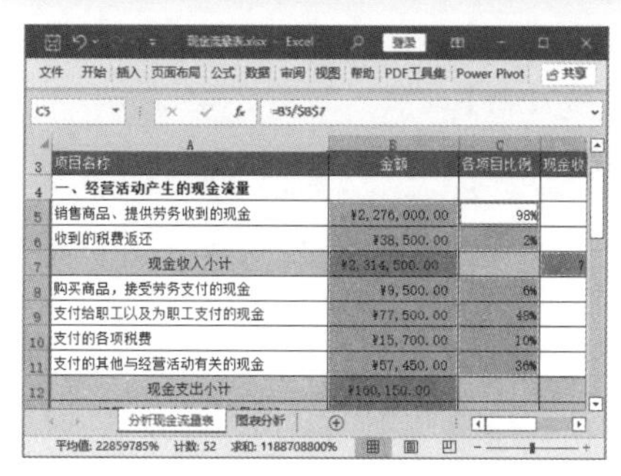

图 8-36

8.4 输入表格数据

在Excel工作表中，单元格内的数据可以有多种不同的类型，如文本、日期、时间、百分比等，不同类型的数据在输入时需要使用不同的方式，本节主要介绍不同类型数据的输入方式。

8.4.1 实战：输入“员工档案表”中的文本

实例门类	软件功能

在表格中，最平常的操作就是输入数据，输入常用的普通数据不需要设置特殊的格式，直接输入即可。例如，在表格中输入“员工档案表”的信息，具体操作步骤如下。

Step 01 输入文字内容。打开“素材文件\第 8 章\员工档案表.xlsx”文档，❶设置输入法；❷在A1 单元格中输入文字内容，如图 8-37 所示。

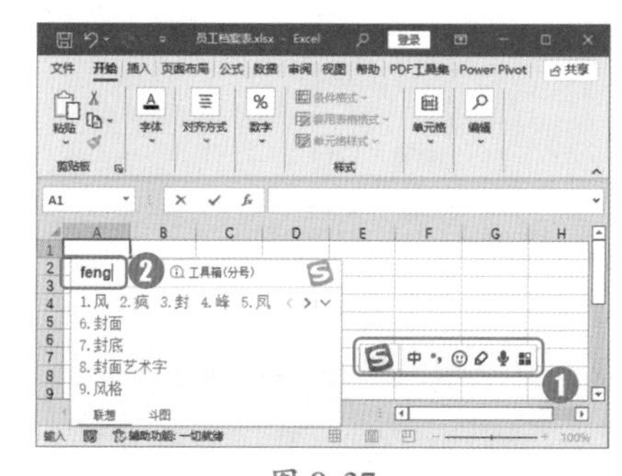

图 8-37

Step 02 在其他单元格中输入相关信息。完成Step 01 操作后，继续在单元格中输入如图 8-38 所示的相关信息。

图 8-38

★重点 8.4.2 实战：输入“员工档案表”中的编号

实例门类	软件功能

在表格中，除了输入普通数据外，还可以输入一些特殊数据。需要注意的是，若需输入数字时保留“0”在最前面，或需输入 10 位以上的数据，如果不先进行单元格设置就直接输入，输入数据后，数据会自动发生变化。在表格中输入以“0”开头的编号和输入10位以上的数据，具体操作步骤如下。

Step 01 打开【设置单元格格式】对话框。❶选择A列和I列；❷单击【开始】选项卡【数字】组中的【对话框启动器】按钮，如图 8-39 所示。

图 8-39

Step 02 设置数据格式。弹出【设置单元格格式】对话框，❶在【数字】选项卡【分类】列表框中选择【文本】选项；❷单击【确定】按钮，如图 8-40 所示。

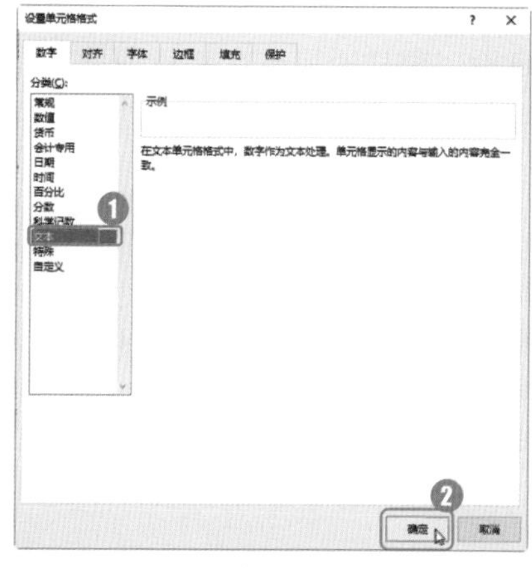

图 8-40

Step 03 输入编号。设置"编号"列和"联系电话"列为文本格式后，在单元格中输入编号，如图 8-41 所示。

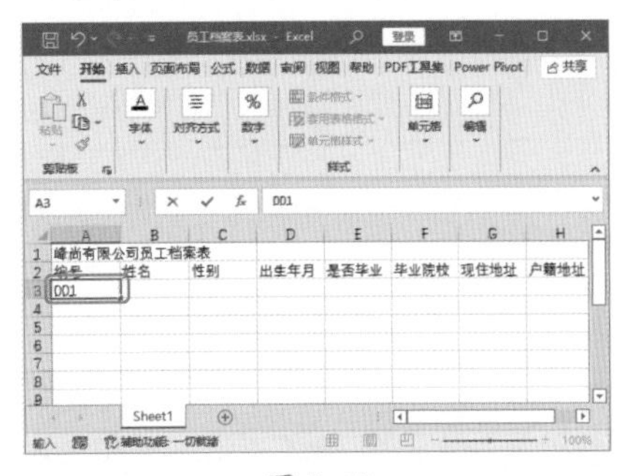

图 8-41

Step 04 在其他单元格中输入内容。按【Tab】键向右侧移动选择单元格，输入相关内容，如图 8-42 所示。

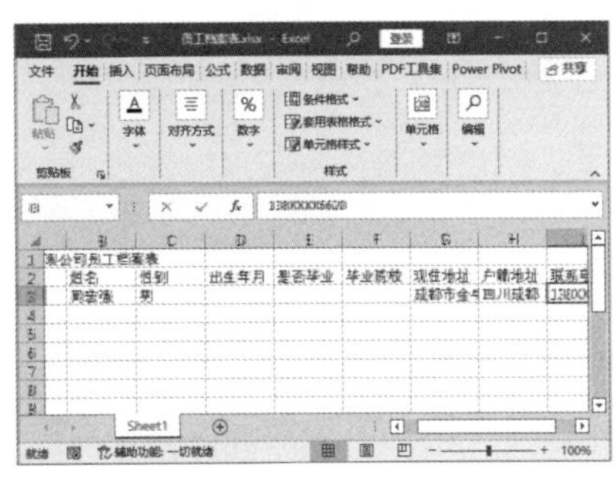

图 8-42

8.4.3 实战：输入"员工档案表"中的出生年月

实例门类	软件功能

可以在表格中输入的日期有长日期、短日期和自定义日期格式，用户选择自己熟悉或常用的格式即可。

例如，输入短日期，具体操作步骤如下。

Step 01 选择日期类型。❶选择存放日期的 D 列；❷单击【开始】选项卡【数字】组选项区右侧的下拉按钮；❸在弹出的下拉列表中选择【短日期】选项，如图 8-43 所示。

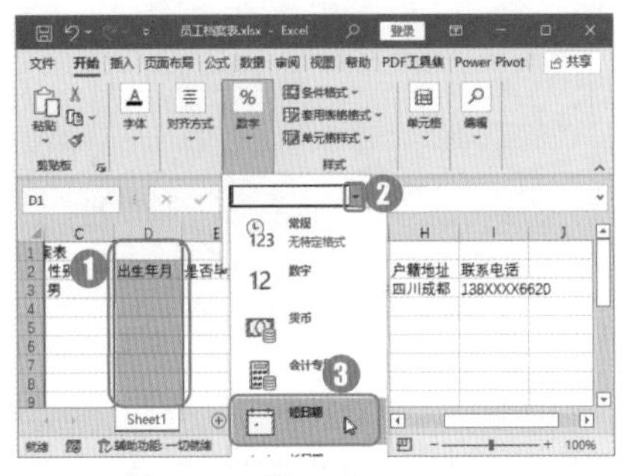

图 8-43

Step 02 输入日期数据。设置日期格式后，在单元格中输入对应的日期，如图 8-44 所示。

图 8-44

★重点 8.4.4 实战：在"员工档案表"中快速输入相同内容

实例门类	软件功能

输入数据时，如果要输入的数据在多个单元格中是相同的，可以同时在这些单元格中进行快速输入。

例如，在单元格中快速输入员工性别，具体操作步骤如下。

Step 01 选择多个单元格并输入数据。❶选择要输入相同内容的多个单元格或单元格区域；❷在其中一个单元格中输入数据，如图 8-45 所示。

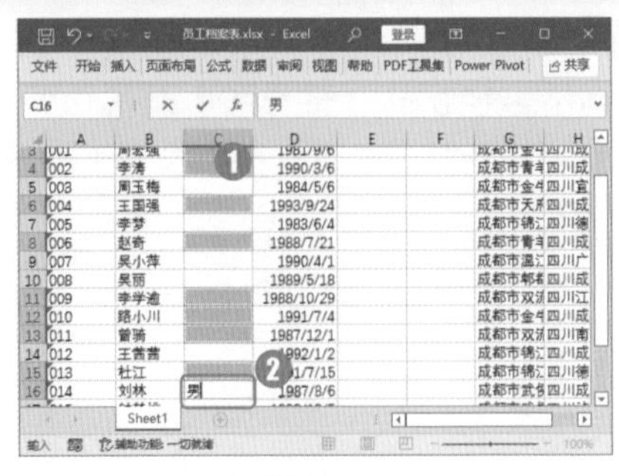

图 8-45

Step 02 一次性输入多个单元格内容。完成 Step 01 操作后，按【Ctrl+Enter】组合键，即可一次性输入多个单元格内容，效果如图 8-46 所示。

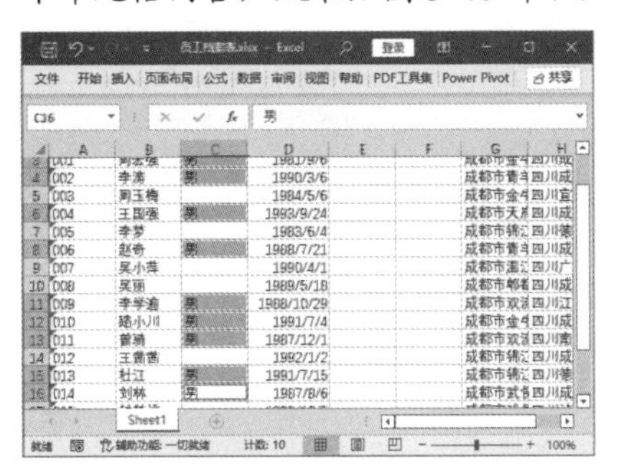

图 8-46

Step 03 输入其他内容。使用相同的方法，为其他单元格输入"女"文本，效果如图 8-47 所示。

图 8-47

技能拓展——使用复制的方法快速输入

首先选择一个单元格，在其中输入数据并按【Ctrl+C】组合键进行复制，然后按住【Ctrl】键选择需要粘贴该数据的多个单元格，按【Ctrl+ V】组合键进行粘贴，即可快速输入。

8.4.5 实战：在“员工档案表”中插入特殊符号

实例门类	软件功能

除了在单元格中输入常用的文本和数据外，还可以插入特殊符号。

例如，在“是否毕业”列中使用“√”表示已经毕业，具体操作步骤如下。

Step 01 打开【符号】对话框。❶选择要输入相同内容的多个单元格或单元格区域；❷选择【插入】选项卡；❸单击【符号】组中的【符号】按钮，如图 8-48 所示。

图 8-48

Step 02 选择符号。弹出【符号】对话框，❶在【符号】选项卡的【字体】下拉列表框中选择【Wingdings 2】选项；❷在下面的列表框中选择【√】符号；❸单击【插入】按钮；❹单击【关闭】按钮，如图 8-49 所示。

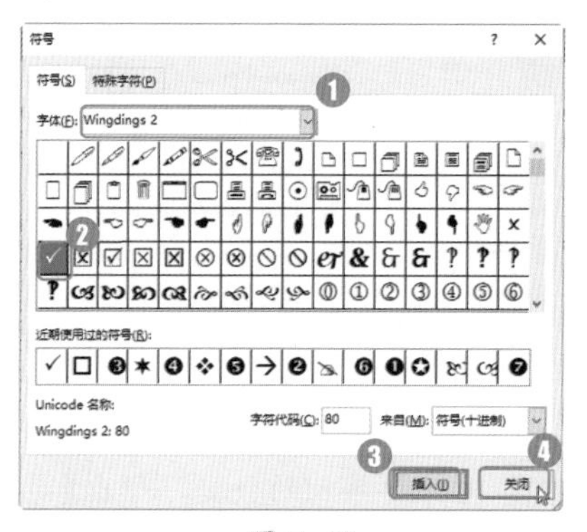

图 8-49

Step 03 为多个单元格插入符号。选择多个单元格，按【Ctrl+Enter】组合键插入需要插入的符号，如图 8-50 所示。

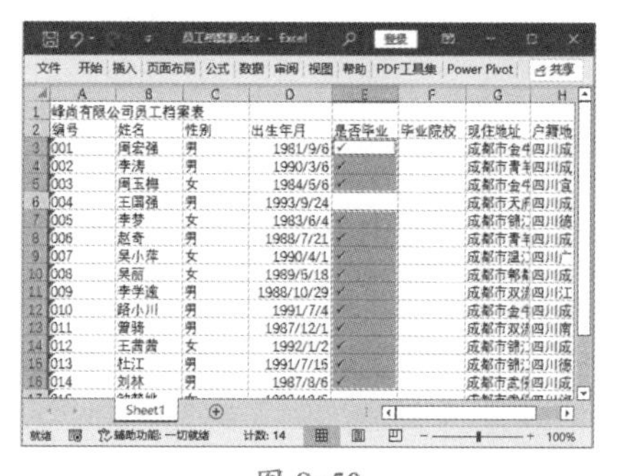

图 8-50

8.4.6 实战：自定义填充序列

实例门类	软件功能

在Excel中，如果每次制表都需要输入相同的内容，可以将其定义为序列，下次使用时直接输入定义序列的任一序列值，使用拖动的方式，即可填充所有序列。

例如，将“毕业院校”定义为序列，具体操作步骤如下。

Step 01 弹出【文件】界面。选择【文件】选项卡，如图 8-51 所示。

图 8-51

Step 02 打开【Excel选项】对话框。进入【文件】界面，选择【更多】选项卡中的【选项】选项卡，如图 8-52 所示。

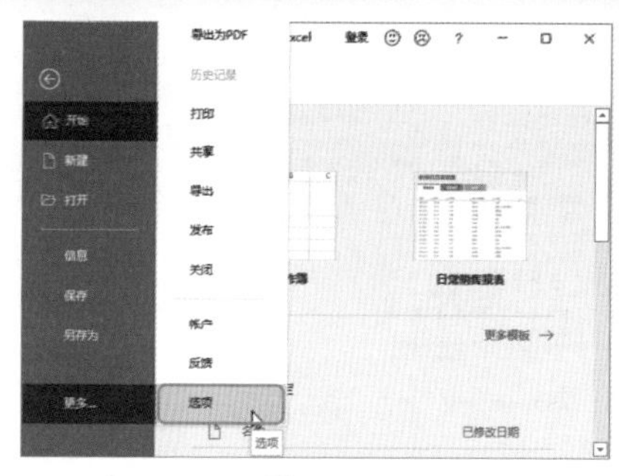

图 8-52

Step 03 打开【自定义序列】对话框。弹出【Excel选项】对话框，❶选择【高级】选项卡；❷在界面右侧单击【编辑自定义列表】按钮，如图 8-53 所示。

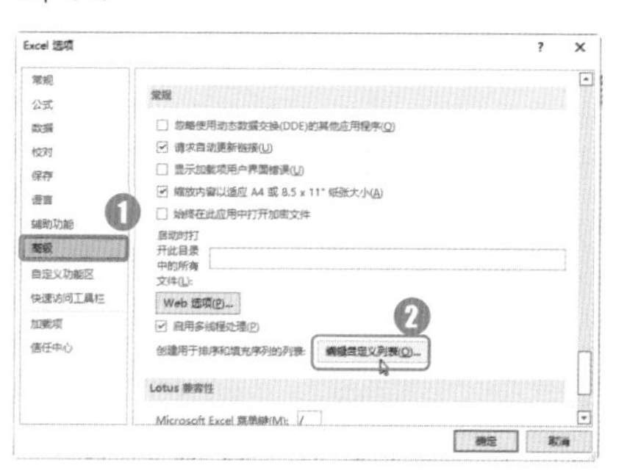

图 8-53

Step 04 添加自定义序列。弹出【自定义序列】对话框，❶在【输入序列】列表框中输入序列内容；❷单击【添加】按钮，如图 8-54 所示。

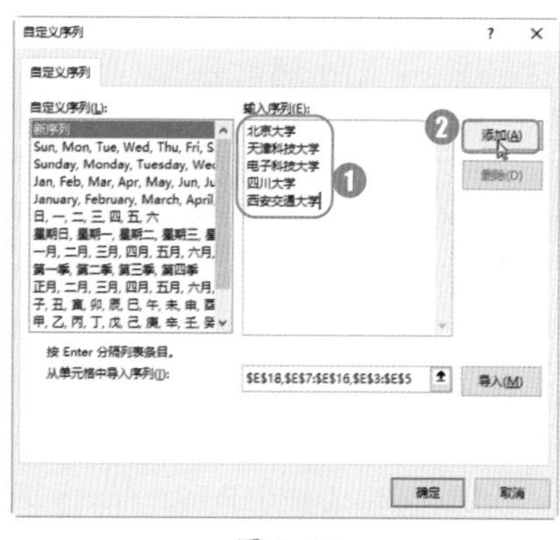

图 8-54

Step 05 确定序列添加。返回【自定义序列】对话框，单击【确定】按钮，如图 8-55 所示。

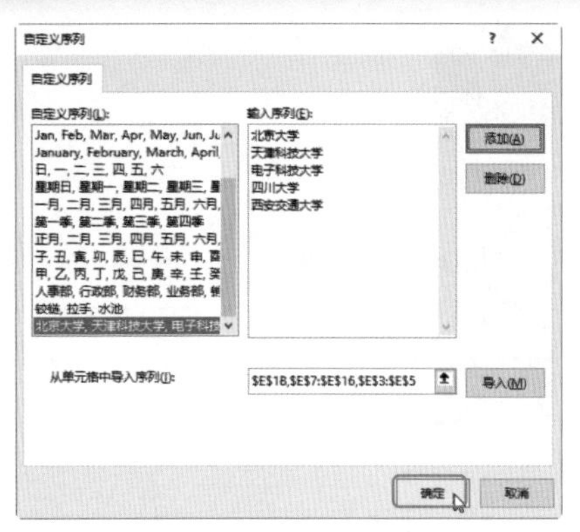

图 8-55

Step06 确定对话框设置。返回【Excel 选项】对话框，单击【确定】按钮，如图 8-56 所示。

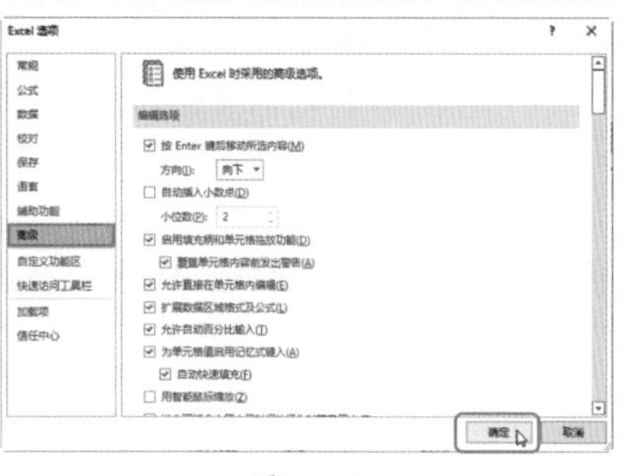

图 8-56

Step07 使用自定义序列填充。在F3单元格中输入自定义序列中第一个院校的名称，这里输入“北京大学”，向下拖动鼠标，填充单元格，如图 8-57 所示。

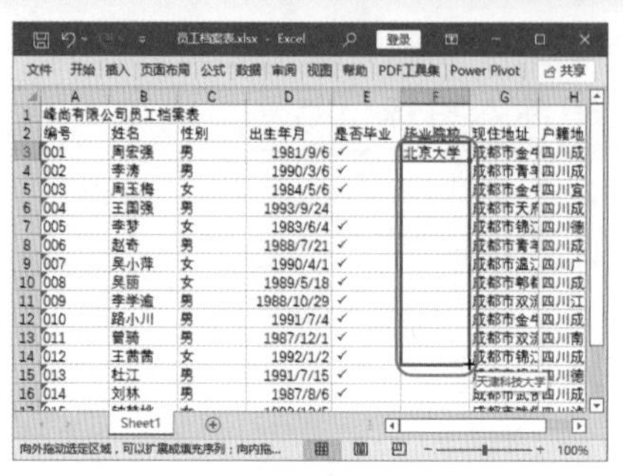

图 8-57

Step08 查看自定义序列填充效果。如图 8-58 所示，F列的院校填充顺序与自定义序列完全一致。

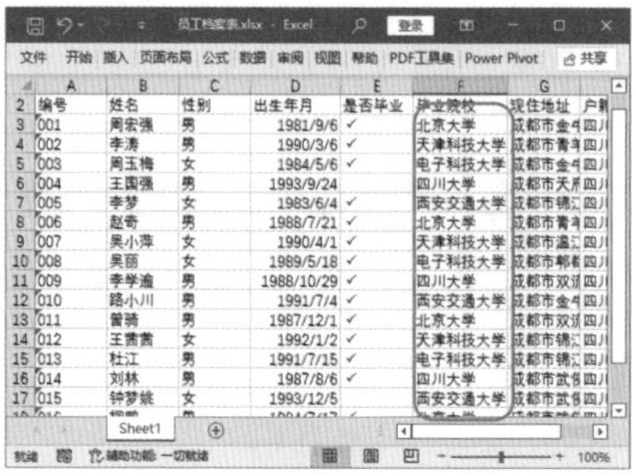

图 8-58

8.5 导入外部数据

制作表格时，常常需要导入外部数据。在Excel 2021 中导入外部数据时，可以通过多种方法完成导入。本节将介绍主要的外部数据导入方法。

8.5.1 实战：通过Power Query 编辑器导入外部数据

实例门类	软件功能

Excel表格不仅支持手动输入数据，还支持将其他程序中已有的数据，如Access文件、文本文件及网页中的数据等导入表格。

Excel 2021 使用Power Query 编辑器来进行外部数据导入，导入方式更人性化，而且可以直接选择、编辑导入方式。

1. 从Access数据库中获取产品订单数据

Microsoft Office Access程序是Office软件中常用的组件之一。一般情况下，用户会在Access数据库中存储数据，然后使用Excel来分析数据、绘制图表和分发分析结果。因此，经常需要将Access数据库中的数据导入Excel中，具体操作步骤如下。

Step01 打开【导入数据】对话框。新建一个空白工作簿，选择A1 单元格作为存放Access数据库中数据的单元格，❶单击【数据】选项卡中的【获取数据】按钮；❷在弹出的下拉列表中选择【来自数据库】选项；❸选择下一级列表中的【从Microsoft Access数据库】选项，如图 8-59 所示。

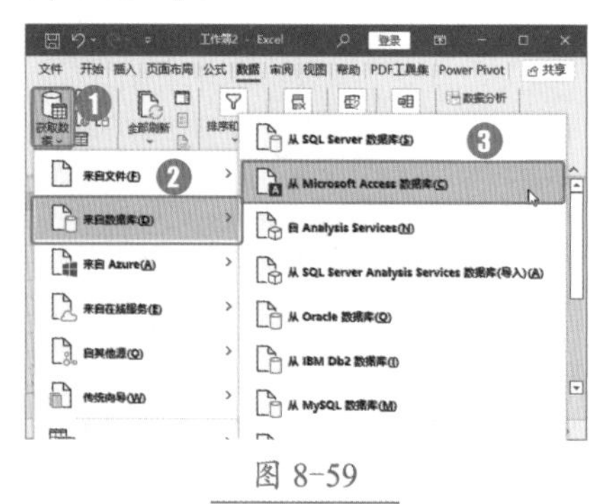

图 8-59

Step02 选择要导入的数据。弹出【导入数据】对话框，❶选择目标数据库文件的保存位置；❷在界面中间的列表框中选择需要打开的文件；

❸单击【导入】按钮，如图8-60所示。

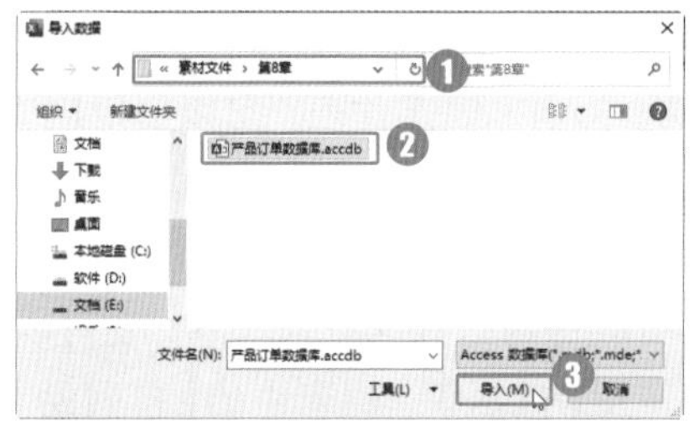

图 8-60

Step03 进入数据编辑状态。弹出【导航器】对话框，❶选择要打开的数据表，这里选择【供应商】选项；❷单击【转换数据】按钮，如图8-61所示。

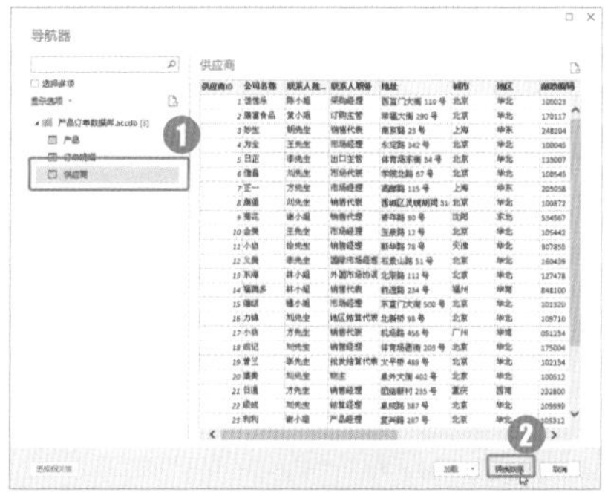

图 8-61

Step04 打开【导入数据】对话框。完成Step 03操作后，可以在Power Query编辑器中全面地查看表格中的数据，❶单击【开始】选项卡【关闭并上载】按钮的下拉按钮；❷在弹出的下拉列表中选择【关闭并上载至】选项，如图8-62所示。

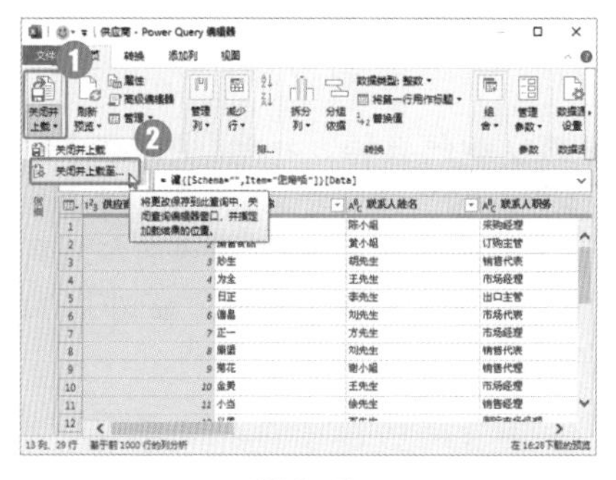

图 8-62

Step05 确定导入数据。弹出【导入数据】对话框，❶在【请选择该数据在工作簿中的显示方式】栏中，根据导入数据的类型和显示需要选择相应的显示方式，这里选择【数据透视表】单选按钮；❷选择将透视表放到【现有工作表】中，位置为【=$A$1】单元格；❸单击【确定】按钮，如图8-63所示。

图 8-63

技术看板

在【导入数据】对话框中的【请选择该数据在工作簿中的显示方式】栏中选择【表】单选按钮，可将外部数据创建为一张表，方便用户进行简单的排序和筛选；选择【数据透视表】单选按钮，可将外部数据创建为数据透视表，方便用户通过聚合及合计数据来汇总大量数据；选择【数据透视图】单选按钮，可将外部数据创建为数据透视图，方便用户用可视方式汇总数据；若要将所选数据存储在工作簿中以供以后使用，需要选择【仅创建连接】单选按钮。

在【数据的放置位置】栏中选择【现有工作表】单选按钮，可将数据放置到选择的位置；选择【新工作表】单选按钮，可将数据放置到新工作表的第一个单元格中。

Step06 保存导入的数据。返回Excel界面，即可看到创建了一个空白数据透视表，❶在【数据透视表字段】窗格的列表框中选择【城市】【地址】【公司名称】【供应商ID】和【联系人姓名】复选框；❷将【行】列表框中的【城市】选项移动到【筛选】列表框中，即可得到需要的数据透视表效果，如图8-64所示。以“产品订单数据透视表”为名保存当前Excel文件即可。

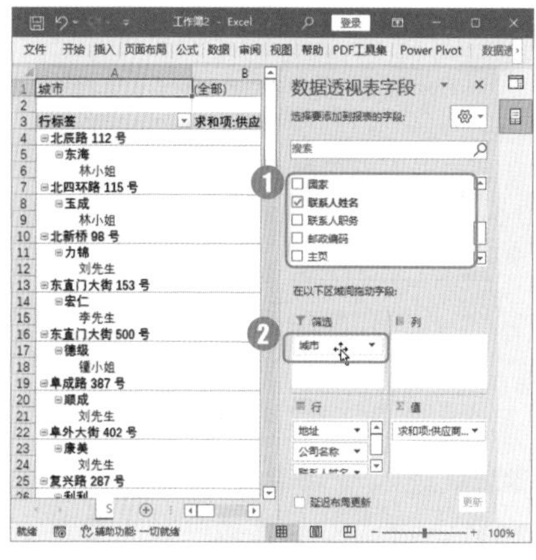

图 8-64

2. 从文本文件中获取联系方式数据

在Excel 2019之前的版本中，使用【数据】选项卡中的导入文本数据功能，会自动打开文本导入向导。在Excel 2019及之后的版本中，使用导入文本数据功能，打开的是Power Query编辑器，使用该编辑器，可以更加方便地导入文本数据。

以导入“联系方式”文本中的数据为例介绍文本的导入方法，具体操作步骤如下。

Step01 打开【导入数据】对话框。❶新建一个空白工作簿，选择A1单元格；❷单击【数据】选项卡【获取和转换数据】组中的【从文本/CSV】按钮，如图8-65所示。

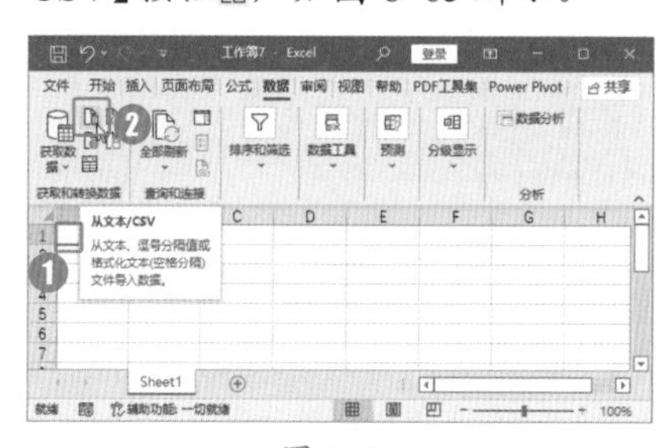

图 8-65

Step02 选择要导入的文本。弹出【导入数据】对话框，❶选择文本文件存放的路径；❷选择需要导入的文件，这里选择“联系方式.txt”文件；❸单击【导入】按钮，如图 8-66 所示。

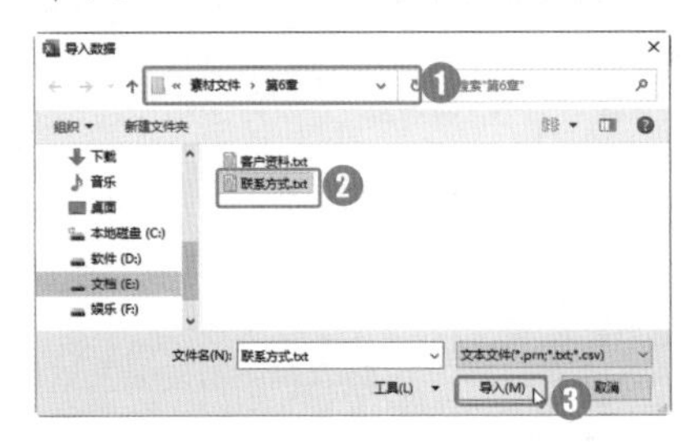

图 8-66

Step03 进入数据编辑状态。此时可以初步预览文本数据，预览后单击【转换数据】按钮，对文本数据进行进一步调整，如图 8-67 所示。

图 8-67

Step04 调整字段。在第 1 列的第 1 个单元格中删除原来的字段名，输入“姓名”字段名，如图 8-68 所示。

图 8-68

Step05 打开【导入数据】对话框。❶使用同样的方法，完成对其他列字段名的修改；❷单击【开始】选项卡【关闭】组中【关闭并上载】按钮的下拉按钮；❸在弹出的下拉列表中选择【关闭并上载至】选项，如图 8-69 所示。

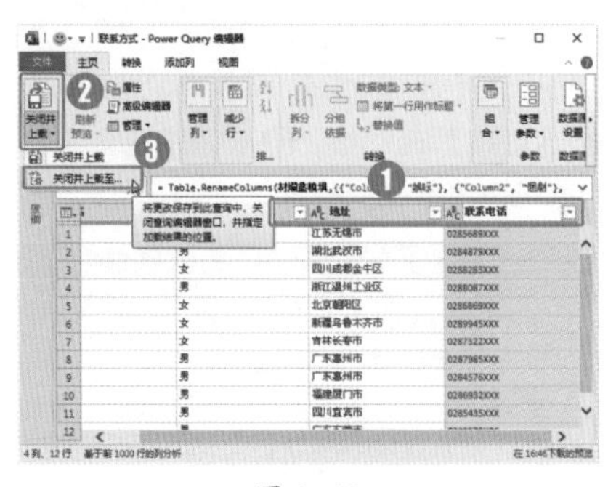

图 8-69

Step06 确定数据导入。❶在弹出的【导入数据】对话框中，选择导入数据的显示方式为【表】方式；❷选择数据的放置位置；❸单击【确定】按钮，如图 8-70 所示。

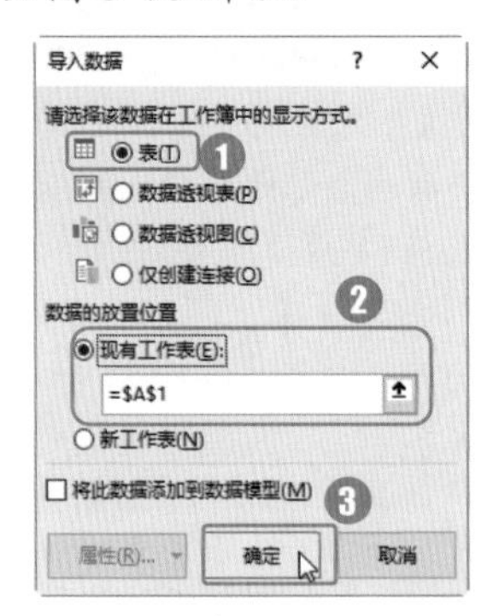

图 8-70

Step07 查看成功导入的数据。回到 Excel 中，便可以看到成功导入的文本数据，如图 8-71 所示。保存工作簿文件，命名为“联系方式”即可。

图 8-71

3. 将公司网站数据导入工作表

如果用户需要将某个网站的数据导入 Excel 工作表，可以使用【打开】对话框打开指定的网站，将其数据导入，也可以使用【插入对象】功能将网站数据嵌入表格，还可以使用【数据】选项卡中的【自网站】功能来实现。

例如，要导入网站中的表格数据，具体操作步骤如下。

Step01 选择导入网站的数据。❶新建一个空白工作簿，选择 A1 单元格；❷单击【数据】选项卡【获取和转换数据】组中的【自网站】按钮，如图 8-72 所示。

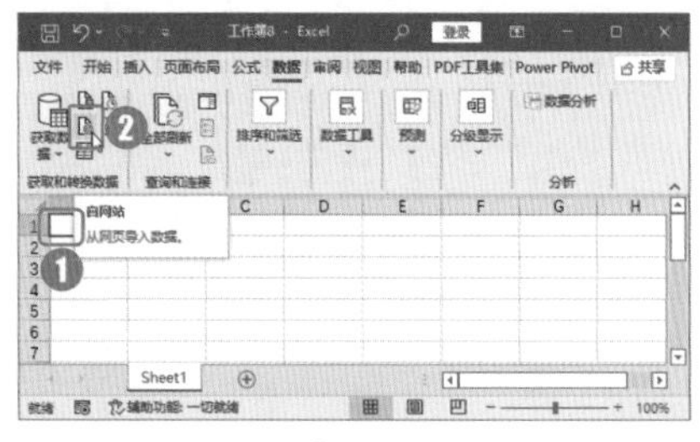

图 8-72

Step02 粘贴网站地址。❶在 URL 地址栏中粘贴需要导入的数据所在的网址；❷单击【确定】按钮，如图 8-73 所示。

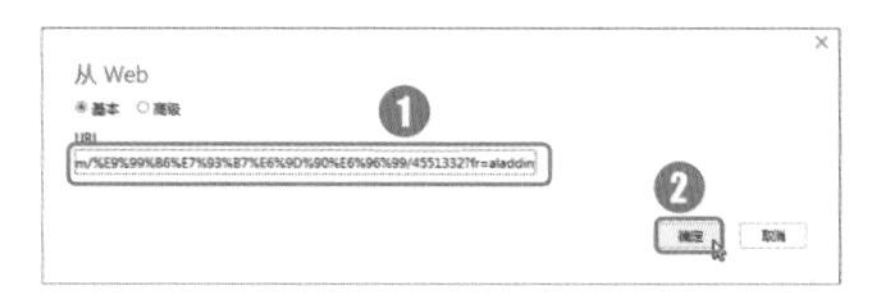

图 8-73

Step03 加载数据。打开【导航器】对话框，❶选择需要的表；❷单击【加载】下拉按钮 ˅；❸在弹出的下拉列表中选择【加载】选项，如图 8-74 所示。

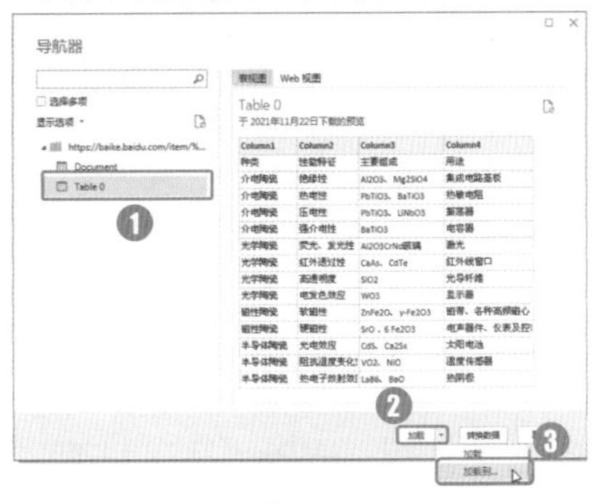

图 8-74

Step04 选择数据导入位置。打开【导入数据】对话框，❶在【数据的存放位置】栏中选择【现有工作表】单选按钮，并填写存放数据的位置，这里填写"=$A$1"；❷单击【确定】按钮，如图 8-75 所示。

图 8-75

Step05 查看导入的网站数据。完成以上操作后，即可将当前网页中的数据导入工作表中，如图 8-76 所示。以"陶瓷材料数据"为名，保存该工作簿即可。

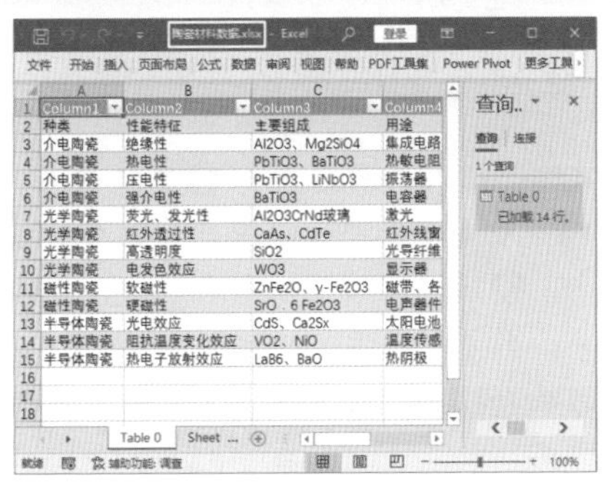

图 8-76

8.5.2 通过【数据】选项卡设置数据导入

Excel 2021 的数据导入方式和之前版本的数据导入方式有所不同，考虑到用户的使用习惯，Excel 2021 在【Excel选项】对话框中增加了【数据】选项卡，用户可以在该选项卡中，选择显示旧数据导入向导，从而使用之前版本的数据导入方式。通过【数据】选项卡设置数据导入方式的具体操作步骤如下。

Step01 打开【Excel选项】对话框。启动Excel 2021，选择【文件】选项卡，进入【文件】界面，选择【选项】选项卡，如图 8-77 所示。

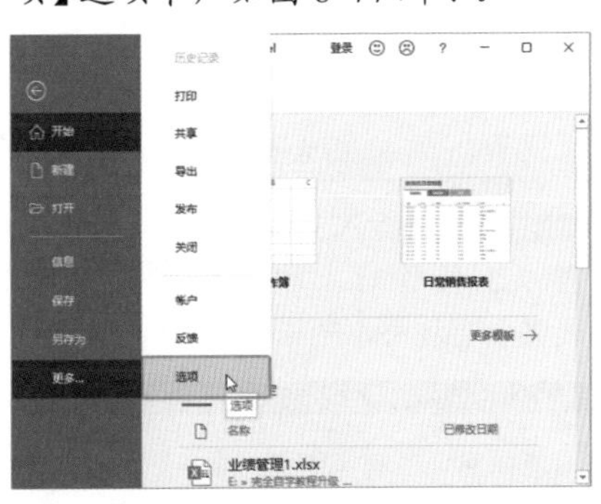

图 8-77

Step02 选择数据导入选项。❶在弹出的【Excel选项】对话框中，选择【数据】选项卡；❷在【显示旧数据导入向导】栏中，选择需要的数据导入方式，这里选择【从文本(T)(旧版)】复选框；❸单击【确定】按钮，如图 8-78 所示。

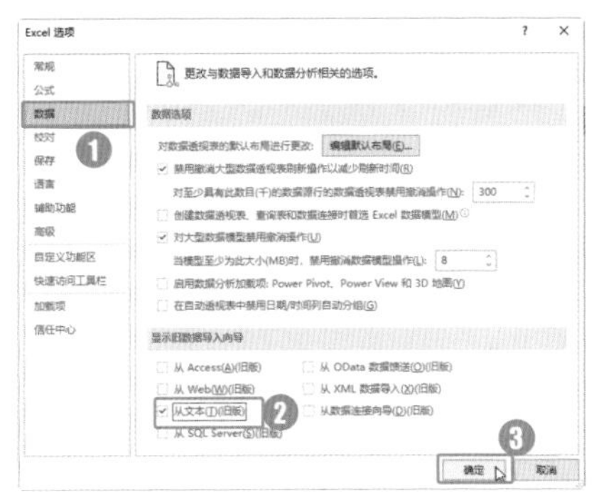

图 8-78

Step03 查看添加的功能。回到Excel中，就可以使用旧版的导入文本功能了，❶选择【数据】选项卡【获取数据】组中的【传统向导】选项；❷可以在下一级列表中看到新增加的【从文本(T)(旧版)】选项，如图 8-79 所示。

图 8-79

8.6 编辑单元格和行/列

制作表格时，通常需要对单元格、行/列进行操作，如果漏掉了一个数据，可以插入一个单元格；如果忘记了输入表格标题，可以插入一行；如果制作的表格中有多余的单元格，可以进行删除。本节主要对编辑单元格和行/列等知识进行介绍。

8.6.1 实战：在"员工档案表"中插入单元格或行、列

实例门类	软件功能

在编辑工作表的过程中，如果用户少输入了一些内容，可以通过插入单元格、行/列来添加数据，以保证表格中的其他内容不会发生改变。

例如，在"员工档案表"中插入单元格和行/列，具体操作步骤如下。

Step 01 插入单元格。❶选择需要插入单元格的区域；❷单击【开始】选项卡【单元格】组中的【插入】按钮，如图 8-80 所示。

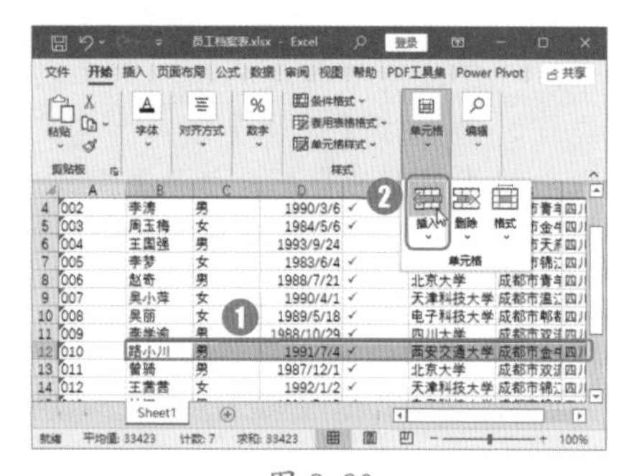

图 8-80

Step 02 查看单元格插入效果。完成 Step 01 操作后，即可插入多个单元格，效果如图 8-81 所示。

图 8-81

技术看板

如果只选择一个单元格，执行【插入单元格】命令后，默认情况下，选择的单元格内容会向右移动。

Step 03 插入工作表列。❶选择 D 列；❷单击【单元格】组中的【插入】按钮；❸在弹出的下拉列表中选择【插入工作表列】选项，如图 8-82 所示。

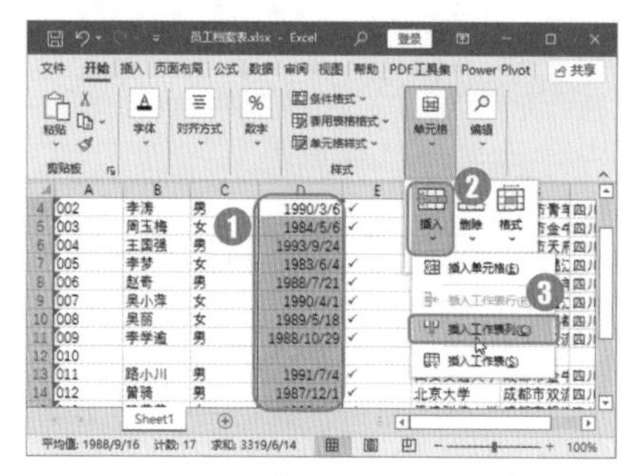

图 8-82

Step 04 插入工作表行。❶选择需要添加行的位置；❷单击【单元格】组中的【插入】按钮；❸在弹出的下拉列表中选择【插入工作表行】选项，如图 8-83 所示。

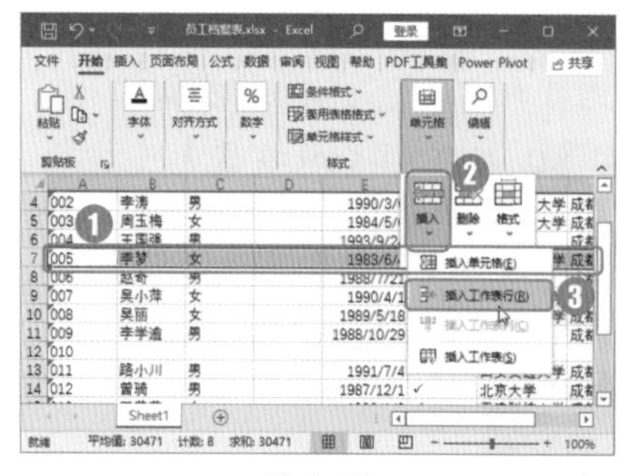

图 8-83

Step 05 查看插入列和行的效果。完成以上操作后，即可插入列和行，效果如图 8-84 所示。

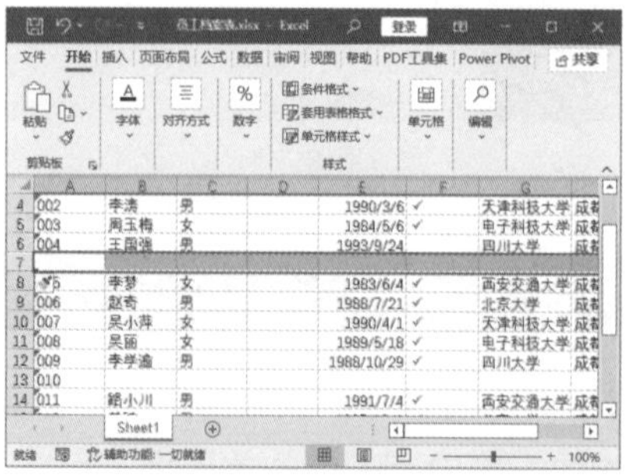

图 8-84

技术看板

插入单元格、行/列时，插入单元格和列都是向右移动，插入行是向下移动，即选择行执行【插入工作表行】命令时，选择的行向下移动，空白行显示在其上方。

8.6.2 实战：删除"员工档案表"中的单元格或行、列

实例门类	软件功能

如果在表格中插入了多余的单元格、行/列，可以使用删除单元格、行/列的方法将其删除。

删除单元格和删除行/列的方法类似，只是选择的选项不同。以删除行和列为例介绍删除方法，具体操作步骤如下。

Step 01 删除工作表行。❶选择要删除的第 7 行；❷单击【开始】选项卡【单元格】组中的【删除】按钮；❸在弹出的下拉列表中选择【删除工作表行】选项，如图 8-85 所示。

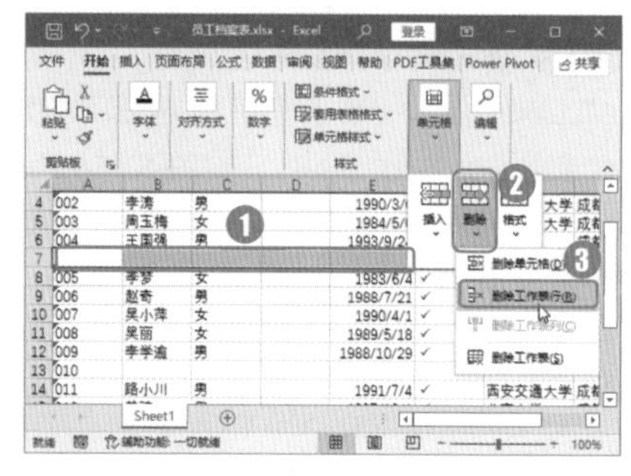

图 8-85

Step 02 删除工作表列。❶选择要删除的 D 列；❷单击【单元格】组中的【删除】按钮；❸在弹出的下拉列表中选择【删除工作表列】选项，如图 8-86 所示。

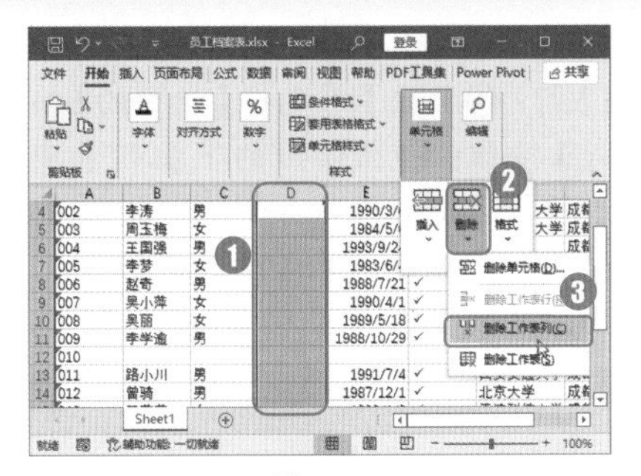

图 8-86

8.6.3 实战：设置“员工档案表”的行高与列宽

实例门类	软件功能

在新建的工作表中，每个单元格的行高与列宽是固定的，而在实际制作表格时，可能会遇到在一个单元格中输入较多内容，导致文本或数据不能正确显示的情况，这时，需要适当地调整单元格的行高或列宽。

例如，设置行高为18，设置列宽为根据内容自动调整列宽，具体操作步骤如下。

Step 01 打开【行高】对话框。❶选择所有数据行；❷单击【开始】选项卡【单元格】组中的【格式】按钮；❸在弹出的下拉列表中选择【行高】选项，如图8-87所示。

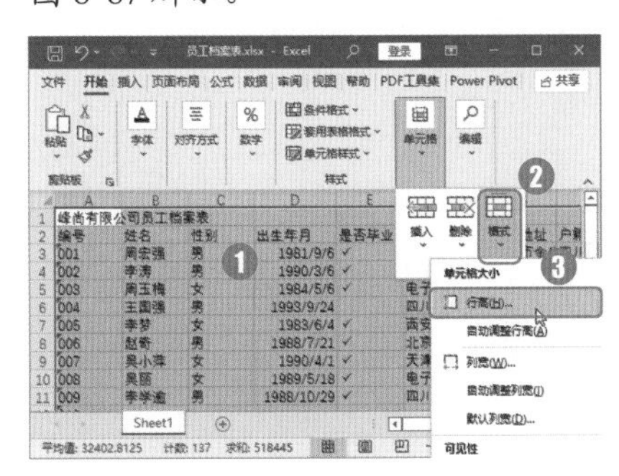

图 8-87

Step 02 输入行高参数。弹出【行高】对话框，❶在【行高】文本框中输入行高值，这里输入“18”；❷单击【确定】按钮，如图8-88所示。

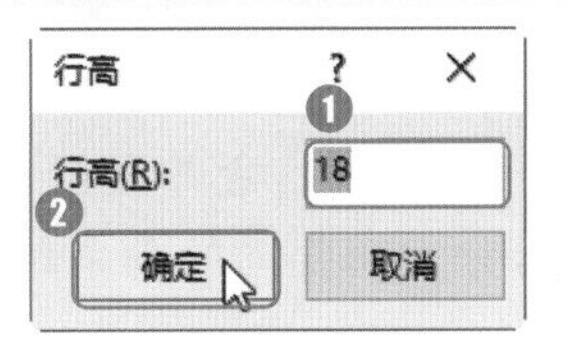

图 8-88

Step 03 查看行高设置效果。完成以上操作后，即可设置数据行的行高，效果如图8-89所示。

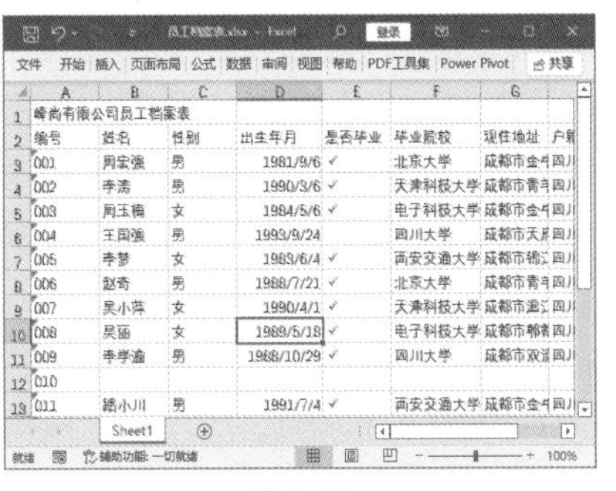

图 8-89

Step 04 自动调整列宽。❶选择A:I列；❷单击【单元格】组中的【格式】按钮；❸在弹出的下拉列表中选择【自动调整列宽】选项，如图8-90所示。

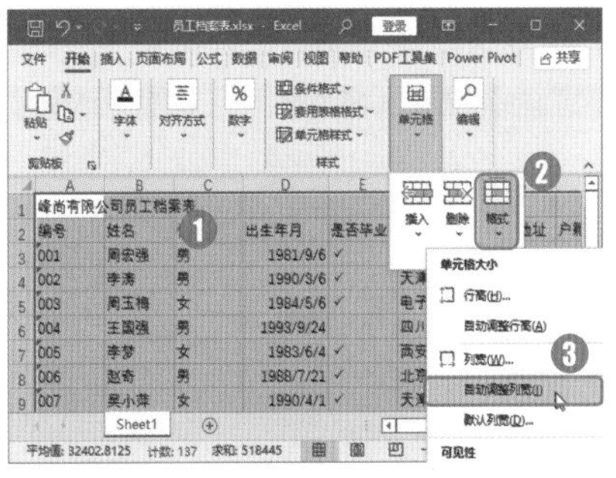

图 8-90

Step 05 查看列宽调整效果。完成Step 04操作后，即可调整表格列宽，效果如图8-91所示。

图 8-91

技能拓展——手动调整行高和列宽

除了用上述方法对行高和列宽进行调整外，还可以直接将鼠标指针移至行线或列线上，按住鼠标左键不放，拖动调整行高或列宽。

8.6.4 实战：合并与拆分“员工档案表”中的单元格

实例门类	软件功能

工作表中的内容排列都是比较规范的，根据数据安排，有时需要对多个单元格进行合并，形成一个较大的单元格。

例如，让标题行的内容显示在数据表首行中间，需要对A1:I1单元格区域进行合并，具体操作步骤如下。

Step 01 合并单元格。❶选择A1:I1单元格区域；❷单击【开始】选项卡【对齐方式】组中的【合并后居中】按钮，如图8-92所示。

图 8-92

技能拓展——合并单元格选项

在Excel中，合并单元格有合并后居中、跨越合并、合并单元格3种合并方法，用户可以根据自己的需要选择。

合并后居中：对选择的区域进行合并，如果合并区域内有内容，会在执行合并后将内容居中显示。合

并后居中时，不管选择的全是行单元格，还是包括列单元格，最终都会被合并为一个单元格。

跨越合并：多行单元格都需要对同行的多个单元格进行合并时，可以选择跨越合并，合并效果如图8-93所示。

图 8-93

合并单元格：使用该方法对多个单元格进行合并后，原来第一个单元格中的内容显示在原位。

Step 02 查看单元格合并效果。完成Step 01操作后，即可将选择的标题行区域进行合并后居中，效果如图8-94所示。

图 8-94

技术看板

合并单元格需要注意，在Excel中对已经输入了各种数据的单元格区域进行合并，合并后的单元格中将只显示原来第一个单元格中的数据。

合并单元格时，不能直接选中整行或整列进行合并，若是对整行或整列进行合并，结果是无法再在当前界面中看见合并前的内容。

在Excel中，合并后的单元格可以拆分为合并前的各个单元格，反向操作即可。

8.6.5 实战：隐藏“员工档案表”中的行和列

实例门类	软件功能

通过对行和列进行隐藏，可以有效地保护行和列内的数据不被误操作。在Excel 2021中，用户可以使用【隐藏】功能隐藏行和列。

例如，隐藏“员工档案表”中的D列、I列和第12行，具体操作步骤如下。

Step 01 隐藏列。❶选择D列和I列；❷单击【开始】选项卡【单元格】组中的【格式】按钮；❸在弹出的下拉列表中选择【隐藏和取消隐藏】选项；❹选择下一级列表中的【隐藏列】选项，如图8-95所示。

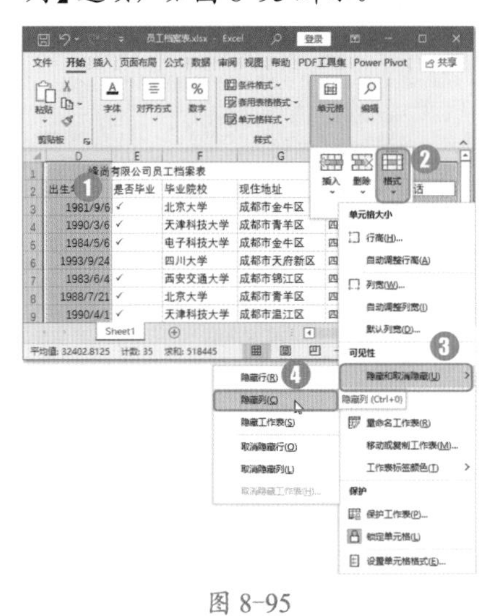

图 8-95

Step 02 隐藏行。❶选择要隐藏的第12行；❷单击【单元格】组中的【格式】按钮；❸在弹出的下拉列表中选择【隐藏和取消隐藏】选项；❹选择下一级列表中的【隐藏行】选项，如图8-96所示。

图 8-96

技能拓展——显示隐藏的行和列

单击【单元格】组中的【格式】按钮，在弹出的下拉列表中选择【隐藏和取消隐藏】选项，在下一级列表中选择【取消行/列】选项即可。也可以直接将鼠标指针移至隐藏的行线或列线上，在鼠标指针变成÷ ⫲形状时右击，在弹出的快捷菜单中选择【取消隐藏】选项。

8.7 设置表格格式

在默认状态下制作的Excel工作表具有相同的文字格式和对齐方式，没有边框和底纹效果。为了让制作的表格更加美观，可以设置单元格格式，包括为单元格设置文字格式、数字格式、对齐方式、边框和底纹等。只有恰到好处地使用了这些单元格格式，才能更好地表现数据。本节将介绍美化工作表的相关操作。

8.7.1 实战：设置“产品销售表”中的字体格式

实例门类	软件功能

使用Excel表格时，为了使表格数据更清晰、整体效果更美观，常常会对表格内数据的字体、字号、字形和颜色进行调整。

例如，要对“产品销售表”中表头内容的字体、字号和文字颜色进行设置，具体操作步骤如下。

Step 01 设置文字格式。打开“素材文件\第 8 章\产品销售表.xlsx”文档，❶选择A1:F1 单元格区域；❷在【开始】选项卡【字体】组中设置字体为【黑体】、字号为【12】；❸单击【加粗】按钮 B，如图 8-97 所示。

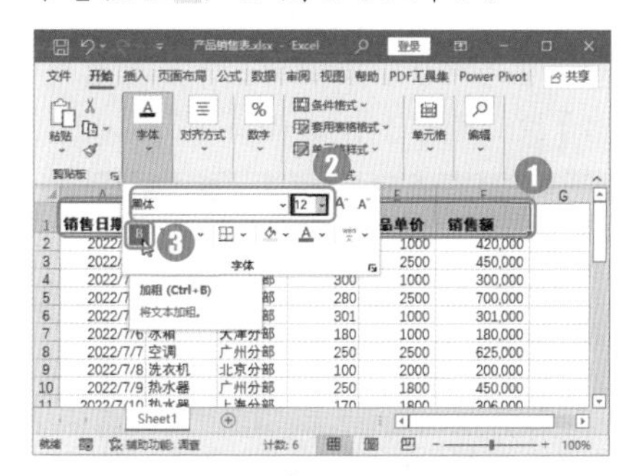

图 8-97

技术看板

如果要为工作表内的单元格同时设置字体、数字等格式，可以直接在【设置单元格格式】对话框【字体】选项卡中进行操作。

Step 02 设置文字颜色。❶单击【字体颜色】右侧的下拉按钮 ⌄；❷在弹出的下拉列表中选择需要的颜色，这里选择【橙色，个性色 1】，如图 8-98 所示。

图 8-98

8.7.2 实战：设置“产品销售表”中的数字格式

实例门类	软件功能

在单元格中输入数据后，Excel 会自动识别数据类型并应用相应的数字格式。如果有特殊需求，用户可以通过设置数字格式的方法使输入的数据显示为需要的效果。此外，用户还可以在工作表中输入日期、货币等特殊格式的数据。

例如，显示人民币的符号“¥”、让日期显示为“2012 年 3 月 14 日”等，都可以通过设置数字格式来实现，具体操作步骤如下。

Step 01 选择日期格式。❶选择A列单元格；❷单击【开始】选项卡【数字】组选项区右侧的下拉按钮 ⌄；❸在弹出的下拉列表中选择【长日期】选项，如图 8-99 所示。

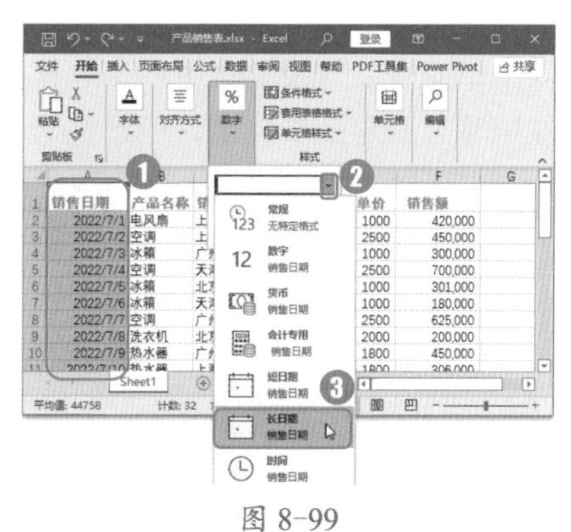

图 8-99

Step 02 打开【设置单元格格式】对话框。完成 Step 01 操作后，即可让A列单元格中的日期数据以设置的格式显示。❶选择E列和F列单元格区域；❷单击【数字】组右下角的【对话框启动器】按钮 ↘，如图 8-100 所示。

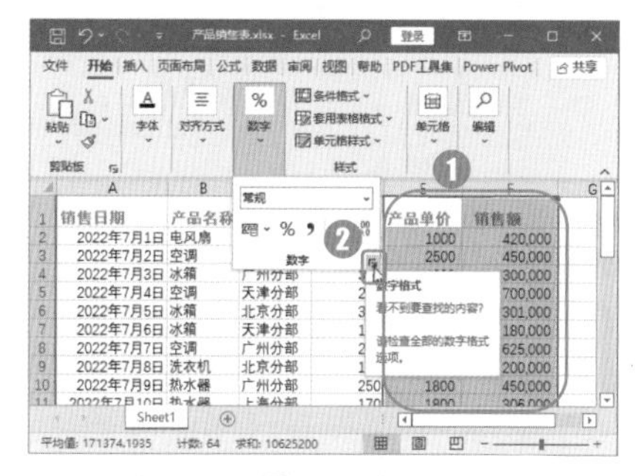

图 8-100

技能拓展——快速设置常见数字格式

单击【数字】组中的【增加小数位数】按钮 ←.0 .00，可以让所选单元格区域的数据以原有数据中小数位最多的一个为标准增加一位小数；单击【减少小数位数】按钮 .00 →.0，可以让所选单元格区域的数据减少一位小数；单击【百分比样式】按钮 %，可以让所选单元格区域的数据显示为百分比样式；单击【千位分隔样式】按钮 ,，可以为所选单元格区域的数据添加千位分隔符。

Step 03 设置数据格式。弹出【设置单元格格式】对话框，❶在【数字】选项卡【分类】列表框中选择【货币】选项；❷选择货币样式后在【小数位数】数值框中输入“1”；❸在【负数】列表框中选择需要显示的负数样式；❹单击【确定】按钮，如图 8-101 所示。

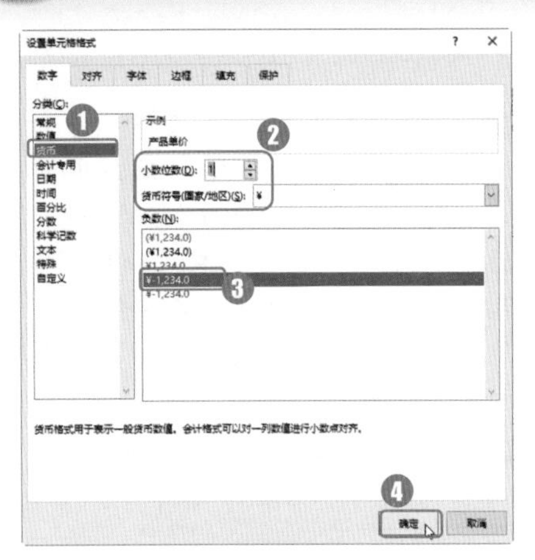

图 8-101

Step04 查看数据显示效果。完成Step 03 操作后，返回工作表，即可看到E列和F列单元格中的数据显示发生了变化，效果如图 8-102 所示。

图 8-102

8.7.3 实战：设置“产品销售表”的对齐方式

实例门类	软件功能

默认情况下，在Excel中输入的文本显示为左对齐，数据显示为右对齐。为了让工作表中的数据显示得更加整齐，可以为单元格中的数据重新设置对齐方式。

例如，设置“产品销售表”表头文本居中对齐，具体操作步骤如下。

Step01 设置垂直居中对齐方式。❶选择A1:F1 单元格区域；❷单击【开始】选项卡【对齐方式】组中的【垂直居中】按钮≡，如图 8-103 所示。

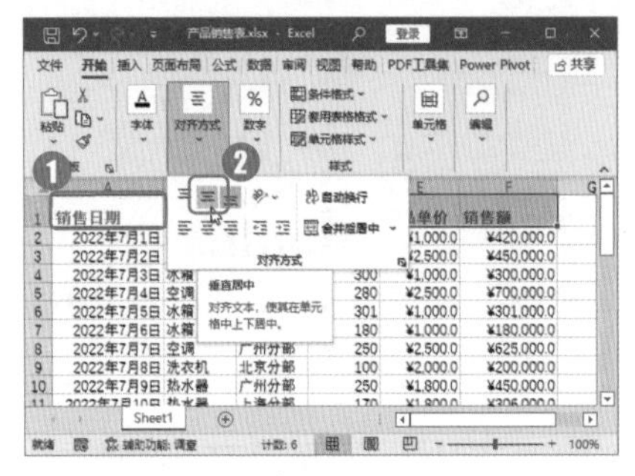

图 8-103

Step02 设置居中对齐方式。保持选择A1:F1 单元格区域，单击【对齐方式】组中的【居中】按钮≡，如图 8-104 所示，完成对表头字段对齐方式的设置。

图 8-104

8.7.4 实战：设置“产品销售表”中单元格的边框和底纹

实例门类	软件功能

默认状态下，Excel 2021 工作表中单元格的背景是白色的，边框在屏幕上看是浅灰色的，但是打印出来实际为无色显示，即没有边框。为了突出显示数据表格，使表格看起来更加清晰、美观，可以为表格设置适当的边框和底纹。

例如，为“产品销售表”添加边框和底纹，具体操作步骤如下。

Step01 为单元格区域设置框线。❶选择A1:F32 单元格区域；❷单击【开始】选项卡【字体】组中【下框线】按钮右侧的下拉按钮⌄；❸在弹出的下拉列表中选择【所有框线】选项，如图 8-105 所示。

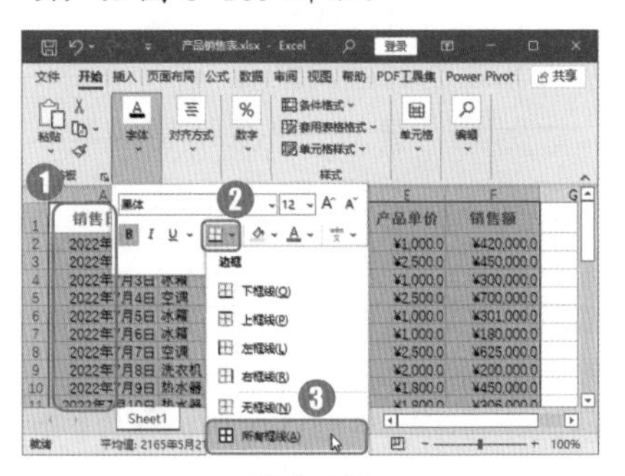

图 8-105

Step02 打开【设置单元格格式】对话框。❶选择A2:F32 单元格区域；❷单击【字体】组中的【对话框启动器】按钮↘，如图 8-106 所示。

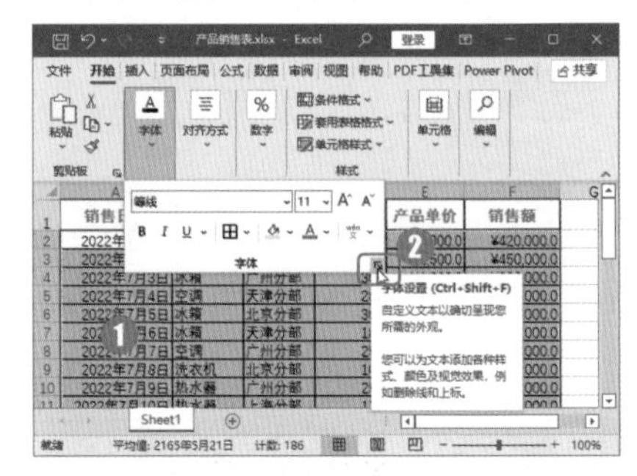

图 8-106

Step03 设置边框格式。弹出【设置单元格格式】对话框，❶选择【边框】选项卡；❷在【样式】列表框中选择【粗线】选项；❸在【边框】栏中需要添加边框效果的预览效果图上单击，如图 8-107 所示。

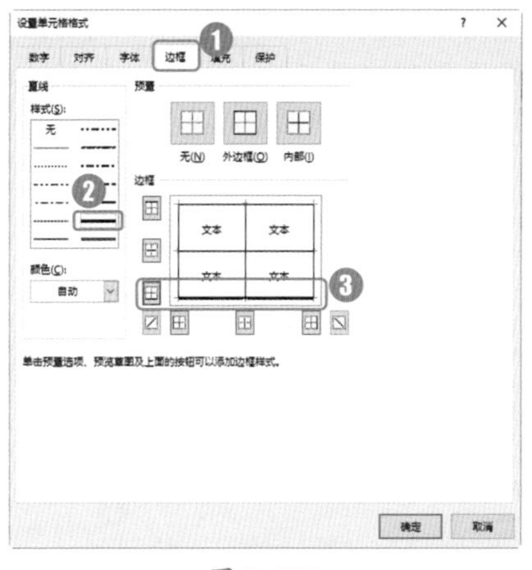

图 8-107

Step04 设置填充色。❶选择【填充】选项卡；❷在【背景色】列表框中选择要填充的颜色；❸单击【确定】按钮，如图 8-108 所示。

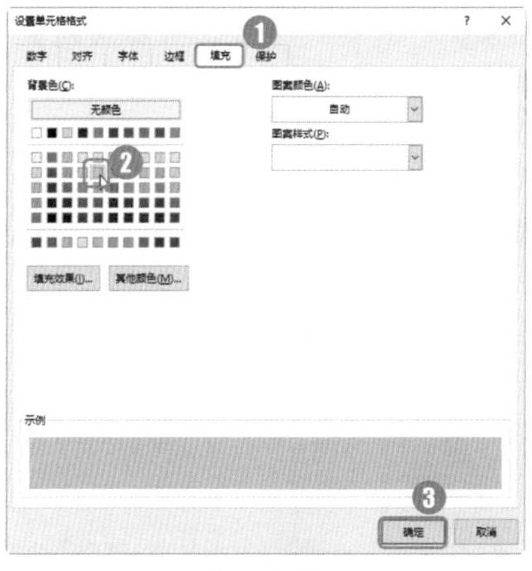

图 8-108

技能拓展——快速打开【设置单元格格式】对话框

按【Ctrl+1】组合键，可快速打开【设置单元格格式】对话框。

Step05 设置第 3 行单元格的填充色。❶选择 A3:F3 单元格区域；❷单击【字体】组中的【填充颜色】按钮；❸在弹出的下拉列表中选择需要填充的颜色，这里选择【白色，背景1】，如图 8-109 所示。

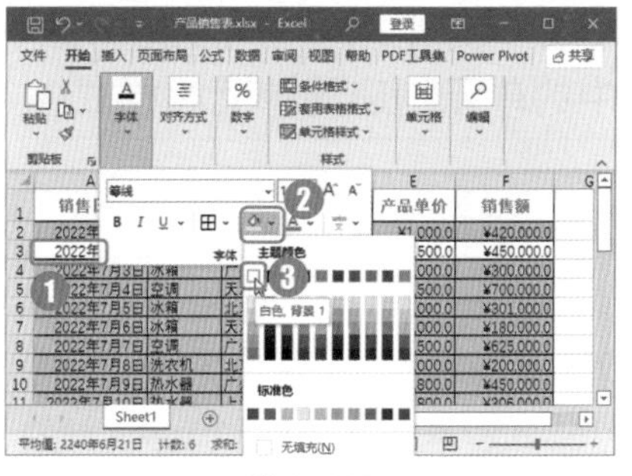

图 8-109

Step06 选择自动填充方式。❶选择 A2:F3 单元格区域，拖动填充控制柄至F32 单元格；❷单击单元格区域右下角出现的【自动填充选项】按钮；❸在弹出的列表中选择【仅填充格式】单选按钮，如图 8-110 所示。

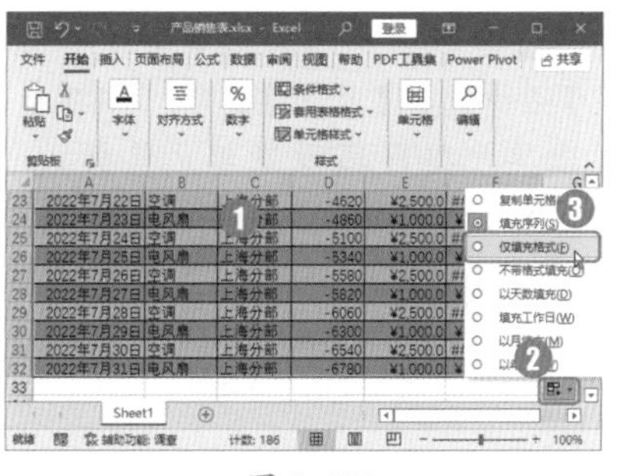

图 8-110

Step07 查看表格效果。完成Step 06 操作后，即可为该表格隔行填充背景色，效果如图 8-111 所示。

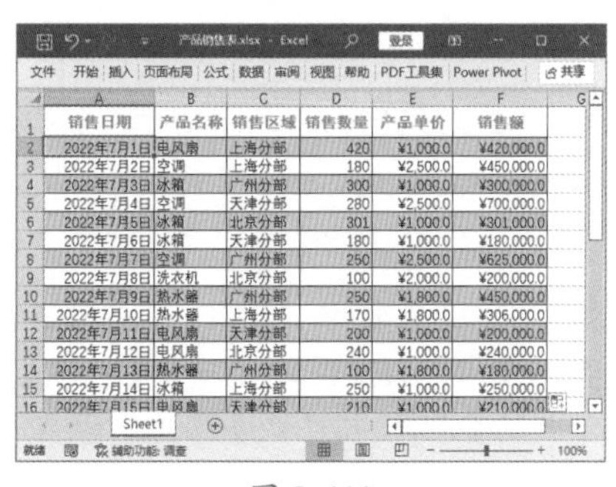

图 8-111

8.7.5 实战：为“产品销售表”应用表样式

实例门类	软件功能

Excel提供了许多预定义的表样式，使用这些样式，可快速美化表格。套用表格样式后，表格区域将变为一个特殊的整体，最明显的变化就是数据表格中会出现自动筛选器，方便用户筛选表格中的数据。

套用表样式后，用户可以根据需要，在【表设计】选项卡中设置表格区域的名称和大小，在【表样式选项】组中为表元素（如标题行、汇总行、第一列、最后一列、镶边行和镶边列）设置快速样式，从而对整个表格样式进行细节处理。

例如，为“产品销售表”应用预定义表样式，具体操作步骤如下。

Step01 清除表格格式。❶复制“Sheet1”工作表；❷选择整个表格；❸单击【开始】选项卡【编辑】组中的【清除】按钮；❹在弹出的下拉列表中选择【清除格式】选项，如图 8-112 所示。

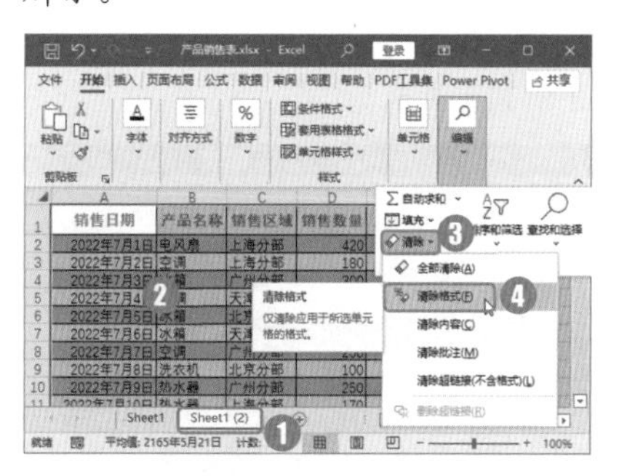

图 8-112

Step02 选择表格格式。完成Step 01 操作后，即可让表格数据显示为没有任何格式的效果，❶选择 A1:F32 单元格区域；❷单击【样式】组中的

【套用表格格式】按钮；❸在弹出的下拉列表中选择需要的表格样式，这里选择【红色，表样式中等深浅3】样式，如图 8-113 所示。

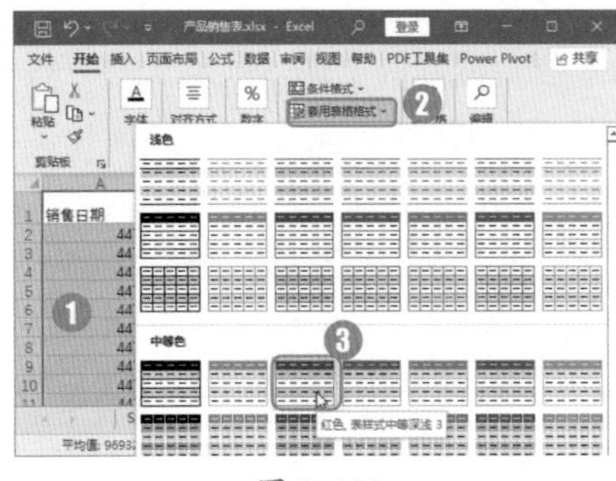

图 8-113

Step 03 确定格式套用区域。打开【创建表】对话框，❶确认套用格式的单元格区域并选择【表包含标题】复选框；❷单击【确定】按钮，如图 8-114 所示。

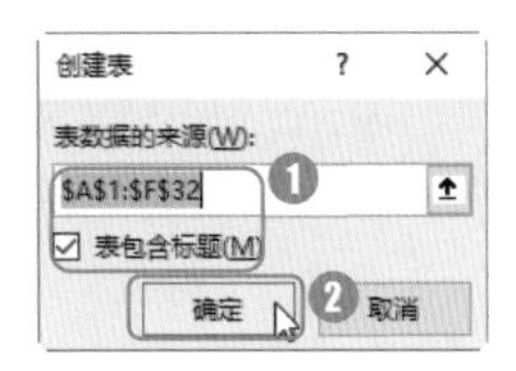

图 8-114

Step 04 设置表格样式选项。❶选择【表设计】选项卡；❷在【表格样式选项】组中取消选择【镶边行】复选框，选择【镶边列】复选框，如图 8-115 所示。

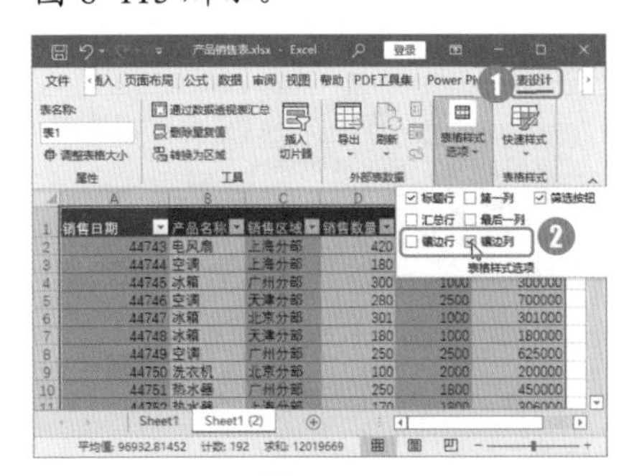

图 8-115

8.7.6 实战：为“产品销售表”中的单元格应用单元格样式

实例门类	软件功能

在Excel中，系统提供了一系列单元格样式，如字体和字号、数字格式、单元格边框和底纹，统称为内置单元格样式。使用内置单元格样式，可以快速对表格中的单元格设置格式，美化工作表。套用单元格样式的方法与套用表格样式的方法基本相同，具体操作步骤如下。

Step 01 选择单元格样式。❶选择E列和F列单元格后单击【开始】选项卡【样式】组中的【单元格样式】按钮；❷在弹出的下拉列表【数字格式】组中选择【货币】选项，即可为所选单元格区域设置单元格样式，如图 8-116 所示。

图 8-116

Step 02 再次选择单元格样式。❶选择A1:F1 单元格区域后单击【样式】组中的【单元格样式】按钮；❷在弹出的下拉列表中选择需要的主题单元格样式，即可为所选单元格区域设置相应的单元格样式，这里选择【标题】组中的【汇总】样式，如图 8-117 所示。

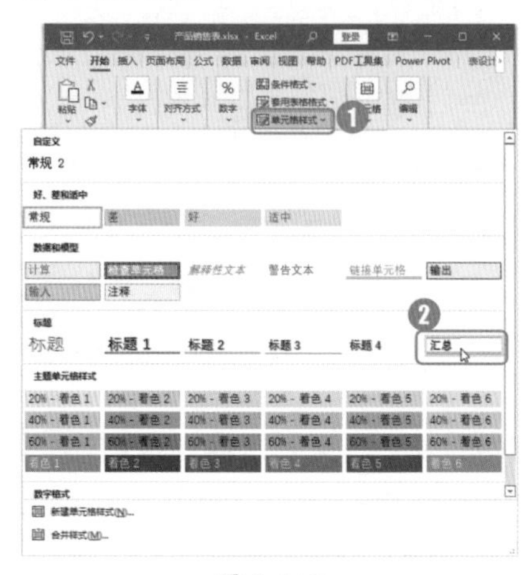

图 8-117

Step 03 完成样式设置。选择A列数据，将格式设置为【日期】。完成对单元格样式的套用，效果如图 8-118 所示。

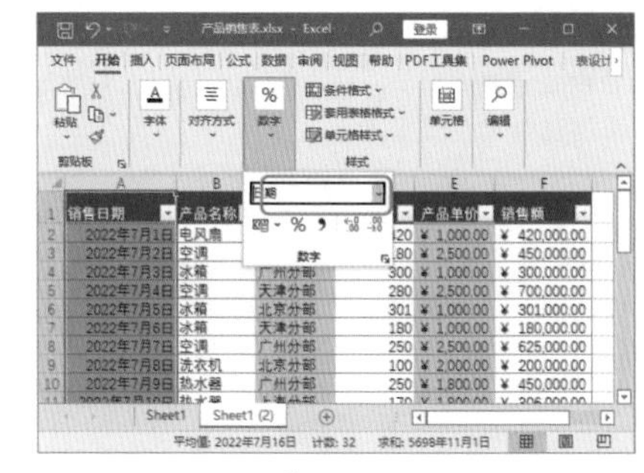

图 8-118

8.8 保存与打开工作簿

将Excel文件制作完成后，可以对工作簿进行另存，选择新的保存位置并设置新的保存名称。日常工作中，为了避免无意间对工作簿进行错误修改，可以用只读方式打开工作簿。

8.8.1 实战：将制作的Excel文件保存为“员工信息表”

实例门类	软件功能

创建或编辑工作簿后，用户可以将其进行另存，根据需要选择新的保存位置并设置新的保存名称，以备日后查阅，具体操作步骤如下。

Step 01 打开【文件】界面。打开“素材文件\第8章\工作簿1.xlsx”文档，选择【文件】选项卡，如图8-119所示。

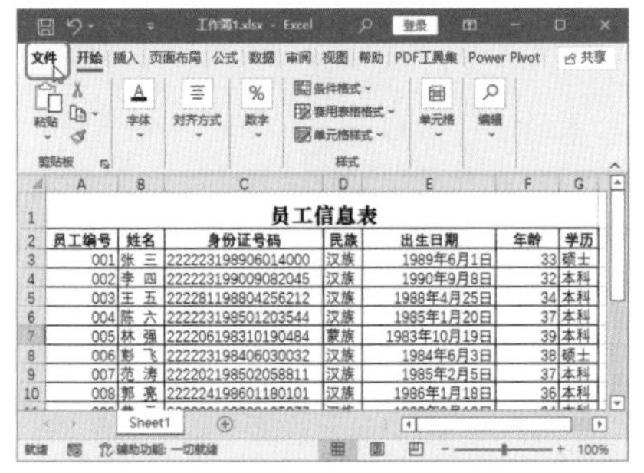

图 8-119

Step 02 另存工作簿。进入【文件】界面，❶选择【另存为】选项卡，进入【另存为】界面；❷选择【这台电脑】选项；❸选择【浏览】选项，如图8-120所示。

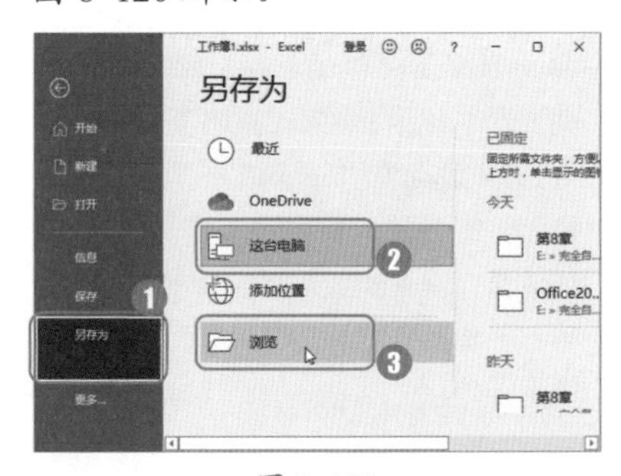

图 8-120

Step 03 保存工作簿。弹出【另存为】对话框，❶在【保存位置】列表框中选择保存位置；❷在【文件名】文本框中输入文件名“员工信息表.xlsx”；❸单击【保存】按钮，如图8-121所示。

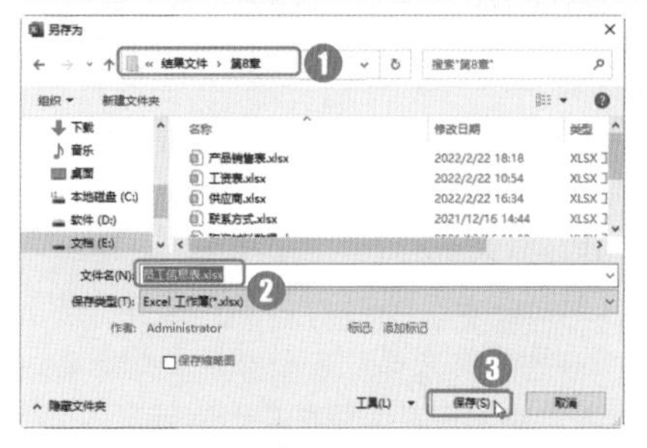

图 8-121

Step 04 查看工作簿另存效果。完成Step 03操作后，即可完成对工作簿的另存，此时，工作簿名称变成“员工信息表.xlsx”，效果如图8-122所示。

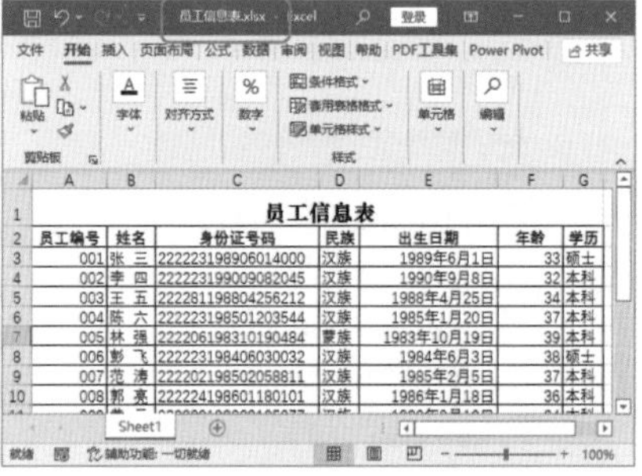

图 8-122

技术看板

除了通过【文件】选项卡进行【另存为】操作以外，还可以按【F12】键，调出【另存为】对话框。

8.8.2 实战：以只读方式打开“企业信息统计表”

实例门类	软件功能

如果用户只需要查看或复制Excel工作簿中的内容，为避免无意间对工作簿内容进行修改，可以用只读方式打开工作簿，具体操作步骤如下。

Step 01 打开【文件】界面。打开任意Excel文件，选择【文件】选项卡，如图8-123所示。

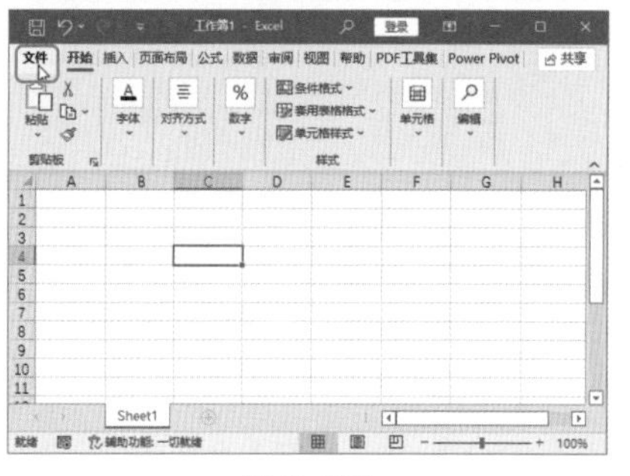

图 8-123

Step 02 打开【打开】对话框。进入【文件】界面，❶选择【打开】选项卡；❷选择【浏览】选项，如图8-124所示。

图 8-124

Step 03 以只读方式打开工作簿文件。打开【打开】对话框，❶在素材文件中选择要打开的工作簿“企业信息统计表.xlsx”；❷单击【打开】按钮右侧的下拉按钮▾；❸在弹出的下拉列表中选择【以只读方式打开】选项，如图8-125所示。

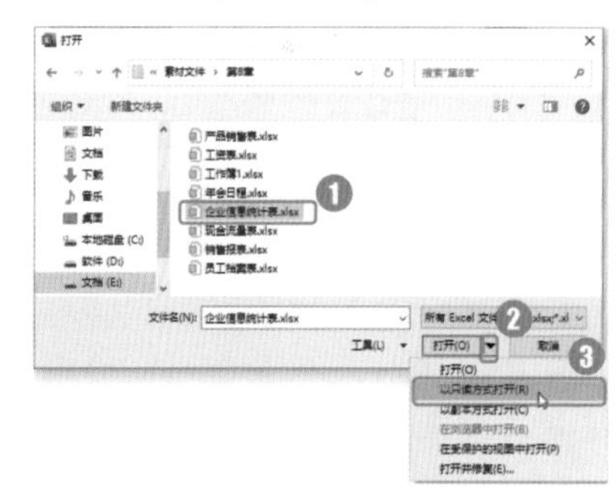

图 8-125

Step 04 查看工作簿打开效果。此时即可打开选择的工作簿，标题栏中会显示【只读】字样，如图8-126所示。

图 8-126

技术看板

以只读方式打开工作簿文件后，不能直接对工作簿进行保存操作。如果执行【保存】命令，会弹出【Microsoft Excel】对话框，提示用户“若要保留更改，需要以新名称保存工作簿或将其保存在其他位置”。

妙招技法

通过对前面知识的学习，相信读者已经掌握了使用Excel 2021输入和编辑数据的基本操作。下面结合本章内容，介绍一些实用技巧。

技巧01：如何防止他人对工作表进行更改操作

为了防止他人随意更改工作表，用户可以对重要的工作表设置密码，具体操作步骤如下。

Step01 打开【保护工作表】对话框。打开“素材文件\第8章\年会日程.xlsx”文档，❶选择【审阅】选项卡；❷在【保护】组中单击【保护工作表】按钮，如图8-127所示。

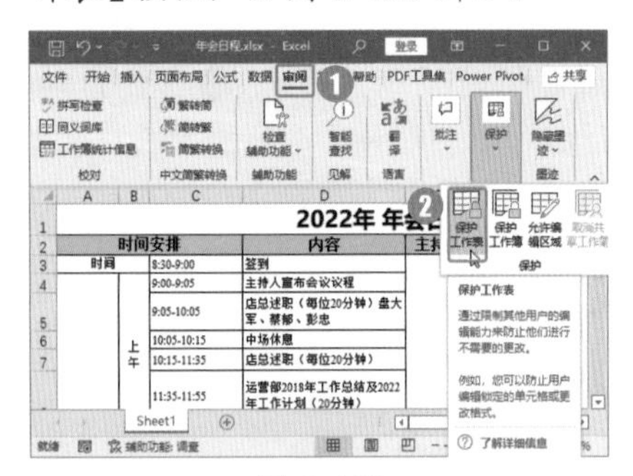

图 8-127

Step02 输入工作表保护密码。弹出【保护工作表】对话框，❶在【取消工作表保护时使用的密码】文本框中输入要设置的密码，如“123”；❷选择【保护工作表及锁定的单元格内容】复选框；❸单击【确定】按钮，如图8-128所示。

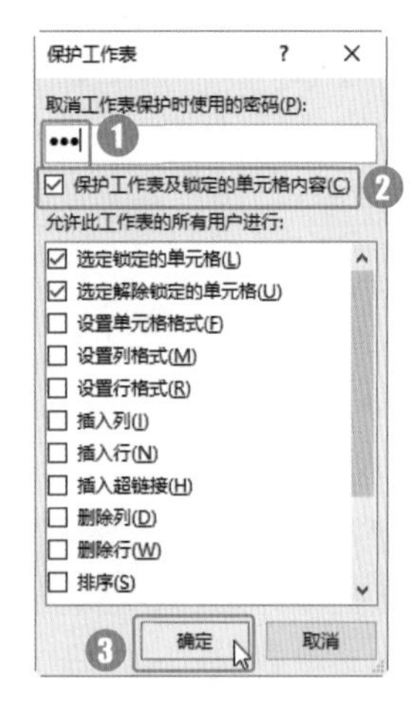

图 8-128

Step03 再次输入工作表保护密码。弹出【确认密码】对话框，❶在【重新输入密码】文本框中再次输入密码“123”；❷单击【确定】按钮，如图8-129所示。

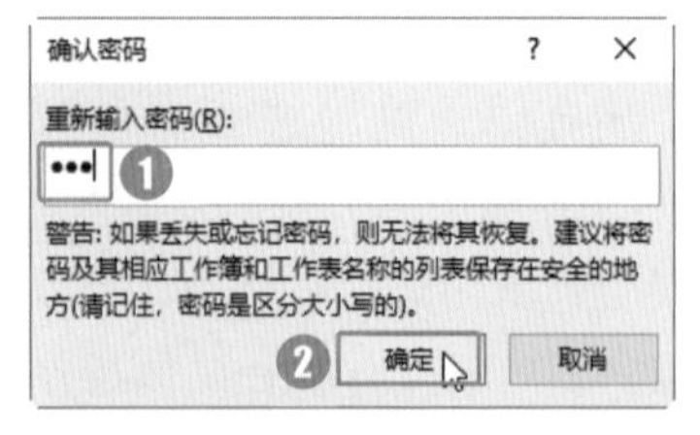

图 8-129

Step04 查看工作表保护效果。为工作表设置了密码保护后，如果要修改某个单元格中的内容，会弹出【Microsoft Excel】对话框，提示用户“您试图更改的单元格或图表位于受保护的工作表中，若要进行更改，请取消工作表保护。您可能需要输入密码”，单击【确定】按钮，取消工作表保护，才能对工作表进行修改，如图8-130所示。

图 8-130

技能拓展——撤销工作表保护

在工作簿中选择【审阅】选项卡，在【保护】组中单击【撤销工作表保护】按钮，弹出【撤销工作表保护】对话框。在【密码】文本框中输入密码，单击【确定】按钮，即可撤销工作表保护。

技巧02：怎样输入身份证号码

在Excel中输入身份证号码时，由于身份证号码位数较多，经常自动变为科学计数形式。要想显示完整的身份证号码，可以先输入英文状态下的单引号“'”，再输入身份证号码，具体操作步骤如下。

Step 01 输入英文单引号。打开任意一个工作簿，将输入法切换到英文状态，在单元格A1中输入一个单引号“'”，如图8-131所示。

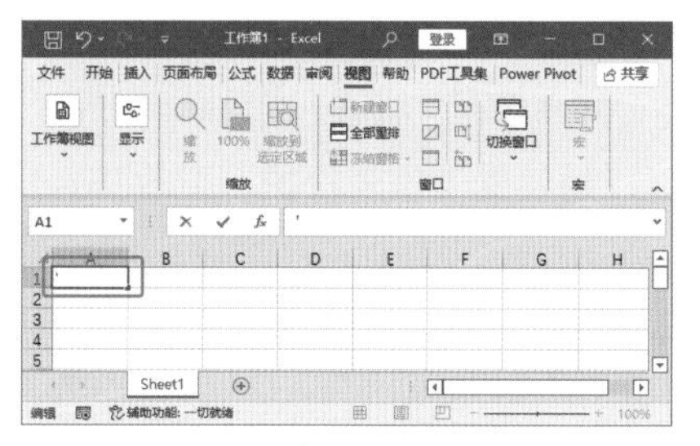

图 8-131

Step 02 输入身份证号码。输入单引号“'”后，紧接着输入身份证号码，如图8-132所示。

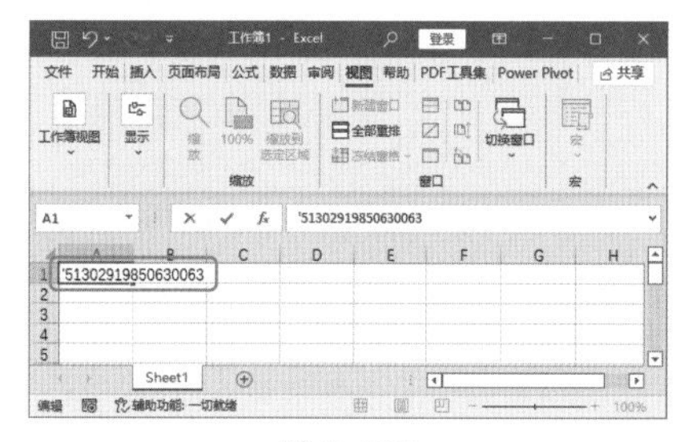

图 8-132

Step 03 完成对身份证号码的输入。按【Enter】键，即可完成对身份证号码的输入，如图8-133所示。

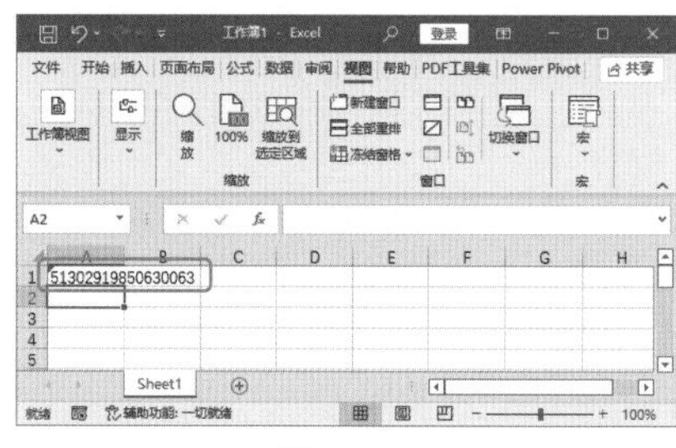

图 8-133

技术看板

在Excel表格中输入身份证号码、银行账号等位数较多的数字后，所输内容常常会变成带有加号和字母的形式。这是因为Excel中默认的数字格式是【常规】，最多可以显示11位有效数字，超过11位，就会以科学记数形式显示。

输入多位数字时，除了可以使用英文单引号“'”外，还可以尝试将单元格格式设置为【文本】。

技巧03：如何快速复制单元格格式

如果已经为工作表中某一个单元格或单元格区域设置了某种单元格格式，要在与它不相邻的其他单元格或单元格区域中使用相同的格式，除了可以使用格式刷快速复制格式外，还可以使用选择性粘贴功能复制其中的单元格格式。

例如，快速复制“新产品开发计划表.xlsx”工作簿中的部分单元格格式，具体操作步骤如下。

Step 01 复制单元格。打开“素材文件\第8章\新产品开发计划表.xlsx”文档，❶选择A2单元格；❷单击【开始】选项卡【剪贴板】组中的【复制】按钮，如图8-134所示。

图 8-134

Step 02 选择粘贴选项。选择需要应用所复制格式的A3单元格，❶单击【剪贴板】组中的【粘贴】下拉按钮；❷在弹出的下拉列表中选择【格式】选项，如图8-135所示。

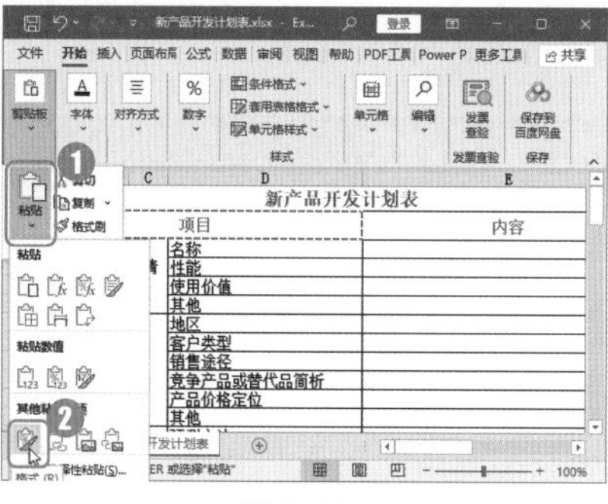

图 8-135

Step 03 查看粘贴的格式效果。完成Step 02操作后，即可将A2单元格的格式复制到A3单元格上。随后，依次单击【开始】选项卡【对齐方式】组中的【合并后居中】和【自动换行】按钮，如图8-136所示。使用相同的方法，继续复制格式到其他单元格中。

图 8-136

技术看板

复制数据后，在【粘贴】下拉列表中单击【值】按钮，将只复制内容，不复制格式（若所选单元格区域中原来是公式，将只复制公式的计算结果）；单击【公式】按钮，将只复制所选单元格区域中的公式；单击【公式和数字格式】按钮，将复制所选单元格区域中的所有公式和数字格式；单击【值和数字格式】按钮，将复制所选单元格区域中的所有数值和数字格式（若所选单元格区域中原来是公式，将只复制公式的计算结果和其数字格式）；单击【无边框】按钮，将复制所选单元格区域中除了边框以外的所有内容；单击【保留源列宽】按钮，将复制列宽信息从一列单元格到另一列单元格。

本章小结

通过对本章知识的学习，相信读者已经掌握了在Excel表格中进行数据输入与编辑的操作。首先，输入和编辑数据前应该了解Excel的基本概念，如文件、工作簿、工作表、单元格和单元格区域等；其次，练习工作表的基本操作与单元格的选择和定位；再次，尝试输入表格数据、编辑单元格和行/列、设置表格格式；最后，进行保存与打开工作簿操作。在数据输入和编辑过程中，还需要掌握一些提高工作效率的技巧，如设置工作表保护、更改Excel默认的工作表张数、更改工作表标签颜色、输入身份证号码等。

Excel 2021 公式与函数

- ➥ 公式输入规则是什么?
- ➥ 想自己编辑公式或函数，如何确定运算符的优先级?
- ➥ 如何使用单元格的引用功能，在同一工作簿或不同工作簿之间进行数据调用?
- ➥ 编辑公式后，如何修改和再次编辑?
- ➥ 如何在工作表中填充公式?
- ➥ 了解了函数的基本功能，如何编辑函数来计算相关数据?

本章将向读者介绍Excel中的公式与函数相关知识。了解Excel中运算符的规则与使用方法、掌握通过公式与函数计算数据的方法后，读者会在统计数据时省去很多不必要的麻烦。

9.1 公式与函数的概念

Excel不仅支持编辑和制作各种电子表格，还支持在表格中使用公式与函数进行数据计算。进行数据计算前，先来了解一下Excel中公式与函数的含义和基础知识。

9.1.1 公式的含义

Excel中的公式是工作表中对数值进行计算的等式，可以帮助用户快速地完成各种复杂的运算。公式以“=”开始，其后是公式的表达式，如“=D3+E3”，如图9-1所示。

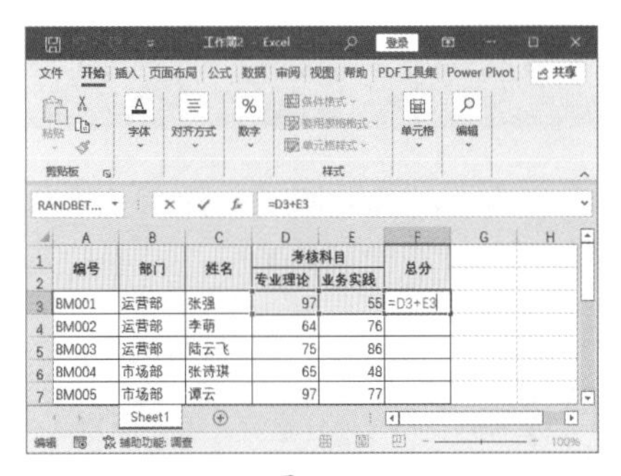

图9-1

公式的基本结构是“=表达式”，如图9-2所示。

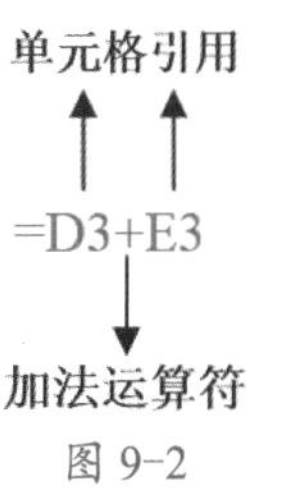

图9-2

简单的公式运算为加、减、乘、除，复杂的公式则包含函数、引用、运算符和常量等元素。

常量：直接输入公式的数字或文本。

单元格引用：引用某一单元格或单元格区域中的数据，可以引用当前工作表的单元格、同一工作簿中其他工作表的单元格、其他工作簿中工作表的单元格。

工作表函数：包括函数及它们的参数。

运算符：用于连接公式中的基本元素并完成特定计算的符号，如“+”“/”等。不同的运算符，用于完成不同的运算。

9.1.2 输入公式的规则

在Excel中输入公式时必须遵循以下规则。

（1）输入公式之前，选择运算结果所在的单元格。

（2）所有公式都以“=”开始，“=”后是要参与计算的元素。

（3）参与计算的单元格的地址表示为“列标+行号”，如A1、D4等。

（4）参与计算的单元格区域的地址表示为“区域左上角的单元格地址:区域右下角的单元格地址”，如B2:B9、C2:C9等，如图9-3所示。

图 9-3

技术看板

实际工作中，通常通过引用数值所在的单元格或单元格区域进行数据计算，而不是直接输入数值进行计算，因为通过鼠标点选，可以直接引用数值所在的单元格或单元格区域，十分方便、快捷。

9.1.3 函数的含义

Excel函数是一些预定义的公式，它们使用参数的特定数值按特定的顺序或结构进行计算。

Excel函数一共有11类，包括数据库函数、日期与时间函数、工程函数、财务函数、信息函数、逻辑函数、查询和引用函数、数学和三角函数、统计函数、文本函数及用户自定义函数。

9.1.4 函数的结构

函数的结构包括2部分：一是函数的名称；二是函数的参数。

1. 函数的名称

SUM、AVERAGE、MAX等都是函数名称，从它们的名称就可以推断这个函数的功能。

2. 函数的参数

参数可以是数字、文本、逻辑值、数组、错误值或单元格引用，也可以是常量、公式或其他函数。指定的参数都必须为有效的参数值。

以COUNTIF函数为例，COUNTIF函数的功能是对指定区域中符合指定条件的单元格进行计数，语法如下。

COUNTIF(range，criteria)

其中，函数的名称为COUNTIF，函数的参数为(range, criteria)。

参数range：计算其中非空单元格数目的区域。

参数criteria：以数字、表达式或文本形式定义的条件，如图9-4所示。

图 9-4

技术看板

为了帮助大家更好地了解和掌握COUNTIF函数的使用方法，现罗列一些常用函数如下。

(1) 统计真空单元格：=COUNTIF(data,"=")

(2) 统计真空+假空单元格：=COUNTIF(data,"")

(3) 统计非真空单元格：=COUNTIF(data,"<>")

(4) 统计文本型单元格：=COUNTIF(data,"*")

9.2 认识Excel运算符

如果说公式是Excel中的重要工具，能够使用户的工作更加高效、灵活，那么运算符就是公式中各操作对象之间的纽带，在数据计算中起着不可替代的作用。

9.2.1 运算符的类型

运算符是连接公式的基本元素，也是完成特定计算的符号，如“+”“/”等。使用不同的运算符，可以完成不同的运算。

在Excel中，有4种运算符类型，分别是算术运算符、比较运算符、文本运算符和引用运算符。

1. 算术运算符

用于完成基本的数学运算。算术运算符的主要种类和含义如表9-1所示。

表 9-1 算术运算符的种类和含义

算术运算符	含义	示例
+	加号	2+1
-	减号	2-1
*	乘号	3*5
/	除号	9/2

续表

算术运算符	含义	示例
%	百分号	50%
^	乘幂号	3^2

2. 比较运算符

用于比较两个值。当用比较运算符比较两个值时，结果是一个逻辑值，为TRUE或FALSE，其中TRUE表示“真”，FALSE表示“假”。比较运算符的主要种类和含义如表9-2所示。

表9-2　比较运算符的种类和含义

比较运算符	含义	示例
=	等于	A1=B1
>	大于	A1 > B1
<	小于	A1 < B1
>=	大于等于	A1 >=B1
<=	小于等于	A1 <=B1
< >	不等于	A1 < > B1

3. 文本运算符

文本运算符用“&”表示，用于将两个文本连接起来合并成一个文本——“Excel”&“高手”的结果就是“Excel高手”。

例如，A1单元格内容为“计算机”；B1单元格内容为“基础”，如要使C1单元格内容为“计算机基础”，公式应该写为“=A1&B1”。

4. 引用运算符

引用运算符主要用于标明工作表中的单元格或单元格区域，包括冒号、逗号、空格。

:（冒号）：区域运算符，对两个引用之间，包括两个引用在内的所有单元格进行引用，如B5:B15。

,（逗号）：联合操作符，将多个引用合并为一个引用，如SUM(B5:B15,D5:D15)。

（空格）：交叉运算符，即对两个引用区域中共有的单元格进行运算，如A1:B8 B1:D8。

★重点 9.2.2　运算符的优先级

公式中有众多运算符，进行运算时，有着不同的优先顺序，正如最初接触数学运算时就知道的，“*”“/”运算符优于“+”“-”运算符，只有这样，它们才能默契合作，实现各类复杂的运算。公式中运算符的优先顺序如表9-3所示。

表9-3　运算符的优先顺序

优先顺序	运算符	说明
1	:（冒号） ,（逗号） （空格）	引用运算符
2	-	作为负号使用（如：-8）
3	%	百分比运算
4	^	乘幂运算
5	*和/	乘和除运算
6	+和-	加和减运算
7	&	连接两个文本字符串
8	=、<、>、<=、>=、< >	比较运算符

技术看板

如果公式中同时用到了多个运算符，Excel将按一定的顺序（优先级由高到低）进行运算，若运算符的优先级相同，将从左到右进行运算。若是记不清运算符优先级或想指定运算顺序，可用小括号括起相应部分。

优先级由高到低依次为：（1）引用运算符；（2）负号；（3）百分比；（4）乘幂；（5）乘除；（6）加减；（7）连接符；（8）比较运算符。

9.3 单元格的引用

单元格的引用在Excel数据计算中发挥着重要作用。本节主要介绍相对引用、绝对引用和混合引用的基本操作，以及通过单元格引用来调用同一工作簿和不同工作簿数据的基本方法。

★重点 9.3.1　实战：单元格的相对引用、绝对引用和混合引用

实例门类	软件功能

单元格的引用方法包括相对引用、绝对引用和混合引用3种。

1. 相对引用和绝对引用

单元格的相对引用是基于包含公式和引用的单元格的相对位置而言的。如果公式所在单元格的位置改变，引用将随之改变；如果多行或多列地填充公式，引用会自动调整。默认情况下，新公式使用相对引用。

单元格中的绝对引用则总是在指定位置引用单元格（如$A$1）。如果公式所在单元格的位置改变，

绝对引用的单元格始终保持不变；如果多行或多列地填充公式，绝对引用将不作调整。

使用相对引用单元格的方法计算销售金额，使用绝对引用单元格的方法计算销售提成，具体操作步骤如下。

Step 01 输入公式。打开“素材文件\第9章\单元格的引用.xlsx”文档，在“相对和绝对引用”工作表中，选择单元格E4，输入公式“=C4*D4”，此时，相对引用了公式中的单元格C4和D4，如图9-5所示。

图 9-5

Step 02 填充公式。完成Step 01操作后按【Enter】键，选择单元格E4，将鼠标指针移动到单元格E4的右下角，此时，鼠标指针变成+形状，如图9-6所示，双击，将公式填充到本列其他单元格中。

图 9-6

Step 03 查看公式填充效果。多行或多列地填充公式，引用会自动调整，即随着公式所在单元格的位置改变，引用会进行相应的改变，例如，单元格E5中的公式变成了“=C5*D5”，如图9-7所示。

图 9-7

Step 04 输入公式。选择单元格F4，输入公式“=E4*F2”，如图9-8所示。

图 9-8

Step 05 改变引用方式。在编辑栏中选择公式中的F2，按【F4】键，公式变成“=E4*$F$2”，此时，绝对引用了公式中的单元格F2，如图9-9所示。

图 9-9

Step 06 填充公式。完成Step 06操作后按【Enter】键，选择单元格F4，将鼠标指针移动到单元格F4的右下角，此时，鼠标指针变成+形状，如图9-10所示，双击，将公式填充到本列其他单元格中。

图 9-10

Step 07 查看公式填充效果。如果多行或多列地填充公式，绝对引用将不作调整；如果公式所在单元格的位置改变，绝对引用的单元格F2始终保持不变，如图9-11所示。

图 9-11

技能拓展——输入$符号

除了可以使用【F4】键快速切换引用类型外，在英文状态下，按【Shift】键的同时按主键盘区的数字键【4】，输入符号“$”，也可以快速切换引用类型。

2. 混合引用

混合引用包括绝对列和相对行（如$A1）、绝对行和相对列（如A$1）两种形式。如果公式所在单元格的位置改变，相对引用改变，绝对引用不变；如果多行或多列地复制公式，相对引用自动调整，绝对引用不作调整。

例如，某公司准备在今后10年内，每年年末从利润留成中提取

10 万元存入银行，10 年后将这笔存款用于建造员工福利性宿舍。假设年利率为 2.5%，10 年后一共可以积累多少资金？如果年利率分别为 3%、3.5%、4%，可以积累多少资金？使用混合引用单元格的方法计算年金终值，具体操作步骤如下。

Step 01 输入混合引用公式。选择“混合引用”工作表，选择单元格 C4，输入公式“=$A$3*(1+C$3)^$B4”，此时，绝对引用公式中的单元格 A3，混合引用公式中的单元格 C3 和 B4，如图 9-12 所示。

图 9-12

Step 02 完成公式计算。完成 Step 01 操作后按【Enter】键，即可计算出年利率为 2.5% 时第 1 年的本息合计，如图 9-13 所示。

图 9-13

Step 03 填充公式。选择单元格 C4，将鼠标指针移动到单元格 C4 的右下角，此时，鼠标指针变成╋形状，向下拖动鼠标，将公式填充到本列其他单元格中，如图 9-14 所示。

图 9-14

Step 04 查看公式填充效果。多行地填充公式，相对引用会自动调整，随着公式所在单元格的位置改变而改变。此例中，混合引用中的行号随之改变，例如，单元格 C5 中的公式变成“=$A$3* (1+C$3)^$B5”，如图 9-15 所示。

图 9-15

Step 05 向右填充公式。选择单元格 C4，将鼠标指针移动到单元格 C4 的右下角，此时，鼠标指针变成╋形状，按住鼠标左键不放，向右拖动到单元格 F4，释放左键，此时，公式即可填充到选择的单元格区域中，如图 9-16 所示。

图 9-16

Step 06 查看公式填充效果。多列地填充公式，相对引用会自动调整，随着公式所在单元格的位置改变而改变。此例中，混合引用中的列标随之改变，例如，单元格 D4 中的公式变成“=$A$3*(1+D$3)^$B4”，如图 9-17 所示。

图 9-17

Step 07 填充公式。重复 Step 03 操作，将公式填充到空白单元格中，即可计算出在不同利率条件下，不同年份的年金终值，如图 9-18 所示。

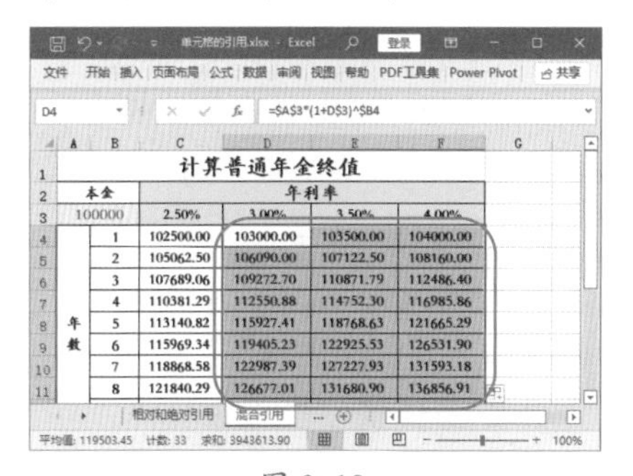

图 9-18

Step 08 向右填充公式。修改单元格 C14 中的公式为求和公式“=SUM(C4:C13)”，并将公式填充到右侧的单元格中，即可计算出不同利率条件下 10 年后的年金终值，如图 9-19 所示。

图 9-19

技能拓展——普通年金终值介绍

普通年金终值指最后一次支付时的本利和，是每次支付的复利终值之和。假设每年的支付金额为A，利率为i，期数为n，则按复利计算的普通年金终值S为：

$$S=A+A\times(1+i)+A(1+i)^2+\ldots+A\times(1+i)^{n-1}$$

9.3.2 实战：同一工作簿中的单元格引用

实例门类	软件功能

日常工作中，一个Excel工作簿中可能包括多张不同的工作表，这些工作表之间存在着一定的数据联系，可以通过单元格的引用功能，在工作表之间相互调用数据。

以“2022年员工销售业绩统计”为例，分别从当前工作簿中调用第4季度的销售数据，从“2022年前三季度销售统计.xlsx”文件中调用前三季度的销售数据（在9.3.3节中介绍），具体操作步骤如下。

Step 01 输入“=”。选择“同一工作簿或不同工作簿中的引用”工作表，选择单元格E3，输入等号“=”，如图9-20所示。

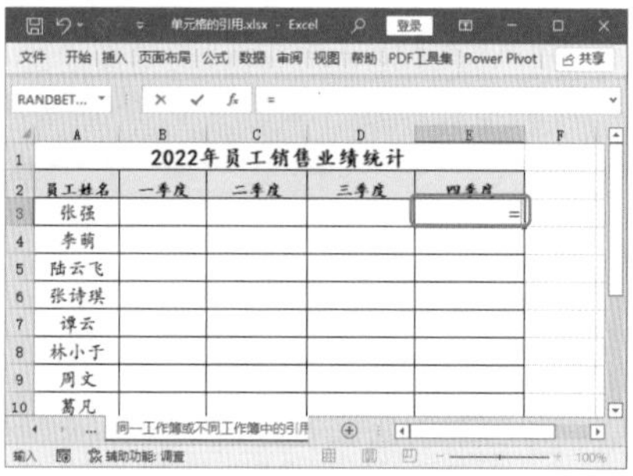

图 9-20

Step 02 选择单元格。单击工作表标签“相对和绝对引用”，选择“相对和绝对引用”工作表，选择单元格E4，如图9-21所示。

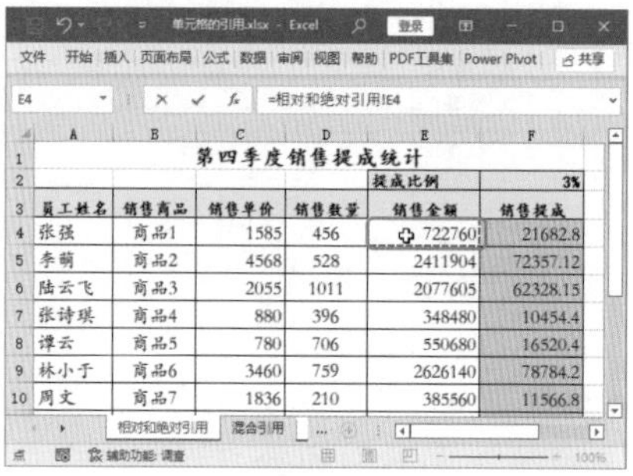

图 9-21

Step 03 查看单元格引用效果。按【Enter】键，即可在当前工作表中调用“相对和绝对引用”工作表中单元格E4的数据，并显示引用公式“=相对和绝对引用!E4”，如图9-22所示。

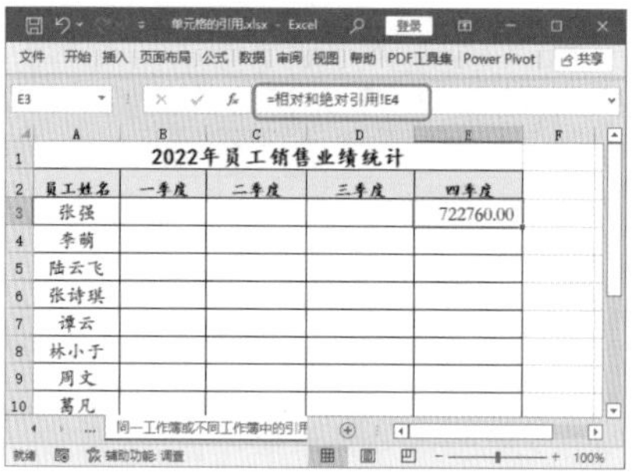

图 9-22

Step 04 填充公式。选择单元格E4，将鼠标指针移动到单元格E4的右下角，此时，鼠标指针变成十形状，双击，将公式填充到本列其他单元格中，如图9-23所示。

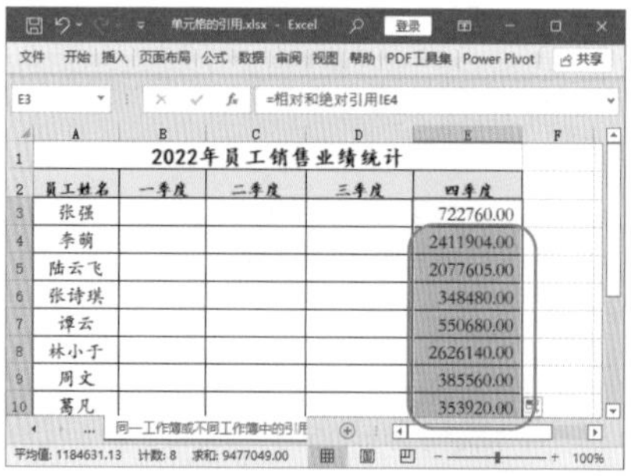

图 9-23

技术看板

对同一工作簿中不同工作表单元格中的数据进行调用，一般格式为“=工作表名称!单元格地址”。例如，“Sheet1!A1”，表示调用当前工作簿“Sheet1”工作表中单元格A1的数据。其中用感叹号“!”来分隔工作表与单元格。

9.3.3 实战：引用其他工作簿中的单元格

实例门类	软件功能

除了可以引用当前工作簿中的单元格外，用户还可以引用其他工作簿中的单元格。

跨工作簿引用的要点如下。

（1）跨工作簿引用单元格，Excel工作簿的名称会用“[ ]”括起来。

（2）表名和单元格之间用“!”隔开。

（3）路径可以是绝对路径，也可以是相对路径（同一目录下），需要使用扩展名。

（4）引用支持自动更新。

跨工作簿引用单元格的具体操作步骤如下。

Step 01 打开表格。打开9.3.2节中所用的工作簿的同时，打开“素材文件\第9章\2022年前三季度销售统计.xlsx”文档，2022年前三季度销售数据如图9-24所示。

2022年前三季度员工销售业绩统计

员工姓名	一季度	二季度	三季度
张强	21328.00	38398.00	26789.00
李萌	40615.00	26002.00	32006.00
陆云飞	49521.00	39668.00	47317.00
张诗琪	36688.00	19681.00	12894.00
谭云	46145.00	24163.00	36385.00
林小于	20414.00	43138.00	46238.00
周文	34428.00	16907.00	39461.00
葛凡	47946.00	42689.00	20537.00

图 9-24

Step 02 输入公式。选择“单元格的引用”工作簿，选择单元格B3，输入公式“=[2022年前三季度销售统计.xlsx]Sheet1!B3”，按【Enter】键，即可在当前工作表中调用另一个工作簿“2022年前三季度销售统计”中工作表“Sheet1”中单元格B3的数据，如图9-25所示。

图 9-25

技术看板

跨工作簿引用的简单表达式为“盘符:\[工作簿名称.xlsx]工作表名称!数据区域”，例如，“D:\[考勤成绩表.xlsx]Sheet1!A2:A7”。

Step 03 填充公式。选择单元格B3，将鼠标指针移动到单元格B3的右下角，此时，鼠标指针变成十形状，双击，将公式填充到本列其他单元格中，即可调用2022年第一季度的销售数据，如图9-26所示。

图 9-26

Step 04 向右填充公式。选择单元格区域B3:B10，将鼠标指针移动到单元格B10的右下角，此时，鼠标指针变成十形状，向右拖动鼠标，将公式填充到右侧的两列中，即可调用2022年第二季度和第三季度的销售数据，如图9-27所示。

图 9-27

9.4 使用公式计算数据

使用Excel制作日常表格时，经常用到加、减、乘、除等基本运算，那么，如何在表格中添加这些公式呢？下面以计算“某百货公司2021年度销售数据”为例，介绍使用公式计算数据的基本方法。

★重点 9.4.1 实战：编辑销售表公式

实例门类	软件功能

在销售表格中，使用最为广泛的公式是求和公式，用户可以根据需要，合计不同商品的销售额，或合计不同时段的销售额。

1. 直接输入公式

公式通常以“=”开始，如果直接输入公式，不加起始符号，Excel会自动将输入的内容作为数据显示。直接输入公式的具体操作步骤如下。

技术看板

在单元格中输入的公式会自动显示在公式编辑栏中，因此，可以在选择要返回值的目标单元格之后，单击公式编辑栏，进入编辑状态，直接输入公式。

Step 01 输入“=”。打开“素材文件\第9章\2022年度销售数据统计表.xlsx”文档，选择单元格F2，输入“=”，如图9-28所示。

图 9-28

Step 02 输入完整公式。依次输入公式元素“B2+C2+D2+E2”，如图9-29所示。

图 9-29

Step03 完成公式计算。输入公式后，按【Enter】键，即可得到计算结果，如图 9-30 所示。

图 9-30

2. 使用鼠标输入公式元素

如果要在公式中引用单元格，除了可以直接输入公式外，还可以使用鼠标选择单元格或单元格区域，配合公式的输入，具体操作步骤如下。

Step01 输入公式的开头部分。选择单元格B10，输入“=”，再输入“SUM()”，如图 9-31 所示。

图 9-31

Step02 选择单元格引用区域。将光标定位在公式中的括号内，拖动鼠标，选择单元格区域B2:B9，释放鼠标，即可在单元格B10 中看到完整的求和公式“=SUM(B2:B9)”，如图 9-32 所示。

图 9-32

Step03 完成公式计算。完成公式的输入后，按【Enter】键，即可得到计算结果，如图 9-33 所示。

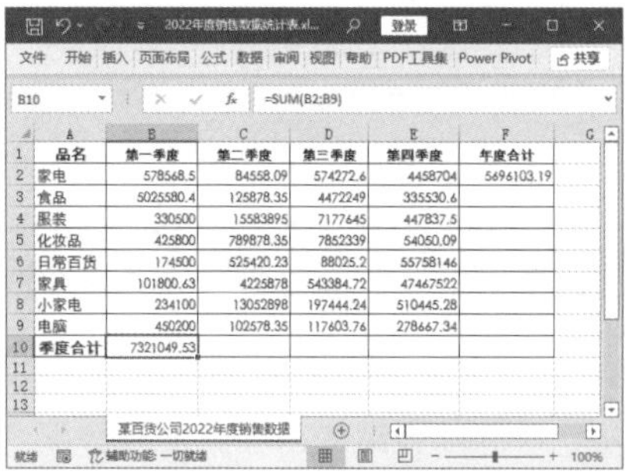

图 9-33

3. 使用其他符号开头

输入公式一般以 “=” 为起始符号，除此之外，还可以使用 “+” 和 “-” 两种符号来开头，系统会自动在 “+” 和 “-” 两种符号的前方加入 “=”。使用其他符号开头输入公式的具体操作步骤如下。

Step01 输入公式。选择单元格F3，先输入“+”，再输入“B3+C3+D3+E3”，输入完成后按【Enter】键，系统会自动在公式前面加上“=”，如图 9-34 所示。

图 9-34

Step02 输入公式。选择单元格G2，先输入“-”，再输入“F2”，输入完成后按【Enter】键，系统会自动在公式前面加上“=”，并将第一个数据源当作负值来计算，如图 9-35 所示。

图 9-35

9.4.2 实战：编辑或删除销售表公式

实例门类	软件功能

公式输入完成后，用户可以根据需要对公式进行编辑、修改和删除。

1. 编辑或修改公式

输入公式后，如果需要对公式进行编辑或发现有错误需要修改，可以使用下面的方法对公式进行调整。

方法 1：双击法。在输入了公式且需要重新编辑公式的单元格中双击，即可进入公式编辑状态，直接重新编辑公式或对公式进行局部修改即可。

方法2：按【F2】键。选择需要重新编辑公式的单元格，按【F2】键，即可对公式进行编辑。

编辑或修改公式的具体操作步骤如下。

Step01 进入公式编辑状态。双击单元格F3，单元格中的公式即可进入编辑状态，如图9-36所示。

图 9-36

Step02 编辑公式。在公式中删除“=”右侧的第一个“+”，按【Enter】键，即可完成对公式的编辑和修改，如图9-37所示。

图 9-37

2. 删除公式

在单元格中编辑和输入数据时，如果某个公式是多余的，可以将其删除，删除公式的具体操作步骤如下。

Step01 选择有公式的单元格。选择单元格G2，如图9-38所示。

图 9-38

Step02 删除公式。直接按【Delete】键，即可删除单元格中的公式，如图9-39所示。

图 9-39

9.4.3 实战：复制填充和快速填充销售表公式

实例门类	软件功能

用户对单元格填充公式时，既可以进行复制填充，也可以进行快速填充。

1. 复制填充公式

复制填充公式的具体操作步骤如下。

Step01 复制单元格。选择要复制公式的单元格F3，按【Ctrl+C】组合键，单元格的四周会出现绿色虚线边框，说明单元格处于复制状态，如图9-40所示。

图 9-40

Step02 粘贴公式。选择要粘贴公式的单元格F4，按【Ctrl+V】组合键，即可将单元格F3中的公式复制到单元格F4中，复制填充的公式会自动根据行列的变化进行调整，得出计算结果，如图9-41所示。

图 9-41

技术看板

在复制填充或快速填充公式时，如果公式中有对单元格的引用，则填充的公式会自动根据单元格引用的情况，产生不同的列数和行数变化。

2. 快速填充公式

使用鼠标，可以快速填充公式，将公式应用到其他单元格中。快速填充公式的具体操作步骤如下。

Step01 向下填充公式。选择要填充公式的单元格F4，将鼠标指针移动到单元格F4的右下角，此时，鼠标指针变成十形状，如图9-42所示。

图 9-42

Step 02 完成快速填充。双击，即可将公式快速填充到单元格F9，如图 9-43 所示。

图 9-43

Step 03 将鼠标指针放在公式单元格右下角。选择已填充公式的单元格B10，将鼠标指针移动到单元格B10的右下角，此时，鼠标指针变成十形状，如图 9-44 所示。

图 9-44

Step 04 向右填充公式。按住鼠标左键不放，向右拖动到单元格F10，如图 9-45 所示，释放鼠标左键，公式就填充到选择的单元格区域中了。

图 9-45

Step 05 完成公式填充及计算。至此，2022 年度销售数据的合计金额就统计完成了，如图 9-46 所示。

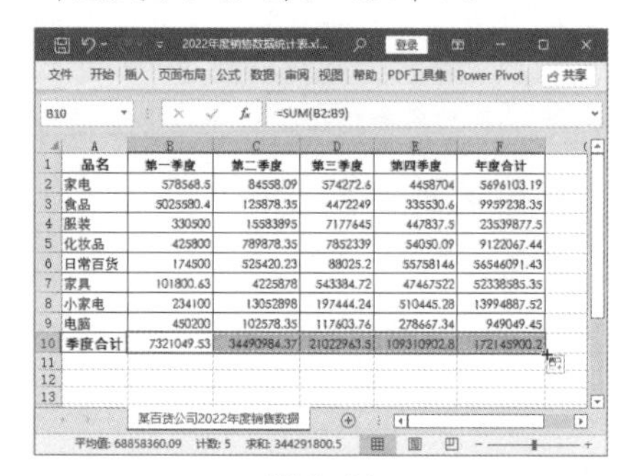

图 9-46

9.5 使用函数计算数据

使用Excel的函数与公式，按特定的顺序或结构进行数据统计与分析，可以大大提高办公效率。下面在“员工考核成绩统计表”中，使用函数统计和分析员工的培训成绩。

★重点 9.5.1 实战：使用SUM函数统计员工考核总成绩

实例门类	软件功能

SUM函数是最常用的求和函数，用于返回某一单元格区域中数字、逻辑值及数字的文本表达式之和。使用SUM函数统计每个员工总成绩的具体操作步骤如下。

Step 01 输入公式。打开“素材文件\第9章\员工考核成绩统计表.xlsx”文档，选择单元格I3，输入公式“=SUM(D3:H3)”，按【Enter】键，即可计算出员工“张三”的总成绩，如图 9-47 所示。

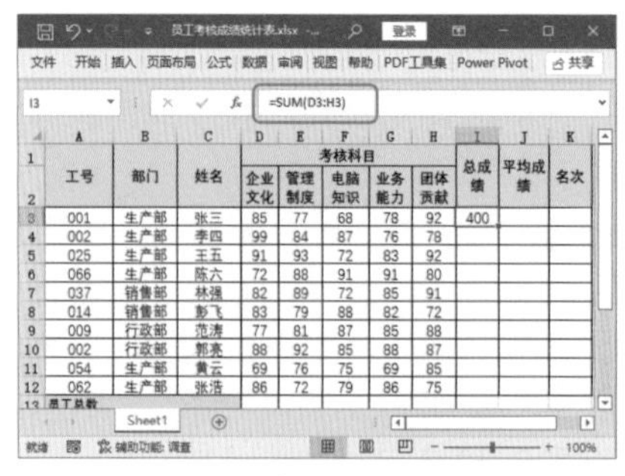

图 9-47

Step 02 填充公式。选择单元格I3，将鼠标指针移动到单元格I3的右下角，当鼠标指针变成十形状时，拖动鼠标向下填充，将公式填充到单元格I12，如图 9-48 所示。

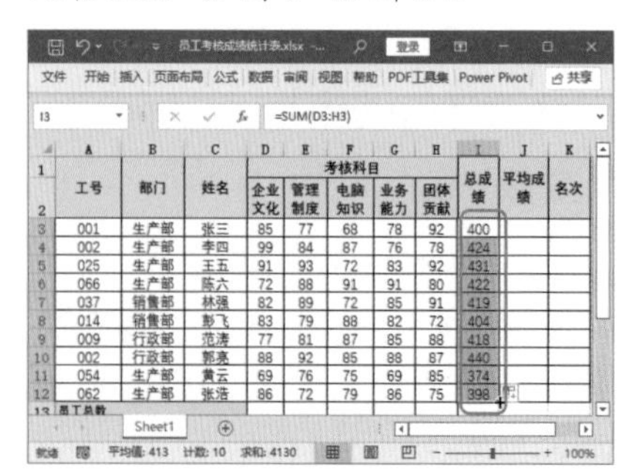

图 9-48

★重点 9.5.2 实战：使用AVERAGE函数计算各考核科目的平均成绩

实例门类 软件功能

AVERAGE函数是Excel表格中计算平均值的函数，语法如下。

```
AVERAGE(number1,
number2...)
```

其中，number1，number2……是要计算平均值的1~30个参数。

使用插入AVERAGE函数的方法，在“员工考核成绩统计表”中计算每个员工的平均成绩，具体操作步骤如下。

Step 01 输入公式。选择单元格J3，输入公式“=AVERAGE(D3:H3)”，按【Enter】键，即可计算出员工“张三”的平均成绩，如图9-49所示。

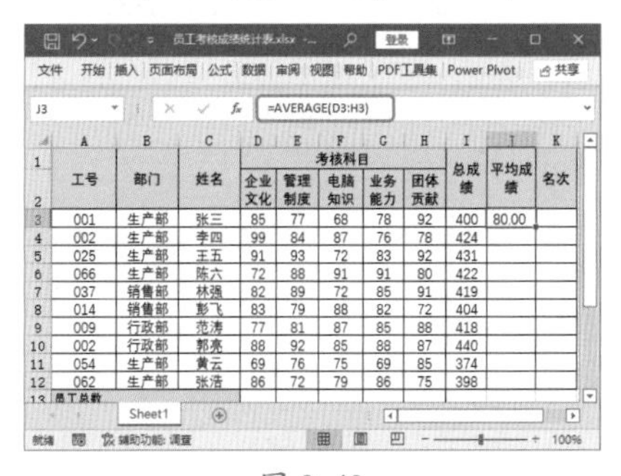

图 9-49

Step 02 填充公式。选择单元格J3，将鼠标指针移动到单元格J3的右下角，当鼠标指针变成十形状时，拖动鼠标向下填充，将公式填充到单元格J12，即可计算出每个员工的平均成绩，如图9-50所示。

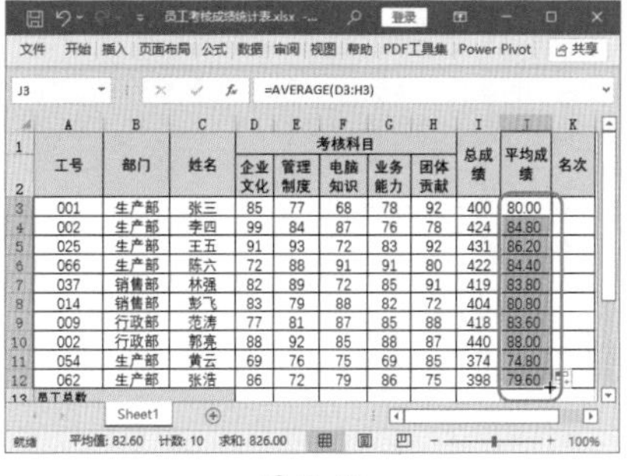

图 9-50

★重点 9.5.3 实战：使用RANK函数对考核总成绩进行排名

实例门类 软件功能

RANK函数的功能是返回某个单元格区域内指定字段的值在该区域所有值中的排名。

RANK函数的语法如下。

```
RANK(number,ref,[order])
```

参数number为需要排名的数值或单元格名称（单元格内必须为数字）；ref为排名的参照数值区域；order的值为0或1，默认不用输入，得到的是从大到小的排名，若是想求倒数第几，order的值使用1。

使用RANK函数对员工的总成绩进行排名的具体操作步骤如下。

Step 01 输入公式。选择单元格K3，输入公式“=RANK(I3,$I$3:$I$12)”，按【Enter】键，即可计算出员工“张三”的名次，如图9-51所示。

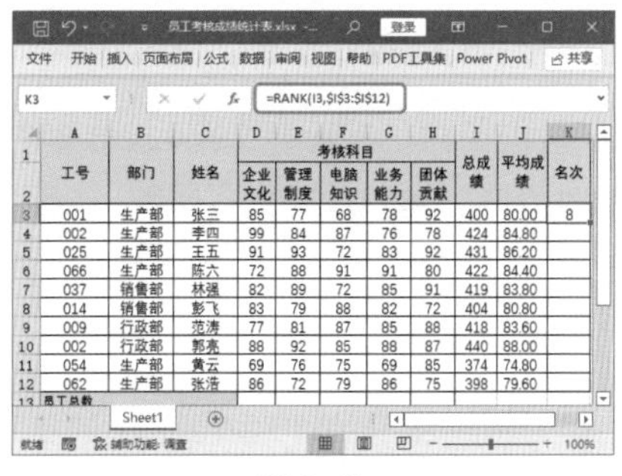

图 9-51

Step 02 填充公式。选择单元格K3，将鼠标指针移动到单元格K3的右下角，当鼠标指针变成十形状时，拖动鼠标向下填充，将公式填充到单元格K12，如图9-52所示。

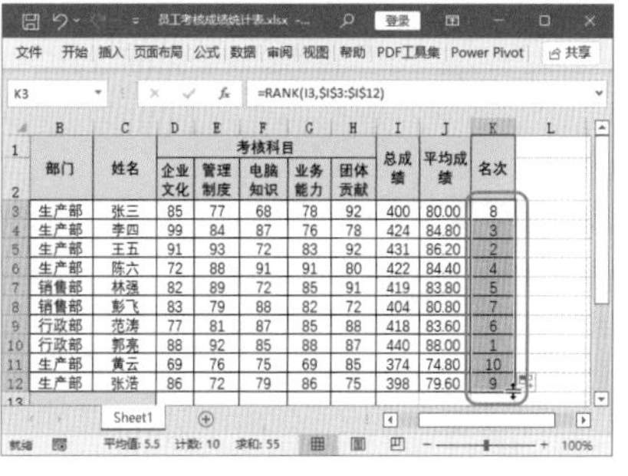

图 9-52

★重点 9.5.4 实战：使用COUNT函数统计成绩个数

实例门类 软件功能

COUNT函数的功能是返回数据区域中的数字个数，会自动忽略文本、错误值（#DIV/0!等）、空白单元格、逻辑值（TRUE和FALSE）……总之，COUNT函数只统计内容是数字的单元格。

使用COUNT函数，统计各科目员工培训成绩的个数，具体操作步骤如下。

Step 01 输入公式。选择单元格D13，输入公式“=COUNT(D3:D12)”，按【Enter】键，即可计算出“企业文化”科目成绩的个数，如图9-53所示。

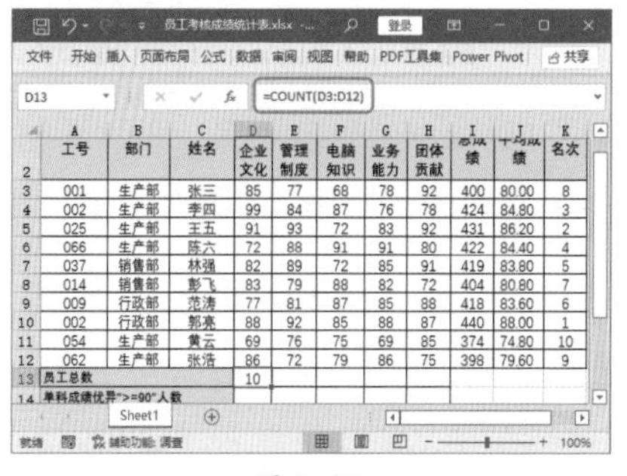

图 9-53

Step02 填充公式。选择单元格D13，将鼠标指针移动到单元格D13的右下角，当鼠标指针变成╋形状时，拖动鼠标向右填充，将公式填充到单元格H13，如图9-54所示。

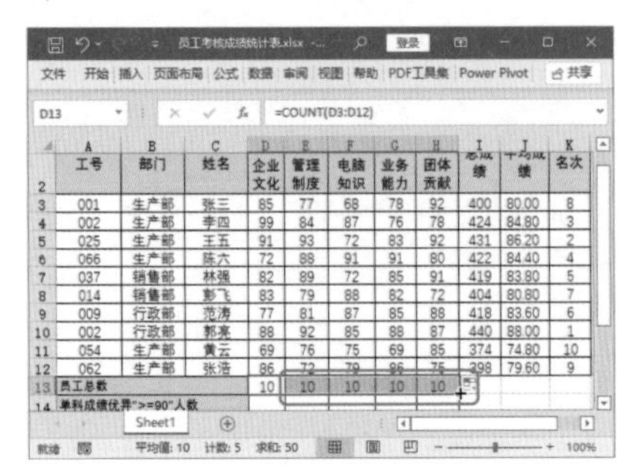

图 9-54

★重点 9.5.5 实战：使用COUNTIF函数统计单科优异成绩的个数

实例门类	软件功能

COUNTIF函数是对指定区域中符合指定条件的单元格进行计数的函数。假设单科成绩>=90分为优异成绩，使用COUNTIF函数统计每个科目优异成绩的个数，具体操作步骤如下。

Step01 输入公式。选择单元格D14，输入公式“=COUNTIF(D3:D12,">=90")”，按【Enter】键，即可计算“企业文化”科目中优异成绩的个数，如图9-55所示。

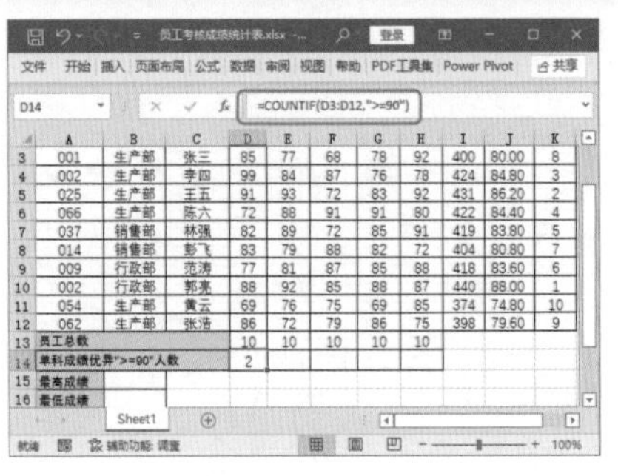

图 9-55

Step02 填充公式。选择单元格D14，将鼠标指针移动到单元格D14的右下角，当鼠标指针变成╋形状时，拖动鼠标向右填充，将公式填充到单元格H14，如图9-56所示。

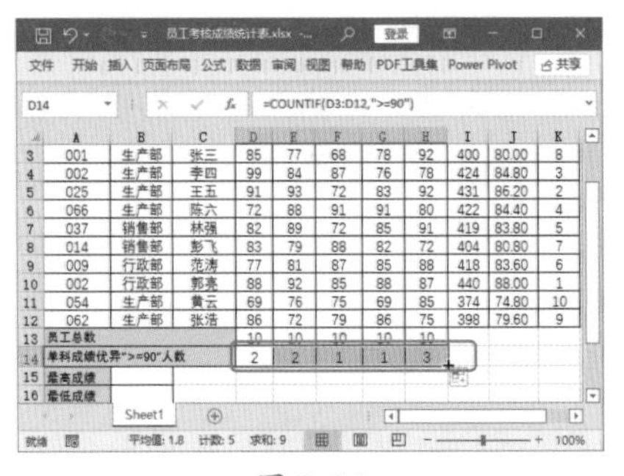

图 9-56

★重点 9.5.6 实战：使用MAX与MIN函数统计总成绩的最大值与最小值

实例门类	软件功能

MAX函数与MIN函数分别是最大值函数和最小值函数。使用MAX函数与MIN函数统计员工考核总成绩的最大值和最小值，具体操作步骤如下。

Step01 输入求最大值公式。选择单元格B15，输入公式“=MAX(I3:I12)”，按【Enter】键，即可得到总成绩中的最高成绩，如图9-57所示。

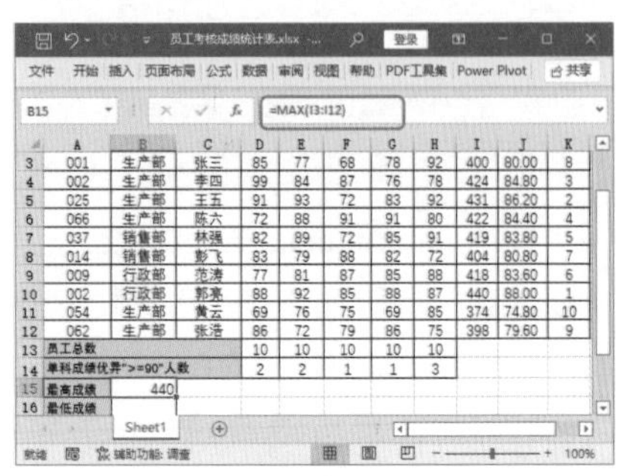

图 9-57

Step02 输入求最小值公式。选择单元格B16，输入公式“=MIN(I3:I12)”，按【Enter】键，即可得到总成绩中的最低成绩，如图9-58所示。

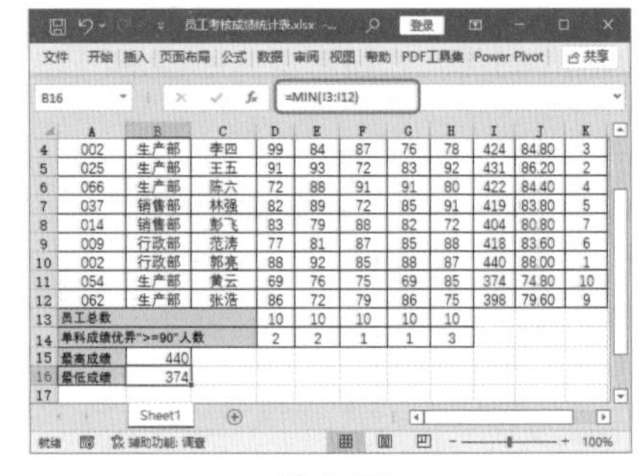

图 9-58

9.6 其他函数

Excel中的函数很多，前面介绍了一些常用函数，下面将介绍Excel 2021中新增加的IFS函数和CONCAT函数，以及常用的时间函数和逻辑判断函数，帮助用户了解和掌握更多函数，以解决工作中的实际问题。

★新功能 9.6.1 实战：使用LET函数为计算结果分配名称

使用LET函数会向计算结果分配名称，从而支持存储中间计算、值或定义公式中的名称（这些名称仅可在LET函数范围内使用）。与编程中的变量类似，LET是通过Excel的本机公式语法实现的。

若要在Excel中使用LET函数，需先定义名称/关联值对，再定义一个使用所有这些项的计算。在LET函数中，必须至少定义一个名称/

值对（变量），且LET函数最多支持126个对。

语法如下。

```
LET(name1,name_value1,name2,name_value2...,calculation)
```

参数name为分配的名称；name_value为分配给对应名称的值；calculation为计算式子。

如果在某公式中需要多次编写同一表达式，可以借助LET函数，按名称调用表达式。使用LET函数，可以解决重复计算问题，提升公式运行效率。此外，用户也不用再记特定范围/单元格引用是指什么，不用再复制粘贴相同的表达式，阅读和撰写公式都变得轻松了。

例如，已有某年的销售业绩统计表，要求按以下标准计算提成：如果销量大于25000，则销量*3；如果销量大于30000，则销量*5；如果销量小于等于25000，则销量*2。分别使用常规函数和LET函数两种方法来解决问题，了解LET函数是如何简化公式编写的，具体操作步骤如下。

Step01 使用常规公式。打开"素材文件\第9章\销售业绩表.xlsx"文档，❶分别在I1和J1单元格中输入标题名称，在I2单元格中输入某个销售人员的姓名；❷在J2单元格中输入公式"=IF(VLOOKUP(I2,B:G,6,0) > 25000,VLOOKUP(I2,B:G,6,0)*3,IF(VLOOKUP(I2,B:G,6,0) > 30000,VLOOKUP(I2,B:G,6,0)*5,VLOOKUP(I2,B:G,6,0)*2))"，按【Enter】键即可计算出该员工的销售提成，如图9-59所示。

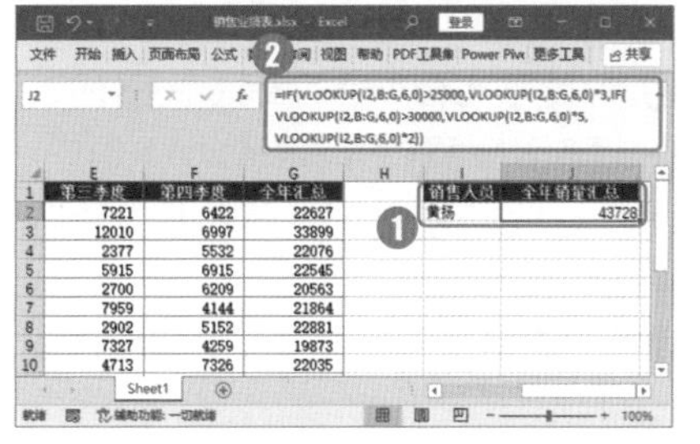

图9-59

Step02 使用LET函数。在J3单元格中输入公式"=LET(x,VLOOKUP(I2,B:G,6,0),IF(x>25000,x*3,IF(x>30000,x*5,x*2)))"，按【Enter】键，同样可以计算出该员工的销售提成，如图9-60所示。

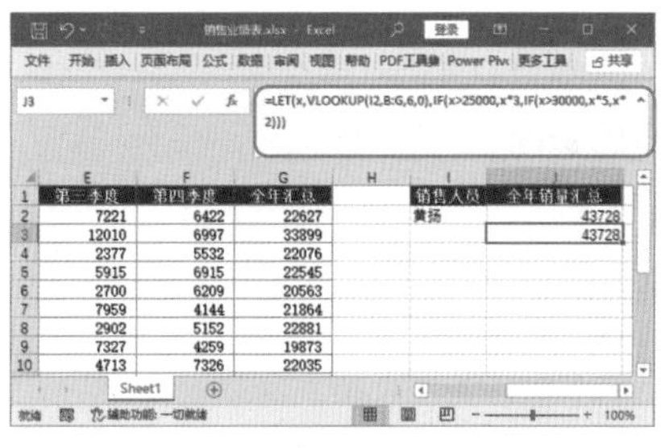

图9-60

★新功能 9.6.2 实战：使用XLOOKUP函数按行查找表格或区域内容

使用XLOOKUP函数可以搜索区域或数组，返回对应于它找到的第一个匹配项的项。如果不存在匹配项，XLOOKUP函数可以返回最接近（匹配）值。

语法如下。

```
XLOOKUP(lookup_value,lookup_array,return_array,[if_not_found],[match_mode],[search_mode])
```

其中，lookup_value用于设定需要搜索的值；lookup_array表示要搜索的数组或区域；return_array表示要返回的数组或区域；其他参数为可选参数。

技术看板

[if_not_found]为可选参数，如果未找到有效的匹配项，则返回if_not_found的[if_not_found]文本；如果未找到有效的匹配项，并且缺少[if_not_found]，则返回"#N/A"。

[match_mode]用于指定匹配类型，0表示完全匹配，如果未找到，则返回"#N/A"，这是默认选项；-1表示完全匹配，如果未找到，则返回下一个较小的项；1表示完全匹配，如果未找到，则返回下一个较大的项；2表示通配符匹配，其中"*""，""?"和"~"有特殊含义。

[search_mode]用于指定要使用的搜索模式，1表示从第一项开始执行搜索，这是默认选项；-1表示从最后一项开始执行反向搜索；2表示执行依赖于lookup_array、按升序排序的二进制搜索，如果未排序，将返回无效结果。

例如，要在员工档案表中根据姓名查找工龄数据，可以建立一个简单的查询表，使用XLOOKUP函数来查询，具体操作步骤如下。

打开"素材文件\第9章\员工档案表.xlsx"文档，在O1和P1单元格中输入标题，在O2单元格中输入任意一个员工的姓名，在P2单元格中输入公式"=XLOOKUP(O2,B2:B31,K2:K31)"，按【Enter】键，返回该员工的工龄，如图9-61所示。

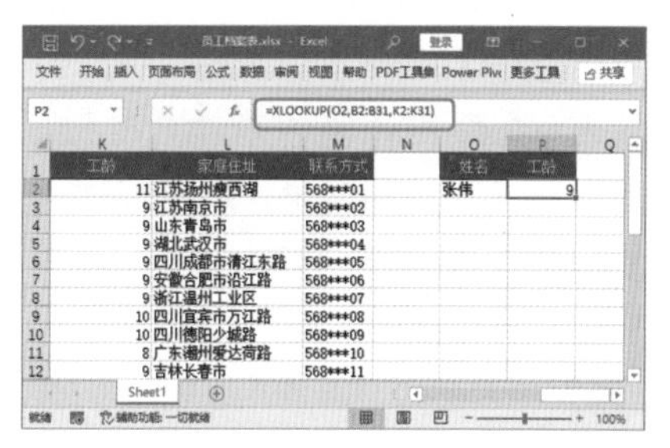

图9-61

★新功能 9.6.3 实战：使用XMATCH函数搜索指定项并返回该项的相对位置

使用XMATCH函数可以在数组或单元格区域搜索指定项，返回该项的相对位置。

语法如下。

```
XMATCH (lookup_value、lookup_array、[match_mode]、[search_mode])
```

可以简单理解为XMATCH（查找值，查找数组，匹配模式，搜索模式）。其中，lookup_value用于设定需要搜索的值；lookup_array用于设置要在其中查找数据的数据表，可以使用区域或区域名称的引用。

技术看板

match_mode用于指定要使用的搜索模式：0表示精确匹配，这是默认选项；-1表示完全匹配或下一个最小项；1表示完全匹配或下一个最大项；2表示通配符匹配。

search_mode用于指定搜索方式，一共有4种搜索方式：1表示正序搜索，这是默认选项；-1表示倒序搜索；2表示依赖于lookup_array，按升序排序的二进制搜索；-2表示依赖于lookup_array，按降序排序的二进制搜索。

XMATCH函数常与INDEX函数结合使用。例如，要在“产品销量表.xlsx”工作簿中查找D产品4月份和6月份的销量，就可以结合使用XMATCH函数和INDEX函数完成，具体操作步骤如下。

Step 01 输入公式。打开“结果文件\第9章\产品销量表.xlsx”文档，❶在A9单元格中输入文本“D产品”；❷在B9单元格中输入公式“=INDEX(E2:E5,XMATCH(A9,A2:A5,0))”，如图9-62所示，即可得到D产品在4月的销量。

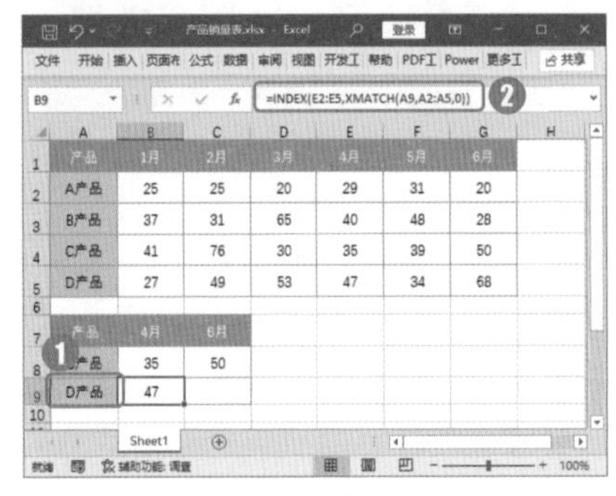

产品	1月	2月	3月	4月	5月	6月
A产品	25	25	20	29	31	20
B产品	37	31	65	40	48	28
C产品	41	76	30	35	39	50
D产品	27	49	53	47	34	68

产品	4月	6月
C产品	35	50
D产品	47	

图 9-62

技术看板

INDEX函数+XMATCH函数的使用方法实际上是INDEX函数+MATCH函数的升级版，这个函数组合更加灵活好用，可以说是Excel中最强大的查找方式。

Step 02 输入公式。在C9单元格中输入公式“=INDEX(G2:G5,XMATCH(A9,A2:A5,0))”，如图9-63所示，即可得到D产品在6月的销量。

C9 =INDEX(G2:G5,XMATCH(A9,A2:A5,0))

产品	1月	2月	3月	4月	5月	6月
A产品	25	25	20	29	31	20
B产品	37	31	65	40	48	28
C产品	41	76	30	35	39	50
D产品	27	49	53	47	34	68

产品	4月	6月
C产品	35	50
D产品	47	68

图 9-63

9.6.4 实战：使用日期函数或时间函数快速返回所需数据

实例门类	软件功能

在表格中，有时需要计算倒计时天数或插入当前的日期或时间，如果总是手动输入，会很麻烦。为此，Excel提供了日期函数和时间函数，下面介绍2种常用的相关函数。

1. 使用TEXT函数返回倒计时天数

Excel中的日期是一个数字，是以序列号形式进行存储的。默认情况下，1900年1月1日的序列号是1，其他日期的序列号通过计算自1900年1月1日以来的天数得到。如2019年1月1日距1900年1月1日有43 466天，这一天的序列号就是43 466。因为Excel采用了这个计算日期的系统，因此，要把日期序列号表示为日期，可以使用函数进行转换处理。例如，对日期数据进行计算后，结合TEXT函数来计算倒计时天数。

例如，要制作一个项目进度跟踪表，计算各项目完成的倒计时天数，具体操作步骤如下。

Step 01 输入公式查看返回的天数。打开“素材文件\第9章\项目进度跟踪表.xlsx”文档，在C2单元格中输入公式“=TEXT(B2-TODAY(),0)”，返回A项目距离计划完成项目时间的天数，如图9-64所示。

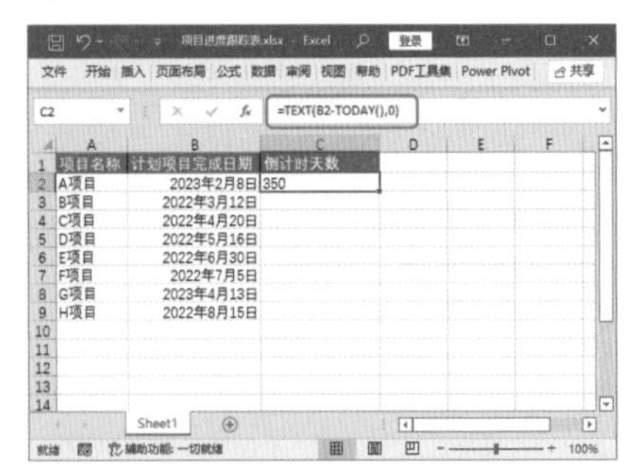

项目名称	计划项目完成日期	倒计时天数
A项目	2023年2月8日	350
B项目	2022年3月12日	
C项目	2022年4月20日	
D项目	2022年5月16日	
E项目	2022年6月30日	
F项目	2022年7月5日	
G项目	2023年4月13日	
H项目	2022年8月15日	

图 9-64

Step 02 填充公式。使用Excel的自动填充功能，返回后续项目距离计划完成项目时间的天数，如图9-65

所示。

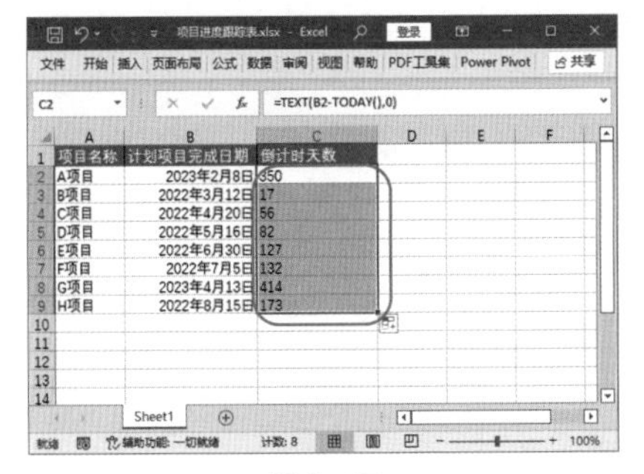

图 9-65

2. 使用NOW函数返回当前时间

NOW函数用于返回当前日期和时间的序列号。使用NOW函数返回日期和时间后，可以通过设置单元格格式，控制单元格内容显示为时间。例如，在管理仓库货物时，有货物进仓库，需要填写当时的时间，具体操作步骤如下。

Step 01 计算第一个产品的入库时间。打开“素材文件\第9章\入库登记表.xlsx”文档，在E2单元格中输入函数“=NOW()”，如图9-66所示。

图 9-66

Step 02 填充函数。完成E2单元格的函数输入后，按【Enter】键，即可计算出当前日期和时间，向下填充函数，如图9-67所示。

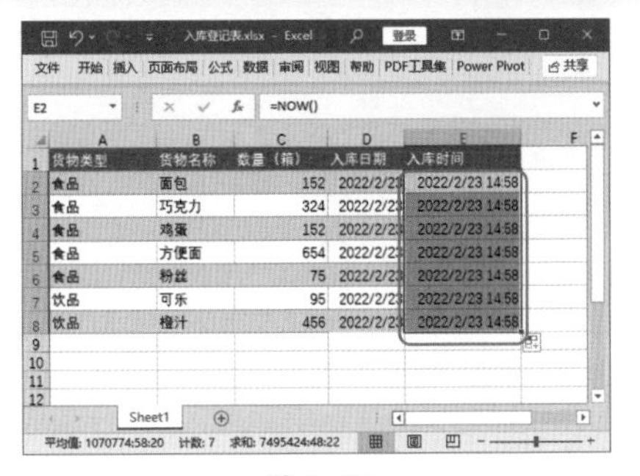

图 9-67

Step 03 设置单元格格式。选择E2:E8单元格区域，打开【设置单元格格式】对话框，❶在【数字】选项卡的【分类】列表框中选择【时间】选项；❷在【类型】列表框中选择【13:30:55】选项；❸单击【确定】按钮，如图9-68所示。

图 9-68

Step 04 查看结果。此时，单元格中仅显示时间，即完成了这批货物的当前入库时间统计，如图9-69所示。

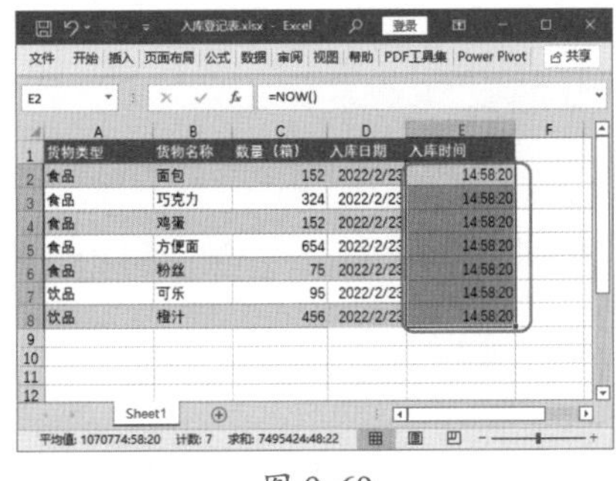

图 9-69

★重点 9.6.5 实战：使用逻辑值函数判定是非

实例门类	软件功能

通过测试某个条件，直接返回逻辑值TRUE或FALSE的函数只有2个。掌握这2个函数的使用方法，可以使一些计算变得更简便。

1. 使用TRUE函数返回逻辑值TRUE

如果需要在某些单元格中输入“TRUE”，不仅可以直接输入，还可以使用TRUE函数返回逻辑值TRUE。

语法如下。

```
TRUE()
```

使用TRUE函数直接返回固定的值，因此不需要设置参数。用户可以直接在单元格或公式中输入值“TRUE”，Excel会自动将它解释成逻辑值TRUE。该类函数的设立主要是为了方便引入特殊值，也为了能与其他电子表格程序兼容，类似的函数还包括PI、RAND等。

2. 使用FALSE函数返回逻辑值FALSE

FALSE函数与TRUE函数的用法非常类似，不同的是使用该函数返回的是逻辑值FALSE。

语法如下。

```
FALSE()
```

使用FALSE函数也不需要设置参数。用户可以直接在单元格或公式中输入值“FALSE”，Excel会自动将它解释成逻辑值FALSE。

要检测某些产品的密度，要求数据小于0.1368时返回正确值，否则返回错误值，具体操作步骤如下。

Step01 计算第一个产品的密度达标与否。打开“素材文件\第9章\抽样检查.xlsx”文档，选择D2单元格，输入公式“=IF(B2>$C$2,FALSE(),TRUE())”，按【Enter】键，即可计算出第一个产品的密度达标与否，如图9-70所示。

技术看板

本例中，直接输入公式“=IF(B2>$C$2,FALSE,TRUE)”，也可以得到相同的结果。

图 9-70

Step02 计算其他产品的达标情况。使用Excel的自动填充功能，判断其他产品的密度是否达标，如图9-71所示。

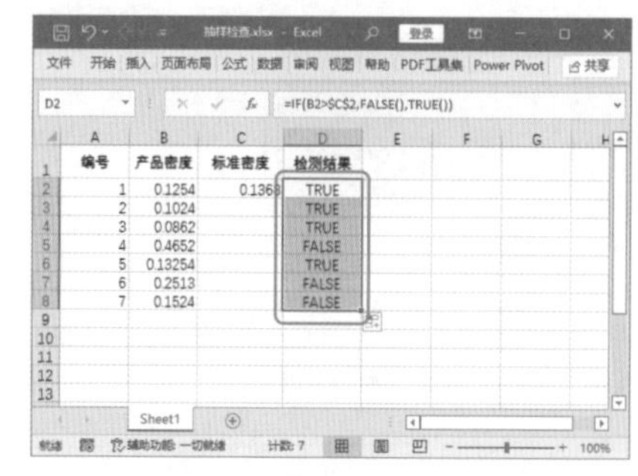

图 9-71

妙招技法

通过对本章知识的学习，相信读者已经掌握了公式和函数的基本操作。下面结合本章内容，介绍一些实用技巧。

技巧01：如何查看“公式求值”

Excel 2021 提供了公式求值功能，帮助用户查看复杂公式，了解公式的计算顺序和每一步的计算结果，具体操作步骤如下。

Step01 打开【公式求值】对话框。打开“素材文件\第9章\成绩查询.xlsx”文档，在“查询”工作表中，选择含有公式的单元格B3，❶选择【公式】选项卡；❷在【公式审核】组中单击【公式求值】按钮，如图9-72所示。

图 9-72

Step02 进行公式求值。弹出【公式求值】对话框，❶在【求值】文本框中，会显示当前单元格中的公式，公式中的下划线表示当前的引用；❷单击【求值】按钮，如图9-73所示。

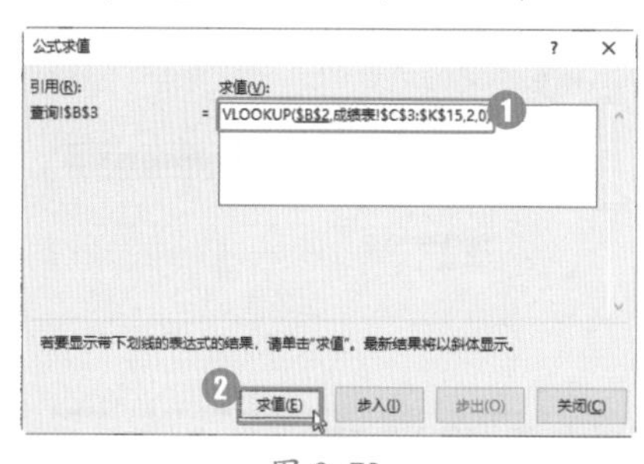

图 9-73

Step03 查看公式计算结果。❶验证当前引用的值，此值将以斜体字显示，同时，下划线移动到整个公式底部；❷查看完毕，单击【关闭】按钮，如图9-74所示。

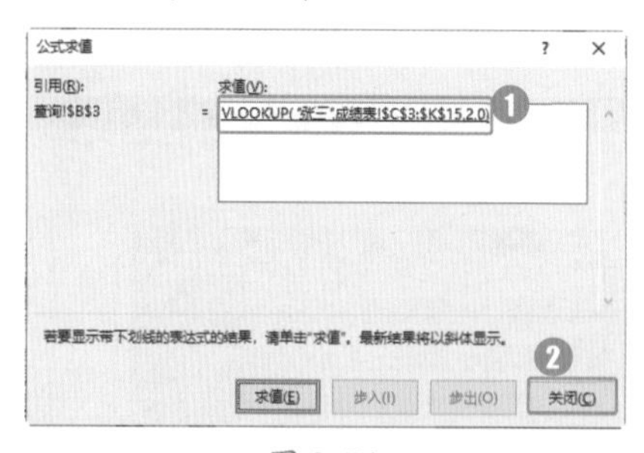

图 9-74

技巧02：如何定义单元格的名称

Excel提供了很多定义名称功能，可以大大简化复杂的公式，提高公式的可读性，让用户自己或其他用户在使用和维护公式时更加得心应手。定义单元格的名称，并进行数据计算的具体操作步骤如下。

Step01 打开【新建名称】对话框。打开“素材文件\第9章\销售提成计算表.xlsx”文档，选择单元格区域C2:C10，❶选择【公式】选项卡；❷在【定义的名称】组中单击【定义名称】按钮，如图9-75所示。

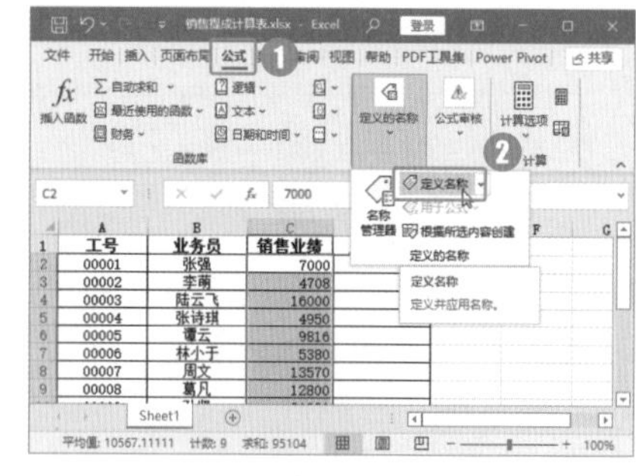

图 9-75

Step02 定义名称。弹出【新建名称】对话框，❶在【名称】文本框中，自动显示名称“销售业绩”；❷在【引用位置】文本框中，显示了选择的数据区域“=Sheet1!$C$2:$C$10”；

❸单击【确定】按钮，如图9-76所示。

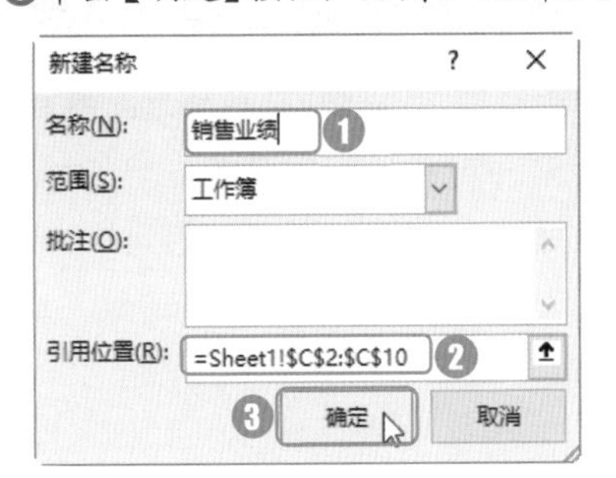

图 9-76

Step 03 使用名称进行函数计算。在单元格D2中输入公式“=IF(销售业绩<5000,"无",IF(销售业绩>=15000,"1200",IF(销售业绩>=8000,800,IF(销售业绩>=5000,600))))”，如图9-77所示。

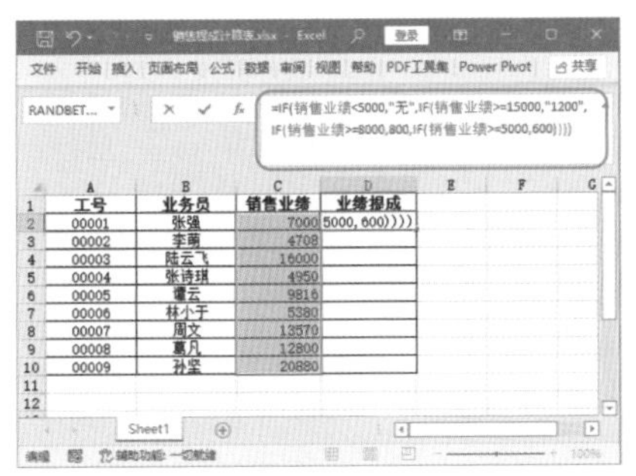

图 9-77

Step 04 自动填充公式。按【Enter】键，即可计算出业务员“张强”的业绩提成。同时，Excel根据溢出规则，自动将公式填充至D2单元格下方有数据的其他相邻单元格，计算出了所有员工的业绩提成，效果如图9-78所示。

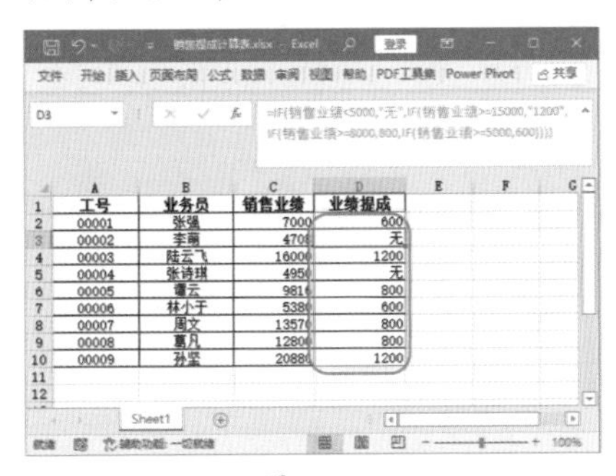

图 9-78

技术看板

因为D3单元格中并没有输入公式，只是返回了从D2单元格溢出的公式的计算结果，所以选择D3单元格时，编辑栏中的公式显示为灰色，即处于不可编辑状态。如果要删除D3单元格中的值，只能修改D2单元格中的公式，系统会给出提示，如图9-79所示。

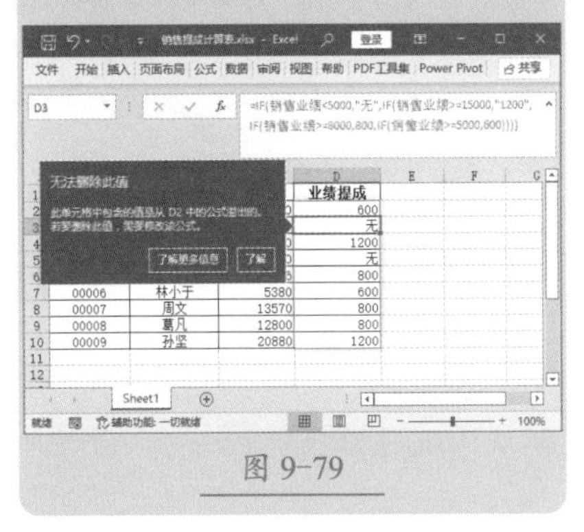

图 9-79

技巧03：如何查询应该使用什么函数

Excel提供了插入函数功能，用户可以输入用于搜索函数的关键字，系统会根据关键字推荐相关的函数，供用户选择，既方便，又快捷。查找和搜索函数的具体操作步骤如下。

Step 01 打开【插入函数】对话框。打开任意工作簿，选择要插入公式的单元格，❶选择【公式】选项卡；❷在【函数库】组中单击【插入函数】按钮，如图9-80所示。

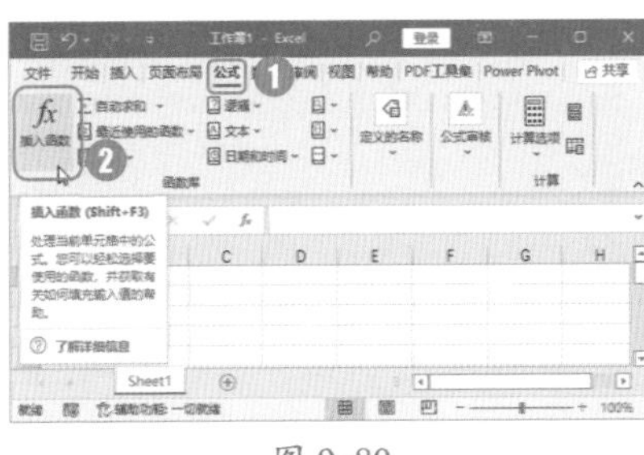

图 9-80

Step 02 搜索函数。弹出【插入函数】对话框，❶在【搜索函数】文本框中输入“求和”；❷单击【转到】按钮，如图9-81所示。

图 9-81

Step 03 选择函数。完成Step 02操作后，即可在界面下方的【选择函数】列表框中显示系统推荐的“求和”函数，❶选择任意函数，都会在下方显示其函数功能；❷单击【确定】按钮，即可插入函数，如图9-82所示。

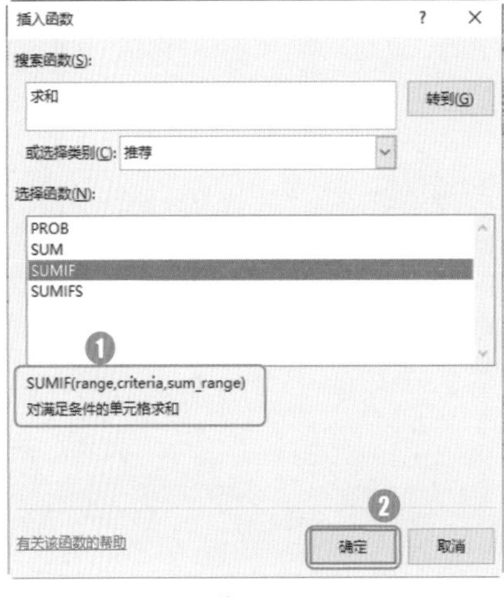

图 9-82

本章小结

通过对本章知识的学习，相信读者已经掌握了公式和函数的基本应用。本章首先介绍了公式和函数的基本概念，如公式和函数的使用规则等，其次介绍了Excel运算符的类型和优先级，再次介绍了单元格的引用及其应用，并通过实例介绍了使用公式进行数据计算的基本操作，最后介绍了函数在数据计算中的基本应用等。希望读者可以在实践中加以练习，从而熟练使用公式和函数进行数据计算和统计分析。

第10章 Excel 2021 图表与数据透视表

- Excel图表都有哪些类型？如何正确选择图表类型？
- 如何随心所欲地格式化图表元素？
- 一份专业图表应具备哪些特点？
- 想要制作专业的图表，应该从哪些方面入手？
- 如何突破表格，用图表说话？
- 迷你图也是图表，应该怎么使用？
- 如何使用数据透视表和数据透视图生成汇总图表？

本章将向读者介绍图表、透视表、透视图与迷你图的相关知识，并通过实例讲解如何创建与编辑图表、如何使用迷你图与透视图表来更形象具体地展示所要展示的数据，相信通过对本章内容的学习，读者的数据处理能力及专业度会有很大的提高。

10.1 图表和透视表的相关知识

用图表展示数据、表达观点，已经成为现代职场的必备技能。数据图表以其直观形象的优点，帮助用户一目了然地了解数据的特点和内在规律，在较小的空间里承载了较多的信息，深受商务人士的喜爱。

10.1.1 图表的类型

Excel 2021 内置 16 种标准的图表类型、数十种子图表类型和多种自定义图表类型。比较常用的图表类型包括柱形图、条形图、折线图、饼图等，如图 10-1 所示。

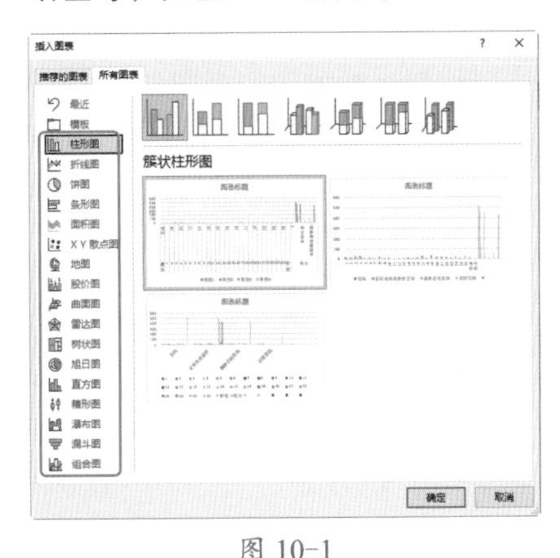

图 10-1

1. 柱形图

柱形图是常用图表之一，也是Excel的默认图表，主要用于反映一段时间内的数据变化，或显示不同项目间的对比，如图 10-2 所示。

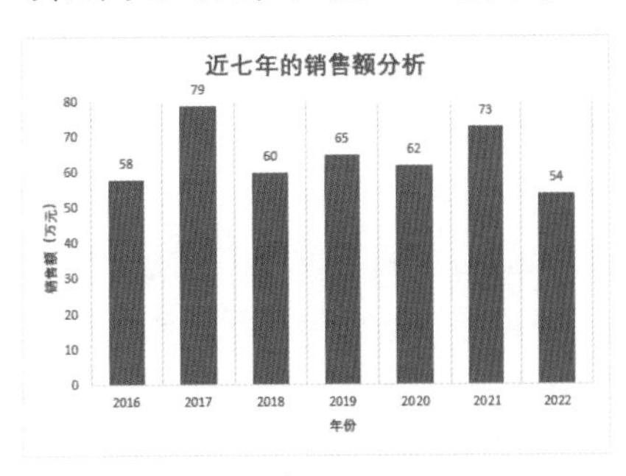

图 10-2

柱形图的子类型主要包括 7 种，分别是簇状柱形图、堆积柱形图、百分比堆积柱形图、三维簇状柱形图、三维堆积柱形图、三维百分比堆积柱形图和三维柱形图。

柱形图是一种以长方形的长度为变量来展现数据的统计报告图，用一系列高度不等的纵向柱形表示数据分布的情况，用来比较两个或两个以上的数值。

2. 条形图

与柱形图相同，条形图也用于显示各个项目之间的对比情况。与柱形图的不同之处是，柱形图的分类轴在横坐标轴上，条形图的分类轴在纵坐标轴上，如图 10-3 所示。

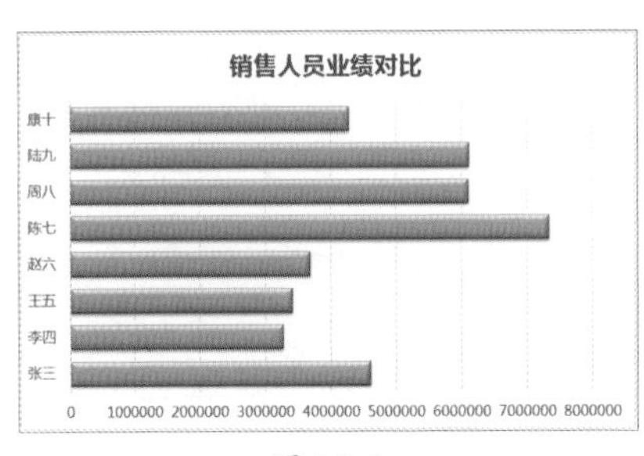

图 10-3

条形图的子类型主要包括簇状条形图、堆积条形图、百分比堆积条形图、三维簇状条形图、三维堆积条形图、三维百分比堆积条形图等。

简而言之，条形图是柱形图的变体，它能够准确体现每组图形中的具体数据，易比较数据之间的差别。

3. 折线图

折线图是用直线段将各数据点连接起来组成的图形，以折线方式显示数据的变化趋势。折线图可以显示随时间变化的连续数据，因此非常适合用于反映数据的变化趋势，如图 10-4 所示。

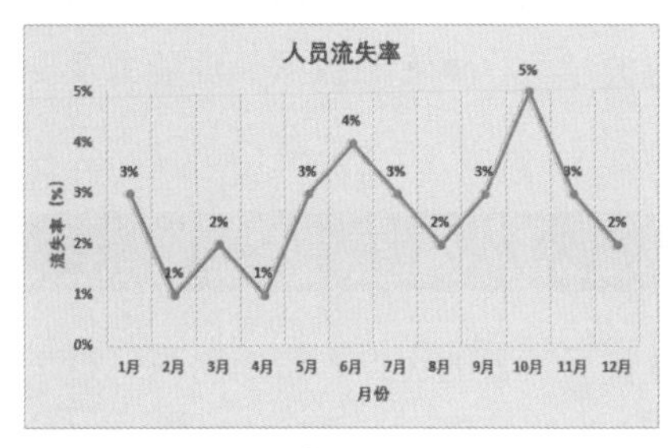

图 10-4

折线图的子类型主要包括 7 种，分别是折线图、堆积折线图、百分比堆积折线图、带数据标记的折线图、带数据标记的堆积折线图、带数据标记的百分比堆积折线图和三维折线图。

折线图支持添加多个数据系列，既可以反映数据的变化趋势，又可以对两个项目进行对比，如比较某项目或产品的计划完成情况和实际完成情况，如图 10-5 所示。

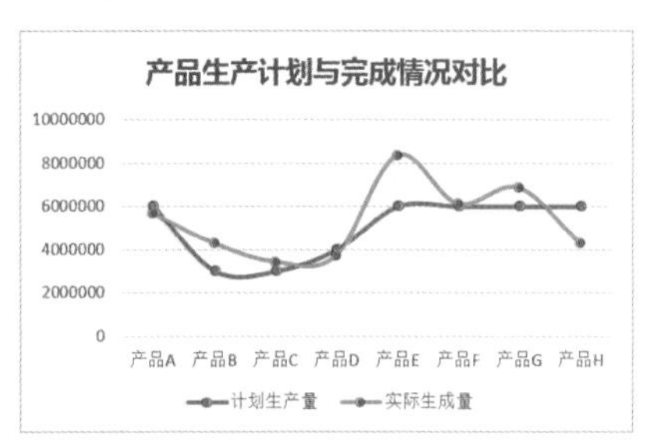

图 10-5

4. 饼图

饼图也是常用的图表之一，主要用于展示数据系列的组成结构，或者部分在整体中所占的比例。如可以使用饼图展示某地区产品销售额的相对比例，或在全国总销售额中所占的份额。饼图如图 10-6 所示。

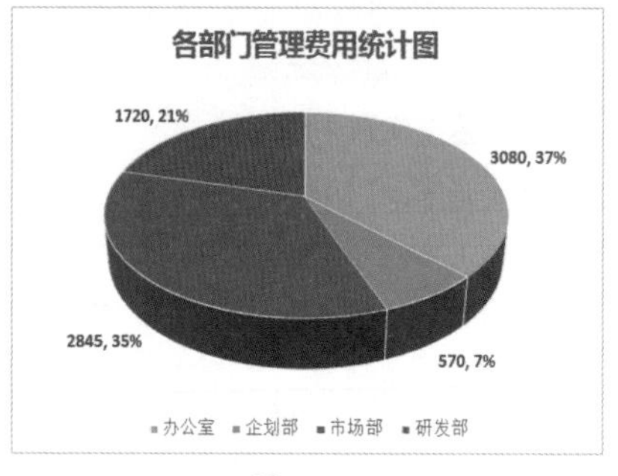

图 10-6

饼图的子类型主要包括二维饼图、三维饼图、复合饼图、复合条饼图、圆环图等。

饼图通常由分割并填充了颜色或图案的饼形来表示数据，如果需要，可以创建多个饼图来显示多组数据。

5. 面积图

面积图主要用于强调数量随时间变化而变化的程度，也可用于引起人们对总值趋势的注意。例如，可以将随时间变化而变化的利润数据绘制在面积图中，以强调总利润，如图 10-7 所示。

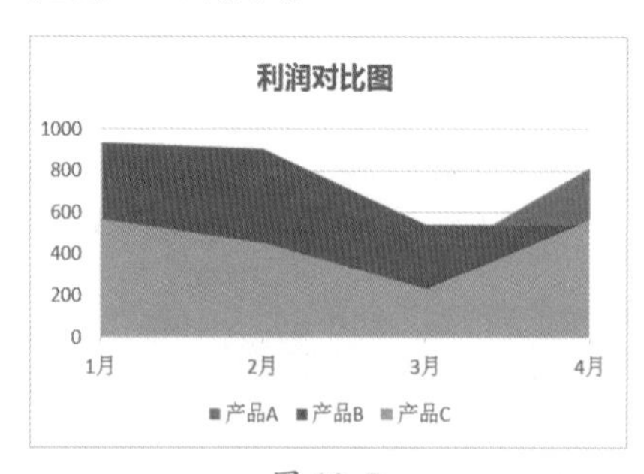

图 10-7

通过堆积数据系列，可以清晰地看到各个项目的总额，以及每个项目系列所占的份额。

面积图的子类型主要包括二维面积图、堆积面积图、百分比堆积面积图、三维面积图、三维堆积面积图、三维百分比堆积面积图等。

可以把面积图看成是折线下方区域被填充了颜色的折线图。

6. XY 散点图（气泡图）

散点图用于显示若干数据系列中各数值之间的关系。散点图两个坐标轴都显示数值，如图 10-8 所示。

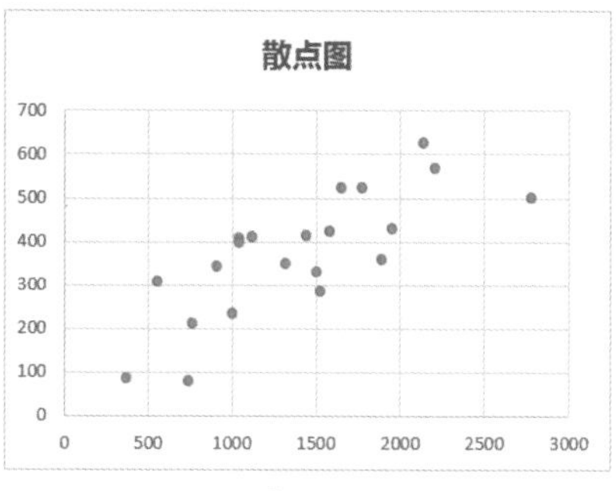

图 10-8

散点图的子类型主要包括散点图、带平滑线和数据标记的散点图、带平滑线的散点图、带直线和数据标记的散点图、带直线的散点图、气泡图和三维气泡图等，带平滑线和数据标记的散点图如图 10-9 所示。

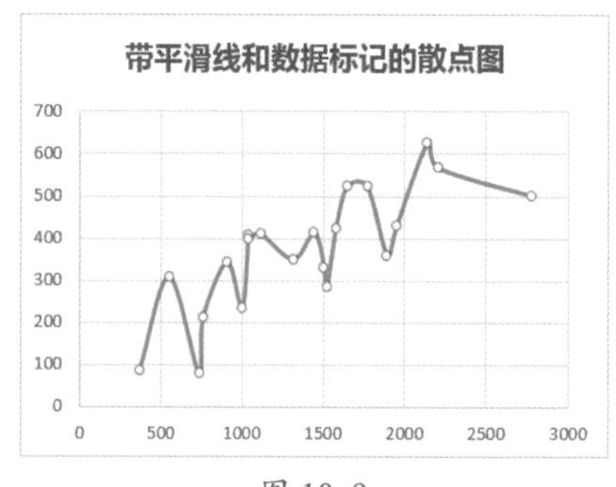

图 10-9

气泡图与散点图相似，不同之处在于，气泡图允许在图表中额外加入一个表示大小的变量。在气泡图中，气泡的大小表示相对的重要程度，如图 10-10 所示。

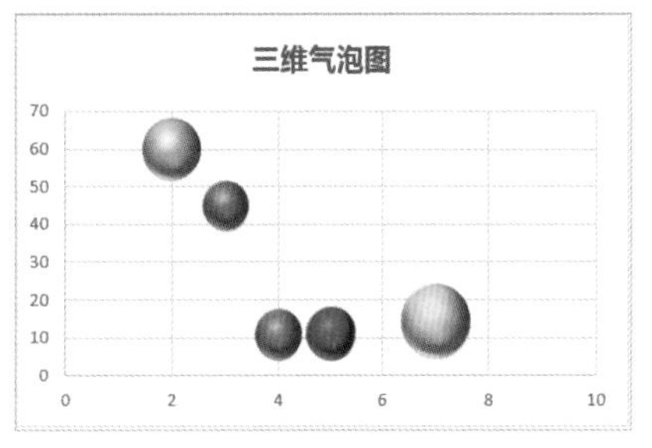

图 10-10

从相关性上看，散点图主要用于反映变量 Y 与 X 之间的相关性及变化趋势。将散点图进行扩展，可形成象限图、矩阵图等。

7. 雷达图

雷达图常用来比较每个数据相对于中心点的数值变化，是将多个数据的特点以蜘蛛网形式呈现出来的图表，多用于倾向分析和把握重点，如图 10-11 所示。

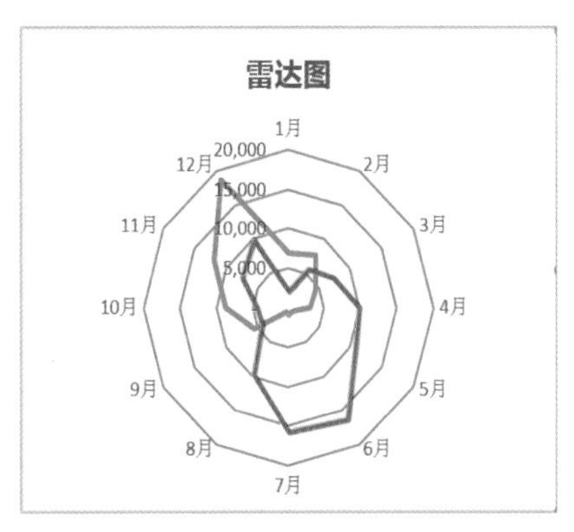

图 10-11

在商业领域，雷达图主要被应用在与其他对手进行比较、分析公司的优势和进行广告调查等方面。

雷达图的子类型主要包括雷达图、带数据标记的雷达图和填充雷达图。填充雷达图如图 10-12 所示。

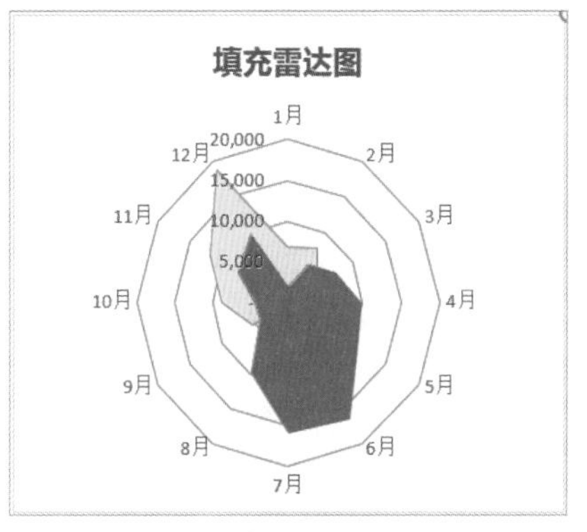

图 10-12

从读者的角度出发，雷达图有以下几个优势。

（1）表现数据的时间特性（如 12 个月）。

（2）表现几个年度间数据的变化。

（3）整体分析各个项目的相对比例。

8. 股价图

股价图是将序列显示为一组带有最高价、最低价、收盘价和开盘价等值的标记的线条。这些值由 Y 轴度量标记的高度表示，类别标签显示在 X 轴上。

股价图分为 4 种：盘高－盘低－收盘图、开盘－盘高－盘低－收盘图、成交量－盘高－盘低－收盘图和成交量－开盘－盘高－盘低－收盘图。

盘高－盘低－收盘图将每个值序列显示为一组按类别分组的符号，符号的外观由值序列的 High、Low 和 Close 值决定，如图 10-13 所示。

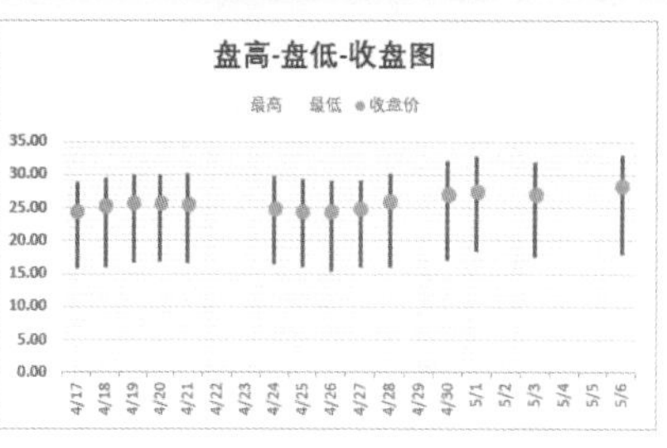

图 10-13

开盘－盘高－盘低－收盘图将每个值序列显示为一组按类别分组的符号，符号的外观由值序列的 Open、High、Low 和 Close 值决定，如图 10-14 所示。

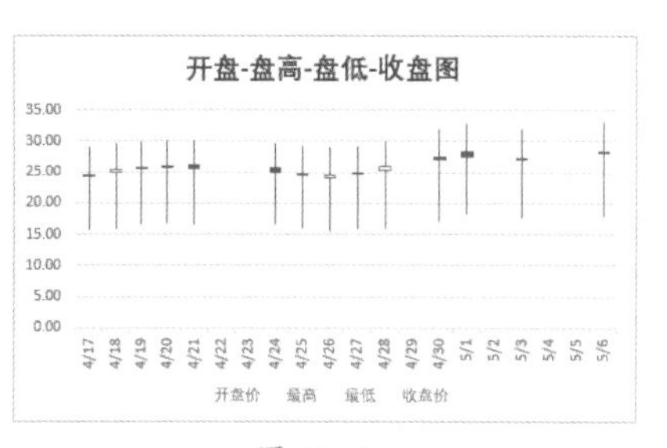

图 10-14

成交量－盘高－盘低－收盘图需要按成交量、盘高、盘低、收盘顺序排列 4 个数值系列，如图 10-15 所示。

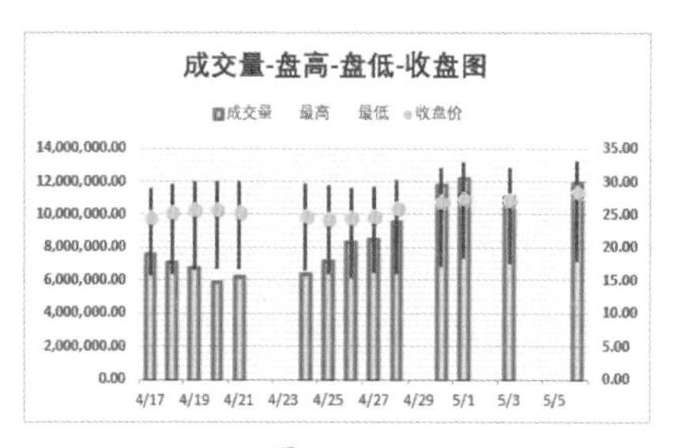

图 10-15

成交量－开盘－盘高－盘低－收盘图与成交量－盘高－盘低－收盘图基本相同，唯一的区别在于，前者不是用水平线来表示开盘和收盘，而是用矩形来显示开盘和收盘之间的范围，如图 10-16 所示。

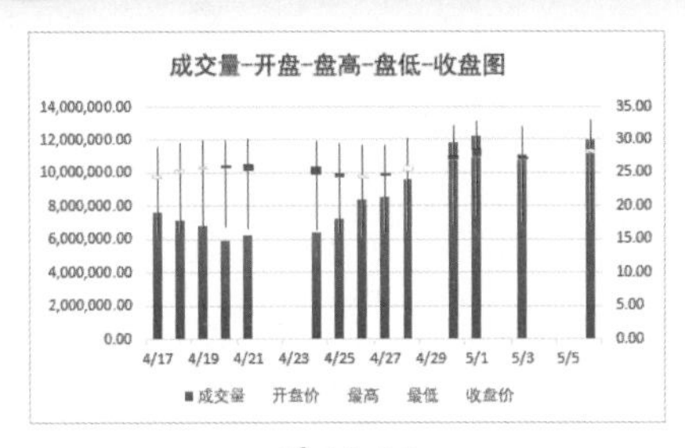

图 10-16

9. 曲面图

曲面图显示的是连接一组数据点的三维曲面，主要用于寻找数据间的最佳组合。

曲面图中的数据点是在图表中绘制的单个值，这些值由条形图、柱形图、折线图、饼图或圆环图的扇面、圆点和其他被称为数据标志的图形表示。相同颜色的数据标志组成一个数据系列，如图 10-17 所示。

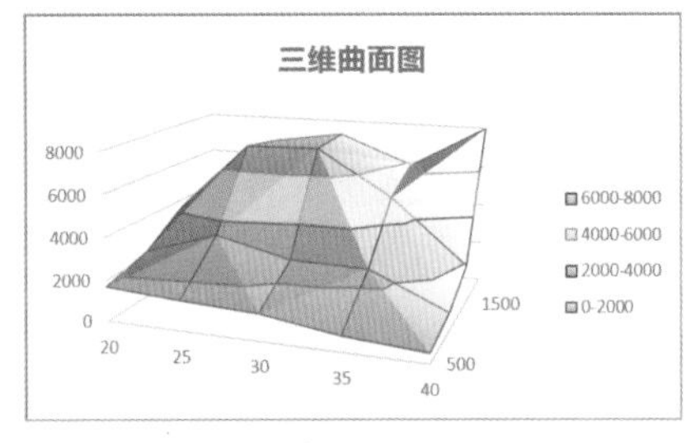

图 10-17

曲面图的子类型包括三维曲面图、三维曲面图（框架图）、曲面图、曲面图（俯视框架图），曲面图（俯视框架图）如图 10-18 所示。

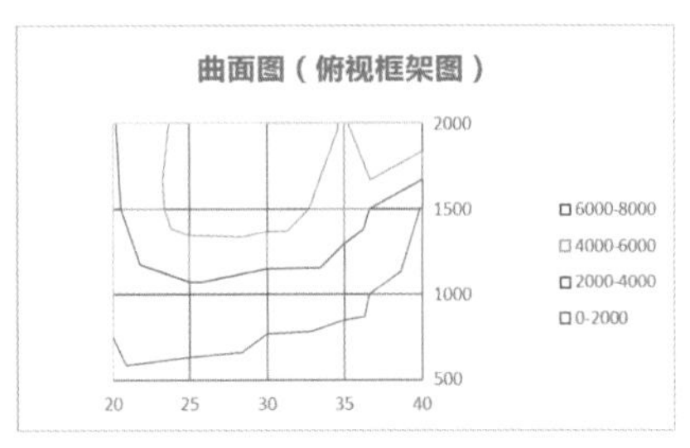

图 10-18

10. 树状图

树状图用于提供数据的分层视图，以便用户轻松发现数据之间的对比关系，如商店里哪些商品比较畅销。树的分支表示为矩形，每个子分支显示为更小的矩形。树状图按颜色和距离显示类别，可以轻松显示其他图表类型很难显示的大量数据，如图 10-19 所示。

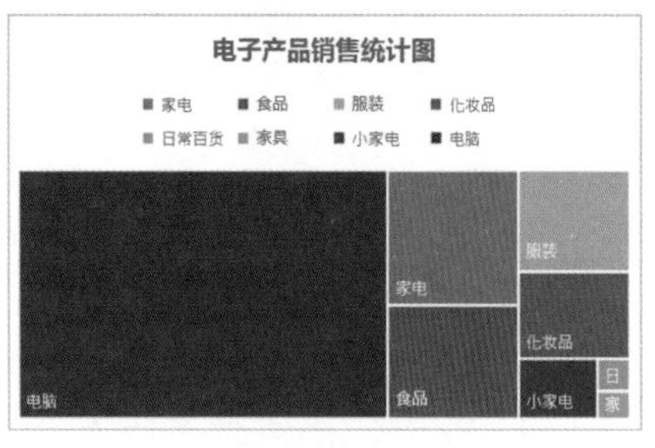

图 10-19

树状图适合显示层次结构内的比例，不适合显示最大类别与各数据点之间的层次结构级别，旭日图则可以弥补这一短板。

11. 旭日图

旭日图主要用于展示数据之间的层级和占比关系，环形从内向外，层级逐渐细分，想分几层就分几层，如图 10-20 所示。

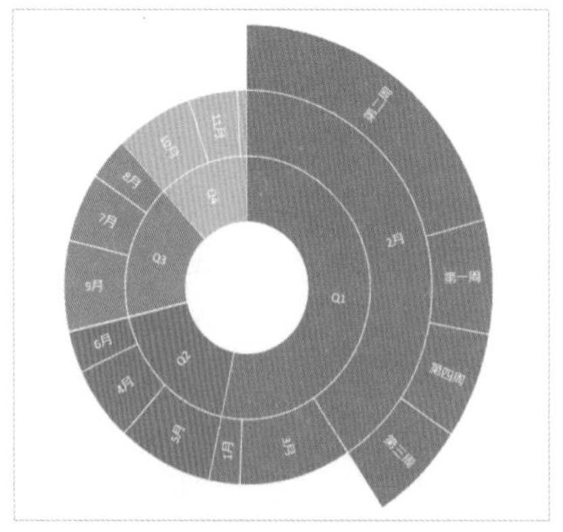

图 10-20

可以看到，顶级的分类类别在内圈，用不同的颜色进行了区分；细分类别依次往外圈排列，其大小、归属都一目了然。

12. 直方图

直方图主要用于展示数据分布比重和分布频率，如图 10-21 所示。

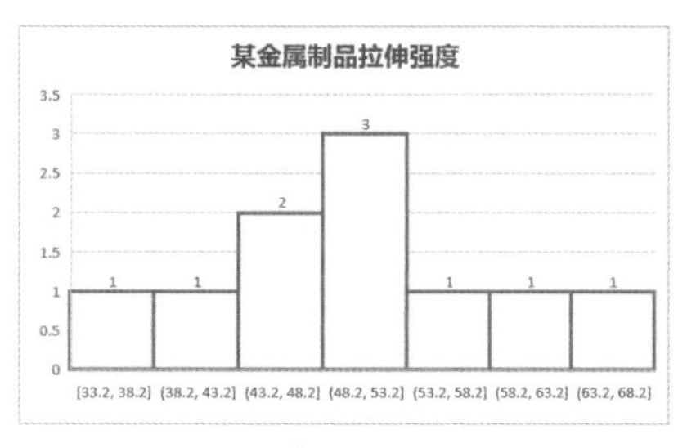

图 10-21

13. 箱形图

使用箱形图，可以很方便地一次性看到一批数据的四分值、平均值及离散值，如图 10-22 所示。

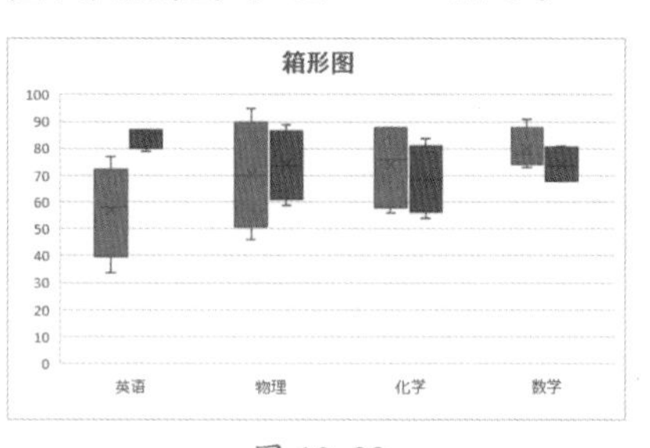

图 10-22

14. 瀑布图

瀑布图能够高效地反映哪些特定信息或趋势可以影响业务底线，展示收支平衡、亏损和盈利信息，如图 10-23 所示。

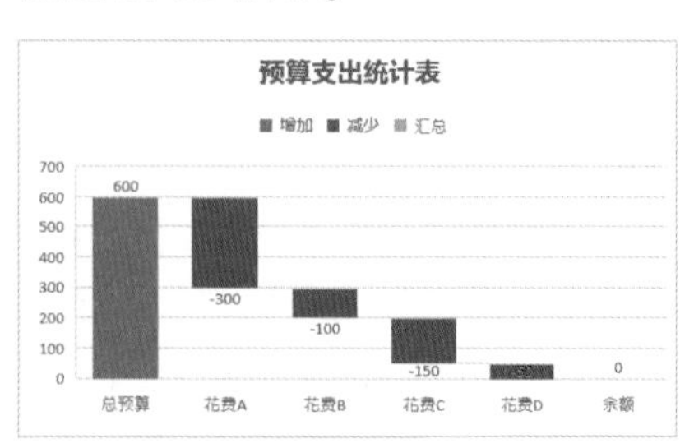

图 10-23

15. 漏斗图

漏斗图是一种直观表现业务流程中转化情况的分析工具，适用于业务流程比较规范、周期长、环节多的流程分析，如图10-24所示。

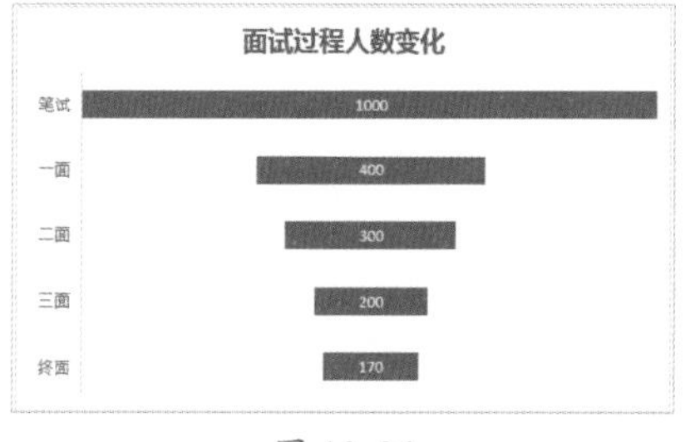

图10-24

使用漏斗图对各环节业务数据进行比较，能够直观地发现业务流程的问题所在，如不同环节所用时间之间的比较，同级之间的比较，与平均、领先水平的比较。在网站分析中，漏斗图通常用于转化率比较，它不仅能展示用户从进入网站到实现购买的最终转化率，还可以展示每个步骤的转化率。

16. 组合图表

在Excel中，组合图表指在一个图表中包含两种或两种以上图表类型。例如，让一个图表同时包含折线系列图和柱形系列图。组合图表可以突出显示不同类型的数据信息，适用于数据变化大或混合类型的数据，如图10-25所示。

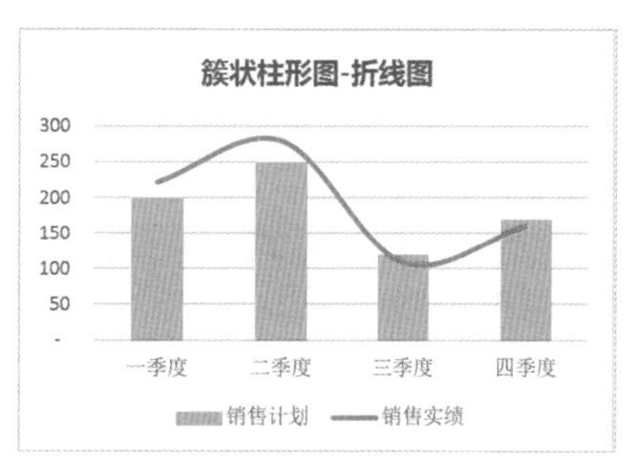

图10-25

组合图表的子类型包括簇状柱形图-折线图、簇状柱形图-次坐标轴上的折线图、堆积面积图-簇状柱形图、自定义组合图表等，如图10-26所示。

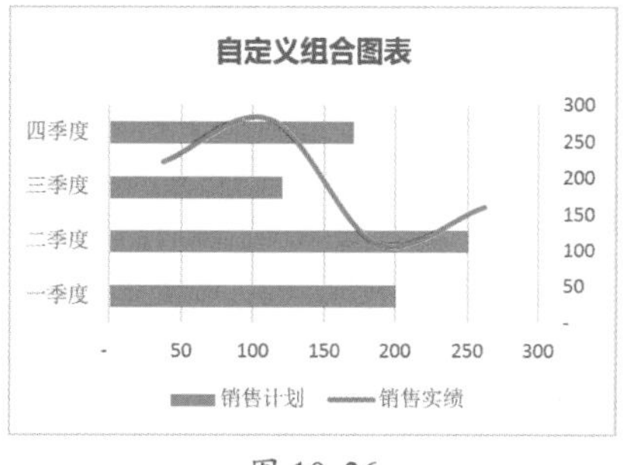

图10-26

10.1.2 图表的组成

Excel图表的组成元素主要有图表标题、图例、坐标轴、绘图区、数据标记、网格线等，如图10-27所示。

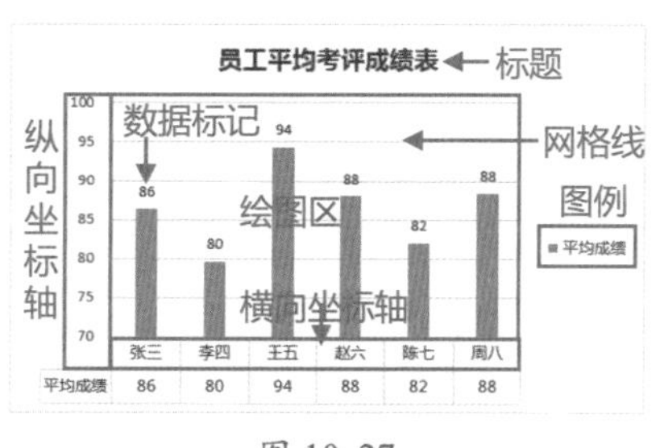

图10-27

（1）图表区域：指整个图表及其内部，所有图表元素都位于图表区域中。

（2）绘图区：是图表区域中的矩形区域，用于绘制图表序列和网格线。

（3）图表标题：是说明性文本，可以自动与坐标轴对齐或在图表顶部居中显示。

（4）图例：用于说明图表上、下、左、右或右上的各种符号和颜色所代表的内容与指标，有助于更好地认识图表。

（5）坐标轴：图表中的坐标轴分为纵坐标轴和横坐标轴，用来定义一个图表的一组数据或一个数据系列。

10.1.3 数据透视表的含义

数据透视表是Excel中用于实现数据快速统计与分析的重要工具。在数据透视表中，根据基础表格，使用鼠标拖曳功能，可以轻松、快速地完成各种复杂的数据统计，如图10-28所示。

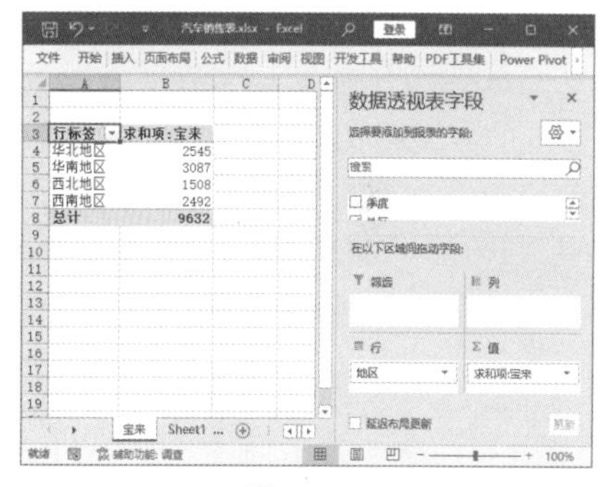

图10-28

数据透视表中的常用术语如下。

（1）轴：数据透视表中的一维元素，如行、列或页。

（2）数据源：从中创建数据透视表的数据清单、表格或多维数据集。

（3）字段：信息的种类，等价于数据清单中的列。

（4）字段标题：描述字段内容的标志，可通过拖动字段标题，对数据进行透视。

（5）项：组成字段的元素。

（6）透视：通过确定一个或多个字段的位置，安排数据透视表。

（7）汇总函数：Excel中用来计算表格中数据的值的函数。数值和文本默认的汇总函数分别是SUM函数（求和函数）和COUNT函数（计数函数）。

（8）刷新：更新数据透视表，以反映目前数据源的状态。

技术看板

数据透视表是一种可以快速汇总、分析大量数据表格的交互式工具。使用数据透视表，可以按照数据表格的不同字段，从多个角度进行透视分析，并建立交叉数据透视表格。

10.1.4 数据透视图与标准图表的区别

数据透视图是基于数据透视表生成的数据图表，随着数据透视表数据的变化而变化，如图 10-29 所示。

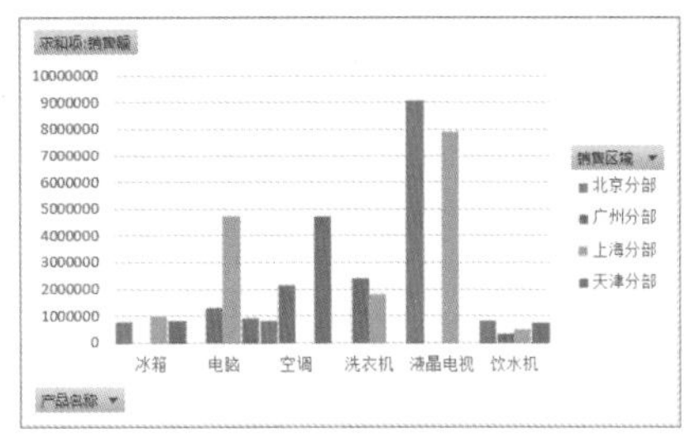

图 10-29

标准图表的基本格式与数据透视图有所不同，标准图表如图 10-30 所示。

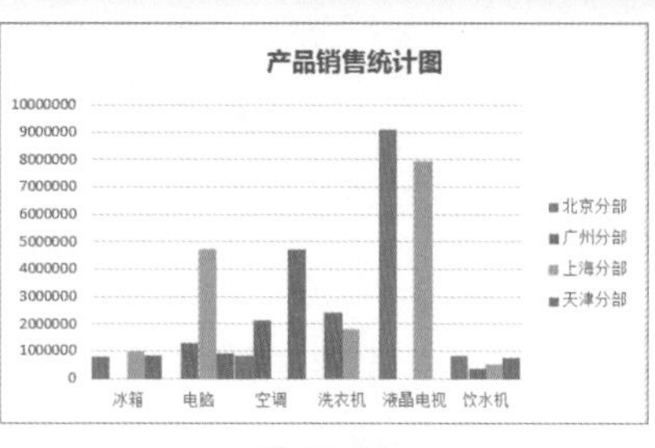

图 10-30

图表是把表格中的数据用图形的方式表达出来，看起来更直观。而数据透视图更像是分类汇总，可以按分类字段把数据汇总出来。

数据透视图和标准图表之间的具体区别主要有以下几点。

（1）交互性不同。使用数据透视图，可通过更改报表布局或所显示的明细数据，以不同的方式交互查看数据。标准图表中的每组数据只能对应生成一个图表，这些图表之间不存在交互性。

（2）源数据不同。数据透视图可以基于相关联的数据透视表中的几组不同的数据类型。标准图表可以直接链接到工作表单元格中。

（3）图表元素不同。除包含与标准图表相同的元素外，数据透视图还包含字段和项，可以通过添加、旋转或删除字段和项来显示数据的不同视图。标准图表中的分类、系列和数据分别对应于数据透视图中的分类字段、系列字段和值字段。数据透视图中还可包含报表筛选，这些字段中都包含项，这些项在标准图表中显示为图例中的分类标签或系列名称。

（4）格式不同。刷新数据透视图时，会保留大多数格式（包括元素、布局和样式），但是不保留趋势线、数据标签、误差线及对数据系列的其他更改。标准图表只要应用了这些格式，刷新时并不会将其丢失。

技术看板

数据透视表及数据透视图的用途如下。

（1）数据透视表是用来从Excel数据清单的特殊字段中汇总数据信息的分析工具。

（2）创建数据透视表时，用户可指定所需的字段、数据透视表的组织形式和要执行的数值计算类型。

（3）创建数据透视表后，可以对数据透视表进行多种不同的安排，以便从不同的角度交互查看数据。

10.2 创建与编辑图表

了解了图表的相关知识后，我们结合实例创建与编辑图表，主要包括创建销售图表、移动销售图表位置、调整销售图表大小、更改销售图表类型、修改销售图表数据、设置销售图表样式等内容。

★重点 10.2.1 实战：创建销售图表

实例门类	软件功能

在 Excel 2021 中创建图表非常简单，因为系统内置了很多图表类型，如柱形图、条形图、折线图、饼图等。用户根据实际情况进行选择后，插入图表即可。

根据“销售统计表”创建产品销售统计图，具体操作步骤如下。

Step 01 选择数据区域。打开“素材文件\第 10 章\销售统计表.xlsx”文档，选择单元格区域 A2:A14 和 D2:D14，如图 10-31 所示。

技术看板

插入图表之前，需要选择工作表中的数据单元格或数据区域作为数据源，没有数据源则无法生成图表。

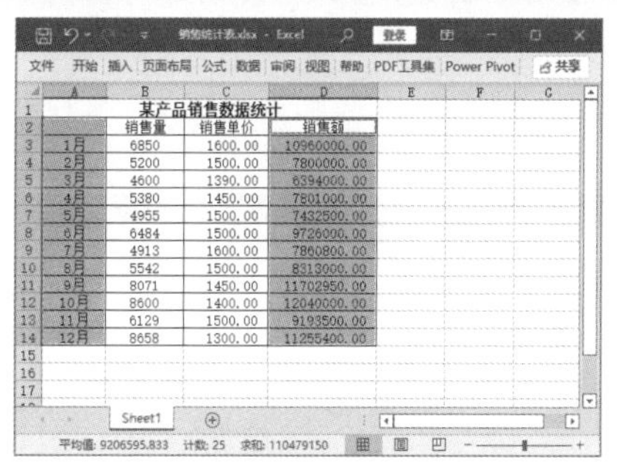

	某产品销售数据统计		
	销售量	销售单价	销售额
1月	6850	1600.00	10960000.00
2月	5200	1500.00	7800000.00
3月	4600	1390.00	6394000.00
4月	5380	1450.00	7801000.00
5月	4955	1500.00	7432500.00
6月	6484	1500.00	9726000.00
7月	4913	1600.00	7860800.00
8月	5542	1500.00	8313000.00
9月	8071	1450.00	11702950.00
10月	8600	1400.00	12040000.00
11月	6129	1500.00	9193500.00
12月	8658	1300.00	11255400.00

图 10-31

Step02 选择图表。选择【插入】选项卡，❶在【图表】组中单击【柱形图】按钮；❷在弹出的下拉列表中选择【簇状柱形图】选项，如图 10-32 所示。

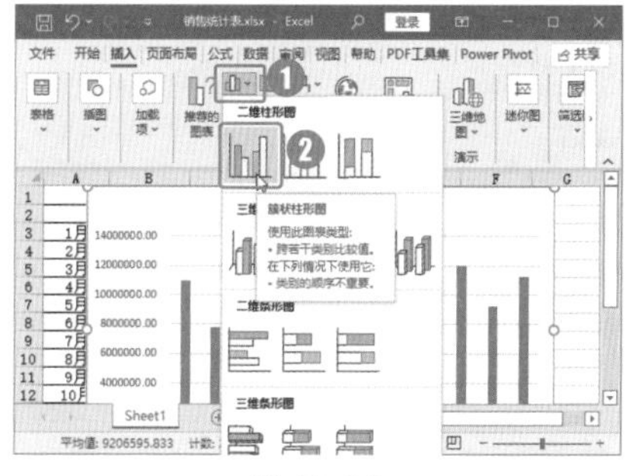

图 10-32

Step03 查看创建的图表。根据选择的数据源，创建一个簇状柱形图，如图 10-33 所示。

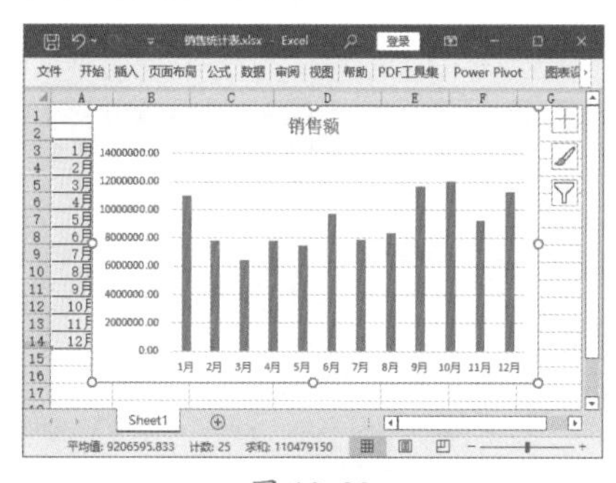

图 10-33

Step04 更改图表标题。将图表标题更改为“产品销售统计图”，如图 10-34 所示。

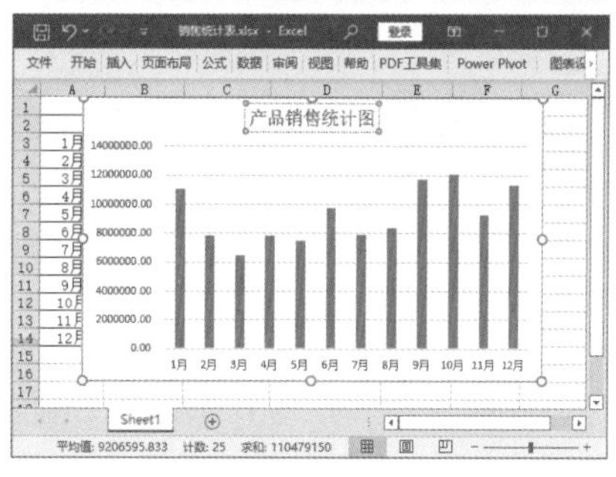

图 10-34

10.2.2 实战：移动销售图表位置

实例门类 软件功能

在工作表中插入图表后，可以拖动鼠标，移动图表的位置，具体操作步骤如下。

Step01 选择插入的图表。将鼠标指针移动到图表上，在鼠标指针变成形状时单击，如图 10-35 所示。

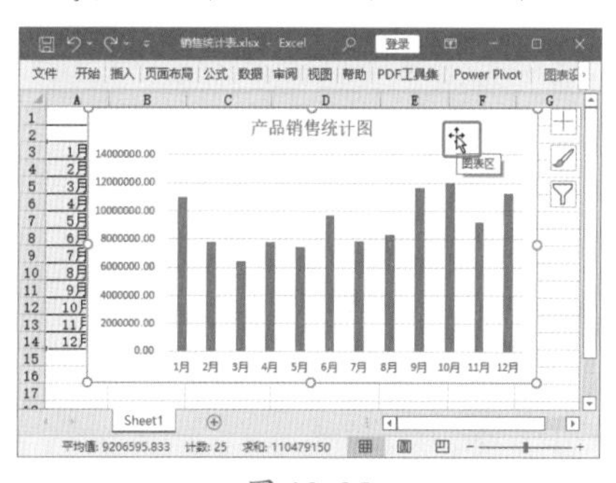

图 10-35

Step02 移动图表。根据需要拖动鼠标，即可移动图表，如图 10-36 所示。

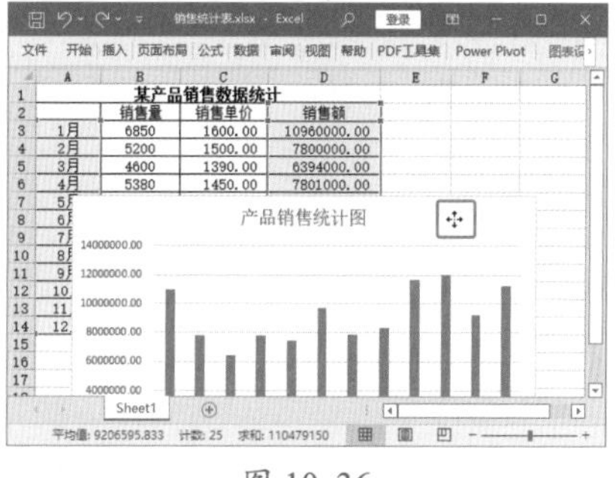

图 10-36

技术看板

在 Excel 中，移动图表非常简单，单击要移动的图表，用鼠标拖动它到一个新的位置，松开鼠标即可。

10.2.3 实战：调整销售图表大小

实例门类 软件功能

在图表的四周，分布着 8 个控制点，使用鼠标拖动这 8 个控制点中的任意一个，都可以改变图表的大小。调整图表大小的具体操作步骤如下。

Step01 将鼠标指针放在图表右下角。选择插入的图表，将鼠标指针移动到图表右下角的控制点上，此时，鼠标指针变成形状，如图 10-37 所示。

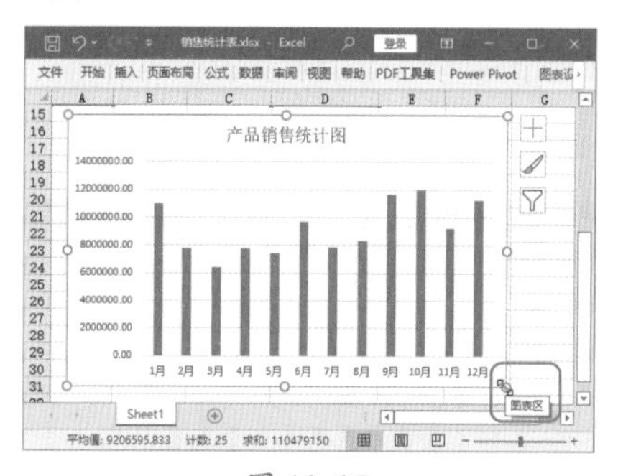

图 10-37

Step02 改变图表大小。向图表内侧拖动鼠标，如图 10-38 所示。

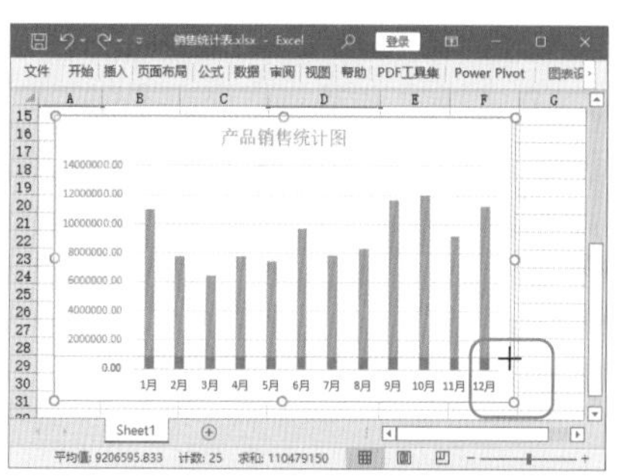

图 10-38

Step03 完成对图表大小的调整。释放鼠标，即可缩小图表，如图 10-39 所示。

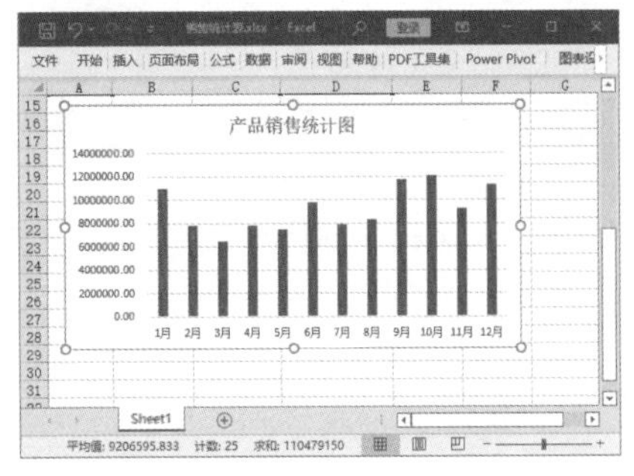

图 10-39

★重点 10.2.4 实战：更改销售图表类型

实例门类	软件功能

插入图表后，如果用户对当前图表类型不满意，可以更改图表类型，具体操作步骤如下。

Step01 打开【更改图表类型】对话框。选择图表中的数据系列并右击，在弹出的快捷菜单中选择【更改系列图表类型】选项，如图 10-40 所示。

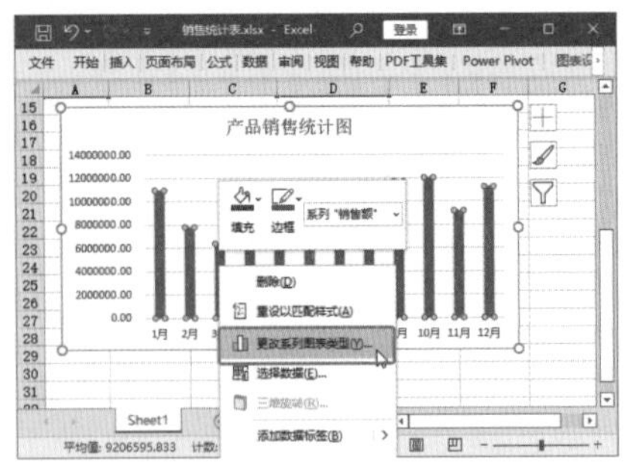

图 10-40

Step02 选择图表类型。弹出【更改图表类型】对话框，❶选择【所有图表】选项卡中的【折线图】选项卡；❷选择【折线图】选项；❸单击【确定】按钮，如图 10-41 所示。

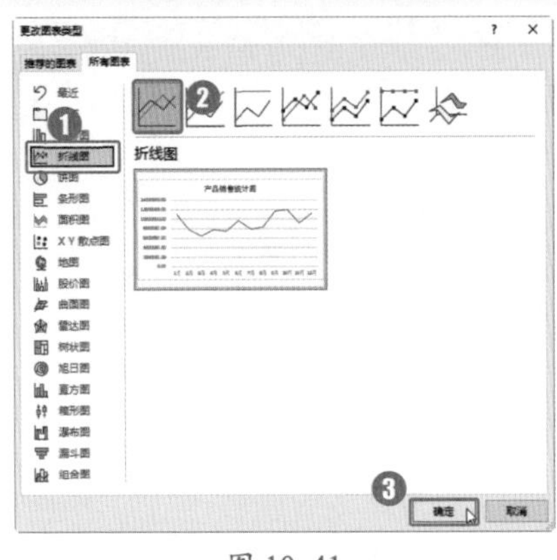

图 10-41

Step03 查看图表类型更改效果。完成 Step 02 操作后，即可将图表类型转换成折线图，如图 10-42 所示。

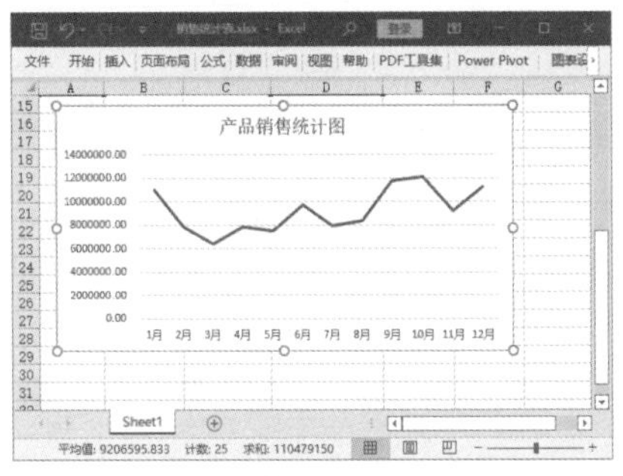

图 10-42

10.2.5 实战：修改销售图表数据

实例门类	软件功能

对创建的 Excel 图表进行修改时，有时会遇到需要更改某个数据系列的数据源的问题。通过 Excel 的【选择数据】选项，可以更改图表中某个系列或整个图表的源数据，从而完成对图表的修改。

本节中图表的源数据是各月份的销售额，将图表中的源数据修改为各月份的销售量，具体操作步骤如下。

Step01 打开【选择数据源】对话框。选择图表中的数据系列并右击，在弹出的快捷菜单中选择【选择数据】选项，如图 10-43 所示。

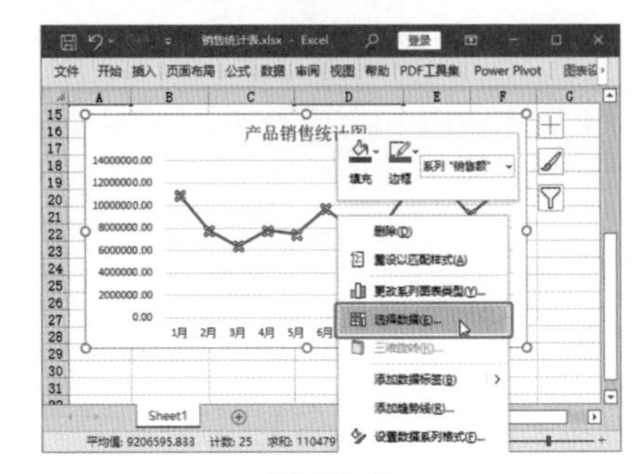

图 10-43

Step02 进入图表区域数据选择状态。弹出【选择数据源】对话框，单击【图表数据区域】文本框右侧的【折叠】按钮，如图 10-44 所示。

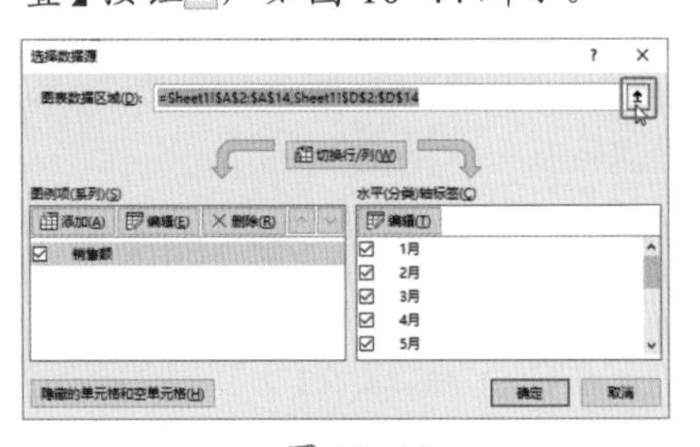

图 10-44

Step03 选择图表区域数据。❶拖动鼠标，在工作表“Sheet1”中选择数据区域 A2:B14；❷单击【展开】按钮，如图 10-45 所示。

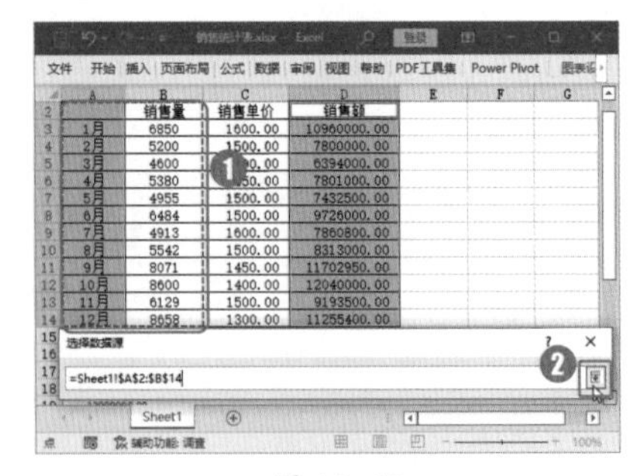

图 10-45

Step04 确定数据区域选择。返回【选择数据源】对话框，单击【确定】按钮，如图 10-46 所示。

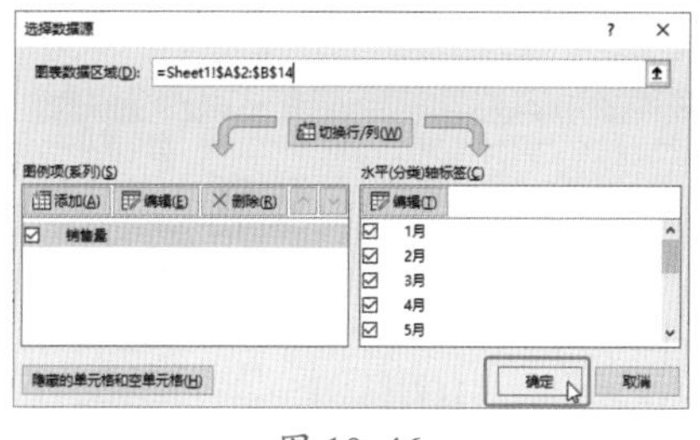

图 10-46

Step 05 查看更改数据源后的效果。根据选取的新的源数据，生成新的图表，如图 10-47 所示。

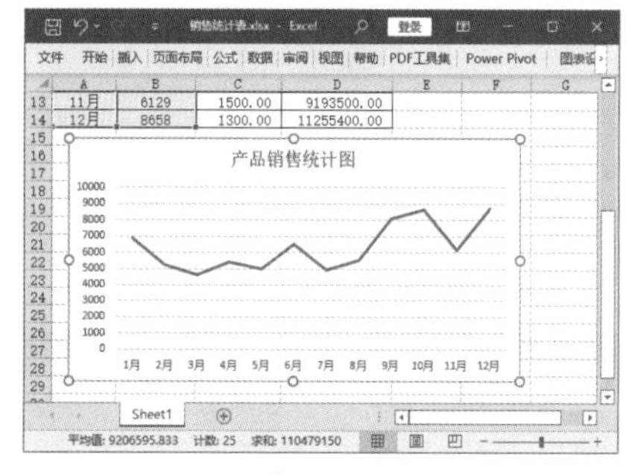

图 10-47

10.2.6 实战：设置销售图表样式

实例门类	软件功能

Excel 2021 为用户提供了 16 种图表样式，用户可以根据需要，选择和更改图表样式。设置图表样式的具体操作步骤如下。

Step 01 打开图表样式列表。选择图表，❶选择【图表设计】选项卡；❷在【图表样式】组中单击【快速样式】按钮，如图 10-48 所示。

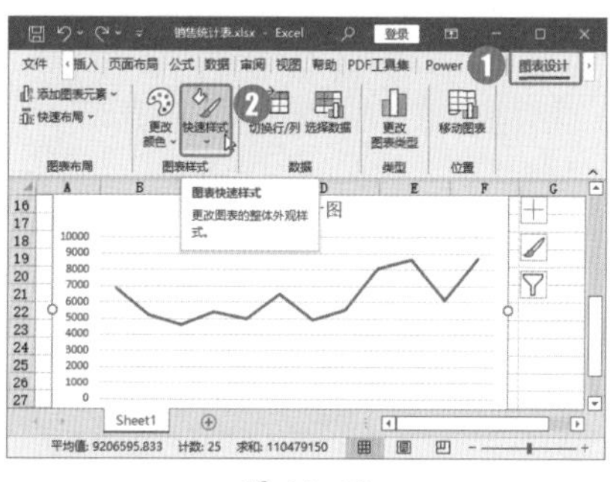

图 10-48

Step 02 选择图表样式。在弹出的下拉列表中选择【样式 2】选项，如图 10-49 所示。

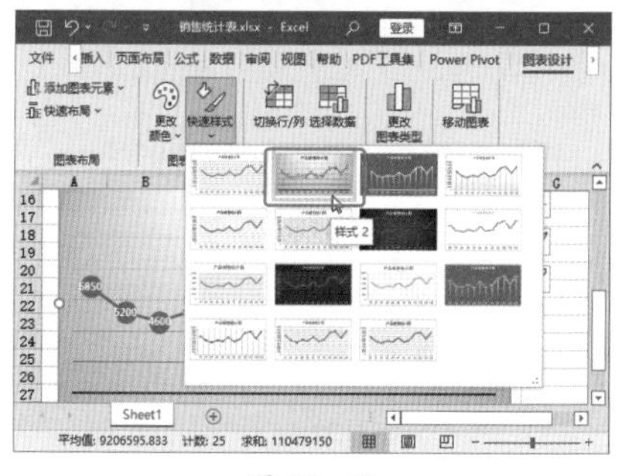

图 10-49

Step 03 查看图表应用样式的效果。此时，图表就会应用选择的图表样式【样式 2】，如图 10-50 所示。

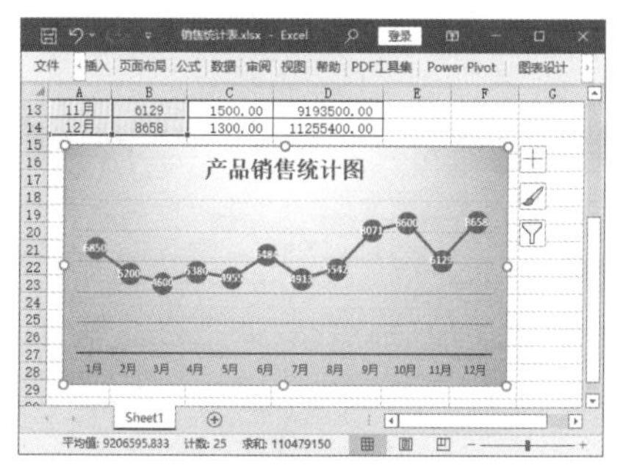

图 10-50

10.3 迷你图的使用

Excel 2021 内置多种小巧的迷你图，主要包括折线图、柱形图和盈亏图 3 种类型。使用迷你图，可以直观地反映数据系列的变化趋势。创建迷你图后，还可以设置迷你图的高点和低点，以及迷你图的颜色等。

★重点 10.3.1 实战：在销售表中创建迷你图

实例门类	软件功能

Excel 2021 提供了全新的迷你图功能，使用迷你图，可以在单个单元格中插入简洁、漂亮的小图表。在单元格中插入迷你图的具体操作步骤如下。

Step 01 打开【创建迷你图】对话框。打开“素材文件\第 10 章\家电销售表.xlsx”文档，选择单元格 F2，❶选择【插入】选项卡；❷在【迷你图】组中单击【折线】按钮，如图 10-51 所示。

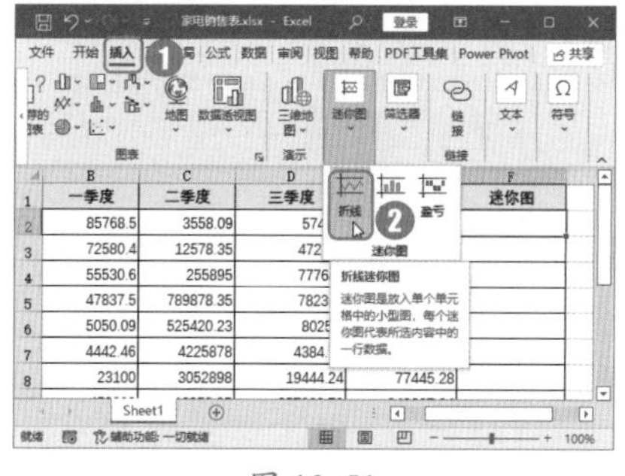

图 10-51

Step 02 设置迷你图数据区域。打开【创建迷你图】对话框，❶在【数据范围】文本框中将数据范围设置为“B2:E2”；❷单击【确定】按钮，如图 10-52 所示。

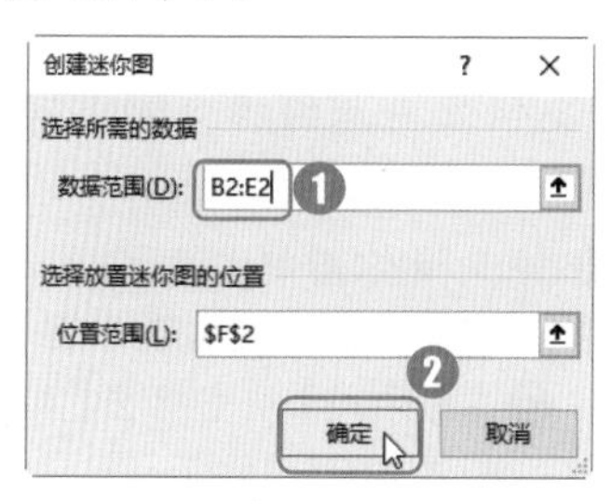

图 10-52

Step 03 完成对迷你图的创建。完成 Step 02 操作后，即可在单元格F2 中插入一个迷你图，如图 10-53 所示。

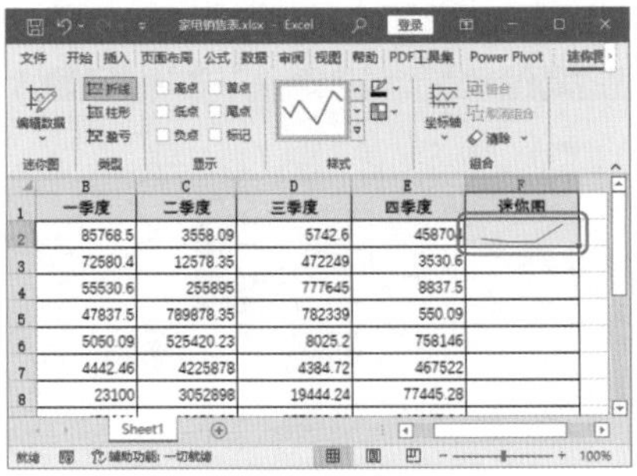

图 10-53

Step04 填充迷你图。选择单元格F2，将鼠标指针移动到单元格的右下角，此时，鼠标指针变成十形状。按住鼠标左键，向下拖动到单元格F9，即可将迷你图填充到选择的单元格区域中，如图 10-54 所示。

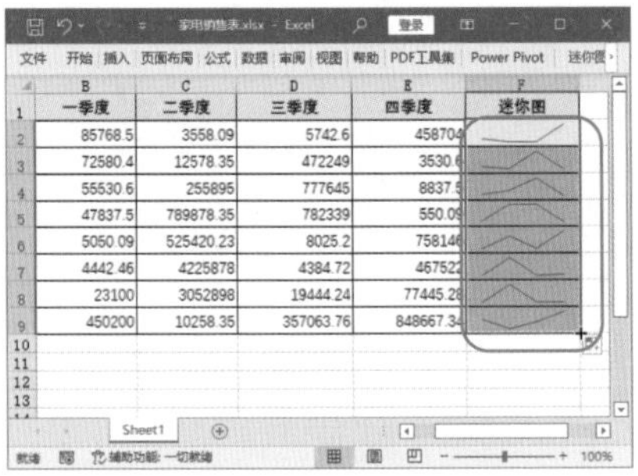

图 10-54

10.3.2 实战：美化和编辑销售数据迷你图

实例门类	软件功能

插入迷你图后，用户可以应用迷你图样式，也可以自定义迷你图线条颜色、高点和低点等。此外，还可以根据需要编辑迷你图数据，具体操作步骤如下。

Step01 打开迷你图样式列表。选择所有迷你图，❶选择【迷你图】选项卡；❷在【样式】组中单击【其他】按钮，如图 10-55 所示。

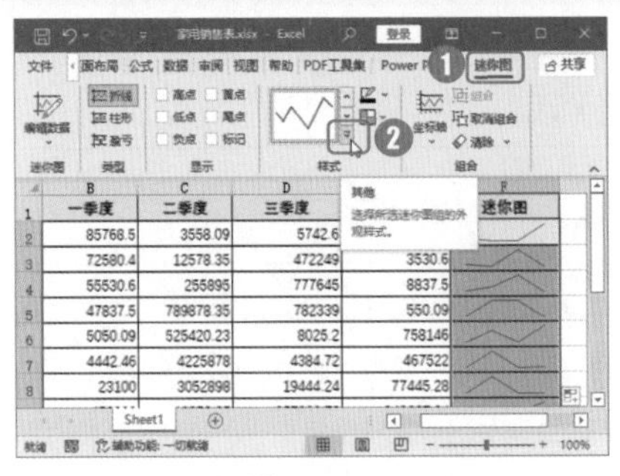

图 10-55

Step02 选择迷你图样式。在弹出的样式列表中选择【浅绿色，迷你图样式彩色 #4】选项，如图 10-56 所示。

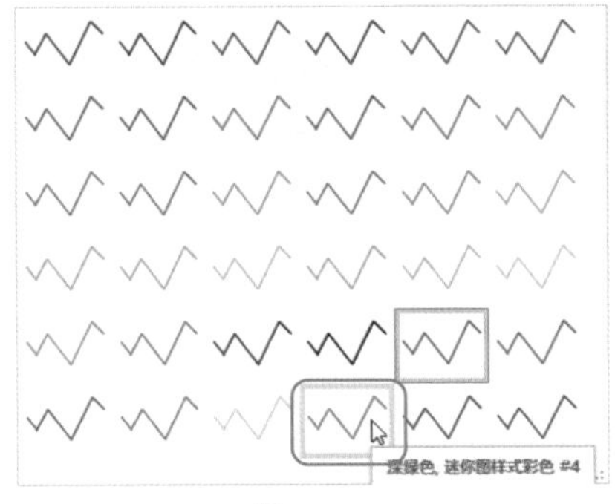

图 10-56

Step03 添加迷你图高低点标记。选择迷你图，❶选择【迷你图】选项卡；❷选择【显示】组中的【高点】和【低点】复选框，如图 10-57 所示。

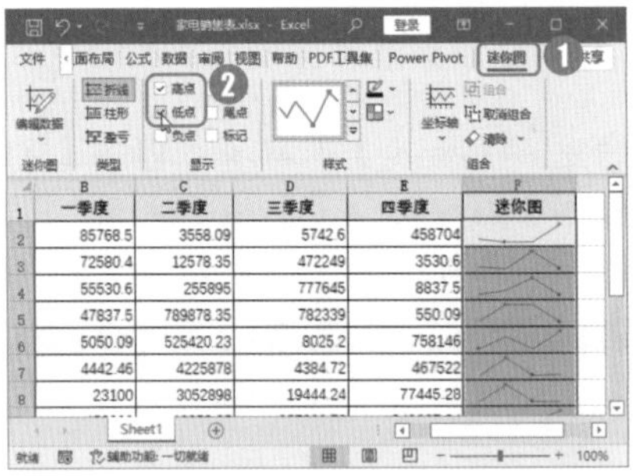

图 10-57

Step04 设置迷你图高点标记颜色。选择迷你图，❶选择【迷你图】选项卡；❷单击【样式】组中的【标记颜色】按钮；❸在弹出的下拉列表中选择【高点】→【红色】选项，即可将高点的颜色设置为“红色”，如图 10-58 所示。

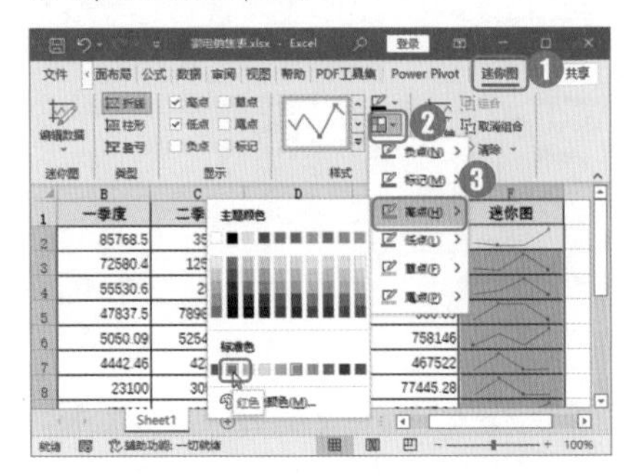

图 10-58

Step05 设置迷你图低点标记颜色。选择迷你图，❶单击【样式】组中的【标记颜色】按钮；❷在弹出的下拉列表中选择【低点】→【蓝色】选项，即可将低点的颜色设置为“蓝色”，如图 10-59 所示。

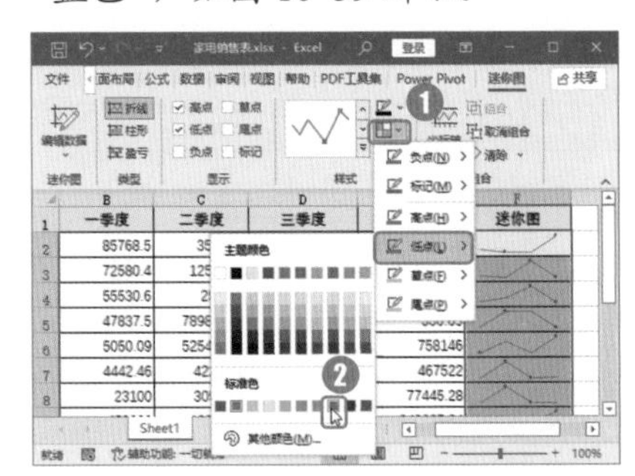

图 10-59

Step06 设置迷你图线条粗细。❶单击【样式】组中的【迷你图颜色】按钮；❷在弹出的下拉列表中选择【粗细】→【1.5 磅】选项，即可将迷你图的线条粗细设置为“1.5 磅”，如图 10-60 所示。

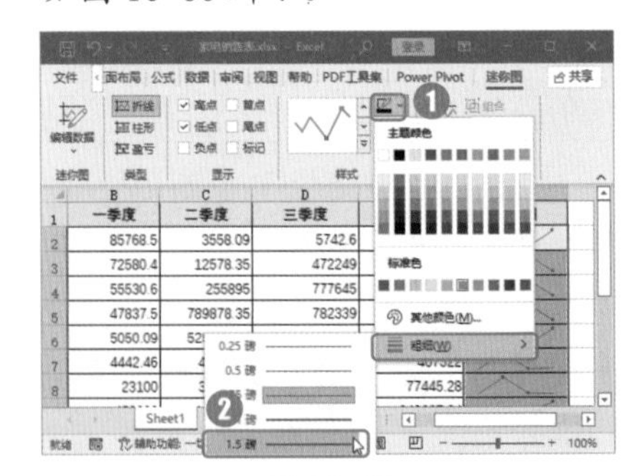

图 10-60

Step07 查看迷你图效果。完成以上操作后，销售数据迷你图的最终效果如图 10-61 所示。

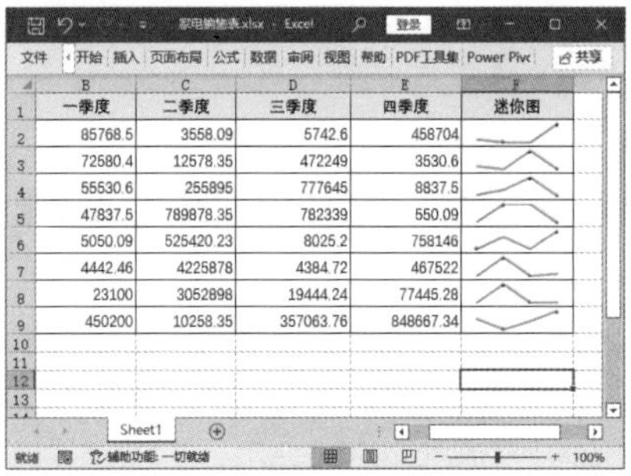

图 10-61

Step08 打开【编辑迷你图】对话框。将光标定位在迷你图所在的任意单元格中，❶单击【迷你图】组中的【编辑数据】按钮；❷在弹出的下拉列表中选择【编辑组位置和数据】选项，如图 10-62 所示。

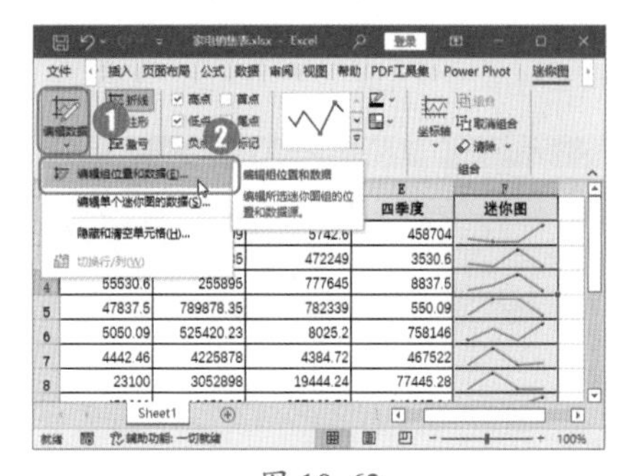

图 10-62

Step09 编辑数据区域。弹出【编辑迷你图】对话框，❶用户可以根据需要，编辑【数据范围】和【位置范围】选项内容，此例中暂不修改迷你图相关数据；❷编辑完成后，单击【确定】按钮，如图 10-63 所示。

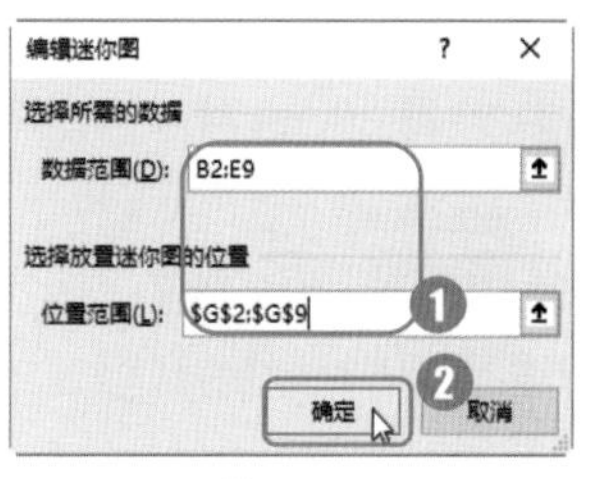

图 10-63

Step10 打开【编辑迷你图数据】对话框。将光标定位在迷你图所在的任意单元格中，❶单击【迷你图】组中的【编辑数据】按钮；❷在弹出的下拉列表中选择【编辑单个迷你图的数据】选项，如图 10-64 所示。

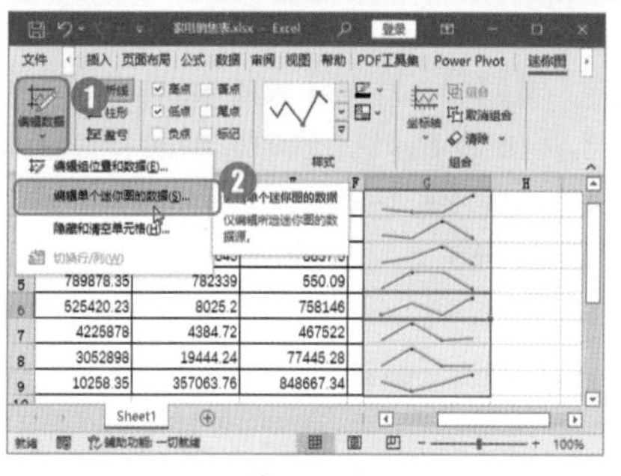

图 10-64

Step11 编辑数据的数据区域。弹出【编辑迷你图数据】对话框，❶用户可以根据需要，编辑单个迷你图的数据区域，例如，这里选择单元格区域“B6:D6”；❷编辑完成后，单击【确定】按钮，如图 10-65 所示。

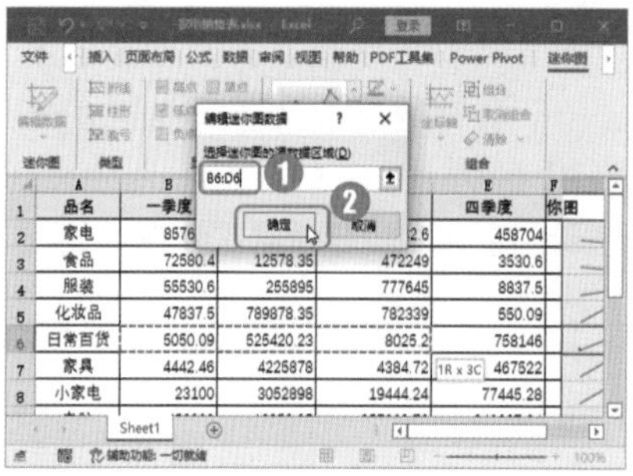

图 10-65

10.4 数据透视表的使用

使用数据透视表，可以根据基础表中的字段，为成千上万条数据记录生成汇总表。本节主要介绍创建数据透视表、更改数据透视表的源数据、设置数据透视表字段、更改数据透视表的值汇总方式和显示方式，以及插入切片器和日程表等内容。

10.4.1 实战：创建“订单数据透视表”

实例门类	软件功能

使用Excel中的数据透视表，可以为大量基础数据快速生成分类汇总表。

1. 插入数据透视表框架

生成数据透视表的第一步是选择【插入】选项卡中的【数据透视表】选项，插入数据透视表框架，具体操作步骤如下。

Step01 打开【来自表格或区域的数据透视表】对话框。打开“素材文件\第 10 章\订单数据透视表.xlsx”文档，将光标定位在数据区域的任意单元格中，❶选择【插入】选项卡；❷单击【表格】组中的【数据透视表】按钮，如图 10-66 所示。

图 10-66

Step02 创建数据透视表。弹出【来

自表格或区域的数据透视表】对话框，❶【表/区域】文本框中显示当前表格的数据区域“基础表!$A$1:$I$35”；❷选择【新工作表】单选按钮；❸单击【确定】按钮，如图 10-67 所示。

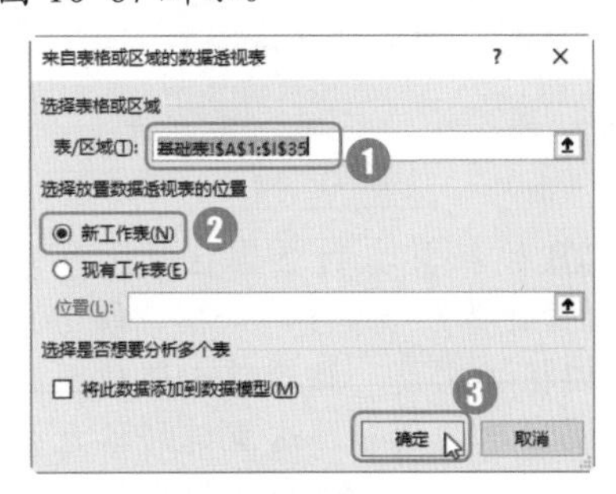

图 10-67

Step03 查看创建的数据透视表框架。系统会自动在新的工作表中创建一个数据透视表的基本框架，如图 10-68 所示。

图 10-68

技术看板

在【来自表格或区域的数据透视表】对话框中，如果选择【现有工作表】单选按钮，可将数据透视表的位置设置在当前工作表中。

2. 设置数据透视表字段

插入数据透视表框架后，可以在弹出的【数据透视表字段】窗格中根据需要拖动鼠标，选择相应的字段，设置筛选、列、行和值等选项，具体操作步骤如下。

Step01 设置数据透视表字段。在【数据透视表字段】窗格中，❶将【销售人员】复选框拖动到【筛选】组合框中；❷将【客户姓名】复选框拖动到【行】组合框中；❸将【订单总额】和【预付款】复选框拖动到【值】组合框中，如图 10-69 所示。

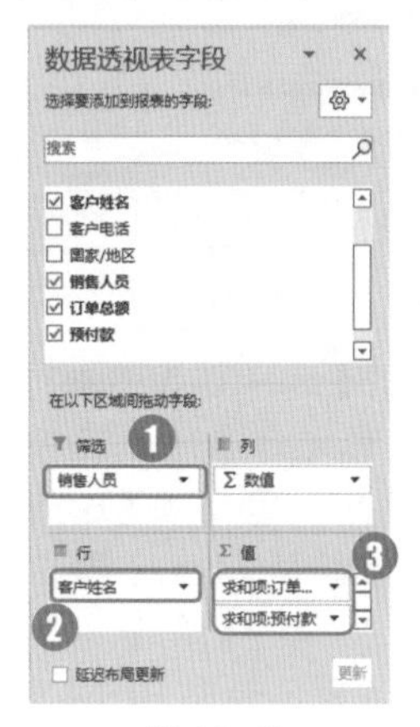

图 10-69

Step02 查看生成的数据透视表。根据选择的字段，生成数据透视表，如图 10-70 所示。

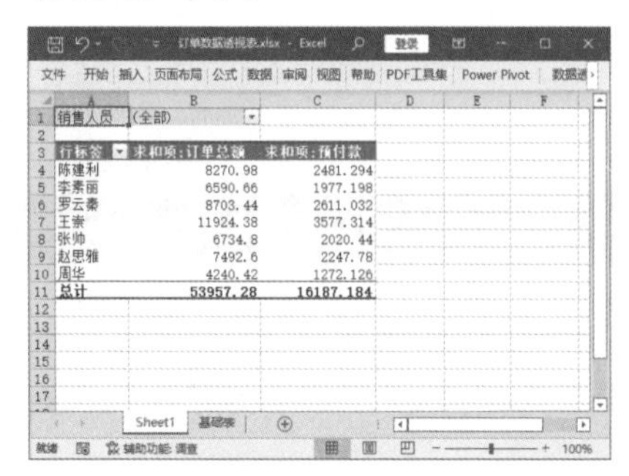

图 10-70

10.4.2 实战：在“订单数据透视表”中查看明细数据

实例门类	软件功能

默认情况下，数据透视表中的数据是汇总数据，用户在汇总数据上双击，即可显示明细数据，具体操作步骤如下。

Step01 双击汇总数据单元格。在数据透视表中双击单元格B7，如图 10-71 所示。

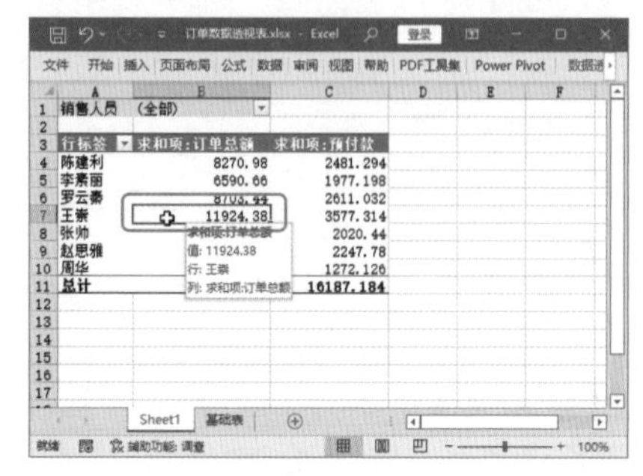

图 10-71

Step02 查看数据明细表。完成 Step 01 操作后，即可根据选择的汇总数据生成数据明细表，数据明细表中显示了汇总数据背后的明细数据，如图 10-72 所示。

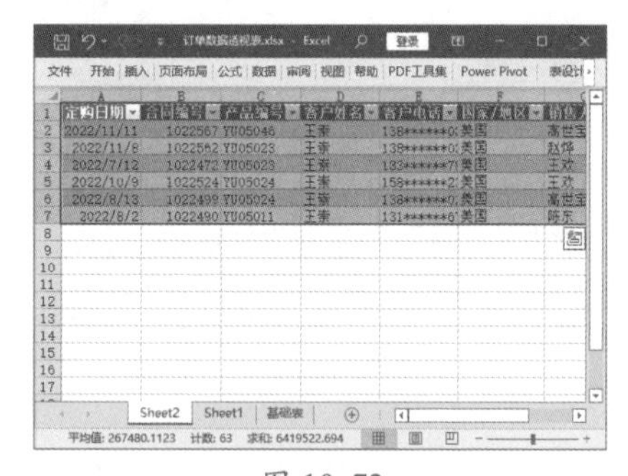

图 10-72

10.4.3 实战：在“订单数据透视表”中筛选数据

实例门类	软件功能

如果在筛选器中设置了字段，可以根据设置的筛选字段快速筛选数据，例如，筛选销售人员“王欢”和“张浩”经手订单的汇总数据，具体操作步骤如下。

Step01 打开筛选列表。在数据透视表中，❶单击筛选字段所在的单元格B1右侧的下拉按钮；❷在弹出的下拉列表中选择【选择多项】复选框，如图10-73所示。

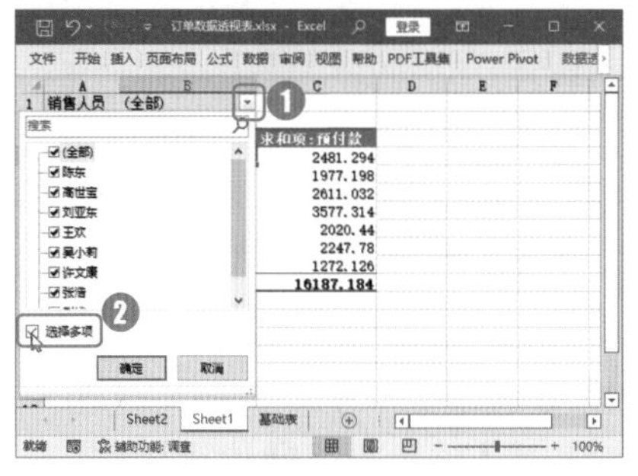

图 10-73

Step02 筛选数据。❶取消选择【全部】复选框；❷选择【王欢】和【张浩】复选框；❸单击【确定】按钮，如图10-74所示。

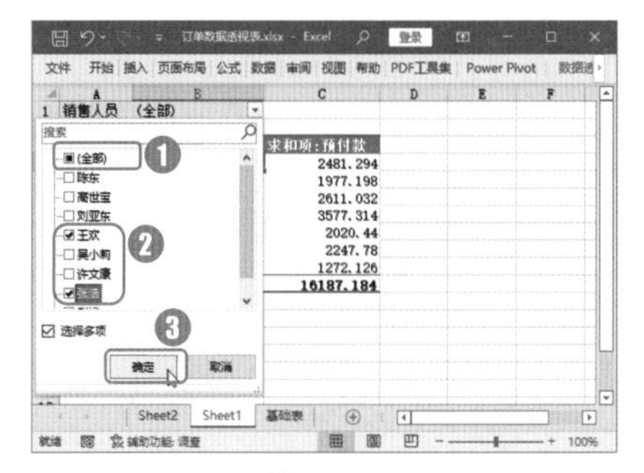

图 10-74

Step03 查看筛选结果。完成以上操作后，即可筛选出销售人员“王欢”和“张浩”经手订单的汇总数据，并在单元格B1的右侧出现一个筛选按钮，如图10-75所示。

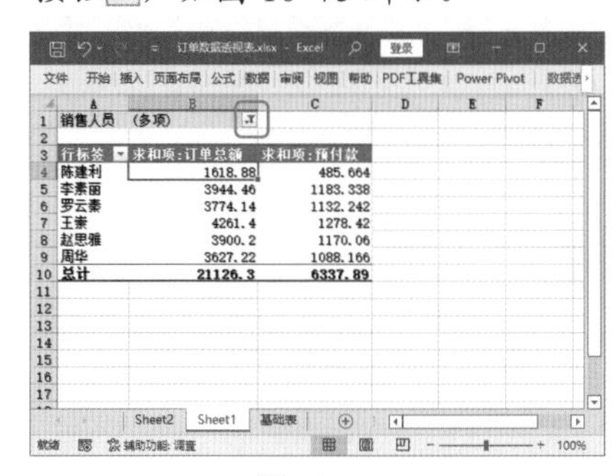

图 10-75

Step04 显示全部数据。如果要恢复显示全部汇总数据，❶单击筛选字段所在的单元格B1右侧的下拉按钮；❷在弹出的下拉列表中选择【全部】复选框；❸单击【确定】按钮，如图10-76所示。

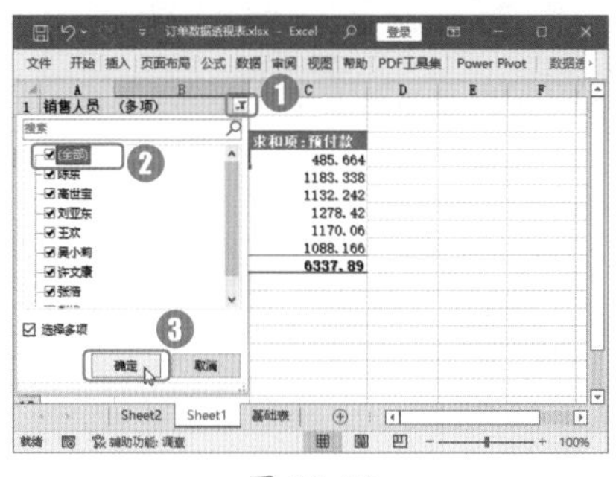

图 10-76

★重点 10.4.4 实战：更改值的汇总方式

实例门类	软件功能

数据透视表中的值汇总方式有很多种，包括求和、计数、平均值、最大值、最小值、乘积等。更改“订单总额”字段的值汇总方式，具体操作步骤如下。

Step01 打开【值字段设置】对话框。在数据透视表中，❶选择“订单总额”列中的单元格B10；❷右击，在弹出的快捷菜单中选择【值字段设置】选项，如图10-77所示。

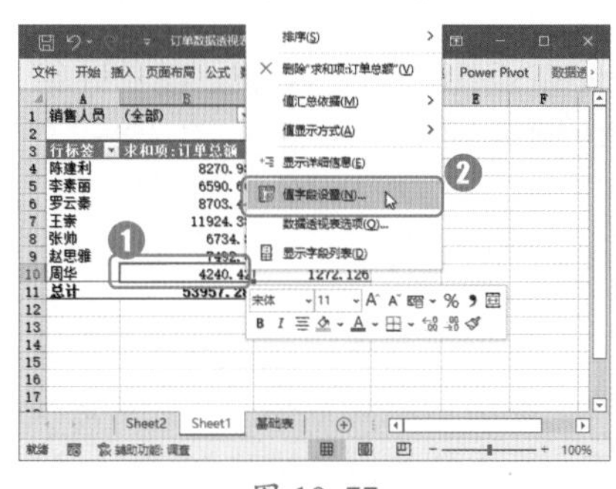

图 10-77

Step02 选择值汇总方式。弹出【值字段设置】对话框，❶在【计算类型】列表框中选择【计数】选项；❷单击【确定】按钮，如图10-78所示。

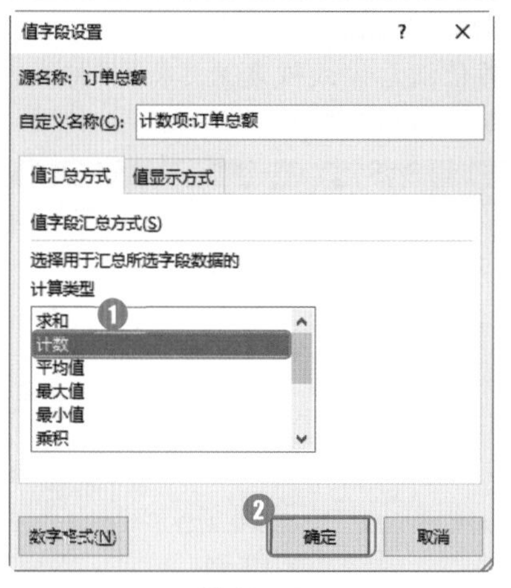

图 10-78

Step03 查看汇总结果。“订单总额”的值汇总方式变成了“计数”格式，如图10-79所示。

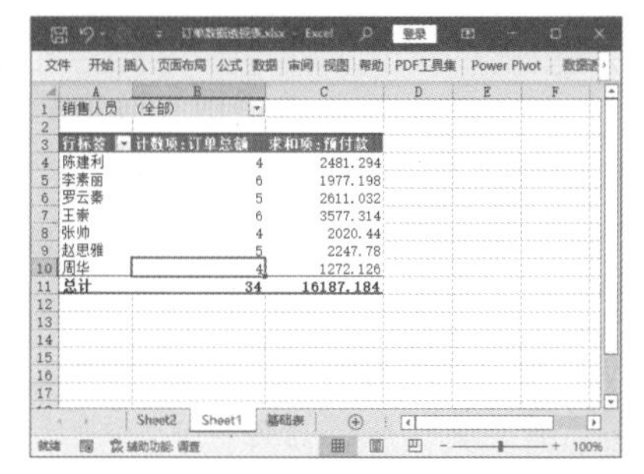

图 10-79

Step04 选择【求和】汇总方式。再次打开【值字段设置】对话框，❶在【计算类型】列表框中选择【求和】选项；❷单击【确定】按钮，如图10-80所示。

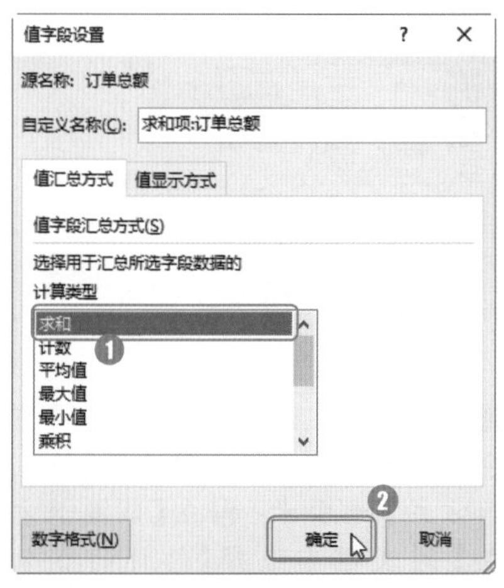

图 10-80

Step05 查看汇总结果。“订单总额”的值汇总方式恢复为“求和”格式，如图 10-81 所示。

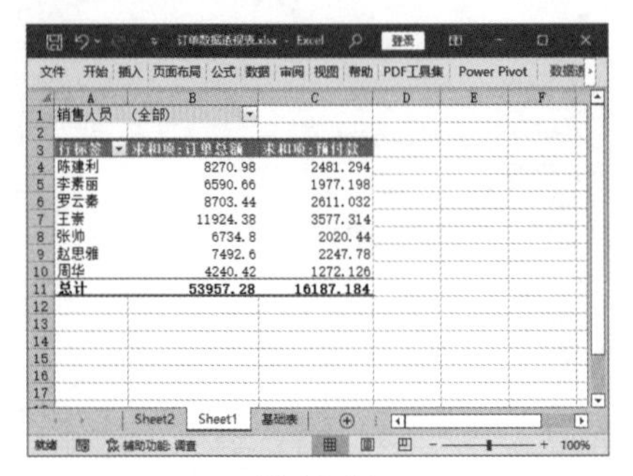

图 10-81

10.4.5 实战：更改值的显示方式

实例门类	软件功能

默认情况下，数据透视表中的值显示方式为“无计算”，除此之外，还有总计的百分比、列汇总的百分比、行汇总的百分比、百分比等。更改“订单总额”字段的值显示方式，具体操作步骤如下。

Step01 打开【值字段设置】对话框。在数据透视表中，❶选择“订单总额”列中的单元格B10；❷右击，在弹出的快捷菜单中选择【值字段设置】选项，如图 10-82 所示。

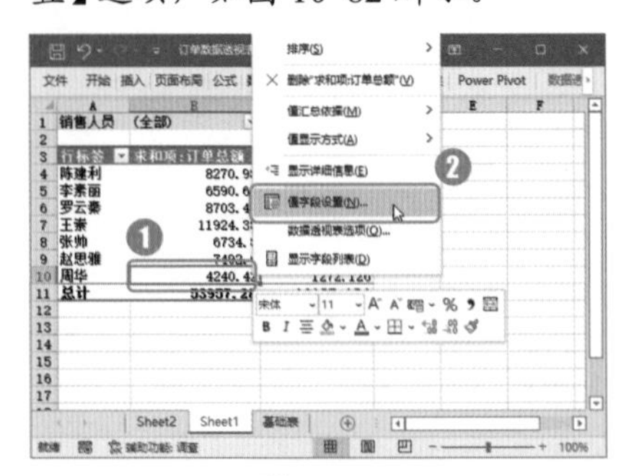

图 10-82

Step02 选择值显示方式。弹出【值字段设置】对话框，❶选择【值显示方式】选项卡；❷在【值显示方式】列表框中选择【总计的百分比】选项；❸单击【确定】按钮，如图 10-83 所示。

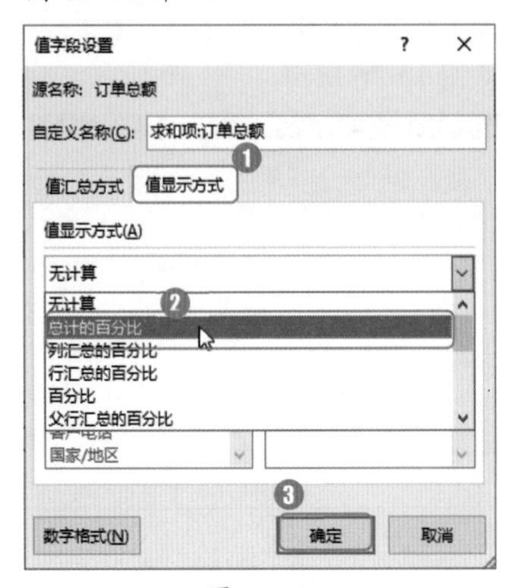

图 10-83

Step03 查看值显示方式改变后的数据。“订单总额”的值显示方式变成了“总计的百分比”格式，如图 10-84 所示。

图 10-84

★重点 10.4.6 实战：在“订单数据透视表”中插入切片器

实例门类	软件功能

使用切片器功能，可以更加直观、动态地展现数据。在数据透视表中插入切片器，按照“销售人员”字段筛选销售数据，并动态地展示数据透视表，具体操作步骤如下。

Step01 打开【插入切片器】对话框。❶选择【数据透视表分析】选项卡；❷在【筛选】组中单击【插入切片器】按钮，如图 10-85 所示。

图 10-85

Step02 选择切片器选项。弹出【插入切片器】对话框，❶选择【销售人员】复选框；❷单击【确定】按钮，如图 10-86 所示。

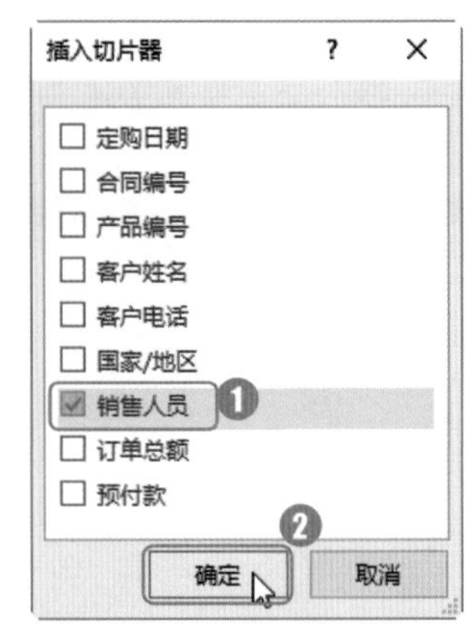

图 10-86

Step03 查看切片器效果。完成以上操作后，即可创建一个名为“销售人员”的切片器，切片器中显示了所有销售人员的姓名，如图 10-87 所示。

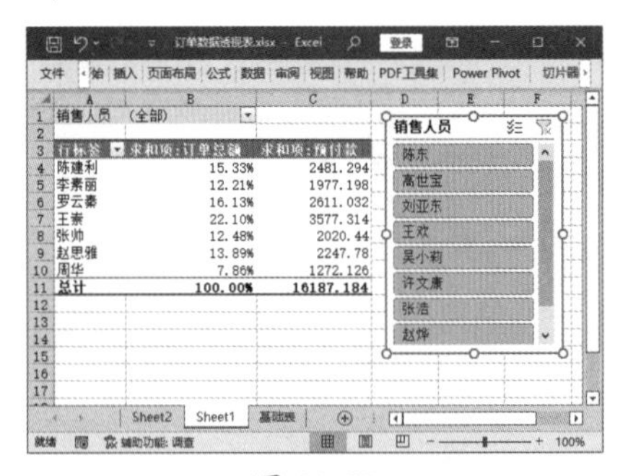

图 10-87

Step04 使用切片器筛选数据。在切片器中选择销售人员“陈东”，如图 10-88 所示，即可在数据透视表中筛选出与销售人员“陈东”有关的数据信息。

图 10-88

Step05 清除筛选。如果要清除切片器的筛选，单击切片器右上角的【清除筛选器】按钮即可，如图 10-89 所示。

图 10-89

技术看板

Excel 2010 及其以上版本都有切片器功能。进行数据分析时，使用该功能能够非常直观地进行数据筛选，并将筛选数据展示给用户。切片器其实是数据透视表和数据透视图的拓展，使用切片器进行数据分析，操作更便捷，演示也更直观。

★重点 10.4.7 实战：在“订单数据透视表”中插入日程表

实例门类	软件功能

数据透视表中的筛选器，除了切片器，还有日程表。不同的是，日程表是针对时间进行筛选的，即可以“年”“季度”“月”等时间单位为依据进行数据筛选。使用日程表的具体操作步骤如下。

Step01 打开【插入日程表】对话框。单击【数据透视表分析】选项卡【筛选】组中的【插入日程表】按钮，如图 10-90 所示。

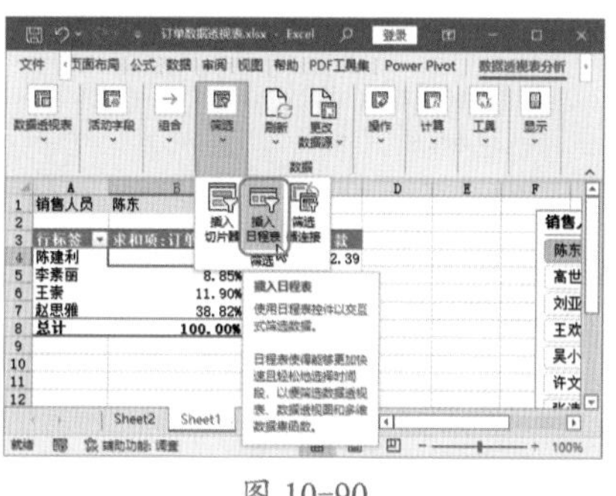

图 10-90

Step02 确定插入日程表。弹出【插入日程表】对话框后，会自动显示时间项目，❶选择时间项目，这里选择【定购日期】；❷单击【确定】按钮，如图 10-91 所示。

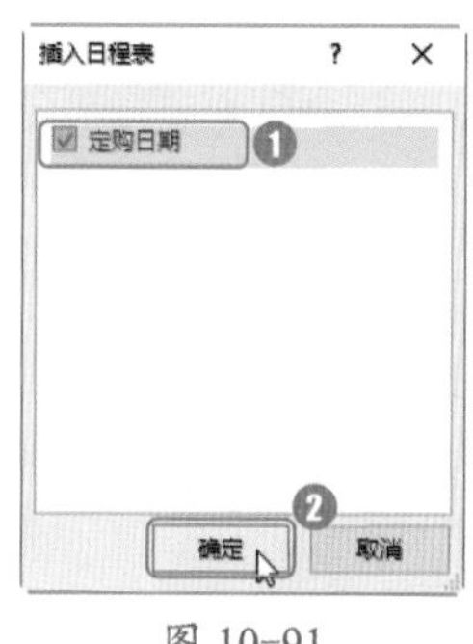

图 10-91

Step03 选择时间单位。❶单击日程表右上角的时间单位按钮；❷在弹出的下拉列表中选择时间单位，这里选择【月】选项，如图 10-92 所示。

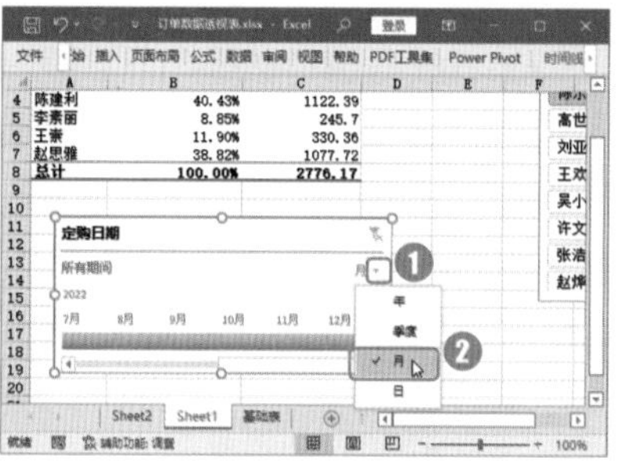

图 10-92

Step04 进行时间筛选。在日程表中选择特定的时间段，这里选择【8 月】时间段，就将 8 月的数据筛选出来了，如图 10-93 所示。

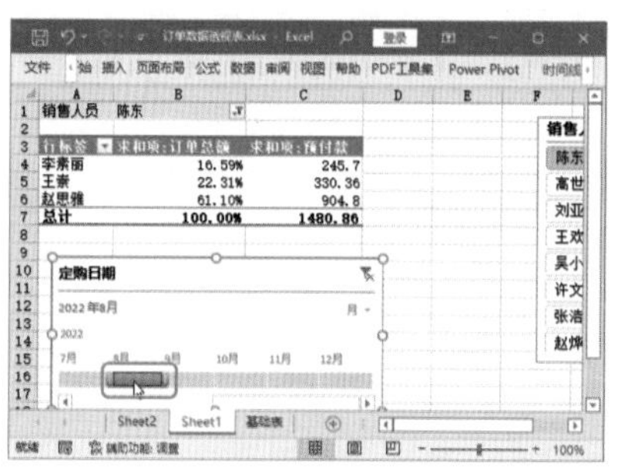

图 10-93

Step05 清除筛选。单击日程表右上角的【清除筛选器】按钮，即可清除筛选结果，如图 10-94 所示。

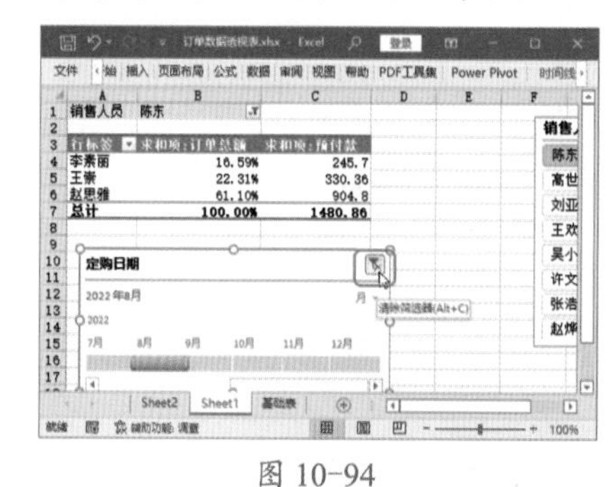

图 10-94

10.5 使用数据透视图

使用数据透视图，能够更加直观地反映数据间的对比关系，而且，数据透视图具有很强的数据筛选和汇总功能。本节学习使用Excel数据透视图，制作各区域销售数据透视图，对比分析不同区域的销售数据。

10.5.1 实战：创建“销售数据透视图”

实例门类	软件功能

本节根据销售数据创建数据透视图，并按销售区域对销售数据进行统计和分析。创建销售数据透视图的具体操作步骤如下。

Step01 打开【创建数据透视图】对话框。打开“素材文件\第 10 章\销售数据透视图.xlsx”文档，将光标定位在数据区域的任意单元格中，❶选择【插入】选项卡；❷单击【图表】组中的【数据透视图】按钮；❸在弹出的下拉列表中选择【数据透视图】选项，如图 10-95 所示。

图 10-95

Step02 创建数据透视图。弹出【创建数据透视图】对话框，单击【确定】按钮，如图 10-96 所示。

图 10-96

Step03 创建数据透视表和数据透视图框架。完成以上操作后，系统会自动在新的工作表中创建数据透视表和数据透视图的基本框架，并弹出【数据透视图字段】窗格，如图 10-97 所示。

图 10-97

Step04 设置字段。在【数据透视图字段】窗格中，❶将【销售区域】复选框拖动到【轴(类别)】组合框中；❷将【销售数量】和【销售额】复选框拖动到【值】组合框中，如图 10-98 所示。

图 10-98

Step05 查看数据透视表。完成 Step 04 操作后，即可根据选择的字段生成数据透视表，如图 10-99 所示。

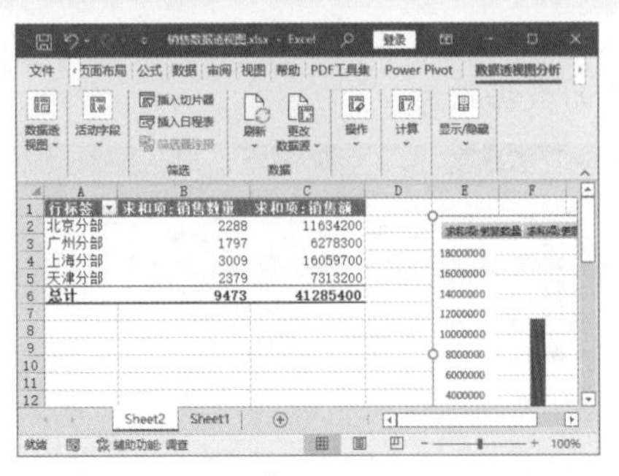

图 10-99

Step06 查看数据透视图。同时，根据选择的字段生成数据透视图，如图 10-100 所示。

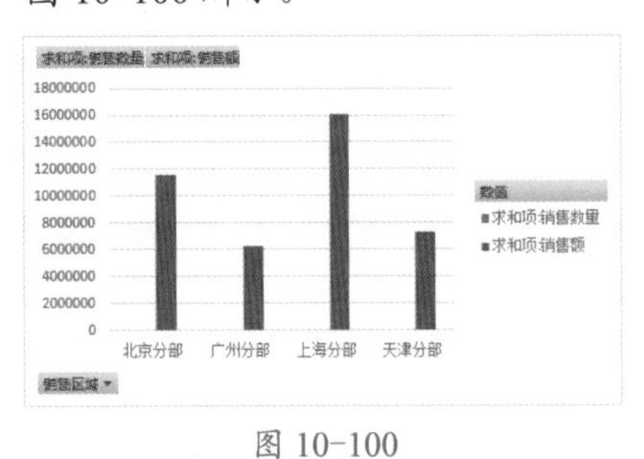

图 10-100

10.5.2 实战：创建双轴“销售数据透视图”

实例门类	软件功能

如果图表中有两个数据系列，为了让图表更加清晰地展现数据，可以创建双轴数据透视图表，具体操作步骤如下。

Step01 打开【更改图表类型】对话框。选择任意一个图表系列，这里选择系列【求和项：销售额】，右击，在弹出的快捷菜单中选择【更改系列图表类型】选项，如图 10-101 所示。

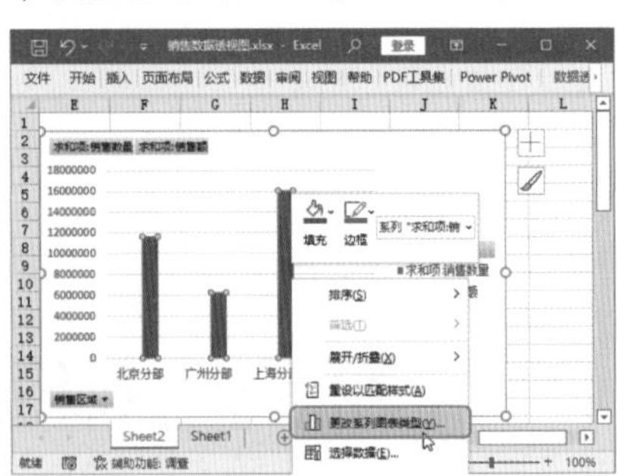

图 10-101

Step 02 选择图表类型。弹出【更改图表类型】对话框，❶在【求和项：销售数量】下拉列表框中选择【折线图】选项；❷单击【确定】按钮，如图10-102所示。

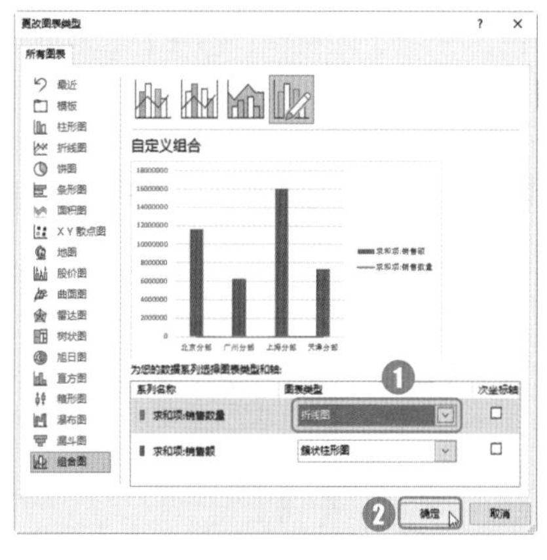

图10-102

Step 03 打开【设置数据系列格式】窗格。完成以上操作后，图表系列【求和项：销售数量】就变成了折线，选择折线并右击，在弹出的快捷菜单中选择【设置数据系列格式】选项，如图10-103所示。

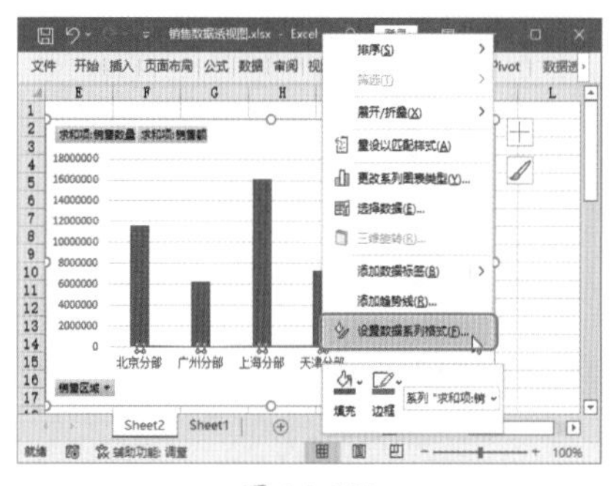

图10-103

Step 04 设置次坐标轴。工作表右侧弹出【设置数据系列格式】窗格，选择【次坐标轴】单选按钮，如图10-104所示，即可将次坐标轴添加到图表中。

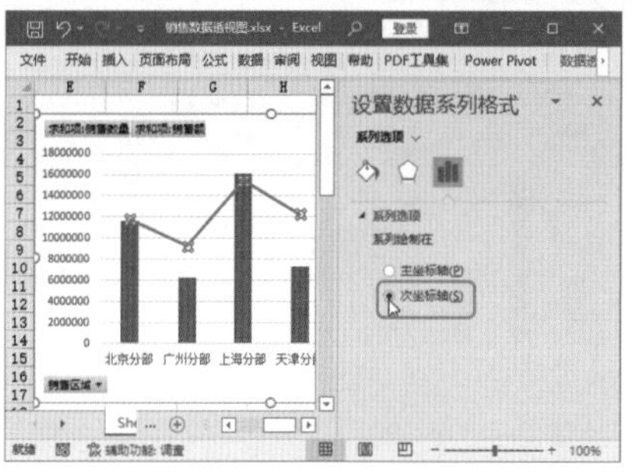

图10-104

Step 05 设置平滑线。在【设置数据系列格式】窗格中，❶单击【填充与线条】按钮；❷选择【平滑线】复选框，如图10-105所示。

图10-105

Step 06 查看图表效果。完成Step 05操作后，折线图变得非常平滑，至此，双轴数据透视图就设置完成了，如图10-106所示。

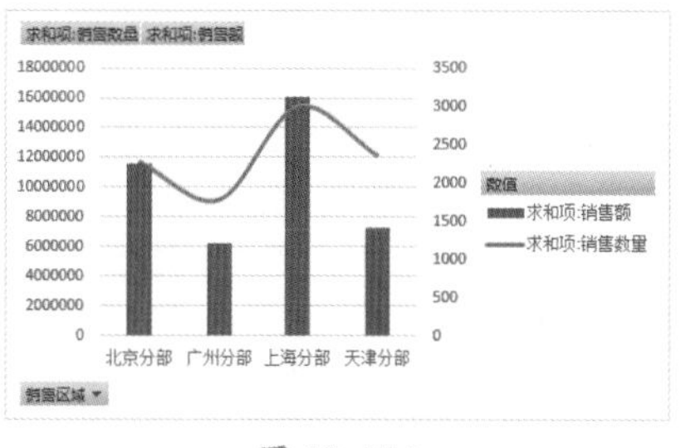

图10-106

Step 07 打开【设置坐标轴格式】窗格。选择主坐标轴并右击，在弹出的快捷菜单中选择【设置坐标轴格式】选项，如图10-107所示。

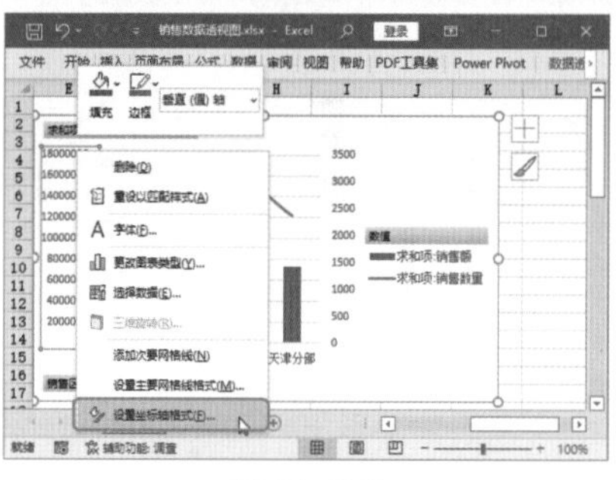

图10-107

Step 08 设置刻度线属性。工作表右侧弹出【设置坐标轴格式】窗格，在【刻度线】组中的【主刻度线类型】下拉列表中选择【外部】选项，如图10-108所示。

图10-108

Step 09 设置线条类型。在【设置坐标轴格式】窗格中，❶单击【填充与线条】按钮；❷在【线条】组中选择【实线】单选按钮；❸单击【填充】按钮；❹在弹出的下拉列表中选择颜色选项，即可设置线条的颜色，这里设置线条颜色为黑色，如图10-109所示。

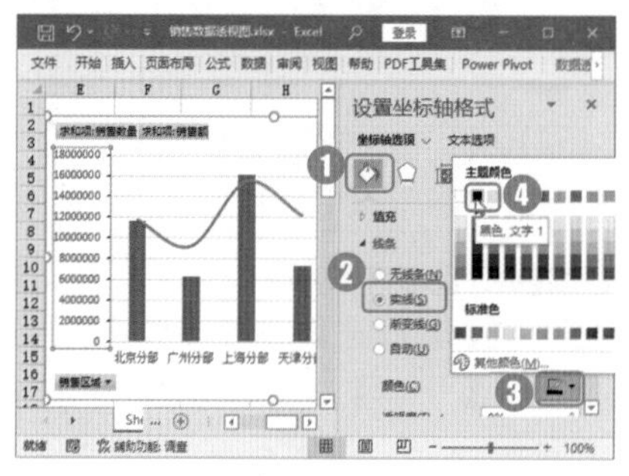

图10-109

Step 10 查看图表效果。设置完成后，主坐标轴效果如图10-110所示。

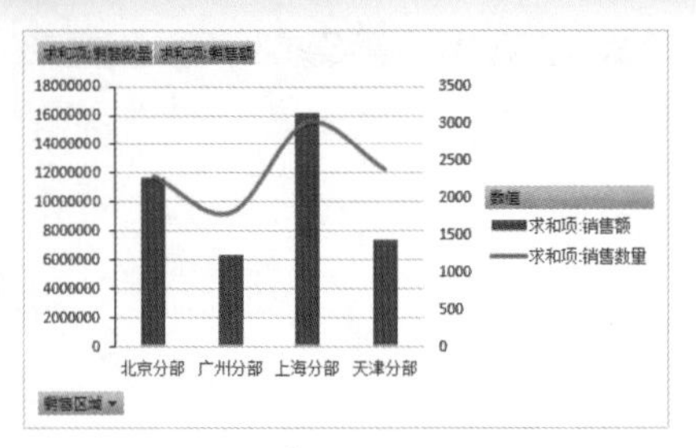

图 10-110

Step11 打开【设置坐标轴格式】窗格。选择次坐标轴并右击，在弹出的快捷菜单中选择【设置坐标轴格式】选项，如图 10-111 所示。

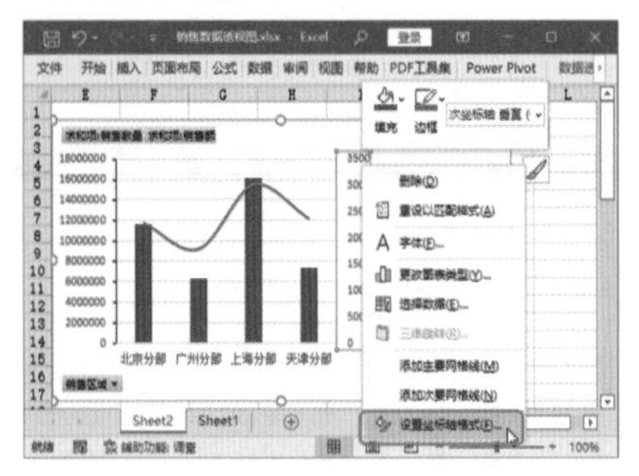

图 10-111

Step12 设置坐标轴单位。工作表右侧弹出【设置坐标轴格式】窗格，在【坐标轴选项】组中的【单位】组中，将【小】的数值设置为“500.0”，如图 10-112 所示。

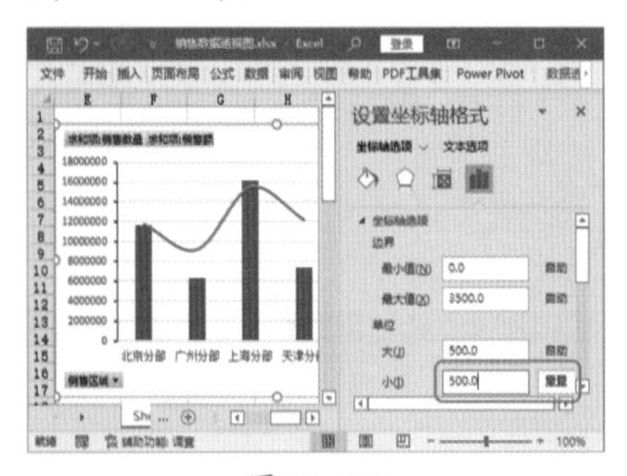

图 10-112

Step13 设置刻度线属性。在【刻度线】组中的【次刻度线类型】下拉列表中选择【外部】选项，如图 10-113 所示。

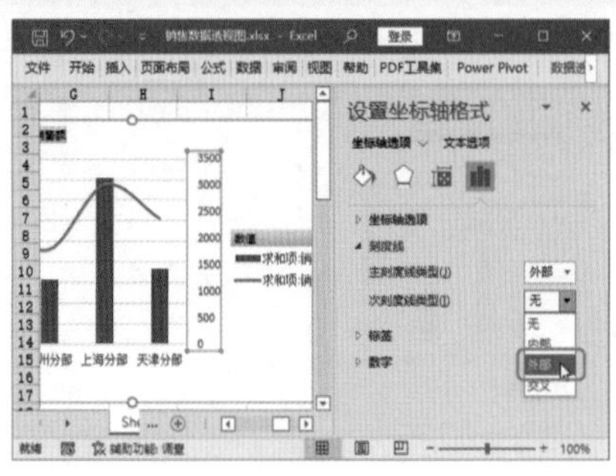

图 10-113

Step14 设置线条类型。在【设置坐标轴格式】窗格中，❶单击【填充与线条】按钮；❷在【线条】组中选择【实线】单选按钮，如图 10-114 所示。

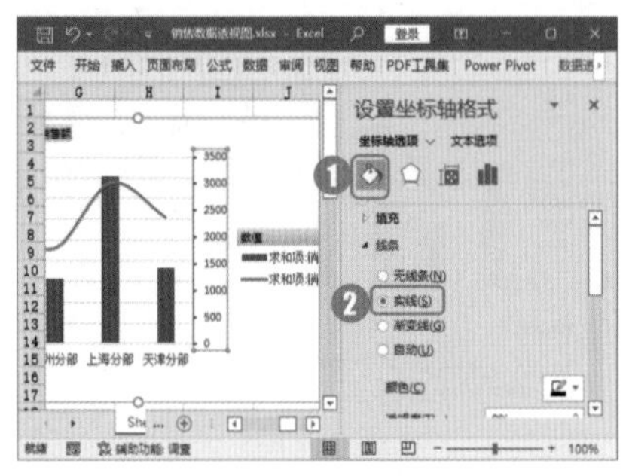

图 10-114

Step15 查看图表效果。完成 Step 07 至 Step 14 操作后，坐标轴格式就设置完成了，双轴数据透视图的最终设置效果如图 10-115 所示。

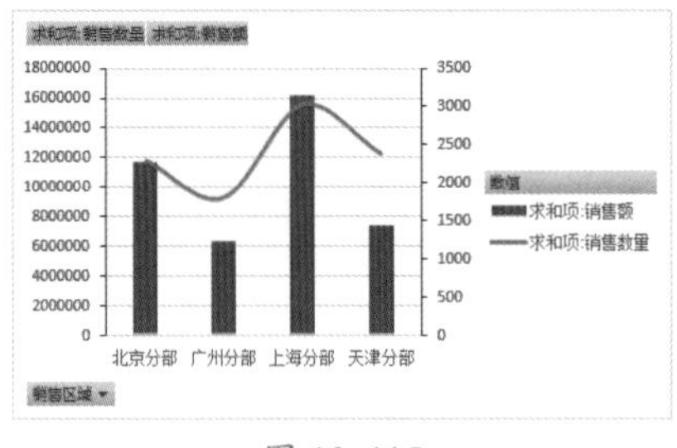

图 10-115

★重点 10.5.3 实战：筛选“销售数据透视图”中的数据

实例门类	软件功能

在【数据透视图字段】窗格中使用筛选功能，可以筛选某个产品在不同销售区域的销售情况，具体操作步骤如下。

Step01 打开【数据透视图字段】窗格。❶选择数据透视图后选择【数据透视图分析】选项卡；❷在【显示/隐藏】组中单击【字段列表】按钮，如图 10-116 所示。

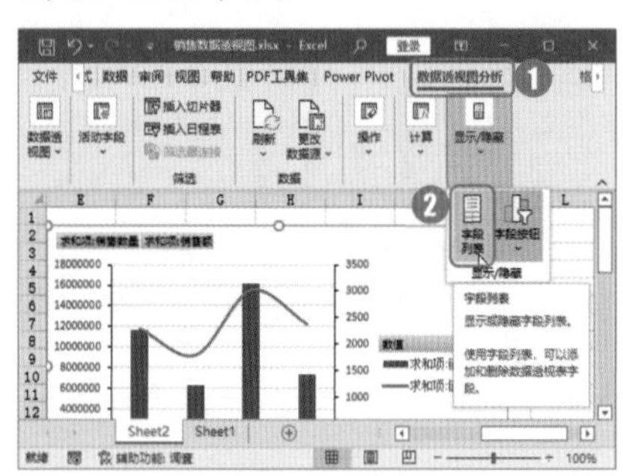

图 10-116

Step02 设置字段。弹出【数据透视图字段】窗格，将【产品名称】复选框拖动到【筛选】组合框中，如图 10-117 所示。

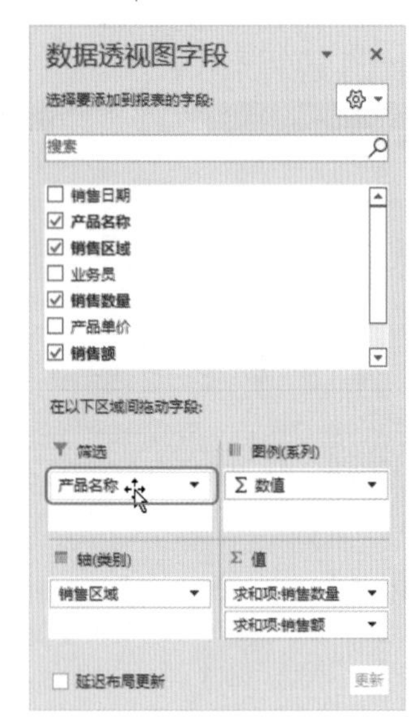

图 10-117

Step03 查看筛选按钮。完成以上操作后，图表的左上方出现一个名为【产品名称】的筛选按钮，如图 10-118 所示。

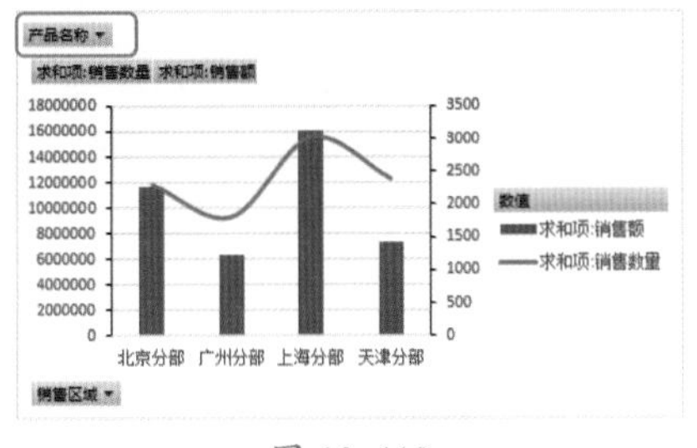

图 10-118

Step04 筛选图表数据。❶单击图表左下角的【销售区域】按钮；❷在弹出的列表中选择【北京分部】和【广州分部】复选框；❸单击【确定】按钮，如图 10-119 所示。

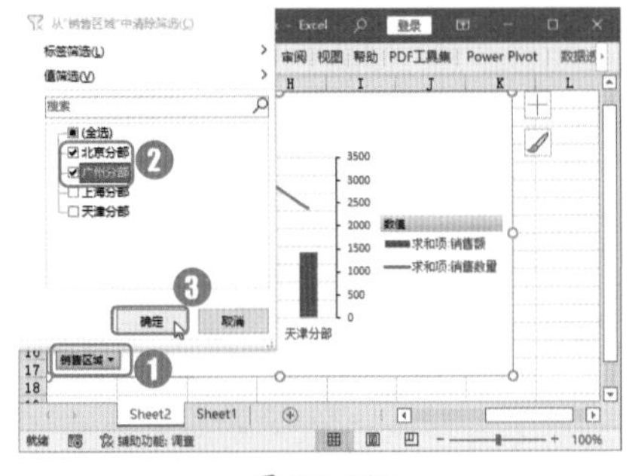

图 10-119

Step05 查看数据筛选结果。完成 Step 04 操作后，即可在图表中筛选出【北京分部】和【广州分部】两个销售区域所有产品的销售情况，如图 10-120 所示。

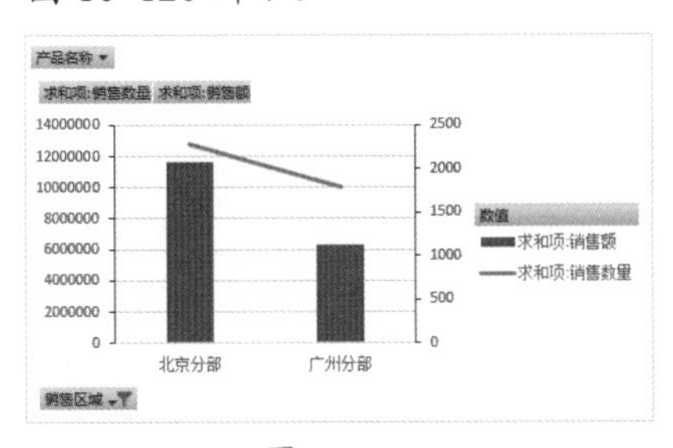

图 10-120

Step06 选择所有数据。再次单击【销售区域】按钮，❶选择【全选】复选框；❷单击【确定】按钮，即可显示所有选项，如图 10-121 所示。

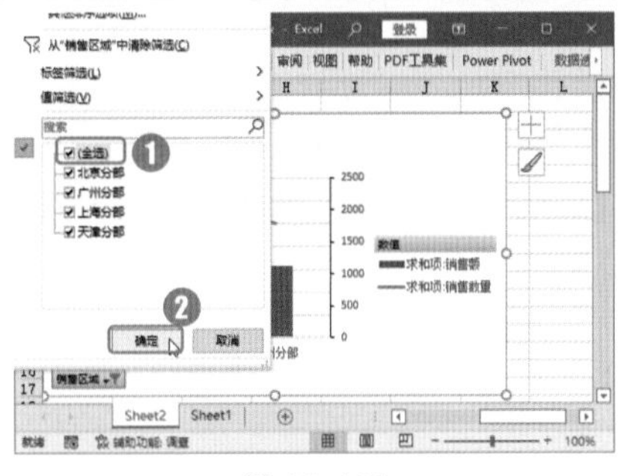

图 10-121

Step07 筛选图表数据。单击【产品名称】按钮，❶在弹出的列表中选择【选择多项】复选框；❷选择【冰箱】和【电脑】复选框；❸单击【确定】按钮，如图 10-122 所示。

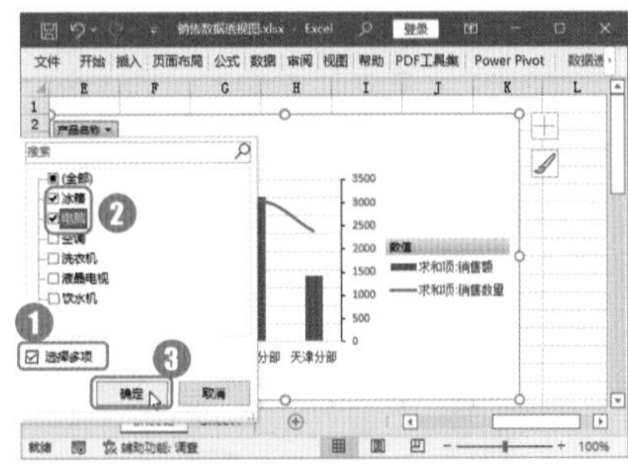

图 10-122

Step08 查看数据筛选结果。完成 Step 07 操作后，即可在图表中筛选出【产品名称】为【冰箱】和【电脑】的两种产品的销售情况，如图 10-123 所示。

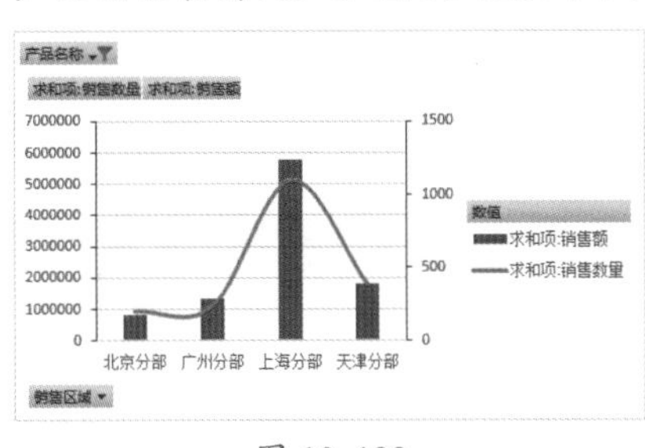

图 10-123

★重点 10.5.4 实战：按月份分析各产品平均销售额

实例门类	软件功能

在数据透视图中，如果将“日期”字段添加到【轴(类别)】组合框中，会自动出现一个“月”字段，按照月份显示数据。使用“日期”字段分析各种产品的平均销售额，具体操作步骤如下。

Step01 设置数据透视图字段。打开【数据透视图字段】窗格，重新设置字段，❶将【销售日期】复选框拖动到【轴(类别)】组合框中，【轴(类别)】组合框中自动出现一个“月”字段；❷将【产品名称】复选框拖动到【图例(系列)】组合框中；❸将【销售额】复选框拖动到【值】组合框中，如图 10-124 所示。

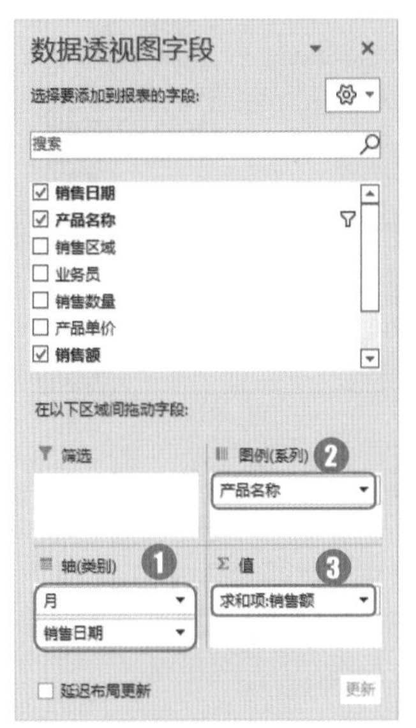

图 10-124

Step02 查看数据透视图效果。完成 Step 01 操作后，即可根据选择的字段生成数据透视表和数据透视图，并按照月份显示产品【冰箱】和【电脑】的销售额合计，如图 10-125 所示。

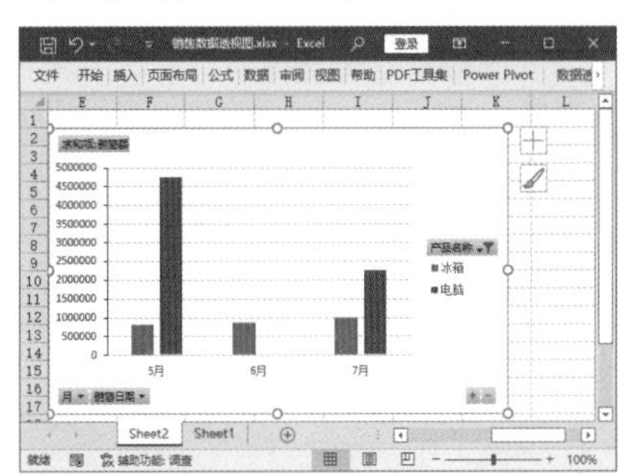

图 10-125

Step 03 打开【值字段设置】对话框。打开【数据透视图字段】窗格，❶选择【值】组合框中的【求和项：销售额】选项；❷在弹出的列表中选择【值字段设置】选项，如图 10-126 所示。

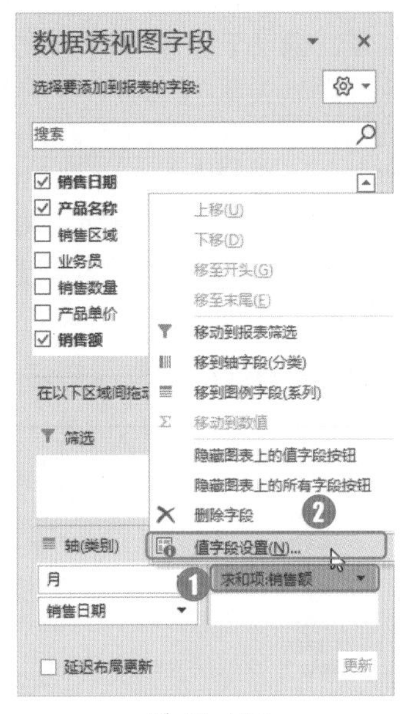

图 10-126

Step 04 选择计算类型。弹出【值字段设置】对话框，❶在【值汇总方式】选项卡【计算类型】列表框中选择【平均值】选项；❷单击【确定】按钮，如图 10-127 所示。

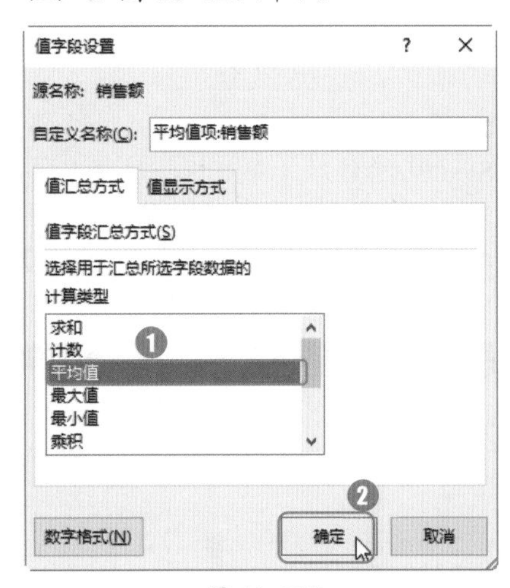

图 10-127

Step 05 查看值显示结果。完成 Step 04 操作后，数据透视表中的数据显示为平均值，如图 10-128 所示。

图 10-128

Step 06 查看数据透视图效果。完成 Step 03 至 Step 05 操作后，即可生成平均销售额的数据透视图，按月份显示产品【冰箱】和【电脑】的平均销售额，如图 10-129 所示。

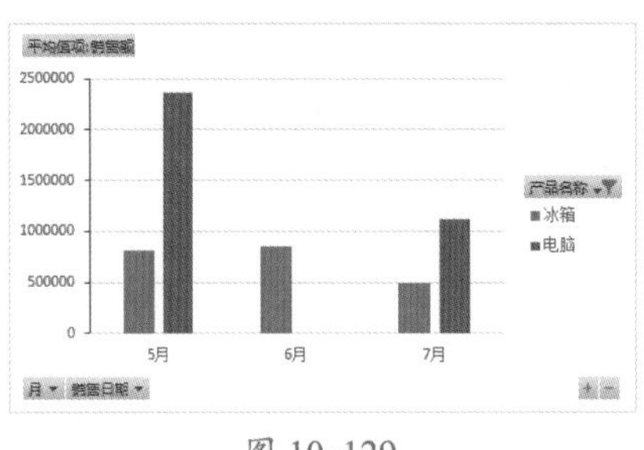

图 10-129

Step 07 打开产品名称筛选列表。如果要在图表中查看全部产品的各月份平均销售额，可在图例中单击【产品名称】按钮，如图 10-130 所示。

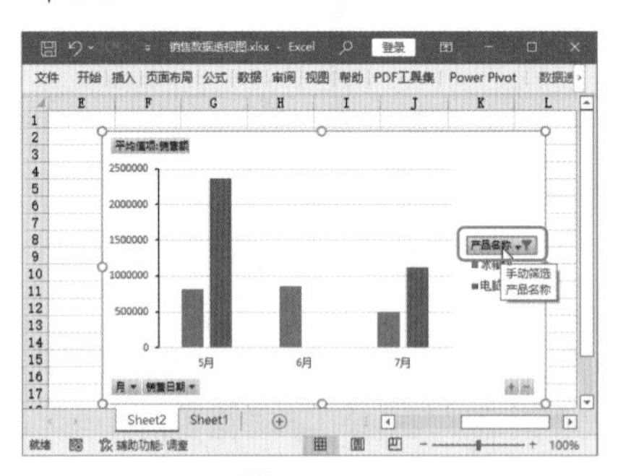

图 10-130

Step 08 选择所有产品名称。❶在弹出的下拉列表中选择【全选】复选框；❷单击【确定】按钮，即可选择所有产品，如图 10-131 所示。

图 10-131

Step 09 查看数据透视图效果。完成 Step 07 至 Step 08 操作后，全部产品的各月份平均销售额就在图表中显示出来了，如图 10-132 所示。

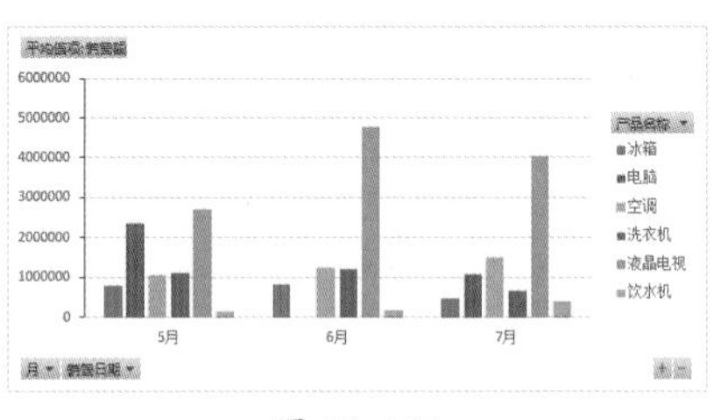

图 10-132

技术看板

对图表中的各字段执行【筛选】命令后，会在图表字段的右侧出现一个【筛选】按钮。

妙招技法

通过对前面知识的学习，相信读者已经掌握了图表和数据透视表、数据透视图的基本操作。下面结合本章内容，介绍一些实用技巧。

技巧01：如何在图表中添加趋势线

一个复杂的数据图表通常包含许多数据，它们就像密林一样，影响着用户对数据趋势的判断。使用趋势线功能，可以清楚地看到数据背后蕴藏的趋势。为图表添加趋势线的具体操作步骤如下。

Step01 查看图表。打开“素材文件\第10章\员工人数变化曲线.xlsx”文档，员工人数变化曲线如图10-133所示。

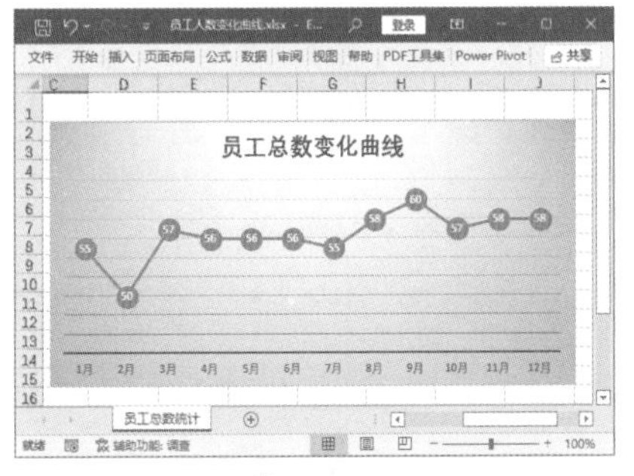

图10-133

Step02 打开图表元素列表。❶选择【图表设计】选项卡；❷在【图表布局】组中单击【添加图表元素】按钮；❸在弹出的下拉列表中选择【趋势线】→【线性】选项，如图10-134所示。

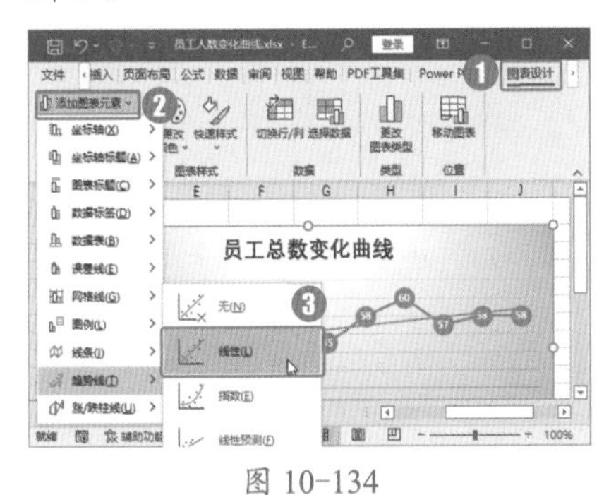

图10-134

Step03 查看趋势线添加效果。完成Step 02操作后，即可为图表添加【线性】样式的趋势线，如图10-135所示。

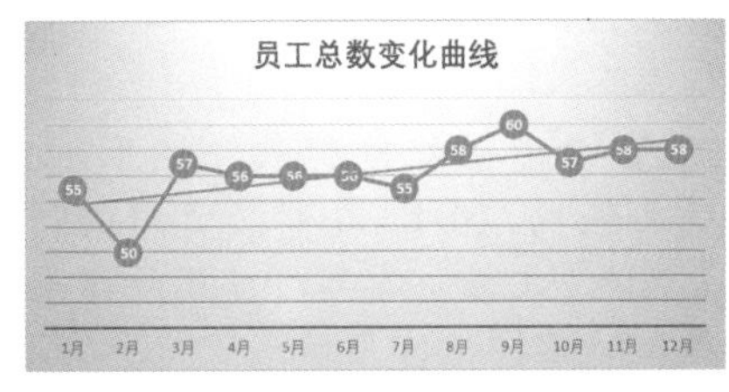

图10-135

Step04 改变趋势线颜色。❶选择【格式】选项卡；❷在【形状样式】组中选择一种样式，这里选择【粗线-强调颜色2】样式，趋势线即可应用选择的样式，从趋势线中，可以清晰地看出员工人数的变化趋势，如图10-136所示。

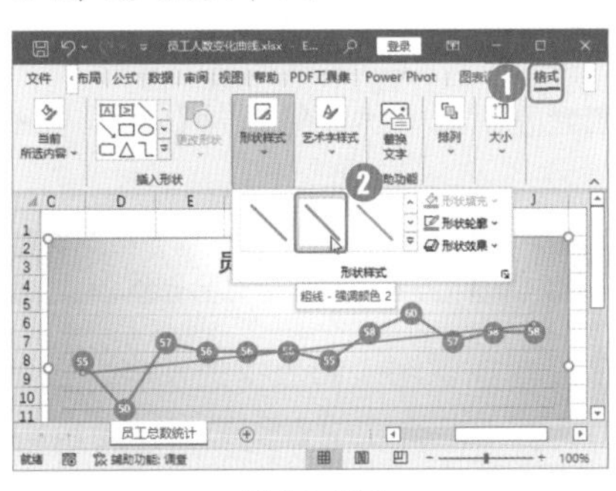

图10-136

技巧02：如何巧用推荐的图表

Excel 2021具有推荐的图表功能，可以帮助用户快速创建合适的Excel图表。使用推荐的图表功能，具体操作步骤如下。

Step01 打开【插入图表】对话框。打开“素材文件\第10章\各部门员工人数分布图.xlsx”文档，❶选择要生成图表的数据区域A2:B7；❷选择【插入】选项卡；❸在【图表】组中单击【推荐的图表】按钮，如图10-137所示。

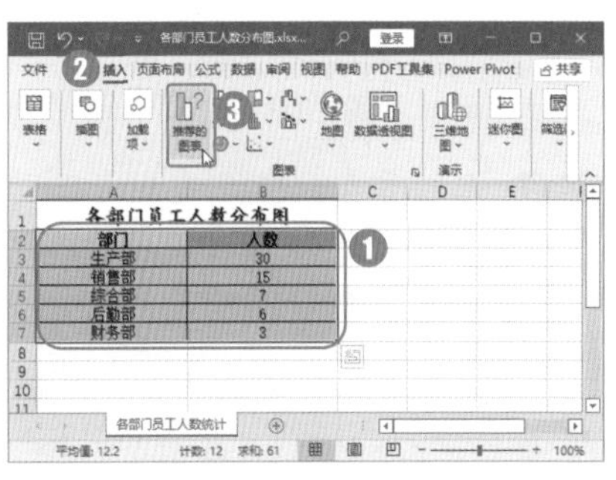

图10-137

Step02 选择推荐的图表类型。弹出【插入图表】对话框，在对话框中，有多种推荐的图表，用户根据需要进行选择即可，❶这里选择【条形图】；❷单击【确定】按钮，如图10-138所示。

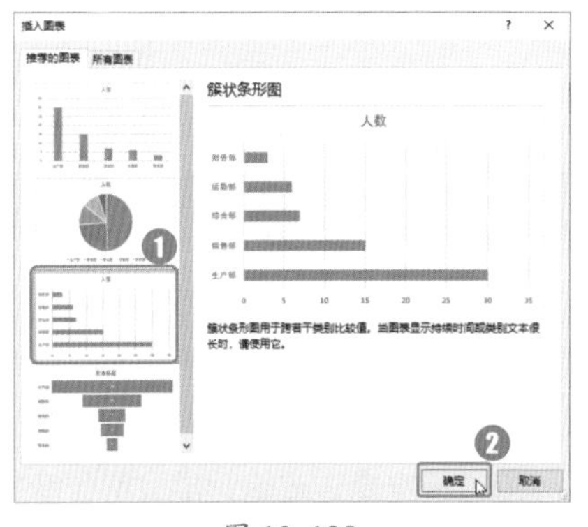

图10-138

技术看板

对于一般性的数据整理工作，Excel中的图表越简单越好，只要能准确、直观地表达数据信息，使用最简单的图表类型即可。

Step03 查看图表创建效果。插入推荐的图表，修改图表标题，如

图 10-139 所示。

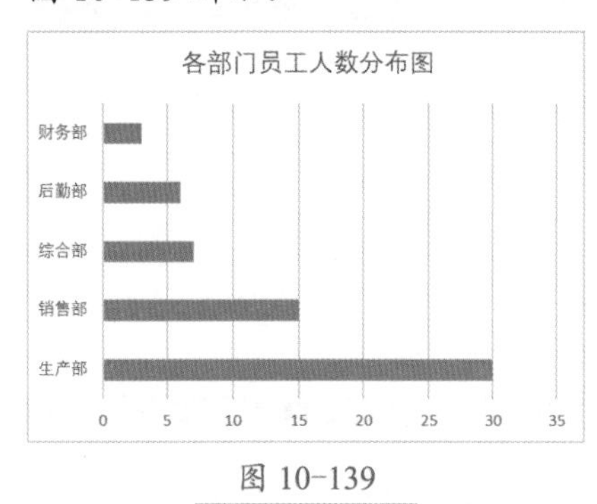

图 10-139

Step 04 美化图表。根据需要美化图表，最终效果如图 10-140 所示。

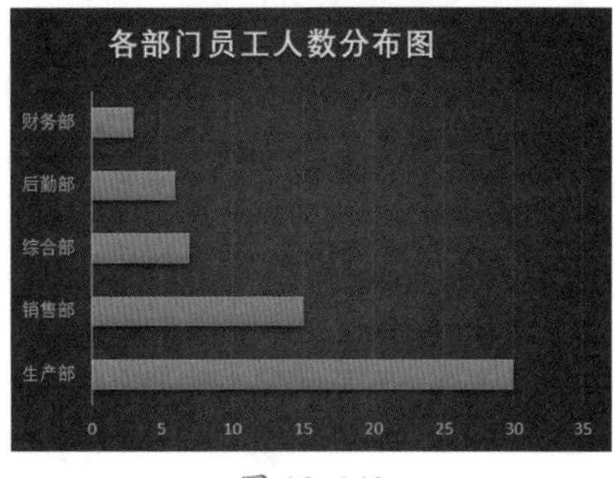

图 10-140

技巧 03：如何更新数据透视表数据

数据透视表是由源数据表“变”出来的，但源数据表中的数据发生变化时，数据透视表中的数据不会马上发生变化，需要进行【刷新】操作，刷新数据透视表中的源数据，获取最新的透视数据。刷新数据透视表的具体操作步骤如下。

Step 01 查看数据透视表。打开“素材文件\第 10 章\各部门费用统计表.xlsx”文档，各部门费用数据透视表如图 10-141 所示。

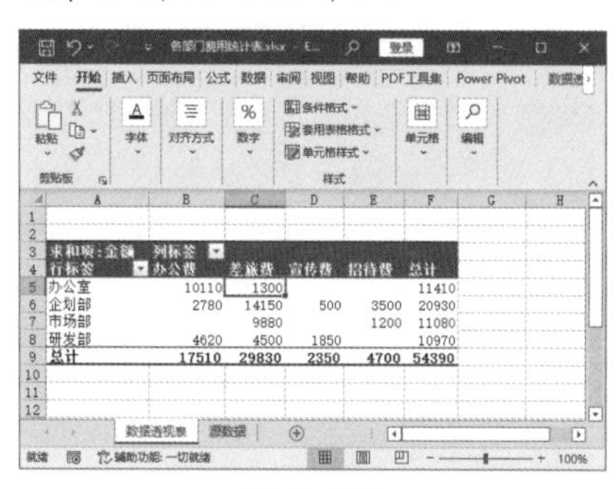

图 10-141

Step 02 刷新数据。❶选择【数据透视表分析】选项卡；❷单击【数据】组中的【刷新】按钮；❸在弹出的下拉列表中选择【全部刷新】选项，如图 10-142 所示。

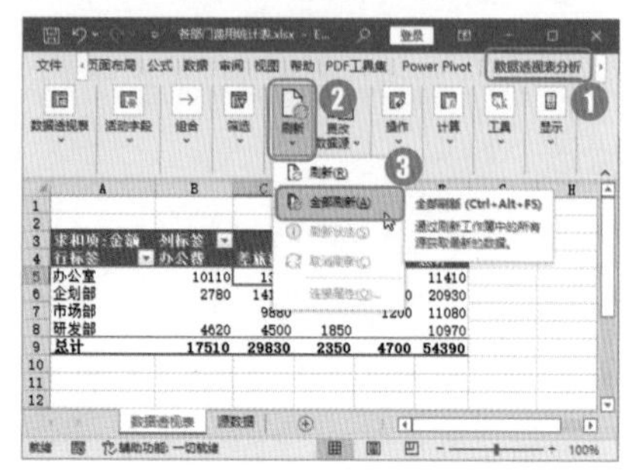

图 10-142

Step 03 查看数据刷新效果。完成以上操作后，即可根据源数据表刷新数据透视表，如图 10-143 所示。

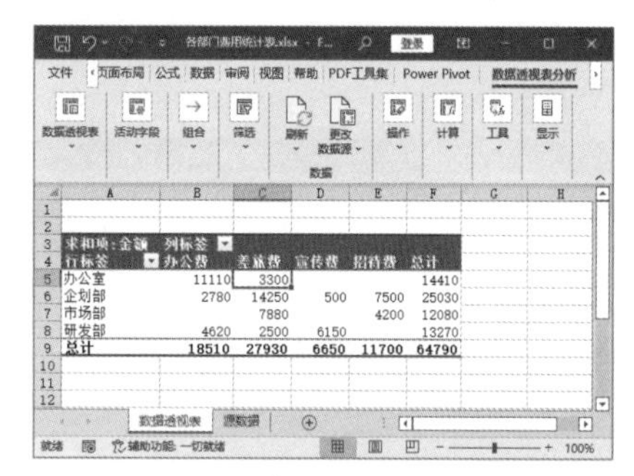

图 10-143

本章小结

通过对本章知识的学习，相信读者已经掌握了图表和数据透视表、数据透视图的基本应用。本章首先介绍了图表和数据透视表、数据透视图的相关知识，其次结合实例介绍了创建和编辑图表的方法，再次介绍了迷你图的使用，最后介绍了数据透视表和数据透视图的应用等。只要勤加练习，相信读者能够快速掌握图表和数据透视表、数据透视图的基本操作方法，学会制作专业的数据图表，并熟练使用图表统计和分析数据。

第11章 Excel 2021 的数据管理与分析

- ➥ 什么是Excel的数据管理与分析，数据分析处理功能主要包括哪些?
- ➥ 数据分析的意义是什么，为什么总是做不好数据分析?
- ➥ 什么是排序功能，如何对工作表中的数据进行重新排序?
- ➥ 如何使用筛选功能，帮用户从成千上万条数据记录中筛选出需要的数据?
- ➥ 什么是分类汇总功能，为什么数据总是不能进行分类汇总?
- ➥ 如何使用条件格式功能进行数据管理与分析?

本章将介绍Excel 2021 中数据管理与分析的相关知识，包括表格的排序、数据筛选，以及数据的分类汇总等知识与操作技巧，通过对本章内容的学习，读者将学会如何快速分类整理所创建的表格，以便日后查找相关数据。

11.1 数据管理与分析的相关知识

Excel是Office办公软件的重要组成部分之一，支持用户进行各种数据的处理、统计分析和辅助决策等操作，广泛地应用于行政管理、市场营销、财务管理、人事管理和金融等众多领域。下面将详细介绍使用Excel进行数据管理与分析的相关知识。

11.1.1 数据分析的意义

Excel是一款重要的数据分析工具。使用Excel的排序、筛选、分类汇总和条件格式等功能，可以对收集的大量数据进行统计和分析，从中提取有用的信息，形成科学、合理的结论或总结，各功能按钮如图 11-1 所示。

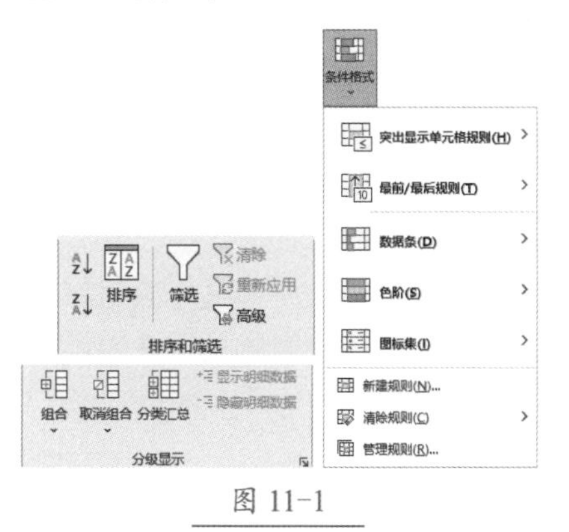

图 11-1

数据分析的意义主要体现在以下几点。

（1）对数据进行有效整合，挖掘数据背后的信息。

（2）对数据整体中缺失的信息进行科学预测。

（3）对数据系统的走势进行预测。

（4）对数据所在系统的功能优化起支持作用，或者对决策起评估和支撑作用。

★重点 11.1.2 Excel排序规则

在Excel中，要让数据显得更加直观，就必须对数据进行合理的排序。Excel中数据的排序规则主要包含以下几种。

1. 按列排序

Excel的默认排序方向是“按列排序”，用户可以根据输入的“列字段”对数据进行排序，如图 11-2 所示。

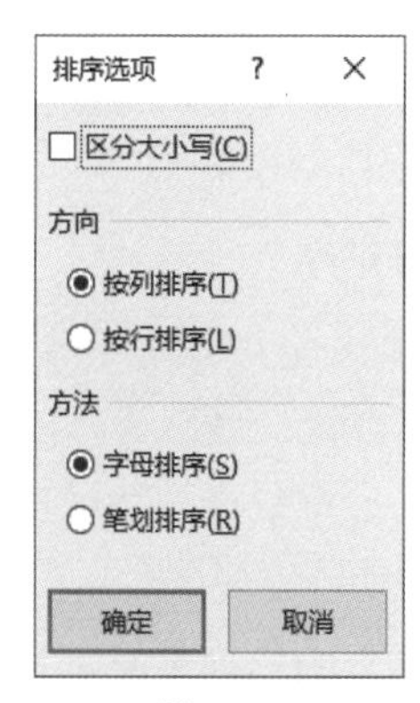

图 11-2

2. 按行排序

除了默认的“按列排序”之外，还可以在Excel中“按行排序”。

有时候，为了表格的美观或有特殊工作需要，表格是横向制作的，此时，就有了“横向排序”的需求。在Excel中，打开【排序选项】对话框，选择【方向】组中的【按行排序】单选按钮，单击【确定】按钮，就可以按行排序了。

3. 按字母排序

Excel的默认排序方法是“按字母排序”，可以按照从A至Z这26个字母的顺序对数据进行排序。

4. 按笔划排序

按照中国人的习惯，常常是根据“笔划”的顺序来排列姓名的。

在打开的【排序选项】对话框【方法】组中选择【笔划排序】单选按钮，就可以按汉字的笔划来排序了。

按笔划排序具体包括以下几种情况。

（1）按姓氏的笔划数多少排序，笔划数相同的姓氏，则按起笔顺序排序（横、竖、撇、捺、折）。

（2）笔划数和笔形都相同的字，按字形结构排序，先左右结构，再上下结构，最后整体字。

（3）如果姓氏相同，则依次看名字的第二、三字，排序规则同按姓氏笔划排序的规则。

5. 按数字排序

Excel表格中经常包含大量的数字，如数量、金额等。按“数字”排序，就是将数据按照数值的大小进行升序或降序排列。

6. 按自定义的序列排序

在某些情况下，Excel表格中会包含一些没有明显顺序特征的数据，如“产品名称”“销售区域”“业务员”“部门”等。此时，已有的排序规则不能满足用户的要求，用户可以自定义排序规则。

打开【排序】对话框，在【次序】下拉列表中选择【自定义序列】选项。

打开【自定义序列】对话框，在【自定义序列】列表框中选择【新序列】选项；在【输入序列】文本框中输入自定义的序列，这里输入“一班,二班,三班”，序列字段之间用英文半角状态下的逗号隔开；单击【添加】按钮后单击【确定】按钮即可，如图11-3所示。

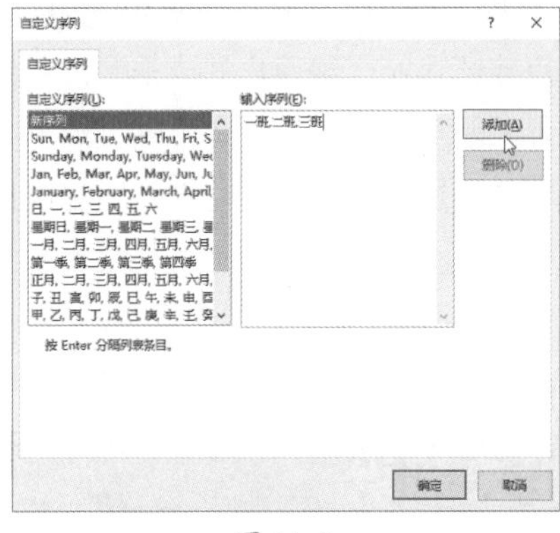

图 11-3

需要使用【自定义序列】为数据进行排序时，打开【排序】对话框，在【次序】下拉列表中选择自定义的新序列即可。

11.1.3 大浪淘沙式的数据筛选

Excel拥有筛选功能，可以帮用户在成千上万条数据记录中筛选需要的数据。Excel中的数据筛选主要包含以下几种类型。

1. 自动筛选

自动筛选是Excel中的一个易于操作，且经常使用的实用功能。自动筛选通常是按简单的条件进行数据筛选，筛选时将不满足条件的数据暂时隐藏起来，只显示满足条件的数据。

进行数据筛选之前，要执行【筛选】命令，进入筛选状态。如图11-4所示，单击【数据】选项卡【排序和筛选】组中的【筛选】按钮，一键调出筛选项，每个字段右侧都会出现一个下拉按钮▾。

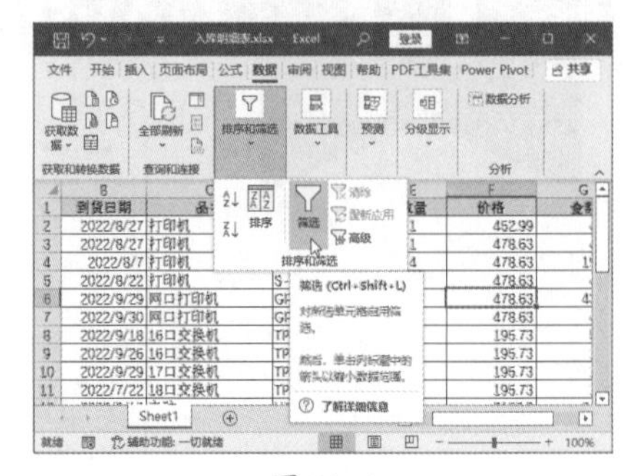

图 11-4

2. 单个条件筛选

通常情况下，在Excel中最常用的筛选方式是单个条件筛选。

进入筛选状态，单击其中某个字段右侧的下拉按钮，在弹出的筛选列表中取消选择【全选】复选框，取消对所有选项的选择，然后选择需要设置为筛选条件的选项复选框，单击【确定】按钮，如图11-5所示。

图 11-5

3. 多条件筛选

按照第一个字段进行数据筛选后，还可以使用其他筛选字段继续进行数据筛选，形成多条件筛选。

4. 数字筛选

在Excel中，除了可以根据文本筛选数据记录以外，还可以根据数字进行筛选，如金额、数量等。配合常用的大于、等于、小于等条件，可以对数字项进行各种筛选操作，如图 11-6 所示。

图 11-6

11.1.4 分类汇总的相关知识

在日常工作中，人们经常接触Excel二维数据表格，需要通过表中某列数据字段（如所属部门、产品名称、销售地区等）对数据进行分类汇总，得出汇总结果。

1. 汇总之前先排序

创建分类汇总之前，按照要设置为汇总条件的字段对工作表中的数据进行排序，如图 11-7 所示，如果没有对要参与分类汇总的字段进行排序，数据分类汇总就无法得出正确的结果。

图 11-7

2. 一步生成汇总表

对要参与分类汇总的字段做好排序后，就可以执行【分类汇总】命令了。设置分类汇总选项，即可一步生成汇总表，如图 11-8 所示。

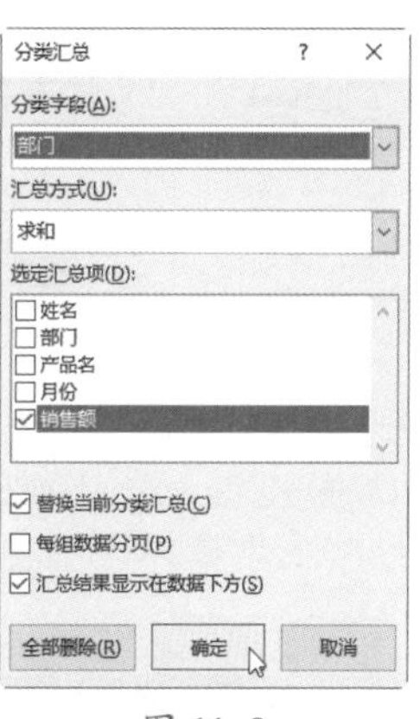

图 11-8

3. 汇总级别任意选

默认情况下，Excel 中的分类汇总表显示全部的 3 级汇总结果。用户可以根据需要，单击"分类汇总表"左上角的【汇总级别】按钮，设置显示 2 级或 1 级汇总结果。

4. 汇总之后能还原

根据某个字段进行分类汇总后，可以取消分类汇总结果，还原到汇总前的状态。

执行【分类汇总】命令，打开【分类汇总】对话框，单击【全部删除】按钮，即可删除之前设置的分类汇总，还原到分类汇总前的原始状态，如图 11-9 所示。

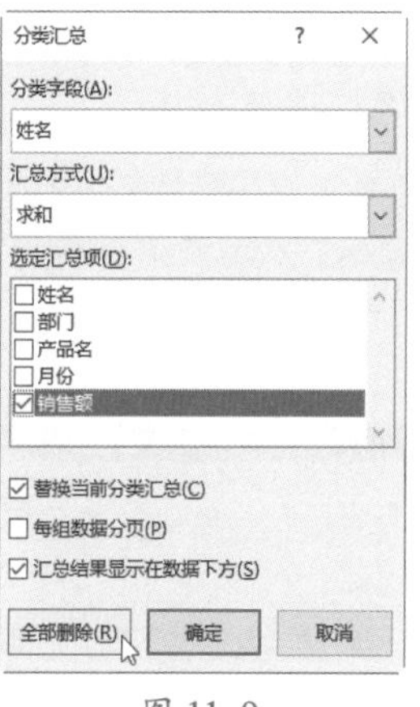

图 11-9

技术看板

在【分类汇总】对话框中，选择【每组数据分页】复选框，即可分页显示分类汇总结果。

11.2 表格数据的排序

为了方便地查看表格中的数据，可以按照一定的顺序对表格中的数据进行重新排序。数据排序方法主要包括简单排序、多条件排序和自定义排序，本节主要介绍以上 3 种排序方法的具体操作步骤。

11.2.1 实战：快速对销售表中的数据进行简单排序

实例门类	软件功能

对数据进行排序时，如果需要按照单列的内容进行简单排序，既可以直接使用【升序】或【降序】按钮完成，也可以通过【排序】对话框完成。

1. 使用【升序】或【降序】按钮

使用【升序】或【降序】按钮，可以实现对数据的一键排序。使用【升序】按钮按"产品名称"对销售数据进行简单排序，具体操作步骤如下。

Step01 升序排序数据。打开“素材文件\第 11 章\销售统计表.xlsx”文档，选择“产品名称”列中的任意一个单元格，❶选择【数据】选项卡；❷在【排序和筛选】组中单击【升序】按钮，如图 11-10 所示。

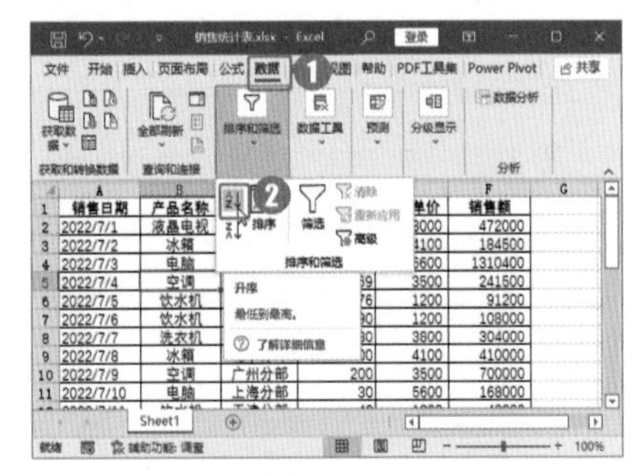

图 11-10

Step02 查看升序排序结果。完成Step 01操作后，销售数据就会按照“产品名称”进行升序排序，如图 11-11 所示。

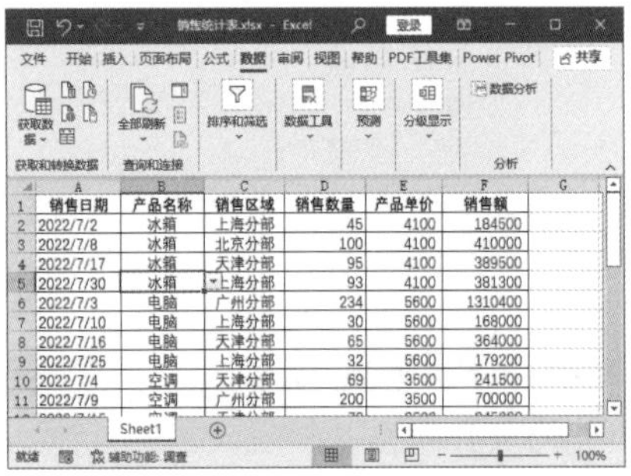

图 11-11

2. 使用【排序】对话框

使用【排序】对话框设置排序条件，按“产品单价”对销售数据进行降序排序，具体操作步骤如下。

Step01 打开【排序】对话框。选择数据区域中的任意一个单元格，❶选择【数据】选项卡；❷在【数据和筛选】组中单击【排序】按钮，如图 11-12 所示。

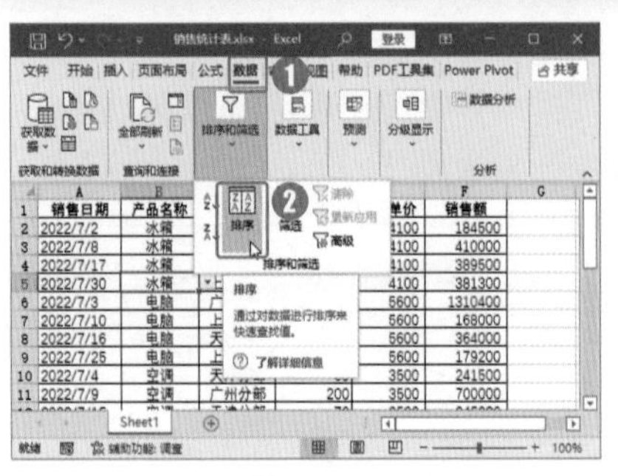

图 11-12

Step02 设置排序条件。弹出【排序】对话框，❶在【主要关键字】下拉列表中选择【产品单价】选项；❷在【次序】下拉列表中选择【降序】选项；❸单击【确定】按钮，如图 11-13 所示。

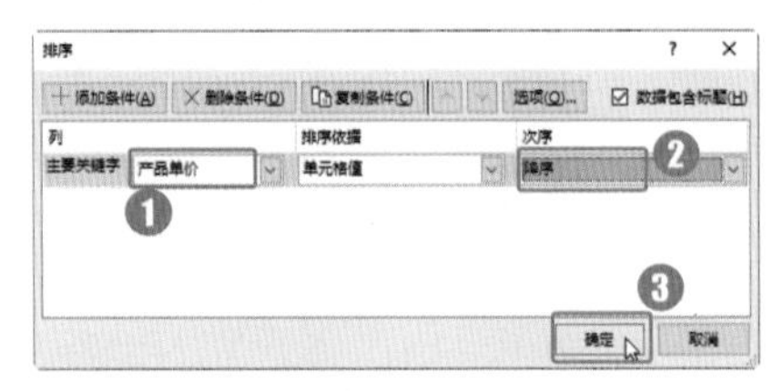

图 11-13

Step03 查看排序结果。完成以上操作后，销售数据就会按照“产品单价”进行降序排序，如图 11-14 所示。

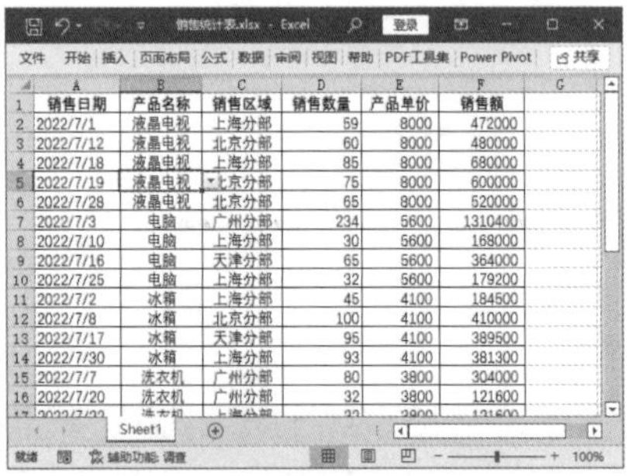

图 11-14

技能拓展——更改排序规则

打开【排序】对话框，单击【选项】按钮，打开【排序选项】对话框。在【排序选项】对话框中选择【按列排序】或【笔划排序】单选按钮，即可更改排序规则。

技术看板

Excel数据的排序依据有很多，主要包括数值、单元格颜色、字体颜色和单元格图标，按照数值进行排序是最常用的一种排序方法。

11.2.2 实战：对销售表中的数据进行多条件排序

实例门类	软件功能

进行简单排序时，如果排序字段中出现相同的内容，会保持原始次序。如果用户要对这些相同的内容按照一定条件进行再次排序，就需要用到设置多个关键字的复杂排序。

首先按照“销售区域”对销售数据进行升序排列，然后按照“销售额”对数据进行降序排列，具体操作步骤如下。

Step01 打开【排序】对话框。选择数据区域中的任意一个单元格，❶选择【数据】选项卡；❷在【排序和筛选】组中单击【排序】按钮，如图 11-15 所示。

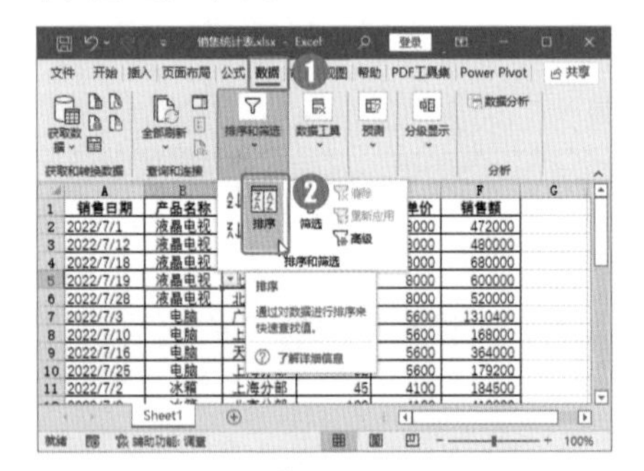

图 11-15

Step02 设置主要排序条件。打开【排序】对话框，❶在【主要关键字】下拉列表中选择【销售区域】选项；❷在【次序】下拉列表中选择【升序】选项；❸单击【添加条件】按钮，如图 11-16 所示。

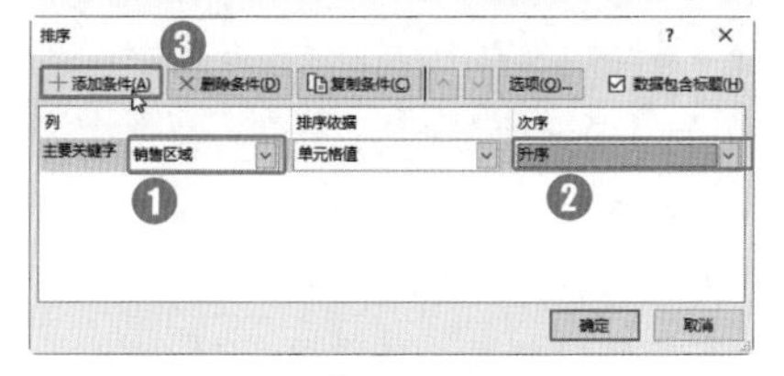

图 11-16

Step 03 设置次要排序条件。完成 Step 02 操作后，即可添加一组新的排序条件，❶在【次要关键字】下拉列表中选择【销售额】选项；❷在【次序】下拉列表中选择【降序】选项；❸单击【确定】按钮，如图 11-17 所示。

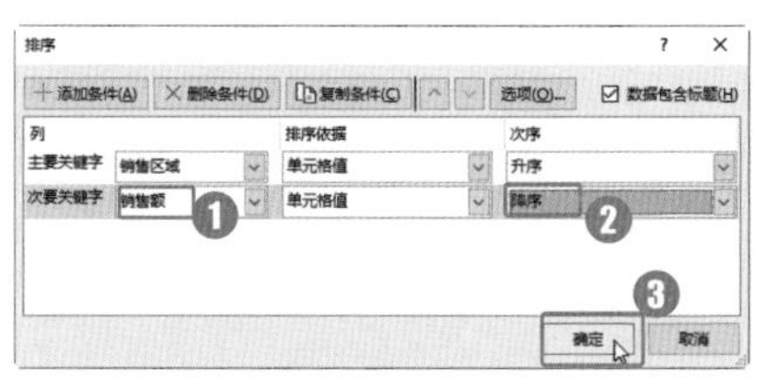

图 11-17

Step 04 查看排序结果。完成 Step 03 操作后，销售数据在根据"销售区域"进行升序排列的基础上，按照"销售额"进行了降序排列，如图 11-18 所示。

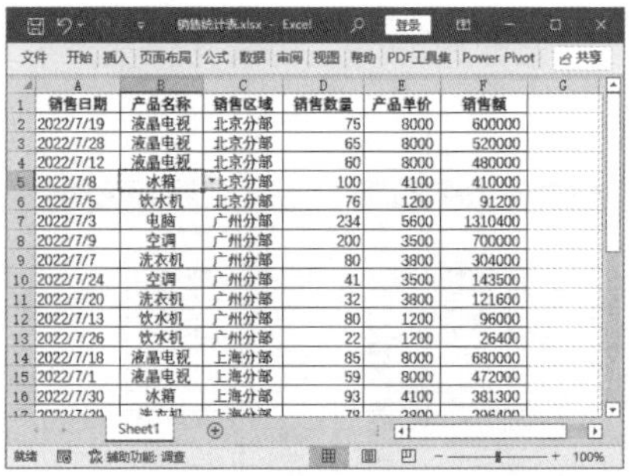

图 11-18

★重点 11.2.3 实战：在销售表中自定义排序条件

实例门类	软件功能

数据的排序依据，除了数字、字母外，有时还会涉及一些没有明显顺序特征的项目，如"产品名称""销售区域""业务员""部门"等，此时，可以按照自定义的序列对这些数据进行排序。

首先将销售区域的序列顺序定义为"北京分部,上海分部,天津分部,广州分部"，然后进行排序，具体操作步骤如下。

Step 01 打开【排序】对话框。选择数据区域中的任意一个单元格，❶选择【数据】选项卡；❷单击【排序和筛选】组中的【排序】按钮，如图 11-19 所示。

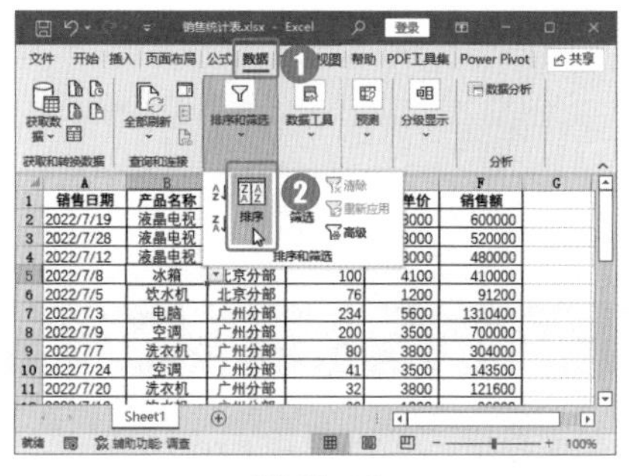

图 11-19

Step 02 打开【自定义序列】对话框。弹出【排序】对话框，在【主要关键字】中的【次序】下拉列表中选择【自定义序列】选项，如图 11-20 所示。

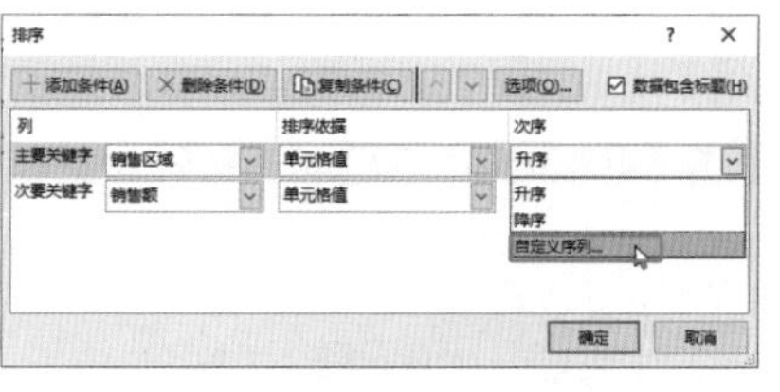

图 11-20

Step 03 输入自定义序列。弹出【自定义序列】对话框，❶在【自定义序列】列表框中选择【新序列】选项；❷在【输入序列】文本框中输入"北京分部,上海分部,天津分部,广州分部"，中间用英文半角状态下的逗号隔开；❸单击【添加】按钮，如图 11-21 所示。

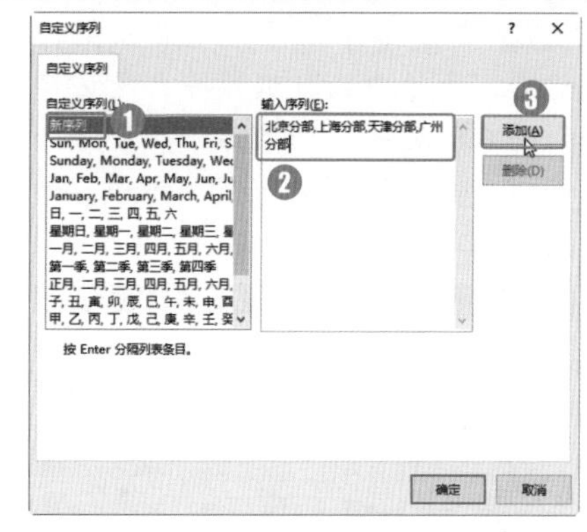

图 11-21

Step 04 添加自定义序列。完成 Step 03 操作后，❶新定义的序列【北京分部,上海分部,天津分部,广州分部】就添加到了【自定义序列】列表框中；❷单击【确定】按钮，如图 11-22 所示。

图 11-22

Step 05 选择自定义序列。返回【排序】对话框，❶在【主要关键字】中的【次序】下拉列表中选择【北京分部,上海分部,天津分部,广州分部】选项；❷单击【确定】按钮，如图 11-23 所示。

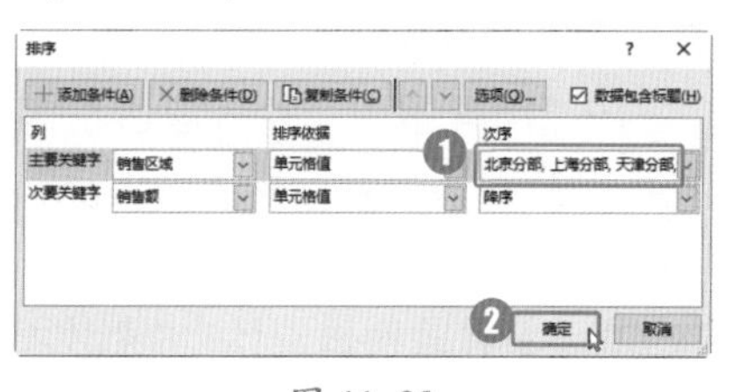

图 11-23

Step 06 查看排序结果。完成以上操作后，表格中的数据按照自定义序列的【北京分部,上海分部,天津分部,广州分部】序列进行了排序，如图 11-24 所示。

	A	B	C	D	E	F
1	销售日期	产品名称	销售区域	销售数量	产品单价	销售额
2	2022/7/19	液晶电视	北京分部	75	8000	600000
3	2022/7/28	液晶电视	北京分部	65	8000	520000
4	2022/7/12	液晶电视	北京分部	60	8000	480000
5	2022/7/8	冰箱	北京分部	100	4100	410000
6	2022/7/5	饮水机	北京分部	76	1200	91200
7	2022/7/18	液晶电视	上海分部	85	8000	680000
8	2022/7/1	液晶电视	上海分部	59	8000	472000
9	2022/7/30	冰箱	上海分部	93	4100	381300
10	2022/7/29	洗衣机	上海分部	78	3800	296400
11	2022/7/2	冰箱	上海分部	45	4100	184500
12	2022/7/25	电脑	上海分部	32	5600	179200
13	2022/7/10	电脑	上海分部	30	5600	168000
14	2022/7/22	洗衣机	上海分部	32	3800	121600
15	2022/7/14	饮水机	上海分部	90	1200	108000
16	2022/7/27	饮水机	上海分部	44	1200	52800
17	2022/7/17	冰箱	天津分部	95	4100	389500
18	2022/7/16	电脑	天津分部	65	5600	364000
19	2022/7/15	空调	天津分部	70	3500	245000
20	2022/7/4	空调	天津分部	69	3500	241500
21	2022/7/31	空调	天津分部	32	3500	112000
22	2022/7/6	饮水机	天津分部	90	1200	108000
23	2022/7/11	饮水机	天津分部	40	1200	48000
24	2022/7/21	饮水机	天津分部	12	1200	14400
25	2022/7/3	电脑	广州分部	234	5600	1310400

图 11-24

Step 07 删除排序条件。如果需要删除排序条件，打开【排序】对话框，❶选择排序条件，这里选择主要排序条件；❷单击【删除条件】按钮，如图 11-25 所示。

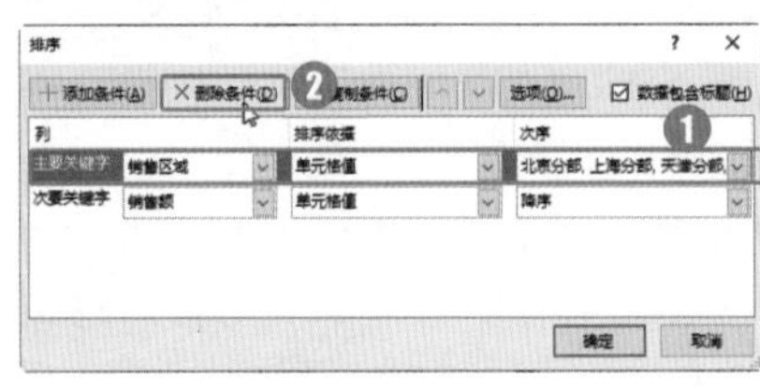

图 11-25

技能拓展——用 RANK 函数排序

要根据“销售额”“工资”等字段进行排序，但不希望打乱表格原有数据的顺序，只需要得到一个排序名次时，该怎么办呢？对于这类要求，可以使用RANK函数来实现。

11.3 筛选出需要的数据

如果需要在成千上万条数据记录中查询数据，可以使用Excel的筛选功能。Excel 2021 提供了 3 种数据的筛选操作，即“自动筛选”“自定义筛选”和“高级筛选”。本节主要介绍使用Excel的筛选功能，对“销售报表”中的数据按条件进行筛选和分析的方法。

★重点 11.3.1 实战：在“销售报表”中进行自动筛选

实例门类	软件功能

自动筛选是Excel中的一个易于操作，且经常使用的实用功能。使用自动筛选功能，通常是按简单的条件进行数据筛选，筛选时将不满足条件的数据暂时隐藏，只显示满足条件的数据。

在“销售报表”中筛选出东南亚地区的销售记录，具体操作步骤如下。

Step 01 添加筛选按钮。打开“素材文件\第 11 章\销售报表.xlsx”文档，将光标定位在数据区域的任意一个单元格中，❶选择【数据】选项卡；❷单击【排序和筛选】组中的【筛选】按钮，如图 11-26 所示。

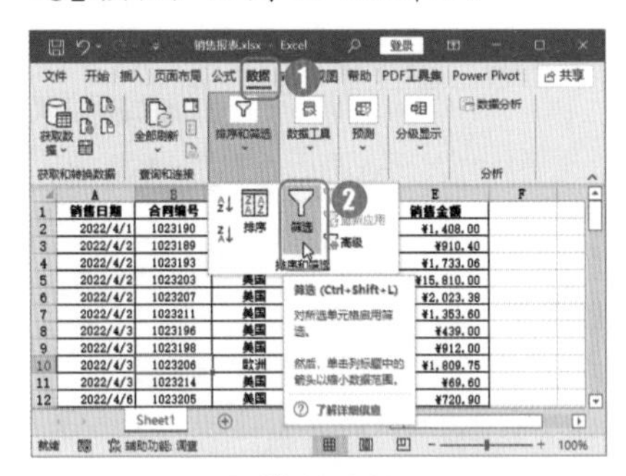

图 11-26

Step 02 打开筛选列表。工作表进入筛选状态，各标题字段的右侧出现一个下拉按钮▾。单击【国家/地区】右侧的下拉按钮▾，如图 11-27 所示。

图 11-27

Step 03 筛选地区。弹出筛选列表，此时，所有“国家/地区”都处于被选择状态，❶取消选择【全选】复选框后选择【东南亚】复选框；❷单击【确定】按钮，如图 11-28 所示。

图 11-28

Step04 查看筛选结果。完成以上操作后，东南亚的销售记录就筛选出来了，"国家/地区"筛选字段的右侧出现了一个【筛选】按钮，如图 11-29 所示。

图 11-29

Step05 清除筛选。❶选择【数据】选项卡；❷单击【排序和筛选】组中的【清除】按钮，即可清除当前数据区域的筛选和排序，如图 11-30 所示。

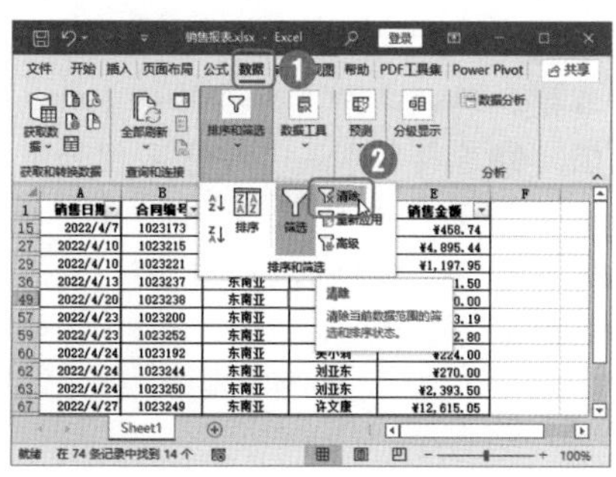

图 11-30

★重点 11.3.2 实战：在"销售报表"中进行自定义筛选

实例门类	软件功能

自定义筛选指通过定义筛选条件，查询符合条件的数据记录。在 Excel 2021 中，自定义筛选包括对日期、数字和文本的筛选。在"销售报表"中筛选"2000 ≤ 销售金额 ≤ 6000"的销售记录，具体操作步骤如下。

Step01 打开筛选列表。进入筛选状态，单击【销售金额】右侧的下拉按钮，如图 11-31 所示。

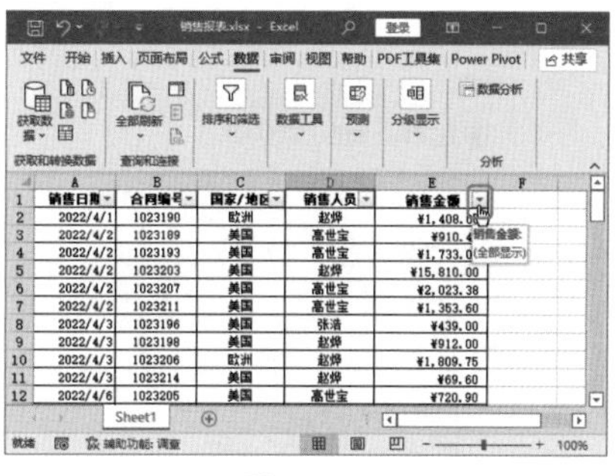

图 11-31

Step02 打开【自定义自动筛选方式】对话框。❶在弹出的筛选列表中选择【数字筛选】选项；❷在其下一级列表中选择【自定义筛选】选项，如图 11-32 所示。

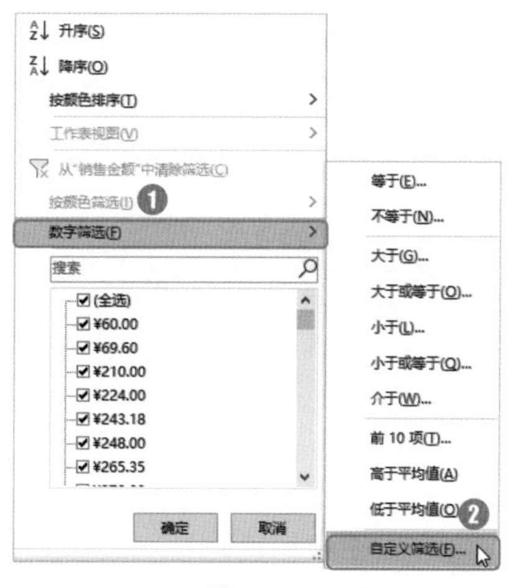

图 11-32

Step03 设置筛选条件。弹出【自定义自动筛选方式】对话框，❶将筛选条件设置为"销售金额大于或等于 2000 与小于或等于 6000"；❷单击【确定】按钮，如图 11-33 所示。

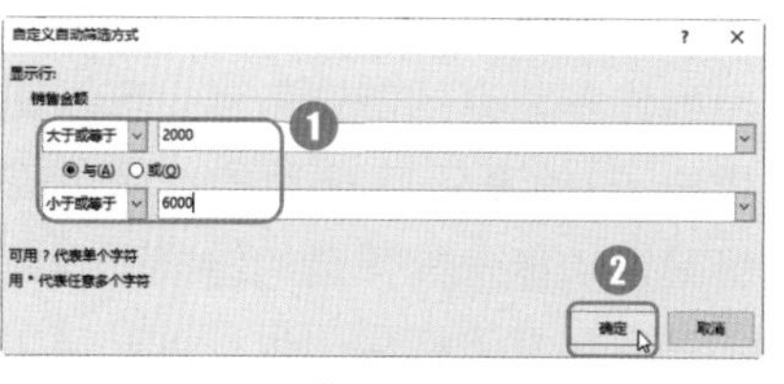

图 11-33

Step04 查看筛选结果。完成以上操作后，销售金额在 2000 元至 6000 元之间的大额销售明细就筛选出来了，如图 11-34 所示。

图 11-34

Step05 取消筛选。❶选择【数据】选项卡；❷单击【排序和筛选】组中的【筛选】按钮，即可取消筛选，如图 11-35 所示。

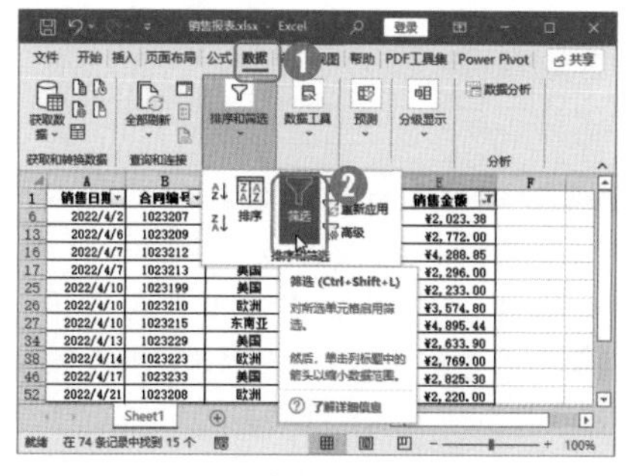

图 11-35

★重点 11.3.3 实战：在“销售报表”中进行高级筛选

实例门类	软件功能

在数据筛选过程中，如果需要用到许多复杂的筛选条件，可以使用Excel的高级筛选功能。使用高级筛选功能，其筛选的结果可以显示在原数据表格中，也可以显示在新的位置。

1. 在原有区域显示筛选结果

在“销售报表”中筛选销售人员“张浩”的“小于1000元”的小额销售明细，并在原有区域中显示筛选结果，具体操作步骤如下。

Step 01 输入筛选条件。在单元格D77中输入“销售人员”，在单元格D78中输入“张浩”，在单元格E77中输入“销售金额”，在单元格E78中输入“< 1000”，如图11-36所示。

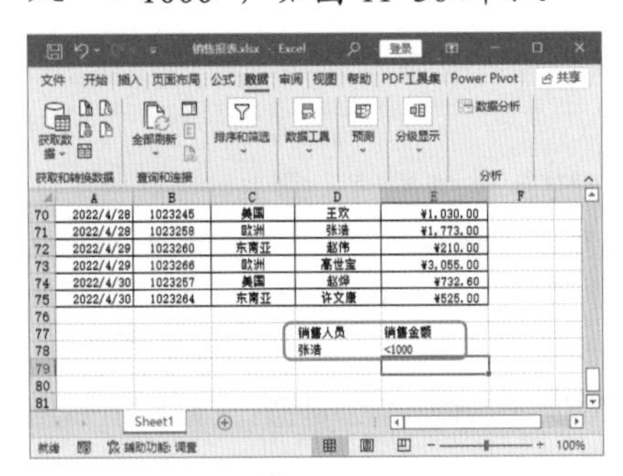

图 11-36

Step 02 打开【高级筛选】对话框。将光标定位在数据区域的任意一个单元格中，❶选择【数据】选项卡；❷单击【排序和筛选】组中的【高级】按钮，如图11-37所示。

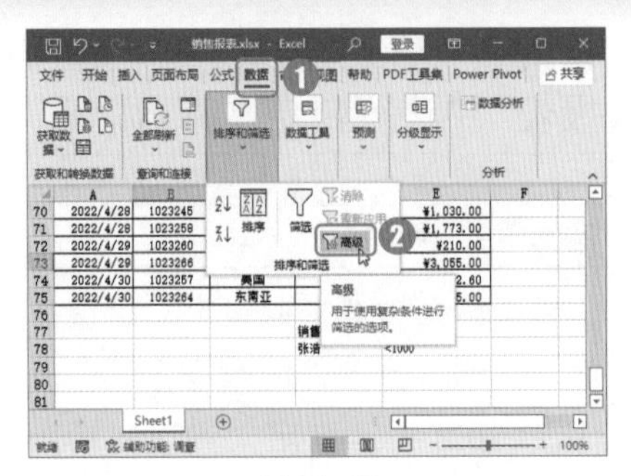

图 11-37

Step 03 打开【高级筛选-条件区域】对话框。弹出【高级筛选】对话框，此时，【列表区域】文本框中显示数据区域【$A$1:$E$75】，单击【条件区域】文本框右侧的【折叠】按钮，如图11-38所示。

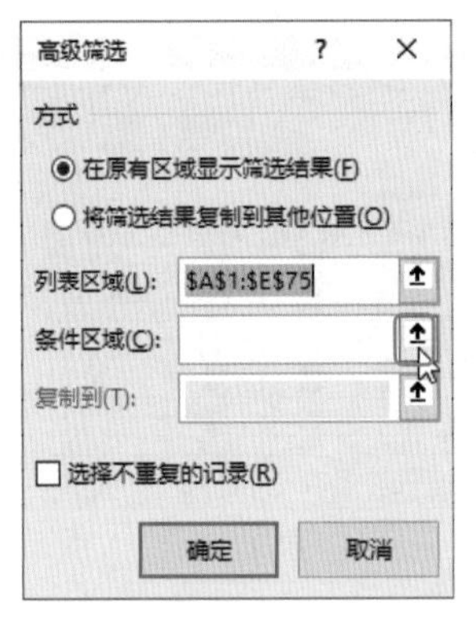

图 11-38

Step 04 选择条件区域。弹出【高级筛选-条件区域】对话框，❶在工作表中选择单元格区域D77:E78；❷单击【高级筛选-条件区域】对话框中的【展开】按钮，如图11-39所示。

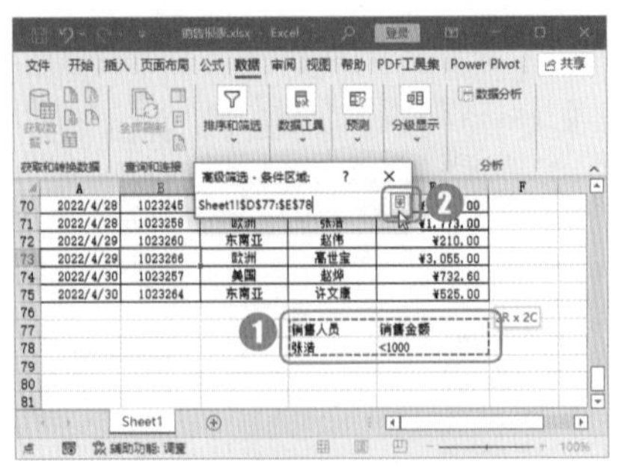

图 11-39

Step 05 确定高级筛选条件。返回【高级筛选】对话框，即可在【条件区域】文本框中看到条件区域的范围，单击【确定】按钮，如图11-40所示。

图 11-40

Step 06 查看筛选结果。完成以上操作后，销售人员“张浩”的“小于1000元”的小额销售明细就筛选出来了，如图11-41所示。

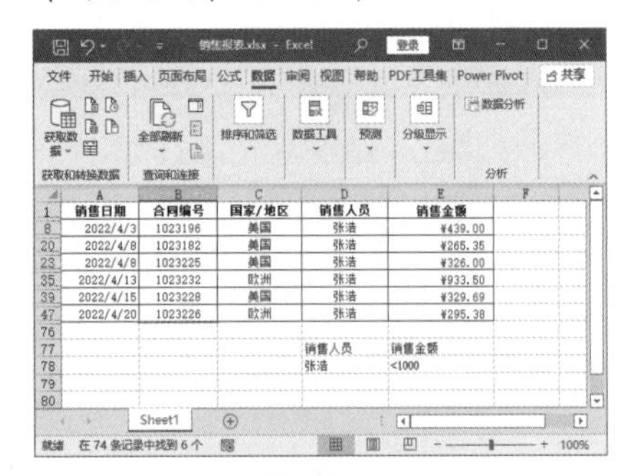

图 11-41

2. 将筛选结果复制到其他位置

在日常工作中，有时需要在其他位置显示筛选结果，具体操作步骤如下。

Step 01 打开【高级筛选-复制到】对话框。再次打开【高级筛选】对话框，❶选择【将筛选结果复制到其他位置】单选按钮；❷单击【复制到】文本框右侧的【折叠】按钮，如图11-42所示。

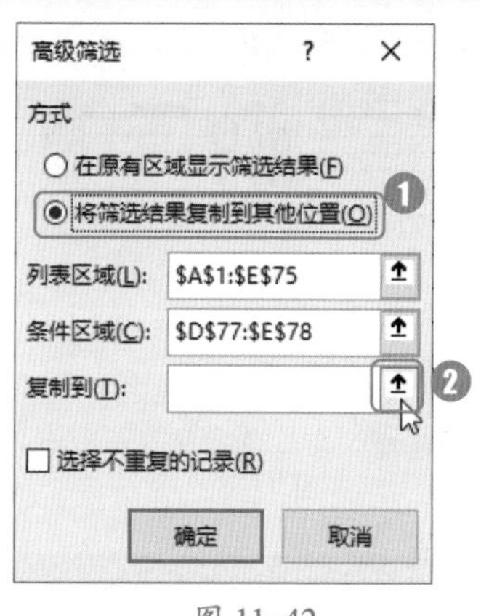

图 11-42

Step 02 选择筛选结果区域。弹出【高级筛选-复制到】对话框，❶在工作表中选择单元格A80；❷单击【高级筛选-复制到】对话框中的【展开】按钮，如图 11-43 所示。

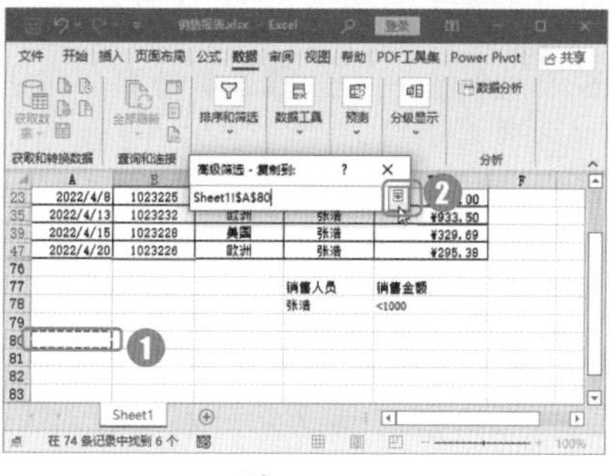

图 11-43

Step 03 确定筛选设置。返回【高级筛选】对话框，即可在【复制到】文本框中看到数据区域【Sheet1!$A$80】，单击【确定】按钮，如图 11-44 所示。

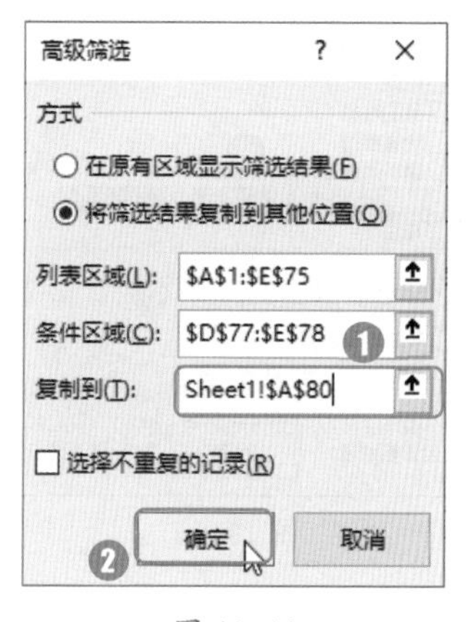

图 11-44

Step 04 查看筛选结果。完成以上操作后，即可将筛选结果复制到单元格A80及其后单元格中，如图 11-45 所示。

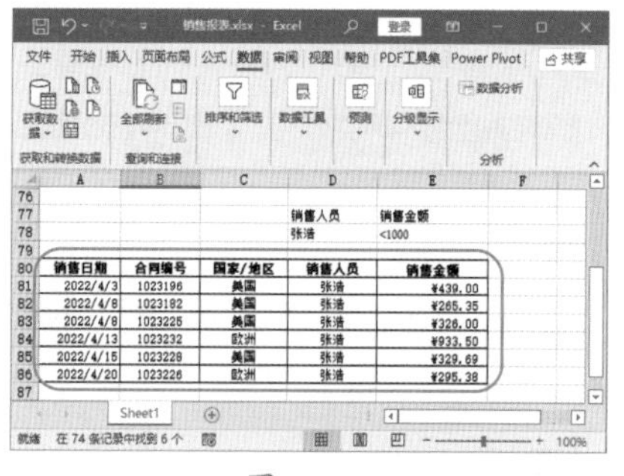

图 11-45

技术看板

在高级筛选操作中，如果想使筛选结果不重复，选择【高级筛选】对话框中的【选择不重复的记录】复选框后再进行相应的筛选操作即可。

11.4 分类汇总表格数据

Excel拥有分类汇总功能，使用该功能，可以按照各种汇总条件对数据进行分类汇总。本节使用分类汇总功能，按“所属部门”对数据进行分类汇总，统计各部门的费用使用情况。

★重点 11.4.1 实战：对“费用统计表”按“所属部门”进行分类汇总

实例门类	软件功能

本节按“所属部门”对企业费用进行分类汇总，统计各部门费用使用情况。创建分类汇总之前，要对数据进行排序。

1. 按“所属部门”进行排序

按“所属部门”对工作表中的数据进行排序，具体操作步骤如下。

Step 01 打开【排序】对话框。打开“素材文件\第 11 章\费用统计表.xlsx”文档，将光标定位在数据区域的任意一个单元格中，❶选择【数据】选项卡；❷单击【排序和筛选】组中的【排序】按钮，如图 11-46 所示。

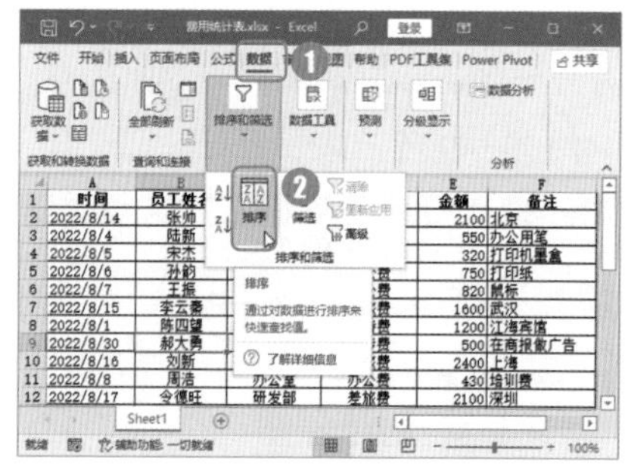

图 11-46

Step 02 设置排序条件。弹出【排序】

对话框，❶在【主要关键字】下拉列表中选择【所属部门】选项；❷在【次序】下拉列表中选择【升序】选项；❸单击【确定】按钮，如图 11-47 所示。

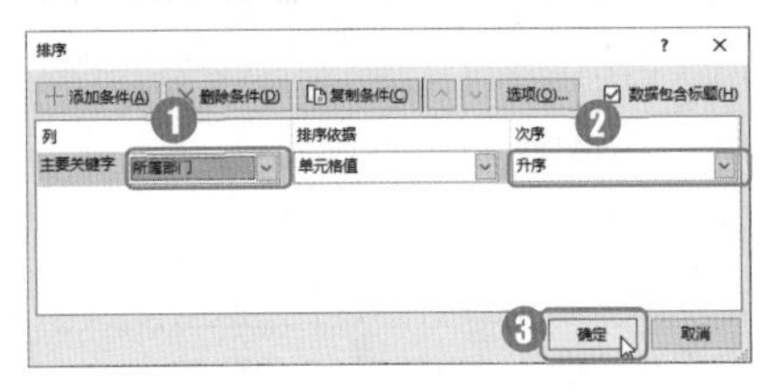

图 11-47

Step03 查看排序结果。完成以上操作后，表格中的数据就会根据“所属部门”的拼音首字母进行升序排列，如图 11-48 所示。

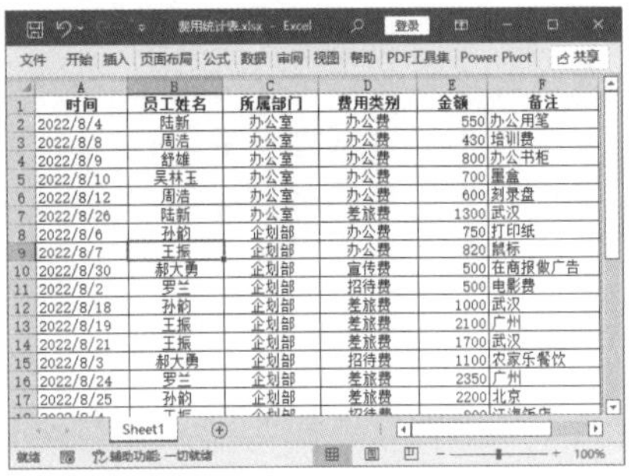

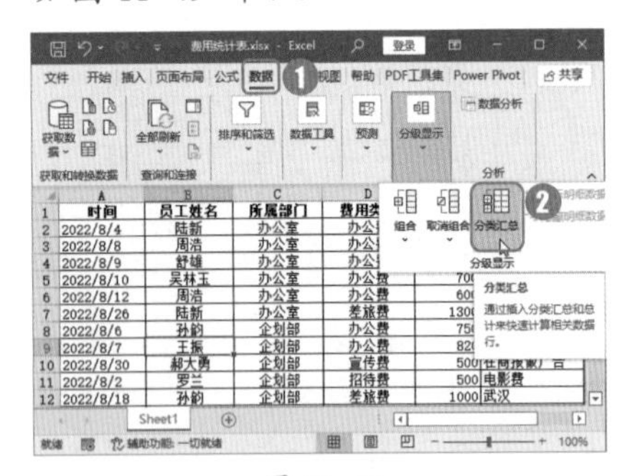

图 11-48

2. 执行【分类汇总】命令

按“所属部门”对工作表中的数据进行排序后，就可以进行分类汇总了，具体操作步骤如下。

Step01 打开【分类汇总】对话框。❶选择【数据】选项卡；❷单击【分级显示】组中的【分类汇总】按钮，如图 11-49 所示。

图 11-49

Step02 设置分类汇总条件。弹出【分类汇总】对话框，❶在【分类字段】下拉列表中选择【所属部门】选项，在【汇总方式】下拉列表中选择【求和】选项；❷在【选定汇总项】列表框中选择【金额】复选框；❸选择【替换当前分类汇总】和【汇总结果显示在数据下方】复选框；❹单击【确定】按钮，如图 11-50 所示。

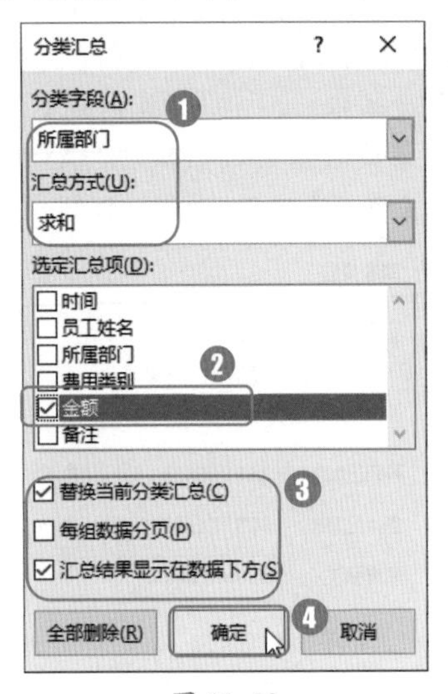

图 11-50

Step03 查看 3 级分类汇总结果。完成以上操作后，即可看到按“所属部门”对费用金额进行分类汇总的第 3 级分类汇总结果，如图 11-51 所示。

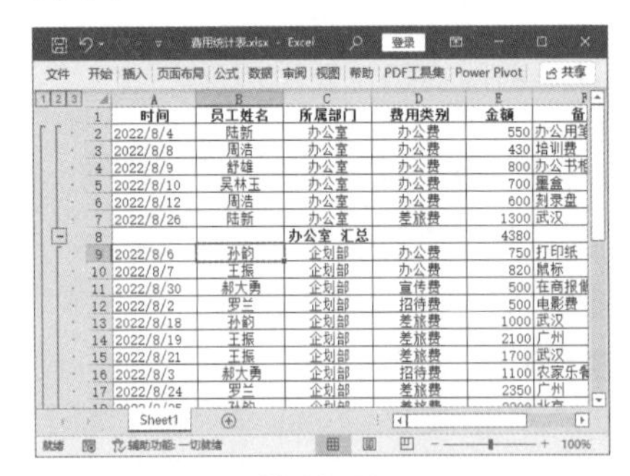

图 11-51

Step04 查看 2 级分类汇总结果。单击分类汇总区域左上角的数字按钮【2】，即可查看 2 级分类汇总结果，如图 11-52 所示。

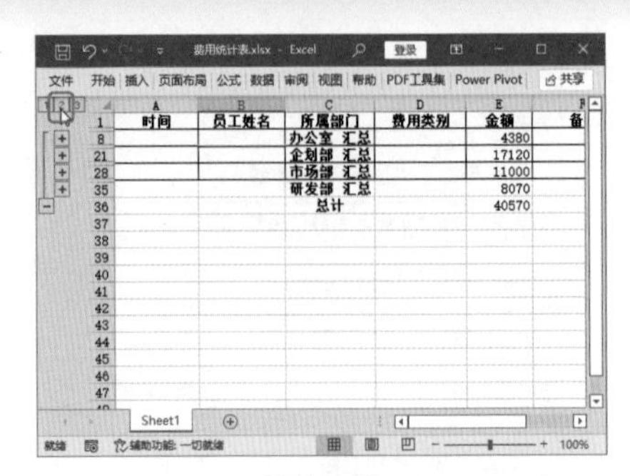

图 11-52

技术看板

在分类汇总数据中，单击任意一个加号按钮[+]，即可展开下一级数据；单击分类汇总区域左上角的数字按钮，即可查看第 1、2、3 级分类汇总结果。

11.4.2 实战：在“费用统计表”中嵌套分类汇总

实例门类	软件功能

在 Excel 中，除了可以对数据进行简单的分类汇总以外，还可以对数据进行嵌套分类汇总。在按“所属部门”进行分类汇总的基础上，继续按“所属部门”分类汇总不同部门的费用平均值，具体操作步骤如下。

Step01 打开【分类汇总】对话框。选择数据区域中的任意一个单元格，❶选择【数据】选项卡；❷在【分级显示】组中单击【分类汇总】按钮，如图 11-53 所示。

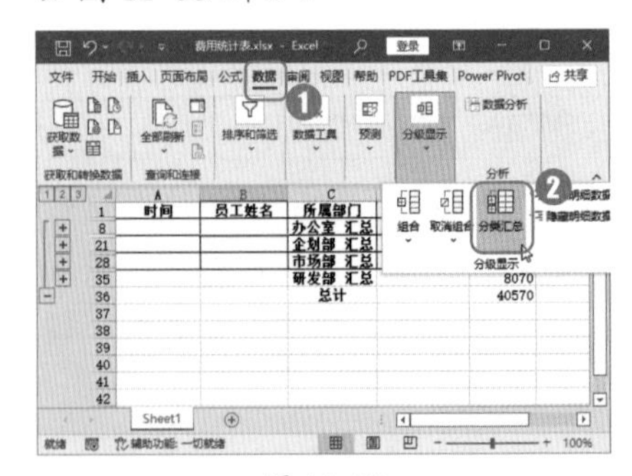

图 11-53

Step02 设置分类汇总条件。弹出【分类汇总】对话框，❶在【汇总方式】下拉列表中选择【平均值】选项；❷取消选择【替换当前分类汇总】复选框；❸单击【确定】按钮，如图 11-54 所示。

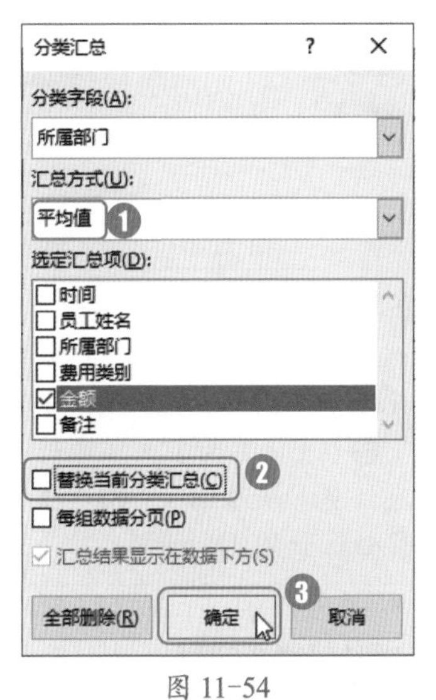

图 11-54

技术看板

在【分类汇总】对话框中，必须取消选择【替换当前分类汇总】复选框，否则无法生成嵌套分类汇总。

Step03 查看分类汇总结果。完成以上操作后，即可生成 4 级嵌套分类汇总，但结果仍然显示为 3 级嵌套分类汇总，如图 11-55 所示。

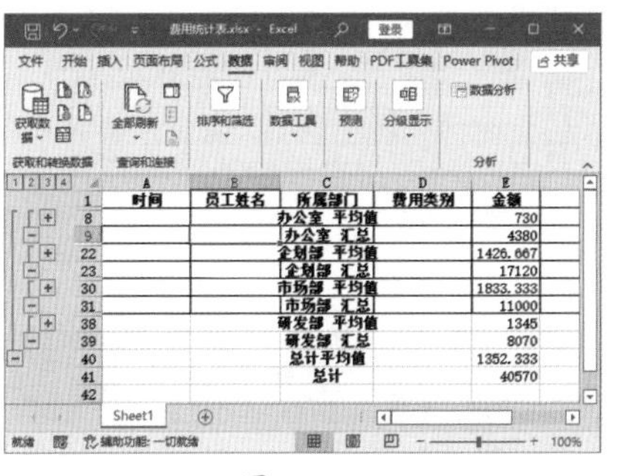

图 11-55

Step04 查看 4 级分类汇总结果。单击分类汇总区域左上角的数字按钮【4】，即可查看 4 级嵌套分类汇总结果，如图 11-56 所示。

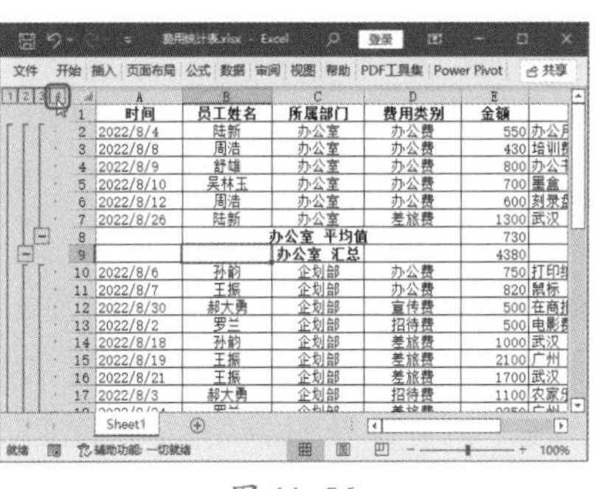

图 11-56

Step05 删除分类汇总结果。再次打开【分类汇总】对话框，单击【全部删除】按钮，即可删除之前的分类汇总设置，如图 11-57 所示。

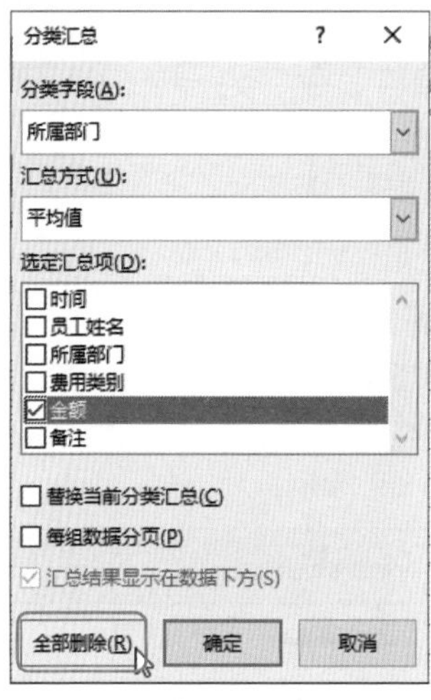

图 11-57

11.5 条件格式的应用

为单元格应用条件格式是Excel的一项重要功能，应用条件格式后，如果指定的单元格满足特定条件，Excel会将底纹、字体、颜色等格式应用到该单元格中，突出显示满足条件的数据。

★重点 11.5.1 实战：对统计表中的单元格应用条件格式

实例门类	软件功能

本节结合实例“入库明细表”，介绍Excel中条件格式的规则及用法，包括突出显示单元格规则、最前/最后规则，以及数据条、色阶和图标集的应用等内容。

1. 突出显示单元格规则

在编辑数据表格的过程中，使用突出显示单元格功能，可以快速突出显示特定数值区间的特定数据。在“入库明细表”中突出显示金额大于4000元的数据记录，具体操作步骤如下。

Step01 打开【条件格式】列表。打开“素材文件\第 11 章\入库明细表.xlsx”文档，❶选择单元格区域 G2:G29；❷选择【开始】选项卡；❸在【样式】组中单击【条件格式】按钮，如图 11-58 所示。

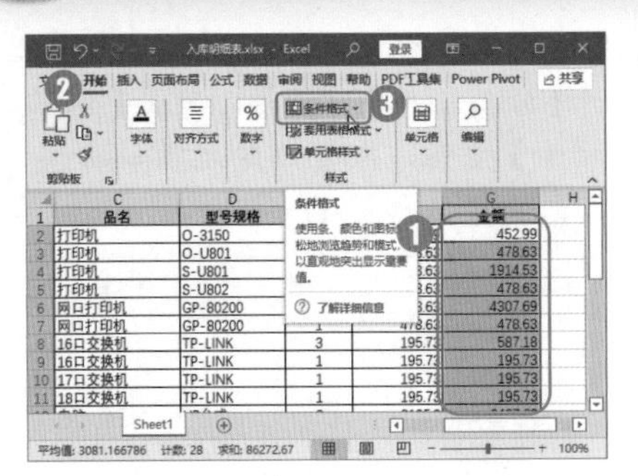

图 11-58

Step02 打开【大于】对话框。在弹出的下拉列表中选择【突出显示单元格规则】→【大于】选项，如图 11-59 所示。

图 11-59

Step03 设置单元格突出显示条件。弹出【大于】对话框，❶在【为大于以下值的单元格设置格式】文本框中输入“4000”；❷在【设置为】下拉列表中选择【绿填充色深绿色文本】选项；❸单击【确定】按钮，如图 11-60 所示。

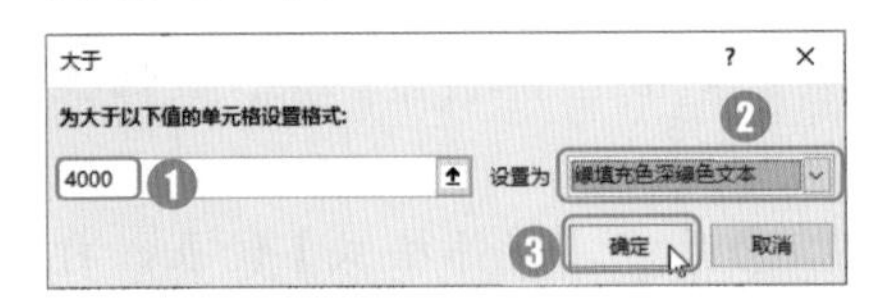

图 11-60

Step04 查看单元格的突出显示效果。返回工作表，选择的数据区域已应用条件格式，将金额大于 4000 元的数据记录突出显示出来，如图 11-61 所示。

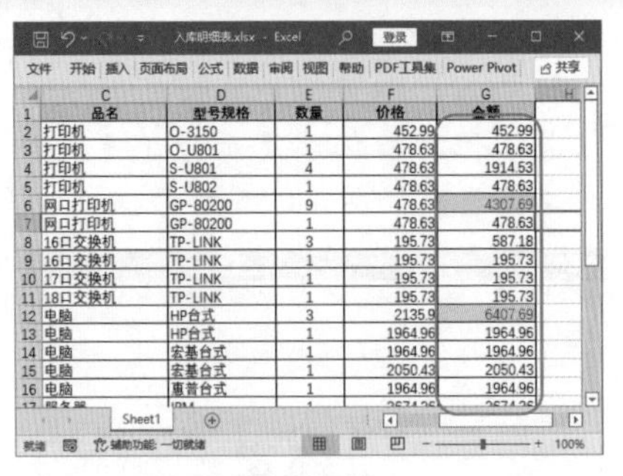

图 11-61

技术看板

使用突出显示单元格功能，可以通过改变颜色、字形、特殊效果等改变格式的方法，使某一类具有共性的单元格突出显示。

2. 最前/最后规则

使用最前/最后规则，可以突出显示所选择区域中的最大几项、最小几项，还可以突出显示大于或小于平均值的数据所在的单元格。通过对最前/最后规则进行设置来突出显示“入库明细表”中“价格”的最大 10 项数据所在的单元格，具体操作步骤如下。

Step01 打开【条件格式】列表。❶选择单元格区域 F2:F29；❷选择【开始】选项卡；❸在【样式】组中单击【条件格式】按钮，如图 11-62 所示。

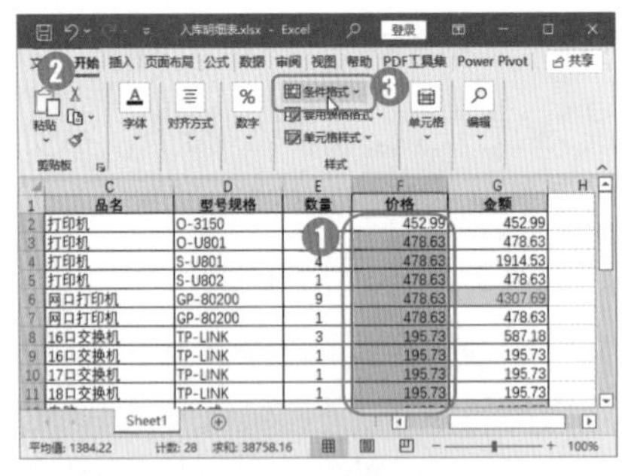

图 11-62

Step02 打开【前 10 项】对话框。在弹出的下拉列表中选择【最前/最后规则】→【前 10 项】选项，如图 11-63 所示。

图 11-63

Step03 设置规则。弹出【前 10 项】对话框，❶在【为值最大的那些单元格设置格式】数值框中填写个数“10”；❷在【设置为】下拉列表中选择【浅红色填充】选项；❸单击【确定】按钮，如图 11-64 所示。

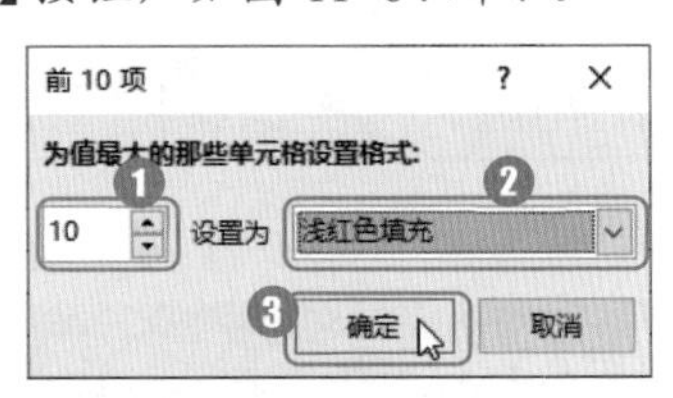

图 11-64

Step04 查看单元格的突出显示效果。完成以上操作后，所选择的数据区域会应用【浅红色填充】条件格式，突出显示“价格”的最大 10 项数据，如图 11-65 所示。

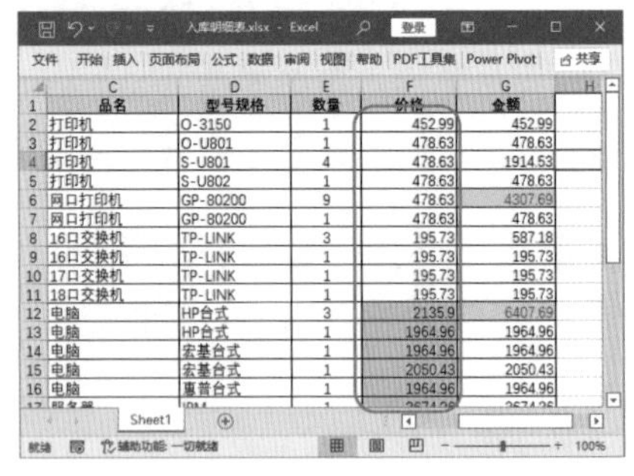

图 11-65

3. 数据条、色阶和图标集的应用

使用条件格式功能，用户可以根据具体条件应用数据条、色阶和图标集，以突出显示相关单元格，强调异常值，实现数据的可视化显

示。应用数据条、色阶和图标集的具体操作步骤如下。

Step 01 打开【条件格式】列表。❶选择单元格区域E2:E29；❷选择【开始】选项卡；❸在【样式】组中单击【条件格式】按钮，如图11-66所示。

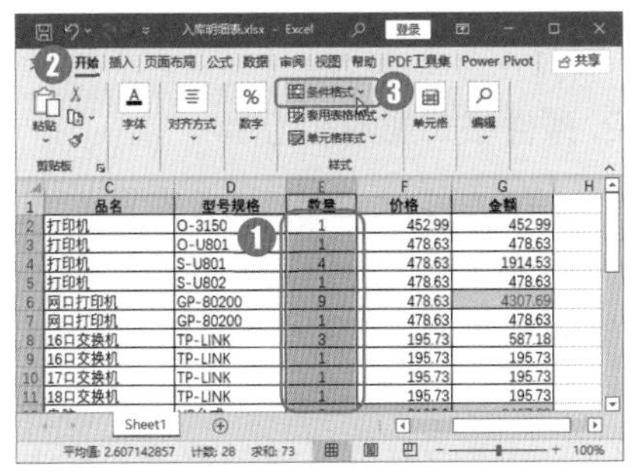

图 11-66

Step 02 选择数据条。❶在弹出的下拉列表中选择【数据条】选项；❷在下一级列表的【渐变填充】组中选择【紫色数据条】选项，如图11-67所示。

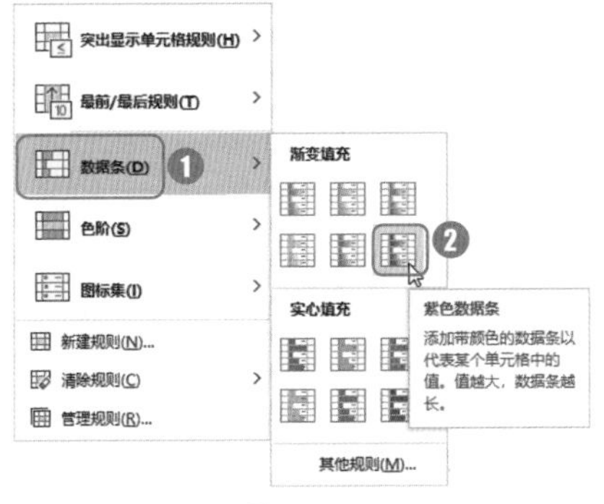

图 11-67

Step 03 查看数据条效果。即可为选择的单元格区域添加"渐变的紫色数据条"样式，如图11-68所示。

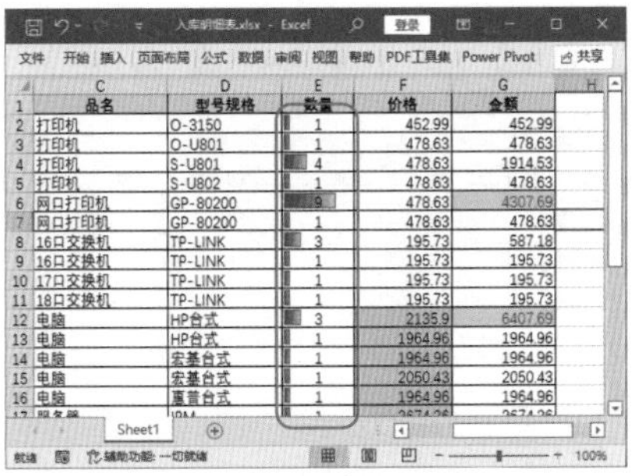

图 11-68

Step 04 打开【条件格式】列表。❶选择单元格区域F2:F29；❷选择【开始】选项卡；❸在【样式】组中单击【条件格式】按钮，如图11-69所示。

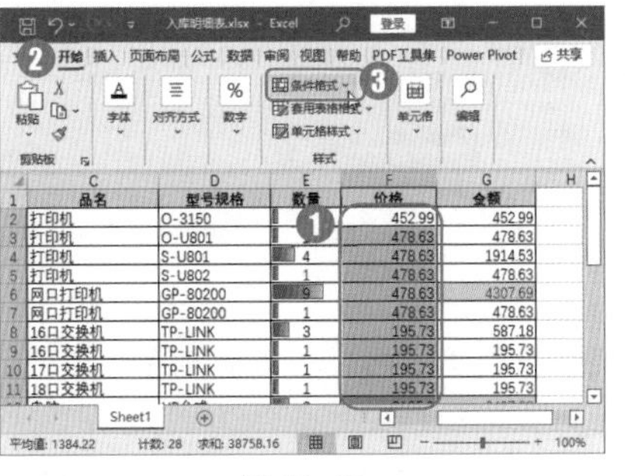

图 11-69

Step 05 选择色阶。在弹出的下拉列表中选择【色阶】→【绿-黄色阶】选项，如图11-70所示。

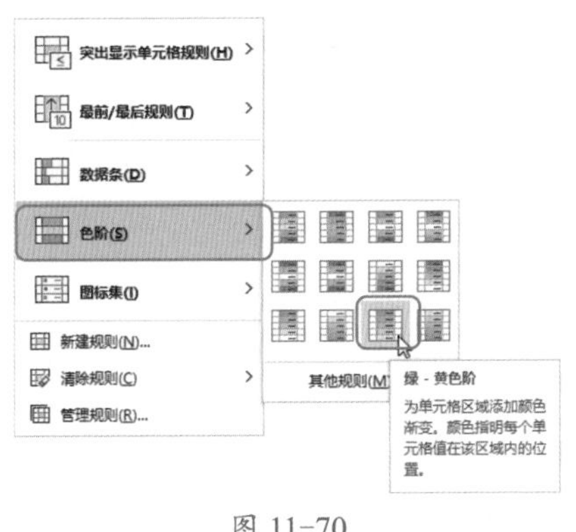

图 11-70

Step 06 查看色阶效果。即可为选择的单元格区域添加"绿-黄色阶"样式，如图11-71所示。

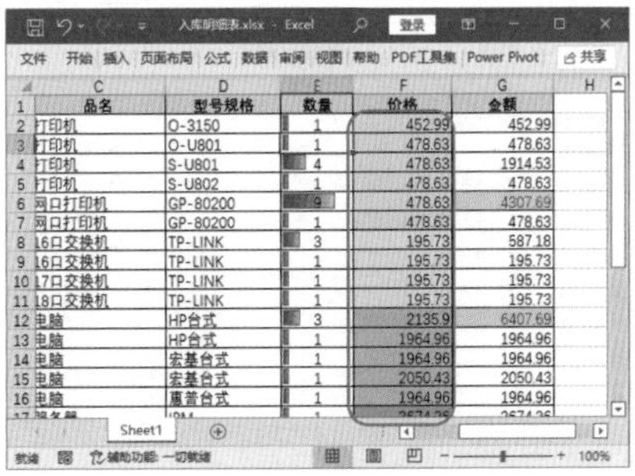

图 11-71

Step 07 打开【条件格式】列表。❶选择单元格区域G2:G29；❷选择【开始】选项卡；❸在【样式】组中单击【条件格式】按钮，如图11-72所示。

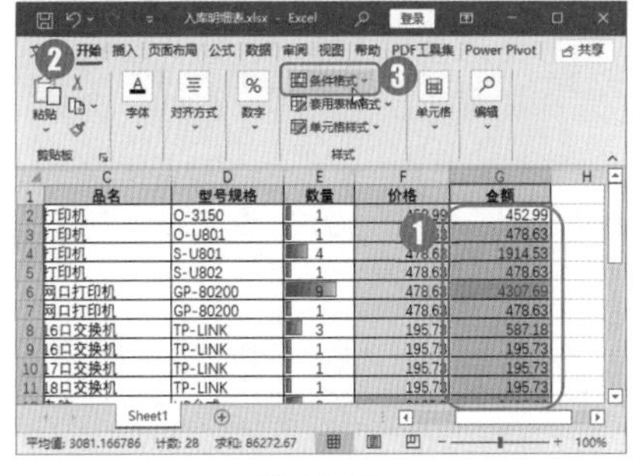

图 11-72

Step 08 选择图标集。❶在弹出的下拉列表中选择【图标集】选项；❷在下一级列表的【方向】组中选择【五向箭头(彩色)】选项，如图11-73所示。

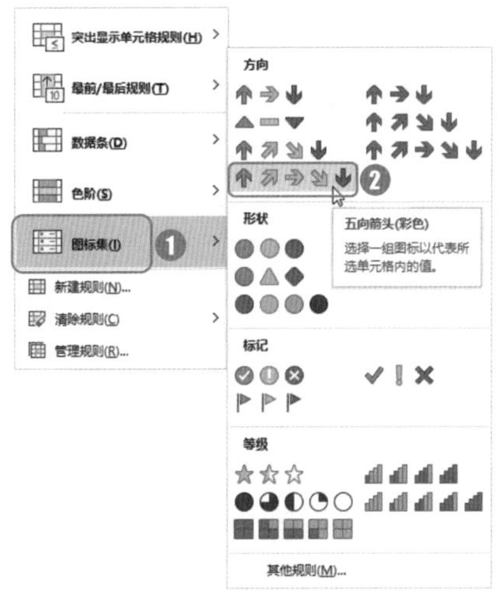

图 11-73

Step 09 查看图标集效果。即可为选择的单元格区域添加"五向箭头(彩色)"样式，如图11-74所示。

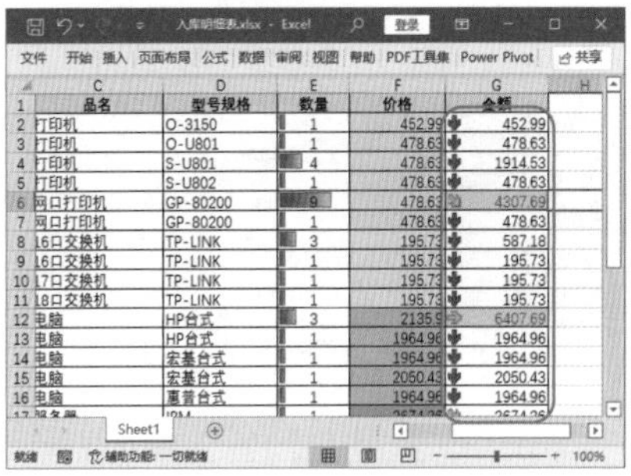

图 11-74

技术看板

应用数据条可以快速为数组插入底纹颜色，并根据数值自动调整颜色的长度；应用色阶可以快速为数组插入色阶，以颜色的亮度强弱和渐变程度来显示不同的数值，如双色渐变、三色渐变；应用图标集可以快速为数组插入图标，并根据数值自动调整图标的类型和方向。

11.5.2 实战：管理统计表格中的条件格式规则

实例门类	软件功能

管理条件格式规则主要包括条件格式规则的管理、条件格式规则的创建和条件格式规则的清除。

1. 条件格式规则的管理

通过【条件格式规则管理器】，可以对设置的条件格式规则进行管理，包括创建、编辑、删除和查看所有条件格式规则等。对条件格式规则进行管理的具体操作步骤如下。

Step01 打开【条件格式规则管理器】对话框。❶选择单元格区域E2:G29；❷选择【开始】选项卡；❸在【样式】组中单击【条件格式】按钮；❹在弹出的下拉列表中选择【管理规则】选项，如图 11-75 所示。

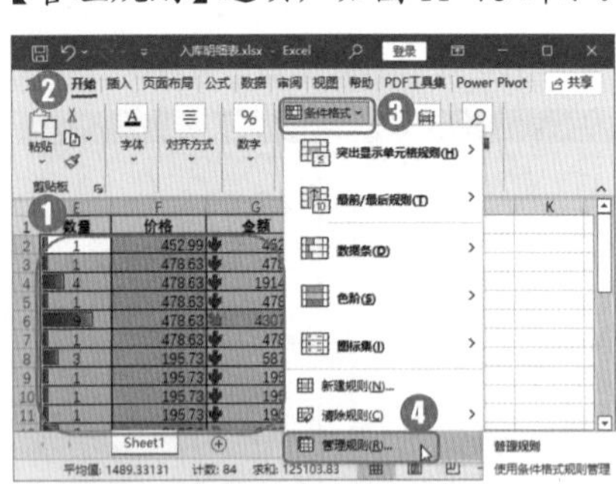

图 11-75

Step02 查看规则。弹出【条件格式规则管理器】对话框，可以看到所选择数据区域中已设置的几种条件格式规则，如图 11-76 所示。

图 11-76

Step03 打开【编辑格式规则】对话框。❶选择任意一个条件格式规则，这里选择最上方的条件格式规则；❷单击【编辑规则】按钮，如图 11-77 所示。

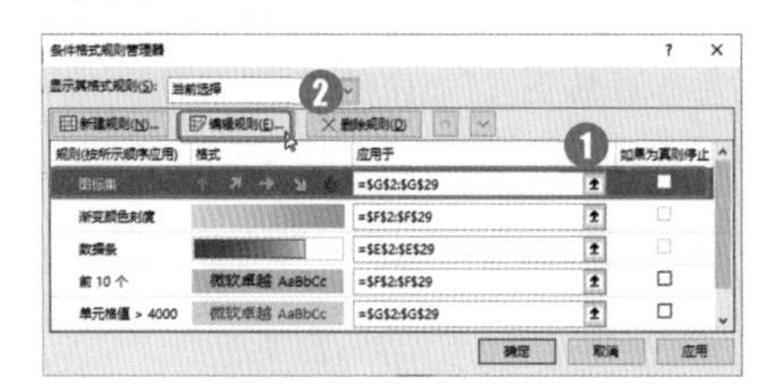

图 11-77

Step04 编辑规则。弹出【编辑格式规则】对话框，根据需要修改和编辑条件格式规则，编辑完成后，单击【确定】按钮，如图 11-78 所示。

图 11-78

Step05 删除规则。如果要删除条件格式规则，❶选择任意一个条件格式规则，这里选择最上方的条件格式规则；❷单击【删除规则】按钮，如图 11-79 所示。

图 11-79

2. 条件格式规则的创建

除了可以使用Excel内置的几种条件格式规则以外，用户还可以根据需要，新建条件格式规则。在“入库明细表”中新建条件格式规则，对供应商进行模糊查询，具体操作步骤如下。

Step01 插入行。❶选择行号“1”；❷右击，在弹出的快捷菜单中选择【插入】选项，如图 11-80 所示。

图 11-80

Step02 在插入的行中输入文字。在首行位置插入一个空白行后，在单元格C1 中输入文字“模糊查询供应商”，如图 11-81 所示。

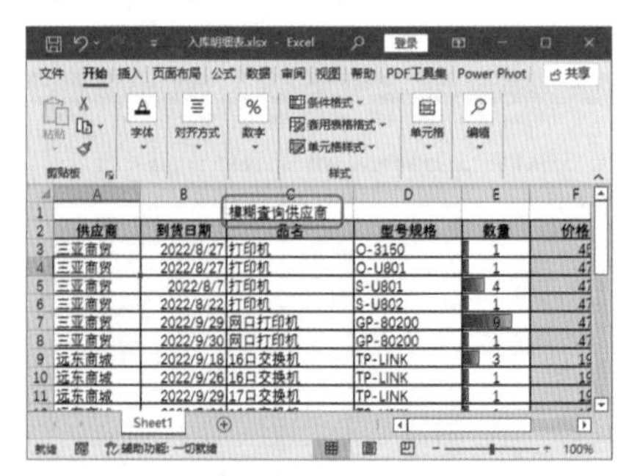

图 11-81

Step03 打开【新建格式规则】对话框。❶选择单元格区域 A3:G30；❷选择【开始】选项卡；❸在【样式】组中单击【条件格式】按钮；❹在弹出的下拉列表中选择【新建规则】选项，如图 11-82 所示。

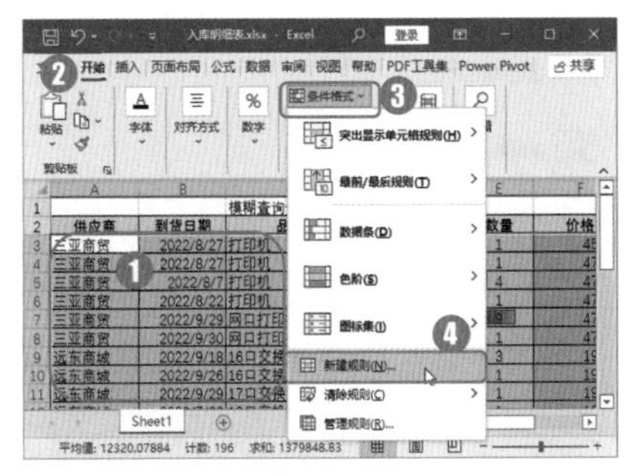

图 11-82

Step04 选择规则类型。弹出【新建格式规则】对话框，在【选择规则类型】列表框中选择【使用公式确定要设置格式的单元格】选项，如图 11-83 所示。

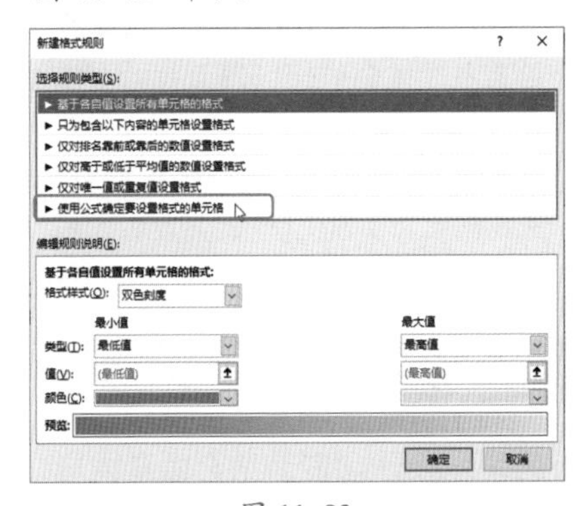

图 11-83

Step05 输入规则公式并打开【设置单元格格式】对话框。弹出【新建格式规则】对话框，❶在【编辑规则说明】组合框中将条件格式设置为公式【=LEFT($A3,1)=$D$1】；❷单击【格式】按钮，如图 11-84 所示。

图 11-84

Step06 设置单元格格式。弹出【设置单元格格式】对话框，❶选择【填充】选项卡；❷在【图案颜色】下拉列表中选择【红色】选项；❸在【图案样式】下拉列表中选择【12.5%，灰色】选项；❹单击【确定】按钮，如图 11-85 所示。

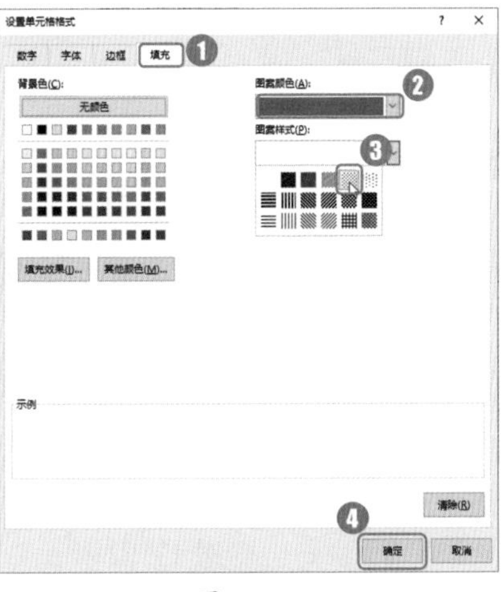

图 11-85

Step07 确定规则设置。返回【新建格式规则】对话框，即可在【预览】区域看到新建格式规则的应用效果，单击【确定】按钮，如图 11-86 所示。

图 11-86

Step08 查看规则应用效果。在单元格 D1 中输入文字“光”，根据设置的格式规则，表格中突出显示供应商“光电技科”的数据记录，如图 11-87 所示。

图 11-87

3. 条件格式规则的清除

清除条件格式规则包括两种情

况：一是清除所选单元格的规则；二是清除整个工作表的规则。用户可以根据需要进行操作，具体操作步骤如下。

Step 01 打开【条件格式】列表。❶选择带有条件格式的任意一个单元格，这里选择单元格A26；❷选择【开始】选项卡；❸在【样式】组中单击【条件格式】按钮，如图11-88所示。

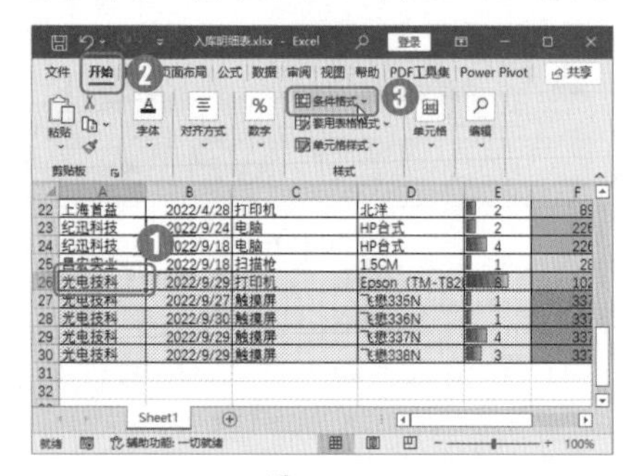

图 11-88

Step 02 清除所选单元格规则。在弹出的下拉列表中选择【清除规则】→【清除所选单元格的规则】选项，如图11-89所示。

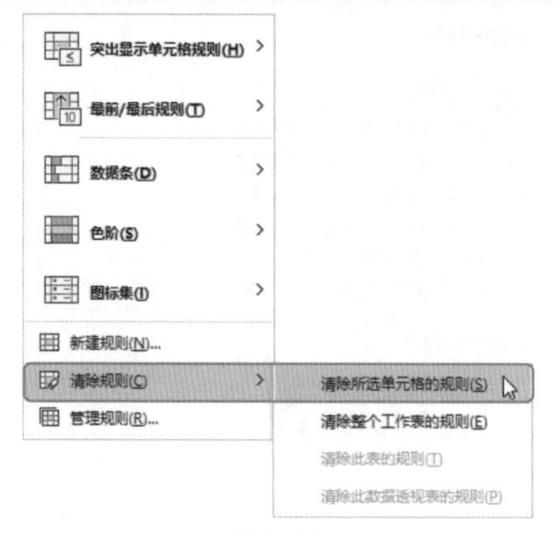

图 11-89

Step 03 查看规则清除效果。完成以上操作后，即可清除单元格A26中的格式规则，如图11-90所示。

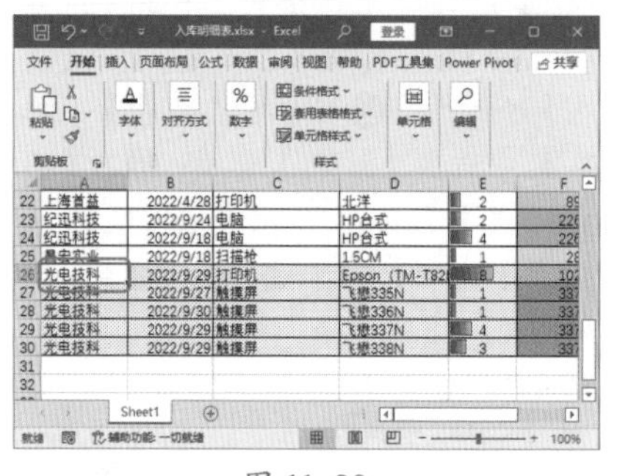

图 11-90

Step 04 清除整个工作表的规则。如果在弹出的【条件格式】下拉列表中选择【清除规则】→【清除整个工作表的规则】选项，即可清除整个工作表中的所有格式规则，如图11-91所示。

图 11-91

技能拓展——清除数据透视表中设置的条件规则

在数据透视表【条件格式】下拉列表中选择【清除规则】选项，在弹出的级联菜单中选择【清除此数据透视表的规则】选项，即可清除该数据透视表中的条件规则。

妙招技法

通过对本章知识的学习，相信读者已经掌握了用Excel进行数据管理与分析的基本操作。下面结合本章内容，介绍一些实用技巧。

技巧01：如何将表格的空值筛选出来

在Excel中，不仅可以筛选单元格中的文本、数字、颜色等元素，还可以筛选空值，筛选空值的具体操作步骤如下。

Step 01 添加筛选按钮。打开“素材文件\第11章\8月份费用统计表.xlsx”文档，将光标定位在数据区域的任意一个单元格中，❶选择【数据】选项卡；❷单击【排序和筛选】组中的【筛选】按钮，如图11-92所示。

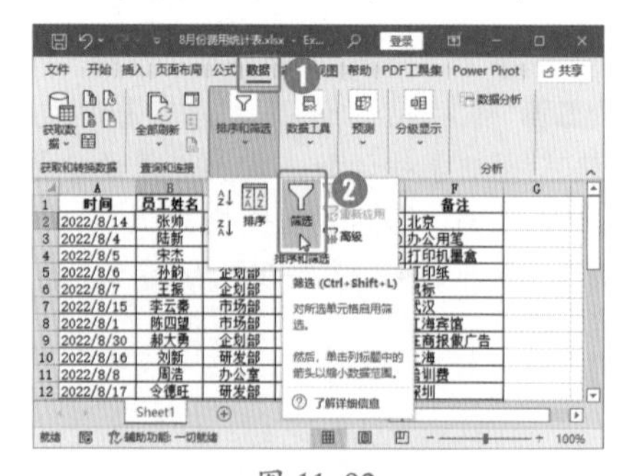

图 11-92

Step 02 进行数据筛选。完成Step 01操作后，工作表进入筛选状态，各标题字段的右侧出现一个下拉按钮，❶单击【费用类别】右侧的下拉按钮；❷在弹出的筛选列表中单击已被选择的【全选】复选框，取消选择所有复选框；❸选择【(空白)】复选框；❹单击【确定】按钮，如图11-93所示。

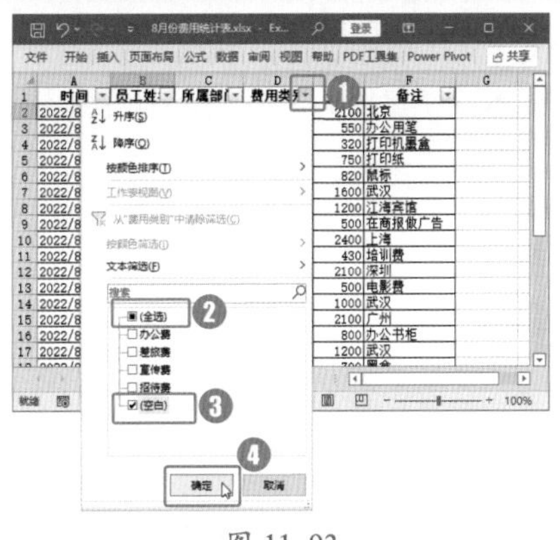

图 11-93

Step03 查看筛选结果。完成以上操作后，“费用类别”为空值的数据记录就被筛选出来了，如图 11-94 所示。

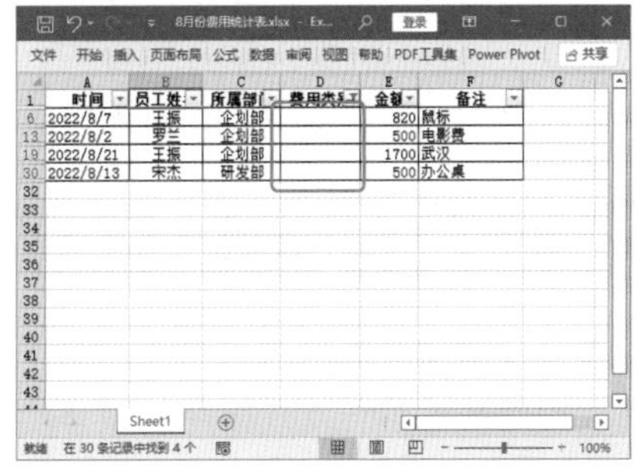

图 11-94

技巧 02：如何把汇总项复制粘贴到另一个工作表中

完成数据分类汇总后，如果要将汇总项复制、粘贴到另一个工作表中，通常会连带着 2 级和 3 级数据。如果只想复制、粘贴汇总项，可以通过定位可见单元格来复制数据，只粘贴汇总项数值，剥离 2 级和 3 级数据。只复制和粘贴汇总项的具体操作步骤如下。

Step01 分类汇总数据。打开“素材文件\第 11 章\差旅费统计表.xlsx”文档，按“所属部门”对差旅费进行分类汇总，分类汇总后的 2 级数据如图 11-95 所示。

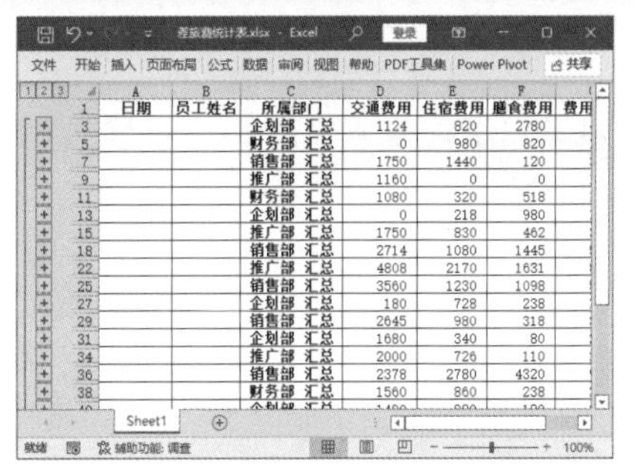

图 11-95

Step02 打开【定位条件】对话框。按【Ctrl+G】组合键，打开【定位】对话框，单击【定位条件】按钮，如图 11-96 所示。

图 11-96

Step03 选择定位条件。弹出【定位条件】对话框，❶选择【可见单元格】单选按钮；❷单击【确定】按钮，如图 11-97 所示。

图 11-97

Step04 复制数据。完成以上操作后，即可选择所有可见单元格。按【Ctrl+C】组合键，被选择的可见单元格进入复制状态，四周显示虚线框，如图 11-98 所示。

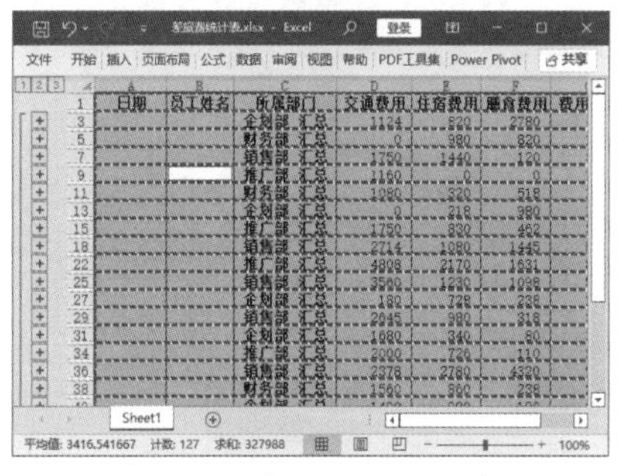

图 11-98

Step05 粘贴数据。打开一个新的工作表，按【Ctrl+V】组合键，即可将汇总项粘贴到该工作表中，如图 11-99 所示。

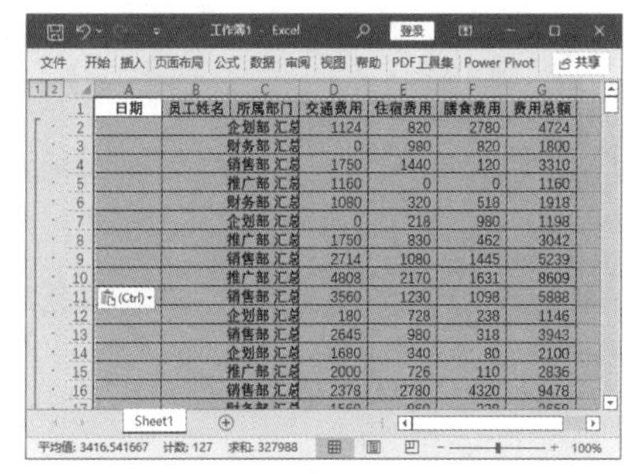

图 11-99

技巧 03：如何使用通配符筛选数据

通配符“*”表示一串字符，“?”表示一个字符，使用通配符，可以快速筛选出一列中满足条件的数据记录。筛选“资产名称”中含有“车”字的数据记录，具体操作步骤如下。

Step01 打开【自定义自动筛选方式】对话框。打开“素材文件\第 11 章\固定资产清单.xlsx”文档，单击【数据】选项卡【排序和筛选】组中的【筛选】按钮，进入筛选状态，❶单击【资产名称】右侧的下拉按钮▾；❷在弹出的列表中选择【文本筛选】选项；❸在弹出的下一级列表中选择【自定义筛选】选项，如图 11-100 所示。

图 11-100

Step 02 设置筛选条件。弹出【自定义自动筛选方式】对话框，❶在【资产名称】列表框中选择【等于】选项，在其后的文本框中输入“*车*”；❷单击【确定】按钮，如图 11-101 所示。

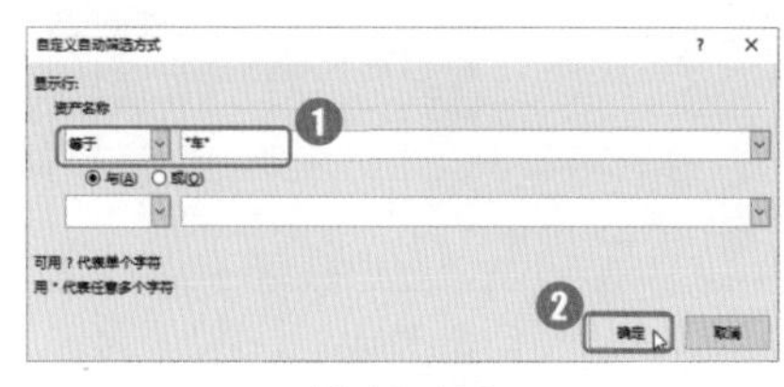

图 11-101

Step 03 查看筛选结果。返回Excel文档，即可看到筛选出的“资产名称”中含有“车”字的数据记录，如图 11-102 所示。

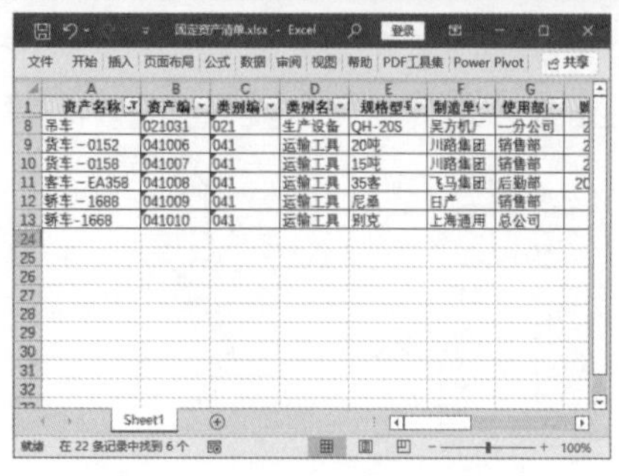

图 11-102

技术看板

在Excel表格中，设置筛选范围时，通配符“?”和“*”只能配合文本型数据使用。如果数据是日期型数据或数值型数据，需要通过设置限定范围（>或<）等来实现筛选。

本章小结

本章首先介绍了数据管理的相关知识，然后结合实例，介绍了表格数据的排序、筛选和分类汇总等功能的操作方法，最后介绍了条件格式的应用技巧。通过对本章内容的学习，读者能够快速掌握对数据进行常规排序及按自定义序列进行排序的方法，掌握数据的筛选和分类汇总的操作方法，并学会使用条件格式功能，突出显示重要的数据信息。

第4篇 PowerPoint 办公应用

PowerPoint 2021 用于设计和制作各类演示文稿，如总结报告、培训课件、产品宣传、会议展示等，制作的演示文稿可以使用计算机或投影机进行播放。

第12章 PowerPoint 2021 演示文稿的创建

- PPT 的组成元素有哪些?
- 为什么总是做不好PPT？
- 幻灯片的基本操作有哪些，如何制作精美的幻灯片?
- 幻灯片的设计理念有哪些，如何设计具有吸引力的幻灯片?
- 什么是幻灯片母版，如何使用母版制作演示文稿?
- 如何为幻灯片添加多个对象，让其有更佳的设计感、可读性?

本章将介绍PowerPoint 2021 演示文稿的相关知识，包括PPT的基本元素，制作编辑幻灯片时的注意事项，版面的布局设计、颜色搭配，以及如何插入音频与视频等内容，在学习过程中，读者会得到以上问题的答案。

12.1 制作 PPT 的相关知识

专业、精美的PPT能够给人以赏心悦目的感觉，具有极强的说服力。下面从PPT的设计理念、设计PPT的注意事项、PPT的布局设计和PPT的色彩搭配等方面介绍PPT的设计和美化技巧，帮助大家全面突破制作PPT的“瓶颈”。

★重点 12.1.1 PPT的组成元素与设计理念

PPT的组成元素包括文字、图片、表格、图形、图表、动画等，如图 12-1 所示。

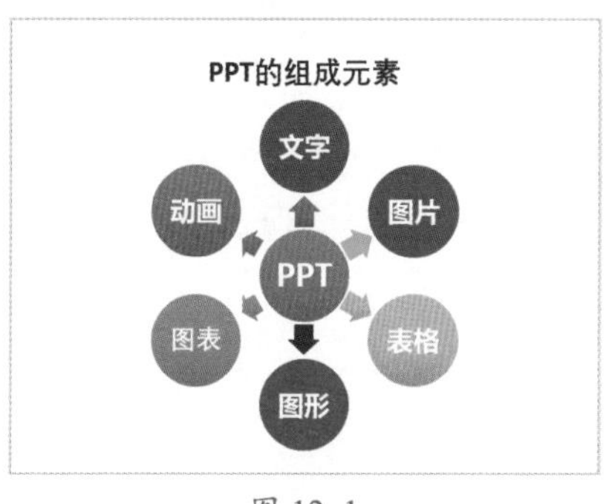

图 12-1

专业的PPT通常具有清晰的结构，通过形象化的表达，让观众获得视觉上的享受。下面为大家总结几条PPT的设计理念和制作思路。

1. 使用PPT的目的在于有效沟通

成功的PPT是视觉化和逻辑化的产品，不仅能够吸引观众的注意力，更能帮助制作者加强与观众之间的有效沟通，如图 12-2 所示。

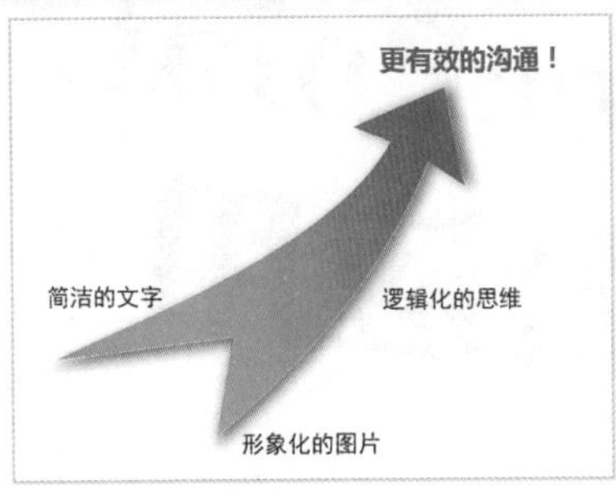

图 12-2

被观众接受的PPT才是好的PPT！无论是简洁的文字、形象化的图片，还是逻辑化的思维，PPT设计与制作的最终目的是与观众建立有效的沟通，如图 12-3 所示。

PPT制作的目标！

■老板愿意看
■客户感兴趣
■观众记得住

图 12-3

2. PPT应具有视觉化效果

在认知过程中，面对视觉化的事物，人们往往能增强表象、记忆与思维等方面的反应强度，更容易地接受。例如，个性的图片、简洁的文字、专业清晰的模板，都能够让PPT“说话”，对观众产生更大的吸引力，如图 12-4 和图 12-5 所示。

印象源于奇特

个性+简洁+清晰→记忆

图 12-4

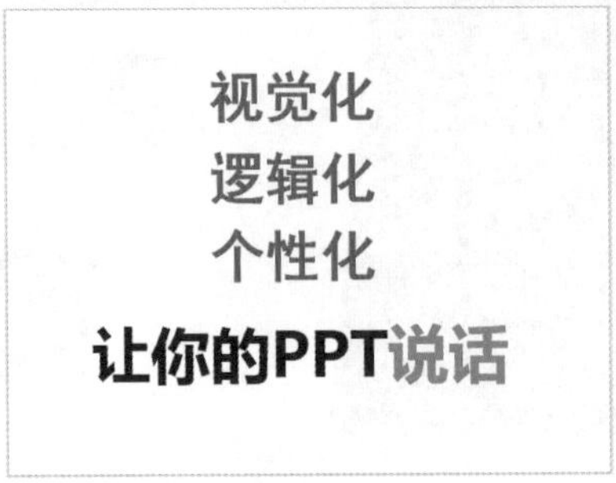

视觉化
逻辑化
个性化
让你的PPT说话

图 12-5

3. PPT应逻辑清晰

逻辑清晰的事物通常更具条理性和层次性，便于观众接受和记忆。逻辑化的PPT应该像讲故事一样，在演示的过程中让观众有看电影的感觉，如图 12-6 和图 12-7 所示。

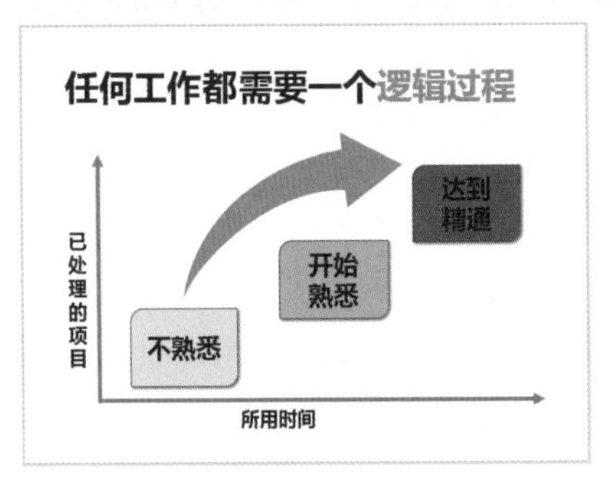

图 12-6

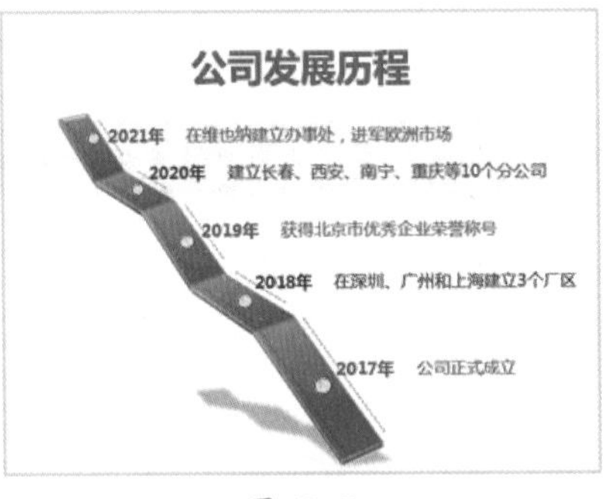

图 12-7

★重点 12.1.2 设计PPT的注意事项

在设计和使用PPT时，你是否会经常遇到这样或那样的问题？为什么制作的PPT总是那么不尽如人意？面对这些问题，你是否进行过如下思考？

1. 为什么PPT做不好

为什么PPT做不好？不是因为没有漂亮的图片，也不是因为没有合适的模板，关键在于没有理解PPT的设计理念，如图 12-8 所示。

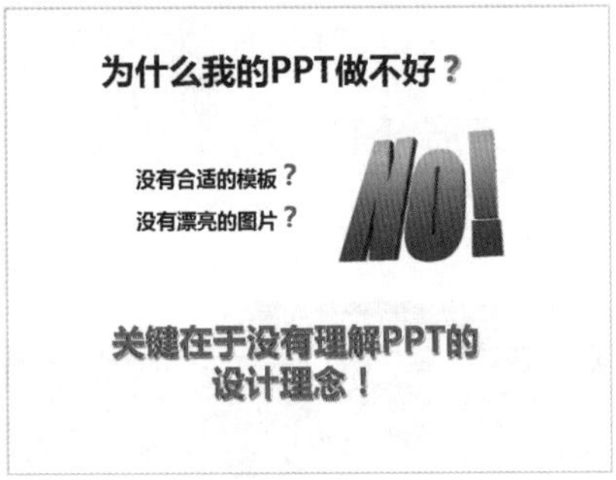

为什么我的PPT做不好？

没有合适的模板？
没有漂亮的图片？

关键在于没有理解PPT的设计理念！

图 12-8

2. PPT的常见设计通病

在PPT的设计过程中，有的人为了节约时间，直接把Word文档中的内容复制粘贴到PPT上，并不进行提炼；有的人在PPT的每个角落都堆积了大量的图表，却没有说明这些数据反映了哪些发展趋势；有的人看到漂亮的模板，就直接用在PPT中，完全不考虑和自己的主题是否相符等，如图 12-9 所示。

这样的PPT，你愿意看吗？

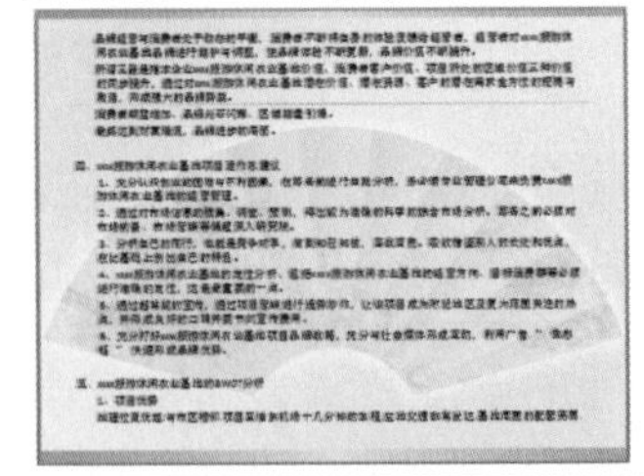

图 12-9

这样的PPT设计通病，势必会造成演讲者和观众之间的沟通障碍，让观众看不懂、没兴趣、没印象，如图 12-10 所示。

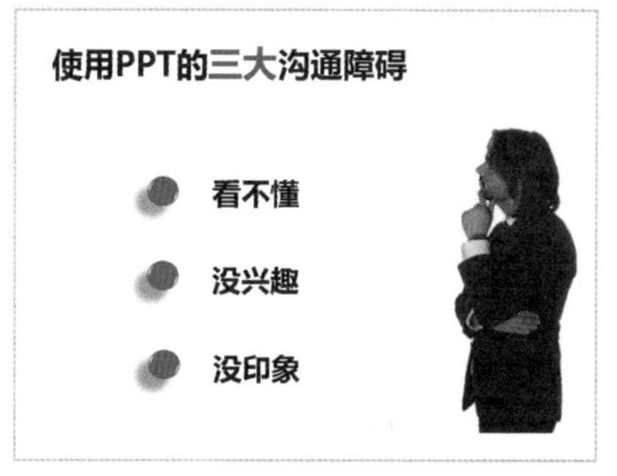

图 12-10

3. PPT设计的原则

好的幻灯片既清晰、美观，又贴切、适用，总能让人眼前一亮。这很大程度上是因为好的幻灯片设计遵循了 PPT 设计的基本原则。

在 PPT 设计过程中，无论是使用文字、图片，还是添加表格、图形，都必须遵守清晰、美观、条理三大原则，如图 12-11 所示。

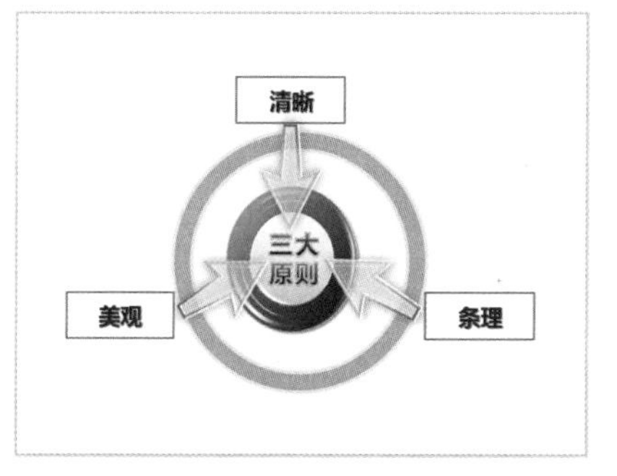

图 12-11

使用 PPT 的文字和图形特效，能够将复杂的文字简单化、形象化，让观众愿意看、看得懂。

结合 PPT 的设计理念和常用的职业场合，我们希望指导读者制作出能够缩短会议时间、增强演讲说服力、提高订单成交率的 PPT，如图 12-12 所示。

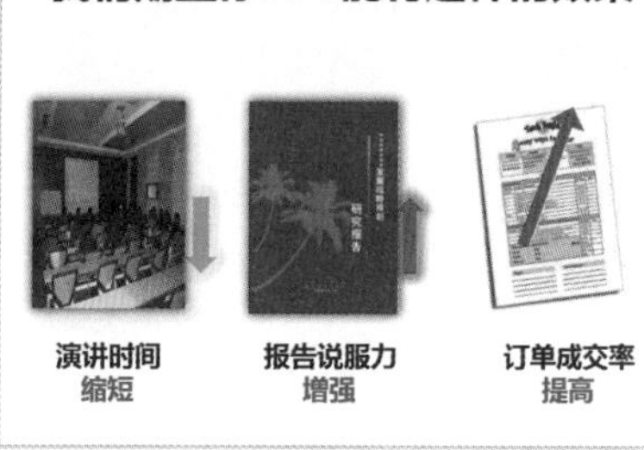

图 12-12

★重点 12.1.3 PPT 的布局如何设计

幻灯片的不同布局，能够给观众带来不同的视觉感受，如舒心、紧张、困惑、焦虑等。

合理的幻灯片布局，不是把所有内容都堆砌到一张幻灯片上，而是突出重点。确定哪些元素应该重点突出是相当关键的，重点展示关键信息，弱化次要信息，才能吸引观众的注意力。

1. 专业PPT的布局原则

PPT 的合理布局通常遵循以下几个原则。

（1）对比性：通过对比，让观众迅速发现事物间的不同之处，并合理安排注意力。

（2）流程性：让观众清晰地了解信息传达的次序。

（3）层次性：让观众看到元素之间的关系。

（4）一致性：让观众明白信息之间的一致性。

（5）距离感：视觉结构可以明确地映射信息结构，让观众从元素的分布中理解其意义。

（6）适当留白：给观众留下视觉上的"呼吸空间"。

2. 常用的PPT版式布局

布局是 PPT 设计的一个重要环节，布局不好，信息表达会大打折扣。下面为大家介绍几种常用的 PPT 版式布局。

（1）标准型布局。标准型布局是最常见、最简单的版面编排类型，一般按照从上到下的排列顺序，对图片、图表、标题、说明文字、标志图形等元素进行排列。自上而下的排列方式符合人们认知的心理顺序和思维活动的逻辑顺序，能够产生良好的阅读效果，如图 12-13 所示。

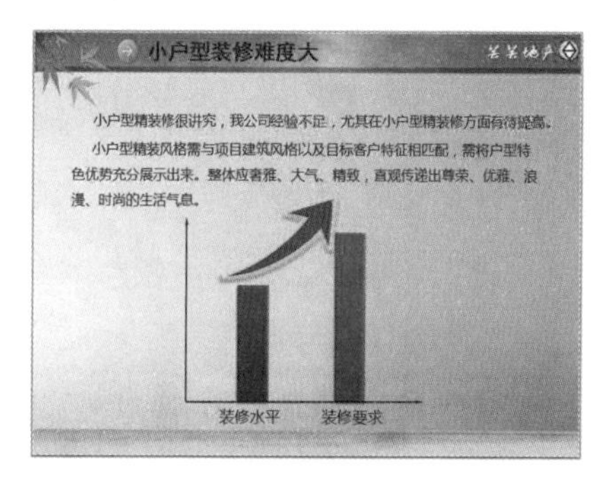

图 12-13

（2）左置型布局。左置型布局也是一种常见的版面编排类型，它往往将纵长型图片放在版面的左侧，使之与横向排列的文字形成有力的对比。这种版面编排方式十分符合人们的视线流动顺序，如图 12-14 所示。

图 12-14

（3）斜置型布局。斜置型布局指构图时全部页面要素向右边或左边做适当的倾斜，使视线上下流动，使画面产生动感，如图 12-15 所示。

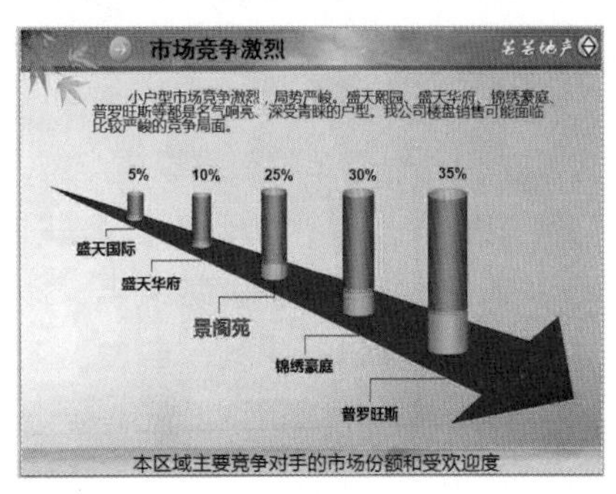

图 12-15

（4）圆图型布局。圆图型布局指安排版面时以正圆或半圆为版面的中心，在此基础上按照标准型顺序安排标题、说明文字和标志图形，在视觉上非常引人注目，如图 12-16 所示。

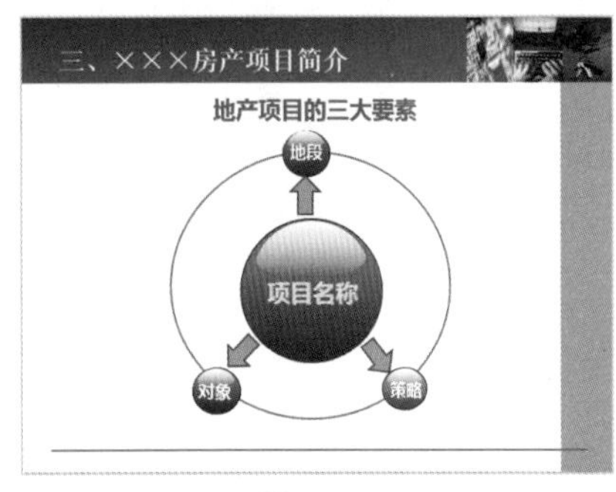

图 12-16

（5）中轴型布局。中轴型布局是一种对称的布局。标题、图片、说明文字与标题图形在轴心线或轴中图形的两边，具有良好的平衡感。根据视觉流动的规律，设计时要把诉求重点放在左上方、右下方或中心位置，如图 12-17 所示。

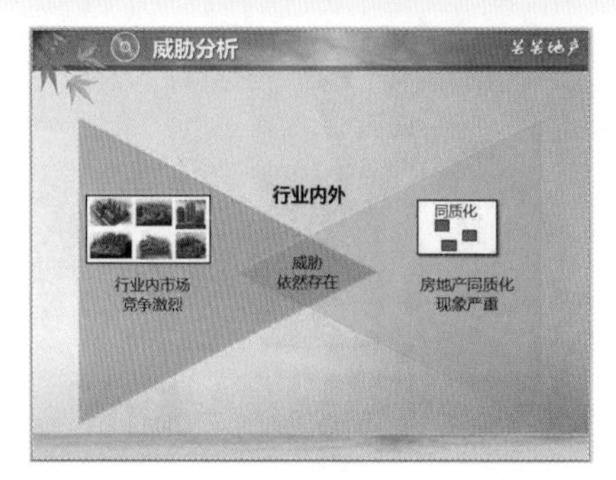

图 12-17

（6）棋盘型布局。棋盘型布局指安排版面时将版面全部或部分分割成若干等量的方块，方块间可明显区分，做棋盘式设计，如图 12-18 所示。

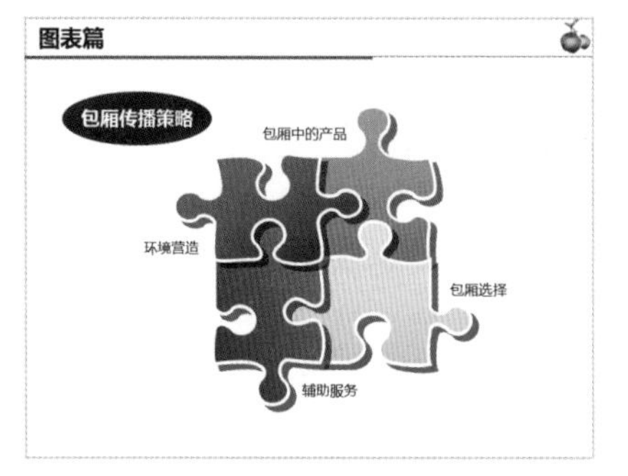

图 12-18

（7）文字型布局。文字型布局指在编排中，文字是版面的主体，图片仅仅是点缀。使用文字型布局，一定要加强文字本身的感染力，字体便于阅读，并使图形起到锦上添花、画龙点睛的作用，如图 12-19 所示。

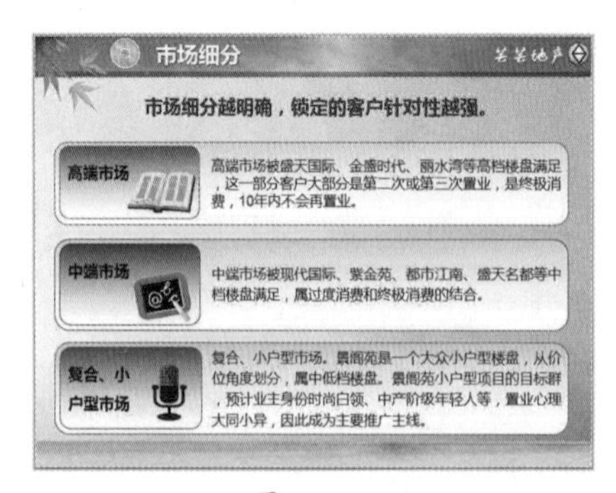

图 12-19

（8）全图型布局。全图型布局指用一张图片占据整个版面，图片可以是人物形象，也可以是创意所需要的特写场景，在图片旁的适当位置直接加入标题、说明文字或标志图形，如图 12-20 所示。

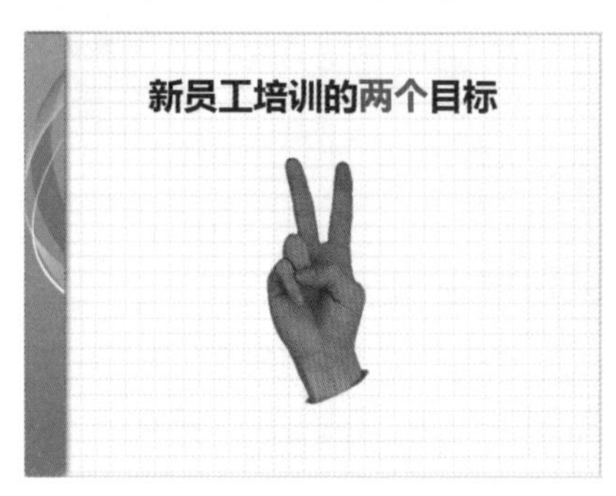

图 12-20

（9）字体型布局。字体型布局指在编排时，对商品的品名或标志图形进行放大处理，使其成为版面上的主要视觉要素。做此变化，可以增加版面的趣味性，突出主题，使人印象深刻，在设计中，力求简洁、巧妙，如图 12-21 所示。

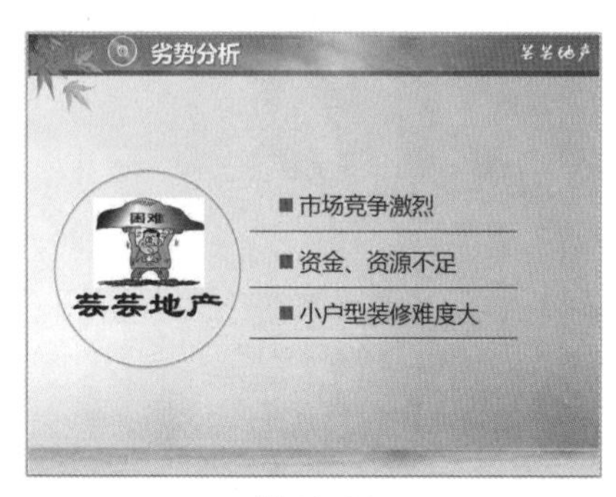

图 12-21

（10）散点型布局。散点型布局指在编排时，将构成要素在版面上做不规则的排放，形成随意轻松的视觉效果。要注意对色彩或图形进行相似处理，避免杂乱无章。同时要主体突出，符合视觉流动规律，这样才能取得最佳展示效果，如图 12-22 所示。

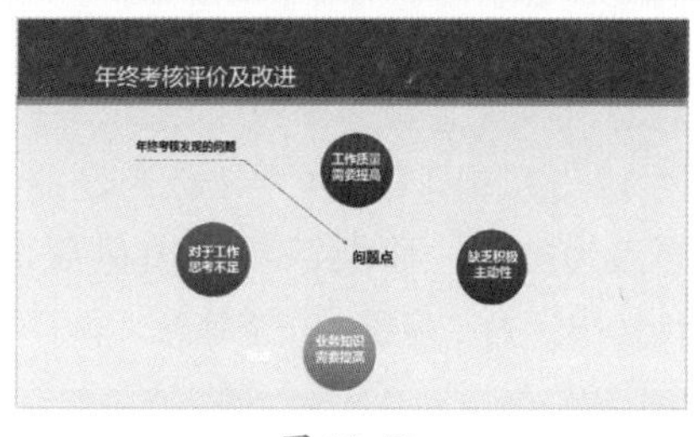

图 12-22

（11）水平型布局。水平型布局是一种安静、清晰的编排形式。同样的PPT元素，竖放与横放会产生不同的视觉效果，如图 12-23 所示。

让图表专业起来
■ 一个主题
■ 图文并茂
■ 简单明了
■ 整齐划一

图 12-23

（12）交叉型布局。交叉型布局指将图片与标题进行叠置，既可交叉成十字形，也可做一定的倾斜。这种交叉增加了版面的层次感，如图 12-24 所示。

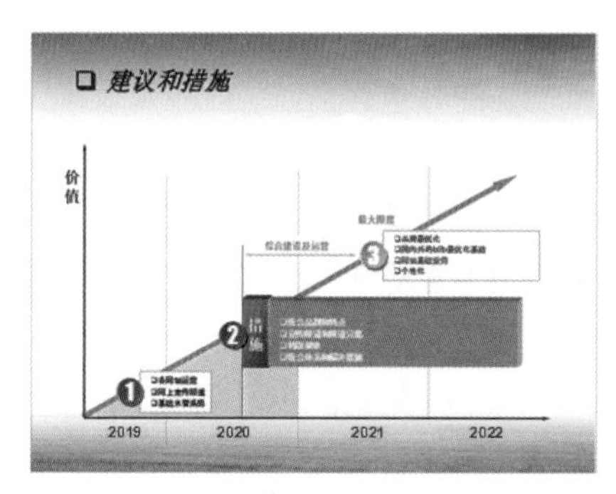

图 12-24

（13）背景型布局。背景型布局指在编排时首先把实物纹样或某种肌理效果作为版面的背景，然后再将标题、说明文字等构成要素置于其上，如图 12-25 所示。

2021年中国汽车产销量分析表

车辆类型	1-12月累计	同比增长	车辆类型	1-12月累计	同比增长
乘用车	1806.19	32.37%	商用车	249.21	27.77%
轿车	1375.78	33.17%	客车	430.41	29.9%
MPV	949.43	27.05%	货车	283.13	25.83%
SUV	44.54	78.92%	半挂牵引车	35.46	67.98%
交叉型乘用车	132.6	101.27%	客车非完整车辆	8.69	4.93%

图 12-25

（14）指示型布局。指示型布局指版面编排的结构形态有着明显的指向性，这种指向性构成要素既可以是箭头型的指向图形，又可以是图片动势指向文字内容，如图 12-26 所示。

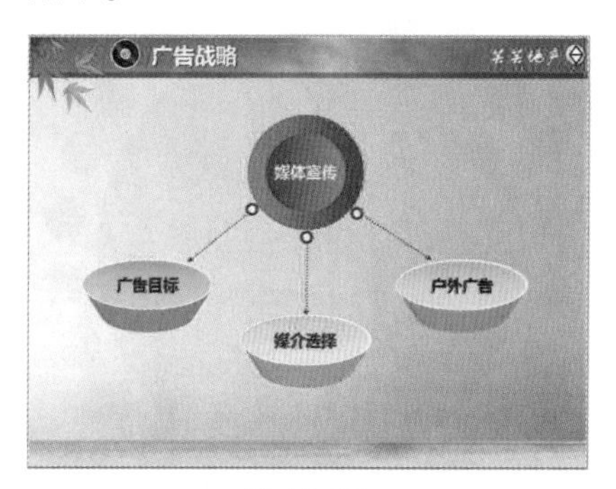

图 12-26

（15）重复型布局。重复的构成要素具有较强的吸引力，可以为版面增加节奏感，同时有着清晰的条理，如图 12-27 所示。

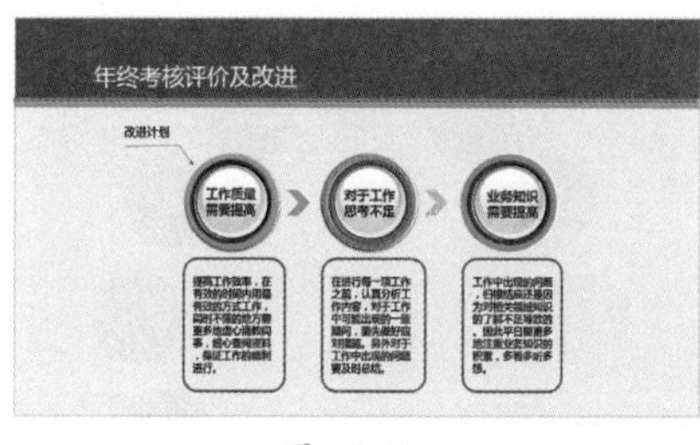

图 12-27

布局是一种设计、一种创意。一千个PPT，可以有一千种不同的布局设计；同一篇内容，不同的PPT达人也会做出不同的布局设计。做布局设计，关键是要清晰、简约和美观。

★重点 12.1.4　PPT的色彩搭配技巧

专业的PPT，往往在色彩搭配上恰到好处，既能着重突出主体，又能做到色彩深浅适宜，达到让读者一目了然的效果。

1. 基本色彩理论

PPT中的颜色通常是RGB或HSL模式的颜色。

RGB模式使用红（R）、绿（G）、蓝（B）3 种颜色。根据每一种颜色饱和度和亮度的不同，具体分成 256 种颜色，并且可以调整色彩的透明度。

HSL模式是工业界的颜色标准之一，通过色调（H）、饱和度（S）、亮度（L）3 个颜色通道的变化，以及它们相互之间的叠加，得到各式各样的颜色。HSL模式是目前运用最广的颜色模式之一。

（1）三原色。三原色是色环中所有颜色的"父母"。在色环中，只有红、黄、蓝 3 种颜色不是由其他颜色调和而成的，如图 12-28 所示。

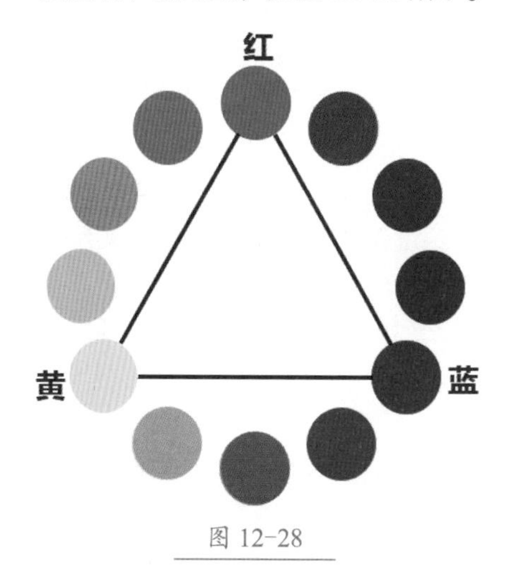

图 12-28

三原色同时使用比较少见。红黄搭配是非常受欢迎的，应用范围很广，在图表设计中，经常会看到这两种颜色同时使用。

蓝红搭配也很常见，但只有两者的使用区域分离时，才会显得吸引人，如果紧邻在一起，会产生冲突感。

（2）二次色。每一种二次色都是由离它最近的两种原色等量调和而成的。二次色所处的位置是两种三原色之间的位置，如图 12-29 所示。

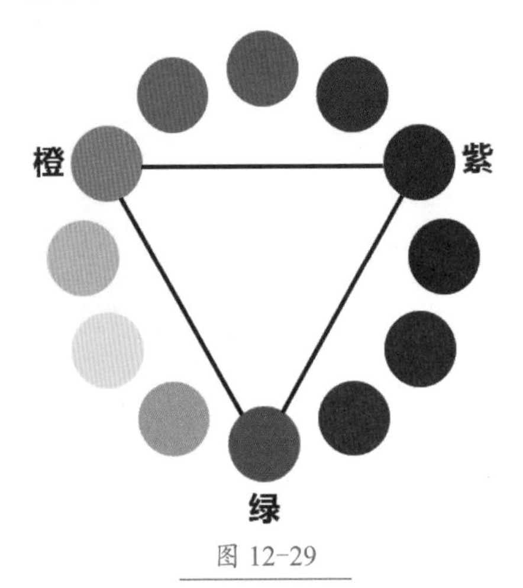

图 12-29

二次色之间都拥有一种共同的颜色——比如两种共同拥有蓝色、两种共同拥有黄色、两种共同拥有红色，所以它们能够轻松地进行协调搭配。如果 3 种二次色同时使用，会显得很舒适、有吸引力，并具有丰富的色调。二次色同时具有的颜色深度及广度，在其他颜色关系上很难找到。

（3）三次色。三次色由相邻的两种二次色调合而成，如图 12-30 所示。

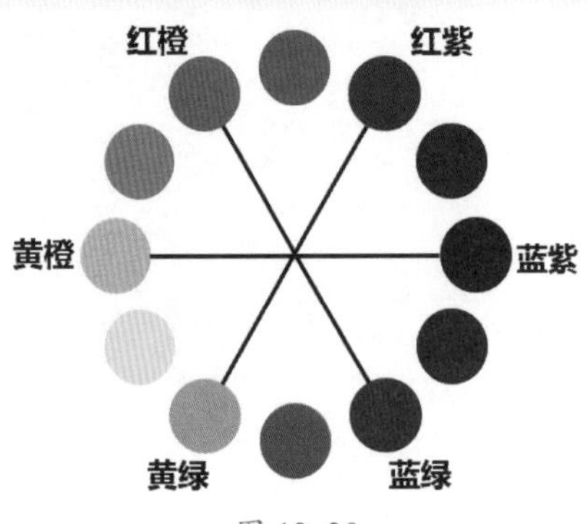

图 12-30

（4）色环。每种颜色都拥有部分相邻的颜色，循环成一个色环。共同的颜色是颜色关系的基本要点，如图 12-31 所示。

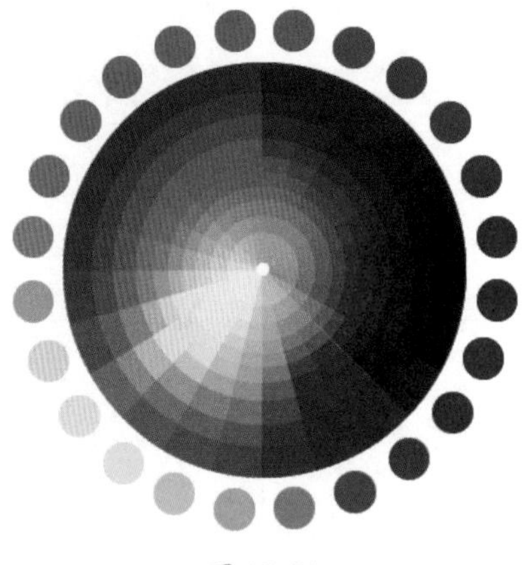

图 12-31

色环通常包括 12 种不同的颜色，由这 12 种常用颜色组成的色环称为 12 色环，如图 12-32 所示。

图 12-32

（5）补色。在色环上，直线相对的两种颜色称为补色，例如，在图 12-33 和图 12-34 中，红色及绿色互为补色，形成强烈的对比效果，传达出活力、能量、兴奋等意义。

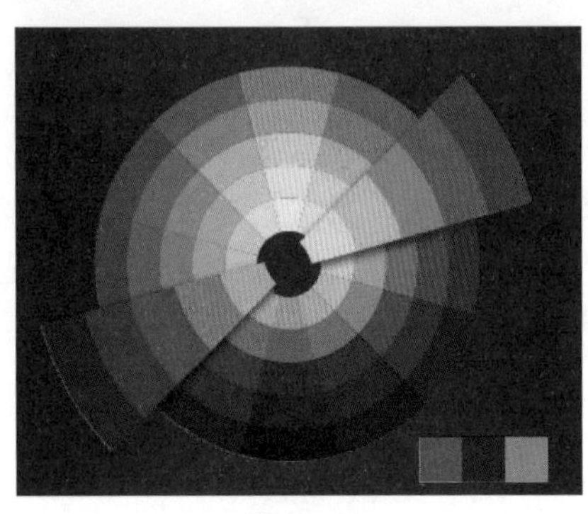

图 12-33

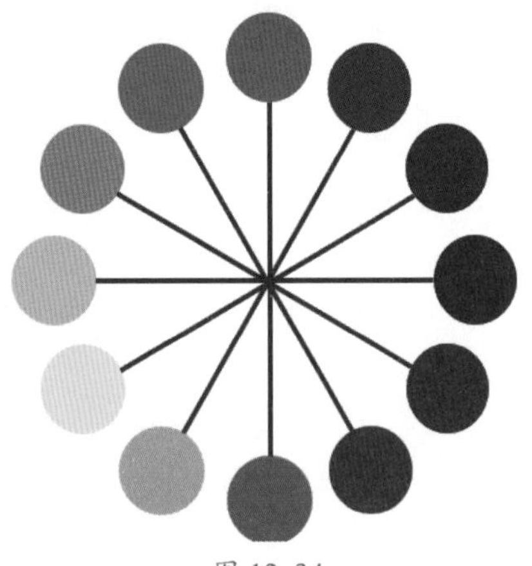

图 12-34

要使补色达到最佳的应用效果，最好是其中一种颜色面积比较小，另一种颜色面积比较大。例如，在一个蓝色的区域中，搭配橙色的小圆点。

（6）类比色。相邻的颜色称为类比色。类比色都拥有共同的颜色（比如图 12-35 中的黄色及红色）。这种颜色搭配会产生一种令人悦目、低对比度的和谐美感。类比色非常丰富，如图 12-35 所示。

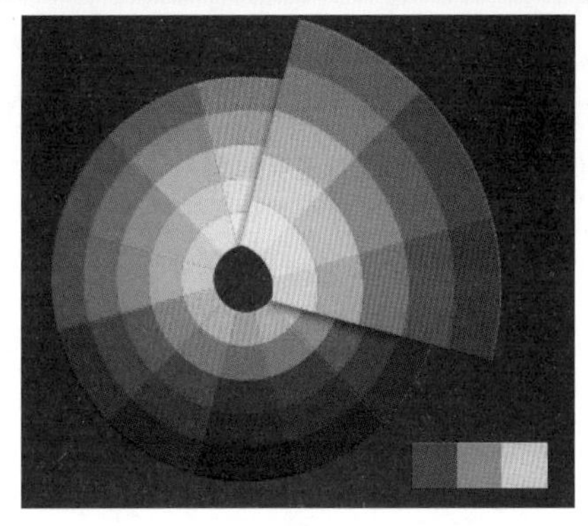

图 12-35

（7）单色。单色指一种颜色由暗、中、明 3 种色调组成。单色在搭配上并不会形成颜色的层次，取而代之的是形成明暗的层次。这种搭配在设计时应用效果很好，如图 12-36 所示。

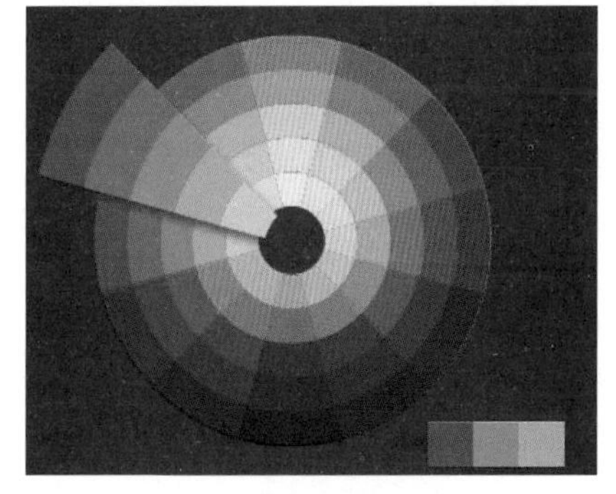

图 12-36

技术看板——色彩的范畴

色彩分为无色彩与有色彩两大范畴。

无色彩指无单色光，即黑、白、灰。

有色彩指有单色光，即红、橙、黄、绿、蓝、紫。

2. 色彩的三要素

每一种色彩都同时具有 3 种基本属性，即明度、色相和纯度，如图 12-37 所示。

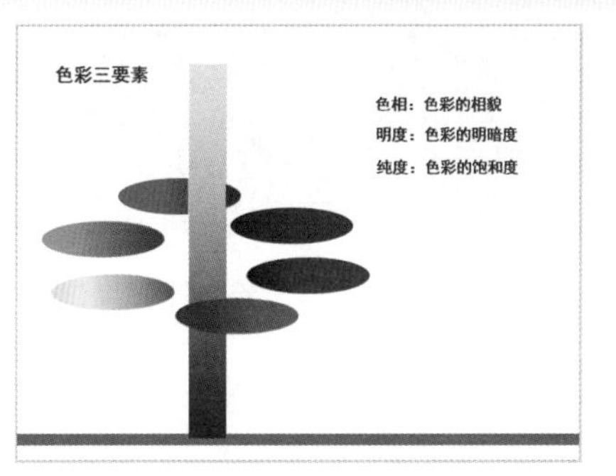

图 12-37

（1）明度。在无色彩中，明度最高的色为白色，明度最低的色为黑色，中间存在一个从亮到暗的灰色系列。在彩色中，任何一种颜色都有着自己的明度特征，例如，黄色为明度最高的颜色，紫色为明度最低的颜色。

明度在三要素中具有较强的独立性，它可以不带任何色相的特征，通过黑、白、灰的关系单独呈现。色相与纯度则必须依赖一定的明暗才能显现，即色彩一旦发生，明暗关系就会出现。可以把这种抽象出来的明度关系看作色彩的骨骼，它是色彩结构的关键，如图 12-38 所示。

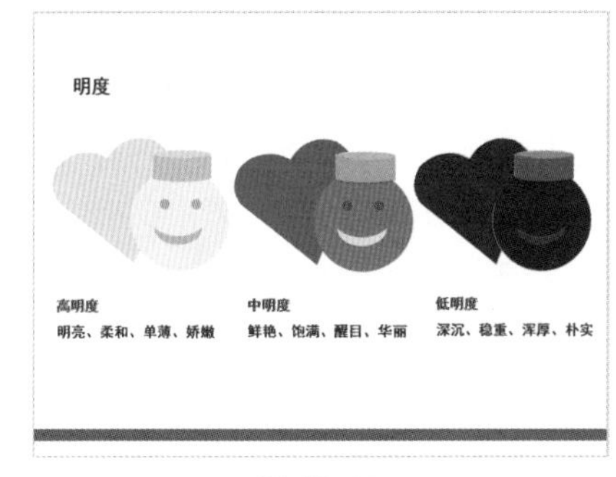

图 12-38

（2）色相。色相指色彩的相貌。色相可以集中反映色调，色调是对一幅绘画作品的整体颜色的评价。

如果说明度是色彩的骨骼，那么色相就很像色彩的华美肌肤。色相体现着色彩外向的性格，是色彩的灵魂。例如，红、橙、黄等色相集中反映为暖色调，蓝、绿、紫等色相集中反映为冷色调，如图 12-39 所示。

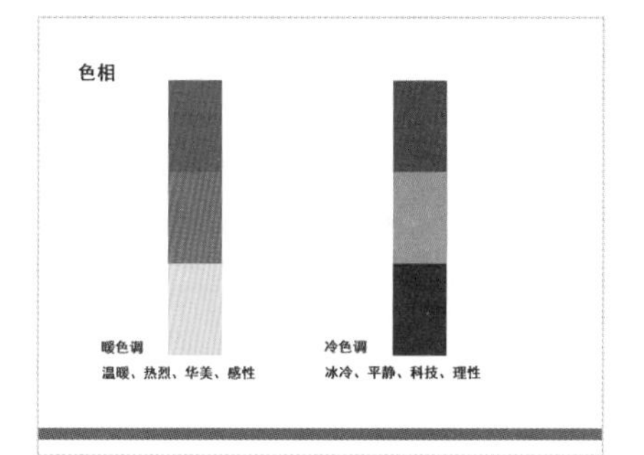

图 12-39

（3）纯度。纯度指色彩的鲜浊程度。

混入白色，鲜艳度提高，明度提高；混入黑色，鲜艳度降低，明度降低；混入明度相同的中性灰，纯度降低，明度没有改变。

对于不同的色相来说，不但明度不相等，纯度也不相等。纯度最高的为红色，黄色纯度也较高，绿色纯度为红色的一半左右。

纯度体现了色彩内向的品格。同一色相，即使只有纯度发生了细微的变化，也会立即带来色彩感观的变化，如图 12-40 所示。

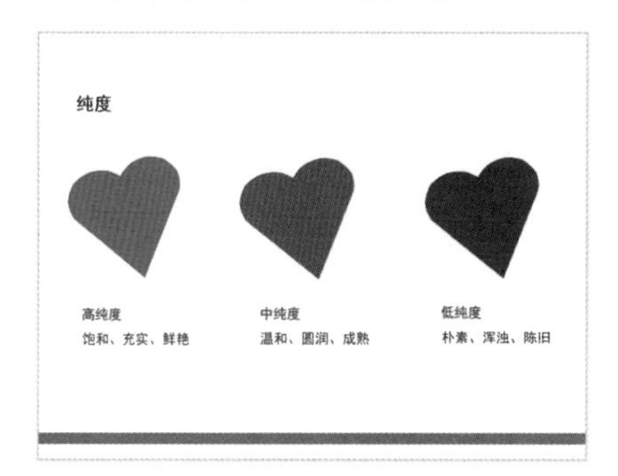

图 12-40

3. PPT中如何搭配色彩

色彩搭配是PPT设计中的重要一环。设计PPT时，不仅要正确选取PPT主色，准确把握视觉的冲击中心点，还要合理搭配辅助色，减轻其让观看者产生的视觉疲劳度，最好还能起到一定的视觉调节的效果。

（1）使用预定义的颜色组合。

在PPT中，可以使用预定义的具有良好颜色组合的颜色方案来设置演示文稿的格式。

一些颜色组合具有高对比度，非常便于阅读。例如，下列背景色和文字颜色的组合就很合适，紫色背景配绿色文字、黑色背景配白色文字、黄色背景配紫红色文字，以及红色背景配蓝绿色文字，如图 12-41 所示。

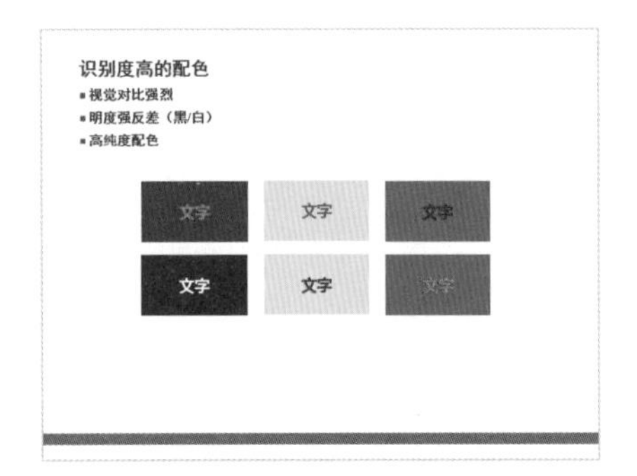

图 12-41

如果要使用图片，最好尝试选择图片中的一种或多种颜色，用于文字颜色，使之产生协调的效果，如图 12-42 所示。

图 12-42

（2）背景色选取原则。

选择背景色的原则之一是在选择背景色的基础上选择其他文字颜色，以获得最强的显示效果。

可以考虑同时使用背景色和纹理。有时，恰当纹理的淡色背景比纯色背景具有更好的效果，如图 12-43 所示。

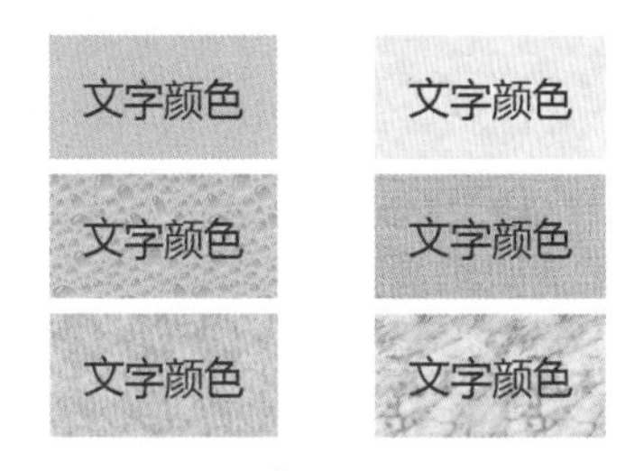

图 12-43

如果需要使用多种背景色，可以考虑使用近似色；多种近似色可以柔和过渡，并不会影响前景文字的可读性。用户可以通过使用补色，进一步突出前景文字。

（3）颜色使用原则。

不要使用过多的颜色，避免观众眼花缭乱。

注意颜色的细微差别。相似的颜色可能产生不同的效果，使信息内容的格调和感觉发生变化，如图 12-44 所示。

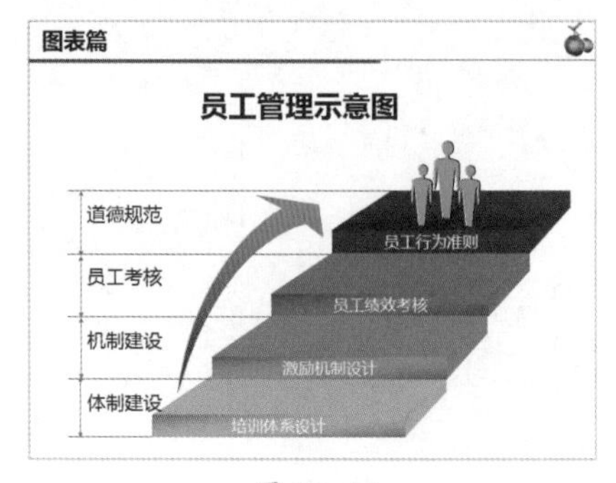

图 12-44

使用颜色，可表明信息内容间的关系，表达特定的信息或对信息内容进行强调。一些颜色有其特定的含义，如红色表示警告或重点提示，绿色表示认可。可使用这些相关颜色表达自己的观点，如图 12-45 所示。

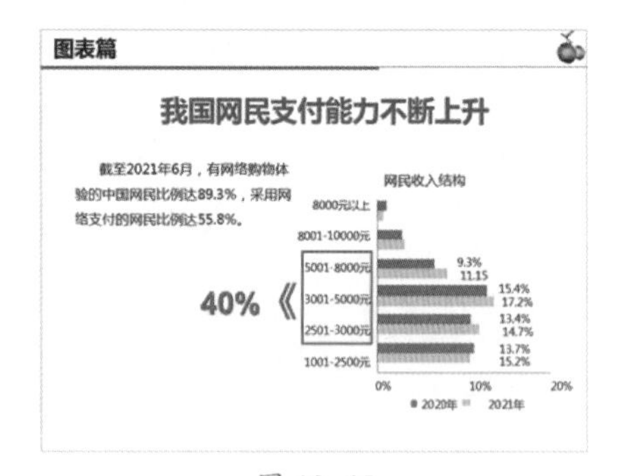

图 12-45

（4）注重颜色的可读性。

调查显示，5%~8%的人有不同程度的色盲，其中红绿色盲为大多数。因此，要尽量避免使用红色、绿色的对比来突出显示内容。

此外，应避免仅依靠颜色来表示信息内容，应做到让所有用户，包括视觉有不同程度障碍的人都能获取到所有信息。

12.2 幻灯片的基本操作

演示文稿是由一张张幻灯片组成的。本节主要介绍幻灯片的基本操作，包括创建演示文稿、保存演示文稿、新建幻灯片、更改幻灯片版式、移动与复制幻灯片等内容。下面以创建“业务演示文稿”为例进行详细介绍。

12.2.1 实战：创建“业务演示文稿”

实例门类	软件功能

PowerPoint 2021 内置多种演示文稿和幻灯片模板，供用户进行选择。

使用PowerPoint模板创建演示文稿并保存，具体操作步骤如下。

Step 01 启动软件。在菜单栏中选择【PowerPoint】选项，如图 12-46 所示。

图 12-46

Step 02 进入软件界面。进入PowerPoint创建界面，如图 12-47 所示。

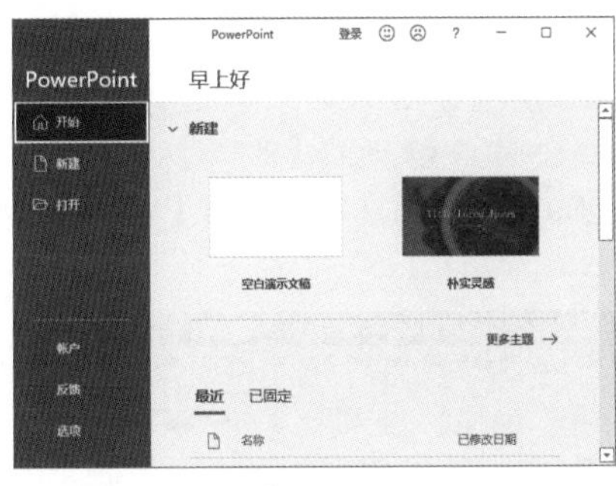

图 12-47

Step 03 选择模板关键词。❶选择【新建】选项卡；❷在搜索文本框下方选择模板关键词，这里选择【业务】选项，如图 12-48 所示。

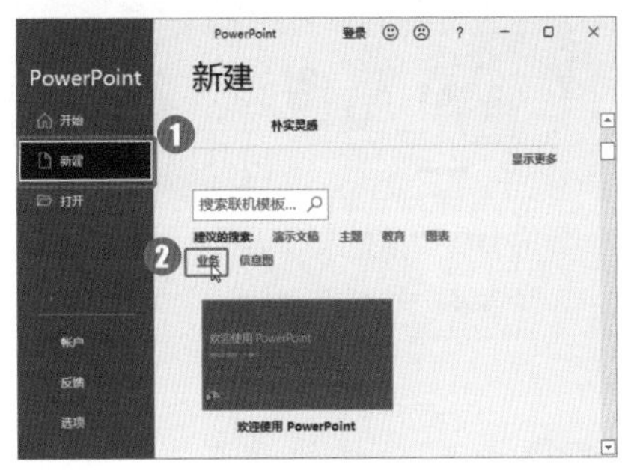

图 12-48

Step 04 选择模板。进入新界面，即可看到关于【业务】的所有PowerPoint模板，选择【色彩明亮的业务演示文稿】模板，如图 12-49 所示。

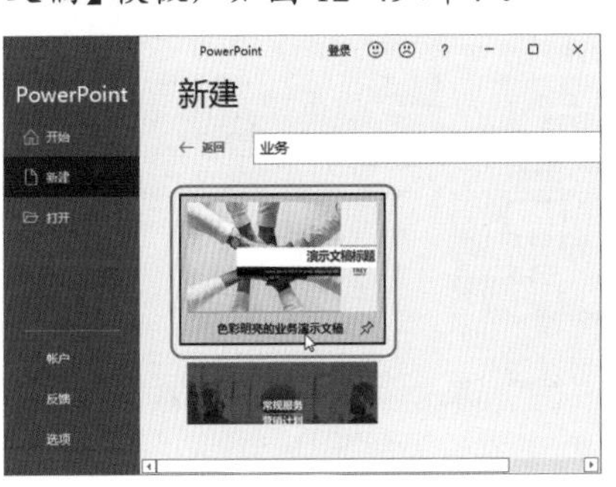

图 12-49

Step 05 创建模板。弹出预览窗口，即可看到【色彩明亮的业务演示文稿】模板的预览效果，单击【创建】按钮，如图 12-50 所示。

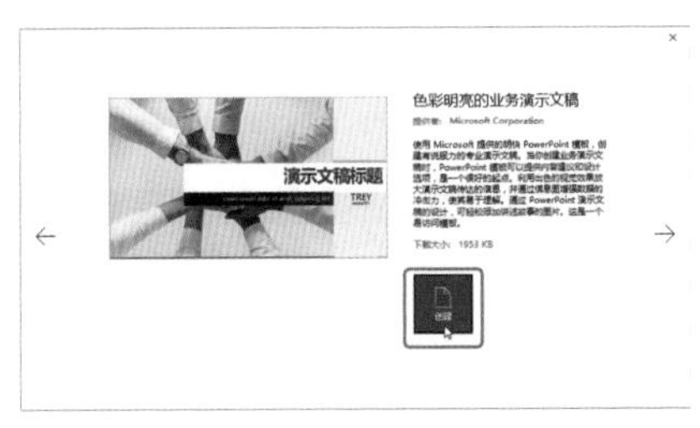

图 12-50

Step 06 查看创建成功的模板。根据选择的模板，创建一个名为“演示文稿 1”的文件，如图 12-51 所示。

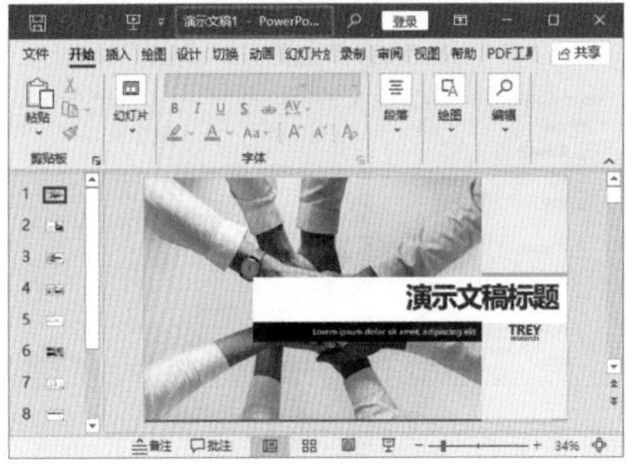

图 12-51

Step 07 保存模板。在窗口中单击【保存】按钮，或者按【Ctrl+S】组合键，如图 12-52 所示。

图 12-52

Step 08 打开【另存为】对话框。进入【另存为】界面，选择【浏览】选项，如图 12-53 所示。

图 12-53

Step 09 另存为模板。弹出【另存为】对话框，❶选择合适的保存位置；❷将【文件名】设置为“业务演示文稿.pptx”；❸单击【保存】按钮，如图 12-54 所示。

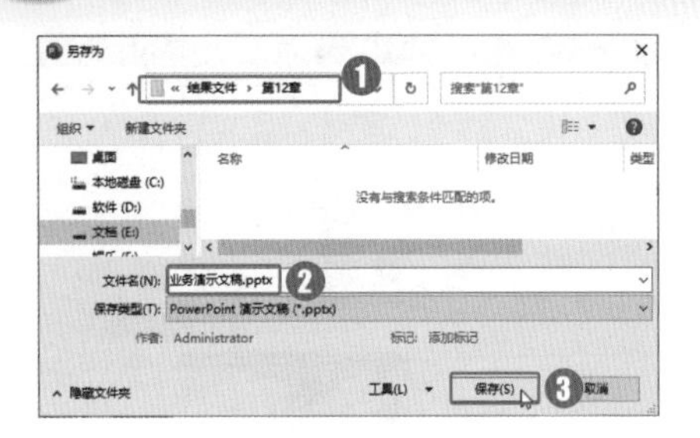

图 12-54

Step 10 查看保存成功的模板。完成以上操作后，新建的演示文稿就保存成名为"业务演示文稿.pptx"的文件了，如图 12-55 所示。

图 12-55

12.2.2 实战：新建或删除"业务演示文稿"中的幻灯片

实例门类	软件功能

创建演示文稿后，用户可以根据需要新建或删除幻灯片。

1. 新建幻灯片

新建幻灯片的具体操作步骤如下。

Step 01 新建幻灯片。在左侧幻灯片窗格中，选择要插入幻灯片位置的上一张幻灯片。例如，选择第 1 张幻灯片，❶选择【开始】选项卡；❷在【幻灯片】组中单击【新建幻灯片】按钮；❸在弹出的下拉列表中选择【标题和内容】选项，如图 12-56 所示。

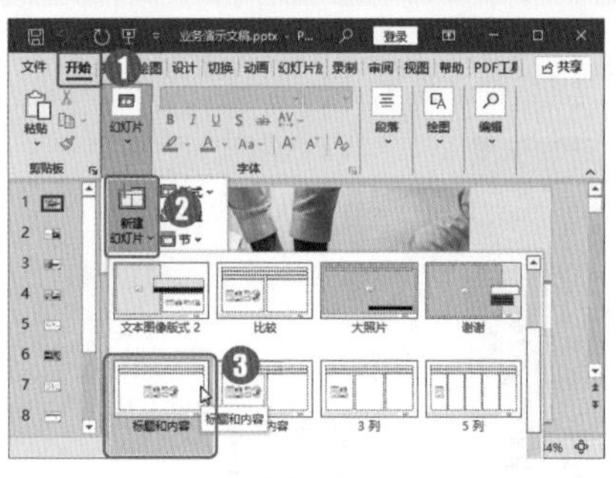

图 12-56

Step 02 查看新建的幻灯片。完成 Step 01 操作后，即可在所选择幻灯片的下方插入一个新幻灯片，并自动应用所选择幻灯片的样式，如图 12-57 所示。

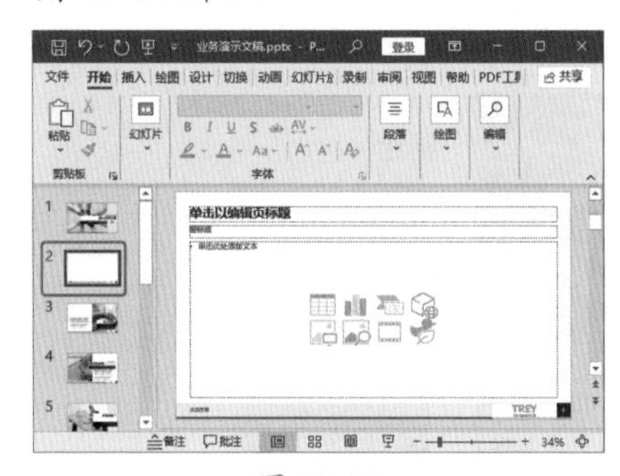

图 12-57

2. 删除幻灯片

删除幻灯片的具体操作步骤如下。

Step 01 删除幻灯片。❶选择要删除的幻灯片，这里选择第 2 张幻灯片并右击；❷在弹出的快捷菜单中选择【删除幻灯片】选项，如图 12-58 所示。

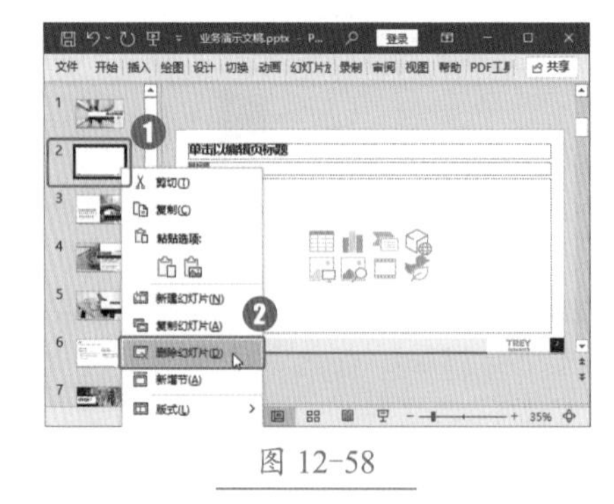

图 12-58

Step 02 查看幻灯片删除效果。完成 Step 01 操作后，所选择的幻灯片即可被删除，如图 12-59 所示。

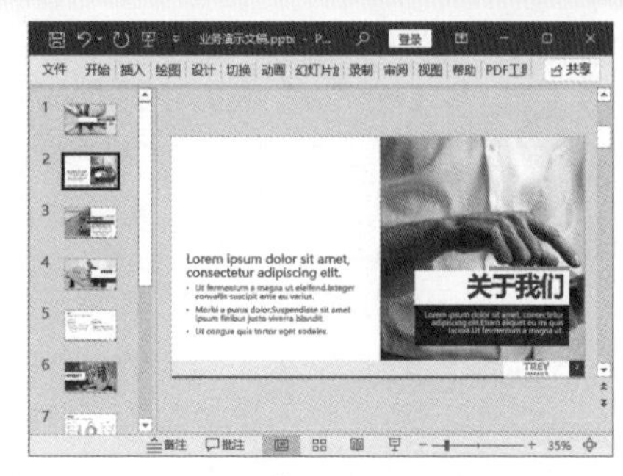

图 12-59

技术看板——创建幻灯片的其他方法

（1）按【Ctrl+M】组合键。

（2）按【Enter】键。

（3）使用右键菜单，选择【新建幻灯片】选项。

12.2.3 实战：更改"业务演示文稿"中的幻灯片版式

实例门类	软件功能

PowerPoint 2021 内置 10 多种幻灯片版式，如标题、标题和内容、节标题、两栏内容、比较关系、内容与标题、图片与标题、标题和竖排文字等。如果用户对当前幻灯片的版式不满意，可以更改幻灯片版式。具体操作步骤如下。

Step 01 打开版式列表。选择第 4 张幻灯片，❶选择【开始】选项卡；❷在【幻灯片】组中单击【版式】按钮，如图 12-60 所示。

图 12-60

Step 02 选择版式。在弹出的下拉列表中选择【大照片】选项，如图 12-61 所示。

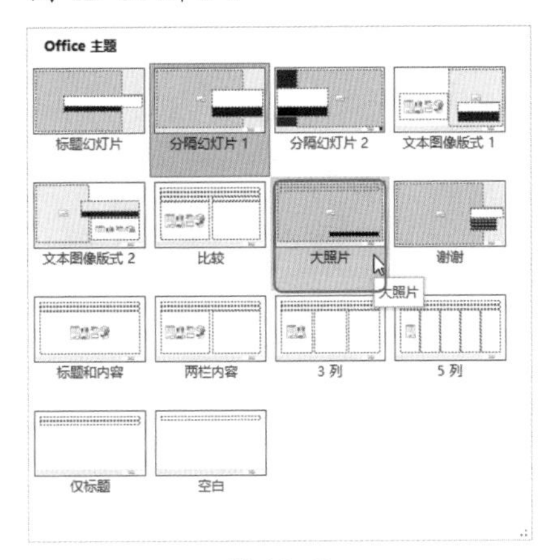

图 12-61

Step 03 查看版式应用效果。完成以上操作后，所选择的第 4 张幻灯片就应用了【大照片】版式，如图 12-62 所示。

图 12-62

技术看板——更改幻灯片版式

设计演示文稿时，用户可能会发现，更改幻灯片版式的方法非常有用。例如，用户原来使用了包含一个很大的内容占位符的幻灯片，现在想要使用一个包含两个并排占位符的幻灯片，以便比较两个列表、图形或图表，可以通过更改幻灯片版式来达到这一目的。

PowerPoint 2021 中的许多版式提供了多用途占位符，可以用于添加各种类型的内容。例如，【标题和内容】版式中包含可添加幻灯片标题和一种类型的内容（如文本、表格、图表、图片、剪贴画、SmartArt 图形或影片）的占位符。用户可以根据占位符的数量和位置（而不是要放入其中的内容）来选择自己需要的版式。

更改幻灯片版式时，会更改其中的占位符类型或位置。如果原来的占位符中包含内容，内容会转移到幻灯片中的新位置。

12.2.4 实战：移动和复制“业务演示文稿”中的幻灯片

实例门类	软件功能

设计演示文稿时，为了方便快捷地操作，经常会在 PPT 中移动和复制幻灯片。

1. 移动幻灯片

移动幻灯片的具体操作步骤如下。

Step 01 移动幻灯片。选择要移动的第 3 张幻灯片，如图 12-63 所示，按住鼠标左键不放，将其拖动到第 2 张幻灯片的位置。

图 12-63

Step 02 完成幻灯片的移动。释放鼠标，即可将选择的幻灯片移动到第 2 张幻灯片的位置，如图 12-64 所示。

图 12-64

2. 复制幻灯片

复制幻灯片的具体操作步骤如下。

Step 01 复制幻灯片。❶选择要复制的第 4 张幻灯片并右击；❷在弹出的快捷菜单中选择【复制幻灯片】选项，如图 12-65 所示。

图 12-65

Step 02 查看幻灯片复制效果。完成 Step 01 操作后，即可在选择的第 4 张幻灯片的下方得到一个与第 4 张幻灯片格式和内容相同的幻灯片，如图 12-66 所示。

图 12-66

> **技术看板**
>
> 移动幻灯片也可以采用剪切后粘贴的方法来实现。复制幻灯片后，原幻灯片依然存在；移动幻灯片后，原幻灯片就移动到了新位置。

12.2.5 实战：选择“业务演示文稿”中的幻灯片

实例门类	软件功能

在演示文稿中对幻灯片进行操作，都是以选择幻灯片为前提的。选择幻灯片主要包括 3 种情况，分别是选择单张幻灯片、选择多张幻灯片和选择所有幻灯片，下面进行详细介绍。

1. 选择单张幻灯片

选择单张幻灯片的操作最为简单，用户只需在演示文稿界面左侧的幻灯片窗格中单击任意一张幻灯片。例如，单击第 2 张幻灯片，即可完成对其的选择，如图 12-67 所示。

图 12-67

2. 选择多张幻灯片

选择多张幻灯片可以分为选择不连续的多张幻灯片和选择连续的多张幻灯片。选择多张幻灯片的具体操作步骤如下。

Step 01 选择第 1 张幻灯片。单击第 1 张幻灯片，如图 12-68 所示。

图 12-68

Step 02 选择不连续的幻灯片。按住【Ctrl】键不放，依次单击第 3 张和第 4 张幻灯片，即可同时选择第 1 张、第 3 张和第 4 张不连续的幻灯片，如图 12-69 所示。

图 12-69

Step 03 选择连续的幻灯片。❶单击第 5 张幻灯片；❷按住【Shift】键的同时，单击第 8 张幻灯片，如图 12-70 所示。

图 12-70

Step 04 查看幻灯片选择效果。完成 Step 03 操作后，即可选择第 5 张至第 8 张连续的幻灯片，如图 12-71 所示。

图 12-71

> **技术看板**
>
> 选择幻灯片时，配合使用【Ctrl】键，可以同时选择多张不连续的幻灯片；配合使用【Shift】键，可以同时选择多张连续的幻灯片。

3. 选择所有幻灯片

选择所有幻灯片的操作有两种：一种是使用【Shift】键，单击首、尾幻灯片；另一种是使用【Ctrl+A】组合键，快速选择所有幻灯片，具体操作步骤如下。

Step 01 选择幻灯片。❶单击第 1 张幻灯片；❷按住【Shift】键不放，拖动幻灯片窗格中的垂直滚动条，单击最后一张幻灯片，如图 12-72 所示。

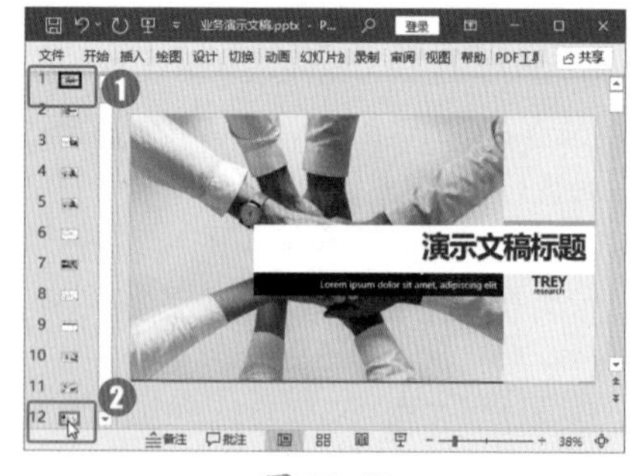

图 12-72

Step 02 查看幻灯片选择效果。完成 Step 01 操作后，即可选择所有幻灯片，如图 12-73 所示。

图 12-73

Step03 使用快捷键选择幻灯片。在演示文稿中，选择任意幻灯片后，直接按【Ctrl+A】组合键，也可快速选择所有幻灯片，如图 12-74 所示。

图 12-74

12.2.6 实战：隐藏"业务演示文稿"中的幻灯片

实例门类	软件功能

演示文稿制作完成后，如果演讲者不想展示某张幻灯片，但又不想删除这些幻灯片，可以将其隐藏。

1. 隐藏单张幻灯片

隐藏单张幻灯片的具体操作步骤如下。

Step01 隐藏幻灯片。❶选择要隐藏的第 5 张幻灯片并右击；❷在弹出的快捷菜单中选择【隐藏幻灯片】选项，如图 12-75 所示。

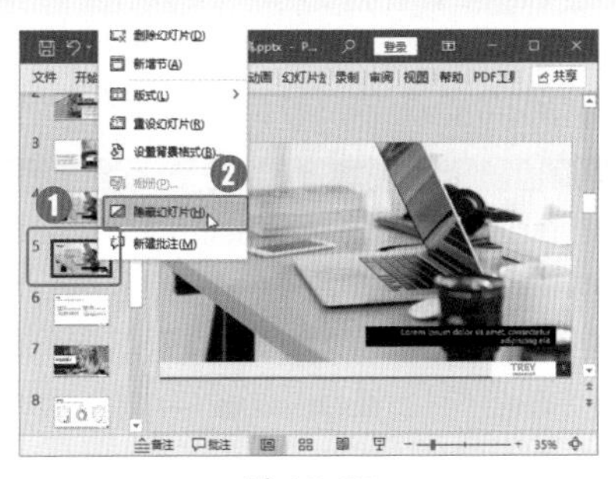
图 12-75

Step02 查看幻灯片隐藏效果。完成 Step 01 操作后，即可隐藏第 5 张幻灯片，如图 12-76 所示。

图 12-76

2. 隐藏多张幻灯片

隐藏多张幻灯片的具体操作步骤如下。

Step01 隐藏多张幻灯片。❶按住【Shift】键，同时选择第 2 张至第 4 张幻灯片并右击；❷在弹出的快捷菜单中选择【隐藏幻灯片】选项，如图 12-77 所示。

图 12-77

Step02 查看幻灯片隐藏效果。完成 Step 01 操作后，即可同时隐藏选择的第 2 张至第 4 张幻灯片，如图 12-78 所示。

图 12-78

> **技术看板**
>
> 对幻灯片执行【隐藏幻灯片】命令后，演示文稿放映时，会自动跳过隐藏的幻灯片。

3. 显示隐藏的幻灯片

如果要显示隐藏的幻灯片，❶选择隐藏的任意一张幻灯片并右击，这里选择第 5 张幻灯片并右击；❷在弹出的快捷菜单中选择【隐藏幻灯片】选项，即可显示第 5 张幻灯片，如图 12-79 所示。

图 12-79

12.3 设计幻灯片

在 PowerPoint 2021 的【设计】选项卡中，用户可以根据需要设置幻灯片的大小、背景格式、主题、变体等。通过使用设计功能，可以让演示文稿更加美观。

★重点 12.3.1 实战：设置“环保宣传幻灯片”的大小

实例门类	软件功能

PowerPoint 2021 中的幻灯片大小包括标准（4:3）、宽屏（16:9）和自定义大小 3 种情况。默认的幻灯片大小是宽屏（16:9），如果要更改幻灯片的大小，具体操作步骤如下。

Step 01 选择幻灯片大小。打开“素材文件\第 12 章\环保宣传片.pptx”文档，❶选择【设计】选项卡；❷在【自定义】组中单击【幻灯片大小】按钮；❸在弹出的下拉列表中选择【标准（4:3）】选项，如图 12-80 所示。

图 12-80

Step 02 选择幻灯片缩放方式。弹出【Microsoft PowerPoint】对话框，选择【确保适合】选项，如图 12-81 所示。

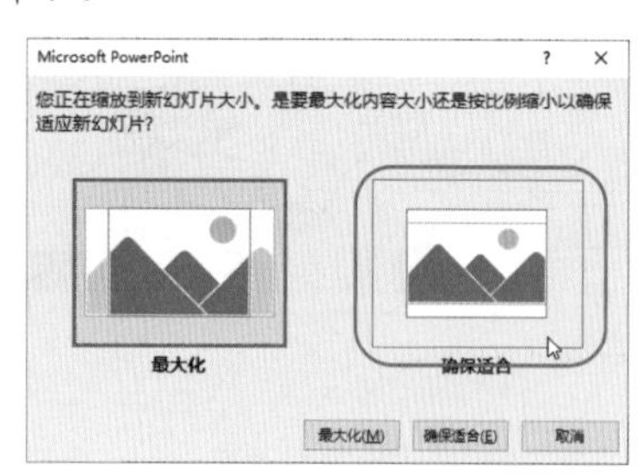

图 12-81

Step 03 查看幻灯片缩放效果。完成以上操作后，即可将幻灯片大小更改为“标准（4:3）”，幻灯片样式会随之发生些许变化，如图 12-82 所示。

图 12-82

技术看板

当 PowerPoint 无法自动缩放内容大小时，将为用户提供以下两个选项。

最大化：此选项用以在缩放到较大的幻灯片大小时增大幻灯片内容的大小。选择此选项，可能导致内容不能全部显示在幻灯片上。

确保适合：此选项用以在缩放到较小的幻灯片大小时减小幻灯片内容的大小。选择此选项，可能使内容显示得较小，但是能够在幻灯片上看到所有内容。

12.3.2 实战：设置“环保宣传幻灯片”的主题

实例门类	软件功能

PowerPoint 2021 内置大量主题，每个主题使用其唯一的一组颜色、字体和效果来创建幻灯片的外观，可为用户的演示文稿适当增添个性。设置演示文稿主题的具体操作步骤如下。

Step 01 选择主题。❶选择【设计】选项卡；❷在【主题】组中单击【其他】按钮，在弹出的主题界面中选择【画廊】选项，如图 12-83 所示。

图 12-83

Step 02 查看主题应用效果。完成 Step 01 操作后，演示文稿就会应用选择的【画廊】主题，如图 12-84 所示。

图 12-84

Step 03 选择主题变体。如果用户对主题模板中的样式不满意，还可以❶单击【变体】组中的【变体】按钮；❷在弹出的下拉列表中自定义主题的【颜色】【字体】【效果】和【背景样式】，此处不再赘述，如图 12-85 所示。

图 12-85

技术看板

PowerPoint 2021 为每种设计模板提供了几十种内置主题颜色，用户可以根据需要，选择不同的颜色来设计演示文稿。这些颜色是预先设置好的协调色，自动应用于幻灯片的背景、文本线条、阴影、标题文本、填充、强调和超链接中。使用 PowerPoint 2021 的背景样式功能，可以控制母版中的背景图片是否显示，以及幻灯片背景颜色的显示样式。

★重点 12.3.3 实战：设置“环保宣传幻灯片”的背景

实例门类	软件功能

使用设置背景格式功能，可以微调背景格式，或者隐藏设计元素。设置背景格式的具体操作步骤如下。

Step01 打开【设置背景格式】窗格。选择第 5 张幻灯片，❶选择【设计】选项卡；❷在【自定义】组中单击【设置背景格式】按钮，如图 12-86 所示。

图 12-86

Step02 选择渐变填充。演示文稿右侧弹出【设置背景格式】窗格，❶选择【渐变填充】单选按钮；❷单击【预设渐变】按钮，如图 12-87 所示。

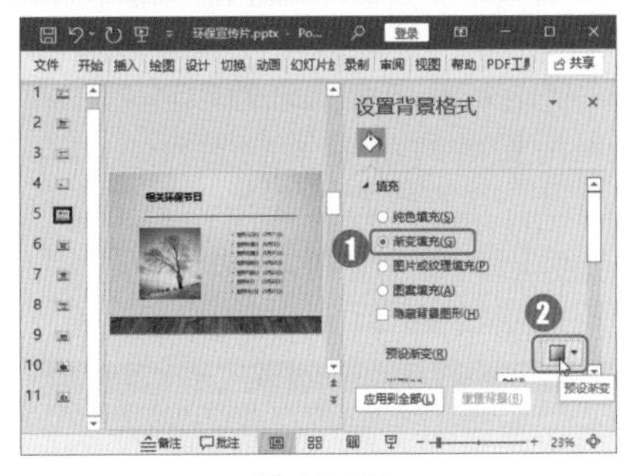

图 12-87

Step03 选择填充样式。在弹出的【预设渐变】列表中选择【浅色渐变 - 个性色 2】选项，如图 12-88 所示。

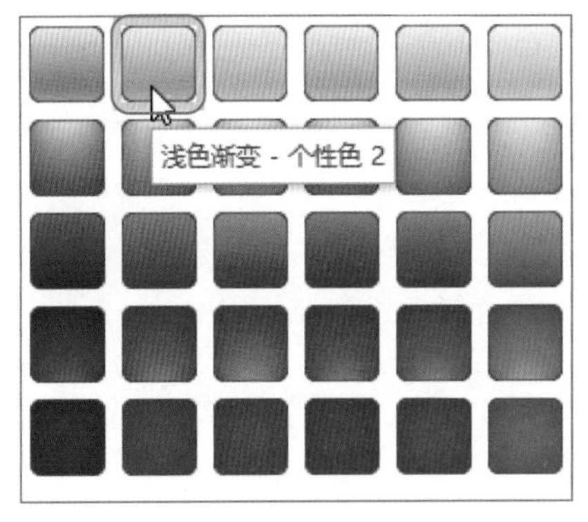

图 12-88

Step04 查看背景效果。即可为第 5 张幻灯片应用选择的渐变样式，如图 12-89 所示。

图 12-89

Step05 选择纹理填充。在【设置背景格式】窗格中，❶选择【图片或纹理填充】单选按钮；❷单击【纹理】按钮，如图 12-90 所示。

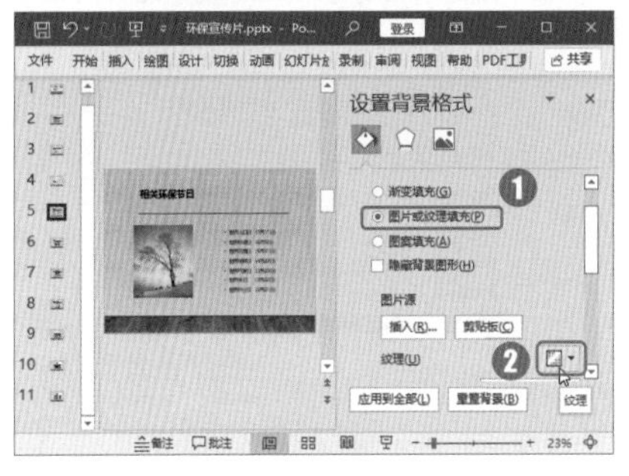

图 12-90

Step06 选择纹理样式。在弹出的【纹理】列表中选择【新闻纸】选项，如图 12-91 所示。

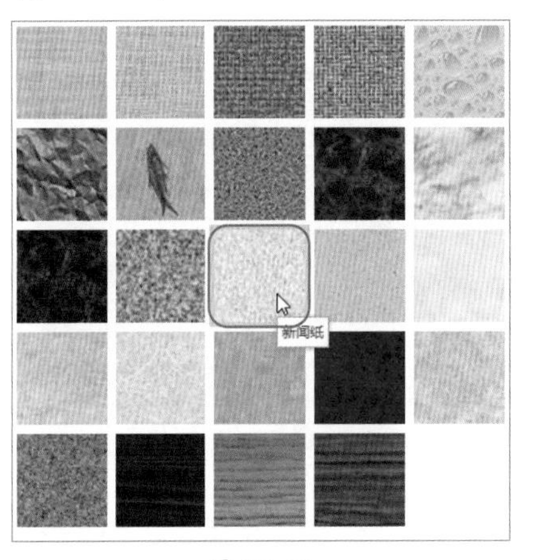

图 12-91

Step07 查看背景效果。第 5 张幻灯片即可应用选择的纹理样式，如图 12-92 所示。

图 12-92

Step08 选择图案填充。在【设置背景格式】窗格中，❶选择【图案填充】单选按钮；❷在【图案】列表中选择【点线：10%】选项，如图 12-93 所示。

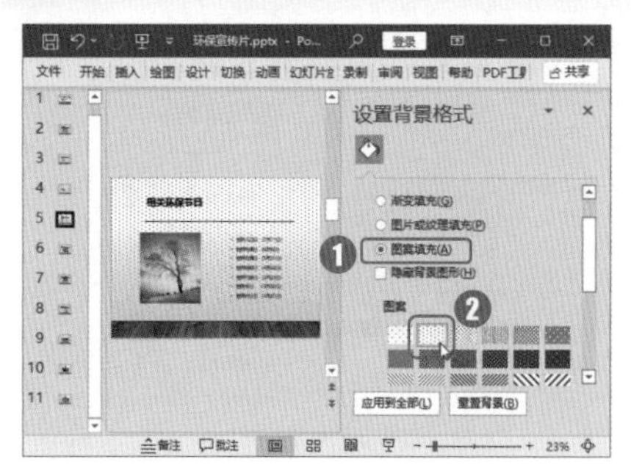

图 12-93

Step09 查看背景效果。第 5 张幻灯片即可应用选择的图案样式，如图 12-94 所示。

图 12-94

Step10 将背景格式应用到全部幻灯片中。如果要将设置的幻灯片背景格式应用到演示文稿的所有幻灯片中，在【设置背景格式】窗格中单击【应用到全部】按钮即可，如图 12-95 所示。

图 12-95

技术看板

在【设置背景格式】窗格中，选择【图片或纹理填充】单选按钮，在【插入图片来自】列表中单击【插入】或【剪贴板】按钮，可以插入来自【文件】【图像集】【图标】的图片、【剪贴板】中的剪切画，或者通过联机搜索得到的 Office.com 提供的背景图片。

在【设置背景格式】窗格中，选择【隐藏背景图形】复选框，即可隐藏所选择的幻灯片中的背景图形。

12.4 母版的使用

母版是用于设置幻灯片的一种样式，可供用户设置各种标题文字、背景、属性等，只需更改母版中的一项内容，就可更改所有幻灯片的设计。本节主要介绍母版的类型与母版的设计和修改方法。

12.4.1 实战：母版的类型

实例门类	软件功能

在 PowerPoint 母版视图中，包括 3 种母版：幻灯片母版、讲义母版和备注母版。

1. 幻灯片母版

幻灯片母版用来控制所有幻灯片上标题和文本的格式与类型。其中，标题母版不仅能用来控制标题幻灯片的格式和布局，还能控制指定为标题幻灯片的任意幻灯片。

对母版所做的任何改动，都将应用于所有使用此母版的幻灯片，要想改变单个幻灯片的版面，仅对该幻灯片做出修改就可达到目的。

查看幻灯片母版的具体操作步骤如下。

Step01 进入母版视图。打开“素材文件\第 12 章\企业文化宣传.pptx”文档，❶选择【视图】选项卡；❷单击【母版视图】组中的【幻灯片母版】按钮，如图 12-96 所示。

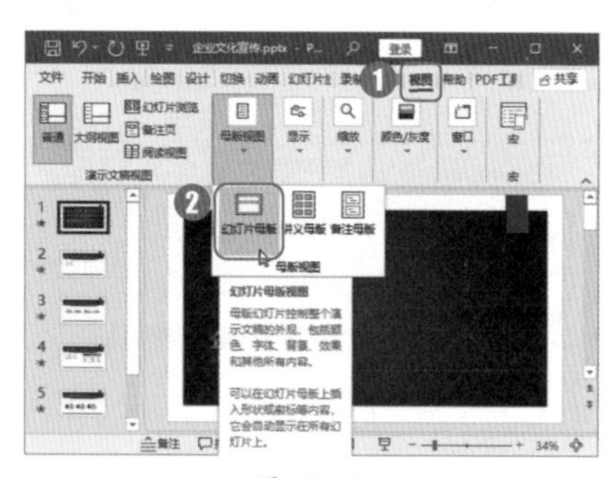

图 12-96

Step02 查看母版视图界面。增加【幻灯片母版】选项卡，进入幻灯片母版视图界面。用户可以根据需要，选择编辑母版，设置母版版式，编辑幻灯片主题、背景、大小等，如图 12-97 所示。

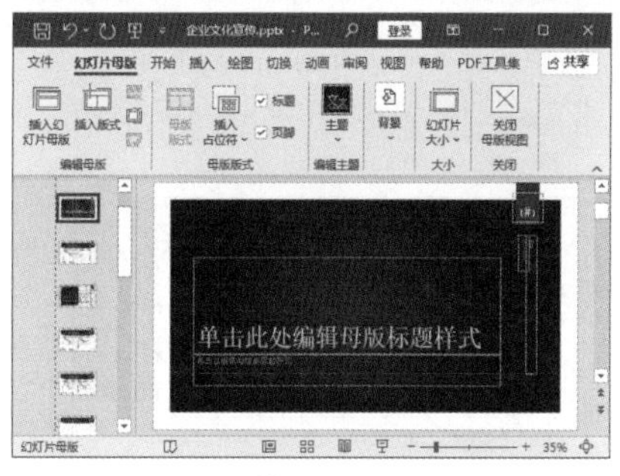

图 12-97

Step03 查看母版。在左侧的【幻灯片母版】窗格中，第 1 张幻灯片为【幻灯片母版】，控制着演示文稿中所有幻灯片的标题和文本样式，如图 12-98 所示。

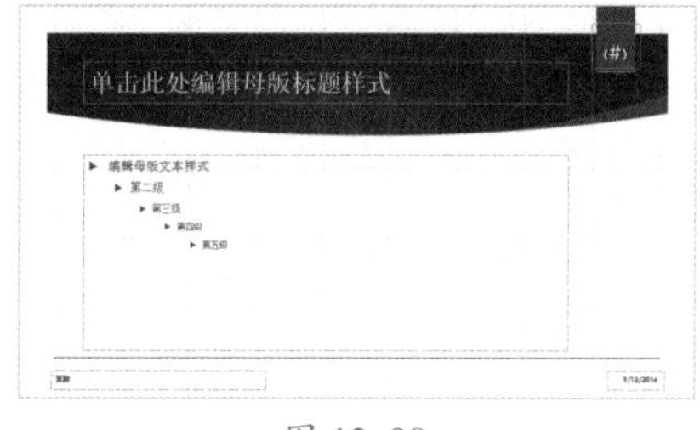

图 12-98

Step04 查看版式。第 2 张幻灯片为【标题幻灯片母版】，控制着标题幻灯片的格式和布局，如图 12-99 所示。

图 12-99

技术看板

设置【幻灯片母版】时，要对【幻灯片母版】和【标题幻灯片母版】的版式进行分别设置，其中，【标题幻灯片母版】中的图片或图形元素可以覆盖【幻灯片母版】的版式。

Step05 退出母版视图。❶选择【幻灯片母版】选项卡；❷单击【关闭】组中的【关闭母版视图】按钮即可，如图 12-100 所示。

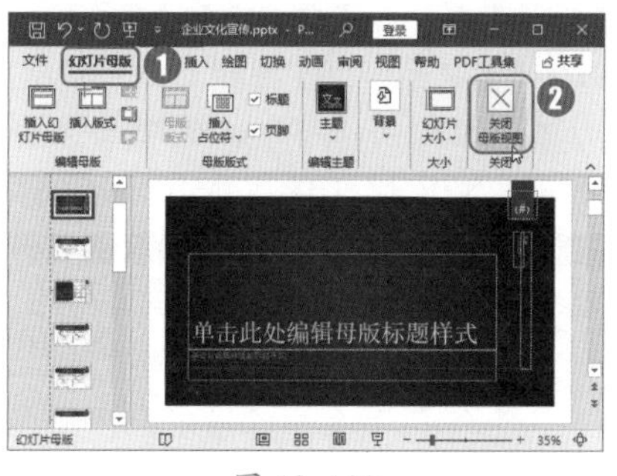

图 12-100

2. 讲义母版

讲义母版的作用是按照讲义的格式打印演示文稿，每个页面可以包含 1 张、2 张、3 张、4 张、6 张或 9 张幻灯片。打印出来的讲义可供观众在随后的会议中使用。

打印预览时，允许用户选择讲义的版式类型，查看打印版本的实际外观，应用预览，编辑页眉、页脚和页码。其中，版式可选择水平和垂直两个方向。查看讲义母版的具体操作步骤如下。

Step01 进入讲义母版视图。❶选择【视图】选项卡；❷单击【母版视图】组中的【讲义母版】按钮，如图 12-101 所示。

图 12-101

Step02 查看讲义母版界面。增加【讲义母版】选项卡，进入幻灯片讲义母版界面，如图 12-102 所示。

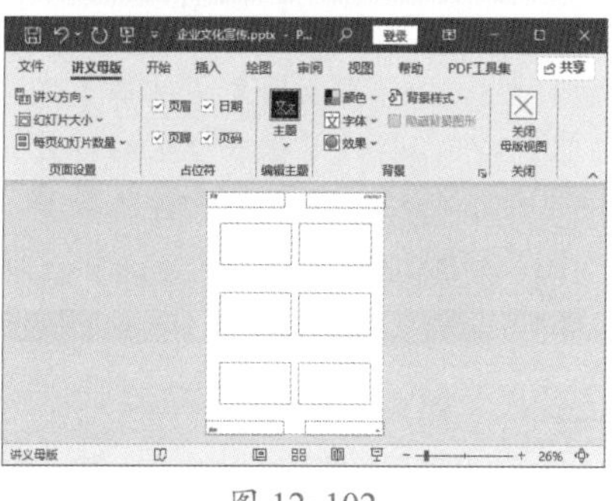

图 12-102

Step03 设置讲义幻灯片方向。在幻灯片讲义母版界面中，单击【页面设置】组中的【讲义方向】按钮，在弹出的下拉列表中选择【纵向】或【横向】选项，即可调整讲义方向，如图 12-103 所示。

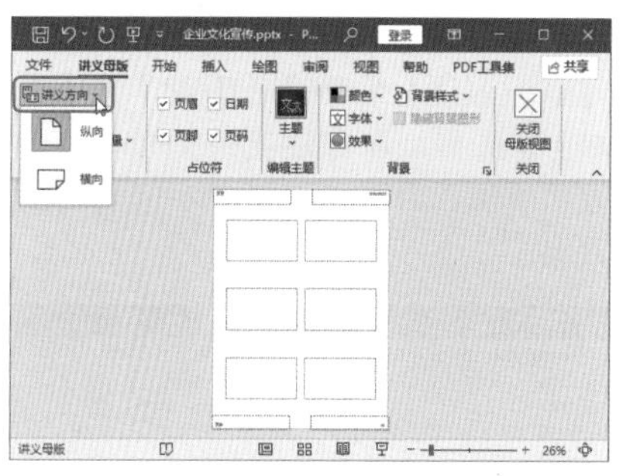

图 12-103

Step04 设置讲义幻灯片大小。在幻灯片讲义母版界面中，单击【页面设置】组中的【幻灯片大小】按钮，在弹出的下拉列表中选择【标准(4:3)】【宽屏(16:9)】或【自定义幻灯片大小】选项，即可设置幻灯片的大小，如图 12-104 所示。

图 12-104

Step05 设置每页幻灯片数量。在幻灯片讲义母版界面中，单击【页面

设置】组中的【每页幻灯片数量】按钮，在弹出的下拉列表中选择 1 张、2 张、3 张、4 张、6 张或 9 张幻灯片，即可设置打印时每页幻灯片的数量，如图 12-105 所示。

图 12-105

Step 06 选择占位符。在幻灯片讲义母版界面中，在【占位符】组中选择【页眉】【页脚】【日期】或【页码】复选框，即可设置讲义母版的页眉、页脚、日期或页码，如图 12-106 所示。

图 12-106

Step 07 编辑主题。在幻灯片讲义母版界面中，单击【编辑主题】组中的【主题】按钮，即可编辑和调整演示文稿的主题，如图 12-107 所示。

图 12-107

Step 08 编辑讲义母版的背景格式。在幻灯片讲义母版界面中，单击【背景】组中的【颜色】【字体】【效果】或【背景样式】按钮，即可设置幻灯片的颜色、字体、效果或背景样式，如图 12-108 所示。

图 12-108

Step 09 退出讲义母版视图。❶选择【讲义母版】选项卡；❷单击【关闭】组中的【关闭母版视图】按钮即可，如图 12-109 所示。

图 12-109

3. 备注母版

如果演讲者把所有内容及要讲的话都展示在幻灯片上，演讲就会变成照本宣科，非常乏味。因此，制作演示文稿时，可以把需要展示给观众的内容做到幻灯片中，把不需要展示给观众的内容写在备注中，这就是备注母版。查看备注母版的具体操作步骤如下。

Step 01 进入备注母版视图。❶选择【视图】选项卡；❷单击【母版视图】组中的【备注母版】按钮，如图 12-110 所示。

图 12-110

Step 02 查看备注母版界面。增加【备注母版】选项卡，进入幻灯片备注母版界面。在幻灯片下方的备注区内，用户可以根据需要设置备注的文本样式，如图 12-111 所示。

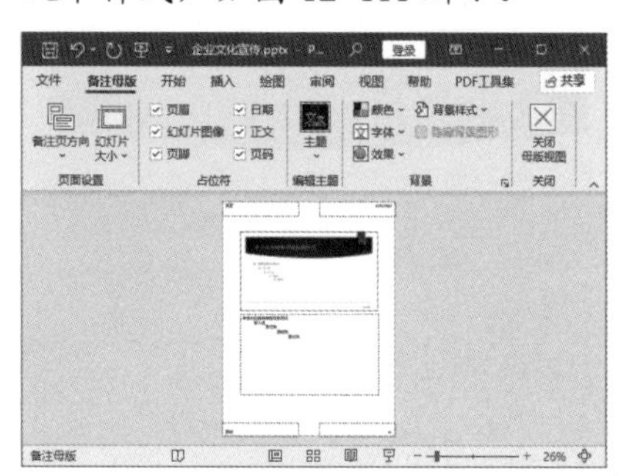

图 12-111

Step 03 调整母版方向。在幻灯片备注母版界面中，单击【页面设置】组中的【备注页方向】按钮，在弹出的下拉列表中选择【纵向】或【横向】选项，即可调整备注文本的方向，如图 12-112 所示。

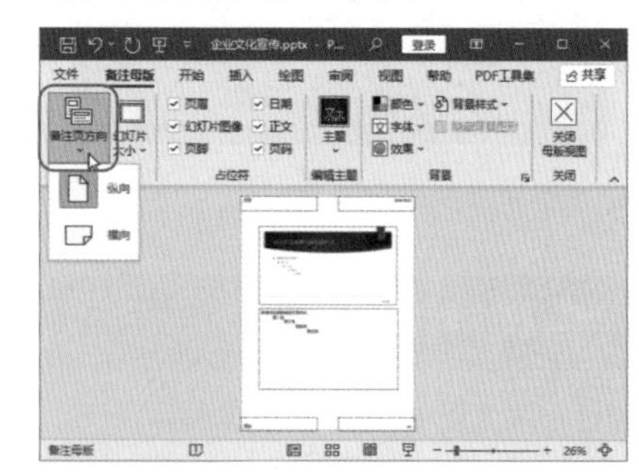

图 12-112

Step 04 退出备注母版视图。选择【备注母版】选项卡，单击【关闭】组中的【关闭母版视图】按钮即可，如图 12-113 所示。

图 12-113

技术看板

如果需要把备注打印出来，在【打印】界面单击【整页幻灯片】按钮，在弹出的列表中选择【打印版式】栏中的【备注页】选项即可。

12.4.2 实战：设计公司文件时的常用母版

实例门类	软件功能

一个完整且专业的演示文稿，内容、背景、配色和文字格式等都有着统一的设置。为了实现统一的设置，可以对幻灯片母版进行设计。本节将使用图形和图片等元素，设计幻灯片母版版式和标题幻灯片版式。

1. 设计幻灯片母版版式

设计幻灯片母版版式，可以使演示文稿中的所有幻灯片具有与幻灯片母版相同的样式效果。设计幻灯片母版版式的具体操作步骤如下。

Step01 进入母版视图。打开"素材文件\第 12 章\公司文件母版.pptx"文档，❶选择【视图】选项卡；❷在【母版视图】组中单击【幻灯片母版】按钮，如图 12-114 所示。

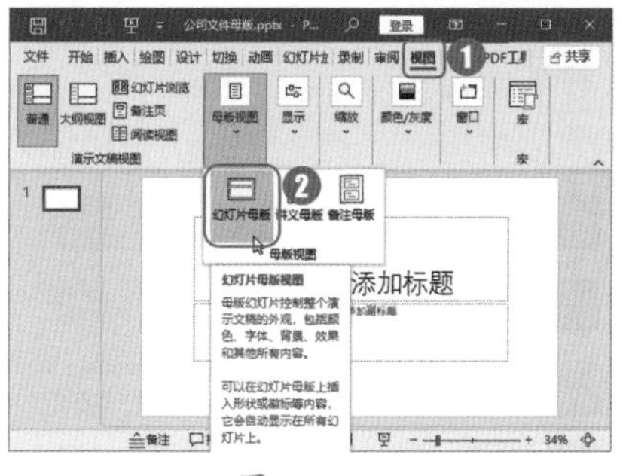

图 12-114

Step02 选择母版。进入幻灯片母版视图界面，在左侧幻灯片窗格中选择【Office 主题 幻灯片母版：由幻灯片 1 使用】幻灯片，如图 12-115 所示。

图 12-115

Step03 选择母版中的元素。单击所选择的幻灯片母版的任意位置，按【Ctrl+A】组合键选择幻灯片母版中的所有元素，如图 12-116 所示。

图 12-116

Step04 设置字体格式。选择【开始】选项卡，在【字体】组中单击【字体】下拉按钮 ⌄，在弹出的下拉列表中选择【微软雅黑】选项；单击【加粗】按钮，如图 12-117 所示。

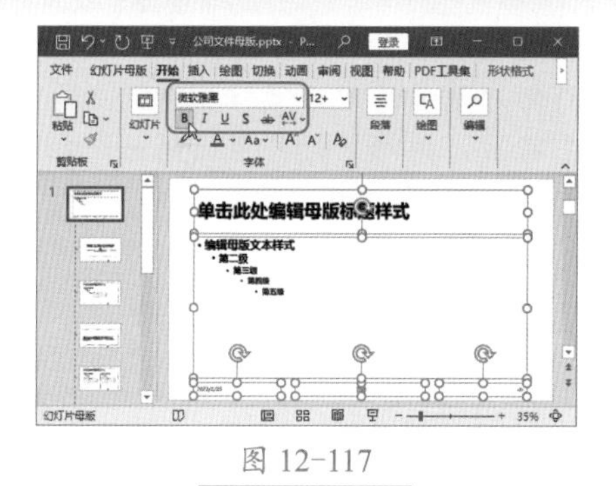

图 12-117

Step05 打开形状列表。❶选择【插入】选项卡；❷在【插图】组中单击【形状】按钮，如图 12-118 所示。

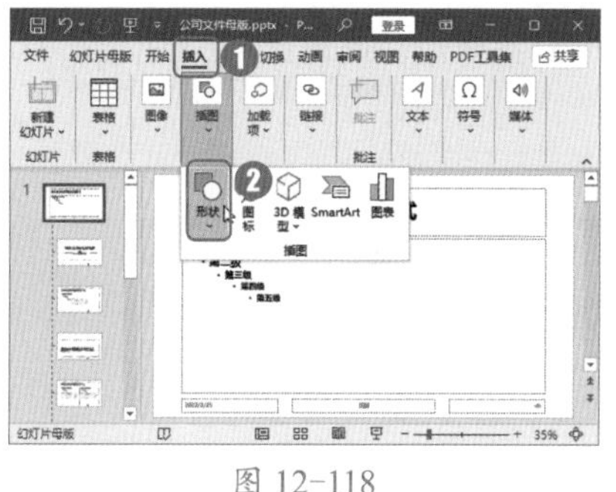

图 12-118

Step06 选择形状。在弹出的下拉列表中选择【矩形】选项，如图 12-119 所示。

图 12-119

Step 07 绘制形状。将鼠标指针移动到幻灯片母版中，鼠标指针变成+形状后，拖动鼠标即可绘制一个矩形，如图 12-120 所示。

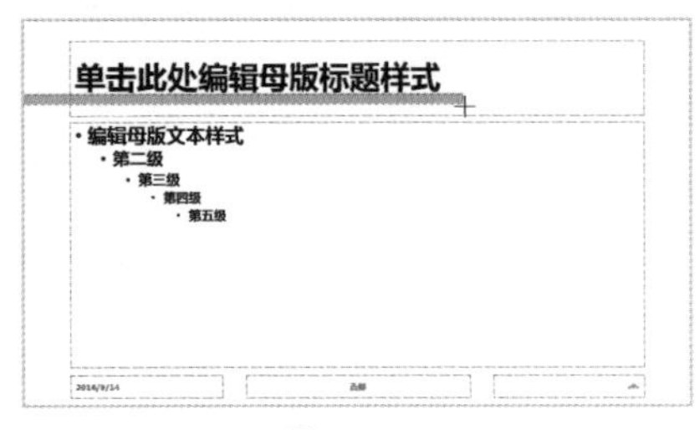

图 12-120

Step 08 完成形状绘制。此处绘制一个长条矩形，绘制效果如图 12-121 所示。

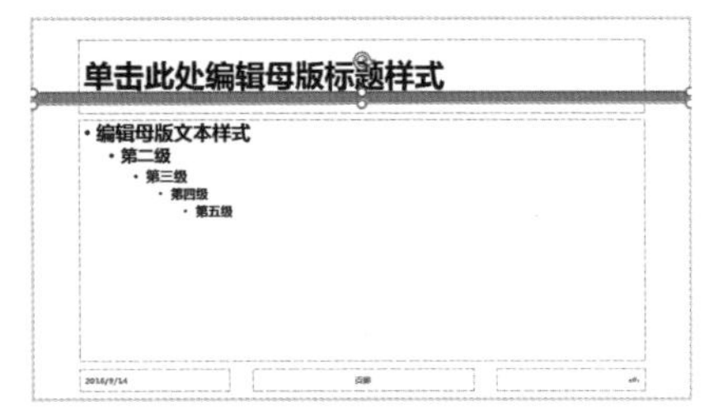

图 12-121

Step 09 打开形状样式列表。选择绘制的矩形，❶选择【形状格式】选项卡；❷在【形状样式】组中单击【其他】按钮，如图 12-122 所示。

图 12-122

Step 10 选择形状样式。在弹出的样式下拉列表中选择【浅色 1 轮廓，彩色填充-橙色，强调颜色 2】选项，如图 12-123 所示。

图 12-123

Step 11 查看形状应用样式的效果。完成 Step 10 操作后，绘制的矩形即可应用选择的形状样式，如图 12-124 所示。

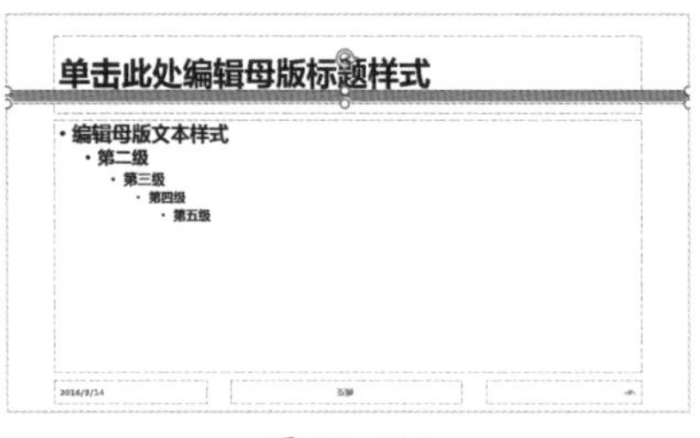

图 12-124

Step 12 打开【插入图片】对话框。❶选择【插入】选项卡；❷在【图像】组中单击【图片】按钮；❸在弹出的下拉列表中选择【此设备】选项，如图 12-125 所示。

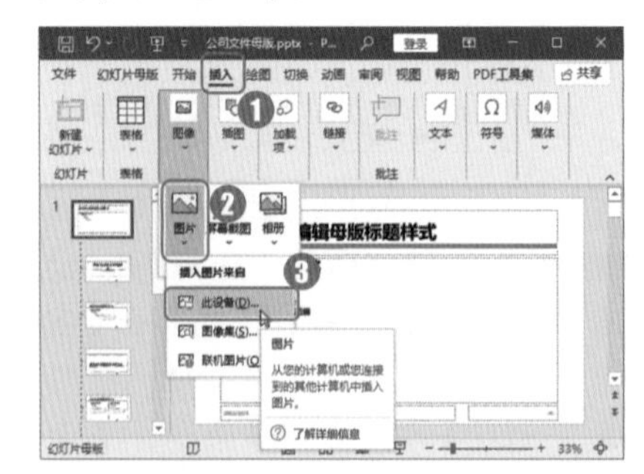

图 12-125

Step 13 选择图片。弹出【插入图片】对话框，❶选择素材文件“LOGO.PNG”；❷单击【插入】按钮，如图 12-126 所示。

图 12-126

Step 14 查看图片插入效果。完成 Step 13 操作后，即可在幻灯片母版中插入选择的图片“LOGO.PNG”，如图 12-127 所示。

图 12-127

Step 15 调整图片的大小和位置。拖动鼠标，调整图片的大小和位置，将图片置于幻灯片母版的右上角，如图 12-128 所示。

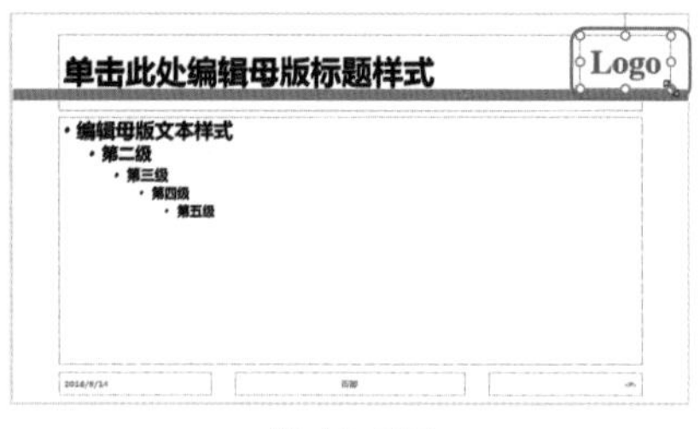

图 12-128

Step 16 完成母版设置。幻灯片母版设置完毕，演示文稿中的所有幻灯片都会应用幻灯片母版的版式，如图 12-129 所示。

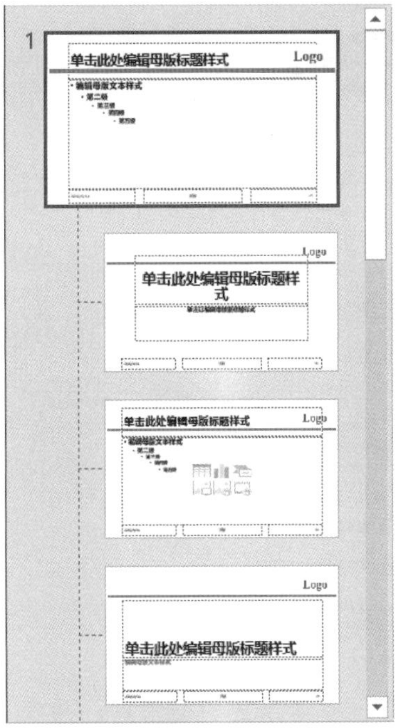

图 12-129

2. 设计标题幻灯片版式

标题幻灯片版式常常在演示文稿中作为封面幻灯片和结束语幻灯片的版式。设计标题幻灯片版式的具体操作步骤如下。

Step 01 选择版式。在幻灯片母版界面，选择【标题幻灯片版式：由幻灯片 1 使用】幻灯片，如图 12-130 所示。

图 12-130

Step 02 打开【插入图片】对话框。❶选择【插入】选项卡；❷在【图像】组中单击【图片】按钮；❸在弹出的下拉列表中选择【此设备】选项，如图 12-131 所示。

图 12-131

Step 03 选择图片。弹出【插入图片】对话框，❶选择素材文件“图片 1.png”；❷单击【插入】按钮，如图 12-132 所示。

图 12-132

Step 04 查看图片插入效果。完成 Step 03 操作后，即可在标题幻灯片母版中插入选择的“图片 1.png”，如图 12-133 所示。

图 12-133

Step 05 调整图片大小。拖动图片四周的端点，即可调整图片大小，使其覆盖标题幻灯片母版，如图 12-134 所示。

图 12-134

Step 06 打开形状列表。❶选择【插入】选项卡；❷在【插图】组中单击【形状】按钮，如图 12-135 所示。

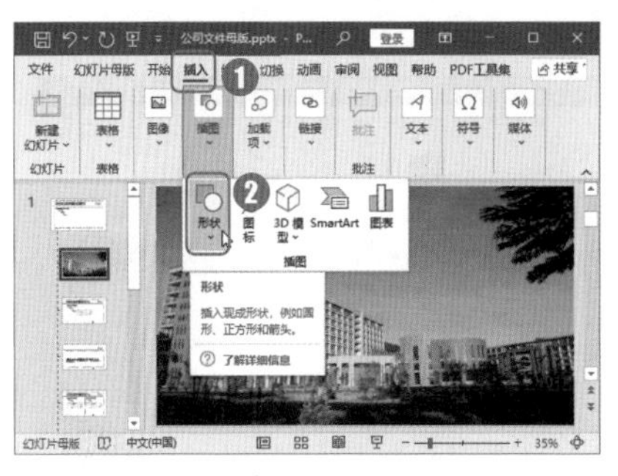

图 12-135

Step 07 选择形状。在弹出的下拉列表中选择【流程图：延期】选项，如图 12-136 所示。

图 12-136

Step 08 绘制形状。拖动鼠标，即可在标题幻灯片母版中绘制一个【流程图：延期】图形，如图 12-137 所示。

图 12-137

Step09 打开形状样式列表。选择插入的图形，❶选择【形状格式】选项卡；❷在【形状样式】组中单击【其他】按钮，如图 12-138 所示。

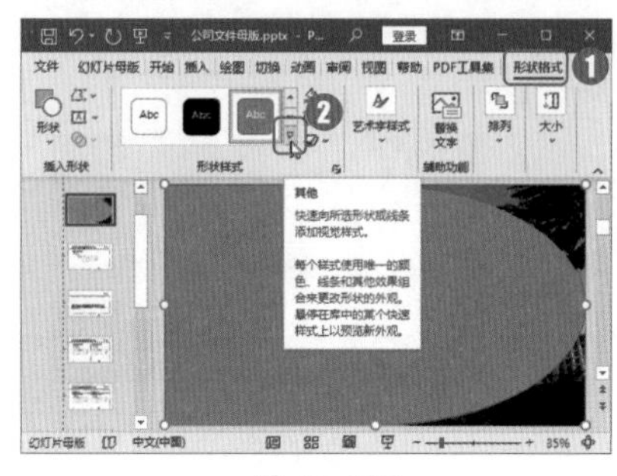

图 12-138

Step10 选择形状样式。在弹出的下拉列表中选择【彩色轮廓-橙色，强调颜色 2】选项，如图 12-139 所示。

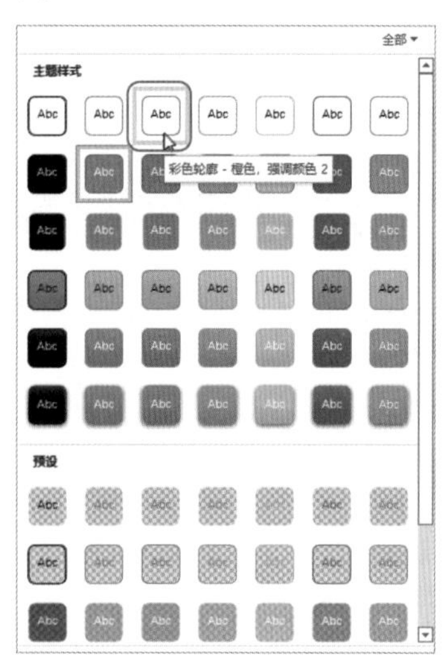

图 12-139

Step11 查看形状应用样式的效果。完成Step 10 操作后，绘制的【流程图：延期】图形即可应用选择的形状样式，效果如图 12-140 所示。

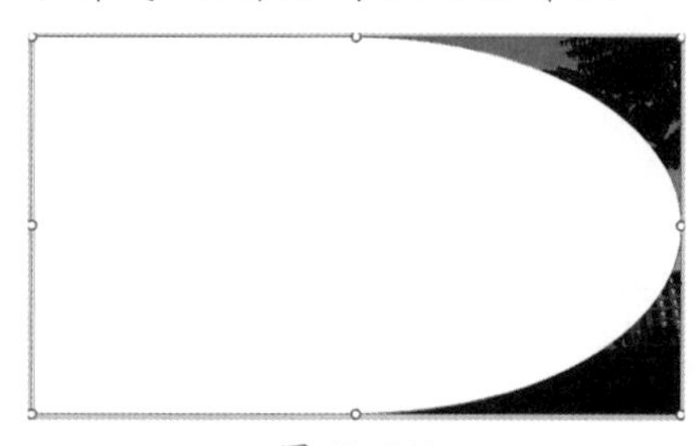

图 12-140

Step12 退出母版视图。设置完毕，在【关闭】组中单击【关闭母版视图】按钮即可，如图 12-141 所示。

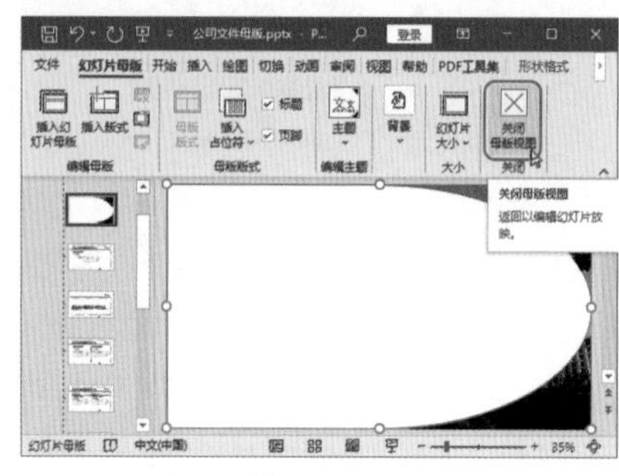

图 12-141

Step13 查看标题幻灯片效果。设置完成后，标题幻灯片版式的设置效果如图 12-142 所示。

图 12-142

Step14 新建幻灯片。❶选择【开始】选项卡；❷在【幻灯片】组中单击【新建幻灯片】按钮，如图 12-143 所示。

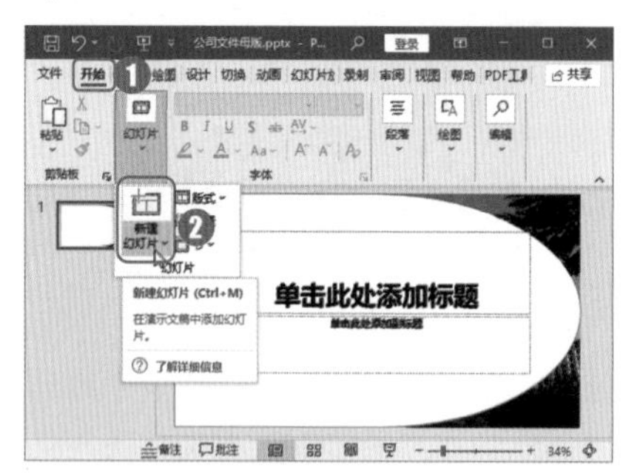

图 12-143

Step15 选择幻灯片版式。弹出幻灯片列表，此时，列表中的所有幻灯片都会应用幻灯片母版版式的样式，用户根据需要选择合适的幻灯片类型即可。这里选择【两栏内容】选项，如图 12-144 所示。

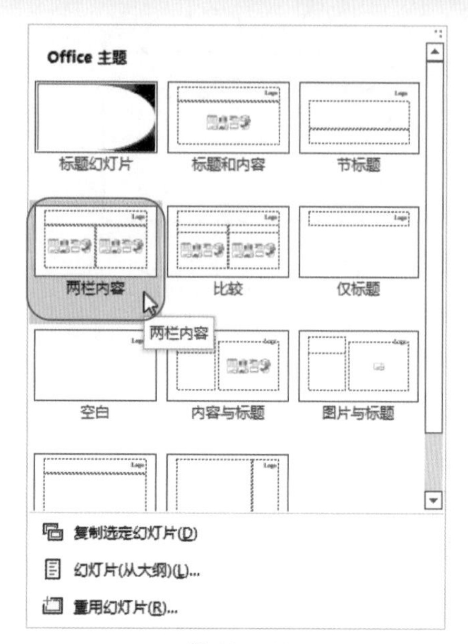

图 12-144

Step16 查看新建的幻灯片。插入一个【两栏内容】样式的幻灯片，如图 12-145 所示。

图 12-145

12.4.3 实战：修改设计的母版

实例门类	软件功能

幻灯片母版设置完成后，如果无法满足用户需求，可以对幻灯片母版中的图片、图形、文本等元素进行增减和格式修改。

1. 修改字体风格

如果用户对幻灯片母版中的字体不满意，可以根据个人喜好进行修改。修改字体风格的具体操作步骤如下。

Step01 进入母版视图。打开“素材

文件\第12章\公司报告母版.pptx”文档，❶选择【视图】选项卡；❷在【母版视图】组中单击【幻灯片母版】按钮，如图12-146所示。

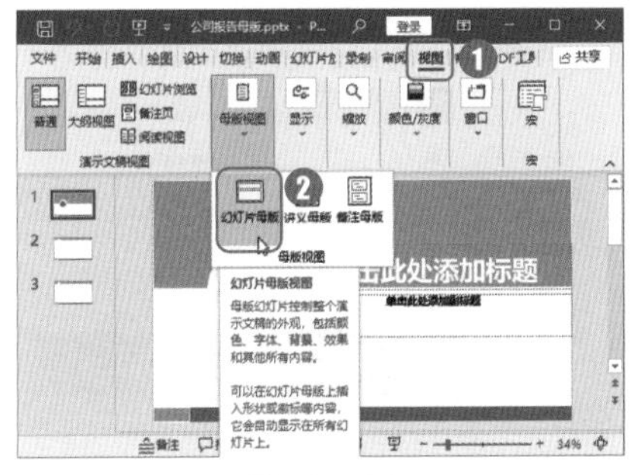

图 12-146

Step02 选择母版。进入幻灯片母版界面，在左侧幻灯片窗格中选择【Office主题幻灯片母版：由幻灯片1-3使用】幻灯片，如图12-147所示。

图 12-147

Step03 选择母版中的所有元素。单击幻灯片母版的任意位置，按【Ctrl+A】组合键，选择幻灯片母版中的所有元素，如图12-148所示。

图 12-148

Step04 设置字体格式。❶选择【开始】选项卡；❷在【字体】组中单击【字体】下拉按钮，在弹出的下拉列表中选择【幼圆】选项，即可完成对幻灯片母版版式中字体的修改，如图12-149所示。

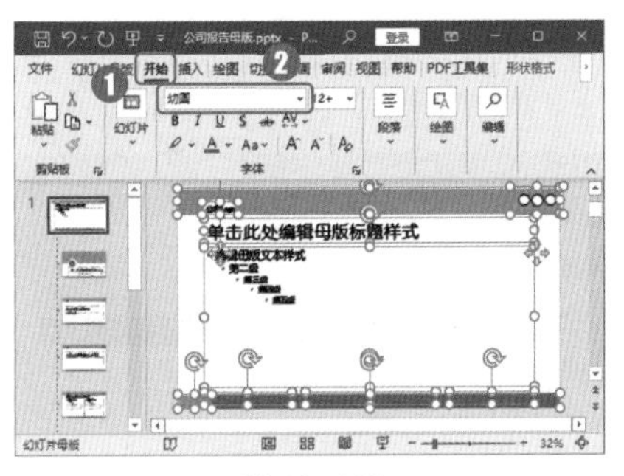

图 12-149

2. 修改图形颜色

如果用户对幻灯片母版中的图形颜色不满意，可以根据个人喜好更改图形填充颜色。具体操作步骤如下。

Step01 打开形状样式列表。在幻灯片母版中，选择上方和左下角的绿色图形，❶选择【形状格式】选项卡；❷在【形状样式】组中单击【其他】按钮，如图12-150所示。

图 12-150

Step02 选择形状样式。在弹出的样式下拉列表中选择【彩色填充-黑色，深色1】选项，如图12-151所示。

图 12-151

Step03 查看形状应用样式的效果。完成以上操作后，所选择的图形即可应用【彩色填充-黑色，深色1】样式，如图12-152所示。

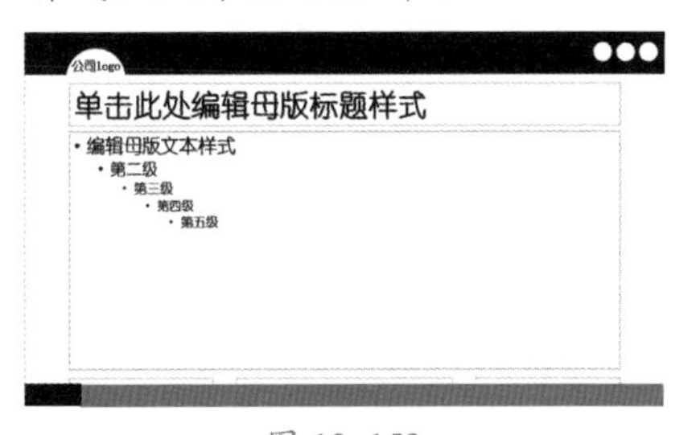

图 12-152

Step04 选择版式。在幻灯片母版界面，选择【标题幻灯片版式：由幻灯片1使用】幻灯片，如图12-153所示。

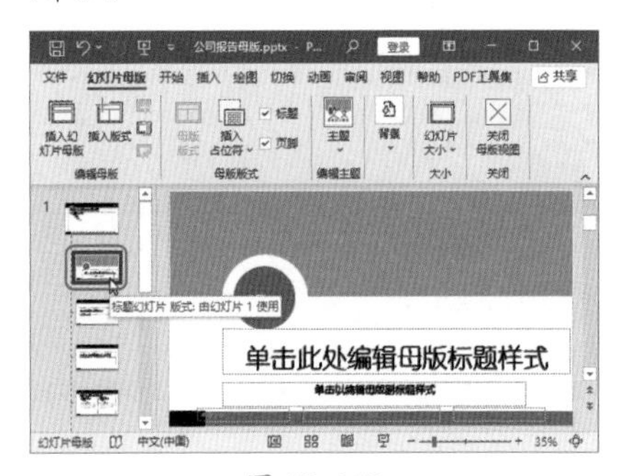

图 12-153

Step05 打开形状填充菜单。选择标题幻灯片母版界面上方的图形，❶选择【形状格式】选项卡；❷在【形状样式】组中单击【形状填充】按钮右侧的下拉按钮，如图 12-154 所示。

图 12-154

Step06 选择填充色。在弹出的下拉列表中选择【黑色，文字 1】选项，如图 12-155 所示。

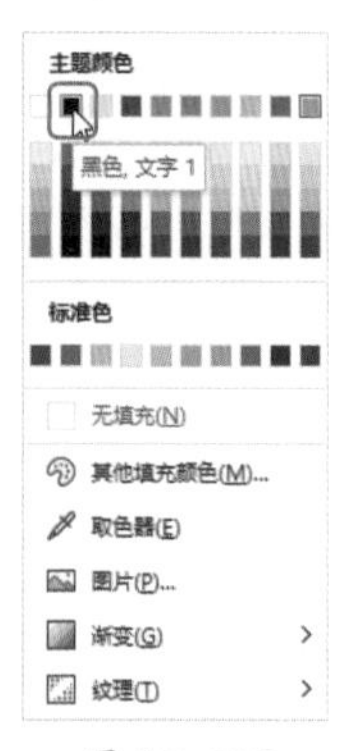

图 12-155

Step07 查看形状效果。完成 Step 04 至 Step 06 操作后，标题幻灯片母版中所选择的图形就会填充所选择的图形颜色，如图 12-156 所示。

图 12-156

3. 添加图形

除了可以对图形填充颜色进行修改之外，用户还可以根据需要，在母版中适当添加修饰性的小图形。添加图形的具体操作步骤如下。

Step01 选择母版。在左侧幻灯片窗格中选择【Office 主题幻灯片母版：由幻灯片 1-3 使用】幻灯片母版，如图 12-157 所示。

图 12-157

Step02 打开形状列表。❶选择【插入】选项卡；❷在【插图】组中单击【形状】按钮，如图 12-158 所示。

图 12-158

Step03 选择形状。在弹出的下拉列表中选择【椭圆】选项，如图 12-159 所示。

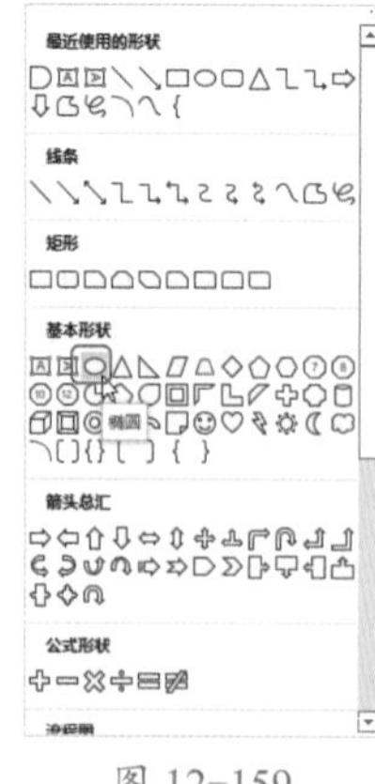

图 12-159

Step04 绘制形状。在幻灯片母版中按住【Shift】键不放，拖动鼠标，即可绘制一个正圆形状，如图 12-160 所示。

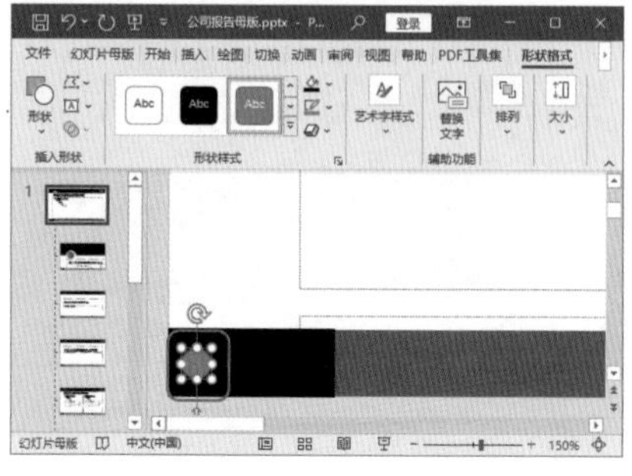

图 12-160

Step05 选择形状样式。选择绘制的圆形，❶选择【形状格式】选项卡；❷在【形状样式】组中选择【彩色轮廓-黑色，深色 1】选项，如图 12-161 所示。

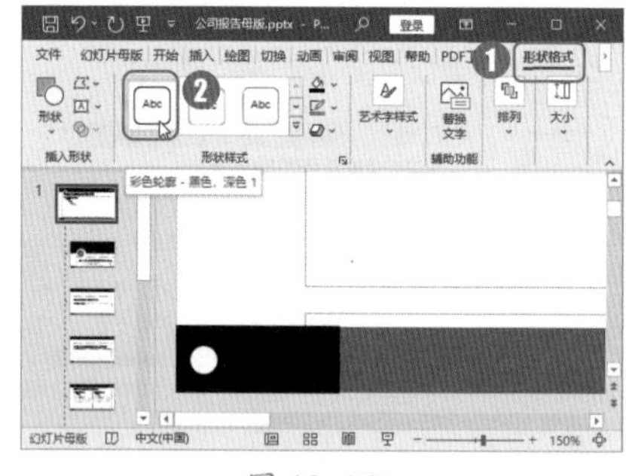

图 12-161

Step06 复制粘贴形状。执行【复制】和【粘贴】命令，复制 3 个同样的圆形，并将其水平排列，如图 12-162 所示。

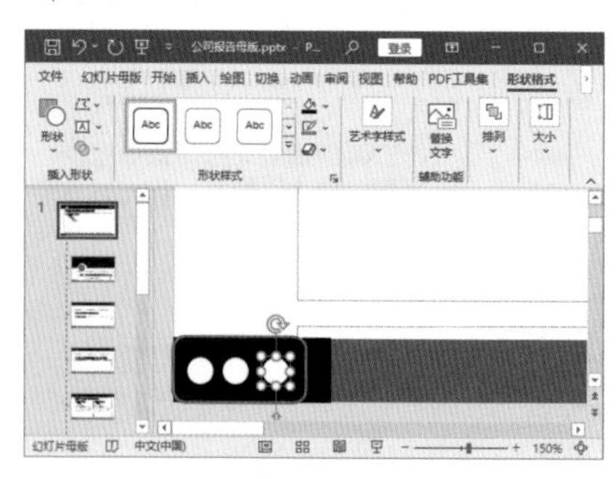

图 12-162

Step07 完成母版设置。幻灯片母版设置完成后的最终效果如图 12-163 所示。

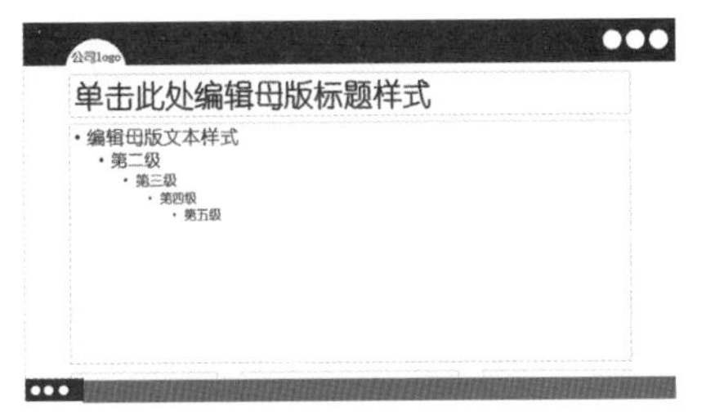

图 12-163

Step08 查看标题幻灯片母版效果。标题幻灯片母版设置完成后的最终效果如图 12-164 所示。

图 12-164

Step09 退出母版视图。修改完毕，单击【关闭】组中的【关闭母版视图】按钮即可，如图 12-165 所示。

图 12-165

技术看板——母版和模板的区别

母版：在演示文稿中，幻灯片母版规定了演示文稿（幻灯片、讲义及备注）的文本、背景、图形、日期及页码格式。幻灯片母版设置了演示文稿的外观，包含演示文稿中的共有信息。每个演示文稿都有一个母版集合，包括幻灯片母版、标题幻灯片母版、讲义母版、备注母版等。

模板：模板是演示文稿的另一种文件形式，扩展名为.pot或.potx，用于提供演示文稿的格式、配色方案、母版样式及产生特效的字体样式等。应用设计模板，可快速制作风格统一的演示文稿。

12.5 插入与编辑幻灯片

幻灯片母版设置完成后，就可以在演示文稿中插入和编辑幻灯片了。用户可以首先根据将要在幻灯片中放置的内容，选择合适的幻灯片版式，然后在幻灯片中插入文本、图形、图片等元素，并进行格式设置。

12.5.1 实战：选择“生产总结报告”的幻灯片版式

实例门类	软件功能

幻灯片母版设置完成后，会自动生成多种幻灯片版式，用户根据幻灯片内容选择合适的幻灯片版式即可。选择幻灯片版式的具体操作步骤如下。

Step01 新建幻灯片。打开“素材文件\第 12 章\生产总结报告.pptx”文档，选择第 1 张幻灯片，❶选择【开始】选项卡；❷在【幻灯片】组中单击【新建幻灯片】按钮，如图 12-166 所示。

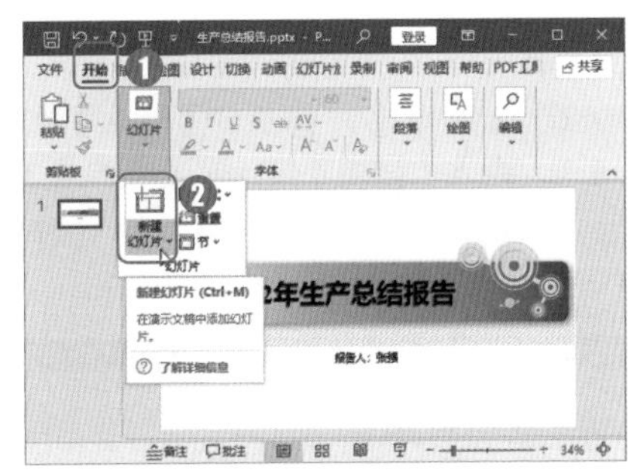

图 12-166

Step02 选择版式。在弹出的下拉列表中选择【标题和内容】选项，如图 12-167 所示。

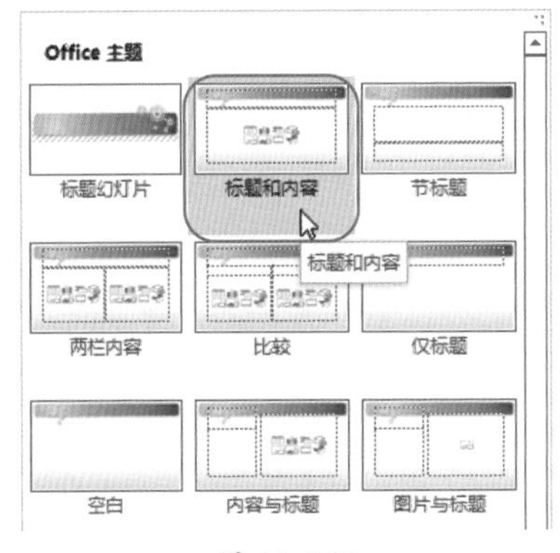

图 12-167

Step03 查看新建的幻灯片。完成以上操作后，即可新建一张【标题和内容】版式的幻灯片，如图 12-168 所示。

图 12-168

12.5.2 实战：设计和编辑“生产总结报告”中的幻灯片

实例门类	软件功能

插入幻灯片以后，就可以根据具体内容设计和编辑幻灯片了，主要包括文本设置、图形设计等。

1. 插入和编辑SmartArt图形

插入和编辑SmartArt图形的具体操作步骤如下。

Step 01 输入文字。在【单击此处添加标题】文本框中输入“目录”，如图 12-169 所示。

图 12-169

Step 02 打开【选择SmartArt图形】对话框。在【单击此处添加文本】文本框中单击【插入SmartArt图形】按钮，如图 12-170 所示。

图 12-170

Step 03 选择SmartArt图形。弹出【选择SmartArt图形】对话框，❶选择【列表】选项卡；❷选择【垂直曲形列表】选项；❸单击【确定】按钮，如图 12-171 所示。

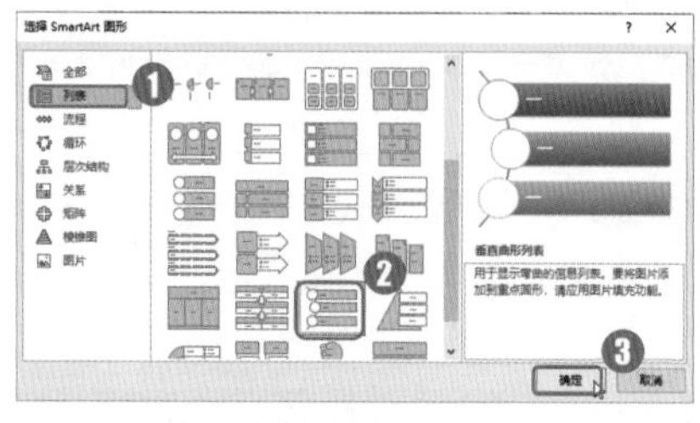

图 12-171

Step 04 查看插入的SmartArt图形。完成Step 02和Step 03操作后，即可在幻灯片中插入【垂直曲形列表】样式的SmartArt图形，如图 12-172 所示。

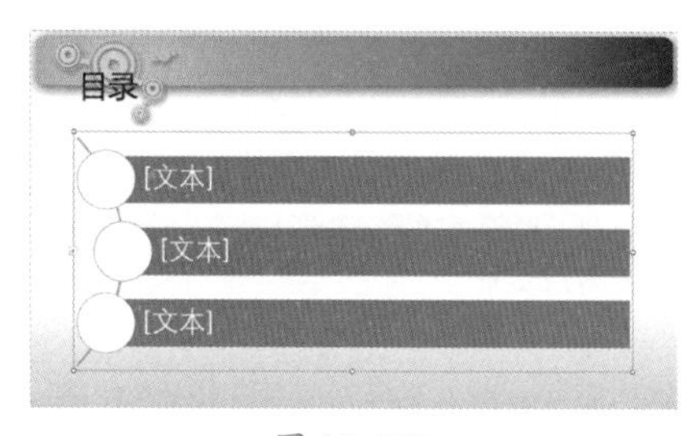

图 12-172

2. 插入和编辑矩形

插入和编辑矩形的具体操作步骤如下。

Step 01 选择矩形。❶选择【插入】选项卡；❷在【插图】组中单击【形状】按钮；❸在弹出的下拉列表中选择【矩形】选项，如图 12-173 所示。

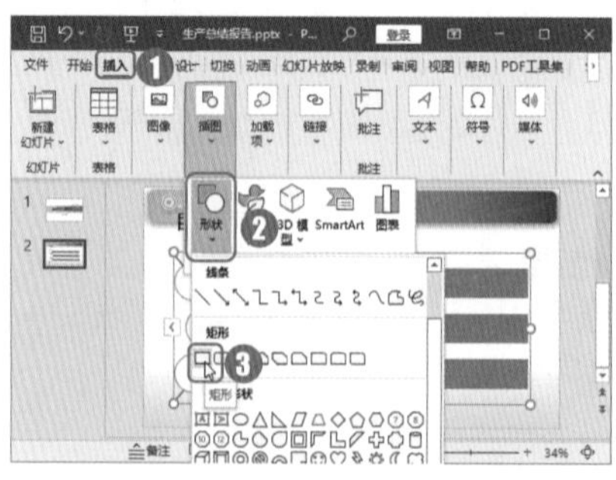

图 12-173

Step 02 绘制矩形。在幻灯片中拖动鼠标，即可绘制一个矩形，如图 12-174 所示。

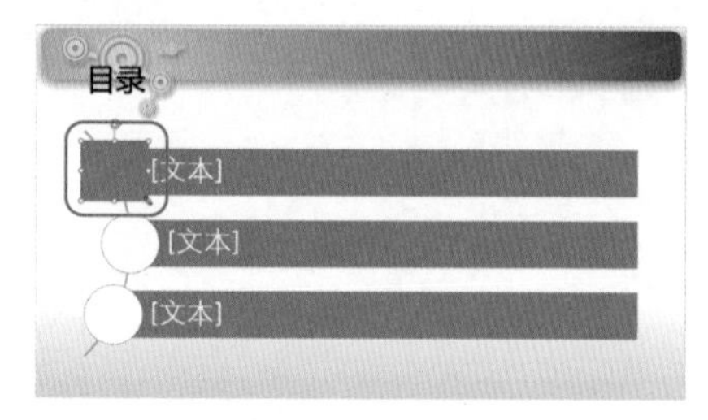

图 12-174

Step 03 设置矩形填充样式。选择绘制的矩形，❶选择【形状格式】选项卡；❷在【形状样式】组中单击【形状填充】按钮；❸在弹出的下拉列表中选择【无填充】选项，如图 12-175 所示。

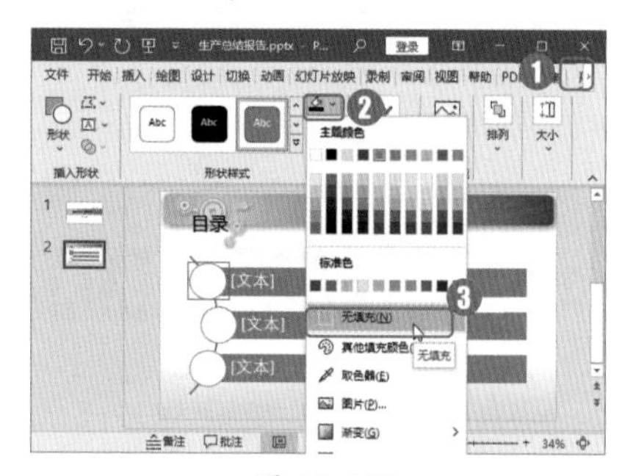

图 12-175

Step 04 设置矩形填充轮廓。选择绘制的矩形，❶选择【形状格式】选项卡；❷在【形状样式】组中单击【形状轮廓】按钮；❸在弹出的下拉列表中选择【无轮廓】选项，如图 12-176 所示。

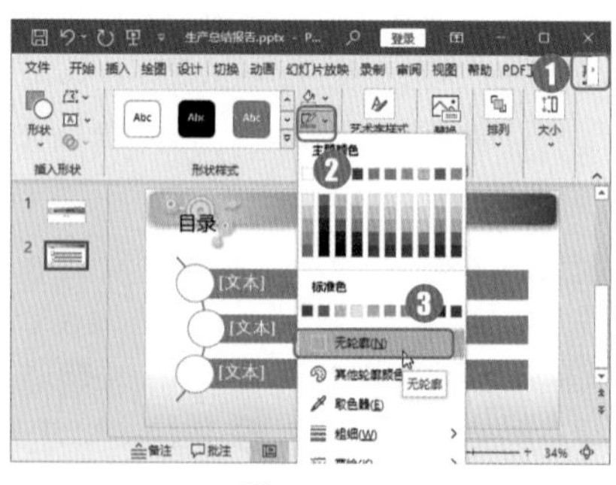

图 12-176

Step 05 编辑文字。选择绘制的矩形并右击，在弹出的快捷菜单中选择【编辑文字】选项，如图 12-177 所示。

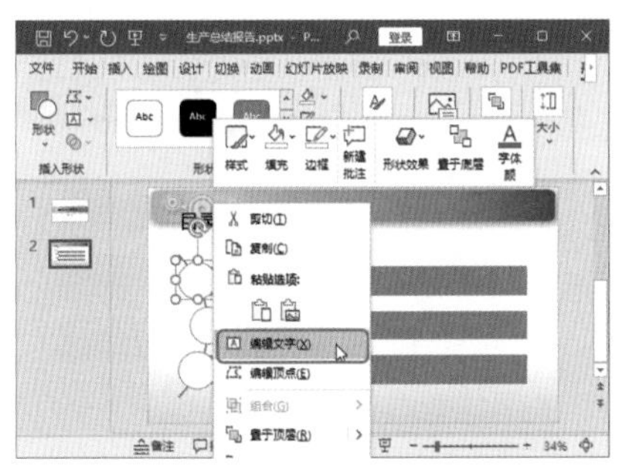

图 12-177

Step 06 输入文字并设置格式。矩形进入编辑状态，输入数字"1"，❶选择【开始】选项卡；❷在【字体颜色】下拉列表中选择【黑色，文字 1】选项；❸在【字号】下拉列表中选择【48】选项，如图 12-178 所示。

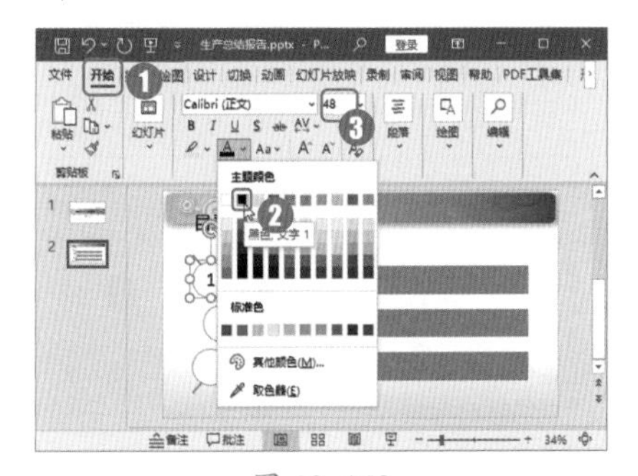

图 12-178

Step 07 输入文字。矩形框编辑完成后，在右侧的文本框中输入文本"年度生产交付准时率情况"，如图 12-179 所示。

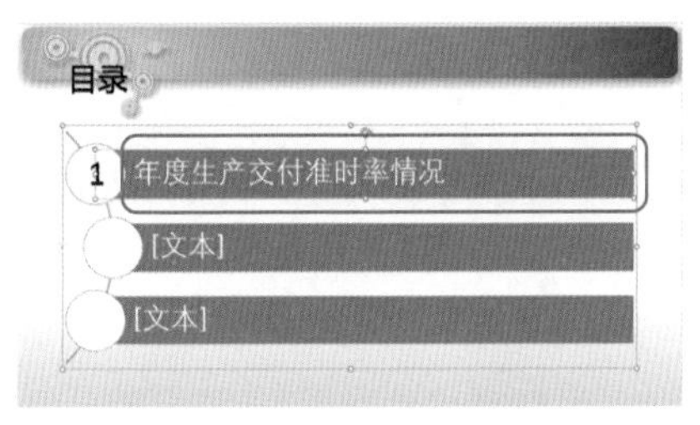

图 12-179

Step 08 完成对其他内容的编辑。使用同样的方法，为其他条目编辑和设置矩形，并输入文本，如图 12-180 所示。

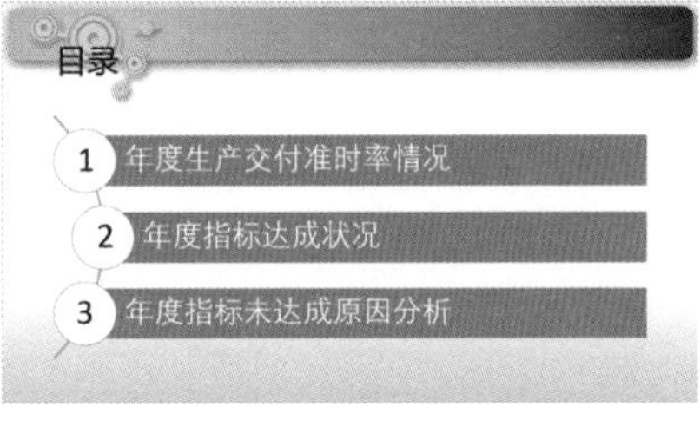

图 12-180

技术看板——幻灯片组成对象分析

演示文稿通常是由一张或几张幻灯片组成的，而每张幻灯片可以由文本框、图形、图像等元素组成。这些元素都是幻灯片的对象，用户通过编辑各种各样的对象，使幻灯片变得丰富多彩。

编辑对象时，若发现有两个或两个以上对象需要统一修改，用户可以将分散的对象组合成一个整体。对于组合起来的对象，用户也可以根据需要执行【取消组合】命令，将选定的对象分解为独立的单个对象。

12.5.3 实战：美化"生产总结报告"中的幻灯片

实例门类	软件功能

幻灯片元素设计完成后，用户可以通过设置文本格式、修改图形填充颜色等方法，美化幻灯片中的各种组成元素。

1. 美化幻灯片标题文本

输入幻灯片标题文本后，用户可以根据需要，修改标题文本的字体格式和位置，具体操作步骤如下。

Step 01 调整文本框位置。选择"目录"标题所在的文本框；拖动鼠标，将"目录"标题置于幻灯片的正上方，如图 12-181 所示。

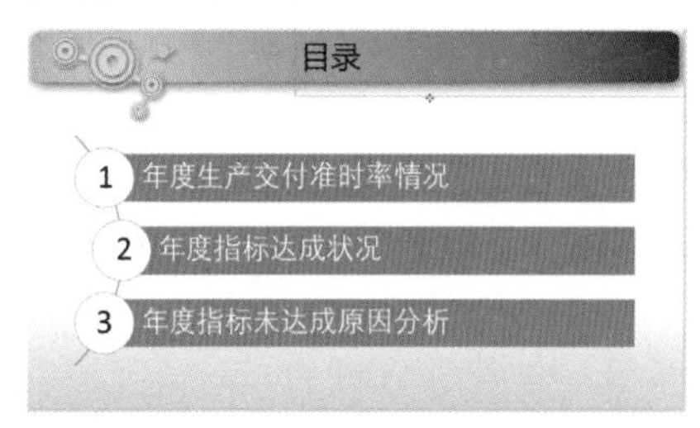

图 12-181

Step 02 设置字体格式。选择"目录"标题所在的文本框；❶选择【开始】选项卡；❷在【字体】组中单击【加粗】按钮，完成对标题文本的设置，如图 12-182 所示。

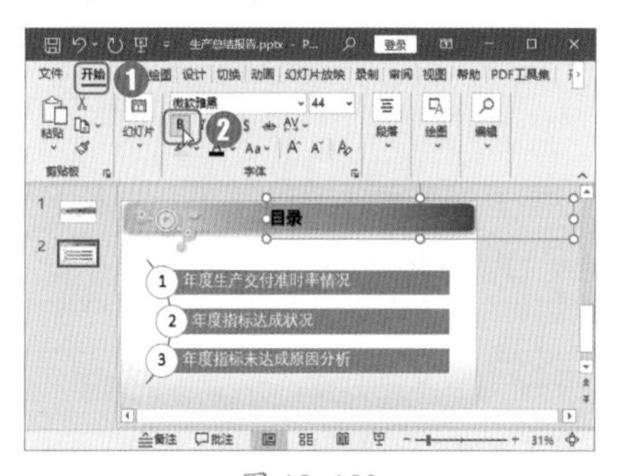

图 12-182

2. 美化SmartArt图形

插入SmartArt图形后，使用更改颜色功能，可以更改整个SmartArt图形的颜色，从而美化SmartArt图形的外观，具体操作步骤如下。

Step 01 打开颜色列表。选择SmartArt图形，❶选择【SmartArt设计】选项卡；❷在【SmartArt样式】组中单击【更改颜色】按钮，如图 12-183 所示。

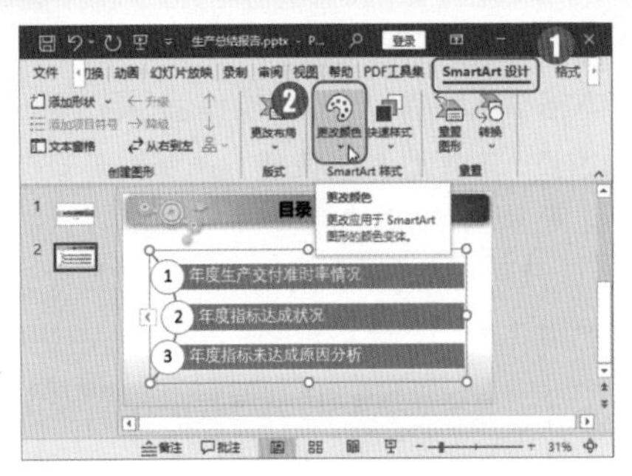

图 12-183

Step02 选择颜色。在弹出的下拉列表中选择【彩色范围 - 个性色 5 至 6】选项，如图 12-184 所示。

图 12-184

Step03 完成对 SmartArt 图形的美化。完成以上操作后，目录幻灯片就编辑和美化完成了，如图 12-185 所示。

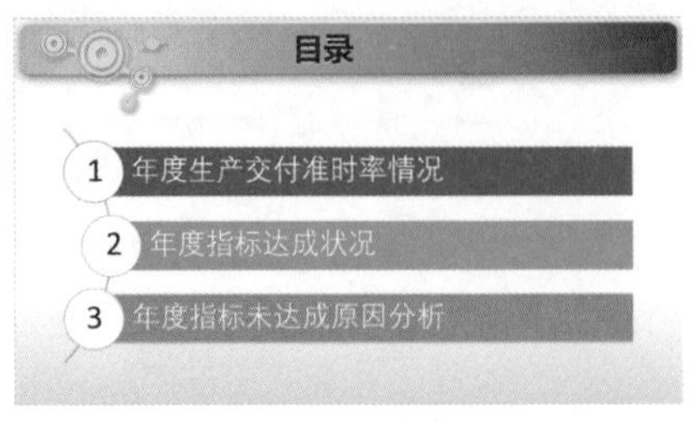

图 12-185

12.6 在幻灯片中添加多个对象

在编辑幻灯片的过程中，为了使幻灯片更加丰富多彩，用户可以在幻灯片中添加多个对象，如图片、图形、表格、图表、艺术字、墨迹图形、流程图和多媒体文件等。

12.6.1 实战：在“企业文化培训”幻灯片中插入图片

实例门类	软件功能

为了使幻灯片更加绚丽和美观，我们时常会在PPT中插入图片元素。在幻灯片中插入与编辑图片的具体操作步骤如下。

Step01 打开文档。打开“素材文件\第 12 章\企业文化培训 .pptx”文档，如图 12-186 所示。

图 12-186

Step02 打开【插入图片】对话框。选择第 2 张幻灯片，在幻灯片的文本框中单击【图片】按钮，如图 12-187 所示。

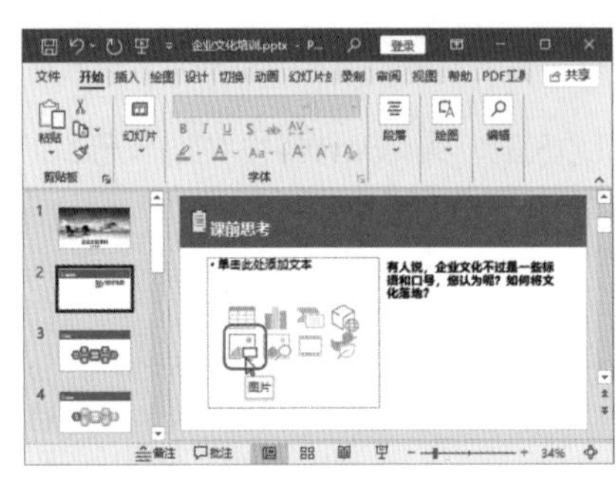

图 12-187

Step03 选择图片。弹出【插入图片】对话框，❶在素材文件中选择“图片 2.png”；❷单击【插入】按钮，如图 12-188 所示。

图 12-188

Step04 查看插入的图片。完成 Step 02 和 Step 03 操作后，即可在幻灯片中插入选择的图片“图片 2.png”，如图 12-189 所示。

图 12-189

Step05 打开图片样式列表。选择插

入的图片，❶选择【图片格式】选项卡；❷在【图片样式】组中单击【快速样式】按钮，如图 12-190 所示。

图 12-190

Step 06 选择图片样式。在弹出的下拉列表中选择【柔化边缘椭圆】选项，如图 12-191 所示。

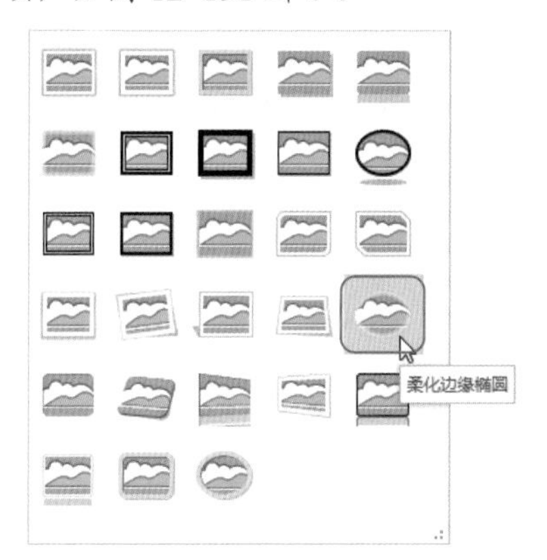

图 12-191

Step 07 查看图片应用样式的效果。完成 Step 05 和 Step 06 操作后，选择的图片就会应用【柔化边缘椭圆】样式，如图 12-192 所示。

图 12-192

技术看板

对图片进行编辑，主要包括调整图片的大小和位置，裁剪图片，应用图片样式，设置图片边框、图片效果和图片版式，删除图片背景，更改图片亮度、对比度和清晰度，更改图片颜色，设置图片艺术效果，压缩、更改或重设图片格式等。

12.6.2 实战：使用艺术字制作幻灯片标题

实例门类	软件功能

在演示文稿中，艺术字通常用于制作标题。插入艺术字后，可以通过改变其样式、大小、位置和字体等操作来设置艺术字格式，具体操作步骤如下。

Step 01 选择幻灯片。在左侧幻灯片窗格中选择第 5 张幻灯片，如图 12-193 所示。

图 12-193

Step 02 选择艺术字。❶选择【插入】选项卡；❷在【文本】组中单击【艺术字】按钮；❸在弹出的下拉列表中选择【填充：蓝色，主题色 5；边框：白色，背景色 1；清晰阴影；蓝色，主题色 5】选项，如图 12-194 所示。

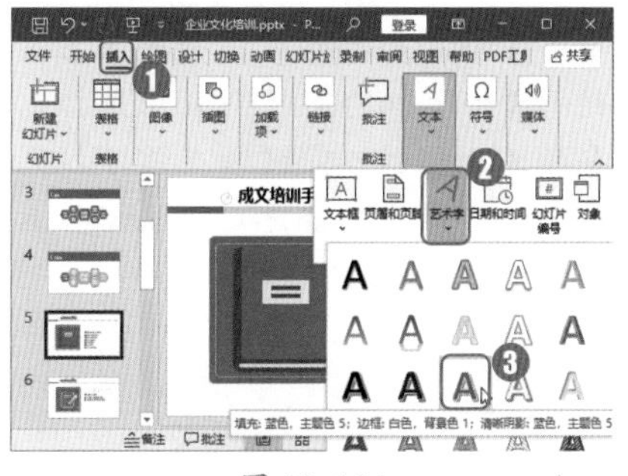

图 12-194

Step 03 查看插入的艺术字文本框。完成 Step 02 操作后，即可在幻灯片中插入一个艺术字文本框，如图 12-195 所示。

图 12-195

Step 04 输入文字。在艺术字文本框中输入文字“企业文化手册”，如图 12-196 所示。

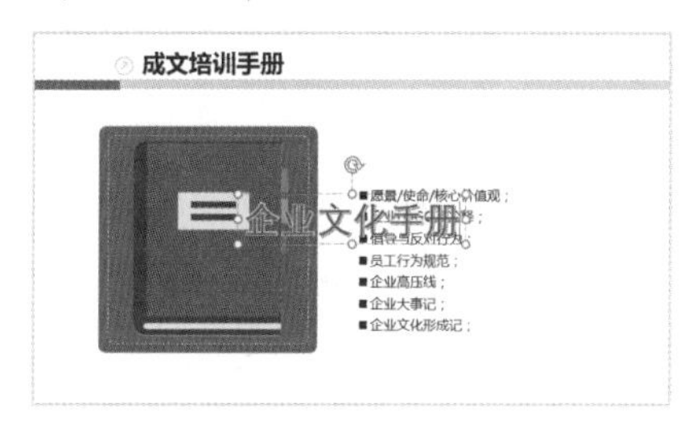

图 12-196

Step 05 移动文本框位置。选择艺术字文本框，拖动鼠标，将艺术字移动到合适的位置，如图 12-197 所示。

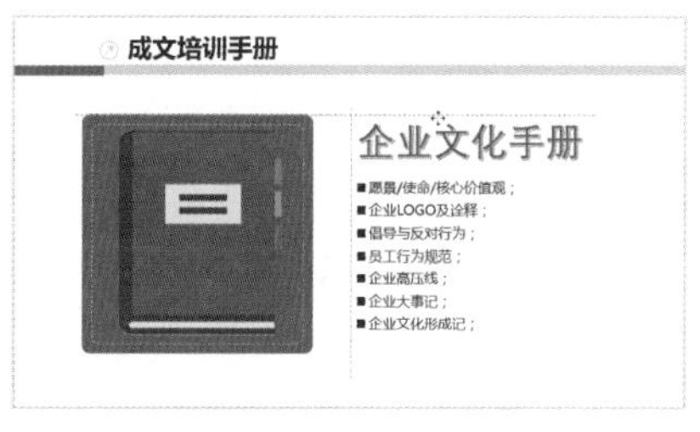

图 12-197

Step 06 设置文字格式。选择艺术字文本框，❶选择【开始】选项卡；❷在【字体】组中的【字体】下拉列表中选择【微软雅黑】选项，如图 12-198 所示。

图 12-198

Step07 打开填充格式列表。选择艺术字文本框，❶选择【形状格式】选项卡；❷在【艺术字样式】组中单击【文本填充】按钮，如图 12-199 所示。

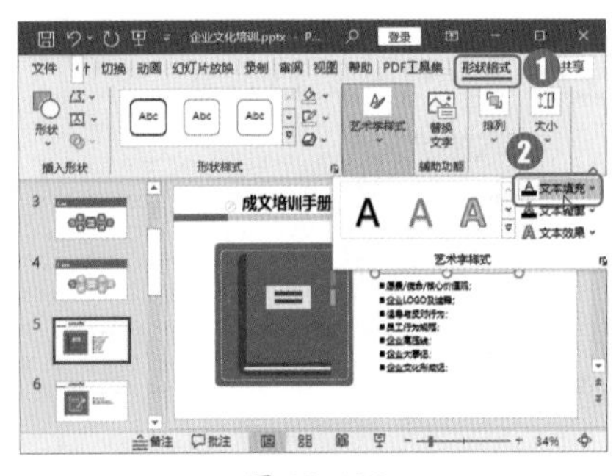

图 12-199

Step08 选择填充色。在弹出的下拉列表中选择【蓝色】选项，如图 12-200 所示。

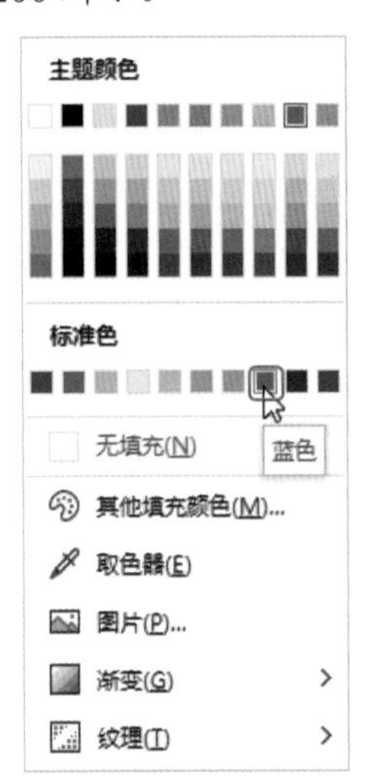

图 12-200

Step09 查看艺术字效果。艺术字设置完成后的效果如图 12-201 所示。

图 12-201

★新功能 12.6.3 实战：使用墨迹绘制形状

实例门类	软件功能

PowerPoint 2021 为用户提供了多种类型和颜色的墨迹画笔，可以帮助用户自由绘制各种墨迹图形。使用墨迹绘制形状的具体操作步骤如下。

Step01 选择幻灯片。在左侧幻灯片窗格中选择第 9 张幻灯片，如图 12-202 所示。

图 12-202

Step02 自定义画笔效果。❶选择【绘图】选项卡；❷单击【绘图工具】组中第 1 个笔形按钮右下角的下拉按钮；❸在弹出的下拉列表中选择需要的笔刷粗细；❹继续在该下拉列表中选择需要的颜色，这里选择蓝色，如图 12-203 所示。

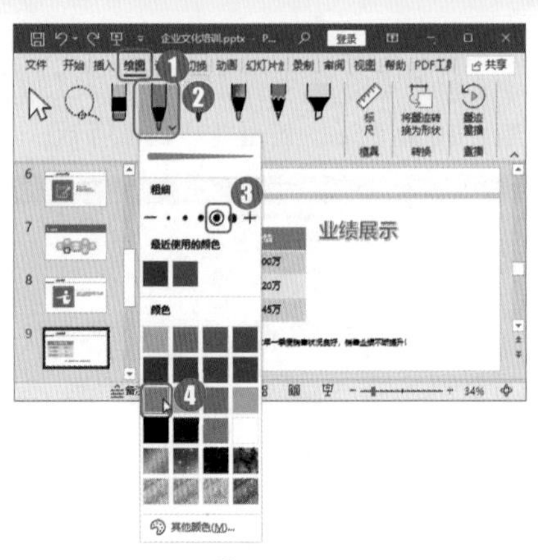

图 12-203

Step03 绘制图形。在幻灯片中，根据图表中的数据绘制一个带箭头的折线图形，如图 12-204 所示。

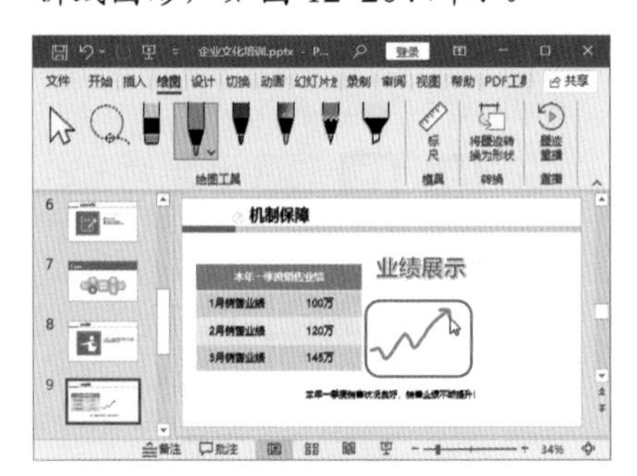

图 12-204

Step04 选择墨迹。❶单击【绘图工具】组中的【选择对象】按钮；❷拖动鼠标，框选刚刚绘制的图形，如图 12-205 所示。

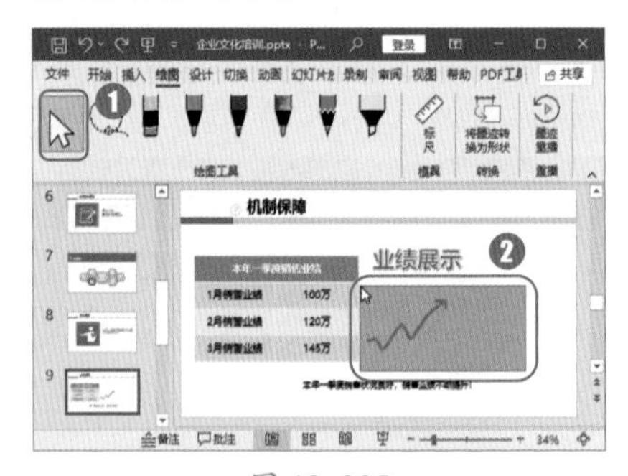

图 12-205

Step05 调整墨迹形状的大小。❶单击【转换】组中的【将墨迹转换为形状】按钮；❷将鼠标指针移动到形状的右上角，按住鼠标左键并拖动，即可调整墨迹形状的大小，如图 12-206 所示。

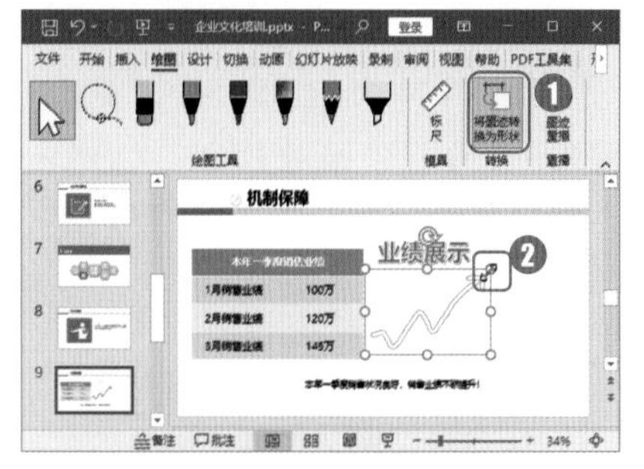

图 12-206

★重点 12.6.4 实战：使用流程图制作“企业文化培训”幻灯片中的图示

实例门类	软件功能

PowerPoint 为用户提供了各式各样的 SmartArt 图形，包括列表、流程、循环和层次结构图形等。在幻灯片中插入流程图的具体操作步骤如下。

Step 01 选择幻灯片。在左侧幻灯片窗格中选择第 10 张幻灯片，如图 12-207 所示。

图 12-207

Step 02 打开【选择 SmartArt 图形】对话框。在幻灯片中单击【插入 SmartArt 图形】按钮，如图 12-208 所示。

图 12-208

Step 03 选择 SmartArt 图形。弹出【选择 SmartArt 图形】对话框，❶选择【流程】选项卡；❷选择【垂直 V 形列表】选项；❸单击【确定】按钮，如图 12-209 所示。

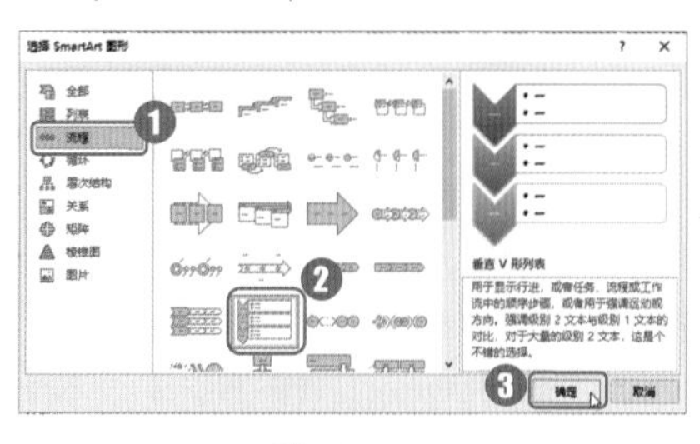

图 12-209

Step 04 查看插入的图形。完成 Step 02 和 Step 03 操作后，即可在幻灯片中插入一个【垂直 V 形列表】流程图，如图 12-210 所示。

图 12-210

Step 05 添加形状。❶选择第 3 个 V 形形状后选择【SmartArt 设计】选项卡；❷在【创建图形】组中单击【添加形状】按钮；❸在弹出的下拉列表中选择【在后面添加形状】选项，如图 12-211 所示。

图 12-211

Step 06 查看添加的形状。完成 Step 05 操作后，即可在【垂直 V 形列表】下方添加一个形状，如图 12-212 所示。

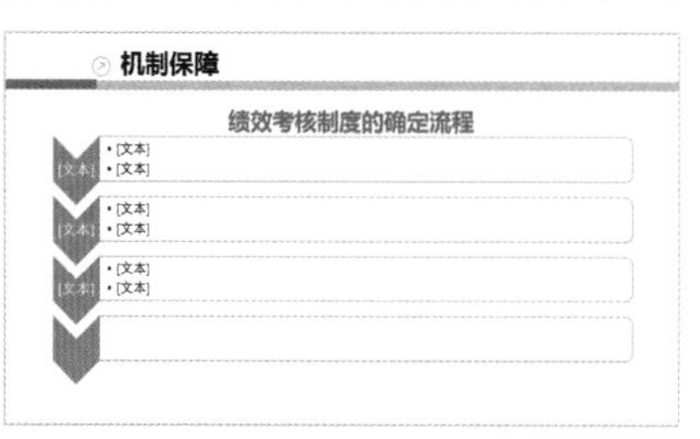

图 12-212

Step 07 输入文字。在【垂直 V 形列表】中输入文本内容，如图 12-213 所示。

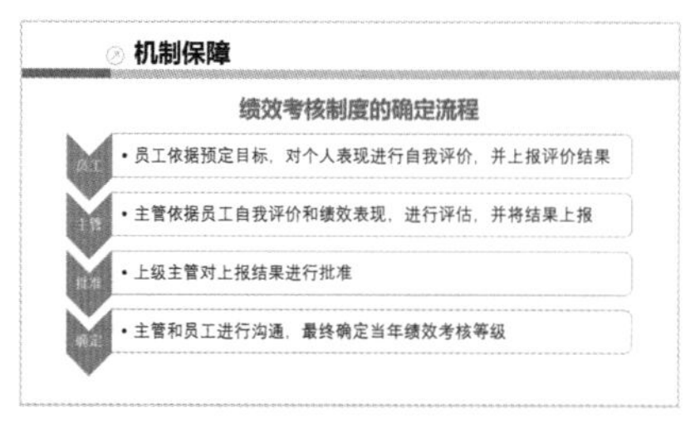

图 12-213

Step 08 设置字体格式。❶选择【开始】选项卡；❷在【字体】组中的【字体】下拉列表中选择【微软雅黑】选项，并单击【加粗】按钮，如图 12-214 所示。

图 12-214

Step09 设置颜色。选择【垂直V形列表】，❶选择【SmartArt设计】选项卡；❷在【SmartArt样式】组中单击【更改颜色】按钮；❸在弹出的下拉列表中选择【彩色范围-个性色5至6】选项，如图12-215所示。

图 12-215

Step10 完成流程图的制作。设置完成后，流程图效果如图12-216所示。

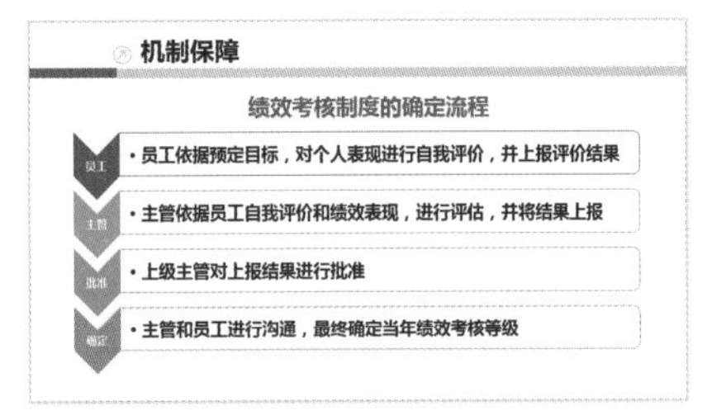

图 12-216

技术看板

除了直接在幻灯片中插入SmartArt流程图以外，用户也可以通过插入各种形状并对这些图形进行组合，形成流程图。

★新功能 12.6.5 实战：为“企业文化培训”幻灯片添加多媒体文件

实例门类	软件功能

设计和编辑幻灯片时，可以使用音频、视频等多媒体文件为幻灯片配置声音、添加视频，从而制作出更具感染力的多媒体演示文稿。

1. 插入本地视频文件

在幻灯片中插入视频文件的具体操作步骤如下。

Step01 打开【插入视频文件】对话框。选择第11张幻灯片，❶选择【插入】选项卡；❷在【媒体】组中单击【视频】按钮；❸在弹出的下拉列表中选择【此设备】选项，如图12-217所示。

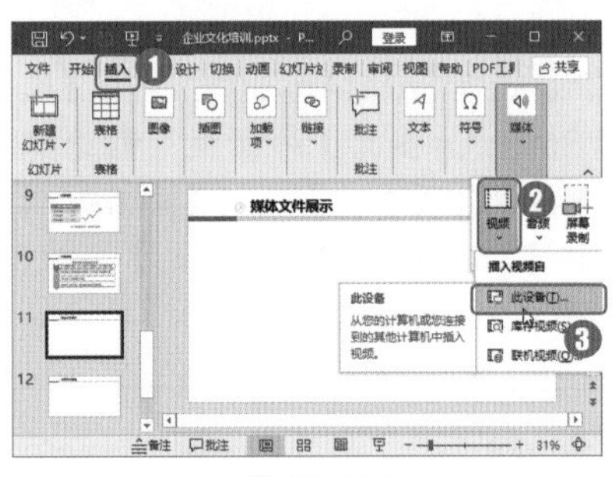

图 12-217

Step02 选择视频文件。弹出【插入视频文件】对话框，❶在素材文件中选择“视频.wmv”；❷单击【插入】按钮，如图12-218所示。

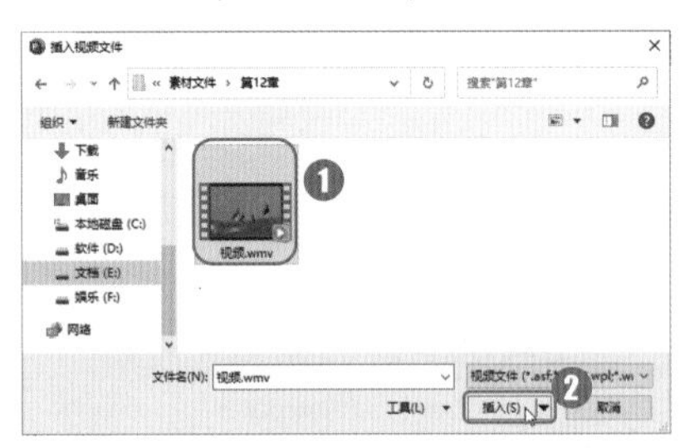

图 12-218

Step03 播放视频。在幻灯片中插入选择的视频文件后，❶选择视频文件，像调整形状一样调整视频播放框的大小和位置；❷单击【播放】按钮▶，如图12-219所示。

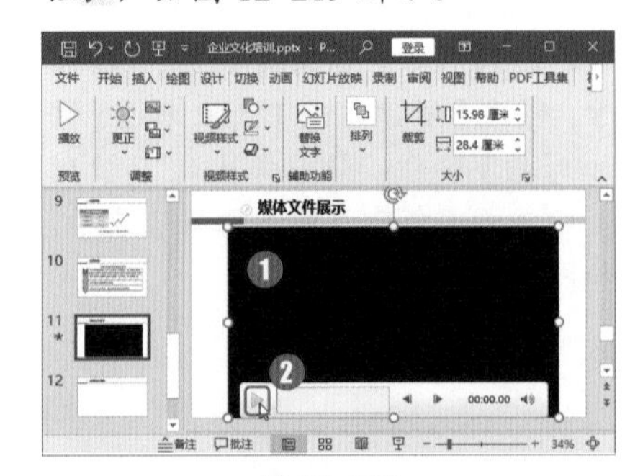

图 12-219

技术看板

将鼠标指针移动到视频图标上并双击，也可以对插入的视频进行播放。

Step04 查看视频播放效果。视频进入播放状态，并显示播放进度，如图12-220所示。

图 12-220

Step05 打开【剪裁视频】对话框。如果要剪裁视频，选择视频文件，❶选择【播放】选项卡；❷在【编辑】组中单击【剪裁视频】按钮，如图12-221所示。

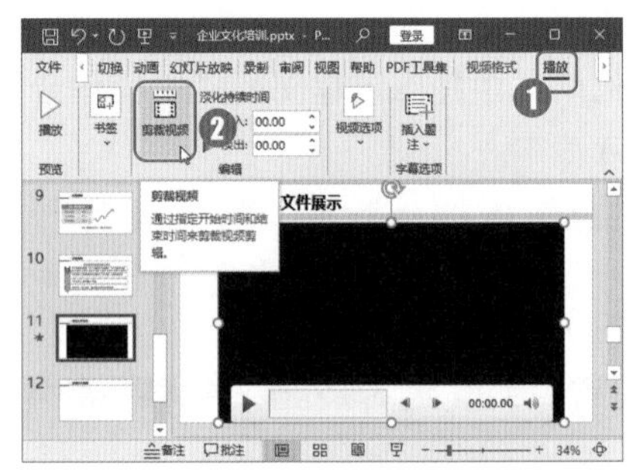

图 12-221

Step06 剪裁视频。弹出【剪裁视频】对话框，❶在视频进度条中拖动鼠标，即可设置视频的【开始时间】和【结束时间】；❷单击【确定】按钮，如图12-222所示。

图 12-222

Step07 完成视频剪裁。完成对视频的剪裁，如图 12-223 所示。

图 12-223

> **技术看板**
>
> 目前，幻灯片中可插入的视频格式有WMV、ASF、AVI、RM、RMVB、MOV、MP4 等。

2. 插入软件视频库视频文件

PowerPoint 2021 内置一个视频库，其中有一些常用的高清视频，非常适合做片头片尾效果。只要计算机正常连接网络，使用库存视频功能，不仅可以插入无水印高清视频，还可以插入通过关键字搜索到的网络视频，具体操作步骤如下。

Step01 打开视频库。❶选择第 12 张幻灯片；❷选择【插入】选项卡；❸在【媒体】组中单击【视频】按钮；❹在弹出的下拉列表中选择【库存视频】选项，如图 12-224 所示。

图 12-224

Step02 选择要插入的视频。❶在弹出的对话框中选择要插入的视频对应的复选框；❷单击【插入】按钮，如图 12-225 所示。

图 12-225

Step03 插入视频。将选择的视频插入幻灯片，单击视频下方的【播放】按钮，即可查看视频播放效果，如图 12-226 所示。

图 12-226

> **技能拓展——插入在网络中搜索到的视频**
>
> 如果在网络中搜索到了需要的视频，可以在播放页面找到并复制该视频的代码，打开演示文稿，单击【媒体】组中的【视频】按钮，在弹出的下拉列表中选择【联机视频】选项，在弹出的对话框中粘贴刚刚复制的视频代码，将视频粘贴到演示文稿中。不过，目前PowerPoint只支持插入YouTube、SlideShare、Vimeo、Stream、Flipgrid的视频。

3. 插入本地音频文件

在幻灯片中插入音频文件的具体操作步骤如下。

Step01 打开【插入音频】对话框。选择第 1 张幻灯片，❶选择【插入】选项卡；❷在【媒体】组中单击【音频】按钮；❸在弹出的下拉列表中选择【PC上的音频】选项，如图 12-227 所示。

图 12-227

Step02 选择音频文件。弹出【插入音频】对话框，❶在素材文件中选择“音频.mp3”；❷单击【插入】按钮，如图 12-228 所示。

图 12-228

Step03 播放音频。在幻灯片中插入选择的音频文件后，选择该音频文件，单击【播放】按钮，如图 12-229 所示。

图 12-229

Step04 查看音频播放效果。音频进入播放状态，并显示播放进度，如图 12-230 所示。

图 12-230

Step05 设置音频在后台播放。选择音频文件，❶选择【播放】选项卡；❷在【音频样式】组中单击【在后台播放】按钮，如图 12-231 所示。

图 12-231

技术看板

单击【在后台播放】按钮后，放映幻灯片时，音频文件会被隐藏，并循环播放。

Step06 设置音频播放选项。在【音频选项】组中选择【跨幻灯片播放】【循环播放，直到停止】和【放映时隐藏】复选框，即可完成本例操作，如图 12-232 所示。

图 12-232

技能拓展——插入录制的视频

PowerPoint 2021 提供了屏幕录制功能，可以帮助用户快速录制视频。选择【插入】选项卡，在【媒体】组中单击【屏幕录制】按钮，打开【屏幕录制】对话框后，单击【选择区域】按钮，即可拖动鼠标绘制屏幕录制区域，在【屏幕录制】对话框中单击【录制】按钮，即可进入屏幕录制状态。录制完成后，在【屏幕录制】对话框中单击【关闭】按钮即可。

录制视频时，在【屏幕录制】对话框中单击【音频】按钮，即可将麦克风连接至主计算机，录制带声音的视频文件。

妙招技法

通过对前面知识的学习，相信读者已经掌握了创建和编辑演示文稿的基本操作。下面结合本章内容，给大家介绍一些实用技巧。

技巧 01：如何将特殊字体嵌入演示文稿

为了丰富和美化幻灯片，用户经常会在幻灯片中使用一些漂亮的特殊字体。然而，如果放映演示文稿的计算机上没有安装这些字体，PowerPoint 就会用系统中的其他字体替代这些特殊字体，严重影响演示效果。制作演示文稿时，可以将特殊字体嵌入演示文稿中，具体操作步骤如下。

Step01 打开【PowerPoint 选项】对话框。打开任意一个含有特殊字体的演示文稿，选择【文件】选项卡，进入【文件】界面后在左侧窗格中选择【选项】选项卡，如图 12-233 所示。

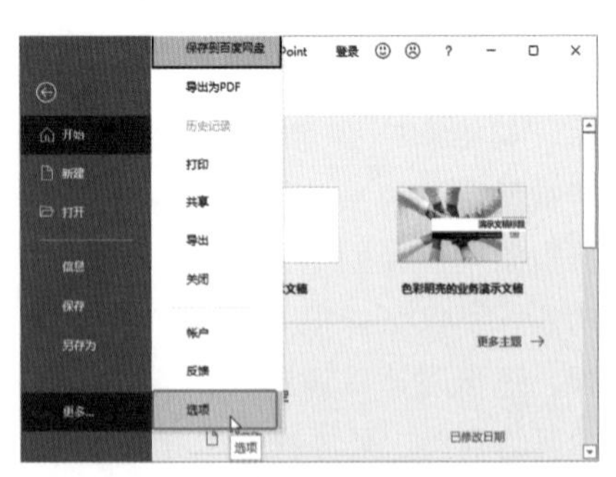

图 12-233

Step 02 设置保存选项。弹出【PowerPoint 选项】对话框，❶选择【保存】选项卡；❷在【共享此演示文稿时保持保真度】组中选择【将字体嵌入文件】复选框；❸单击【确定】按钮，关闭对话框，保存当前演示文稿，即可将特殊字体嵌入演示文稿，随其一起保存，如图 12-234 所示。

图 12-234

技巧 02：如何快速创建相册式演示文稿

PowerPoint 2021 为用户提供了各式各样的演示文稿模板，供用户选择，包括相册、营销、业务、教育、行业、设计方案和主题等。快速创建相册式演示文稿的具体操作步骤如下。

Step 01 搜索模板。打开任意一个演示文稿，在 PowerPoint 窗口中选择【文件】选项卡，进入【文件】界面，❶选择【新建】选项卡；❷在【搜索】文本框中输入“相册”；❸单击【开始搜索】按钮🔍，如图 12-235 所示。

图 12-235

Step 02 选择模板。搜索出关于“相册”的所有演示文稿模板，根据需要选择合适的模板即可。这里选择【聚会相册】模板，如图 12-236 所示。

图 12-236

Step 03 创建模板。弹出模板预览界面，单击【创建】按钮，如图 12-237 所示。

图 12-237

Step 04 完成创建。模板下载完毕后，即可创建一个相册式演示文稿，如图 12-238 所示。

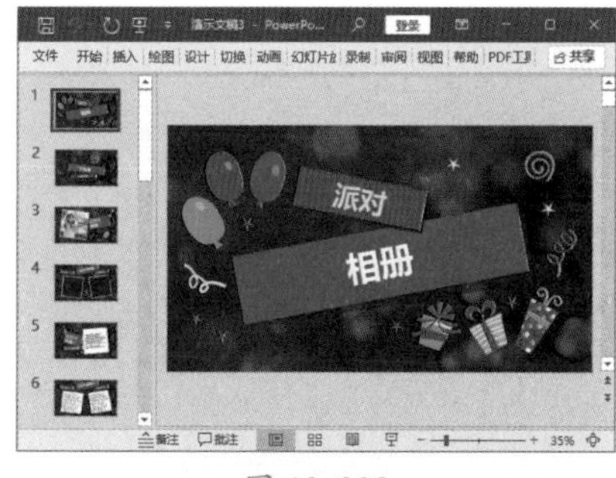

图 12-238

> **技术看板**
>
> 相册式演示文稿创建完成后，每张幻灯片中都有固定的相册版式，用户根据需要插入照片和文本即可。

技巧 03：如何使用取色器来匹配幻灯片上的颜色

PowerPoint 有取色器功能，用户可以从幻灯片中的图片、形状等元素中提取颜色，并将提取的各种颜色应用到更多幻灯片元素中，具体操作步骤如下。

Step 01 打开【形状填充】列表。打开“素材文件\第 12 章\商业项目计划.pptx”文档，选择第 3 张幻灯片中的图片，❶选择【开始】选项卡；❷在【绘图】组中单击【形状填充】按钮，如图 12-239 所示。

图 12-239

Step 02 选择【取色器】选项。在弹出的下拉列表中选择【取色器】选项，如图 12-240 所示。

图 12-240

Step 03 吸取颜色。鼠标指针变成🖊形状后，移动鼠标指针即可查看颜色的实时预览，指针旁会同时显示RGB（红、绿、蓝）颜色坐标，如图12-241所示。在【RGB(229,217,136)浅黄】处单击，即可将选择的颜色添加到【最近使用的颜色】列表中。

图 12-241

Step04 选择最近使用的颜色。选择本张幻灯片中的标题文本框，❶选择【形状格式】选项卡；❷在【形状样式】组中单击【形状填充】按钮；❸在弹出的下拉列表中选择最近使用的颜色【浅黄】，如图12-242所示。

图 12-242

Step05 查看文本框效果。完成以上操作后，选择的标题文本框即可应用取色器提取的【浅黄】，如图12-243所示。

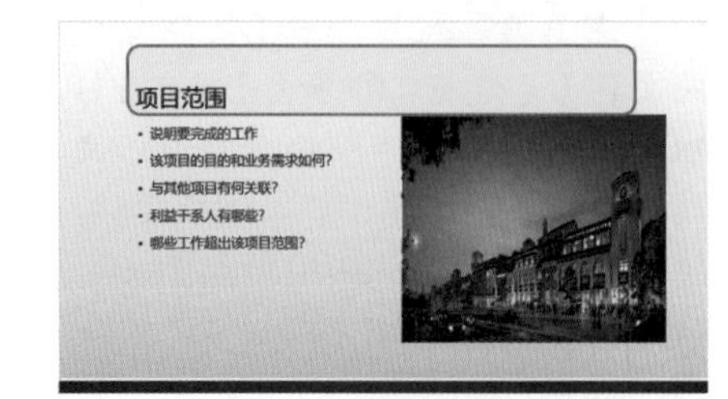

图 12-243

技术看板

使用取色器提取图片中的颜色时，按【Enter】键也可以将选择的颜色添加到【最近使用的颜色】组中。若要取消取色器，不选取任何颜色，按【Esc】键即可。

本章小结

本章首先介绍了PPT的相关知识，然后结合实例介绍了幻灯片的基本操作、设计幻灯片的方法、幻灯片母版的使用方法、插入和编辑幻灯片的操作，以及在幻灯片中添加多个对象的操作等。通过对本章内容的学习，读者能够快速掌握演示文稿的创建方法和幻灯片的基本操作，学会使用幻灯片母版设计演示文稿，轻松制作专业、美观的演示文稿。

第1篇
第2篇
第3篇
第4篇
第5篇
第6篇

第 13 章 PowerPoint 2021 动态幻灯片的制作

- ➥ 关于幻灯片动画，你了解多少？
- ➥ 动画的分类有哪些，为幻灯片对象添加动画时需要注意什么？
- ➥ 什么是幻灯片交互动画，如何设置幻灯片交互动画？
- ➥ 如何为一个对象添加多个动画，如何设置和编辑动画效果？
- ➥ 什么是幻灯片切换动画，如何设置幻灯片之间的自然切换？
- ➥ 什么是动画刷，怎样使用动画刷快速复制动画？
- ➥ 什么是触发器，怎样使用触发器控制幻灯片动画？

本章将介绍设置幻灯片动画的相关知识，涉及幻灯片的动画设置与动画切换的相关技巧，以及对声音的添加与对时间的设置。通过对本章内容的学习，读者能够将幻灯片制作得更加生动、活泼。

13.1 动画的相关知识

PowerPoint 2021 有强大的动画功能。专业的 PPT，不仅要内容精美，还要在动画上绚丽多彩。添加带有动画效果的幻灯片对象，可以使演示文稿更加生动活泼，还可以控制信息演示流程，重点突出最关键的数据，帮助用户制作更具吸引力和说服力的演示文稿。

13.1.1 动画的重要作用

动画设计在幻灯片中起着至关重要的作用，具体来说，包括以下 3 个方面。

（1）清晰地展示事物关系，比如，用 PPT 对象不断【浮入】的动画，展示项目之间的时间顺序或组成关系，如图 13-1 和图 13-2 所示。

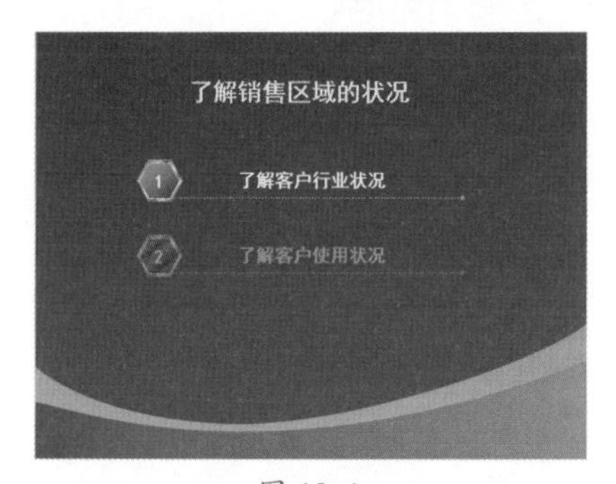

图 13-1

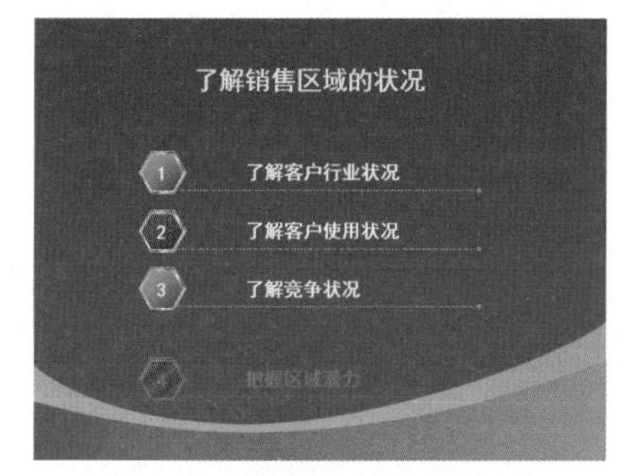

图 13-2

（2）更好地配合演讲，比如，用 PPT 对象【放大/缩小】的动画，强调 PPT 对象的重要性。观众的目光会随演讲内容的【放大/缩小】移动，与幻灯片的演讲进度相协调，如图 13-3 所示。

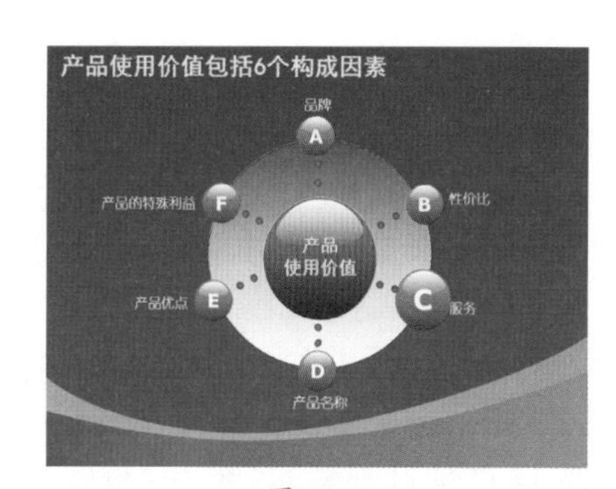

图 13-3

（3）增强效果的表现力，使用漫天飞雪、落叶飘零、彩蝶飞舞的动画效果，可以增强幻灯片的表现力，如图 13-4 和图 13-5 所示。

图 13-4

图 13-5

13.1.2 动画的分类

PowerPoint 2021 提供了进入、强调、退出、动作路径，以及页面切换等多种形式的动画效果，为幻灯片添加这些动画效果，可以使 PPT 与 Flash 动画一样生动。

1. 进入动画

动画是演示文稿的常用功能，在动画中，尤其以【进入】动画最为常用。使用【进入】动画，可以实现多种对象从无到有、陆续展现的动画效果，【进入】动画主要包括【出现】【淡化】【飞入】【浮入】【劈裂】【擦除】【形状】等数十种动画，如图 13-6 和图 13-7 所示。

图 13-6

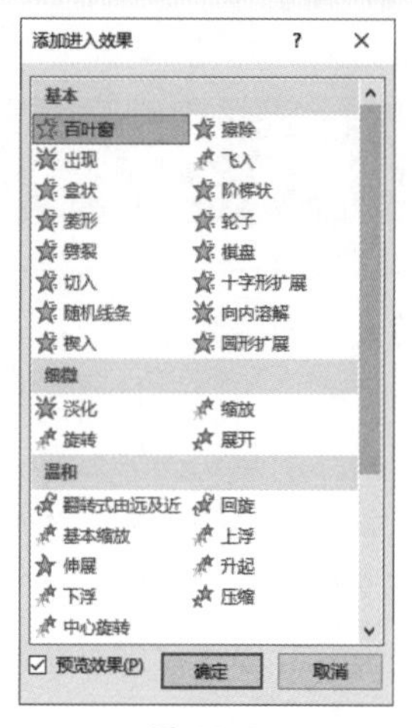

图 13-7

2. 强调动画

【强调】动画是通过放大、缩小、闪烁、陀螺旋等方式突出显示对象和组合的一种动画，主要包括【脉冲】【跷跷板】【陀螺旋】【补色】【波浪形】等数十种动画，如图 13-8 和图 13-9 所示。

图 13-8

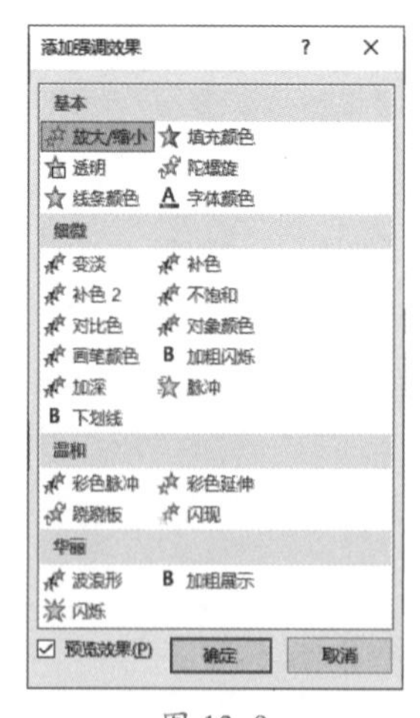

图 13-9

3. 退出动画

【退出】动画是使对象从有到无、逐渐消失的一种动画。【退出】动画有助于实现画面的连贯过渡，是不可或缺的动画效果，主要包括【消失】【飞出】【浮出】【擦除】【形状】等数十种动画，如图 13-10 和图 13-11 所示。

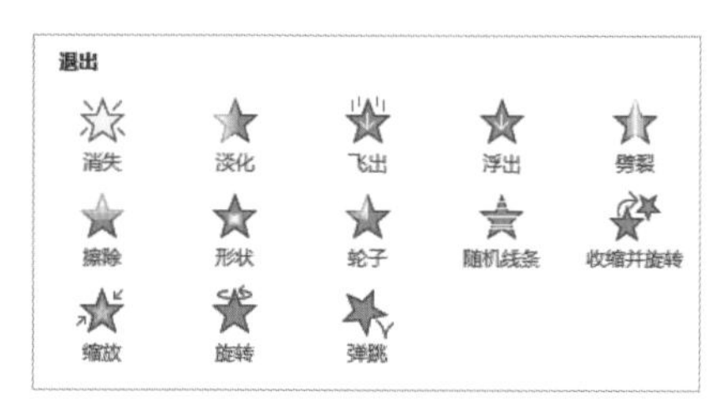

图 13-10

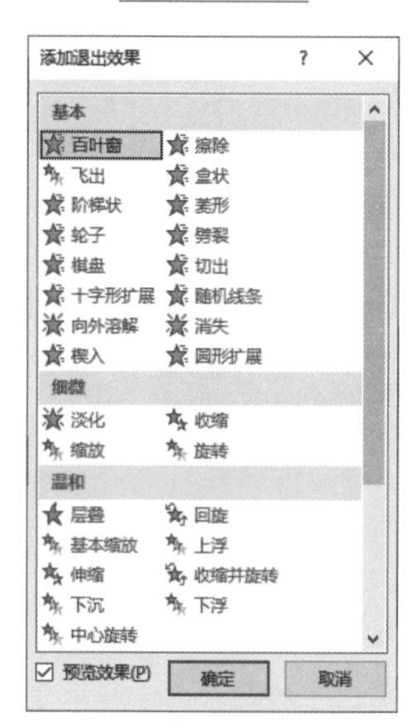

图 13-11

4. 动作路径动画

【动作路径】动画是使对象按照用户绘制的路径运动的一种高级动画，可以实现 PPT 动画的千变万化，主要包括【直线】【弧形】【六边形】【漏斗】【衰减波】等数十种动画，如图 13-12 和图 13-13 所示。

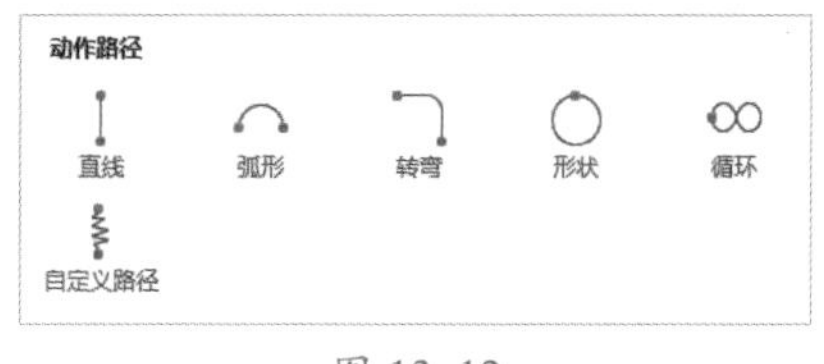

图 13-12

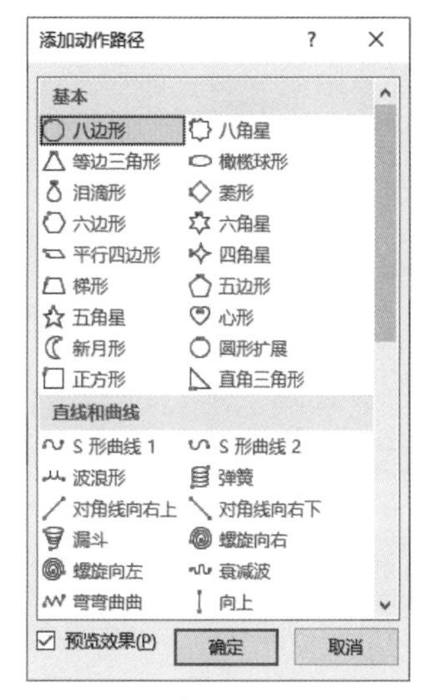

图 13-13

5. 页面切换动画

【切换】动画是在幻灯片之间进行切换的一种动画。添加页面切换动画，不仅可以轻松实现页面之间的自然切换，还可以使PPT真正动起来。【切换】动画包括【细微】【华丽】和【动态内容】3 种类型，数十种动画，如图 13-14 所示。

图 13-14

13.1.3 添加动画的注意事项

谈到PPT设计，就离不开动画设置，这是因为动画能给PPT增色不少，特别是对于课件类PPT、产品和公司介绍类PPT来说。在PPT中制作动画时，应当注意以下几点。

1. 掌握一定的动画设计理念

为什么有些人做出的动画不好看？最重要的一个原因可能是根本不知道想要做出什么样的动画效果。

掌握动画设计理念没有捷径，只能多看多学，多看别人设计的动画，多学别人的设计理念，自然就会知道自己想要做出什么样的动画效果。

2. 了解动画的本质

PPT的组成元素都是静态的，只不过按时间顺序播放时，可以利用人的视觉残留制造动起来的假象。由此可见，动画的本质是"时间"。

强调"之前""之后"的概念，以及"非常慢""慢速""很快"的区别，最重要的是用好速度。在PPT中，所有动画的速度都是可以进行自定义的。

PPT中还有一个时间概念——"触发器"。所谓触发，就是当做出某个动作的时候，会触发另一个动作，需要提前设置另一个动作的触发时间和效果。

3. 关注动画的方向和路径

方向很好理解，路径的概念有些模糊，简单地讲，PPT中的路径就是"运动轨迹"，用户可以根据需要进行自定义，如可以用自由曲线轨迹、直线轨迹、圆形轨迹等。

4. 动画效果不是越多越好

用户可以对整个幻灯片、某个画面或某个幻灯片对象（包括文本框、图表、艺术字和图画等）应用动画效果，但是要记住一条原则，即动画效果不能用得太多，应该让它起到画龙点睛的作用。太多的闪烁和运动画面会让观众的注意力分散，甚至感到烦躁。

13.2 设置幻灯片交互动画

幻灯片之间的交互动画，主要是通过交互式动作按钮，改变幻灯片原有的放映顺序实现，如将一张幻灯片链接到另一张幻灯片、将幻灯片链接到其他文件，以及使用动作按钮控制幻灯片放映等。

13.2.1 实战：将幻灯片链接到另一张幻灯片

实例门类	软件功能

PowerPoint为用户提供了超链接功能，可以将一张幻灯片中的文本框、图片、图形等元素链接到另一张幻灯片，实现的快速切换，具体操作步骤如下。

Step 01 选择幻灯片。打开"素材文件\第 13 章\销售培训课件.pptx"文档，在左侧幻灯片窗格中选择第 7 张幻灯片，如图 13-15 所示。

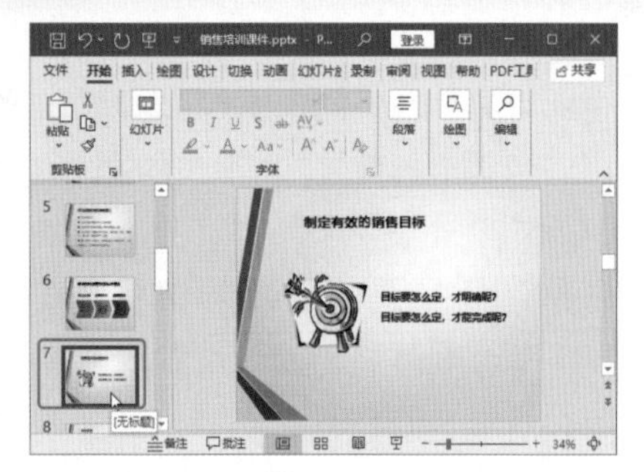

图 13-15

Step02 打开【插入超链接】对话框。选择幻灯片中的图片并右击，在弹出的快捷菜单中选择【超链接】选项，如图 13-16 所示。

图 13-16

Step03 设置超链接。弹出【插入超链接】对话框，❶在左侧的【链接到】列表框中单击【本文档中的位置】按钮；❷在【请选择文档中的位置】列表框中选择【10. 幻灯片 10】选项；❸单击【确定】按钮，如图 13-17 所示。

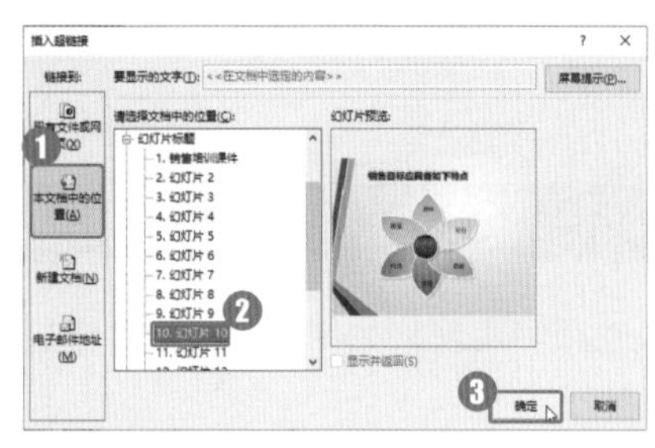

图 13-17

Step04 查看超链接效果。完成以上操作后，即可为选择图片添加超链接，将鼠标指针移动到图片上方，会弹出超链接提示“幻灯片 10”，如图 13-18 所示。

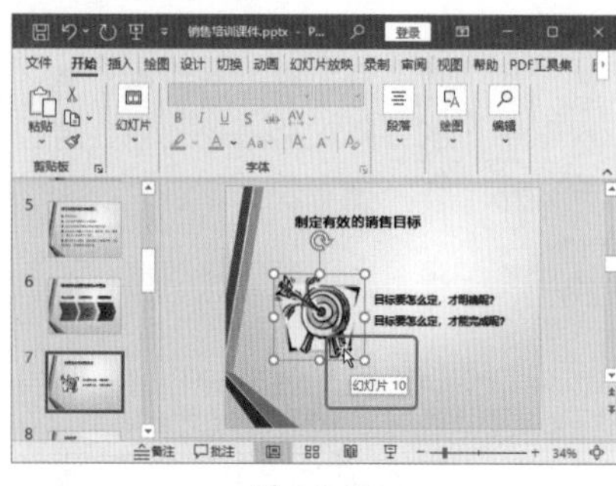

图 13-18

Step05 放映幻灯片。❶选择【幻灯片放映】选项卡；❷在【开始放映幻灯片】组中单击【从当前幻灯片开始】按钮，如图 13-19 所示。

图 13-19

Step06 单击超链接图片。幻灯片进入放映状态，从当前幻灯片开始放映。单击设置了超链接的图片，如图 13-20 所示。

图 13-20

Step07 查看超链接效果。即可一键切换到第 10 张幻灯片，如图 13-21 所示。

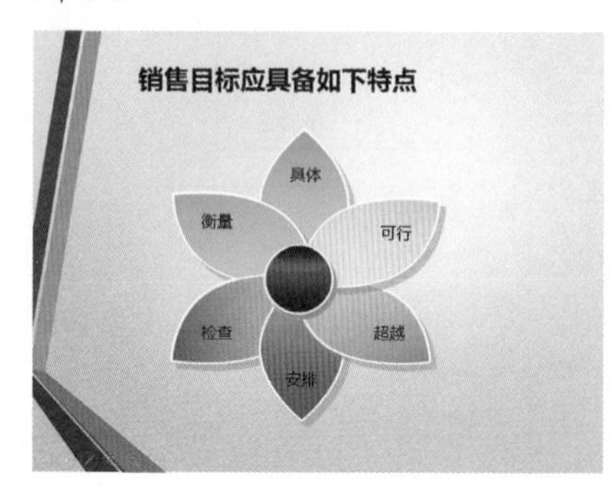

图 13-21

13.2.2 实战：将幻灯片链接到其他文件

实例门类	软件功能

PowerPoint 有插入对象功能，用户可以根据需要，在幻灯片中插入 Word 文档、Excel 表格、PPT 演示文稿，以及其他文件。在幻灯片中插入其他文件的具体操作步骤如下。

Step01 选择幻灯片。在左侧幻灯片窗格中选择第 9 张幻灯片，如图 13-22 所示。

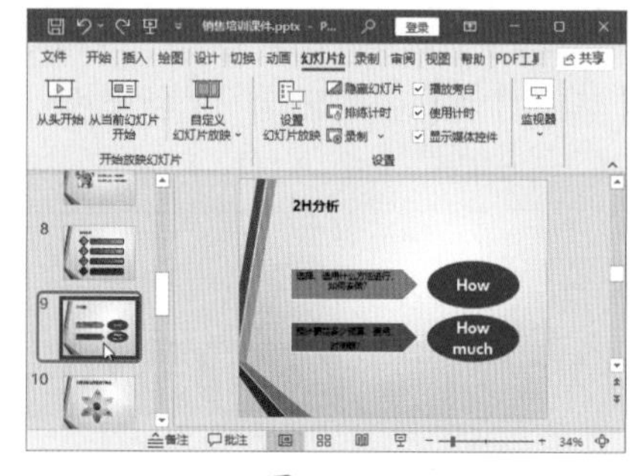

图 13-22

Step02 打开【插入对象】对话框。❶选择【插入】选项卡；❷在【文本】组中单击【对象】按钮，如图 13-23 所示。

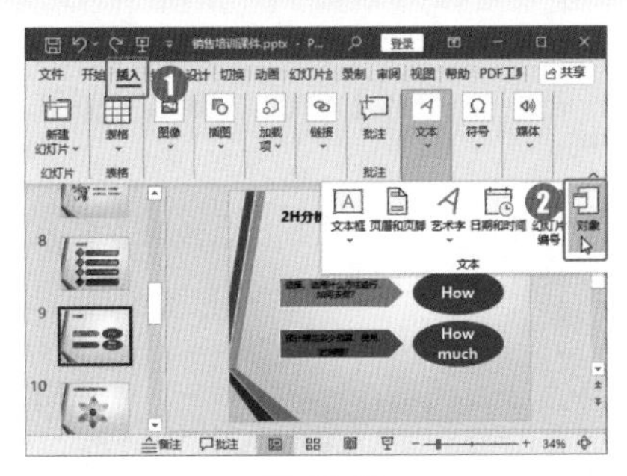

图 13-23

Step03 打开【浏览】对话框。弹出【插入对象】对话框，❶选择【由文件创建】单选按钮；❷单击【浏览】按钮，如图 13-24 所示。

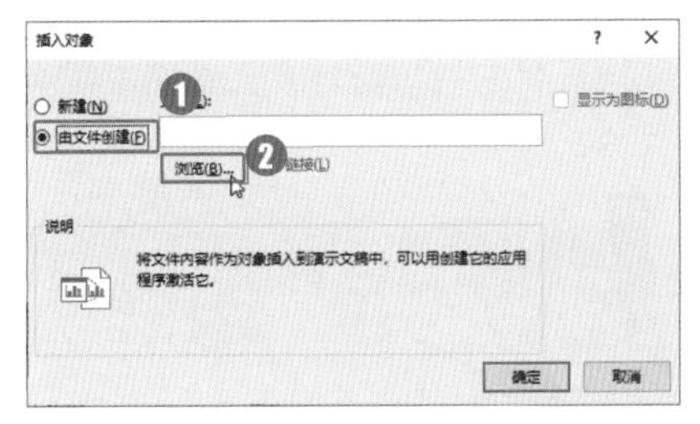

图 13-24

Step04 选择文档。弹出【浏览】对话框，❶在素材文件中选择“销售培训需求调查问卷.docx”文档；❷单击【确定】按钮，如图 13-25 所示。

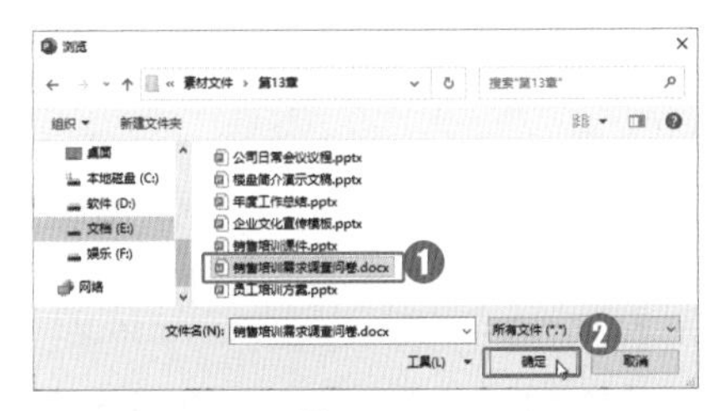

图 13-25

技术看板

文本文件、Word 文档、Excel 表格、演示报告等格式的文件都可以链接到幻灯片中。

Step05 查看文件显示路径。选择文档后，【由文件创建】文本框中即可显示文件路径，如图 13-26 所示。

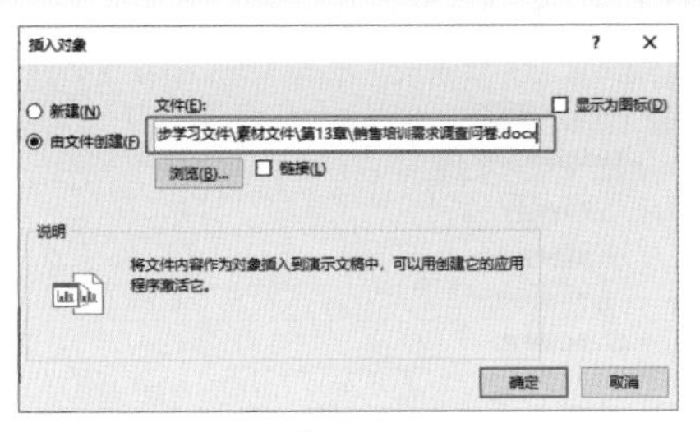

图 13-26

Step06 让文件显示为图标。选择【显示为图标】复选框，其下方即可显示文档图标，如图 13-27 所示。

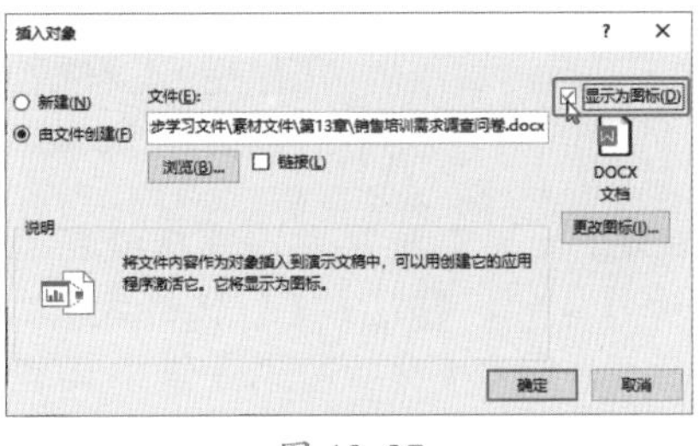

图 13-27

Step07 链接文件。❶选择【链接】复选框，对文件显示形式的更改即可反映在演示文稿中；❷单击【确定】按钮，如图 13-28 所示。

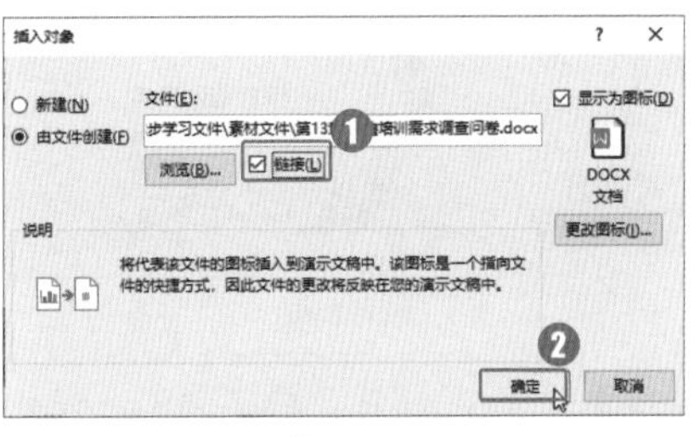

图 13-28

Step08 查看文档插入效果。完成以上操作后，即可将“销售培训需求调查问卷.docx”文档插入幻灯片中，如图 13-29 所示。

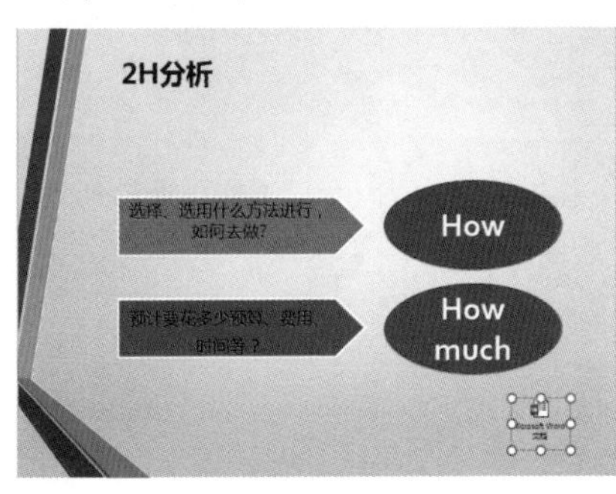

图 13-29

13.2.3 实战：插入动作按钮

实例门类	软件功能

PowerPoint 2021 内置一系列动作按钮，如前进、后退、开始、结束等，使用动作按钮，可以在放映演示文稿时快速切换幻灯片，控制幻灯片的上下翻页，视频、音频等元素的播放与暂停等。在幻灯片中插入并设置动作按钮的具体操作步骤如下。

Step01 打开形状列表。选择第 1 张幻灯片，❶选择【插入】选项卡；❷在【插图】组中单击【形状】按钮，如图 13-30 所示。

图 13-30

Step02 选择形状。在弹出的下拉列表中选择【动作按钮：前进或下一项】选项，如图 13-31 所示。

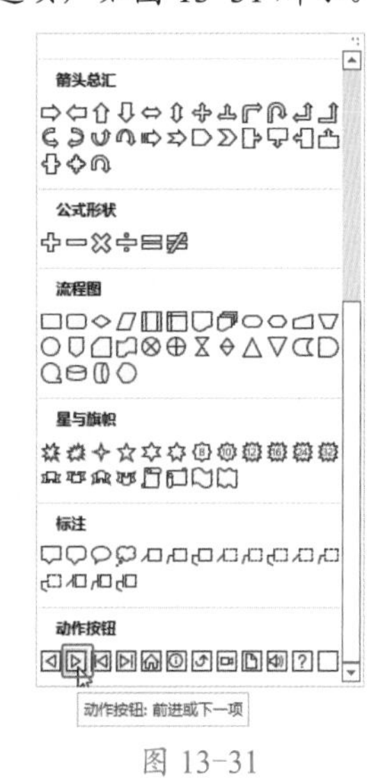

图 13-31

Step03 绘制动作按钮。拖动鼠标，在幻灯片的右下角绘制【动作按钮：前进或下一项】按钮，如图 13-32 所示。

图 13-32

Step04 设置动作。释放鼠标，弹出【操作设置】对话框，❶选择【超链接到】单选按钮；❷在下方的下拉列表中选择【下一张幻灯片】选项，如图 13-33 所示。

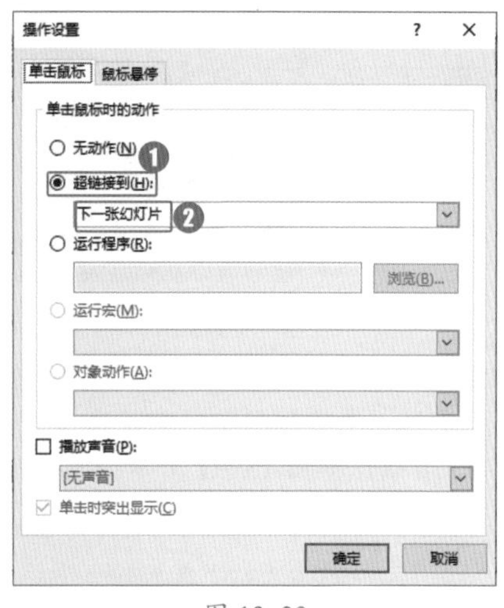

图 13-33

Step05 设置声音。❶选择【播放声音】复选框；❷在下方的下拉列表中选择【抽气】选项；❸单击【确定】按钮，如图 13-34 所示。

图 13-34

Step06 设置形状样式。选择绘制的动作按钮，❶选择【形状格式】选项卡；❷在【形状样式】组中选择【彩色轮廓-蓝色，强调颜色 1】选项，如图 13-35 所示。

图 13-35

Step07 播放幻灯片。❶选择【幻灯片放映】选项卡；❷单击【开始放映幻灯片】组中的【从头开始】按钮，如图 13-36 所示。

图 13-36

Step08 单击动作按钮。进入幻灯片放映状态，单击设置的【动作按钮：前进或下一项】按钮，如图 13-37 所示。

图 13-37

Step09 查看动作效果。单击按钮，即可切换到下一张幻灯片，如图 13-38 所示。

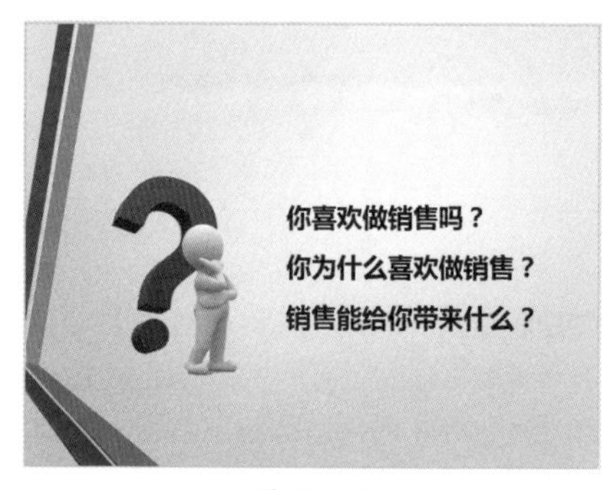

图 13-38

Step10 选择形状。选择第 10 张幻灯片，❶选择【插入】选项卡；❷在【插图】组中单击【形状】按钮；❸在弹出的下拉列表中选择【动作按钮：转到开头】选项，如图 13-39 所示。

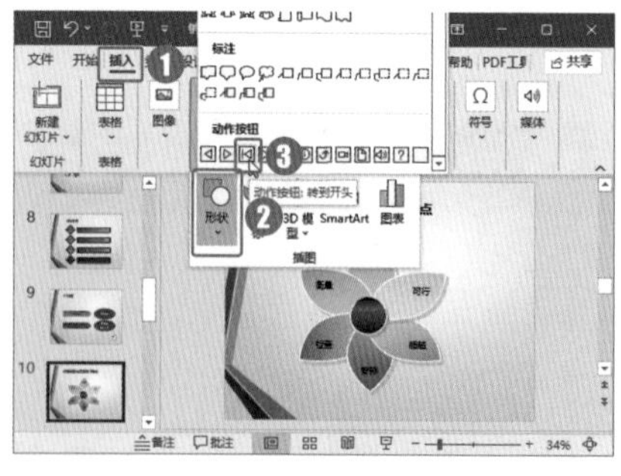
图 13-39

Step11 绘制动作按钮。拖动鼠标，在幻灯片的右下角绘制【动作按钮：转到开头】按钮，如图 13-40 所示。

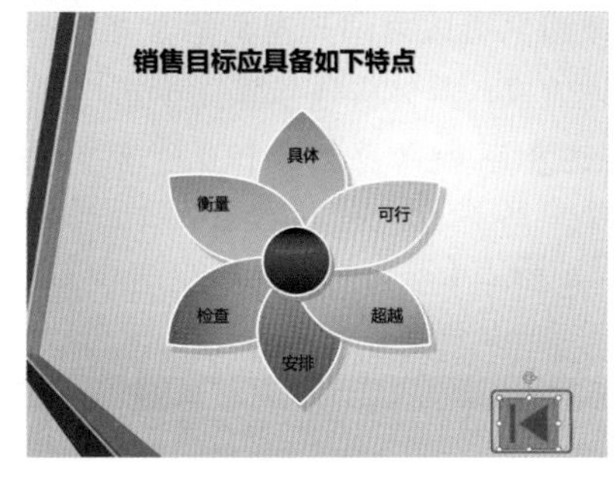

图 13-40

Step12 设置动作。释放鼠标，弹出【操作设置】对话框，❶选择【超链接到】单选按钮；❷在下方的下拉列表中选择【第一张幻灯片】选项；❸单击【确定】按钮，如图 13-41 所示。

图 13-41

Step13 设置形状样式。选择绘制的动作按钮，❶选择【形状格式】选项卡；❷在【形状样式】组中选择【彩色轮廓-淡紫，强调颜色 6】选项，如图 13-42 所示。

图 13-42

Step14 放映幻灯片。❶选择【幻灯片放映】选项卡；❷单击【开始放映幻灯片】组中的【从当前幻灯片开始】按钮，如图 13-43 所示。

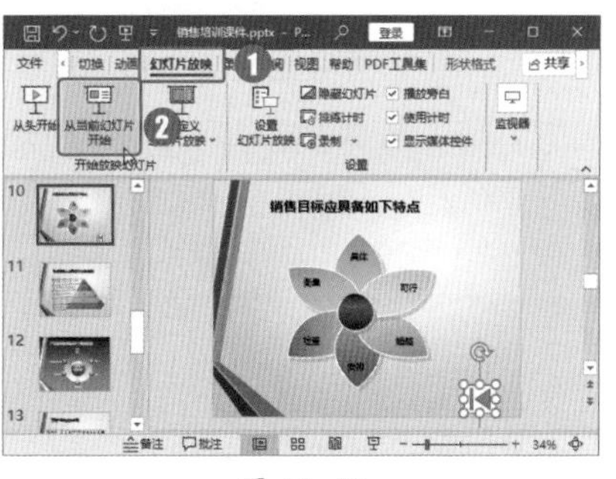
图 13-43

Step15 单击动作按钮。进入幻灯片放映状态，单击设置的【动作按钮：转到开头】按钮，如图 13-44 所示。

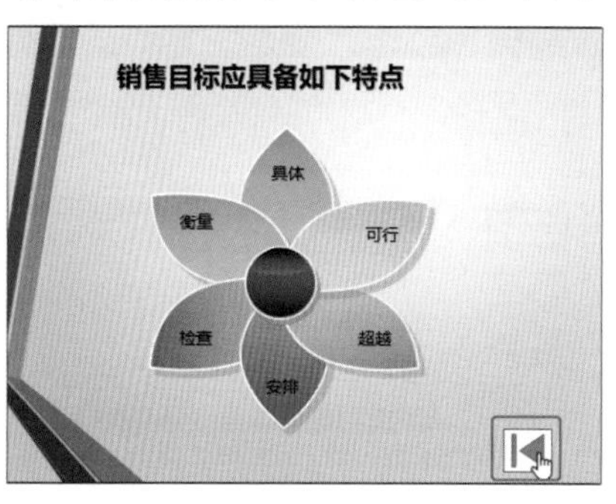

图 13-44

Step16 查看动作效果。单击按钮，即可切换到第 1 张幻灯片，如图 13-45 所示。

图 13-45

13.3 设置幻灯片中的对象动画

PowerPoint 2021 有设置动画功能，用户可以根据需要设置各种动画效果，包括添加单个动画效果、为同一对象添加多个动画效果、编辑动画效果、设置动画参数等。

★重点 13.3.1 实战：添加单个动画效果

实例门类	软件功能

添加单个动画效果的具体操作步骤如下。

Step01 选择标题。打开"素材文件\第 13 章\楼盘简介演示文稿.pptx"文档，选择第 1 张幻灯片中的文档标题，如图 13-46 所示。

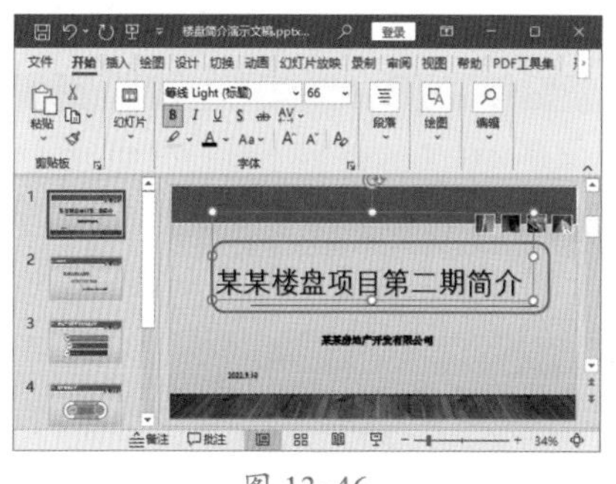

图 13-46

Step02 打开动画列表。❶选择【动画】选项卡；❷在【动画】组中单击【动画样式】按钮，如图 13-47 所示。

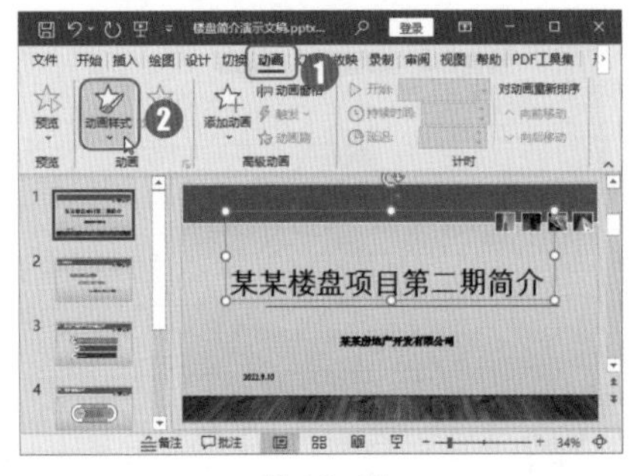

图 13-47

Step03 选择动画。在弹出的动画样式列表中选择【缩放】选项，如图 13-48 所示。

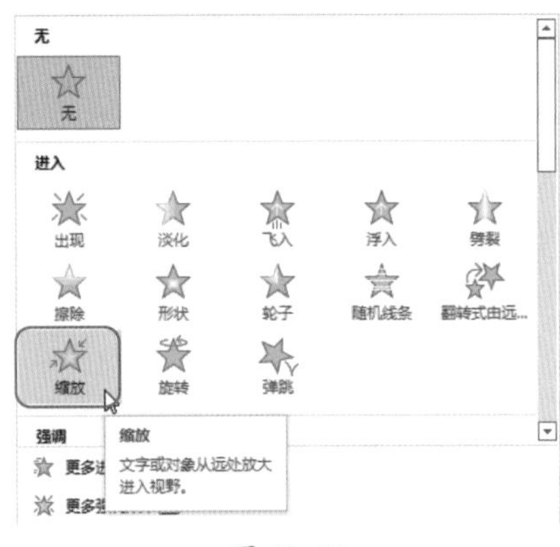

图 13-48

Step04 查看设置的动画。即可为选择的标题设置【缩放】进入动画，显示动画序号【1】，如图 13-49 所示。

图 13-49

Step05 进行动画预览。在【预览】组中单击【预览】按钮，如图 13-50 所示。

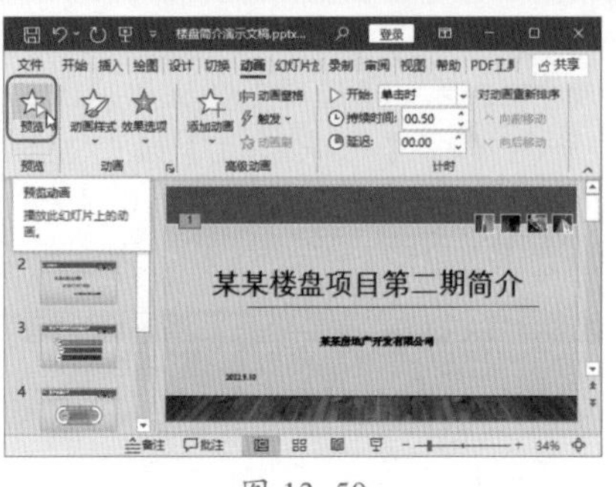

图 13-50

Step06 预览动画效果。即可看到标题的【缩放】动画预览效果，如图 13-51 至图 13-53 所示。

图 13-51

图 13-52

图 13-53

★重点 13.3.2 实战：为同一对象添加多个动画效果

实例门类	软件功能

为 PPT 中的某目标对象设置一个动画效果后，使用【动画】选项卡【高级动画】组中的【添加动画】按钮，可以为同一对象添加多个动画效果，具体操作步骤如下。

Step01 添加动画。选择第 1 张幻灯片中的标题，❶选择【动画】选项卡；❷在【高级动画】组中单击【添加动画】按钮，如图 13-54 所示。

图 13-54

Step02 选择动画。在弹出的动画样式列表中选择【跷跷板】选项，如图 13-55 所示。

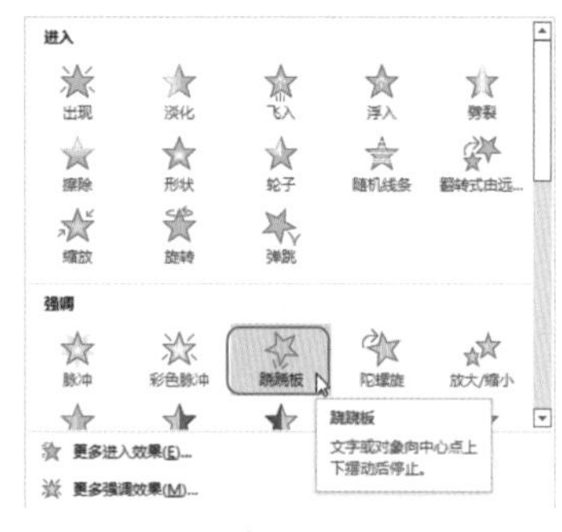

图 13-55

Step03 查看动画添加效果。即可为选择的标题添加第 2 个【跷跷板】强调动画，显示动画序号【2】，如图 13-56 所示。

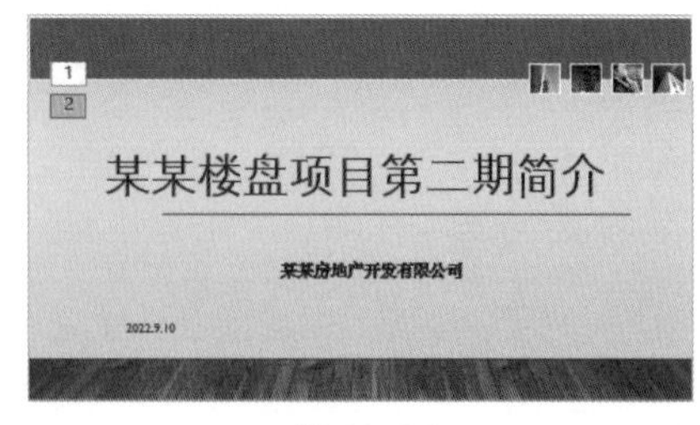

图 13-56

Step04 进行动画预览。在【预览】组中单击【预览】按钮，如图 13-57 所示。

图 13-57

Step05 预览动画。即可看到用于强调标题的【跷跷板】动画效果，如图 13-58 和图 13-59 所示。

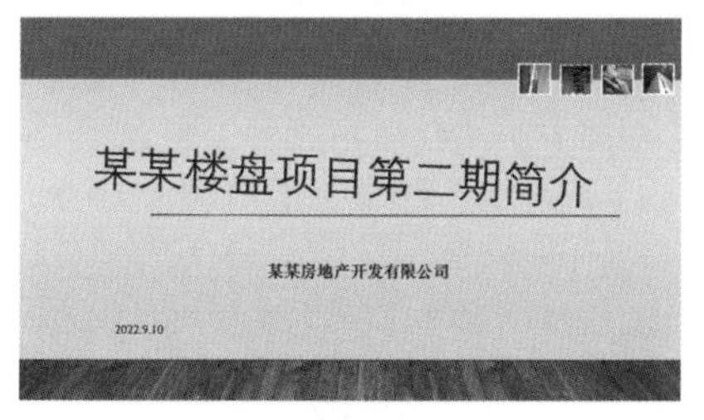

图 13-58

图 13-59

Step06 添加动画。选择第 1 张幻灯片中的标题，❶选择【动画】选项卡；❷在【高级动画】组中再次单击【添加动画】按钮，如图 13-60 所示。

图 13-60

Step07 选择动画。在弹出的动画列表中选择【画笔颜色】选项，如图 13-61 所示。

图 13-61

Step08 查看动画添加效果。即可为选择的标题添加第 3 个【画笔颜色】强调动画，显示动画序号【3】，如图 13-62 所示。

图 13-62

Step09 进行动画预览。在【预览】组中单击【预览】按钮，如图 13-63 所示。

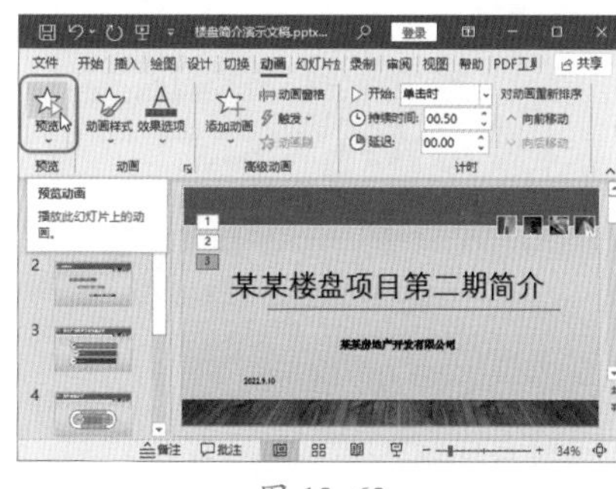

图 13-63

Step10 预览动画。即可看到用于强调标题的【画笔颜色】动画效果，如图 13-64 和图 13-65 所示。

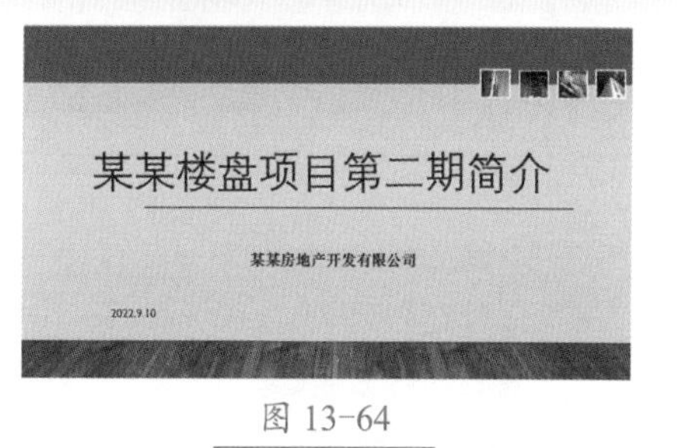

图 13-64

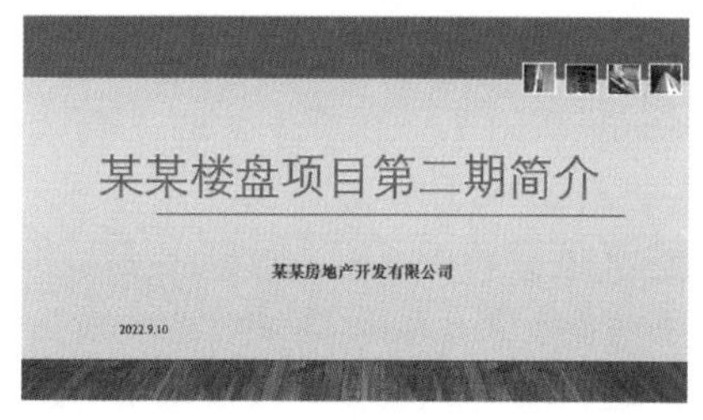

图 13-65

★重点 13.3.3 实战：编辑动画效果

实例门类	软件功能

为 PPT 中的对象设置动画效果，包括设置动画声音、动画计时、正文文本动画等。编辑动画效果的具体操作步骤如下。

Step01 打开【动画窗格】。选择第 1 张幻灯片，❶选择【动画】选项卡；❷在【高级动画】组中单击【动画窗格】按钮，如图 13-66 所示。

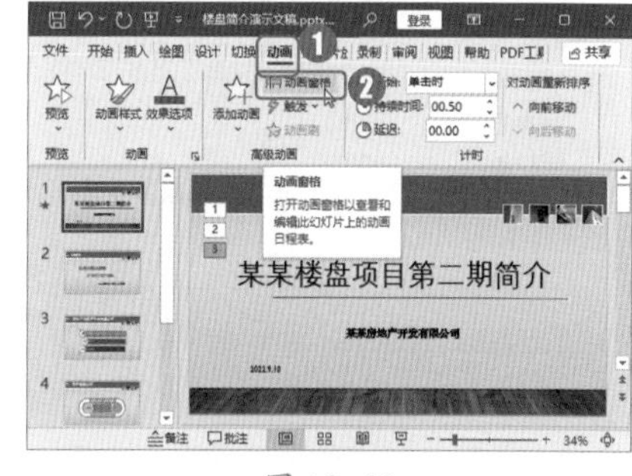

图 13-66

Step02 查看【动画窗格】中的动画。在演示文稿的右侧出现一个【动画窗格】，【动画窗格】中显示了当前幻灯片中的所有动画，如图 13-67 所示。

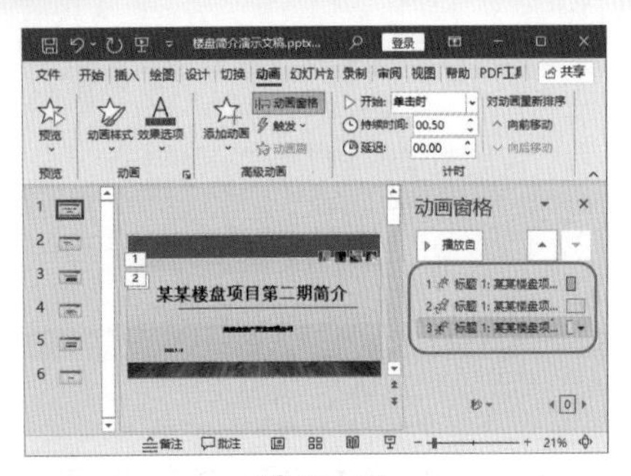

图 13-67

Step03 打开【缩放】对话框。❶在【动画窗格】中选择第 1 个动画；❷在弹出的下拉列表中选择【效果选项】选项，如图 13-68 所示。

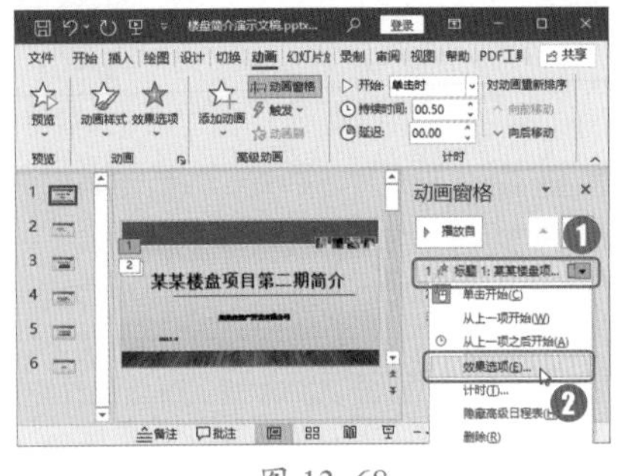

图 13-68

Step04 设置动画声音。弹出【缩放】对话框，❶选择【效果】选项卡；❷在【声音】下拉列表中选择【打字机】选项，如图 13-69 所示。

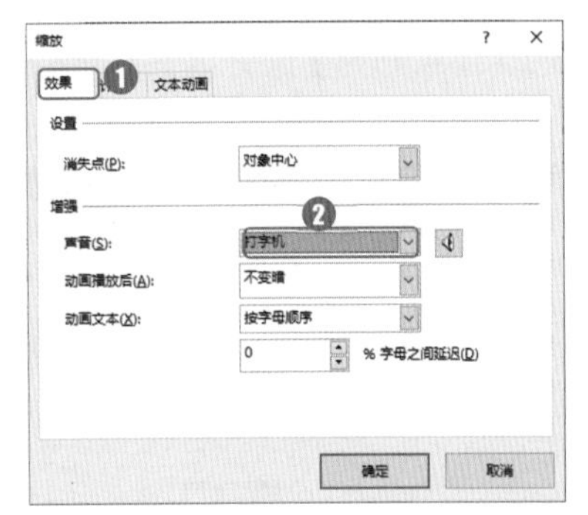

图 13-69

Step05 设置动画计时。❶选择【计时】选项卡；❷在【开始】下拉列表中选择【上一动画之后】选项；❸在【期间】下拉列表中选择【慢速（3 秒）】选项；❹单击【确定】按钮，如图 13-70 所示。

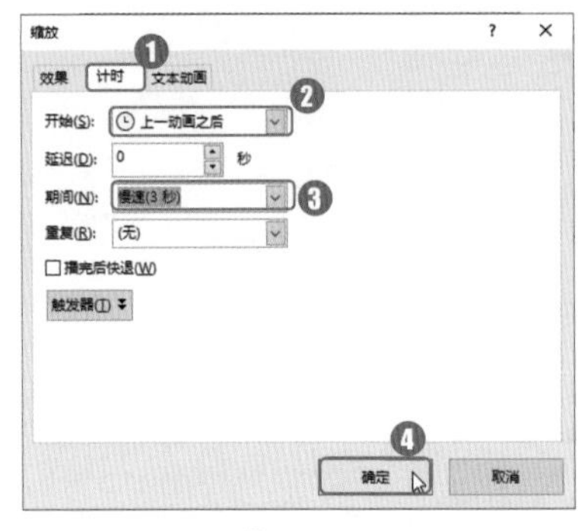

图 13-70

Step06 查看动画设置效果。设置完毕，【动画 1】变成了【动画 0】，并显示动画进度条，如图 13-71 所示。

图 13-71

Step07 打开【跷跷板】对话框。❶在【动画窗格】中选择第 2 个动画；❷在弹出的下拉列表中选择【效果选项】选项，如图 13-72 所示。

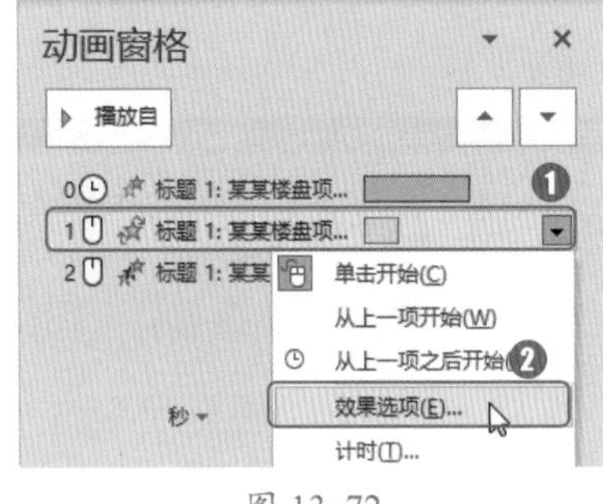

图 13-72

Step08 设置动画声音。弹出【跷跷板】对话框，❶选择【效果】选项卡；❷在【声音】下拉列表中选择【风铃】选项，如图 13-73 所示。

图 13-73

Step09 设置动画计时。❶选择【计时】选项卡；❷在【开始】下拉列表中选择【上一动画之后】选项；❸在【期间】下拉列表中选择【非常慢（5 秒）】选项；❹单击【确定】按钮，如图 13-74 所示。

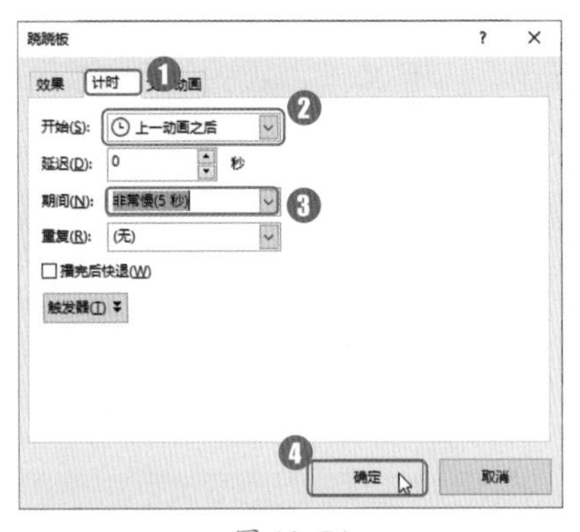

图 13-74

Step10 查看动画设置效果。设置完毕，【动画 2】变成了【动画 0】中的一个分动画，并显示动画进度条，如图 13-75 所示。

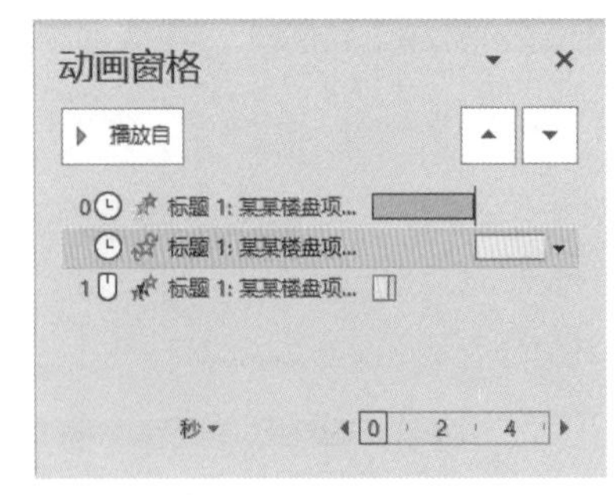

图 13-75

Step11 打开【画笔颜色】对话框。❶在【动画窗格】中选择第 3 个动画；❷在弹出的下拉列表中选择【效果选项】选项，如图 13-76 所示。

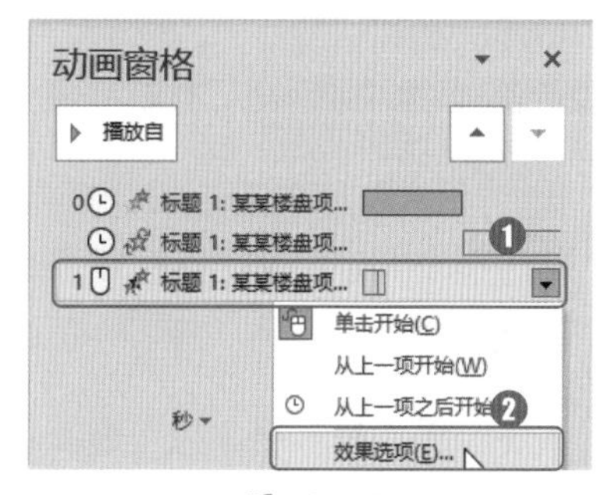

图 13-76

Step12 设置动画声音。弹出【画笔颜色】对话框，❶选择【效果】选项卡；❷在【颜色】下拉列表中选择红色；❸在【声音】下拉列表中选择【抽气】选项，如图 13-77 所示。

图 13-77

Step13 设置动画计时。❶选择【计时】选项卡；❷在【开始】下拉列表中选择【上一动画之后】选项；❸在【期间】下拉列表中选择【非常慢（5 秒）】选项；❹单击【确定】按钮，如图 13-78 所示。

图 13-78

Step14 查看动画设置效果。设置完毕，【动画 3】变成了【动画 0】中的一个分动画，并显示动画进度条，如图 13-79 所示。

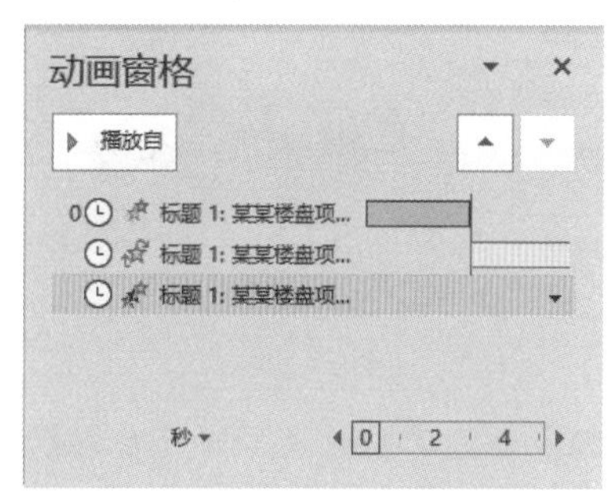

图 13-79

Step15 播放所有动画。在【动画窗格】中，❶按【Ctrl+A】组合键，选择所有动画；❷单击【播放所选项】按钮，如图 13-80 所示。

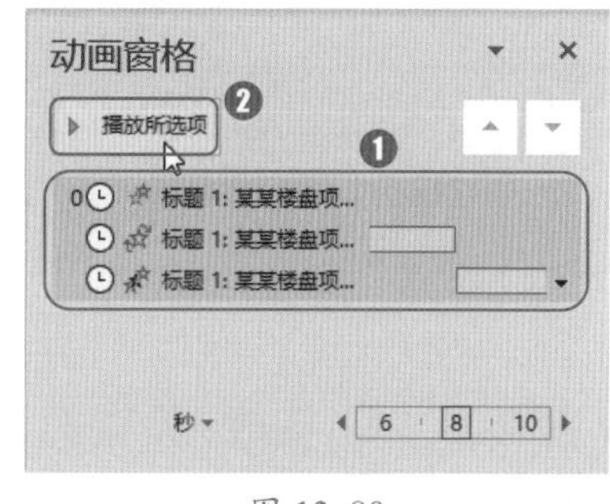

图 13-80

Step16 查看动画播放效果。幻灯片动画进入播放状态，如图 13-81 所示。

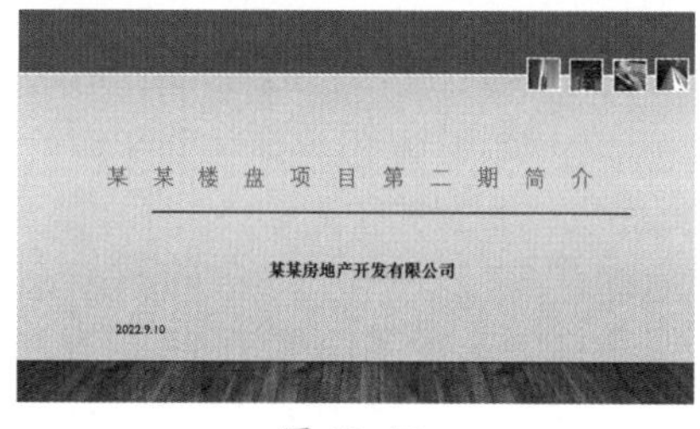

图 13-81

Step17 查看播放进度，【动画窗格】中会显示动画播放进度，如图 13-82 所示。

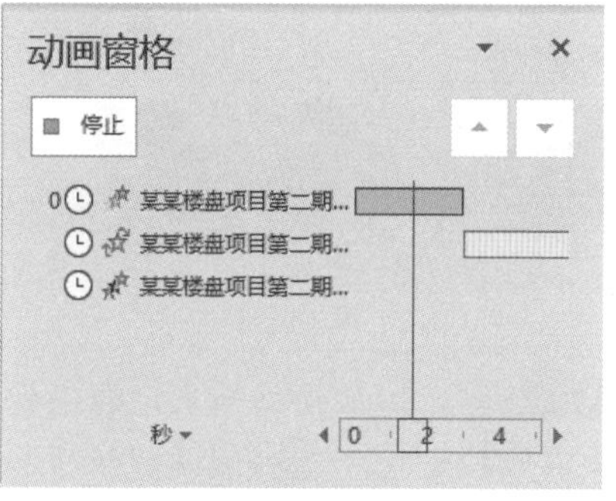

图 13-82

技术看板

设置动画【效果选项】时，PPT 中有 3 种动画的开始方式，包括【单击时】【与上一动画同时】和【上一动画之后】。

【单击时】：指单击鼠标左键，即可开始播放动画。

【与上一动画同时】：指当前动画与上一动画同时开始播放。

【上一动画之后】：指上一动画播放完毕，开始当前动画的播放。

选择不同的动画开始方式，会引起动画序号的变化。

13.4 设置幻灯片的页面切换动画

页面切换动画是幻灯片之间进行切换的动画，添加页面切换动画，不仅可以轻松实现幻灯片之间的自然切换，还可以使 PPT 真正动起来。

★重点 13.4.1 实战：为幻灯片应用页面切换动画

实例门类	软件功能

为幻灯片应用页面切换动画的具体操作步骤如下。

Step01 选择幻灯片。打开"素材文件\第 13 章\员工培训方案.pptx"文档，选择第 2 张幻灯片，如图 13-83 所示。

图 13-83

Step02 打开切换动画列表。❶选择【切换】选项卡；❷单击【切换到此幻灯片】组中的【切换效果】按钮，如图 13-84 所示。

图 13-84

Step03 选择切换动画。在弹出的下拉列表中选择【帘式】选项，如图 13-85 所示。

图 13-85

Step04 进行动画预览。❶选择【切换】选项卡；❷在【预览】组中单击【预览】按钮，如图 13-86 所示。

图 13-86

Step05 预览动画效果。即可看到【帘式】样式的页面切换动画，如图 13-87 所示。

图 13-87

★重点 13.4.2 实战：设置幻灯片切换效果

实例门类	软件功能

为幻灯片应用页面切换动画后，可以设置切换动画的效果，具体操作步骤如下。

Step01 选择切换动画。❶选择第 4 张幻灯片；❷单击【切换】选项卡中的【切换效果】按钮；❸在弹出的下拉列表中选择【飞机】选项，如图 13-88 所示。

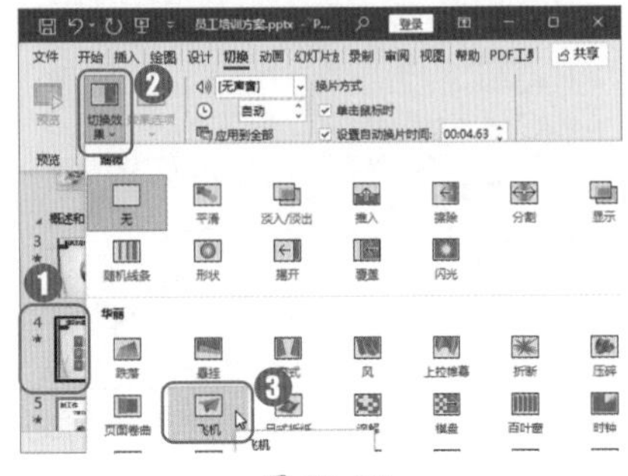

图 13-88

Step02 选择切换效果。❶单击【切换】选项卡中的【效果选项】按钮；❷在弹出的下拉列表中选择【向左】选项，如图 13-89 所示。

图 13-89

Step03 预览动画效果。单击【切换】选项卡中的【预览】按钮，切换动画进入播放状态，页面变成飞机形状向左上角飞去，从而实现页面切换，如图 13-90 所示。

图 13-90

★重点 13.4.3 实战：设置幻灯片切换速度和计时选项

实例门类	软件功能

为幻灯片页面添加切换效果后，还可以根据需要，设置幻灯片的切换速度和计时选项，具体操作步骤如下。

Step 01 设置换片时间。选择第 2 张幻灯片，❶选择【切换】选项卡；❷在【计时】组中选择【单击鼠标时】和【设置自动换片时间】复选框，在【设置自动换片时间】复选框右侧的微调框中设置时间为【00:03:00】，如图 13-91 所示。

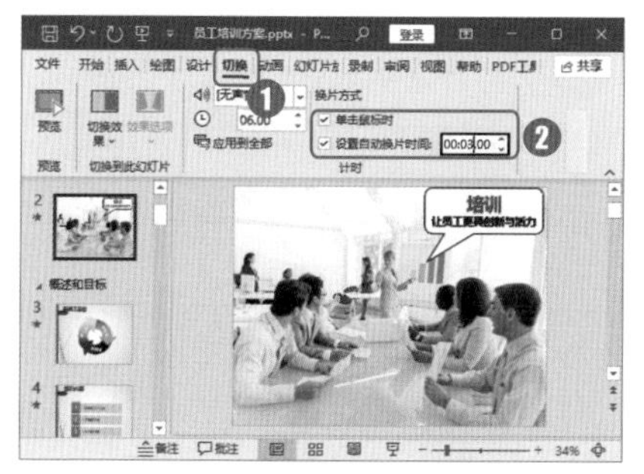

图 13-91

Step 02 设置持续时间。在【计时】组中，将【持续时间】设置为【02.00】，如图 13-92 所示。

图 13-92

Step 03 将设置应用于整个演示文稿。单击【计时】组中的【应用到全部】按钮，即可将当前幻灯片的切换效果和计时设置应用于整个演示文稿，如图 13-93 所示。

图 13-93

Step 04 进行动画预览。在左侧幻灯片窗格中选择第 1 张幻灯片，在【预览】组中单击【预览】按钮，如图 13-94 所示。

图 13-94

Step 05 预览动画。即可看到第 1 张幻灯片应用了幻灯片 2 中的切换效果和计时设置，如图 13-95 所示。

图 13-95

★重点 13.4.4 实战：为幻灯片添加切换声音

实例门类	软件功能

PowerPoint 2021 内置十几种幻灯片切换声音，在从上一张幻灯片切换到当前幻灯片时播放。为幻灯片添加切换声音的具体操作步骤如下。

Step 01 打开声音列表。❶选择【切换】选项卡；❷在【计时】组中单击【声音】右侧的下拉按钮，如图 13-96 所示。

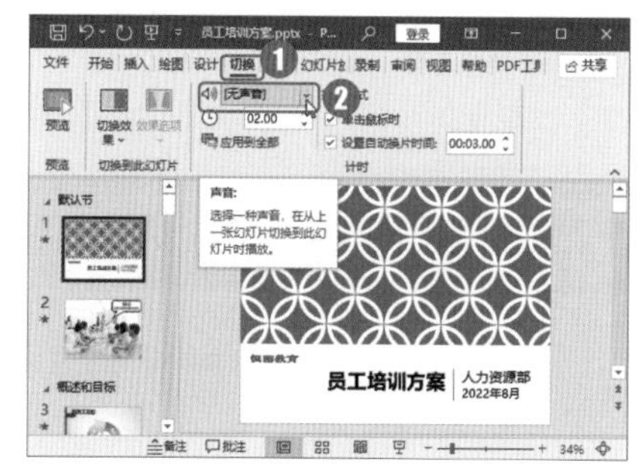

图 13-96

Step 02 选择切换动画的声音。在弹出的下拉列表中选择【微风】选项，如图 13-97 所示。

图 13-97

技术看板

在【计时】组中的【声音】下拉列表中选择声音后，再次调出【声音】下拉列表，选择【播放下一段声音之前一直循环】选项，播放下一段声音之前，会一直循环播放选取的声音。

此外，在【声音】下拉列表中选择【其他声音】选项，即可插入录制的其他声音。

Step 03 进行动画预览。在【预览】组中单击【预览】按钮，如图 13-98 所示。

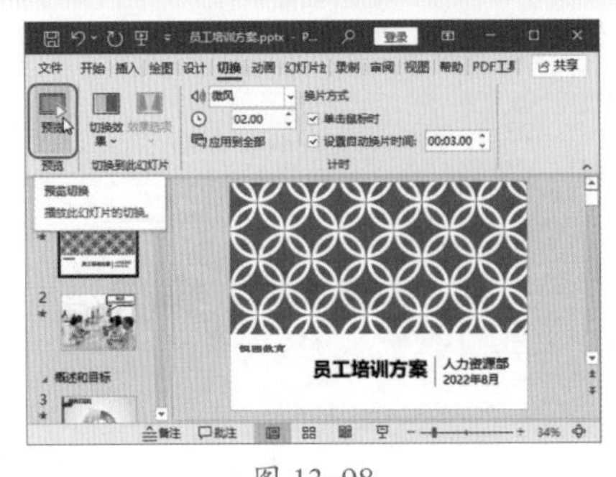

图 13-98

Step 04 预览动画。页面切换动画进入播放状态，伴有微风的声音，如图 13-99 所示。

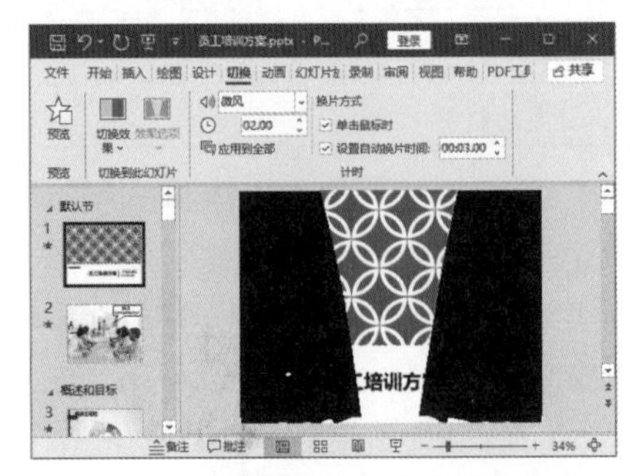

图 13-99

妙招技法

通过对前面知识的学习，相信读者已经掌握了幻灯片动画的基本操作和设置方法，下面结合本章内容，给大家介绍一些实用技巧。

技巧 01：如何创建路径动画

PowerPoint 2021 内置数十种路径动画样式，用户可以将其直接应用于各幻灯片对象。如果用户对 PowerPoint演示文稿中内置的路径动画不满意，还可以自定义路径动画。创建路径动画的具体操作步骤如下。

Step 01 打开动画列表。打开“素材文件\第 13 章\公司日常会议议程.pptx”文档，选择第 2 张幻灯片中的标题文本，❶选择【动画】选项卡；❷在【动画】组中单击【动画样式】按钮，如图 13-100 所示。

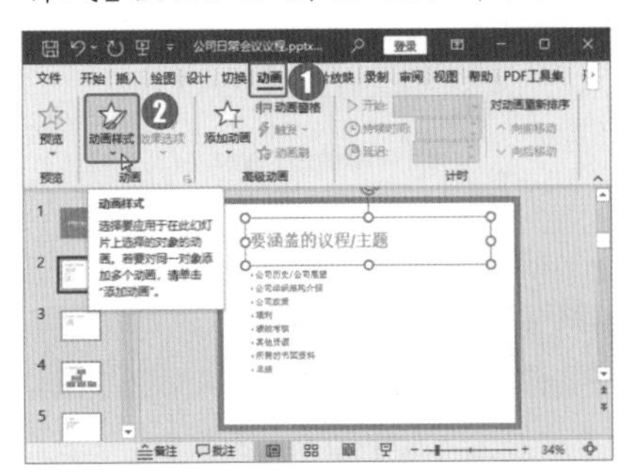

图 13-100

Step 02 打开【更改动作路径】对话框。在弹出的动画样式列表中选择【其他动作路径】选项，如图 13-101 所示。

图 13-101

Step 03 选择路径动画。弹出【更改动作路径】对话框，❶在【基本】列表中选择【五角星】选项；❷单击【确定】按钮，如图 13-102 所示。

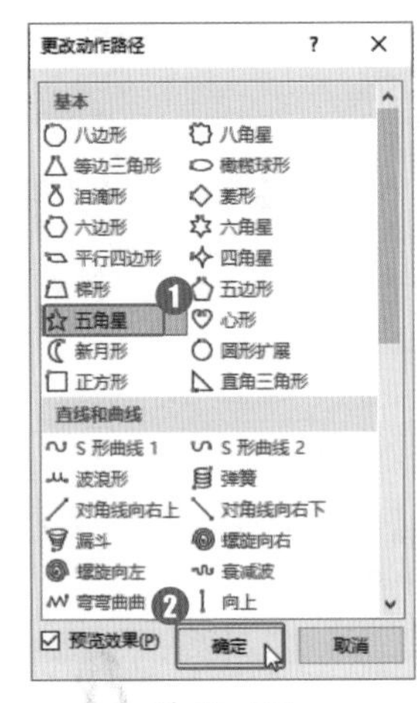

图 13-102

Step 04 查看路径动画。即可为选择的幻灯片标题文本添加【五角星】样式的动作路径，如图 13-103 所示。

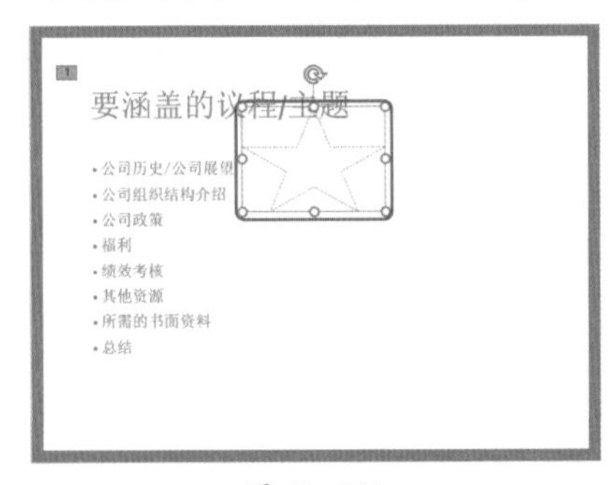

图 13-103

Step05 选择自定义路径。如果对演示文稿中内置的路径动画不满意，可以再次单击【动画样式】按钮，在弹出的动画样式中选择【自定义路径】选项，如图 13-104 所示。

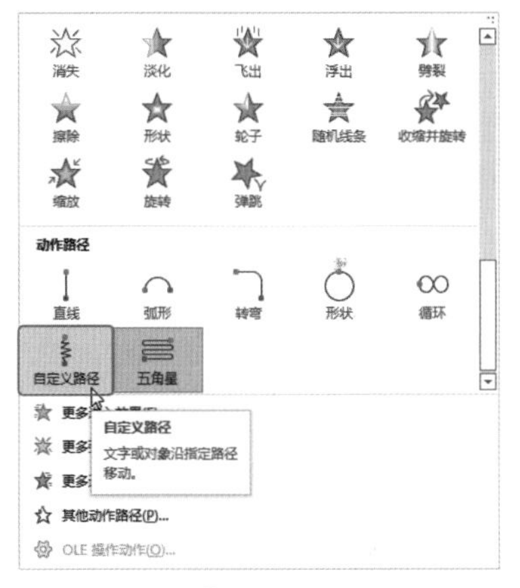

图 13-104

Step06 绘制动作路径。拖动鼠标，即可在幻灯片中绘制自己想要的动作路径，如图 13-105 所示。

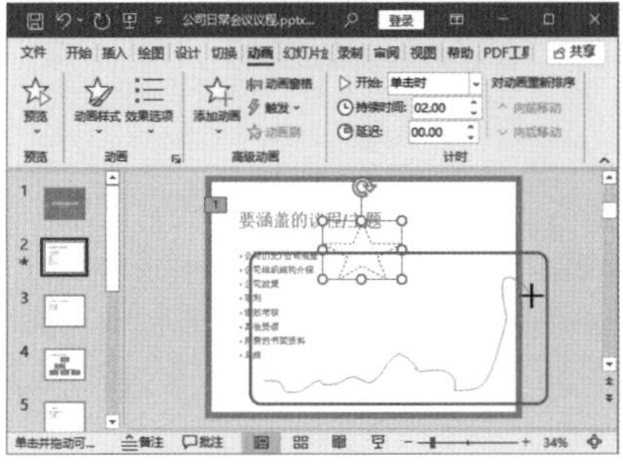

图 13-105

Step07 完成路径绘制。绘制完毕，按【Enter】键即可，如图 13-106 所示。

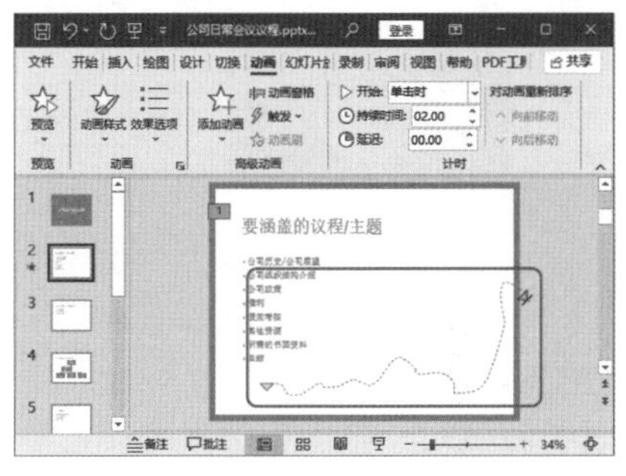

图 13-106

Step08 进行动画预览。❶选择【动画】选项卡；❷在【预览】组中单击【预览】按钮，如图 13-107 所示。

图 13-107

Step09 预览路径动画。即可预览自定义的路径动画，如图 13-108 至图 13-110 所示。

图 13-108

图 13-109

图 13-110

技巧 02：如何使用动画刷复制动画

PowerPoint 中有动画刷，和 Word 中的格式刷一样，可以将源对象的动画复制到目标对象上，具体操作步骤如下。

Step01 打开【动画窗格】。打开“素材文件\第 13 章\企业文化宣传模板.pptx”文档，❶选择【动画】选项卡；❷在【高级动画】组中单击【动画窗格】按钮，打开【动画窗格】。在【动画窗格】中可以看到，第 3 张幻灯片中，已为标题文本设置了【弹跳】样式的进入动画，如图 13-111 所示。

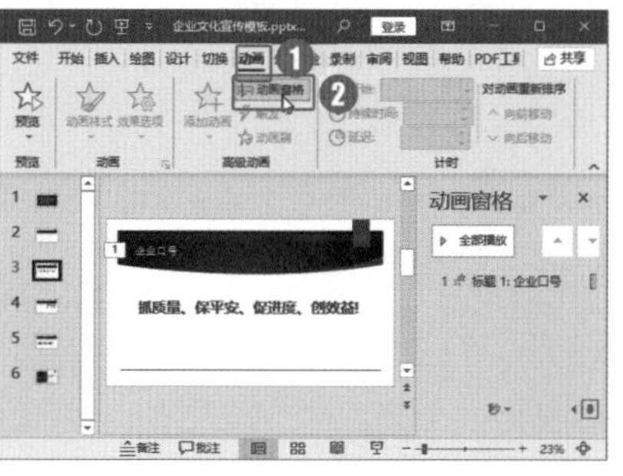

图 13-111

Step02 单击【动画刷】按钮。❶选择【弹跳】样式的进入动画；❷选择【动画】选项卡；❸在【高级动画】组中单击【动画刷】按钮，如图 13-112 所示。

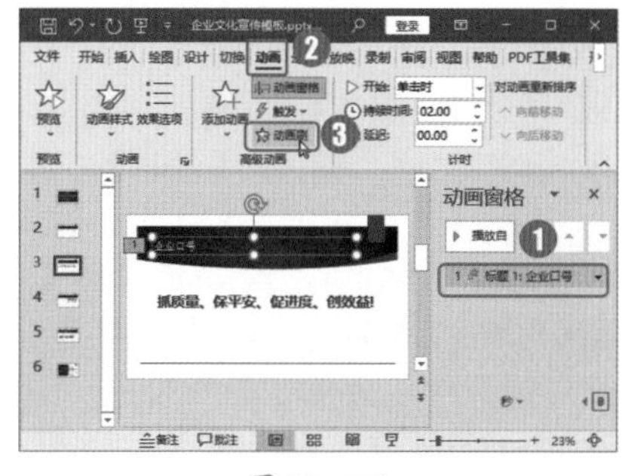

图 13-112

Step03 使用动画刷。鼠标指针变成形状后，在要设置动画的幻灯片对象上单击，如图 13-113 所示。

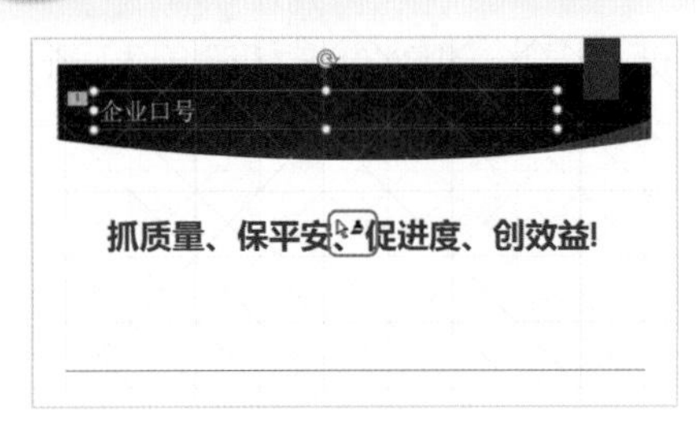

图 13-113

Step04 查看动画复制效果。即可将标题文本中的【弹跳】动画应用到所选择的幻灯片对象上，如图 13-114 所示。

图 13-114

技巧 03：如何使用触发器控制动画

PPT 中的触发器可以是一张图片、一个图形、一个按钮，甚至可以是一个段落或文本框，单击触发器时，会触发一个操作，该操作可能是声音、电影或动画等。使用触发器控制动画的具体操作步骤如下。

Step01 打开【动画窗格】。打开“素材文件\第 13 章\年度工作总结.pptx”文档，❶选择【动画】选项卡；❷在【高级动画】组中单击【动画窗格】按钮，打开【动画窗格】。在【动画窗格】中可以看到，第 1 张幻灯片中已设置了两个动画，如图 13-115 所示。

图 13-115

Step02 选择【计时】选项。❶在【动画窗格】中的第 2 个动画上右击；❷在弹出的下拉列表中选择【计时】选项，如图 13-116 所示。

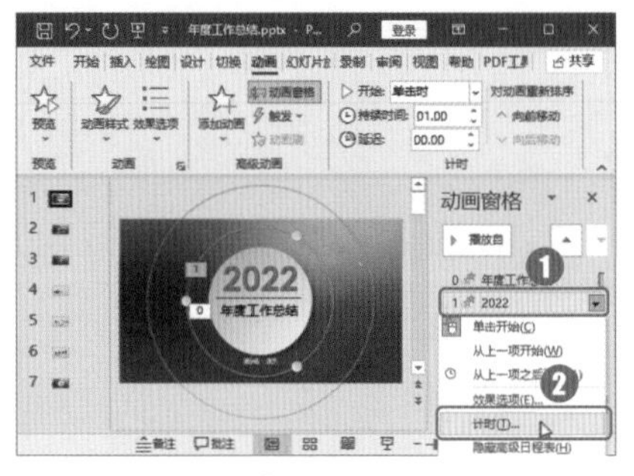

图 13-116

Step03 打开【触发器】选项。在弹出的对话框中单击【触发器】按钮，如图 13-117 所示。

图 13-117

Step04 设置触发器。弹出【触发器】选项，❶选择【单击下列对象时启动动画效果】单选按钮；❷在其右侧的下拉列表中选择【文本占位符 2：年度工作总结】选项；❸单击【确定】按钮，如图 13-118 所示。

图 13-118

Step05 查看触发器。完成以上操作后，即可为第 2 个动画添加触发器，只有单击这个触发器，才能触发第 2 个动画，如图 13-119 所示。

图 13-119

Step06 放映幻灯片。❶选择【幻灯片放映】选项卡；❷在【开始放映幻灯片】组中单击【从当前幻灯片开始】按钮，如图 13-120 所示。

图 13-120

Step07 单击触发器。当前幻灯片进入播放状态，第 1 个动画播放完毕后，单击设置的触发器【文本占位符 2：年度工作总结】，如图 13-121 所示。

图 13-121

Step08 查看动画效果。触发第2个动画，播放效果如图 13-122 和图 13-123 所示。

图 13-122

图 13-123

技术看板——触发器设置小技巧

在幻灯片中，可以将两个或两个以上对象进行组合，作为一个整体设置动画和触发器。同一个触发器对象，可以触发多个动画。

本章小结

本章首先介绍了动画的相关知识，然后结合实例，介绍了幻灯片交互动画、幻灯片对象动画和幻灯片页面切换动画的设置方法。通过对本章内容的学习，读者能够学会使用动画功能制作简单的动态幻灯片，学会为幻灯片对象添加一个或多个动画效果，学会使用动画窗格、动画刷和触发器等高级动画功能，精确设置动画效果。

第14章 PowerPoint 2021演示文稿的放映与输出

- ➥ 演示文稿的放映与输出包括哪些内容？
- ➥ 如何设置幻灯片的放映方式？
- ➥ 放映幻灯片的方法有几种，有没有放映幻灯片的组合键？
- ➥ 如何启动和控制幻灯片的播放？
- ➥ 演示文稿的输出格式有哪些，可以输出视频文件吗？
- ➥ 什么是排练计时，如何使用排练计时来设置演示文稿的自动放映？

本章将介绍演示文稿放映与输出的相关知识，通过设置放映方式、放映幻灯片、输出演示文稿等相关操作，进一步了解PPT的相关应用。

14.1 放映与输出的相关知识

制作演示文稿的目的是放映和演示，了解演示文稿放映前的设置、放映中的操作技巧，以及演示文稿的打印和输出等内容，有助于更高效地使用演示文稿。

14.1.1 演示文稿的放映方式

演示文稿的放映方式包括演讲者放映(全屏幕)、观众自行浏览(窗口)和在展台浏览(全屏幕)3种。用户可根据放映演示文稿的场所的不同，设置不同的放映方式，如图14-1所示。

图 14-1

1. 演讲者放映(全屏幕)

演讲者放映(全屏幕)是最常用的放映方式，在放映过程中，全屏显示幻灯片。使用演讲者放映方式，演讲者可以控制幻灯片的放映，可以添加会议细节，还可以录制旁白，如图14-2所示。

图 14-2

2. 观众自行浏览(窗口)

观众自行浏览(窗口)方式是使用带有导航菜单或按钮的标准窗口放映演示文稿的方式，用户可以通过滚动条、方向键或按钮，自行控制放映的内容，如图14-3所示。

图 14-3

3. 在展台浏览(全屏幕)

在展台浏览(全屏幕)方式是3种放映方式中最简单的方式，使用这种方式，将自动全屏放映幻灯片，并且循环放映演示文稿。在放映过程中，除了通过超链接或动作按钮进行幻灯片切换以外，其他功能都不能使用。设置【在展台浏览(全屏幕)】放映幻灯片后，无法再使用鼠标进行控制，可以使用【Esc】键退出放映状态，如图14-4所示。

图 14-4

14.1.2　排练计时的含义

排练计时功能可以让演示文稿按照事先计划好的时间进行自动播放。执行【排练计时】命令时，打开【录制】对话框，根据需要播放和切换每一张幻灯片即可，如图 14-5 所示。

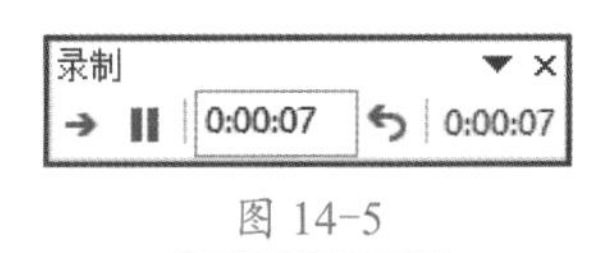

图 14-5

在【幻灯片浏览视图】状态下，可以查看每张幻灯片的排练时间，如图 14-6 所示。

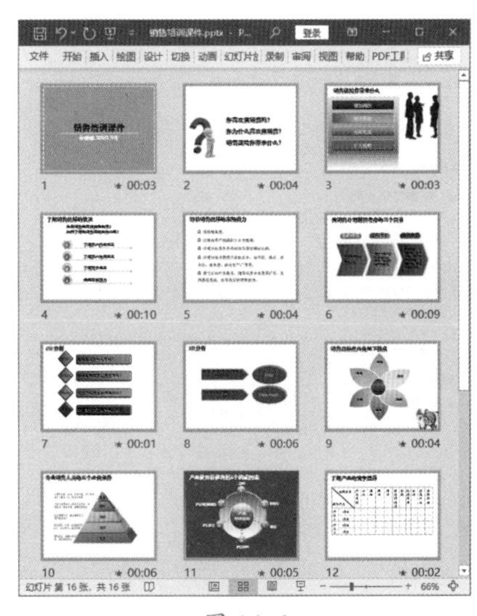

图 14-6

打开【设置放映方式】对话框，选择【如果出现计时，则使用它】单选按钮，将自动放映演示文稿，如图 14-7 所示。

图 14-7

14.1.3　打包演示文稿的原因

用 PowerPoint 制作的演示文稿，以直观生动的表现形式，大大提高了人们的工作效率。但有时将已制作好的 PowerPoint 文档复制并粘贴到演示时使用的计算机中时，会出现某些特殊效果有异变，或者根本无法播放等情况。

这是因为原文档是用高版本的 PowerPoint 制作的，演示时使用的计算机上 PowerPoint 的版本比较低，或者根本没有安装 PowerPoint 软件。

怎样才能让演示文稿在任意一台计算机上都准确无误地播放呢？可以使用演示文稿的打包功能。

打包演示文稿，是为了防止有的计算机上没有安装 PowerPoint 软件，或者软件存在不同版本无法兼容的问题。打包之后，演示文稿会成为一个独立的整体，里面有自带的播放器，在任意一个计算机上都能演示。打包演示文稿的具体操作步骤如下。

Step 01 ❶执行【文件】→【导出】命令；❷在【导出】界面选择【将演示文稿打包成 CD】选项；❸单击【打包成 CD】按钮，如图 14-8 所示。

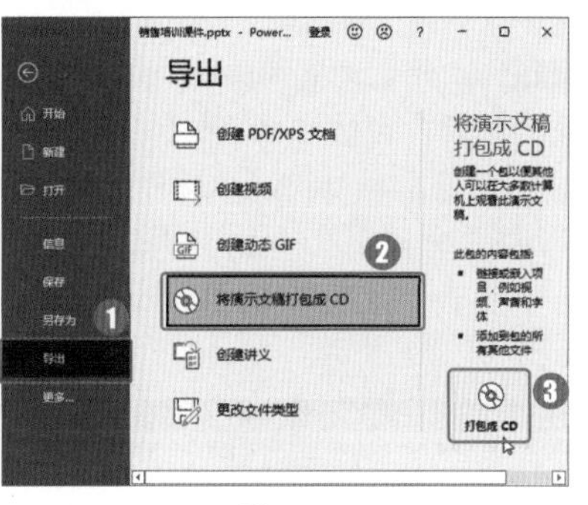

图 14-8

Step 02 完成打包。弹出【打包成 CD】对话框，根据需要添加各种文件后单击【复制到 CD】按钮，即可完成打包，如图 14-9 所示。

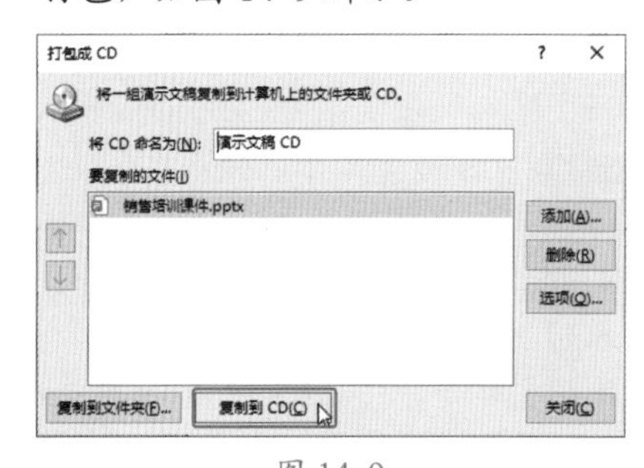

图 14-9

14.2　设置幻灯片放映方式

在放映幻灯片的过程中，放映者可能对幻灯片的放映类型、放映数量、换片方式等有不同的需求，在这种情况下，可以对其进行相应的设置。

★重点 14.2.1 实战：设置幻灯片放映类型

实例门类	软件功能

演示文稿的放映类型有演讲者放映、观众自行浏览和在展台浏览3种。设置幻灯片放映类型的具体操作步骤如下。

Step01 打开【设置放映方式】对话框。打开“素材文件\第14章\物业公司年终总结.pptx”文档，❶选择【幻灯片放映】选项卡；❷在【设置】组中单击【设置幻灯片放映】按钮，如图14-10所示。

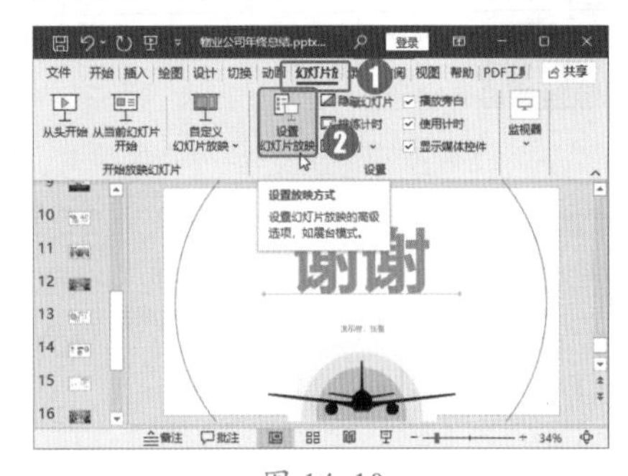

图 14-10

Step02 选择放映类型。弹出【设置放映方式】对话框，在左侧的【放映类型】组中选择【演讲者放映(全屏幕)】单选按钮，如图14-11所示。使用【演讲者放映(全屏幕)】方式，放映过程中全屏显示幻灯片，演讲者能够完全控制幻灯片的放映，并可以随时暂停演示文稿的放映。

图 14-11

★重点 14.2.2 实战：设置放映选项

实例门类	软件功能

作为最常用的放映软件，PPT在人事和行政办公中的应用非常广泛。用户可以通过对【放映选项】组中的相关选项进行设置，来指定放映时的声音文件、解说或动画在演示文稿中的运行方式。具体操作步骤如下。

Step01 选择放映类型。打开【设置放映方式】对话框，在【放映选项】组中选择【循环放映，按ESC键终止】复选框，如图14-12所示。幻灯片播放到结束页后，会自动回到开头，开始下一次播放。这种放映类型很适合用于对展台上的产品或形象进行自动演示。

图 14-12

Step02 设置放映选项。如果在【放映选项】组中选择【放映时不加旁白】复选框，放映演示文稿时不播放嵌入的解说或声音旁白；如果在【放映选项】组中选择【放映时不加动画】复选框，放映演示文稿时不播放嵌入的动画。本例中暂不选择这两项，如图14-13所示。

图 14-13

Step03 设置笔选项。PowerPoint 2021有硬件图形加速功能，可以提升图形、图像在软件中的显示效果。用户可以根据需要选择【禁用硬件图形加速】复选框，启用或禁用硬件图形加速功能，本例中暂不禁用硬件图形加速功能。此外，在【设置放映方式】对话框中，有【绘图笔颜色】和【激光笔颜色】设置选项，用户可以根据需要设置绘图笔和激光笔的颜色。在放映过程或讲解过程中需要对部分内容进行着重指示时，用绘图笔或激光笔进行勾画，结束时这些笔迹可以保存为幻灯片的一部分，如图14-14所示。

图 14-14

★重点 14.2.3 实战：放映指定的幻灯片

实例门类	软件功能

在放映幻灯片前，用户可以根

据需要设置放映幻灯片的数量，如放映全部幻灯片、放映连续几张幻灯片，或者自定义放映指定的任意几张幻灯片。设置幻灯片放映数量的具体操作步骤如下。

Step01 选择幻灯片放映范围。在【放映幻灯片】组中选择【全部】单选按钮，放映演示文稿时即可放映全部幻灯片，如图 14-15 所示。

图 14-15

Step02 设置幻灯片放映数量。在【放映幻灯片】组中选择【从】单选按钮，将幻灯片放映数量设置为“从 1 到 10”，设置完毕后单击【确定】按钮，放映演示文稿时，就会放映指定的 1~10 张幻灯片，如图 14-16 所示。

图 14-16

Step03 打开【自定义放映】对话框。如果要设置自定义放映，❶选择【幻灯片放映】选项卡；❷在【开始放映幻灯片】组中单击【自定义幻灯片放映】按钮；❸在弹出的下拉列表中选择【自定义放映】选项，如图 14-17 所示。

图 14-17

Step04 打开【定义自定义放映】对话框。弹出【自定义放映】对话框，单击【新建】按钮，如图 14-18 所示。

图 14-18

Step05 添加要放映的幻灯片。弹出【定义自定义放映】对话框，❶在左侧的幻灯片列表中选择第 1、3、5、7 张幻灯片；❷单击【添加】按钮，如图 14-19 所示。

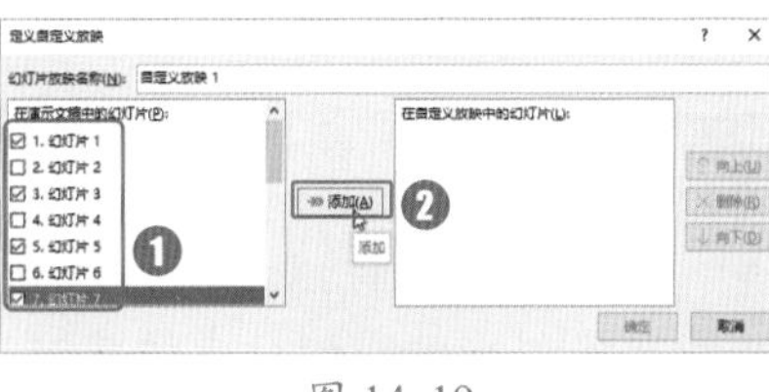

图 14-19

Step06 打开【自定义放映】对话框。将第 1、3、5、7 张幻灯片添加到右侧的幻灯片列表中，单击【确定】按钮，如图 14-20 所示。

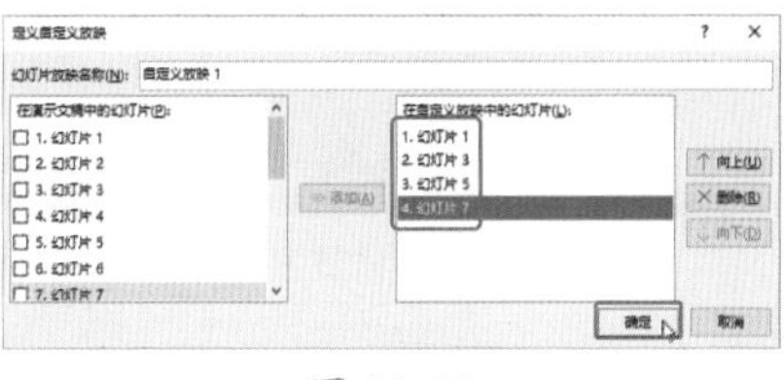

图 14-20

Step07 完成自定义放映设置。弹出【自定义放映】对话框，❶创建【自定义放映 1】；❷单击【放映】按钮，即可放映指定的第 1、3、5、7 张幻灯片，如图 14-21 所示。

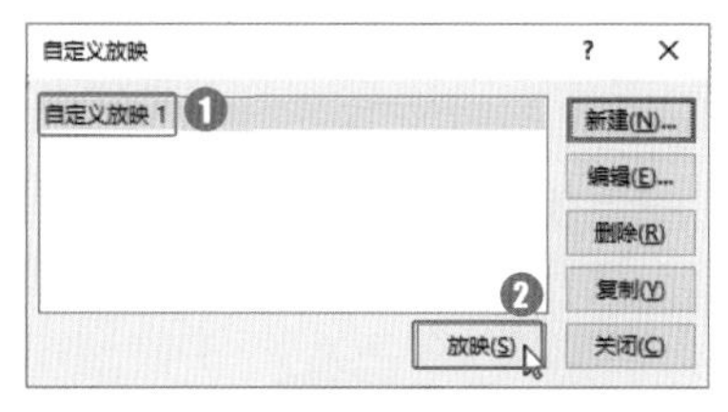

图 14-21

PowerPoint演示文稿的换片方式有两种，一是“手动”；二是“如果出现计时，则使用它”。

（1）手动：放映时，换片的条件是单击鼠标，或者右击后选择弹出的快捷菜单中的【上一张】【下一张】或【定位】选项。手动操作时，PowerPoint会忽略默认的排练时间，但不会删除。

（2）如果出现计时，则使用它：使用预设的排练时间自动放映。如果幻灯片没有预设排练时间，则仍需手动进行换片操作。

设置换片方式的具体操作步骤如下。

Step01 选择换片方式。打开【设置放映方式】对话框，在【推进幻灯片】组中选择【手动】单选按钮，如图 14-22 所示，在这种情况下，需要通过单击来切换幻灯片。

图 14-22

Step02 选择换片方式。如果在【设置放映方式】对话框【推进幻灯片】组中选择【如果出现计时，则使用它】单选按钮，会按照预设的排练时间自动放映幻灯片，如图 14-23 所示。

图 14-23

★重点 14.2.4 实战：对演示文稿设置排练计时

实例门类	软件功能

要想使PPT自动放映，必须首先设置【排练计时】，然后再放映幻灯片。使用PowerPoint 2021 的排练计时功能，可以在全屏放映幻灯片时，将每张幻灯片播放所用的时间记录下来，后续用于幻灯片的自动放映。

设置PPT自动放映的具体操作步骤如下。

Step01 进入排练计时状态。❶选择【幻灯片放映】选项卡；❷单击【设置】组中的【排练计时】按钮，如图 14-24 所示。

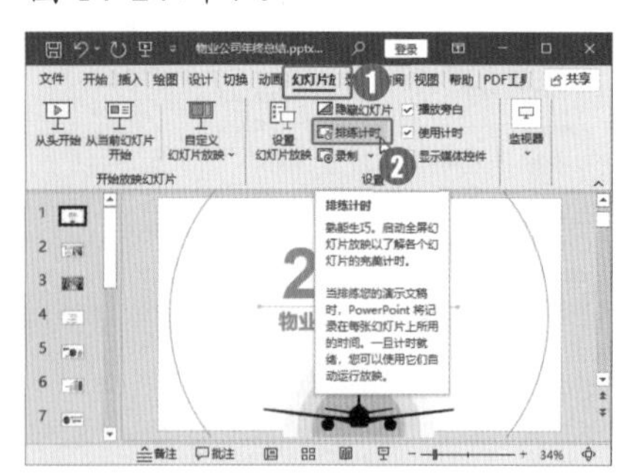

图 14-24

Step02 开始排练计时。演示文稿进入排练计时状态，弹出【录制】对话框，如图 14-25 所示。

图 14-25

Step03 录制幻灯片。根据需要录制每一张幻灯片的放映时间，如图 14-26 所示。

图 14-26

Step04 保存计时。录制完毕，按【Enter】键，弹出【Microsoft PowerPoint】对话框，单击【是】按钮，如图 14-27 所示。

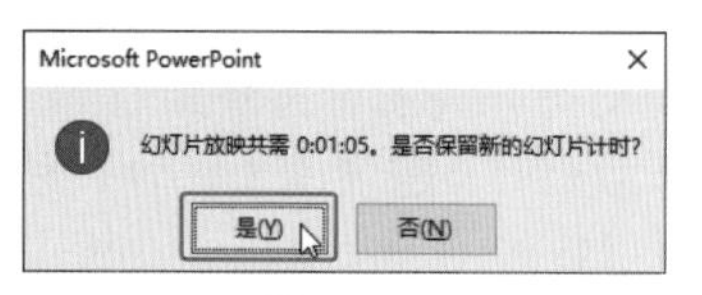

图 14-27

Step05 根据排练计时放映幻灯片。按【F5】键，进入从头开始放映状态，演示文稿中的幻灯片会根据排练计时录制的时间进行自动放映，如图 14-28 和图 14-29 所示。

图 14-28

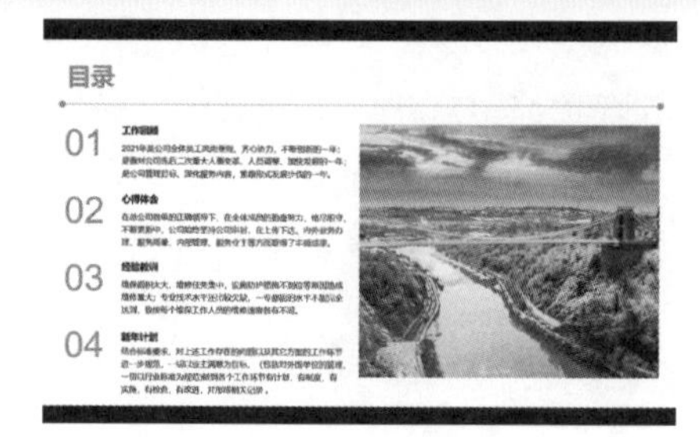

图 14-29

Step06 进入幻灯片浏览视图。如果需要查看每张幻灯片的录制时间，❶选择【视图】选项卡；❷在【演示文稿视图】组中单击【幻灯片浏览】按钮，如图 14-30 所示。

图 14-30

Step07 查看每张幻灯片的录制时间。进入幻灯片浏览视图，即可看到每张幻灯片的录制时间，如图 14-31 所示。

图 14-31

技术看板

设置排练计时后，打开【设置放映方式】对话框，选择【如果出现计时，则使用它】单选按钮，才能自动放映演示文稿。

★新功能 14.2.5　实战：录制有旁白和排练时间的幻灯片放映

仅有排练计时，还不能完全增强基于Web的或自运行的幻灯片的放映效果，PowerPoint 2021 中有一个新功能，可以在录制排练计时的同时添加旁白。

只需要计算机中配置了声卡、麦克风、扬声器及网络摄像头（可选），就可以录制PowerPoint演示文稿并捕获旁白、幻灯片排练时间和墨迹笔势。录制完成后，这些内容就像任何其他可以在幻灯片放映中为观众播放的演示文稿一样进行演示，用户也可以将演示文稿另存为视频文件。

录制幻灯片放映前，需要先将幻灯片中曾经录制的排练计时和旁白删除，以免放映幻灯片时放映错误的旁白或使用错误的排练计时，然后再录制新的幻灯片放映，具体操作步骤如下。

Step 01 清除幻灯片中的计时。❶进入幻灯片浏览视图，单击【幻灯片放映】选项卡【设置】组中的【录制】下拉按钮；❷在弹出的下拉列表中选择【清除】选项；❸在弹出的下一级列表中选择所需的清除选项，这里选择【清除所有幻灯片中的计时】选项，如图 14-32 所示。

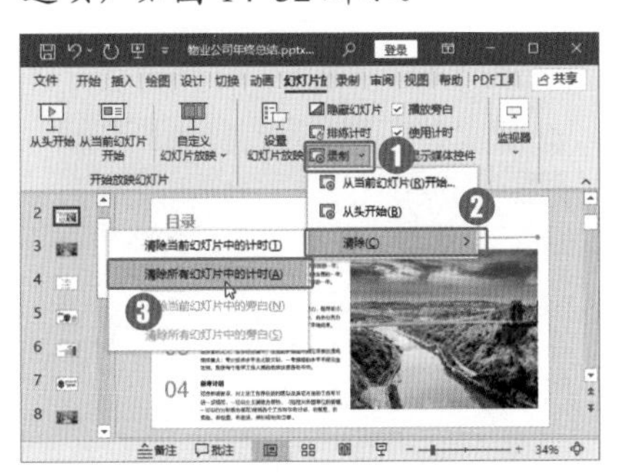

图 14-32

Step 02 查看清除效果。完成 Step 01 操作后，即可清除演示文稿中所有幻灯片的计时，效果如图 14-33 所示。

图 14-33

技术看板

如果曾经为演示文稿录制过旁白，还应在录制幻灯片放映前，单击【录制】下拉按钮，在弹出的下拉列表中选择【清除】选项，然后在弹出的下一级列表中选择【清除所有幻灯片中的旁白】选项，清除旁白。

Step 03 重新录制幻灯片放映。❶单击【设置】组中的【录制】下拉按钮；❷在弹出的下拉列表中选择【从头开始】选项，如图 14-34 所示。

图 14-34

Step 04 准备录制。进入录制界面，界面最下方提供了添加墨迹的笔和颜色，❶根据需要设置好要用的笔形和颜色，这里单击红色色块；❷界面左上角提供了录制用的按钮，单击【开始录制】按钮，如图 14-35 所示。

图 14-35

Step 05 录制倒计时。进行三秒倒计时后，开始录制，效果如图 14-36 所示。

图 14-36

Step 06 录制下一张幻灯片。开始录制后，当前幻灯片显示在录制界面的主窗格中，如果需要切换到下一张幻灯片，可以单击当前幻灯片两侧的导航键，如图 14-37 所示。

图 14-37

技术看板

使用录制界面右下角的按钮，可以打开或关闭麦克风、摄像头和摄像头预览，方便在演示过程中录制/关闭音频或视频旁白。

Step 07 添加墨迹。如果需要在幻灯片中添加墨迹，直接拖动鼠标进行绘制即可，效果如图 14-38 所示。

图 14-38

Step08 结束录制。要结束录制，单击界面左上角的【停止】按钮即可，如图 14-39 所示。完成录制的幻灯片右下角将出现一个音频图标（如果在录制过程中，Web摄像头处于打开状态，则会显示来自网络摄像头的静止图像）。单击【重播】按钮，可以重新播放当前录制的演示文稿。

图 14-39

技术看板

录制的幻灯片放映排练时间会自动保存，在幻灯片浏览视图中，排练时间会显示在每张幻灯片下方。

14.3 放映幻灯片

PowerPoint 2021 有幻灯片放映功能，既支持从头开始放映幻灯片，也支持从当前幻灯片开始放映幻灯片。下面主要介绍如何启动幻灯片放映，以及如何在幻灯片放映过程中进行控制。

★重点 14.3.1 实战：启动幻灯片放映

实例门类	软件功能

启动幻灯片放映的方法有很多，包括单击【从头开始】或【从当前幻灯片开始】按钮；直接按【F5】键；单击【快速访问工具栏】中的【幻灯片播放】快捷按钮或按【Shift+F5】组合键。

1. 使用放映按钮启动

单击【从头开始】或【从当前幻灯片开始】按钮，即可启动幻灯片放映，具体操作步骤如下。

Step01 从头开始放映幻灯片。打开“素材文件\第 14 章\面试培训演示文稿.pptx”文档，❶选择【幻灯片放映】选项卡；❷在【开始放映幻灯片】组中单击【从头开始】按钮，如图 14-40 所示。

图 14-40

Step02 放映第 1 张幻灯片。幻灯片进入放映状态，从第 1 张幻灯片开始放映，如图 14-41 所示。

图 14-41

Step03 完成放映。播放完毕，按【Esc】键，即可退出放映状态，如图 14-42 所示。

图 14-42

Step04 从当前幻灯片开始放映。选择第 2 张幻灯片，❶选择【幻灯片放映】选项卡；❷在【开始放映幻灯片】组中单击【从当前幻灯片开始】按钮，如图 14-43 所示。

图 14-43

Step05 查看放映效果。即可从当前选择的第 2 张幻灯片开始放映，如图 14-44 所示。

图 14-44

2. 使用快捷键启动

放映幻灯片时，还可以使用快捷键快速启动。

在演示文稿中，按【F5】键，即可开启幻灯片放映，从第 1 张幻灯片开始放映，如图 14-45 所示。

图 14-45

3. 使用快捷按钮或组合键启动

除了上述两种方法外，使用【快速访问工具栏】中的快捷按钮，或者使用【Shift+F5】组合键，也可以快速启动幻灯片放映，具体操作步骤如下。

Step01 使用快捷按钮或组合键。单击【快速访问工具栏】中的【从头开始】按钮，或者按【Shift+F5】组合键，如图 14-46 所示。

图 14-46

Step02 进入放映状态。即可快速启动幻灯片放映，如图 14-47 所示。

图 14-47

★重点 14.3.2　实战：放映演示文稿过程中的控制

实例门类	软件功能

在 PowerPoint 演示文稿放映过程中，用户可以使用键盘、鼠标和右键快捷菜单控制幻灯片的播放。

1. 使用键盘控制

当换片方式为【手动】时，可以使用键盘控制演示文稿的放映过程，具体操作步骤如下。

Step01 打开【设置放映方式】对话框。选择第 1 张幻灯片中的标题文本框，❶选择【幻灯片放映】选项卡；❷在【设置】组中单击【设置幻灯片放映】按钮，如图 14-48 所示。

图 14-48

Step02 选择放映方式。弹出【设置放映方式】对话框，❶在【推进幻灯片】组中选择【手动】单选按钮；❷单击【确定】按钮，如图 14-49 所示。

图 14-49

Step03 进入放映状态。按【F5】键，即可开启幻灯片放映，从第 1 张幻灯片开始放映，如图 14-50 所示。

图 14-50

Step04 切换幻灯片。在键盘上按下方向键【↓】，即可切换到下一个动画或下一张幻灯片，如图 14-51 所示。

图 14-51

Step05 切换幻灯片。按上方向键【↑】，即可切换到上一个动画或上一张幻灯片，如图 14-52 所示。

图 14-52

Step06 完成放映。播放完毕，按【Esc】键即可退出幻灯片放映状态，如图 14-53 所示。

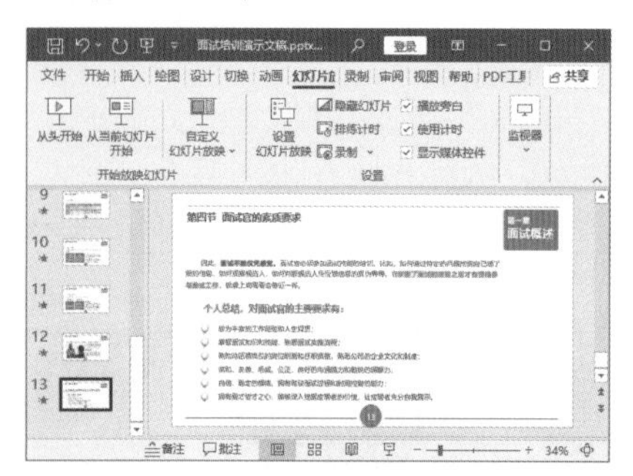

图 14-53

2. 使用鼠标控制

使用鼠标控制演示文稿放映过程的具体操作步骤如下。

Step01 从头开始放映幻灯片。❶选择【幻灯片放映】选项卡；❷在【开始放映幻灯片】组中单击【从头开始】按钮，如图 14-54 所示。

图 14-54

Step02 进入放映状态。即可开启幻灯片放映，从第 1 张幻灯片开始放映，如图 14-55 所示。

图 14-55

Step03 切换幻灯片。单击鼠标左键，即可切换到下一张幻灯片，如图 14-56 所示。

图 14-56

Step04 切换幻灯片。向上滚动鼠标滚轮，即可切换到上一张幻灯片，如图 14-57 所示。

图 14-57

Step05 切换幻灯片。向下滚动鼠标滚轮，即可切换到下一张幻灯片，如图 14-58 所示。

图 14-58

3. 使用右键快捷菜单控制

在幻灯片放映过程中唤出右键快捷菜单，用户可以根据需要上、下切换幻灯片，也可以查看上次查看过的幻灯片、查看所有幻灯片、放大幻灯片区域、显示演示者视图、设置屏幕、设置指针选项、结束放映等。使用右键快捷菜单控制演示文稿放映过程的具体操作步骤如下。

Step01 进入放映状态。按【F5】键，即可开启幻灯片放映，从第 1 张幻灯片开始放映，如图 14-59 所示。

图 14-59

Step02 选择放映下一张幻灯片。在幻灯片放映状态下右击，在弹出的快捷菜单中选择【下一张】选项，如图 14-60 所示。

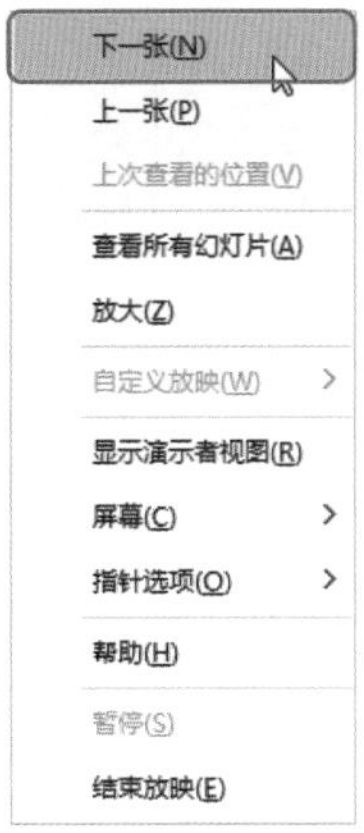

下一张(N)
上一张(P)
上次查看的位置(V)
查看所有幻灯片(A)
放大(Z)
自定义放映(W)
显示演示者视图(R)
屏幕(C)
指针选项(O)
帮助(H)
暂停(S)
结束放映(E)

图 14-60

Step03 查看放映的幻灯片。即可切换到下一张幻灯片，如图 14-61 所示。

目录页
面试概述
第一章
第二章
第三章
第四章

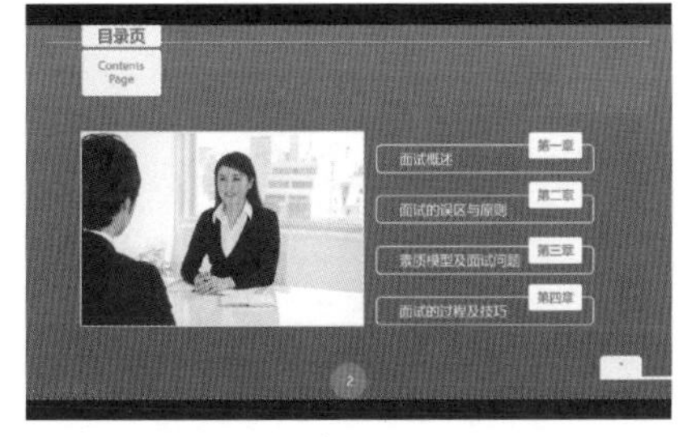

图 14-61

Step04 选择放映上次查看过的幻灯片。在弹出的快捷菜单中选择【上次查看的位置】选项，如图 14-62 所示。

下一张(N)
上一张(P)
上次查看的位置(V)
查看所有幻灯片(A)
放大(Z)
自定义放映(W)
显示演示者视图(R)
屏幕(C)
指针选项(O)
帮助(H)
暂停(S)
结束放映(E)

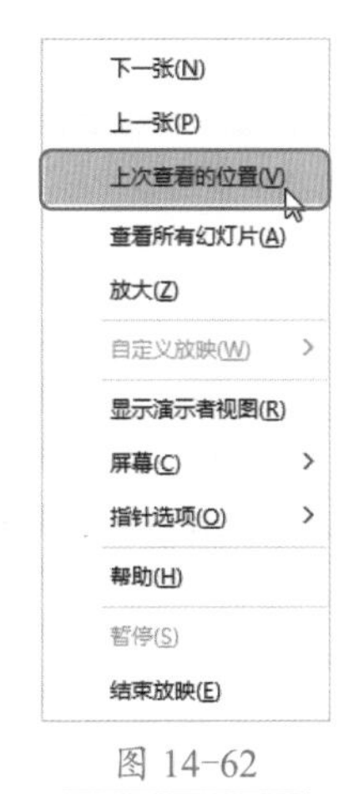

图 14-62

Step05 查看放映的幻灯片。即可切换到最近查看过的一张幻灯片，如图 14-63 所示。

面试
培训
人力资源部 2022.11.8
RESUME

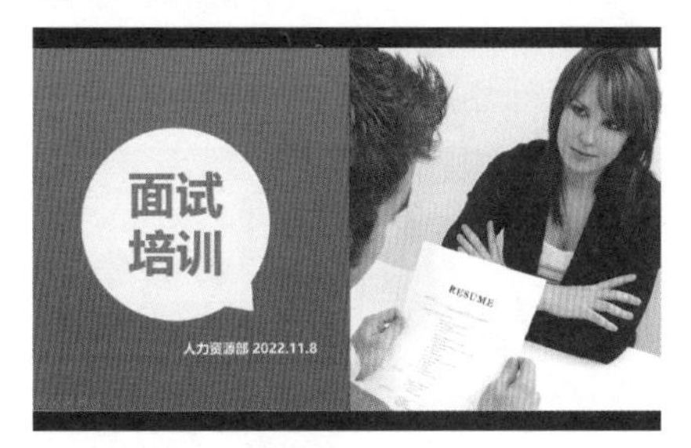

图 14-63

Step06 选择查看所有幻灯片。在弹出的快捷菜单中选择【查看所有幻灯片】选项，如图 14-64 所示。

下一张(N)
上一张(P)
上次查看的位置(V)
查看所有幻灯片(A)
放大(Z)
自定义放映(W)
显示演示者视图(R)
屏幕(C)
指针选项(O)
帮助(H)
暂停(S)
结束放映(E)

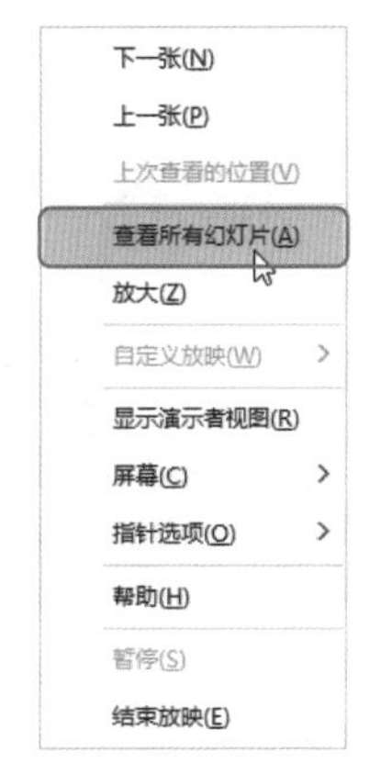

图 14-64

Step07 查看所有幻灯片。即可查看所有幻灯片，在垂直滚动条中拖动鼠标，即可上、下查看幻灯片，如图 14-65 所示。

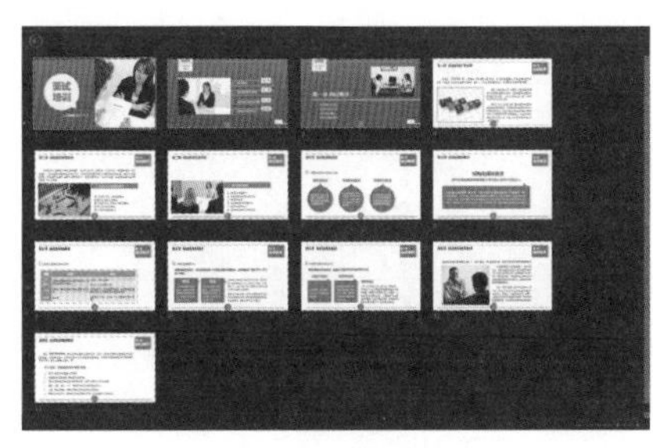

图 14-65

Step08 选择幻灯片缩略图。单击第 6 张幻灯片的缩略图，如图 14-66 所示。

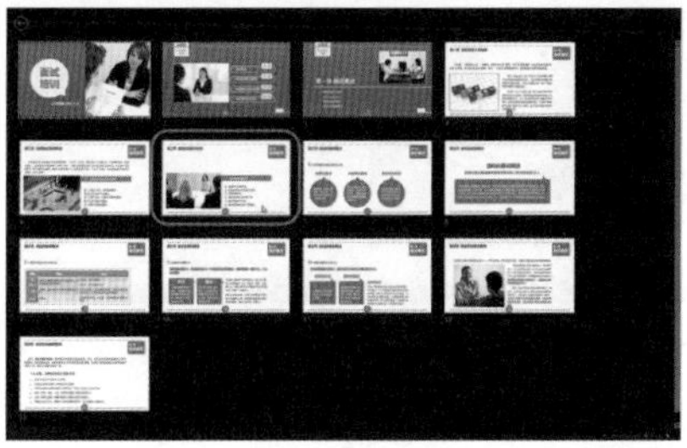

图 14-66

Step09 查看幻灯片。即可切换到第 6 张幻灯片，如图 14-67 所示。

第二节 面试的过去与未来
第一章
面试概述

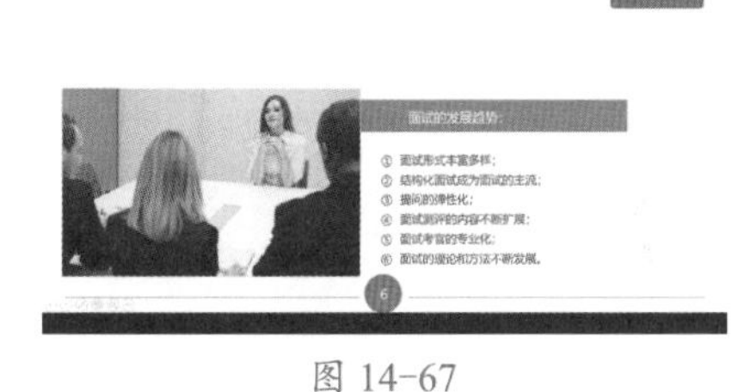

图 14-67

Step10 选择放大幻灯片。在弹出的快捷菜单中选择【放大】选项，如图 14-68 所示。

下一张(N)
上一张(P)
上次查看的位置(V)
查看所有幻灯片(A)
放大(Z)
自定义放映(W)
显示演示者视图(R)
屏幕(C)
指针选项(O)
帮助(H)
暂停(S)
结束放映(E)

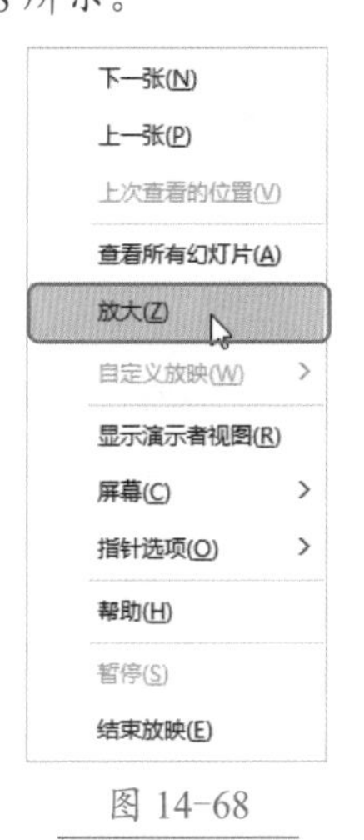

图 14-68

Step11 单击要放大的区域。鼠标指针变成放大镜后，在要放大的位置单击，如图 14-69 所示。

图 14-69

Step 12 查看放大区域的内容。即可放大方形区域的内容，如图 14-70 所示。

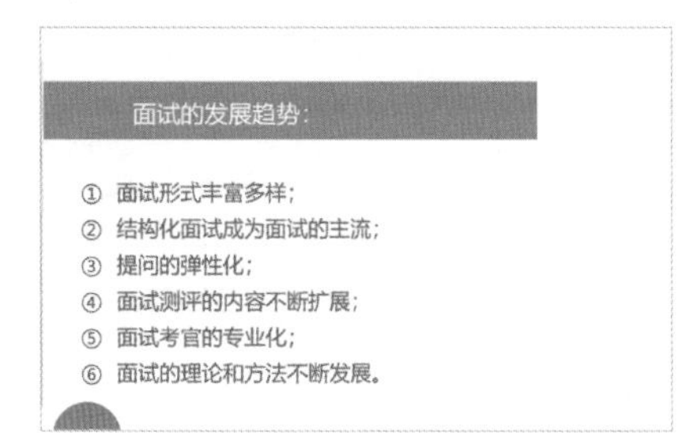

图 14-70

Step 13 退出放大放映状态。按【Esc】键，退出放大放映状态，恢复正常放映状态，如图 14-71 所示。

图 14-71

Step 14 选择显示演示者视图。在弹出的快捷菜单中选择【显示演示者视图】选项，如图 14-72 所示。

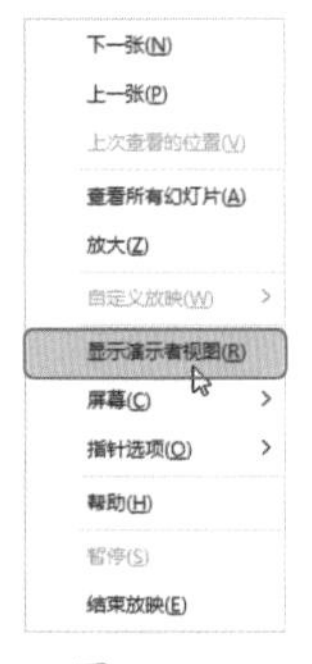

图 14-72

Step 15 查看演示者视图状态。进入演示者视图状态，在此状态下，观众只能看到当前放映的幻灯片，演示者则可以看到备注及下一张要放映的幻灯片，如图 14-73 所示。

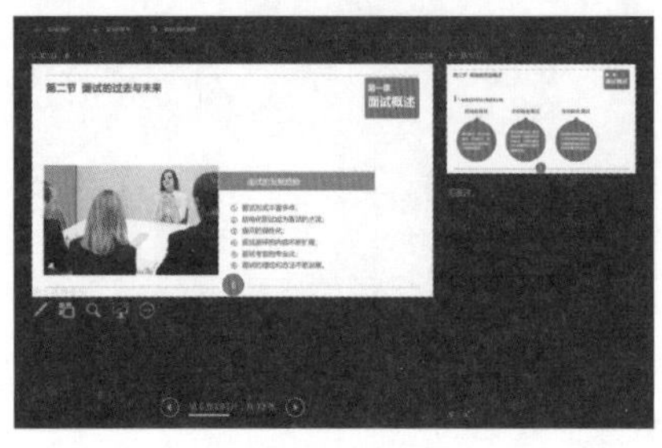

图 14-73

Step 16 退出演示者视图。如果要退出演示者视图，单击【关闭】按钮即可，如图 14-74 所示。

图 14-74

Step 17 进入黑屏状态。❶在弹出的快捷菜单中选择【屏幕】选项；❷在下一级菜单中选择【黑屏】选项，如图 14-75 所示。

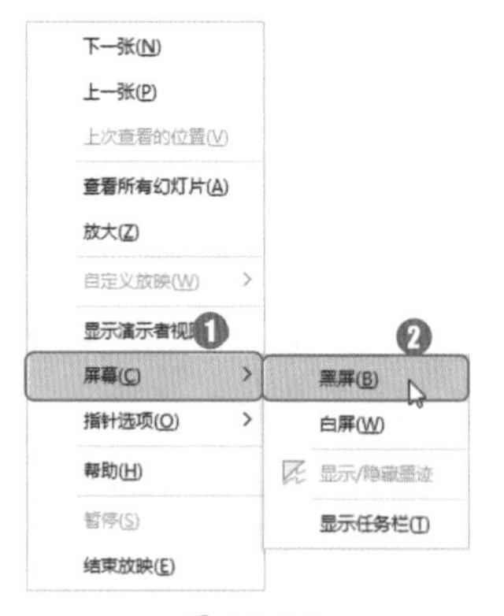

图 14-75

Step 18 查看黑屏状态。屏幕进入黑屏状态，如图 14-76 所示。

图 14-76

Step 19 选择鼠标指针类型。在弹出的快捷菜单中选择【指针选项】选项，在下一级菜单中选择【荧光笔】选项，如图 14-77 所示。

图 14-77

Step 20 使用荧光笔。鼠标指针变成荧光笔后，拖动鼠标，对重要的内容进行圈画即可，如图 14-78 所示。

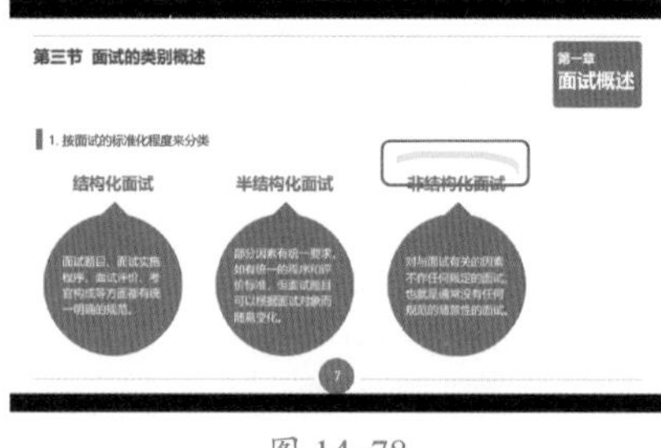

图 14-78

Step 21 退出荧光笔状态。按【Esc】键，即可退出荧光笔状态，用荧光笔对重要的内容进行圈画后的效果如图 14-79 所示。

图 14-79

Step22 结束放映。在弹出的快捷菜单中选择【结束放映】选项，如图 14-80 所示。

图 14-80

Step23 保留注释。弹出【Microsoft PowerPoint】对话框，提示用户“是否保留墨迹注释”，单击【保留】按钮，即可退出幻灯片放映状态，并保留墨迹注释，如图 14-81 所示。

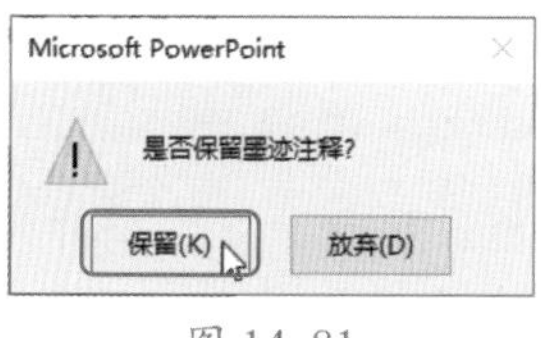

图 14-81

14.4　输出演示文稿

制作完演示文稿后，可以将其输出为视频文件，以便在其他计算机中播放；可以将其另存为PDF文件、模板文件或图片；也可以根据演示文稿创建讲义。

★重点 14.4.1　实战：将“企业文化宣传”演示文稿制作成视频文件

实例门类	软件功能

PowerPoint 2021 有创建视频功能，将演示文稿输出为视频文件的具体操作步骤如下。

Step01 进入【文件】界面。打开“素材文件\第 14 章\企业文化宣传.pptx”文档，选择【文件】选项卡，如图 14-82 所示。

图 14-82

Step02 创建视频。进入【文件】界面，❶选择左侧的【导出】选项卡；❷在【导出】界面中双击【创建视频】选项，如图 14-83 所示。

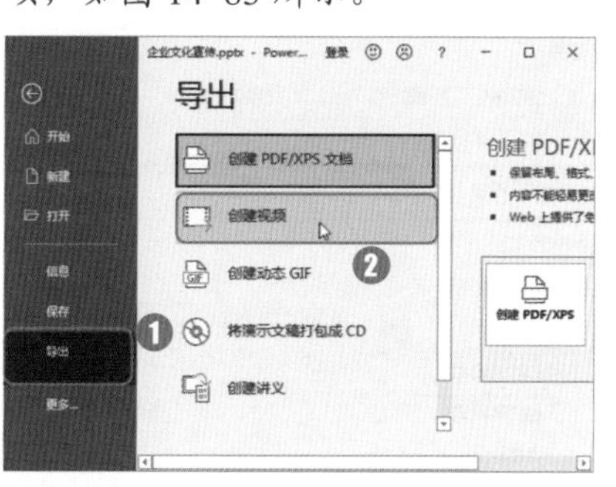

图 14-83

> **技术看板**
>
> 使用创建视频功能，可将演示文稿另存为可刻录到光盘中、上载到 Web 中或添加到电子邮件中的视频。

Step03 另存文件。打开【另存为】对话框，❶将保存位置设置为“结果文件\第 14 章”；❷单击【保存】按钮，如图 14-84 所示。

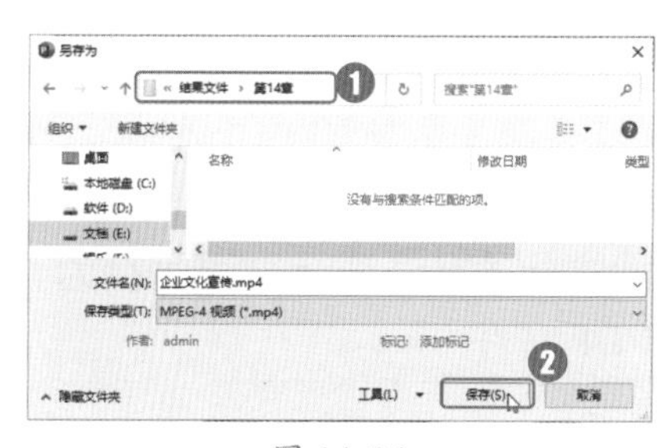

图 14-84

Step04 进入视频制作状态。进入视频制作状态，提示用户正在制作视频，并显示进度条，如图 14-85 所示。

图 14-85

Step05 完成视频创建。完成以上操作后，即可将视频保存在“结果文件\第 14 章”路径中，如图 14-86 所示。

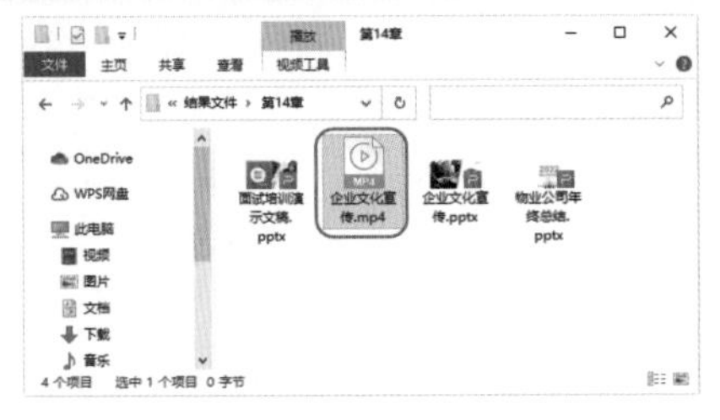

图 14-86

Step06 播放视频。双击制作的视频文件“企业文化宣传.mp4”，即可将其打开，如图 14-87 所示。

图 14-87

★重点 14.4.2 实战：将“企业文化宣传”演示文稿另存为PDF文件

实例门类	软件功能

制作完成演示文稿后，有时需要把PPT格式文件输出为PDF格式文件，具体操作步骤如下。

Step01 打开【发布为 PDF 或 XPS】对话框。选择【文件】选项卡，进入【文件】界面，❶选择左侧的【导出】选项卡；❷在【导出】界面中双击【创建 PDF/XPS 文档】选项，如图 14-88 所示。

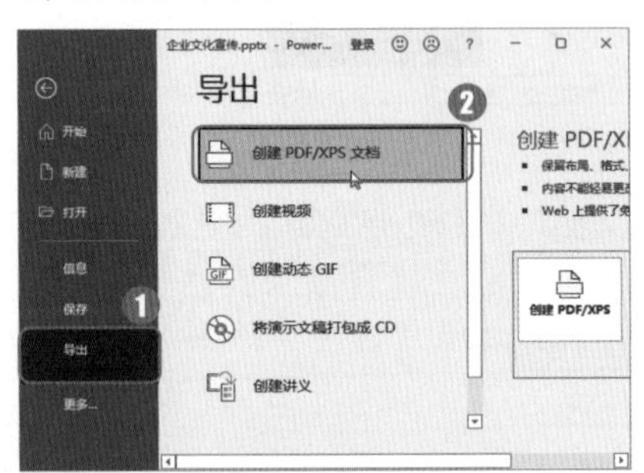

图 14-88

Step02 打开【选项】对话框。弹出【发布为 PDF 或 XPS】对话框，单击【选项】按钮，如图 14-89 所示。

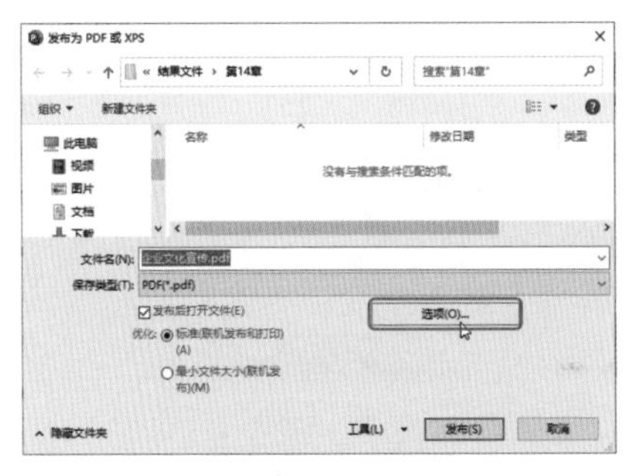

图 14-89

Step03 设置选项。弹出【选项】对话框，❶在【范围】组中选择【幻灯片】单选按钮，将幻灯片数量设置为“从 1 到 22”；❷在【发布选项】组中选择【幻灯片加框】复选框；❸单击【确定】按钮，如图 14-90 所示。

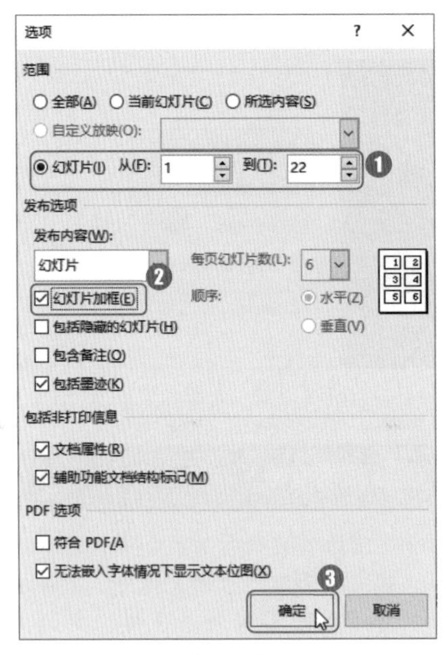

图 14-90

Step04 发布文件。返回【发布为 PDF 或 XPS】对话框，❶将保存位置设置为“结果文件\第 14 章”；❷单击【发布】按钮，如图 14-91 所示。

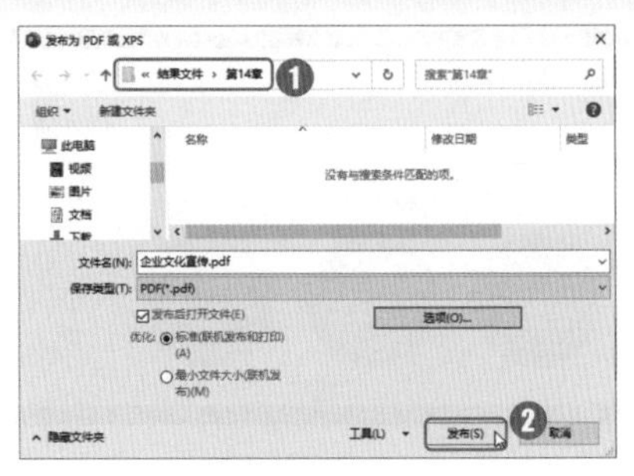

图 14-91

Step05 查看发布进度。进入PDF发布状态，提示用户正在发布文件，并显示进度条，如图 14-92 所示。

图 14-92

Step06 完成发布。发布完毕，即可将文件保存在指定位置“结果文件\第 14 章”，如图 14-93 所示。

图 14-93

Step07 查看生成的PDF文件。完成保存的同时自动打开生成的PDF文件，如图 14-94 所示。

图 14-94

★重点 14.4.3 实战：为“企业文化宣传”演示文稿创建讲义

实例门类	软件功能

在 PowerPoint 2021 中，将演示文稿创建为讲义，就是创建一个包含该演示文稿中所有幻灯片和备注的 Word 文档，创建完成后，可以使用 Word 为文档设置格式和布局，或者添加其他内容。为演示文稿创建讲义的具体操作步骤如下。

Step 01 打开【发送到 Microsoft Word】对话框。在【文件】界面，❶选择【导出】选项卡；❷在【导出】组中选择【创建讲义】选项；❸单击【创建讲义】按钮，如图 14-95 所示。

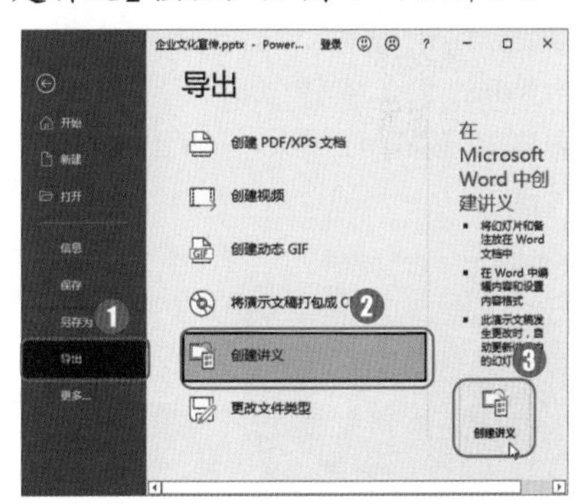

图 14-95

Step 02 选择版式。弹出【发送到 Microsoft Word】对话框，❶在【Microsoft Word使用的版式】组中选择【备注在幻灯片下】单选按钮；❷单击【确定】按钮，如图 14-96 所示。

图 14-96

Step 03 保存创建的讲义。完成以上操作后，即可创建一个备注在幻灯片下的 Word 讲义文件，在【快速访问工具栏】中单击【保存】按钮，如图 14-97 所示。

图 14-97

Step 04 打开【另存为】对话框。在【文件】界面，选择【另存为】选项卡中的【浏览】选项，如图 14-98 所示。

图 14-98

Step 05 保存文件。弹出【另存为】对话框，❶将保存位置设置为“结果文件\第 14 章”；❷将【文件名】设置为“企业文化宣传讲义.docx”；❸单击【保存】按钮，如图 14-99 所示。

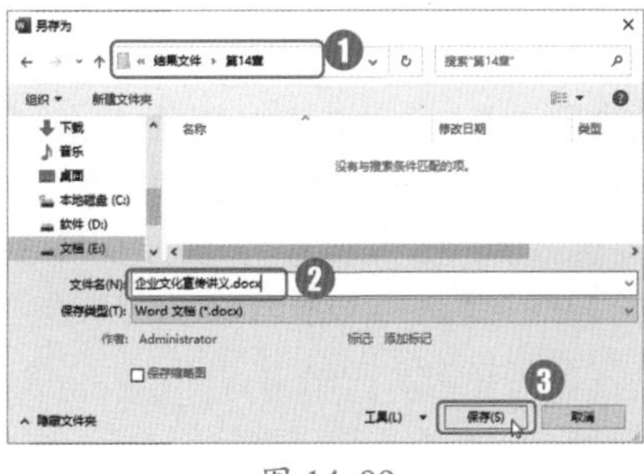

图 14-99

Step 06 完成讲义文件的保存。即可将生成的讲义文件重新命名为“企业文化宣传讲义.docx”，如图 14-100 所示，并保存在指定位置。

图 14-100

★重点 14.4.4 实战：将“企业文化宣传”演示文稿保存为模板

实例门类	软件功能

在日常工作中，如果用户经常需要用到制作风格、版式相似的演示文稿，可以制作一份满意的演示文稿后将其保存为模板，以供日后直接修改或使用。将演示文稿另存为模板的具体操作步骤如下。

Step 01 打开【另存为】对话框。在【文件】界面，❶选择【导出】选项卡；❷选择【更改文件类型】选项；❸在【更改文件类型】列表框中选择【模板(*.potx)】选项，如图 14-101 所示。

图 14-101

Step 02 设置保存选项。弹出【另存为】对话框，❶将保存位置设置为“结果文件\第 14 章”；❷单击【保存】按钮，如图 14-102 所示。

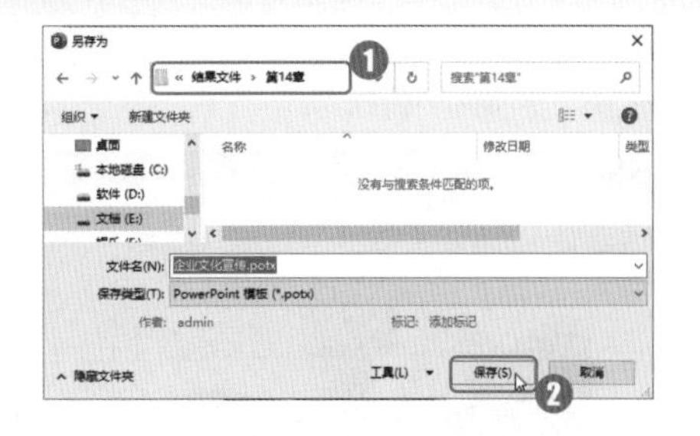

图 14-102

Step 03 成功保存文件。即可将演示文稿保存为名为“企业文化宣传.potx”的模板，如图 14-103 所示。

图 14-103

Step 04 查看保存位置。完成以上操作后，演示文稿模板被保存在了指定的位置“结果文件\第 14 章”，如图 14-104 所示。

图 14-104

★重点 14.4.5 实战：将“企业文化宣传”演示文稿另存为图片

实例门类	软件功能

PPT 是人们日常工作中用于汇报的重要工具，有时，为了分发和展示，需要将 PPT 中的多张幻灯片（包含背景）导出并打印，此时，可以先将幻灯片保存为图片。将幻灯片保存为图片的具体操作步骤如下。

Step 01 打开【另存为】对话框。在【文件】界面，❶选择【导出】选项卡；❷选择【更改文件类型】选项；❸在【图片文件类型】列表框中选择【PNG 可移植网络图形格式(*.png)】选项；❹单击【另存为】按钮，如图 14-105 所示。

图 14-105

Step 02 打开【Microsoft PowerPoint】对话框。弹出【另存为】对话框，❶将保存位置设置为“结果文件\第 14 章”；❷单击【保存】按钮，如图 14-106 所示。

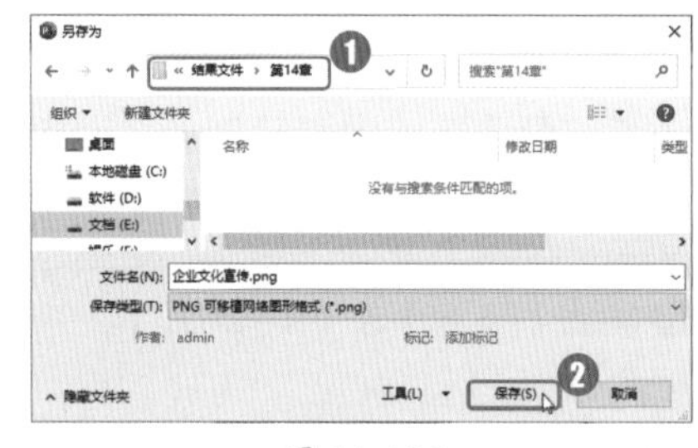

图 14-106

Step 03 选择幻灯片范围。弹出【Microsoft PowerPoint】对话框，提示用户“您希望导出哪些幻灯片”，单击【仅当前幻灯片】按钮，如图 14-107 所示。

图 14-107

Step 04 完成图片保存。完成以上操作后，即可根据当前幻灯片，在保存位置“结果文件\第 14 章”中生成一个名为“企业文化宣传.png”的图片，如图 14-108 所示。

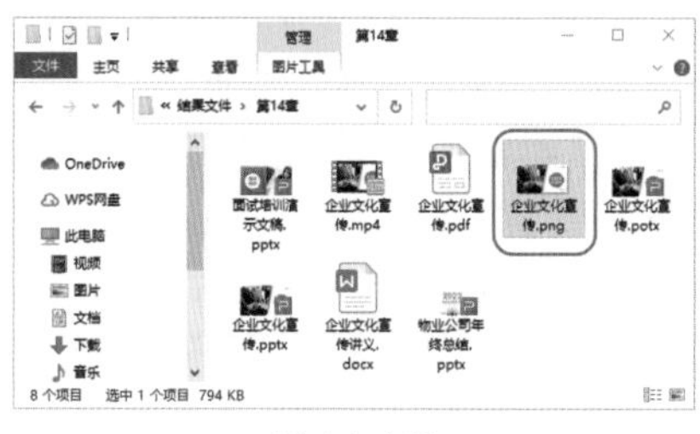

图 14-108

Step 05 打开图片。选择图片程序打开“企业文化宣传.png”，即可查看这张已保存的图片，如图 14-109 所示。

图 14-109

技术看板

将演示文稿保存为图片时，主要有两种图片类型可供选择，分别是 PNG 和 JPEG。其中，PNG 图片为可移植网络图形格式(*.png)，是每张幻灯片的打印质量图像文件；JPEG 图片为文件交换格式(*.jpg)，是每张幻灯片的 Web 质量图像文件。

妙招技法

通过对前面知识的学习，相信读者已经掌握了演示文稿的放映与输出操作。下面结合本章内容，给大家介绍一些实用技巧。

技巧 01：如何将演示文稿保存为可自动播放的文件

演示文稿制作完成后，如果演示者是一位新手，无法顺利完成一连串的放映操作，可以将演示文稿保存为自动播放的PPSX格式，具体操作步骤如下。

Step01 进入【文件】界面。打开“素材文件\第 14 章\员工培训方案.pptx”文档，选择【文件】选项卡，如图 14-110 所示。

图 14-110

Step02 打开【另存为】对话框。进入【文件】界面，❶选择【另存为】选项卡；❷选择【浏览】选项，如图 14-111 所示。

图 14-111

Step03 设置保存选项。弹出【另存为】对话框，❶将保存位置设置为“结果文件\第 14 章”；❷将【保存类型】设置为“PowerPoint 放映（*.ppsx）”；❸单击【保存】按钮，如图 14-112 所示。

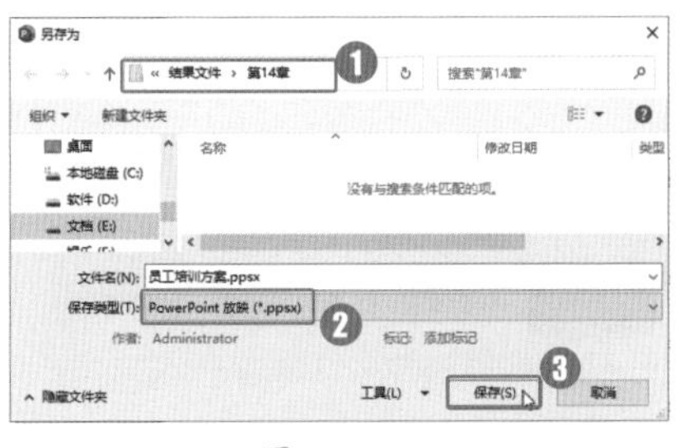

图 14-112

Step04 完成文件保存。即可将演示文稿保存为可自动播放的PPSX文件，如图 14-113 所示。

图 14-113

Step05 查看保存位置。完成以上操作后，可自动播放的PPSX文件已保存在了指定位置“结果文件\第 14 章”，如图 14-114 所示。

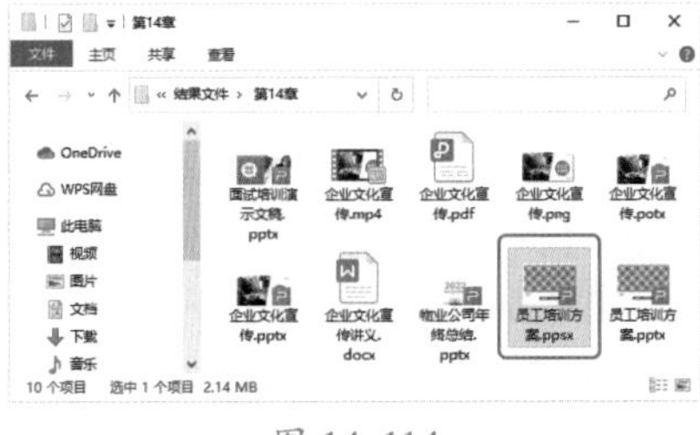

图 14-114

技巧 02：如何隐藏不想放映的幻灯片

演示文稿制作完成后，如果不想放映某张幻灯片，可以将其隐藏，隐藏后，放映演示文稿时，会跳过隐藏的那张幻灯片，具体操作步骤如下。

Step01 隐藏幻灯片。打开“素材文件\第 14 章\商业项目计划.pptx”文档，选中第 3 张幻灯片，❶选择【幻灯片放映】选项卡；❷在【设置】组中单击【隐藏幻灯片】按钮，如图 14-115 所示。

图 14-115

Step02 查看幻灯片隐藏效果。完成以上操作后，隐藏的幻灯片颜色会变淡，而且幻灯片序号上会有斜线标记，如图 14-116 所示，放映幻灯片时，隐藏的幻灯片会跳过，不再播放。

图 14-116

技巧 03：如何使用大纲视图编辑幻灯片

在大纲视图状态下，可以更清晰地把握演示文稿的主体，并更直观地安排和编辑幻灯片中的文本。将PPT显示为幻灯片大纲的具体操作步骤如下。

Step 01 进入大纲视图。打开“素材文件\第14章\企业文化宣传模板.pptx”文档，❶选择【视图】选项卡；❷在【演示文稿视图】组中单击【大纲视图】按钮，如图14-117所示。

图 14-117

Step 02 查看大纲内容。打开大纲视图窗格，即可看到演示文稿的各级标题文本，如图14-118所示。

图 14-118

Step 03 新建幻灯片。❶选择第3张幻灯片中的标题；❷选择【开始】选项卡；❸在【幻灯片】组中单击【新建幻灯片】按钮，如图14-119所示。

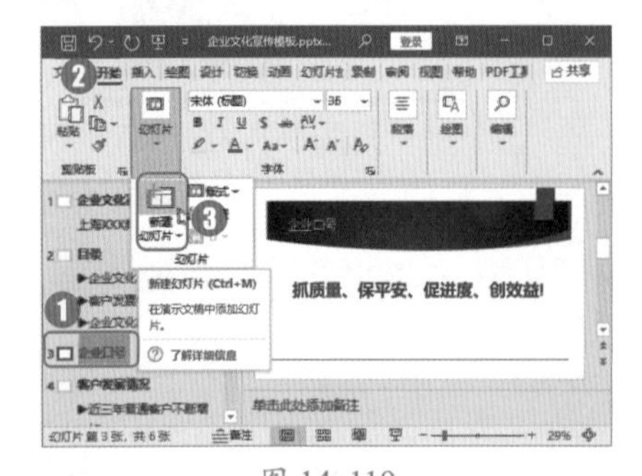

图 14-119

Step 04 选择幻灯片版式。在弹出的下拉列表中选择【标题和内容】选项，如图14-120所示。

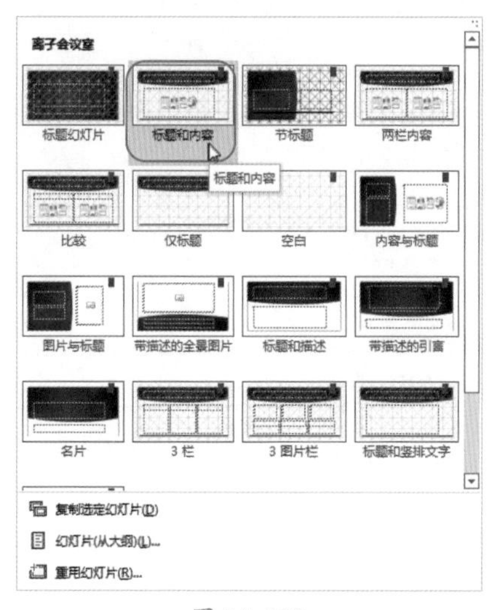

图 14-120

Step 05 输入文本。完成Step 03和Step 04操作后，即可插入一个【标题和内容】幻灯片，在大纲视图窗格中第4张幻灯片的标题处输入文本“企业文化的核心”后，将光标定位在文本的最后，如图14-121所示。

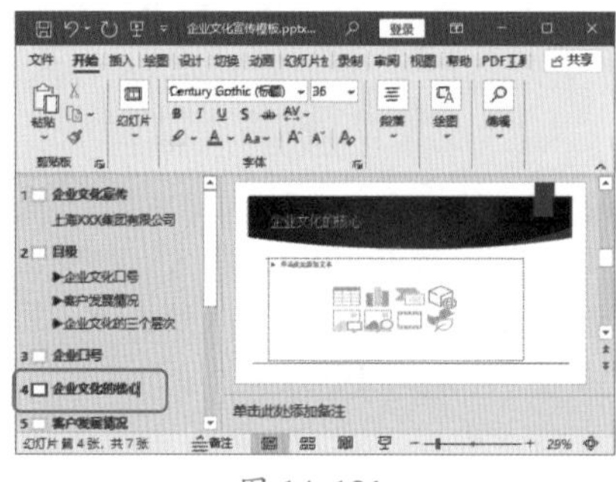

图 14-121

Step 06 完成新幻灯片的添加。按【Enter】键，即可添加一个新的幻灯片。完成添加后，输入标题文本“企业文化的核心是企业成员的思想观念”，如图14-122所示。

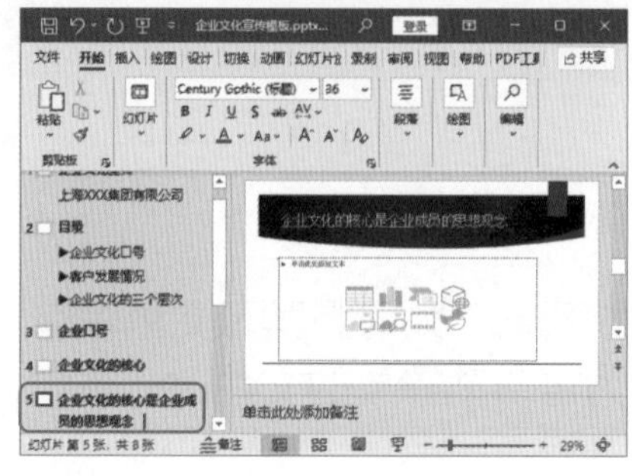

图 14-122

Step 07 调整级别。将光标定位在输入的标题文本中并右击，在弹出的快捷菜单中选择【降级】选项，如图14-123所示。

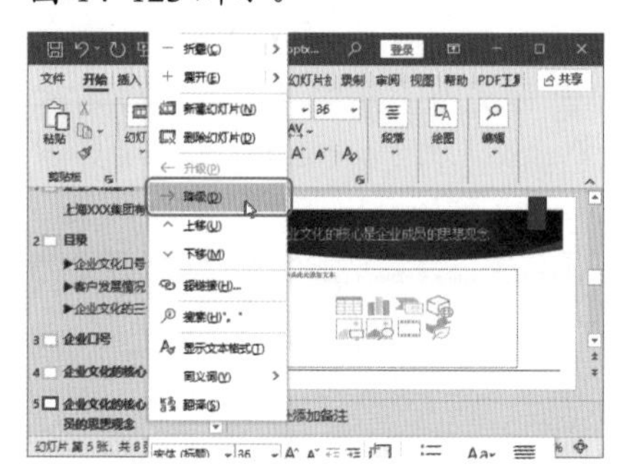

图 14-123

Step 08 查看级别调整效果。完成Step 07操作后，输入的文本标题变成了上一张幻灯片标题的下级标题，如图14-124所示。

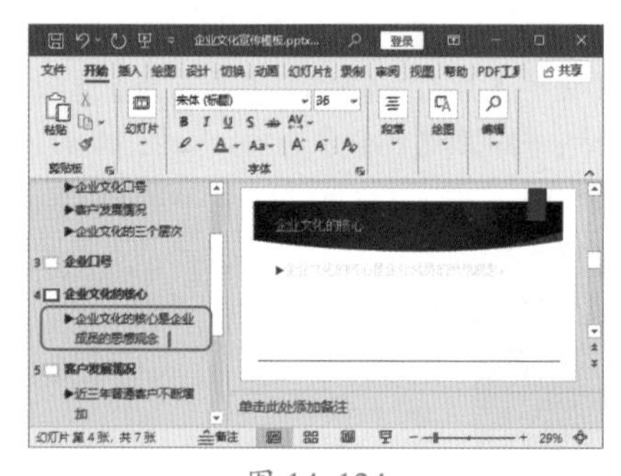

图 14-124

Step 09 设置字体格式。在幻灯片中设置文本的字体格式，效果如图14-125所示。

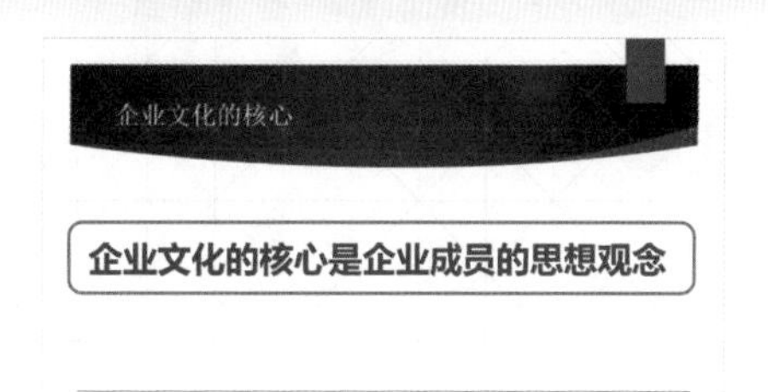

图 14-125

Step 10 切换视图。❶选择【视图】选项卡；❷在【演示文稿视图】组中单击【普通】按钮，如图 14-126 所示。

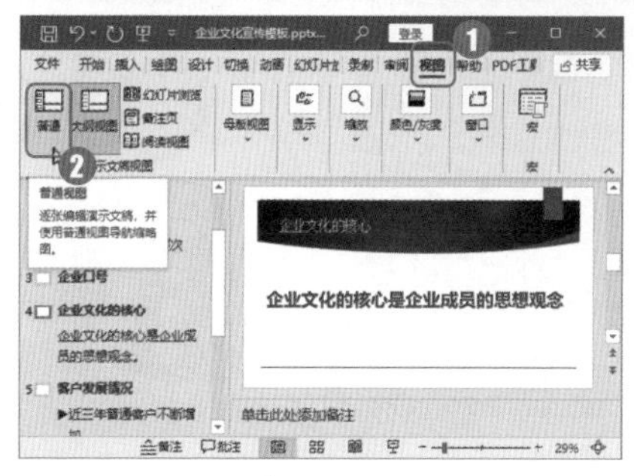

图 14-126

Step 11 在普通视图下查看幻灯片。即可退出大纲视图，恢复普通视图，如图 14-127 所示。

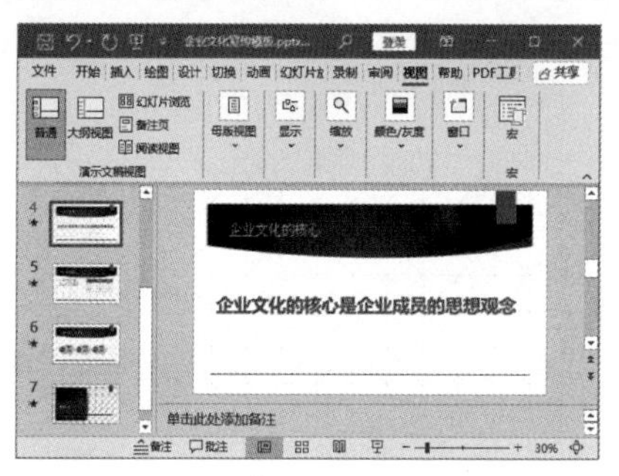

图 14-127

本章小结

本章首先介绍了演示文稿放映与输出的相关知识，然后结合实例介绍了设置放映方式和放映幻灯片的方法，以及输出演示文稿的基本操作等内容。通过对本章内容的学习，读者能够快速掌握放映幻灯片的基本技巧，学会按照特定的要求放映和控制幻灯片，学会将演示文稿输出成各种格式的文件，并掌握设置排练计时、设置换片方式、设置演示文稿自动放映的技巧。

第5篇

Office 其他组件办公应用

除了 Word、Excel 和 PowerPoint 三大常用办公组件外，用户还可以使用 Access 2021 管理数据库文件、使用 Outlook 2021 管理电子邮件和联系人。虽然 Office 2021 不再提供 OneNote 组件，但是用户依然可以单独安装，使用之前版本的 OneNote 组件管理个人笔记本事务。

第15章 使用 Access 管理数据

- Access 的基本功能有哪些？
- Access 与 Excel 有何区别，为什么要使用 Access？
- 如何创建表，如何创建表关系？
- 如何创建 Access 查询，如何在 Access 中使用运算符和表达式进行条件查询？
- 什么是窗体，如何使用设计视图创建漂亮的窗体？
- 什么是 Access 控件，如何在 Access 中使用控件？

本章将介绍 Access 的相关知识，包括创建 Access 表、使用 Access 查询及创建窗体和报表等相关技巧。

15.1 Access 相关知识

Access 2021 是微软发布的一款数据库管理系统，它把数据库引擎的图形用户界面和软件开发工具结合在一起，是 Office 软件的重要组件之一。

★重点 15.1.1 表/查询/窗体/控件/报表概述

Access 数据库是由表、查询、窗体、报表、宏和模块等对象组成的。

1. 表

创建数据库时，首先要创建表，因为表是 Access 数据库中用来存储数据的对象，是数据库的基石，如图 15-1 和图 15-2 所示。

图 15-1

图 15-2

2. 查询

Access查询是Microsoft Access数据库中的对象之一，其他对象包括表、窗体、数据访问页、模块、报表等。利用Access查询，可查看、添加、更改或删除数据库中的数据。

Access支持的查询类型主要有5类，包括选择查询、交叉表查询、参数查询、SQL查询和操作查询，如图15-3和图15-4所示。

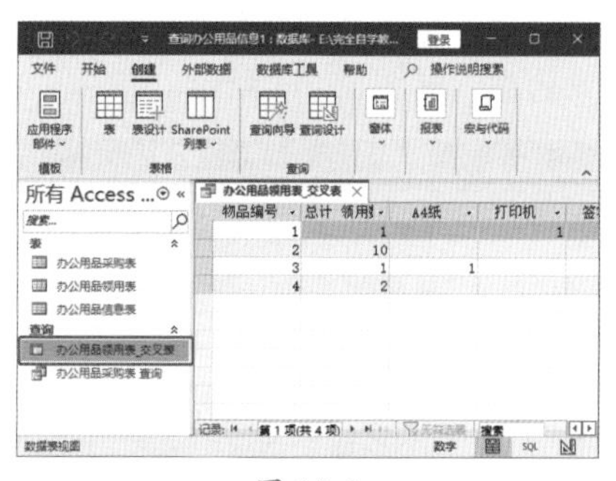

图 15-3

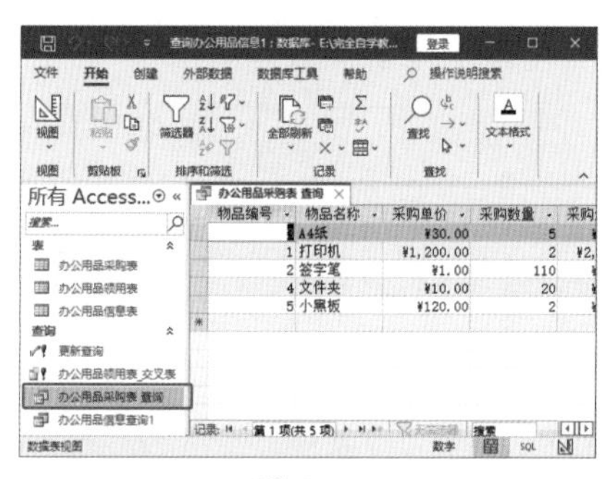

图 15-4

3. 窗体

窗体也是Access中的对象之一，是用户与Access应用程序之间的主要接口。

通过窗体，用户可以方便地输入数据、编辑数据、显示和查询表中的数据。使用窗体，可以将整个应用程序组织起来，形成一个完整的应用系统，如图15-5和图15-6所示。

图 15-5

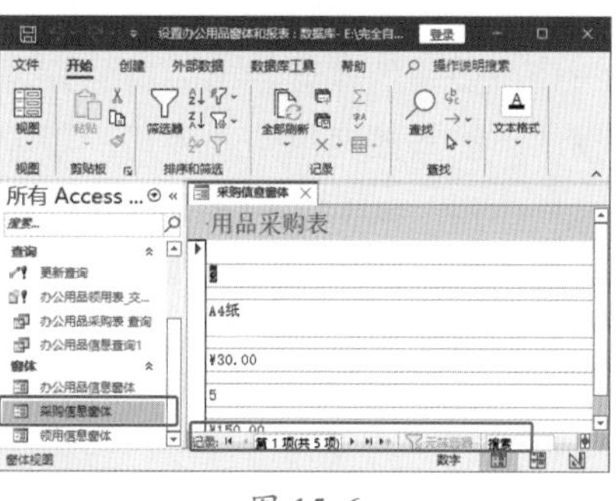

图 15-6

4. 控件

控件是报表和窗体的组成部分，可用于输入、编辑或显示数据。对于报表而言，文本框是用于显示数据的常见控件；对于窗体而言，文本框是用于输入和显示数据的常见控件，如图15-7所示。

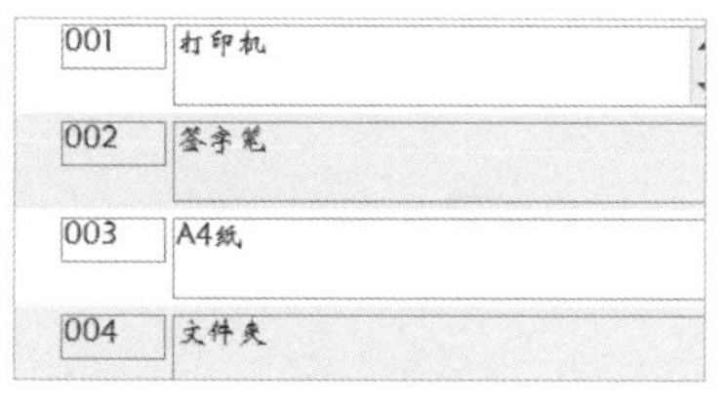

图 15-7

其他常见控件包括命令按钮、复选框和组合框（下拉列表）。

5. 报表

报表是Access数据库的对象之一，主要作用是比较和汇总数据，显示经过格式化且分组的信息，并可以将它们打印出来，如图15-8所示。

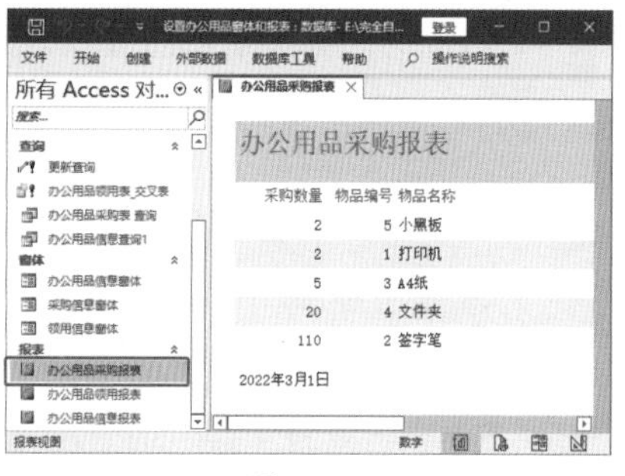

图 15-8

报表主要分为以下4种类型：纵栏式报表、表格式报表、图表报表和标签报表。

15.1.2 Access与Excel的区别

Access和Excel两者在功能上的相同之处是数据处理，那么，两者之间的不同是什么呢？

1. 结构不同

Excel是电子表格处理软件，由多个工作表组成，如图15-9所示。Excel工作表之间基本是相互独立的，没有关联性或有很弱的关联性。

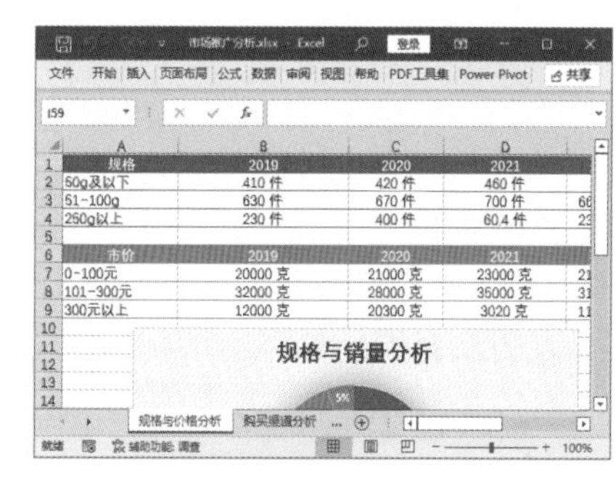

图 15-9

Access主要由7种对象组成，包括表、查询、窗体、报表、宏、模块和页，如图15-10所示。

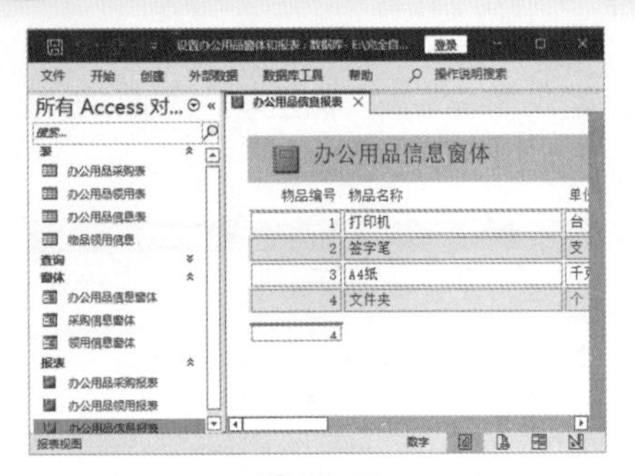

图 15-10

Access 的各种对象之间不是独立的，而是存在着关联性的。一种对象的多个子对象，如各个表之间、查询之间、窗体之间、报表之间也存在关联性，这种关联性造就了 Access 强大的处理能力。

2. 使用方式不同

Access 在处理大量数据方面比 Excel 具有更强的能力，但是使用 Access 完成数据处理任务，实现起来要比 Excel 复杂很多。

Access 是一种规范的数据库文件，各个对象之间存在严格的关联性。这种规范性和关联性都是 Access 强大数据处理能力的基础，因此，在设计表过程中，必须遵守这种规范性和关联性。可以把 Access 处理数据的方式比作一个大公司的管理。

Excel 是一种相对自由的表单组合，表之间的关联性是可有可无的。可以把 Excel 处理数据的方式比作一个小公司的管理。小公司的管理模式不能直接套用到大公司的管理上，所以 Excel 表必须按照规范模式改造后，才能在 Access 中使用并完成预想的任务。

3. 实现目的不同

Excel 主要为数据分析而存在，Access 则更多地面向数据管理。也就是说，Excel 并不关心数据之间的逻辑或相关关系，更多地用于将有效数据从冗余数据中提纯出来，并且尽量简单地实现使用，如筛选。但筛选出的数据可以为谁服务，为什么这样筛选，以及如何表现等，Excel 没有提供任何直接支持。

Access 就不同了，梳理数据与数据间的关系可以说是 Access 存在的根本。Access 中所有功能的目的都是将数据关系以事物逻辑的形式展现出来，假如想将几个部门的数据整合在一起，并希望这种整合规范有序并持续下去，使用 Access 非常合适，如图 15-11 所示。

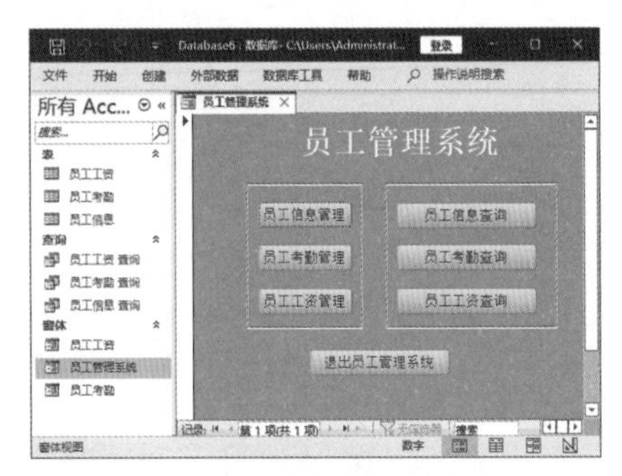

图 15-11

15.2 创建 Access 表

Access 2021 是一个数据库应用程序，主要用于跟踪和管理数据信息。创建 Access 表之前，必须首先创建和保存数据库，然后才能创建表、导入数据和创建表关系。

15.2.1 实战：创建“办公用品”数据库

实例门类	软件功能

创建和保存数据库的具体操作步骤如下。

Step 01 启动 Access 软件。在桌面上双击【Access 2021】软件的快捷图标，如图 15-12 所示。

图 15-12

Step 02 选择空白数据库。打开【Access】窗口，选择【空白数据库】选项，如图 15-13 所示。

图 15-13

Step 03 打开【文件新建数据库】对话框。进入数据库创建界面，单击【文件名】输入框右侧的【浏览】按钮，如图 15-14 所示。

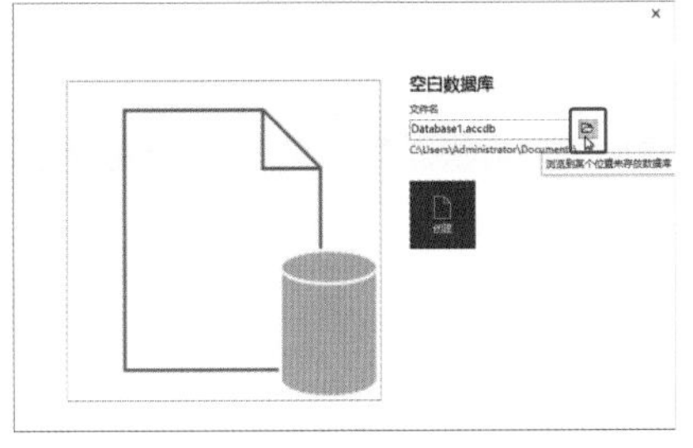

图 15-14

Step04 保存数据库。弹出【文件新建数据库】对话框，❶选择报表位置“结果文件\第 15 章”；❷将【文件名】修改为“办公用品.accdb”；❸单击【确定】按钮，如图 15-15 所示。

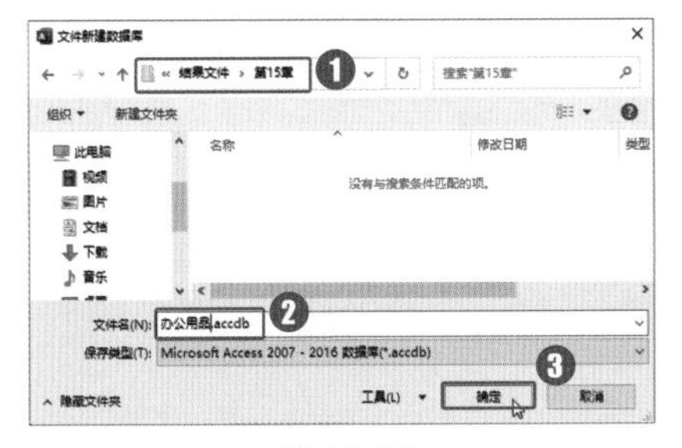

图 15-15

Step05 创建空白数据库。返回数据库创建界面，单击【创建】按钮，如图 15-16 所示。

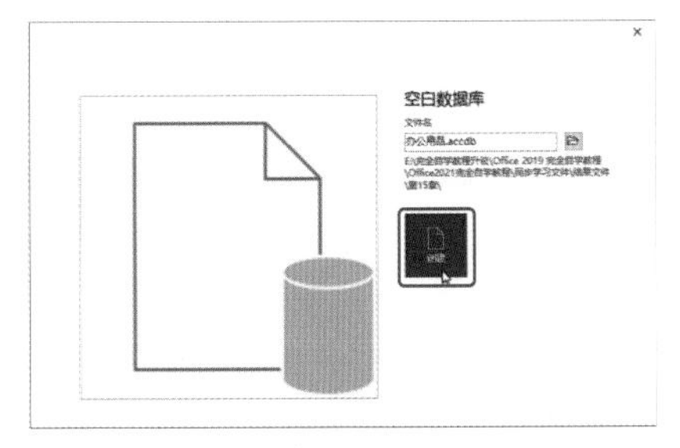

图 15-16

Step06 完成数据库创建。即可创建一个名为“办公用品”的空白数据库，如图 15-17 所示。

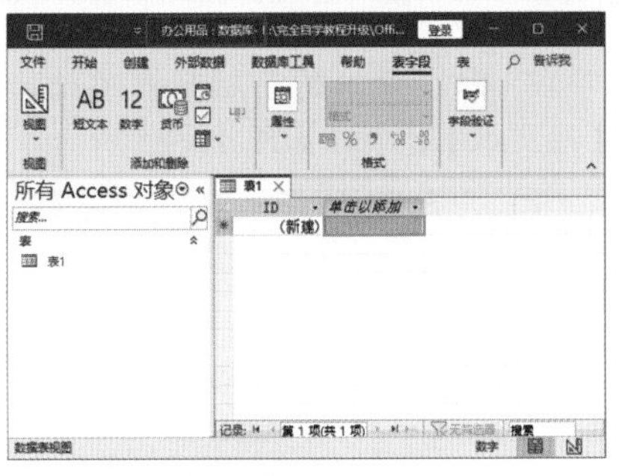

图 15-17

技术看板

打开新建的数据库时，系统会在弹出的窗口中显示【安全警告】信息，单击【启用内容】按钮即可。

★重点 15.2.2 实战：创建和编辑“办公用品”数据表

实例门类	软件功能

创建数据库后，用户可以根据需要直接创建和编辑表，也可以通过导入外部数据生成表。

1. 创建办公用品信息表

以创建“办公用品信息表.accdb”为例，直接创建和编辑表，具体操作步骤如下。

Step01 创建表。打开新建的数据库文件，❶选择【创建】选项卡；❷在【表格】组中单击【表】按钮，如图 15-18 所示。

图 15-18

Step02 查看创建的表。即可创建一个名为“表 1”的数据表，如图 15-19 所示。

图 15-19

Step03 打开【另存为】对话框。❶右击数据表“表 1”；❷在弹出的快捷菜单中选择【保存】选项，如图 15-20 所示。

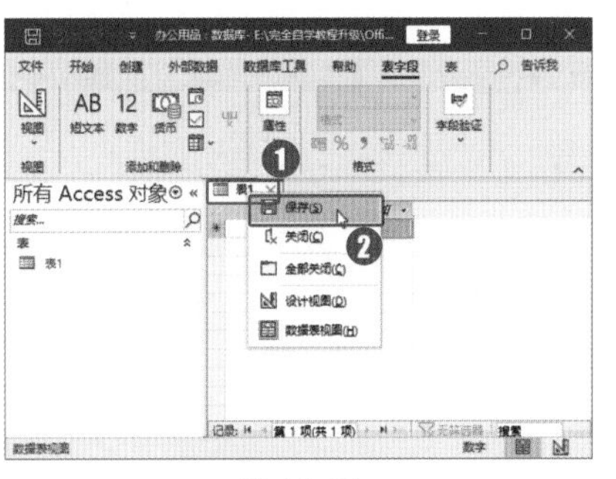

图 15-20

Step04 输入表名称。弹出【另存为】对话框；❶在【表名称】文本框中输入“办公用品信息表”；❷单击【确定】按钮，如图 15-21 所示。

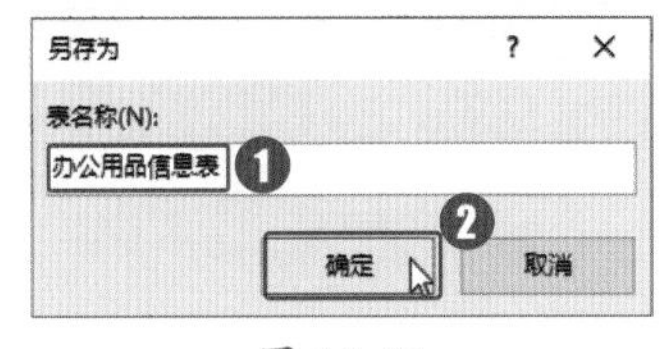

图 15-21

Step05 查看保存的表名称。即可将数据表的名称修改为“办公用品信息表”，如图 15-22 所示。

图 15-22

2. 编辑办公用品信息表

创建表以后，编辑表格字段和字段属性，并输入表格数据，具体操作步骤如下。

Step01 进入表编辑状态。❶双击“办公用品信息表”，即可打开表；❷双击“ID”字段，如图 15-23 所示。

图 15-23

Step02 输入字段名。在“ID”字段中输入字段名“物品编号”，如图 15-24 所示。

图 15-24

Step03 选择字段类型。每输入一个字段名称，系统都会自动增加一个新的字段列，❶单击“单击以添加”字段；❷在弹出的下拉列表中选择【短文本】选项，如图 15-25 所示。

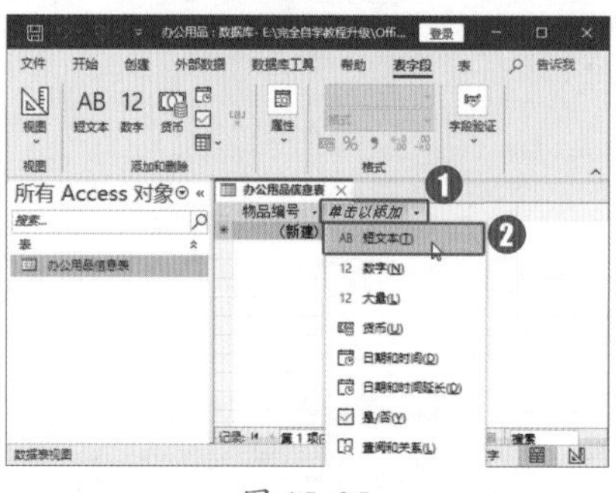

图 15-25

Step04 输入字段名称。在字段中输入字段名“物品名称”，如图 15-26 所示。

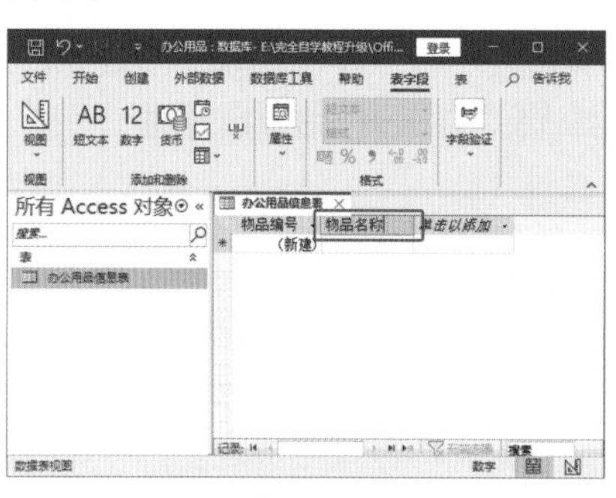

图 15-26

Step05 输入其他字段。使用同样的方法，输入其他字段名称，这里输入“单位”和“用途”，如图 15-27 所示。

图 15-27

Step06 输入数据信息。在“物品名称”列下方的第一个单元格中输入文本“打印机”，此时，“物品编号”列自动显示编号“1”，如图 15-28 所示。

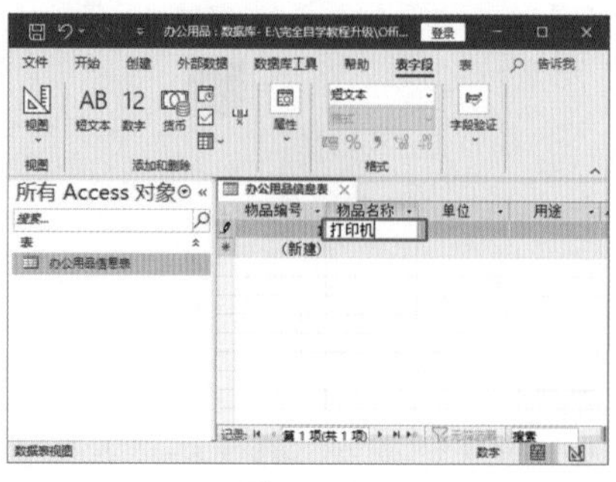

图 15-28

Step07 输入数据信息。在“单位”列下方的第一个单元格中输入文本“台”，如图 15-29 所示。

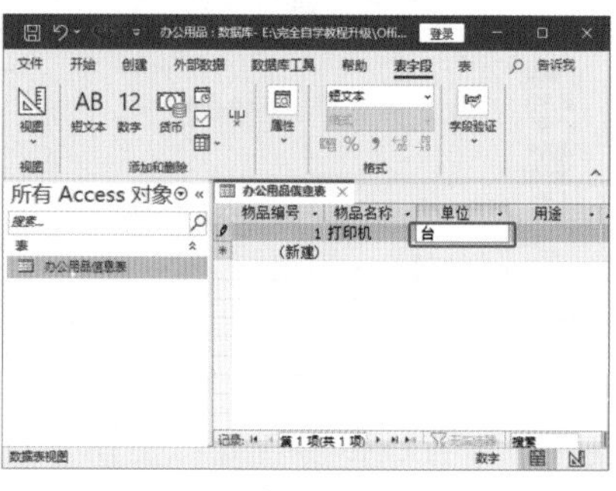

图 15-29

Step08 输入数据信息。在“用途”列下方的第一个单元格中输入文本“打印文件”，如图 15-30 所示。

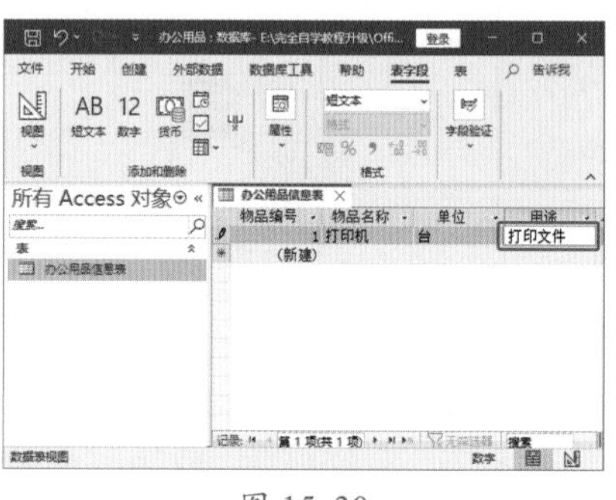

图 15-30

Step09 继续输入第 2 条数据信息。按【Enter】键，继续输入第 2 条数据信息，如图 15-31 所示。

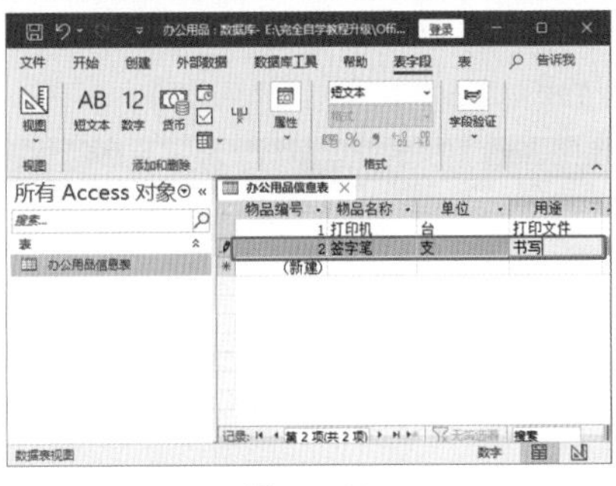

图 15-31

Step10 继续输入第 3 条和第 4 条数据信息。使用同样的方法，继续输入第 3 条和第 4 条数据信息，如图 15-32 所示。

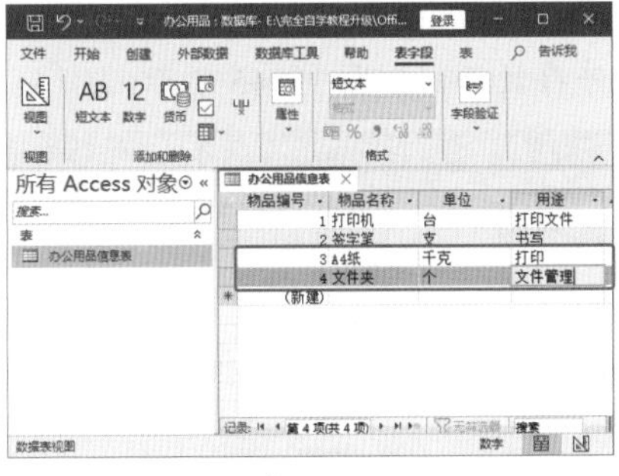

图 15-32

Step11 保存表。输入完毕，❶在数据表“办公用品信息表”上右击；❷在弹出的快捷菜单中选择【保存】选项，即可保存数据，如图 15-33 所示。

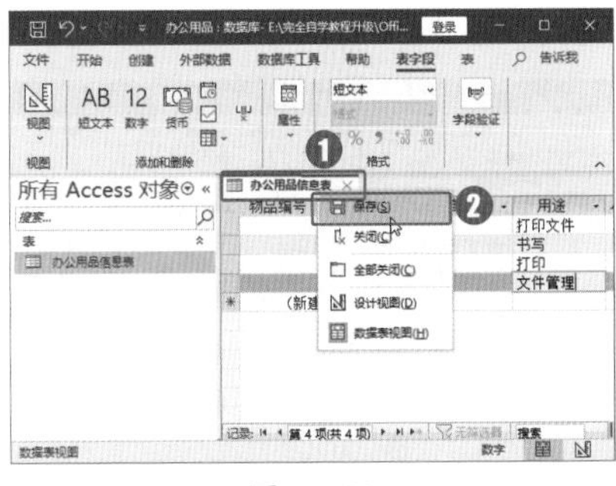

图 15-33

Step12 关闭表。❶在数据表“办公用品信息表”上右击；❷在弹出的快捷菜单中选择【关闭】选项，即可关闭表，如图 15-34 所示。

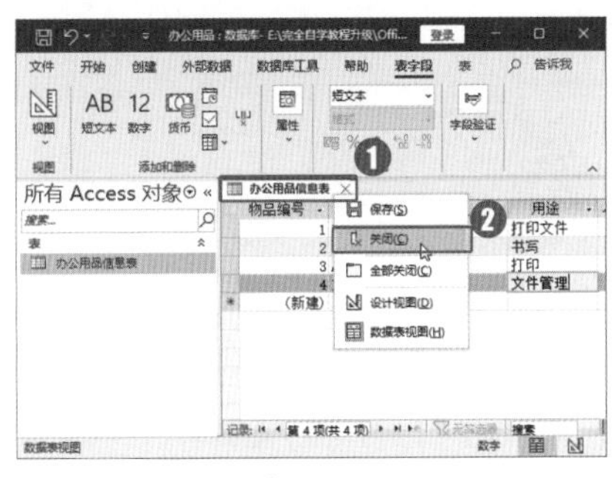

图 15-34

15.2.3 实战：导入Excel数据创建表

实例门类	软件功能

Access和Excel之间有多种交换数据的方法，用户可以根据需要将Excel数据导入Access中，并直接创建表，具体操作步骤如下。

Step01 打开【获取外部数据-Excel电子表格】对话框。在“办公用品”数据库中，❶单击【外部数据】选项卡中的【新数据源】按钮；❷选择【从文件】选项；❸选择【Excel】选项，如图 15-35 所示。

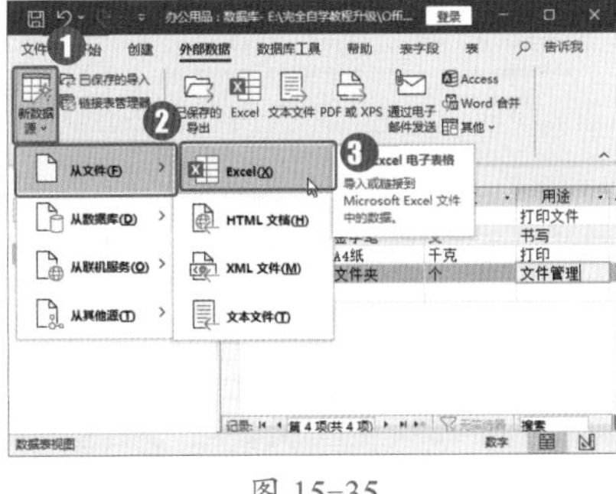

图 15-35

Step02 打开【打开】对话框。弹出【获取外部数据-Excel电子表格】对话框，单击【浏览】按钮，如图 15-36 所示。

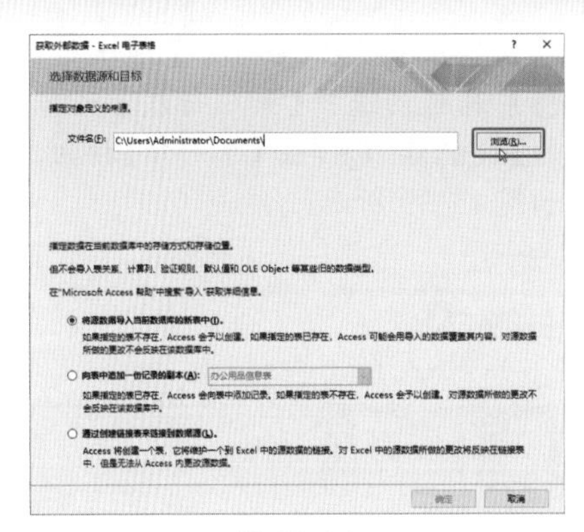

图 15-36

Step03 选择文件。弹出【打开】对话框，❶选择文件位置“素材文件\第 15 章”；❷选择“办公用品采购表.xlsx”文件；❸单击【打开】按钮，如图 15-37 所示。

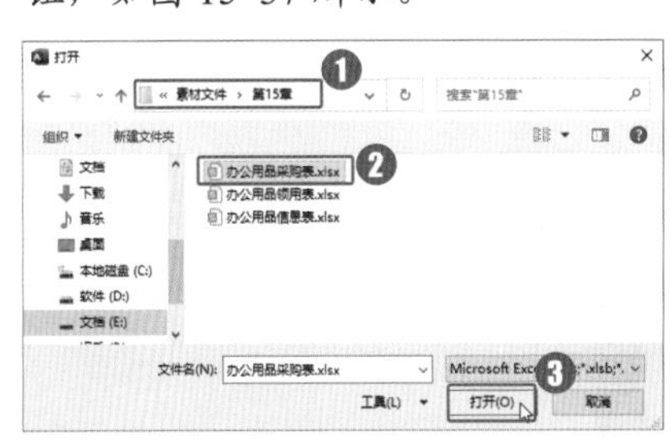

图 15-37

Step04 打开【导入数据表向导】对话框。返回【获取外部数据-Excel电子表格】对话框，单击【确定】按钮，如图 15-38 所示。

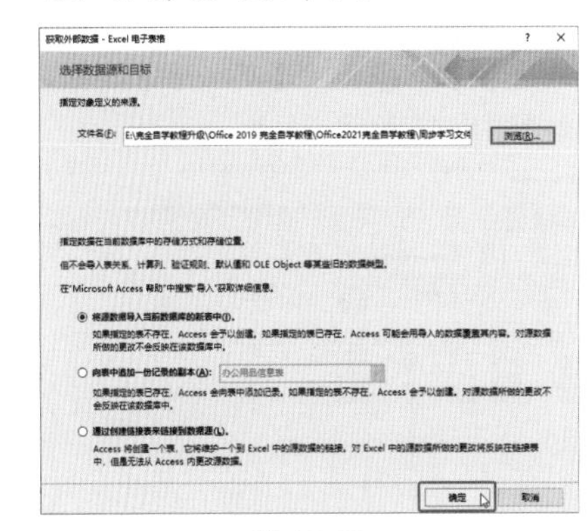

图 15-38

Step05 进入【导入数据表向导】界面。

弹出【导入数据表向导】对话框，❶系统自动选择【第一行包含列标题】复选框；❷单击【下一步】按钮，如图 15-39 所示。

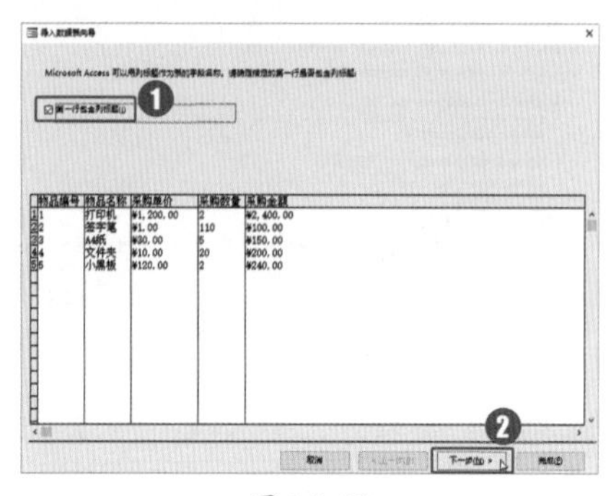

图 15-39

Step06 进入【定义主键】界面。进入【导入数据表向导】界面，单击【下一步】按钮，如图 15-40 所示。

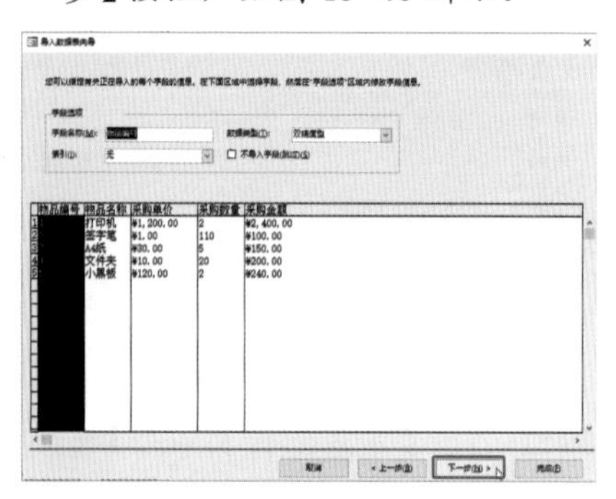

图 15-40

Step07 进入【完成】界面。进入【定义主键】界面，❶选择【不要主键】单选按钮；❷单击【下一步】按钮，如图 15-41 所示。

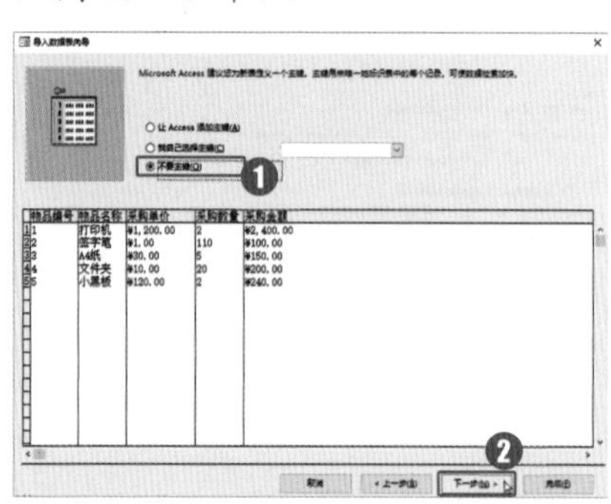

图 15-41

Step08 完成数据获取向导。进入【完成】界面，❶在【导入列表】文本框中将表名设置为“办公用品采购表”；❷单击【完成】按钮，如图 15-42 所示。

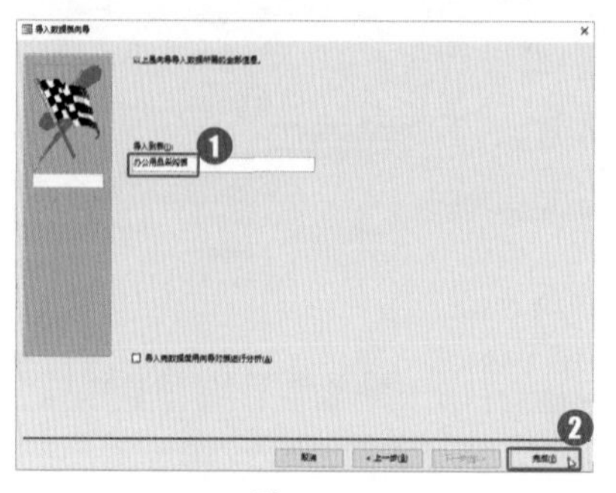

图 15-42

Step09 保存导入数据。返回【获取外部数据-Excel电子表格】对话框，进入【保存导入步骤】界面，❶选择【保存导入步骤】复选框；❷在【另存为】文本框中显示保存名称“导入-办公用品采购表”；❸单击【保存导入】按钮，如图 15-43 所示。

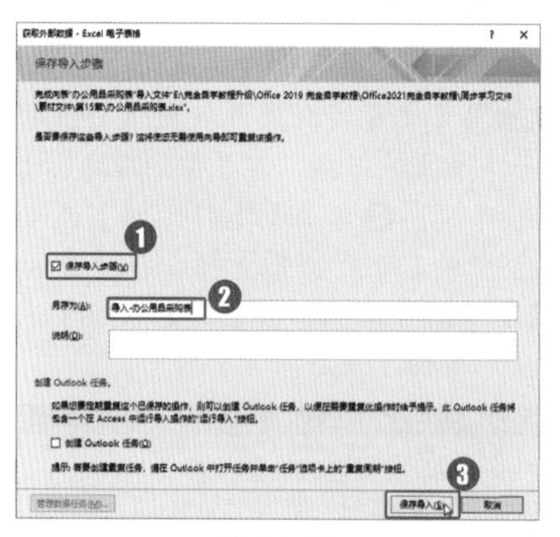

图 15-43

Step10 查看导入的数据。即可在数据库中创建表“办公用品采购表”，如图 15-44 所示。

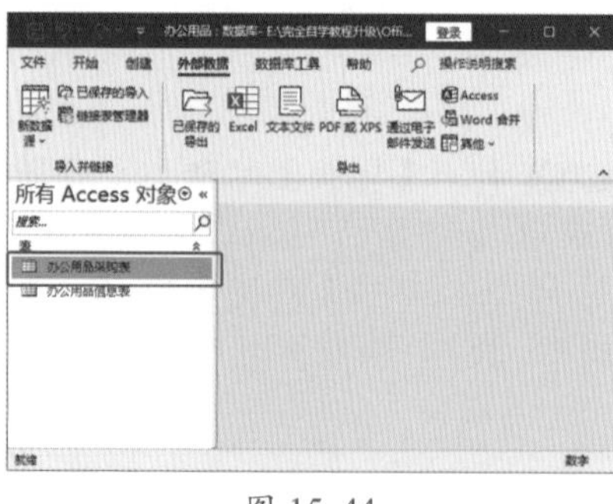

图 15-44

Step11 打开表。双击“办公用品采购表”，即可打开表，如图 15-45 所示。

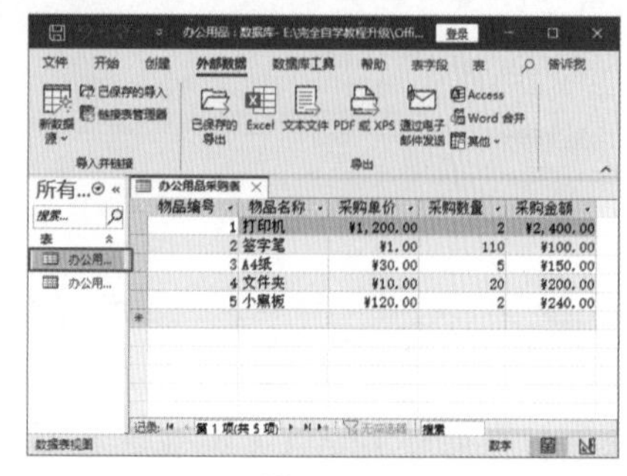

图 15-45

Step12 保存表。❶在数据表“办公用品采购表”上右击；❷在弹出的快捷菜单中选择【保存】选项，即可保存数据，如图 15-46 所示。

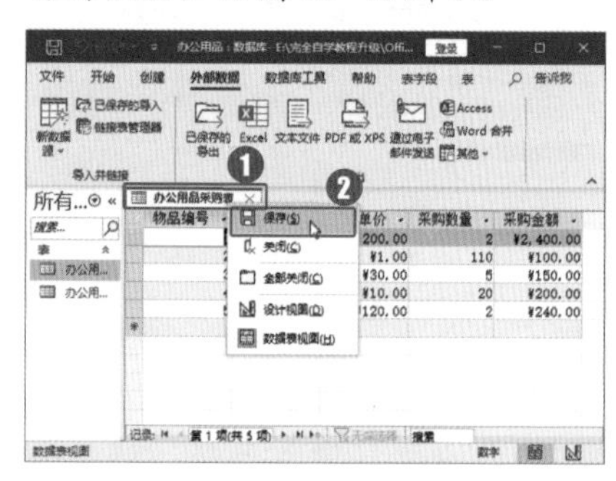

图 15-46

Step13 关闭表。❶在数据表“办公用品采购表”上右击；❷在弹出的快捷菜单中选择【关闭】选项，即可关闭表，如图 15-47 所示。

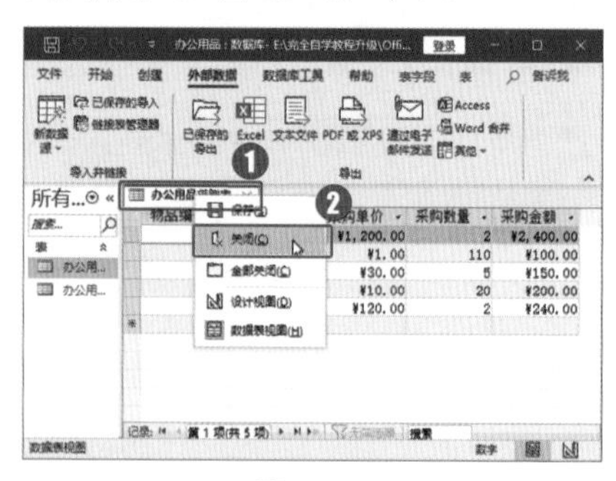

图 15-47

Step14 导入其他Excel数据。使用同样的方法，从外部导入Excel数据表“办公用品领用表.xlsx”，创建表“办公用品领用表”，如图 15-48 所示。

图 15-48

Step15 打开表。双击“办公用品领用表”，即可打开表，如图 15-49 所示。

图 15-49

Step16 保存数据。❶在数据表“办公用品领用表”上右击；❷在弹出的快捷菜单中选择【保存】选项，即可保存数据，如图 15-50 所示。

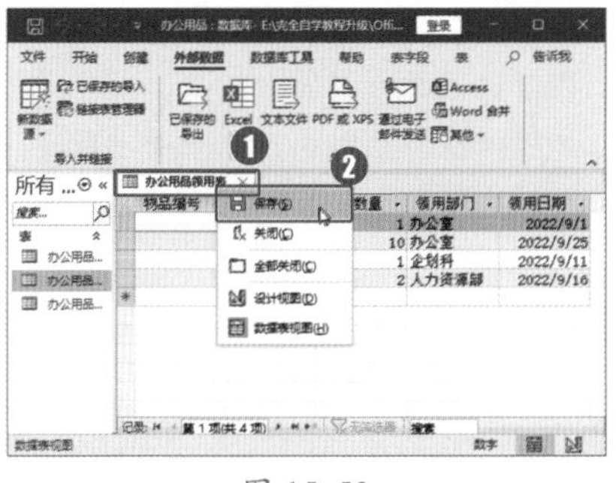

图 15-50

Step17 关闭表。❶在数据表“办公用品领用表”上右击；❷在弹出的快捷菜单中选择【关闭】选项，即可关闭表，如图 15-51 所示。

图 15-51

★重点 15.2.4 实战：创建表关系

实例门类	软件功能

虽然Access数据库中的每个表都是独立的，但它们并不是完全孤立的，其间存在着一定的联系，即关系。创建表关系的具体操作步骤如下。

Step01 显示关系。在“办公用品”数据库中，❶选择【数据库工具】选项卡；❷在【关系】组中单击【关系】按钮，如图 15-52 所示。

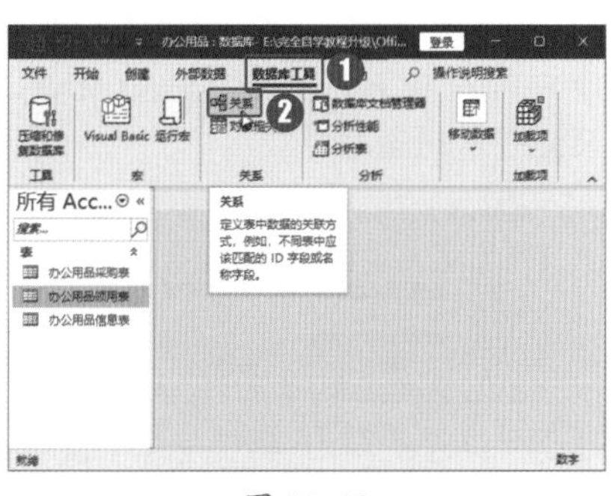

图 15-52

Step02 选择表。弹出【添加表】窗格，❶按住【Ctrl】键，选择要显示的数据表“办公用品采购表”和“办公用品领用表”；❷单击【添加所选表】按钮，如图 15-53 所示。

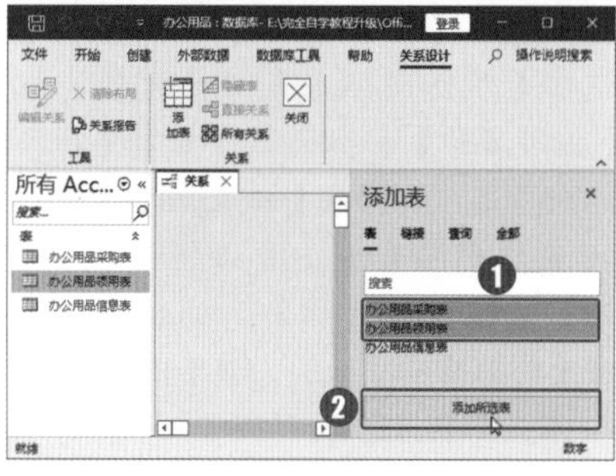

图 15-53

Step03 打开【编辑关系】对话框。将“办公用品采购表”和“办公用品领用表”添加到【关系】窗口中后，❶选择【关系设计】选项卡；❷在【工具】组中单击【编辑关系】按钮，如图 15-54 所示。

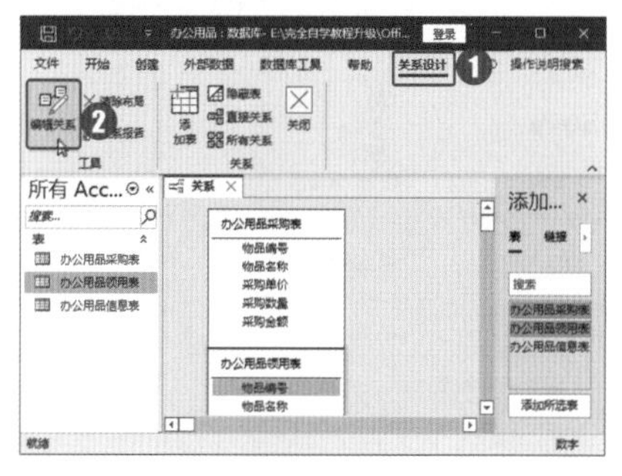

图 15-54

Step04 打开【新建】对话框。弹出【编辑关系】对话框，单击【新建】按钮，如图 15-55 所示。

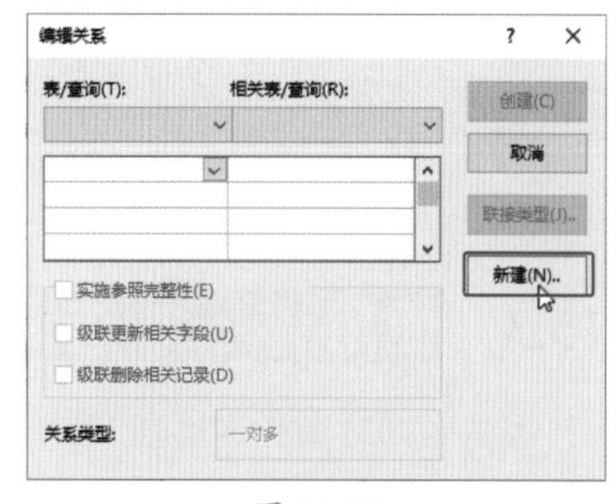

图 15-55

Step05 建立关系。弹出【新建】对话

框，❶在【左表名称】下拉列表中选择【办公用品采购表】选项，在【左列名称】下拉列表中选择【物品名称】选项；❷在【右表名称】下拉列表中选择【办公用品领用表】选项，在【右列名称】下拉列表中选择【物品名称】选项；❸单击【确定】按钮，如图 15-56 所示。

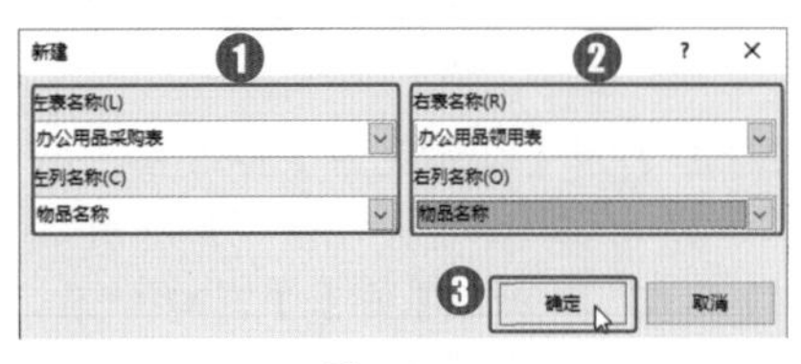

图 15-56

Step06 创建关系。返回【编辑关系】对话框，单击【创建】按钮，如图 15-57 所示。

图 15-57

Step07 查看创建的关系。即可根据字段“物品名称”在两个表间创建一个关系，并显示关系连接线，如图 15-58 所示。

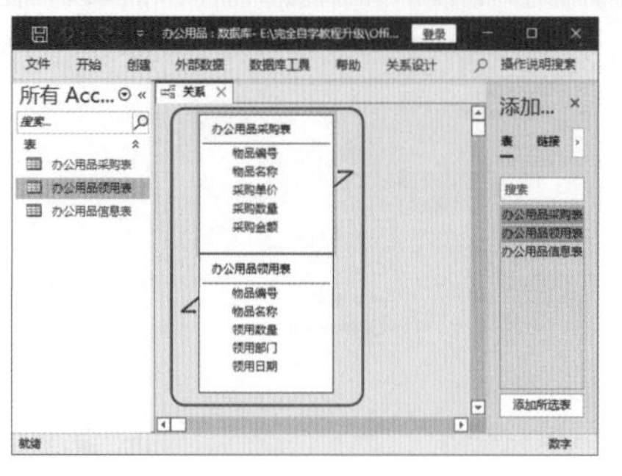

图 15-58

Step08 删除关系。如果要删除关系，在连接线上右击，在弹出的快捷菜单中选择【删除】选项，如图 15-59 所示。

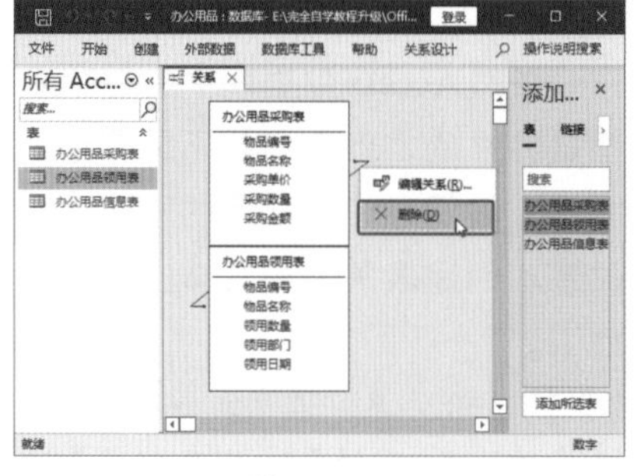

图 15-59

Step09 确定删除关系。弹出【Microsoft Access】对话框，单击【是】按钮，即可删除关系，如图 15-60 所示。此处暂不删除。

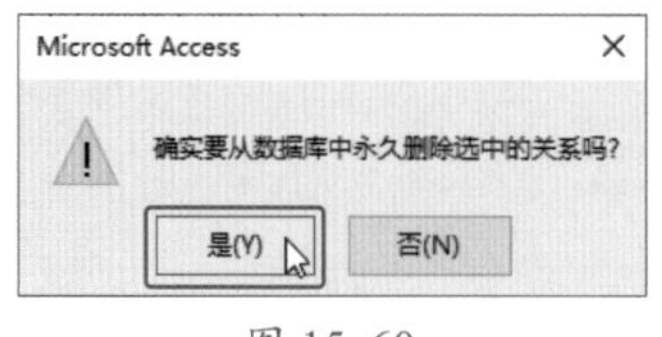

图 15-60

Step10 关闭关系。关系设置完毕，❶选择【关系设计】选项卡；❷在【关系】组中单击【关闭】按钮，如图 15-61 所示。

图 15-61

Step11 确认关系布局。弹出【Microsoft Access】对话框，单击【是】按钮，确认对关系进行的新布局，如图 15-62 所示。

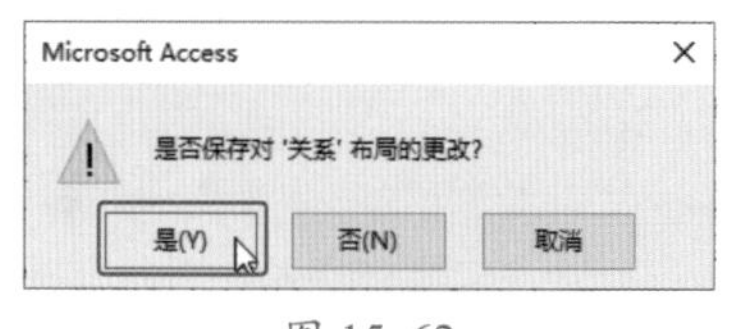

图 15-62

技术看板

一对多是数据库中最常见的关系，意思是一条记录可以与其他很多条记录建立关系。例如，一个客户可以有多个订单，这种关系就是一对多的关系。

15.3 使用 Access 查询

Access 2021 有查询功能。使用 Access 查询，可以查看、添加、更改或删除数据库中的数据。常见的查询类型主要有简单查询、交叉表查询、生成表查询和更新查询等。

★重点 15.3.1 实战：使用查询选择数据

实例门类	软件功能

查询的创建方法有很多，其中，使用查询向导生成查询的方法最常用。下面以生成简单查询和交叉表查询为例，介绍使用查询向导选择数据的方法。

1. 简单查询

使用简单查询功能选择数据的具体操作步骤如下。

Step01 打开【新建查询】对话框。打开“素材文件\第 15 章\查询办公用品信息.accdb”文档，❶选择【创建】选项卡；❷单击【查询】组中的【查询向导】按钮，如图15-63所示。

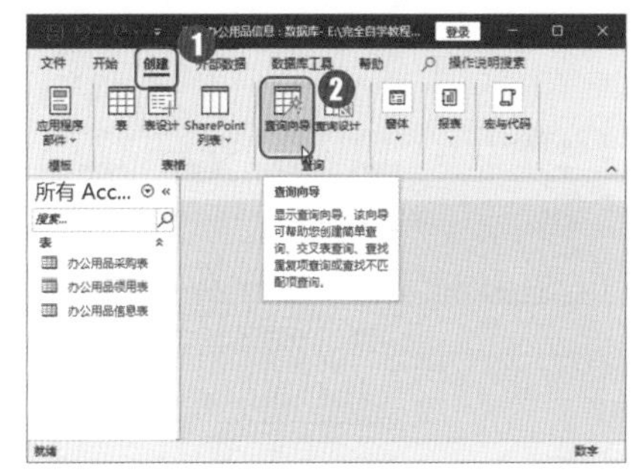

图 15-63

Step02 打开【简单查询向导】对话框。弹出【新建查询】对话框，❶在查询列表框中选择【简单查询向导】选项；❷单击【确定】按钮，如图15-64所示。

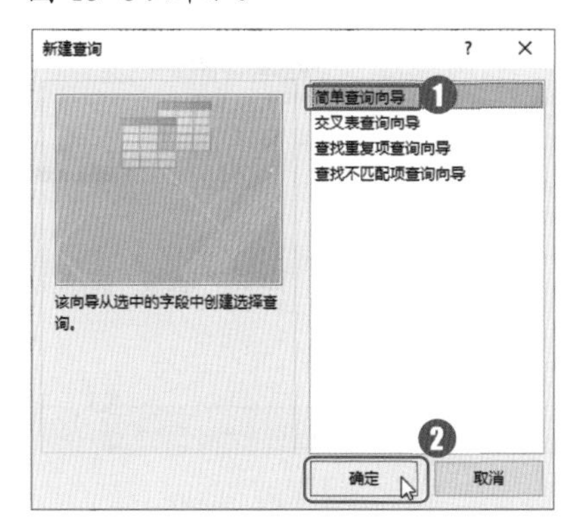

图 15-64

Step03 添加表字段。弹出【简单查询向导】对话框，❶在【表/查询】下拉列表框中选择【表：办公用品采购表】选项；❷单击【全部添加】按钮 >>，如图15-65所示。

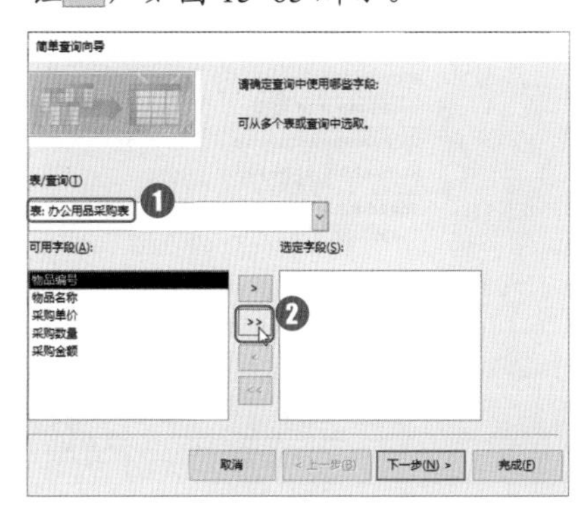

图 15-65

Step04 进入【请确定采用明细查询还是汇总查询】界面。❶将全部字段添加到右侧的【选定字段】列表框中；❷单击【下一步】按钮，如图15-66所示。

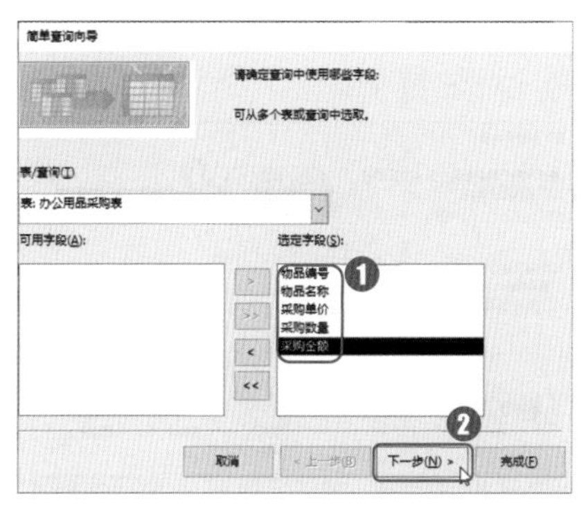

图 15-66

Step05 进入【请为查询指定标题】界面。进入【请确定采用明细查询还是汇总查询】界面，❶选择【明细（显示每个记录的每个字段）】单选按钮；❷单击【下一步】按钮，如图15-67所示。

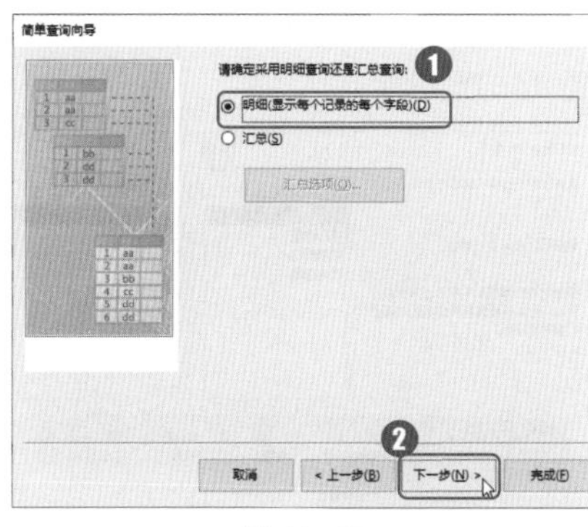

图 15-67

Step06 完成查询创建。进入【请为查询指定标题】界面，标题文本框中显示标题“办公用品采购表 查询”，❶选择【打开查询查看信息】单选按钮；❷单击【完成】按钮，如图15-68所示。

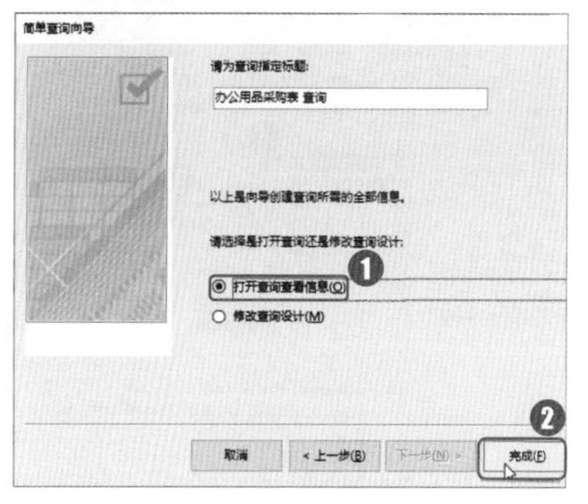

图 15-68

Step07 查看新建的查询。即可创建一个名为“办公用品采购表 查询”的数据表，并显示数据的详细信息，如图15-69所示。

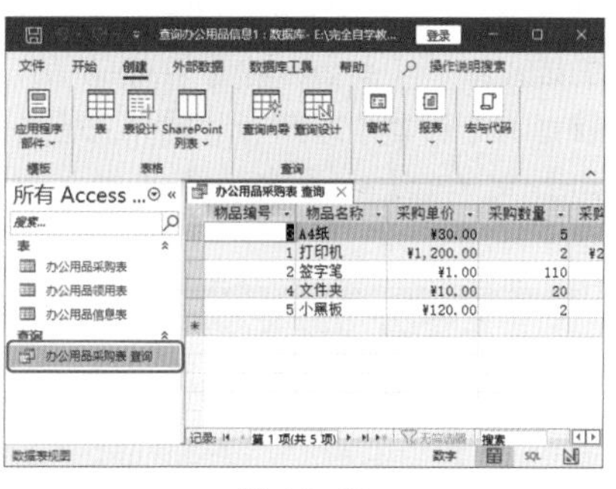

图 15-69

Step08 保存查询。❶在数据表“办公用品采购表 查询”上右击；❷在弹出的快捷菜单中选择【保存】选项，即可保存数据，如图15-70所示。

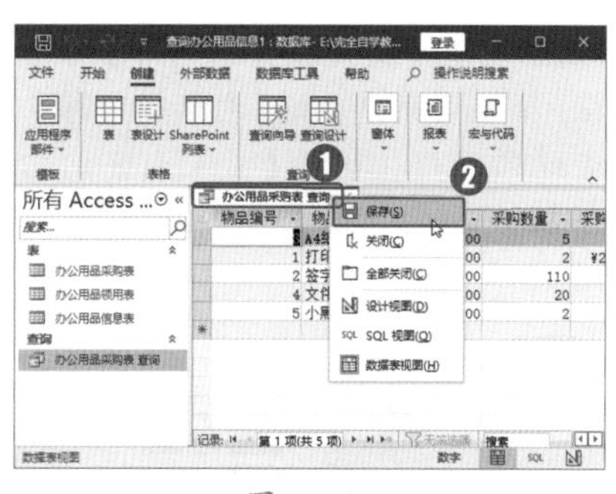

图 15-70

Step09 关闭查询。❶在数据表“办公用品采购表 查询”上右击；❷在弹出的快捷菜单中选择【关闭】选项，即可关闭查询，如图15-71所示。

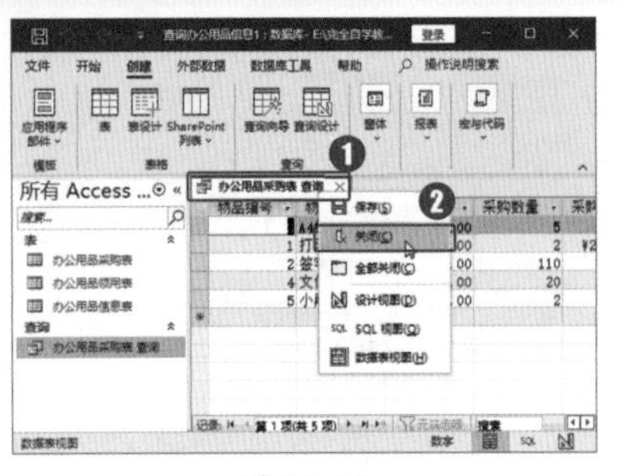

图 15-71

2. 交叉表查询

交叉表查询主要用于显示某一个字段数据的统计值，如计数、平均值等。使用查询向导建立交叉表查询的具体操作步骤如下。

Step01 打开【新建查询】对话框。❶选择【创建】选项卡；❷单击【查询】组中的【查询向导】按钮，如图 15-72 所示。

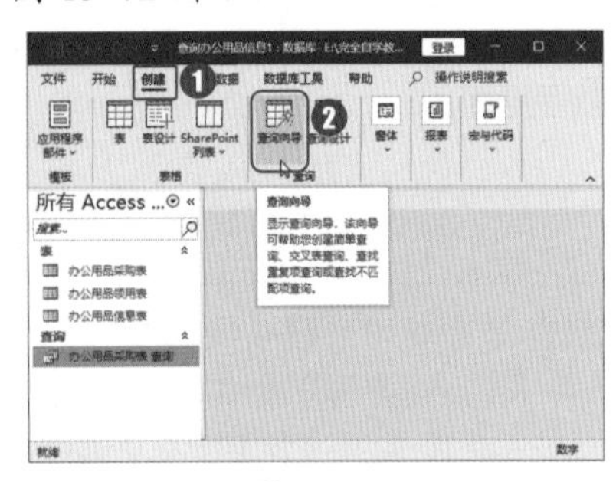

图 15-72

Step02 打开【交叉表查询向导】对话框。弹出【新建查询】对话框，❶在查询列表框中选择【交叉表查询向导】选项；❷单击【确定】按钮，如图 15-73 所示。

图 15-73

Step03 选择所需字段的表。弹出【交叉表查询向导】对话框，进入【请指定哪个表或查询中含有交叉表查询结果所需的字段】界面，❶在列表框中选择【表：办公用品领用表】选项；❷单击【下一步】按钮，如图 15-74 所示。

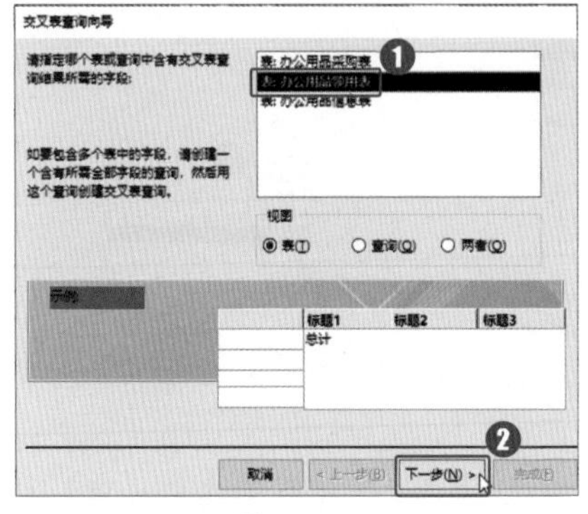

图 15-74

Step04 添加字段。进入【请确定用哪些字段的值作为行标题】界面，❶在【可用字段】列表框中，将“物品编号”字段添加到【选定字段】列表框中；❷单击【下一步】按钮，如图 15-75 所示。

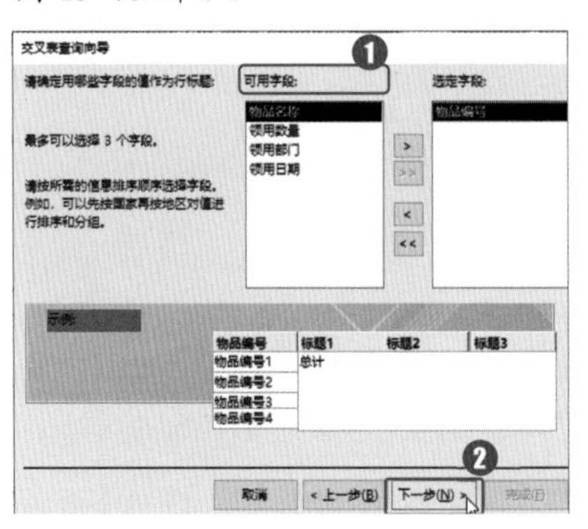

图 15-75

Step05 添加列标题。进入【请确定用哪个字段的值作为列标题】界面，❶在列表框中选择“物品名称”字段；❷单击【下一步】按钮，如图 15-76 所示。

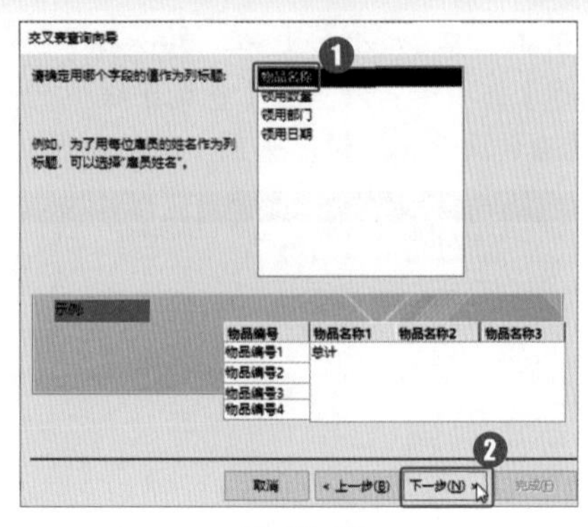

图 15-76

Step06 选择计算方式。进入【请确定为每个列和行的交叉点计算出什么数字】界面，❶在【字段】列表框中选择【领用数量】选项；❷在【函数】列表框中选择【最大】选项；❸单击【下一步】按钮，如图 15-77 所示。

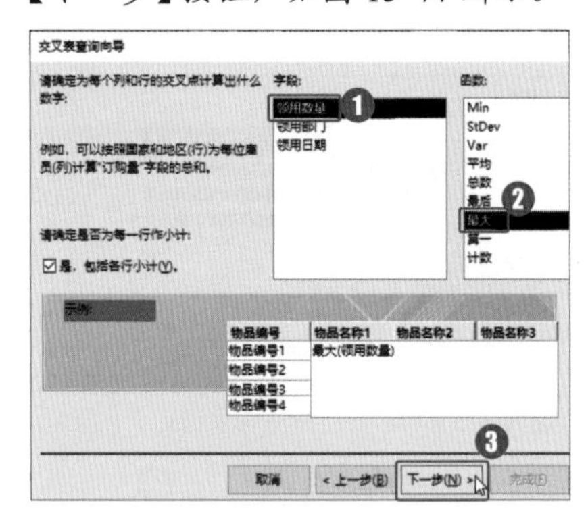

图 15-77

Step07 完成查询创建。进入【请指定查询的名称】界面，❶在文本框中将查询名称设置为“办公用品领用表_交叉表”；❷选择【查看查询】单选按钮；❸单击【完成】按钮，如图 15-78 所示。

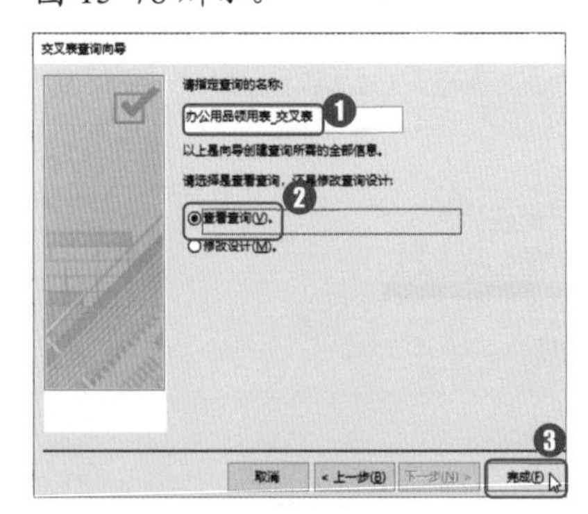

图 15-78

Step 08 查看创建的交叉表查询。即可创建一个名为“办公用品领用表_交叉表”的查询，如图15-79所示。

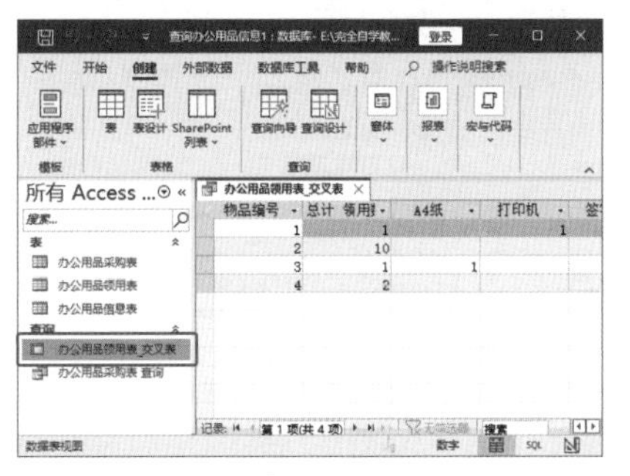

图 15-79

Step 09 保存查询。❶在数据表“办公用品领用表_交叉表”上右击；❷在弹出的快捷菜单中选择【保存】选项，即可保存数据，如图15-80所示。

图 15-80

Step 10 关闭查询。❶在数据表“办公用品领用表_交叉表”上右击；❷在弹出的快捷菜单中选择【关闭】选项，即可关闭查询，如图15-81所示。

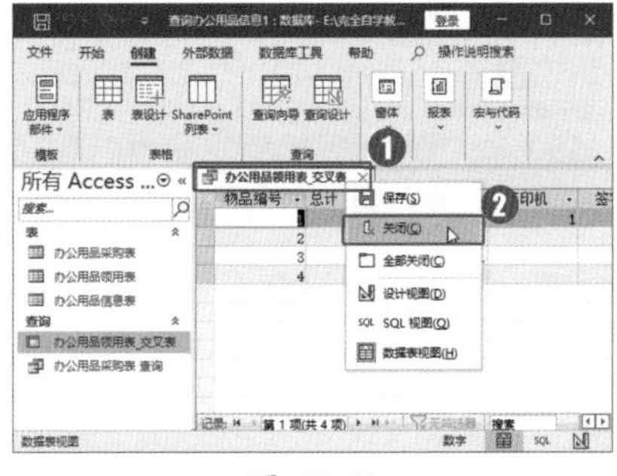

图 15-81

15.3.2 实战：使用设计视图创建查询

实例门类	软件功能

除了使用查询向导创建查询外，用户还可以使用查询设计功能，创建自己需要的查询。使用设计视图创建查询的具体操作步骤如下。

Step 01 打开【添加表】窗格。❶选择【创建】选项卡；❷单击【查询】组中的【查询设计】按钮，如图15-82所示。

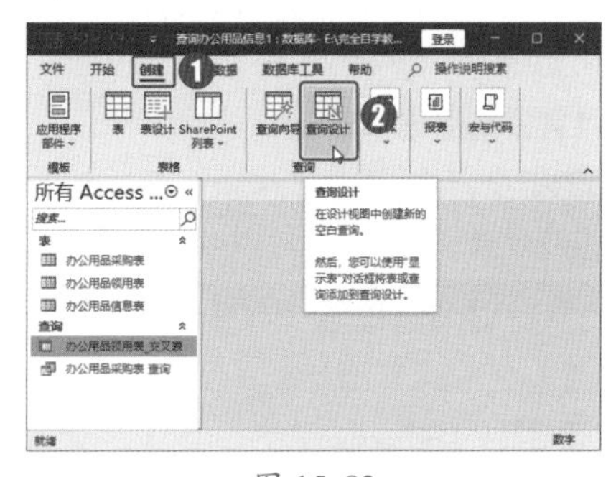

图 15-82

Step 02 添加表。弹出【添加表】窗格，❶选择【表】选项卡；❷在列表框中选择【办公用品信息表】选项；❸单击【添加所选表】按钮，如图15-83所示。

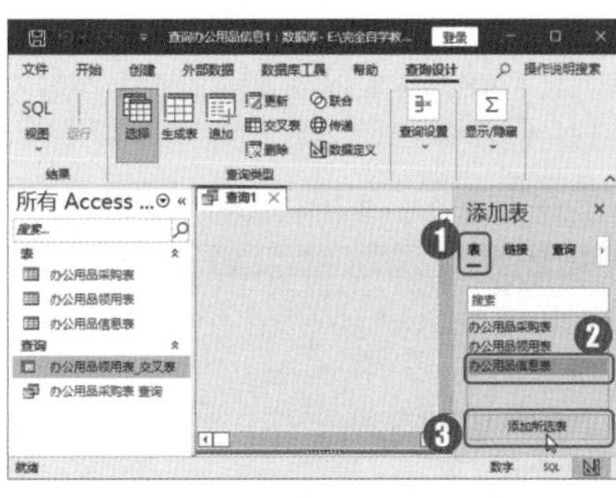

图 15-83

Step 03 添加字段。完成Step 02操作后，即可将选择的“办公用品信息表”添加到【查询1】窗口中。双击“办公用品信息表”中的字段“物品编号”，即可将其添加到下方的列表框中，如图15-84所示。

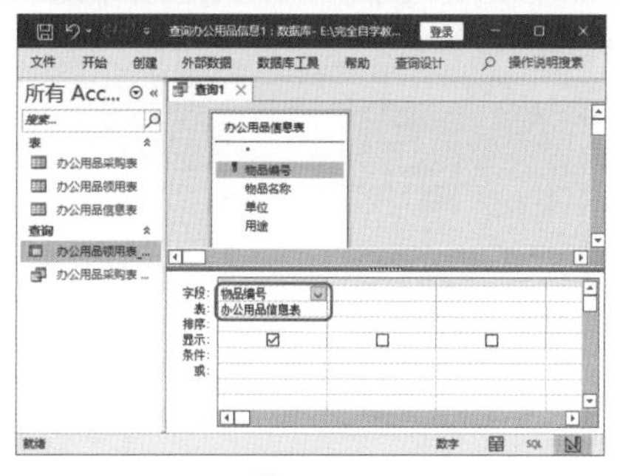

图 15-84

技术看板

下方的列表框未显示出来时，拖动鼠标调整该栏高度即可。

Step 04 继续添加字段。使用同样的方法，将“办公用品信息表”中的其他字段添加到下方的列表框中，如图15-85所示。

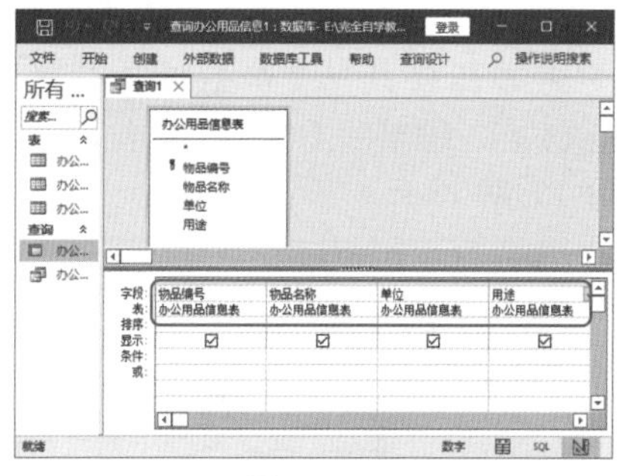

图 15-85

Step 05 升序排序。在【物品编号】下方的【排序】下拉列表中选择【升序】选项，如图15-86所示。

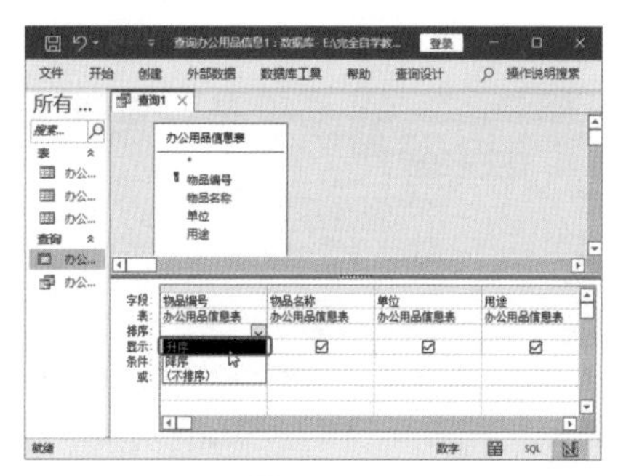

图 15-86

Step 06 打开【另存为】对话框。设计完毕，单击【快速访问工具栏】中的【保存】按钮，如图15-87所示。

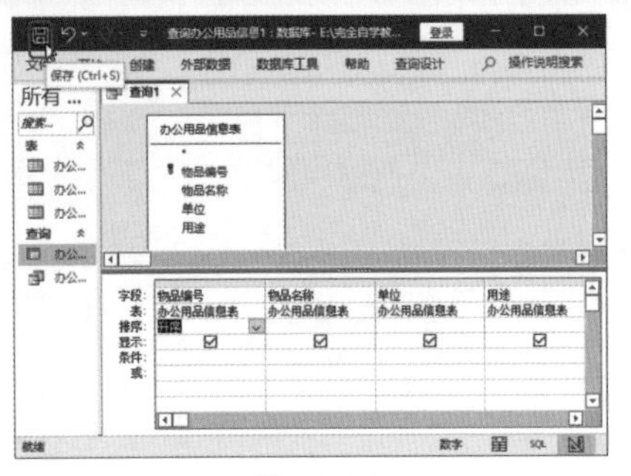

图 15-87

Step07 查看默认名称。弹出【另存为】对话框，【查询名称】文本框中显示名称“查询 1”，如图 15-88 所示。

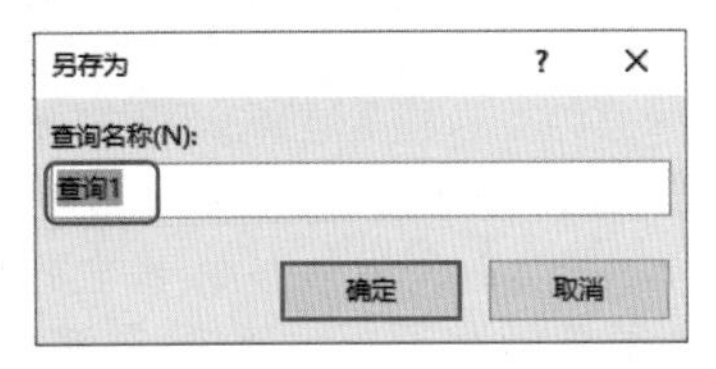

图 15-88

Step08 输入新的查询名称。❶将查询名称修改为“办公用品信息查询 1”；❷单击【确定】按钮，如图 15-89 所示。

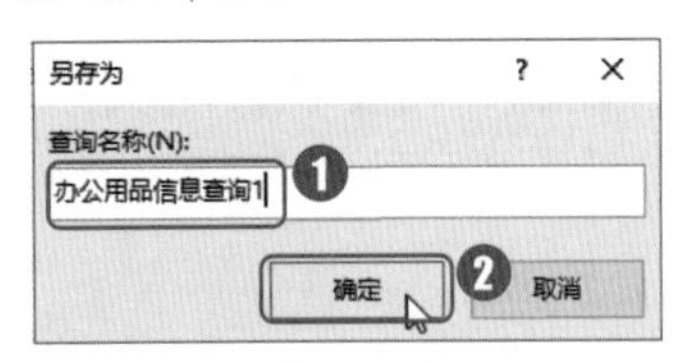

图 15-89

Step09 关闭查询。❶在数据表“办公用品信息查询 1”上右击；❷在弹出的快捷菜单中选择【关闭】选项，如图 15-90 所示。

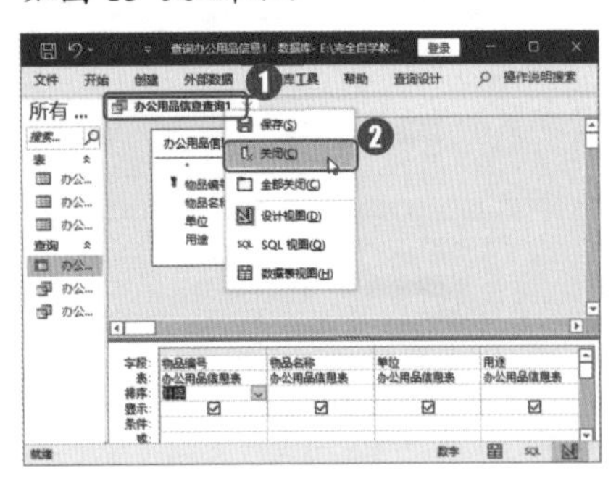

图 15-90

Step10 确定对查询设计的更改。弹出【Microsoft Access】对话框，单击【是】按钮，如图 15-91 所示。

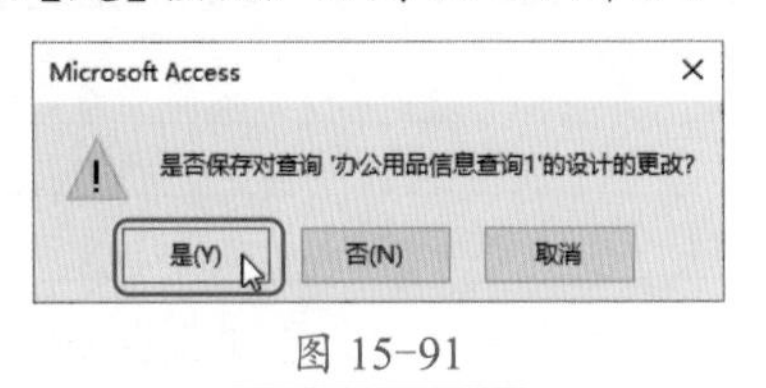

图 15-91

15.3.3 实战：在 Access 中使用运算符和表达式进行条件查询

实例门类	软件功能

如果用户只想在查询中看到符合条件的记录，可以在 Access 中使用运算符和表达式进行条件查询，具体操作步骤如下。

Step01 打开数据表。双击打开“办公用品信息查询 1”，如图 15-92 所示。

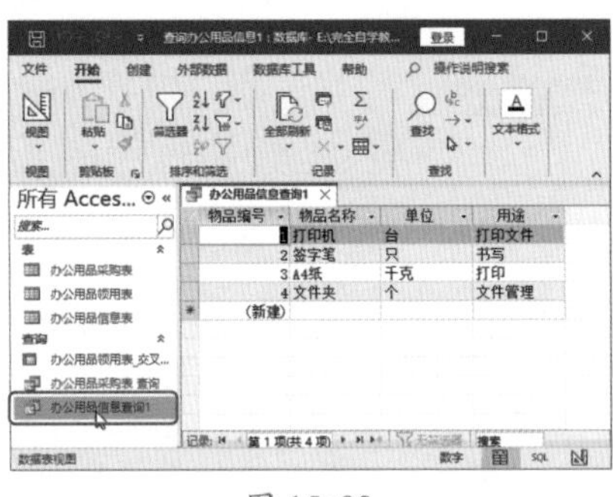

图 15-92

Step02 进入设计视图。❶选择【开始】选项卡；❷单击【视图】组中的【视图】按钮；❸在弹出的下拉列表中选择【设计视图】选项，如图 15-93 所示。

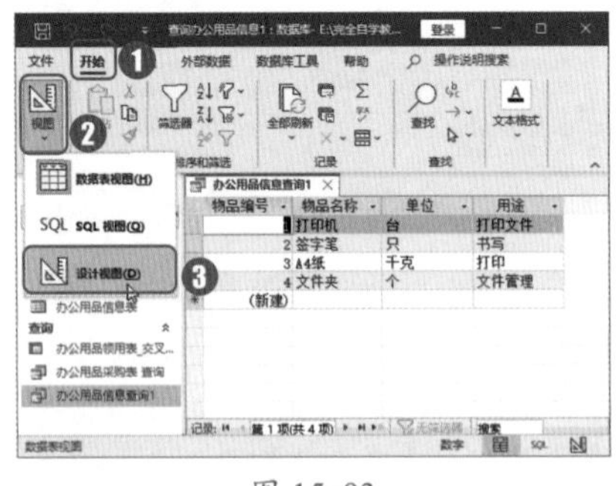

图 15-93

Step03 输入查询条件。进入查询设计视图，在“条件”字段行和“物品名称”字段列的交叉点输入查询条件“*笔”，如图 15-94 所示。

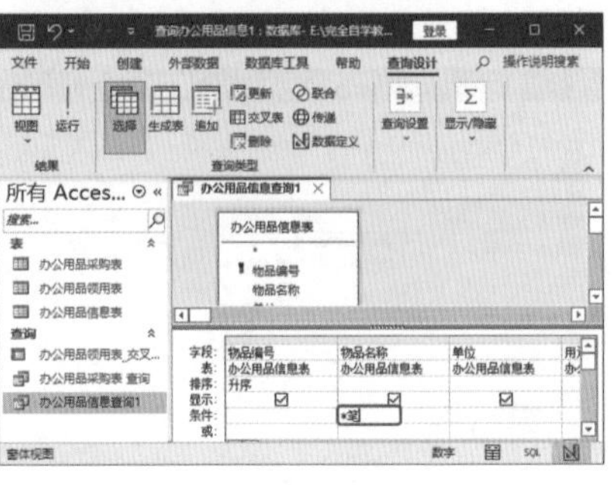

图 15-94

Step04 运行查询。输入完毕，❶选择【查询设计】选项卡；❷在【结果】组中单击【运行】按钮，如图 15-95 所示。

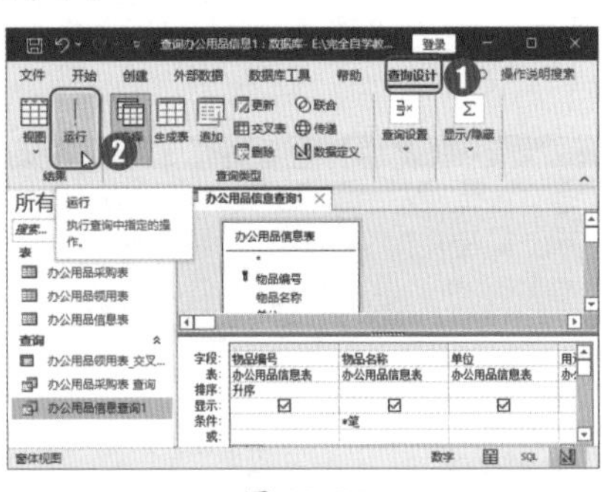

图 15-95

Step05 查看查询结果。即可看到条件查询结果，如图 15-96 所示。

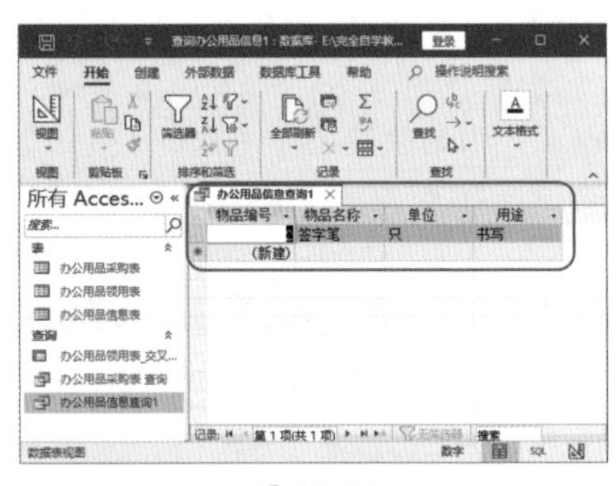

图 15-96

Step06 保存查询。❶在数据表“办公用品信息查询 1”上右击；❷在弹出的快捷菜单中选择【保存】选项，即可保存数据，如图 15-97 所示。

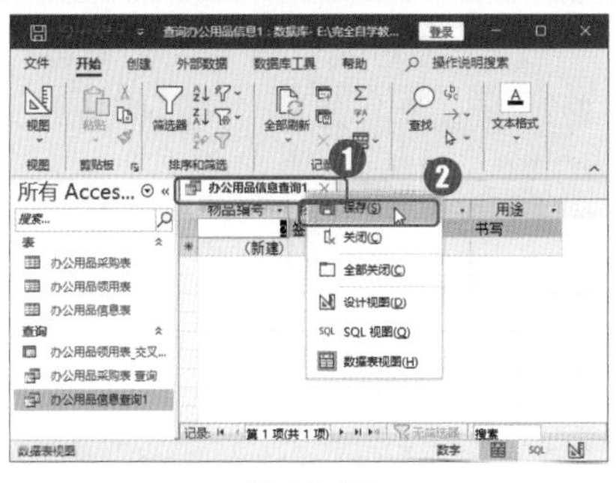

图 15-97

Step07 关闭查询。❶在数据表“办公用品信息查询 1”上右击；❷在弹出的快捷菜单中选择【关闭】选项，即可关闭查询，如图 15-98 所示。

图 15-98

技术看板

进行多表查询时，首先应在表与表之间建立关系。若没有建立关系，多表查询时会出现多余重复记录的混乱情况。

15.3.4 实战：生成表查询

实例门类	软件功能

如果用户需要根据一个或多个表中的全部或部分数据新建表，可以进行生成表查询操作，具体操作步骤如下。

Step01 打开数据表。双击打开“办公用品领用表_交叉表”，如图 15-99 所示。

图 15-99

Step02 进入设计视图。❶选择【开始】选项卡；❷单击【视图】组中的【视图】按钮；❸在弹出的下拉列表中选择【设计视图】选项，如图 15-100 所示。

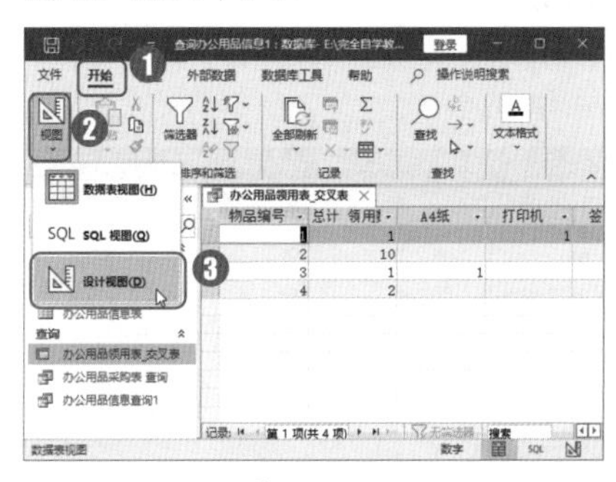

图 15-100

Step03 查看设计视图。进入设计视图状态，如图 15-101 所示。

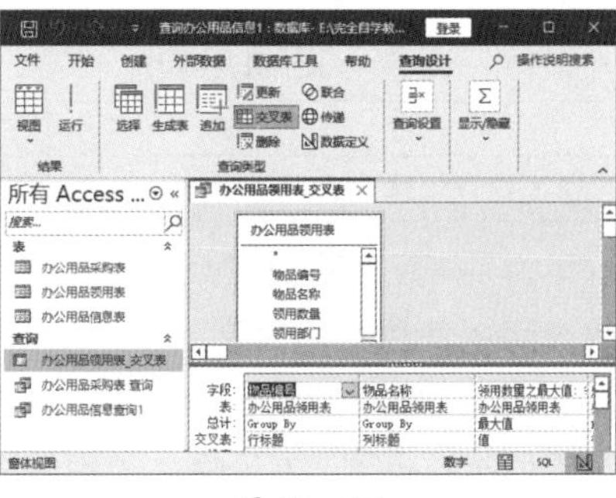

图 15-101

Step04 打开【生成表】对话框。❶选择【查询设计】选项卡；❷单击【查询类型】组中的【生成表】按钮，如图 15-102 所示。

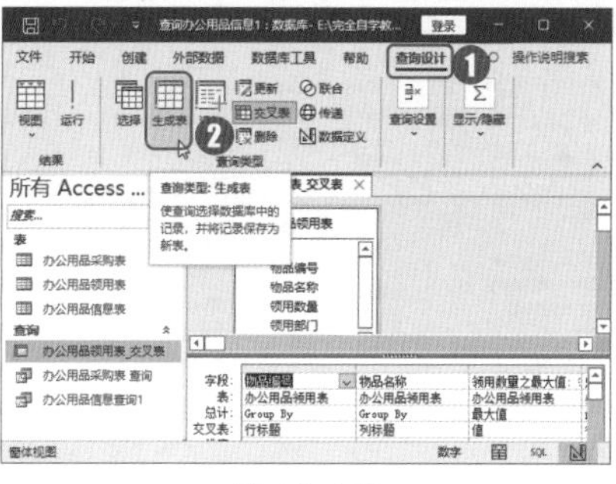

图 15-102

Step05 输入表名称。弹出【生成表】对话框，❶在【表名称】文本框中输入新表的名称“物品领用信息”；❷选择【当前数据库】单选按钮；❸单击【确定】按钮，如图 15-103 所示。

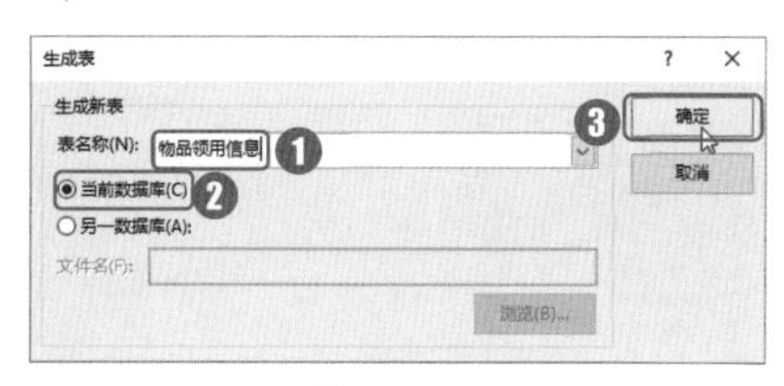

图 15-103

Step06 保存查询。❶在数据表“办公用品领用表_交叉表”上右击；❷在弹出的快捷菜单中选择【保存】选项，即可保存数据，如图 15-104 所示。

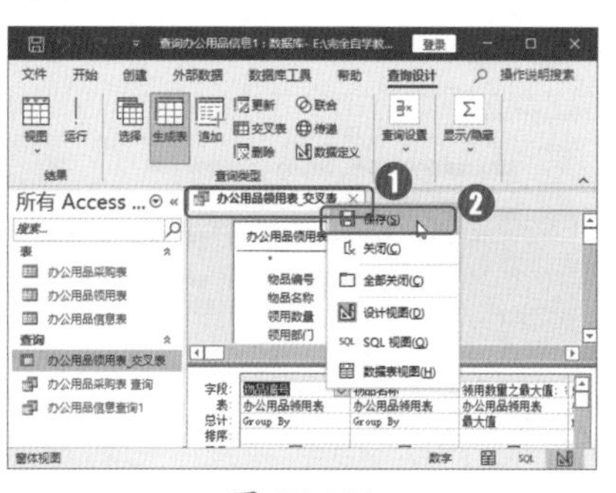

图 15-104

Step07 关闭查询。❶在数据表“办公用品领用表_交叉表”上右击；❷在弹出的快捷菜单中选择【关闭】选项，即可关闭查询，如图 15-105 所示。

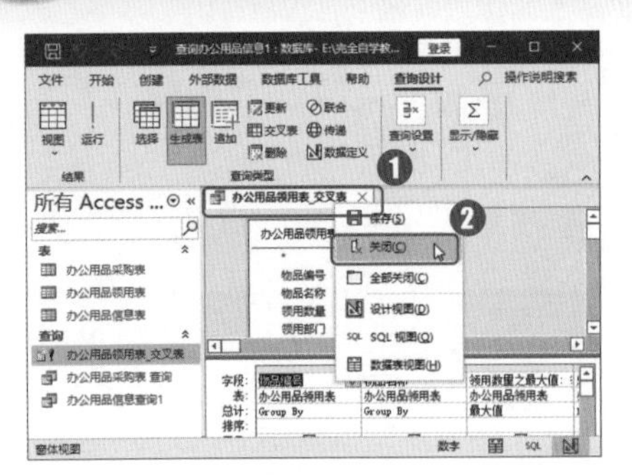

图 15-105

Step08 查看查询表状态。完成以上操作后，左侧窗格中的“办公用品领用表_交叉表”查询前面的图标发生了变化，双击“办公用品领用表_交叉表”查询，如图 15-106 所示。

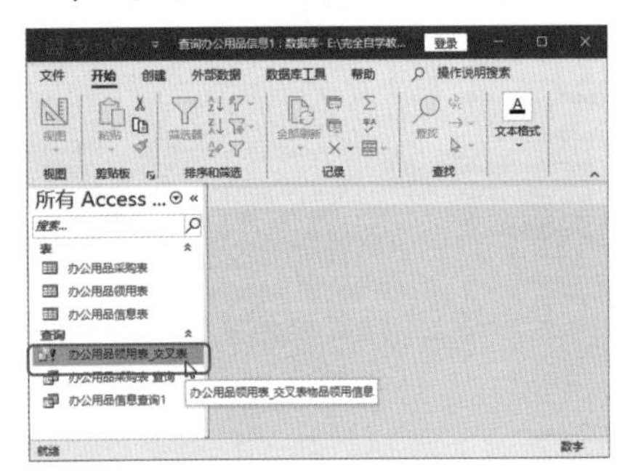

图 15-106

Step09 确定生成表查询。弹出【Microsoft Access】对话框，提示用户是否确定执行生成表查询，单击【是】按钮，如图 15-107 所示。

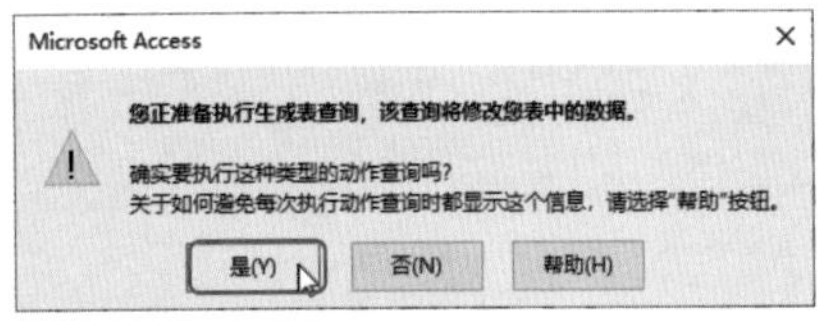

图 15-107

Step10 确定粘贴数据。弹出【Microsoft Access】对话框，提示用户是否确定向新表粘贴 4 行，单击【是】按钮，如图 15-108 所示。

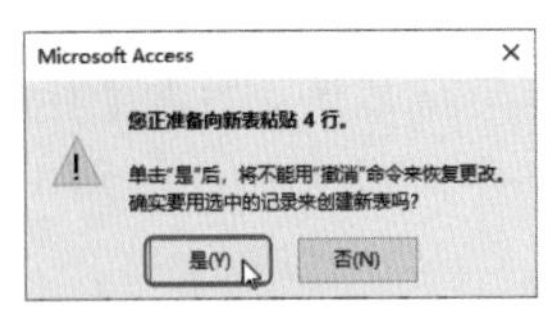

图 15-108

Step11 查看新的数据表。完成粘贴，左侧窗格中会生成一个新的数据表“物品领用信息”，双击“物品领用信息”，如图 15-109 所示。

图 15-109

Step12 查看表数据。即可打开生成表“物品领用信息”，如图 15-110 所示。

图 15-110

15.3.5 实战：更新查询

实例门类	软件功能

为了满足批量更新数据的要求，用户可以使用更新查询，对一个或多个表中的一组数据做全局更改。这里以将数据表“办公用品领用表”中的“领用部门”由“企划科”更改为“财务科”为例进行介绍，具体操作步骤如下。

Step01 打开表。在左侧窗格中双击打开数据表“办公用品领用表”，如图 15-111 所示。

图 15-111

Step02 创建查询。根据数据表“办公用品领用表”中的数据信息创建一个名为“更新查询”的简单查询，如图 15-112 所示。

图 15-112

Step03 进入设计视图。❶右击【更新查询】标签；❷在弹出的快捷菜单中选择【设计视图】选项，如图 15-113 所示。

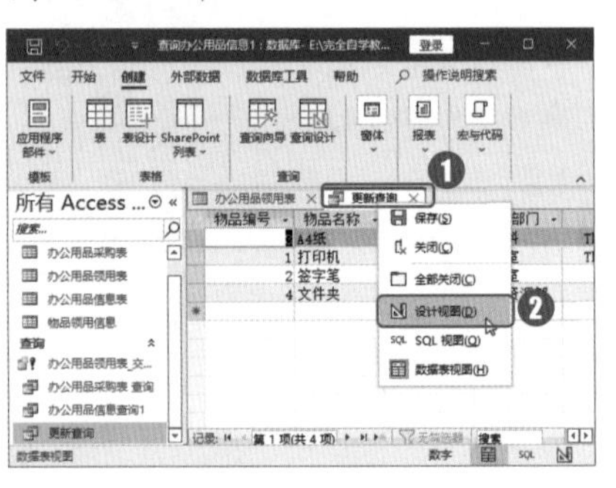

图 15-113

Step04 更新查询。进入设计视图，❶选择【查询设计】选项卡；❷单击【查询类型】组中的【更新】按钮，如图 15-114 所示。

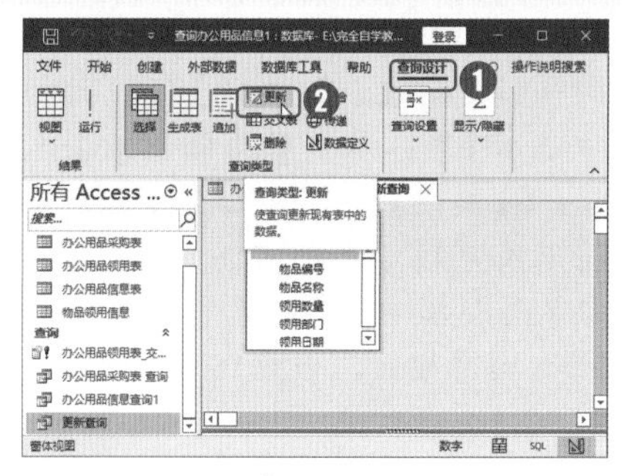

图 15-114

Step05 输入条件。设计窗口中出现一行更新行，❶在【更新为】文本框中输入“"财务科"”，在【条件】文本框中输入“"企划科"”；❷单击【结果】组中的【运行】按钮，如图 15-115 所示。

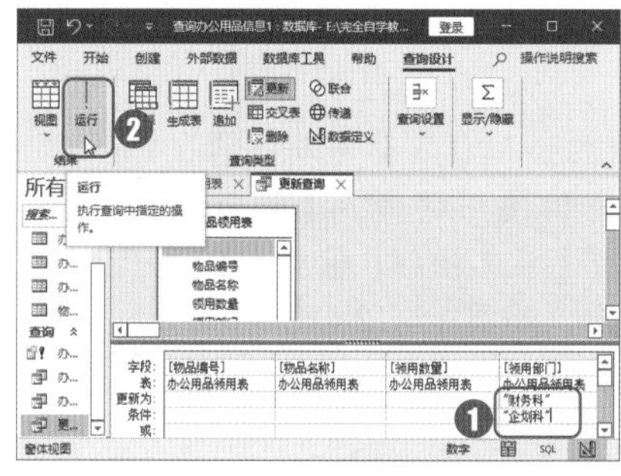

图 15-115

Step06 确定更新记录。弹出【Microsoft Access】对话框，提示用户是否确定更新 1 行记录，单击【是】按钮，如图 15-116 所示。

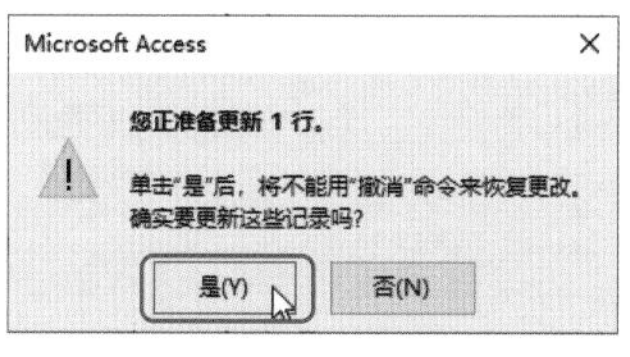

图 15-116

Step07 保存数据。❶右击【更新查询】标签；❷在弹出的快捷菜单中选择【保存】选项，即可保存数据，如图 15-117 所示。

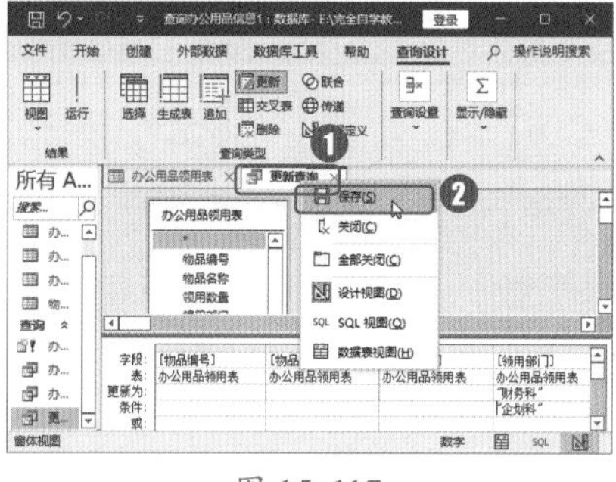

图 15-117

Step08 关闭查询。完成更新，❶右击【更新查询】标签；❷在弹出的快捷菜单中选择【关闭】选项，即可关闭查询，如图 15-118 所示。

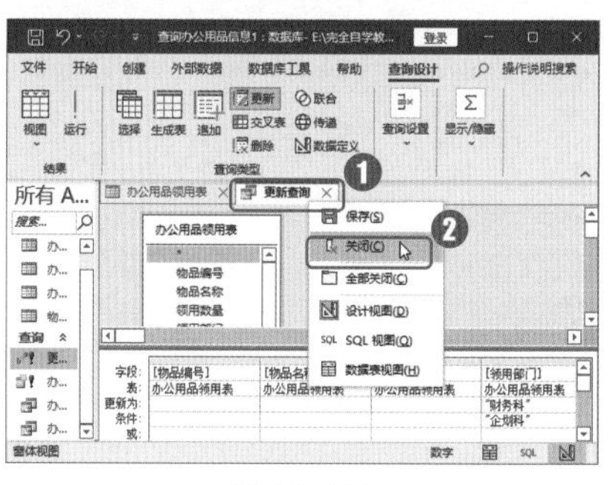

图 15-118

Step09 查看更新的记录。完成更新，在左侧窗格中双击数据表“办公用品领用表”将其打开，可以看到更新后符合条件的记录，如图 15-119 所示。

图 15-119

15.4 使用 Access 创建窗体和报表

窗体、控件和报表都是 Access 软件中的重要对象。下面以创建办公用品窗体和报表为例，详细介绍创建各种窗体、使用控件和创建报表的基本方法。

★重点 15.4.1 实战：创建基本的 Access 窗体

实例门类	软件功能

创建数据库后，并不只是供自己使用，为了让用户使用起来更加方便，还需要创建一个友好的使用界面。创建窗体就可以实现这一目的。常见的创建窗体的方法主要有 3 种，分别是自动创建窗体、利用向导创建窗体和在设计视图中创建窗体。

1. 自动创建窗体

自动创建窗体是最简单的创建窗体的方法，用户根据提示进行操作即可，具体操作步骤如下。

Step01 打开表。打开“素材文件\第 15 章\设置办公用品窗体和报表.accdb”文档，在左侧窗格中双击打开数据表“办公用品采购表”，如图 15-120 所示。

图 15-120

Step02 创建窗体。❶选择【创建】选项卡；❷单击【窗体】组中的【窗体】

按钮，如图 15-121 所示。

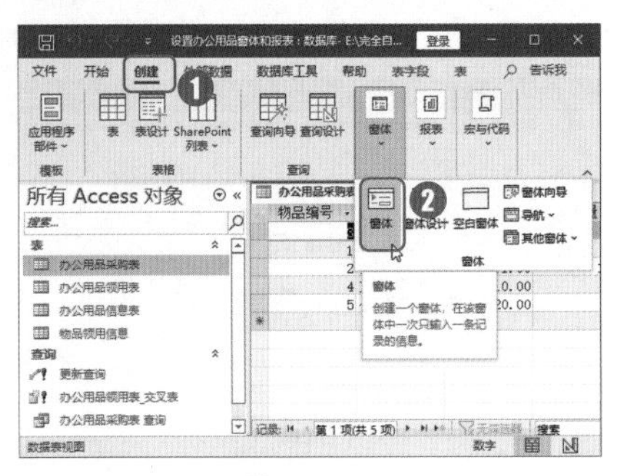

图 15-121

Step03 打开【另存为】对话框。根据“办公用品采购表”中的字段自动创建一个窗体后，❶右击【办公用品采购表】窗体标签；❷在弹出的快捷菜单中选择【保存】选项，即可保存数据，如图 15-122 所示。

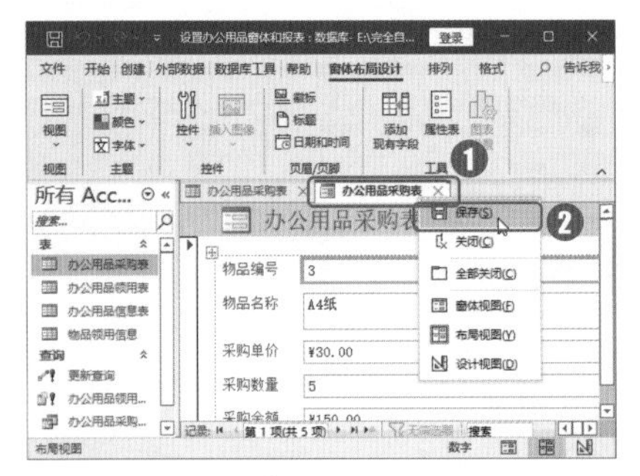

图 15-122

Step04 输入窗体名称。弹出【另存为】对话框，❶在【窗体名称】文本框中输入“采购信息窗体”；❷单击【确定】按钮，如图 15-123 所示。

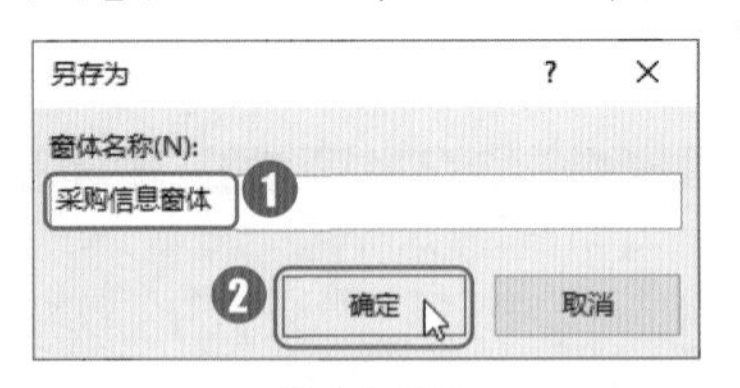

图 15-123

Step05 查看创建的窗体。完成以上操作后，即可创建一个名为“采购信息窗体”的窗体，如图 15-124 所示。

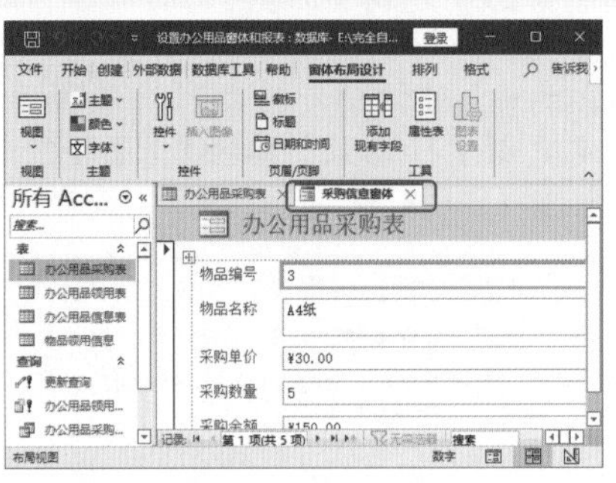

图 15-124

Step06 关闭窗体和表。❶右击【采购信息窗体】标签；❷在弹出的快捷菜单中选择【全部关闭】选项，即可关闭打开的窗体和表，如图 15-125 所示。

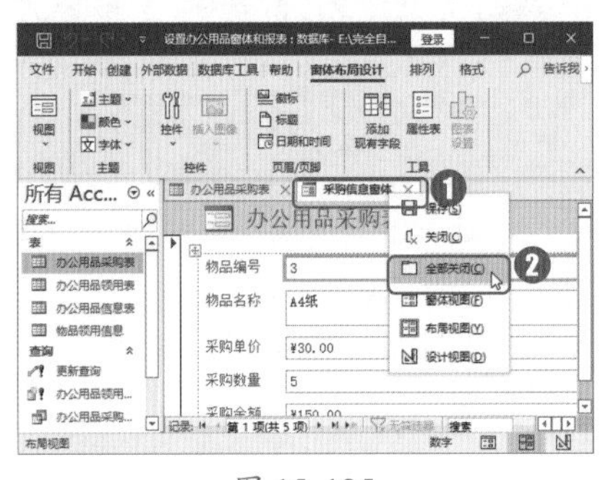

图 15-125

2. 使用向导创建窗体

如果用户不想将所有字段都添加到窗体中，但是对创建过程不太熟练，可以使用向导创建窗体。使用向导创建窗体的具体操作步骤如下。

Step01 打开【窗体向导】对话框。❶选择【创建】选项卡；❷单击【窗体】组中的【窗体向导】按钮，如图 15-126 所示。

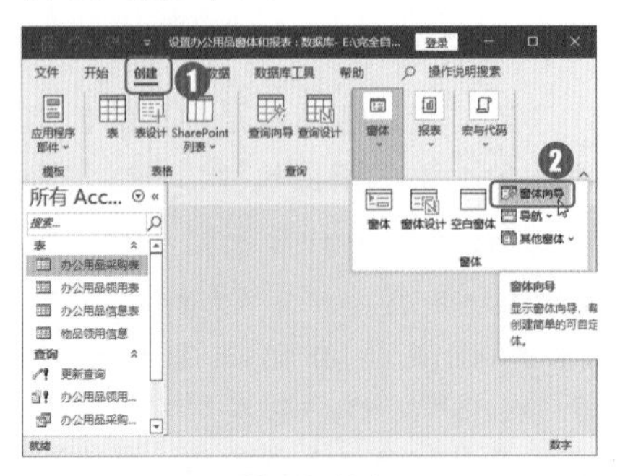

图 15-126

Step02 添加字段。弹出【窗体向导】对话框，❶在【表/查询】下拉列表中选择【表：办公用品领用表】选项；❷单击【全部添加】按钮 >>，将所有字段添加到右侧的【选定字段】列表框中；❸设置完毕，单击【下一步】按钮，如图 15-127 所示。

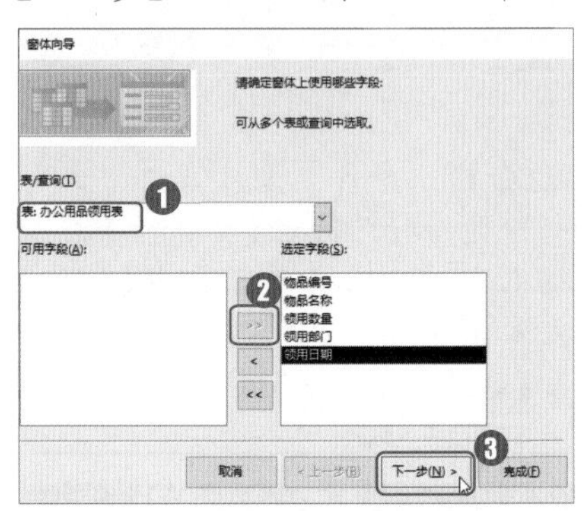

图 15-127

Step03 选择窗体布局。❶在【请确定窗体使用的布局】界面中选择【表格】单选按钮；❷单击【下一步】按钮，如图 15-128 所示。

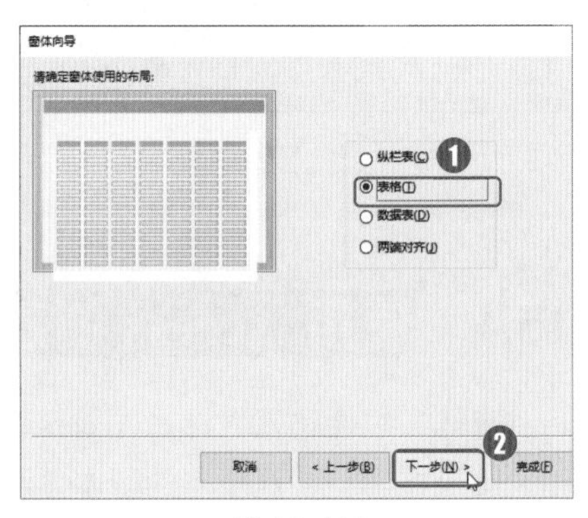

图 15-128

Step04 完成窗体向导。❶在【请为窗体指定标题】文本框中输入窗体的名称“领用信息窗体”；❷选择【打开窗体查看或输入信息】单选按钮；❸单击【完成】按钮，如图 15-129 所示。

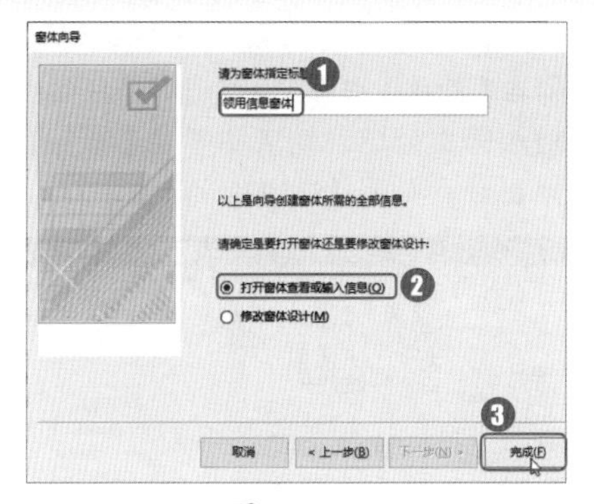

图15-129

Step05 成功创建窗体。即可创建一个名为“领用信息窗体”的窗体，如图15-130所示。

图15-130

Step06 关闭窗体。❶右击【领用信息窗体】标签；❷在弹出的快捷菜单中选择【关闭】选项，即可关闭窗体，如图15-131所示。

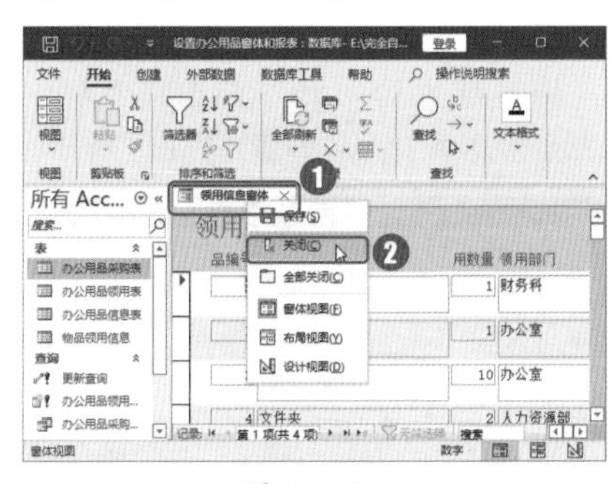

图15-131

3. 在设计视图中创建窗体

如果用户对创建窗体的操作比较熟悉，可以直接在设计视图中创建窗体，根据自己的需要安排窗体布局和字段。在设计视图中创建窗体的具体操作步骤如下。

Step01 进入窗体设计视图。❶选择【创建】选项卡；❷单击【窗体】组中的【窗体设计】按钮，如图15-132所示。

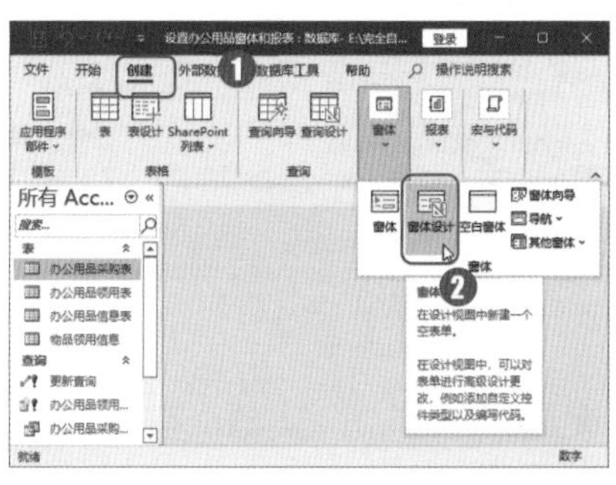

图15-132

Step02 查看创建的窗体。完成Step 01操作后，即可创建一个名为“窗体1”的窗体，同时显示【字段列表】窗格，如图15-133所示。

图15-133

技术看板

如果没有显示【字段列表】窗格，可以单击【表单设计】选项卡【工具】组中的【添加现有字段】按钮，唤出【字段列表】窗格。

Step03 显示所有表。单击【字段列表】窗格中的【显示所有表】链接，如图15-134所示。

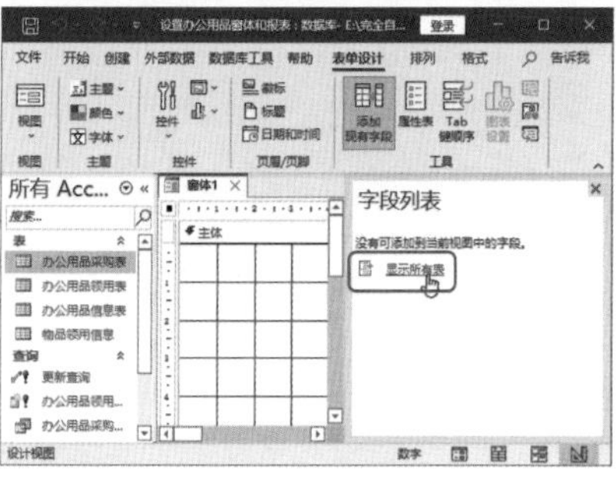

图15-134

Step04 打开数据表。显示所有数据表后，双击打开数据表“办公用品信息表”，如图15-135所示。

图15-135

Step05 添加字段。在右侧的【字段列表】窗格中双击要添加字段的名称“物品编号”，即可将其添加到左侧的【窗体1】窗口中，如图15-136所示。

图15-136

Step06 添加其他字段。使用同样的方法，在【窗体1】窗口中添加其他字段的名称，如图15-137所示。

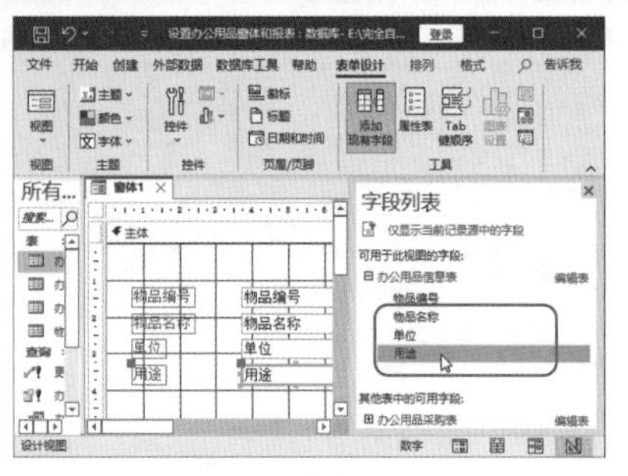

图 15-137

Step07 打开【另存为】对话框。单击【快速访问工具栏】中的【保存】按钮🖫，如图 15-138 所示。

图 15-138

Step08 输入窗体名称。弹出【另存为】对话框，❶在【窗体名称】文本框中输入“办公用品信息窗体”；❷设置完毕，单击【确定】按钮，如图 15-139 所示。

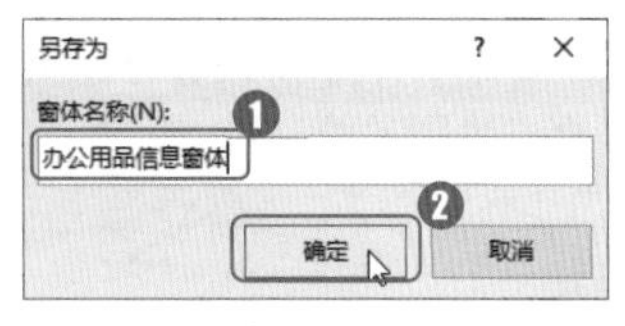

图 15-139

Step09 查看创建的窗体。即可创建一个名为“办公用品信息窗体”的窗体，如图 15-140 所示。

图 15-140

Step10 关闭窗体。❶右击【办公用品信息窗体】标签；❷在弹出的快捷菜单中选择【关闭】选项，即可关闭窗体，如图 15-141 所示。

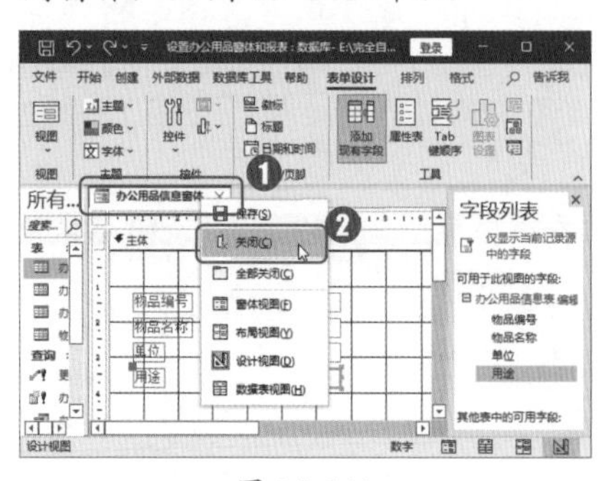

图 15-141

★重点 15.4.2 实战：在 Access 中使用控件

实例门类	软件功能

创建窗体后，用户可以在窗体中添加各种窗体控件，从而更方便地使用窗体。

1. 添加标签

在完善窗体的过程中，标签是一个比较常用的控件，它不仅能够为用户提示信息，还可以作为超链接显示相关信息，具体操作步骤如下。

Step01 进入设计视图。❶在左侧窗格中的【办公用品信息窗体】上右击；❷在弹出的快捷菜单中选择【设计视图】选项，如图 15-142 所示。

图 15-142

Step02 选择标签控件。进入设计视图，❶选择【表单设计】选项卡；❷在【控件】组中单击【控件】按钮；❸在弹出的下拉列表中单击【标签】按钮Aa，如图 15-143 所示。

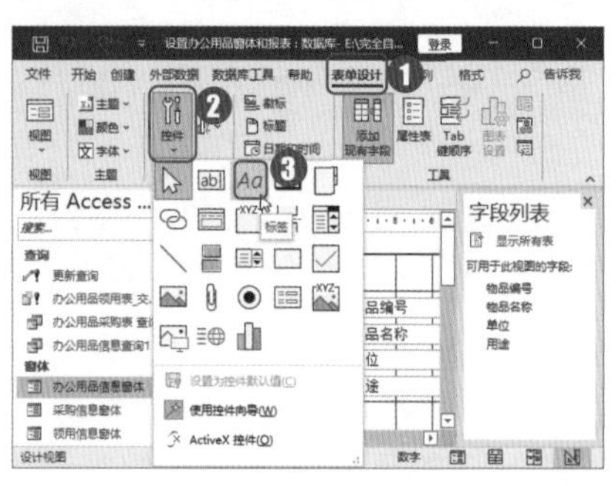

图 15-143

Step03 绘制控件。鼠标指针变成⁺A形状后，在窗体中合适的位置按住鼠标左键，绘制一个标签，如图 15-144 所示。

图 15-144

Step04 输入标签信息。创建标签后，在标签框中输入相应的信息“办公用品信息查询”，如图 15-145 所示。

图 15-145

Step05 打开【属性表】空格。❶选择该标签控件后选择【表单设计】选项卡；❷在【工具】组中单击【属性表】按钮，如图 15-146 所示。

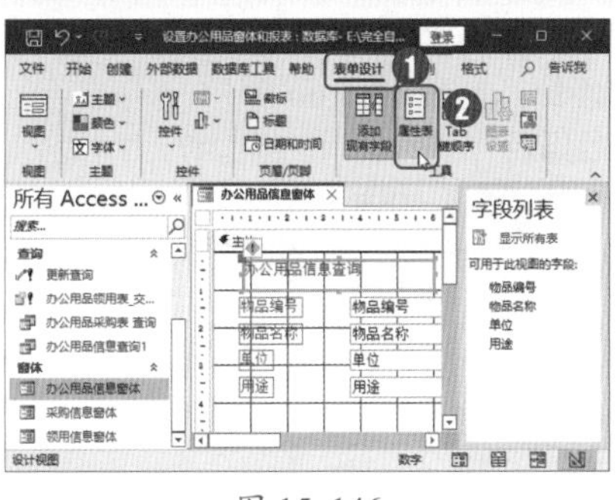

图 15-146

Step06 查看属性表。窗口右侧弹出【属性表】窗格，如图 15-147 所示。

图 15-147

Step07 设置控件的大小和位置。通过设置【宽度】【高度】【上边距】和【左边距】文本框中的数值，调整标签控件的大小和位置，如图 15-148 所示。

图 15-148

Step08 选择颜色。将鼠标指针定位在【背景色】下拉列表文本框中，❶单击其右侧的【展开】按钮…；❷在弹出的颜色面板中选择【中灰】选项，如图 15-149 所示。

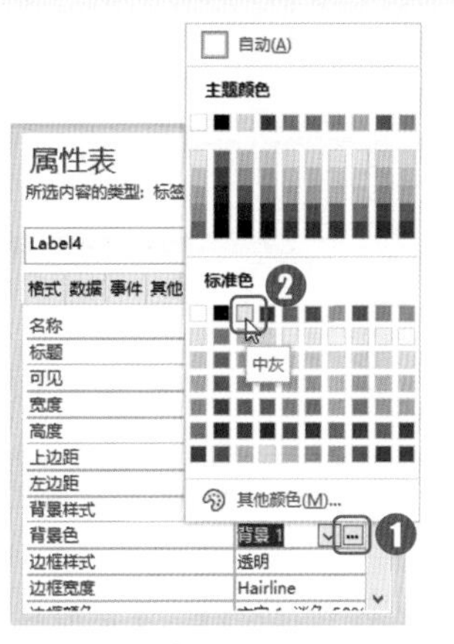

图 15-149

Step09 选择效果。在【特殊效果】下拉列表中选择【凸起】选项，如图 15-150 所示。

图 15-150

Step10 选择字体。在【字体名称】下拉列表中选择【微软雅黑】选项，如图 15-151 所示。

图 15-151

Step11 设置字号和对齐方式。❶设置【字号】为“16”；❷在【文本对齐】下拉列表中选择【居中】选项；❸设置完毕，在【属性表】窗格中单击右上角的【关闭】按钮，如图 15-152 所示。

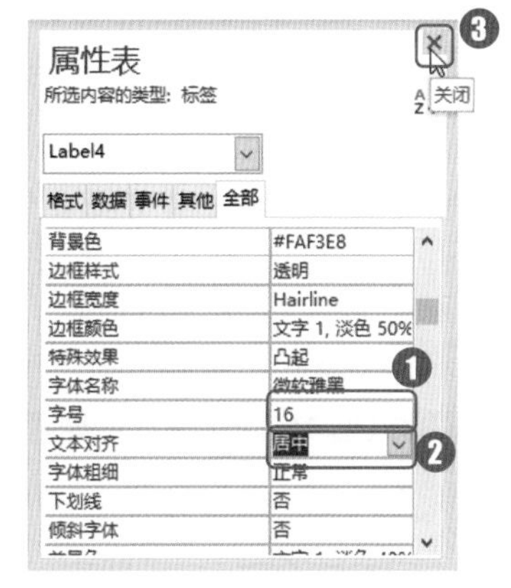

图 15-152

Step12 查看标签控件效果。即可看到标签控件的设置效果，如图 15-153 所示。

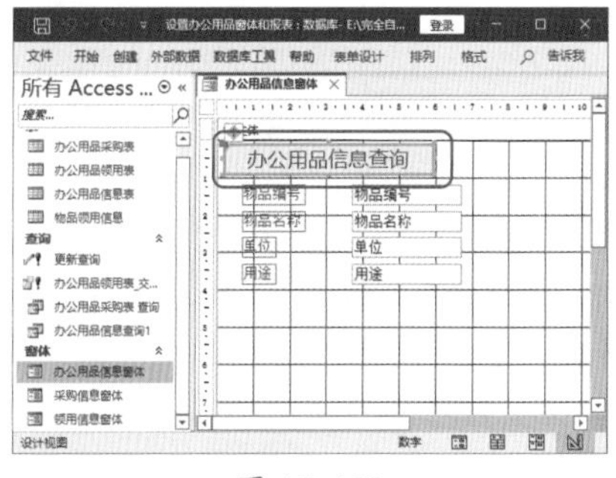

图 15-153

2. 添加命令按钮

如果用户需要在各个窗体之间进行切换，可以在窗体中添加命令按钮。在办公用品信息窗体中添加命令按钮，并将其链接到领用信息窗体，具体操作步骤如下。

Step01 选择按钮控件。❶选择【表单设计】选项卡；❷在【控件】组中单击【控件】按钮；❸在弹出的下拉列表中单击【按钮】按钮□，如图 15-154 所示。

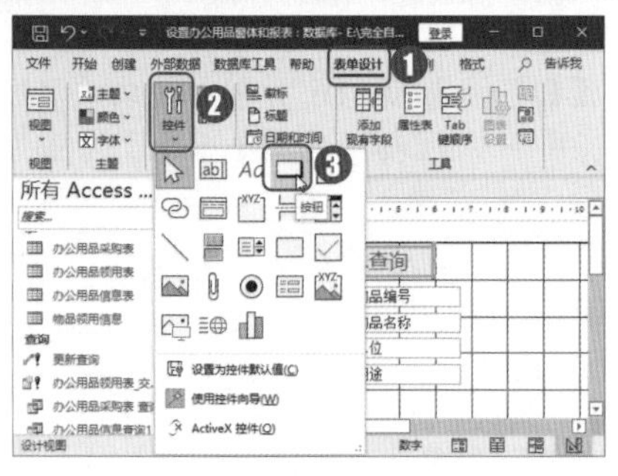

图 15-154

Step02 绘制控件。鼠标指针变成⁺▭形状后，在窗体中合适的位置按住鼠标左键，绘制一个大小合适的命令按钮，如图 15-155 所示。

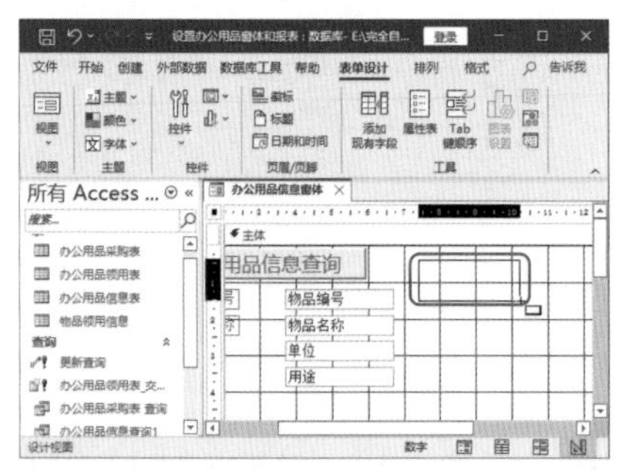

图 15-155

Step03 选择操作类别。绘制完毕，释放鼠标左键，弹出【命令按钮向导】对话框，❶在【类别】列表框中选择【窗体操作】选项；❷在【操作】列表框中选择【打开窗体】选项；❸单击【下一步】按钮，如图 15-156 所示。

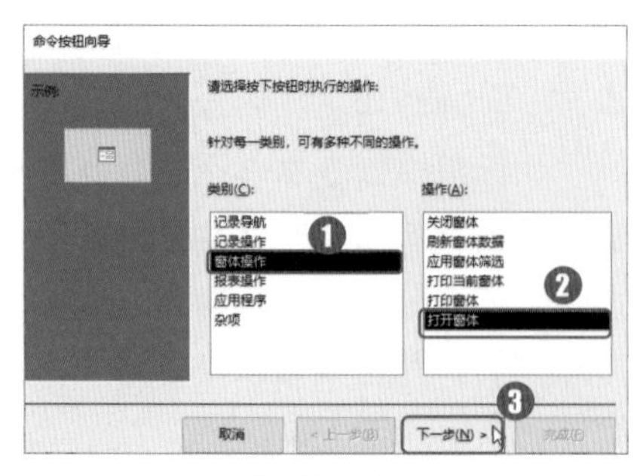

图 15-156

Step04 选择窗体。❶在【请确定命令按钮打开的窗体】列表框中选择要打开的窗体，这里选择【领用信息窗体】选项；❷单击【下一步】按钮，如图 15-157 所示。

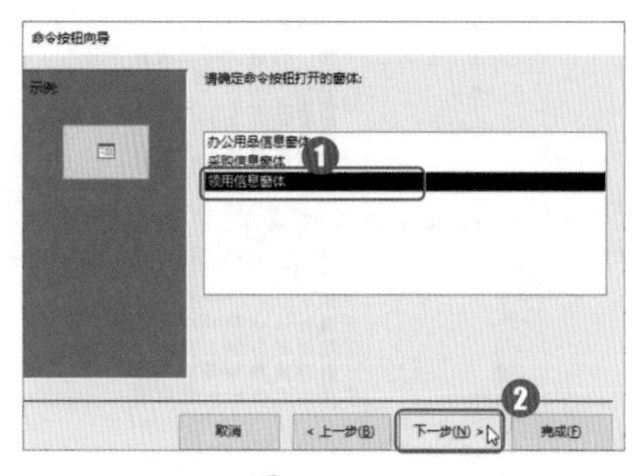

图 15-157

Step05 选择数据。❶在【可以通过该按钮来查找要显示在窗体中的特定信息】界面中选择【打开窗体并显示所有记录】单选按钮；❷单击【下一步】按钮，如图 15-158 所示。

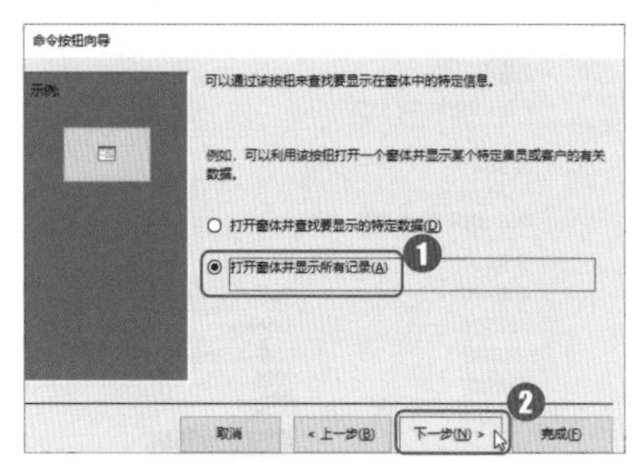

图 15-158

Step06 选择按钮显示内容。❶在【请确定在按钮上显示文本还是显示图片】界面中选择【文本】单选按钮，在其右侧的文本框中输入按钮上要显示的信息，这里输入“领用信息查询”；❷单击【下一步】按钮，如图 15-159 所示。

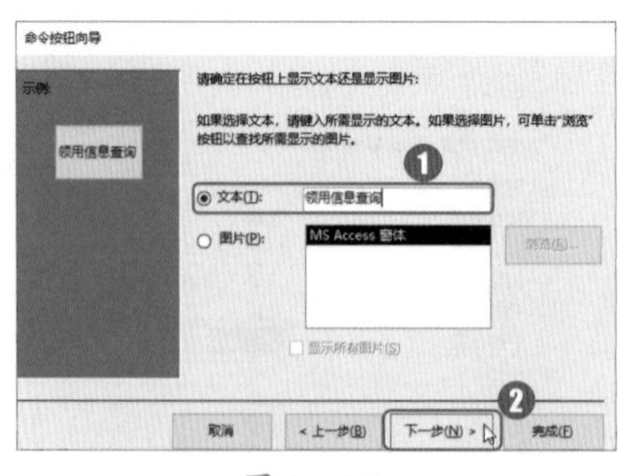

图 15-159

Step07 输入按钮名称。❶在【请指定按钮的名称】界面中的文本框中输入按钮的名称，这里输入“领用信息查询”；❷设置完毕，单击【完成】按钮，如图 15-160 所示。

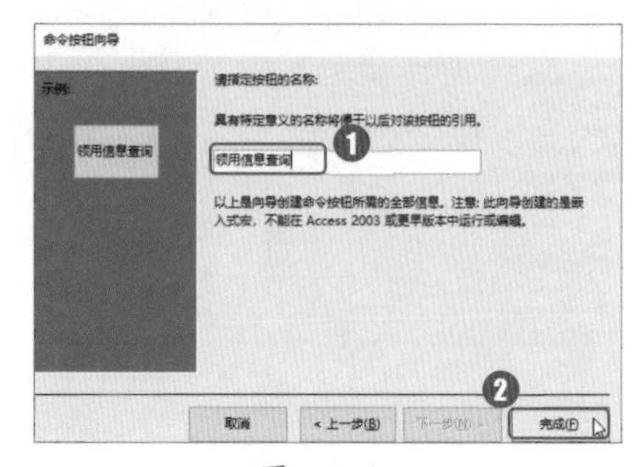

图 15-160

Step08 查看按钮效果。完成以上操作后，即可在窗体中添加一个名为“领用信息查询”的按钮，如图 15-161 所示。

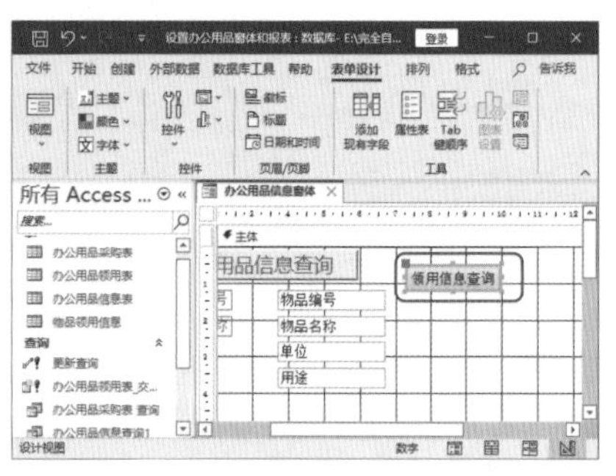

图 15-161

Step09 关闭窗体。❶在【办公用品信息窗体】标签上右击；❷在弹出的快捷菜单中选择【关闭】选项，即可将其关闭，如图 15-162 所示。

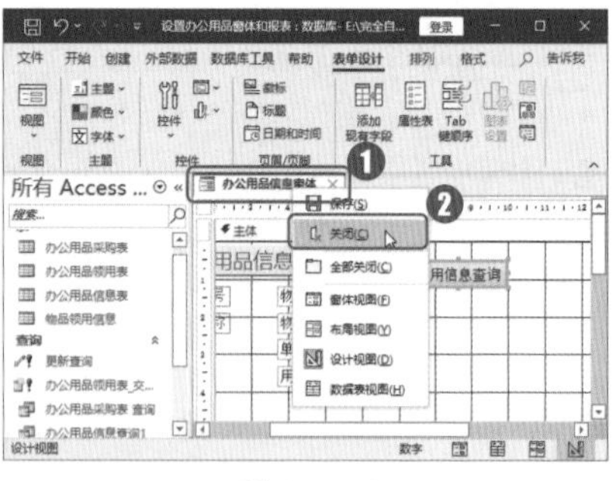

图 15-162

Step10 保存更改。弹出【Microsoft Access】对话框，提示用户“是否保存对窗体‘办公用品信息窗体’的设计的更改”，单击【是】按钮，保存更改，如图 15-163 所示。

Microsoft Access

是否保存对窗体'办公用品信息窗体'的设计的更改?

是(Y) 否(N) 取消

图 15-163

Step 11 打开【领用信息窗体】。❶双击左侧窗格中的【办公用品信息窗体】选项，打开该窗体；❷单击【领用信息查询】按钮，如图 15-164 所示。

图 15-164

Step 12 查看打开的窗体。即可打开【领用信息窗体】，如图 15-165 所示。

图 15-165

★重点 15.4.3 实战：设计窗体效果

实例门类	软件功能

为了使用起来更方便，用户可以设置窗体效果，包括设置窗体内容属性、设计窗体外观、筛选数据等。

1. 设置窗体内容属性

通过设置窗体内容属性，用户不仅可以实现窗体页面的连续显示，还可以对数据编辑权限进行设置。设置窗体内容属性的具体操作步骤如下。

Step 01 进入设计视图。❶选择左侧窗格中的【领用信息窗体】选项并右击；❷在弹出的快捷菜单中选择【设计视图】选项，如图 15-166 所示。

图 15-166

Step 02 打开【属性表】窗格。❶选择【表单设计】选项卡；❷在【工具】组中单击【属性表】按钮，如图 15-167 所示。

图 15-167

Step 03 允许数据表视图。弹出【属性表】窗格，在【允许数据表视图】下拉列表中选择【是】选项，如图 15-168 所示。

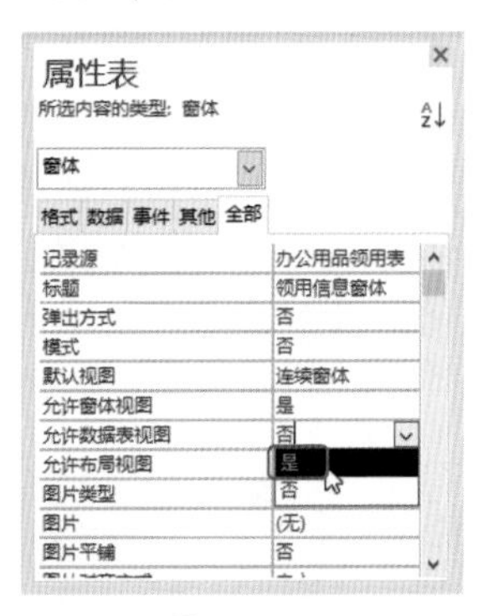

图 15-168

Step 04 选择边框样式。在【边框样式】下拉列表中选择【对话框边框】选项，如图 15-169 所示。

图 15-169

Step 05 不要控制框。在【控制框】下拉列表中选择【否】选项，如图 15-170 所示。

图 15-170

Step 06 设置编辑和删除权限。❶在【允许删除】和【允许编辑】下拉列表中选择【否】选项；❷设置完毕，单击【属性表】窗格右上角的【关闭】按钮，如图 15-171 所示。

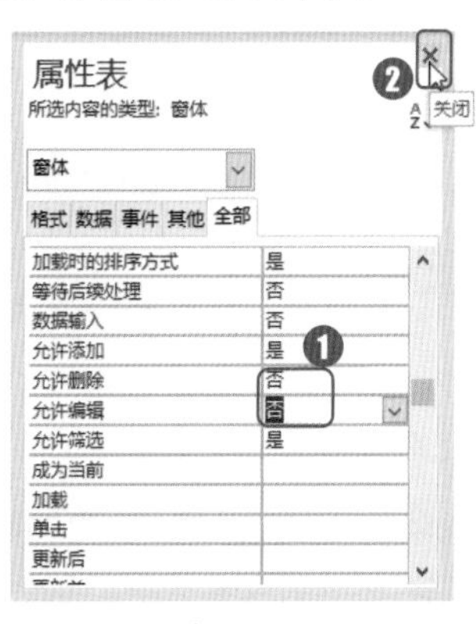

图 15-171

Step07 保存窗体。❶在【领用信息窗体】标签上右击；❷在弹出的快捷菜单中选择【保存】选项，即可保存窗体，如图 15-172 所示。

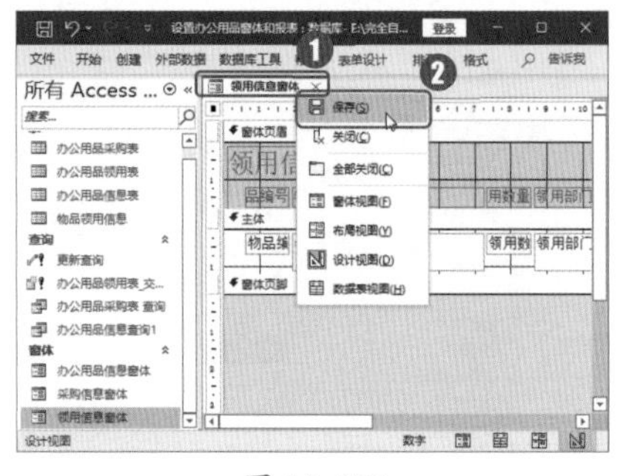

图 15-172

Step08 关闭窗体。❶在【领用信息窗体】标签上右击；❷在弹出的快捷菜单中选择【关闭】选项，即可关闭窗体，如图 15-173 所示。

图 15-173

Step09 打开窗体。在左侧窗格中双击打开【领用信息窗体】，设置效果如图 15-174 所示。

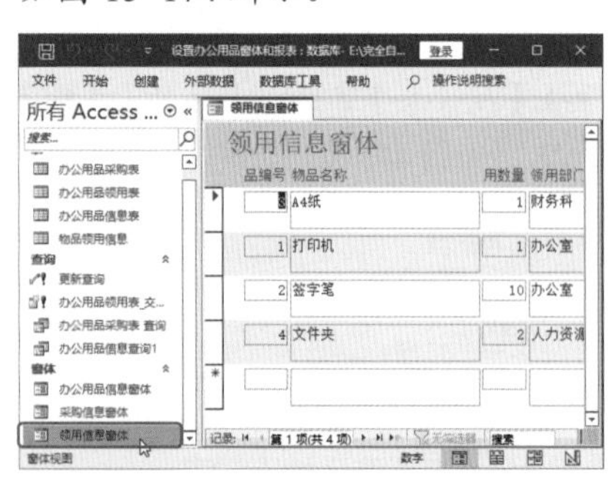

图 15-174

2. 设计窗体外观

自动创建的窗体和使用向导创建的窗体外观都是预设的，为了使其看起来更加美观，用户可以对窗体的外观进行设计。设计窗体外观的具体操作步骤如下。

Step01 进入设计视图。❶在左侧窗格中的【领用信息窗体】选项上右击；❷在弹出的快捷菜单中选择【设计视图】选项，如图 15-175 所示。

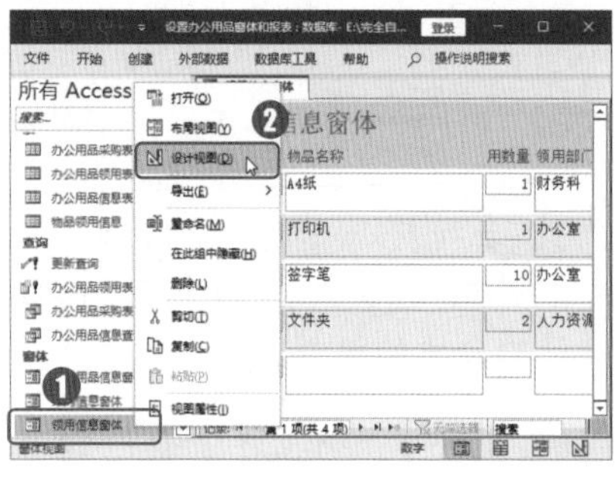

图 15-175

Step02 选择文本框。进入【领用信息窗体】的设计视图，按住【Ctrl】键，同时选择“物品编号”和“领用数量”等多个文本框。被选择的文本框周围会出现一个方框，将鼠标指针移动到文本框的边线上，鼠标指针变成↔形状，拖动鼠标即可调整文本框大小，如图 15-176 所示。

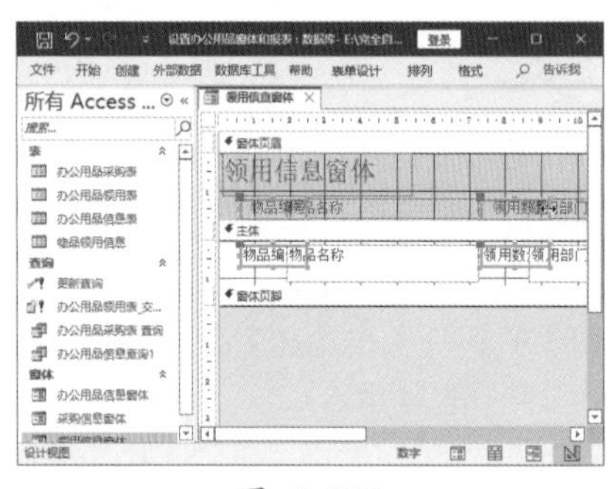

图 15-176

Step03 调整文本框大小。使用同样的方法，选择“物品名称”和“领用部门”等多个文本框，拖动鼠标调整文本框大小，如图 15-177 所示。

图 15-177

Step04 选择控件。按住【Ctrl】键，同时选择要调整位置的多个控件，将鼠标指针移动到选择的控件上，鼠标指针变成✥形状，如图 15-178 所示。

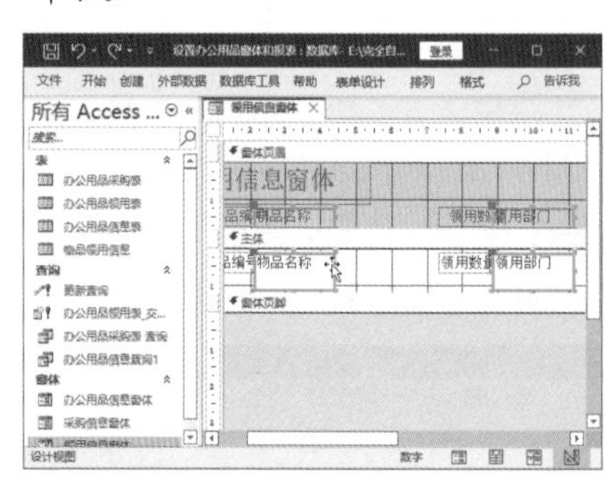

图 15-178

Step05 调整控件位置。拖动鼠标，即可调整控件的位置，此外，可以使用键盘上的上、下、左、右方向键，精确调整控件位置，调整效果如图 15-179 所示。

图 15-179

Step06 选择矩形控件。❶选择【表单设计】选项卡；❷在【控件】组中单击【控件】按钮；❸在弹出的下拉列表中选择【矩形】选项□，如图 15-180 所示。

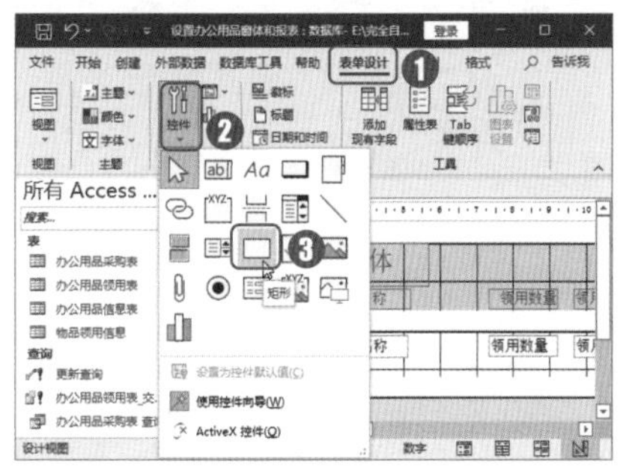

图 15-180

Step07 绘制控件。鼠标指针变成⁺□形状后，拖动鼠标，在【窗体页眉】中绘制一个能将所有选项包含起来的矩形区域，如图 15-181 所示。

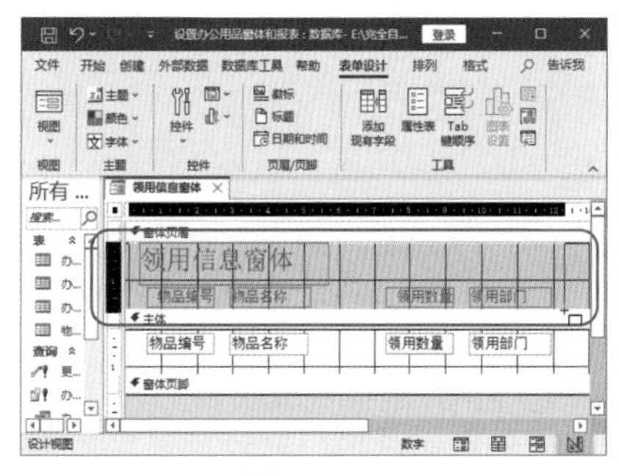

图 15-181

Step08 打开【属性表】窗格。选择刚刚绘制的矩形区域并右击，在弹出的快捷菜单中选择【属性】选项，如图 15-182 所示。

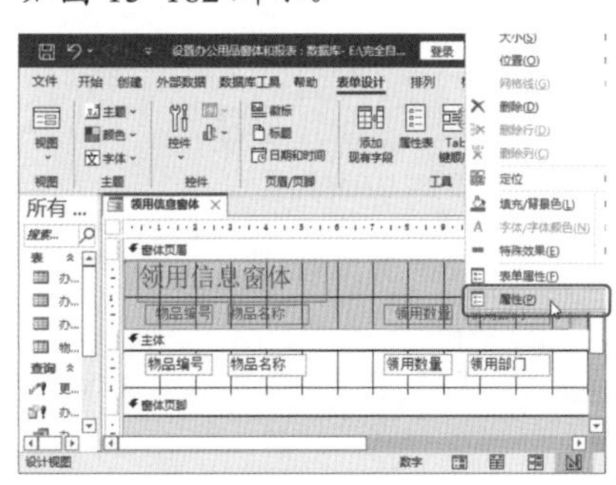

图 15-182

Step09 设置边框宽度。窗口右侧弹出【属性表】窗格，在【边框宽度】下拉列表中选择【2 pt】选项，如图 15-183 所示。

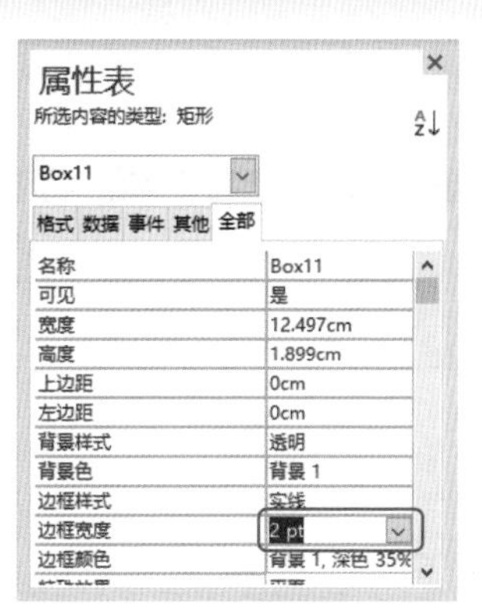

图 15-183

Step10 选择边框颜色。❶在【边框颜色】下拉列表处，单击其右侧的【展开】按钮；❷在弹出的【颜色】面板中选择合适的边框颜色，这里选择【深红】选项，如图 15-184 所示。

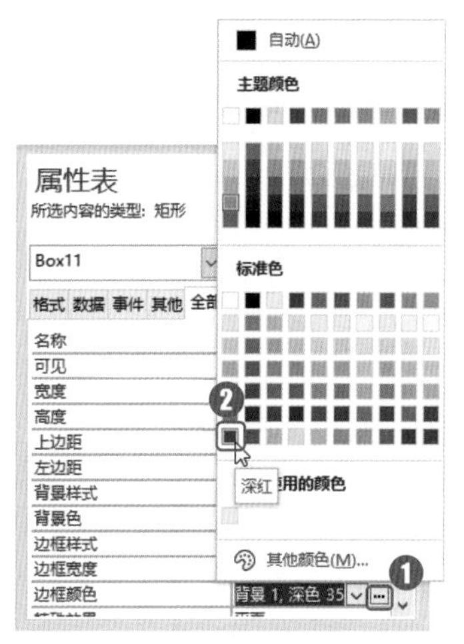

图 15-184

Step11 选择背景色。在【背景色】下拉列表中选择合适的背景颜色，这里选择【浅绿】选项，如图 15-185 所示。

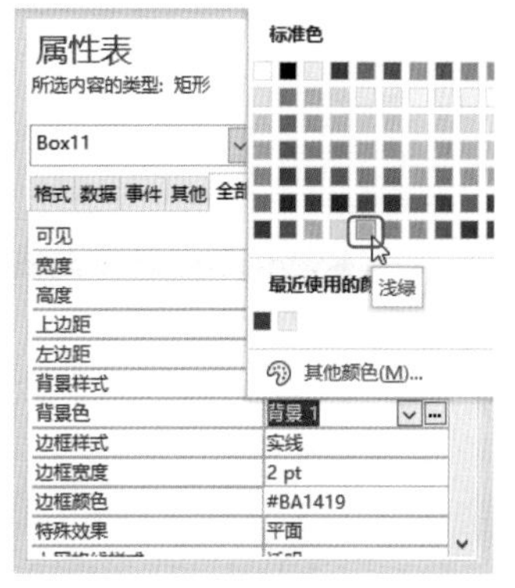

图 15-185

Step12 关闭【属性表】窗格。设置完毕，单击【属性表】窗格右上角的【关闭】按钮✕，如图 15-186 所示。

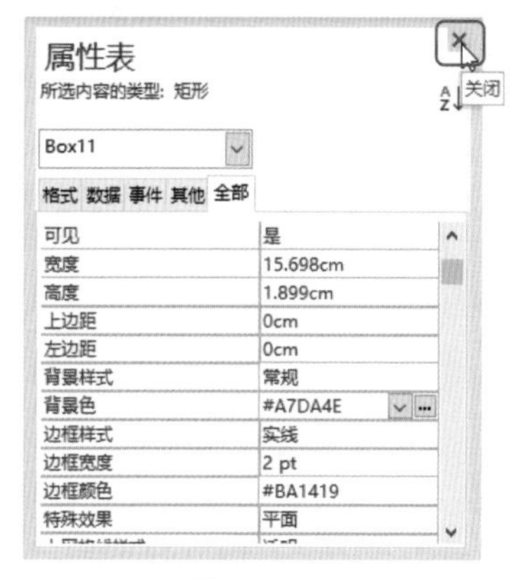

图 15-186

Step13 调整位置。选择矩形区域并右击，在弹出的快捷菜单中选择【位置】→【置于底层】选项，如图 15-187 所示。

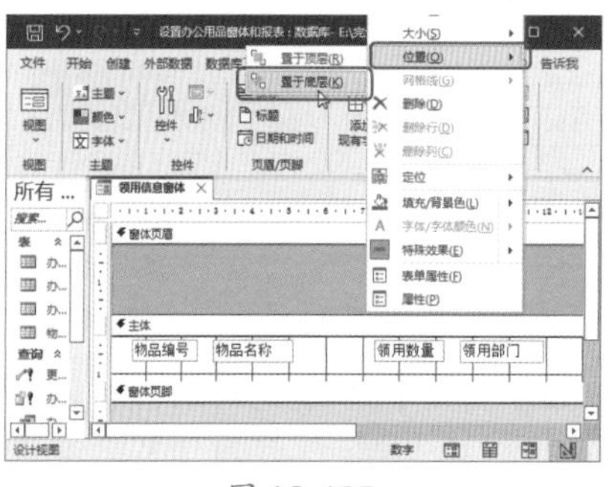

图 15-187

Step14 查看控件效果。即可将矩形置于其他控件的底层，如图 15-188 所示。

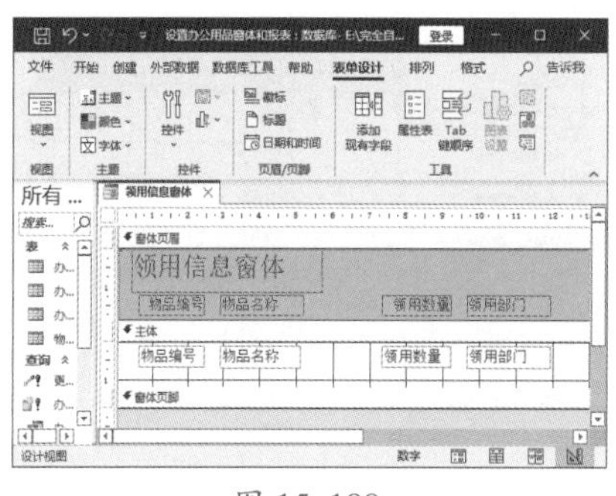

图 15-188

Step15 保存窗体。❶在【领用信息窗体】标签上右击；❷在弹出的快捷菜单中选择【保存】选项，即可保存窗体，如图 15-189 所示。

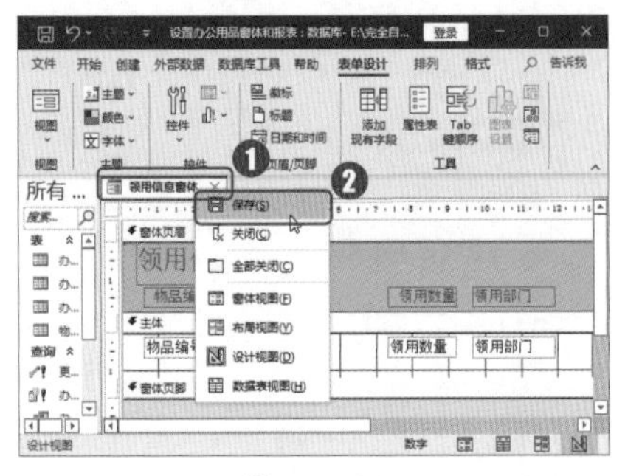

图 15-189

Step16 关闭窗体。❶在【领用信息窗体】标签上右击；❷在弹出的快捷菜单中选择【关闭】选项，即可关闭窗体，如图 15-190 所示。

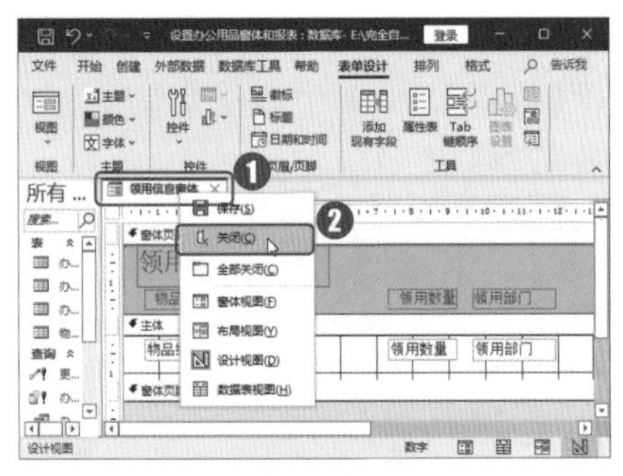

图 15-190

Step17 查看窗体设置效果。在左侧窗格中双击打开【领用信息窗体】，设置效果如图 15-191 所示。

图 15-191

3. 筛选数据

为了实现快速查询的目的，用户可以在窗体中对数据进行筛选。筛选数据的具体操作步骤如下。

Step01 打开窗体。在左侧窗格中双击打开【采购信息窗体】，如图 15-192 所示。

图 15-192

Step02 打开窗体筛选窗口。❶选择【开始】选项卡；❷单击【排序和筛选】组中的【高级筛选选项】按钮；❸在弹出的下拉列表中选择【按窗体筛选】选项，如图 15-193 所示。

图 15-193

Step03 设置筛选条件。弹出【采购信息窗体：按窗体筛选】窗口，在【物品编号】下拉列表中选择筛选条件，这里选择【3】选项，如图 15-194 所示。

图 15-194

Step04 应用筛选。选择完毕，单击【排序和筛选】组中的【应用筛选】按钮，如图 15-195 所示。

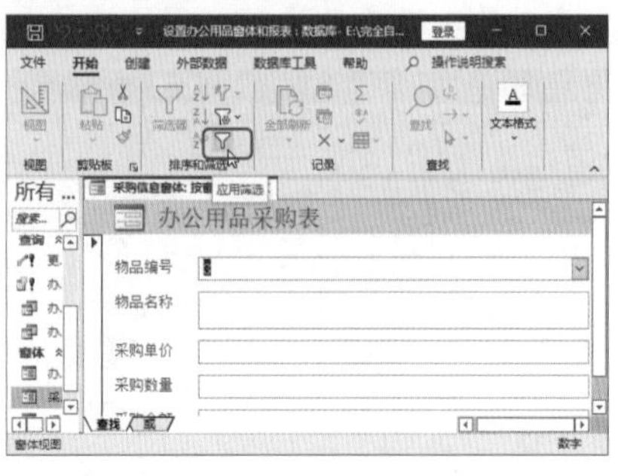

图 15-195

Step05 查看筛选结果。即可得到筛选结果，如图 15-196 所示。

图 15-196

Step06 打开窗体筛选窗口。如果需要扩大筛选范围，可以设置多个筛选条件。❶单击【排序和筛选】组中的【高级筛选选项】按钮；❷在弹出的下拉列表中选择【按窗体筛选】选项，如图 15-197 所示。

图 15-197

Step07 设置筛选条件。弹出【采购信息窗体：按窗体筛选】窗口，在【物品编号】下拉列表中选择筛选条件，这里按照前面介绍的方法，设置第一个筛选条件“物品编号”为“3”，如图 15-198 所示。

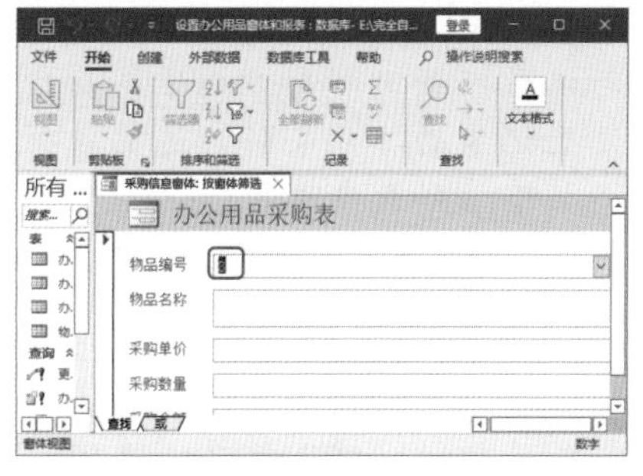

图 15-198

Step08 设置更多的筛选条件。❶单击窗口下方的【或】标签，切换到下一个页面；❷在【物品名称】下拉列表中选择筛选条件，这里选择【打印机】选项，如图 15-199 所示。

图 15-199

Step09 应用筛选。设置完毕，❶选择【开始】选项卡；❷单击【排序和筛选】组中的【应用筛选】按钮▽，如图 15-200 所示。

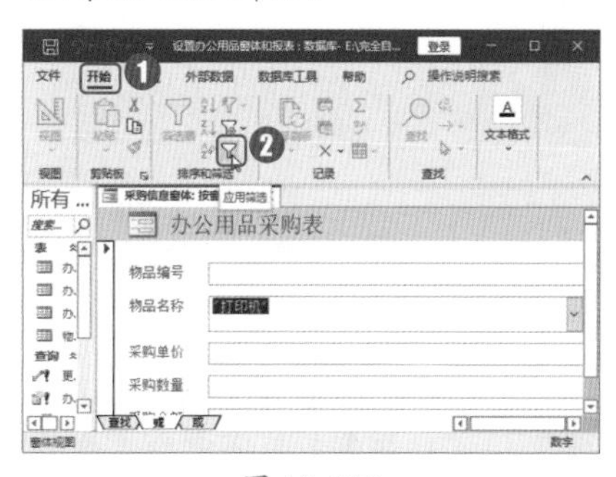

图 15-200

Step10 查看下一条筛选记录。看到筛选结果，符合筛选条件的记录有两条。单击下方的【下一条记录】按钮▸，如图 15-201 所示。

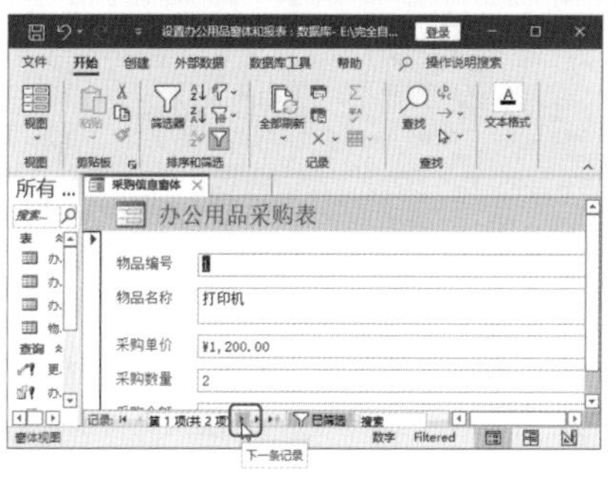

图 15-201

Step11 查看筛选记录。即可看到下一条筛选记录，如图 15-202 所示。

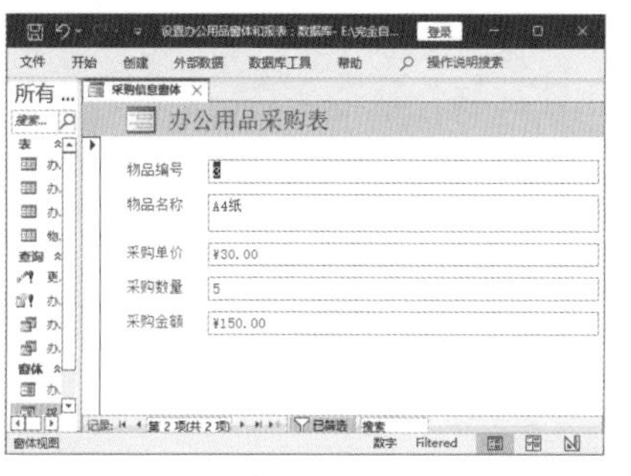

图 15-202

Step12 清除筛选。❶单击【排序和筛选】组中的【高级筛选选项】按钮；❷在弹出的下拉列表中选择【清除所有筛选器】选项，即可清除筛选结果，如图 15-203 所示。

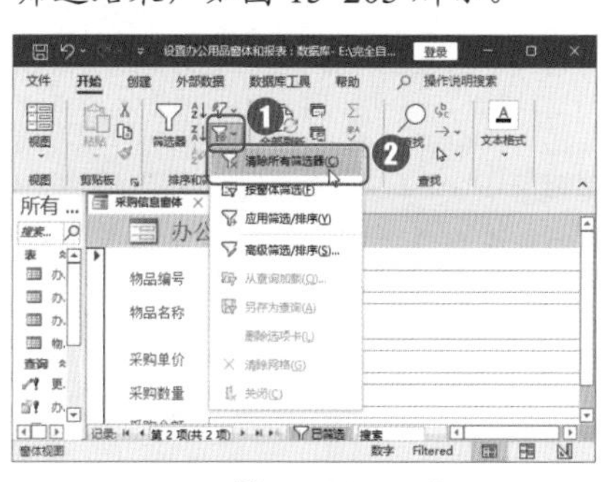

图 15-203

★重点 15.4.4 实战：使用 Access 报表显示数据

实例门类	软件功能

除了窗体之外，用户还可以在 Access 中创建报表。创建报表后，不仅可以对数据进行多种处理，还可以使用打印机直接打印报表。

1. 自动创建报表

与自动创建窗体类似，用户可以自动创建报表。自动创建报表的具体操作步骤如下。

Step01 创建报表。❶在左侧窗格中选择要创建报表的数据源，这里选择【办公用品信息窗体】选项；❷选择【创建】选项卡；❸单击【报表】组中的【报表】按钮，如图 15-204 所示。

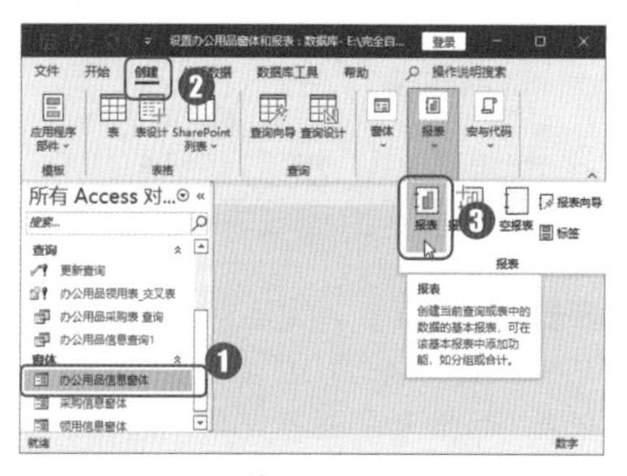

图 15-204

Step02 查看创建的报表。即可根据“办公用品信息窗体”中的数据创建一个报表，如图 15-205 所示。

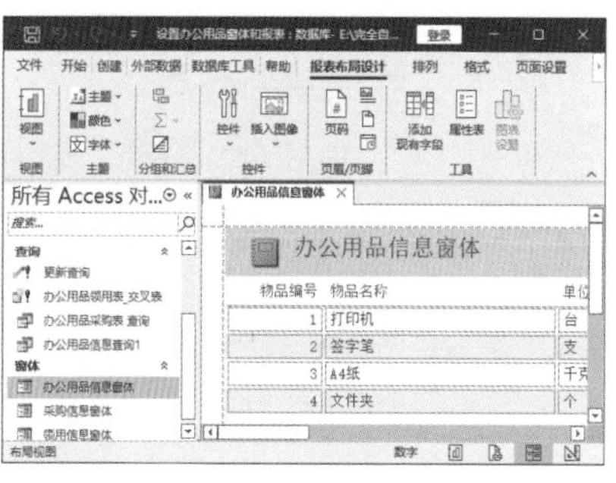

图 15-205

Step03 打开【另存为】对话框。❶在【办公用品信息窗体】标签上右击；❷在弹出的快捷菜单中选择【保存】选项，如图 15-206 所示。

图 15-206

Step04 输入报表名称。弹出【另存为】对话框，❶在【报表名称】文本框中输入"办公用品信息报表"；❷单击【确定】按钮，如图 15-207 所示。

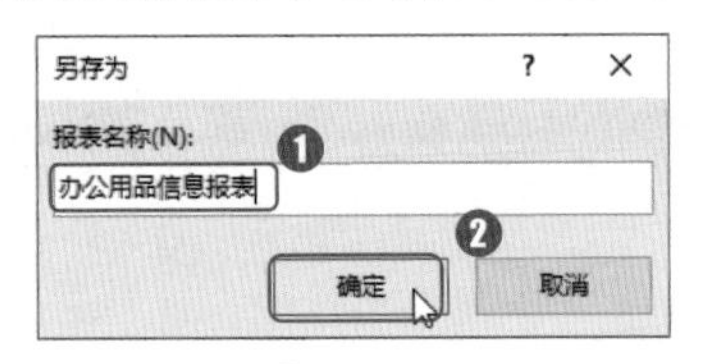

图 15-207

Step05 关闭报表。完成以上操作后，即可创建一个名为"办公用品信息报表"的报表，创建完毕，❶在【办公用品信息报表】标签上右击；❷在弹出的快捷菜单中选择【关闭】选项，即可关闭报表，如图 15-208 所示。

图 15-208

2. 利用向导创建报表

除了自动创建报表之外，用户还可以利用向导创建报表。利用向导创建报表的具体操作步骤如下。

Step01 打开【报表向导】对话框。❶选择【创建】选项卡；❷单击【报表】组中的【报表向导】按钮，如图 15-209 所示。

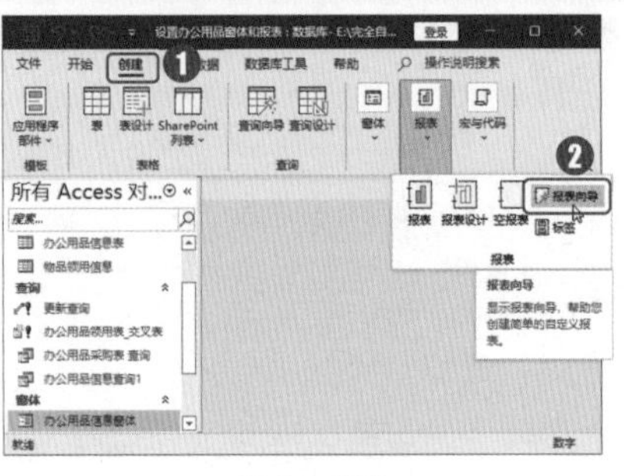

图 15-209

Step02 添加字段。弹出【报表向导】对话框，❶在【请确定报表上使用哪些字段】界面中的【表/查询】下拉列表中选择【表：办公用品采购表】选项；❷单击【全部添加】按钮 >>，将左侧【可用字段】列表框中的字段全部添加到右侧的【选定字段】列表框中；❸单击【下一步】按钮，如图 15-210 所示。

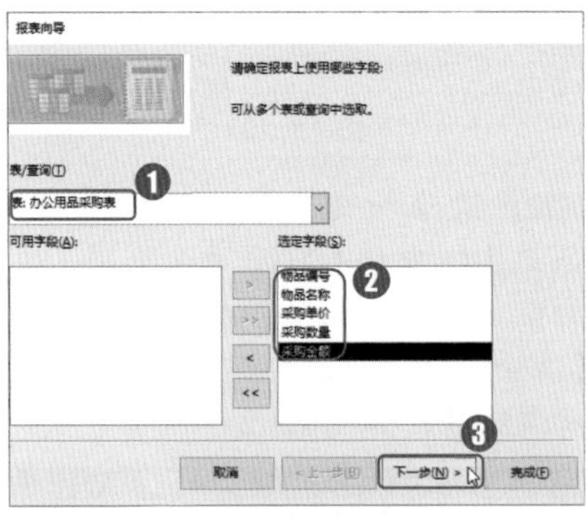

图 15-210

Step03 进入下一步。进入【是否添加分组级别】界面，直接单击【下一步】按钮，如图 15-211 所示。

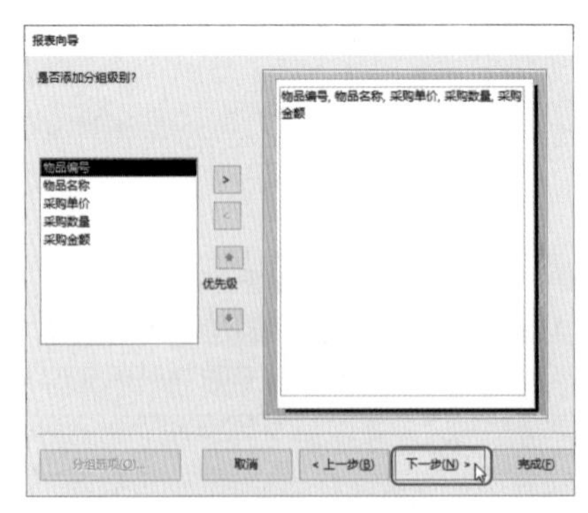

图 15-211

Step04 选择采购数量。❶在【请确定记录所用的排序次序】界面中设置记录的排序条件，这里在第一个下拉列表中选择【采购数量】选项；❷单击【下一步】按钮，如图 15-212 所示。

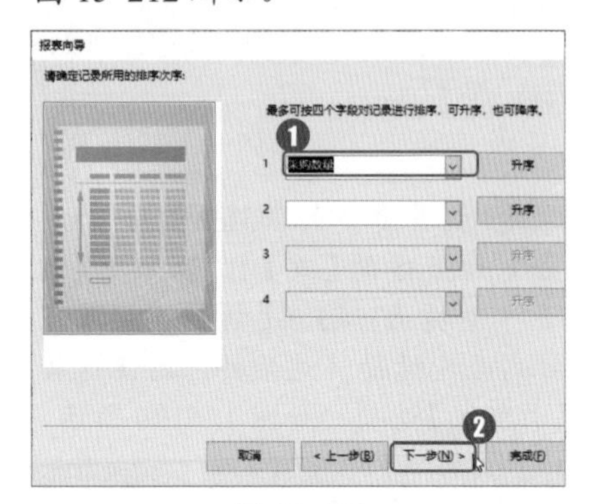

图 15-212

Step05 选择布局和方向。在【请确定报表的布局方式】界面中设置报表的布局方式，❶选择【布局】列表框中的【表格】单选按钮；❷选择【方向】列表框中的【纵向】单选按钮；❸单击【下一步】按钮，如图 15-213 所示。

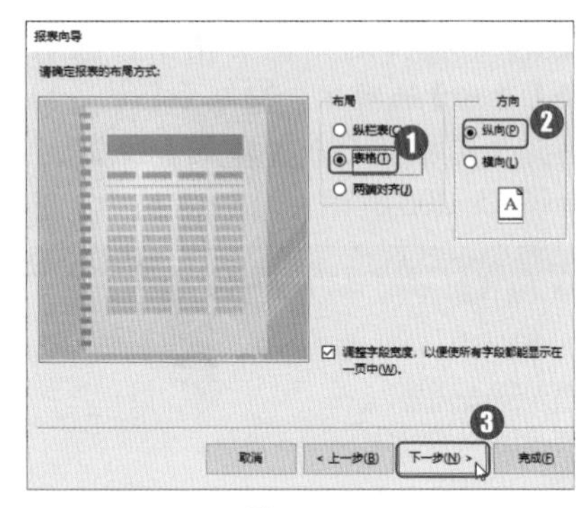

图 15-213

Step06 输入报表标题。❶在【请为报表指定标题】文本框中输入报表标题"办公用品采购报表"；❷选择【预览报表】单选按钮；❸单击【完成】按钮，如图 15-214 所示。

图 15-214

Step 07 查看创建的报表。即可创建一个名为“办公用品采购报表”的报表，如图 15-215 所示。

图 15-215

Step 08 关闭报表。❶在【办公用品采购报表】标签上右击；❷在弹出的快捷菜单中选择【关闭】选项，即可关闭报表，如图 15-216 所示。

图 15-216

技术看板

使用报表向导时，需要在报表向导中选择要在报表中出现的信息，并从多种格式中选择一种格式以确定报表外观。用户可以使用报表向导选择希望在报表中看到的指定字段，这些字段可以来自多个表和查询，向导会按照用户选择的布局和格式创建报表。

3. 在设计视图中创建报表

此外，用户还可以直接在设计视图中创建符合自己需求的报表。在设计视图中创建报表的具体操作步骤如下。

Step 01 进入报表设计视图。❶选择【创建】选项卡；❷单击【报表】组中的【报表设计】按钮，如图 15-217 所示。

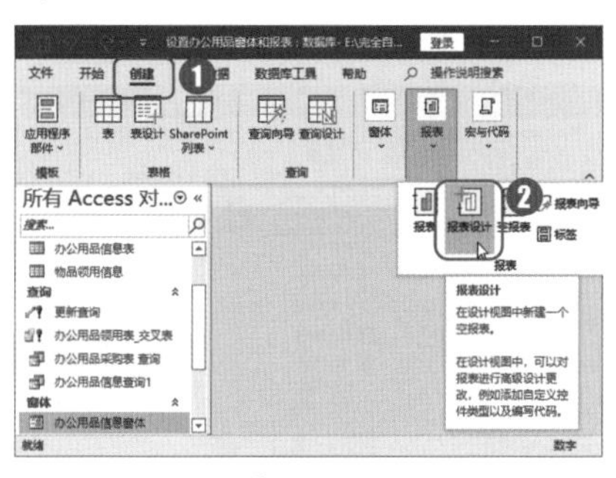

图 15-217

Step 02 查看创建的报表。完成 Step 01 操作后，即可创建一个名为“报表 1”的报表，如图 15-218 所示。

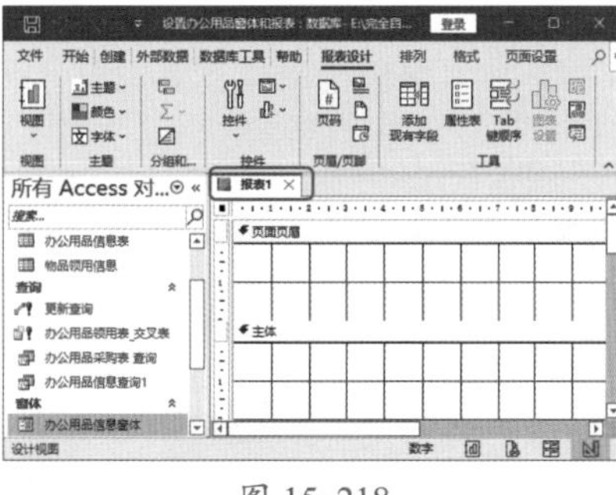

图 15-218

Step 03 打开【字段列表】窗格。❶选择【报表设计】选项卡；❷单击【工具】组中的【添加现有字段】按钮，如图 15-219 所示。

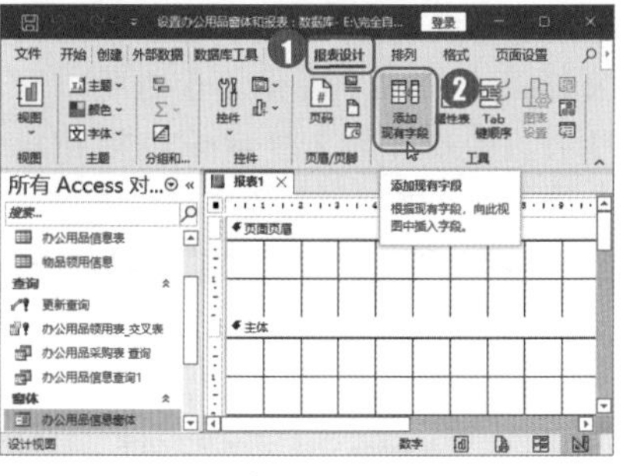

图 15-219

Step 04 显示所有表。弹出【字段列表】窗格，单击【显示所有表】链接，如图 15-220 所示。

图 15-220

Step 05 打开数据表并添加字段。完成以上操作后，即可显示所有数据表，❶双击打开数据表“办公用品领用表”；❷双击要添加的字段名称“物品编号”，即可将其添加到左侧的【报表 1】窗口中，如图 15-221 所示。

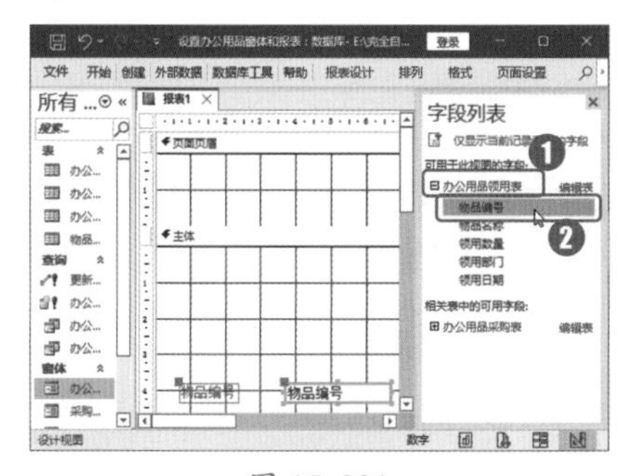

图 15-221

Step 06 添加其他字段并保存报表设置。使用同样的方法，在【报表 1】窗口中添加其他字段名称，并将各字段文本框移动到报表的上半部分，

❶右击【报表 1】标签；❷在弹出的快捷菜单中选择【保存】选项，即可打开【另存为】对话框，保存报表设置，如图 15-222 所示。

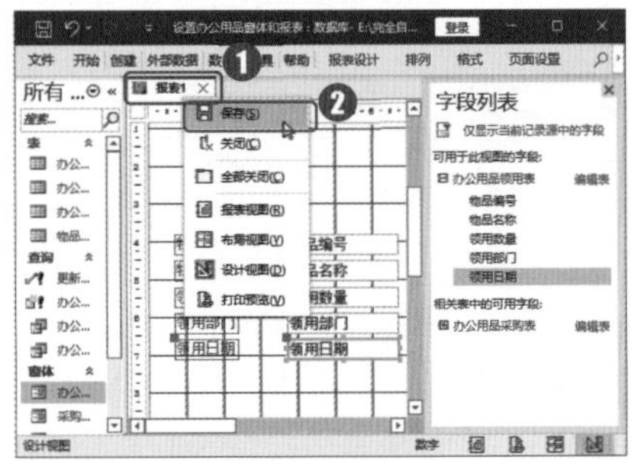

图 15-222

Step07 输入报表名称。弹出【另存为】对话框，❶在【报表名称】文本框中输入“办公用品领用报表”；❷设置完毕，单击【确定】按钮，如图 15-223 所示。

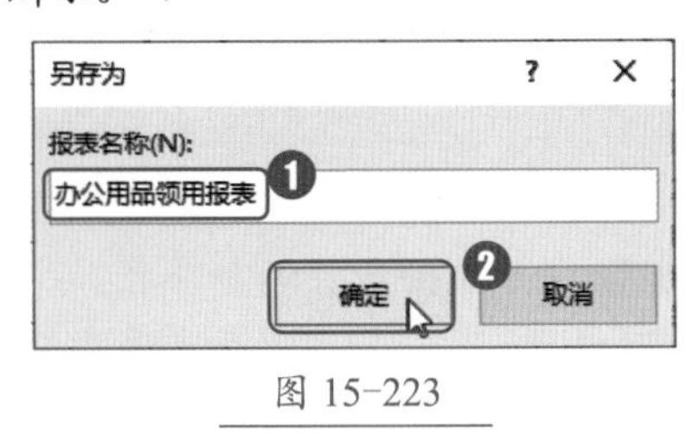

图 15-223

Step08 查看创建的报表。即可创建一个名为“办公用品领用报表”的报表，如图 15-224 所示。

图 15-224

Step09 关闭报表。❶右击【办公用品领用报表】标签；❷在弹出的快捷菜单中选择【关闭】选项，即可关闭报表，如图 15-225 所示。

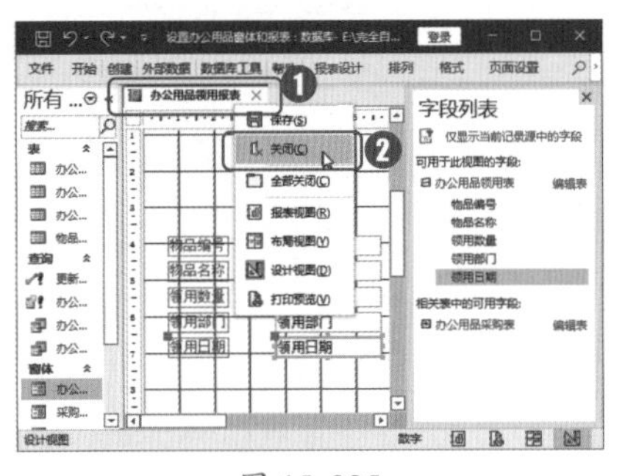

图 15-225

Step10 查看报表效果。在左侧窗格中双击打开“办公用品领用报表”，即可查看报表的设置效果，如图 15-226 所示。

图 15-226

技术看板

选择【开始】选项卡，单击【视图】组中的【视图】按钮，在弹出的下拉列表中选择【打印预览】选项，即可查看打印预览效果。

妙招技法

通过对前面知识的学习，相信读者已经掌握了 Access 数据管理的基本操作。下面结合本章内容，给大家介绍一些实用技巧。

技巧 01：如何将文本文件导入 Access 数据库

在操作数据库的过程中，常常需要用文本文件来保存程序的计算结果，但如果在文本文件中对这些保存的数据进行后续处理，就不太方便了。因此，经常需要将文本文件中的数据导入相应的 Access 数据库，具体操作步骤如下。

Step01 打开【获取外部数据-文本文件】对话框。打开“素材文件\第 15 章\人事管理.accdb”文档，❶单击【外部数据】选项卡中的【新数据源】按钮；❷在弹出的下拉列表中选择【从文件】→【文本文件】选项，如图 15-227 所示。

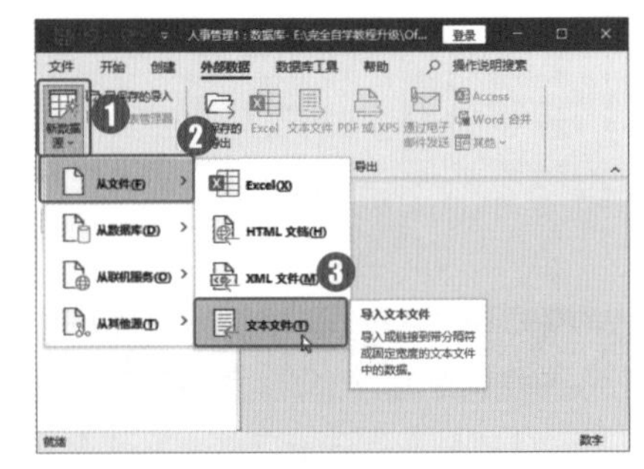

图 15-227

Step 02 打开【打开】对话框。弹出【获取外部数据-文本文件】对话框，单击【浏览】按钮，如图 15-228 所示。

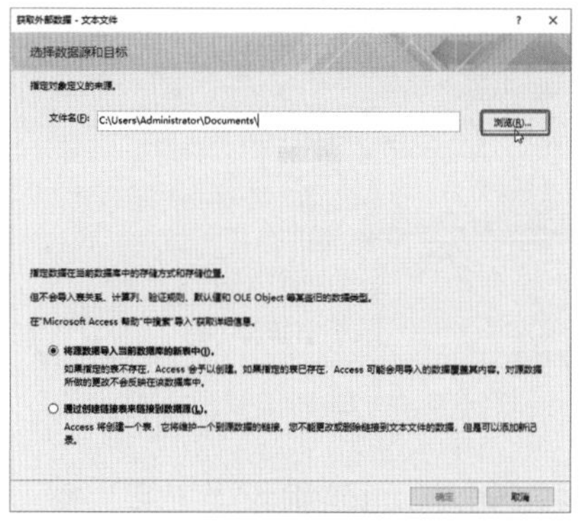

图 15-228

Step 03 选择文件。弹出【打开】对话框，❶在“素材文件\第 15 章”路径中选择要导入的文本文件“员工入职登记表.txt”；❷单击【打开】按钮，如图 15-229 所示。

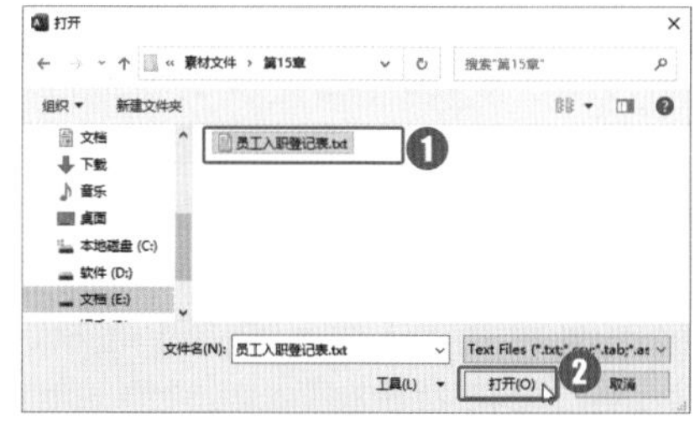

图 15-229

Step 04 打开【导入文本向导】对话框。返回【获取外部数据-文本文件】对话框，单击【确定】按钮，如图 15-230 所示。

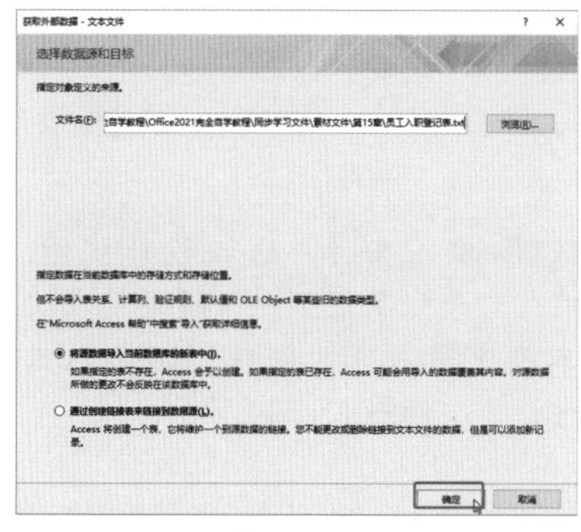

图 15-230

Step 05 单击【下一步】按钮。弹出【导入文本向导】对话框，单击【下一步】按钮，如图 15-231 所示。

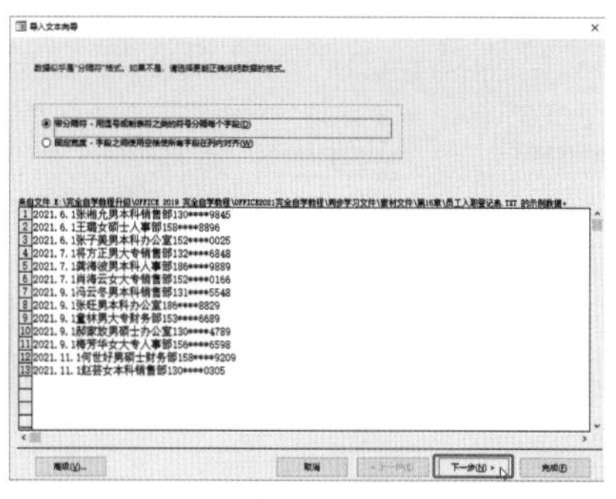

图 15-231

Step 06 选择分隔符。❶在【请选择字段分隔符】列表框中选择【制表符】单选按钮；❷单击【下一步】按钮，如图 15-232 所示。

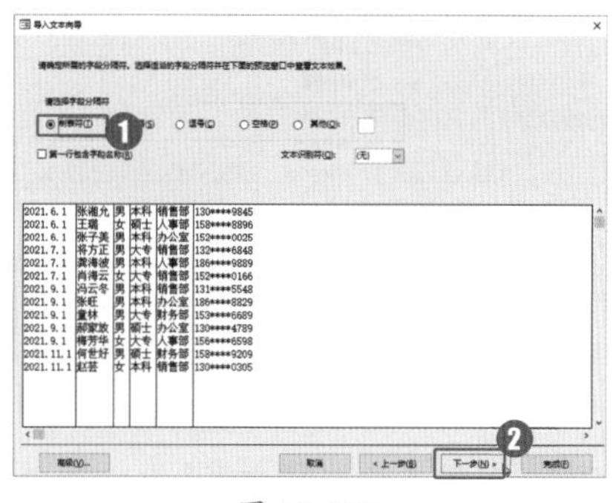

图 15-232

Step 07 进入【定义主键】界面。进入【导入字段】界面，直接单击【下一步】按钮，如图 15-233 所示。

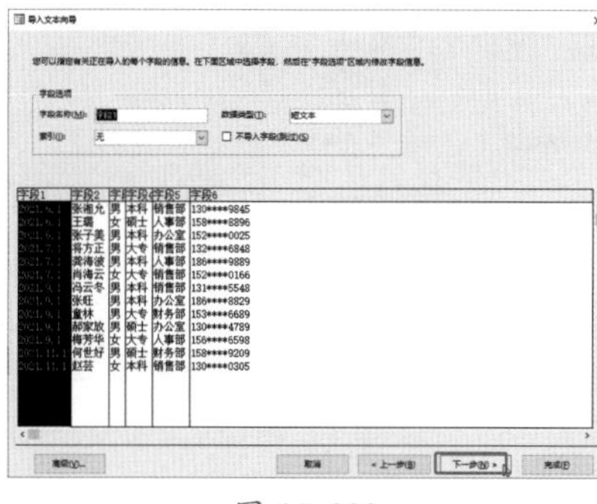

图 15-233

Step 08 进入【导入到表】界面。进入【定义主键】界面，❶选择【让 Access 添加主键】单选按钮；❷单击【下一步】按钮，如图 15-234 所示。

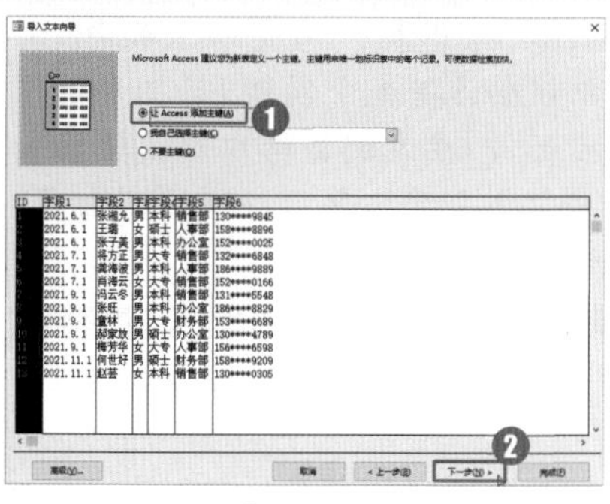

图 15-234

Step 09 输入名称。进入【导入到表】界面，❶在【导入到表】文本框中输入“员工入职登记表”；❷单击【完成】按钮，如图 15-235 所示。

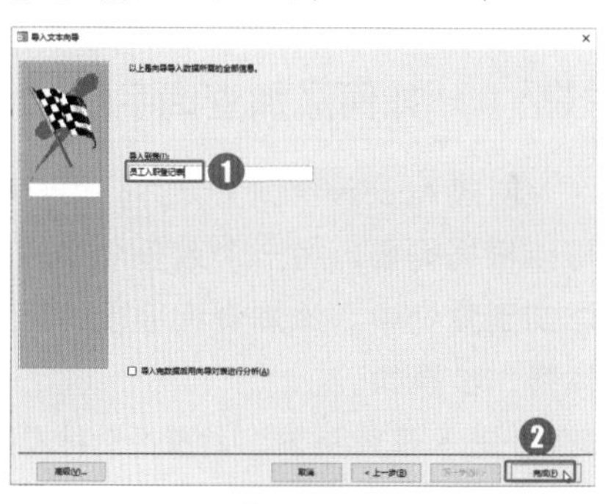

图 15-235

Step 10 保存导入。返回【获取外部数据-文本文件】对话框，进入【保存导入步骤】界面，❶选择【保存导入步骤】复选框；❷【另存为】文本框中显示保存名称“导入-员工入职登记表”；❸单击【保存导入】按钮，如图 15-236 所示。

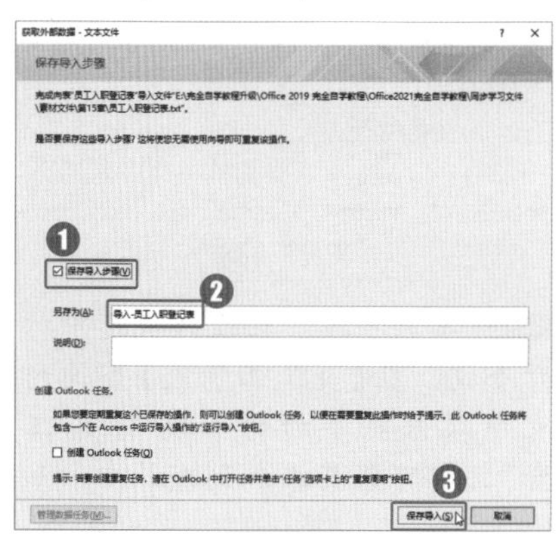

图 15-236

Step 11 打开表。完成以上操作后，即可在数据库中创建"员工入职登记表"，在左侧窗格中双击数据表"员工入职登记表"，即可将其打开，如图 15-237 所示。

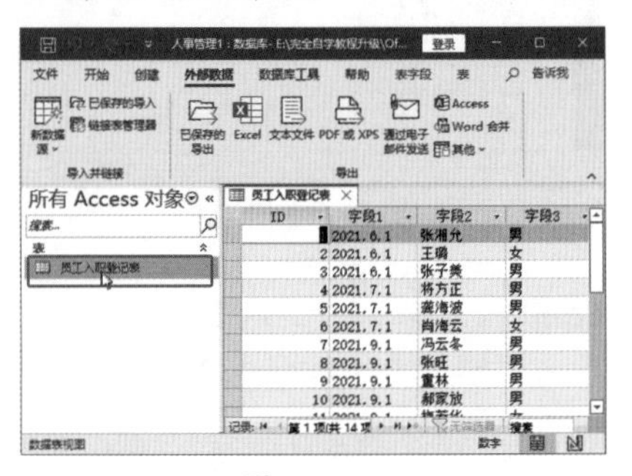

图 15-237

技巧 02：如何添加查询字段

创建Access查询文件后，用户可以根据需要，将一个或多个字段添加到查询中。添加查询字段的具体操作步骤如下。

Step 01 进入设计视图。打开"素材文件\第 15 章\工资管理数据库.accdb"文档，❶右击创建的查询"查询员工工资"；❷在弹出的快捷菜单中选择【设计视图】选项，如图 15-238 所示。

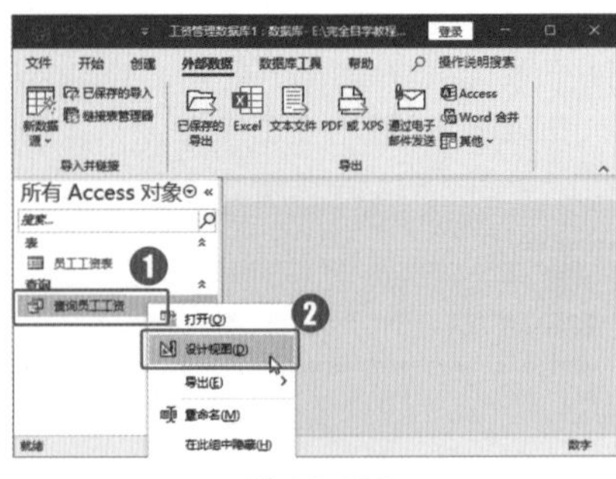

图 15-238

Step 02 添加字段。在设计视图中打开查询，在【员工工资表】查询列表中双击要添加的字段"基本工资"，即可将其添加到查询中，如图 15-239 所示。

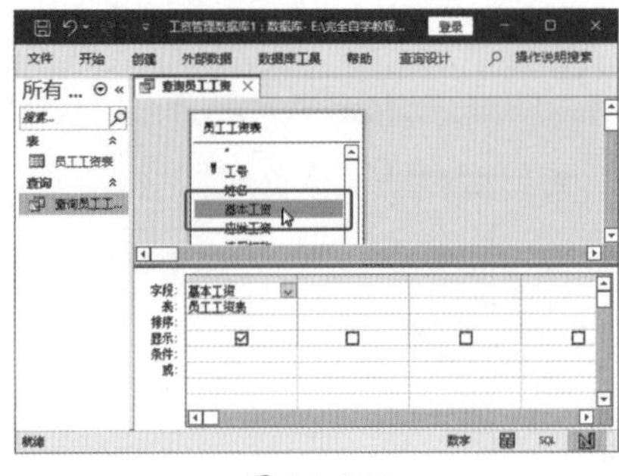

图 15-239

Step 03 保存查询。❶右击【查询员工工资】标签；❷在弹出的快捷菜单中选择【保存】选项，如图 15-240 所示。

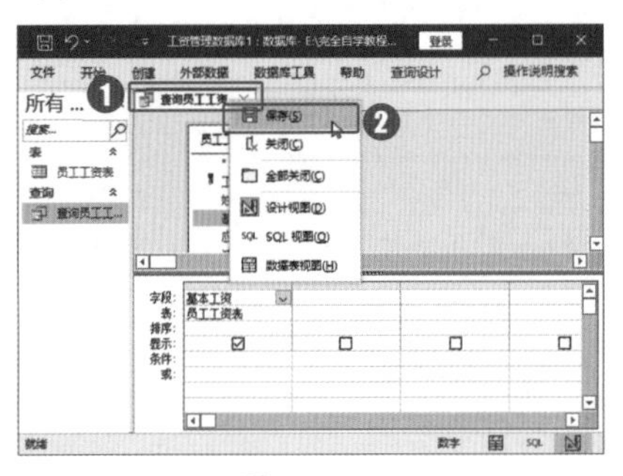

图 15-240

Step 04 关闭查询。❶右击【查询员工工资】标签；❷在弹出的快捷菜单中选择【关闭】选项，如图 15-241 所示。

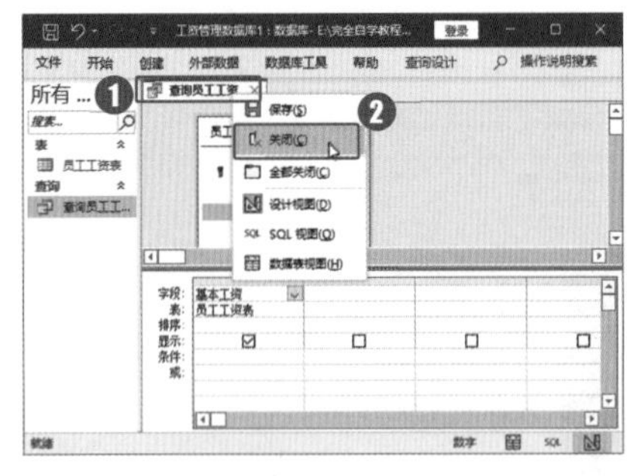

图 15-241

Step 05 查看字段添加效果。双击左侧窗格中的"查询员工工资"查询文件，即可打开该查询，"基本工资"字段已添加到查询中，如图 15-242 所示。

图 15-242

技巧 03：如何根据"工号"查询工资信息

Access有条件查询功能，用户可以根据需要设置查询条件。根据员工工号查询工资信息，具体操作步骤如下。

Step 01 进入设计视图。打开"素材文件\第 15 章\工资信息查询.accdb"文档，在左侧窗格中双击打开查询文件"查询员工工资"，❶右击【查询员工工资】标签；❷在弹出的快捷菜单中选择【设计视图】选项，如图 15-243 所示。

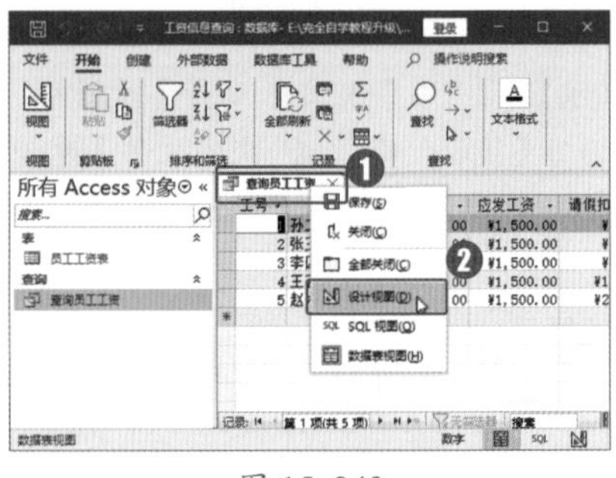

图 15-243

Step 02 输入条件。进入设计视图，在"工号"字段列中的【条件】文本框中输入查询条件"[请输入工号:]"，如图 15-244 所示。

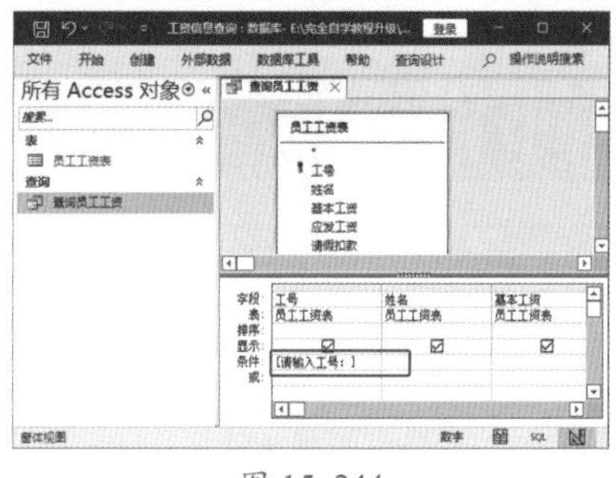

图 15-244

Step03 保存查询。❶右击【查询员工工资】标签；❷在弹出的快捷菜单中选择【保存】选项，如图 15-245 所示。

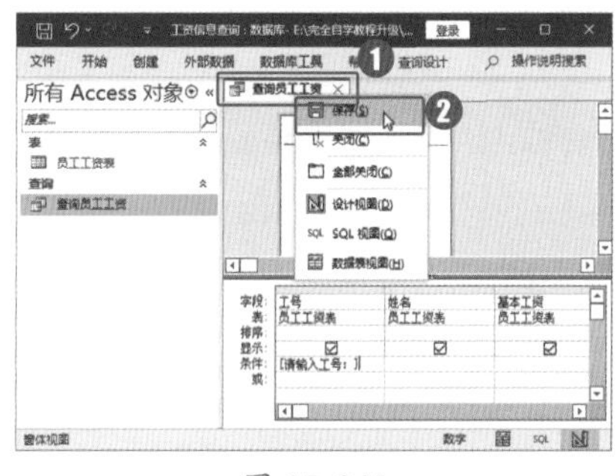

图 15-245

Step04 关闭查询。❶右击【查询员工工资】标签；❷在弹出的快捷菜单中选择【关闭】选项，如图 15-246 所示。

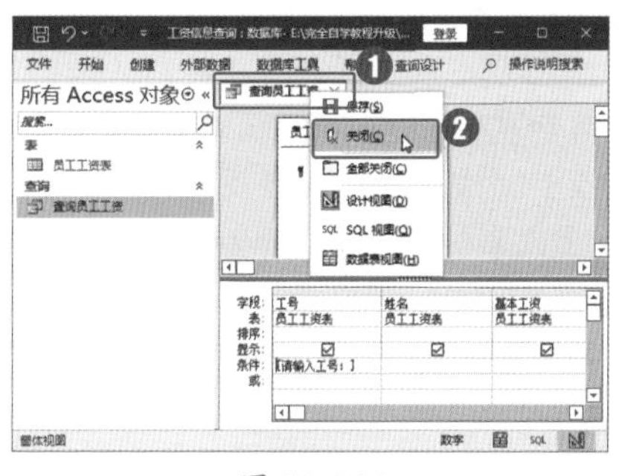

图 15-246

Step05 输入工号。双击左侧窗格中的【查询员工工资】选项，弹出【输入参数值】对话框，❶在【请输入工号】文本框中输入员工工号“4”；❷单击【确定】按钮，如图 15-247 所示。

图 15-247

Step06 查看查询结果。即可查询到工号为“4”的员工的工资信息，如图 15-248 所示。

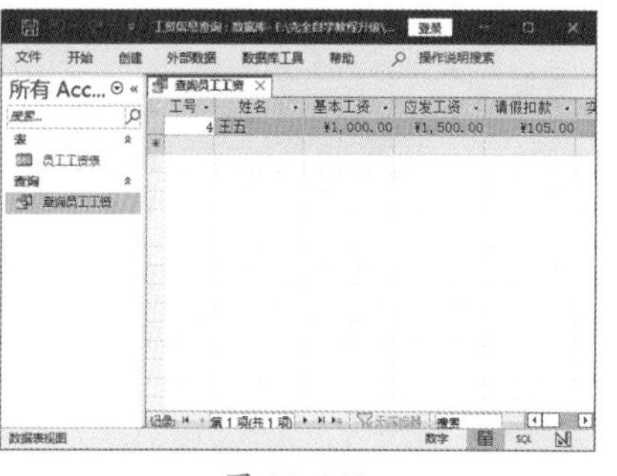

图 15-248

本章小结

本章首先介绍了Access的相关知识，然后结合实例介绍了创建Access表的方法、创建Access查询的方法，以及创建Access窗体和报表的方法。通过对本章内容的学习，读者能够快速掌握创建Access表、查询、窗体和报表的基本技巧，学会在不同场景中创建适合自己的数据库文件，并学会使用查询、窗体和报表等功能，管理Access数据。

第16章 使用 Outlook 高效管理邮件

- Outlook的基本功能有哪些？
- 如何配置和管理Outlook邮件账户？
- 如何接收、阅读、答复和查找Outlook电子邮件？
- Outlook规则是什么，如何创建Outlook规则？
- 如何添加和管理联系人？
- 如何管理日程安排，如何创建约会、会议、任务和标签？

本章将介绍Outlook的相关知识，包括设置邮件账户、管理电子邮件、管理联系人及管理日程安排的相关技巧。

16.1 Outlook 相关知识

Outlook是Office办公软件套装中的组件之一，它除了和普通的电子邮箱软件一样，能够收/发电子邮件之外，还可以管理联系人和日常事务，包括记日记、安排日程、分配任务等。它的功能强大，而且方便易学。

★重点 16.1.1 企业使用Outlook管理邮件的原因

为了信息保密，很多企业会自建Exchange服务器，使用Exchange邮箱，这时配合使用Outlook非常便捷——发邮件的时候输入收件人姓名，单击【检查姓名】按钮，就会自动补全邮箱地址。使用Outlook通讯录，可以找到公司所有人的联系方式；在Outlook中安排日程后，可以与其他人共享，让别人知道你的日程安排……Outlook可以无缝配合Office的其他组件，还可以使用Lync进行即时通信。

1. 邮件管理方面

在邮件管理方面，Outlook有召回功能，在收件人未阅读的情况下，错发的电子邮件可召回，如果试图召回一封发给多人的邮件，Outlook还可以告知发件人哪些人的召回成功，哪些人的召回失败，如图16-1所示。

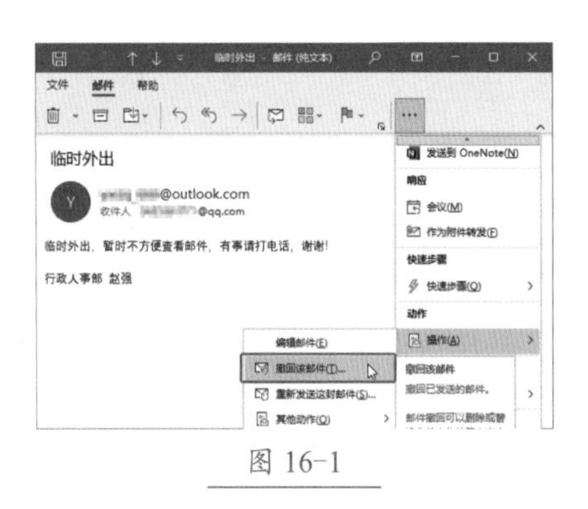

图 16-1

此外，Outlook还提供了邮件投递和阅读报告功能，如果收件人打开查看了发件人的E-mail，发件人会收到通知。

2. 日程安排方面

在日程安排方面，用Outlook发送一个会议邀请，收件人可以选择接受或拒绝。如果接受，这个会议会立刻被标记在收件人的日历上，到时会自动提醒。同时，如果其他人想要邀请此人开会，也可以看到此人已被占用的时段和空闲时间，如图16-2所示。

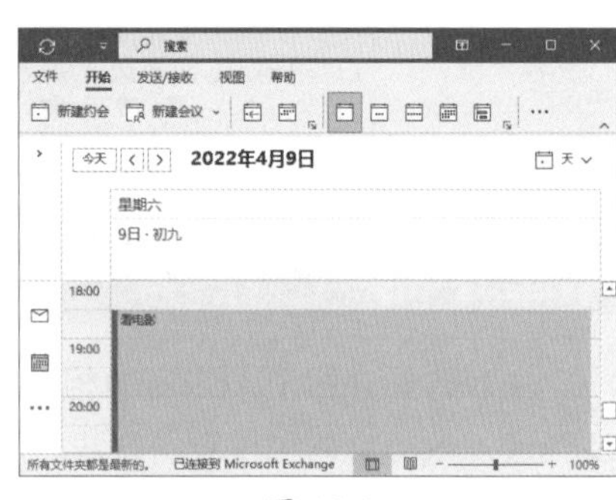

图 16-2

如果某人要出差，可以在Outlook里面设置“我不在”。这样，当有人试图发邮件给他的时候，Outlook会提示发件人此人的状态是“我不在”，发件人不用等邮件发出后看到自动回复才知道。

3. 管理方面

在管理方面，Outlook邮件管理员可以方便地对整个公司的E-mail使用进行设置，如创建规则、禁止在附件中发送可执行文件、设置垃圾邮件规则、禁止将特定的邮件发送到公司外部等，如图16-3所示。

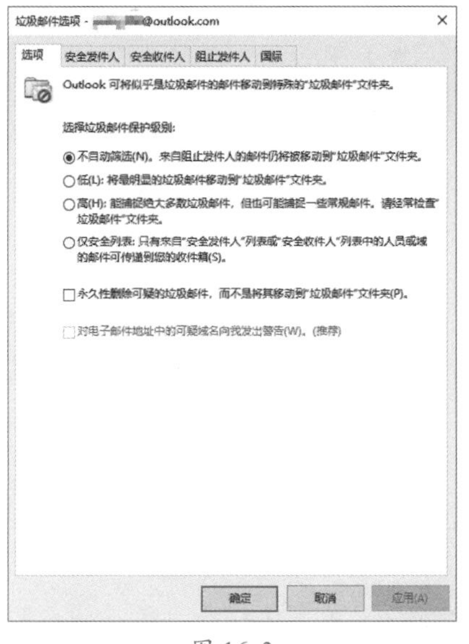

图 16-3

邮件功能只是Outlook中的一个功能，Outlook中还有很多实用功能，包括Lync、预约会议、内网用户管理、日程管理等。

★重点 16.1.2 在Outlook中，邮件优先级别高低的作用

发送高优先级的邮件时，邮件到达收件人的收件箱后，邮件旁边将显示警告图标“！”，以便提醒收件人该邮件很重要，应该立即阅读。想使用这一功能，需要设置待发邮件的优先级,在新邮件窗口中，选择【邮件】选项卡，单击最右侧的【更多】按钮…，即可在弹出的下拉列表中选择优先级选项，这里选择【重要性-高】选项，即可实现对邮件优先级的设置，如图 16-4 所示。

图 16-4

★重点 16.1.3 Outlook邮件存档的注意事项

存档是Outlook中的一项重要功能，它的特点是可以轻易地在任何用户想要的文件夹，或者已创建的Outlook.com存档文件夹中归档电子邮件。用户打开一个邮件，单击【移动到存档文件夹（退格键）】按钮，或者右击邮件，在弹出的快捷菜单中选择【存档】选项，都可完成Outlook邮件的存档操作，如图 16-5 所示。

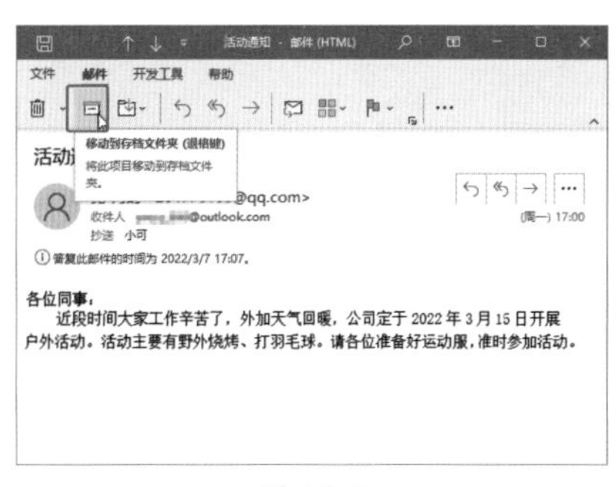

图 16-5

Outlook邮件存档的注意事项包括以下几点。

（1）对邮件进行存档之前，必须保证Outlook软件中已经创建了存档文件夹；如果没有，需要新建存档文件夹。

（2）执行【存档】命令后，即可将邮件保存到存档文件夹中，原来保存位置的该邮件就不复存在了，如图 16-6 所示。

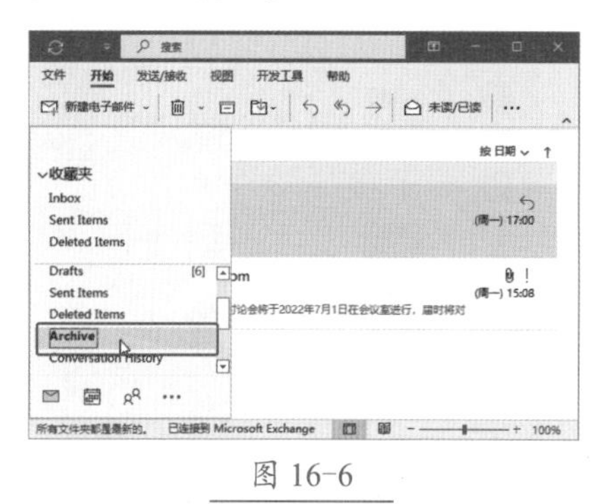

图 16-6

（3）如果要将存档文件恢复到原来的保存位置中，执行【移动】命令，选择要移动到的文件夹选项即可，如图 16-7 所示。

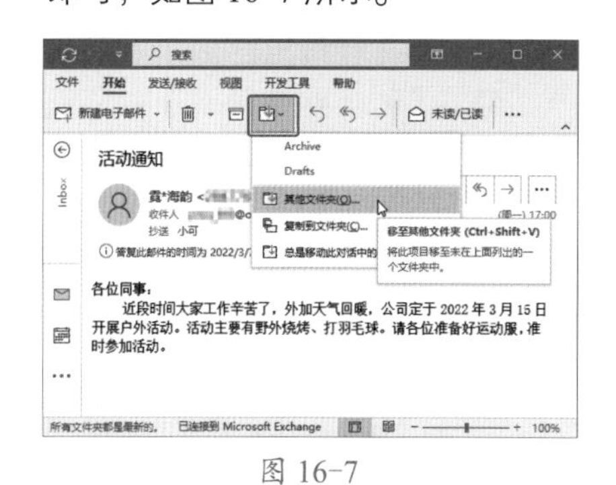

图 16-7

16.2 配置邮件账户

使用Outlook发送和接收电子邮件之前，需要在Outlook中添加电子邮件账户，这里的账户指个人申请的电子邮箱，申请电子邮箱后，需要在Outlook中进行配置，才能正常使用。

★重点 16.2.1 实战：添加邮件账户

实例门类	软件功能

注册电子邮件账户后，需要在Outlook中添加邮件账户，具体操作步骤如下。

Step 01 启动Outlook软件。在软件菜单中单击【Outlook】软件图标，如图16-8所示。

图 16-8

Step 02 输入电子邮件地址。如果是第一次运行Outlook，这时会出现一个【Outlook】对话框，用于添加账户。❶在【电子邮件地址】文本框中输入邮件账户信息；❷单击【连接】按钮，如图16-9所示。

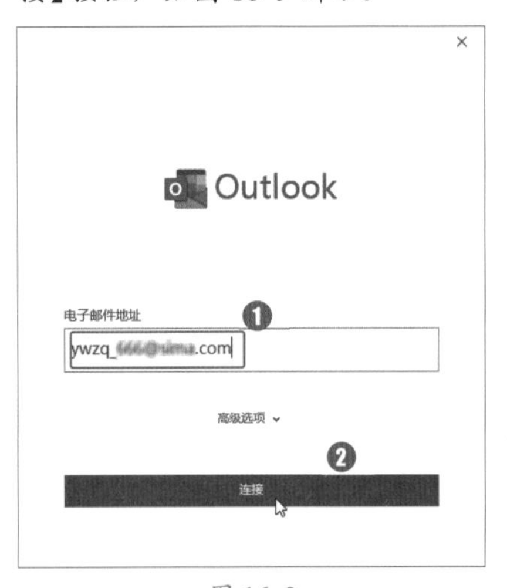

图 16-9

Step 03 连接电子邮箱。完成Step 02操作后，会自动添加和连接输入的电子邮件地址，如图16-10所示。

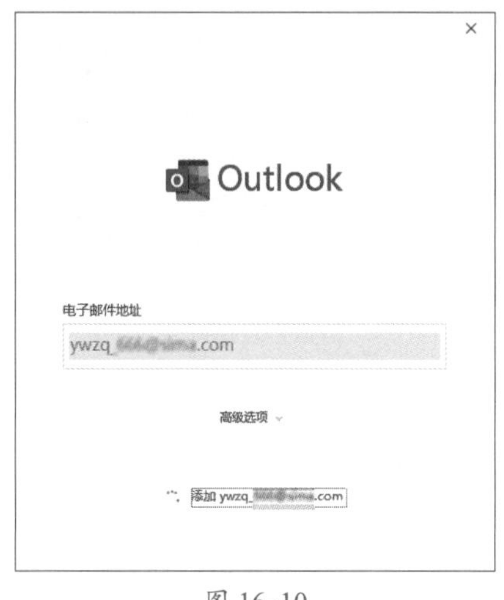

图 16-10

Step 04 输入电子邮箱密码。连接成功后，进入新的界面，❶在【密码】文本框中输入邮箱密码；❷单击【连接】按钮，如图16-11所示。

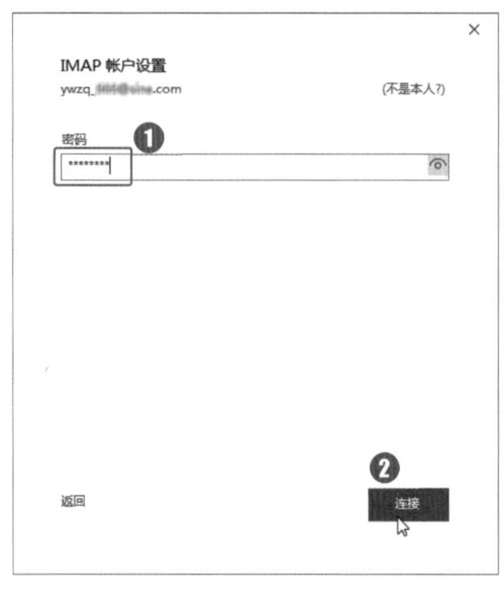

图 16-11

Step 05 进入服务器设置。进入邮件服务器设置状态，提示是否对服务器输入前面填写的邮件地址和邮箱密码，单击【确定】按钮，如图16-12所示。

图 16-12

Step 06 登录电子邮箱。账户信息配置完成后，重新启动Outlook，会自动使用添加的电子邮件地址，❶在【输入密码】栏中输入对应的邮箱密码；❷单击【登录】按钮，如图16-13所示。

图 16-13

Step 07 添加安全信息。进入新的界面，要求添加备用的电子邮件地址，❶输入备用电子邮件地址；❷单击【下一步】按钮，如图16-14所示。

图 16-14

Step08 输入安全代码。Microsoft会发送账户安全代码到填写的备用电子邮箱中，❶收到邮件后复制其中的安全代码，并粘贴在新的界面中；❷单击【下一步】按钮，如图 16-15 所示。

图 16-15

Step09 查看Outlook界面。即可在Outlook 2021 中登录对应的电子邮件账户，如图 16-16 所示。

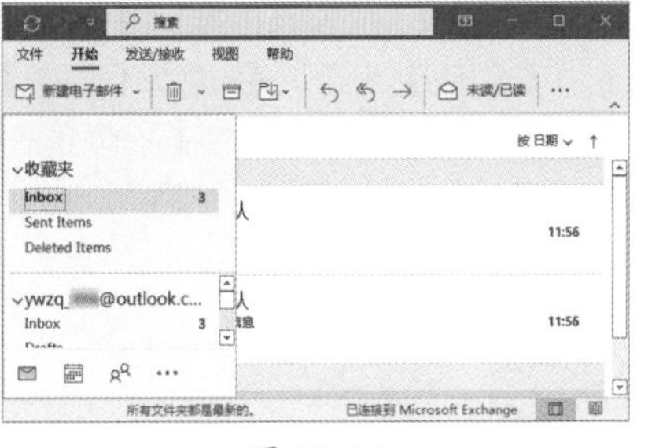

图 16-16

16.2.2　实战：修改账户配置

实例门类	软件功能

如果在Outlook中添加了多个电子邮件账户，可以根据需要进行新建、修复、更改、删除等操作。删除多余电子邮件账户的具体操作步骤如下。

Step01 进入【文件】界面。在Outlook界面中单击【文件】选项卡，如图 16-17 所示。

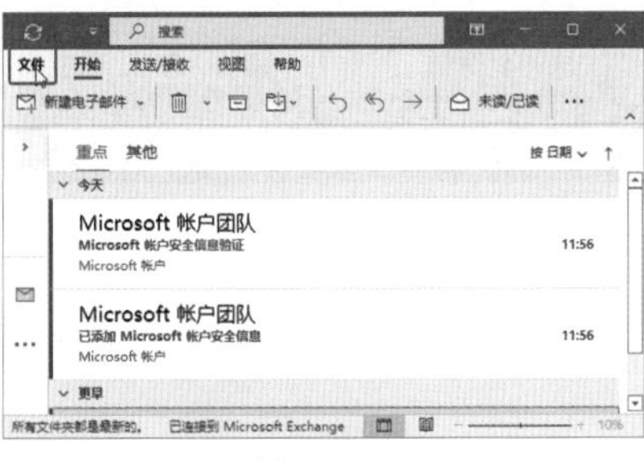

图 16-17

Step02 打开【账户设置】对话框。进入【文件】界面，❶选择【信息】选项卡；❷单击【账户设置】按钮；❸在弹出的下拉列表中选择【账户设置】选项，如图 16-18 所示。

图 16-18

Step03 删除账户。弹出【账户设置】对话框，❶选择要删除的邮件账户；❷单击【删除】按钮，如图 16-19 所示。

图 16-19

Step04 查看账户删除效果。在弹出的【Microsoft Outlook】对话框中单击【是】按钮，返回【账户设置】对话框，选择的电子邮件账户就被删除了，如图 16-20 所示。

图 16-20

Step05 打开文件保存位置。❶选择【数据文件】选项卡，即可查看数据文件的保存路径；❷单击【打开文件位置】按钮，如图 16-21 所示。

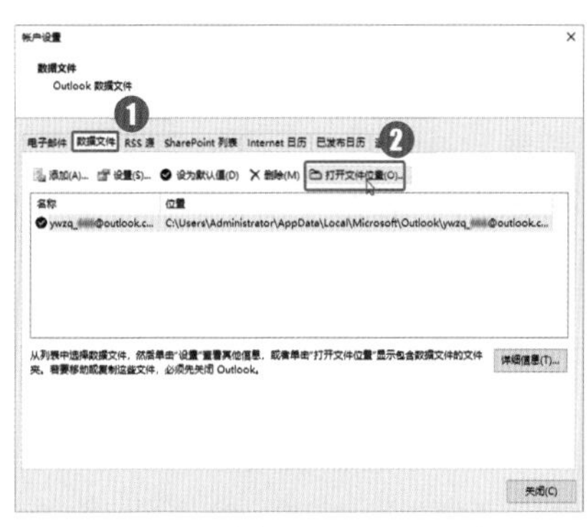

图 16-21

Step 06 查看文件保存位置。完成 Step 05 操作后，即可查看数据文件的保存位置，查看完毕，单击右上角的【关闭】按钮，如图 16-22 所示。

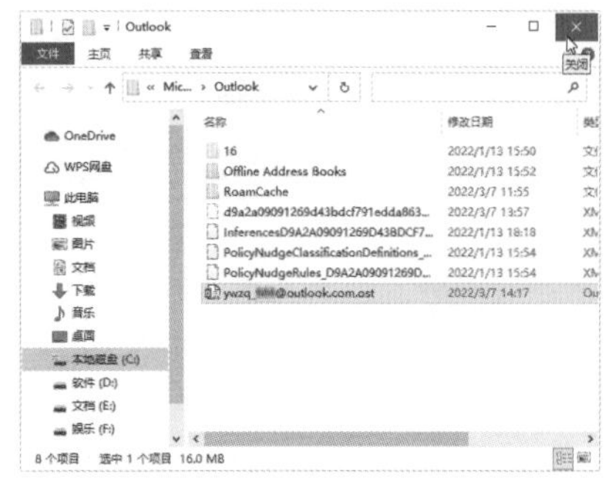

图 16-22

Step 07 关闭账户。返回【账户设置】对话框，单击【关闭】按钮，如图 16-23 所示。

图 16-23

Step 08 打开【Microsoft 账户】网页。进入【文件】界面，❶选择【信息】选项卡；❷在【账户信息】界面单击要访问的链接，如图 16-24 所示。

图 16-24

Step 09 在网页中单击【登录】按钮。弹出【Microsoft 账户】网页，单击【登录】按钮，如图 16-25 所示。

图 16-25

Step 10 输入账户。❶在新界面中输入要登录的电子邮件地址、电话或 Skype 信息；❷单击【下一步】按钮，如图 16-26 所示。

图 16-26

Step 11 输入密码。❶在新界面中输入对应的账户密码；❷单击【登录】按钮，即可在网上访问此账户，如图 16-27 所示。

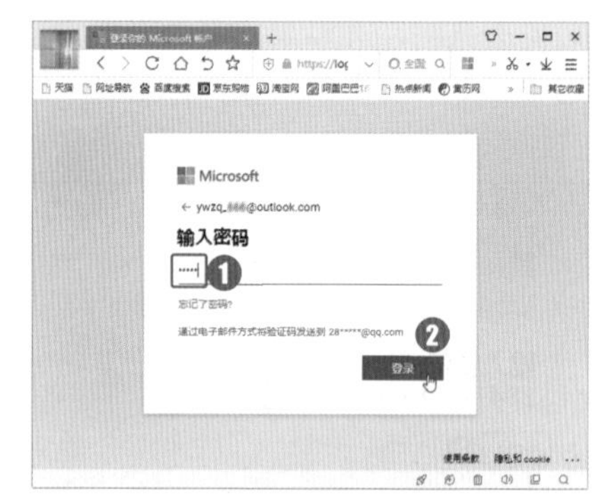

图 16-27

16.3 管理电子邮件

Outlook 2021 最实用的一个功能是可以在不登录电子邮箱的情况下，快速地接收、阅读、回复和发送电子邮件。此外，Outlook 2021 可以根据需要管理电子邮件，包括按收/发件人、日期、标志等对邮件进行排序，创建规则，设置外出时的助理程序等。

★重点 16.3.1 实战：新建、发送电子邮件

实例门类	软件功能

为 Outlook 配置电子邮件账户后，可以根据需要创建、编辑和发送电子邮件，新建、发送电子邮件的具体操作步骤如下。

Step 01 新建邮件。打开 Outlook 2021 程序，❶选择【开始】选项卡；❷单击【新建电子邮件】按钮，如图 16-28 所示。

图 16-28

Step02 输入主题和内容。弹出【未命名-邮件(HTML)】窗口，在【收件人】【抄送】【主题】和【内容】文本框中输入相应的电子邮件地址、主题和内容，完成输入后，窗口名称变成了【方案讨论会-邮件(HTML)】，如图16-29所示。

图16-29

Step03 设置邮件的重要性。❶在【邮件】选项卡中单击最右侧的【更多】按钮⋯；❷在弹出的下拉列表中选择【重要性-高】选项，如图16-30所示。

图16-30

Step04 添加附加文件。❶再次单击【更多】按钮⋯；❷在弹出的下拉列表中选择【附加文件】选项，如图16-31所示。

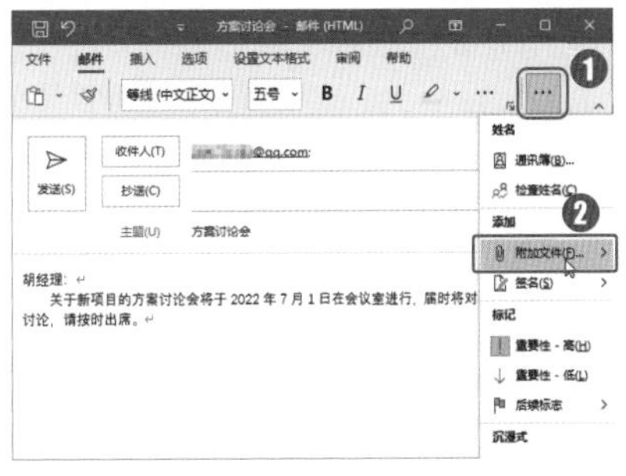

图16-31

Step05 打开【插入文件】对话框。在弹出的下拉列表中选择【浏览此电脑】选项，如图16-32所示。

图16-32

Step06 插入文件。弹出【插入文件】对话框，❶在"素材文件\第16章"路径中选择素材文件"方案.docx"；❷单击【插入】按钮，如图16-33所示。

图16-33

Step07 查看文档插入效果。即可在邮件中以附件的形式插入文档"方案.docx"，如图16-34所示。

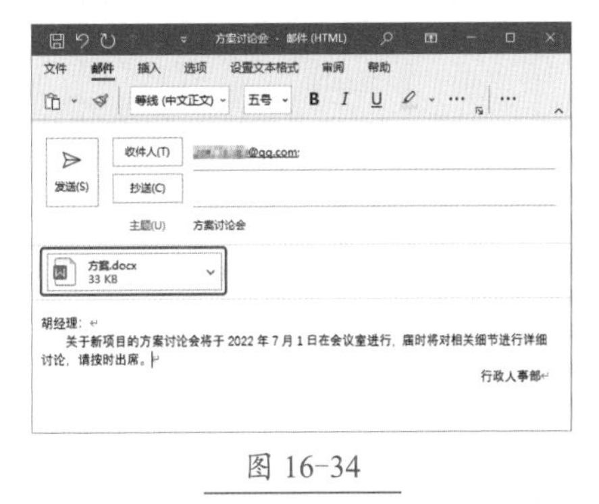

图16-34

Step08 打开【签名和信纸】对话框。❶再次单击【更多】按钮⋯；❷在弹出的下拉列表中选择【签名】选项；❸在弹出的下一级列表中选择【签名】选项，如图16-35所示。

图16-35

Step09 打开【新签名】对话框。弹出【签名和信纸】对话框，在【电子邮件签名】选项卡中单击【新建】按钮，如图16-36所示。

图16-36

Step10 输入名称。弹出【新签名】对话框，❶在【键入此签名的名称】文本框中输入名称"赵强"；❷单击【确定】按钮，如图16-37所示。

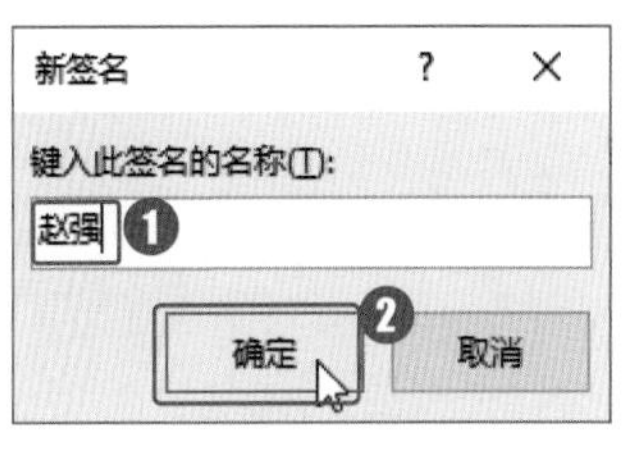

图16-37

Step11 设置字体。返回【签名和信纸】对话框，【电子邮件签名】选项卡中的【选择要编辑的签名】列表框中显示了新建的签名“赵强”。❶在【编辑签名】文本框中输入文字“行政人事部赵强”；❷在【字体】下拉列表中选择【华文行楷】选项，在【字号】下拉列表中选择【四号】选项，如图 16-38 所示。

图 16-38

技术看板

在【签名和信纸】对话框中，选择【个人信纸】选项卡，可以根据需要设置用于电子邮件的主题或信纸。

Step 12 保存签名。❶在【选择默认签名】组中的【答复/转发】下拉列表中选择【赵强】选项；❷单击【保存】按钮，如图 16-39 所示。

图 16-39

Step 13 确定设置。设置完毕，单击【确定】按钮，如图 16-40 所示。

图 16-40

Step 14 插入签名。将光标定位在要插入签名的位置，❶再次单击【更多】按钮…；❷在弹出的下拉列表中选择【签名】选项；❸在弹出的下一级列表中选择【赵强】选项，如图 16-41 所示。

图 16-41

Step 15 查看签名效果。即可在光标所在位置插入签名“行政人事部赵强”，此时再删除原有落款即可，效果如图 16-42 所示。

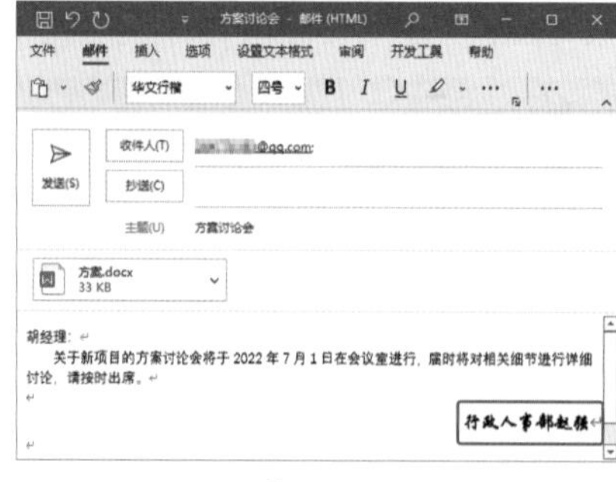

图 16-42

Step 16 发送邮件。签名添加完毕后，单击【发送】按钮，即可将邮件发送出去，如图 16-43 所示。

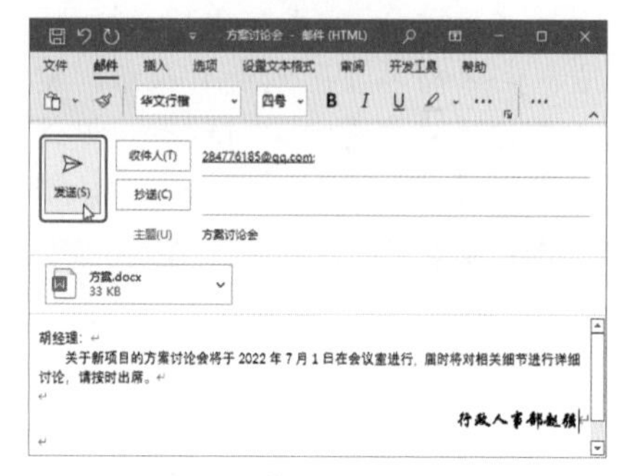

图 16-43

Step 17 打开已发送邮件。在 Outlook 窗口左侧的【文件夹】窗格中，选择【收藏夹】栏中的【Sent Items】选项，如图 16-44 所示。

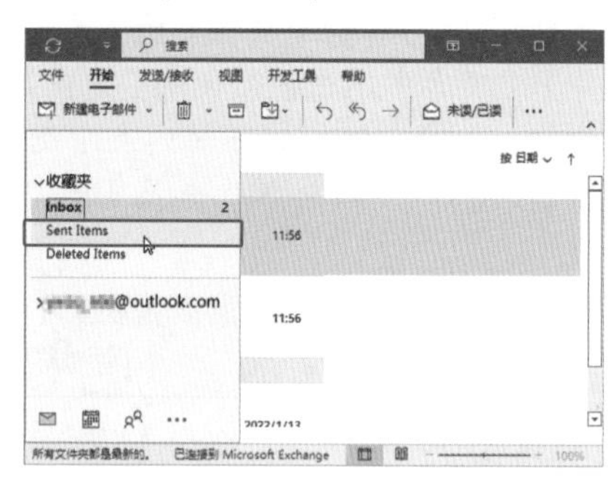

图 16-44

Step 18 查看已发送的邮件。即可在界面中间区域看到已发送的邮件，如图 16-45 所示。

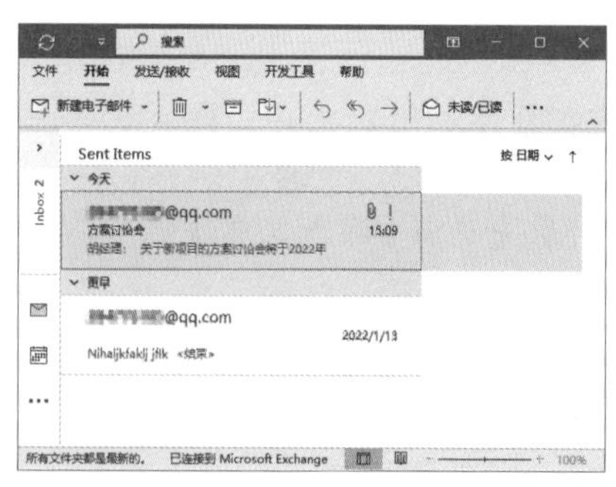

图 16-45

★重点 16.3.2 实战：接收、阅读电子邮件

实例门类	软件功能

Outlook接收的邮件全部存放在左侧窗格的【Inbox】中，打开【Inbox】文件夹，即可在主窗格中阅读电子邮件内容。接收、阅读电子邮件的具体操作步骤如下。

Step01 打开收件箱。在Outlook窗口中，如果收到了新的电子邮件，左侧【文件夹】窗格【Inbox】文件夹中会显示收到的新邮件，如图16-46所示。

图 16-46

Step02 打开新邮件。选择【Inbox】文件夹，界面中间区域显示收到的新邮件后，双击打开，如图16-47所示。

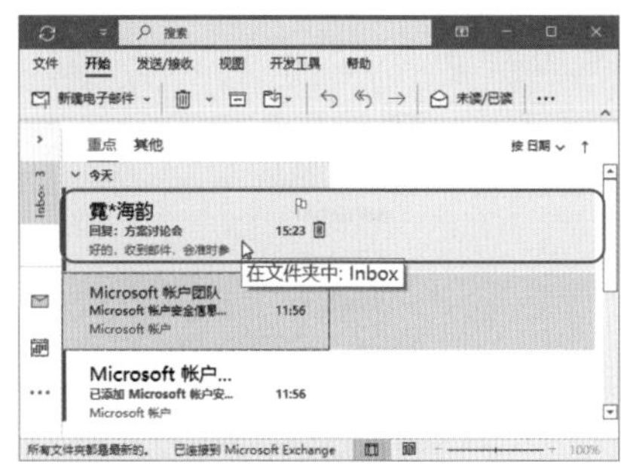

图 16-47

Step03 浏览邮件内容。弹出新邮件窗口，即可浏览邮件内容，如图16-48所示。

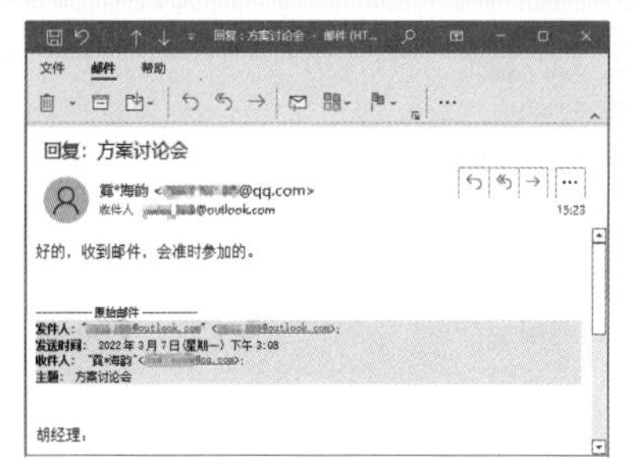

图 16-48

Step04 打开【打开邮件附件】对话框。如果邮件中含有附件，❶单击附件文件图标右侧的下拉按钮；❷在弹出的下拉列表中选择【打开】选项，如图16-49所示。

图 16-49

Step05 确认打开附件。弹出【打开邮件附件】对话框，提示请只打开来源可靠的附件，这里单击【打开】按钮，如图16-50所示。

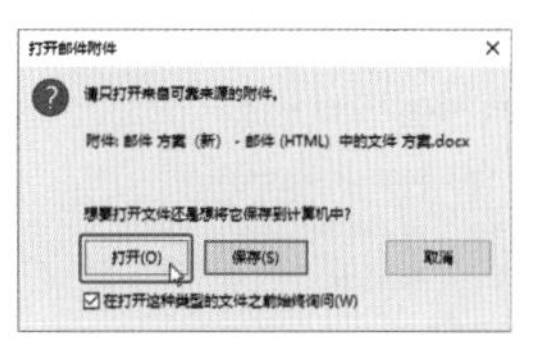

图 16-50

Step06 查看附件内容。根据附件文件的类型启动相应的软件，并打开该文件，如图16-51所示。

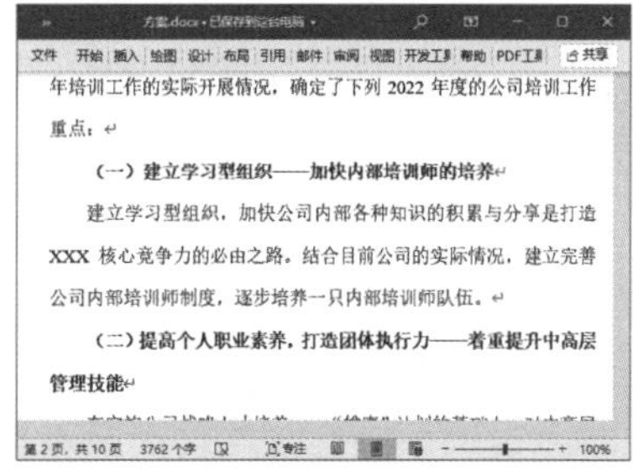
年培训工作的实际开展情况，确定了下列2022年度的公司培训工作重点：

（一）建立学习型组织——加快内部培训师的培养

建立学习型组织，加快公司内部各种知识的积累与分享是打造XXX核心竞争力的必由之路，结合目前公司的实际情况，建立完善公司内部培训师制度，逐步培养一只内部培训师队伍。

（二）提高个人职业素养，打造团体执行力——着重提升中高层管理技能

图 16-51

Step07 对附件进行其他操作。单击附件文件图标，在弹出的快捷菜单中，可以选择对附件进行快速打印、另存为、删除、复制等操作，此处不再赘述，如图16-52所示。

图 16-52

技术看板

如果想预览邮件中的附件，可以单击附件文件图标右侧的下拉按钮，在弹出的下拉列表中选择【预览】选项。浏览完毕后，单击上方的【返回到邮件】按钮，即可返回邮件界面。

16.3.3 实战：答复或全部答复电子邮件

实例门类	软件功能

收到电子邮件后，用户可以进行答复或全部答复。其中，答复是指答复发邮件的人；全部答复是指答复所有人，包括收到抄送邮件的人。答复或全部答复电子邮件的具体操作步骤如下。

Step01 进入邮件答复界面。打开收到的电子邮件，在【邮件】选项卡中单击【答复】按钮，如图16-53所示。

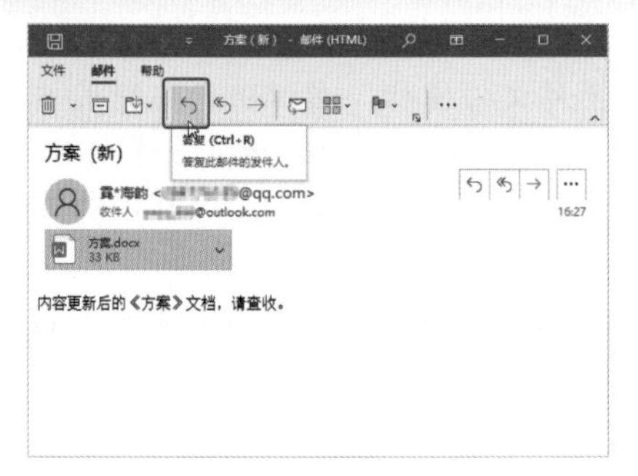

图 16-53

Step02 答复邮件。进入答复界面，❶在答复文本框中输入“已收到邮件，谢谢！”；❷单击【发送】按钮，即可发送答复邮件，如图 16-54 所示。

图 16-54

Step03 查看答复时间信息。答复后，电子邮件中会显示答复时间，如图 16-55 所示。

图 16-55

Step04 查看抄送信息。如果收到的电子邮件同时抄送了其他账户，可以批量答复邮件。打开收到的带有抄送账户的邮件，单击【抄送】标题栏后的链接，即可在弹出的窗格中看到收件人账号信息，如图 16-56 所示。

图 16-56

Step05 全部答复邮件。❶选择【邮件】选项卡；❷单击【全部答复】按钮，如图 16-57 所示。

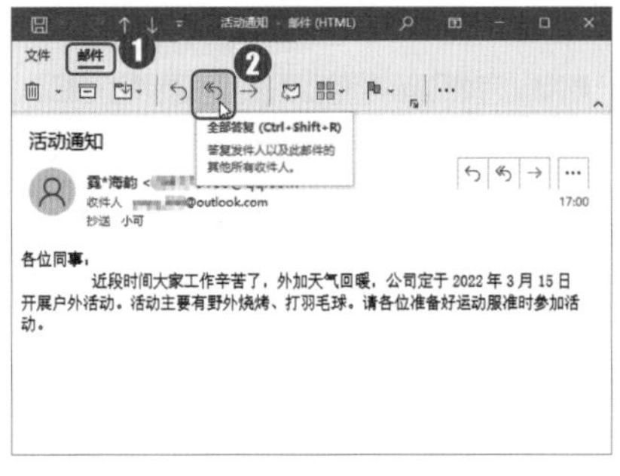

图 16-57

Step06 输入答复内容。进入答复界面，❶在答复文本框中输入“好的，收到通知！”；❷单击【发送】按钮，即可发送答复邮件，如图 16-58 所示。

图 16-58

16.3.4 实战：电子邮件的排序和查找

实例门类	软件功能

对于Outlook中的电子邮件，用户可以根据需要进行排序和查找操作，具体操作步骤如下。

Step01 打开收件箱。在Outlook窗口中，选择左侧【文件夹】窗格中的【Inbox】文件夹，如图 16-59 所示。

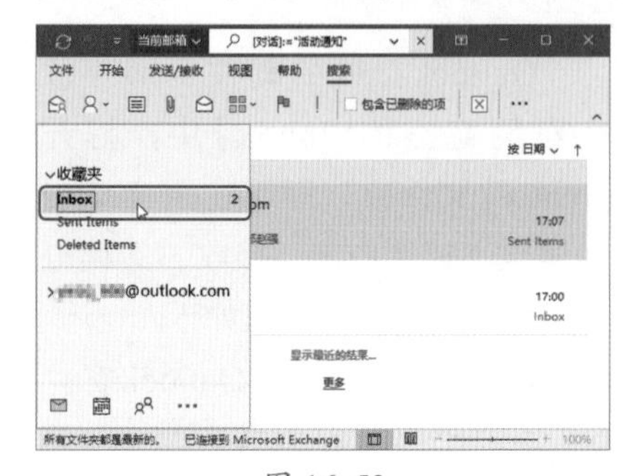

图 16-59

Step02 排序邮件。Outlook窗口的中间区域可显示收到的邮件，在排序区域单击默认的【按日期】按钮，如图 16-60 所示。

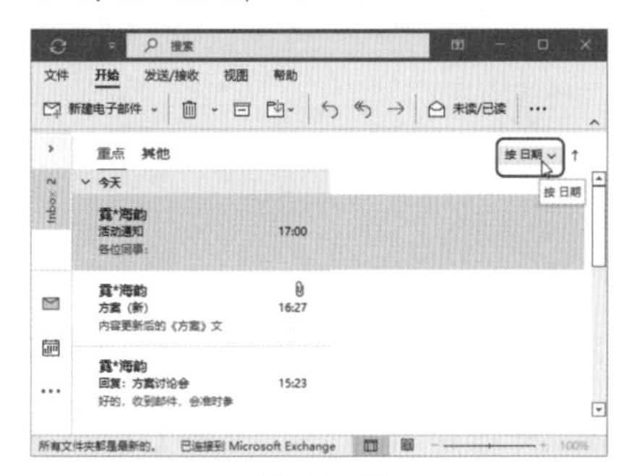

图 16-60

Step03 选择发件人。在弹出的下拉列表中选择【发件人】选项，如图 16-61 所示。

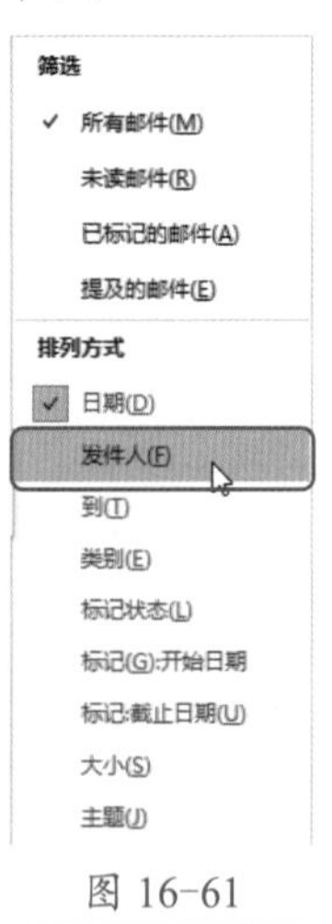

图 16-61

Step04 查看排序结果。即可将收件箱中的邮件按照【发件人】姓名的首个拼音字母进行升序排序，如图 16-62 所示。

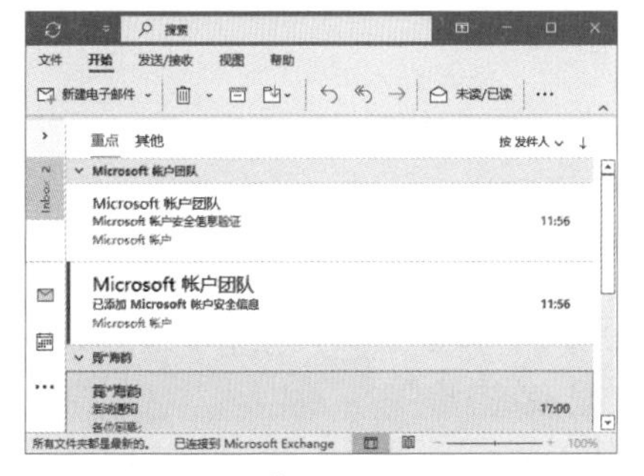

图 16-62

Step05 搜索邮件。如果需要搜索邮件，❶将光标定位在标题栏中的【搜索】文本框中；❷选择【搜索】选项卡；❸单击【按主题搜索】按钮，如图 16-63 所示。

图 16-63

Step06 查看显示结果。【搜索】文本框中显示【主题："关键词"】，如图 16-64 所示。

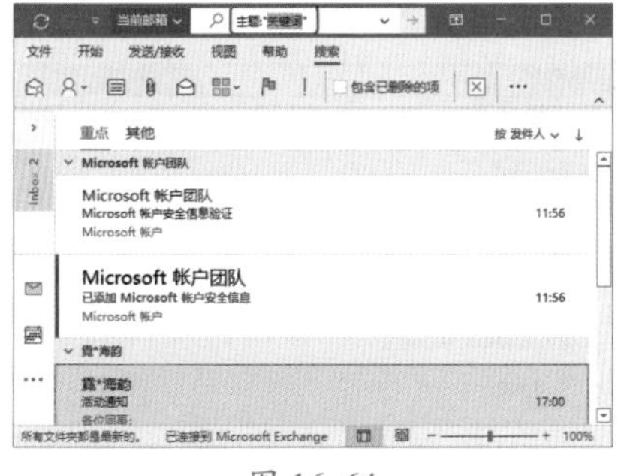

图 16-64

Step07 替换关键词。将【搜索】文本框中的“关键词”替换为“活动”，即可搜索出有“活动”字样的邮件，如图 16-65 和图 16-66 所示。

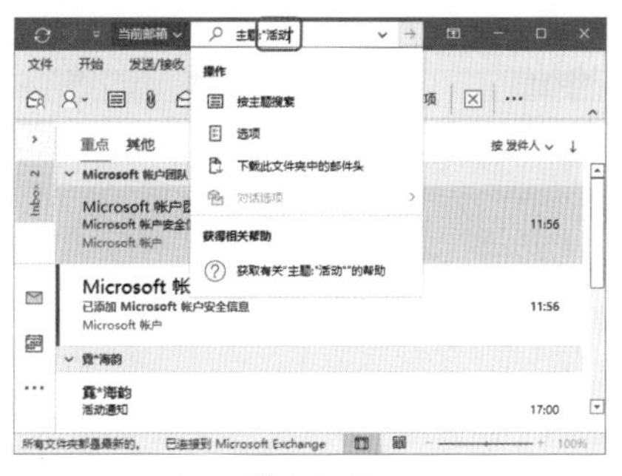

图 16-65

图 16-66

16.3.5 实战：创建规则

实例门类	软件功能

在 Outlook 中，用户可以对接收的邮件进行一定的规则设置，以便于日后对邮件进行管理。创建规则的具体操作步骤如下。

Step01 打开【创建规则】对话框。❶选择【开始】选项卡；❷单击【更多】按钮…；❸在弹出的下拉列表中选择【移动和删除】栏中的【规则】选项；❹在弹出的下一级列表中选择【创建规则】选项，如图 16-67 所示。

图 16-67

Step02 编辑规则。弹出【创建规则】对话框，❶选择【主题包含】复选框，在其右侧的文本框中输入“培训”；❷选择【收件人】复选框，在其右侧的下拉列表中选择【只是我】选项；❸选择【在新邮件通知窗口中显示】复选框；❹选择【播放所选择的声音】复选框，在其右侧单击【播放】按钮，播放选择的声音；❺设置完毕，单击【确定】按钮，如图 16-68 所示。

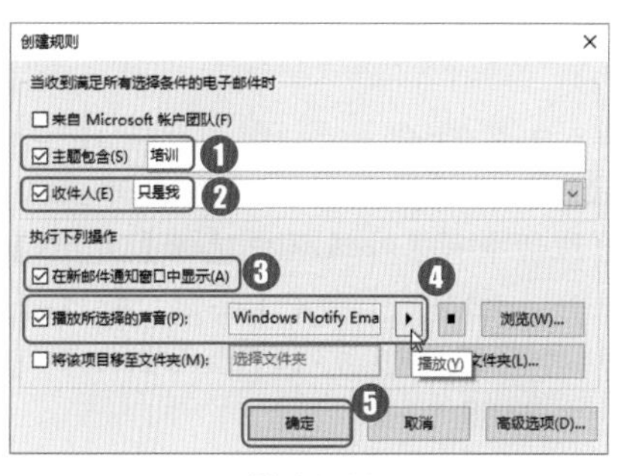

图 16-68

Step03 成功创建规则。弹出【成功】对话框，提示用户“已经创建规则"只发送给我"”，单击【确定】按钮，如图 16-69 所示。

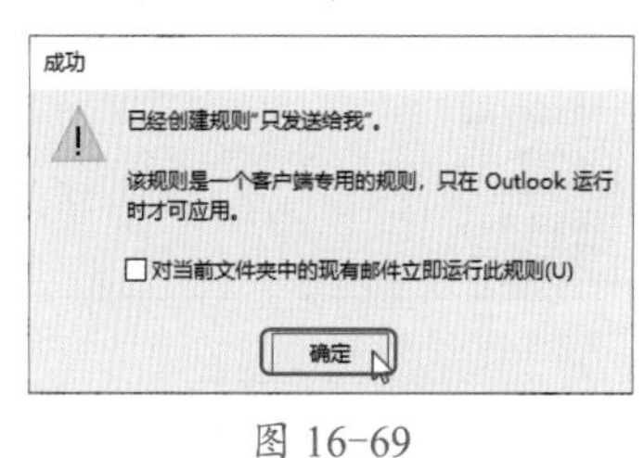

图 16-69

16.3.6 实战：移动电子邮件

实例门类	软件功能

新建或收到电子邮件后，用户可以根据需要，更改电子邮件的保存地址，如将电子邮件在收件箱、发件箱、已删除邮件和存档文件夹之间进行移动。移动电子邮件的具体操作步骤如下。

Step01 打开【移动项目】对话框。❶在收件箱中选择要移动的电子邮件；❷选择【开始】选项卡；❸单击【移动】按钮；❹在弹出的下拉列表中选择【其他文件夹】选项，如图 16-70 所示。

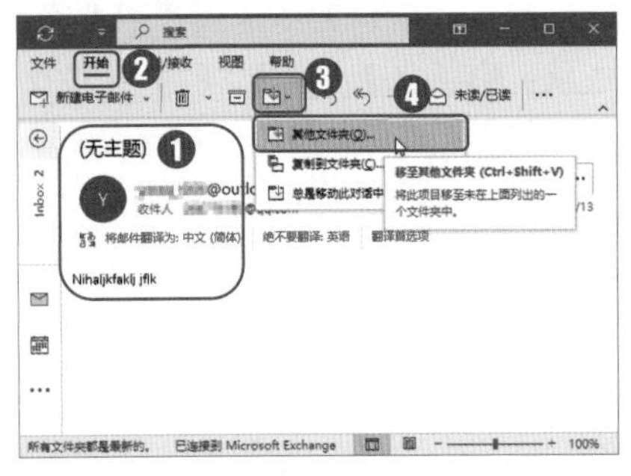

图 16-70

Step02 选择目标位置。❶在弹出的【移动项目】对话框中选择【Drafts】选项；❷单击【确定】按钮，即可将选择的邮件移动到【Drafts】文件夹中，如图 16-71 所示。

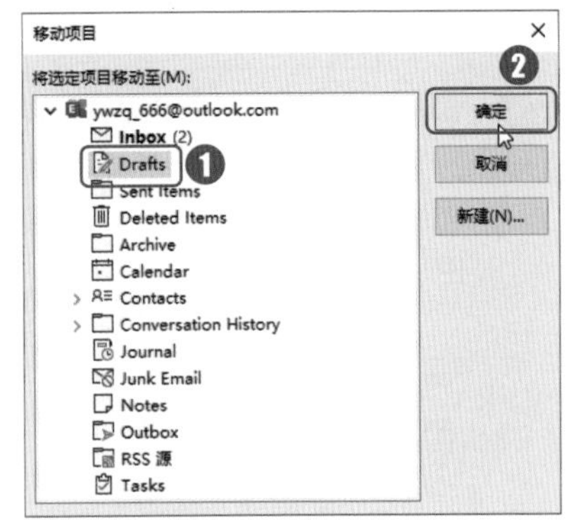

图 16-71

Step03 选择文件夹。在 Outlook 窗口左侧的【文件夹】窗格中选择【Drafts】文件夹，如图 16-72 所示。

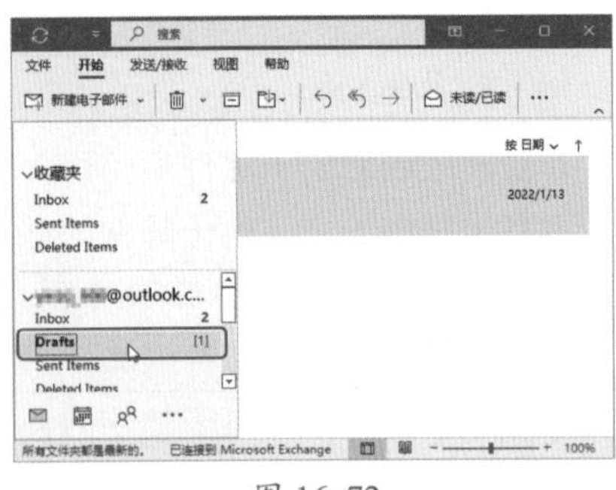

图 16-72

Step04 成功移动邮件。即可看到被移动到【Drafts】文件夹中的邮件，如图 16-73 所示。

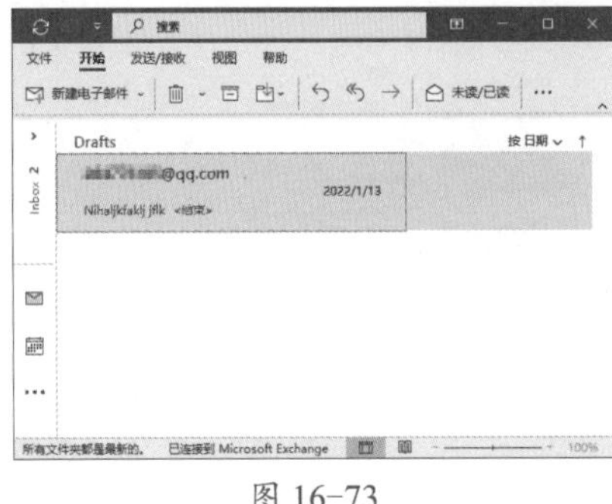

图 16-73

Step05 将邮件移动到存档文件夹（【Archive】文件夹）。❶选择需要存档的邮件并右击；❷在弹出的快捷菜单中选择【存档】选项，如图 16-74 所示。

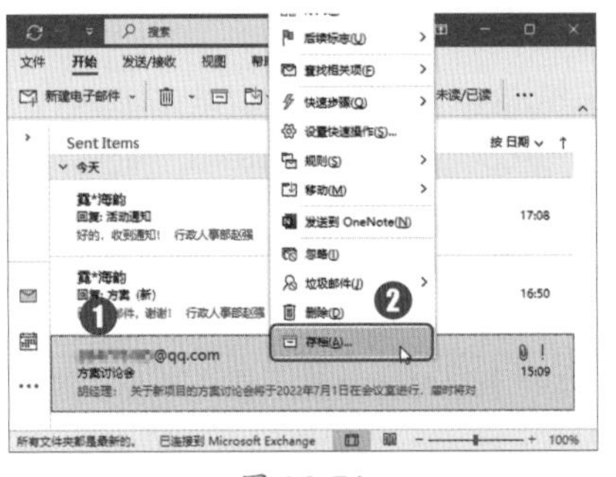

图 16-74

Step06 选择文件夹。在 Outlook 窗口左侧的【文件夹】窗格中选择【Archive】文件夹，如图 16-75 所示。

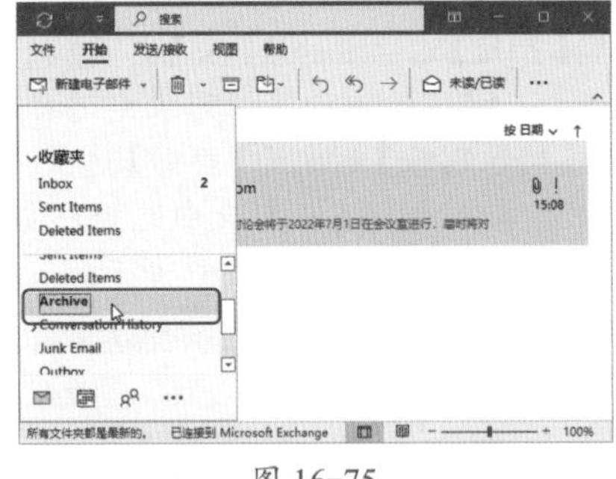

图 16-75

Step07 成功移动邮件。即可将选择的邮件移动到【Archive】文件夹中，如图 16-76 所示。

图 16-76

技术看板

对选择的邮件执行【移动】命令后，邮件被移动到新位置，原位置的邮件就不存在了。

16.3.7 实战：设置外出时的自动回复

实例门类	软件功能

我们经常使用 Outlook 电子邮件与客户进行沟通，收到信息后第一时间回复，会让对方感觉到亲切和真挚。Outlook 内置助理程序，用户出差时，可以通过设置 Outlook 模板和【临时外出】规则，实现自动回复，具体操作步骤如下。

Step01 新建邮件。在 Outlook 窗口中，❶选择【开始】选项卡；❷单击【新建】组中的【新建电子邮件】按钮，如图 16-77 所示。

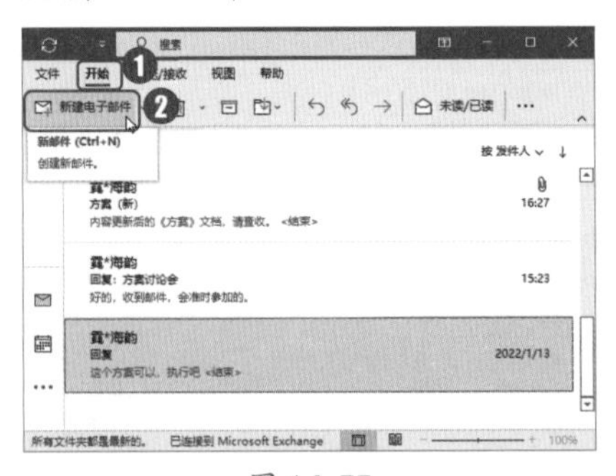

图 16-77

Step02 输入内容。弹出新建邮件窗口，❶在【主题】文本框中输入“临时外出”；❷在【内容】文本框中输入“临时外出，暂时不方便查看邮件，有事请打电话，谢谢！”；❸选择【文件】选项卡，如图 16-78 所示。

图 16-78

Step03 打开【另存为】对话框。进入【文件】界面，选择【另存为】选项卡，如图 16-79 所示。

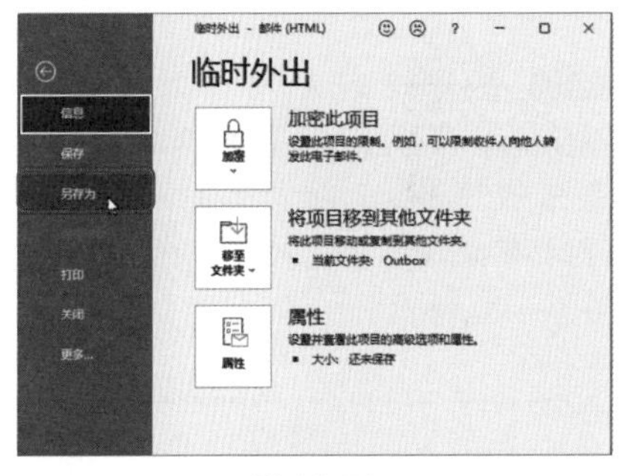

图 16-79

Step04 保存邮件。弹出【另存为】对话框，❶在【保存类型】下拉列表中选择【Outlook 模板(*.oft)】选项；❷单击【保存】按钮，如图 16-80 所示。

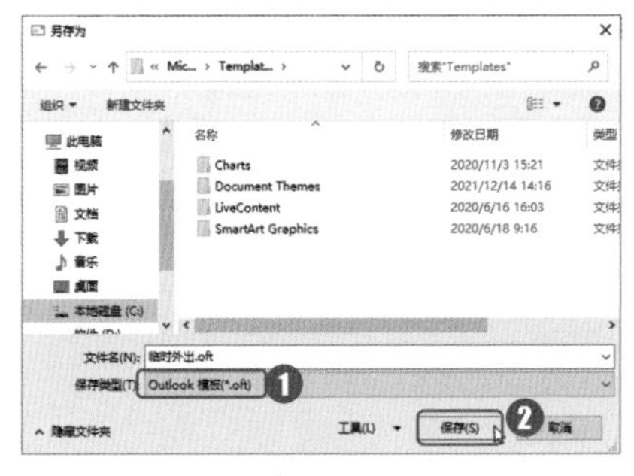

图 16-80

Step05 打开【规则和通知】对话框。❶选择【开始】选项卡；❷单击【更多】按钮⋯；❸在弹出的下拉列表中选择【移动和删除】栏中的【规则】选项；❹在弹出的下一级列表中选择【管理规则和通知】选项，如图 16-81 所示。

图 16-81

Step06 打开【规则向导】对话框。弹出【规则和通知】对话框，单击【新建规则】按钮，如图 16-82 所示。

图 16-82

Step07 选择模板。弹出【规则向导】对话框，在【从模板或空白规则开始】界面，❶在【从空白规则开始】组中选择【对我接收的邮件应用规则】选项；❷单击【下一步】按钮，如图 16-83 所示。

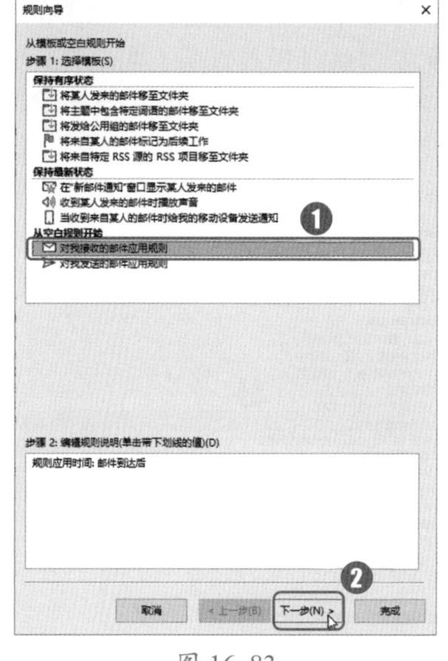

图 16-83

Step08 选择条件。在【想要检测何种条件】界面，❶在【步骤 1：选择条件】列表框中选择【只发送给我】复选框；❷单击【下一步】按钮，如图 16-84 所示。

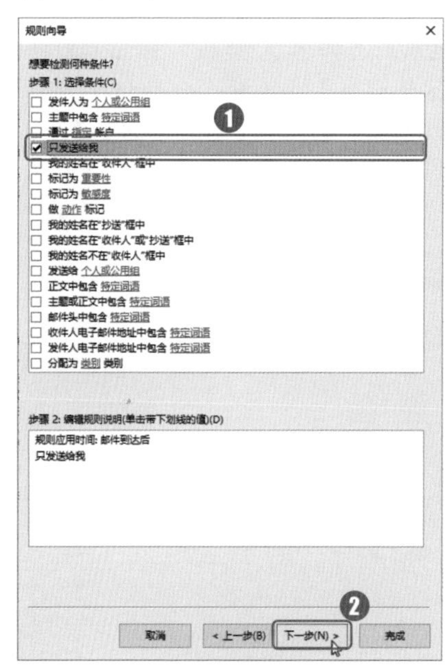

图 16-84

Step09 打开【选择答复模板】对话框。在【如何处理该邮件】界面，❶在【步骤 1：选择操作】列表框中选择

【用特定模板答复】复选框；❷单击【步骤 2:编辑规则说明（单击带下划线的值）】列表框中的【特定模板】链接，如图 16-85 所示。

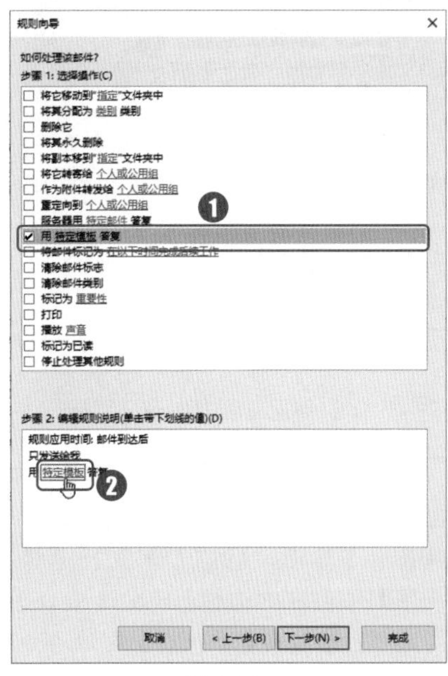

图 16-85

Step10 选择答复模板。弹出【选择答复模板】对话框，自动切换到模板界面，❶选择【临时外出】模板；❷单击【打开】按钮，如图 16-86 所示。

图 16-86

Step11 查看模板路径。返回【规则向导】对话框，此时，【步骤 2:编辑规则说明（单击带下划线的值）】列表框中，之前的【特定模板】位置显示【临时外出】模板文件的路径，单击【下一步】按钮，如图 16-87 所示。

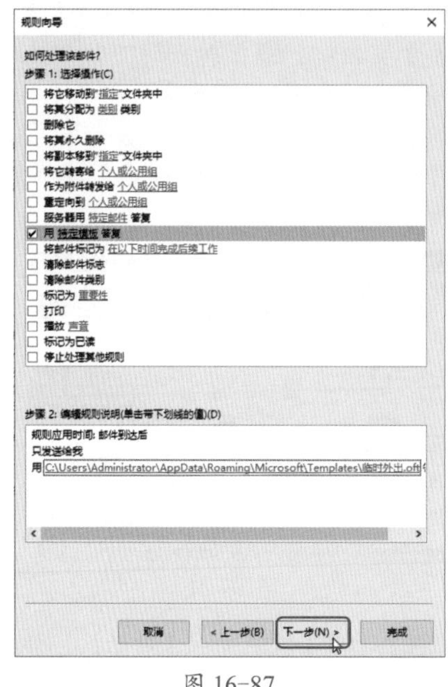

图 16-87

Step12 进入【完成规则设置】界面。在【是否有例外】界面，直接单击【下一步】按钮，如图 16-88 所示。

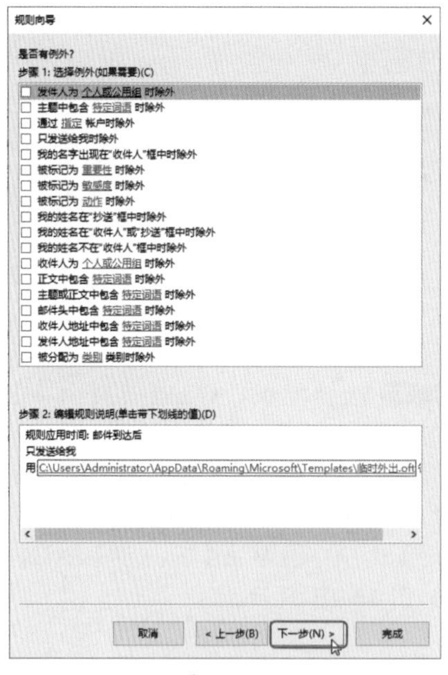

图 16-88

Step13 完成规则设置。进入【完成规则设置】界面，❶在【步骤 1:指定规则的名称】文本框中输入“临时外出”；❷单击【完成】按钮，如图 16-89 所示。

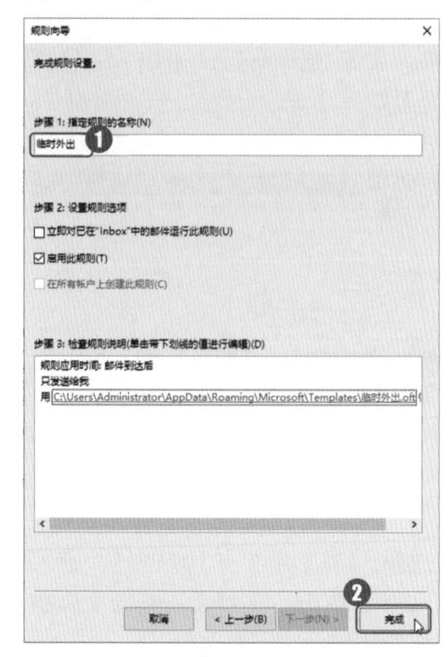

图 16-89

Step14 查看规则应用范围。弹出【Microsoft Outlook】提示对话框，提示设置的规则只在Outlook运行时有效，单击【确定】按钮，如图 16-90 所示。

图 16-90

Step15 查看规则。返回【规则和通知】对话框，❶可以看到设置的“临时外出”规则复选框被勾选；❷单击【确定】按钮，完成设置，如图 16-91 所示。

图 16-91

16.3.8 将邮件标记为已读或未读

实例门类	软件功能

使用Outlook的邮件标记功能，可以将已读邮件标记为未读，也可以将未读邮件标记为已读。对邮件进行标记的具体操作步骤如下。

Step 01 选择标记类型。❶选择邮件并右击；❷在弹出的快捷菜单中选择标记类型。因为这是一封已读邮件，所以这里可以选择【标记为未读】选项，如图16-92所示。

图 16-92

Step 02 查看标记效果。如图16-93所示，未读邮件中出现了Step 01中标记过的邮件。

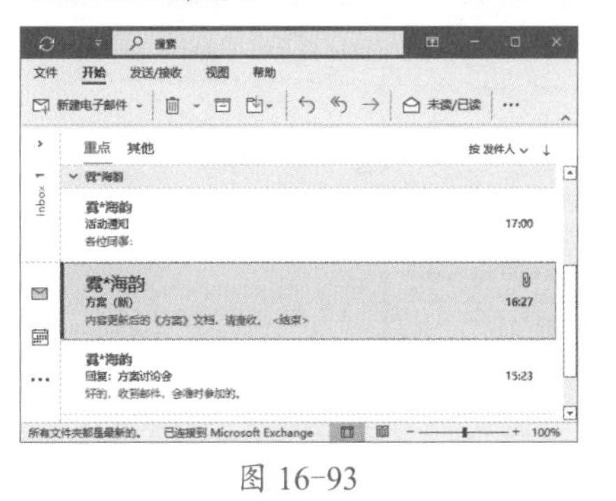

图 16-93

★新功能 16.3.9 收听电子邮件和文档

实例门类	软件功能

为了方便用户读取邮件信息，Outlook 2021新增了大声朗读功能。使用大声朗读功能的操作过程如下。

❶选择需要朗读的邮件；❷选择【开始】选项卡；❸单击【更多】按钮⋯；❹在弹出的下拉列表中选择【语音】栏中的【大声朗读】选项，即可使用大声朗读功能收听邮件信息，如图16-94所示。

图 16-94

16.4 管理联系人

为了方便用户更快捷地使用电子邮件系统，Outlook增加了管理联系人功能，帮助用户创建联系人及联系人分组。此外，用户还可以根据需要从邮件中提取联系人，为联系人发送邮件，从而在与外部合作伙伴进行邮件沟通时更加便捷。

★重点 16.4.1 实战：添加联系人

实例门类	软件功能

日常生活中，人们会将一些常用的电话号码记在手机通讯录中，以便需要时能够立即查阅。Outlook的联系人列表也具有相似的作用，用户可以将同事和亲朋好友添加至联系人列表，不仅能记录他们的电子邮件地址，还可以记录电话号码、联系地址和生日等各类信息。添加Outlook联系人的具体操作步骤如下。

Step 01 新建联系人。打开Outlook程序，❶选择【开始】选项卡；❷单击【新建电子邮件】按钮右侧的下拉按钮⌄；❸在弹出的下拉列表中选择【联系人】选项，如图16-95所示。

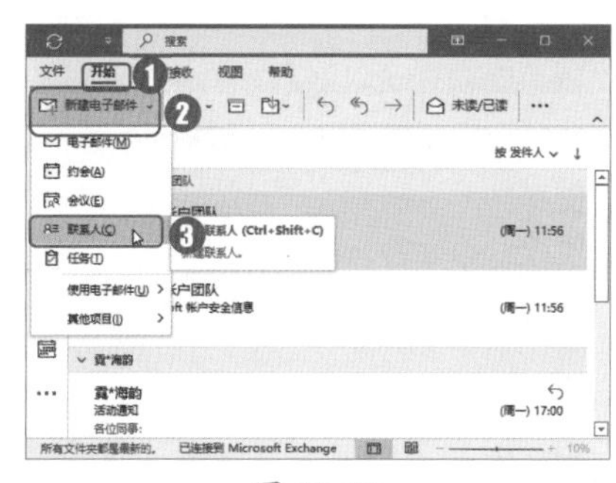

图 16-95

Step 02 编辑联系人信息。完成Step 01

操作后，弹出一个名为“未命名-联系人”的窗口，用户可以在此窗口中编辑联系人的基本信息，如图 16-96 所示。

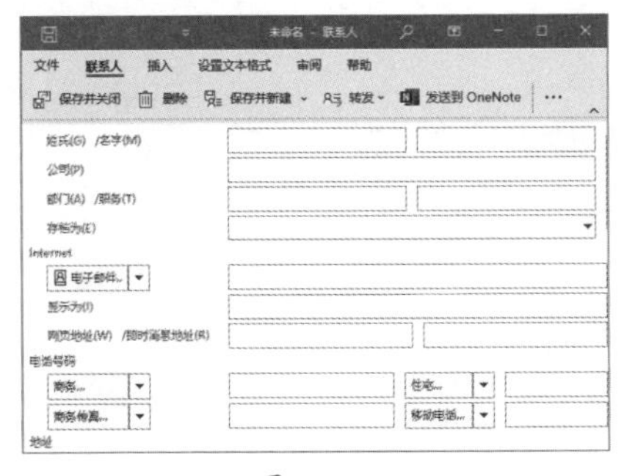

图 16-96

Step 03 输入联系人信息。❶输入第一位联系人“胡芳霖”的基本信息；❷单击【保存并新建】按钮，如图 16-97 所示。

图 16-97

Step 04 打开新的联系人窗口。完成 Step 03 操作后，即可再次打开一个名为“未命名-联系人”的窗口，如图 16-98 所示。

图 16-98

Step 05 输入第二位联系人信息。❶输入第二位联系人“田盛美”的基本信息；❷单击【保存并新建】按钮，如图 16-99 所示。

图 16-99

Step 06 输入第三位联系人信息。再次打开一个名为“未命名-联系人”的窗口，❶输入第三位联系人“刘玉英”的基本信息；❷单击【保存并关闭】按钮，如图 16-100 所示。

图 16-100

Step 07 进入联系人界面。完成输入后，单击 Outlook 窗口左侧【文件夹】窗格中的【联系人】按钮 ♀♀，如图 16-101 所示。

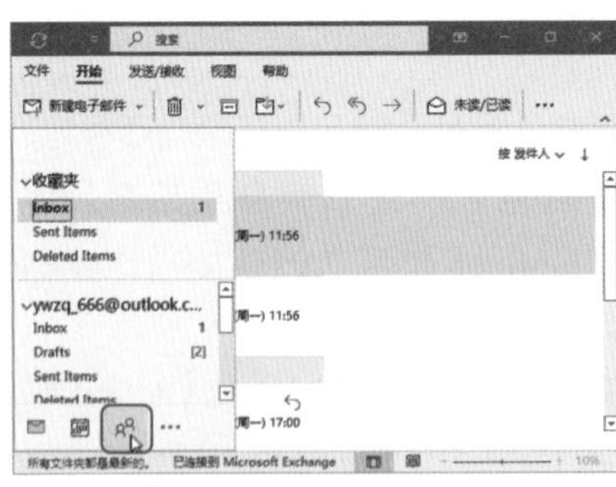

图 16-101

Step 08 查看联系人。进入联系人界面，查看联系人信息，如图 16-102 所示。

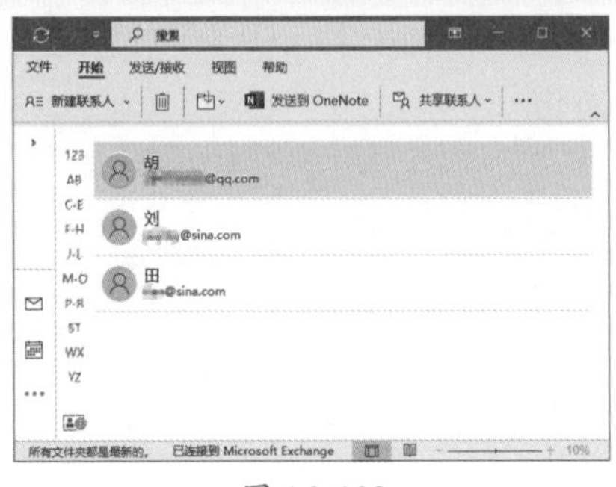

图 16-102

Step 09 选择名片视图。❶选择【视图】选项卡；❷单击【更改视图】按钮；❸在弹出的下拉列表中单击【名片】按钮，如图 16-103 所示。

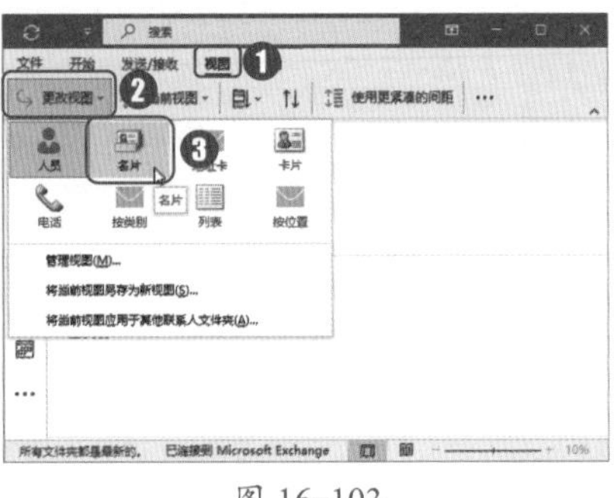

图 16-103

Step 10 查看联系人名片。即可查看联系人名片，如图 16-104 所示。

图 16-104

★重点 16.4.2 实战：建立联系人组

实例门类	软件功能

联系人组是在一个名称下收集多个电子邮件地址的分组。发送到联系人组的邮件，将转发给组中列

出的所有收件人。在实际工作中，可将联系人组添加在邮件、任务要求和会议要求中，甚至还可以添加在其他联系人组中。建立联系人组的具体操作步骤如下。

Step01 新建联系人组。在联系人界面，❶选择【开始】选项卡；❷单击【新建联系人】按钮；❸在弹出的下拉列表中选择【联系人组】选项，如图 16-105 所示。

图 16-105

Step02 添加成员。完成 Step 01 操作后，弹出一个名为“未命名-联系人组”的窗口，❶在【名称】文本框中输入“同事”，窗口名称即变成“同事-联系人组”；❷选择【联系人组】选项卡；❸单击【更多】按钮⋯；❹在弹出的下拉列表中选择【添加成员】选项；❺在弹出的下一级列表中选择【从通讯簿】选项，如图 16-106 所示。

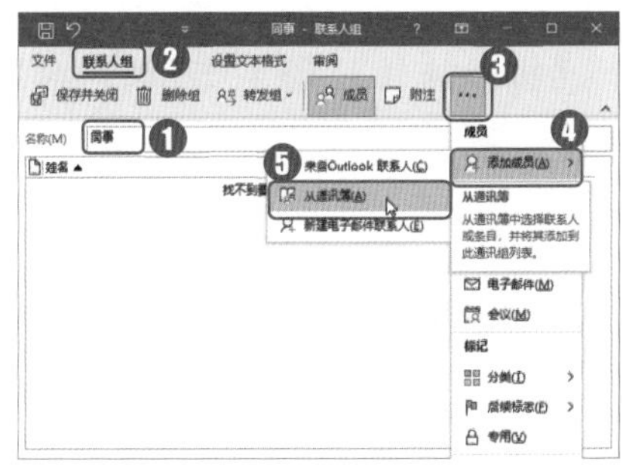

图 16-106

Step03 选择联系人。❶在【联系人】列表中选择【田盛美】选项；❷单击【成员】按钮，如图 16-107 所示。

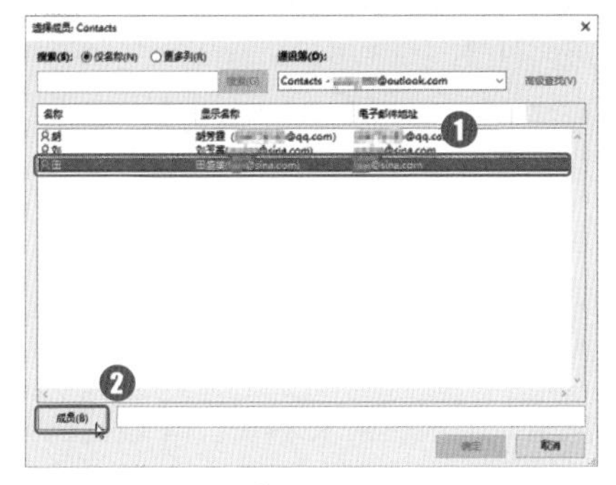

图 16-107

Step04 成功添加联系人信息。❶即可将选择的联系人【田盛美】的个人信息添加到【成员】文本框中；❷单击【确定】按钮，如图 16-108 所示。

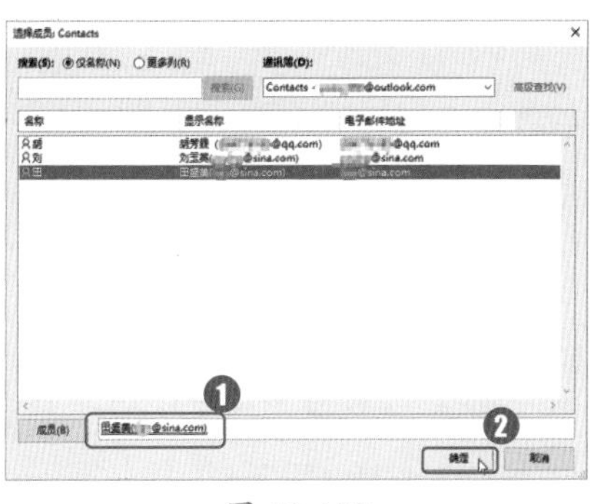

图 16-108

Step05 查看联系人添加效果。完成以上操作后，即可将联系人【田盛美】添加到【同事】组中，如图 16-109 所示。

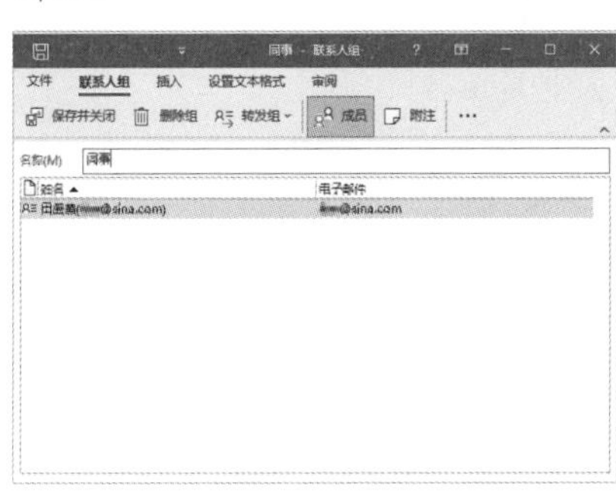

图 16-109

Step06 添加其他联系人。❶使用同样的方法，将其他两位联系人添加到【同事】组中；❷单击【保存并关闭】按钮，效果如图 16-110 所示。

图 16-110

★重点 16.4.3 实战：从邮件中提取联系人

实例门类	软件功能

用户收到电子邮件的同时会收到联系人信息，如果是首次联系的客户或朋友，可以从邮件中提取他们的邮件账户，保存到 Outlook 联系人中。从邮件中提取联系人的具体操作步骤如下。

Step01 打开邮件。进入收件箱界面，双击收到的发自新联系人的邮件，如图 16-111 所示。

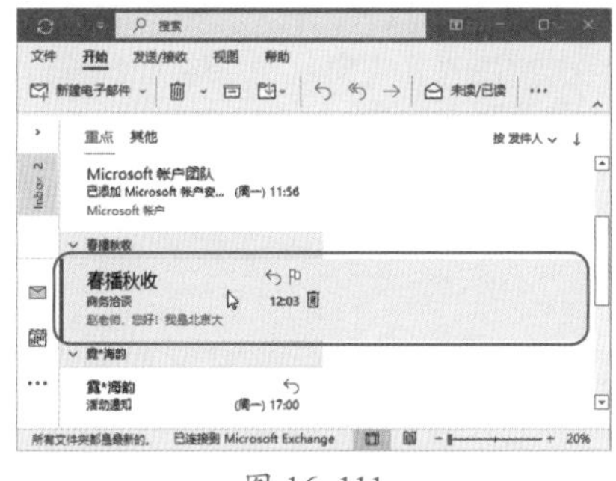

图 16-111

Step02 查看邮件信息。弹出该邮件，显示邮件的相关信息，如图 16-112 所示。

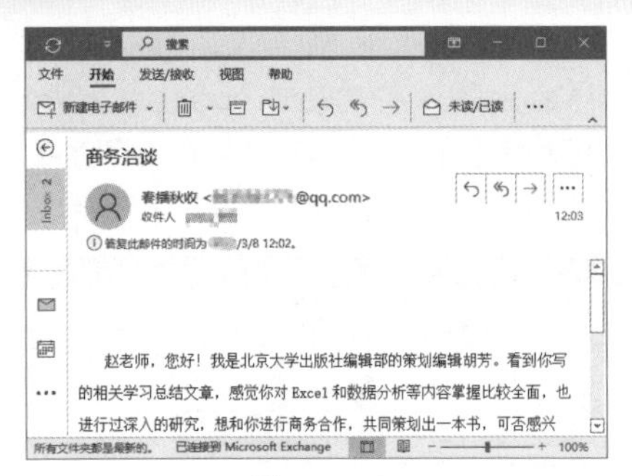
图 16-112

Step 03 将发信人添加为Outlook联系人。❶单击发信人头像；❷在弹出的快捷菜单中单击【查看与此人互动的其他选项】按钮…；❸在弹出的下拉列表中选择【添加到Outlook联系人】选项，如图16-113所示。

图 16-113

Step 04 查看信息。弹出联系人窗口，显示了联系人的具体信息，如图16-114所示。

图 16-114

Step 05 设置联系人。❶将“联系人姓名”设置为“胡芳编辑”；❷单击【保存并关闭】按钮，如图16-115所示。

图 16-115

Step 06 打开联系人界面。在Outlook窗口左侧的【文件夹】窗格中单击【联系人】按钮，如图16-116所示。

图 16-116

Step 07 显示联系人。进入联系人界面，新添加的联系人【胡芳编辑】已显示在其中，如图16-117所示。

图 16-117

★重点 16.4.4 实战：为联系人发送邮件

实例门类	软件功能

联系人或联系人组创建完成后，可以直接从中选择联系人发送电子邮件，具体操作步骤如下。

Step 01 新建邮件。打开Outlook程序，❶选择【开始】选项卡；❷单击【新建电子邮件】按钮，如图16-118所示。

图 16-118

Step 02 打开通讯簿。弹出【未命名-邮件(HTML)】窗口，❶选择【邮件】选项卡；❷单击右侧的【更多命令】按钮…；❸在弹出的下拉列表中选择【通讯簿】选项，如图16-119所示。

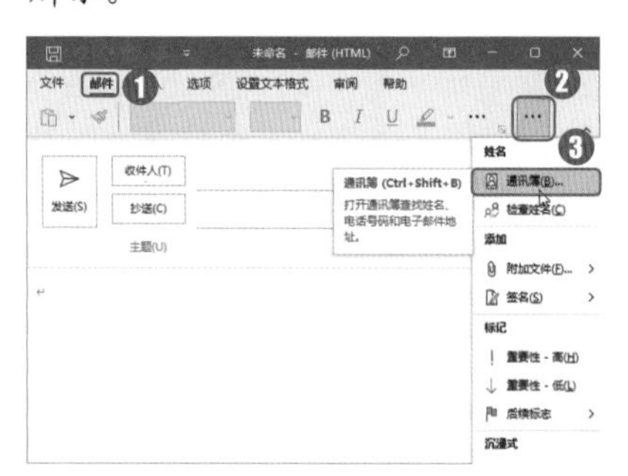
图 16-119

Step 03 设置收件人。弹出【选择姓名：Contacts】对话框，❶选择联系人【胡芳编辑】；❷单击【收件人】按钮，如图16-120所示。

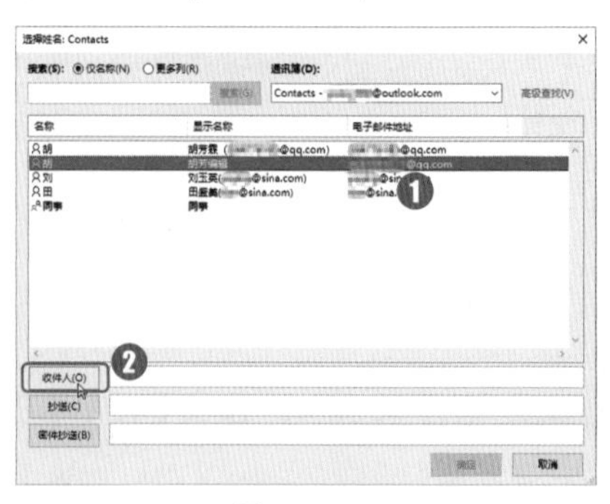
图 16-120

Step 04 设置抄送。将联系人【胡芳编辑】的邮件地址添加到【收件人】文本框中。①选择联系人【胡芳霖】；②单击【抄送】按钮，如图 16-121 所示。

图 16-121

Step05 成功设置抄送人。将联系人【胡芳霖】添加到【抄送】文本框中，单击【确定】按钮，如图 16-122 所示。

图 16-122

Step06 回复邮件。返回邮件编辑界面，①在【主题】文本框中输入“创作计划回复”；②在“内容”文本框中输入主要内容；③邮件编辑完成，单击【发送】按钮，如图 16-123 所示。

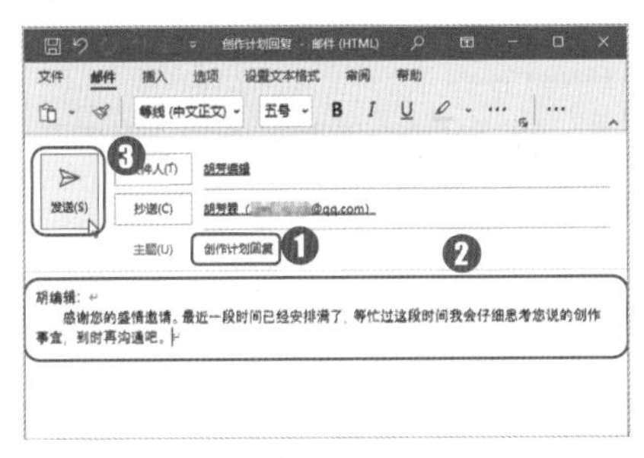

图 16-123

★重点 16.4.5 实战：共享联系人

实例门类	软件功能

创建联系人后，可以将联系人进行共享，包括发送/转发联系人和共享联系人。

1. 发送/转发联系人

将联系人信息发送/转发给其他人的具体操作步骤如下。

Step01 添加联系人名片。①在联系人界面，选择联系人【胡芳霖】；②选择【开始】选项卡；③单击【更多命令】按钮⋯；④在弹出的下拉列表中选择【共享联系人】选项；⑤在弹出的下一级列表中选择【作为名片】选项，如图 16-124 所示。

图 16-124

Step02 打开【选择姓名：Contacts】对话框。弹出邮件编辑窗口，①将联系人【胡芳霖】的名片添加到邮件中；②单击【收件人】按钮，如图 16-125 所示。

图 16-125

Step03 选择收件人。弹出【选择姓名：Contacts】对话框，①在【联系人】列表框中选择联系人【胡芳编辑】后单击【收件人】按钮，将其添加到【收件人】文本框中；②单击【确定】按钮，如图 16-126 所示。

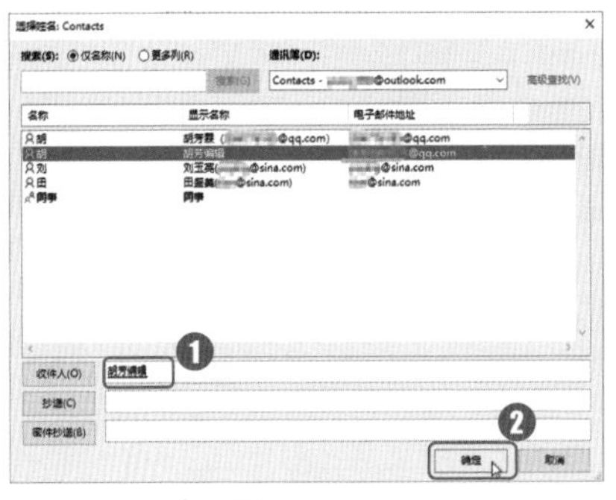

图 16-126

Step04 发送邮件。返回邮件编辑界面，单击【发送】按钮，如图 16-127 所示。

图 16-127

Step05 转发联系人。选择联系人【田盛美】，①选择【开始】选项卡；②单击【更多命令】按钮⋯；③在弹出的下拉列表中选择【共享联系人】选项；④在弹出的下一级列表中选择【作为 Outlook 联系人】选项，如图 16-128 所示。

图 16-128

Step06 打开【选择姓名：Contacts】

对话框。弹出邮件编辑窗口，❶将联系人【田盛美】的名片添加到邮件中；❷单击【收件人】按钮，如图 16-129 所示。

图 16-129

Step 07 选择收件人。弹出【选择姓名：Contacts】对话框，❶在【联系人】列表框中选择联系人【胡芳编辑】后单击【收件人】按钮，将其添加到【收件人】文本框中；❷单击【确定】按钮，如图 16-130 所示。

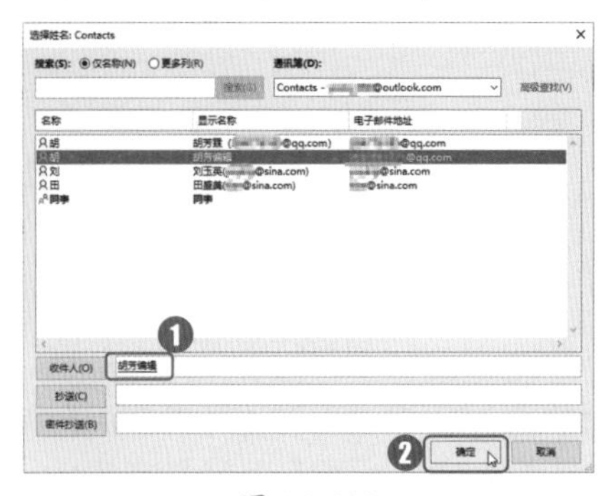

图 16-130

Step 08 发送邮件。返回邮件编辑界面，单击【发送】按钮，如图 16-131 所示。

图 16-131

将 Outlook 中的联系人发送给其他人时，Outlook 将自动创建一个新邮件，并将该联系人作为附件包含在邮件中。收件人接收到该邮件后，只需将附件拖到 Outlook 快捷方式栏中的联系人图标上或文件夹列表的联系人文件夹中，Outlook 即可自动将附件中的联系人添加到联系人列表中。

2. 共享联系人

Outlook 2021 有共享联系人功能，可以与其他人共享联系人，以便对方便捷地查看相关联系人。共享联系人的具体操作步骤如下。

Step 01 共享联系人。❶选择联系人【田盛美】；❷选择【开始】选项卡；❸单击【更多命令】按钮…；❹在弹出的下拉列表中选择【共享联系人】选项；❺在弹出的下一级列表中选择【共享联系人】选项，如图 16-132 所示。

图 16-132

Step 02 打开【选择姓名：Contacts】对话框。打开共享邀请编辑窗口，❶将联系人文件夹添加到邮件中；❷单击【收件人】按钮，如图 16-133 所示。

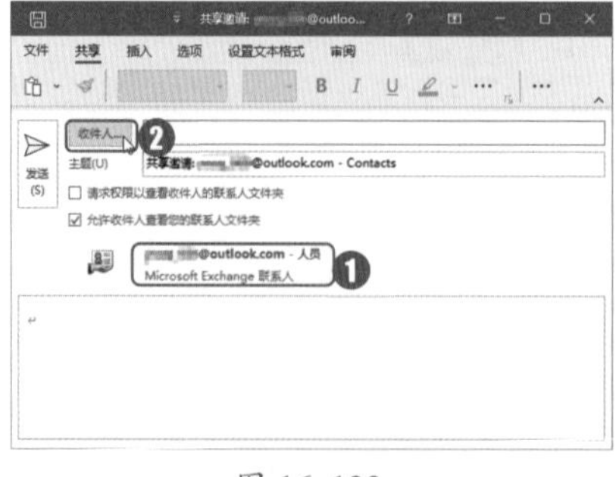

图 16-133

Step 03 添加收件人。弹出【选择姓名：Contacts】对话框，❶在【联系人】列表框中选择联系人【刘玉英】；❷单击【收件人】按钮，将其添加到【收件人】文本框中；❸单击【确定】按钮，如图 16-134 所示。

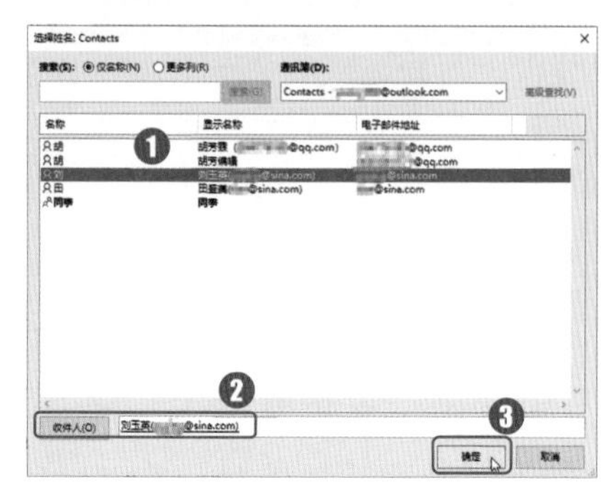

图 16-134

Step 04 发送邮件。将联系人【刘玉英】的邮件地址添加到【收件人】文本框中后，单击【发送】按钮，如图 16-135 所示。

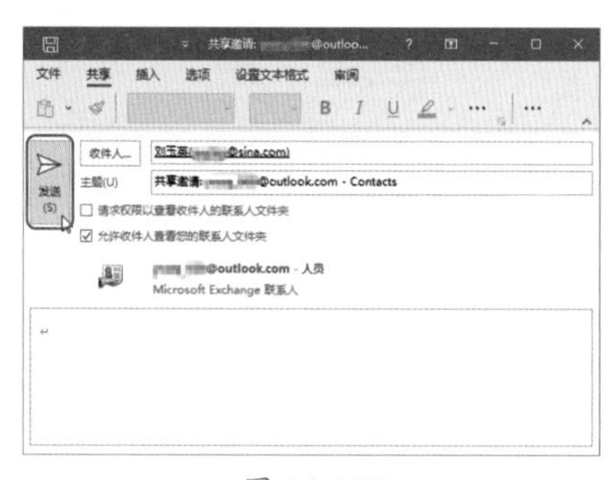

图 16-135

Step 05 确定共享联系人。弹出【Microsoft Outlook】对话框，提示用户“是否与（选择的邮件地址）共享此联系人文件夹”，单击【是】按钮即可，如图 16-136 所示。

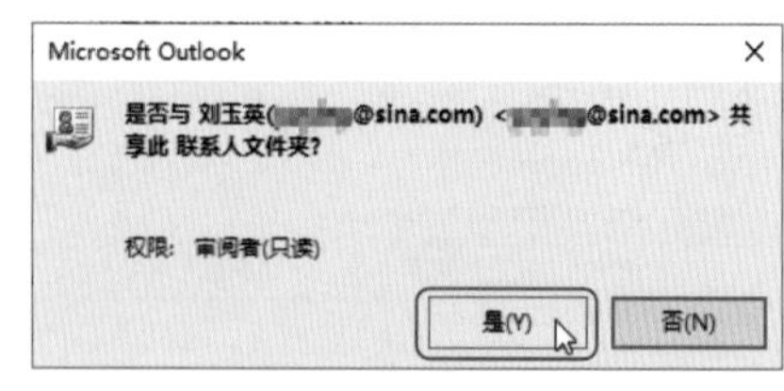

图 16-136

16.5 管理日程安排

安排日程是Outlook 2021 中另一个重要的功能，无论是在家还是在办公室，用户都可以通过信息网络，使用 Outlook 2021 有效地跟踪和管理会议、约会或协调时间。

★重点 16.5.1 实战：创建约会

实例门类	软件功能

“约会”是安排在日历中的一项活动，工作和生活中的每一件事，都可以看作是一个约会。创建约会的具体操作步骤如下。

Step 01 打开日历界面。在Outlook 窗口左侧的【文件夹】窗格中单击【日历】按钮，如图 16-137 所示。

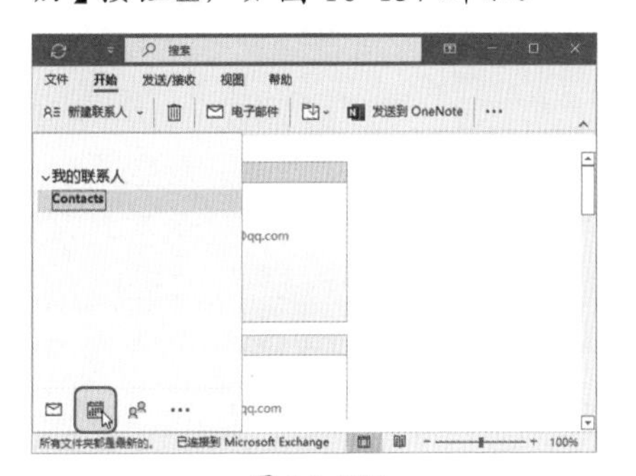

图 16-137

Step 02 新建约会。进入日历界面，❶选择【开始】选项卡；❷单击【新建约会】按钮，如图 16-138 所示。

图 16-138

Step 03 打开约会编辑窗口。弹出【未命名-约会】窗口，用户可以在此窗口中编辑约会的基本信息，如图 16-139 所示。

图 16-139

Step 04 输入约会信息。❶在【标题】文本框中输入“看电影”；❷将【开始时间】和【结束时间】分别设置为“2022/4/9(周六)，18:30”和“2022/4/9(周六)，21:00”，如图 16-140 所示。

图 16-140

Step 05 设置提醒时间。❶单击【更多命令】按钮…；❷在弹出的下拉列表中选择【提醒】选项；❸在弹出的下一级列表中选择【30 分钟】选项，如图 16-141 所示。

图 16-141

Step 06 打开【提醒声音】对话框。❶再次单击【更多命令】按钮…；❷在弹出的下拉列表中选择【提醒】选项；❸在弹出的下一级列表中选择【声音】选项，如图 16-142 所示。

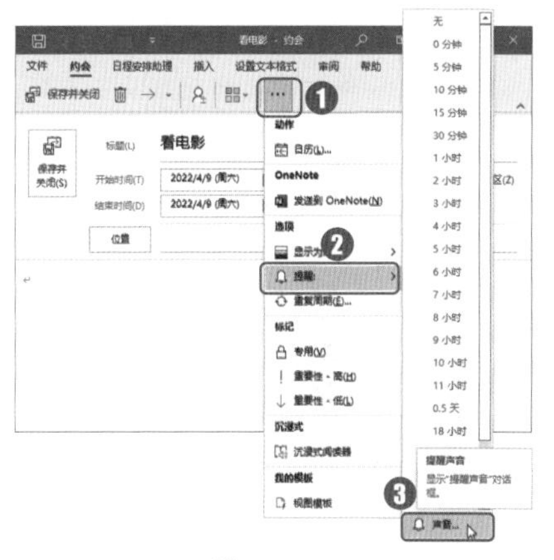

图 16-142

Step 07 设置声音。弹出【提醒声音】对话框，❶单击【浏览】按钮，选择音频文件；❷设置完毕，单击【确定】按钮，如图 16-143 所示。

图 16-143

Step 08 保存并关闭。约会编辑完毕，单击【保存并关闭】按钮，如图 16-144 所示。

图 16-144

Step09 单击约会链接。约会创建完毕后，日历界面会显示约会链接，单击设置的约会链接，如图 16-145 所示。

图 16-145

Step10 查看约会信息。查看详细的约会信息，如图 16-146 所示。根据设定的提醒时间，系统会提前 30 分钟发出提醒，提醒用户有一个名为“看电影”的约会。

图 16-146

★重点 16.5.2 实战：创建会议

实例门类	软件功能

Outlook日历中有一个重要功能，即创建会议，不仅可以定义会议的时间和相关信息，还能邀请相关同事参加会议。创建会议的具体操作步骤如下。

Step01 新建会议。进入日历界面，❶选择【开始】选项卡；❷单击【新建会议】按钮，如图 16-147 所示。

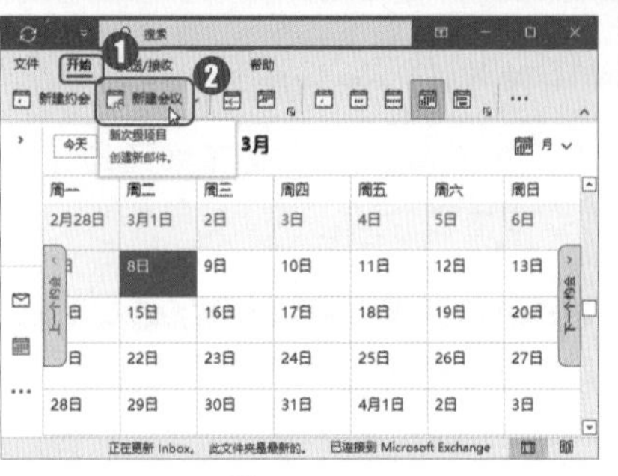

图 16-147

Step02 打开【选择与会者及资源：Contacts】对话框。弹出【未命名-会议】窗口，单击【必需】按钮，如图 16-148 所示。

图 16-148

Step03 选择收件人。弹出【选择与会者及资源：Contacts】对话框，❶在【联系人】列表框中选择联系人【胡芳编辑】；❷单击【必选】按钮，如图 16-149 所示。

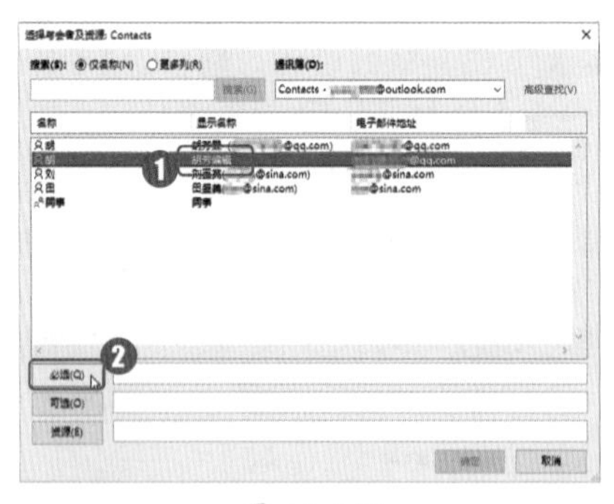

图 16-149

Step04 设置可选联系人。将选择的联系人【胡芳编辑】添加到【必选】文本框中后，❶选择联系人组【同事】；❷单击【可选】按钮，如图 16-150 所示。

图 16-150

Step05 添加可选联系人。将联系人组【同事】添加到【可选】文本框中，单击【确定】按钮，如图 16-151 所示。

图 16-151

Step06 完成设置。返回邮件编辑界面，❶编辑标题、时间；❷单击【发送】按钮，如图 16-152 所示。

图 16-152

Step07 查看会议链接。会议创建完毕后，日历界面会显示会议链接，单击设置的会议链接，如图 16-153 所示。

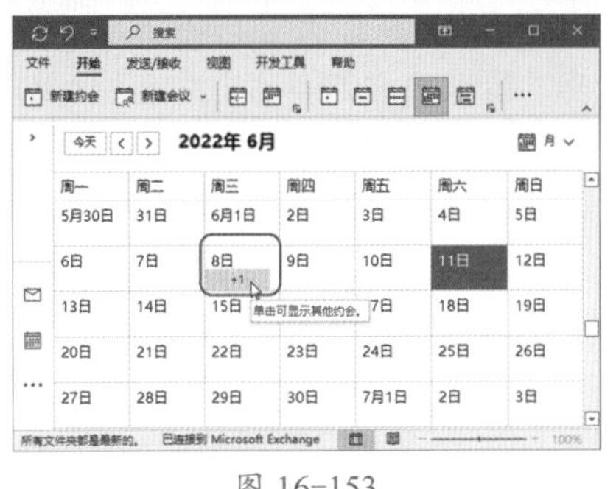
图 16-153

Step08 查看会议信息。查看对应的会议通知信息，如图 16-154 所示。

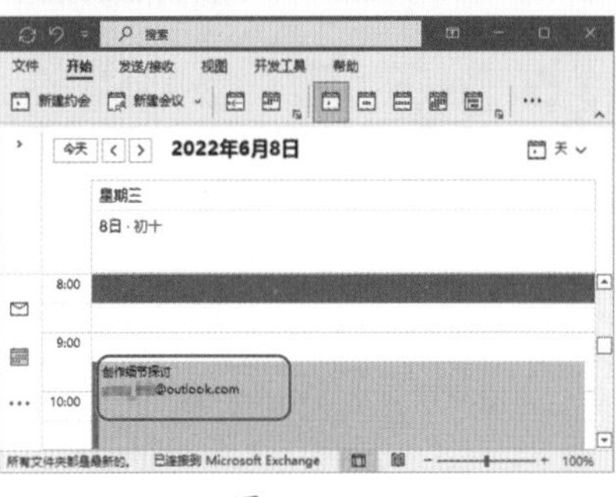
图 16-154

妙招技法

通过对前面知识的学习，相信读者已经掌握了使用Outlook高效管理邮件的基本操作。下面结合本章内容，给大家介绍一些实用技巧。

技巧 01：如何在Outlook中创建任务

在Outlook系统中，用户可以通过创建任务来跟踪待办事项，可以为创建的任务设置开始日期、截止日期及提醒，也可以设置周期性任务。创建任务的具体操作步骤如下。

Step01 新建任务。在Outlook窗口中，❶选择【开始】选项卡；❷单击【新建电子邮件】按钮；❸在弹出的下拉列表中选择【任务】选项，如图 16-155 所示。

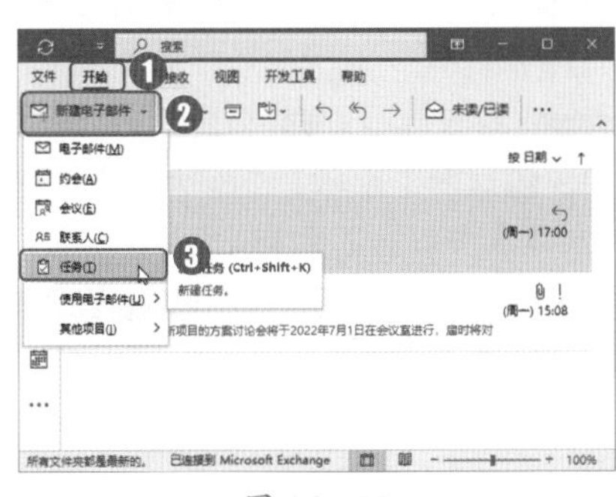
图 16-155

Step02 查看任务窗口。弹出【未命名-任务】窗口，如图 16-156 所示。

图 16-156

Step03 输入内容。❶在【主题】文本框中输入“商业会谈”；❷将【开始日期】和【结束日期】均设置为“2022/4/5（周二）”，如图 16-157 所示。

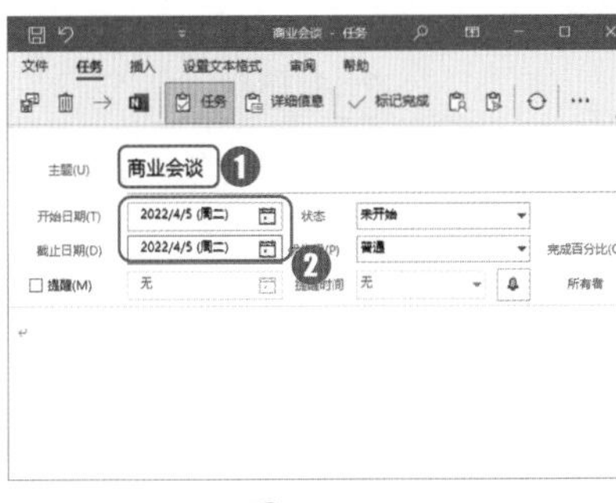
图 16-157

Step04 选择优先级。在【优先级】下拉列表中选择【高】选项，如图 16-158 所示。

图 16-158

Step05 设置提醒日期。选择【提醒】复选框，将提醒时间设置为“2022/4/4（周一），17:00”，如图 16-159 所示。

图 16-159

Step06 保存并关闭。❶在【内容】文本框中输入内容；❷单击【保存并关闭】按钮，如图 16-160 所示。

图 16-160

Step07 打开【待办事项列表】界面。在Outlook窗口左侧的【文件夹】窗格中单击【任务】按钮，如图 16-161 所示。

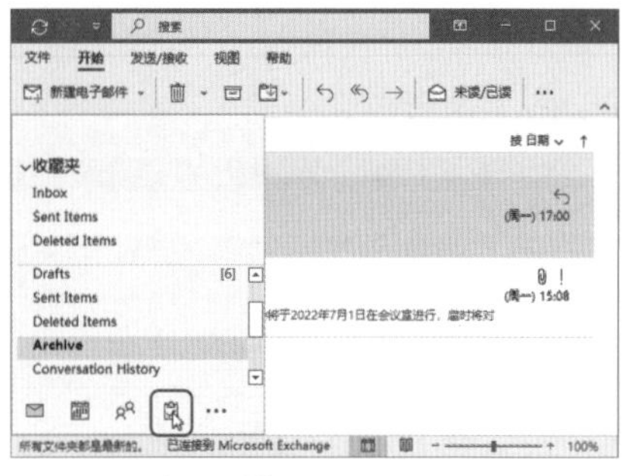

图 16-161

Step08 选择任务。进入【待办事项列表】界面，可以看到设置的任务【商业会谈】，单击任务【商业会谈】，如图 16-162 所示。

图 16-162

Step09 查看打开的任务。打开创建的任务【商业会谈】，如图 16-163 所示。

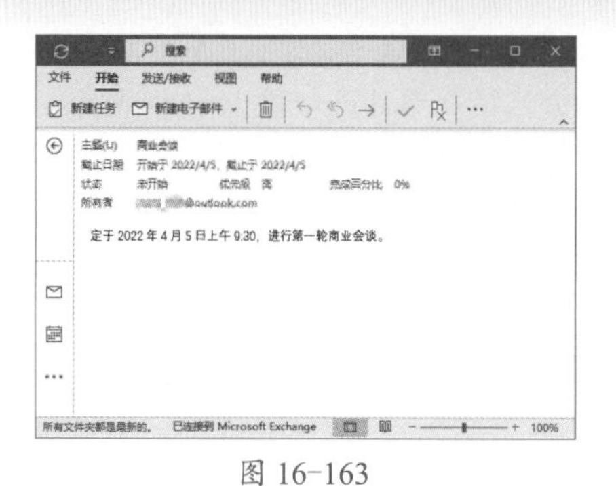

图 16-163

技巧 02：如何在Outlook中使用便笺

Outlook有便笺功能，便笺是一种可以快速且方便地记录信息的工具。在Outlook中使用便笺的具体操作步骤如下。

Step01 打开便笺界面。❶在Outlook窗口左侧的【文件夹】窗格中单击【拓展】按钮…；❷在弹出的快捷菜单中选择【便笺】选项，如图 16-164 所示。

图 16-164

Step02 新建便笺。进入【便笺】界面，单击【新便笺】按钮，如图 16-165 所示。

图 16-165

Step03 输入便笺内容。弹出一个便笺，输入内容后单击【关闭】按钮，如图 16-166 所示。

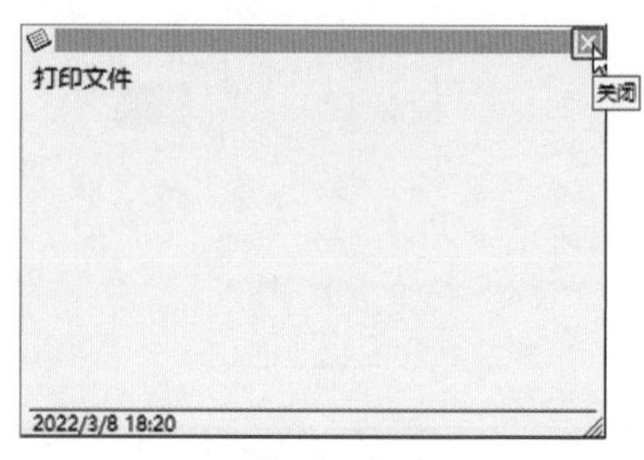

图 16-166

Step04 查看便笺。设置完毕，【便笺】界面即可显示设置的便笺，如图 16-167 所示。

图 16-167

技巧 03：如何在Outlook中转发邮件

如果想在Outlook中将某一邮件转发给其他人，具体操作步骤如下。

Step01 转发邮件。❶选择要转发的邮件；❷选择【开始】选项卡；❸单击【转发】按钮→，如图 16-168 所示。

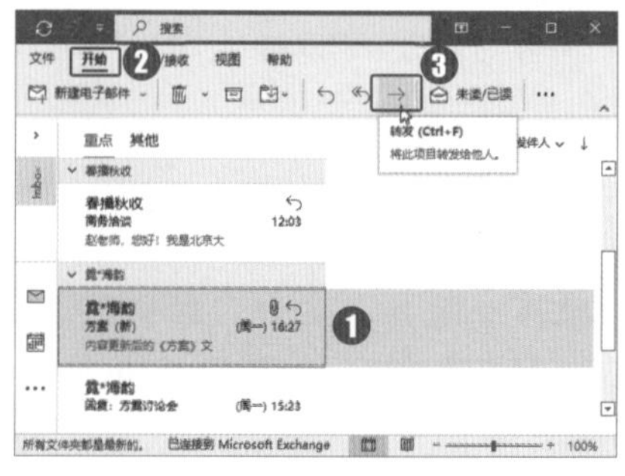

图 16-168

Step02 打开【选择姓名：Contacts】对话框。进入邮箱编辑界面，单击【收件人】按钮，如图 16-169 所示。

图 16-169

Step03 选择收件人。弹出【选择姓名：Contacts】对话框，❶选择联系人【田盛美】；❷单击【收件人】按钮，将联系人【田盛美】的邮件地址添加到【收件人】文本框中；❸单击【确定】按钮，如图 16-170 所示。

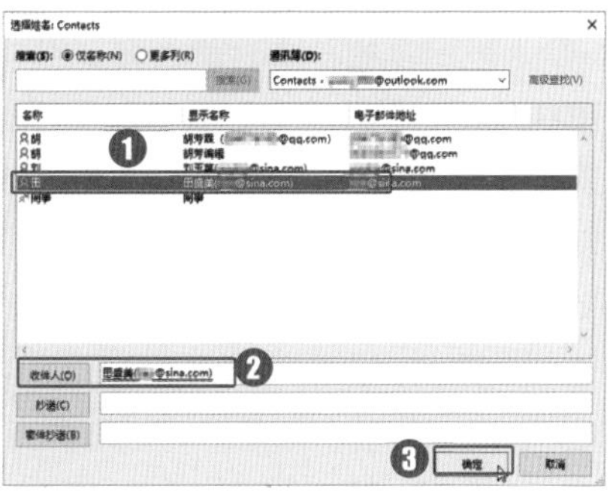

图 16-170

Step04 发送邮件。邮件编辑完成后，单击【发送】按钮，如图 16-171 所示。

图 16-171

本章小结

本章首先介绍了Outlook的相关知识，然后结合实例讲解了配置邮件账户、管理电子邮件、管理联系人，以及管理日程安排的基本操作。通过对本章内容的学习，读者能够快速掌握收/发Outlook电子邮件的基本操作，学会添加邮件账户的基本技巧，并学会使用会议、约会、便笺和任务等功能。

第17章 使用 OneNote 个人笔记本管理事务

- ➥ OneNote个人笔记本的基本功能有哪些?
- ➥ 如何设置OneNote个人笔记本的保存位置?
- ➥ 如何创建和管理OneNote个人笔记本?
- ➥ 分区是什么，分区的基本操作有哪些?
- ➥ 页和子页是什么，二者是什么关系?
- ➥ 如何在日记中插入文本、图片、标记等元素?

本章将介绍OneNote的相关知识，包括个人笔记本的创建、操作分区、操作页，以及记笔记的相关技巧。

17.1 OneNote 相关知识

OneNote是一种数字笔记本，为用户提供了一个收集笔记和信息的工具，及强大的搜索功能和易用的共享笔记本功能。OneNote的搜索功能能够帮助用户迅速查找所需内容；共享笔记本功能能够帮助用户更加有效地管理信息超载和协同工作。此外，OneNote提供了一种灵活的工作方式，将文本、图片、数字手写墨迹、录音和录像等信息全部收集并组织在计算机中的一个数字笔记本中。

在Office 2021中，不再提供OneNote组件，用户可以单独下载并安装OneNote 2021组件。本节将以OneNote 2021为例，介绍在线笔记本的使用方法。

★重点 17.1.1 OneNote简介

简单来说，OneNote是纸质笔记本的电子版本，用户可以在其中记录笔记、想法、创意、涂鸦、提醒等所有类型的信息。OneNote提供了形式自由的画布，用户可以在画布的任何位置以任何方式输入、书写或绘制文本、图形和图像形式的笔记。

OneNote的主要功能包括以下几个方面。

1. 在一个位置存放所有信息

OneNote支持在一个位置存放所有信息，包括其他程序中任意格式的笔记、图像、文档、文件，并按照最适合用户的方式进行组织。在随时可以获取信息的情况下，用户可以使用OneNote进行更充分的信息收集，从而制定更佳的决策，如图17-1所示。

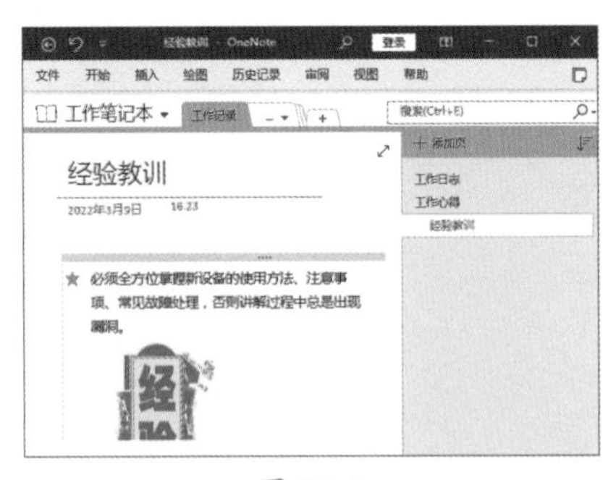

图 17-1

2. 迅速找到所需内容

用户在书面笔记、文件夹、计算机文件或网络共享中搜索信息时，可能会花费大量的宝贵时间，使用OneNote，可以有效减少花费在搜索信息上的时间，如图17-2所示。

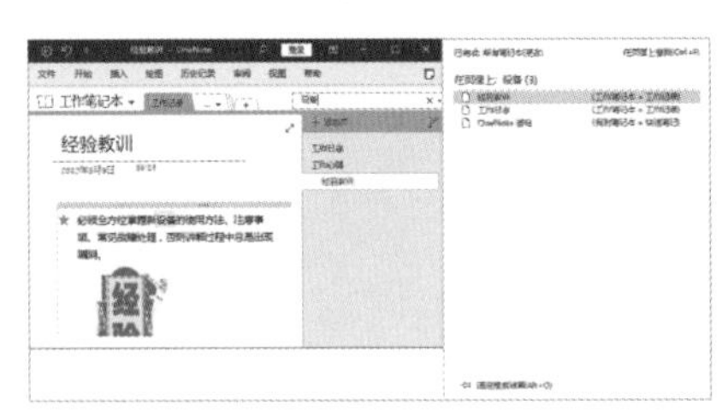

图 17-2

3. 更有效地协作

在当前的办公环境中，很多工作不是一个人可以独立完成的，用户往往需要和同事进行紧密的沟通与配合。例如，在有些情况下，用户可能需要与他人合作编写OneNote个人笔记本中的内容。此时，用户可以把自己的笔记本共享给同事，如图17-3所示。

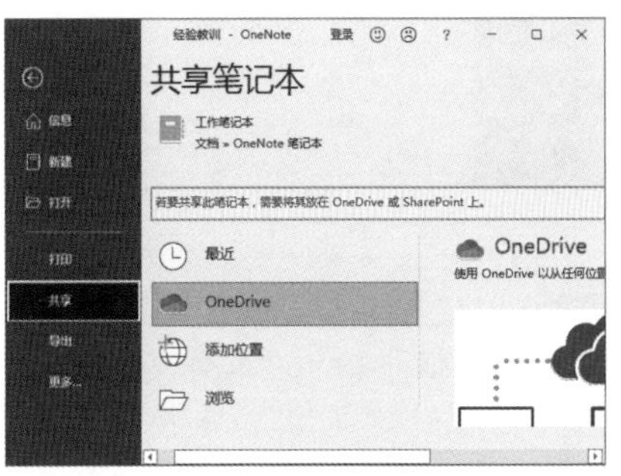

图 17-3

技术看板

想要共享OneNote中的笔记，必须先登录Microsoft账户，将笔记保存在OneDrive或SharePoint上。登录时，单击标题栏中的【登录】按钮即可，这里不再赘述。

17.1.2 高效使用OneNote

1. 收集资料

OneNote是收集资料的利器，用户可以将所有自己觉得有用的信息都存放在其中，而且不用点击【保存】按钮。比如，用户在互联网上看到一篇资料，使用IE浏览器将资料发送到OneNote中时，会自动附带网址，方便用户日后查看源网页，知道资料的出处。停靠到桌面也是使用OneNote搜集资料和做笔记时很方便的功能。

2. 复制图像中的文字

OneNote有一个比较强悍的功能，可以帮用户将图像中的文字复制下来，在写论文的时候非常有用。操作方法很简单，将资料图片保存到OneNote中，在图片上右击，即可看到【复制图片中的文本】选项。

3. 知识管理

OneNote的内置逻辑层次可以帮用户对自己的知识进行有效管理。OneNote是做读书笔记的重要工具，它的逻辑层次很清晰，可以在【分区组】中新建【分区组】，如图17-4所示。

图 17-4

使用OneNote时，用户可以把所有资料保存在其中，如Word、Excel、PDF、TXT等格式的文件，从而随心所欲地在资料上进行注释。OneNote最大的优势是用户可以在页面任何地方插入资料和编辑资料，就像可以拿笔在一张纸上的任何地方记录一样。而且，使用OneNote时，用户不必担心因纸张页面不够，而无法在原有基础上补充和注释。

17.2 创建笔记本

OneNote笔记本并不是一个文件，而是一个文件夹，类似于现实生活中的活页夹，用于记录和组织各类笔记。本节主要介绍设置笔记本的保存位置、创建笔记本等内容。

★重点 17.2.1 实战：设置笔记本的保存位置

实例门类	软件功能

OneNote在日常工作和生活中应用广泛，可以随时将用户的笔记自动保存到默认的位置，如果用户想修改保存位置，具体操作步骤如下。

Step 01 启动软件。在软件菜单中单击【OneNote】软件图标，如图17-5所示。

图 17-5

Step 02 进入【文件】界面。打开OneNote程序，在OneNote窗口中选择【文件】选项卡，如图17-6所示。

图 17-6

Step03 打开【OneNote选项】对话框。进入【文件】界面，选择【选项】选项卡，如图 17-7 所示。

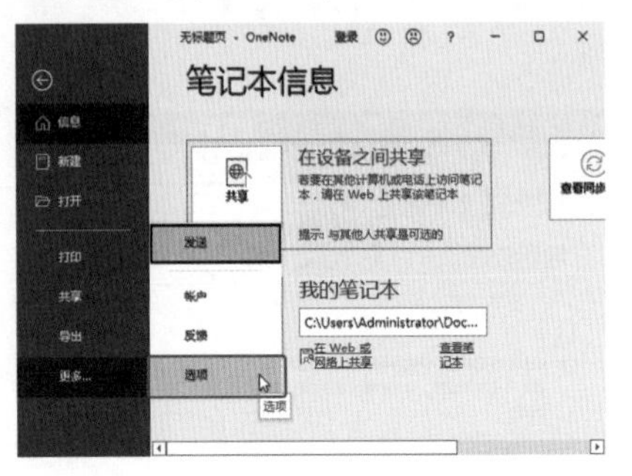

图 17-7

Step04 打开【选择文件夹】对话框。弹出【OneNote选项】对话框，❶选择【保存和备份】选项卡；❷在【保存】列表框中选择【默认笔记本位置】选项；❸单击【修改】按钮，如图 17-8 所示。

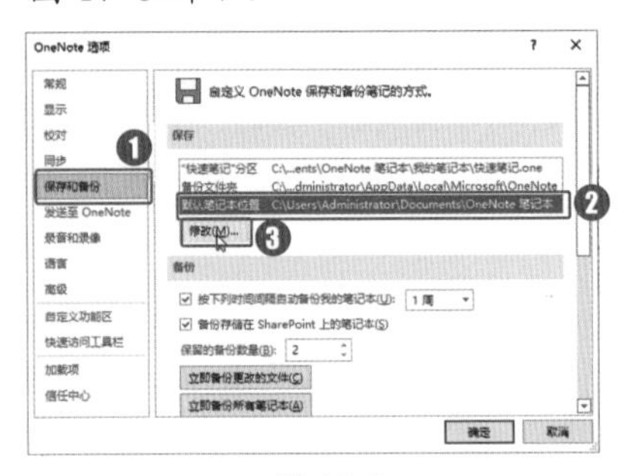

图 17-8

Step05 选择保存位置。弹出【选择文件夹】对话框，用户可以根据需要修改笔记本的保存位置，此例中暂不修改，如图 17-9 所示。

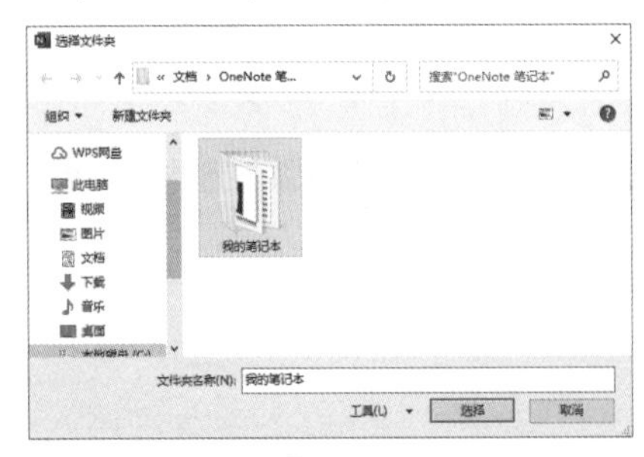

图 17-9

Step06 设置分区保存位置。返回【OneNote选项】对话框，用户还可以设置笔记在【"快速笔记"分区】和【备份文件夹】中的保存位置，设置后单击【确定】按钮，如图 17-10 所示。

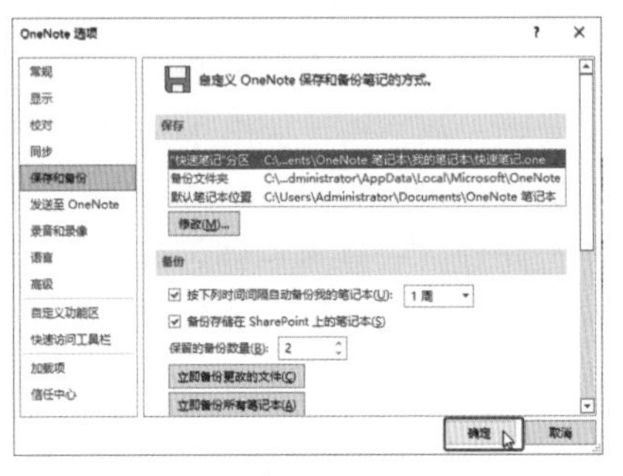

图 17-10

★重点 17.2.2 实战：创建笔记本

实例门类	软件功能

打开OneNote程序，即可新建自己的笔记本。为平时的工作单独创建一个笔记本，具体操作步骤如下。

Step01 进入【文件】界面。在OneNote窗口中，选择【文件】选项卡，如图 17-11 所示。

图 17-11

Step02 新建笔记。进入【文件】界面，❶选择【新建】选项卡；❷选择【这台电脑】选项，如图 17-12 所示。

图 17-12

Step03 创建笔记本。❶在【笔记本名称】文本框中输入"工作笔记本"；❷单击【创建笔记本】按钮，如图 17-13 所示。

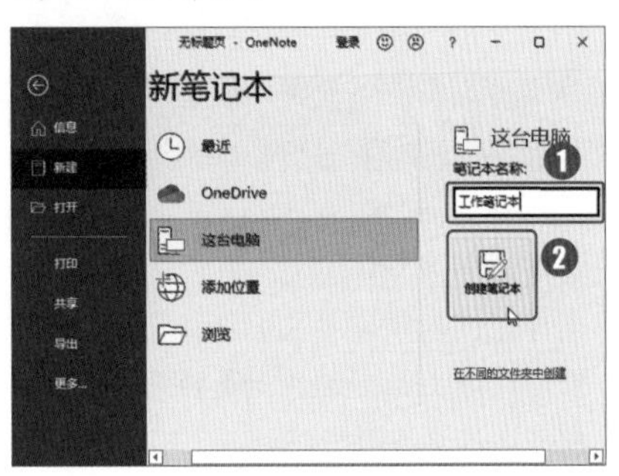

图 17-13

Step04 输入名称。❶打开创建的【工作笔记本】，自动创建一个名为"新分区 1"的分区；❷在【标题页】文本框中输入标题"工作日志"，如图 17-14 所示。

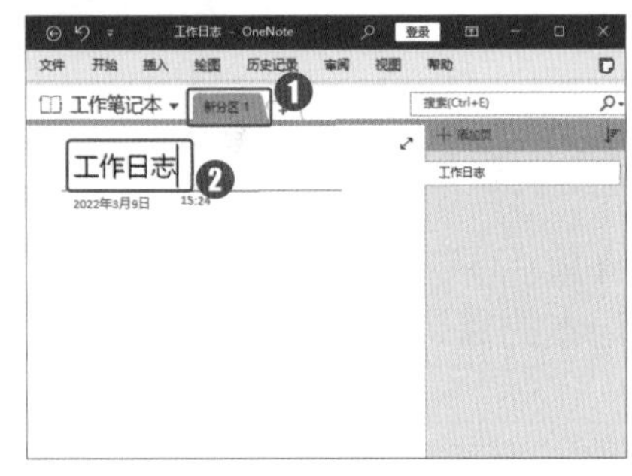

图 17-14

Step05 为分区重命名。❶右击【新分区 1】标签；❷在弹出的快捷菜单中选择【重命名】选项，如图 17-15 所示。

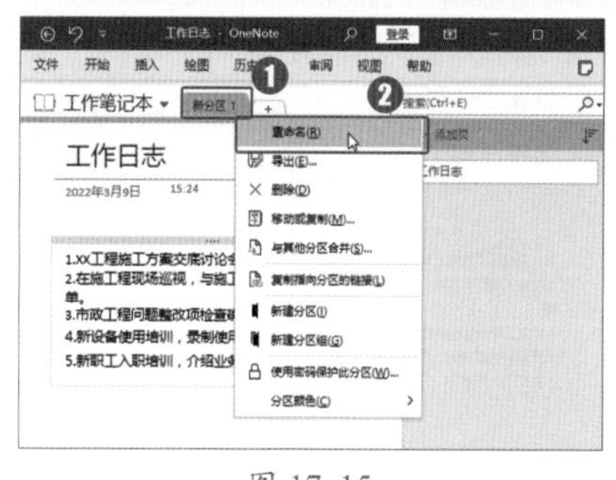

图 17-15

Step 06 修改标签。选择的分区标签进入编辑状态，将标签名称修改为“工作记录”，如图 17-16 所示。完成后，按【Enter】键即可。

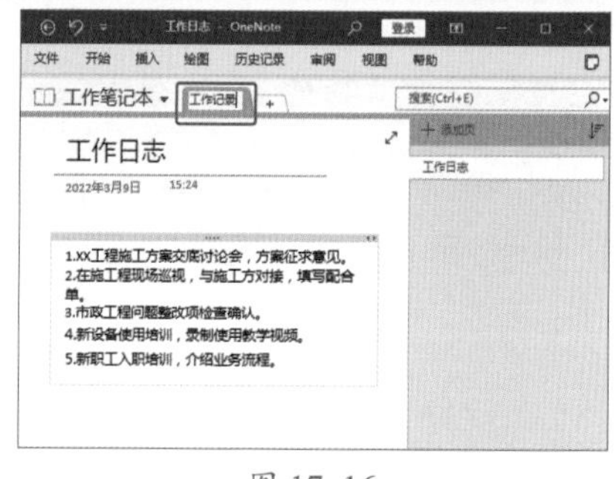

图 17-16

17.3 操作分区

在OneNote程序中，文档窗口顶部的选项卡表示当前打开的笔记本中的分区，单击不同的选项卡，能够打开不同的分区。笔记本中的一个分区其实就是一个“*.one”文件，被保存在以当前笔记本标题命名的磁盘文件夹中。

★重点 17.3.1 实战：创建分区

实例门类	软件功能

在OneNote程序中，分区相当于活页夹中的标签分割片，使用分区，可以设置OneNote的页，并生成标签。创建分区的具体操作步骤如下。

Step 01 新建分区。在OneNote窗口的顶部选项卡中，单击【创建新分区】按钮 + ，如图 17-17 所示。

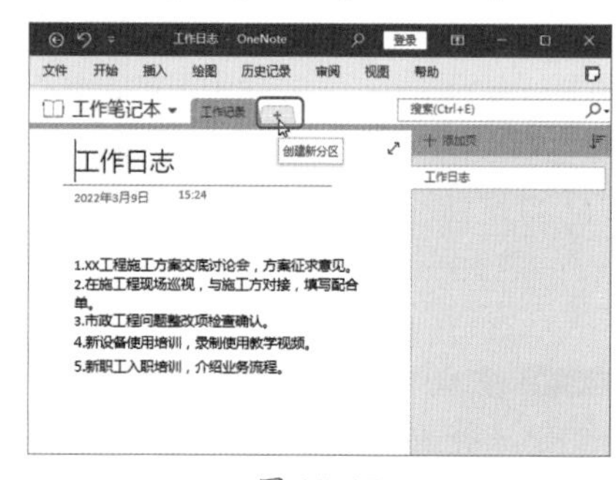

图 17-17

Step 02 查看新分区。完成Step 01操作后，即可新建一个名为“新分区1”的分区，如图 17-18 所示。

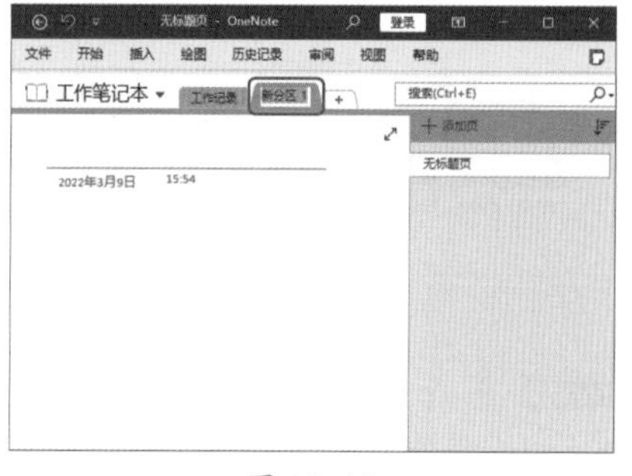

图 17-18

Step 03 重命名分区。将分区名称重命名为“项目列表”，如图 17-19 所示。

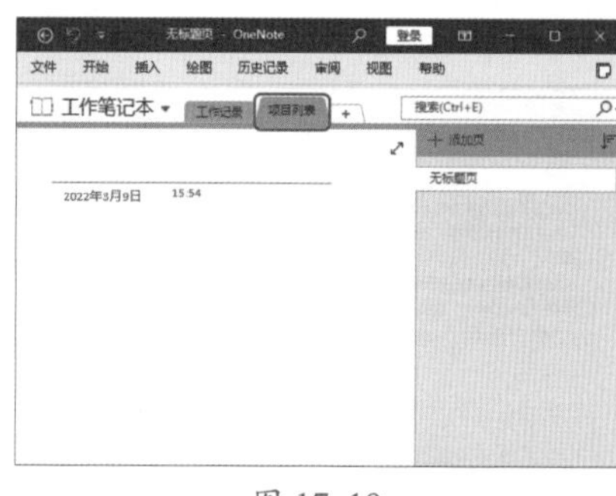

图 17-19

Step 04 创建其他分区。使用同样的方法，创建【学习资料】和【流程图】分区。此时，【工作笔记本】中的4个分区就创建完成了，即【工作记录】【项目列表】【学习资料】和【流程图】。分区太多时会折叠显示，单击分区标签右侧的 ... 按钮，即可在弹出的下拉列表中看到所有分区选项，如图 17-20 所示。选择不同的分区标签，即可快速切换到对应的分区。

图 17-20

★重点 17.3.2 实战：删除分区

实例门类	软件功能

在笔记本中创建过多的分区，会占用很多系统资源，为了节约资源，可以将不需要的分区删除。删除分区不仅是在笔记本中删除显示的分区标签，磁盘上相应的“*.one”文件也将被删除，具体操作步骤如下。

Step 01 删除分区。❶右击【项目列表】标签；❷在弹出的快捷菜单中选择

【删除】选项，如图 17-21 所示。

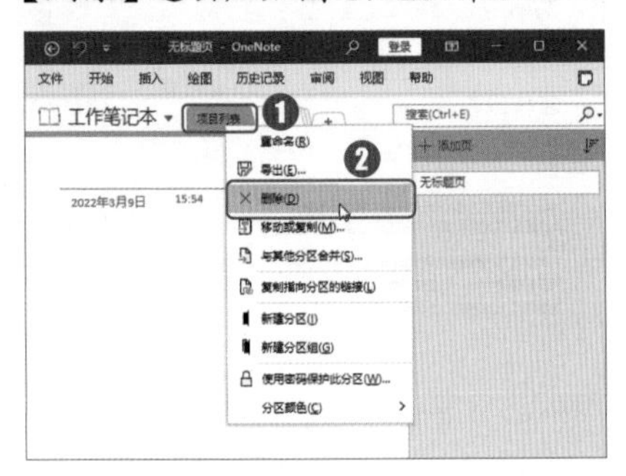

图 17-21

Step 02 确定删除分区。弹出【Microsoft OneNote】对话框，询问用户是否确定要将此分区移动到“已删除的笔记”中，单击【是】按钮，如图 17-22 所示。

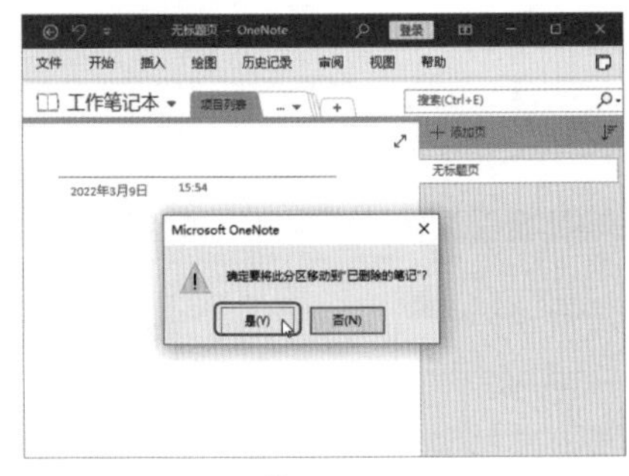

图 17-22

Step 03 查看删除效果。即可删除【项目列表】分区，如图 17-23 所示。

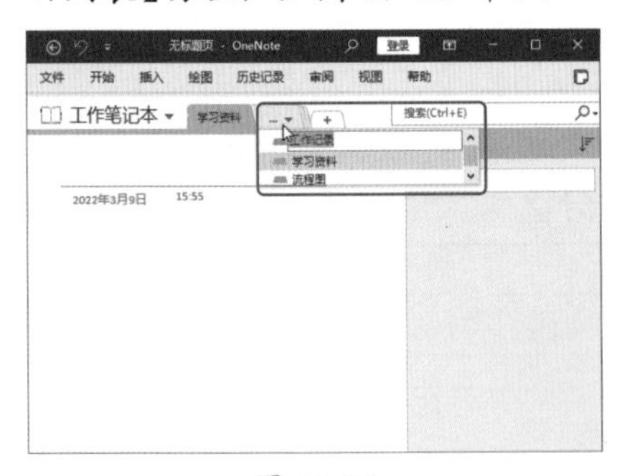

图 17-23

★重点 17.3.3 实战：创建分区组

实例门类	软件功能

OneNote 2021 有创建分区组功能，帮助用户解决笔记本中分区过多的问题。分区组类似于硬盘中的文件夹，可以将相关的分区保存在一个组中。分区组可容纳不限数量的分区及其所有页面，因此，用户不会丢失任何内容。创建分区组的具体操作步骤如下。

Step 01 新建分区组。在【工作笔记本】界面中，❶右击【工作记录】标签；❷在弹出的快捷菜单中选择【新建分区组】选项，如图 17-24 所示。

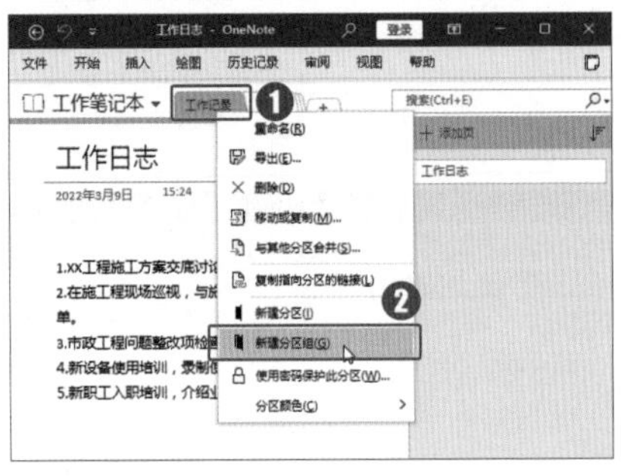

图 17-24

Step 02 查看新建的分区组。完成 Step 01 操作后，即可创建一个名为“新分区组”的分区组，同时，该分区组的名称处于可编辑状态，如图 17-25 所示。

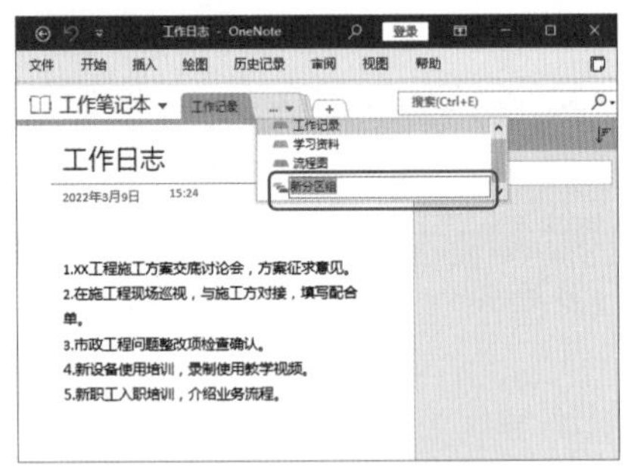

图 17-25

Step 03 重命名分区组。将新建分区组的名称修改为“娱乐项目”，单击【娱乐项目】标签，如图 17-26 所示。

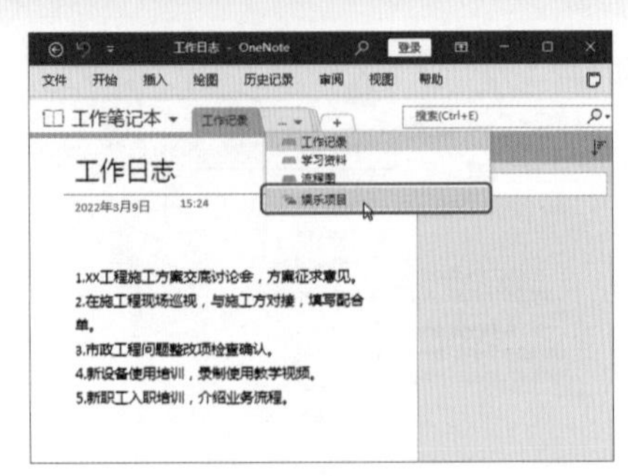

图 17-26

Step 04 创建新分区。进入【娱乐项目】分区组，单击【创建新分区】按钮+，如图 17-27 所示。

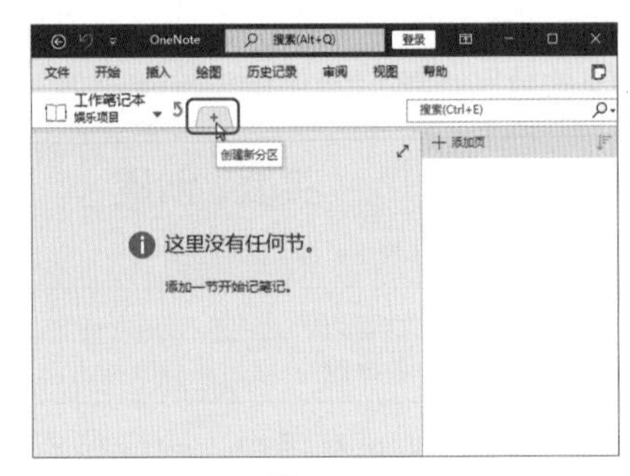

图 17-27

Step 05 查看分区创建效果。在【娱乐项目】分区组中创建一个名为“新分区 1”的分区，如图 17-28 所示。

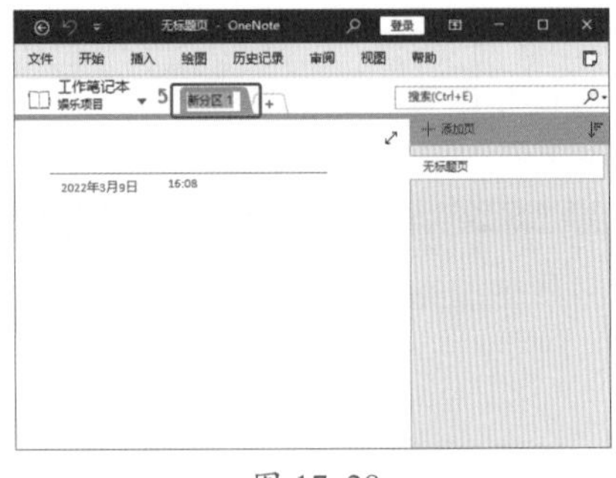

图 17-28

Step 06 重命名分区。执行【重命名】命令，将新创建的分区【新分区 1】重命名为“体育”，如图 17-29 所示。

图 17-29

Step07 添加其他分区。使用同样的方法，再添加一个名为“音乐”的分区，如图 17-30 所示。

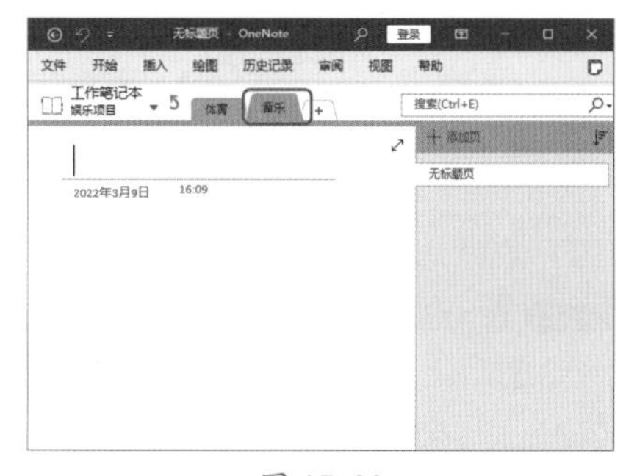

图 17-30

技术看板

与使用分区组管理各分区类似，用户可以通过将较大的笔记本拆分为 2 个或 3 个较小的笔记本来管理笔记。但是，如果用户倾向于在单个笔记本中工作，分区组是在不断增大的笔记本中管理大量分区的最简单的方法。

★重点 17.3.4　实战：移动和复制分区

实例门类	软件功能

对于已创建的分区，可以根据需要，对其进行移动和复制操作，具体操作步骤如下。

Step01 返回上一级。在【娱乐项目】分区组中，单击工作笔记本列表右侧的【定位到父分区组】按钮，即可返回上一级，如图 17-31 所示。

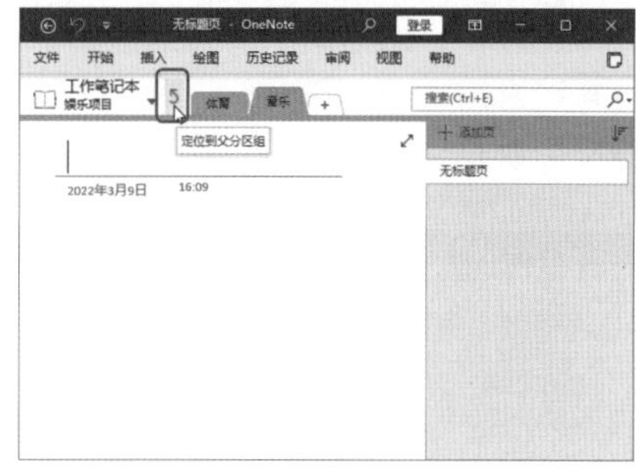

图 17-31

Step02 打开【移动或复制分区】对话框。在【工作笔记本】界面中，❶右击【学习资料】标签；❷在弹出的快捷菜单中选择【移动或复制】选项，如图 17-32 所示。

图 17-32

Step03 选择项目移动。弹出【移动或复制分区】对话框，❶在【所有笔记本】列表框中选择【娱乐项目】选项；❷单击【移动】按钮，如图 17-33 所示。

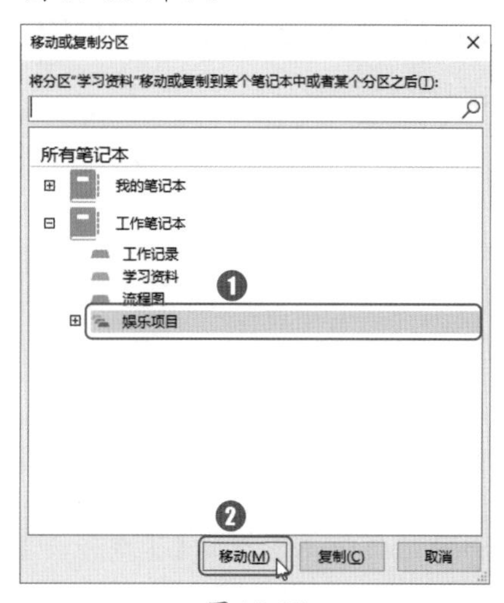

图 17-33

Step04 查看移动效果。完成 Step 03 操作后，即可将【学习资料】分区移动到【娱乐项目】分区组中，如图 17-34 所示。

图 17-34

Step05 返回上一级。在【娱乐项目】分区组中，单击工作笔记本列表右侧的【定位到父分区组】按钮，即可返回上一级，如图 17-35 所示。

图 17-35

Step06 查看移动效果。在【工作笔记本】界面中，【学习资料】分区被移动后，原来的位置就不再有这一分区了，如图 17-36 所示。

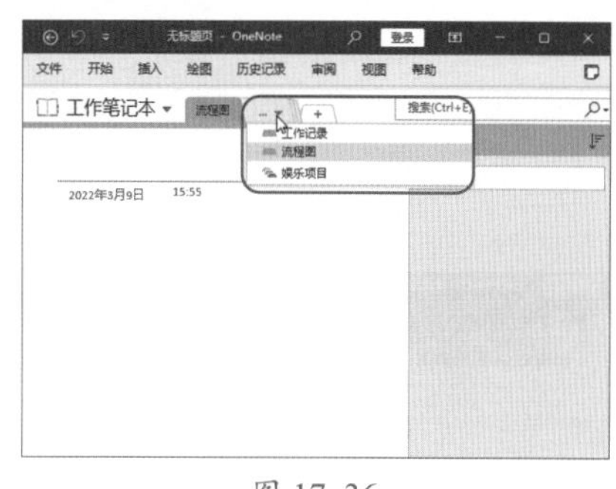

图 17-36

17.4 操作页

在OneNote笔记本中，一个分区包含多个页或子页，就像活页夹中的记录页面一样，记录着各种信息。页的基本操作包括页或子页的添加、删除、移动及更改页中的时间等。

★重点 17.4.1 实战：添加和删除页

实例门类	软件功能

在分区中添加、删除页或子页的具体操作步骤如下。

Step01 添加页。❶在【工作笔记本】界面中，选择【工作记录】分区；❷单击【添加页】按钮，如图17-37所示。

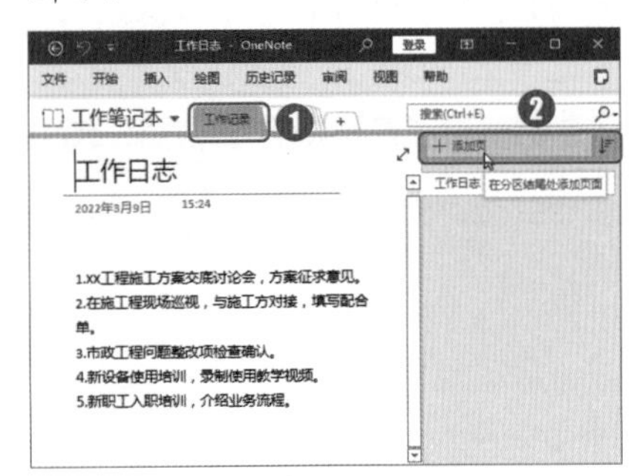

图 17-37

Step02 查看新建的页。在【工作记录】分区中出现一个新建的【无标题页】，如图17-38所示。

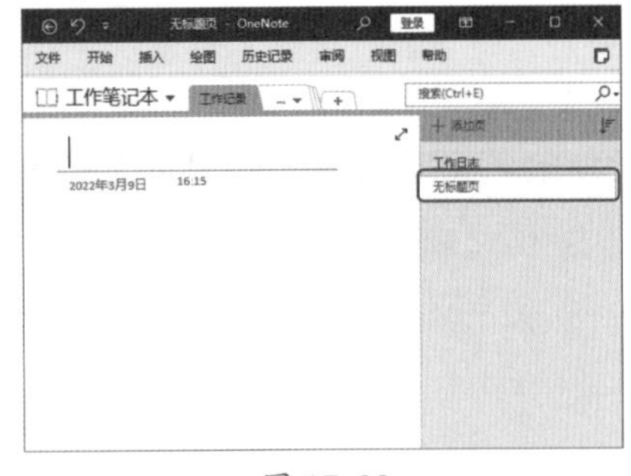

图 17-38

Step03 设置页标题。将新建页的标题设置为“工作心得”，如图17-39所示。

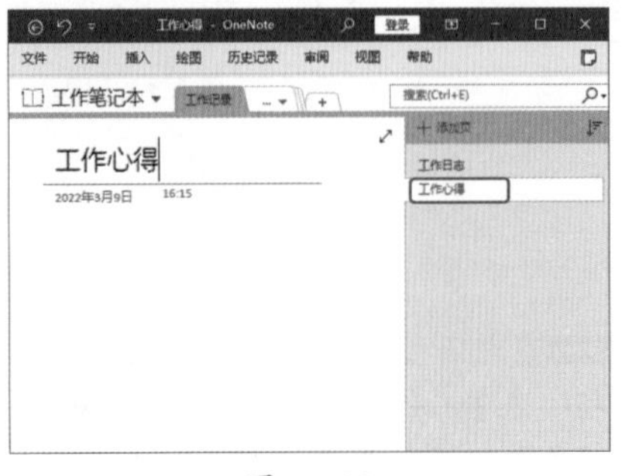

图 17-39

Step04 再次添加页。再次单击【添加页】按钮，如图17-40所示。

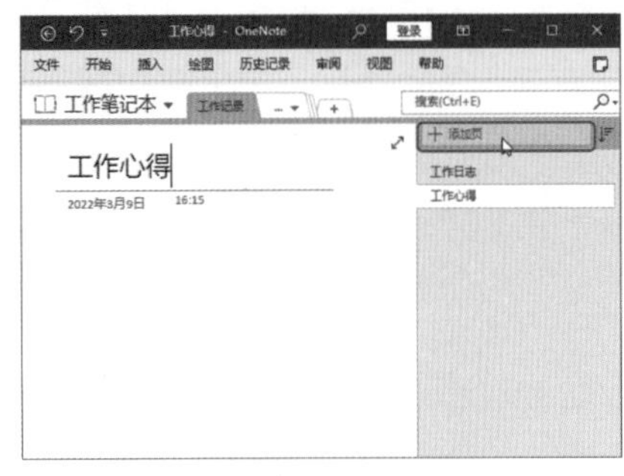

图 17-40

Step05 设置页标题。在【工作记录】分区中再次出现一个新建的【无标题页】，将新建页的标题设置为“工作总结”，如图17-41所示。

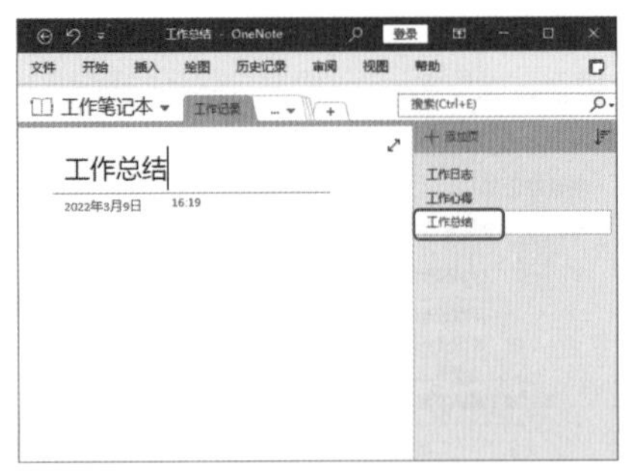

图 17-41

Step06 降级子页。❶在【工作记录】分区中右击【工作总结】页；❷在弹出的快捷菜单中选择【降级子页】选项，如图17-42所示。

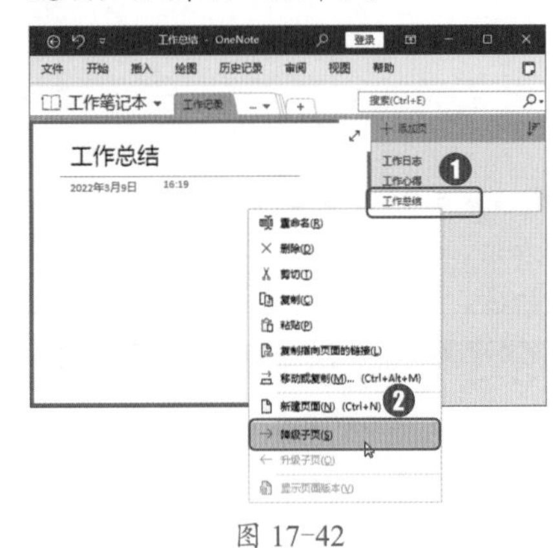

图 17-42

Step07 成功设置子页。即可将【工作总结】页设置为子页，如图17-43所示。

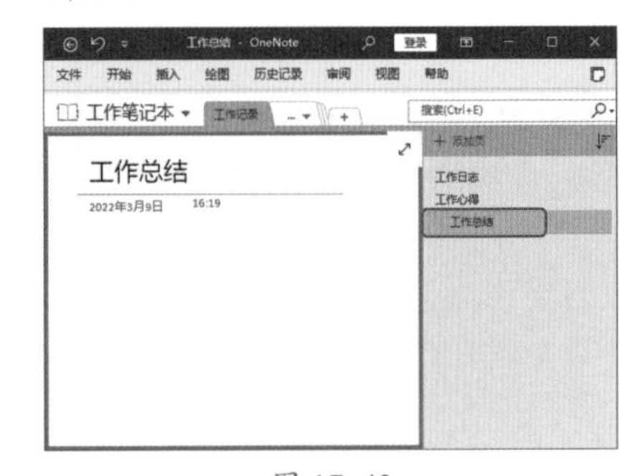

图 17-43

Step08 添加子页。在【工作总结】子页的下方单击【添加】按钮⊞，如图17-44所示。

图 17-44

Step 09 查看创建的子页。即可创建一个无标题子页，如图 17-45 所示。

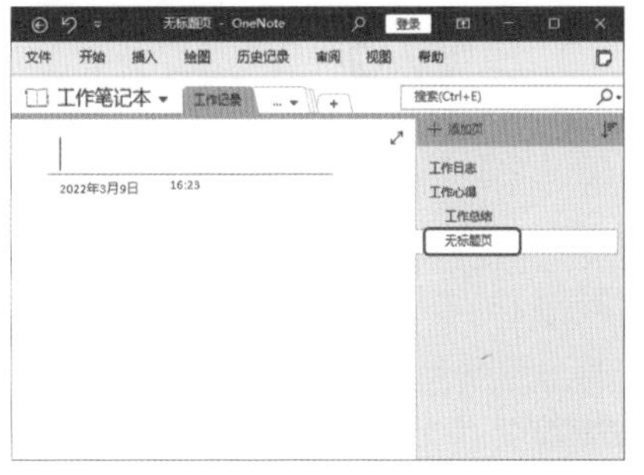

图 17-45

Step 10 重命名子页。将新建的无标题子页重命名为“经验教训”，如图 17-46 所示。

图 17-46

Step 11 新建子页。使用同样的方法，在【工作心得】页下方新建一个子页并命名为“每日小结”，如图 17-47 所示。

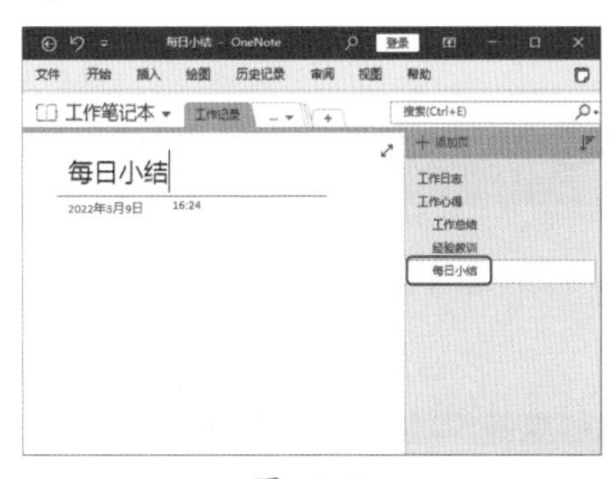

图 17-47

Step 12 删除子页。在【工作心得】页下方，❶右击【工作总结】子页；❷在弹出的快捷菜单中选择【删除】选项，如图 17-48 所示。

图 17-48

Step 13 查看子页删除效果。即可删除【工作总结】子页，如图 17-49 所示。

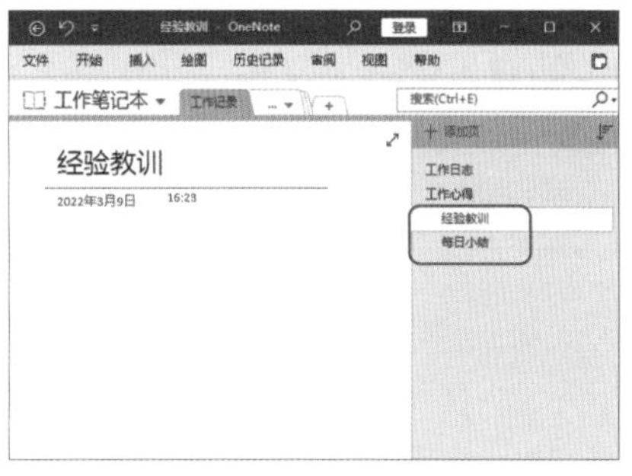

图 17-49

★重点 17.4.2　实战：移动页

实例门类	软件功能

创建页后，可以对其进行移动，移动页的具体操作步骤如下。

Step 01 打开【移动或复制页】对话框。在【工作心得】页下方，❶右击【每日小结】子页；❷在弹出的快捷菜单中选择【移动或复制】选项，如图 17-50 所示。

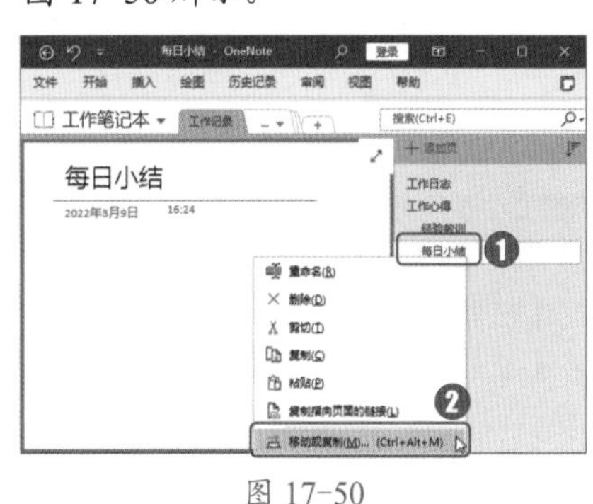

图 17-50

Step 02 移动至【流程图】分区。弹出【移动或复制页】对话框，❶在【所有笔记本】列表框中选择【流程图】选项；❷单击【移动】按钮，如图 17-51 所示。

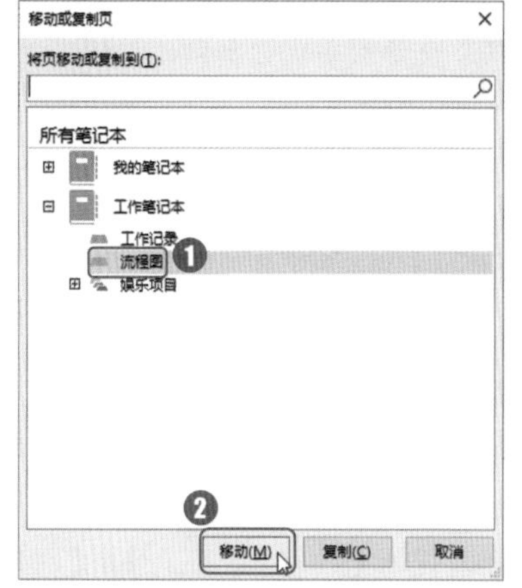

图 17-51

Step 03 完成移动。执行【移动或复制】命令后，【工作心得】页下方的【每日小结】子页就不存在了，如图 17-52 所示。

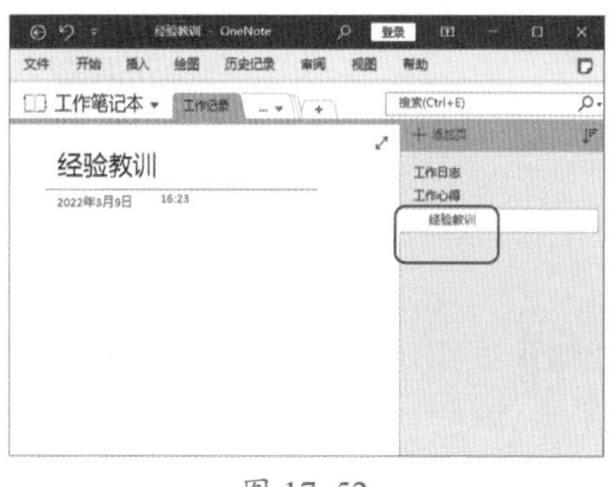

图 17-52

Step 04 查看子页移动效果。❶单击【流程图】标签；❷可以看到之前的【每日小结】子页移动到了【流程图】分区，升级为【每日小结】页，如图 17-53 所示。

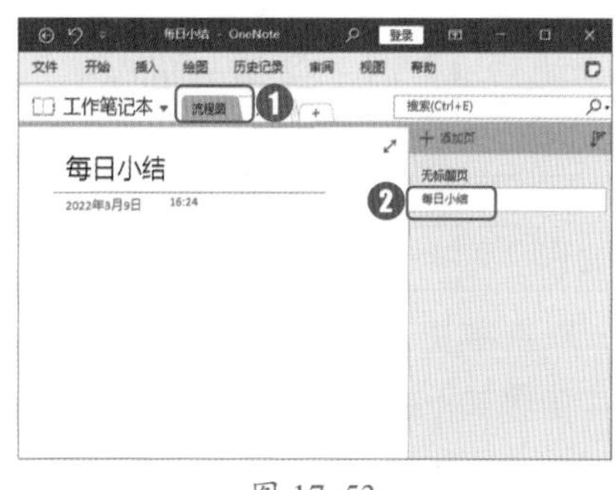

图 17-53

第1篇 第2篇 第3篇 第4篇 第5篇 第6篇

技术看板

当移动具有子页的页时，如果子页已折叠，将随页一起移动。移动单个子页时，原来的子页可能变成另一个分区的页。

★重点 17.4.3 实战：更改页中的日期和时间

实例门类	软件功能

更改页中的日期和时间的具体操作步骤如下。

Step01 进入【日历】界面。❶在【每日小结】页中选择日期；❷弹出日期图标后单击该图标，如图 17-54 所示。

图 17-54

Step02 选择日期。进入【日历】界面，单击选择日期，这里单击“2022 年 10 月 12 日”，如图 17-55 所示。

图 17-55

Step03 查看日期显示。页中的日期变成了“2022 年 10 月 12 日”，如图 17-56 所示。

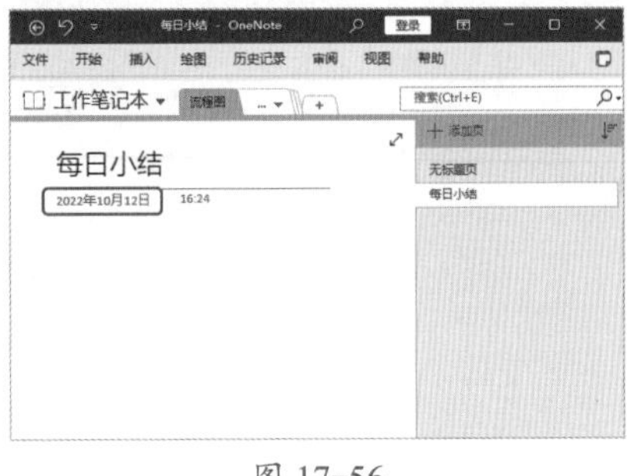

图 17-56

Step04 打开【更改页面时间】对话框。❶在【每日小结】页中选择时间；❷弹出时间图标后单击该图标，如图 17-57 所示。

图 17-57

Step05 更改时间。弹出【更改页面时间】对话框，❶在【页面时间】下拉列表中选择【18:00】选项；❷单击【确定】按钮，如图 17-58 所示。

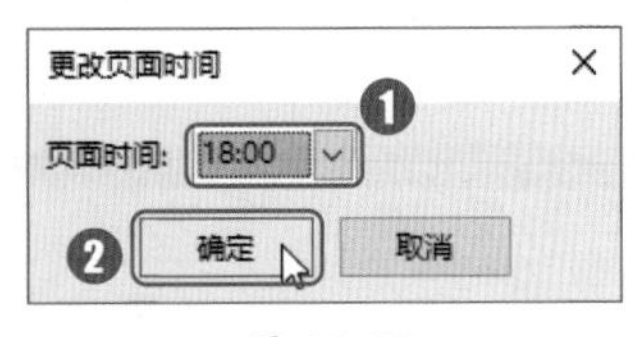

图 17-58

Step06 查看时间更改效果。页中的时间变成了“18:00”，如图 17-59 所示。

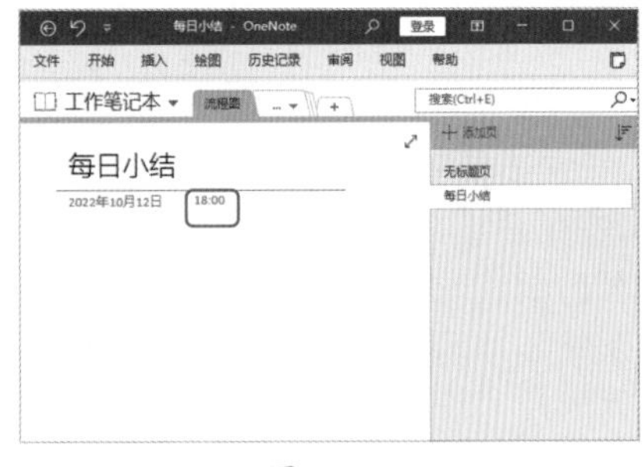

图 17-59

17.5 写笔记

在 OneNote 程序中，写笔记是十分方便的，用户不仅可以随时写笔记，还可以随时在页面中输入文本、插入图片、绘制标记、截取屏幕信息等。

★重点 17.5.1 实战：输入文本

实例门类	软件功能

在笔记本中输入文本的具体操作步骤如下。

Step01 定位光标。在【工作记录】分区中，❶打开【工作心得】页下方的【经验教训】子页；❷将光标定位在【经验教训】子页中，如图 17-60 所示。

图 17-60

Step 02 输入文本。直接输入文本内容即可，如图 17-61 所示。

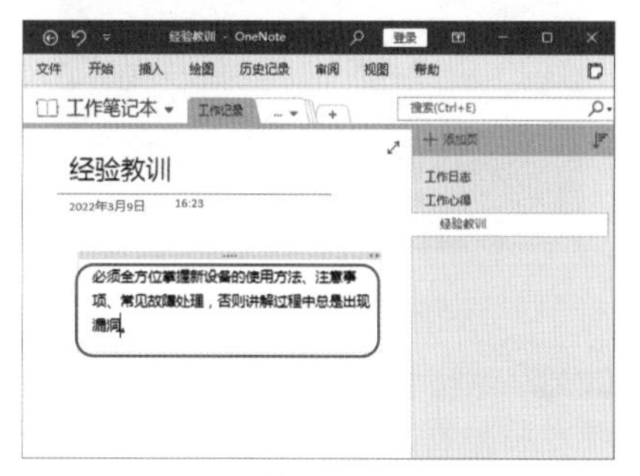
图 17-61

★重点 17.5.2 实战：插入图片

实例门类	软件功能

在笔记本中插入图片的具体操作步骤如下。

Step 01 打开【插入图片】对话框。将光标定位在【经验教训】子页中，❶选择【插入】选项卡；❷单击【图像】组中的【图片】按钮，如图 17-62 所示。

图 17-62

技术看板

单击【图片】按钮，用户可以将屏幕剪辑、扫描图像、手机照片、地图等任何类型的图片插入笔记本。若要插入来自 Bing、云端或 Web 中的图片，请单击【联机图片】按钮。

Step 02 选择图片。弹出【插入图片】对话框，❶在“素材文件\第 17 章”路径中选择“图片 1.PNG”；❷单击【插入】按钮，如图 17-63 所示。

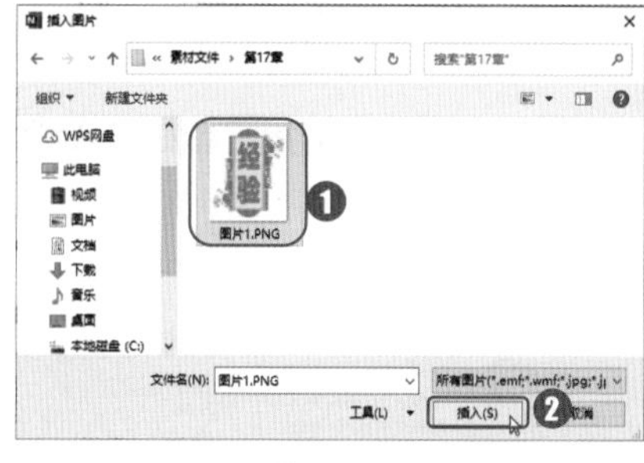
图 17-63

Step 03 查看插入的图片。完成以上操作后，即可在页面中插入“图片 1.PNG”，用户可以通过拖动鼠标来调整图片的大小，如图 17-64 所示。

图 17-64

★重点 17.5.3 实战：绘制标记

实例门类	软件功能

在笔记本中绘制标记的具体操作步骤如下。

Step 01 定位光标位置。在【经验教训】子页中，将光标定位在文本的段首，如图 17-65 所示。

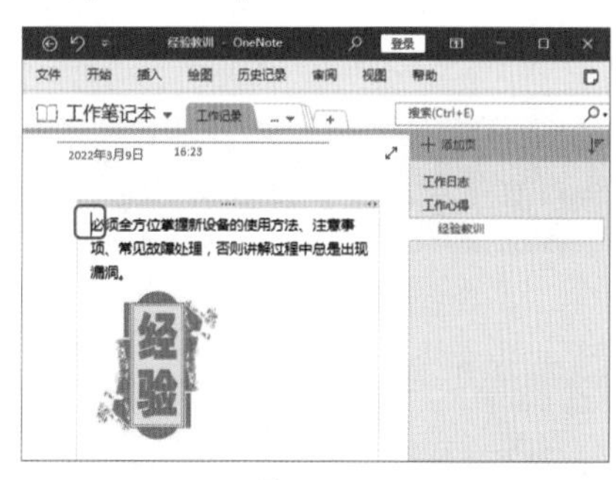
图 17-65

Step 02 打开标记列表。在文本的段首右击，在弹出的悬浮框中单击【插入标记】按钮右侧的下拉按钮，如图 17-66 所示。

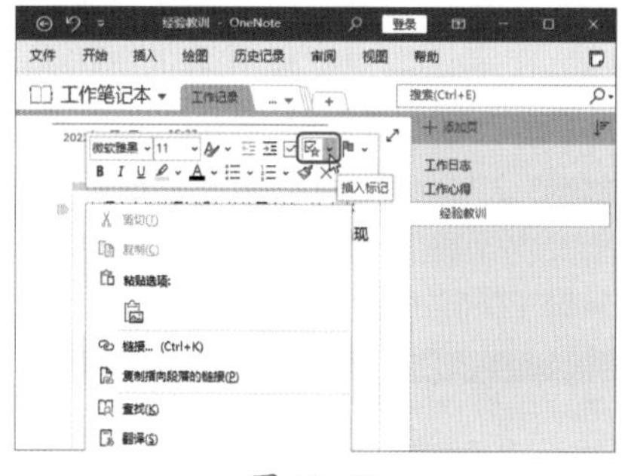
图 17-66

Step 03 选择标记。在弹出的下拉列表中选择【重要（Ctrl+2）】选项，如图 17-67 所示。

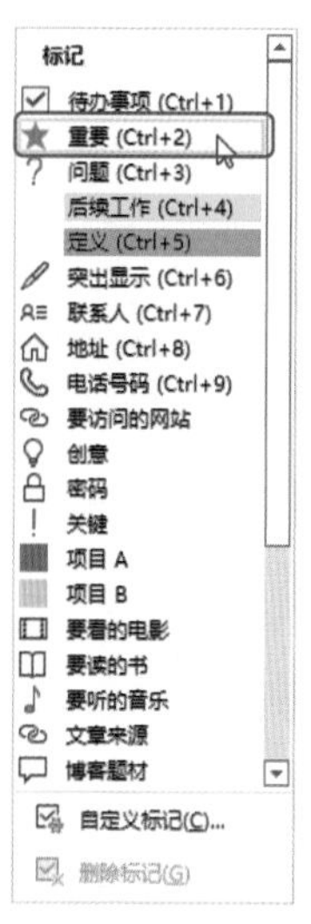

图 17-67

Step 04 查看插入的标记。即可在第一段文本的段首插入一个【重要】标记，如图 17-68 所示。

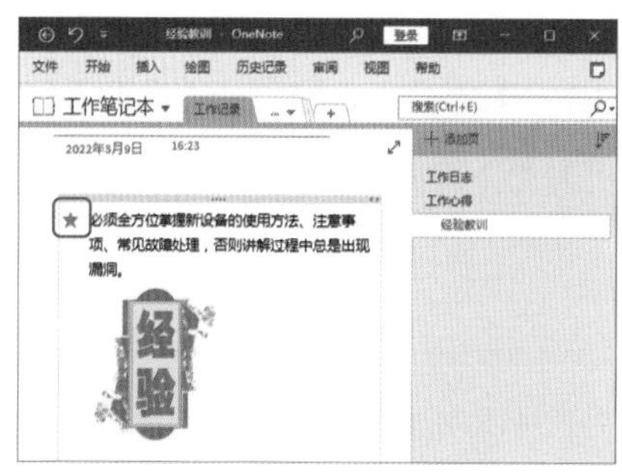
图 17-68

★重点 17.5.4 实战：截取屏幕信息

实例门类	软件功能

在笔记本中截取屏幕信息的具体操作步骤如下。

Step 01 定位光标位置。在【经验教训】子页中，将光标定位在图片的下方，如图 17-69 所示。

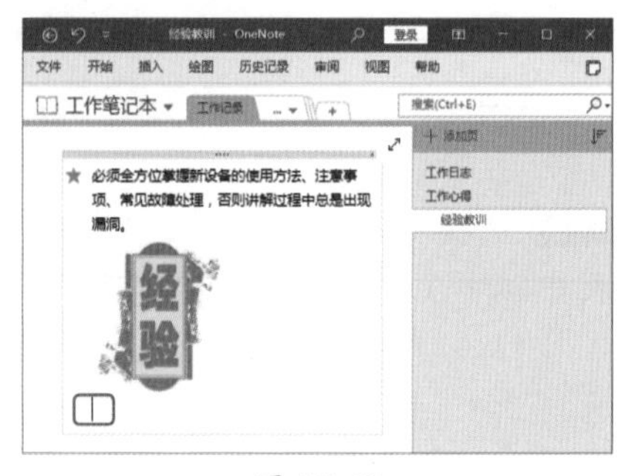

图 17-69

Step 02 插入屏幕剪辑。❶选择【插入】选项卡；❷单击【图像】组中的【屏幕剪辑】按钮，如图 17-70 所示。

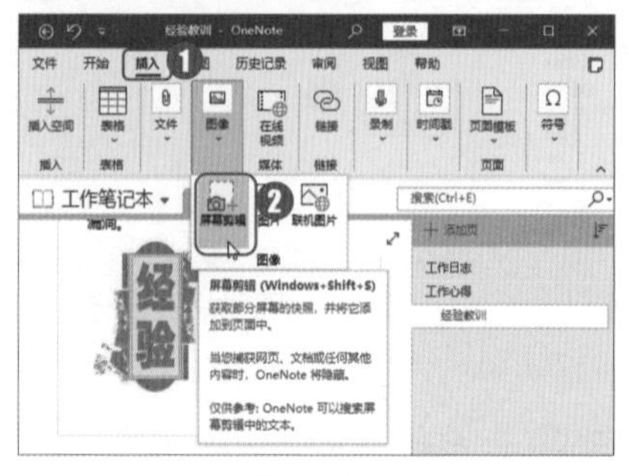

图 17-70

Step 03 绘制屏幕剪辑。拖动鼠标，绘制屏幕截图，如图 17-71 所示。

图 17-71

Step 04 插入屏幕剪辑。截图完毕，即可将截图插入【经验教训】子页，如图 17-72 所示。

图 17-72

妙招技法

通过对前面知识的学习，相信读者已经掌握了使用OneNote个人笔记本管理事务的基本操作。下面结合本章内容，给大家介绍一些实用技巧。

技巧 01：如何插入页面模板

OneNote模板是一种页面设计文件，用户可以将其应用到笔记本的新页面中，使这些页面具有更吸引人的背景、更统一的外观或更一致的布局。在笔记本中插入页面模板的具体操作步骤如下。

Step 01 打开【模板】窗格。❶选择【插入】选项卡；❷单击【页面】组中的【页面模板】按钮，如图 17-73 所示。

图 17-73

> **技能拓展——在 OneNote 笔记中导入外部数据**
>
> 在OneNote程序中，用户可以根据需要插入Excel电子表格，单击【插入】选项卡【文件】组中的【电子表格】按钮，在弹出的下拉列表中根据需要选择【现有Excel电子表格】或【新建Excel电子表格】选项即可。

Step 02 选择模板选项。OneNote窗口中弹出【模板】窗格，在【添加页】列表中展开【商务】栏，选择【个人会议笔记】选项，如图 17-74 所示。

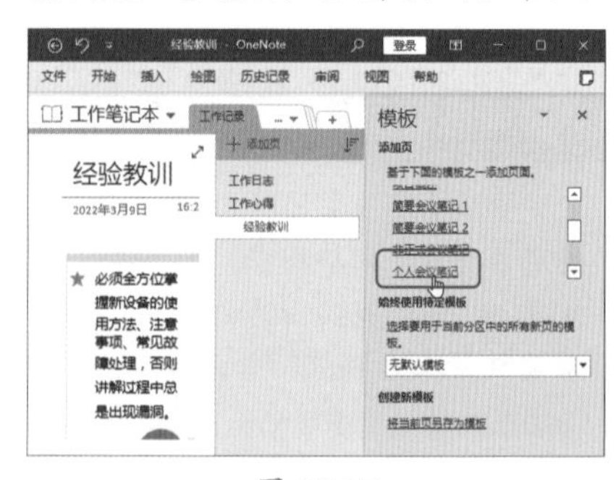

图 17-74

Step 03 查看插入的模板。完成以上操作后，即可插入一个应用了模板的【会议议题】页，如图 17-75 所示。

图 17-75

技巧 02：如何折叠子页

OneNote 有折叠和展开子页的功能，用户可以通过折叠子页，隐藏主页以下所有级别的子页。折叠子页的具体操作步骤如下。

Step 01 折叠子页。在【工作记录】页中，❶右击【经验教训】子页；❷在弹出的快捷菜单中选择【折叠子页】选项，如图 17-76 所示。

图 17-76

Step 02 展开子页。完成 Step 01 操作后，【经验教训】子页就被折叠起来了，与此同时，【经验教训】子页的上一级【工作心得】页右侧出现了一个【展开】按钮，如图 17-77 所示。

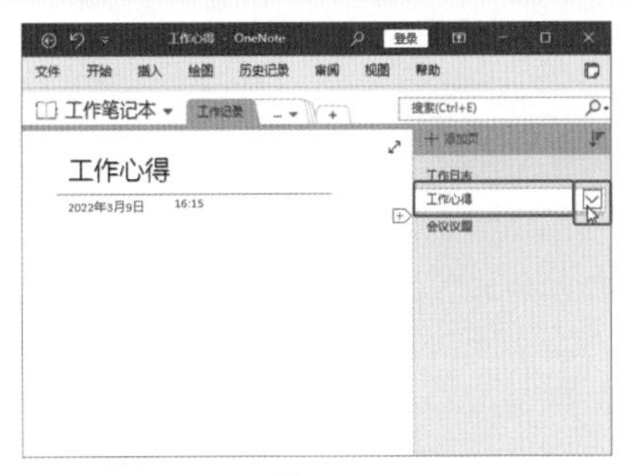

图 17-77

Step 03 查看展开的子页。单击【展开】按钮，即可展开折叠的【工作心得】页，显示出其中的子页，如图 17-78 所示。

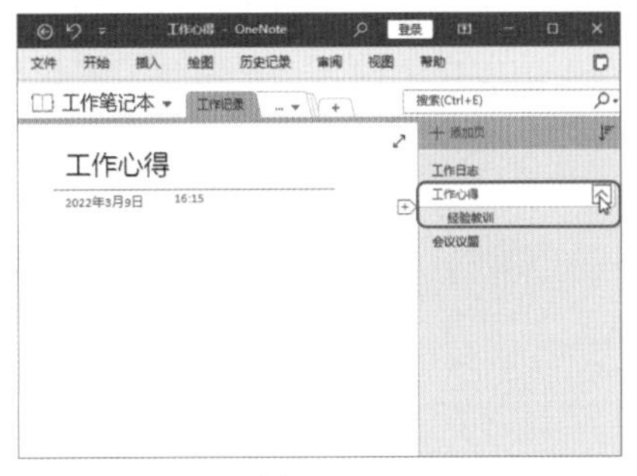

图 17-78

技巧 03：如何将 OneNote 分区导出为 PDF 文件

在日常工作中，如果想要与其他人共享 OneNote 笔记，可以将 OneNote 分区导出为 PDF 文件，具体操作步骤如下。

Step 01 进入【文件】界面。在 OneNote 窗口，选择【文件】选项卡，如图 17-79 所示。

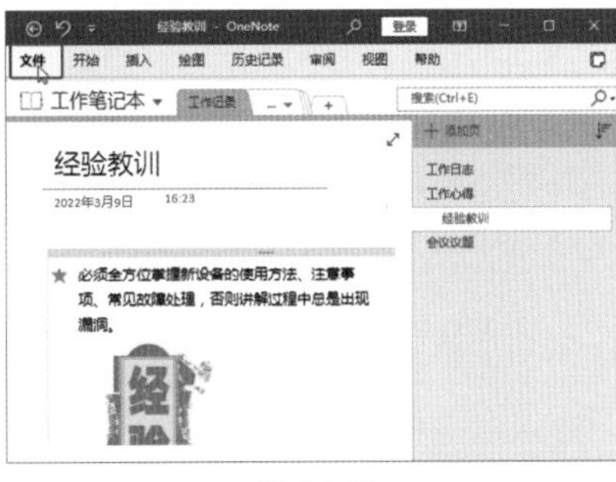

图 17-79

Step 02 选择分区。进入【文件】界面，❶选择【导出】选项卡；❷选择【分区】选项，如图 17-80 所示。

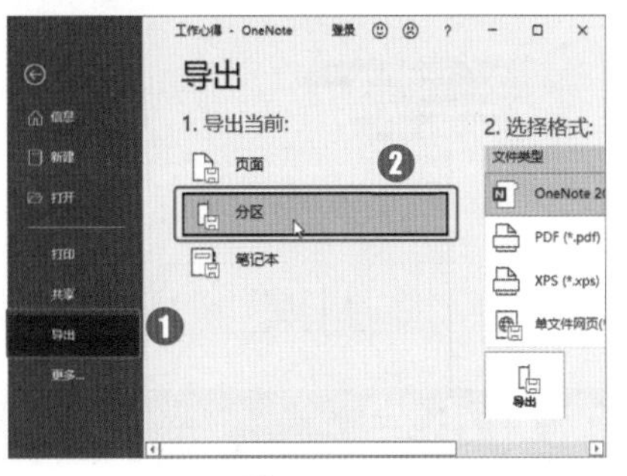

图 17-80

Step 03 打开【另存为】对话框。❶在【2. 选择格式】列表框中选择【PDF (*.pdf)】选项；❷单击【导出】按钮，如图 17-81 所示。

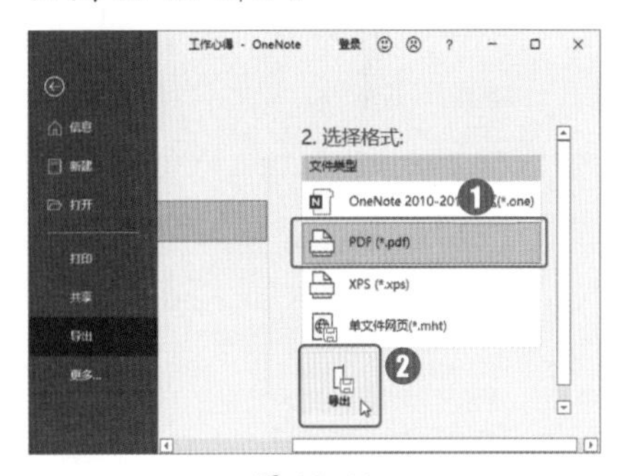

图 17-81

Step 04 选择导出位置。弹出【另存为】对话框，❶将保存位置设置为"结果文件\第 17 章"；❷单击【保存】按钮，如图 17-82 所示。

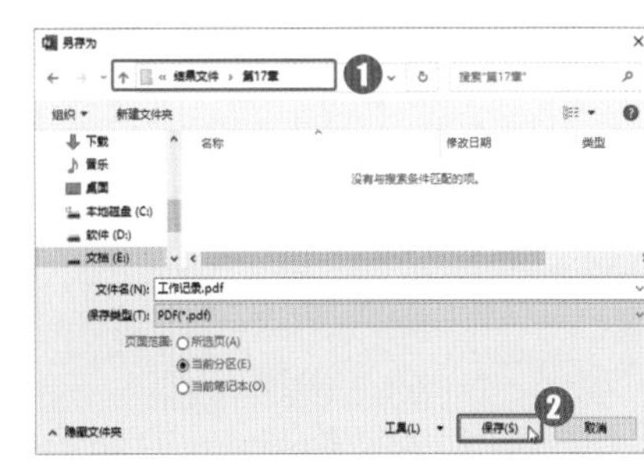

图 17-82

Step 05 查看导出文档。完成以上操作，即可将 OneNote 分区导出为 PDF 文件，生成一个名为"工作记录"的 PDF 文件，如图 17-83 所示。

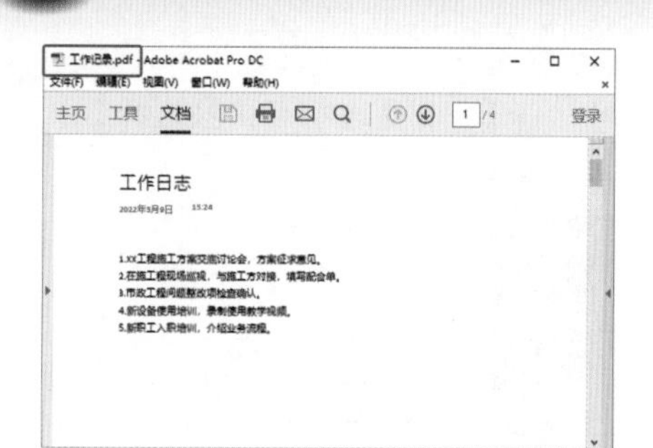

图 17-83

本章小结

本章首先介绍了OneNote的相关知识，然后结合实例讲解了创建笔记本、分区、分区组、页和子页的基本操作，以及写笔记的基本方法。通过对本章内容的学习，读者能够学会在工作和生活中使用OneNote管理自己的事务，快速掌握OneNote笔记本的基本操作，根据需要管理笔记本中的分区、分区组、页和子页等基本要素的操作，以及OneNote笔记本数据的导入和导出操作等。

第6篇 Office办公实战

没有实战的学习是纸上谈兵，为了帮助大家更好地理解和掌握 Office 2021 的基本知识和操作技巧，本篇主要介绍一些具体的制作案例。通过介绍这些实用案例的制作过程，帮助读者举一反三，轻松实现高效办公！

第18章 实战应用：制作年度财务总结报告

- 一份工作包含多个制作项目，一个软件无法完成怎么办？那就用不同的软件分工完成。
- 如何使用 Word 编排办公文档？
- 如何浏览文档，如何查看文档的打印效果？
- 在文档、表格中，如何快速插入 PPT？
- 如何设计演示文稿母版？
- 如何在幻灯片中插入文本、表格、图片、图表？
- 如何为幻灯片中的各个对象添加动画效果？

任何理论都要靠实践检验，本章通过制作年度财务总结报告，复习与巩固前面章节中介绍的 Office 办公软件中 Word、Excel、PowerPoint 的相关知识。上述问题，通过对本章内容的学习，相信读者能理解得更加透彻。

18.1 使用 Word 制作“年度财务总结报告”文档

实例门类	页面排版 + 文档视图类

年度总结包括一年以来的情况概述、成绩和经验、存在的问题和教训、今后努力的方向等内容。年度总结报告的类型多种多样，如年度财务总结报告、年度生产总结报告、年度销售总结报告，以及各部门年度总结报告等。年度总结报告通常由封面、目录、正文和落款等部分构成，封面上主要有年度总结报告的名称、汇报日期、企业名称等信息；目录主要是对正文中的标题大纲设置的索引，可以使用目录页，随时切换到正文的标题处；正文是年度总结报告的主要内容，包括上一年度情况总结、工作中存在的问题和解决办法、下一年度工作计划和展望等；落款在年度总结报告的结尾处，写明汇报单位/汇报人、汇报时间等内容。以制作“年度财务总结报告”文档为例，制作完成后的效果如图 18-1 至图 18-4 所示。

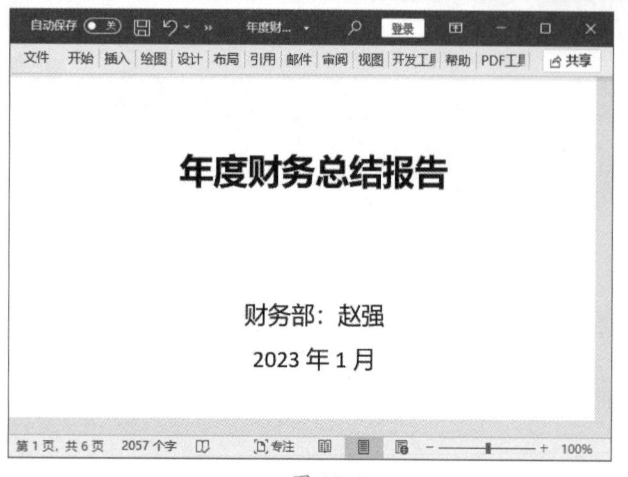

图 18-1

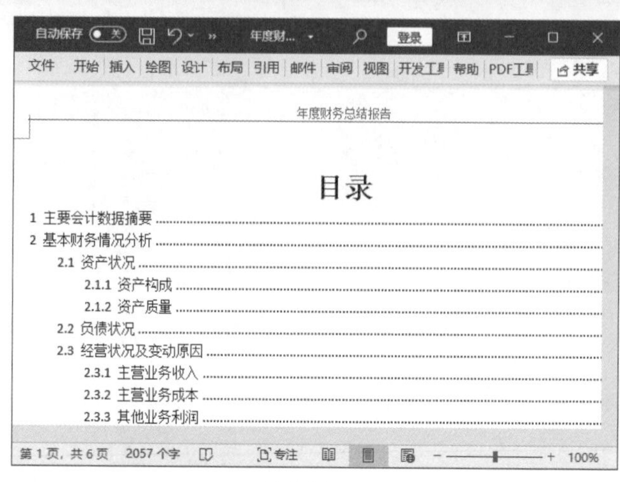

图 18-2

年度财务总结报告

1 主要会计数据摘要

项目	2022 年	2021 年	增减额	增减幅度
一、主营业务收入	3,876.51	5,329.43	-1,452.92	-27%
1. 整车	3,446.10	4,996.88	-1,550.78	-31%
2. 返利	430.40	332.55	97.86	29%
二、主营业务成本	3,515.24	4,819.86	-1,304.61	-27%
1. 整车	3,515.24	4,819.86	-1,304.61	-27%
三、主营业务利润	361.26	509.57	-148.31	-29%
四、其他业务利润	227.95	204.95	23.00	11%
1. 配件收入	514.17	505.53	8.65	2%

图 18-3

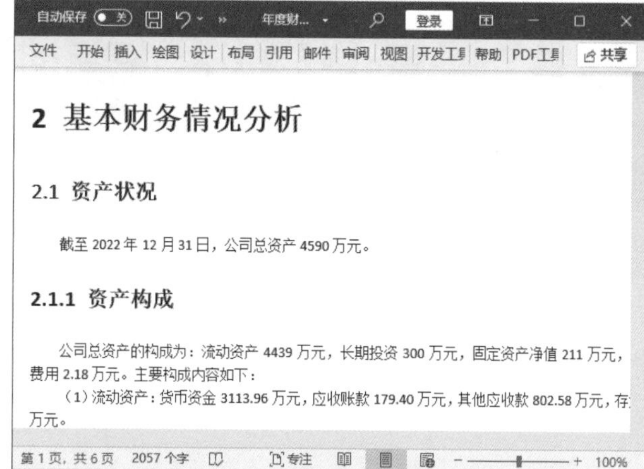

图 18-4

18.1.1 输入文档内容

在日常工作中，制作正式文档之前，要草拟一份文档，并对文档进行页面和格式设置。输入文档内容的方法比较简单，下面对输入文本、插入表格等进行分别介绍。

1. 输入文本

输入文本的方法非常简单，打开“素材文件\第 18 章\年度财务总结报告.docx”文档，直接输入文本内容即可，输入完成后的效果如图 18-5 所示。

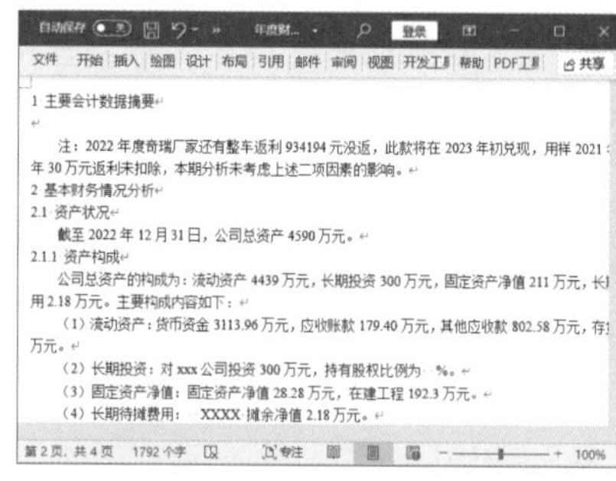

图 18-5

技术看板

在 Word 中输入文字时，常常碰到需要重复输入文字的情况，除了使用【Ctrl+C】及【Ctrl+V】组合键进行复制与粘贴外，还可以使用【Ctrl+鼠标左键】进行快速复制。具体的操作步骤为：首先选择要复制的文字或图形，然后按住【Ctrl】键，把鼠标指针移到所选择的文字上，按住鼠标左键不放，最后移动鼠标，把这些选择的文字拖到要粘贴的位置。

2. 插入表格

Word 文档有插入表格功能，通过指定行数和列数，可以直接插入表格。插入表格的具体操作步骤如下。

Step 01 定位光标。在 Word 文档中，将光标定位在要插入表格的位置，如图 18-6 所示。

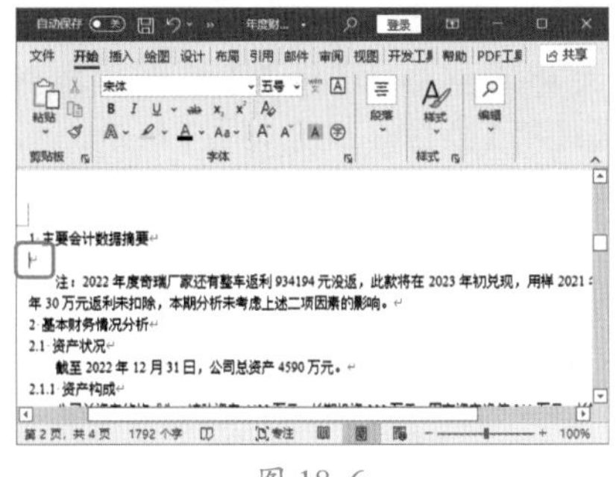

图 18-6

Step02 打开【插入表格】对话框。❶选择【插入】选项卡；❷单击【表格】组中的【表格】按钮；❸在弹出的下拉列表中选择【插入表格】选项，如图 18-7 所示。

图 18-7

Step03 设置表格行列数。弹出【插入表格】对话框，❶在【列数】和【行数】微调框中设置表格的列数和行数，这里将列数设置为【5】，将行数设置为【14】；❷单击【确定】按钮，如图 18-8 所示。

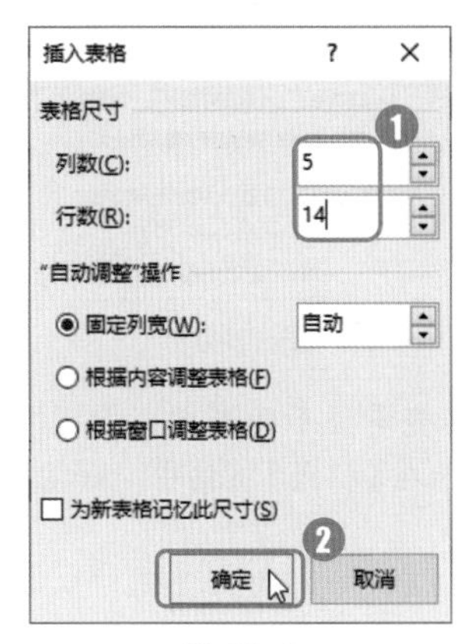

图 18-8

Step04 查看插入的表格。完成以上操作后，即可在文档中插入一个 5 列 14 行的表格，如图 18-9 所示。

图 18-9

Step05 输入表格内容。插入表格后，在表格中输入文本和数据，如图 18-10 所示。

1 主要会计数据摘要

项目	2022 年	2021 年	增减额	增减幅度
一、主营业务收入	3,876.51	5,329.43	-1,452.92	-27%
1．整车	3,446.10	4,996.88	-1,550.78	-31%
2．返利	430.40	332.55	97.86	29%
二、主营业务成本	3,515.24	4,819.86	-1,304.61	-27%
1．整车	3,515.24	4,819.86	-1,304.61	-27%
三、主营业务利润	361.26	509.57	-148.31	-29%
四、其他业务利润	227.95	204.95	23.00	11%
1．配件收入	514.17	505.53	8.65	2%
2．工时收入	121.85	114.37	7.48	7%
3．其他业务支出	408.07	414.95	-6.88	-2%
五、经营费用	373.93	389.85	-15.92	-4%
六、营业外收入	40.28	44.63	-4.35	-10%
七、利润总额	255.57	369.31	-113.74	-31%

图 18-10

18.1.2 编排文档版式

Word 文档有页面设置、应用样式、添加页眉和页码、插入目录等排版功能，正确地使用这些功能，即使面对数万字的文档，也能得心应手地编排。

1. 页面设置

创建文档后，Word 中有自动设置的文档页边距、纸型、纸张方向等页面属性，用户可以根据需要，对页面属性进行重新设置。页面设置的具体操作步骤如下。

Step01 打开【页面设置】对话框。❶选择【布局】选项卡；❷单击【页面设置】组中的【对话框启动器】按钮，如图 18-11 所示。

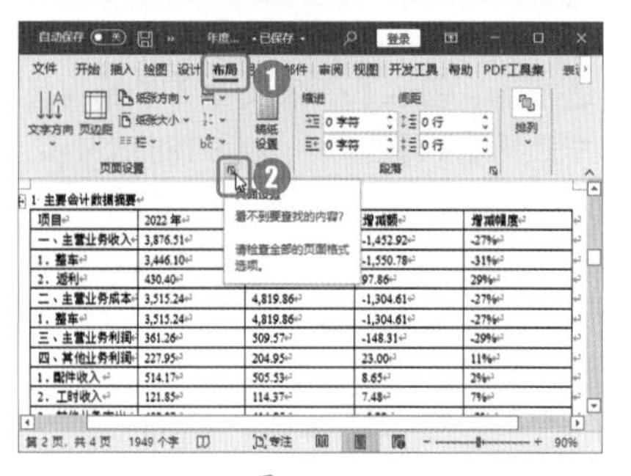

图 18-11

技术看板

默认情况下，Word 2021 纵向页面的默认页面属性是上、下页边距均为 2.54 厘米，左、右页边距均为 3.17 厘米。页面设置完成后，可以通过【文件】→【打印】路径查看预览效果。

Step02 设置页边距和纸张方向。弹出【页面设置】对话框，❶选择【页边距】选项卡；❷在【页边距】组中依次将【上】【下】【左】【右】页边距设置为【2 厘米】；❸在【纸张方向】组中选择【纵向】选项，如图 18-12 所示。

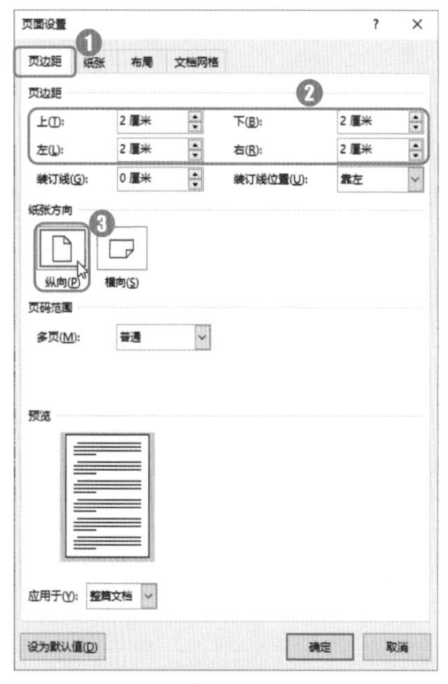

图 18-12

Step03 设置纸张大小。❶选择【纸张】选项卡；❷在【纸张大小】下拉列表中选择【A4】选项，如图18-13所示。

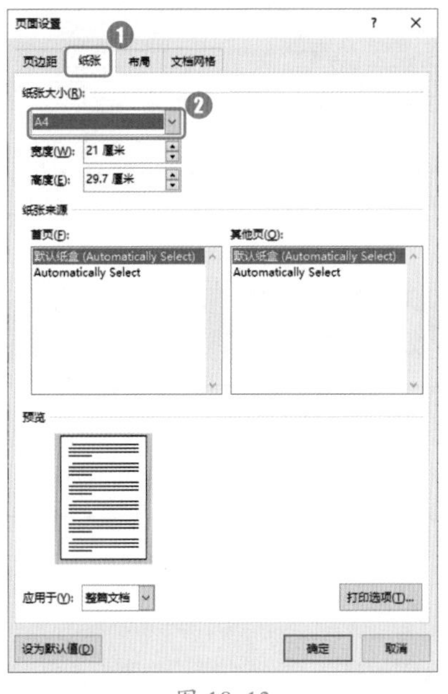

图 18-13

Step04 设置版式。❶选择【布局】选项卡；❷在【页眉】和【页脚】微调框中均输入“1厘米”，如图18-14所示。

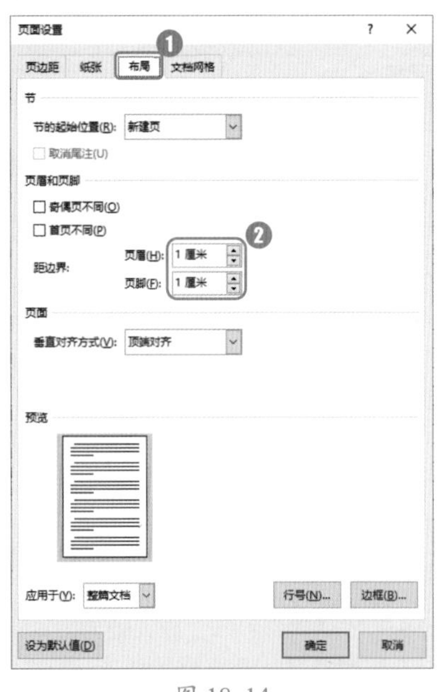

图 18-14

Step05 设置网格和行数。❶选择【文档网格】选项卡；❷在【网格】组中选择【只指定行网格】单选按钮；❸在【行】组中的【每页】微调框中输入“44”；❹单击【确定】按钮，如图18-15所示。

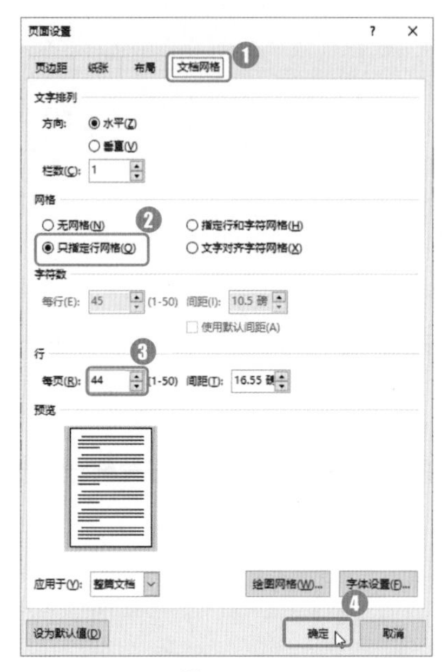

图 18-15

2. 使用样式设置标题

Word文档有样式设置功能，正确设置和使用样式，可以极大地提高工作效率。设置样式时，用户可以直接套用系统的内置样式，可以根据需要更改样式，也可以使用格式刷快速复制样式。使用样式设置标题的具体操作步骤如下。

Step01 打开【样式】窗格。❶选择【开始】选项卡；❷在【样式】组中单击【对话框启动器】按钮，如图18-16所示。

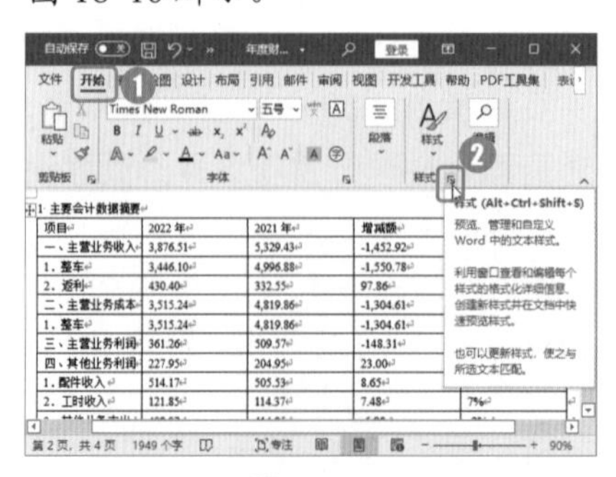

图 18-16

Step02 打开【样式窗格选项】对话框。文档右侧弹出【样式】窗格，单击【选项】按钮，如图18-17所示。

图 18-17

Step03 选择显示样式。弹出【样式窗格选项】对话框，❶在【选择要显示的样式】下拉列表中选择【所有样式】选项；❷单击【确定】按钮，如图18-18所示。

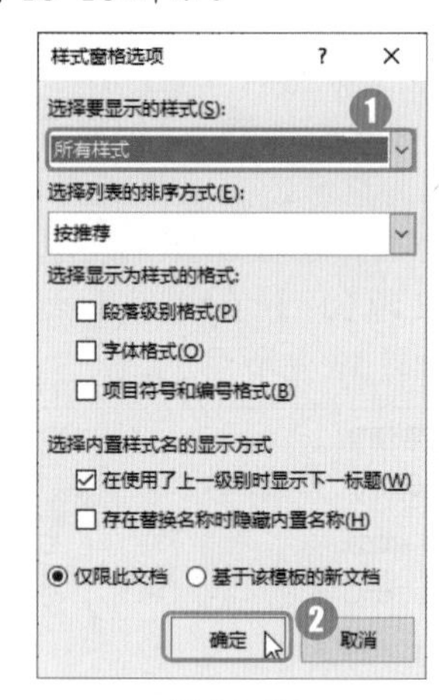

图 18-18

Step04 查看显示的样式。所有样式都已显示在【样式】窗格中，如图18-19所示。

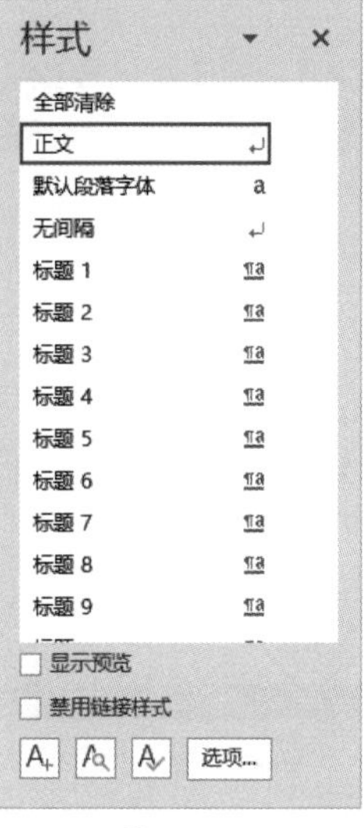

图 18-19

Step05 应用【标题 1】样式。❶选择要套用样式的标题；❷在【样式】窗格中选择【标题 1】选项，所选择的文本或段落即可应用【标题 1】样式，如图 18-20 所示。

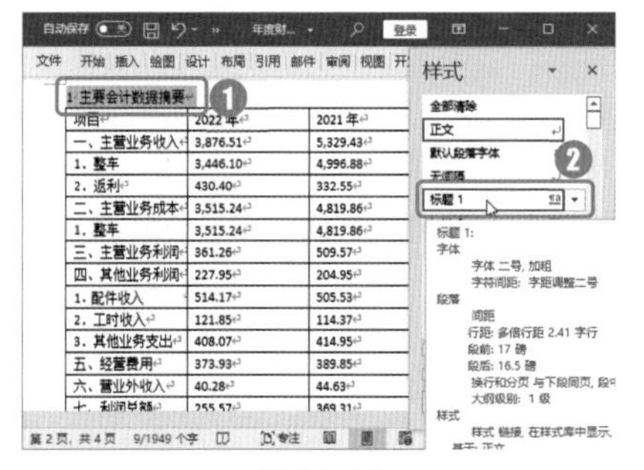

图 18-20

Step06 应用【标题 2】样式。❶选择要套用样式的标题；❷在【样式】窗格中选择【标题 2】选项，所选择的文本或段落即可应用【标题 2】样式，如图 18-21 所示。

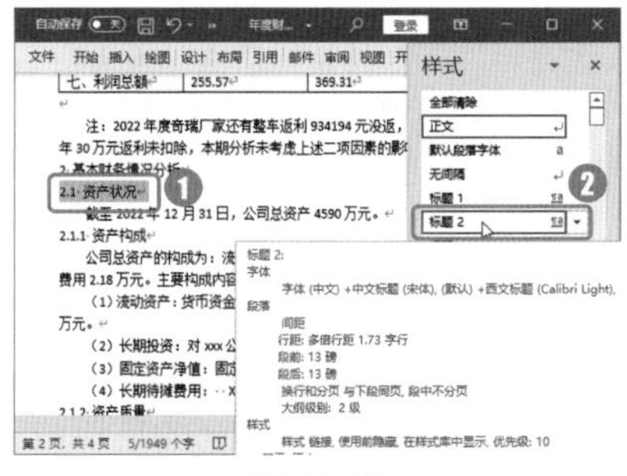

图 18-21

Step07 应用【标题 3】样式。❶选择要套用样式的标题；❷在【样式】窗格中选择【标题 3】选项，所选择的文本或段落即可应用【标题 3】样式，如图 18-22 所示。

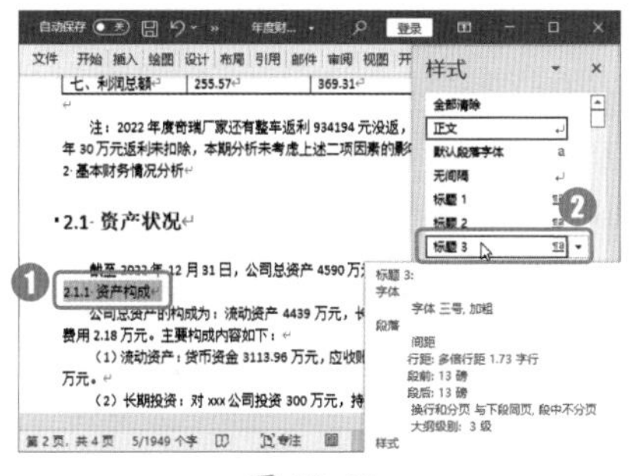

图 18-22

Step08 双击【格式刷】按钮。样式设置完成后，可以使用格式刷快速刷取样式。❶选择应用样式的一级标题；❷选择【开始】选项卡；❸双击【剪贴板】组中的【格式刷】按钮，格式刷呈高亮显示，如图 18-23 所示。

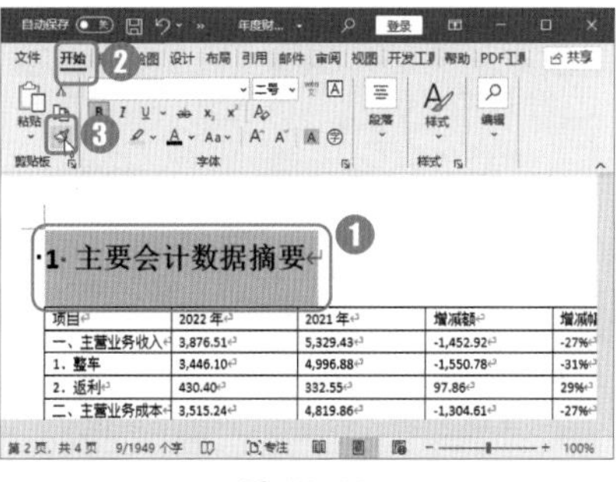

图 18-23

技术看板

格式刷功能是 Word 中强大的功能之一。单击【格式刷】按钮，只能刷格式一次；双击【格式刷】按钮，可以刷格式无数次，操作完毕，再次单击【格式刷】按钮即可。

Step09 使用格式刷。将鼠标指针移动到文档中，鼠标指针变成 形状后，拖动鼠标选择下一个一级标题，释放鼠标，即可将样式应用到选择的标题中，如图 18-24 所示。

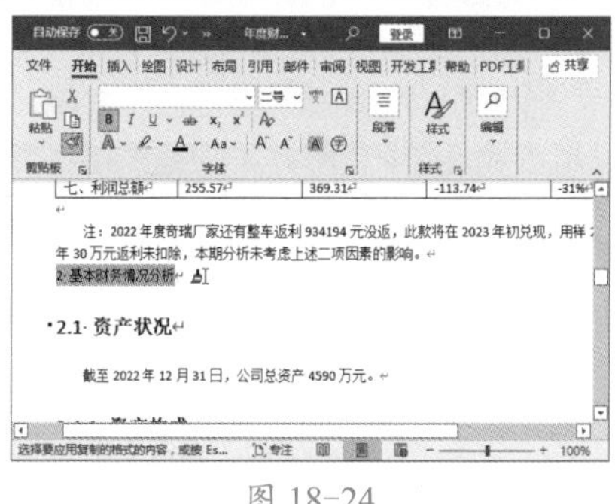

图 18-24

Step10 完成格式复制。按照同样的步骤，继续使用格式刷选择其他各级标题即可，如图 18-25 所示。

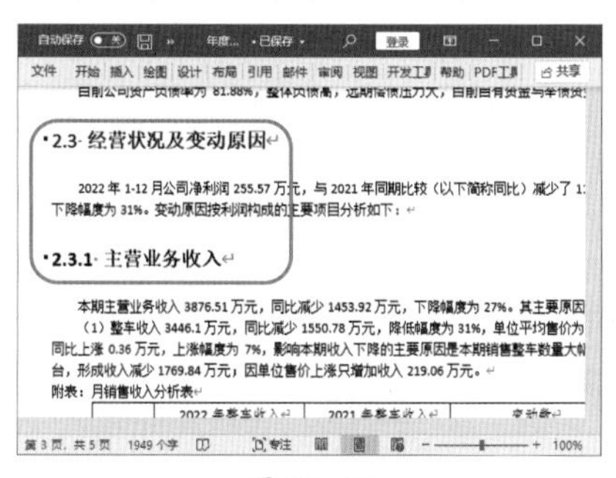

图 18-25

3. 添加页眉和页码

为了使文档的整体效果更具专业水准，文档创建完成后，可以为其添加页眉和页码。

Step01 插入分节符。将光标定位在正文前，❶选择【布局】选项卡；❷在【页面设置】组中单击【分隔符】按钮 ；❸在弹出的下拉列表中选择【分节符】组中的【下一页】选项，如图 18-26 所示。

图 18-26

Step02 查看插入的分节符。即可在

正文前方插入一个【分节符（下一页）】分节符，如图18-27所示。

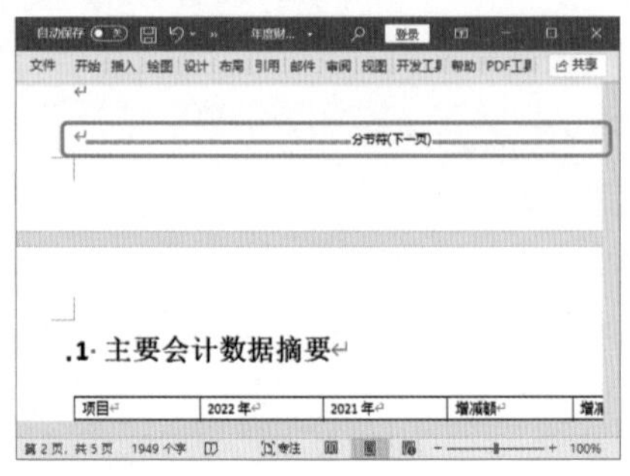

图18-27

Step 03 再次插入分节符。重复Step 01操作，将光标定位在正文前，❶选择【布局】选项卡；❷在【页面设置】组中单击【分隔符】按钮；❸在弹出的下拉列表中选择【分节符】组中的【下一页】选项，如图18-28所示。

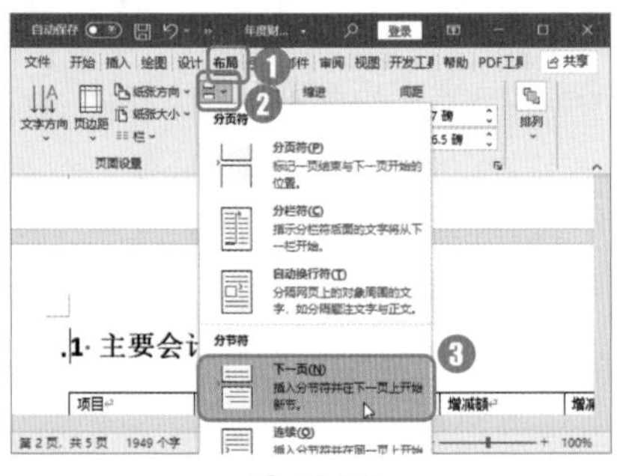

图18-28

Step 04 输入文字。在光标位置插入一个【分节符（下一页）】分节符后，在第2页首行输入文本“目录”并设置文字格式，如图18-29所示。

图18-29

技术看板

分隔符包括分页符和分节符。分页符只有分页功能；分节符不但有分页功能，还可以在每个单独的节中设置页面格式和页眉/页脚样式。

Step 05 进入页眉编辑状态。在正文的页眉处双击，进入页眉和页脚编辑状态，如图18-30所示。

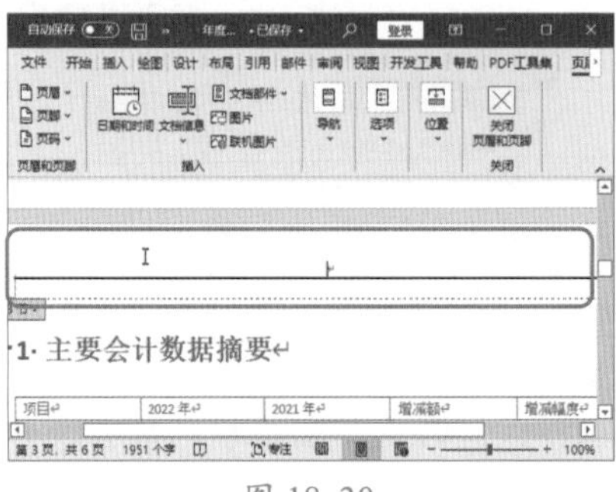

图18-30

Step 06 输入页眉文字。在页眉处输入文本“年度财务总结报告”，如图18-31所示。

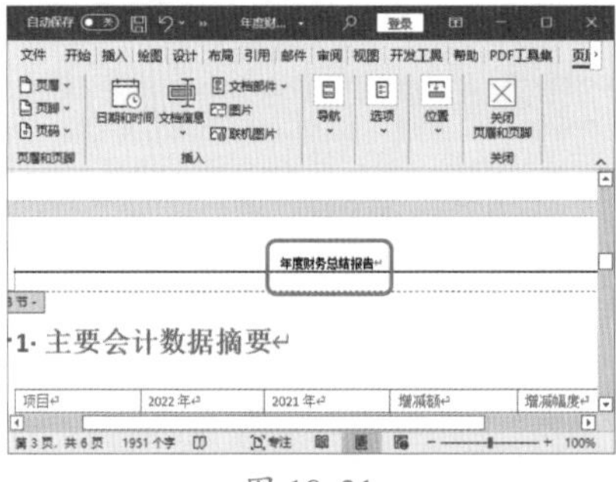

图18-31

技术看板

如果要在同一节中设置奇偶页不同的页眉和页脚，可以选择【页眉和页脚】选项卡【选项】组中的【奇偶页不同】复选框；如果要在不同的节中设置奇偶页不同的页眉和页脚，除了要选择【奇偶页不同】复选框外，还要注意不要将本节的页眉链接到上一节——设置本节的页眉和页脚前，如果【导航】组中的【链接到上一节】按钮高亮显示，先单击该按钮，取消高亮显示，再进行页眉和页脚设置。

Step 07 插入页码。将光标定位在页脚处后选择【页眉和页脚】选项卡，❶单击【页眉和页脚】组中的【页码】按钮；❷在弹出的下拉列表中选择【页面底端】→【普通数字2】选项，如图18-32所示。

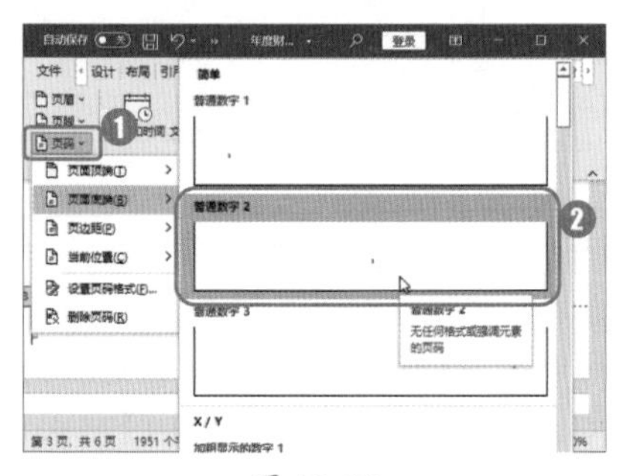

图18-32

Step 08 查看插入的页码。即可在页脚位置插入【普通数字2】样式的页码，如图18-33所示。

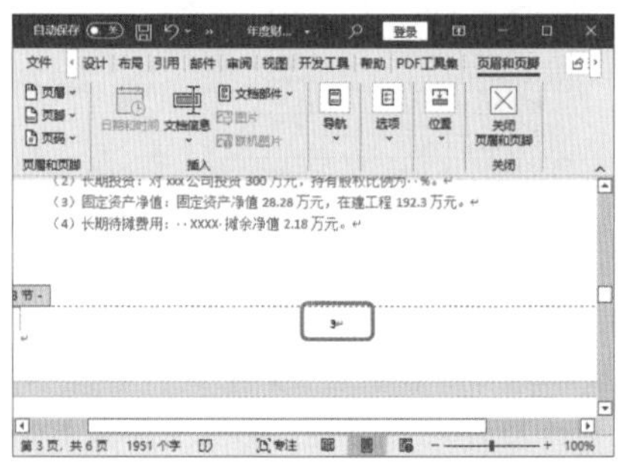

图18-33

Step 09 设置页码字体。选择插入的页码，❶选择【开始】选项卡；❷在【字体】组中的【字体】下拉列表中选择【小四】选项，如图18-34所示。

图 18-34

Step10 关闭页眉和页脚设置。❶选择【页眉和页脚】选项卡；❷单击【关闭】组中的【关闭页眉和页脚】按钮，如图 18-35 所示。

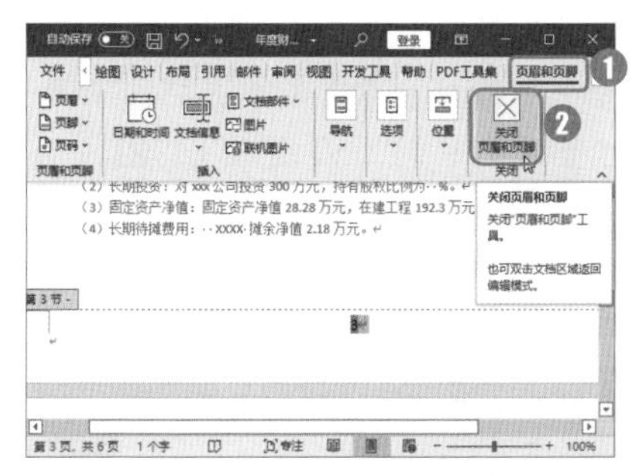

图 18-35

技术看板

使用域功能，可以在 Word 2021 文档中设置【第 X 页_总 Y 页】格式的页码。【第 X 页】中的 X，域名为 “Page”；【共 Y 页】中的 Y，域名为 “NumPages”。选择【插入】选项卡，单击【文本】组中的【文档部件】按钮，在弹出的下拉列表中选择【域】选项，即可打开【域】对话框，进行设置。

4. 插入目录

Word 是使用层次结构来组织文档的软件，大纲级别是段落所处层次的级别编号。Word 2021 内置标题样式中的大纲级别都是默认设置的，用户可以直接生成目录。在文档中插入目录的具体操作步骤如下。

Step01 打开目录列表。将光标定位在目录页中，❶选择【引用】选项卡；❷在【目录】组中单击【目录】按钮，如图 18-36 所示。

图 18-36

Step02 打开【目录】对话框。在弹出的内置目录列表中选择【自定义目录】选项，如图 18-37 所示。

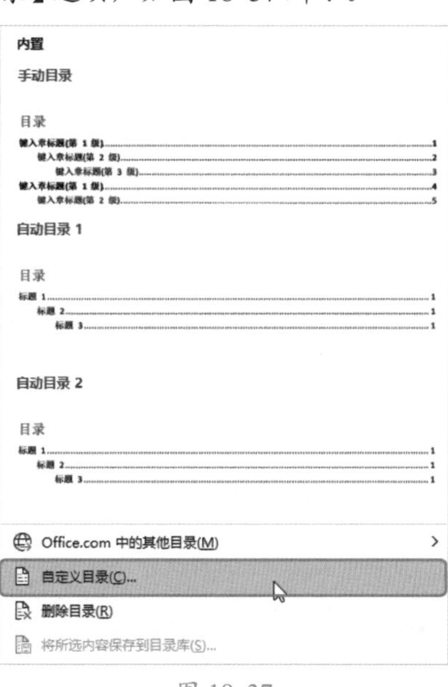

图 18-37

技术看板

编辑或修改文档的过程中，如果文档内容或格式发生了变化，需要更新目录。更新目录包括只更新页码和更新整个目录两种。

Step03 设置目录。弹出【目录】对话框，❶在【显示级别】微调框中将级别设置为【3】；❷单击【确定】按钮，如图 18-38 所示。

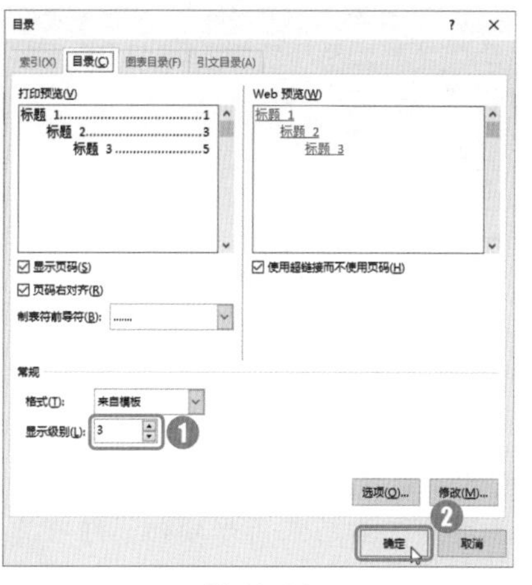

图 18-38

Step04 查看插入的目录。即可根据文档中的标题大纲插入一个 3 级目录，如图 18-39 所示。

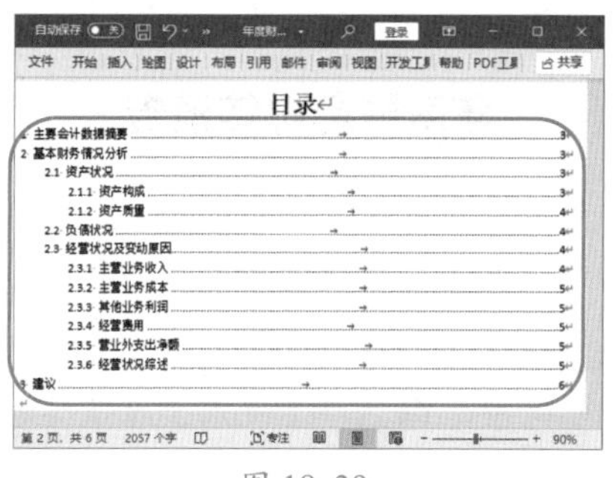

图 18-39

18.1.3 浏览和打印预览文档

编排文档后，可以对文档排版的整体效果进行浏览和打印预览。

1. 使用阅读视图

进入 Word 2021 阅读模式，单击左、右的三角形按钮，即可完成翻屏。Word 阅读视图模式中有 3 种页面背景色：默认的白底黑字、棕黄背景，及适用于黑暗环境的黑底白字，方便用户在各种环境中舒适阅读。使用阅读视图浏览文档的具体操作步骤如下。

Step01 进入阅读视图。❶选择【视图】选项卡；❷在【视图】组中单击【阅读视图】按钮，如图 18-40 所示。

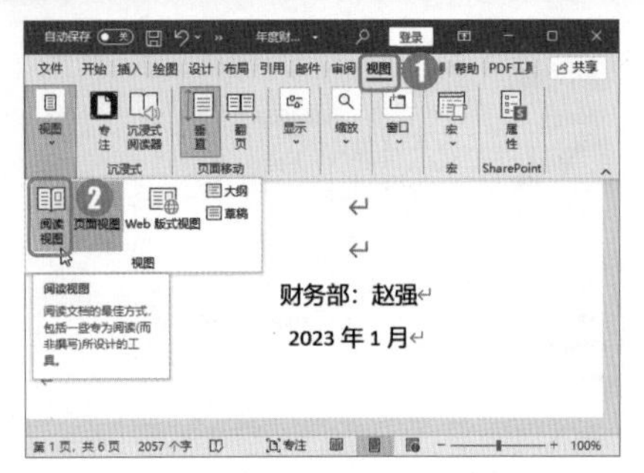

图 18-40

Step02 浏览文档。进入阅读视图，单击左、右的三角形按钮，即可完成翻屏，如图 18-41 所示。

图 18-41

Step03 选择页面颜色。在阅读视图窗口中，❶选择【视图】选项卡；❷在弹出的下拉列表中选择【页面颜色】→【褐色】选项，如图 18-42 所示。

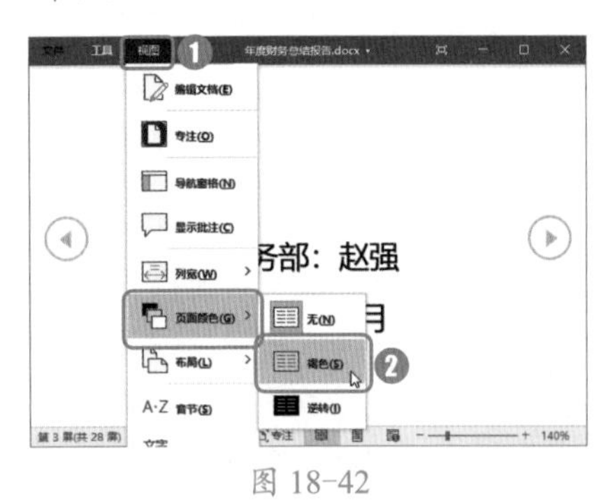

图 18-42

技术看板

在阅读视图窗口单击【工具】选项卡，在弹出的下拉列表中选择【查找】选项，即可弹出【导航】窗格。在【导航】窗格中的【搜索】框中输入关键词，即可查找 Word 文档中的文本、批注、图片等内容。

Step04 查看页面效果。完成 Step 03 操作后，页面颜色就变成了褐色，效果如图 18-43 所示。

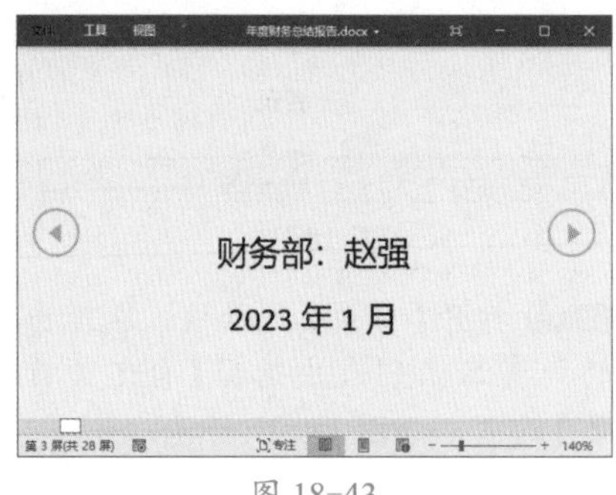

图 18-43

Step05 返回文档编辑状态。❶选择【视图】选项卡；❷在弹出的下拉列表中选择【编辑文档】选项，如图 18-44 所示，即可返回文档编辑状态。

图 18-44

2. 应用导航窗格

Word 2021 有可视化的导航窗格功能。使用导航窗格，可以快速查看文档结构图和页面缩略图，从而快速定位文档位置。在 Word 2021 中使用导航窗格浏览文档的具体操作步骤如下。

Step01 打开【导航】窗格。如果窗口中没有显示【导航】窗格，❶选择【视图】选项卡；❷选择【显示】组中的【导航窗格】复选框，即可调出【导航】窗格，如图 18-45 所示。

图 18-45

Step02 翻页查看文档。在【导航】窗格中，❶选择【页面】选项卡，即可查看文档的页面缩略图；❷拖动垂直滚动条或滚动鼠标滚轮，即可上下滚动页面缩略图列表，如图 18-46 所示。

图 18-46

3. 使用打印预览

Word 2021 有打印预览功能，执行【打印】命令后，【文件】界面右侧会出现预览界面，用户可以根据需要浏览文档页面的打印效果，支持左、右换页浏览。使用打印预览功能预览文档的具体操作步骤如下。

Step01 进入【文件】界面。选择【文件】选项卡，如图 18-47 所示。

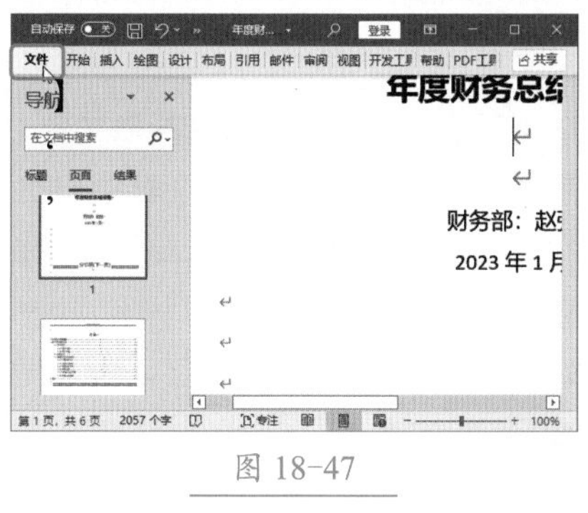

图 18-47

Step02 进行打印预览。进入【文件】界面，❶选择【打印】选项卡，进入【打印】界面，即可查看打印预览；❷在预览界面下方单击【上一页】按钮◀和【下一页】按钮▶，即可切换页面，如图 18-48 所示。

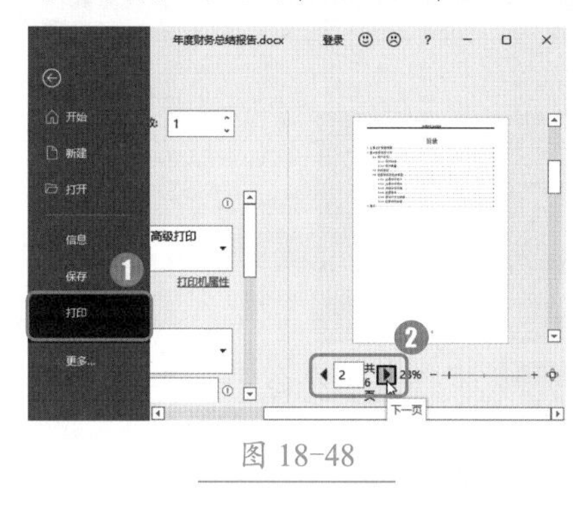

图 18-48

Step03 打印文档。预览完毕，进行相应的打印设置后，单击【打印】按钮，即可打印文档，如图 18-49 所示。

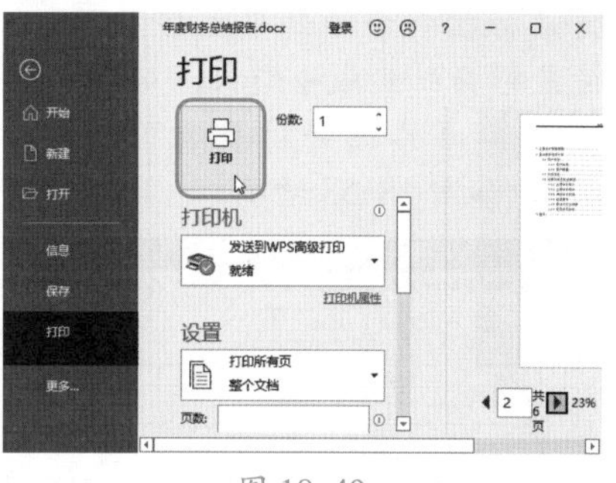

图 18-49

18.2 使用 Excel 制作“年度财务数据报表”

实例门类 数据管理 + 数据分析类

在使用 Word 文档制作“年度财务总结报告”的过程中，不可避免地会遇到数据计算、数据分析、图表分析等问题，此时就用到了 Excel 电子表格。用户可以使用 Excel 数据统计和分析功能，对年度数据进行排序、筛选、分类汇总；也可以使用 Excel 数据计算功能，对比分析不同年度的数据增减变化；还可以使用 Excel 图表功能，清晰地展示数据。本节以制作“年度财务数据报表”为例，制作完成后的效果如图 18-50 和图 18-51 所示。

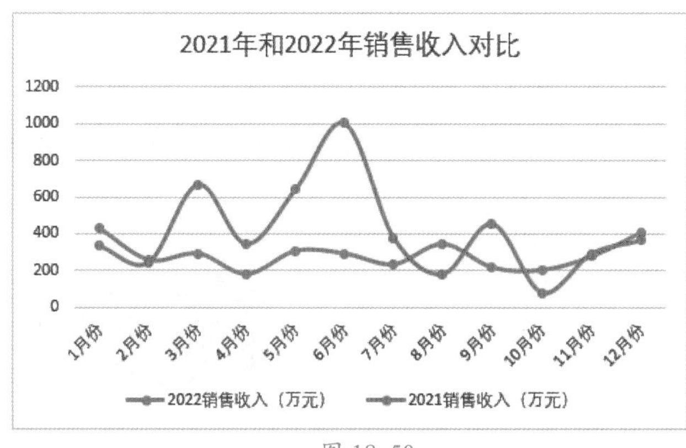

图 18-50

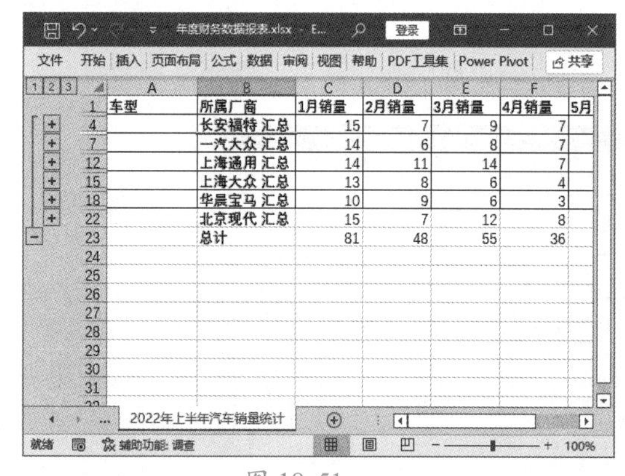

	车型	所属厂商	1月销量	2月销量	3月销量	4月销量	5月
4		长安福特 汇总	15	7	9	7	
7		一汽大众 汇总	14	6	8	7	
12		上海通用 汇总	14	11	14	7	
15		上海大众 汇总	13	8	6	4	
18		华晨宝马 汇总	10	9	6	3	
22		北京现代 汇总	15	7	12	8	
23		总计	81	48	55	36	

图 18-51

18.2.1 计算财务数据

Excel 有公式和函数功能，可以帮助用户快速计算财务数据，具体操作步骤如下。

Step01 输入数据。打开“素材文件\第 18 章\年度财务数据报表.xlsx”文档，可以看到，在“主要会计数据”工作表中，已经输入了 2022 年和 2021 年的年度主要会计数据，如图 18-52 所示。

	项目	2022年	2021年	增减额	增减幅度
2	一、主营业务收入	3,876.51	5,329.43		
3	1．整车	3,446.10	4,996.88		
4	2．返利	430.4	332.55		
5	二、主营业务成本	3,515.24	4,819.86		
6	1．整车	3,515.24	4,819.86		
7	三、主营业务利润	361.26	509.57		
8	四、其他业务利润	227.95	204.95		
9	1．配件收入	514.17	505.53		
10	2．工时收入	121.85	114.37		
11	3．其他业务支出	408.07	414.95		
12	五、经营费用	373.93	389.85		
13	六、营业外收入	40.28	44.63		
14	七、利润总额	255.57	369.31		

图 18-52

Step 02 输入并填充公式。选择单元格D2，输入公式“=B2-C2”，按【Enter】键，即可计算出主营业务收入的“增减额”；选择D2单元格，将鼠标指针移动到单元格右下角，待鼠标指针变成✚形状，双击，即可计算出其他会计项目的“增减额”，如图18-53所示。

图18-53

Step 03 输入并填充公式。选择单元格E2，输入公式“=D2/C2*100%”，按【Enter】键，即可计算出主营业务收入的“增减幅度”；选择E2单元格，将鼠标指针移动到单元格右下角，待鼠标指针变成✚形状，双击，即可计算出其他会计项目的“增减幅度”，如图18-54所示。

图18-54

Step 04 输入数据。选择“月销售收入分析表”工作表，表中已经输入了2022年和2021年的年度主要销售数据，如图18-55所示。

图18-55

Step 05 输入并填充公式。选择单元格F2，输入公式“=B2-D2”，按【Enter】键，即可计算出1月份的“增减数量”；选择F2单元格，将鼠标指针移动到单元格右下角，待鼠标指针变成✚形状，双击，即可计算出其他月份的“增减数量”，如图18-56所示。

图18-56

Step 06 输入并填充公式。选择单元格G2，输入公式“=C2-E2”，按【Enter】键，即可计算出1月份的“增减金额”；选择G2单元格，将鼠标指针移动到单元格右下角，待鼠标指针变成✚形状，双击，即可计算出其他月份的“增减金额”，如图18-57所示。

2022销售数量	2022销售收入（万元）	2021销售数量	2021销售收入（万元）	增减数量	增减金额
81	428.53	68	334.85	13	93.68
48	257.47	47	244.4	1	13.07
55	292.56	130	670.21	-75	-377.65
36	182.2	65	345.23	-29	-163.03
56	307.62	122	644.66	-66	-337.04
46	292.3	173	1,003.18	-127	-710.88
45	234.71	68	379.44	-23	-144.73
60	344.41	33	181.5	27	162.91
42	217.29	92	455.42	-50	-238.13
32	204.21	17	79.84	15	124.37
42	277.84	55	292.96	-13	-15.12
66	406.95	73	365.19	-7	41.76

图18-57

18.2.2 图表分析

Excel 2021有强大的图表功能，用户可以根据需要在工作表中创建和编辑统计图表。对Excel中的数据进行图表分析的具体操作步骤如下。

Step 01 创建图表。选择单元格区域A1:A13和C1:C13，❶选择【插入】选项卡；❷在【图表】组中单击【插入饼图或圆环图】按钮；❸在弹出的下拉列表中选择【三维饼图】选项，如图18-58所示。

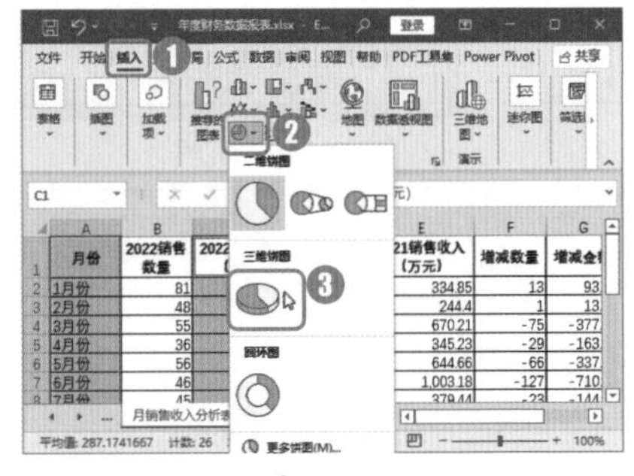

图18-58

Step 02 查看创建的图表。即可根据选择的源数据创建一个三维饼图，如图18-59所示。

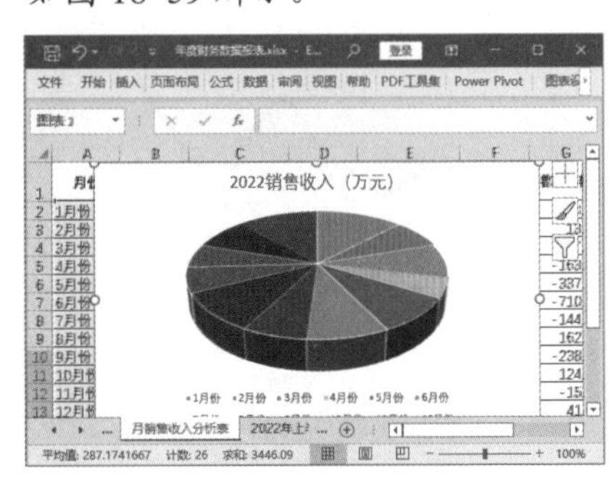

图18-59

Step 03 选择图表样式。选择图表，❶选择【图表设计】选项卡；❷在【图表样式】组中单击【快速样式】按钮；❸在弹出的下拉列表中选择【样式6】选项，此时，图表就会应用选择的【样式6】图表样式，如图18-60所示。

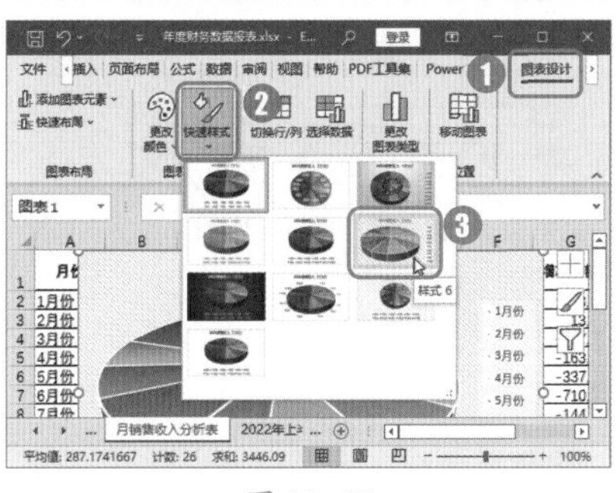

图 18-60

Step04 添加数据标签。选择数据系列并右击，在弹出的快捷菜单中选择【添加数据标签】选项，如图 18-61 所示。

图 18-61

Step05 查看数据标签效果。即可为饼图添加数据标签，如图 18-62 所示。

图 18-62

Step06 打开【设置数据标签格式】窗格。选择数据标签并右击，在弹出的快捷菜单中选择【设置数据标签格式】选项，如图 18-63 所示。

图 18-63

Step07 设置数据标签属性。弹出【设置数据标签格式】窗格，❶在【标签包括】组中选择【百分比】复选框；❷在【标签位置】组中选择【数据标签外】单选按钮，如图 18-64 和图 18-65 所示。

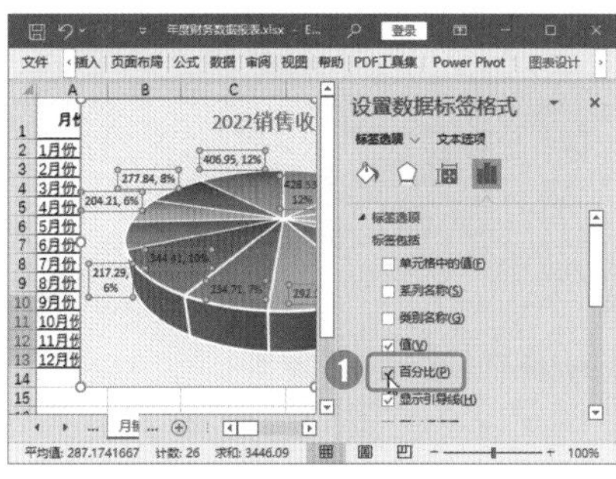

图 18-64

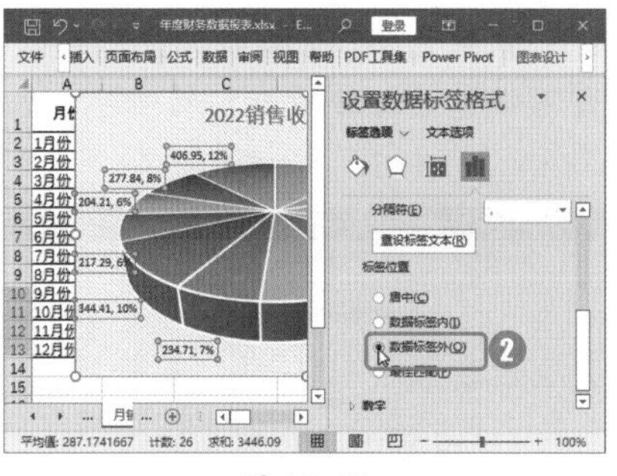

图 18-65

Step08 查看三维饼图效果。完成以上操作后，三维饼图就设置完成了，效果如图 18-66 所示。

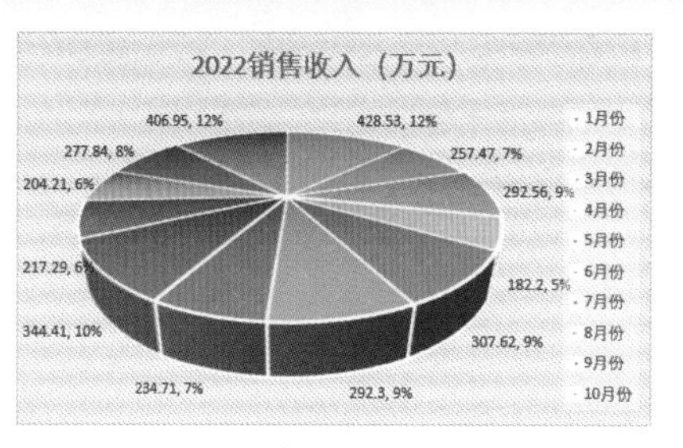

图 18-66

Step09 打开【插入图表】对话框。选择单元格区域A1:A13 和 E1:E13，❶选择【插入】选项卡；❷在【图表】组中单击【推荐的图表】按钮，如图 18-67 所示。

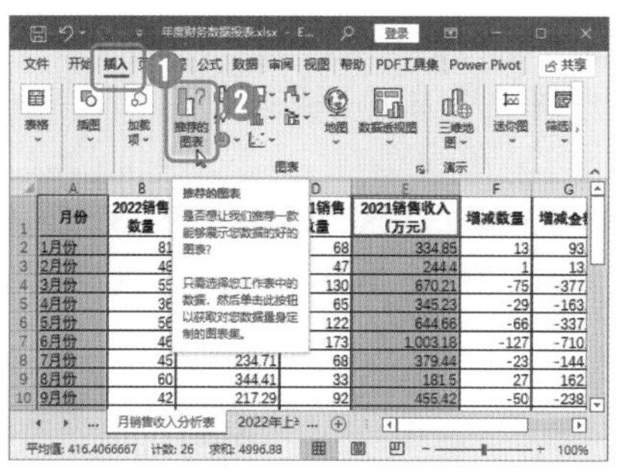

图 18-67

Step10 选择图表类型。弹出【插入图表】对话框，对话框中有多种推荐的图表，用户根据需要进行选择即可，❶选择【簇状条形图】选项；❷单击【确定】按钮，如图 18-68 所示。

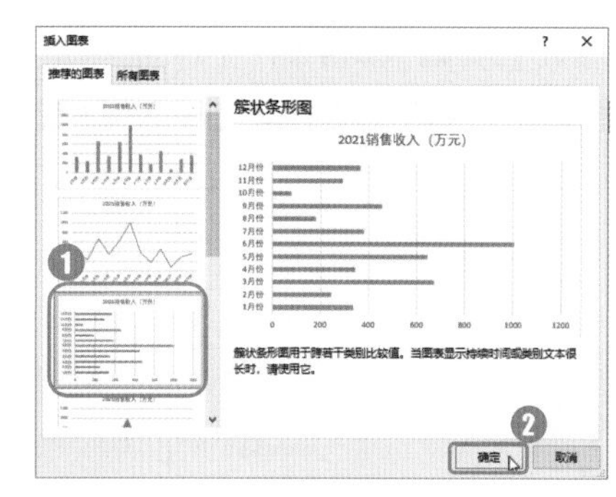

图 18-68

Step11 查看插入的图表。即可插入一个簇状条形图，如图 18-69 所示。

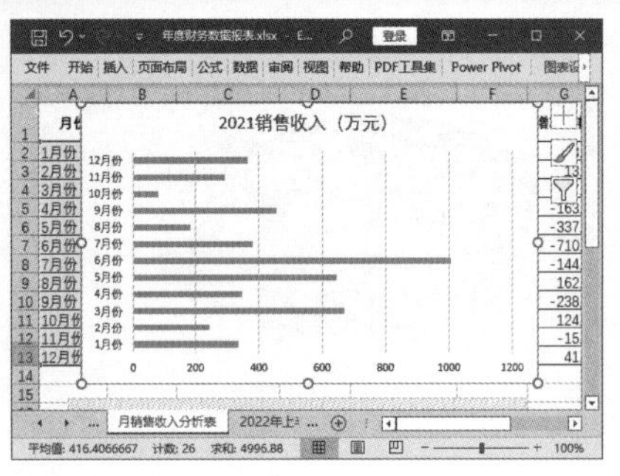

图 18-69

Step12 选择图表样式。选择条形图，❶选择【图表设计】选项卡；❷在【图表样式】组中单击【快速样式】按钮；❸在弹出的下拉列表中选择【样式 13】选项，此时，选择的条形图就会应用【样式 13】样式，如图 18-70 所示。

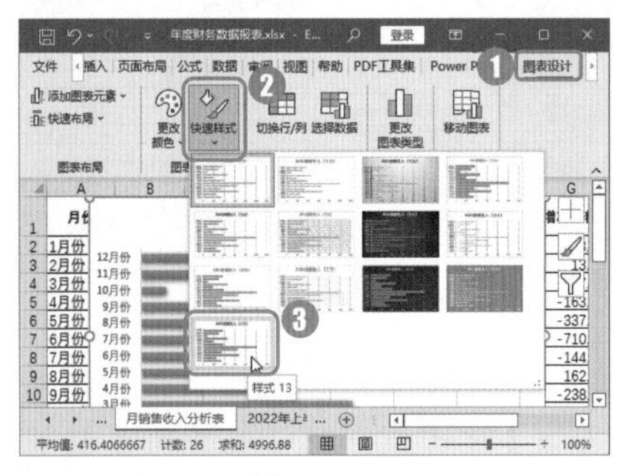

图 18-70

Step13 打开【设置数据系列格式】窗格。选择数据系列并右击，在弹出的快捷菜单中选择【设置数据系列格式】选项，如图 18-71 所示。

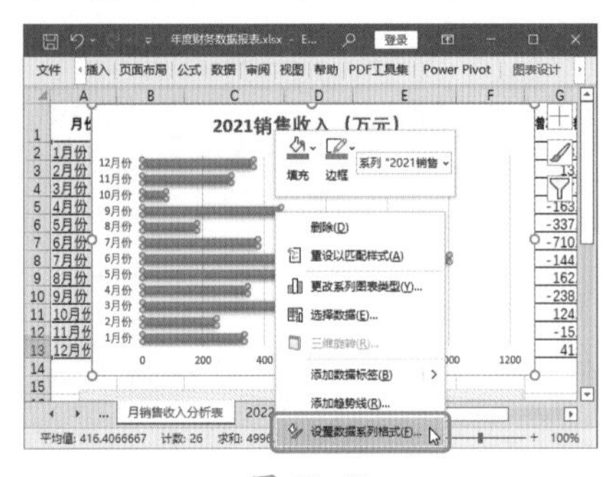

图 18-71

Step14 设置分类间距。弹出【设置数据系列格式】窗格，拖动滑块，将【系列重叠】调整为【0%】，将【间隙宽度】调整为【60%】，即可拓宽图表中的数据条，如图 18-72 所示。

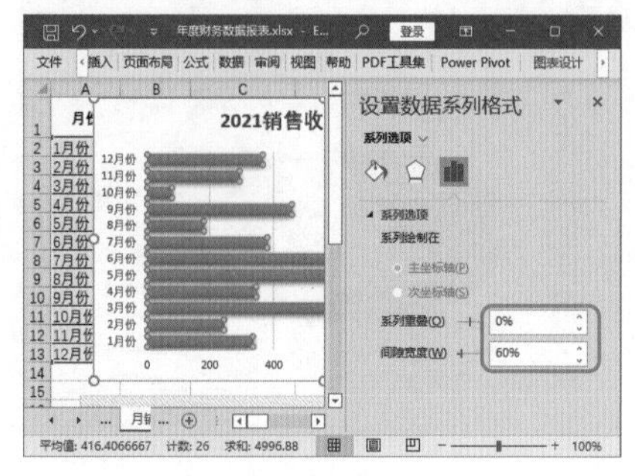

图 18-72

Step15 打开【设置坐标轴格式】窗格。选择纵向坐标轴，【设置数据系列格式】窗格自动切换为【设置坐标轴格式】窗格，如图 18-73 所示。

图 18-73

Step16 设置坐标轴属性。❶单击【坐标轴选项】按钮；❷在【坐标轴位置】组中选择【逆序类别】复选框，即可调整坐标轴中标签的顺序，如图 18-74 所示。

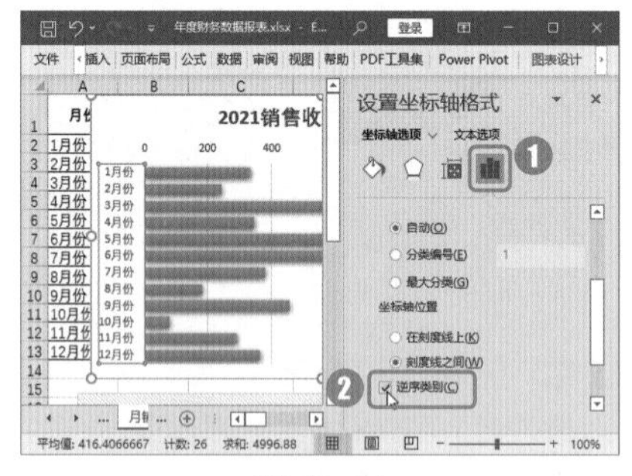

图 18-74

Step17 切换【设置坐标轴格式】窗格。选择横向坐标轴，切换到新的【设置坐标轴格式】窗格，如图 18-75 所示。

图 18-75

Step18 设置标签位置。在【标签】组的【标签位置】下拉列表中选择【高】选项，如图 18-76 所示，即可将水平坐标轴移动到图表的下方。

图 18-76

Step19 设置填充色。选择数据系列，在【设置数据系列格式】窗格中，❶单击【填充与线条】按钮；❷选择【纯色填充】单选按钮；❸单击【填充颜色】按钮；❹在弹出的下拉列表中选择【浅蓝】选项，即可更改条形图的颜色，如图 18-77 所示。

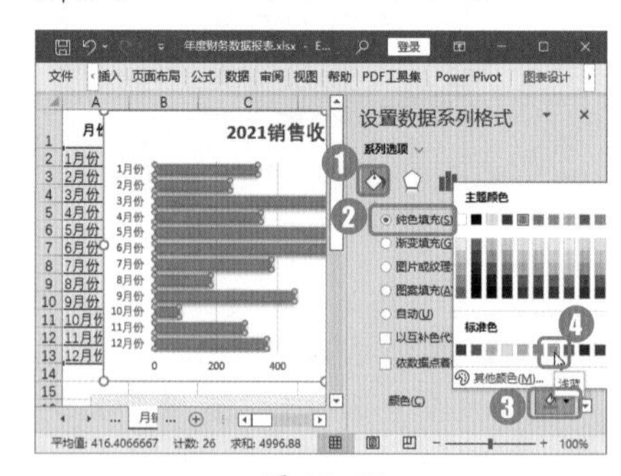

图 18-77

Step20 查看条形图效果。完成 Step 09 至 Step 19 操作后，条形图就设置完成了，如图 18-78 所示。

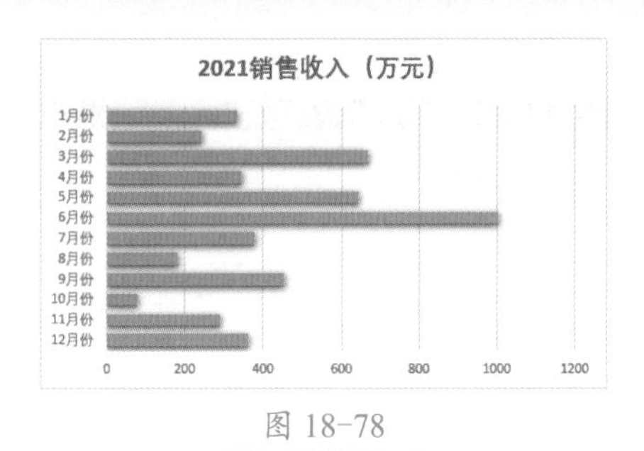

图 18-78

Step 21 选择数据区域。按住【Ctrl】键，同时选择单元格区域A1:A13、C1:C13和E1:E13，如图 18-79 所示。

月份	2022销售数量	2022销售收入（万元）	2021销售数量	2021销售收入（万元）	增减数量	增减金额
1月份	81	428.53	68	334.85	13	93
2月份	48	257.47	47	244.4	1	13
3月份	55	292.56	130	670.21	-75	-377
4月份	36	182.2	65	345.23	-29	-163
5月份	56	307.62	122	644.66	-66	-337
6月份	46	292.3	173	1,003.18	-127	-710
7月份	45	234.71	68	379.44	-23	-144
8月份	60	344.41	33	181.5	27	162
9月份	42	217.29	92	455.42	-50	-238
10月份	32	204.21	17	79.84	15	124
11月份	42	277.84	55	292.96	-13	-15
12月份	66	406.95	73	365.19	-7	41

图 18-79

Step 22 创建图表。❶选择【插入】选项卡；❷在【图表】组中单击【折线图】按钮；❸在弹出的下拉列表中选择【带数据标记的折线图】选项，如图 18-80 所示。

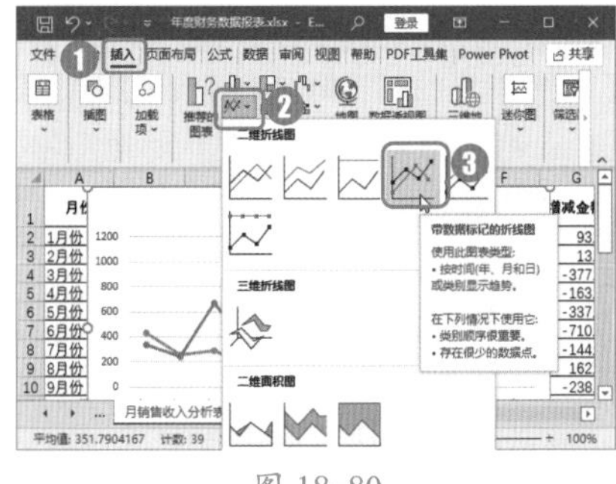

图 18-80

Step 23 查看创建的图表。即可根据选择的源数据插入一个带数据标记的折线图，输入图表标题，效果如图 18-81 所示。

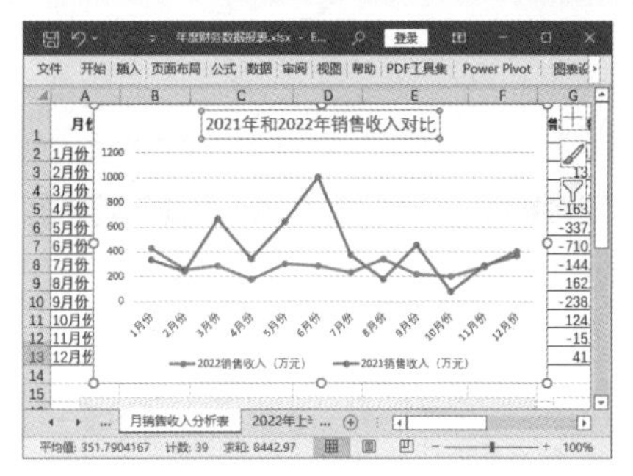

图 18-81

Step 24 打开【设置数据系列格式】窗格。在折线图中选择数据系列“2021年销售收入（万元）”并右击，在弹出的快捷菜单中选择【设置数据系列格式】选项，如图 18-82 所示。

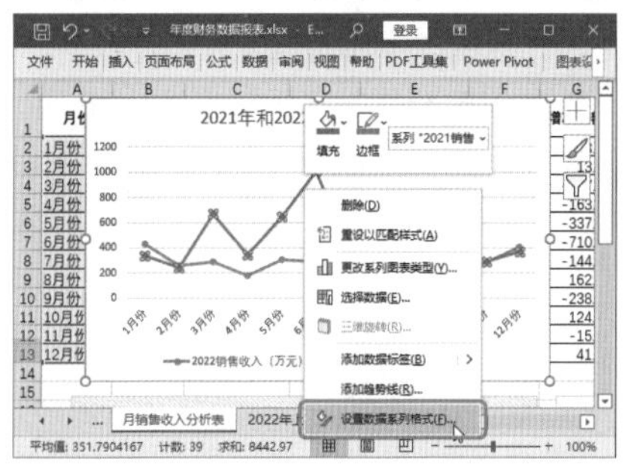

图 18-82

Step 25 设置平滑线类型。弹出【设置数据系列格式】窗格，❶单击【填充与线条】按钮；❷在【系列选项】界面中选择【平滑线】复选框，即可将数据系列“2021 年销售收入（万元）”的折线设置为平滑线，如图 18-83 所示。

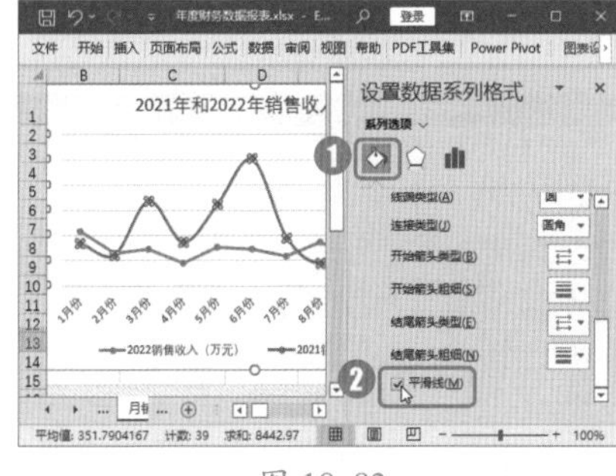

图 18-83

Step 26 为其他数据设置平滑线类型。使用同样的方法，在折线图中选择数据系列“2022 年销售收入（万元）”，在【系列选项】界面中选择【平滑线】复选框，即可将数据系列“2022 年销售收入（万元）”的折线设置为平滑线，如图 18-84 所示。

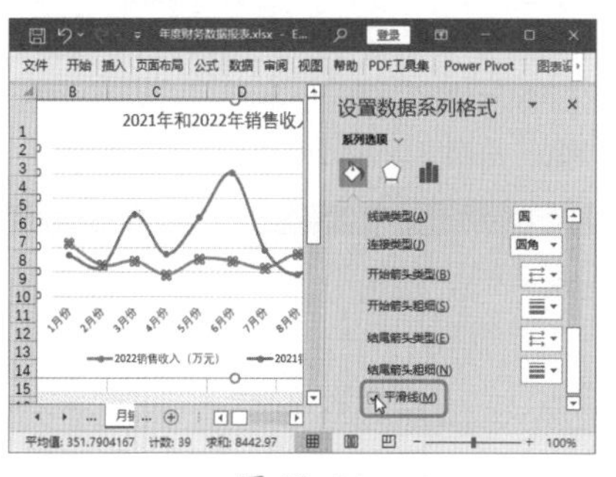

图 18-84

Step 27 查看图表效果。至此，带数据标记的折线图就设置完成了，如图 18-85 所示。

图 18-85

技术看板

从数据表和图表中可以看出，本期主营业务收入较去年同比出现了大幅下降，其主要原因是整车销售数量减少。加大宣传力度，提高整车销售数量是下一阶段的工作重点。

18.2.3 筛选与分析年度报表

Excel 内置排序、筛选和分类汇总等数据统计与分析工具。本小节使用这些工具，对 2022 年上半年汽车销量数据进行统计和分析。

1. 按所属厂商排序

为了让表格中的数据更有条理，可以按照一定的顺序对工作表中的数据进行重新排序。按“所属厂商”对 2022 年上半年汽车销量数据进行降序排列，具体操作步骤如下。

Step01 输入数据。选择“2022 年上半年汽车销售统计”工作表，表中已输入 2022 年上半年汽车销售数据，如图 18-86 所示。

车型	所属厂商	1月销量	2月销量	3月销量	4月销量	5月销量
瑞纳	北京现代	3	2	3	2	4
宝马5系	华晨宝马	4	3	4	2	4
奥迪	上海大众	8	3	2	3	3
桑塔纳	上海大众	5	5	4	1	2
宝马3系	华晨宝马	6	6	2	1	4
悦动	北京现代	8	1	5	4	4
赛欧	上海通用	2	2	2	2	2
帕萨特	一汽大众	4	4	4	4	3
凯越	上海通用	5	2	5	1	3
朗动	北京现代	4	4	4	2	4
科鲁兹	上海通用	5	5	5	2	5
福克斯	长安福特	11	3	5	3	5
宝来	一汽大众	10	2	4	3	7
英朗	上海通用	2	2	2	2	2
蒙迪欧致胜	长安福特	4	4	4	4	4

图 18-86

Step02 打开【排序】对话框。选择数据区域中的任意一个单元格，❶选择【数据】选项卡；❷在【排序和筛选】组中单击【排序】按钮，如图 18-87 所示。

图 18-87

Step03 设置排序条件。弹出【排序】对话框，❶在【主要关键字】下拉列表中选择【所属厂商】选项；❷在【次序】下拉列表中选择【降序】选项；❸单击【确定】按钮，如图 18-88 所示。

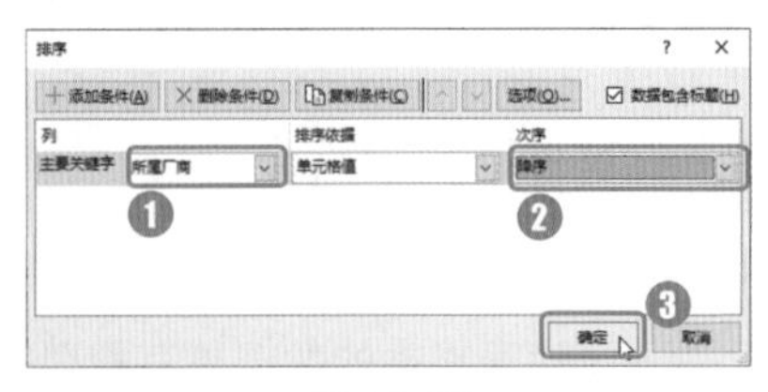

图 18-88

Step04 查看排序结果。完成以上操作后，销售数据就会按照“所属厂商”进行降序排序，如图 18-89 所示。

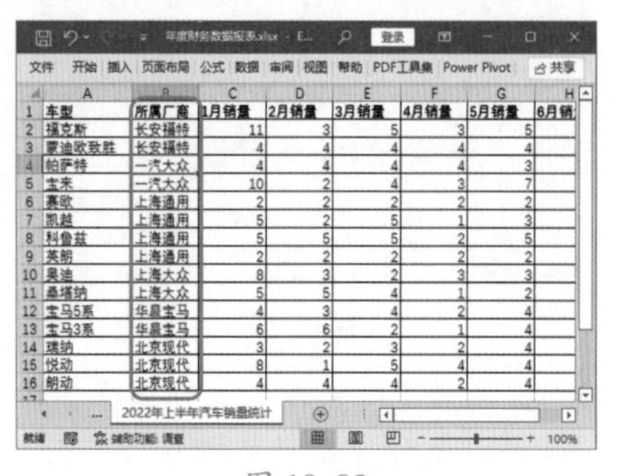

车型	所属厂商	1月销量	2月销量	3月销量	4月销量	5月销量
福克斯	长安福特	11	3	5	3	5
蒙迪欧致胜	长安福特	4	4	4	4	4
帕萨特	一汽大众	4	4	4	4	3
宝来	一汽大众	10	2	4	3	7
赛欧	上海通用	2	2	2	2	2
凯越	上海通用	5	2	5	1	3
科鲁兹	上海通用	5	5	5	2	5
英朗	上海通用	2	2	2	2	2
奥迪	上海大众	8	3	2	3	3
桑塔纳	上海大众	5	5	4	1	2
宝马5系	华晨宝马	4	3	4	2	4
宝马3系	华晨宝马	6	6	2	1	4
瑞纳	北京现代	3	2	3	2	4
悦动	北京现代	8	1	5	4	4
朗动	北京现代	4	4	4	2	4

图 18-89

技术看板

Excel 中数据的排序依据有很多，主要包括数值、单元格颜色、字体颜色和单元格图标，按照数值进行排序是最常用的排序方法。

2. 筛选上海大众汽车的销量

如果要在成千上万条数据记录中查询需要的数据，可以使用 Excel 的筛选功能。在“2022 年上半年汽车销量统计表”工作表中，筛选“所属厂商”为“上海大众”的销售数据，具体操作步骤如下。

Step01 添加【筛选】按钮。选择数据区域中的任意一个单元格，❶选择【数据】选项卡；❷在【排序和筛选】组中单击【筛选】按钮，如图 18-90 所示。

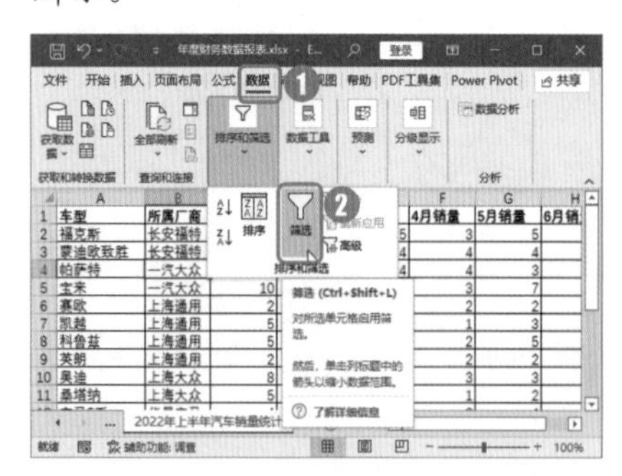

图 18-90

Step02 查看【筛选】按钮。工作表进入筛选状态，各标题字段右侧出现一个下拉按钮▾，如图 18-91 所示。

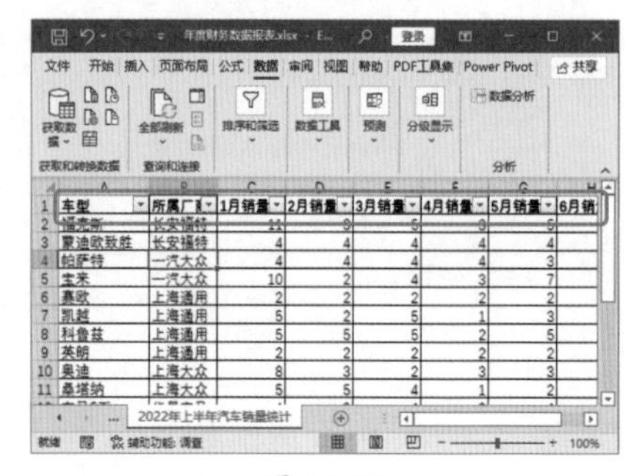

图 18-91

Step03 打开筛选列表。单击“所属厂商”字段右侧的下拉按钮▾，弹出筛选列表，此时，所有厂商都处于被选择状态，如图 18-92 所示。

图 18-92

Step04 进行地区筛选。❶取消选择【全选】复选框；❷选择【上海大众】复选框；❸单击【确定】按钮，如图 18-93 所示。

图 18-93

Step05 查看筛选结果。即可筛选出“所属厂商”为“上海大众”的销售数据，并在筛选字段右侧出现一个已设置筛选条件的【筛选】按钮，如图 18-94 所示。

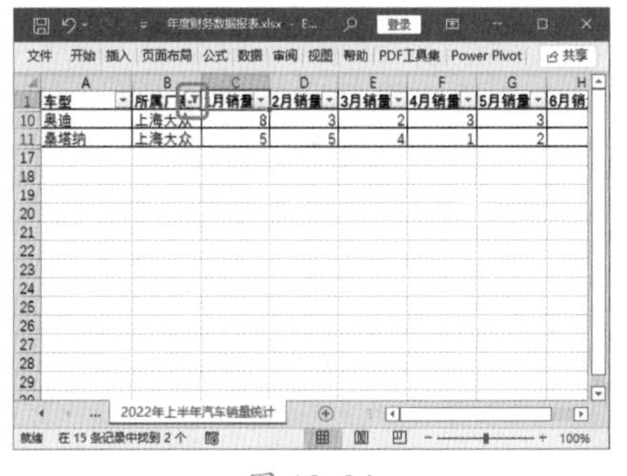

图 18-94

Step06 清除筛选。❶选择【数据】选项卡；❷再次单击【排序和筛选】组中的【筛选】按钮，即可清除当前数据区域中的筛选和排序，如图 18-95 所示。

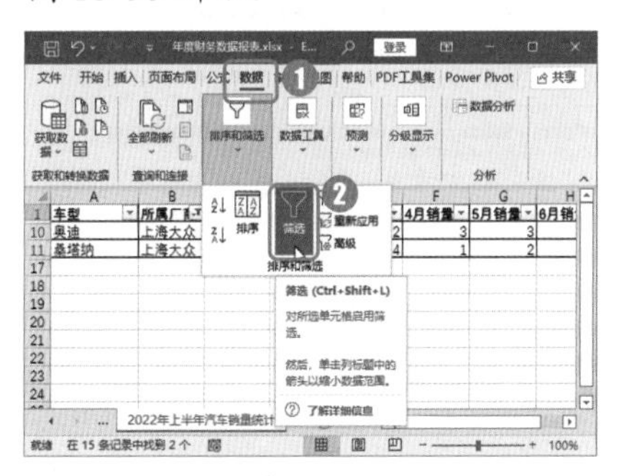

图 18-95

技术看板

在数据筛选过程中，可能会遇到筛选条件较多、较复杂的情况，此时，可以使用 Excel 的高级筛选功能。使用高级筛选功能，筛选结果可以显示在原数据表格中，也可以显示在新的位置。

3. 按所属厂商分类汇总

Excel 有分类汇总功能，使用该功能，可以按照各种汇总条件对数据进行分类汇总。创建分类汇总之前，首先要对数据进行排序，比如，先在“2022 年上半年汽车销量统计”工作表中按照“所属厂商”进行降序排列，再按照“所属厂商”进行分类汇总，并查看各级汇总数据，具体操作步骤如下。

Step01 打开【分类汇总】对话框。选择数据区域中的任意一个单元格，❶选择【数据】选项卡；❷在【分级显示】组中单击【分类汇总】按钮，如图 18-96 所示。

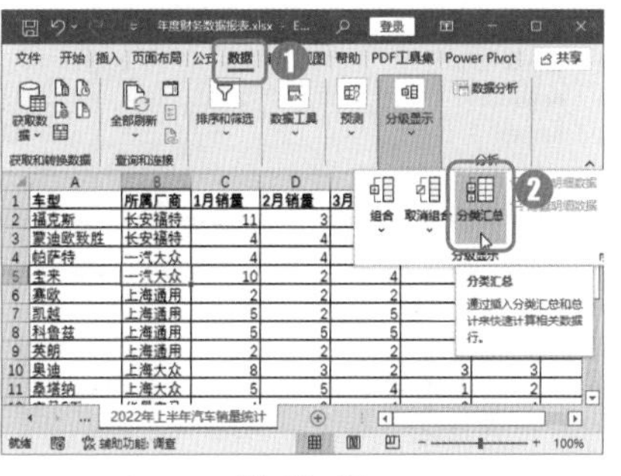

图 18-96

Step02 设置分类汇总条件。弹出【分类汇总】对话框，❶在【分类字段】下拉列表中选择【所属厂商】选项，在【汇总方式】下拉列表中选择【求和】选项；❷在【选定汇总项】列表框中选择【1 月销量】【2 月销量】【3 月销量】【4 月销量】【5 月销量】和【6 月销量】复选框；❸单击【确定】按钮，如图 18-97 所示。

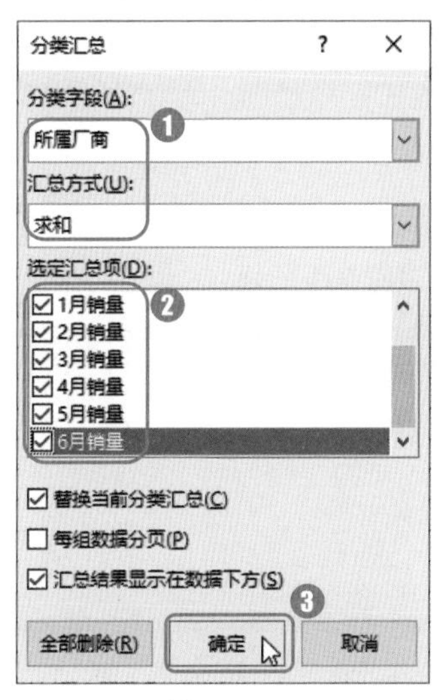

图 18-97

Step03 查看 3 级汇总结果。完成以上操作后，即可看到按照“所属厂商”对 2022 年上半年汽车销量数据进行汇总的 3 级汇总结果，如图 18-98 所示。

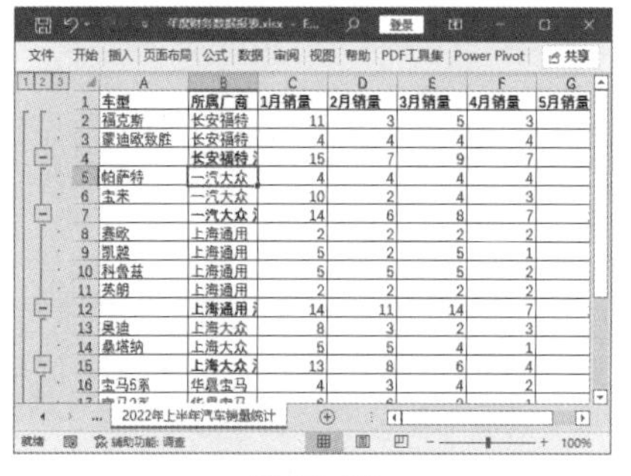

图 18-98

Step04 查看 2 级汇总结果。单击汇总区域左上角的数字按钮【2】，即可查看 2 级汇总结果，如图 18-99 所示。

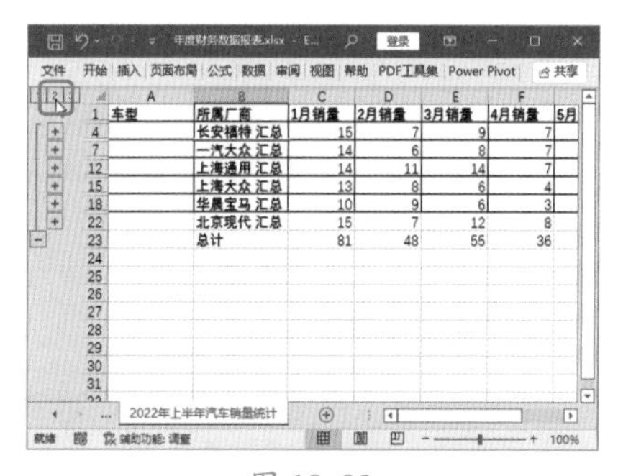

图 18-99

技术看板

打印分类汇总结果时，可以按照汇总字段进行分页打印。例如，需要在分类汇总后按照“月份”分开打印数据时，可以在【分类汇总】对话框中选择【每组数据分页】选项，从而按组打印。

如果要删除分类汇总，打开【分类汇总】对话框，单击【全部删除】按钮即可。

18.3 使用 PowerPoint 制作“年度财务总结报告”演示文稿

实例门类	幻灯片操作＋动画设计类

使用Word制作“年度财务总结报告”文档，并使用Excel对年度财务总结报告中的数据进行统计和分析后，还可以使用PowerPoint 2021 制作演示文稿，将“年度财务总结报告”文档中的内容形象生动地展现在幻灯片中。演示文稿通常包括封面页、目录页、过渡页、正文页、结尾页等，本节主要介绍设计演示文稿母版的方法及幻灯片的制作过程，如插入文本、表格、图片、图表及设置动画等。“年度财务总结报告”演示文稿制作完成后的效果如图 18-100 至图 18-103 所示。

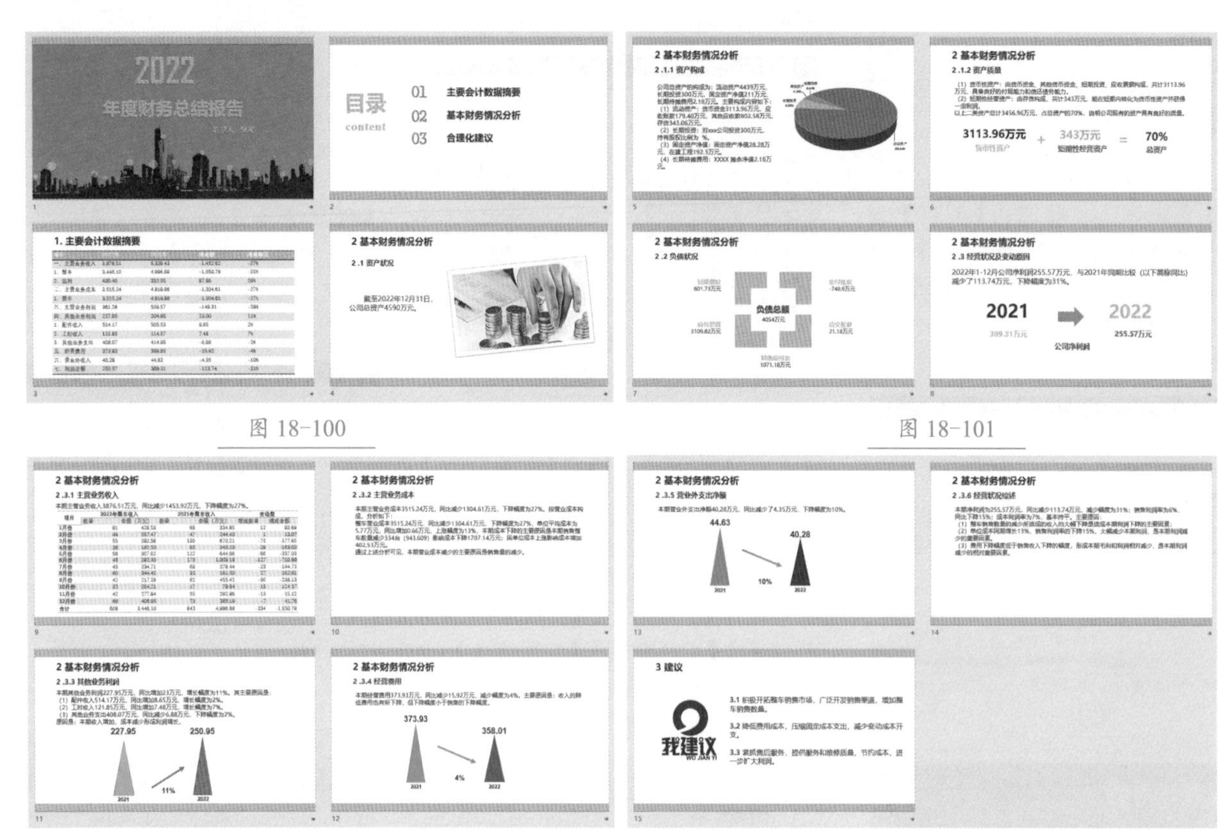

图 18-100

图 18-101

图 18-102

图 18-103

18.3.1 设计幻灯片母版

专业的演示文稿通常有统一的背景、配色和文字格式，为了实现统一的设置，可以使用幻灯片母版。使用幻灯片母版时，可以分别对幻灯片母版和标题幻灯片母版进行版式设计。

打开“素材文件\第 18 章\年度财务总结报告.pptx”文档，使用图形设计幻灯片母版版式，设计效果如图 18-104 所示。

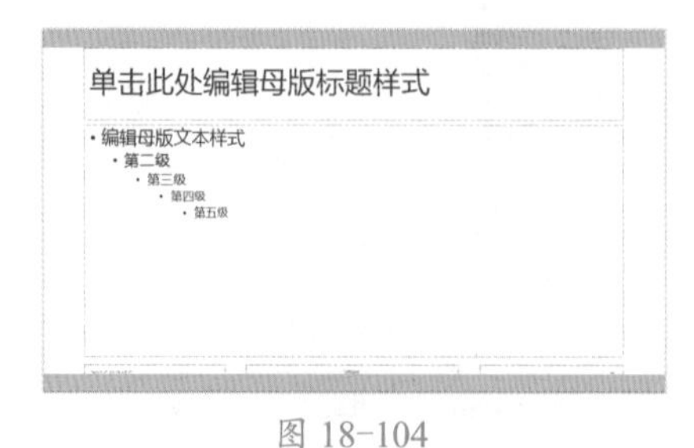

图 18-104

使用图形和图片设计标题幻灯片母版版式，设计效果如图 18-105 所示。

图 18-105

18.3.2 输入文本

在幻灯片中输入文本非常简单，输入文本后，用户还可以使用加大字号、加粗字体等方法突出显示幻灯片中的文本标题。在封面幻灯片中输入文本、设置文本，具体操作步骤如下。

Step01 查看幻灯片。选择第 1 张幻灯片，第 1 张幻灯片为封面幻灯片，应用了标题幻灯片母版版式，效果如图 18-106 所示。

图 18-106

Step02 输入标题文字。在【单击此处添加标题】文本框中输入标题文本"年度财务总结报告"，如图 18-107 所示。

图 18-107

技术看板

标题文本框中的格式是在母版中设置好的，在文本框中输入的标题，自动应用母版中的字体和段落样式。如果对字体和段落样式不满意，用户可以进行修改设置。

Step03 设置字体颜色。选择标题文本框，❶选择【开始】选项卡；❷在【字体】组中单击【字体颜色】按钮右侧的下拉按钮；❸在弹出的下拉列表中选择【橙色】选项，如图 18-108 所示。

图 18-108

Step04 设置字体加粗。❶选择【开始】选项卡；❷在【字体】组中单击【加粗】按钮 B，如图 18-109 所示。

图 18-109

Step05 查看封面设置效果。设置完毕，封面幻灯片的效果如图 18-110 所示。

图 18-110

18.3.3 插入表格

财务总结报告中经常会出现大量文字段落或数据，表格是组织这些文字和数据的最好选择。PowerPoint 2021 内置多种表格样式，用户可以根据需要美化表格。在幻灯片中插入和美化表格的具体操作步骤如下。

Step01 打开【插入表格】对话框。选择第 3 张幻灯片，在幻灯片的文本框中单击【插入表格】按钮，如图 18-111 所示。

图 18-111

Step02 设置表格行列数。弹出【插入表格】对话框，❶在【列数】和【行数】微调框中设置表格的列数和行数，这里将列数设置为【5】，将行数设置为【14】；❷单击【确定】按钮，如图 18-112 所示。

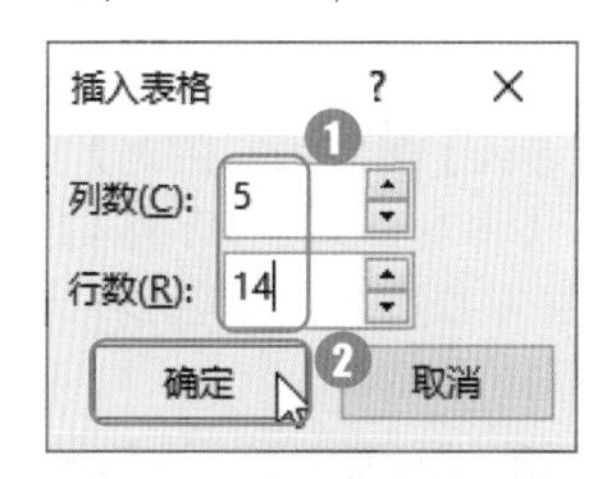

图 18-112

Step03 查看插入的表格。即可在幻灯片中插入一个 5 列 14 行的表格，如图 18-113 所示。

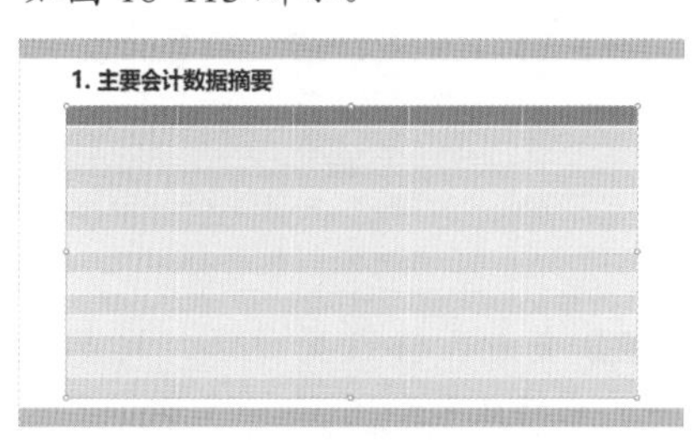

图 18-113

Step 04 输入表格数据。在表格中输入数据，如图 18-114 所示。

1. 主要会计数据摘要

项目	2022年	2021年	增减额	增减幅度
一、主营业务收入	3,876.51	5,329.43	-1,452.92	-27%
1．整车	3,446.10	4,996.88	-1,550.78	-31%
2．返利	430.40	332.55	97.86	29%
二、主营业务成本	3,515.24	4,819.86	-1,304.61	-27%
1．整车	3,515.24	4,819.86	-1,304.61	-27%
三、主营业务利润	361.26	509.57	-148.31	-29%
四、其他业务利润	227.95	204.95	23.00	11%
1．配件收入	514.17	505.53	8.65	2%
2．工时收入	121.85	114.37	7.48	7%
3．其他业务支出	408.07	414.95	-6.88	-2%
五、经营费用	373.93	389.85	-15.92	-4%
六、营业外收入	40.28	44.63	-4.35	-10%
七、利润总额	255.57	369.31	-113.74	-31%

图 18-114

Step 05 设置表格字体格式。选择整张表格，❶选择【开始】选项卡；❷在【字体】组中的【字号】下拉列表中选择【18】选项，如图 18-115 所示。

图 18-115

Step 06 应用表格样式。选择整张表格，❶选择【表设计】选项卡；❷在【表格样式】组【快速样式】列表框中选择【中度样式 3- 强调 4】选项，表格即可应用所选择的样式，如图 18-116 所示。

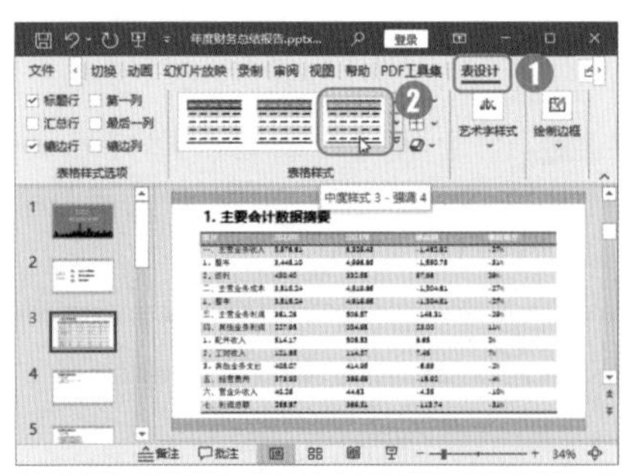

图 18-116

Step 07 查看表格设置效果。设置完毕，表格效果如图 18-117 所示。

1. 主要会计数据摘要

项目	2022年	2021年	增减额	增减幅度
一、主营业务收入	3,876.51	5,329.43	-1,452.92	-27%
1．整车	3,446.10	4,996.88	-1,550.78	-31%
2．返利	430.40	332.55	97.86	29%
二、主营业务成本	3,515.24	4,819.86	-1,304.61	-27%
1．整车	3,515.24	4,819.86	-1,304.61	-27%
三、主营业务利润	361.26	509.57	-148.31	-29%
四、其他业务利润	227.95	204.95	23.00	11%
1．配件收入	514.17	505.53	8.65	2%
2．工时收入	121.85	114.37	7.48	7%
3．其他业务支出	408.07	414.95	-6.88	-2%
五、经营费用	373.93	389.85	-15.92	-4%
六、营业外收入	40.28	44.63	-4.35	-10%
七、利润总额	255.57	369.31	-113.74	-31%

图 18-117

技术看板

用户可以直接从 Word 文档或 Excel 电子表格中复制数据，粘贴到幻灯片中，形成幻灯片中的表格。在复制和粘贴的过程中，数据格式可能发生变化，但值不变。

18.3.4 插入图片

为了让幻灯片更加绚丽和美观，可以在幻灯片中插入图片元素。在幻灯片中插入与编辑图片的具体操作步骤如下。

Step 01 打开【插入图片】对话框。选择第 4 张幻灯片，❶选择【插入】选项卡；❷在【图像】组中单击【图片】按钮；❸在弹出的下拉列表中选择【此设备】选项，如图 18-118 所示。

图 18-118

Step 02 选择图片。弹出【插入图片】对话框，❶选择“素材文件\第 18 章\图片 1.png”文件；❷单击【插入】按钮，如图 18-119 所示。

图 18-119

Step 03 调整图片大小。在幻灯片中插入图片“图片 1.png”后，选择插入的图片，将鼠标指针移动到图片右下角，待鼠标指针变成＋形状，拖动鼠标，即可调整图片大小，如图 18-120 所示。

图 18-120

Step 04 调整图片位置并应用样式。调整图片大小后，继续调整文字与图片的位置，并让图片应用【旋转，白色】图片样式，最终效果如图 18-121 所示。

图 18-121

技术看板

PowerPoint 2021 中有多种图片处理功能，如裁剪、排列、快速样式、图片版式、删除背景、图片颜色、图片更正等，用活、用好这些功能，就能制作出精美的幻灯片。

18.3.5 插入图表

图表是数据的形象化表达，使用图表，可以使数据更具可视化效果，不仅能够展示数据，还能够展示数据的发展趋势。在 PowerPoint 中，用户可以根据需要插入和编辑 Excel 图表，具体操作步骤如下。

Step01 打开【插入图表】对话框。在左侧的幻灯片窗格中选择第 5 张幻灯片，❶选择【插入】选项卡；❷在【插图】组中单击【图表】按钮，如图 18-122 所示。

图 18-122

Step02 选择图表。弹出【插入图表】对话框，❶选择【饼图】类型；❷选择【三维饼图】图表类型；❸单击【确定】按钮，如图 18-123 所示。

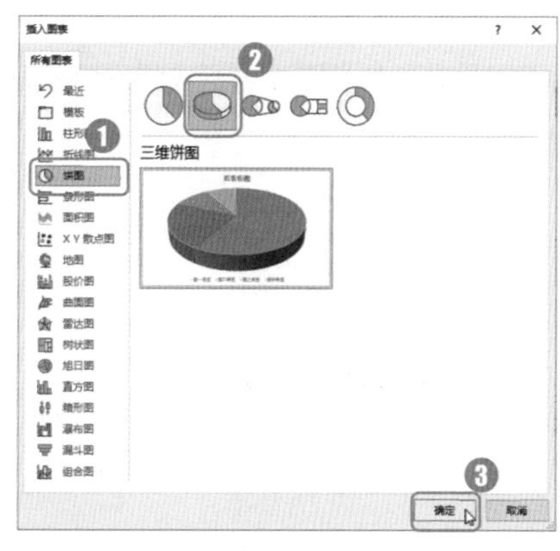

图 18-123

Step03 查看创建的图表。即可在幻灯片中插入一个图表，并弹出名为"Microsoft PowerPoint 中的图表"的电子表格，如图 18-124 所示。

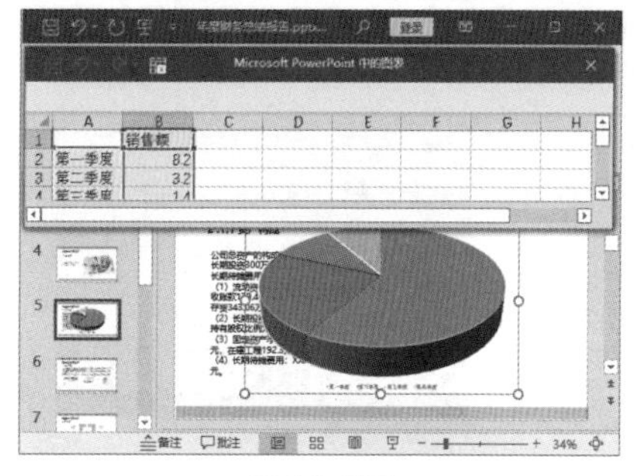

图 18-124

Step04 输入图表数据。❶在电子表格中输入数据；❷单击【关闭】按钮 ×，如图 18-125 所示。

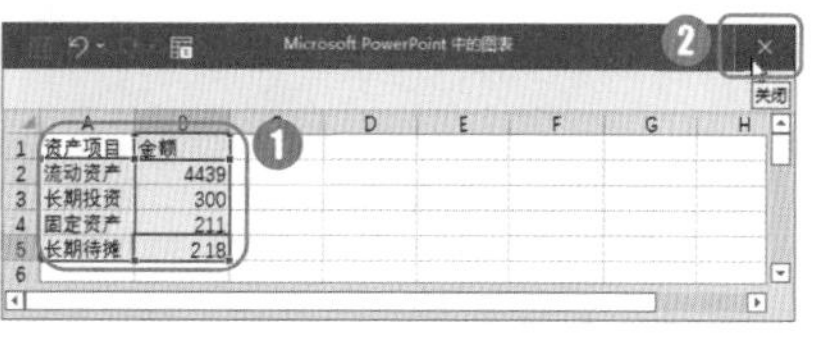

图 18-125

Step05 查看饼图效果。即可根据输入的数据生成新的饼图，调整图表大小和位置后的效果如图 18-126 所示。

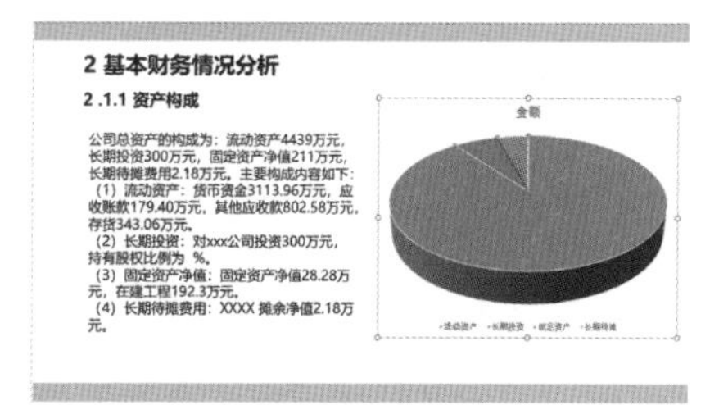

图 18-126

Step06 美化饼图。对饼图进行美化，设置完成后的效果如图 18-127 所示。

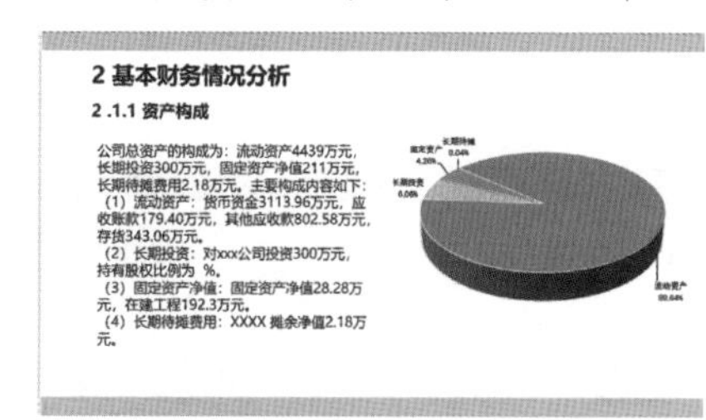

图 18-127

18.3.6 设置动画

PowerPoint 2021 内置进入、强调、路径、退出及页面切换等多种形式的动画。

1. 设置进入动画

设置进入动画的具体操作步骤如下。

Step01 选择动画。选择第 1 张幻灯片中的标题文本"2022"，❶选择【动画】选项卡；❷单击【动画样式】按钮；❸在弹出的下拉列表中选择【浮入】选项，如图 18-128 所示。

图 18-128

Step02 选择动画。选择第 1 张幻灯片中的标题文本"年度财务总结报告"，❶选择【动画】选项卡；❷单击【动画样式】按钮；❸在弹出的下拉列表中选择【缩放】选项，如图 18-129 所示。

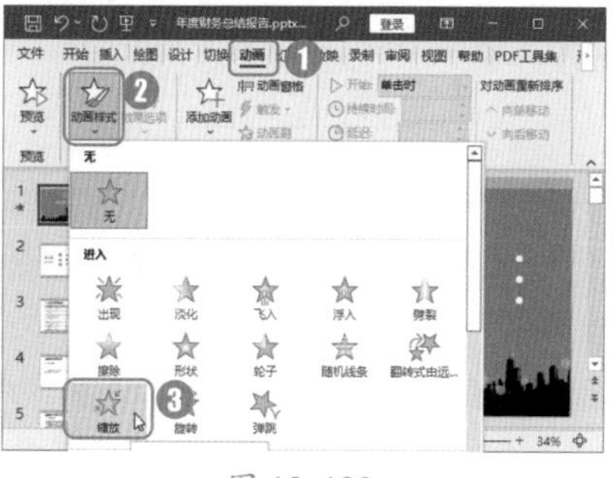

图 18-129

Step03 预览动画。完成以上操作后，第 1 张幻灯片中就设置了两个进入动画，在【预览】组中单击【预览】按钮，如图 18-130 所示。

图 18-130

Step 04 查看动画效果。即可看到标题文本的【浮入】和【缩放】动画预览效果，如图 18-131 和图 18-132 所示。

图 18-131

图 18-132

2. 设置强调动画

设置强调动画的具体操作步骤如下。

Step 01 添加动画。选择第 1 张幻灯片中的标题文本“2022”，❶选择【动画】选项卡；❷在【高级动画】组中单击【添加动画】按钮，如图 18-133 所示。

图 18-133

Step 02 选择动画。在弹出的下拉列表中选择【陀螺旋】选项，如图 18-134 所示。

图 18-134

Step 03 打开【动画窗格】。完成 Step 01 和 Step 02，即可为第 1 张幻灯片中的标题文本“2022”设置【陀螺旋】强调动画。在【高级动画】组中单击【动画窗格】按钮，如图 18-135 所示。

图 18-135

Step 04 调整动画顺序。演示文稿右侧弹出【动画窗格】，❶选择第 3 个动画；❷在【计时】组中单击【向前移动】按钮，如图 18-136 所示。

图 18-136

Step 05 查看动画顺序调整效果。即可将第 3 个动画向前移动一个位置，变成第 2 个动画，如图 18-137 所示。

图 18-137

Step 06 预览动画。在【预览】组中单击【预览】按钮，如图 18-138 所示。

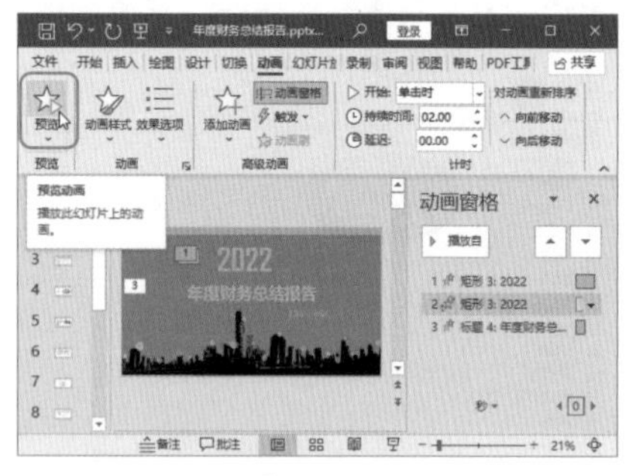

图 18-138

Step 07 查看动画效果。即可看到标题文本“2022”的【陀螺旋】强调动画预览效果，如图 18-139 和图 18-140 所示。

图 18-139

图 18-140

3. 设置退出动画

设置退出动画的具体操作步骤如下。

Step01 添加动画。选择第 1 张幻灯片中的标题文本“年度财务总结报告”，❶选择【动画】选项卡；❷在【高级动画】组中单击【添加动画】按钮，如图 18-141 所示。

图 18-141

Step02 选择动画。在弹出的下拉列表中选择【随机线条】选项，如图 18-142 所示。

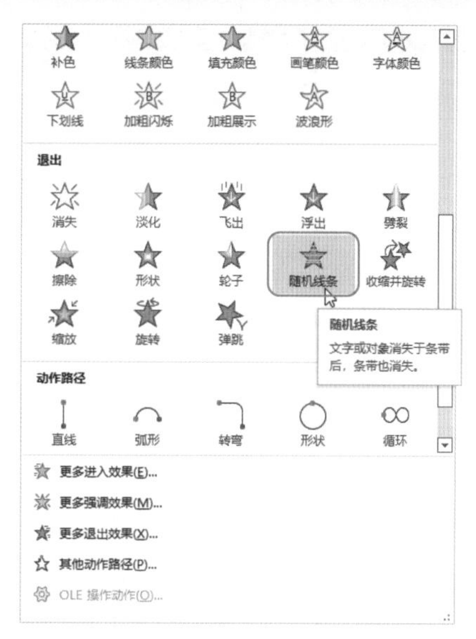

图 18-142

Step03 预览动画。完成以上操作后，即可为第 1 张幻灯片中的标题文本“年度财务总结报告”设置一个【随机线条】退出动画。在【预览】组中单击【预览】按钮，如图 18-143 所示。

图 18-143

Step04 查看动画效果。即可看到标题文本“年度财务总结报告”的【随机线条】退出动画预览效果，如图 18-144 所示。

图 18-144

4. 设置路径动画

设置路径动画的具体操作步骤如下。

Step01 打开动画列表。选择第 4 张幻灯片中的图片，❶选择【动画】选项卡；❷单击【动画样式】按钮，如图 18-145 所示。

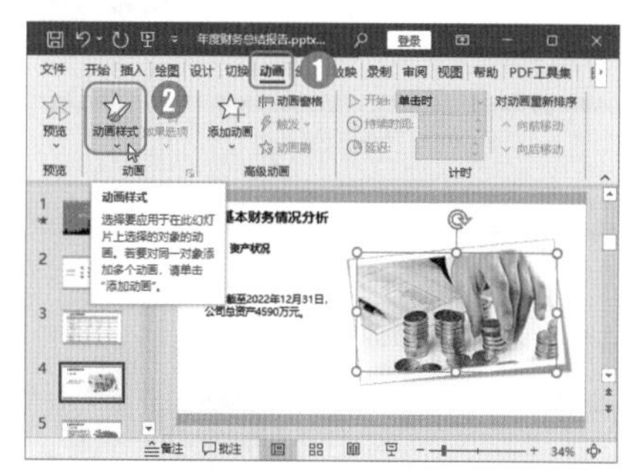

图 18-145

Step02 选择动画。在弹出的下拉列表中选择【循环】选项，如图 18-146 所示。

图 18-146

Step03 预览动画。完成以上操作后，即可为第 4 张幻灯片中的图片设置【循环】样式路径动画。在【预览】组中单击【预览】按钮，如图 18-147 所示。

图 18-147

第1篇 第2篇 第3篇 第4篇 第5篇 第6篇

Step 04 查看动画效果。即可看到图片的【循环】路径动画预览效果，如图 18-148 和图 18-149 所示。

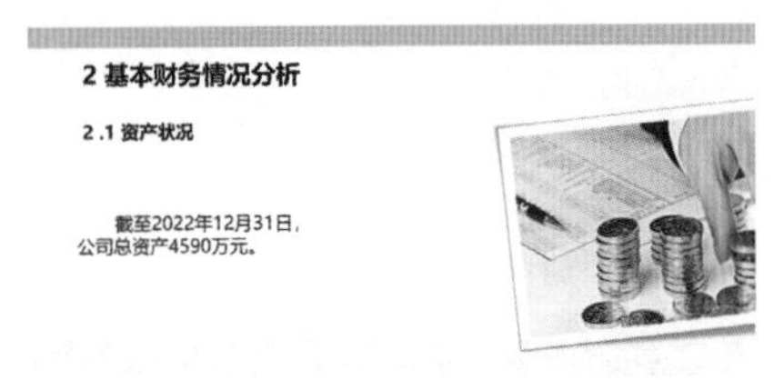

图 18-148

图 18-149

5. 设置切换动画

设置切换动画的具体操作步骤如下。

Step 01 打开切换动画列表。选择第 2 张幻灯片，❶选择【切换】选项卡；❷单击【切换到此幻灯片】组中的【切换效果】按钮，如图 18-150 所示。

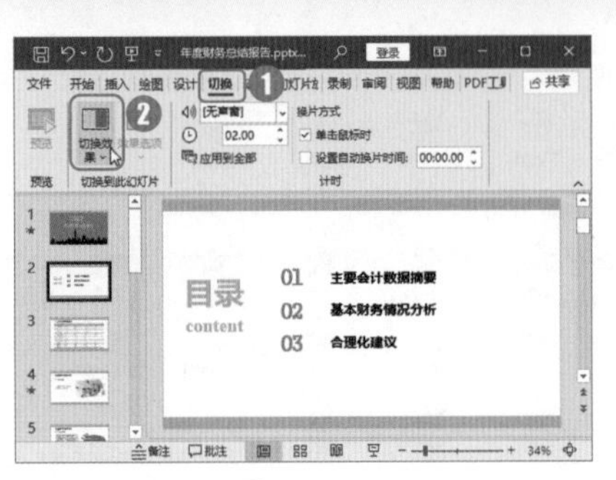

图 18-150

Step 02 选择切换动画。在弹出的下拉列表中选择【页面卷曲】选项，如图 18-151 所示。

图 18-151

Step 03 查看页面切换效果。选择切换选项后，自动进入预览界面，即可看到幻灯片页面的【页面卷曲】切换效果，如图 18-152 和图 18-153 所示。

图 18-152

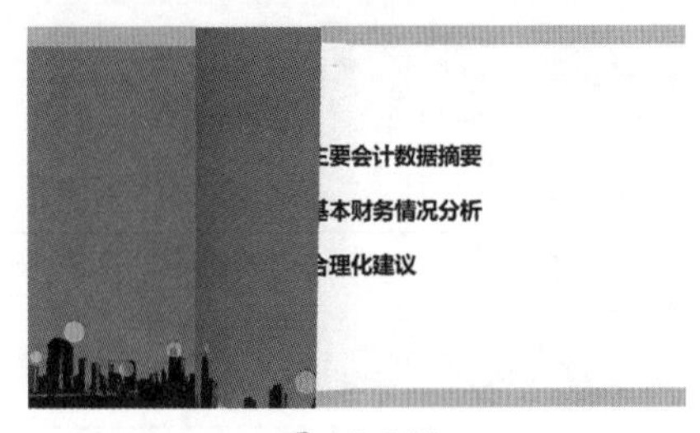

图 18-153

Step 04 全部应用动画效果。选择第 2 张幻灯片，❶选择【切换】选项卡；❷单击【计时】组中的【应用到全部】按钮，即可将【页面卷曲】切换动画应用到所有幻灯片中，如图 18-154 所示。

图 18-154

本章小结

本章模拟了一个年度财务总结报告的制作过程，分别介绍了使用 Word 制作“年度财务总结报告”文档，使用 Excel 制作“年度财务数据报表”工作簿，使用 PowerPoint 制作最终的“年度财务总结报告”演示文稿的方法。在实际工作中，所遇到的材料可能比这个案例中的材料更为复杂，读者可以将工作进行细分，首先梳理出适合使用 Word 制作文档的材料，然后找出适合使用 Excel 进行统计和分析的基础数据，最后将需要展示给领导或客户的资料制作成便于放映的演示文稿。

第 19 章 实战应用：制作产品销售方案

- 如何为 Word 添加文档封面？
- Word 文档内容发生变化，如何更新文档目录？
- 在 Word 文档中，可以插入图片和表格吗，该如何操作？
- 怎样将 Word 中的表格复制并粘贴到 Excel 中？
- 如何使用趋势线分析销售数据？
- 如何根据实际需要设计幻灯片母版？
- 想将 Word 中的表格导入幻灯片，应该怎样做？

本章将通过制作产品销售方案，结合 Word、Excel、PowerPoint 的相关功能，巩固前面章节中所学的相关知识，帮助读者在实践中更加深入地了解并掌握所学的知识技巧。

19.1 使用 Word 制作“可行性销售方案”文档

实例门类	封面设计 + 文档编辑类

进行一项经济活动之前，活动负责人可以从经济、市场、销售、生产、供销等方面做具体调查、研究和分析，总结有利和不利因素，确定项目是否可行，并估计成功率大小、费用预算、经济效益，制作可行性文档，为决策者提供参考。可行性文档通常由封面、目录、正文等内容构成，本节以制作“可行性销售方案”文档为例，详细介绍如何使用 Word 制作可行性文档，包括如何设计文档封面、如何在文档中绘制和编辑表格、如何在文档中插入和编辑产品图片、如何生成文档目录等，完成后的效果如图 19-1 至图 19-4 所示。

2022-7-12

2022 年北京 XX 啤酒华东地区可行性销售方案

销售部

北京 XX 啤酒有限责任公司

目录

一、市场分析……1
（一）市场定位……1
1．产品定位……1
2．目标市场……1
（二）市场分析……1
1．消费者行为简析……1
2．竞争对手分析……1
3．SWOT 分析……1
二、销售现状与具体方案……3
（一）销售现状……3
（二）销售目标……3
（三）分配销售配额……3
1．季度销售配额……3
2．各区销售配额……3
（四）销售方案与工作计划……3
1．价格策略……4
2．渠道策略……4
3．促销策略……4
三、销售团队管理……5
四、费用预算与方案调整……6
（一）费用预算……6
（二）方案调整……6

图 19-1

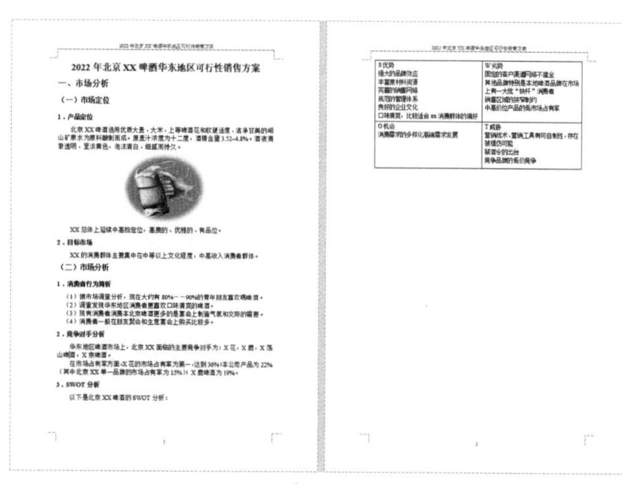

2022 年北京 XX 啤酒华东地区可行性销售方案

一、市场分析

（一）市场定位

1．产品定位

北京 XX 啤酒选用优质大麦、大米、上等啤酒花和软硬适度、洁净甘美的崂山矿泉水为原料酿制而成。原麦汁浓度为十二度，酒精含量 3.5%~4.8%。酒液清澈透明、呈淡黄色，泡沫清白、细腻而持久。

XX 总体上延续中高档定位，高贵的、优雅的、有品位。

2．目标市场

XX 的消费群体主要集中在中等以上文化程度，中高收入消费者群体。

（二）市场分析

1．消费者行为简析

（1）据市场调查分析，现在大约有 80%——90%的青年朋友喜欢喝啤酒。
（2）调查发现华东地区消费者更喜欢口味清爽的啤酒。
（3）现有消费者消费本北京啤酒更多的是宴会上制造气氛和交际的需要。
（4）消费者一般在朋友聚会和生意宴会上购买比较多。

2．竞争对手分析

华东地区啤酒市场上，北京 XX 面临的主要竞争对手为：X 花、X 鹿、X 泺山啤酒，X 京啤酒。

在市场占有率方面，X 花的市场占有率为第一，达到 36%（本公司产品为 22%（其中北京 XX 单一品牌的市场占有率为 15%））；X 鹿啤酒为 19%。

3．SWOT 分析

以下是北京 XX 啤酒的 SWOT 分析：

S 优势 强大的品牌效应 丰富原材料资源 完善的销售网络 规范的管理体系 良好的企业文化 口味清爽，比较适合 xx 消费群体的偏好	W 劣势 固定的客户渠道网络不健全 其他品牌特别是本地啤酒品牌在市场上有一大批“铁杆”消费者 销售区域的狭窄制约 中高价位产品的低市场占有率
O 机会 消费需求的多样化刺激需求发展	T 威胁 营销技术、营销工具有可自制性，存在被模仿可能 禁酒令的出台 竞争品牌的低价竞争

图 19-2

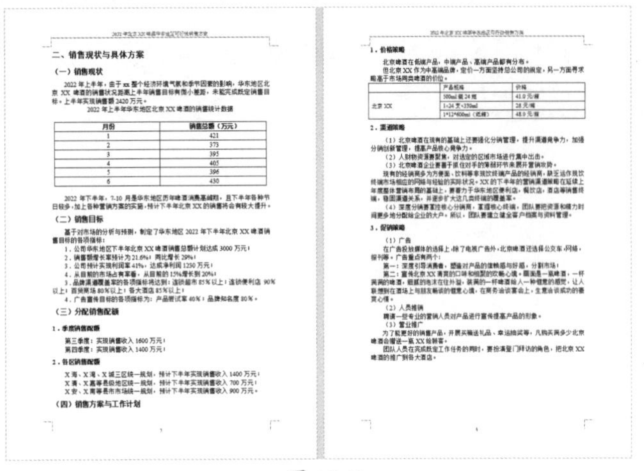

图 19-3

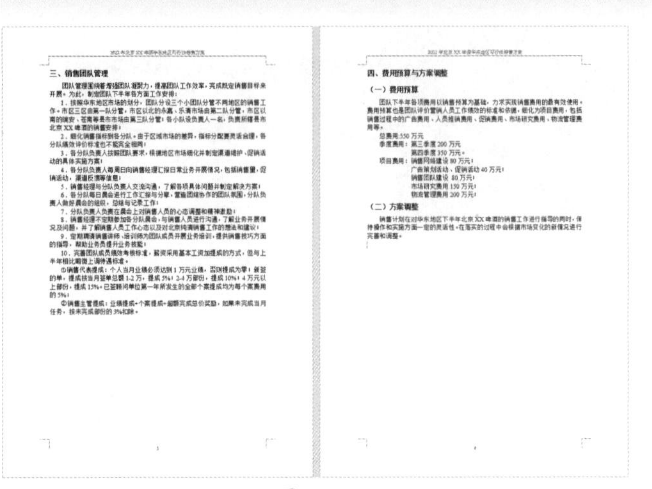

图 19-4

19.1.1 设置可行性文档封面

Word 2021 内置多种封面样式，用户可以根据需要为Word文档插入风格各异的封面。无论插入封面前光标插入点在Word文档中的什么位置，插入的封面总是位于Word文档的第 1 页。为可行性文档设置封面的具体操作步骤如下。

Step 01 插入封面。打开“素材文件\第 19 章\可行性销售方案.docx”文档，将光标插入点定位在文本“目录”的前方，❶选择【插入】选项卡；❷在【页面】组中单击【封面】按钮，如图 19-5 所示。

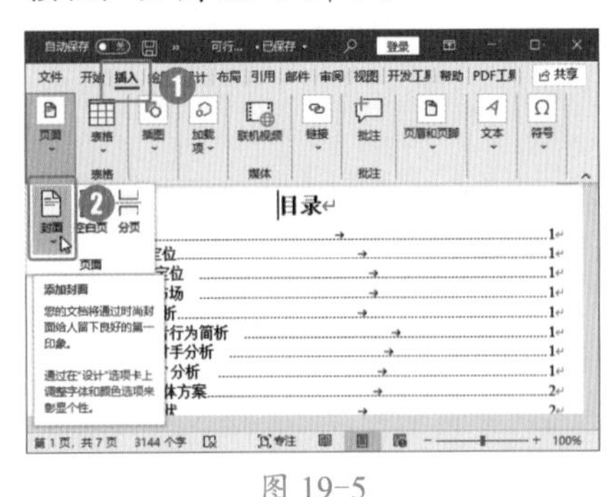

图 19-5

Step 02 选择封面类型。在弹出的下拉列表中选择【丝状】选项，如图 19-6 所示。

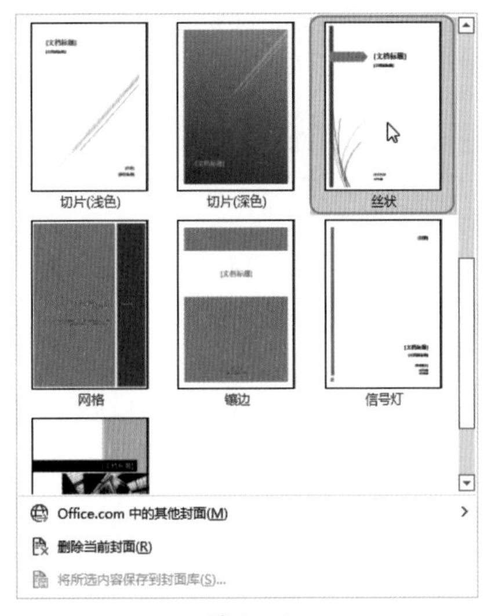

图 19-6

Step 03 查看插入的封面。即可在文档首页插入封面，并自带分页符，如图 19-7 所示。

图 19-7

Step 04 输入文字。在【文档标题】文本框中输入“2022 年北京××啤酒华东地区可行性销售方案”，如图 19-8 所示。

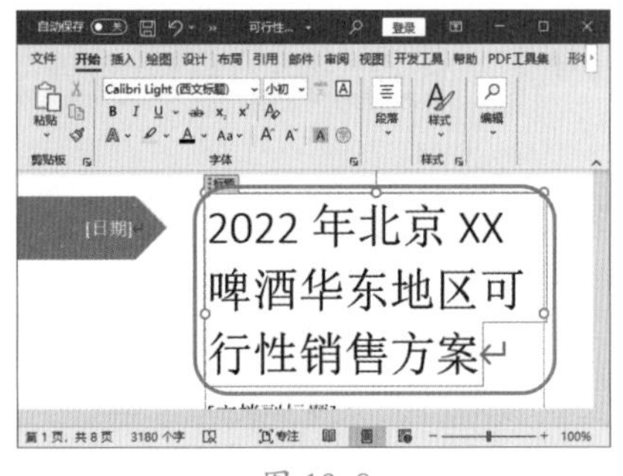

图 19-8

Step 05 设置字体格式。❶选择【文档标题】文本框中的“2022 年北京××啤酒华东地区可行性销售方案”文本；❷选择【开始】选项卡；❸设置字体为【微软雅黑】，如图 19-9 所示。

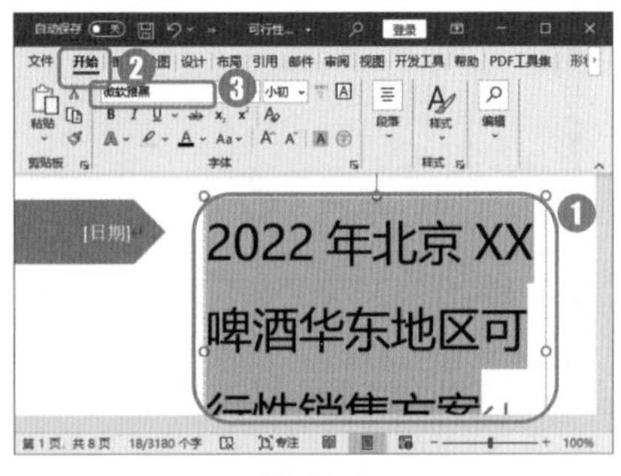

图 19-9

Step 06 输入其他文本并设置格式。❶在【文档副标题】文本框中输入“销售部”，选择该文本；❷选择【开始】选项卡；❸在【字体】组中的【字体】下拉列表中选择【微软雅黑】选项，如图 19-10 所示。

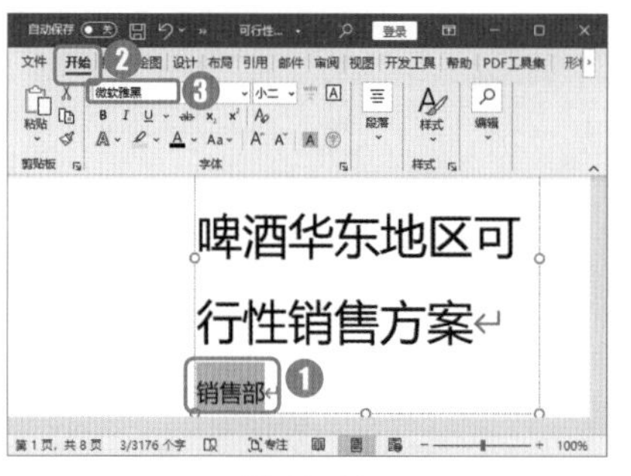

图 19-10

Step 07 插入日期。❶单击【日期】文本框右侧的下拉按钮；❷在弹出的日期列表中将日期设置为“2022 年 7 月 12 日”，如图 19-11 所示。

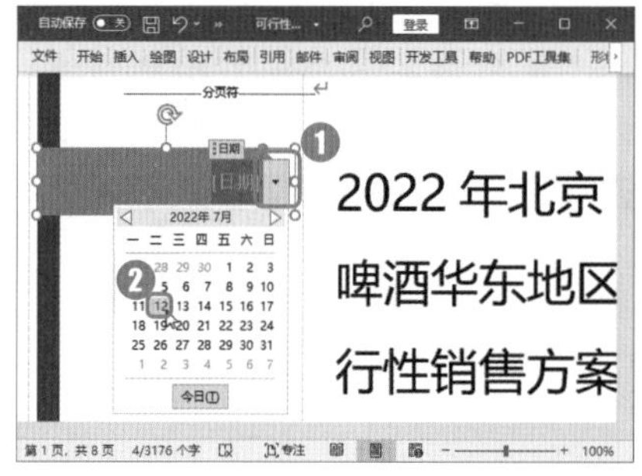

图 19-11

Step 08 查看日期设置效果。设置完毕，日期显示为“2022-7-12”，如图 19-12 所示。

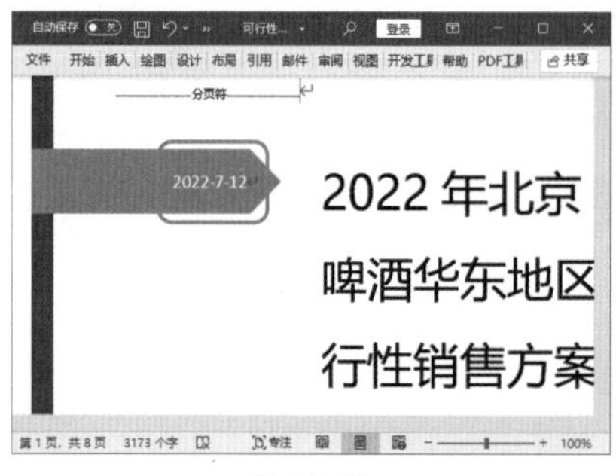

图 19-12

Step 09 输入作者名称并设置格式。❶在【Administrator】文本框中输入作者“张强”，选择该文本；❷选择【开始】选项卡；❸在【字体】组中的【字体】下拉列表中选择【微软雅黑】选项，如图 19-13 所示。

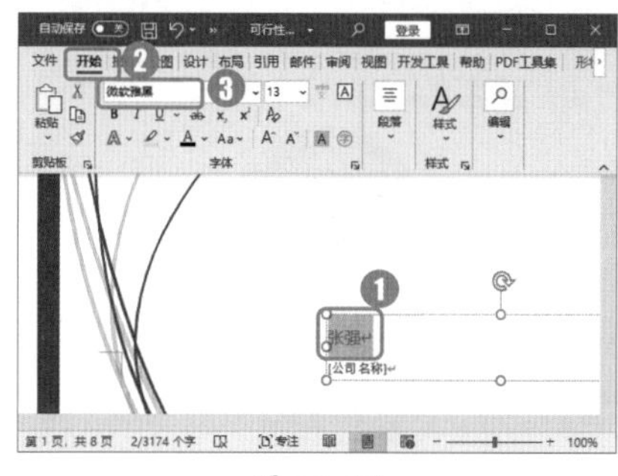

图 19-13

Step 10 输入公司名称并设置格式。❶在【公司名称】文本框中输入“北京××啤酒有限责任公司”，选择该文本；❷选择【开始】选项卡；❸在【字体】组中的【字体】下拉列表中选择【微软雅黑】选项，在【字号】下拉列表中选择【小四】选项，如图 19-14 所示。

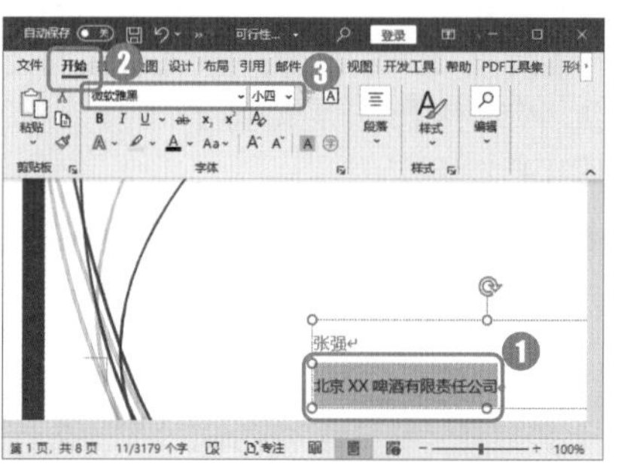

图 19-14

Step 11 完成封面设置。设置完成后，封面效果如图 19-15 所示。

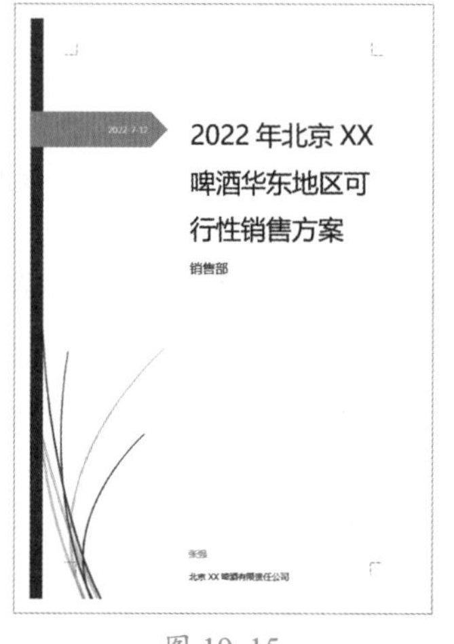

图 19-15

19.1.2 插入和编辑产品图片

编辑文档的过程中，用户经常需要在文档中插入图片用于点缀，此时可以使用【图片工具】栏中的修饰和美化图片功能，如应用快速样式等。插入和修饰图片的具体操作步骤如下。

Step 01 打开【插入图片】对话框。将光标定位在图片插入点，❶选择【插入】选项卡；❷单击【插图】组中的【图片】按钮；❸在弹出的下拉列表中选择【此设备】选项，如图 19-16 所示。

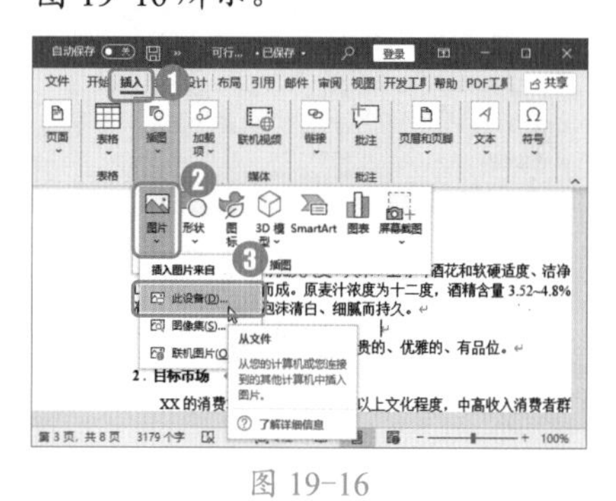

图 19-16

Step 02 选择图片。弹出【插入图片】对话框，❶选择“素材文件\第 19 章\图片 1.PNG”文件；❷单击【插入】按钮，如图 19-17 所示。

图 19-17

Step 03 查看插入的图片。即可在文档中插入选择的图片“图片 1.PNG”，如图 19-18 所示。

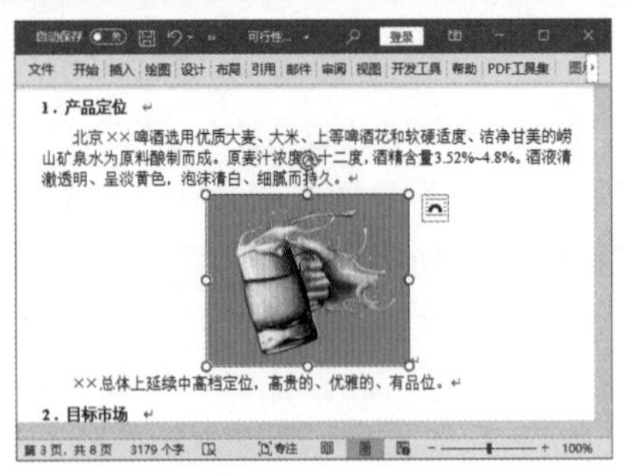

图 19-18

Step04 打开图片样式列表。选择图片，❶选择【图片格式】选项卡；❷在【图片样式】组中单击【快速样式】按钮，如图 19-19 所示。

图 19-19

Step05 选择图片样式。在弹出的下拉列表中选择【柔化边缘椭圆】选项，如图 19-20 所示。

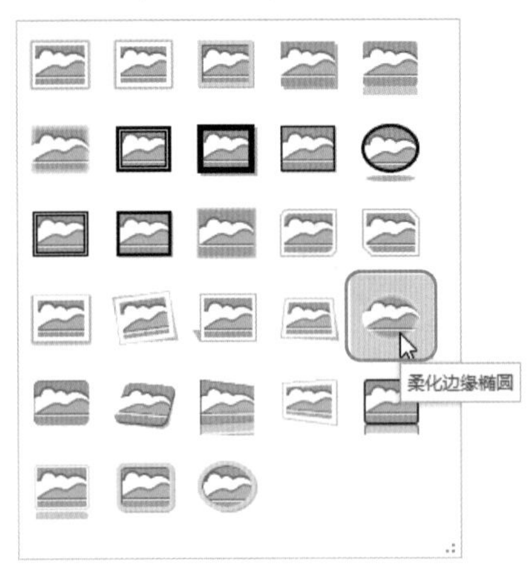

图 19-20

Step06 查看图片效果。选择的图片即可应用【柔化边缘椭圆】样式，如图 19-21 所示。

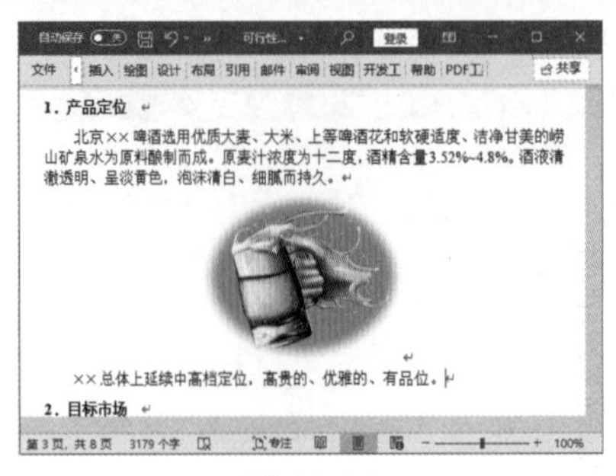

图 19-21

19.1.3 绘制和编辑表格

在 Word 中，有一种方便、随意的创建表格的方法，即用画笔绘制表格。使用画笔工具，拖动鼠标，即可在页面中画出任意横线、竖线和斜线，从而创建各种复杂的表格。手动绘制表格的具体操作步骤如下。

Step01 选择【绘制表格】选项。❶选择【插入】选项卡；❷在【表格】组中选择【绘制表格】选项，如图 19-22 所示。

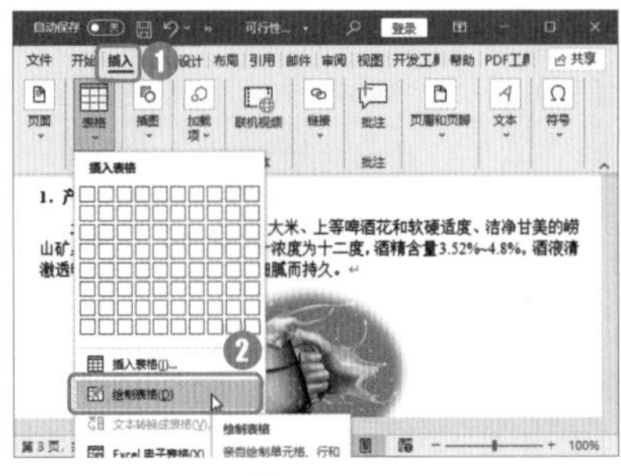

图 19-22

Step02 绘制表格。待鼠标指针变成✏形状，按住鼠标左键不放，向右下方拖动，即可绘制出一个虚线框，如图 19-23 所示。

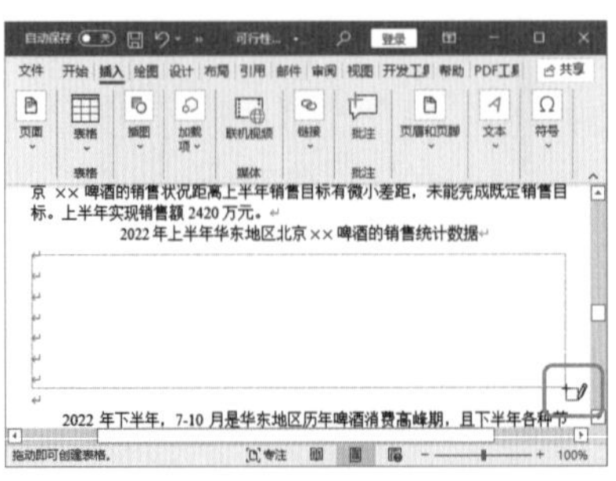

图 19-23

Step03 完成表格外边框绘制。释放鼠标左键，即可绘制出表格的外边框，如图 19-24 所示。

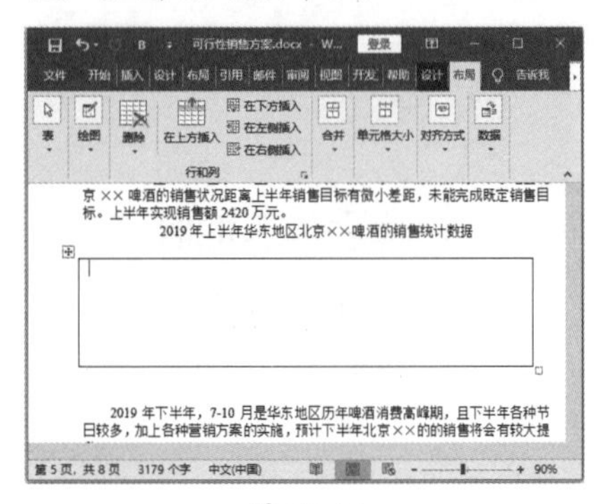

图 19-24

Step04 绘制表格横线。将鼠标指针移动到表格外边框内，按住鼠标左键，依次在表格中绘制横线、竖线、斜线。这里在表格外边框内拖动鼠标，使用画笔从左向右绘制横线，如图 19-25 所示。

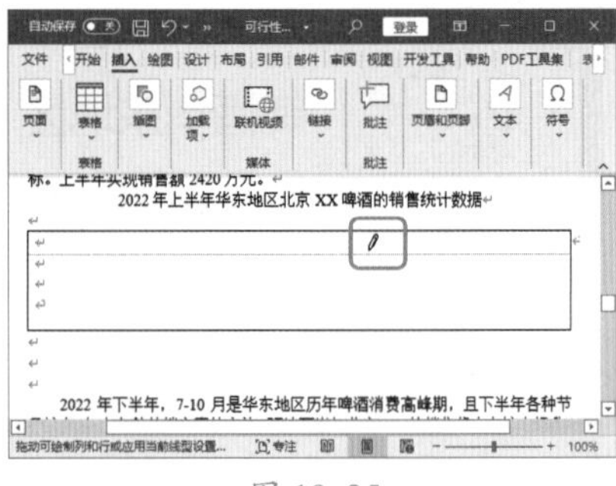

图 19-25

Step05 查看横线绘制效果。释放鼠标，即可绘制一条横线，如图 19-26 所示。

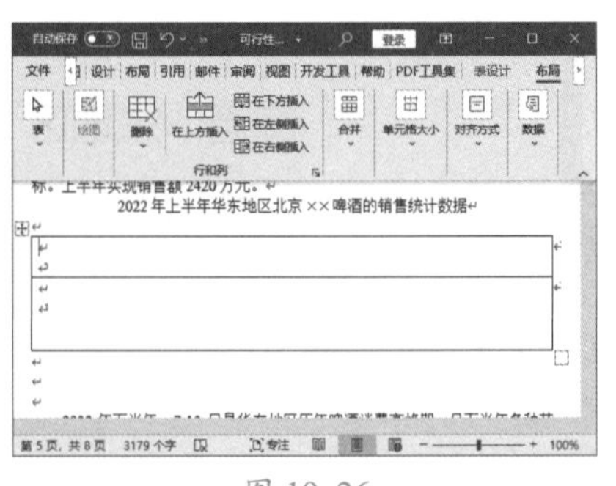

图 19-26

Step06 绘制表格竖线。在表格外边框内拖动鼠标，使用画笔从上向下绘制竖线，如图 19-27 所示。

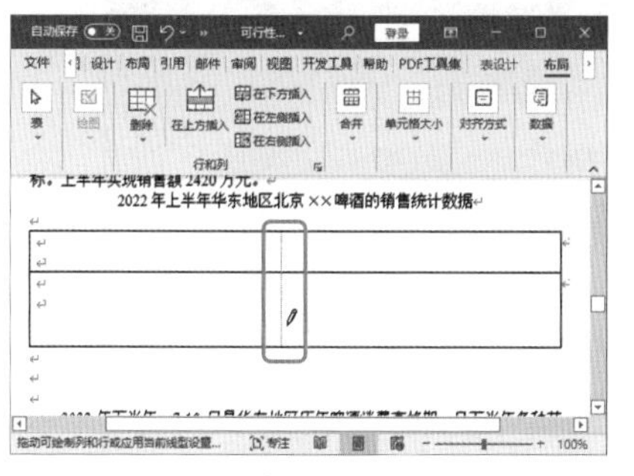

图 19-27

Step07 查看竖线绘制效果。释放鼠标，即可绘制一条竖线，如图 19-28 所示。

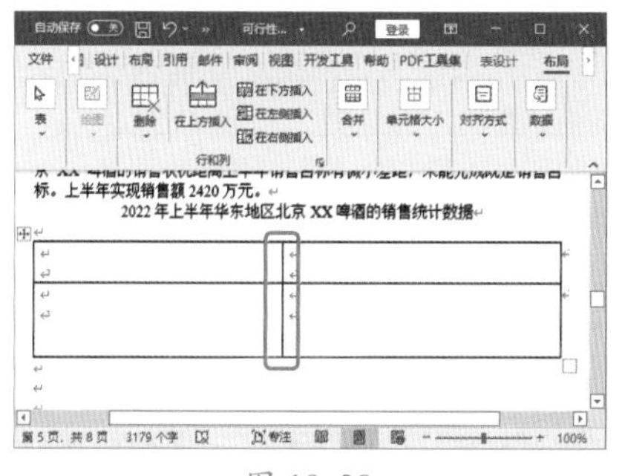

图 19-28

Step08 完成表格绘制。使用同样的方法，继续绘制表格，最终绘制一个 2 列 7 行的表格，如图 19-29 所示。按【Esc】键，即可退出绘制状态。

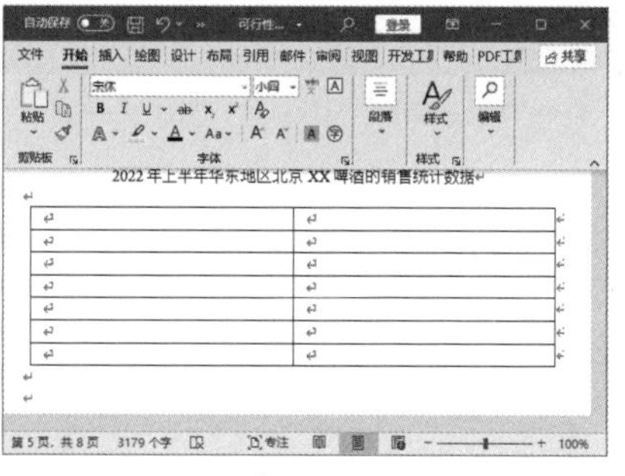

图 19-29

Step09 输入表格内容。在表格中输入数据，并进行简单的字体设置，如图 19-30 所示。

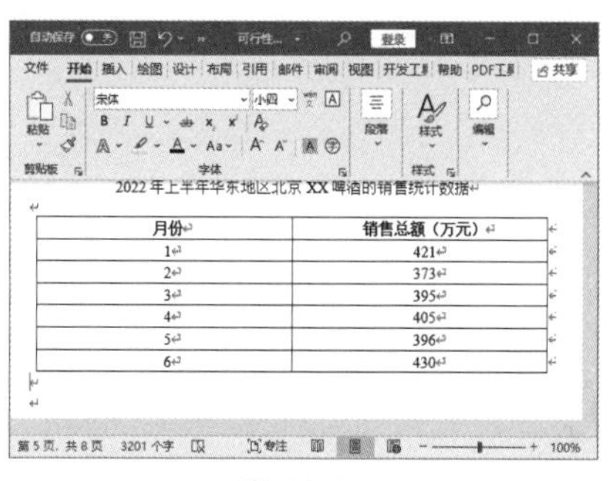

图 19-30

19.1.4 更新目录

如果对文档中的内容进行了增删或格式修改，需要更新目录。从本质上讲，生成的目录是一种域代码，因此可以通过"更新域"的方式来更新目录。更新目录的具体操作步骤如下。

Step01 打开【更新目录】对话框。在插入的目录中右击，在弹出的快捷菜单中选择【更新域】选项，如图 19-31 所示。

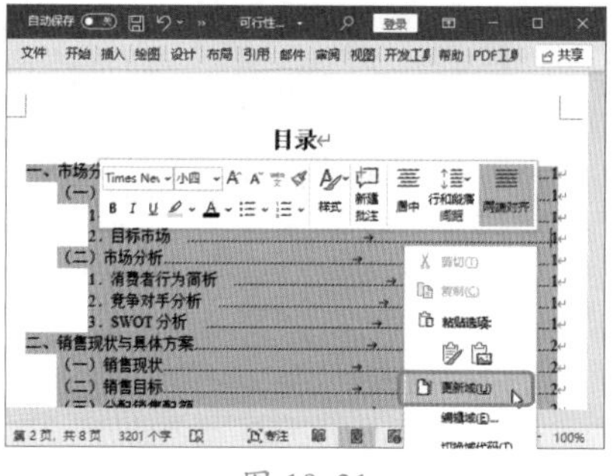

图 19-31

Step02 选择更新范围。弹出【更新目录】对话框，❶选择【只更新页码】单选按钮；❷单击【确定】按钮，如图 19-32 所示。

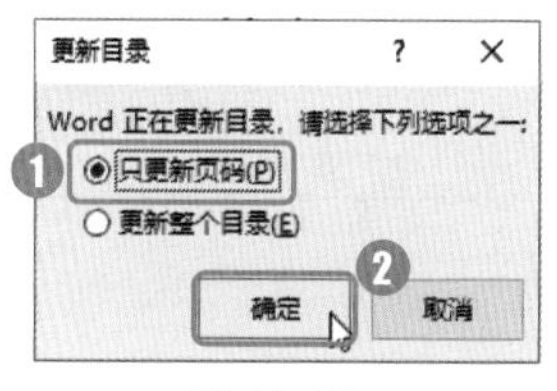

图 19-32

Step03 完成目录更新。即可完成对目录的更新，如果正文中的内容发生了增删或格式修改，页码会随之发生变化，如图 19-33 所示。

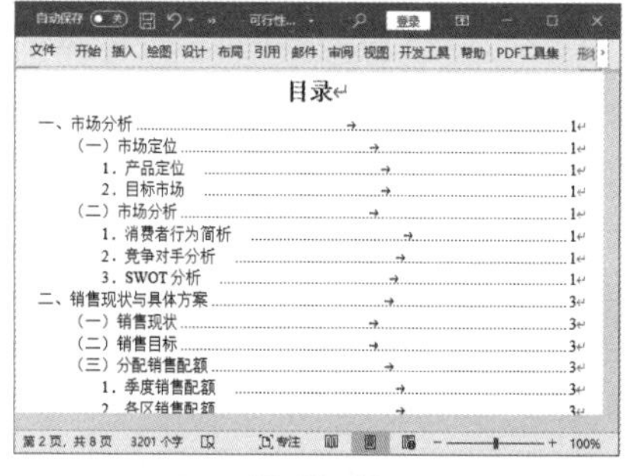

图 19-33

19.2 使用 Excel 制作"销售预测方案表"

实例门类	图表操作 + 线性预测类

在 Excel 中进行数据分析前，可以从 Word 中复制数据并粘贴到 Excel 中，避免重复输入数据，提高办公效率。将数据复制并粘贴到表格中后，可根据实际情况进行数据分析。例如，将数据制作成柱形图，并添加"趋势线"，进行数据预测分析。本节以制作"销售预测方案表"为例，使用线性趋势线，预测分析 2022 年下半年销售数据，制作完成后的效果如图 19-34 所示。

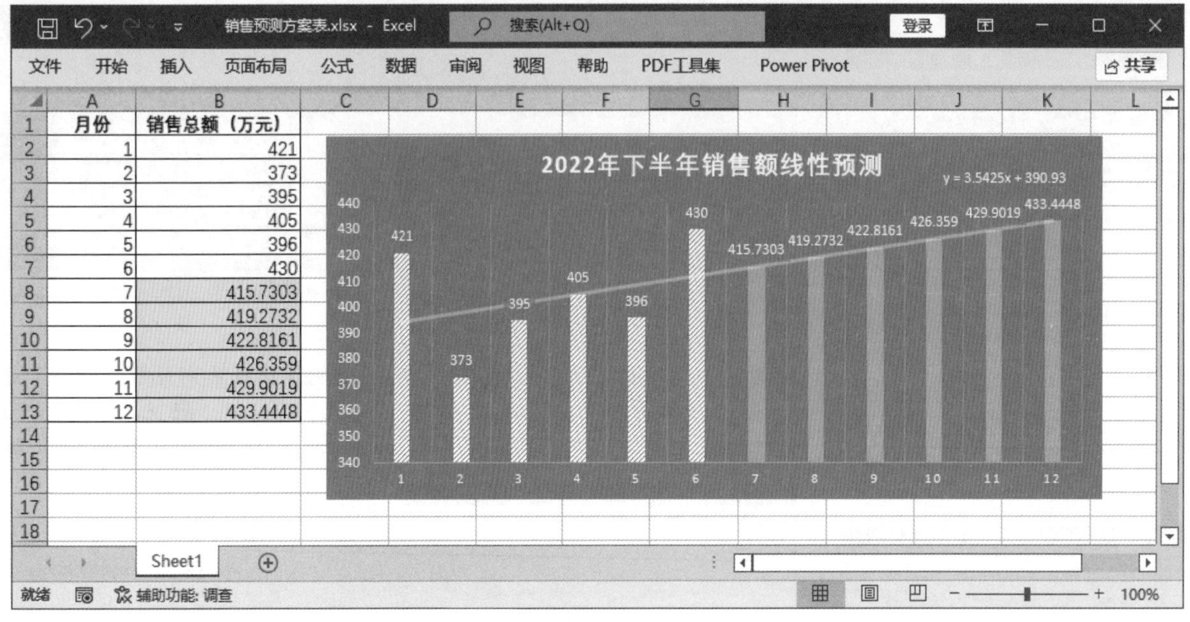

图 19-34

19.2.1 从Word文档中调取销售数据

Excel与Word中的数据可以相互调用。将Word文档中的表格调用到Excel工作表中，直接执行【复制】和【粘贴】命令即可，具体操作步骤如下。

Step 01 复制表格。打开“结果文件\第19章\可行性销售方案.docx”文档，选择文档中的表格并右击，在弹出的快捷菜单中选择【复制】选项，如图19-35所示。

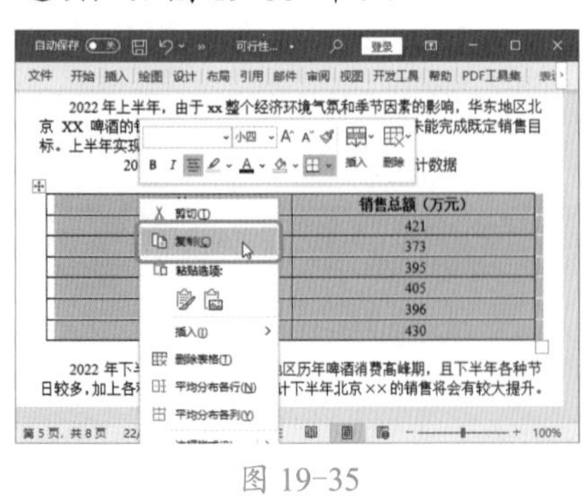

图 19-35

Step 02 粘贴数据。打开“素材文件\第19章\销售预测方案表.xlsx”，在工作表“Sheet1”中选择单元格A1并右击，在弹出的快捷菜单中单击【匹配目标格式】按钮，如图19-36所示。

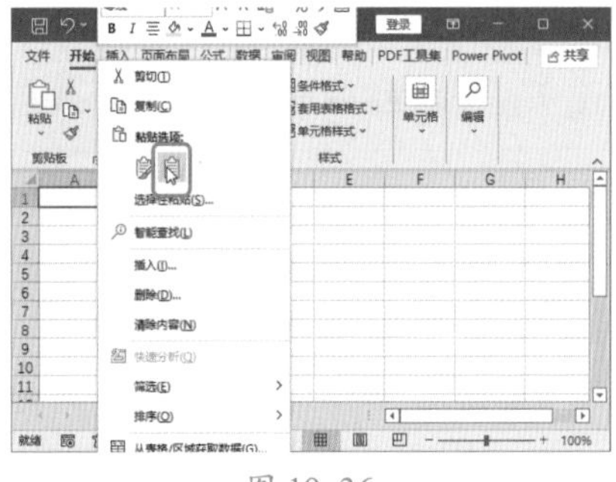

图 19-36

Step 03 查看数据粘贴效果。即可将Word文档中表格的数据粘贴到工作表“Sheet1”中，如图19-37所示。

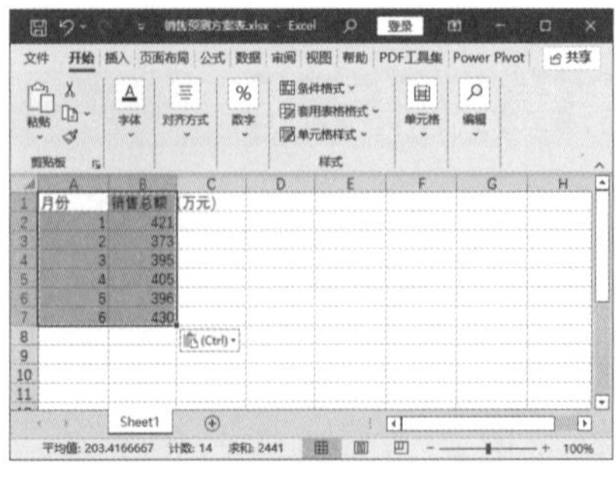

图 19-37

Step 04 选择单元格区域。选择单元格区域A6:A7，将鼠标指针移动到单元格A7右下角，如图19-38所示。

图 19-38

Step 05 复制数据。当鼠标指针变成+形状时，向下拖动鼠标到单元格A13，即可自动填充单元格A7至A13的数据，如图19-39所示。

图 19-39

Step 06 设置格式。数据输入完成后，对表格格式进行简单设置，设置完成后的效果如图 19-40 所示。

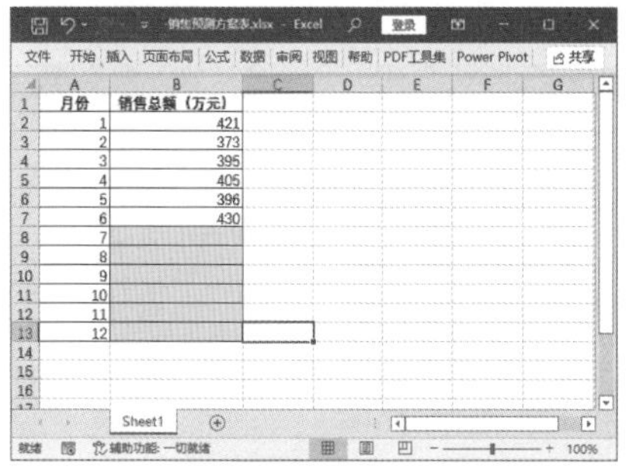

图 19-40

19.2.2 使用图表趋势线预测销售数据

Excel图表中的趋势线是一种直观的预测分析工具，使用这个工具，用户可以方便地从图表中获取预测数据信息。趋势线的主要类型包括线性、对数、多项式、乘幂、指数和移动平均等，选择合适的趋势线类型，是提升趋势线拟合程度、提高预测分析准确性的关键。根据 2022 年 1 月份至 6 月份的销售额，使用图表和线性趋势线，预测公司 2022 年 7 月份至 12 月份的销售额，具体操作步骤如下。

Step 01 打开【插入图表】对话框。选择单元格区域 A1:B13，❶选择【插入】选项卡；❷在【图表】组中单击【推荐的图表】按钮，如图 19-41 所示。

图 19-41

Step 02 选择图表类型。弹出【插入图表】对话框，对话框中有多种推荐的图表，用户根据需要进行选择即可，❶这里选择【簇状柱形图】选项；❷单击【确定】按钮，如图 19-42 所示。

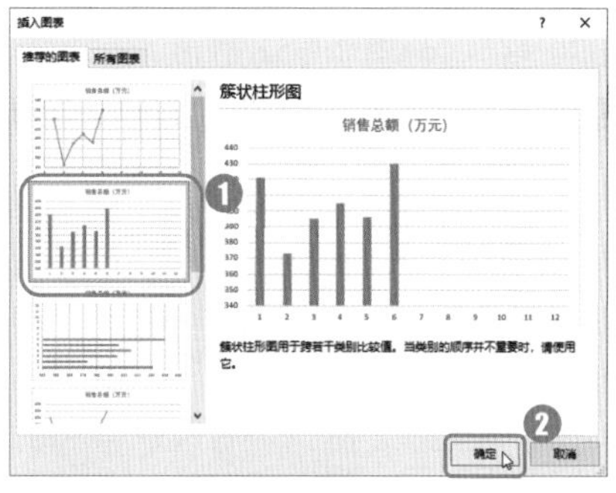

图 19-42

Step 03 查看插入的图表。即可插入一个簇状柱形图，如图 19-43 所示。

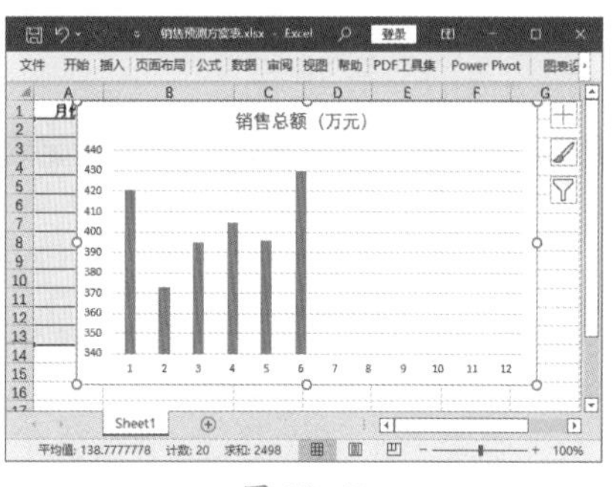

图 19-43

Step 04 设置图表标题。将图表标题设置为“2022 年下半年销售额线性预测”，如图 19-44 所示。

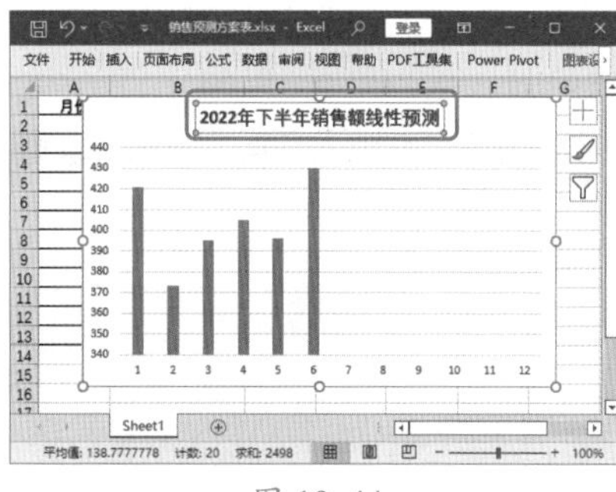

图 19-44

Step 05 设置图表样式。选择图表，❶选择【图表设计】选项卡；❷在【图表样式】组中单击【快速样式】按钮；❸在弹出的下拉列表中选择【样式 14】选项，如图 19-45 所示。

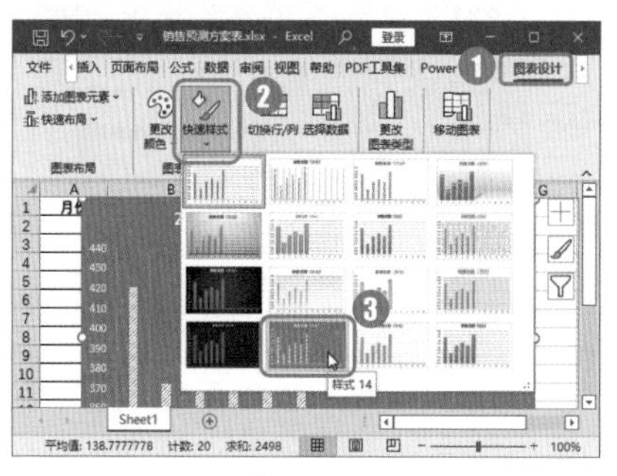

图 19-45

Step 06 查看图表样式。所选图表即可应用选择的【样式 14】样式，如图 19-46 所示。

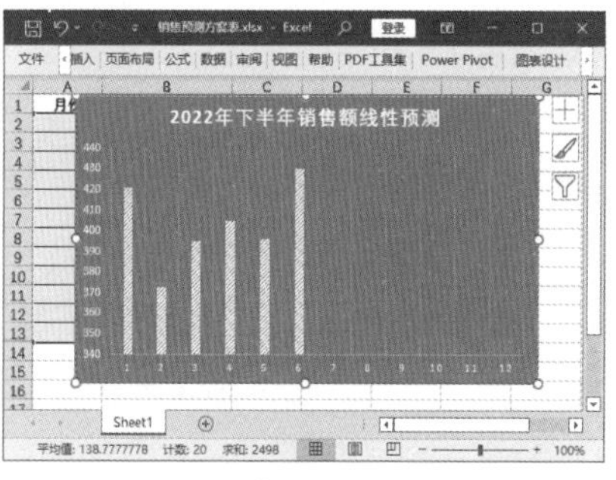

图 19-46

Step 07 添加趋势线。选择图表，❶选择【图表设计】选项卡；❷在【图表布局】组中单击【添加图表元素】按钮；❸在弹出的下拉列表中选择【趋势线】→【线性】选项，即可在图表中插入一条线性趋势线，如图 19-47 所示。

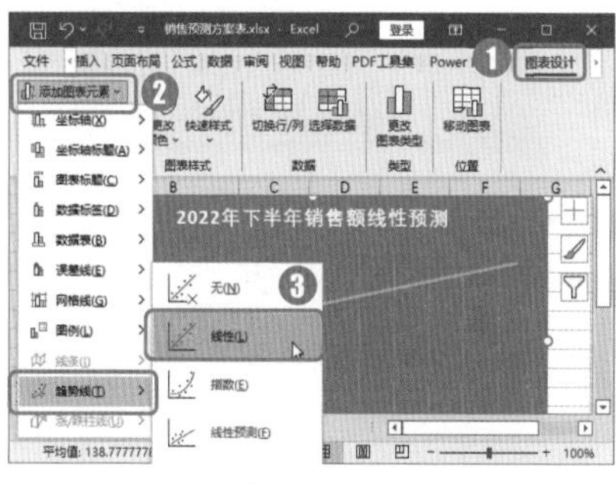

图 19-47

Step 08 打开【设置趋势线格式】窗格。选择趋势线并右击，在弹出的快捷菜单中选择【设置趋势线格式】选项，如图 19-48 所示。

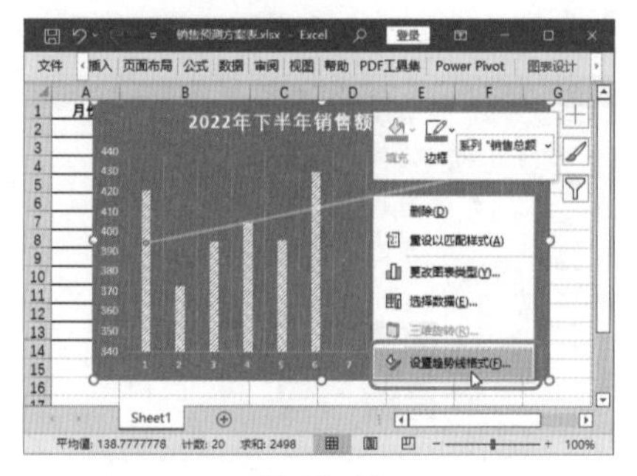

图 19-48

Step 09 设置趋势线属性。弹出【设置趋势线格式】窗格，在【趋势线选项】组中选择【显示公式】复选框，如图 19-49 所示。

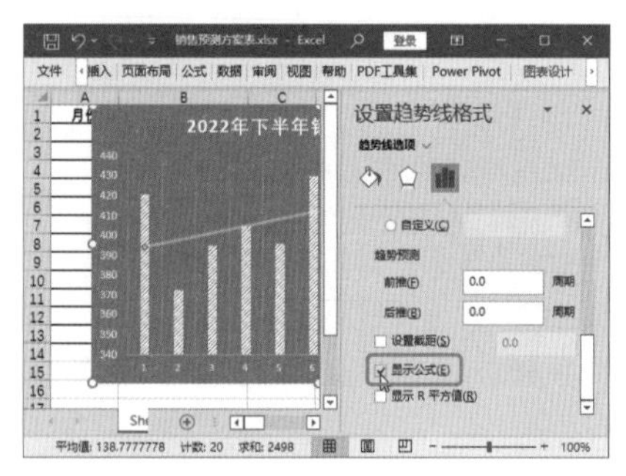

图 19-49

Step 10 查看趋势线设置效果。图表中的趋势线旁即可显示公式，如图 19-50 所示。

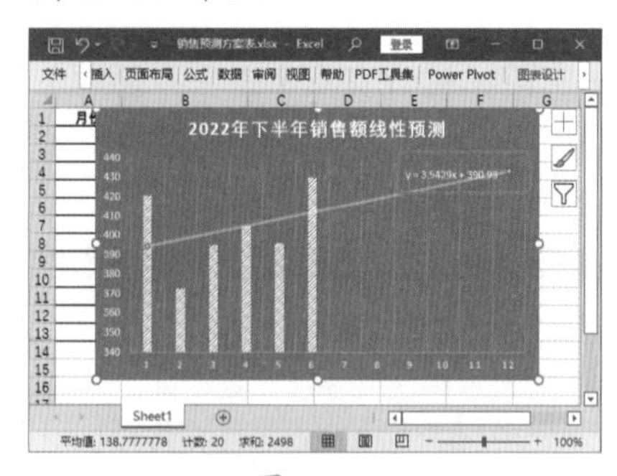

图 19-50

技术看板

从预测图表中可以看出，2022 年 1 月份至 6 月份的销售数据呈上升趋势。7 月份至 12 月份是华东地区历年啤酒消费高峰期，下半年各种节日较多，加上各种营销方案的实施，预计 2022 年下半年北京××啤酒的销售将会有较大提升。

Step 11 输入公式。根据趋势线旁显示的公式“y=3.5429x+390.93”，在单元格 B8 中输入公式“=3.5429*A8+390.93”，如图 19-51 所示。

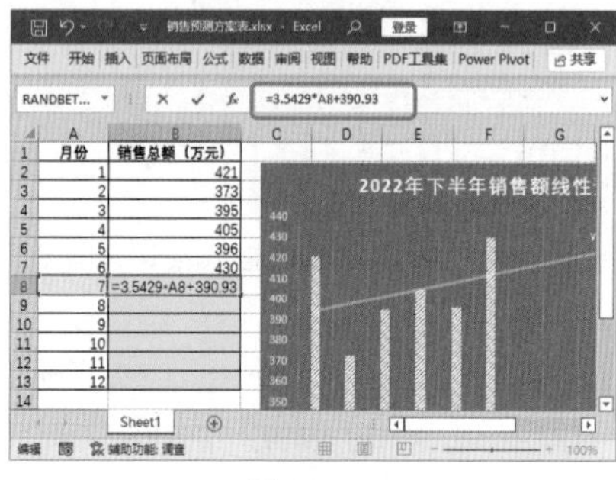

图 19-51

Step 12 查看 7 月份预测数据。按【Enter】键，即可预测 7 月份的销售额，如图 19-52 所示。

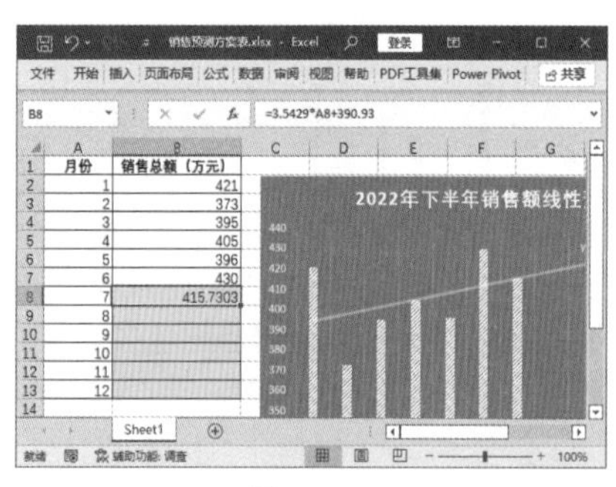

图 19-52

Step 13 预测其他月份的数据。使用同样的方法，预测 8 月份至 12 月份的销售额，如图 19-53 所示。

图 19-53

Step 14 添加数据标签。选择数据系列并右击，在弹出的快捷菜单中选择【添加数据标签】选项，如图 19-54 所示。

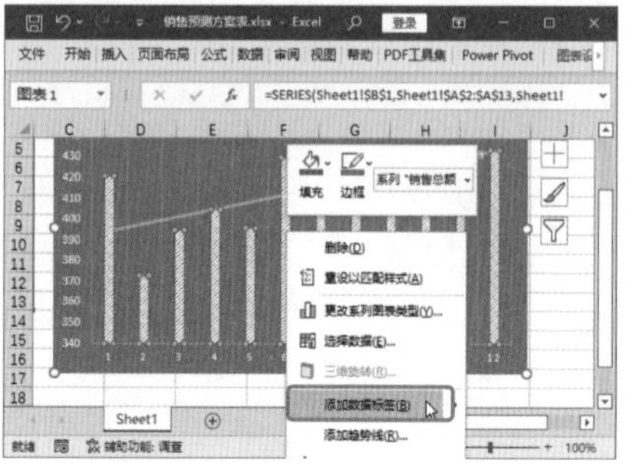

图 19-54

Step 15 查看添加数据标签的效果。即可为数据系列添加数据标签，调整标签位置，效果如图 19-55 所示。

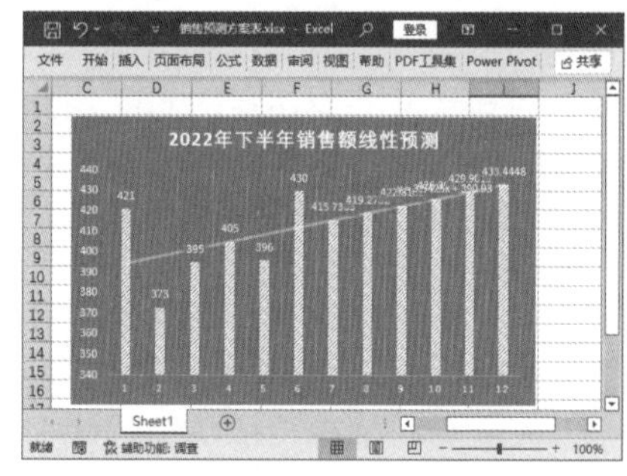

图 19-55

Step 16 完成图表制作。将图表中 7 月份至 12 月份的数据条颜色设置为【橙色】，并调整图表大小，使其中的数据标签不重叠，设置完成后的最终效果如图 19-56 所示。

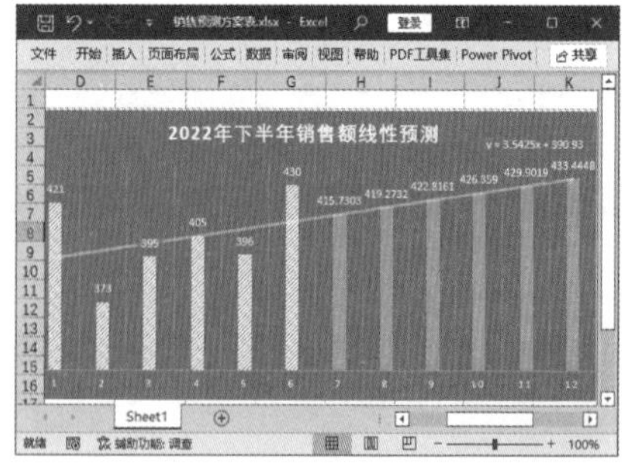

图 19-56

19.3 使用 PowerPoint 制作“销售方案演示文稿”

实例门类 幻灯片操作 + 动画设计类

使用 Word 文档制作“可行性销售方案”文档，并使用 Excel 图表和趋势线功能对下半年销售数据进行预测后，还可以使用 PowerPoint 2021 制作“销售方案演示文稿”，将销售可行性报告的内容形象生动地展现在幻灯片中。演示文稿通常包括封面页、目录页、正文页、结尾页等，本节主要介绍设计幻灯片母版的方法及幻灯片的制作过程，如插入文本、表格、图片、图表及设置动画等。“销售方案演示文稿”制作完成后的效果如图 19-57 至图 19-60 所示。

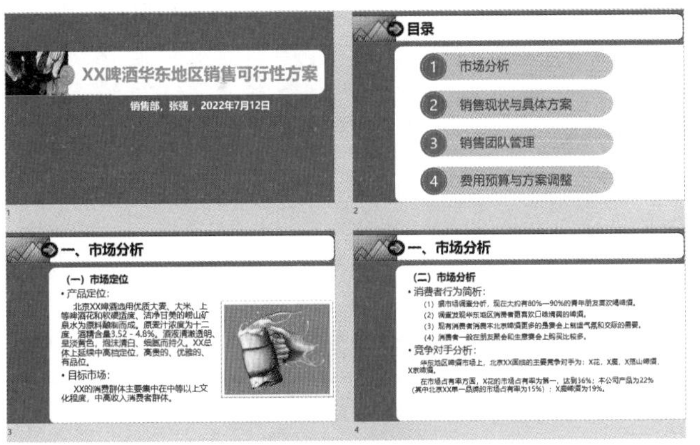

图 19-57

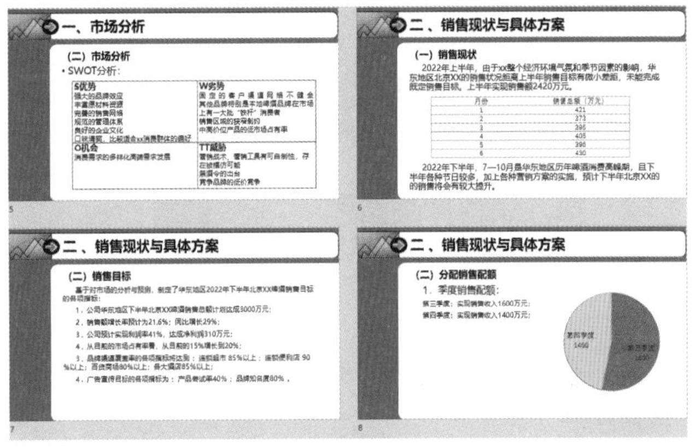

图 19-58

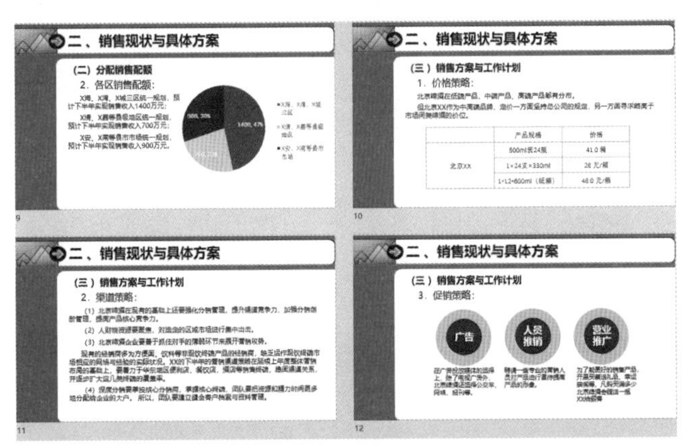

图 19-59

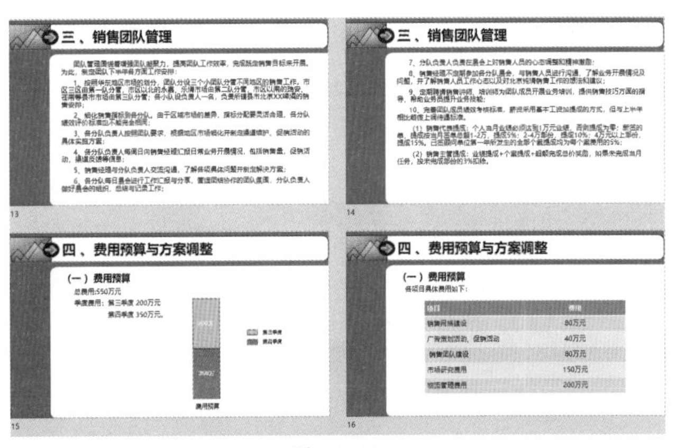

图 19-60

19.3.1 设计幻灯片母版

专业的演示文稿通常有统一的背景、配色和文字格式，为了实现统一的设置，可以使用幻灯片母版。使用幻灯片母版时，可以分别对幻灯片母版和标题幻灯片母版进行版式设计。

打开“素材文件\第 19 章\销售方案演示文稿.pptx”文档，使用图形设计幻灯片母版版式，设计效果如图 19-61 所示。

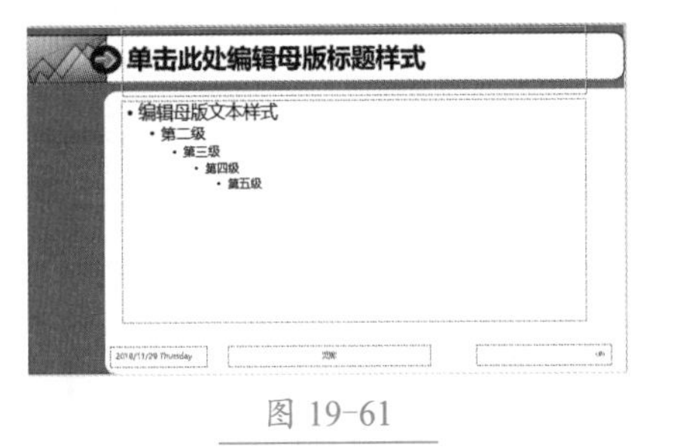

图 19-61

使用图形和图片设计标题幻灯片母版版式，设计效果如图 19-62 所示。

图 19-62

技术看板——善用色彩设计母版

色彩可激发情感，颜色可传递感情，使用合适的颜色，可以提高内容的说服力。颜色可分为两类：冷色（如蓝和绿）和暖色（如橙和红）。冷色适合做背景色，因为它们吸引人们注意力的能力较弱。暖色适合用于显著位置（如文本），因为它们可以营造扑面而来的感觉。因此，绝大多数PowerPoint幻灯片的颜色方案都使用蓝色背景+黄色文字。

19.3.2 插入销售产品图片

在编辑“销售方案演示文稿”的过程中，经常需要在幻灯片中插入图片。在幻灯片中插入和编辑图片的具体操作步骤如下。

Step 01 打开【插入图片】对话框。选择第3张幻灯片，❶选择【插入】选项卡；❷在【图像】组中单击【图片】按钮；❸在弹出的下拉列表中选择【此设备】选项，如图19-63所示。

图 19-63

Step 02 选择图片。弹出【插入图片】对话框，❶选择“素材文件\第19章\图片1.PNG”文件；❷单击【插入】按钮，如图19-64所示。

图 19-64

Step 03 查看图片插入效果。即可在幻灯片中插入选择的图片“图片1.PNG”，如图19-65所示。

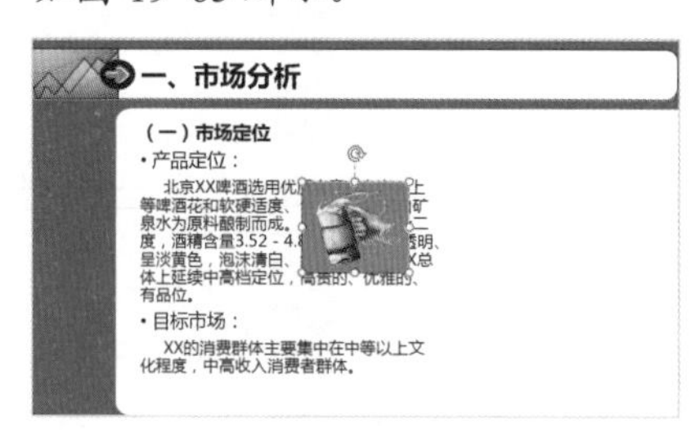

图 19-65

Step 04 调整图片位置。将鼠标指针移动到图片上，按住鼠标左键进行拖动，即可移动图片的位置，效果如图19-66所示。

图 19-66

Step 05 调整图片大小。选择插入的图片，将鼠标指针移动到图片右下角，待鼠标指针变成+形状，拖动鼠标，即可调整图片大小，如图19-67所示。

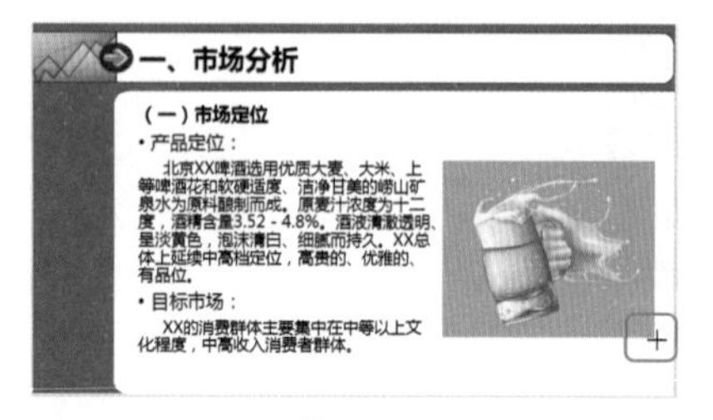

图 19-67

Step 06 设置图片样式。选择图片，❶单击【图片格式】选项卡【图片样式】组中的【快速样式】按钮；❷在弹出的下拉列表中选择【透视阴影，白色】选项，如图19-68所示。

图 19-68

Step 07 查看图片效果。即可为选择的图片应用【透视阴影，白色】样式，如图19-69所示。

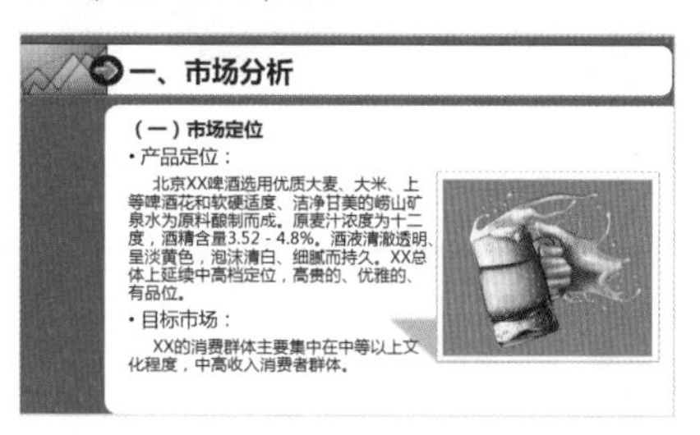

图 19-69

19.3.3 从Word中导入数据表

PowerPoint与Word中的数据可以相互调用。将Word文档中的表格调用到PowerPoint幻灯片中，直接执行【复制】和【粘贴】命令即可，具体操作步骤如下。

Step 01 复制表格数据。打开“结果文件\第19章\可行性销售方案.docx”文档，选择文档中的表格，按【Ctrl+C】组合键，执行【复制】命令，如图19-70所示。

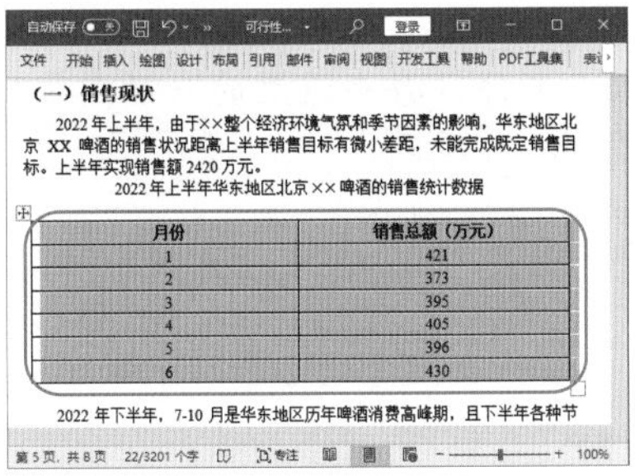

图 19-70

Step02 粘贴表格数据。在“销售方案演示文稿”中，选择第 6 张幻灯片，按【Ctrl+V】组合键，执行【粘贴】命令，如图 19-71 所示。

图 19-71

Step03 查看数据粘贴效果。完成以上操作后，即可将 Word 文档中的表格粘贴到幻灯片中，如图 19-72 所示。

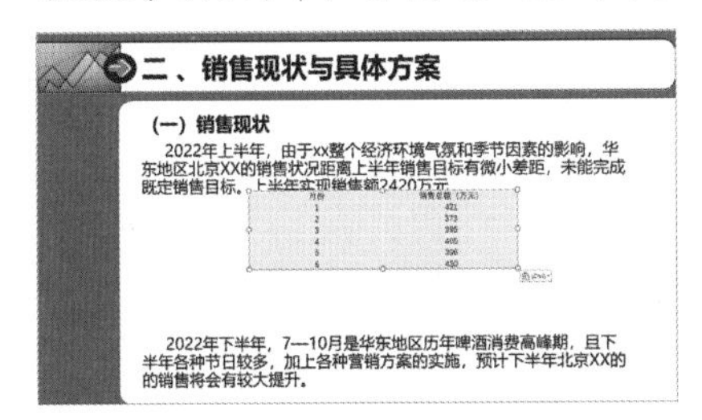

图 19-72

Step04 设置表格字体。选择表格，设置表格中的字体字号，效果如图 19-73 所示。

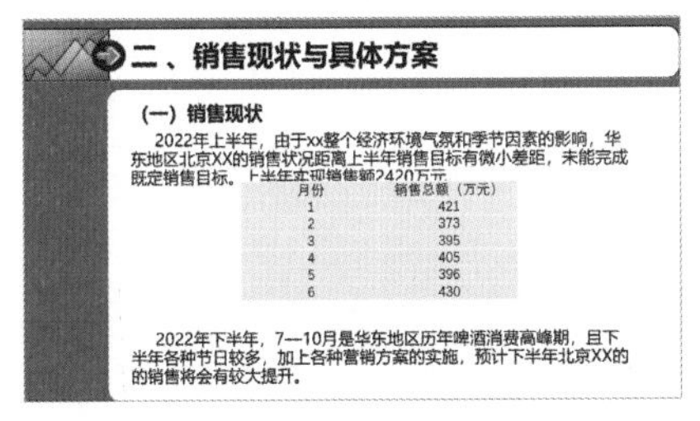

图 19-73

Step05 调整表格大小。将鼠标指针移动到表格右下角，待鼠标指针变成十形状，拖动鼠标，即可拉大或缩小表格，如图 19-74 所示。

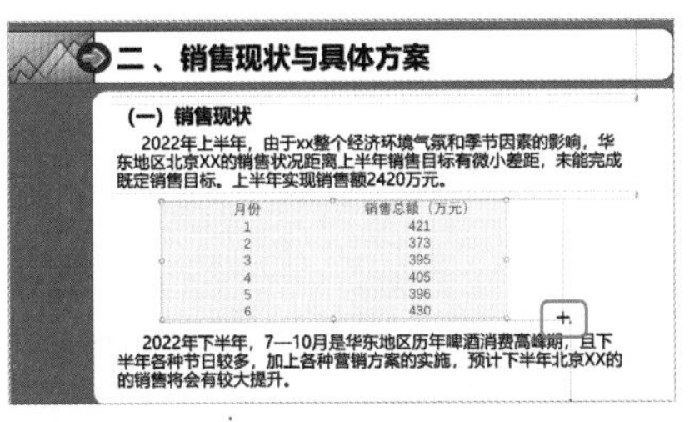

图 19-74

Step06 打开表格样式列表。选择表格，❶选择【表设计】选项卡；❷在【表格样式】组中单击【其他】按钮，如图 19-75 所示。

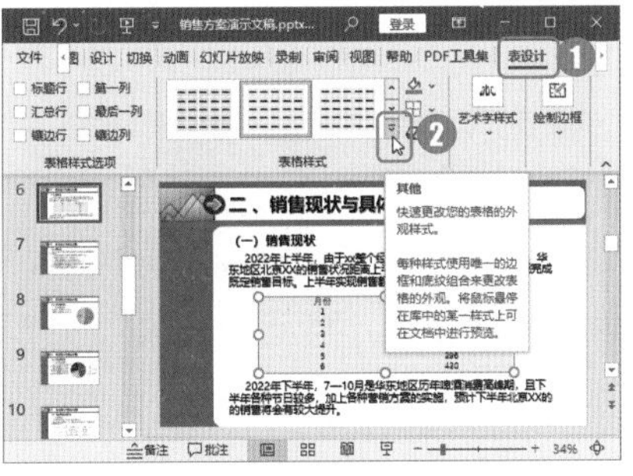

图 19-75

Step07 选择表格样式。在弹出的下拉列表中选择【中度样式 1-强调 5】选项，如图 19-76 所示。

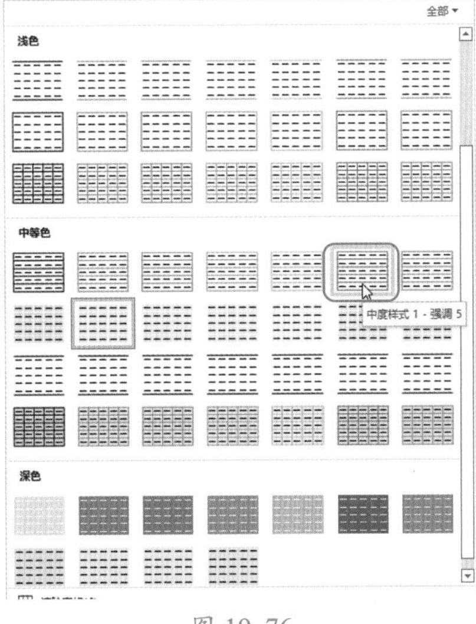

图 19-76

Step08 查看表格设置效果。表格即可应用【中度样式 1-强调 5】样式，如图 19-77 所示。

图 19-77

19.3.4 将演示文稿另存为 PDF 文件

演示文稿制作完成后，可以另存为 PDF 文件，具体操作步骤如下。

Step01 进入【文件】界面。选择【文件】选项卡，如图 19-78 所示。

图 19-78

Step02 打开【另存为】对话框。进入【文件】界面，❶选择【另存为】选项卡；❷单击【浏览】按钮，如图 19-79 所示。

图 19-79

Step03 选择保存位置及文件类型。弹出【另存为】对话框，❶将保存位置设置为“结果文件\第19章”；❷在【保存类型】下拉列表中选择【PDF(*.pdf)】选项；❸单击【保存】按钮，如图19-80所示。

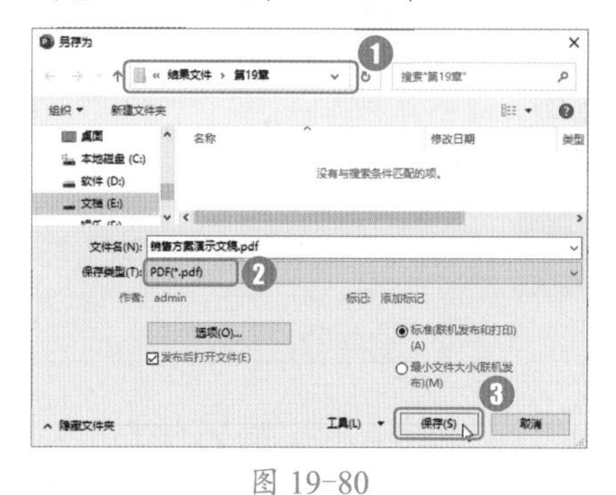

图 19-80

Step04 发布文件。弹出【正在发布】窗口，显示发布进度，如图19-81所示。

图 19-81

Step05 查看生成的PDF文件。发布完毕，即可生成PDF文件，如图19-82所示。

图 19-82

Step06 完成对PDF文件的保存。将PDF文件保存在设置的路径中，如图19-83所示。

图 19-83

本章小结

本章模拟了一个可行性方案的制作过程，分别介绍了使用Word制作“可行性销售方案”，使用Excel制作“销售预测方案表”，使用PowerPoint制作最终的“销售方案演示文稿”的方法，帮助读者巩固所学的Word、Excel、PowerPoint操作技巧。

第 20 章 实战应用：制作项目投资方案

- ➥ 如何为文档中的各级标题应用标题样式？
- ➥ 如何设置密码保护并限制文档编辑？
- ➥ 什么是 Excel 模拟分析，怎样使用单变量求解计算项目投资利润？
- ➥ 如何使用模拟运算表和方案管理器预测项目投资利润？
- ➥ 如何在幻灯片中插入 Word 附件？
- ➥ 如何制作自动放映的 PPT 演示文稿？

在本章的学习过程中，读者将复习到 Word 目录的设计与制作方法、Excel 的模拟运算和方案求解功能，以及 PPT 的母版设计与幻灯片编辑功能。通过对本章内容的学习，读者能够加深对 Word、Excel 和 PPT 实用技能的理解，轻松完成对项目投资方案的制作。

20.1 使用 Word 制作"项目投资分析报告"文档

实例门类	封面设计 + 文档编辑类

制作项目投资分析报告，是通过对项目投资进行全方位的科学分析，评估投资项目的可行性，通常采用 4 个评价体系（环境评价、国民经济评价、财务评价、社会效益评价），为投资方决策提供科学、严谨的依据，降低投资的风险。项目投资分析报告是目前国际上使用频率最高的投资项目决策分析报告之一，其客观性、科学性和严谨性受到越来越多投资商和融资方的重视。本节以制作"项目投资分析报告"文档为例，详细介绍如何使用 Word 制作可行性文档，包括如何设置项目报告样式、如何制作项目报告目录、如何保护 Word 文档并限制编辑等内容，制作完成后的效果如图 20-1 至图 20-4 所示。

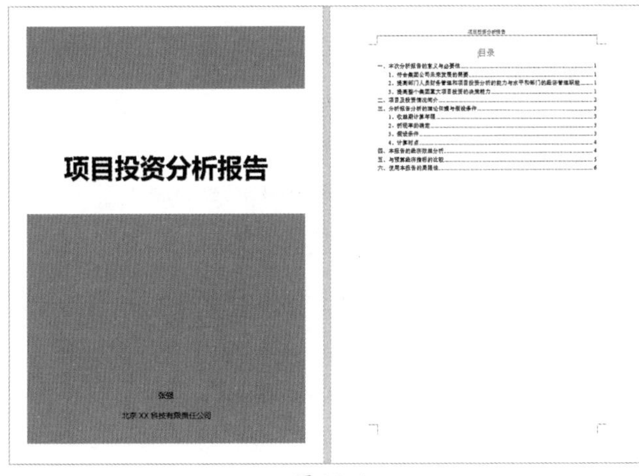

项目投资分析报告

北京XX科技有限责任公司

目录

一、本次分析报告的意义与必要性……1
1．符合集团公司未来发展的需要……1
2．提高部门人员财务管理和项目投资分析的能力与水平和部门的经济管理职能……1
3．提高整个集团重大项目投资的决策能力……1
二、项目及投资情况简介……2
三、分析报告分析的理论依据与假设条件……3
1．收益期计算年限……3
2．折现率的确定……3
3．假设条件……3
4．计算时点……4
四、本报告的经济效益分析……4
五、与预算经济指标的比较……5
六、使用本报告的局限性……6

图 20-1

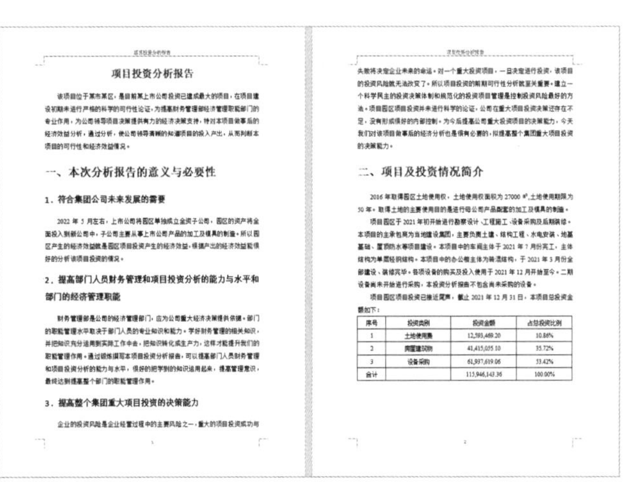

项目投资分析报告

该项目位于某市某区，是目前某上市公司投资已建成最大的项目，在项目建设初期未进行严格的科学的可行性论证，为提高财务管理部经济管理职能部门的专业作用，为公司领导项目决策提供有力的经济决策支持，特对本项目做事后的经济效益分析，通过分析，使公司领导清晰的知道项目的投入产出，从而判断本项目的可行性和经济效益情况。

一、本次分析报告的意义与必要性

1．符合集团公司未来发展的需要

2022 年 5 月左右，上市公司将园区单独成立全资子公司，园区的资产将全面投入到新公司中，子公司主要从事上市公司产品的加工及模具的制造。所以园区产生的经济效益就是园区项目投资产生的经济效益，根据产出的经济效益能很好的分析该项目投资的情况。

2．提高部门人员财务管理和项目投资分析的能力与水平和部门的经济管理职能

财务管理部是公司的经济管理部门，应为公司重大经济决策提供依据。部门的职能管理水平取决于部门人员的专业知识和能力。学好财务管理的相关知识，并把知识充分运用到实际工作中去，把知识转化成生产力，这样才能提升我们的职能管理作用。通过锻炼撰写本项目投资分析报告，可以提高部门人员财务管理和项目投资分析的能力与水平，很好的把学到的知识运用起来，提高管理意识，最终达到提高整个部门的职能管理作用。

3．提高整个集团重大项目投资的决策能力

企业的投资风险是企业经营过程中的主要风险之一，重大的项目投资成功与失败将决定企业未来的命运。对一个重大投资项目，一旦决定进行投资，该项目的投资风险就无法改变了。所以项目投资的前期可行性分析就至关重要。建立一个科学民主的投资决策体制和规范化的投资项目管理是控制投资风险最好的方法。项目园区项目投资并未进行科学的论证，公司在重大项目投资决策还存在不足，没有形成很好的内部控制。为今后提高公司重大投资项目的决策能力，今天我们对该项目做事后的经济分析也是很有必要的，拟提高整个集团重大项目投资的决策能力。

二、项目及投资情况简介

2016 年取得园区土地使用权，土地使用权面积为 27000 ㎡，土地使用期限为 50 年。取得土地的主要使用目的是进行母公司产品配套的加工及模具的制造。

项目园区于 2021 年初开始进行勘察设计、工程施工、设备采购及后期装修。本项目的主承包商为当地建设集团，主要负责土建、结构工程、水电安装、地基基础、屋顶防水等项目建设。本项目中的车间主体于 2021 年 7 月份完工，主体结构为单层轻钢结构。本项目中的办公楼主体为砖混结构，于 2021 年 3 月份全部建设、装修完毕。各项设备的购买及投入使用于 2021 年 12 月开始至今。二期设备尚未开始进行采购，本投资分析报告不包含尚未采购的设备。

项目园区项目投资已接近尾声，截止 2021 年 12 月 31 日，本项目总投资金额如下：

序号	投资类别	投资金额	占总投资比例
1	土地使用费	12,593,469.20	10.86%
2	房屋建筑物	41,415,055.10	35.72%
3	设备采购	61,937,619.06	53.42%
合计		115,946,143.36	100.00%

图 20-2

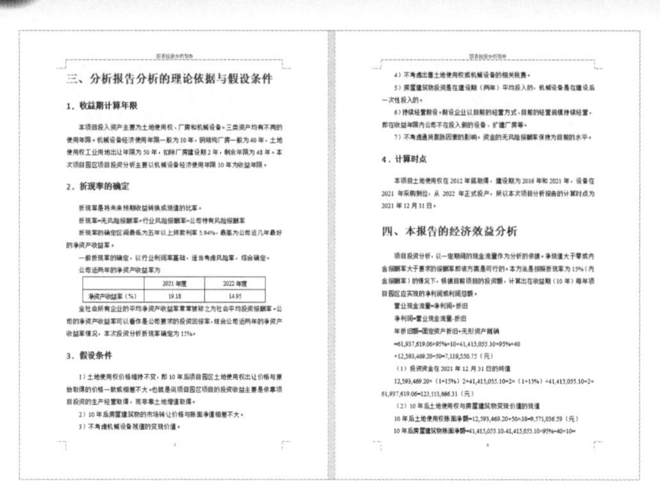
图 20-3

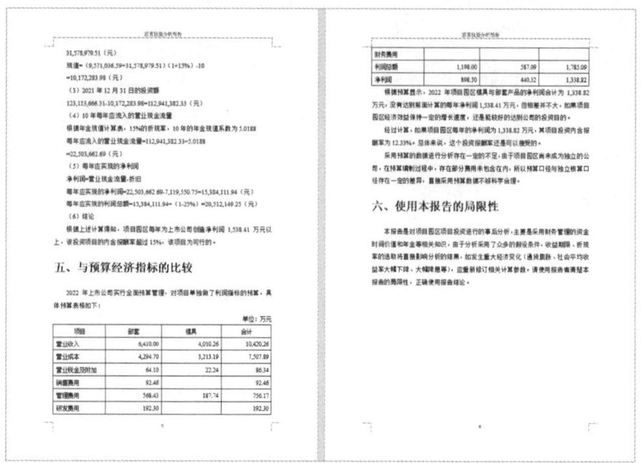
图 20-4

20.1.1 设置项目报告样式

Word文档有样式设置功能，正确设置和使用样式，可以极大地提高工作效率。实际工作中，用户可以直接套用系统内置样式来设置文档的标题大纲，为制作目录提供必备条件。使用样式功能设置项目报告样式的具体操作步骤如下。

Step01 打开【样式】窗格。打开“素材文件\第20章\项目投资分析报告.docx”文档，❶选择【开始】选项卡；❷在【样式】组中单击【对话框启动器】按钮，如图20-5所示。

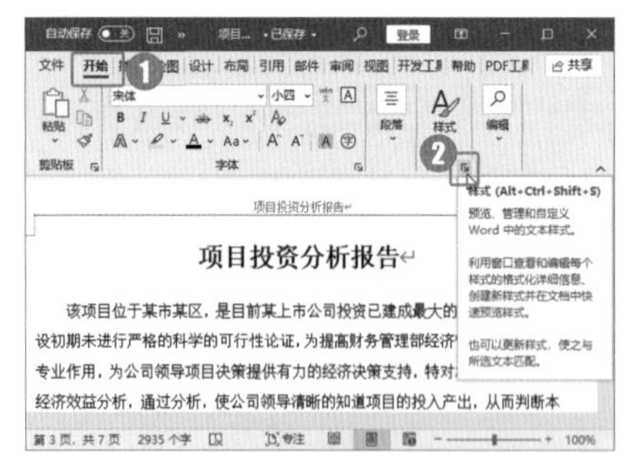
图 20-5

Step02 查看打开的窗格。文档右侧弹出【样式】窗格，如图20-6所示。

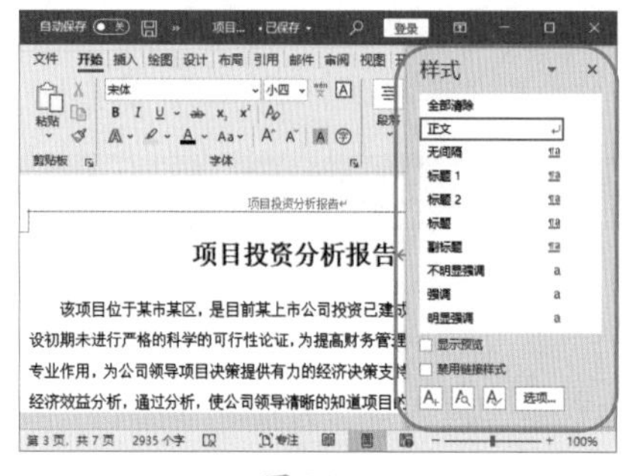
图 20-6

Step03 应用【标题1】样式。❶选择要套用样式的一级标题；❷在【样式】窗格中选择【标题1】选项，选择的文本或段落即可应用【标题1】样式，如图20-7所示。

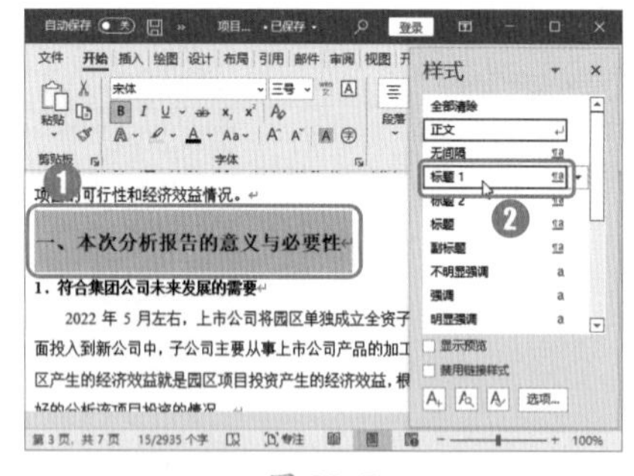
图 20-7

Step04 设置其他一级标题样式。使用同样的方法，设置其他一级标题的样式，如图20-8所示。

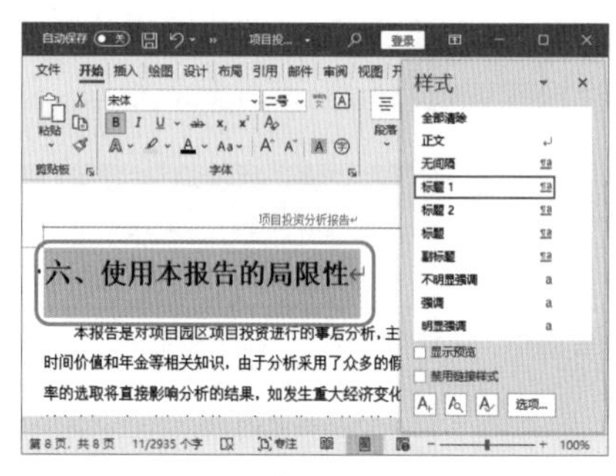
图 20-8

Step05 应用【标题2】样式。❶选择要套用样式的二级标题；❷在【样式】窗格中选择【标题2】选项，选择的文本或段落即可应用【标题2】样式，如图20-9所示。

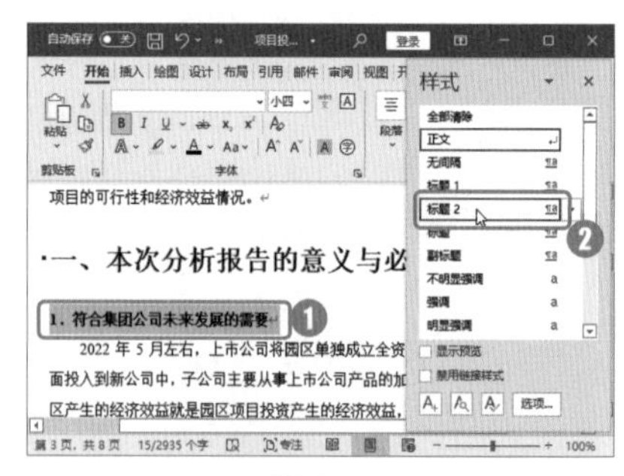
图 20-9

Step06 设置其他二级标题样式。使用同样的方法，设置其他二级标题的样式，如图20-10所示。

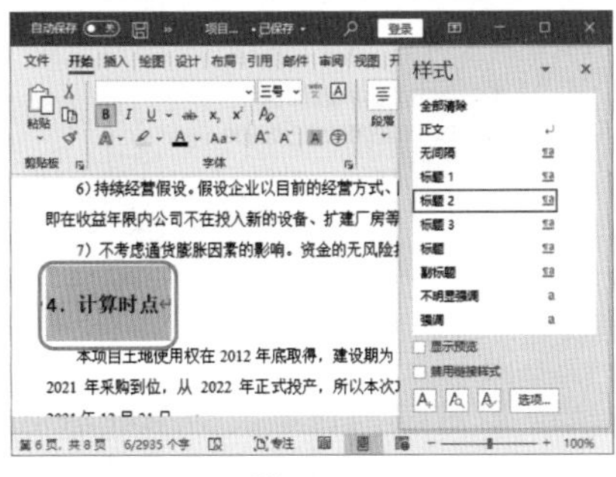

图 20-10

技术看板

为各级标题设置样式时，可以使用格式刷工具，方便又快捷。

Step07 打开【导航】窗格。❶选择【视图】选项卡；❷在【显示】组中选择【导航窗格】复选框，如图 20-11 所示。

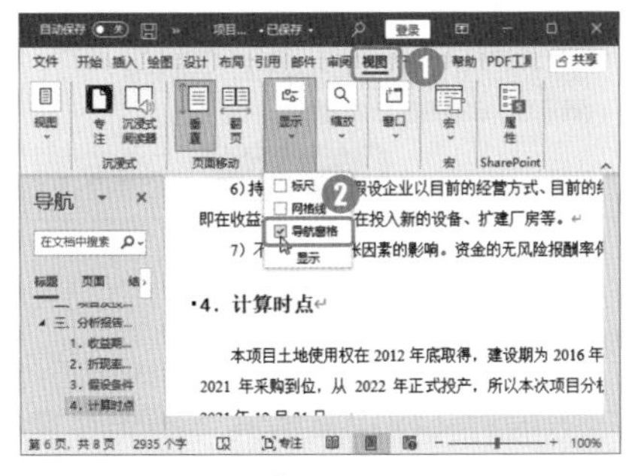

图 20-11

Step08 查看标题大纲。Word 文档左侧弹出【导航】窗格，并显示文档中的标题大纲，如图 20-12 所示。

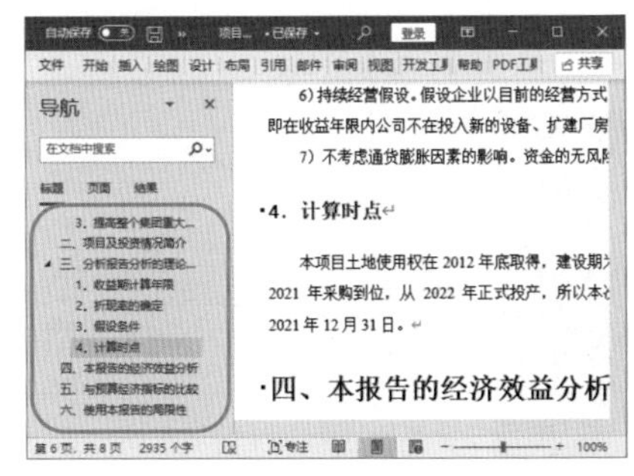

图 20-12

Step09 定位标题。❶在【导航】窗格中选择标题"二、项目及投资情况简介"；❷即可快速定位到正文中的标题"二、项目及投资情况简介"处，如图 20-13 所示。

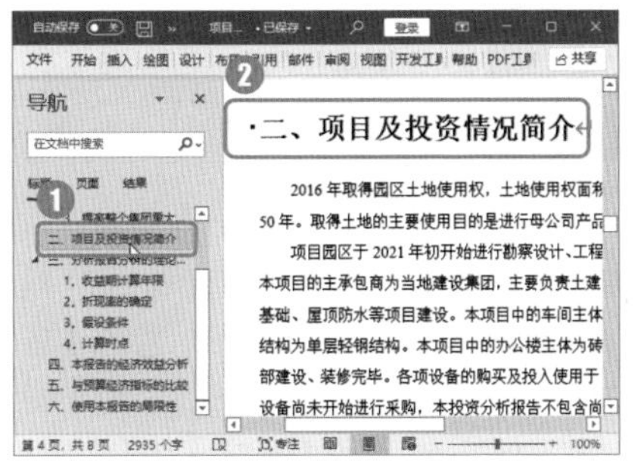

图 20-13

20.1.2 制作项目报告目录

Word 文档是使用层次结构来组织文档内容的，大纲级别是段落所处层次的级别编号。Word 2021 内置标题样式的大纲级别都是默认设置的，用户可以据此直接生成目录。在文档中插入目录的具体操作步骤如下。

Step01 打开目录列表。将光标定位在目录页中，❶选择【引用】选项卡；❷在【目录】组中单击【目录】按钮，如图 20-14 所示。

图 20-14

Step02 选择目录样式。在弹出的目录列表中选择【自动目录 2】选项，如图 20-15 所示。

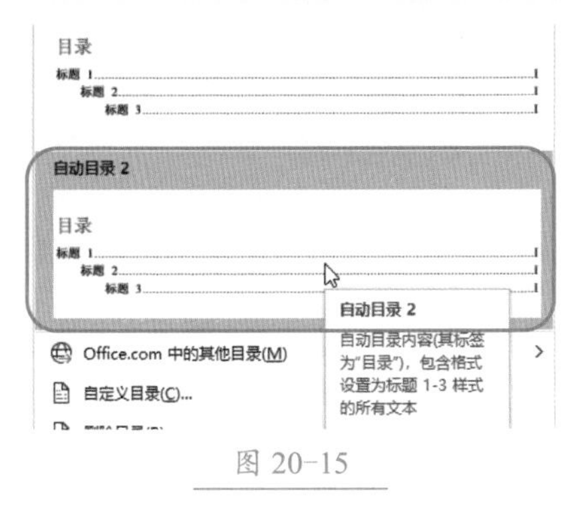

图 20-15

Step03 查看目录效果。即可在目录页中插入一个【自动目录 2】样式的目录，效果如图 20-16 所示。

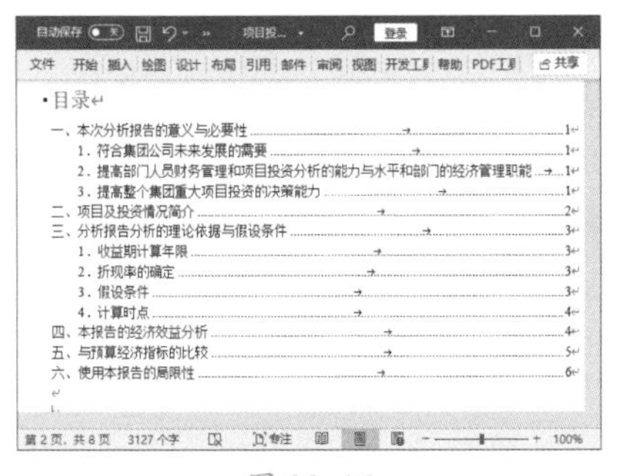

图 20-16

Step04 设置段落对齐方式。选择【自动目录 2】样式中的标题文本"目录"，❶选择【开始】选项卡；❷在【段落】组中单击【居中】按钮≡，如图 20-17 所示。

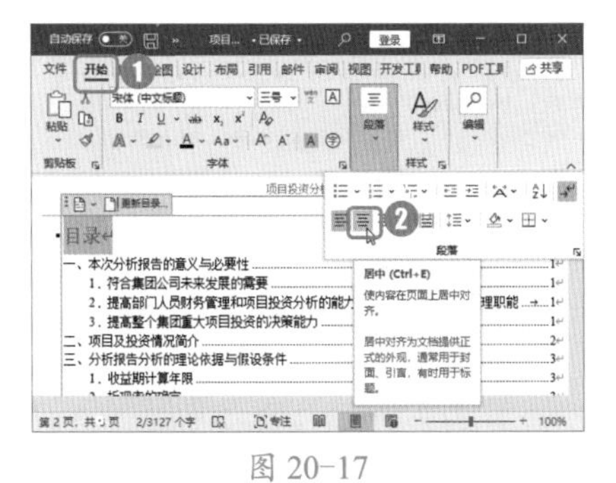

图 20-17

技术看板

Word 有 9 个不同的内置标题样

式和大纲级别，用于为文档中的段落设置有等级结构的段落格式。指定目录中要包含的标题之后，可以选择一种设计好的目录格式并生成最终目录。生成目录时，Word会自动搜索指定标题，按标题级别对它们进行排序，并将生成的目录显示在文档中。

20.1.3 保护Word文档并限制编辑

Word制作完成后，用户可以使用密码保护文档——只有在正确输入密码的情况下，才能打开文档。此外，用户还可以使用限制编辑功能，防止文档被他人修改。

1. 使用密码保护文档

编辑文档时，可能有一些隐私内容需要进行适当的加密保护，此时，可以通过设置密码对文档进行保护。使用密码保护文档的具体操作步骤如下。

Step 01 进入【文件】界面。在Word文档中选择【文件】选项卡，如图20-18所示。

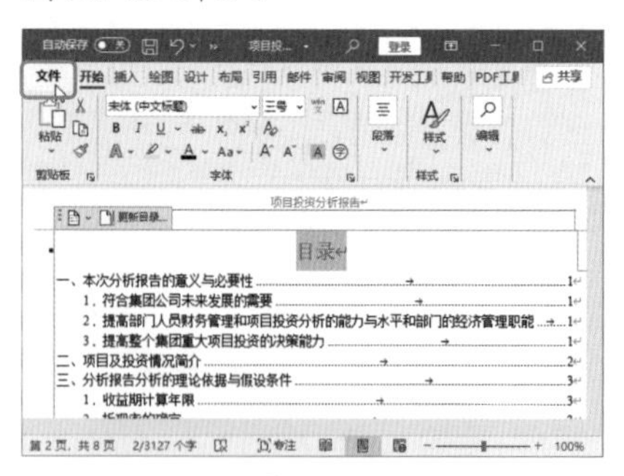

图 20-18

Step 02 打开【加密文档】对话框。进入【文件】界面，❶在【信息】选项卡中单击【保护文档】按钮；❷在弹出的下拉列表中选择【用密码进行加密】选项，如图20-19所示。

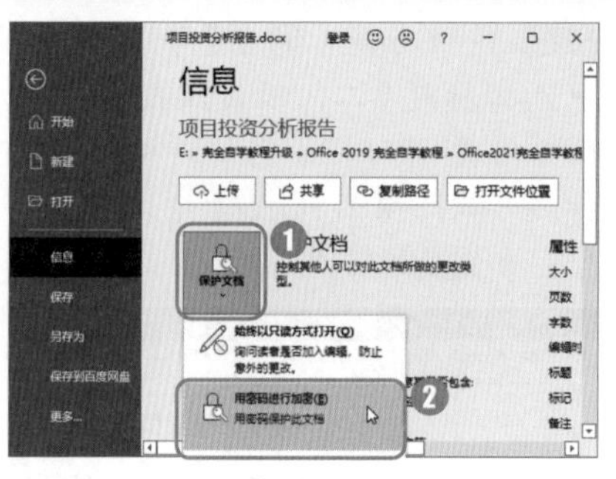

图 20-19

Step 03 打开【确认密码】对话框。弹出【加密文档】对话框，❶在【密码】文本框中输入密码，这里输入"123"；❷单击【确定】按钮，如图20-20所示。

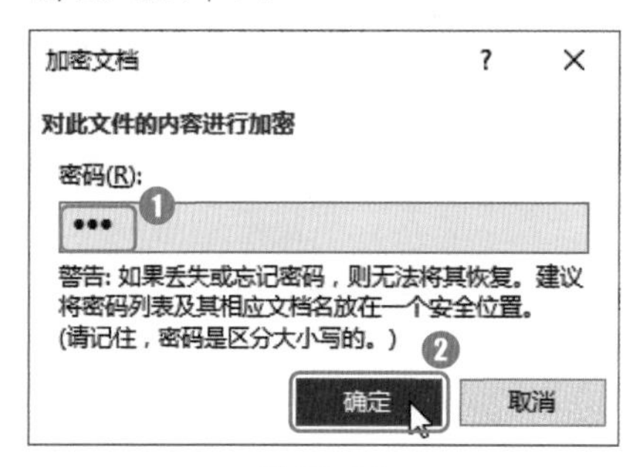

图 20-20

Step 04 再次输入密码。弹出【确认密码】对话框，❶在【重新输入密码】文本框中输入"123"；❷单击【确定】按钮，如图20-21所示。

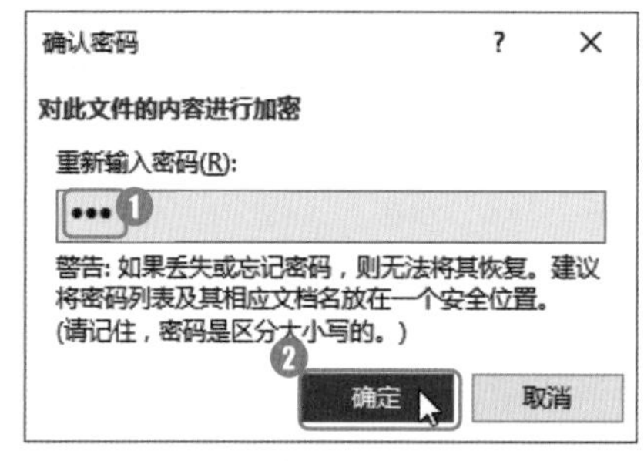

图 20-21

Step 05 打开加密文档。设置完毕，再次打开文档时，会弹出【密码】对话框，❶输入设置的密码"123"；❷单击【确定】按钮，即可打开文档，如图20-22所示。

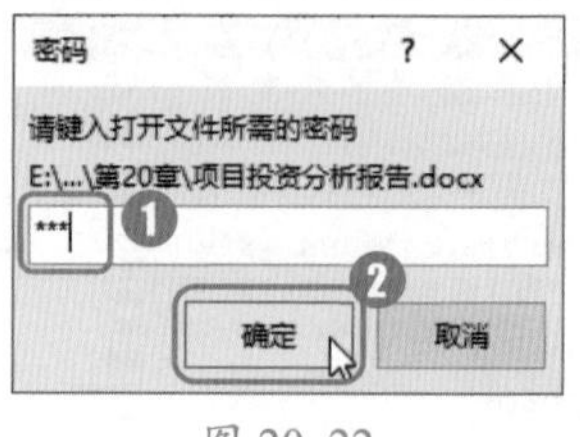

图 20-22

Step 06 取消密码保护。如果要取消密码保护，进入【文件】界面，单击【保护文档】按钮，在弹出的下拉列表中选择【用密码进行加密】选项，弹出【加密文档】对话框，❶在【密码】文本框中删除之前设置的密码；❷单击【确定】按钮，如图20-23所示。

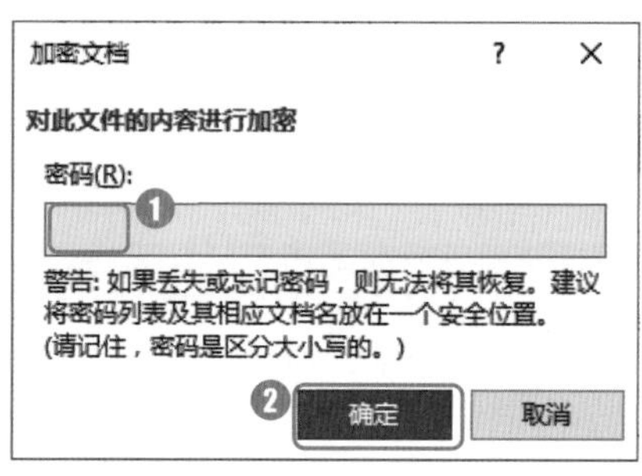

图 20-23

2. 限制文档编辑

限制文档编辑的具体操作步骤如下。

Step 01 打开【限制编辑】窗格。进入【文件】界面，❶单击【信息】选项卡中的【保护文档】按钮；❷在弹出的下拉列表中选择【限制编辑】选项，如图20-24所示。

图 20-24

Step02 限制样式编辑。文档右侧弹出【限制编辑】窗格，在【1.格式化限制】组中选择【限制对选定的样式设置格式】复选框，如图 20-25 所示。

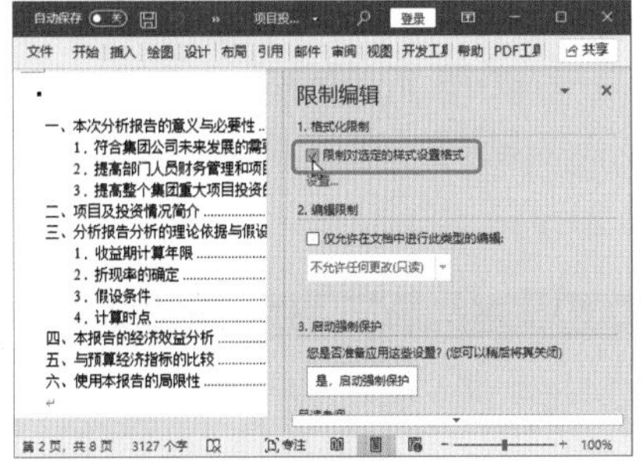

图 20-25

Step03 设置其他编辑权限。在【限制编辑】窗格中，❶选择【2.编辑限制】组中的【仅允许在文档中进行此类型的编辑】复选框；❷在下方的下拉列表中选择【不允许任何更改（只读）】选项，如图 20-26 所示。设置后，他人打开文档时，无法对文档内容做任何修改。

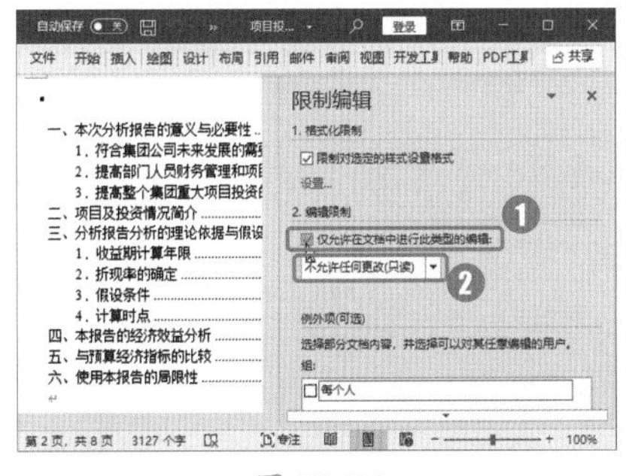

图 20-26

Step04 打开【启动强制保护】对话框。在【限制编辑】窗格中，在【3.启动强制保护】组中单击【是，启动强制保护】按钮，如图 20-27 所示。

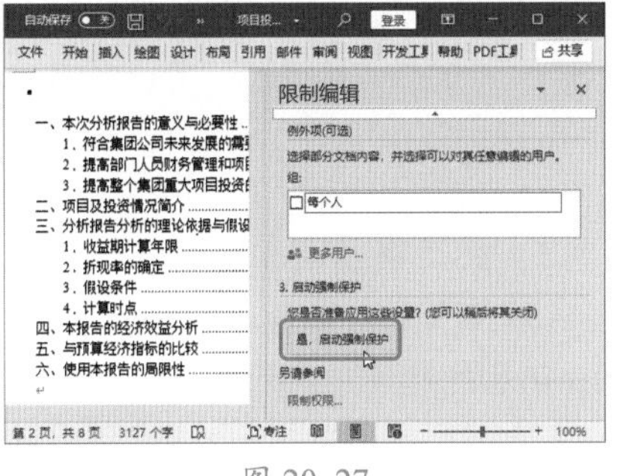

图 20-27

Step05 输入保护密码。弹出【启动强制保护】对话框，❶在【新密码（可选）】和【确认新密码】文本框中均输入“123”；❷单击【确定】按钮，如图 20-28 所示。

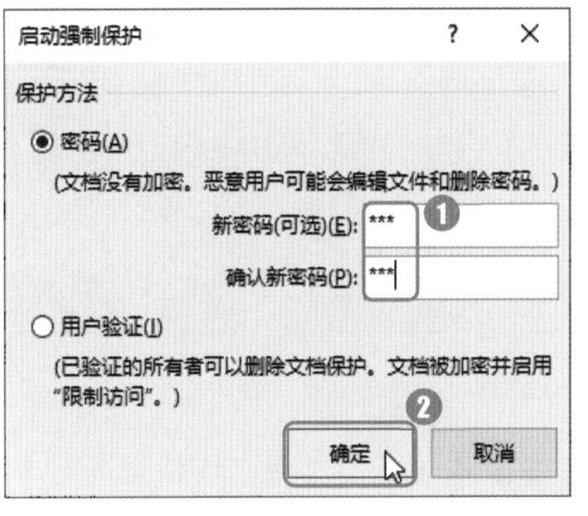

图 20-28

Step06 打开【取消保护文档】对话框。【限制编辑】窗格中出现提示，提示用户“文档受保护，以防止误编辑。只能查看此区域”，如果要取消设置的强制保护，单击【停止保护】按钮即可，如图 20-29 所示。

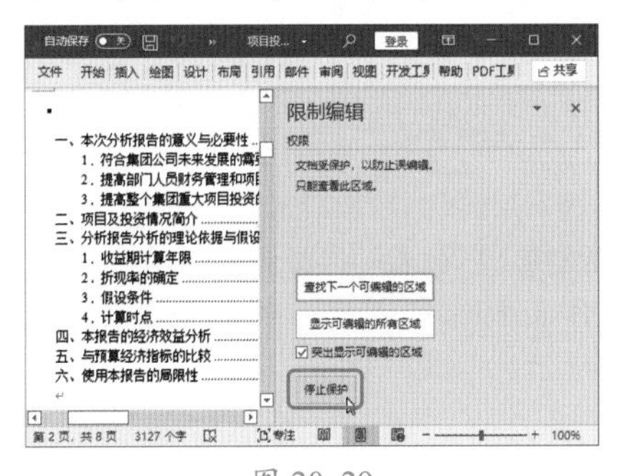

图 20-29

Step07 取消保护密码。弹出【取消保护文档】对话框，❶在【密码】文本框中输入设置的密码“123”；❷单击【确定】按钮，即可取消保护文档，如图 20-30 所示。

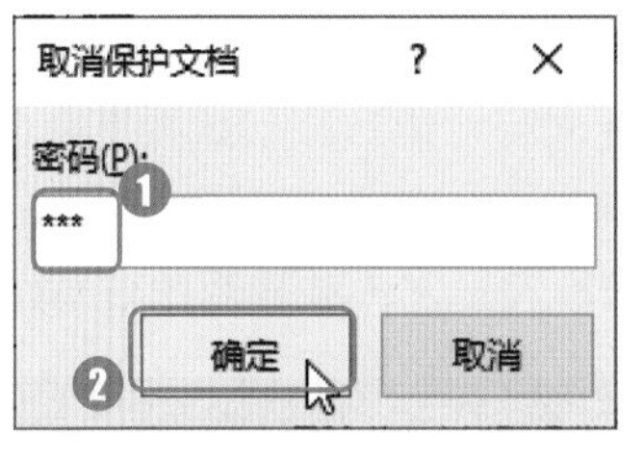

图 20-30

技术看板

限制编辑功能中有 3 个选项：格式化限制、编辑限制、启动强制保护。

格式化限制可以有选择地限制格式编辑，用户可以单击其下方的【设置】，进行格式选项自定义。

编辑限制可以有选择地限制文档编辑类型，文档编辑类型包括【修订】【批注】【填写窗体】及【不允许任何更改（只读）】。假如制作一份表格，只希望对方填写指定的项目，不希望对方修改问题，就需要用到此功能——单击【例外项（可选）】及【更多用户】，进行受限用户自定义。

启动强制保护可以使用密码保护或用户身份验证的方式保护文档，此功能需要信息权限管理（IRM）的支持。

20.2 使用 Excel 制作“项目投资方案”

实例门类	模拟运算＋方案管理类

模拟分析是在单元格中更改值以查看这些更改将如何影响工作表中公式结果的过程。Excel中有 3 种类型的模拟分析工具，分别为方案管理器、单变量求解和模拟运算表。本节以制作“项目投资方案”为例，首先使用Excel单变量求解功能计算初始投资为多少时，10 年后的利润总额可以达到 500 万元，然后使用模拟运算表功能，计算不同年收益率下的项目投资利润，最后使用方案管理器设计几种投资方案，并生成方案摘要，对比分析不同方案下的投资利润，制作完成后的效果如图 20-31 和图 20-32 所示。

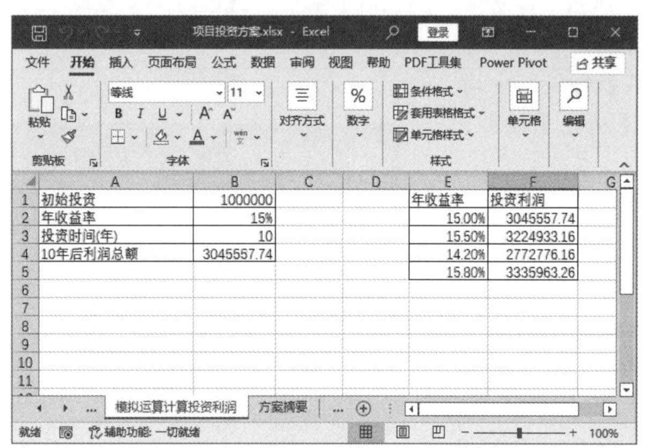

图 20-31

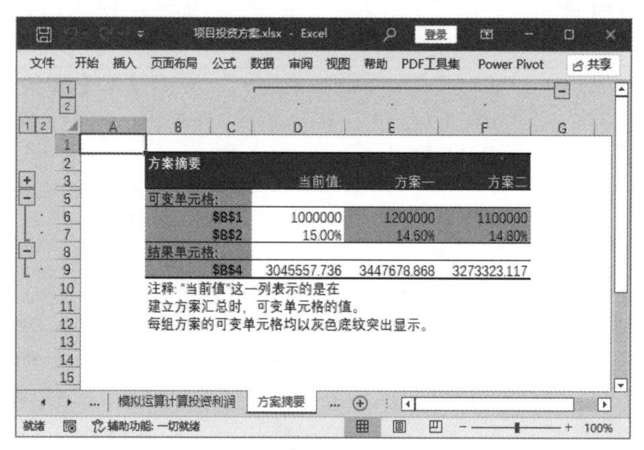

图 20-32

20.2.1 制作项目投资基本表

对项目投资数据进行模拟分析之前，需要制作项目投资基本表，包括“单变量计算投资利润”“模拟运算计算投资利润”和“投资方案分析”工作表。

Step01 查看表。打开“素材文件\第 20 章\项目投资方案.xlsx”文档，“单变量计算投资利润”工作表已制作完成，效果如图 20-33 所示。

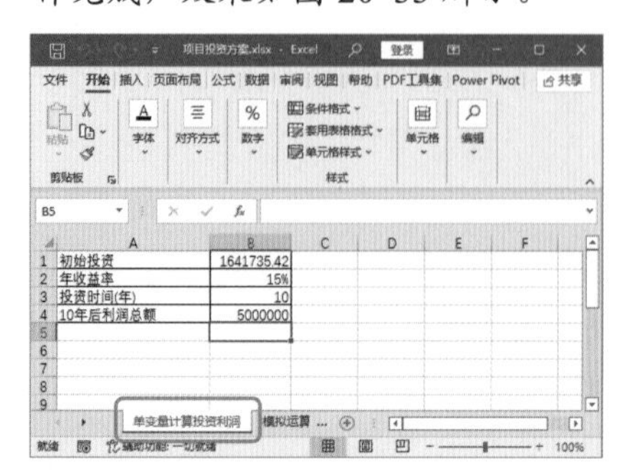

图 20-33

Step02 查看表。单击“模拟运算计算投资利润”工作表，已制作完成的效果如图 20-34 所示。

图 20-34

Step03 查看表。“投资方案分析”工作表制作完成后，效果如图 20-35 所示。

图 20-35

20.2.2 使用单变量计算项目利润

单变量求解用于解决假定一个公式要取某一结果值，变量的引用单元格应取值多少的问题。例如，假设需要进行一项投资，年收益率为 15%，投资年限为 10 年，使用单变量求解功能，计算初始投资为多少时，10 年后的利润总额可以达到 500 万元。使用单变量计算项目利润的具体操作步骤如下。

Step01 输入公式。在“单变量计算投资利润”工作表中，选择单元格B4，输入公式“=B1*(1+B2)^B3-B1”，并设置B1单元格的值为 100 万元。可计算出初始投资为 100 万元时，10 年后的利润总额，如图 20-36 所示。

图 20-36

Step02 打开【单变量求解】对话框。在“单变量计算投资利润”工作表中，❶选择【数据】选项卡；❷在【预测】组中单击【模拟分析】按钮；❸在弹出的下拉列表中选择【单变量求解】选项，如图 20-37 所示。

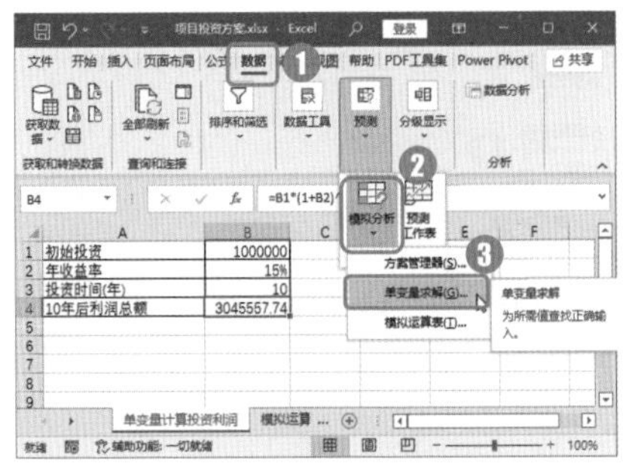

图 20-37

Step03 设置单变量求解。弹出【单变量求解】对话框，❶将【目标单元格】设置为“B4”，将【目标值】设置为“5000000”，将【可变单元格】设置为“$B$1”；❷单击【确定】按钮，如图 20-38 所示。

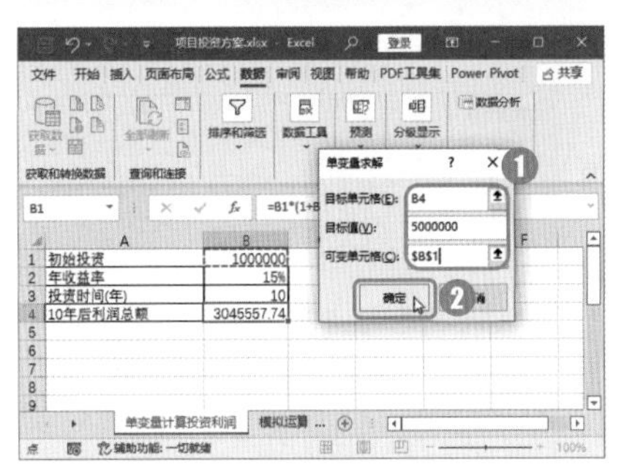

图 20-38

Step04 确定求解结果。弹出【单变量求解状态】对话框，单击【确定】按钮，如图 20-39 所示。

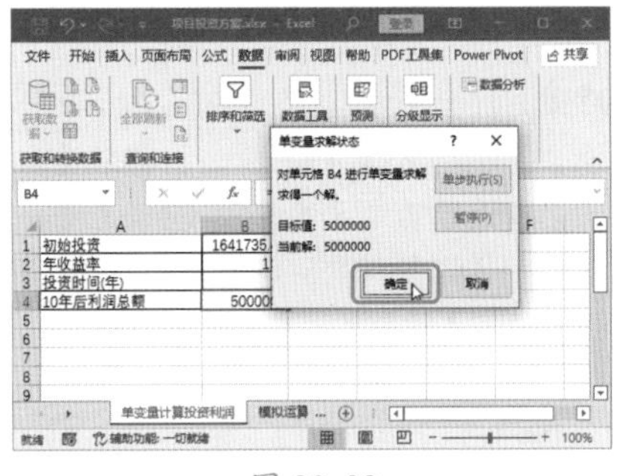

图 20-39

Step05 查看计算结果。即可计算出初始投资达到 1641735.42 元时，可实现 10 年后利润总额为 500 万元的目标，如图 20-40 所示。

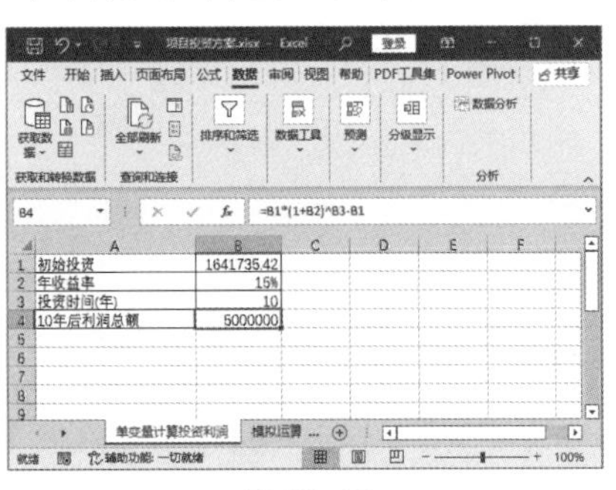

图 20-40

20.2.3 使用模拟运算计算项目利润

模拟运算表包含一个或两个变量，可以接受这些变量的许多不同的值。使用模拟运算表功能计算不同年收益率下的项目投资利润，具体操作步骤如下。

Step01 打开【模拟运算表】对话框。选择“模拟运算计算投资利润”工作表，选择单元格区域E2:F5，❶选择【数据】选项卡；❷在【预测】组中单击【模拟分析】按钮；❸在弹出的下拉列表中选择【模拟运算表】选项，如图 20-41 所示。

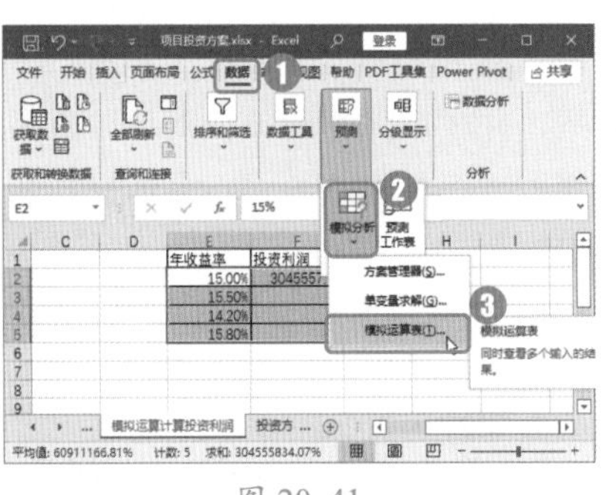

图 20-41

Step02 设置模拟运算参数。弹出【模拟运算表】对话框，❶在【输入引用列的单元格】文本框中输入引用列的单元格“$B$2”；❷单击【确定】按钮，如图 20-42 所示。

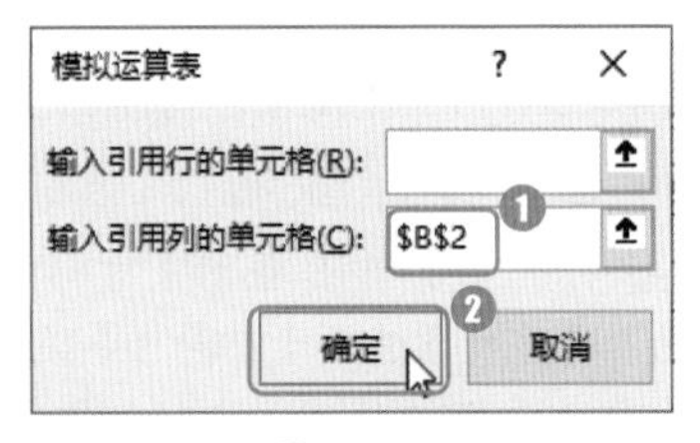

图 20-42

Step03 完成模拟运算。即可根据不同的年收益率，预测相应的投资利润，如图 20-43 所示。

图 20-43

20.2.4 使用方案分析项目投资

方案是一组由Excel保存在工作表中，可进行自动替换的值。用户可以使用方案预测工作表模型的输出结果，还可以在工作表中创建并保存不同的数值组，切换不同的方案以查看不同的结果。使用Excel提供的方案管理器设计几种投资方案，并生成方案摘要，对比分析不同方案下的投资利润，具体操作步骤如下。

Step 01 查看投资数据。选择“投资方案分析”工作表，几种投资方案的基本数据如图 20-44 所示。

图 20-44

Step 02 打开【方案管理器】对话框。❶选择【数据】选项卡；❷在【预测】组中单击【模拟分析】按钮；❸在弹出的下拉列表中选择【方案管理器】选项，如图 20-45 所示。

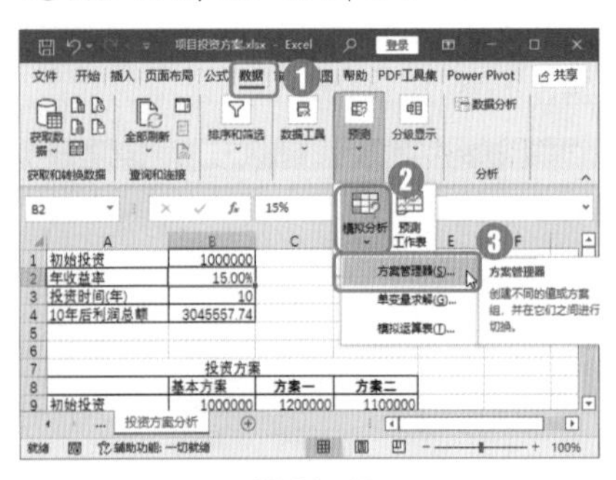

图 20-45

Step 03 打开【添加方案】对话框。弹出【方案管理器】对话框，单击【添加】按钮，如图 20-46 所示。

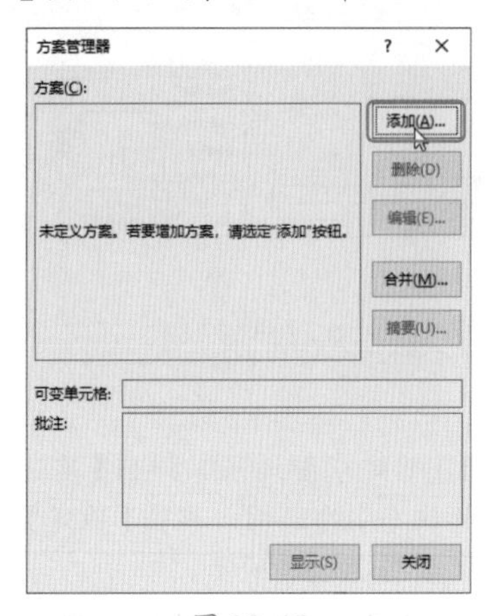

图 20-46

Step 04 打开【方案变量值】对话框。弹出【添加方案】对话框，❶将【方案名】设置为“方案一”；❷将【可变单元格】设置为“$B$1:$B$2”；❸单击【确定】按钮，如图 20-47 所示。

图 20-47

Step 05 设置方案一变量。弹出【方案变量值】对话框，❶将【$B$1】的值设置为“1200000”，将【$B$2】的值设置为“0.145”；❷单击【确定】按钮，如图 20-48 所示。

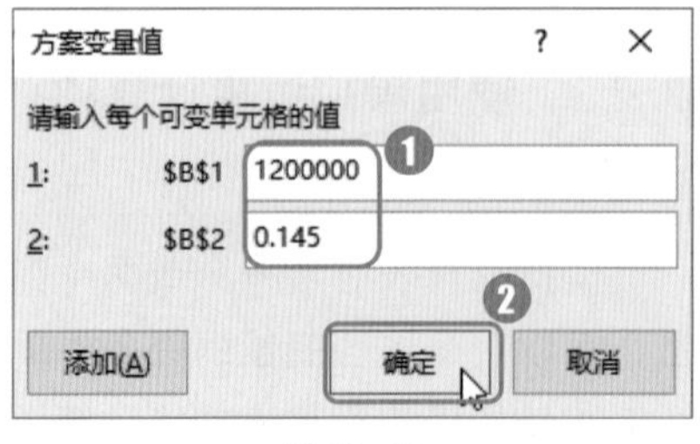

图 20-48

Step 06 打开【添加方案】对话框。返回【方案管理器】对话框，单击【添加】按钮，如图 20-49 所示。

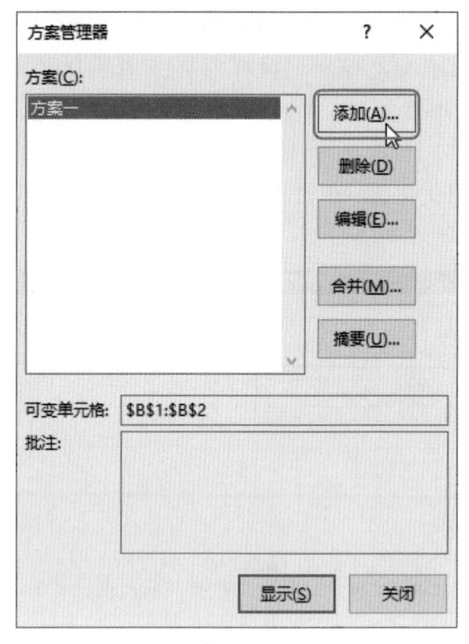

图 20-49

Step 07 打开【方案变量值】对话框。弹出【添加方案】对话框，❶将【方案名】设置为“方案二”；❷将【可变单元格】设置为“$B$1:$B$2”；❸单击【确定】按钮，如图 20-50 所示。

图 20-50

Step 08 设置方案二变量。弹出【方案变量值】对话框，❶将【$B$1】的值设置为“1100000”，将【$B$2】的值设置为“0.148”；❷单击【确定】

按钮，如图 20-51 所示。

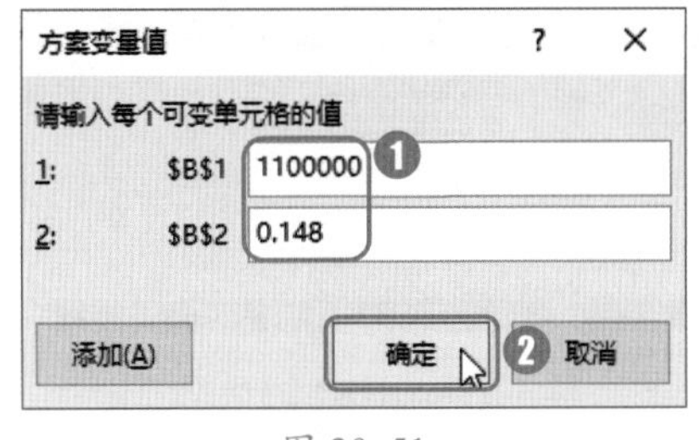

图 20-51

Step 09 打开【方案摘要】对话框。返回【方案管理器】对话框，单击【摘要】按钮，如图 20-52 所示。

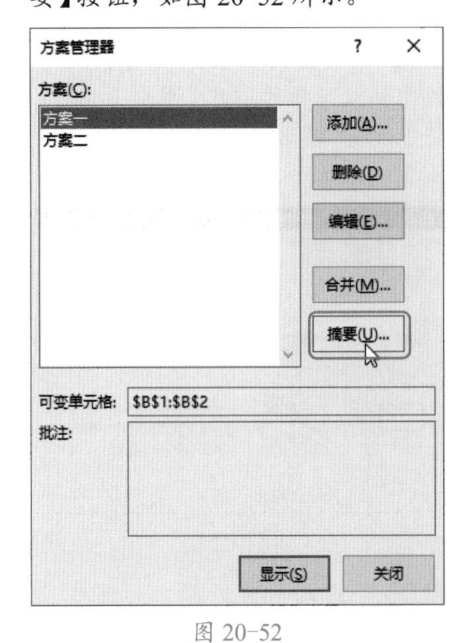

图 20-52

Step 10 设置方案摘要。弹出【方案摘要】对话框，❶选择【方案摘要】单选按钮；❷将【结果单元格】设置为“$B$4”；❸单击【确定】按钮，如图 20-53 所示。

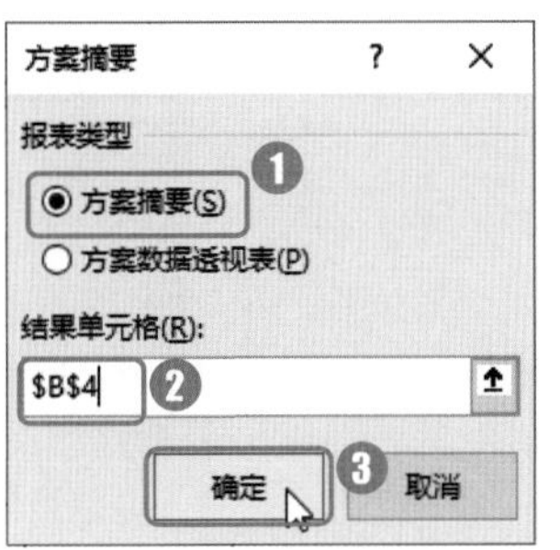

图 20-53

Step 11 生成方案摘要。完成以上操作后，即可生成一个名为“方案摘要”的工作表，并计算出各种方案下的投资利润总额，如图 20-54 所示。

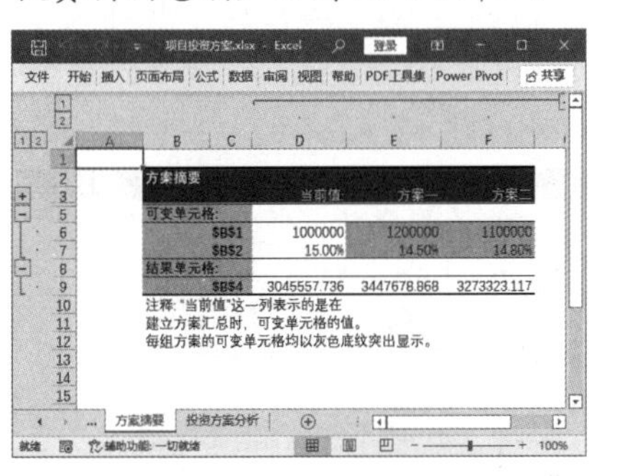

图 20-54

技术看板

Excel 中的方案管理器可以帮助用户创建和管理方案。使用 Excel 方案，用户能够方便地进行假设，为多个变量存储输入值的不同组合，并为这些组合命名。

方案创建后，用户可以对方案名、可变单元格和方案变量值进行修改。在【方案管理器】对话框【方案】列表中选择某个方案后，单击【编辑】按钮，打开【编辑方案】对话框，使用与创建方案相同的步骤进行操作即可。另外，单击【方案管理器】对话框中的【删除】按钮，可以删除当前选择的方案。

20.3 使用 PowerPoint 制作“项目投资分析报告”演示文稿

实例门类	幻灯片操作 + 动画设计类

使用 Word 制作“项目投资分析报告”文档，并使用 Excel 的模拟分析功能对投资数据进行模拟分析后，可以使用 PowerPoint 2021 制作“项目投资分析报告”演示文稿，将“项目投资分析报告”Word 文档中的内容形象生动地展现在幻灯片中。演示文稿通常包括封面页、目录页、正文页、结尾页等，本节主要介绍设计幻灯片母版的方法、插入和编辑图片与表格的方法、插入项目投资文稿相关附件的方法，以及设置自动放映演示文稿的方法。“项目投资分析报告”演示文稿制作完成后的效果如图 20-55 和图 20-56 所示。

图 20-55

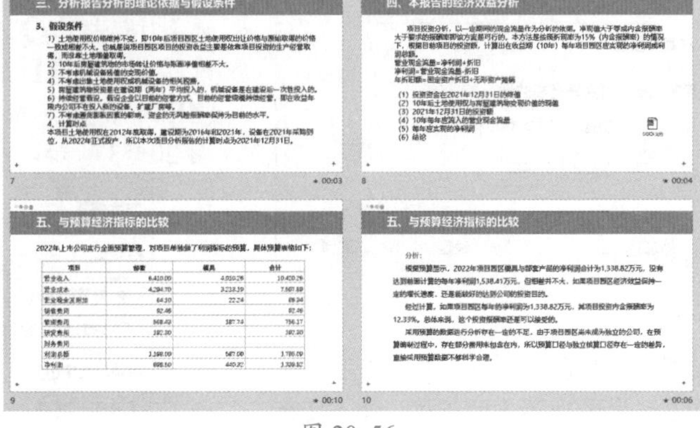
图 20-56

20.3.1 制作幻灯片母版

打开“素材文件\第 20 章\项目投资分析报告.pptx”文档，使用图形设计幻灯片母版版式，设计效果如图 20-57 所示。

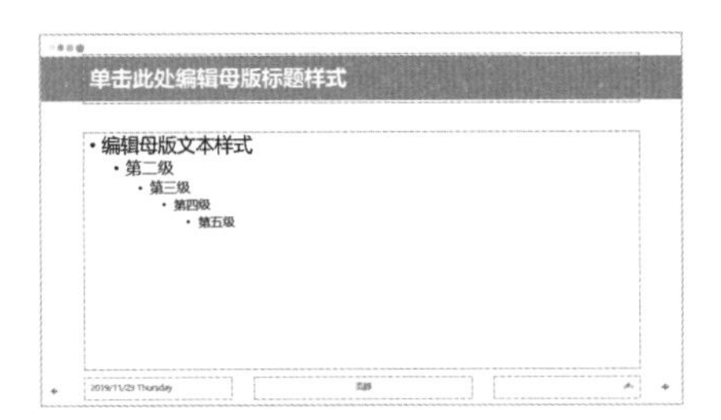

图 20-57

使用图形和图片设计标题幻灯片母版版式，设计效果如图 20-58 所示。

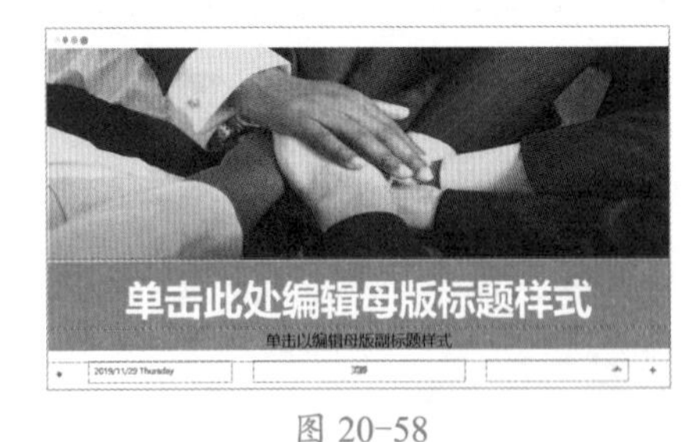

图 20-58

20.3.2 插入和编辑图片与表格

在制作“项目投资分析报告”演示文稿的过程中，经常需要在幻灯片中插入和编辑图片与表格。在幻灯片中插入和编辑图片与表格的具体操作步骤如下。

Step 01 打开【插入图片】对话框。选择第 3 张幻灯片，❶选择【插入】选项卡；❷在【图像】组中单击【图片】按钮；❸在弹出的下拉列表中选择【此设备】选项，如图 20-59 所示。

图 20-59

Step 02 选择图片。弹出【插入图片】对话框，❶选择“素材文件\第 20 章\图片 1.png”文件；❷单击【插入】按钮，如图 20-60 所示。

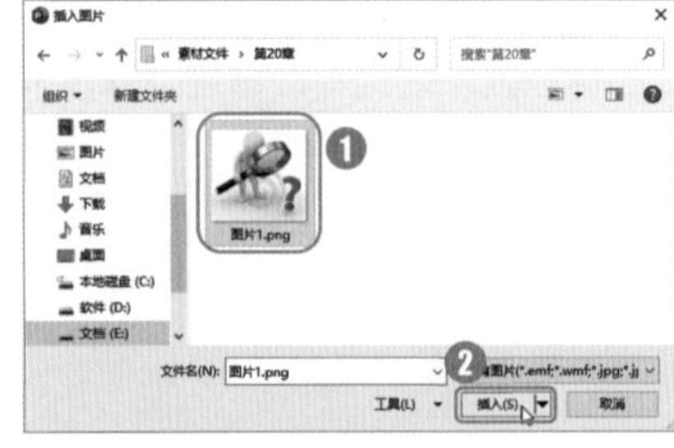
图 20-60

Step 03 调整图片位置。即可在幻灯片中插入选择的图片“图片 1.png”，将其移动到合适的位置即可，如图 20-61 所示。

图 20-61

Step 04 查看幻灯片效果。为图片应用【旋转，白色】样式后，第 3 张幻灯片的设置效果如图 20-62 所示。

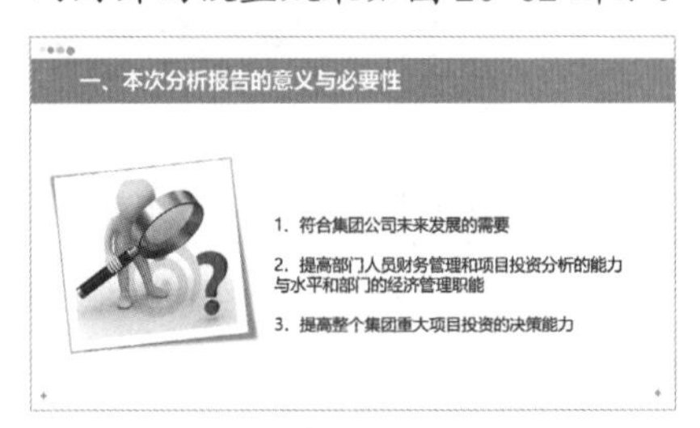

图 20-62

Step 05 复制表格。打开“结果文件\第 20 章\项目投资分析报告.docx”文档，选择文档中的表格，按【Ctrl+C】组合键，执行【复制】命令，如图 20-63 所示。

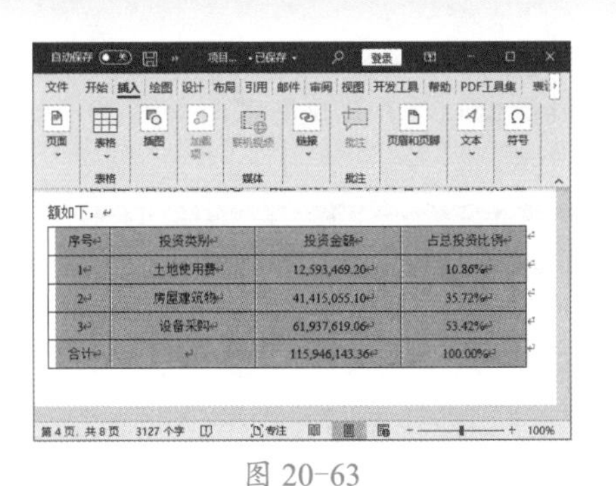

图 20-63

Step06 粘贴表格。在“项目投资分析报告”演示文稿中，选择第 4 张幻灯片，按【Ctrl+V】组合键，执行【粘贴】命令，如图 20-64 所示。

图 20-64

Step07 查看表格粘贴效果。即可将表格粘贴到第 4 张幻灯片中，如图 20-65 所示。

图 20-65

Step08 选择表格样式。适当调整表格的大小和位置，❶选择【表设计】选项卡；❷在【表格样式】组【快速样式】列表框中选择【中度样式 1-强调 5】选项，如图 20-66 所示。

图 20-66

Step09 查看幻灯片效果。即可为表格应用选择的【中度样式 1-强调 5】样式，根据需要对表格进行字体、字号等设置，设置完毕后的最终效果如图 20-67 所示。

图 20-67

20.3.3 插入相关附件

Office 有插入对象功能，可以根据需要在 Office 文件中插入文档或其他文件，如在幻灯片中插入 Word、Excel 文件等。在幻灯片中插入 Word 文档附件，具体操作步骤如下。

Step01 打开【插入对象】对话框。选择第 8 张幻灯片，❶选择【插入】选项卡；❷在【文本】组中单击【对象】按钮，如图 20-68 所示。

图 20-68

Step02 打开【浏览】对话框。弹出【插入对象】对话框，❶选择【由文件创建】单选按钮；❷单击【浏览】按钮，如图 20-69 所示。

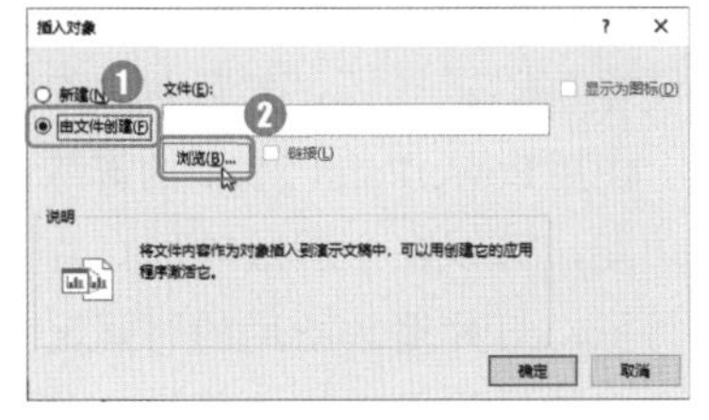

图 20-69

Step03 选择文件。弹出【浏览】对话框，❶选择“素材文件\第 20 章”路径中的“附件.docx”文件；❷单击【确定】按钮，如图 20-70 所示。

图 20-70

Step04 让文件显示为图标。返回【插入对象】对话框，❶选择【显示为图标】复选框；❷单击【确定】按钮，如图 20-71 所示。

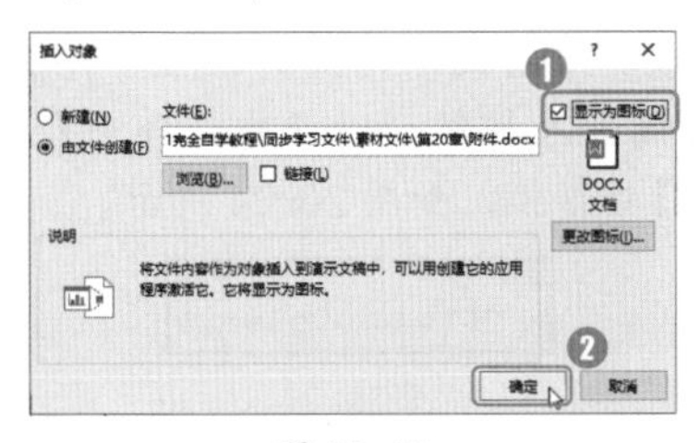

图 20-71

Step05 查看文档插入效果。即可在第 8 张幻灯片中插入一个 Word 文档附件，如图 20-72 所示。

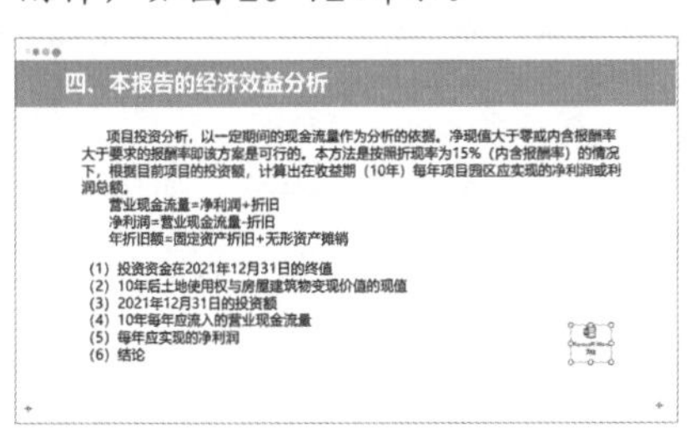

图 20-72

20.3.4 设置自动放映的演示文稿

让演示文稿自动放映，必须首先设置“排练计时”，然后放映幻灯片。使用PowerPoint 2021的排练计时功能，可以在全屏放映幻灯片时将每张幻灯片播放所用的时间记录下来，随后用于演示文稿的自动放映。让演示文稿自动放映的具体操作步骤如下。

Step 01 进入排练计时。❶选择【幻灯片放映】选项卡；❷单击【设置】组中的【排练计时】按钮，如图20-73所示。

图 20-73

Step 02 开始录制幻灯片放映。演示文稿进入排练计时状态，弹出【录制】对话框，如图20-74所示。

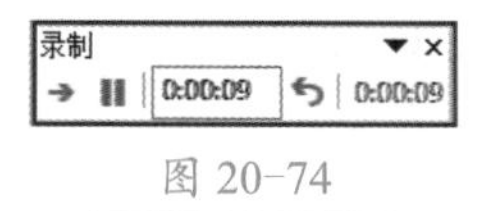

图 20-74

Step 03 录制幻灯片放映时间。根据需要，录制每一张幻灯片的放映时间，如图20-75所示。

图 20-75

Step 04 完成录制。录制完毕，按【Enter】键，弹出【Microsoft PowerPoint】对话框，单击【是】按钮，如图20-76所示。

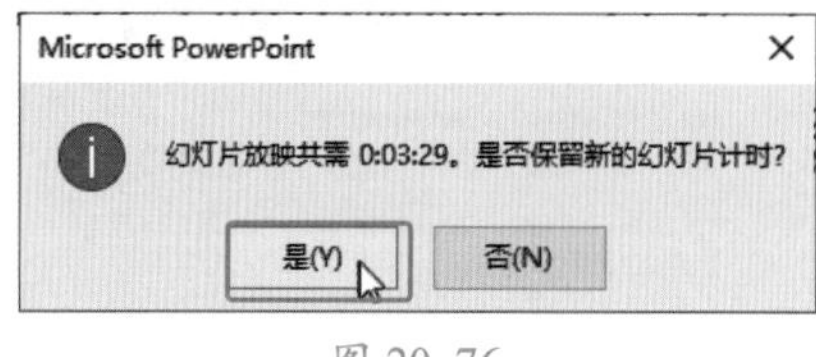

图 20-76

Step 05 放映幻灯片。按【F5】键，进入从头开始放映状态，此时，演示文稿中的幻灯片会根据排练计时录制的时间进行自动放映，如图20-77所示。

图 20-77

Step 06 完成放映。放映完毕，按【Esc】键退出幻灯片放映即可，如图20-78所示。

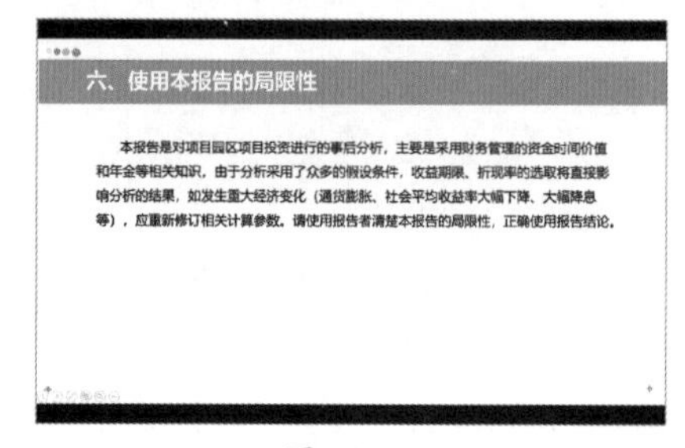

图 20-78

技能拓展——录制幻灯片演示

录制幻灯片演示功能是PowerPoint 2010及其之后的版本新增的一项功能，该功能允许用户使用鼠标、激光笔或麦克风为幻灯片加注释，从而提高幻灯片的互动性。其中最实用的地方在于：录好的幻灯片可以脱离演讲者，自动放映。

使用录制幻灯片演示功能不仅能够记录播放时间，还可以录制旁白和激光笔笔迹，只要计算机麦克风功能正常，演讲者的演讲语言也能够被录制。这个功能可以用来在演讲之前做练习，对着PPT演讲，录制下来后播放，可以了解自己的演讲效果。

本章小结

本章模拟了一个项目投资方案的制作过程，介绍了使用Word制作“项目投资分析报告”文档，使用Excel制作“项目投资方案”工作簿，使用PowerPoint制作“项目投资分析报告”演示文稿的方法，帮助读者巩固所学的Word、Excel、PowerPoint操作技巧。

附录 A Word、Excel、PPT 必备快捷键

一、Word 必备快捷操作

对于办公人员来说，Word是不可或缺的常用软件，它可以帮助办公人员制作各种办公文档。为了提高工作效率，在制作办公文档的过程中，用户可以使用快捷键完成各种操作。以下Word快捷键适用于Word 2003、Word 2007、Word 2010、Word 2013、Word 2016、Word 2019、Word 2021 等版本。

1.Word文档基本操作快捷键

快捷键	作用	快捷键	作用
Ctrl+N	创建空白文档	Ctrl+O	打开文档
Ctrl+W	关闭文档	Ctrl+S	保存文档
F12	打开【另存为】对话框	Ctrl+F12	打开【打开】对话框
Ctrl+Shift+F12	选择【打印】选项	F1	打开【帮助】窗格
Ctrl+P	打印文档	Alt+Ctrl+I	切换到打印预览
Esc	取消当前操作	Ctrl+Z	取消上一步操作
Ctrl+Y	恢复或重复操作	Delete	删除所选对象
Ctrl+F10	将文档窗口最大化	Alt+F5	还原窗口大小

2.复制、移动和选择快捷键

快捷键	作用	快捷键	作用
Ctrl+C	复制文本或对象	Ctrl+V	粘贴文本或对象
Alt+Ctrl+V	选择性粘贴	Ctrl+F3	剪切至【图文场】
Ctrl+Shift+V	格式粘贴	Ctrl +Shift+C	格式复制
Ctrl+X	剪切文本或对象	Ctrl+Shift+F3	粘贴【图文场】中的内容
Ctrl+A	全选对象		

3.查找、替换和浏览快捷键

快捷键	作用	快捷键	作用
Ctrl+F	打开【查找】窗格	Ctrl+H	替换文字、特定格式和特殊项
Alt+Ctrl+Y	重复查找（在关闭【查找和替换】对话框之后）	Ctrl+G	定位至页、书签、脚注、注释、图形或其他位置
Shift+F4	重复【查找】或【定位】操作		

4.字体格式设置快捷键

快捷键	作用	快捷键	作用
Ctrl+Shift+F	打开【字体】对话框更改字体	Ctrl+Shift+>	将字号增大一个值
Ctrl+Shift+<	将字号减小一个值	Ctrl+]	逐磅增大字号
Ctrl+[	逐磅减小字号	Ctrl+B	应用加粗格式
Ctrl+U	应用下划线	Ctrl+Shift+D	应用双下划线
Ctrl+I	应用倾斜格式	Ctrl+D	打开【字体】对话框更改字符格式
Ctrl+Shift+加号	应用上标格式	Ctrl+等号	应用下标格式

续表

快捷键	作用	快捷键	作用
Shift+F3	切换字母大小写	Ctrl+Shift+A	将所选字母设为大写
Ctrl+Shift+H	应用隐藏格式		

5. 段落格式设置快捷键

快捷键	作用	快捷键	作用
Enter	分段	Ctrl+L	使段落左对齐
Ctrl+E	使段落居中对齐	Ctrl+R	使段落右对齐
Ctrl+J	使段落两端对齐	Ctrl+Shift+J	使段落分散对齐
Ctrl+T	创建悬挂缩进	Ctrl+Shift+T	减小悬挂缩进量
Ctrl+M	左侧段落缩进	Ctrl+ 空格键	删除段落或字符格式
Ctrl+1	单倍行距	Ctrl+2	双倍行距
Ctrl+5	1.5 倍行距	Ctrl+0	添加或删除一行间距

6. 特殊字符插入快捷键

快捷键	作用	快捷键	作用
Ctrl+F9	域	Shift+Enter	换行符
Ctrl+Enter	分页符	Ctrl+Shift+Enter	分栏符
Alt+Ctrl+ 减号	长破折号	Ctrl+ 减号	短破折号
Ctrl+Shift+ 空格键	不间断空格	Alt+Ctrl+C	版权符号
Alt+Ctrl+R	注册商标符号	Alt+Ctrl+T	商标符号
Alt+Ctrl+ 句号	省略号		

7. 应用样式快捷键

快捷键	作用	快捷键	作用
Ctrl+Shift+S	打开【应用样式】窗格	Alt+Ctrl+Shift+S	打开【样式】窗格
Alt+Ctrl+K	启动【自动套用格式】	Ctrl+Shift+N	应用【正文】样式
Alt+Ctrl+1	应用【标题 1】样式	Alt+Ctrl+2	应用【标题 2】样式
Alt+Ctrl+3	应用【标题 3】样式		

8. 在大纲视图中操作快捷键

快捷键	作用	快捷键	作用
Alt+Shift+←	提升段落级别	Alt+Shift+→	降低段落级别
Alt+Shift+↓	下移所选段落	Alt+Shift+↑	上移所选段落
Alt+Shift+ 减号	折叠标题下的文本	Alt+Shift+ 加号	扩展标题下的文本
Alt+Shift+L	只显示首行正文或显示全部正文	Alt+Shift+A	扩展或折叠所有文本或标题
Ctrl+Tab	插入制表符	Alt+Shift+1	显示所有【标题 1】样式的标题

9. 审阅和修订快捷键

快捷键	作用	快捷键	作用
F7	拼写检查文档内容	Ctrl+Shift+G	打开【字数统计】窗格

续表

快捷键	作用	快捷键	作用
Alt+Ctrl+M	插入批注	Home	定位至批注开始
End	定位至批注结尾	Ctrl+Home	定位至一组批注的起始处
Ctrl+ End	定位至一组批注的结尾处	Ctrl+Shift+G	修订
Ctrl+Shift+E	打开或关闭修订		

10. 邮件合并快捷键

快捷键	作用	快捷键	作用
Alt+Shift+K	预览邮件合并	Alt+Shift+N	合并文档
Alt+Shift+M	打印已合并文档	Alt+Shift+E	编辑邮件合并数据文档
Alt+Shift+F	插入邮件合并域		

二、Excel 必备快捷操作

在办公过程中，用户经常会需要制作各种表格，而Excel是专门制作电子表格的软件，它可以快速帮助用户制作出需要的各种电子表格。以下常用的Excel 快捷键适用于Excel 2003、Excel 2007、Excel 2010、Excel 2013、Excel 2016、Excel 2019、Excel 2021 等版本。

1. 操作工作表的快捷键

快捷键	作用	快捷键	作用
Shift+F11 或 Alt+Shift+F1	插入新工作表	Ctrl+PageDown	移动到工作簿中的下一张工作表
Ctrl+PageUp	移动到工作簿中的上一张工作表	Shift+Ctrl+PageDown	选择当前工作表和下一张工作表
Ctrl+PageDown	取消选择多张工作表	Ctrl+PageUp	选择其他工作表
Shift+Ctrl+PageUp	选择当前工作表和上一张工作表	Alt+O+H+R	对当前工作表重命名
Alt+E+M	移动或复制当前工作表	Alt+E+L	删除当前工作表

2. 选择单元格、行或列的快捷键

快捷键	作用	快捷键	作用
Ctrl+ 空格键	选择整列	Shift+ 空格键	选择整行
Ctrl+A	选择工作表中的所有单元格	Shift+Backspace	在选择了多个单元格的情况下，只选择活动单元格
Ctrl+Shift+O	选择含有批注的所有单元格	Alt+ 分号	选择当前选择区域中的可见单元格

3. 单元格插入、复制和粘贴操作的快捷键

快捷键	作用	快捷键	作用
Ctrl+Shift+ 加号	插入空白单元格	Ctrl+ 减号	删除选择的单元格
Delete	清除所选择单元格中的内容	Ctrl+Shift+ 等号	插入单元格
Ctrl+X	剪切选择的单元格	Ctrl+V	粘贴所复制的单元格
Ctrl+C	复制选择的单元格		

4. 通过【边框】对话框设置边框的快捷键

快捷键	作用	快捷键	作用
Alt+T	应用或取消应用上框线	Alt+B	应用或取消应用下框线
Alt+L	应用或取消应用左框线	Alt+R	应用或取消应用右框线
Alt+H	如果选择了多行中的单元格，则应用或取消应用水平分隔线	Alt+V	如果选择了多列中的单元格，则应用或取消应用垂直分隔线
Alt+D	应用或取消应用下对角框线	Alt+U	应用或取消应用上对角框线

5. 数字格式设置快捷键

快捷键	作用	快捷键	作用
Ctrl+1	打开【设置单元格格式】对话框	Ctrl+Shift+~	应用“常规”数字格式
Ctrl+Shift+$	应用带有两个小数位的“货币”格式（负数放在括号中）	Ctrl+Shift+%	应用不带小数位的“百分比”格式
Ctrl+Shift+^	应用带有两个小数位的“科学记数”数字格式	Ctrl+Shift+#	应用含有年、月、日的“日期”格式
Ctrl+Shift+@	应用含小时和分钟并标明上午（AM）或下午（PM）的“时间”格式	Ctrl+Shift+!	应用带有两个小数位、使用千位分隔符且负数用负号（-）表示的“数字”格式

6. 输入并计算公式的快捷键

快捷键	作用	快捷键	作用
=	输入公式	F2	完成单元格编辑后，将插入点移动到编辑栏内
Enter	在单元格或编辑栏中完成单元格输入	Ctrl+Shift+Enter	将公式作为数组公式输入
Shift+F3	打开【插入函数】对话框	Ctrl+A	当插入点位于公式中公式名称的右侧时，打开【函数参数】对话框
Ctrl+Shift+A	当插入点位于公式中函数名称的右侧时，插入参数名和括号	F3	将定义的名称粘贴到公式中
Alt+等号	用SUM函数插入“自动求和”公式	F9	计算所有打开工作簿中的所有工作表
Shift+F9	计算活动工作表		

7. 输入与编辑数据的快捷键

快捷键	作用	快捷键	作用
Ctrl+分号	输入日期	Ctrl+Shift+冒号	输入时间
Ctrl+D	向下填充	Ctrl+R	向右填充
Ctrl+K	插入超链接	Ctrl+F3	定义名称
Alt+Enter	在单元格中换行	Ctrl+Delete	删除插入点到行末的文本

8. 创建图表和选择图表元素的快捷键

快捷键	作用	快捷键	作用
F11 或 Alt+F1	为当前区域中的数据创建图表	Shift+F10+V	移动图表
↑	选择图表中的上一组元素	↓	选择图表中的下一组元素
←	选择分组中的上一个元素	→	选择分组中的下一个元素
Ctrl + PageDown	选择工作簿中的下一张工作表	Ctrl +PageUp	选择工作簿中的上一个工作表

9. 筛选操作快捷键

快捷键	作用	快捷键	作用
Ctrl+Shift+L	添加筛选下拉箭头	Alt+↓	在包含下拉箭头的单元格中，显示当前列的【自动筛选】列表
↓	选择【自动筛选】列表中的下一项	↑	选择【自动筛选】列表中的上一项
Alt+↑	关闭当前列的【自动筛选】列表	Home	选择【自动筛选】列表中的第一项
End	选择【自动筛选】列表中的最后一项	Enter	根据【自动筛选】列表中的选项筛选区域

10. 显示、隐藏和分级显示数据的快捷键

快捷键	作用	快捷键	作用
Alt+Shift+→	对行或列分组	Alt+Shift+←	取消行或列分组
Ctrl+8	显示或隐藏分级显示符号	Ctrl+9	隐藏所选择的行
Ctrl+Shift+(	取消所选择区域内所有隐藏行的隐藏状态	Ctrl+0（零）	隐藏所选择的列
Ctrl+Shift+)	取消所选择区域内所有隐藏列的隐藏状态		

三、PowerPoint 必备快捷操作

熟练掌握PowerPoint 快捷键，可以帮助用户更快速地制作幻灯片，节约时间成本。以下常用的PowerPoint 快捷键适用于PowerPoint 2003、PowerPoint 2007、PowerPoint 2010、PowerPoint 2013、PowerPoint 2016、PowerPoint 2019、PowerPoint 2021 等版本。

1. 幻灯片操作快捷键

快捷键	作用	快捷键	作用
Enter 或 Ctrl+M	新建幻灯片	Delete	删除选择的幻灯片
Ctrl+D	复制选择的幻灯片	Shift+F10+H	隐藏或取消隐藏幻灯片
Shift+F10+A	新增幻灯片节	Shift+F10+S	发布幻灯片

2. 幻灯片编辑快捷键

快捷键	作用	快捷键	作用
Ctrl+T	在小写或大写之间更改字符格式	Shift+F3	更改字母大小写
Ctrl+B	应用粗体格式	Ctrl+U	应用下划线
Ctrl+I	应用斜体格式	Ctrl+ 等号	应用下标格式
Ctrl+Shift+ 加号	应用上标格式	Ctrl+E	使段落居中对齐

续表

快捷键	作用	快捷键	作用
Ctrl+J	使段落两端对齐	Ctrl+L	使段落左对齐
Ctrl+R	使段落右对齐		

3.在幻灯片文本或单元格中移动的快捷键

快捷键	作用	快捷键	作用
←	向左移动一个字符	→	向右移动一个字符
↑	向上移动一行	↓	向下移动一行
Ctrl+←	向左移动一个字词	Ctrl+→	向右移动一个字词
End	移至行尾	Home	移至行首
Ctrl+↑	向上移动一个段落	Ctrl+↓	向下移动一个段落
Ctrl+End	移至文本框末尾	Ctrl+Home	移至文本框开头

4.排列幻灯片对象的快捷键

快捷键	作用	快捷键	作用
Ctrl+G	组合所选择的多个对象	Shift+F10+R+Enter	将选择的对象置于顶层
Shift+F10+F+Enter	将选择的对象上移一层	Shift+F10+K+Enter	将选择的对象置于底层
Shift+F10+B+Enter	将选择的对象下移一层	Shift+F10+S	将所选择的对象另存为图片

5.调整SmartArt图形中的形状的快捷键

快捷键	作用	快捷键	作用
Tab	选择SmartArt图形中的下一元素	Shift+Tab	选择SmartArt图形中的上一元素
↑	向上微移选择的形状	↓	向下微移选择的形状
←	向左微移选择的形状	→	向右微移选择的形状
Enter或F2	编辑所选的形状中的文字	Delete或Backspace	删除选择的形状
Ctrl+→	水平放大选择的形状	Ctrl+←	水平缩小选择的形状
Shift+↑	垂直放大选择的形状	Shift+↓	垂直缩小选择的形状
Alt+→	向右旋转选择的形状	Alt+←	向左旋转选择的形状

6.显示辅助工具和功能区的快捷键

快捷键	作用	快捷键	作用
Ctrl+F1	折叠功能区	Shift+F9	显示/隐藏网格线
Alt+F9	显示/隐藏参考线	Alt+F10	显示【选择】窗格
Alt+F5	显示演示者视图	F10	显示功能区标签

7.浏览Web演示文稿的快捷键

快捷键	作用	快捷键	作用
Tab	在Web演示文稿中的超链接、地址栏和链接栏之间进行正向切换	Shift+Tab	在Web演示文稿中的超链接、地址栏和链接栏之间进行反向切换
Enter	对选择的超链接进行【单击】操作	空格键	转到下一张幻灯片

8. 多媒体操作快捷键

快捷键	作用	快捷键	作用
Alt+Q	停止媒体播放	Alt+P	在播放和暂停之间切换
Alt+End	转到下一个书签	Alt+Home	转到上一个书签
Alt+Up	提高音量	Alt+↓	降低音量
Alt+U	静音		

9. 幻灯片放映快捷键

快捷键	作用	快捷键	作用
F5	从头开始放映演示文稿	Shift + F5	从当前幻灯片开始放映
Ctrl+F5	联机进行演示文稿放映	Esc	结束演示文稿放映

10. 控制幻灯片放映的快捷键

快捷键	作用	快捷键	作用
N、Enter、PageDown、→、↓或空格键	执行下一个动画或前进到下一张幻灯片	W 或逗号	显示空白的白色幻灯片，或者从空白的白色幻灯片返回演示文稿
B 或句号	显示空白的黑色幻灯片，或者从空白的黑色幻灯片返回演示文稿	H	转到下一张隐藏的幻灯片
E	擦除屏幕上的注释	O	排练时使用原排练时间
T	排练时设置新的排练时间	R	重新记录幻灯片旁白和计时
M	排练时通过单击鼠标前进	Ctrl+P	将鼠标指针更改为笔
A 或 =	显示或隐藏箭头指针	Ctrl+E	将鼠标指针更改为橡皮擦
Ctrl+A	将鼠标指针更改为箭头	Ctrl+H	立即隐藏鼠标指针和【导航】按钮
Ctrl+M	显示或隐藏墨迹标记		

附录 B Office 2021 实战案例索引表

一、软件功能学习类

续表

二、商务办公实战类